Informatik Tabellen Geräte- und Systemtechnik

Dr. Michael Dzieia, Darmstadt
Heinrich Hübscher, Lüneburg
Hans-Joachim Petersen, Helmstedt
Harald Wickert, Emmelshausen

westermann

Diesem Buch wurden die bei Manuskriptabschluss vorliegenden neuesten Ausgaben der DIN-Normen und VDE-Bestimmungen zugrunde gelegt. Verbindlich sind jedoch nur die neuesten Ausgaben der DIN-Normen und VDE-Bestimmungen selbst.

Wiedergegeben mit Erlaubnis des DIN Deutsches Institut für Normung e.V. und des VDE Verband der Elektrotechnik Elektronik Informationstechnik e.V. Maßgebend für das Anwenden der Normen sind deren Fassungen mit dem neuesten Ausgabedatum, die bei der VDE-VERLAG GMBH, Bismarckstraße 33, 10625 Berlin bzw. der Beuth Verlag GmbH, Burggrafenstraße 6, 10787 Berlin, erhältlich sind.

Dieses Papier wurde aus chlorfrei gebleichtem Zellstoff hergestellt

1. Auflage, 2004
Westermann Schulbuchverlag GmbH, Braunschweig
http://www.westermann.de

Verlagslektorat:	Armin Kreuzburg, Gabriele Wenger
Verlagsherstellung:	Harald Kalkan
Satz und Zeichnungen:	Fa. Lithos, Dirk Hinrichs, Braunschweig
Herstellung:	westermann druck GmbH, Braunschweig

ISBN 3-14-**235037**-3

Vorwort

Der Begriff Informatik ist als Kunstwort aus der Kombination von Information und Mathematik entstanden. Unter Berücksichtigung dieser beiden Richtungen gibt es eine Vielzahl von Definitionen. Allgemein wird Informatik (engl. Computer science) heute als die Wissenschaft von der Informationsverarbeitung verstanden.

Aus der ursprünglich mehr theoretisch ausgerichteten Disziplin haben sich anwendungsorientierte Teile entwickelt, in denen man sich mit der

- Gewinnung,
- Verarbeitung,
- Speicherung und
- Übertragung

von Informationen befasst.

In diesem Sinne werden in dem vorliegenden Tabellenbuch wesentliche Inhalte dieser Teilbereiche behandelt und in übersichtlicher und kompakter Form dargestellt. Dieses vollständig neu konzipierte Tabellenbuch ersetzt das bisherige Buch „Elektrotechnik Tabellen Kommunikationselektronik“ aus dem Westermann Schulbuchverlag.

Die Inhalte der ehemaligen Radio- und Fernsehtechnik (Multimediale Consumergeräte) sind ebenfalls vorhanden, sowie die für mehr technisch ausgerichteten Berufe immer wichtiger werden kaufmännischen und betriebswirtschaftlichen Inhalte.

Das Tabellenbuch ist besonders für Auszubildende mit den folgenden Berufsbezeichnungen des Handwerks und der Industrie geeignet:

- Systemelektronik
- Systeminformatik
- Informations- und Telekommunikationstechnik
- Informationselektronik

Darüber hinaus kann es auch zur fachlichen Vertiefung bestimmter Themen in den IT-Berufen eingesetzt werden.

Das Tabellenbuch kann in der beruflichen Erstausbildung eingesetzt aber auch von den in der Praxis stehenden Facharbeitern, Meistern oder Technikern als vielfältige Informationsquelle verwendet werden. Die kompakte Formelsammlung am Ende erschließt wesentliche mathematische Zusammenhänge.

Der klare und themenbezogene Aufbau und die Vierfarbigkeit tragen zur Übersichtlichkeit bei und vereinfachen das rasche Auffinden und Verarbeiten der gesuchten Informationen. Die Farbgebung in den Darstellungen wurde nach funktionalen Gesichtspunkten ausgewählt.

Für Hinweise und Verbesserungsvorschläge sind die Autoren und der Verlag jederzeit aufgeschlossen und dankbar.

Braunschweig 2004

1 Betrieb und Umfeld

Rechtsformen von Unternehmen – *Legal forms of companies*

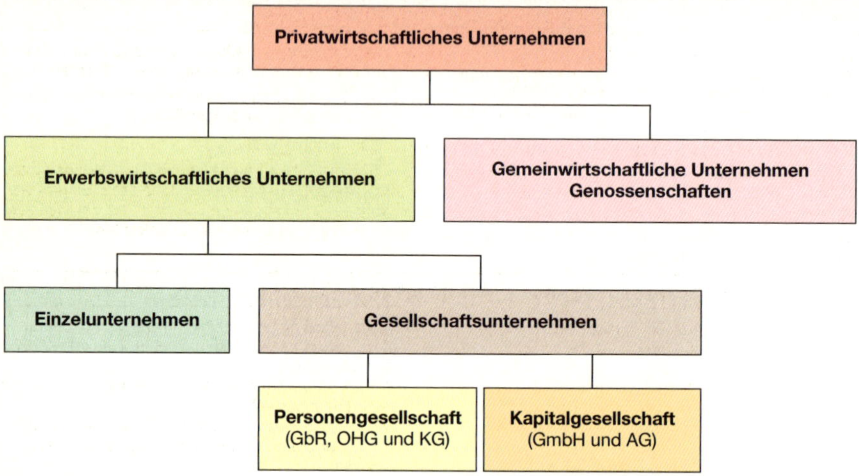

Unternehmen/Unternehmung

Marktwirtschaftliche Einheit mit
- selbstständiger Wirtschaftsplanbestimmung,
- Verfolgung des erwerbswirtschaftlichen Prinzips (Gewinnmaximierung) bei eigenem Risiko.

Ein Unternehmen kann aus mehreren Betrieben bestehen.

Betrieb

Örtlich begrenzte Wirtschaftseinheit zur Erstellung von Sachgütern und Dienstleistungen.

Durch Kombination der Produktionsfaktoren werden die Leistungen unter Beachtung des Wirtschaftlichkeitsprinzips erstellt und vertrieben.

Rechtsform einer Unternehmung

Die Rechtsform legt die Unternehmensstruktur mit externer und interner Wirksamkeit fest.

- Extern werden die Rechtsbeziehungen zwischen der Unternehmung mit außenstehenden Personen, anderen Unternehmen und dem Staat festgelegt.
- Intern werden durch die Rechtsform u.a. die Rechte und Pflichten der einzelnen Gesellschafter zueinander festgelegt.
- Im Rahmen der inneren Organisation wird durch die Rechtsform u.a. die Leitungsbefugnis vorgegeben.

Rechtsform	Gründung/Führung	Merkmale
Einzelunternehmung	• Einzelne Person gründet und leitet das Unternehmen. • Eigentümer ist voll verantwortlich und haftet mit seinem Gesamtvermögen.	• Kein Eintrag ins Handelsregister. • Kein Mindestkapital erforderlich.
Gesellschaft bürgerlichen Rechts (GbR) auch BGB-Gesellschaft	• Mindestens zwei Gesellschafter gründen und leiten die GbR. • Bei gemeinsamen Gesellschaftsvermögen besteht gemeinsame Haftung.	• Kein Eintrag ins Handelsregister, daher kein offizieller Firmenname. • Es reicht ein formfreier Gesellschaftsvertrag ohne Vorgabe von Mindestkapital.
Gesellschaft mit begrenzter Haftung (GmbH)	• Gesellschafter legen im Gesellschaftsvertrag die Höhe des Stammkapitals (mindestens 25.000 €) und die Geschäftsführer fest. Grundsätzlich genügt ein Gesellschafter. • Die Haftung ist auf das Gesellschaftsvermögen beschränkt. Von diesem ist die Kreditwürdigkeit abhängig. • Anteil eines Gesellschafters, auch Stammkapital beträgt mindestens 250 €.	• Gesellschaftsvertrag (auch Satzung) muss notariell beurkundet werden. • Eintragung ins Handelsregister vorgeschrieben. Dadurch wird die GmbH zur juristischen Person. • Pro Geschäftsjahr sind eine Bilanz sowie eine Gewinn- und Verlustrechnung zu erstellen.

Allgemeine Geschäftsbedingungen (AGB) – *Generell terms of business conditions*

Merkmale	Absichten
AGB • werden von einer Vertragspartei einseitig aufgestellt, ohne dass vorher die einzelnen Punkte im Einzelnen zwischen den Vertragsparteien ausgehandelt worden sind; • können von einzelnen Wirtschaftsbereichen bzw. Unternehmen aufgestellt werden (z. B. Groß- und Einzelhandel, Transportunternehmen, Banken). Ausführung: Oft in klein gedruckter Form auf der Rückseite von Angeboten bzw. Verträgen.	• Vereinfachung von Massenverträgen durch vorformulierte Verkaufsbedingungen, Pflichten usw., • Risikobegrenzung für den Verkäufer durch Einschränkung von Vertragspflichten. **Vereinbarungsbeispiele:** Liefer- und Zahlungsbedingungen, Zahlungsweise, Erfüllungsort, Gerichtsstand, Lieferzeit, Eigentumsvorbehalt, Gewährleistungsansprüche bei Mängeln, Verpackungs- und Beförderungskosten.

Schutz gegenüber unangemessener Benachteiligung durch AGB

- Verkäufer muss auf AGB hinweisen.
- AGB müssen für die Käufer leicht erreichbar und gut lesbar sein.
- Käufer muss den AGB zustimmen.
- Persönliche Absprachen haben Vorrang (auch mündliche Ansprachen);
  Problem:
  Beweis unter Umständen schwierig.
- Ausschluss oder Einschränkung von Reklamationsrechten sowie Haftung bei grobem Verschulden ist verboten.
- Verbot nachträglicher Preiserhöhungen (innerhalb von vier Monaten).
- Rücktritt bzw. das Recht auf Schadenersatz bei zu später Lieferung darf nicht ausgeschlossen werden.

Überlassung von Eigentum – *Passage of ownership*

Überlassen

Leihen	Mieten	Pachten	Leasen
einer Sache zum unentgeldlichen Gebrauch (z.B. Bücher aus einer Bücherei).	einer Sache gegen Zahlung eines vereinbarten Mietpreises (z.B. Mietvertrag für eine Wohnung)	von Sachen und Rechten gegen Zahlung eines Pachtzinses (z.B. Pachtvertrag für eine landwirtschaftliche Nutzfläche).	von Sachen durch Vermietung oder Verpachtung. (Übernahme möglich)

Leasing

Merkmale:
Nutzung von Investitionsgütern (z. B. Maschinen, Fahrzeuge) ohne Kauf (Mieten).
Gegen Zahlung von festgelegten Raten stellt der Leasinggeber dem Leasingnehmer die gewünschten Investitionsgüter zur beliebigen Nutzung zur Verfügung.
Während der gesamten Mietzeit sind die Investitionsgüter Eigentum des Leasinggebers.

Arten des Leasings:
- Beim **direkten Leasing** ist der Hersteller oder eine dafür speziell eingerichtete Gesellschaft der Leasinggeber.
- Beim **indirekten Leasing** ist ein vom Hersteller unabhängiges Unternehmen der Leasinggeber.

Vorgang beim indirekten Leasing

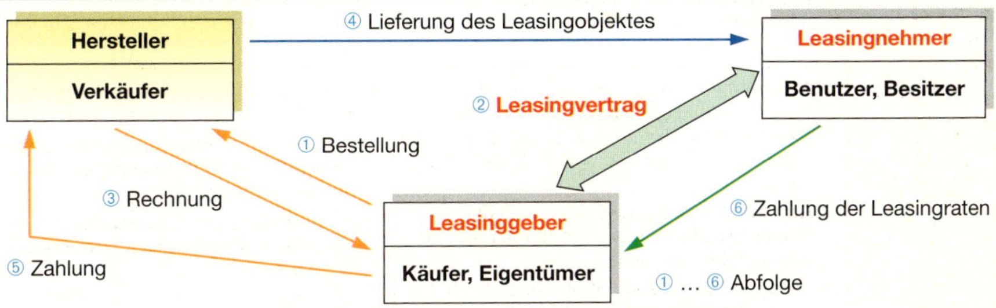

Finanzierung und Beschaffung des Leasingobjektes

Rechtsgeschäfte – *Legal transactions*

Mehrseitige Rechtsgeschäfte (Verträge)

Sie werden rechtswirksam durch
- mindestens **zwei** übereinstimmende Willenserklärungen (Antrag und Annahme).

Beispiele für Vertragsarten:

- Darlehensvertrag
- Dienstvertrag
- Kaufvertrag
- Leihvertrag
- Mietvertrag
- Pachtvertrag
- Reisevertrag
- Schenkung
- Tauschvertrag
- Werklieferungsvertrag

Einseitige Rechtsgeschäfte

Sie werden rechtswirksam durch
- die Willenserklärung einer Person.

Empfangsbestätigung erforderlich	Empfangsbestätigung nicht erforderlich
Rechtsgeschäft wird erst wirksam, wenn sie der anderen Person zugeht. **Beispiele:** Kündigung, Mahnung	Rechtsgeschäft wird gültig, ohne dass sie einer anderen Person zugeht. **Beispiel:** Testament

Nichtigkeit von Rechtsgeschäften

Ein Rechtsgeschäft ist von Anfang an ungültig bei einer **Willenserklärung**
- von Geschäftsunfähigen,
- von beschränkt Geschäftsfähigen gegen den Willen des gesetzlichen Vertreters,
- die bei Störung der Geistesfähigkeit abgegeben wurde,
- die gegenüber einer anderen Person, mit deren Einverständnis nur zum Schein (Scheinvertrag) abgegeben wurde,
- die nicht ernst gemeint war,
- die nicht in der vorgeschriebenen Form abgeschlossen wurde,
- die gegen Gesetze verstößt,
- die gegen gute Sitten verstößt.

Anfechtung von Rechtsgeschäften

Rechtsgeschäfte können im Nachhinein durch Anfechtung ungültig werden.
Sie sind jedoch bis zur Klärung gültig!

Anfechtungsgründe bei:
- Irrtum
  - in Erklärungen (z. B. Mengenbestellung);
  - über die Eigenschaften einer Person oder Sache;
  - bei der Übermittlung (z. B. falsche Weitergabe).
- Drohungen zur Abgabe einer Willenserklärung.
- Arglistiger Täuschung (z. B. gebrauchter PKW wird als unfallfrei angegeben, obwohl dieses nicht zutrifft.)

Möglichkeiten der Entstehung von Kaufverträgen

Antrag (1. Willenserklärung)

Annahme (2. Willenserklärung)

Käufer macht Angebot.

Käufer nimmt Angebot durch Bestellung an.

Antrag (1. Willenserklärung)

Annahme (2. Willenserklärung)

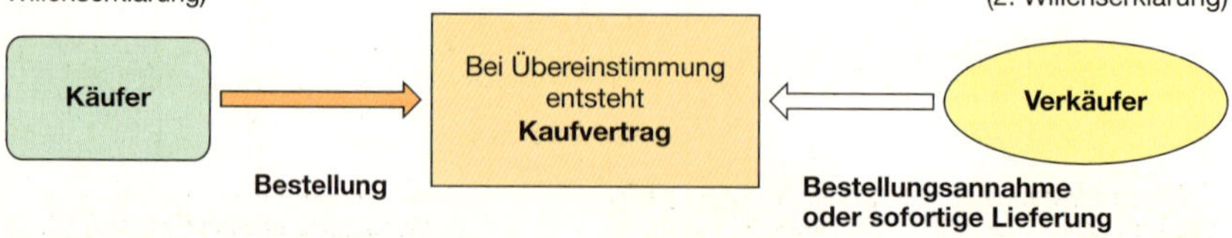

Antrag geht vom Käufer aus, ohne dass ein Angebot vorliegt.

Verkäufer nimmt Antrag an (Auftragsbestätigung) oder liefert sofort.

Geschäftsprozesse – *Business processes*

Begriff

- Generell ist ein Geschäftsprozess eine Folge **logisch zusammenhängender Aktivitäten** zur Erbringung einer betrieblichen Leistung.
- Prozesse beschreiben, im Gegensatz zu Projekten, **wiederkehrende Arbeitsabläufe**.
- Hauptziel von Prozessen ist die Erzielung von **Wertzuwachs** (Wertschöpfung).
- Geschäftsprozesse können unter verschiedenen Aspekten definiert sein, z. B.
  - Beschaffungsprozess
  - Entwicklungsprozess
  - Fertigungsprozess
  - Abwicklungsprozess
- Prozesse sind gegliedert in **Teilprozesse**.
- Jeder Teilprozess
  - bekommt Input vom vorhergehenden Teilprozess,
  - verarbeitet diese Eingaben
  - und liefert Output an den nachfolgenden Teilprozess.
- Die erforderlichen Tätigkeiten werden von organisatorischen Einheiten, die als Aufgabenträger bezeichnet werden, unter Nutzung der erforderlichen Produktionsfaktoren geleistet.

Beispiel: Abwicklungsprozesse für eine Gesamtanlage

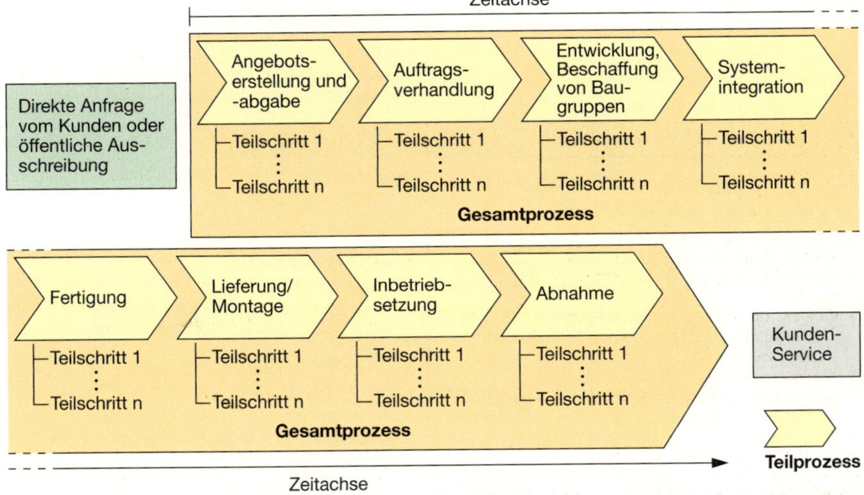

Arten

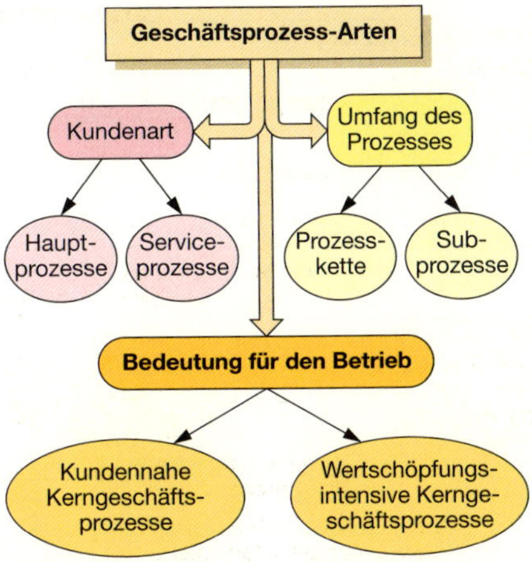

Ziele

Die Definition, Darstellung und Anwendung von Prozessmodellen dient zur Optimierung von Geschäftsprozessen unter Berücksichtigung unterschiedlicher Ziele.

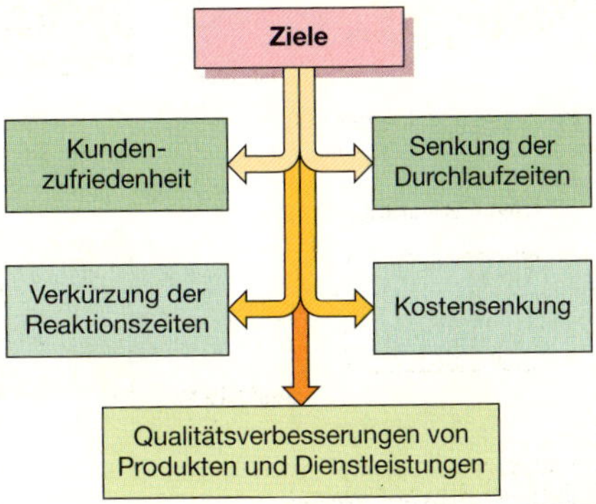

Beschaffung – *Procuring*

Grundsätze

Was soll beschafft werden?

Material

↓

Wie viel soll beschafft werden?

Menge

↓

Wann soll beschafft werden?

Zeit

↓

Wo soll beschafft werden?

Bezugsquelle

Anfrage

Form

Es ist keine bestimmte Form vorgeschrieben, z. B.
- mündlich, telefonisch
- schriftlich (Brief, Fax, E-Mail)

Rechtliche Bedeutung

Sie ist stets unverbindlich, eine Kaufverpflichtung besteht nicht.

Unterscheidung

- **Allgemein** gehaltene Anfrage
  Beispiele:
  Warenprobe, Muster, Katalog, Preisliste
- **Bestimmt** gehaltene Anfrage
  Beispiele:
  Artikelnummer, Beschaffenheit, Lieferzeit, Zahlungsbedingung, Lieferbedingung

Aufbau einer bestimmt gehaltenen Anfrage

1. Grund
2. Gewünschte Ware
3. Erforderliche Menge
4. Preis, Lieferungs- und Zahlungsbedingungen
5. Gewünschter Liefertermin

Angebotsvergleich

Angebote

↓ **Ziel**

Ermittlung des Lieferanten

Beschaffungskreislauf

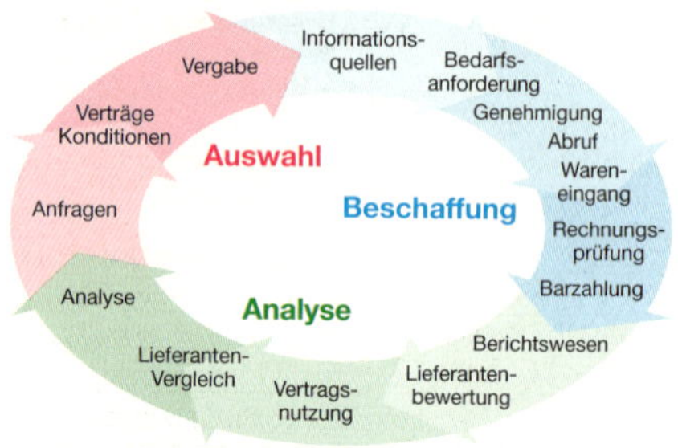

Entscheidungen

quantitativ	qualitativ
• Listenpreis • Lieferrabatt • Lieferskonto • Zahlungsziel • Bezugskosten – Verpackungskosten – Transportkosten – …	• Warenqualität • Liefermenge • Lieferzeit • Zuverlässigkeit des Lieferanten • Verhalten bei Reklamationen • Kulanz • Kundendienst, Service • …
↓ **Ziel** Möglichst günstiger Einstandspreis	↓ **Ziel** Möglichst „reibungslose" Beschaffung

Beschaffung und Lager

Lager als „Gelenkstelle"

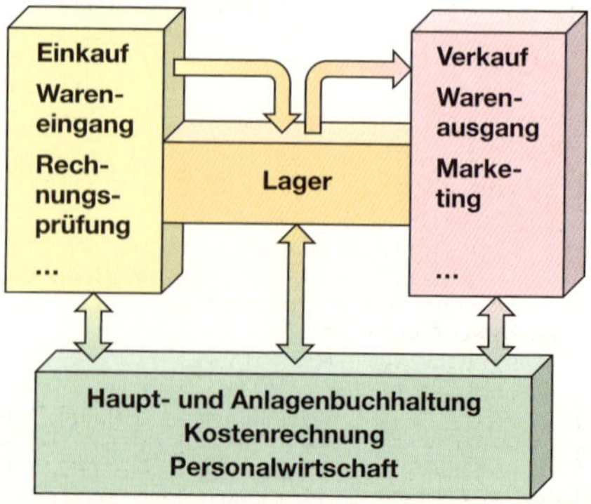

Betriebliches Rechnungswesen – *Cost accounting*

Aufgabe:
- Sicherung und Ausweitung eines ertraggewährleistenden Anteils des Absatzmarktes
- Aufzeichnung sämtlicher Geschäftsvorfälle
- Pflicht zur Buchführung und Bilanzierung (s. HGB)

Funktion:
- Führungs- und Kontrollinstrument; es umfasst das betriebswirtschaftliche Zahlenmaterial eines Unternehmens.

Verknüpfung betrieblicher Funktionsbereiche

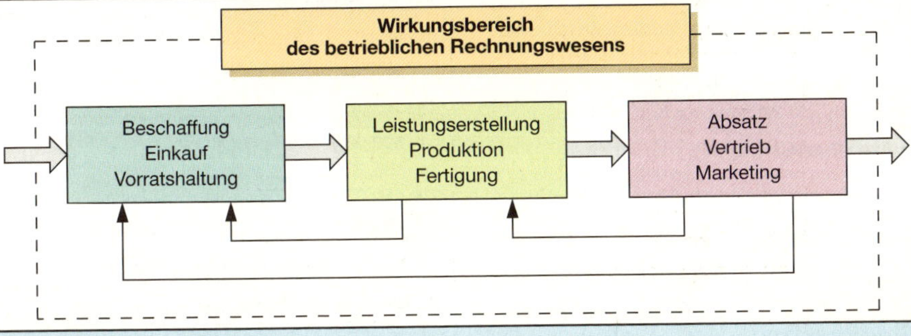

Buchführung

Aufgaben

- Darlegung von Vermögenshöhe und Zusammensetzung des betrieblichen Vermögens sowie betrieblicher Schulden.
- Ermittlung und Dokumentation des betrieblichen Erfolges (Misserfolges) innerhalb einer Zeitspanne.
- Grundlage der betrieblichen Kosten- und Leistungsrechnungen.
- Ermittlung von Kennzahlen zur Abschätzung der betrieblichen Liquidität und Rentabilität.
- Bemessungsgrundlage zur Ermittlung anfallender Steuern.
- Wiedergabe der wirtschaftlichen Unternehmensverhältnisse bei Gesprächen u. a. mit Kreditgebern, Auftraggebern oder Behörden.

Gesetzliche Vorgaben

Handelsrecht:
Grundsätze ordnungsgemäßer Buchführung (GOB), u. a. mit Verpflichtung zur
- Erstellung des Jahresabschlusses,
- Aufbewahrung der Handelsbücher für 10 Jahre,
- Bewertung als Hauptaufgabe der Inventur unter Beachtung des Gläubigerschutzes.

Steuerrecht:
Abgabenordnung (AO) u. a. für neugegründete Betriebe in der Anfangsphase und Kleingewerbetreibende.
Buchführungspflicht auch für Gewerbetreibende mit
- Umsatz > 260.000 €,
- Gewinn aus Gewerbebetrieb im Wirtschaftsjahr > 25.000 €.

Gewinn- und Verlustrechnung (GuV)/Bilanz

- Eine GuV erfasst am Ende eines Wirtschaftsjahres auf je einer Seite alle Aufwendungen und Erträge.
- Die Differenz ergibt den Gewinn bzw. Verlust.
- Jahresabschluss gilt als Ergebnis der Buchführung am Ende des Wirtschaftsjahres.
- Kernpunkte sind dabei Bilanz und GuV.

Beispiel:

Bilanz der Firma …
zum 31. 12. 2003

Aktiva		Passiva	
I.: Anlagevermögen u. a. Grundstücke, Gebäude, technische Anlagen	400.000,00 €	**I.: Eigenkapital** z. B. Nennbeträge der Gesellschaftsanteile, Privateinlagen/-entnahmen	250.000,00 €
II.: Umlaufvermögen u. a. Vorräte wie Roh-, Hilfs- und Betriebsstoffe, Erzeugnisse	600.000,00 €	**II.: Verbindlichkeiten** z. B. gegenüber Kreditinstituten und Lieferanten, Anzahlungen	750.000,00 €
Summe	**1.000.000,00 €**	**Summe**	**1.000.000,00 €**

Kalkulation und Kosten – *Calculation and costs*

Prinzipien einer soliden Betriebsführung:
- Eine einwandfreie Wertarbeit,
- tragbare und angemessene Preisgestaltung,
- Kostenrechnung und Kalkulation (Teilgebiete des betrieblichen Rechnungswesens),
- Ermittlung der Selbstkosten,
- Marktgerechte Preisgestaltung bei Leistungs- oder Produktionseinheiten.

Zuschlagskalkulation

Sie eignet sich besonders für Betriebe mit unterschiedlichen Produkten bzw. Leistungen (z.B. Montagebetrieb). Dabei werden die gesamten Jahreskosten auf die Kundenleistungen bzw. das Produkt umgelegt und aufgeteilt nach:

- **Einzelkosten**
  Diese zeichnen sich durch Auftragsnähe aus. Sie sind direkt verrechenbar (Material, Lohn).
- **Gemeinkosten**
  Sie haben keinen unmittelbaren Auftragsbezug und können nur indirekt (aus Betriebsabrechnungen; BAB) ermittelt werden.
- **Zuschlagsätze**
  Sie sind Prozentsätze, mit denen die Gemeinkosten anteilig auf die Einzelkosten pro Auftrag umgelegt werden.

Beispiel:

	100,00 €	Materialkosten
+	5,00 €	5 % Materialgemeinkosten
=	105,00 €	**Materialgesamtkosten**
+	500,00 €	Arbeitslohn
+	35,00 €	7 % Lohngemeinkosten
+	150,00 €	Produktionssonderkosten
=	790,00 €	**Herstellungskosten**
+	23,70 €	3 % Zuschlag für Verwaltung und Vertrieb
=	813,70 €	**Selbstkosten**
+	40,69 €	5% Zuschlag für Gewinn und Wagnis
=	854,39 €	**Nettopreis des Angebotes**
+	136,70 €	16 % Umsatzsteuer
=	**991,09 €**	**Bruttopreis des Angebotes**

Kostenrechnungsarten

Vollkostenrechnung

- Alle Kosten werden dem Produkt bzw. der Leistung (auch Kostenträger) zugerechnet.
- Die Genauigkeit der Kalkulation ist umso besser, je differenzierter die Zuschlagsätze der einzelnen Kalkulationen sind.
- Nachteil: Durch Ermittlung der Zuschlagsätze aus dem zurückliegenden Geschäftsjahr werden laufende Veränderungen der betrieblichen Gegebenheiten nicht erfasst. Dennoch ist die Vollkostenrechnung im Handwerk noch dominierend.

Teilkostenrechnung

- Die Mängel der Vollkostenrechnung werden vermieden, indem man dem Produkt oder Auftrag nur die variablen Kosten anlastet.
- **Variable Kosten** steigen oder sinken mit der Veränderung der Auftragslage linear, progressiv oder degressiv.
- **Fixe Kosten** sind unabhängig vom Beschaffungsgrad. Der Fixkostenanteil ist dann am geringsten, wenn der Betrieb maximal ausgelastet ist.

Deckungsbeitragsrechnung

- **Deckungsbeitrag** ist bei der Teilkostenrechnung die Differenz von Auftragserlös und variablen Kosten.
- **Gewinn** entsteht dann, wenn im Abrechnungszeitraum die Deckungsbeiträge höher sind als die Fixkosten.
- **Konkurrenzsituation** erfordert die Kenntnis der unteren Kosten- und Preisgrenze.
- **Kalkulatorischer Ausgleich** liegt dann vor, wenn Aufträge mit relativ hohem Deckungsbeitrag solche ausgleichen, bei denen nur ein geringer Teil der Fixkosten gedeckt wird.

Beispiel:

Auftrag	Erlös	variable Kosten	Deckungsbeitrag (D)	fixe Kosten (F)	Gewinn (=D – F)
1	9.500,00 €	6.500,00 €	3.000,00 €	–	–
2	11.500,00 €	7.500,00 €	4.000,00 €	–	–
3	6.000,00 €	4.500,00 €	1.500,00 €	–	–
4	8.500,00 €	6.000,00 €	2.500,00 €	–	– ①
Summe	35.500,00 €	24.500,00 €	11.000,00 €	11.100,00 €	–100,00 €
⋮	⋮	⋮	⋮	⋮	⋮
5	10.000,00 €	9.000,00 €	1.000,00 €	–	– ②
Summe	45.500,00 €	33.500,00 €	12.000,00 €	11.100,00 €	900,00 €

Aufträge 1 … 4 ergeben Verlust ①.
Ausführung des 5. Auftrages führt zum Gewinn ②.

Kundengespräch – *Conversing with the customer*

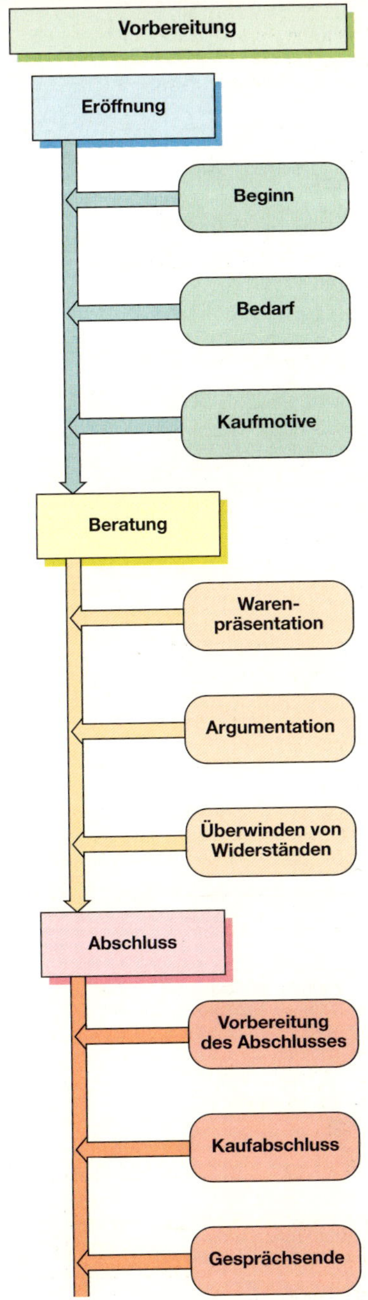

Die Reihenfolge hängt vom Gesprächsverlauf ab!

Vorbereitung
- Intensive Auseinandersetzung mit dem Ziel und dem möglichen Kunden.
- Gesprächsstrategie entwickeln.

Beginn
- Kunden zur Kenntnis nehmen (Blickkontakt).
- Kontakt aufnehmen, ihn positiv ansprechen.
- Beratung anbieten.
- Fachkundige Erstinformationen.

Bedarf
- Offene Fragen zum Bedarf stellen.
- Offene Fragen zum Nutzen stellen.
- Präzisierung der Wünsche vornehmen.
- Keine peinlichen oder indiskreten Fragen stellen.
- Fragen nach Preisvorstellungen noch vermeiden.

Kaufmotive
- Aufmerksam zuhören, Verständnisfragen stellen.
- Kaufmotive erforschen.
- Kaufmotive rationaler und emotionaler Art unterscheiden.
- Argumente kundenorientiert und motivationsfördernd einbringen.

Warenpräsentation (evtl. Modelle)
- Präsentation dem Auffassungsvermögen des Kunden anpassen.
- Auswahl und Vergleich ermöglichen.
- Unterstützende Materialien (Prospekte usw.) zur Veranschaulichung einsetzen.
- Vielfältige Sinne ansprechen.
- Beginn mit mittlerer Preisklasse.

Argumentation
- Preis-Nutzen-Relation herausstellen.
- Entscheidungshilfen vorbereiten.
- Kenntnisse über Produkte gezielt einsetzen.

Überwinden von Widerständen
- Argumente des Kunden wahrnehmen.
- Argumentationsketten aufbauen (Behauptung mit Begründung).
- Qualitätsbestimmende Merkmale und Eigenschaften hervorheben.
- Nutzungsargumente betonen.
- Zusatzangebote, Serviceleistungen hervorheben.

Vorbereitung des Abschlusses
- Einwände beachten und eventuell entkräften.
- Dem Kunden die Entscheidung überlassen.

Kaufabschluss
- Zügige Abwicklung.
- Kaufentscheidung positiv herausstellen.
- Zufriedenheit artikulieren.

Gesprächsende
- Dank aussprechen und Verabschiedung.
- Wunsch für weitere Besuche zum Ausdruck bringen.

Arbeitsbericht – *Work report*

Ein Bericht soll **verständlich** geschrieben sein, das **Wesentliche** enthalten und **übersichtlich** gestaltet sein.

Arbeitsbericht	
Projekt	Name, Beschreibung
Auftraggeber	Name. Institut, …
Verfasser	Der Verantwortliche für die Erstellung des Berichts.
Letzte Änderung	Datum der letzten Änderung.
Dateiablage	Dateiname, Ort der Dateiablage, Ordner, …
Zeit	Zeitspanne, für den dieser Bericht erstellt wurde (von … bis …)
Status	Z. B. unproblematisch, kritisch, ansatzweise kritisch, …, 50 %, …
Aufgabenfortschritt	Fertigstellungsgrad (Angabe z. B. in %)
Besondere Ereignisse	Z. B. folgende Teilaufgabe wurde erfolgreich abgeschlossen: …
Nachfolgende Aktivitäten	Was ist als nächstes zu erledigen, …
Zu erwartende Schwierigkeiten	Welche Probleme können bei den nächsten Teilaufgaben auftreten?
	Welche Entscheidungen müssen von wem und bis wann getroffen werden?
Entscheidungs- und Handlungsbedarf	Welche Probleme treten auf, wenn die geforderten Entscheidungen nicht getroffen werden?
…	Welche Handlungen müssen von wem und wann durchgeführt werden?
	Welche Probleme treten auf, wenn die Handlungen nicht ausgeführt werden?

Arbeitsorganisation – *Work organisation*

Gliederung und **Gestaltung** eines Arbeitsablaufs nach
- aufgabenmäßigen,
- inhaltlichen und
- zeitlichen Gesichtspunkten.

Einteilung
- aufbauorganisatorisch und
- ablauforganisatorisch

Menschliche Leistungskurve

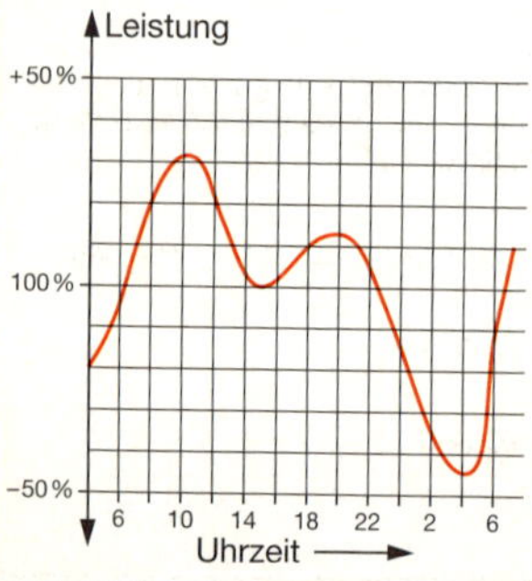

Zusammenwirken mehrerer Arbeitsplätze

Arbeitsaufgabe auftragsbezogen

Eingabe

Nicht gestaltbare Umgebungsbedingungen: z. B. gesetzliche Bestimmungen, tarifvertragliche und betriebliche Vereinbarungen

Arbeitsorganisation
- **Kapazitätsbedarf** (Zeitbedarf, gegenseitige Abhängigkeit)
- **Kooperation** (Kommunikations- und Informationsformen)

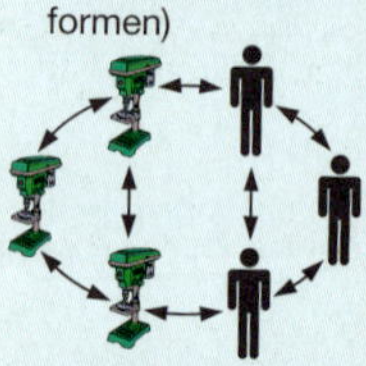

Gestaltbare Umgebungsbedingungen z.B. Arbeitszeit, Pausenregime

Arbeitsergebnis objektbezogen: personenbezogene Überprüfung der Leistung

Ausgabe

Arbeitsergebnis subjektbezogen: Förderung der Motivation durch Information, Lernangebot, Partizipation und Entgeltdifferenzierung

Lastenheft, Pflichtenheft – *Requirement specification, Performance specification*

Lastenheft

DIN VDI/VDE 3694: 91-04

- Das Lastenheft enthält alle Forderungen des Auftraggebers (Kunden) an die Lieferungen und/oder Leistungen eines Auftragnehmers.
- Die Forderungen sind aus Anwendersicht einschließlich aller Randbedingungen zu beschreiben. Diese sollten quantifizierbar und prüfbar sein.
- Im Lastenheft wird definiert, was für eine Aufgabe vorliegt und wofür diese zu lösen ist.

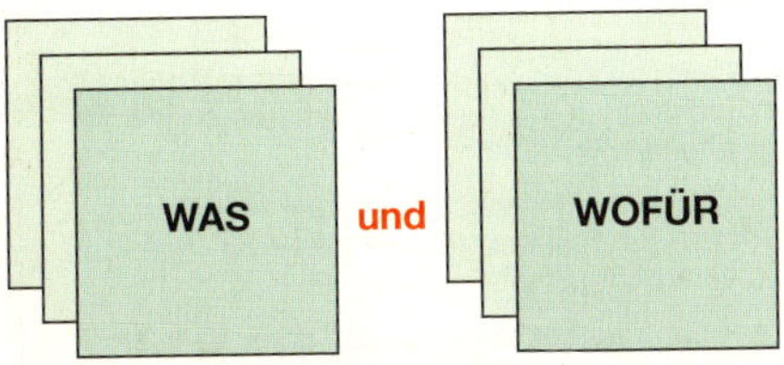

Voraussetzungen für die Erstellung

- Guten Kontakt zwischen allen Beteiligten herstellen.
- Wesentliche Anforderungen durch Markt-, Kunden- und Umfeldanalyse ermitteln.

Durchführung

- Keine allgemeingültigen Vorgaben.
- Umfang und Inhalt ist stark von der Zielsetzung abhängig.
- Ermittlung der
  - Anforderungsträger
  - Produktfaktoren aus Kundensicht
  - Kaufentscheidende Faktoren
  - Anforderungen aus dem Umfeld
  - Anforderungen aus dem Unternehmen
  - Anforderungen des Vertriebs
  - Anforderungen von Lieferanten und von Kooperationspartnern
  - Produktionsprofile
  - …

Vorteile

- Einheitliche Vorgabe für alle am Entwicklungsprozess Beteiligten.
- Weniger Missverständnisse und Versäumnisse durch eine systematische Dokumentation.

Nachteile

- Hoher Aufwand
- Individuelle Erstellung (keine Standardisierung)

Einsatzbereiche

- Dokumentation der Anforderungen als Abschluss der Planung eines Produktes bzw. einer Dienstleistung.
- Prinzipiell für alle Produkte bzw. Dienstleistungen einsetzbar.

Pflichtenheft

DIN VDI/VDE 3694: 91-04

- Das Pflichtenheft enthält das vom Auftragnehmer erarbeitete Realisierungsvorhaben auf der Grundlage des Lastenheftes.
- Das Pflichtenheft ist Anlage des Lastenheftes.
- Im Pflichtenheft werden die Anwendervorgaben detailliert und in einer Erweiterung die Realisierungsforderungen unter Berücksichtigung konkreter Lösungsansätze beschrieben.
- Im Pflichtenheft wird definiert, wie und womit die Forderungen zu realisieren sind.

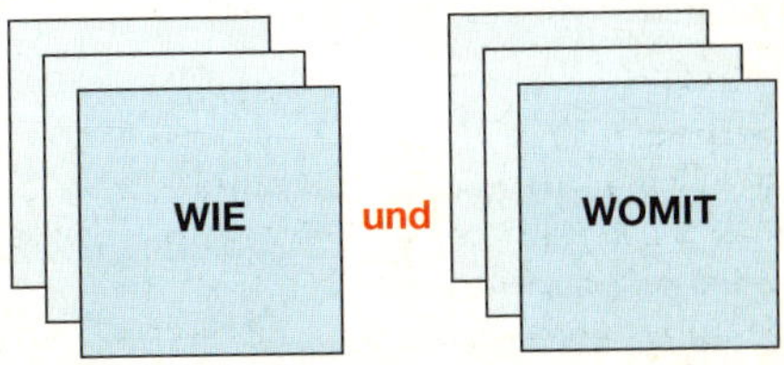

Funktion

- „Roter Faden" während des Ablaufs der Entwicklung, Produktion, …

Wesentliche Bestandteile (Beispiele)

- Name des Prozesses, Projektes, Vorhabens, …
- Verfasser des Pflichtenheftes
- Version
- Ablage der Datei, Dokumentation
- Ziele
  Beschreibung, Nutzen für den Auftraggeber (Kunden), aktuelle Situation (z. B. bisheriges System)
- Anforderungen
  - **Vollständigkeit**
    Alle Details der Anforderungen sind zu definieren. Es sollten so wenig wie möglich Aspekte als selbstverständlich eingeschätzt werden.
  - **Eindeutigkeit**
    Damit keine Missverständnisse entstehen, sind die Anforderungen möglichst mit einfachen Worten zu definieren.
  - **Testbarkeit**
    Alle Anforderungen müssen überprüfbar sein. Dieses ist eine Voraussetzung für die Abnahme durch den Auftraggeber.
- Schnittstellen
  Verbindungen zu anderen Systemen, Projekten, usw.
- Randbedingungen
- Unterschriften
  - Projektauftraggeber
  - Projektleiter
  - …

Teamentwicklung, Teamarbeit – *Team development, team work*

Traditionelle Organisationseinheiten

- Abläufe und Vorgänge sind eindeutig festgelegt. Jeder weiß genau, **wer was wie** zu tun hat.
- Die Aufgaben werden den einzelnen Mitarbeitern vom jeweiligen Vorgesetzten zugeteilt.
- Es gibt klare Kontrollmechanismen zur Sicherung der vorschriftsmäßigen Arbeitsdurchführung und der zu erwartenden Qualität.
- Kommunikation und übergreifende Problemlösungen mit anderen Abteilungen oder sonstigen Unternehmensbereichen erfolgen über den Vorgesetzten oder durch eine ausdrücklich von diesem bestimmte Person.
- Organisationseinheiten sind dauerhaft installiert. Sie haben klar umrissene Aufgaben- und Kompetenzbereiche.

Phasen der Teamentwicklung

Kontaktphase

Vorgesetzte und Teammitglieder:
- Klärung gegenseitiger Erwartungen, Ziele, Rahmenbedingungen

Notwendige Voraussetzungen der Beteiligten:
- Offenheit, Ehrlichkeit und Engagement

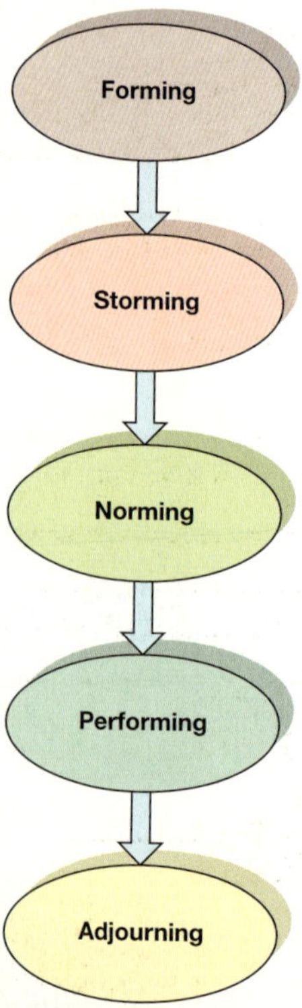

- Erstes Kennenlernen
- Individuelle Verhaltensmuster werden erprobt

- Gegensätzliche Meinungen werden deutlich
- Konflikte entstehen
- Machtkämpfe

- Widerstände sind überwunden
- Eingespielte Verhaltensweisen
- Regeln werden akzeptiert

- Geklärte Rollen
- Konzentration auf die Aufgaben
- Effektive Arbeit mit höchster Leistung

- Auflösung der Strukturen durch Zu- und Abgänge
- Neubeginn

Teamarbeit

- Teams sind Arbeitsgruppen, die sich mit Hilfe des Teamleiters selbst organisieren.
- Innerhalb eines Teams gibt es keine Hierarchiestufen. Jeder beteiligt sich nach persönlichen Fähigkeiten und Fertigkeiten an der gemeinsamen Aufgabe.
- Die Arbeit erfolgt in fach- und abteilungsübergreifenden Gruppen.
- Unterschiedliches Spezialistenwissen und unterschiedliche Erfahrungen werden im Team zur gemeinsamen Lösung komplexer Aufgaben kombiniert.
- Zwischen den Teams eines Unternehmens bestehen rege Kontakte. Informationen werden offen ausgetauscht.
- Teams werden nicht auf Dauer installiert, sondern für bestimmte Vorhaben oder Projekte zusammengestellt.
- Wenn das gemeinsame Ziel erreicht oder die gemeinsame Aufgabe gelöst ist, können die einzelnen Mitglieder neuen Teams zugeordnet werden.

Voraussetzungen an die Beteiligten:

Flexibilität + **Selbstantrieb** + **Eigenverantwortung**

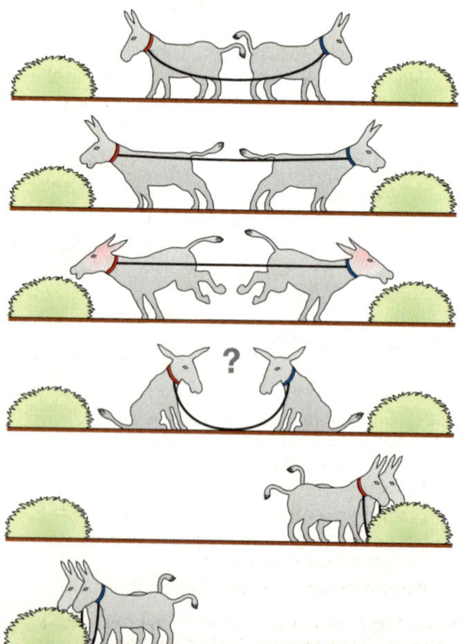

Projektmanagement – *Project management*

Projekt

Definition

- Ein **Projekt** ist ein Vorhaben
  - das ein bestimmtes Ziel realisieren soll (**Sachziele**),
  - dessen Anfangs- und Endpunkte festgelegt sind (**Termine**),
  - das über begrenzte personelle und materielle Ressourcen verfügt (**Kosten**).
- Weitere Kennzeichen für Projekte sind:
  - **einmalig** und **neuartig** im Ablauf,
  - **komplex** in den Zusammenhängen,
  - **interdisziplinär** in der Zusammenarbeit.
- Projekte werden von **Projektleitern** mittels **Projektmanagementmethoden** geführt.

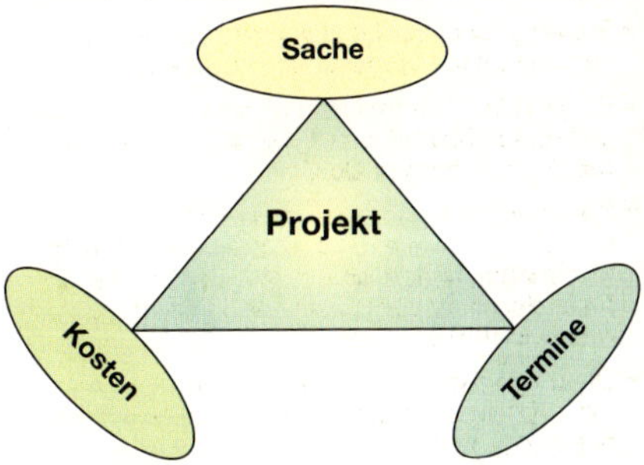

Projekt-Organisationsformen

Reine Projektorganisation

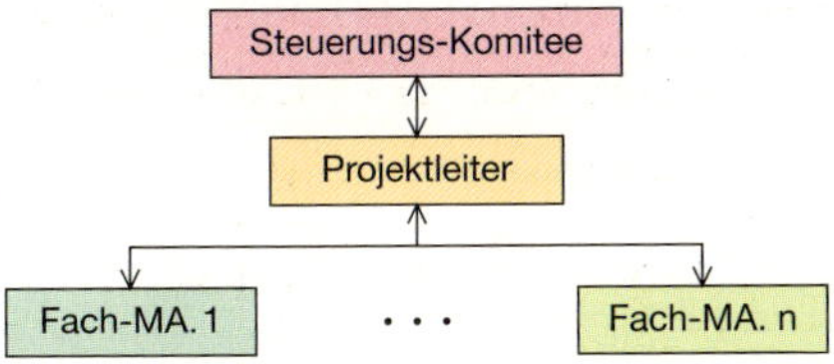

MA: Mitarbeiter

- **Vorteile**:
  - 100 % Zuteilung der Mitarbeiter,
  - klare Kompetenzteilung,
  - klare Verantwortlichkeiten.
- **Nachteile**:
  - Spezialisierungsgefahr,
  - zeitweise Überkapazitäten, wenn keine Projekte
  - Ausgliederung aus Firmenhierarchie.

Stab-Linien-Projektorganisation

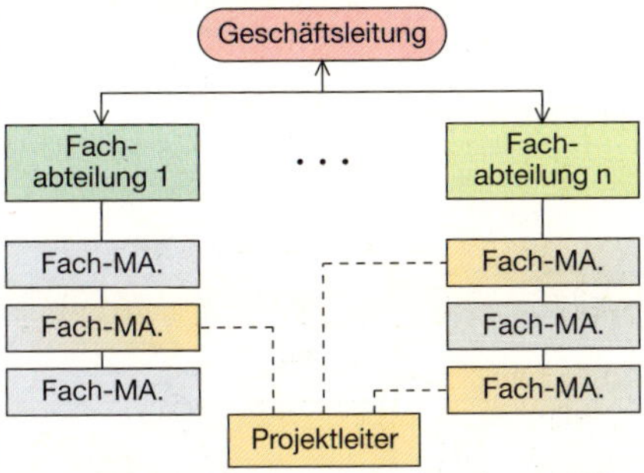

- **Vorteile**:
  - unwesentliche organisatorische Umstellung,
  - hohe Flexibilität durch Mitarbeiter-Pool in den Fachabteilungen,
  - kostengünstig,
  - Wiedereingliederung der Mitarbeiter nach Projektende entfällt.
- **Nachteile**:
  - ggf. umständliche Entscheidungsfindung,
  - Interessenkonflikte zwischen Abteilungsleitung und Projektmitarbeitern,
  - durch Dezentralisierung der Aufgaben ist starke Kontrolle erforderlich.

Projektmanagement

Definition

- Das **Projektmanagement** ist eine Methodik zur optimalen Abwicklung von Projekten und wird vom **Projektleiter** angewendet zur
  - **Führung** der Projektmitarbeiter,
  - **Planung** der erforderlichen Projektaktivitäten,
  - **Koordinierung** der beteiligten internen und externen Projektbeteiligten,
  - **Kontrolle** der erreichten Projektziele.
- Das Projektmanagement ist die **zentrale Funktion** im Rahmen einer Projektabwicklung.

Funktionale Anordnung

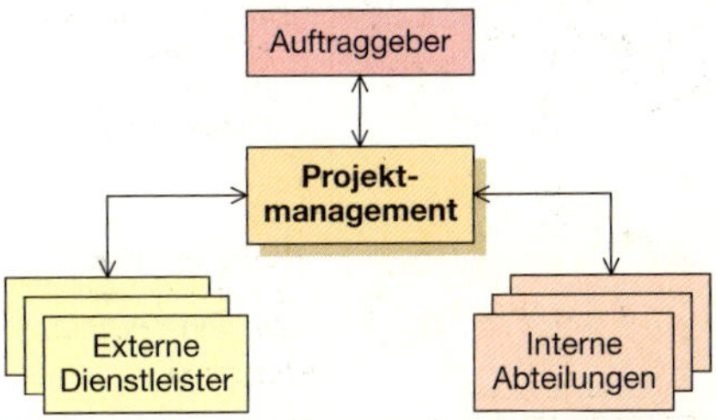

Projektstrukturierung – *Project structuring*

- Zur Verbesserung der **Übersichtlichkeit** und **Steuerbarkeit** werden Projekte in der Regel in überschaubare und handhabbare Teilaufgaben zerlegt.
- Bedingt durch unterschiedliche Anforderungen und Sichtweisen erfolgt die Zerlegung in eine
  - **Produktstruktur**,
  - **Projektstruktur**,
  - **Kontenstruktur**.
- Diese Strukturierungen sind die Grundlage für die **Projektplanung** und **Projektkontrolle** im Rahmen des **Projektmanagements**.
- Alle Plandaten und Istdaten des Projekts müssen auf diese Strukturkomponenten beziehbar bzw. daraus ableitbar sein.
- Je sorgfältiger die Planung zu Beginn des Projekts durchgeführt wird, desto größer ist der Projekterfolg.

Produktstruktur

- Die **Produktstruktur**
  - ist eine Gliederung des Produkts/Systems aus technischer Sicht,
  - sie enthält alle zu entwickelnden Produkt-/Systemteile (z. B. Hard- und Software) und beschreibt die **Realisierungsstruktur**,
  - wird top-down bis auf die kleinste in sich geschlossene Komponente gegliedert,
  - kann in grafischer Form als **Produktstrukturplan** und/oder in tabellarischer Form erstellt werden.
- Abhängig von der Art des Projekts kann der Produktstrukturplan ausgerichtet sein als
  - **Funktionsstrukturplan** (beschreibt die Funktionen des geplanten Produkts/Systems),
  - **Anlagenstrukturplan** (beschreibt die technischen Komponenten innerhalb einer Anlagenentwicklung),
  - **Systemstrukturplan** (beschreibt die Komponenten von z. B. Hardware-/Software-Entwicklungen).

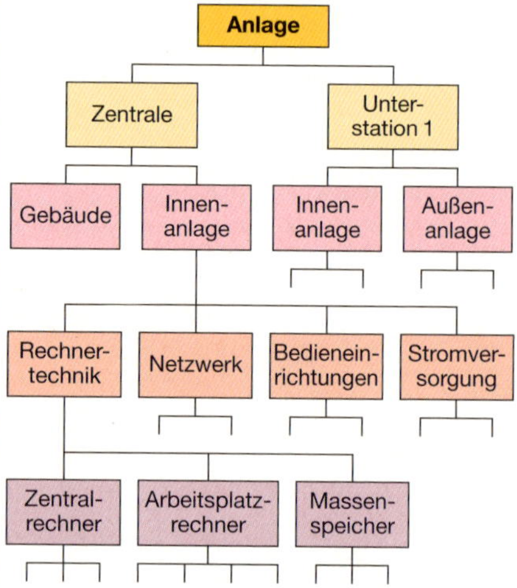

Projektstruktur

- Die **Projektstruktur**
  - beinhaltet eine **aufgabenmäßige Strukturierung** des Projekts (**was** ist zu **tun**),
  - umfasst alle für die Realisierung des Vorhabens erforderlichen Aufgabenpakete und wird auch **Aufgabenbaum** genannt,
  - wird soweit detailliert, bis einzelne Arbeitspakete einer Arbeitsgruppe oder einzelnen Mitarbeitern zugeordnet werden können.

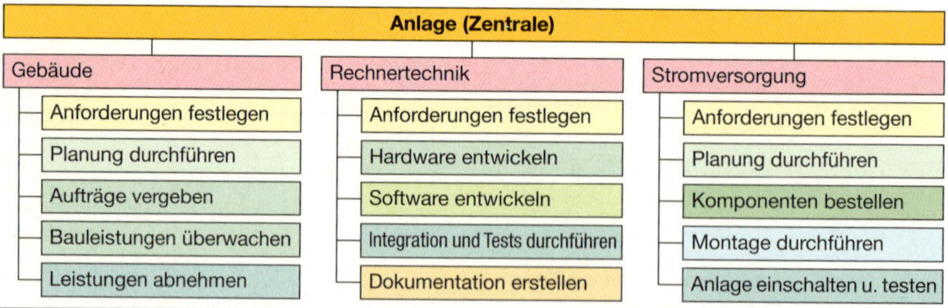

Kontenstruktur

- Die **Kontenstruktur**
  - beinhaltet eine **Konteneinteilung** aus kaufmännischer Sicht,
  - kann entsprechende Unterkontenbildung oder Kontenzusammenfassung beinhalten,
  - kann grundsätzlich aufgebaut sein nach Art des Auftrages als **vertriebsorientiert** (Kundenauftrag) oder **entwicklungsorientiert** (interner Entwicklungsauftrag),
  - kann gegliedert sein z. B. nach **Kostenverursacher**, **Kostenkomponenten** oder orientiert am **Terminplan**.

Qualitätsmanagement – *Quality management*

- Qualitätsmanagementsysteme beinhalten Anforderungen unter anderem zur Qualitätssicherung z.B. bei Produkten.
- Ein prozessorientierter Ansatz in einem QM-System ist dabei definiert als
  – die Anwendung eines Systems von Prozessen in einer Organisation, verbunden mit dem Erkennen und den Wechselwirkungen dieser Prozesse sowie deren Management.
- Wird der prozessorientierte Ansatz in einem QM-System verwendet, sind folgende Punkte von hoher Bedeutung:
  – Verstehen und Erfüllen von Anforderungen,
  – Prozesse aus der Sicht der Wertschöpfung betrachten,
  – Ergebnisse bezüglich Prozessleitung und -wirksamkeit erzielen,
  – ständige Verbesserung von Prozessen auf der Grundlage objektiver Messungen.
- Die DIN EN ISO 9001: 2000 beschreibt einen prozessorientierten Ansatz für die
  – Entwicklung,
  – Verwirklichung und
  – Verbesserung
  der Wirksamkeit eines QM-Systems.
- Diese Norm ist anzuwenden von Organisationen
  – die ihre Fähigkeit zur ständigen Bereitstellung von Produkten darzulegen hat, die die Anforderungen der Kunden und die zutreffenden behördlichen Anforderungen erfüllen,
  – die danach streben, die Kundenzufriedenheit durch wirksame Anwendung des Systems zu erhöhen.
- Die DIN EN ISO 9001: 2000 ersetzt
  – EN ISO 9001: 1994
  – EN ISO 9002: 1994,
  – EN ISO 9003: 1994.

Prozessorientiertes QM-System

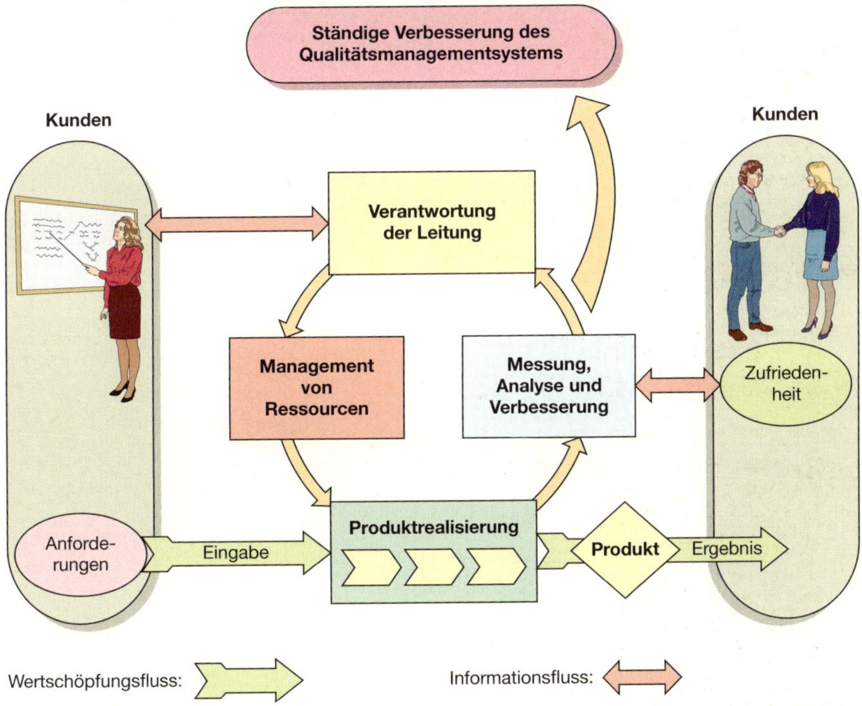

- **Qualitätssicherung**:
  Teil des Qualitätsmanagements.
  Gerichtet auf das Erzeugen von Vertrauen, dass Qualitätsanforderungen erfüllt werden.
- **Ständige Verbesserung**:
  Wiederkehrende Tätigkeiten zum Erhöhen der Fähigkeiten, Anforderungen zu erfüllen.
- **Qualitätsmangementplan**:
  In diesem Dokument ist festgelegt, welche Verfahren und zugehörige Ressourcen wann und durch wen im Rahmen eines spezifischen Projekts, Prozesses oder Vertrages anzuwenden sind.
- **Konformität**:
  Erfüllung einer Anforderung

DIN EN ISO 9001

Struktur der Anforderungen

Qualitätsmanagementsystem
- Allgemeine Anforderungen
- Dokumentationsanforderungen
  - Allgemeines
  - Qualitätsmanagementhandbuch
  - Lenkung von Dokumenten
  - Lenkung von Aufzeichnungen

Verantwortung der Leitung
- Verpflichtung der Leitung
- Kundenorientierung
- Qualitätspolitik
- Planung
  - Qualitätsziele
  - Planung des Qualitätsmanagementsystems
- Verantwortung, Befugnis und Kommunikation
  - Beauftragter der obersten Leitung
  - Interne Kommunikation
- Managementbewertung
  - Allgemeines
  - Eingaben für die Bewertung
  - Ergebnisse der Bewertung

Management von Ressourcen
- Bereitstellung von Ressourcen
- Personelle Ressourcen
  - Allgemeines
  - Fähigkeit, Bewusstsein und Schulung
  - Infrastruktur
  - Arbeitsumgebung

Produktrealisierung
- Planung der Produktrealisierung
- Kundenbezogene Prozesse
  - Ermittlung der Anforderungen in Bezug auf das Produkt
  - Bewertung der Anforderungen in Bezug auf das Produkt
  - Kommunikation mit dem Kunden
- Entwicklung
  - Entwicklungsplanung
  - Entwicklungseingaben
  - Entwicklungsergebnisse
  - Entwicklungsbewertung
  - Entwicklungsverifizierung
  - Entwicklungsvalidierung
  - Lenkung von Entwicklungsänderungen
- Beschaffung
  - Beschaffungsprozess
  - Beschaffungsangaben
  - Verifizierung von beschafften Produkten
- Produktion und Dienstleistung
  - Lenkung der Produktions- und Dienstleistungserbringung
  - Validierung der Prozesse zur Produktion und zur Dienstleistungserbringung
  - Kennzeichnung und Rückverfolgbarkeit
  - Eigentum des Kunden
  - Produkterhaltung
  - Lenkung von Überwachungs- und Messmitteln

Messung, Analyse und Verbesserung
- Allgemeines
- Überwachung und Messung
  - Kundenzufriedenheit
  - Internes Audit
  - Überwachung u. Messung von Prozessen
  - Überwachung u. Messung des Produkts
- Lenkung fehlerhafter Produkte
- Datenanalyse
- Verbesserung
  - Ständige Verbesserung
  - Korrekturmaßnahmen
  - Vorbeugungsmaßnahmen

Entwicklung von Qualitätsmerkmalen – *Quality function deployment*

- **QFD** (**Q**uality **F**unction **D**eployment)
  - ist eine strukturierte Methode zur systematischen und ganzheitlichen Produkt- und Qualitätsplanung,
  - wird angewendet zur gezielten Umsetzung von **Kundenwünschen** (Forderungen) in Produktmerkmale und in Prozessabläufe,
  - hat bei konsequenter Anwendung einen hohen Einfluss auf die Qualität,
  - wird eingesetzt in den Phasen von der **Produktidee** bis zur **Prozessplanung**.
- Ziele von QFD sind:
  - Gewinnung zufriedener Kunden,
  - Optimierung des Kundennutzens,
  - Verbesserung der relativen Wettbewerbsposition,
  - Gewinnung von Marktanteilen.
- Aus der Orientierung an den Kundenwünschen (Stimme des Kunden) werden alle Anforderungen an das Produkt in Form eines Lastenheftes für alle betroffenen Abteilungen innerhalb einer Firma zur Realisierung als verbindlich vorgegeben.

Qualitätshaus

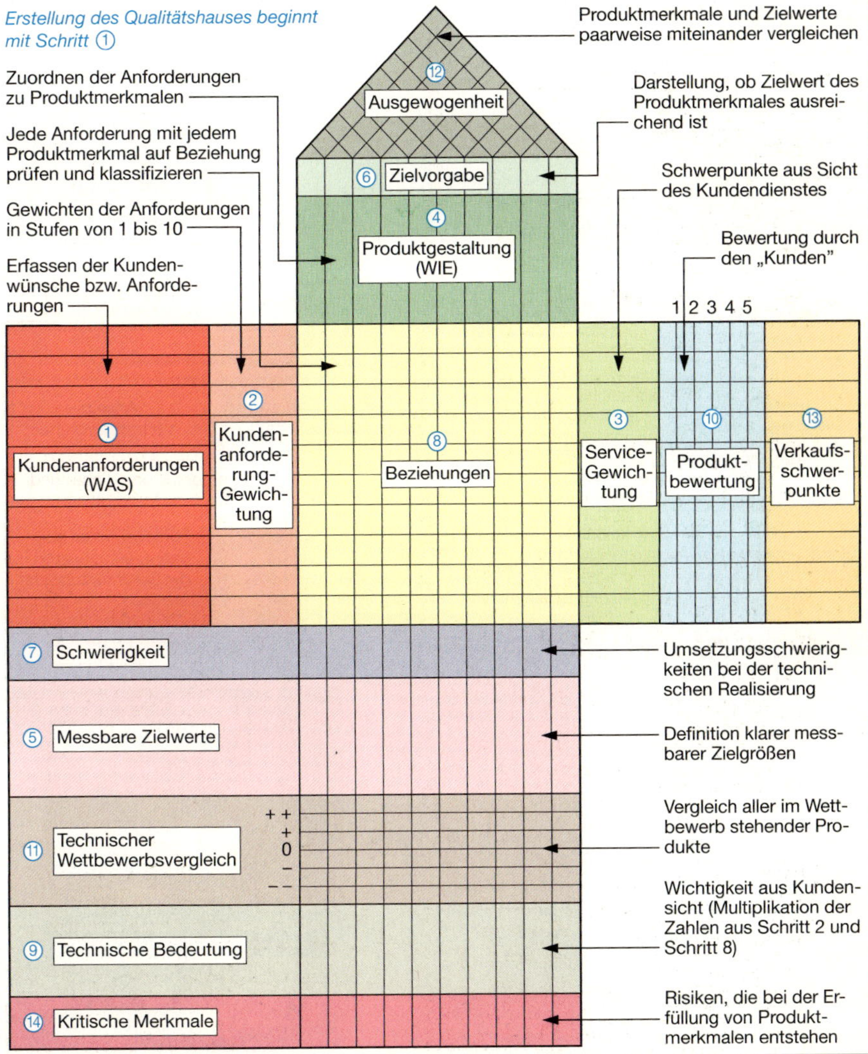

Arbeitsschutz – *Maintenance of industrial and safety standards* BGV A1, A2, A4

Gefährdungen bei Elektroinstallationsarbeiten

- Umgang mit elektrischen Betriebsmitteln
- Arbeiten in gefährdeten Bereichen (z. B. große Höhe)
- Äußere Umwelteinwirkungen und Maschinen (z. B. beim Schleifen)
- Art der Baustelleneinrichtung (z. B. Erste-Hilfe-Material)

Gesetzliche Regelung im Arbeitsschutzgesetz (ArbSchG) zur

- Regelung der grundlegenden Pflichten des Arbeitgebers,
- Festlegung der Pflichten und Rechte des Arbeitnehmers,
- Überwachung des Arbeitsschutzes durch die zuständigen Behörden (**Berufsgenossenschaften BGV**).

Pflichten des Arbeitgebers

- Elektrische Anlagen und Betriebsmittel
  - nach den elektrotechnischen Regeln betreiben,
  - nur von einer Elektrofachkraft bzw. unter deren Aufsicht errichten, ändern und instandhalten,
  - auf einen ordnungsgemäßen Zustand prüfen und Mängel unverzüglich beseitigen.
- Erforderliche persönliche Schutzkleidung dem Arbeitnehmer zur Verfügung stellen.
- Sicherheitsrelevante Arbeitsgeräte (z. B. Leitern) in ausreichender Anzahl und technisch einwandfreiem Zustand zur Verfügung stellen.

Pflichten des Arbeitnehmers

- Sicherheitstechnische Bestimmungen am Arbeitsplatz einhalten und Anweisungen befolgen.
- Vor Arbeitsbeginn alle sicherheitsrelevanten Arbeitsgeräte und Hilfsmittel überprüfen.
- Elektrotechnische Bestimmungen einhalten.
- Bei Übertragung der Unternehmerpflichten an die Elektrofachkraft (BGV A1, §12) deren Einhaltung kontrollieren. Die Übertragung muss schriftlich bestätigt werden.
- Persönliche Schutzausrüstung tragen.

Elektrotechnische Fachkräfte

Anlagenverantwortlicher
Verantwortlich für den Betrieb einer elektrischen Anlage (Elektrofachkraft)
DIN VDE 0105-100

Elektrofachkraft
Maßnahmen und Entscheidungen in eigener Verantwortung. Voraussetzung ist eine Fachausbildung.

Verantwortliche Elektrofachkraft
Fach- und Aufsichtsverantwortung bei Übertragung durch den Unternehmer.
DIN VDE 0100-100

Arbeitsverantwortlicher
Für jede Arbeit benannt; verantwortet die Durchführung der Arbeiten.
VDE 0105-100

Persönliche Schutzausrüstung

Zusätzlich zur Arbeitsschutzbekleidung muss je nach Arbeitsgefährdung folgende Schutzausrüstung getragen werden:

- **Kopfschutz** – Schutzhelm DIN 4840
- **Augenschutz** – Schutzbrille DIN 4646-1
- **Schallschutz** – Gehörschutzstöpsel bis 110 dB (A) bzw. Gehörschutzkapseln bis 120 dB (A)
- **Fußschutz** – Sicherheitsschuhe DIN 4843
- **Handschutz** – Sicherheitshandschuhe DIN 4841-1
- **Atemschutz** – Filtergeräte DIN 3181
- **Absturzschutz** – Sicherheitsgeschirr (Halte- bzw. Auffanggurt)

Verhalten bei Notfällen – *Behaviour in emergencies*

Logo: Erste Hilfe

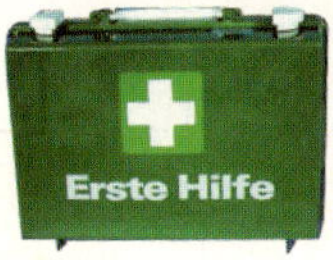

Erste-Hilfe-Kasten

Rettungsdienste:

Malteser, Deutsches Rotes Kreuz, ASB, DLRG, Johanniter-Unfall-Hilfe

Notfall-Rettungskette

1. **Sofortmaßnahme**
2. **Notruf**
3. **Erste Hilfe**
4. **Rettungsdienst**
5. **Krankenhaus**

Notruf

- Wo ist der Unfall?
- Was ist geschehen?
- Wie viele Verletzte gibt es?
- Welche Verletzungen sind vorhanden?
- Warten auf Rückfragen!

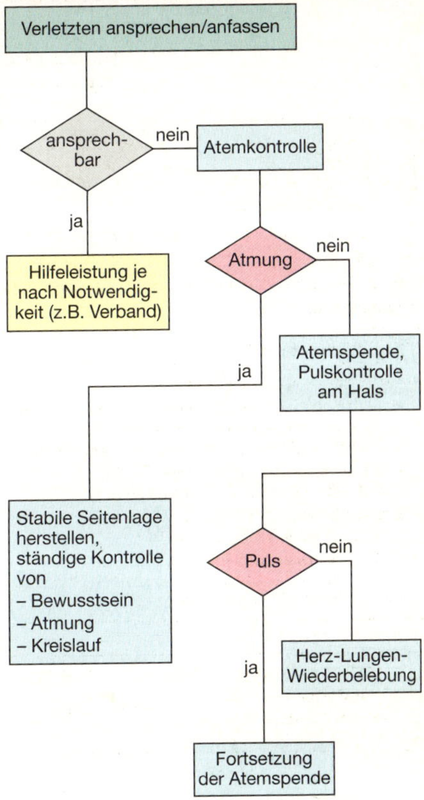

	Versagen der Atmung/ Atemstillstand	Herzversagen/ Herzstillstand	Kreislaufversagen/ Schock	Starke Blutung
Symptome	• Flache, unregelmäßige Atmung bzw. keine Atembewegung mehr wahrnehmbar; • keine Atemgeräusche hörbar; • bläuliche Verfärbung der Haut (Lippen, Ohrläppchen); • Bewusstlosigkeit	• Bewusstlosigkeit; • erweiterte Pupillen; • blaue oder weißliche (blasse) Verfärbung der Haut	• Schwacher, beschleunigter Puls; • feuchte, blasse, kalte Haut; • Unruhe, Angst	• Bei Verletzung der Schlagader pulsierender Blutaustritt; • hellrote Farbe des Blutes
Maßnahmen	• Verletzten in stabile Seitenlage bringen; • Mund- und Rachenraum von Fremdkörpern (Speisereste, Erbrochenes) säubern; • Atmung überwachen; • Bei Atemstillstand mit der Atemspende beginnen	• Sofort mit Herzdruckmassage beginnen; • Achtung: Ersthelferausbildung ist hierfür unbedingt erforderlich	• Schocklage herstellen (Oberkörper flach legen, Beine schräg nach oben); • Achtung: Schocklage nicht bei Verletzung der Beine oder Wirbelsäule; • vor Unterkühlung schützen; • durch Ansprache beruhigend wirken; • Atmung und Puls kontrollieren	• Druckverband anlegen, sterile Auflage (Einmalhandschuh verwenden!); • leichte Blutung aus Nase: Kopf nach vorne neigen, Kinn in die Hand stützen lassen, kalter Umschlag auf den Nacken; • bei verletzter Schlagader die Ader abdrücken bzw. abbinden

Informationsquellen – *Sources of information*

Druckmedien (Printmedien)

Fachbücher

Der Inhalt ist systematisch, übersichtlich und im Zusammenhang dargestellt.

Fachbücher sind gut geeignet zur Vorbereitung und Nachbereitung an beliebigen Orten.

Dauerhafte und individuell eingefügte Markierungen erleichtern den Zugriff und die Handhabbarkeit.

Fachbücher können auch über das Stichwortverzeichnis als Nachschlagewerk verwendet werden. Das Quellen- und Literaturverzeichnis liefert Hinweise über weiterführende Literatur.

Fachzeitschriften

Behandelt werden begrenzte Gebiete oder nur Teile eines Fachgebietes.

Fachzeitschriften sind aktuelle Informationsquellen. Mitunter kann es sinnvoll sein, die reinen Fachaufsätze getrennt zu sammeln und zu archivieren.

Lexikon, Tabellenbuch, Handbuch

Einzelne Fachgebiete sind geordnet, übersichtlich, anschaulich und mitunter in Tabellenform dargestellt. Ein schneller Zugriff auf wesentliche Informationen soll dadurch erleichtert werden.

Sie eignen sich in der Regel zum Nachschlagen bestimmter Sachverhalte oder Themen. Alphabetische oder themenbezogene Gliederungen kommen vor.

Ein sinnvoller Zugriff auf Themen oder Begriffe erfolgt in der Regel über das Stichwortverzeichnis.

Firmenunterlagen

Diese Informationsquellen sind in der Regel auf eine bestimmte Zielgruppe ausgerichtet, z. B.:

Käufer ⇒ Produktwerbung, Selbstdarstellung

Service ⇒ Technische Informationen und Bedienungsanleitungen

Multimedia

Informationsquellen mit diesem Merkmal enthalten neben Textinformationen auch akustische Informationen und Videosequenzen. Die Datenträger sind in der Regel CDs bzw. DVDs.

Mit Hilfe des Computers lassen sich einzelne Programmelemente bzw. Seiten abrufen (über Links) und dem eigenen Auffassungsvermögen (Schnelligkeit, Wiederholung, Standbild, usw.) anpassen.

Der Benutzer kann aufgefordert werden, aktiv in die Darbietung einzugreifen (interaktiv).

Bestimmte Teile lassen sich ausdrucken und können dann wie eine reine Textinformation benutzt werden.

Internet

Internet-Dienste:

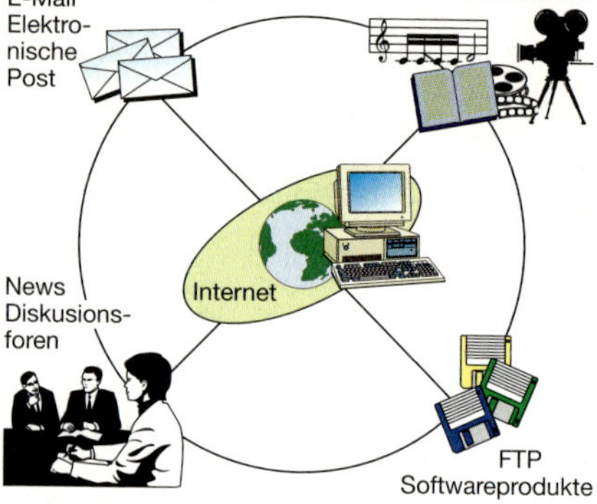

E-Mail

Elektronisches Versenden oder Empfangen von Nachrichten (Electronic Mail). Die Nachricht kann gespeichert oder ausgedruckt oder sofort beantwortet werden. Alle Teilnehmer besitzen eine elektronische Postadresse, z. B.: *Schulservice@westermann.de.*

WWW (World-Wide-Web)

Multimediale Benutzeroberfläche des Internets. Angebote und Informationen können aufgerufen, gespeichert oder ausgedruckt werden. Die Informationen können umfassen: Texte, Bilder, grafische Symbole, Ton- und Videosequenzen, z. B.: *http://www.westermann.de*

FTP (File-Transfer-Protokoll)

Dieses ist eine Abkürzung für ein Verfahren zum Datentransfer im Internet. Mit diesem Verfahren können aus dem weltweiten Softwarepool des Internets die unterschiedlichsten Programme direkt kopiert werden. Hochschulen und größere Firmen bieten entsprechende Software über ihre FTP-Server an, z.B.:
ftp://ftp.mcafee.com/ (Hauptverzeichnis des Rechners der Firma McAfee)

News

Im Internet finden sich Gruppen (Newsgroups) zum Gedanken- und Meinungsaustausch zusammen. Diskussionsbeiträge u. Ratschläge zu unterschiedlichsten Themen werden ausgetauscht. In Diskussionsforen stellt jeder Teilnehmer seine Nachricht für alle anderen als elektonische Post zur Verfügung („schwarzes Brett“).
News-Server sind Computer, auf deren Festplatten die Nachrichten der Diskussionsforen gespeichert sind und abgerufen werden können, z.B. News-Server des Datendienstes T-Online:
News.btx.dtag.de

Suchen im Internet – *Search on the internet*

Allgemeine Hinweise

Vorüberlegungen:
Suchen im
- gesamten Internet
- deutschsprachigen Raum
- …

Trotz aller Unterschiede gibt es einige oft anwendbare Suchfunktionen.
Verwendet werden mathematische Zeichen, boolesche Operatoren (Großbuchstaben, Leerzeichen davor und dahinter), Klammern, Anführungszeichen…

Suchstrategie:
1. Zu Beginn weder zu allgemeine noch zu konkrete Begriffe verwenden, evtl. auch Synonyme verwenden.
2. Zunehmende Suche verfeinern, durch Begriffseinengung.

Web-Verzeichnisse, Kataloge

- Diese Verzeichnisse bzw. Kataloge werden von Fachleuten erstellt und nach Themen sortiert.
- Hierarchische Strukturen für die einzelnen Themen mit kurzen Beschreibungen erleichtern den Einstieg.
- Schritt für Schritt kann man sich der speziellen Thematik nähern.
- Problem: Verzeichnisse bzw. Kataloge enthalten die „Wertvorstellungen" der jeweiligen Verfasser.

Deutschsprachige Verzeichnisse, Kataloge

Allesklar	http://www.allesklar.de
Bellnet	http://www.bellnet.de
Dino-Online	http://www.dino-online.de
Sharelook	http://www.sharelook.de
Web.de	http://www.web.de
Witch	http://www.witch.de
Yahoo!	http://www.yahoo.de

Englischsprachige Verzeichnisse, Kataloge

LookSmart	http://www.looksmart.com
Open Directory Project (ODP)	http://www.dmoz.org
SNAP	http://www.snap.com
Yahoo!	http://www.yahoo.com

Symbole und Verfahren für das Suchen

Plus- und Minuszeichen

- Pluszeichen vor dem Wort bedeutet:
  Im Suchergebnis ist das Wort enthalten.
  Beispiel: Buch +Elektrotechnik
- Minuszeichen vor dem Wort bedeutet:
  Im Suchergebnis ist das Wort nicht enthalten.
  Beispiel: Betriebssystem –Windows

Boolesche Operationen

AND	z. B.: Festplatte AND Einbau
OR	z. B.: Shareware OR Freeware
NOT	z. B.: CD-ROM NOT Philips
AND NOT	z. B.: Software AND NOT Adobe

NEAR

Gesucht werden mit dieser Eingrenzung Begriffe in enger Nähe (logisches UND).
Beispiel: Microsoft NEAR Office
Besonderheit: NEAR/n (logisches UND, wobei zwischen den Suchbegriffen max. n Wörter vorkommen dürfen)

Anführungszeichen, Phrasensuche

Verwendbar bei der Suche nach Herstellernamen, Typenbezeichnungen usw.
Die in Anführungszeichen gesetzten Begriffe werden in der vorgegebenen Reihenfoge gesucht.
Beispiel: „Internet Explorer"

Klammern

Verwendbar für komplexe Abfragen einer booleschen Abfrage.
Beispiel: Software AND (Adobe or Corel)

Titelsuche

Hiermit erfolgt eine Einschränkung auf den Titelbereich des Dokuments.
Beispiel: title:Hardware bzw. t:Hardware

Zeitrahmen

Die Einschränkung der Treffer erfolgt hier durch die Angabe von z. B. Monaten, Wochen usw.

Suchen mit Booleschen Operationen

Suchmaschine		UND	ODER	NICHT	NEAR
AltaVista	www.altavista.com (Simple Search)	+a +b	a b	a –b	
AltaVista	www.altavista.com (Advanced Search)	a AND b	a OR b	a AND NOT b	a NEAR b
Eule	www.eule.de	+a +b a AND b	a b a OR b	a –b a NOT b	
Exite	www.excite.de	+a +b a AND b	a b a OR b	a –b a AND NOT b	
Fireball	www.fireball.de (Express Suche)	+a +b	a b	a –b	
Fireball	www.fireball.de (Detail Suche)	a AND b	a OR b	a AND NOT b	a NEAR b
Google	www.google.de	+a +b	a b	a –b	
Freenet	www.freenet.de	+a +b a AND b	a b a OR b	a –b a NOT b	a NEAR b
Lycos	www.lycos.de (Standardsuche)	+a +b	a b	a –b	

Wissensmanagement, Lernen – *Knowledge management, Learning*

Lerntypen

- Sehtyp (**visuell**)
- Hörtyp (**auditiv**)
- Gesprächstyp (**verbal**)
- Fühltyp (**haptisch**)

Diese Lerntypen treten in der Regel nicht in reiner Form auf. Vorherrschend sind Mischformen. Je nach Lerntyp sind entsprechende Lehr- und Lernmethoden anzuwenden, damit das Lernergebnis im Langzeitgedächtnis verankert wird.

Ziel:
Erkennen, zu welchem Lerntyp man selbst gehört und in diesem Rahmen die Lernfähigkeit verbessern.

Verbesserung der Lernfähigkeit

- Sich die eigenen **Lernmotive** verdeutlichen.
- Entspannte und angemessene **Lern-/Arbeitsatmosphäre** herstellen.
- Lern- bzw. Arbeitsplatz den individuellen Bedürfnissen anpassen.
  - Schreibtisch, Arbeitsfläche für die Lernaufgabe herrichten,
  - bequeme Sitzhaltung einnehmen,
  - für ausreichende Beleuchtung sorgen,
  - Materialien bereitlegen.
- **Überblick** über die Aufgabe verschaffen.
- **Zeitbedarf** abschätzen.
- **Strukturen** des Lernstoffs herausarbeiten (Element, Beziehungen und Abhängigkeiten zwischen den Elementen).
- Informationen auf den **Kerngehalt** reduzieren.
- **Merktechniken** und **Visualisierungen** während des Lernprozesses verwenden.
- Ergebnis bzw. **Zusammenfassung** festhalten.
- **Rückbesinnung** auf den Lernprozess und das Lernergebnis vornehmen.
- **Beseitigung von Lernblockaden**
  Negative Einstellungen durch positive Lerneinstellungen ersetzen (entspannteres Lernen).
  - Ich kann mich nicht konzentrieren.
    ⇒ Ich bin ruhig und ausgeglichen!
  - Das habe ich noch nie gekonnt.
    ⇒ Was andere können, kann ich auch!

Behaltensquote

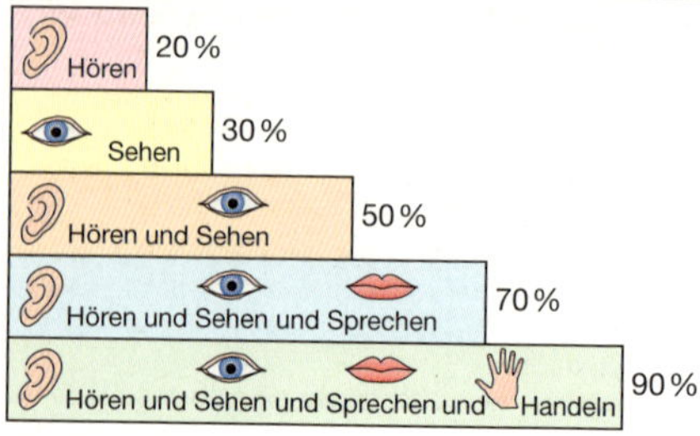

Kurzzeitgedächtnis:
Speicherung der Information ca. 30 bis 60 Sekunden lang.

Langzeitgedächtnis:
Lebenslange Speicherung.
Ziel von Lernprozessen: Gewünschte Informationen in das Langzeitgedächtnis transformieren.

Text verarbeiten und behalten

- Gelesenes nachsprechen.
- Text mit eigenen Worten wiedergeben.
- Über Gelesenes nachdenken.
- Unterstreichungen und Markierungen mit gleichbleibender Bedeutung verwenden.
- Einfache und sich wiederholende Markierungen benutzen.
  Beispiele:
  !: wichtig, bedeutsam
  !!: sehr wichtig, sehr bedeutsam
  ?: bedenklich, fragwürdig
  ??: sehr bedenklich, sehr fragwürdig
- Text durch Grafiken und Bilder veranschaulichen (Visualisierungen vornehmen).
  Beispiele:
  Flussdiagramm, Mind-Map, Struktogramm, …
- Theoretische Sachverhalte mit praktischen Möglichkeiten verbinden.
- Sich den Text in Form von Bildern vorstellen, den Text gedanklich „ausmalen".
- Individuelle Merkhilfen erfinden (Eselsbrücken).
- Pausen einhalten. Damit erhöht sich der Lernwirkungsgrad und der Behalteneffekt.
- Ablenkungen vermeiden (akustisch, optisch, …).
- Je nach Lerntyp: Hintergrundmusik verwenden.
- …

Lernen mit der Projektmethode

Weitgehend selbstorganisiertes Lernen in Gruppen.
Ablauf:

1. Projektinitiative
2. Projektskizze (Absichten, Vorhaben)
3. Projektplan (Schritte, Zeitbedarf, Aufgabenverteilung; „Wer macht was bis wann")
4. Durchführung
5. Abschluss (Ergebnis, kritische Betrachtung des gesamten Projekts)

Lernen durch Rollenspiele

Probehandeln in simulierten Situationen.
Ablauf:

1. Einführung in die Rolle (Lehrkraft, Leiter, …)
2. Erarbeitung des Rollenprofils
3. Darstellung der Rolle
4. Herausführen aus der Rolle (Lehrkraft, Leiter, …)
5. Reflexion über die gespielte Rolle
6. Feedback durch Beobachter

Präsentation – *Presentation*

Beschreibung

- Informationsübermittlung an einen bestimmten Adressatenkreis.
- Adressaten zeigen im Wesentlichen passives und konsumierendes Informationsverhalten.
- Hohe Behaltensrate wird erreicht durch Kombination von visuellen und verbalen Informationen.
- Vertiefung und Festigung der Präsentation wird erreicht durch
  - Dialog
  - Diskussion
  - Beantwortung zusätzlicher Fragen

Ziele

- Motivation
- Verschiedene menschliche Sinne ansprechen
- Information
- Darstellung komplexer Sachverhalte
- Überzeugen
- Repräsentieren
- Aufbau eines Images
- Handlungen auslösen

Voraussetzungen

- Geeignete technische Hilfsmittel
  - Metaplanwand und -karten, Nadeln, Stifte, ...
  - Flipchart mit Papier, Stifte, ...
  - Schreibtafel mit Kreide, Karten, Plakate, Klebeband, ...
  - Overhead-Projektor mit Folien, Stifte, Tuch zum Löschen, ...
  - PC, Software, Daten-/Video-Projektor mit Leinwand, Lichtzeiger, ...
- Übung im Umgang mit den technischen Hilfsmitteln

Vorbereitung

1. Ziel bzw. Absicht formulieren.
2. Sammeln von Ideen, Informationen, Materialien.
3. Auswählen geeigneter Materialien im Hinblick auf das Ziel.
4. Sortieren der Materialien: Kernaussagen, Hintergrundinformationen.
5. Gewichtung
6. Geeignete Methoden und Medien für die Präsentation auswählen.
7. Besonderheiten der Adressaten und des Raumes beachten.
8. Informationen wirkungsvoll aufbereiten.
9. Präsentationsmanuskript erstellen.
10. Abfolge „durchspielen", Probelauf, Test, ...

Medien

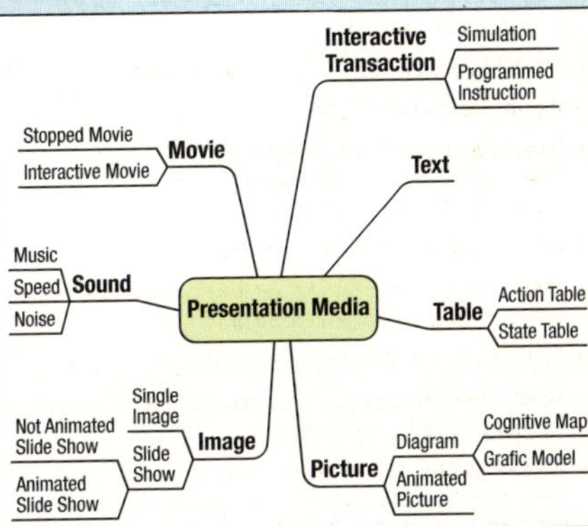

Durchführung

- „**Roten Faden**" einhalten.
- Zusammenspiel zwischen **verbalen Aussagen** und **Visualisierungen** einhalten.
- Dramaturgie und Dynamik durch **Sprache** und geeignete Medien.
- Funktion von **Sprechpausen**:
  Gelegenheit zum Atmen, eigene Gedanken neu ordnen, Denkpausen für Zuhörer, Aufmerksamkeit und Spannung
- Medien nacheinander (z. B. durch Aufdecken) präsentieren (**Abfolge**).
- **Haltung, Körpersprache**:
  Stehend:
  Leicht geöffnete Füße auf gleicher Höhe, Gewicht gleichmäßig verlagern, nicht schaukeln oder wippen, mit Händen und Armen ruhig die Visualisierung unterstützen.
  Sitzend:
  Aufrechte Haltung, Arme und Hände ruhig halten, nicht mit Gegenständen spielen.
- Nicht zum Medium, sondern zu den Zuhörern sprechen (**Konzentration**).

Visualisierung – *Visualization*

Visualisierungs-Regeln

- Zuhörer müssen alle Materialien gut sehen und Texte gut lesen können, evtl. Sitzordnung ändern.
- Materialien zielgerichtet einsetzen.
- Wirkung der Materialien bedenken (Pausen zum Betrachten einplanen).
- Texte übersichtlich und gut lesbar gestalten (Größe, Form, Farbe, Druckbuchstaben). Weniger ist oft mehr!
- Innere Ordnung muss durch Überschriften und Textanordnung deutlich werden.
- Dramaturgie durch geeignete Reihenfolge der Elemente herstellen.
- Verknüpfung verbaler Aussagen mit bildhaften Darstellungen.
- Blickkontakt während des Medieneinsatzes herstellen.
- Wenn Medien nicht mehr benötigt werden, diese entfernen bzw. abschalten.

Vorteile

- Sprachaussagen werden anschaulicher und verständlicher.
- Zusammenhänge werden deutlicher.
- Kernaussagen treten klarer hervor.
- Redeanteil lässt sich verkürzen.
- Struktur wird erkennbar.
- Bilder können komplexe Zusammenhänge auf „einen Blick" verdeutlichen.

Visualisierung durch MindMap

- Bildhafte Darstellung von Gedankengängen (bildhafte Gedankenstütze).
- Grafische Strukturierung von Sachverhalten, Zusammenhängen, Ideen und Denkprozessen (Überblick).
- MindMaps lassen sich einzeln oder durch Gruppen erstellen.
- Innere Ordnung: Vom Abstrakten zum Konkreten, vom Allgemeinen zum Speziellen.
- Vielseitig verwendbar, fördert Kreativität.
- Viel auf einen „Blick", nichts geht „verloren". Geringer Aufwand.

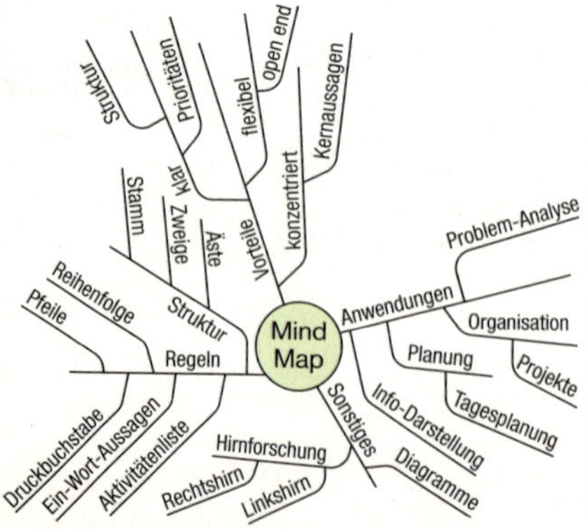

Möglichkeiten

Text:	Unterstützung der Sprache durch Folien, Plakate, Karten.
Tabellen:	„Ordnung" von Zahlen.
Bilder:	Veranschaulichung komplexer Beziehungen, Assoziationen wecken.
Schaubilder:	Strukturen und Abhängigkeiten.
Symbole:	Reduzierung auf das „Wesentliche".

Anordnung und Gestaltung von Textkarten

Reihung

Themenstruktur wird deutlich.

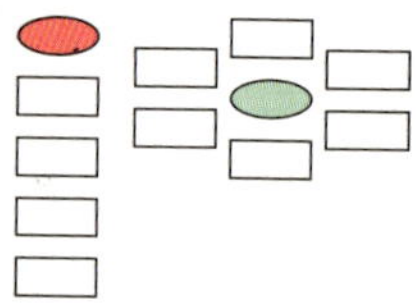

Rhythmus

Erfassung von Zusammenhängen.

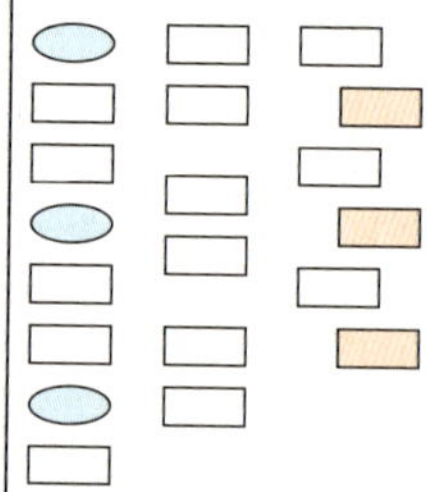

Betonung

Blick wird auf wichtige Aussagen gelenkt.

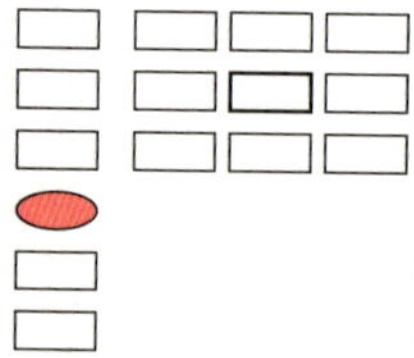

Ballung und Streuung

Bearbeitungsschwerpunkte treten hervor.

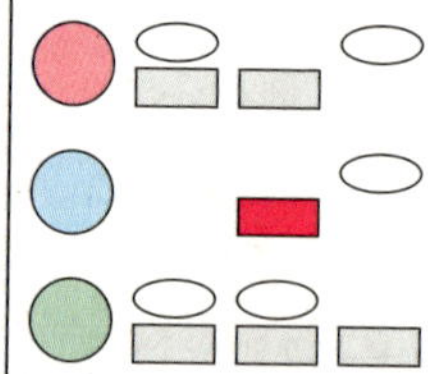

Symmetrie und Asymmetrie

Ähnlichkeiten und Unterschiede treten hervor.

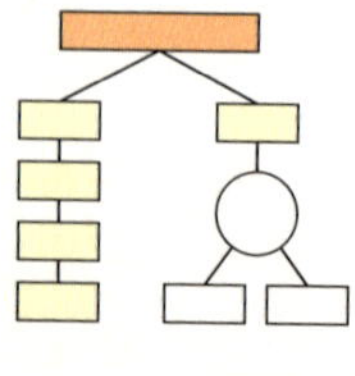

Dynamik

Offene Struktur

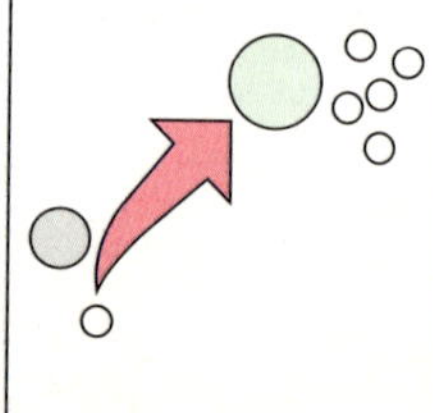

2 Elektrotechnische Grundlagen

Allgemeine mathematische Zeichen und Begriffe

General mathematical signs and terms

Pragmatische Zeichen (nicht mathematisch im engeren Sinne. Bedeutung von Fall zu Fall präzisieren)

Zeichen	Verwendung	Sprechweise (Erläuterungen)
$\approx$	$x \approx y$	x ist ungefähr gleich y
$\ll$	$x \ll y$	x ist klein gegen y
$\gg$	$x \gg y$	x ist groß gegen y
$\triangleq$	$x \triangleq y$	x entspricht y
…		und so weiter bis, und so weiter (unbegrenzt), Punkt, Punkt, Punkt

Allgemeine arithmetische Relationen und Vernüpfungen

Zeichen	Verwendung	Sprechweise (Erläuterungen)
$=$	$x = y$	x gleich y
$\neq$	$x \neq y$	x ungleich y
$<$	$x < y$	x kleiner als y
$\leq$	$x \leq y$	x kleiner oder gleich y, x höchstens gleich y
$>$	$x > y$	x größer als y
$\geq$	$x \geq y$	x größer oder gleich y, x mindestens gleich y
$+$	$x + y$	x plus y, Summe von x und y
$-$	$x - y$	x minus y, Differenz von x und y
$\cdot$	$x \cdot y$ oder xy	x mal y, Produkt von x und y
— oder /	$\frac{x}{y}$ oder x/y	x durch y, Quotient von x und y
Σ	$\sum_{i=1}^{n} x_i$	Summe über x_i von i gleich 1 bis n
$\sim$	$f \sim g$	f ist proportional zu g

Exponentialfunktion und Logarithmus

Zeichen	Verwendung	Sprechweise (Erläuterungen)
exp	$\exp z$ oder e^z	Exponentialfunktion von z oder e hoch z
ln	$\ln x$	natürlicher Logarithmus von x (Basis e)
	x^z	x hoch z
log	$\log_y x$	Logarithmus von x zur Basis y
lg	$\lg x$	dekadischer Logarithmus von x (Basis 10)

Besondere Zahlen und Verknüpfungen

Zeichen	Verwendung	Sprechweise (Erläuterungen)
π		pi (3,1415926…); exp (1)
e		e (2,718281…)
	x^n	x hoch n, n-te Potenz von x
$\sqrt{}$	$\sqrt{x}$	Wurzel (Quadratwurzel) aus x
$\sqrt[n]{}$	$\sqrt[n]{x}$	n-te Wurzel aus x
$\lvert\ \rvert$	$\lvert x \rvert$	Betrag von x
∞		unendlich

Elementare Geometrie

Zeichen	Verwendung	Sprechweise (Erläuterungen)
$\perp$	$g \perp h$	g und h stehen senkrecht zueinander (g orthogonal zu h)
$\parallel$	$g \parallel h$	g ist parallel zu h
$\uparrow\uparrow$	$g \uparrow\uparrow h$	g und h sind gleichsinnig parallel
$\uparrow\downarrow$	$g \uparrow\downarrow h$	g und h sind gegensinnig parallel
$\sphericalangle$	$\sphericalangle (g, h)$	(nicht orientierter) Winkel zwischen g und h
$\sphericalangle$	$\sphericalangle (g, h)$	orientierter Winkel von g nach h (Zählrichtung festgelegt)
—	$\overline{PQ}$	Strecke von P nach Q
d	$d\,(P, Q)$	Abstand (Distanz) von P nach Q
$\triangle$	$\triangle\,(ABC)$	Dreieck ABC
$\cong$	$M \cong N$	M ist kongruent zu N

Trigonometrische Funktionen sowie deren Umkehrungen

Zeichen	Verwendung	Sprechweise (Erläuterungen)
sin	$\sin z$	Sinus von z
cos	$\cos z$	Cosinus von z
tan	$\tan z$	Tangens von z
cot	$\cot z$	Cotangens von z
Arcsin	$\mathrm{Arcsin}\, x$	Arcussinus von x
Arccos	$\mathrm{Arccos}\, x$	Arcuscosinus von x
Arctan	$\mathrm{Arctan}\, x$	Arcustangens von x

Zeichen und Begriffe der Mengenlehre – *Signs and terms of set theory*

Zeichen	Verwendung	Sprechweise (Erläuterungen)
$\in$	$x \in M$	x ist Element von M
$\notin$	$x \notin M$	x ist nicht Element von M
	$x_1, \ldots, x_n \in A$	$x_1, \ldots, x_n$ sind Elemente von A
$\{ \mid \}$	$\{ x \mid \varphi(x) \}$	die Klasse (Menge) aller x mit $\varphi(x)$
$\{ , \ldots, \}$	$\{ x_1, \ldots, x_n \}$	die Menge mit den Elementen $x_1, \ldots, x_n$
$\subseteq$	$A \subseteq B$	A ist Teilklasse (Teilmenge) von B, A sub B

Zeichen	Verwendung	Sprechweise (Erläuterungen)
$\subsetneqq$	$A \subsetneqq B$	A ist echte Teilklasse von B, A echt sub B
$\cap$	$A \cap B$	A geschnitten mit B, Durchschnitt von A und B
$\cup$	$A \cup B$	A vereinigt mit B, Vereinigung von A und B
$\setminus$	$A \setminus B$	A ohne B, Differenz von A und B
Ø oder {}		leere Menge

Addition und Subtraktion
Addition and subtraction

Addition

Summand + Summand + ... = Summe

$\underbrace{a + b + \ldots}_{\text{Term}} = x \quad (a, b, x \in \mathbb{R})$

Ein **Term** ist ein mathematischer Ausdruck, der aus Zahlen, Variablen und Rechenzeichen besteht.

Subtraktion

Minuend – Subtrahend = Differenz

$a - b = c \quad (a, b, c \in \mathbb{R})$

(wenn Subtrahend größer als Minuend, Differenz negativ)

Regeln

- Kommutativgesetz $a + b = b + a$
- Assoziativgesetz $(a + b) + c = a + (b + c)$

Rechenoperation in Klammer zuerst ausführen!

- Klammern auflösen

$a + (+b) = a + b$
$a + (-b) = a - b$
$a - (+b) = a - b$
$a - (-b) = a + b$

$a + (b + c) = a + b + c$
$a + (b - c) = a + b - c$
$a - (b + c) = a - b - c$
$a - (b - c) = a - b + c$

- Mehrere Klammern

$a - [(b - c) - (a + c)] = a - [b - c - a - c] = 2a - b + 2c$

Zuerst innere Klammer auflösen!

- Irrationale Zahlen

z.B.: $\sqrt{2} + 3 \approx 1{,}414 + 3 \approx 4{,}414$

(Rundungsregeln anwenden)

Brüche
$(a, b, c, d \in \mathbb{R})$

- Gleichnamige Brüche (Zähler addieren bzw. subtrahieren, Nenner unverändert belassen) $\frac{a}{b} \pm \frac{c}{b} = \frac{a \pm c}{b}$
- Ungleichnamige Brüche (Hauptnenner bilden, kleinste gemeinsame Vielfache) $\frac{a}{b} \pm \frac{c}{d} = \frac{a \cdot d \pm b \cdot c}{b \cdot d}$
- Term als Zähler (Klammer um Zähler)

$\frac{a + b}{c} + \frac{c - d}{c} = \frac{(a + b) + (c - d)}{c}$

Beträge

Soll von einer Zahl nur der Wert ohne Berücksichtigung des Vorzeichens geschrieben werden, setzt man die Zahl zwischen zwei senkrechte Striche (Betrag).

$|-13| = 13; \quad |1{,}5| = 1{,}5$

Multiplikation und Division
Multiplication and division

Multiplikation

Faktor · Faktor = Produkt

$a \cdot b = c \quad (a, b, c \in \mathbb{R})$

- Kommutativgesetz $a \cdot b = b \cdot a$
- Assoziativgesetz $a \cdot (b \cdot c) = (a \cdot b) \cdot c$

Division

$\frac{\textbf{Dividend}}{\textbf{Divisor}} = \textbf{Quotient} \qquad \frac{a}{b} = c$

$(a, b, c \in \mathbb{R}, b \neq 0)$

Regeln

- Division durch Null ist nicht erlaubt!
- Division durch 1 $\frac{a}{1} = a$
- Vorzeichen

$\frac{+a}{+b} = \frac{a}{b} \qquad \frac{+a}{-b} = -\frac{a}{b}$

$\frac{-a}{+b} = -\frac{a}{b} \qquad \frac{-a}{-b} = \frac{a}{b}$

- Punktrechnung vor Strichrechnung (Rechnung höherer Ordnung geht vor)

$4 \cdot a = 4a \qquad a \cdot b = ab$

Rechenzeichen kann entfallen

$(+a) \cdot (+b) = ab$
$(+a) \cdot (-b) = -ab$

$(-a) \cdot (+b) = -ab$
$(-a) \cdot (-b) = ab$

$a \cdot 0 = 0 \qquad a \cdot 1 = a$

$3a \cdot 8b = 24\,ab$
$ab \cdot cd = abcd$

$3a + 8b = 3a + 8b$
$ab + cd = ab + cd$

- Distributivgesetz

$a(b + c) = ab + ac$

- Ausklammern

$4a + 9a - 3a = (4 + 9 - 3) \cdot a = 10a$

$ba + ca - da = (b + c - d) \cdot a$

$2a + 3a - 4m + m = a \cdot (2 + 3) + m \cdot (-4 + 1) = 5a - 3m$

$ba + ca + dm + fm = a \cdot (b + c) + m \cdot (d + f)$
$(a + b) \cdot (c + d) = a(c + d) + b(c + d) = ac + ad + bc + bd$

- Irrationale Zahlen werden multipliziert und dividiert, nachdem man gerundet hat.

Brüche
$(a, b, x \in \mathbb{R})$

- Multiplikation $\frac{a}{b} \cdot c = \frac{ac}{b} \qquad \frac{a}{b} \cdot \frac{c}{d} = \frac{ac}{bd} \qquad \frac{a}{b} \cdot \frac{b}{a} = 1$
- Division $\frac{a}{b} : c = \frac{a}{bc} \qquad \frac{a}{b} : \frac{c}{d} = \frac{ad}{bc}$ (mit Kehrwert multipliziert)

Potenzieren – *Raise to a power*

Potenzieren

$a^n = c$ $\quad n \in \mathbb{N}$

$a^n = \underbrace{a \cdot a \cdot \ldots \cdot a}_{n\ \text{Faktoren}} = c$ $\quad a, b, c \in \mathbb{R}$

a Basis
n Exponent
c Potenz

Regeln

- Positive Basis $\quad a \geq 0;\ b \geq 0;\ c \geq 0$

  $a^b = c$

- Negative Basis $\quad a > 0;\ c > 0;\ n \in \mathbb{N}$

  Exponent geradzahlig $\quad (-a)^{2n} = c$

  Exponent ungeradzahlig $\quad (-a)^{2n+1} = -c$

- Addition und Subtraktion von Potenzen mit der gleichen Basis und dem gleichen Exponenten

  $a \cdot b^n \pm c \cdot b^n = (a \pm c) \cdot b^n$ Distributivgesetz

- Multiplikation und Division von Potenzen mit der gleichen Basis

  $a^m \cdot a^n = a^{m+n}$ $\quad a^1 = a$ $\quad a^{-n} = \frac{1}{a^n}$

  $a^m : a^n = a^{m-n}$ $\quad a^0 = 1$

- Multiplikation und Division von Potenzen mit dem gleichen Exponenten

  $a^m \cdot b^m = (ab)^m$ $\quad a^m : b^m = \frac{a^m}{b^m} = \left(\frac{a}{b}\right)^m$

- Potenzieren von Potenzen $\quad (a^b)^c = a^{bc}$

  Binomische Formeln:

  $(a + b)^2 = a^2 + 2ab + b^2$

  $(a - b)^2 = a^2 - 2ab + b^2$

  $(a + b)(a - b) = a^2 - b^2$

Radizieren – *Extract the root*

Radizieren

$\sqrt[n]{a} = b$ $\quad a, b \in \mathbb{R};\ n \in \mathbb{Z};\ a \geq 0$

n Wurzelexponent
a Radikand
b Wurzel

Regeln

- Addition und Subtraktion von Wurzeln mit gleichem Exponenten und gleichem Radikanden

  $b \cdot \sqrt[n]{a} \pm c \cdot \sqrt[n]{a} = (b \pm c)\sqrt[n]{a}$ $\quad a \geq 0;\ n \in \mathbb{N};\ n \neq 0$

- Multiplikation und Division von Wurzeln mit gleichem Exponenten

  $n\sqrt[x]{a} \cdot m\sqrt[x]{b} = nm\sqrt[x]{ab}$

  $m\sqrt[y]{a} : n\sqrt[y]{b} = \frac{m}{n}\sqrt[y]{\frac{a}{b}}$

- Potenzieren und Radizieren $\quad (m, n \in \mathbb{R})$

  $\left(\sqrt[n]{a}\right)^m = \sqrt[n]{a^m}$ $\quad a^{\frac{m}{n}} : a^{\frac{p}{q}} = a^{\frac{m}{n} - \frac{p}{q}}$

  $\sqrt[n]{a^m} = a^{\frac{m}{n}}$

  $\frac{1}{\sqrt[n]{a^m}} = a^{-\frac{m}{n}}$ $\quad \sqrt[m]{\sqrt[n]{a}} = \sqrt[m \cdot n]{a}$

  $a^{\frac{m}{n}} \cdot a^{\frac{p}{q}} = a^{\frac{m}{n} + \frac{p}{q}}$ $\quad \left(a^{\frac{m}{n}}\right)^{\frac{p}{q}} = a^{\frac{mp}{nq}}$

Zehnerpotenzen – *Powers of ten*

$10^n = c$ $\quad n \in \mathbb{Z}$

$10^n = 10 \cdot 10 \cdot 10 \cdot \ldots \cdot 10$ $\quad$ Basis 10

$10^0 = 1$	
$10^1 = 10$	$10^{-1} = \frac{1}{10} = 0{,}1$
$10^2 = 100$	$10^{-2} = \frac{1}{100} = 0{,}01$
$10^3 = 1000$	$10^{-3} = \frac{1}{1000} = 0{,}001$

Beispiele für Rechenoperationen

Addieren	$4 \cdot 10^2 + 2 \cdot 10^2$	$= (4 + 2) \cdot 10^2$	$= 6 \cdot 10^2$
Subtrahieren	$4 \cdot 10^2 - 2 \cdot 10^2$	$= (4 - 2) \cdot 10^2$	$= 2 \cdot 10^2$
Multiplizieren	$10^4 \cdot 10^3$	$= 10^{(4+3)}$	$= 10^7$
Dividieren	$\frac{10^4}{10^3}$	$= 10^{(4-3)}$	$= 10^1$
Potenzieren	$(10^2)^3$	$= 10^{2 \cdot 3}$	$= 10^6$
Radizieren	$\sqrt{10^6}$	$= 10^{\frac{6}{2}}$	$= 10^3$

Logarithmieren
Take the logarithm

$a^n = c$ $\qquad$ $\log_a c = n$

(sprich: Logarithmus zur Basis a von c ist n)

a Basis
c Numerus
n Logarithmus

Der Logarithmus n gibt an, mit welcher Zahl man die Basis a potenzieren muss, um den Numerus c als Potenz zu erhalten.

Gebräuchliche Basen

Basis	Logarithmus-Bezeichnung	Schreibweise	Taschenrechner
10	dekadischer (Zehnerlogarithmus)	lgc; $\log_{10} c$	log
e = 2,71828…	natürlicher	lnc; $\log_e c$	ln
2	binärer	lbc; $\log_2 c$	

Regeln
$a > 0;\ c > 0;\ d > 0$

- Multiplizieren
  $\log_a (c \cdot d) = \log_a c + \log_a d$
  Multiplikation wird zur Addition
- Dividieren
  $\log_a \frac{c}{d} = \log_a c - \log_a d$
  Division wird zur Subtraktion
- Potenzieren
  $\log_a c^n = n \cdot \log_a c$
  Potenzieren wird zum Multiplizieren
- Radizieren
  $\log_a \sqrt[m]{c} = \frac{1}{m} \log_a c$
  Radizieren wird zum Dividieren

Sonderfälle

$\log_a 0 = -\infty$ $\qquad$ $\log_a 1 = 0$ $\qquad$ $\lg 10 = 1$

$\log_a \infty = \infty$ $\qquad$ $\log_a a = 1$ $\qquad$ $\ln e = 1$

$\text{lb}\, 2 = 1$

Umrechnungen

$$\log_a b = \frac{\log_c b}{\log_c a}$$

$\ln x = 2{,}30258 \cdot \lg x$

$\text{lb}\, x = 3{,}32193 \cdot \lg x$

$\ln x = 0{,}69314 \cdot \text{lb}\, x$

Logarithmische Teilung (dekadischer Logarithmus)

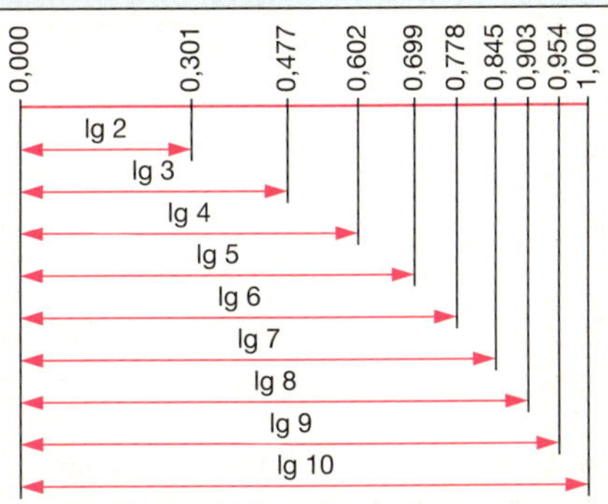

Binäre und hexadezimale Potenzen – *Binary and hexadecimal powers*

Binäre Potenzen

$2^n = c$ $\qquad$ $n \in \mathbb{Z}$ $\quad$ Basis 2

$2^n = 2 \cdot 2 \cdot \ldots \cdot 2$

$2^{-n} = \frac{1}{2^n}$ $\qquad$ $2^{-n} = \frac{1}{2} \cdot \frac{1}{2} \cdot \ldots \cdot \frac{1}{2}$

Beispiele

$2^0 = 1$	
$2^1 = 2$	$2^{-1} = \frac{1}{2} = 0{,}5$
$2^2 = 4$	$2^{-2} = \frac{1}{4} = 0{,}25$
$2^3 = 8$	$2^{-3} = \frac{1}{8} = 0{,}125$
$2^4 = 16$	$2^{-4} = \frac{1}{16} = 0{,}0625$
$2^5 = 32$	$2^{-5} = \frac{1}{32} = 0{,}03125$
$2^6 = 64$	$2^{-6} = \frac{1}{64} = 0{,}015625$
$2^7 = 128$	$2^{-7} = \frac{1}{128} = 0{,}0078125$
$2^8 = 256$	$2^{-8} = \frac{1}{256} = 0{,}00390625$

Abkürzungen durch Vorsatzzeichen

1 K (Kilo) $= 2^{10} = 1024$

1 M (Mega) $= 2^{20} = 2^{10} \cdot 2^{10} = 1\,048\,576$

1 G (Giga) $= 2^{30} = 2^{10} \cdot 2^{10} \cdot 2^{10} = 1\,073\,741\,824$

Hexadezimale Potenzen

$16^n = c$ $\qquad$ $n \in \mathbb{Z}$ $\quad$ Basis 16

$16^n = 16 \cdot 16 \cdot \ldots \cdot 16$

$16^{-n} = \frac{1}{16^n}$ $\qquad$ $16^{-n} = \frac{1}{16} \cdot \frac{1}{16} \cdot \ldots \cdot \frac{1}{16}$

Beispiele

$16^0 = 1$	
$16^1 = 16$	$16^{-1} = \frac{1}{16} = 0{,}0625$
$16^2 = 256$	$16^{-2} = \frac{1}{256} = 0{,}00390625$
$16^3 = 4096$	$16^{-3} = \frac{1}{4096} = 0{,}244140 \cdot 10^{-3}$
$16^4 = 65\,536$	$16^{-4} = \frac{1}{65\,536} = 0{,}015259 \cdot 10^{-3}$

Umrechnungen **(Beispiele)**

$2^4 = 16^1 = 16 = 10000_B = 10_H$

$2^8 = 16^2 = 256 = 100000000_B = 100_H$

$2^{16} = 16^4 = 65\,536 = 64\ \text{K} = 10000_H$

$2^{20} = 16^5 = 1\,048\,576 = 1\ \text{M} = 100000_H$

Standard-Zahlenmengen – *Standard number sets*

Zeichen	Definition	Sprechweise	**Beispiele**
ℕ oder **N**	Menge der **nichtnegativen ganzen Zahlen**. Menge der **natürlichen Zahlen**. ℕ enthält die Zahl 0.	Doppelstrich-N	
ℤ oder **Z**	Menge der **ganzen Zahlen**.	Doppelstrich-Z	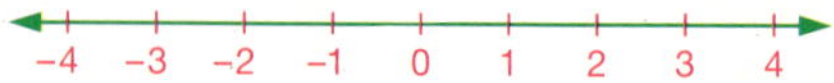
ℚ oder **Q**	Menge der **rationalen Zahlen**.	Doppelstrich-Q	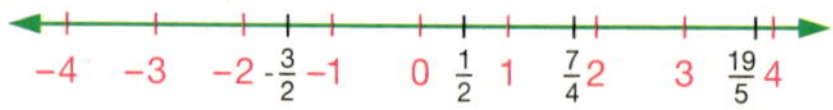
ℝ oder **R**	Menge der **reellen Zahlen**.	Doppelstrich-R	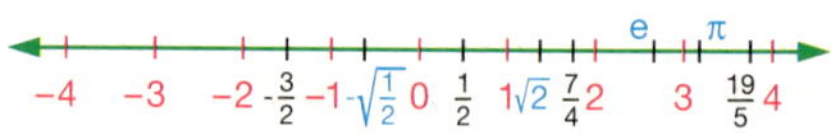
ℂ oder **C**	Menge der **komplexen Zahlen**.	Doppelstrich-C	

Vektoren – *Vectors; phasors*

Schreibweise	***A***, ***B***, …, ***a***, ***b***, … $\vec{A}$, $\vec{B}$, …, $\vec{a}$, $\vec{b}$, …
Grafische Darstellung	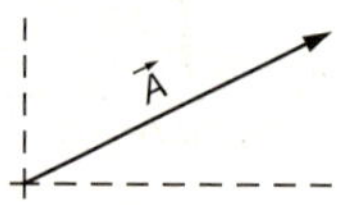
Komponenten eines Vektors	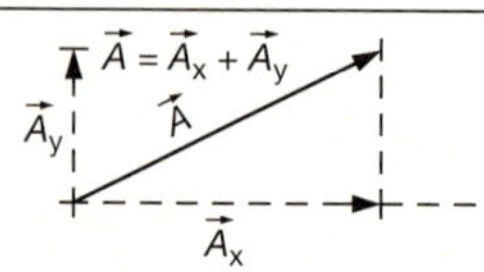
Betrag eines Vektors	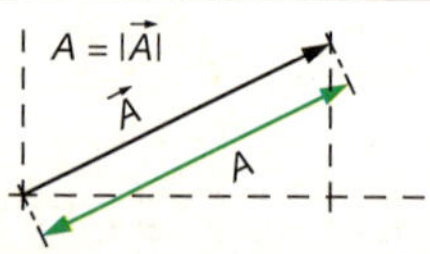
Multiplikation mit einem Skalar	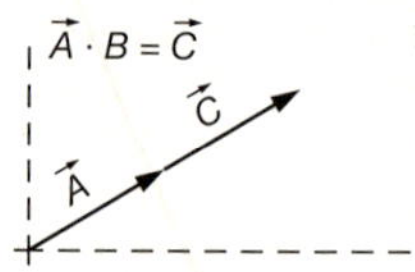
Addition von Vektoren	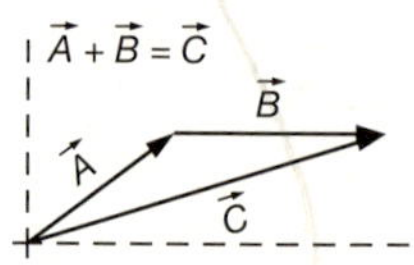
Subtraktion von Vektoren	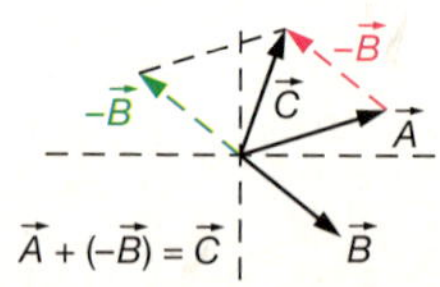

Prozentrechnung
calculation of percentages

$$P = \frac{G \cdot p}{100\,\%}$$

G: Grundwert
P: Prozentwert
p: Prozentsatz

Prozent (%) bedeutet: $1\% = \frac{1}{100}$

Promile (‰) bedeutet: $1‰ = \frac{1}{1000}$

Zinsrechnung
calculation of interest

$$Z = \frac{K \cdot p \cdot t}{100\,\%}$$

Z: Zinsen in €
K: Kapital in €
p: Zinssatz in % pro Jahr (a)
t: Zeit in Jahren (a)

Zahlen und Zahlensysteme – *Numbers and number systems*

Dezimalzahlen-System

- Zeichenvorrat: 0, 1, 2, 3, 4, 5, 6, 7, 8, 9
- Mögliche unterschiedliche Zeichen pro Stelle: 10
- Basis 10 (B = 10)
- Kennzeichnung: Index 10 oder D (dezimal)

Stelle	4.	3.	2.	1.	1.	2.
Wertigkeit	10^3	10^2	10^1	10^0	10^{-1}	10^{-2}
	1000	100	10	1	1/10	1/100
Beispiel:	**5**	**0**	**3**	**2 ,**	**1**	**2**

$5 \cdot 10^3 + 0 \cdot 10^2 + 3 \cdot 10^1 + 2 \cdot 10^0 + 1 \cdot 10^{-1} + 2 \cdot 10^{-2}$

Dualzahlen-System

- Zeichenvorrat: 0 und 1
- Mögliche unterschiedliche Zeichen pro Stelle: 2
- Basis 2 (B = 2)
- Kennzeichnung: Index 2 oder B (binär)

Stelle	4.	3.	2.	1.	1.	2.
Wertigkeit	2^3	2^2	2^1	2^0	2^{-1}	2^{-2}
	8	4	2	1	1/2	1/4
Beispiel:	**1**	**0**	**0**	**1 ,**	**1**	**1**

$1 \cdot 2^3 + 0 \cdot 2^2 + 0 \cdot 2^1 + 1 \cdot 2^0 + 1 \cdot 2^{-1} + 1 \cdot 2^{-2}$

Hexadezimal-Zahlensystem (Sedezimal-System)

- Zeichenvorrat: 0, 1, 2, 3, 4, 5, 6, 7, 8, 9, A, B, C, D, E, F
- Mögliche unterschiedliche Zeichen pro Stelle: 16
- Basis 16 (B = 16)
- Kennzeichnung: Index 16 oder H (hexadezimal)

Stelle	4.	3.	2.	1.	1.	2.
Wertigkeit	16^3	16^2	16^1	16^0	16^{-1}	16^{-2}
	4096	256	16	1	1/16	1/256
Beispiel:	**1**	**3**	**F**	**C ,**	**5**	**A**

$1 \cdot 16^3 + 3 \cdot 16^2 + F \cdot 16^1 + C \cdot 16^0 + 5 \cdot 16^{-1} + A \cdot 16^{-2}$

Vergleich zwischen Zahlensystemen

dual	dezimal	hexadezimal	dual	dezimal	hexadezimal
0	0	0	10000	16	10
1	1	1	10001	17	11
10	2	2	10010	18	12
11	3	3	10011	19	13
100	4	4	10100	20	14
101	5	5	10101	21	15
110	6	6	10110	22	16
111	7	7	10111	23	17
1000	8	8	11000	24	18
1001	9	9	11001	25	19
1010	10	A	11010	26	1A
1011	11	B	11011	27	1B
1100	12	C	11100	28	1C
1101	13	D	11101	29	1D
1110	14	E	11110	30	1E
1111	15	F	11111	31	1F

Komplementbildung

B-Komplement: Ergänzung der gegebenen Zahl zur ganzen Potenz der Basis des gewählten Zahlensystems.

(B-1)-Komplement: B-Komplement minus 1

Beispiele:

Basis	Zahl	B-Komplement	(B-1)-Komplement
B = 10		Zehnerkomplement	Neunerkomplement
	6	4	3
	73	27	26
B = 2		Zweierkomplement	Einerkomplement
	111	001	000
	101	011	010

Umwandlungen von Zahlen

Dezimalzahl in Dualzahl (Rest-Verfahren)

Beispiel: $13{,}3_D$

Ganzzahliger Anteil	Nachkommastelle
13 : 2 = 6 Rest 1	0,3 · 2 = 0,6 + 0
6 : 2 = 3 Rest 0	0,6 · 2 = 0,2 + 1
3 : 2 = 1 Rest 1	0,2 · 2 = 0,4 + 0
1 : 2 = 0 Rest 1	0,4 · 2 = 0,8 + 0
	0,8 · 2 = 0,6 + 1
	0,6 · 2 = 0,2 + 1
	· = ·
	· = ·
$13_D = 1101_B$	$0{,}3_D = 0{,}010011\ldots_B$

$13{,}3_D = 1101{,}0\overline{1001}\ldots_B$

Dezimalzahl in Hexadezimalzahl (Rest-Verfahren)

Beispiel: $5116{,}33_D$

5116 : 16 = 319 Rest C	0,33 · 16 = 0,28 + 5
319 : 16 = 19 Rest F	0,28 · 16 = 0,48 + 4
19 : 16 = 1 Rest 3	0,48 · 16 = 0,68 + 7
1 : 16 = 0 Rest 1	0,68 · 16 = 0,88 + A
	0,88 · 16 = 0,08 + E
	· = ·
	· = ·
$51116_D = 13FC_H$	$0{,}33_D = 0{,}547AE\ldots_H$

$5116{,}33_D = 13FC{,}547AE\ldots_H$

Hexadezimalzahl in Dezimalzahl

1. Potenzwert-Verfahren

Beispiel:

$$
\begin{aligned}
C0A{,}E_H &= 12 \cdot 16^2 + 0 \cdot 16^1 + 10 \cdot 16^0 + 14 \cdot 16^{-1} \\
&= 3072 + 0 + 10 + 0{,}875 \\
&= 3082{,}875_D
\end{aligned}
$$

2. Horner-Schema **Beispiel:** $13FC{,}E8_H$

1 3 F C	0, E 8
16· 1+3 = 19	8 : 16 = 0,5
16·19 +15 = 319	(14 +0,5) : 16 = 0,90625
16·319 +12 = 5116	
$13FC_H = 5116_D$	$0{,}E8_H = 0{,}90625$

$13FC{,}E8_H = 5116{,}90625_D$

Dualzahl in Dezimalzahl

1. Potenzwert-Verfahren

Beispiel:

$$
\begin{aligned}
1001{,}11_H &= 1 \cdot 2^3 + 0 \cdot 2^2 + 0 \cdot 2^1 + 1 \cdot 2^0 + 1 \cdot 2^{-1} + 1 \cdot 2^{-2}{}_D \\
&= 8 + 0 + 0 + 1 + 0{,}5 + 0{,}25_D \\
&= 9{,}75_D
\end{aligned}
$$

2. Horner-Schema **Beispiel:** 1101,0101

1 1 0 1	0,0101
2 · 1 + 1 = 3	1 : 2 = 0,5
2 · 3 + 0 = 6	(0 + 0,5) : 2 = 0,25
2 · 6 + 1 = 13	(1 + 0,25) : 2 = 0,625
	(0 + 0,625) : 2 = 0,3125
$1101_B = 13_D$	$0{,}0101_B = 0{,}3125_D$

$1101{,}0101_B = 13{,}3125_D$

Zahlen und Zahlensysteme – *Numbers and number systems*

Umwandlung von Zahlen

Hexadezimalzahl in Dualzahl

Jede Ziffer durch die entsprechende vierstellige Dualzahl ausdrücken.

Beispiel:

```
   7      C      3
  /       |       \
0111    1100    0011
```

$7C3_H$ = 0111 1100 0011_B

Dualzahl in Hexadezimalzahl

- Dualzahl in „Viererblöcke" aufteilen.
- Jedem Block die Hexadezimalzahl zuordnen.

Beispiel:

```
0101   1110
 ⏟      ⏟
  5      E
```

0101 1110_B = $5E_H$

Rechnen mit Dualzahlen

Addition

0 + 0 = 0
0 + 1 = 1
1 + 0 = 1
1 + 1 = 10 Übertrag (Carry)
0,1 + 0,1 = 1,0

Bsp.:

```
    110,11
+  1011,01
   1111,10   Carry
  10010,00
```

Subtraktion

0 − 0 = 0
10 − 1 = 1 Entleihung (Borrow)
1 − 0 = 1
1 − 1 = 0
0,1 − 0,1 = 0,0

Bsp.:

```
  11000,11
−  1101,01
  11110,00   Borrow
   1011,10
```

Multiplikation

0 · 0 = 0
0 · 1 = 0
1 · 0 = 0
1 · 1 = 1

Bsp.:

```
 1010 · 101,1
 1010
+ 0000
+   1010
+     1010
 110111,0
```

Division

0 : 0 nicht definiert
0 : 1 = 0
1 : 0 nicht definiert
1 : 1 = 1

Bsp.:

1010 : 11 = $11,\overline{01}$

```
−11
 100
− 11
  10
− 11
 100
−  11
   10
```

Gleichungen – *Equations*

Gleichung: Zwei Terme, die durch ein Gleichheitszeichen verknüpft sind.

Term: Sammelname für einzelne Summen, Differenzen, Produkte usw.

Beide Terme kann man mit gleichen Zahlen, Größen, Einheiten Potenzieren, Radizieren, Multiplizieren, Dividieren (≠ 0), Addieren, Subtrahieren.

Lineare Gleichungen mit einer Unbekannten

- Brüche beseitigen.
- Klammern auflösen.
- Glieder ordnen und zusammenfassen.
- Unbekannte auf eine Seite bringen.
- Unbekannte berechnen.
- Ergebnis durch Einsetzen der Unbekannten in Ausgangsgleichung überprüfen (keine Reihenfolge).

Es gilt immer: Term 1 = Term 2

Lineare Gleichungen mit zwei Unbekannten

1. Einsetzungsverfahren
- Eine Gleichung nach der Unbekannten umstellen.
- Umgestellte Gleichung in die zweite Gleichung einsetzen.

2. Gleichsetzungsverfahren
- Gleichungen nach der Unbekannten umstellen.
- Terme gleichsetzen.

3. Additionsverfahren
- Gleichung so umstellen, dass die eine Unbekannte in beiden Gleichungen den gleichen Faktor, aber ein umgekehrtes Vorzeichen besitzt.
- Beide Gleichungen addieren.

Römische Zahlen
Roman numbers

I	=	1	XI	=	11	CX	=	110
II	=	2	XX	=	20	CC	=	200
III	=	3	XXX	=	30	CCC	=	300
IV	=	4	XL	=	40	CD	=	400
V	=	5	L	=	50	D	=	500
VI	=	6	LX	=	60	DC	=	600
VII	=	7	LXX	=	70	DCC	=	700
VIII	=	8	LXXX	=	80	DCCC	=	800
IX	=	9	XC	=	90	CM	=	900
X	=	10	C	=	100	M	=	1000

Griechisches Alphabet
Greek alphabet

Α	α	Alpha	Ν	ν	Ny
Β	β	Beta	Ξ	ξ	Xi
Γ	γ	Gamma	Ο	ο	Omikron
Δ	δ	Delta	Π	π	Pi
Ε	ε	Epsilon	Ρ	ϱ	Rho
Ζ	ζ	Zeta	Σ	σ	Sigma
Η	η	Eta	Τ	τ	Tau
Θ	ϑ	Theta	Υ	υ	Ypsilon
Ι	ι	Iota	Φ	φ	Phi
Κ	ϰ	Kappa	Χ	χ	Chi
Λ	λ	Lambda	Ψ	ψ	Psi
Μ	μ	My	Ω	ω	Omega

Winkelfunktionen – *Angular functions*

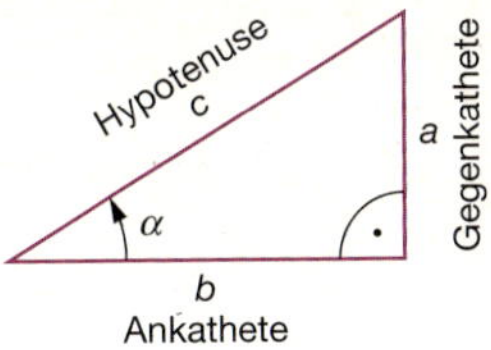

Einheitskreis

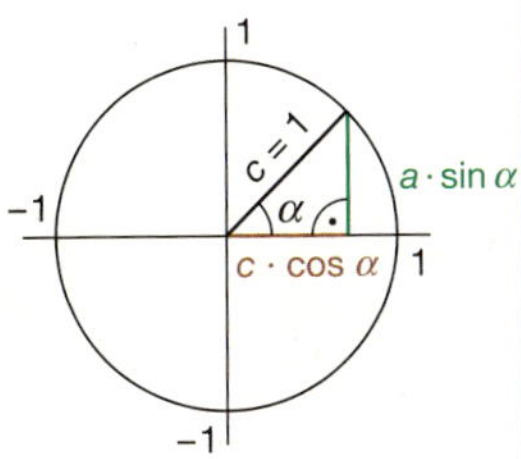

$\sin\alpha = \frac{a}{c}$	$\text{Sinus} = \frac{\text{Gegenkathete}}{\text{Hypotenuse}}$	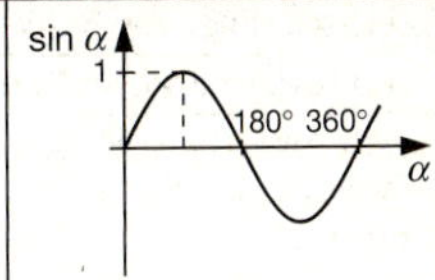
$\cos\alpha = \frac{b}{c}$	$\text{Cosinus} = \frac{\text{Ankathete}}{\text{Hypotenuse}}$	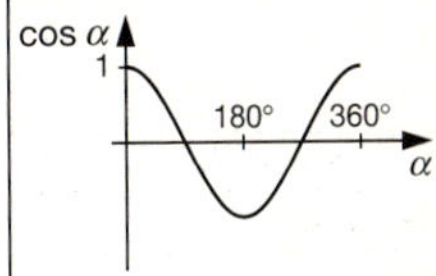
$\tan\alpha = \frac{a}{b}$ $\tan\alpha = \frac{\sin\alpha}{\cos\alpha}$	$\text{Tangens} = \frac{\text{Gegenkathete}}{\text{Ankathete}}$	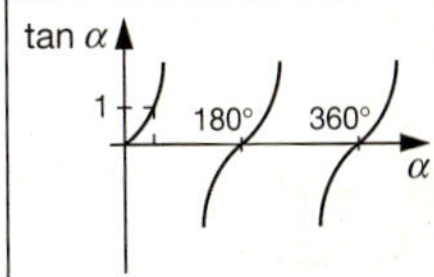
$\cot\alpha = \frac{b}{a}$	$\text{Cotangens} = \frac{\text{Ankathete}}{\text{Gegenkathete}}$	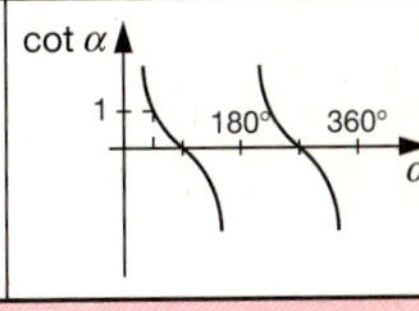

Lehrsätze – *Theorems*

Satz des Pythagoras 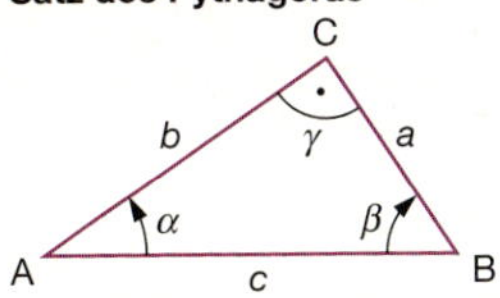	$c^2 = a^2 + b^2$ Sonderfall: $1 = \sin^2\alpha + \cos^2\alpha$	Das Quadrat über der Hypotenuse ist gleich der Summe der beiden Kathetenquadrate.
Sinussatz	$a : b : c = \sin\alpha : \sin\beta : \sin\gamma$	Gilt für alle Dreiecke.
Cosinussatz	$a^2 = b^2 + c^2 - 2bc\cos\alpha$ $b^2 = a^2 + c^2 - 2ac\cos\beta$ $c^2 = a^2 + b^2 - 2ab\cos\gamma$	
Additionstheoreme	$\sin(\alpha+\beta) = \sin\alpha\cos\beta + \cos\alpha\sin\beta$ $\cos(\alpha+\beta) = \cos\alpha\cos\beta - \sin\alpha\sin\beta$ $\sin(\alpha-\beta) = \sin\alpha\cos\beta - \cos\alpha\sin\beta$ $\cos(\alpha-\beta) = \cos\alpha\cos\beta + \sin\alpha\sin\beta$	Winkelfunktionen von Winkelsummen und Winkeldifferenzen
Strahlensatz (ähnliche Dreiecke) 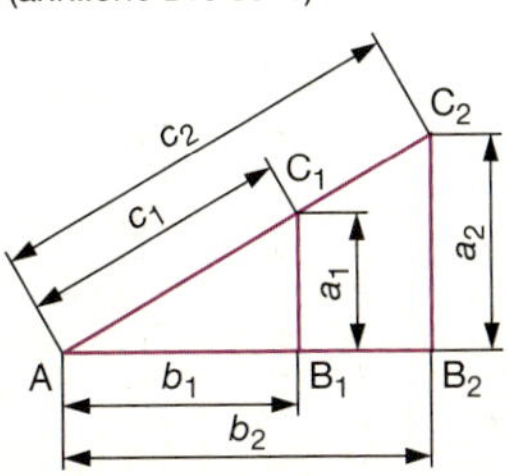	In ähnlichen Dreiecken verhalten sich die Seiten des Dreiecks ($A\,B_1\,C_1$) wie die gleichliegenden Seiten des Dreiecks ($A\,B_2\,C_2$).	$\frac{a_1}{b_1} = \frac{a_2}{b_2}$ $\frac{a_1}{c_1} = \frac{a_2}{c_2}$ $\frac{b_1}{c_1} = \frac{b_2}{c_2}$

Flächen- und Körperberechnungen – *Area- and solid model calculations*

Quadrat

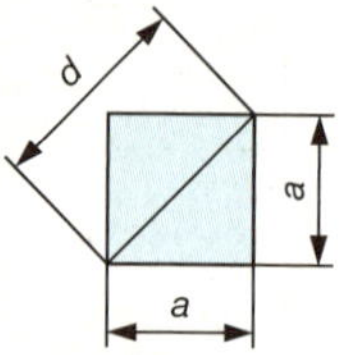

$A = a^2$

$U = 4 \cdot a$

$d = \sqrt{2} \cdot a$

Kreis

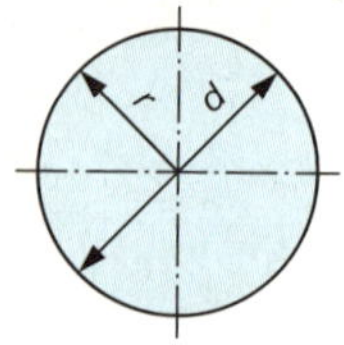

$A = \pi \cdot r^2$

$A = \frac{\pi \cdot d^2}{4}$

$U = \pi \cdot d$

Rechteck

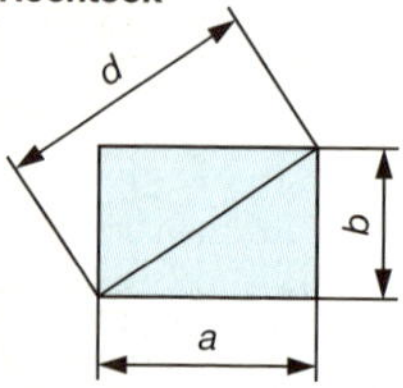

$A = a \cdot b$

$U = 2 \cdot (a + b)$

$d = \sqrt{a^2 + b^2}$

Kreisring

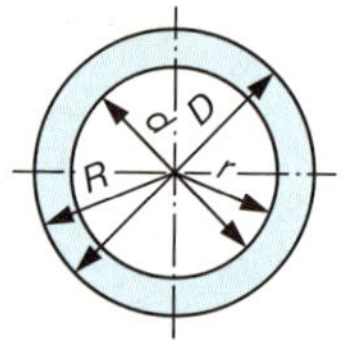

$A = \pi\,(R^2 - r^2)$

$A = \frac{\pi}{4}(D^2 - d^2)$

Raute (Rombus)

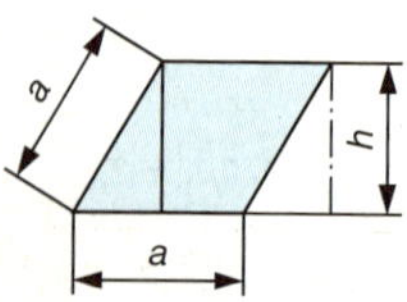

$A = a \cdot h$

$U = 4 \cdot a$

Trapez

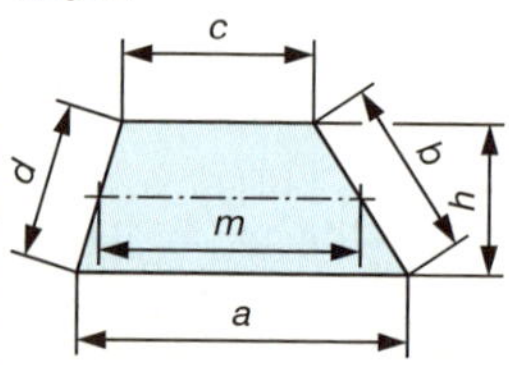

$A = m \cdot h$

$m = \frac{a + c}{2}$

$U = a + b + c + d$

Parallelogramm

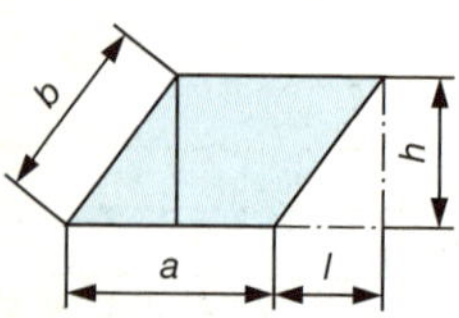

$A = a \cdot h$

$U = 2\left(a + \sqrt{l^2 + h^2}\right)$

$U = 2\,(a + b)$

Dreieck

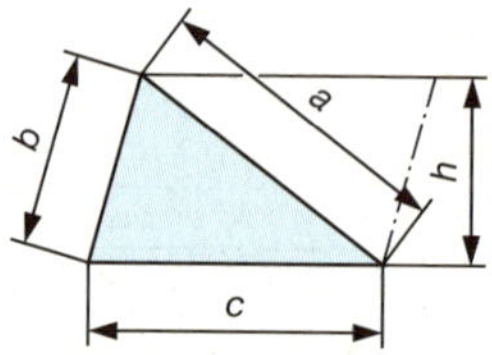

$A = \frac{c \cdot h}{2}$

$U = a + b + c$

Würfel

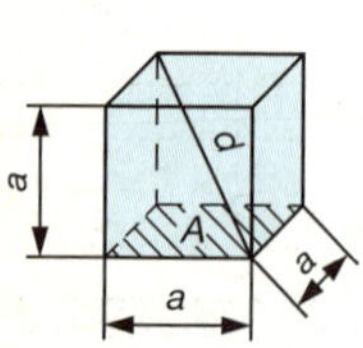

$V = a^3$

$d = a\sqrt{3}$

$A_0 = 6 \cdot a^2$

Prisma

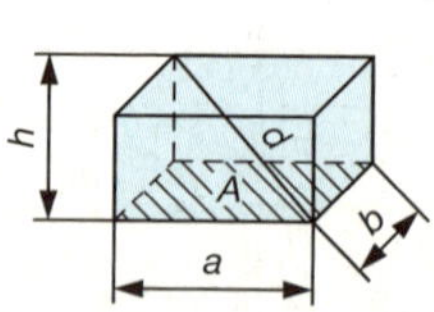

allgemein: $V = A \cdot h$

$V = a \cdot b \cdot h$

$d = \sqrt{a^2 + b^2 + h^2}$

$A_0 = 2\,(a \cdot b + a \cdot h + b \cdot h)$

Zylinder

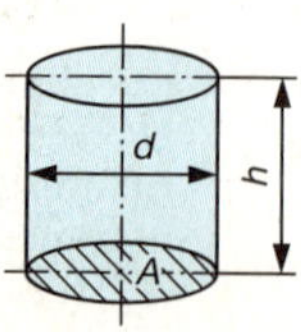

$V = \frac{\pi \cdot d^2}{4} \cdot h$

$A_M = \pi \cdot d \cdot h$

$A_0 = \pi \cdot d \cdot h + \frac{\pi \cdot d^2}{2}$

Pyramide

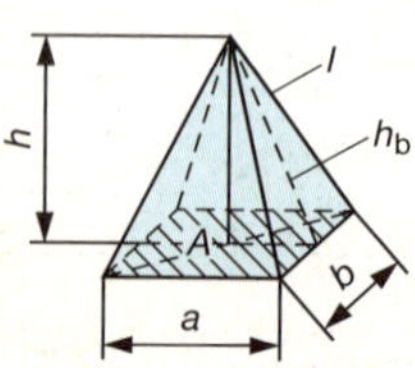

$V = \frac{a \cdot b \cdot h}{3}$

$h_b = \sqrt{h^2 + \frac{a^2}{4}}$

$l = \sqrt{h_b^2 + \frac{b^2}{4}}$

Physikalische Größen und Einheiten – *Physical quantities and units*

Größen	Erklärungen	Beispiele
Skalare	Zur eindeutigen Festlegung genügt die Angabe des • Zahlenwertes und der • Einheit	Masse, m Zeit, t Arbeit, W
Vektoren	Zur eindeutigen Festlegung sind erforderlich: • Zahlenwert, • Einheit, • Richtung im Raum oder in der Ebene, • Richtungssinn (Drehsinn) 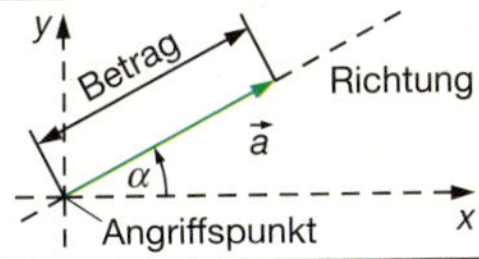 	Kraft $\vec{F}$, Geschwindigkeit $\vec{v}$, Elektrische Feldstärke $\vec{E}$

Schreibweise

DIN 1313: 78-04

	Größenwert	=	Zahlenwert	·	Einheit
Beispiel:	l	=	$\{l\}$	·	$[l]$
	l	=	3	·	m
	Länge	=	Zahlenwert der Länge	·	Einheit der Länge

Physikalische Gleichungen

DIN 1313: 78-04

Größengleichungen	Einheitengleichungen	Zahlenwertgleichungen
z. B. $v = \frac{s}{t}$; $m = 8$ kg	z. B. 1 m = 100 cm 1 h = 3600 s 1 kWh = $3{,}6 \cdot 10^6$ Ws	z. B. $\{v\} = 3{,}6\,\frac{\{s\}}{\{t\}}$ v in km/h s in m t in s
Zugeschnittene Größengleichung		
z. B. $\frac{v}{\text{km/h}} = 3{,}6 \cdot \frac{s/\text{m}}{t/\text{s}}$		

SI-Basiseinheiten [1]

Größe	Formelzeichen	Einheitenname	Einheitenzeichen
Länge	l	Meter	m
Masse	m	Kilogramm	kg
Zeit	t	Sekunde	s
Elektrische Stromstärke	I	Ampere	A
Thermodynamische Temperatur	T	Kelvin	K
Stoffmenge	n	Mol	mol
Lichtstärke	I_V	Candela	cd

[1]) **S**ystème **I**nternational d´Unités (Internationales Einheitensystem)

Vorsätze und Vorsatzzeichen für dezimale Teile und Vielfache von Einheiten

Faktor	Vorsätze	Vorsatzzeichen	Faktor	Vorsätze	Vorsatzzeichen	Faktor	Vorsätze	Vorsatzzeichen
10^{-24}	Yocto	y	10^{-3}	Milli	m	10^{6}	Mega	M
10^{-21}	Zepto	z	10^{-2}	Zenti	c	10^{9}	Giga	G
10^{-18}	Atto	a	10^{-1}	Dezi	d	10^{12}	Tera	T
10^{-15}	Femto	f	10^{1}	Deka	da	10^{15}	Peta	P
10^{-12}	Piko	p	10^{2}	Hekto	h	10^{18}	Exa	E
10^{-9}	Nano	n	10^{3}	Kilo	k	10^{21}	Zetta	Z
10^{-6}	Mikro	µ				10^{24}	Yotta	Y

Einheitenähnliche Namen und Zahlen

Größe	Einheitenname	Einheitenzeichen	Bemerkungen
Pegel und Maße in der Nachrichtentechnik und Akustik	Neper Bel Dezibel	Np B dB	1 Np = (20/ln 10) dB ≈ 8,69 dB 1 dB = (ln 10/20) Np ≈ 0,115 Np
Lautstärkepegel L_S	Phon	phon	DIN 45 630-1
Lautheit S	Sone	sone	DIN 45 630-1
Anzahl der Binärentscheidungen, Entscheidungsgehalt, Informationsgehalt	Bit	bit	DIN 44 300

Formelzeichen und Einheiten – *Formula signs and units*

Formelzeichen	Bedeutung	SI-Einheit	Einheitenname, Bemerkungen
Längen und ihre Potenzen, Winkel			
x, y, z	Kartesische Koordinaten	m	
α, β, γ ϑ, φ	ebener Winkel, Drehwinkel (bei Drehbewegungen)	rad	Radiant, 1 rad = 1 m/m 1 Vollwinkel = 2 π rad Grad: 1° = (π/180 rad)
Ω, ω	Raumwinkel	sr	Steradiant, 1 sr = 1 m^2/m^2
l, b, h	Länge, Breite, Höhe, Tiefe	m	Meter, 1 int. Seemeile = 1852 m
δ, d	Dicke, Schichtdicke	m	
r	Radius, Halbmesser, Abstand	m	
f	Durchbiegung, Durchhang	m	
d, D	Durchmesser	m	
s	Weglänge, Kurvenlänge	m	
A, S	Flächeninhalt, Fläche, Oberfläche	m^2	Quadratmeter, 1 a = 10^2 m^2
S, q	Querschnittsfläche, Querschnitt	m^2	1 ha = 10^4 m^2
V	Volumen, Rauminhalt	m^3	Kubikmeter, 1 l (Liter) = 1 dm^3 = 1 L
Zeit und Raum			
t	Zeit, Zeitspanne, Dauer	s	Sekunde, min, h (Stunde), d (Tage)
T	Periodendauer, Schwingungsdauer	s	
τ, T	Zeitkonstante	s	
f, ν	Frequenz, Periodenfrequenz	Hz	Hertz, 1 Hz = 1 s^{-1}, $f = 1/T$
f_0	Kennfrequenz, Eigenfrequenz im ungedämmten Zustand	Hz	
ω	Kreisfrequenz, Pulsatanz (Winkelfrequenz)	s^{-1}	$\omega = 2\pi f$
n, f_r	Umdrehungsfrequenz (Drehzahl)	s^{-1}	1 min^{-1} = (1/60) s^{-1}
ω, Ω	Winkelgeschwindigkeit, Drehgeschw.	rad/s	
α	Winkelbeschleunigung, Drehbeschl.	rad/s^2	
λ	Wellenlänge	m	
v, u, w, c	Geschwindigkeit	m/s	1 km/h = 1/3,6 (m/s)
c	Ausbreitungsgeschw. einer Welle	m/s	
a	Beschleunigung	m/s^2	
g	örtliche Fallbeschleunigung	m/s^2	g_n = 9,80665 m/s^2 (Normfallbeschl.)
Mechanik			
m	Masse, Gewicht als Wägeergebnis	kg	Kilogramm, 1 t (Tonne) = 1 Mg
ϱ, ϱ_m	Dichte, volumenbezogene Masse	kg/m^3	1 g/cm^3 = 1 kg/dm^3 = 1 Mg/m^3
F	Kraft	N	Newton, 1 N = 1 kg · m/s^2 = 1 J/m
F_G, G	Gewichtskraft	N	
M	Kraftmoment, Drehmoment	N · m	
p	Druck	Pa	Pascal, 1 Pa = 1 N/m^2, 1 bar = 10^5 Pa
μ, f	Reibungszahl	1	$\mu = F_R/F_N$, F_R: Reibungskraft
W, A	Arbeit	J	Joule, 1 J = 1 N · m = 1 W · s
E, W	Energie	J	1 Wh = 3,6 kJ, eV (Elektronenvolt)
E_p, W_p	potenzielle Energie	J	
E_k, W_k	kinetische Energie	J	
P	Leistung	W	Watt, 1 W = 1 J/s
η	Wirkungsgrad	1	
Thermodynamik und Wärmeübertragung			
T, Θ	Temperatur, thermodyn. Temperatur	K	Kelvin
$\Delta T, \Delta t, \Delta\vartheta$	Temperaturdifferenz	K	
t, ϑ	Celsius-Temperatur	°C	Grad Celsius, $t = T - T_o$, T_o = 273,15 K
α_l	(therm.) Längenausdehnungskoeffiz.	K^{-1}	
α_v, γ	(therm.) Volumenausdehnungskoeffiz.	K^{-1}	
Q	Wärme, Wärmemenge	J	Joule
R_{th}	therm. Widerstand, Wärmewiderstand	K/W	$R_{th} = \Delta\vartheta/\Phi_{th}$
λ	Wärmeleitfähigkeit	W/(m · K)	
k	Wärmedurchgangskoeffizient	W/(m^2 · K)	
C_{th}	Wärmekapazität	J/K	
c	spezifische Wärmekapazität	J/(kg · K)	auch: massenbez. Wärmekapazität

Formelzeichen und Einheiten – *Formula signs and units*

Formelzeichen	Bedeutung	SI-Einheit	Einheitenname, Bemerkungen
Elektrizität und Magnetismus			
Q	elektrische Ladung	C	Coulomb, 1 C = 1 A · s, 1 A · h = 3,6 kC
e	Elementarladung	C	
D	elektrische Flussdichte,	C/m^2	
P	elektrische Polarisation	C/m^2	
φ, φ_e	elektrisches Potenzial	V	Volt, 1 V = 1 J/C
U	elektr. Spannung, Potenzialdifferenz	V	
E	elektrische Feldstärke	V/m	1 V/mm = 1 kV/m
C	elektrische Kapazität	F	Farad, 1 F = 1 C/V, $C = Q/U$
ε	Permittivität	F/m	früher: Dielektrizitätskonstante
ε_o	elektrische Feldkonstante	F/m	Permittivität des leeren Raumes
ε_r	Permittivitätszahl, relat. Permittivität	1	früher: Dielektrizitätszahl
I	elektrische Stromstärke	A	Ampere
J	elektrische Stromdichte	A/m^2	1 A/mm^2 = 1 MA/m^2, $J = I/A$
Θ	elektrische Durchflutung	A	
H	magnetische Feldstärke	A/m	1 A/mm = 1 kA/m
Φ	magnetischer Fluss	Wb	Weber, 1 Wb = 1 V · s
B	magnetische Flussdichte	T	Tesla, 1 T = 1 Wb/m^2, $B = \Phi/S$
L	Induktivität, Selbstinduktivität	H	Henry, 1 H = 1 Wb/A
μ	Permeabilität	H/m	$\mu = B/H$
μ_o	magnetische Feldkonstante	H/m	Permeabilität des leeren Raumes
μ_r	Permeabilitätszahl, relat. Permeabilität	1	$\mu_r = \mu/\mu_o$
R_m	magnetischer Widerstand, Reluktanz	H^{-1}	
Λ	magnetischer Leitwert, Permeanz	H	
R	elektr. Widerstand, Wirkwiderstand, Resistanz	Ω	Ohm, 1 Ω = 1 V/A
G	elektr. Leitwert, Wirkleitwert, Konduktanz	S	Siemens, 1 S = 1 Ω^{-1}, $G = 1/R$
ϱ	spez. elektr. Widerstand, Resistivität	Ω · m	1 μΩ · cm = 10^{-8} Ω · m, 1 Ω · mm^2/m = 10^{-6} Ω · m = 1 μΩ · m
γ, σ, $\varkappa$	elektrische Leitfähigkeit, Konduktivität	S/m	$\gamma = 1/\varrho$
X	Blindwiderstand, Reaktanz	Ω	
B	Blindleitwert, Suszeptanz	S	$B = 1/X$
Z, $\|Z\|$	Scheinwiderstand, Betrag d. Impedanz	Ω	$\underline{Z}$: Impedanz (komplexe Impedanz)
Y, $\|Y\|$	Scheinleitwert, Betrag der Admittanz	S	$\underline{Y}$: Admittanz (komplexe Admittanz)
Z_w, Γ	Wellenwiderstand	Ω	
W	Energie, Arbeit	J	
P, P_p	Wirkleistung	W	
Q, P_q	Blindleistung	W	Energietechnik: var (Var), 1 var = 1 W
S, P_s	Scheinleistung	W	Energietechnik: VA (Voltampere)
φ	Phasenverschiebungswinkel	rad	auch Winkel der Impedanz
δ_ε, δ_μ	Verlustwinkel (Permittivität, Permeabil.)	rad	
λ	Leistungsfaktor	1	$\lambda = P/S$, Elektrotechnik: $\lambda = \cos\varphi$
d	Verlustfaktor	1	
N	Windungszahl	1	
Akustik			
p	Schalldruck	Pa	Pascal
c, c_a	Schallgeschwindigkeit	m/s	
L_p, L	Schalldruckpegel		wird in dB angegeben
L_N	Lautstärkepegel		wird in phon angegeben
Licht, elektromagnetische Strahlung			
I_v	Lichtstärke	cd	Candela
Φ_v	Lichtstrom	lm	Lumen, 1 lm = 1 cd · sr
L_v	Leuchtdichte	cd/m^2	
E_v	Beleuchtungsstärke	lx	Lux, 1 lx = 1 lm/m^2 = 1 cd · sr/m^2
η	Lichtausbeute	lm/W	
c_o	Lichtgeschwindigkeit im leeren Raum	m/s	$c_o = 2{,}99792485 \cdot 10^8$ m/s
f	Brennweite	m	

Größen der Mechanik – *Quantities of mechanics*

Masse — m

Kilogramm kg

Eigenschaften:
- Trägheitswirkung gegenüber einer Änderung des Bewegungszustandes und
- Anziehung auf andere Körper (Gravitation)

Die Masse ist ortsunabhängig.

Kraft — F

Newton N 1 N = 1 kg · m/s²

Produkt aus
- der Masse m eines Körpers und
- der Beschleunigung a.

$$F = m \cdot a$$

Gewichtskraft — F_G, G

Newton N 1 N = 1 kg · m/s²

Produkt aus
- der Masse m eines Körpers und
- der (örtlichen) Fallbeschleunigung g.

$$F_G = m \cdot g$$

Die Gewichtskraft ist ortsabhängig.

Arbeit — W

Joule J, Newtonmeter N · m, Wattsekunde W · s

Eine mechanische Arbeit wird verrichtet, wenn an einem Körper längs eines Weges s eine Kraft F wirkt.

$$W = F \cdot s$$

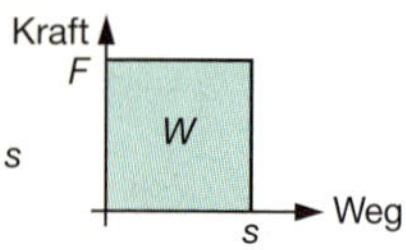

Hub-, Reibungs-, Federspann-, Beschleunigungsarbeit

Leistung — P

Watt W
1 W = 1 N · m/s

Wenn in einer bestimmten Zeit eine Arbeit verrichtet wird, nennt man dieses Leistung (Arbeit pro Zeit).

$$P = \frac{W}{t}$$

Mit $W = F \cdot s$ und $v = \frac{s}{t}$ ergibt sich

$$P = F \cdot v$$

Drehmoment — M

Newtonmeter N · m

Ein Drehmoment entsteht, wenn eine Kraft außerhalb eines Drehpunktes angreift (z. B. Motorachse).

$$M = F \cdot r$$

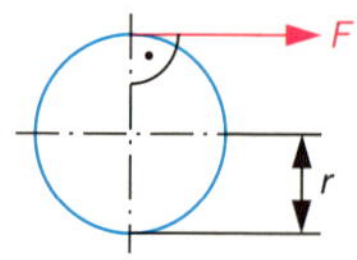

r: Abstand vom Drehpunkt

Energie — E

Newtonmeter N · m, Joule J
Wattsekunde W · s
1 N · m = 1 W · s = 1 J

Umwandlung:
Wenn Arbeit verrichtet wird, entsteht Energie. Mit dieser gewonnenen Energie kann wieder Arbeit verrichtet werden.

Arbeit	⇒	Energie; $W = E$
Hubarbeit	⇒	Energie der Lage (potenzielle Energie)
Beschleunigungsarbeit	⇒	Bewegungsenergie (kinetische Energie)

$$E_k = \frac{m \cdot v^2}{2}$$

Energieerhaltung:
Die Summe der Energien ist konstant ($E_p + E_k$ = konstant).

Wirkungsgrad — η

Der Wirkungsgrad ist gleich dem Quotienten aus der abgegebenen Arbeit W_{ab} (bzw. Leistung) und der zugeführten Arbeit W_{zu} (bzw. Leistung).

$$\eta = \frac{W_{ab}}{W_{zu}} \qquad \eta = \frac{P_{ab}}{P_{zu}}$$

$$W_v = W_{zu} - W_{ab}$$

$$P_v = P_{zu} - P_{ab}$$

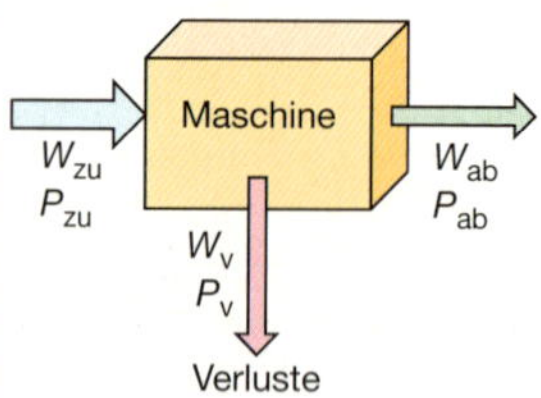

Geschwindigkeit — v

Meter/Sekunde m/s; km/h; m/min

Beschleunigung — a

Meter/Sekundenquadrat m/s²

Geradlinig gleichförmige Bewegung

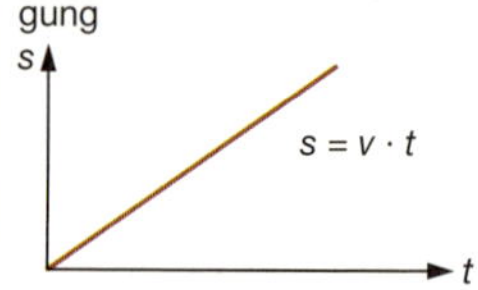

Gleichmäßig beschleunigte Bewegung

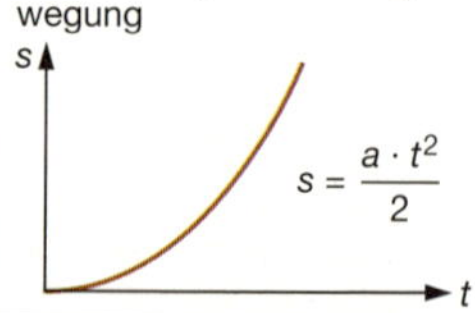

Druck — p

Newton/Quadratmeter N/m²
1 N/m² = 1 Pa (Pascal)
1 N/m² = 10^{-5} bar
1 bar = 10^5 N/m²

Druck entsteht, wenn eine Kraft auf eine Fläche einwirkt.

$$P = \frac{F}{A}$$

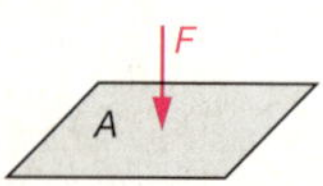

Dichte — ρ

Gramm/Kubikzentimeter g/cm³
kg/dm³
Mg/m³

Die Dichte eines Stoffes ist der Quotient aus der Masse m und dem Volumen V.

$$\rho = \frac{m}{V}$$

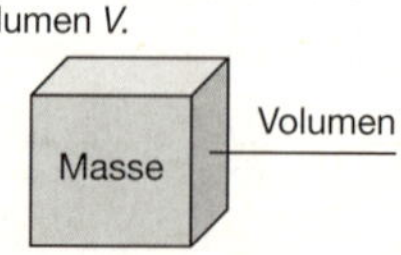

Gleichförmige Kreisbewegung

Der Betrag der Geschwindigkeit ist stets gleich.

T: Zeit für eine Umdrehung
$2 \cdot \pi \cdot r$: Wegstrecke bei einer Umdrehung

$$v = \frac{s}{T}$$

$$v = \frac{2 \cdot \pi \cdot r}{T}$$

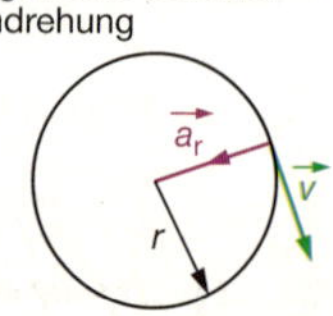

Wärme – *Heat*

Temperatur

tiefste Temperatur $\vartheta_0 = -273{,}15\,°C = 0\,K$

Temperatur	Kelvin-Temperatur	Celsius-Temperatur	Fahrenheit-Temperatur
Formelzeichen	T	t, ϑ	t, ϑ
Einheitenzeichen	K (Kelvin)	°C (Grad Celsius)	°F (Grad Fahrenheit)
Einheit der Temperaturdifferenz	1 K (Kelvin)	1 K (Kelvin)	–
Zusammenhang	0 K = – 273 °C 273 K = 0 °C 373 K = 100 °C		$\vartheta_F = \frac{9}{5}\vartheta_C + 32°$ $\vartheta_C = (\vartheta_F - 32°)\frac{5}{9}$

Temperaturmessung

Flüssigkeitsthermometer mit Quecksilber	– 30 °C … 280 °C	Segerkegel	220 °C … 2000 °C
Flüssigkeitsthermometer mit Quecksilber und Gasfüllung	– 30 °C … 750 °C	Metallausdehnungsthermometer	– 20 °C … 500 °C
Flüssigkeitsthermometer mit Alkohol	– 110 °C … 50 °C	Elektrische Widerstandsthermometer	– 250 °C … 1000 °C
		Glühfarben	500 °C … 3000 °C
Thermocolore	150 °C … 600 °C	Gasthermometer	– 272 °C … 2800 °C

Ausdehnung durch Wärme

lineare Ausdehnung

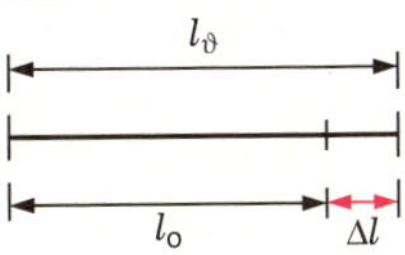

l_0: Anfangslänge
Δl: Längenänderung
l_ϑ: Endlänge
$\Delta\vartheta$: Temperaturänderung
α: Längenausdehnungskoeffizient

$\Delta l = l_0 \cdot \alpha \cdot \Delta\vartheta$

$l_\vartheta = l_0 + \Delta l$

$l_\vartheta = l_0 (1 + \alpha \cdot \Delta\vartheta)$

$[\alpha] = \frac{1}{K}$

kubische Ausdehnung

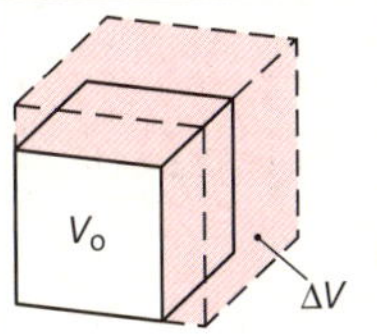

V_0: Anfangsvolumen
ΔV: Volumenänderung
V_ϑ: Endvolumen
$\Delta\vartheta$: Temperaturänderung
γ: Volumenausdehnungskoeffizient

$\Delta V = V_0 \cdot \gamma \cdot \Delta\vartheta$

$V_\vartheta = V_0 + \Delta V$

$V_\vartheta = V_0 (1 + \gamma \cdot \Delta\vartheta)$

Es gilt angenähert:

$\gamma \approx 3\alpha \quad [\gamma] = \frac{1}{K}$

Wärmemenge *Q*

$Q = m \cdot c \cdot \Delta\vartheta$

Q: Wärmemenge $[Q]$ = J (Joule)
m: Masse
$\Delta\vartheta$: Temperaturänderung
c: spezifische Wärmekapazität

$[c] = \frac{kJ}{kg \cdot K}$

Die einem Körper zugeführte oder von ihm abgegebene Wärmemenge ist abhängig vom Produkt aus der Masse, der spezifischen Wärmekapazität und der Temperaturänderung, die der Körper erfährt.

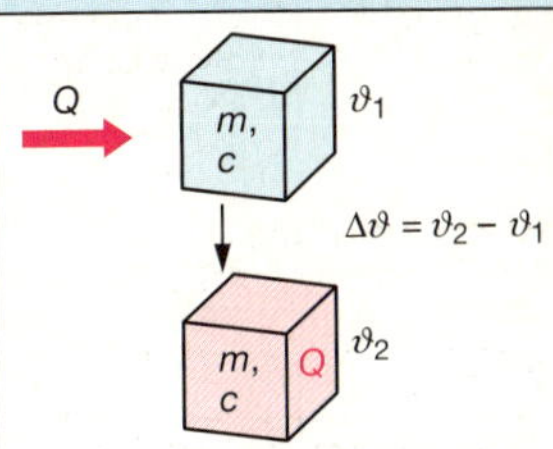

Mischungsvorgänge

abgegebene Wärmemenge = aufgenommener Wärmemenge

$$Q_{ab} = Q_{auf}$$

$$m_1 \cdot c_1 (\vartheta_1 - \vartheta_m) = m_2 \cdot c_2 (\vartheta_m - \vartheta_2)$$

$$\vartheta_m = \frac{m_1 \cdot c_1 \cdot \vartheta_1 + m_2 \cdot c_2 \cdot \vartheta_2}{m_1 \cdot c_1 + m_2 \cdot c_2}$$

ϑ_m: Mischungstemperatur

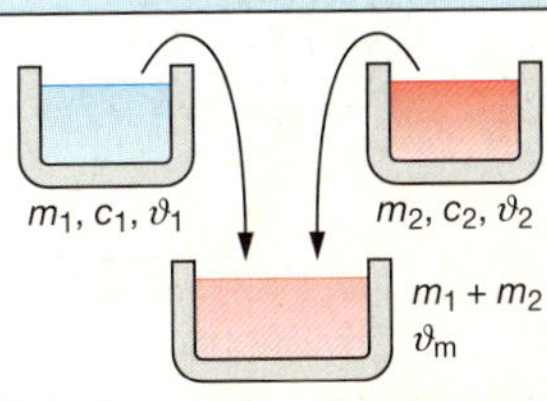

Akustik – *Acoustics*

Schall

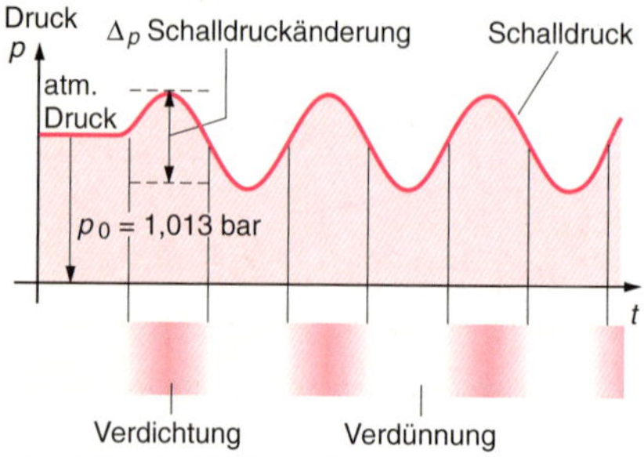

Lautstärken von Schallquellen

Schallquelle	Lautstärkepegel L_N in phon	Schalldruck p in µbar
Hörschwelle	0	$2 \cdot 10^{-4}$
Flüstern in 1 m Entfernung	30	$6{,}4 \cdot 10^{-3}$
mittlere Sprachwiedergabe	50	$6{,}4 \cdot 10^{-2}$
Verkehrslärm	70	$6{,}4 \cdot 10^{-1}$
Presslufthammer	90	6,4
startendes Flugzeug, 5 m Abst.	110	64
Schmerzschwelle	130	640

Schallgeschwindigkeit

$c = f \cdot \lambda$ $\qquad [c] = \frac{\text{m}}{\text{s}}$

c: Schallgeschwindigkeit
f: Frequenz $\qquad \lambda$: Wellenlänge

Wellenarten

Longitudinalwellen (Längswellen)
Schwingungsrichtung der Teilchen ist identisch mit der Ausbreitungsrichtung des Schalls.

Transversalwellen (Querwellen)
Teilchen schwingen quer zur Ausbreitungsrichtung des Schalls.

Lautstärkepegel

Angabe: L_N in phon

Der Lautstärkepegel eines beliebigen Schalleindrucks beträgt z. B. x phon, wenn von einem gehörmäßig normalempfindenden Beobachter der Schall als gleich laut wahrgenommen wird, wie ein Ton mit $f = 1$ kHz, dessen Schalldruckpegel x dB beträgt.

Lautheit

Angabe: N in sone

Die Lautheit ist der Stärke der Schallwahrnehmung normalhörender Beobachter proportional.

Schalldruckpegel L_p in Abhängigkeit von der Frequenz (Kurven gleicher Lautstärke, Sinustöne)

gehörmäßig normalempfindende Personen, Alter: 18–25 Jahre

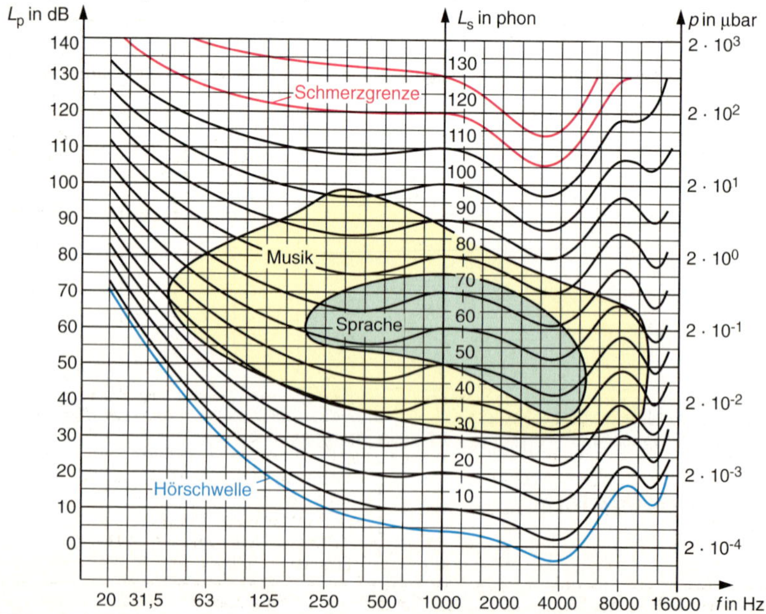

Optik – *Optics*

Optische Strahlung

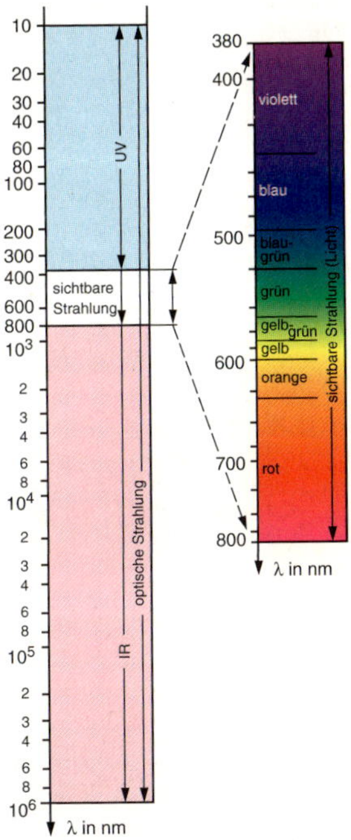

Relativer spektraler Helligkeitsempfindlichkeitsgrad (Augenempfindlichkeit)

Tagessehen: V(λ)
Helligkeitsadaption oberhalb von 10 lx, photooptischer Bereich, Zapfen-Sehen;
Strahlungsäquivalent: K_m = 683 lm/W

Nachtsehen: V'(λ)
Dunkeladaption unterhalb 0,1 lx, skoptischer Bereich, Stäbchen-Sehen;
Strahlungsäquivalent: K_m = 1699 lm/W

(Kurven sind Mittelwerte, an vielen Personen ermittelt)

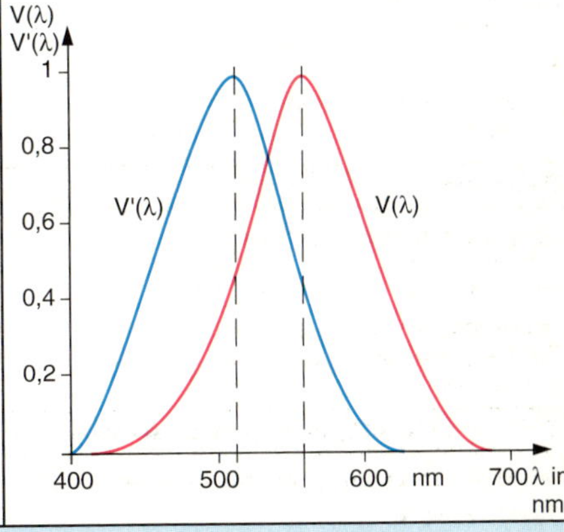

Wellenlängenbereiche der UV- und IR-Strahlung

Name	Kurzzeichen	Wellenlänge λ in nm	Frequenz *f* in THz	Energie Q_e in eV
Ultraviolett-strahlung (UV)	UV-C < VUV[1]	100 … 200	3000 … 1500	12,4 … 6,2
	UV-C < FUV[2]	200 … 280	1500 … 1070	6,2 … 4,4
	UV-B (Mittleres UV)	280 … 315	1070 … 950	4,4 … 3,9
	UV-A (Nahes UV)	315 … 380	950 … 790	3,9 … 3,3
Sichtbare Strahlung, Licht	VIS	380 … 780	790 … 385	3,3 … 1,6
Infrarot-Strahlung (IR)	NIR < IR-A[3]	780 … 1400	385 … 215	1,6 … 0,9
	NIR < IR-B[3]	1400 … 3000	215 … 100	0,9 … 0,4
	IR-C < MIR[4]	3000 … 50000	100 … 6	0,4 … 0,025
	IR-C < FIR[5]	50000 … $1 \cdot 10^6$	6 … 0,3	0,025 … 0,001

Strahlungsphysikalische (radiometrische) Größen (radiometric units)	**Lichttechnische (fotometrische) Größen** (photometric units)
• rein physikalische Betrachtungsweise • Index e bedeutet: energetische • Bereich von 10^1 … 10^6 nm	• physiologische Bewertung durch das menschliche Auge • Index v bedeutet: visuell • Teilbereich der optischen Strahlung, 380 nm … 780 nm

[1] Vakuum UV, [2] Fernes UV, [3] Nahes IR, [4] Mittleres IR, [5] Fernes IR

Grundlagen der Chemie – *Basics of chemistry*

Stoffeinteilung

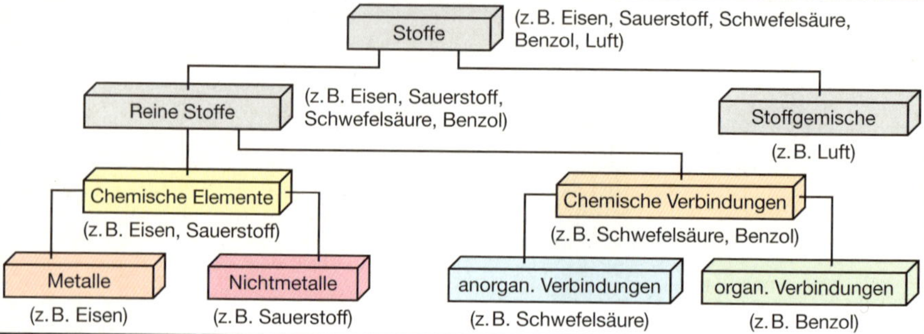

Atomaufbau

Atomkern		Atomhülle
Protonen	**Neutronen**	**Elektronen**
Elektrisch positive Masseteilchen. Die Protonen bestimmen den Charakter des Elements. Protonenzahl = Kernladungszahl = Ordnungszahl	Elektrisch neutrale Masseteilchen. Die Neutronenzahl kann für die Atomkerne des gleichen Elements unterschiedlich sein (Isotope).	Elektrisch negative Masseteilchen. Bei einem neutralen Atom ist die Protonenzahl gleich der Elektronenzahl.

Atomteilchen

Name	Ladung *e* in As	Masse *m* in g
Elektron	$-1{,}602 \cdot 10^{-19}$	$9{,}1089 \cdot 10^{-28}$
Neutron	0	$1{,}6748 \cdot 10^{-24}$
Proton	$+1{,}602 \cdot 10^{-19}$	$1{,}6725 \cdot 10^{-24}$

Schalen	Elektronen	Bezeichnung
K	2	1 s
L	2, 6	2 s, 2 p
M	2, 6, 10	3 s, 3 p, 3 d
N	2, 6, 10, 14	4 s, 4 p, 4 d, 4 f

Atommodell

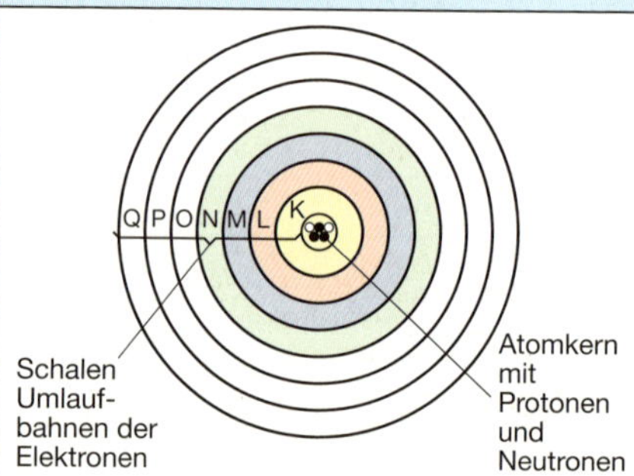

Relative Atommasse *A*

$$A = \frac{\text{Masse des neutralen Atoms}}{\frac{1}{12}\text{ der Masse des Kohlenstoffatoms } {}^{12}\text{C}}$$

Eine relative Masseneinheit beträgt $1{,}6605 \cdot 10^{-27}$ kg.

Atomsymbole und ihre Schreibweise

	Chlormolekül	Chlorid-Ion	Wasserstoffmolekül	Natriumchloridmolekül
ohne Angabe der Ionenladung	Cl_2		H_2	NaCl
mit Angabe der Ionenladung		$2\ Cl^-$	$2\ H^-$	$(Na^+\ Cl^-)$

Beispiel:

A = Z + N
(N: Neutronenzahl)

Nukleonenzahl A: $^{12}_{6}C$ – Protonenzahl Z (Ordnungszahl)

Ca^{2+} – Ionenladung

O_2 – Stöchiometrischer Index

Oxidationszahlen: $C^{IV}\ (Cl^{-I})_4$; $Na_2\ [\overset{6+2-}{SO4}]$

Stoffabscheidung durch Elektrolyse (Galvanisieren)

Material separation by electrolysis (electroplating)

Stoffabscheidung durch Elektrolyse

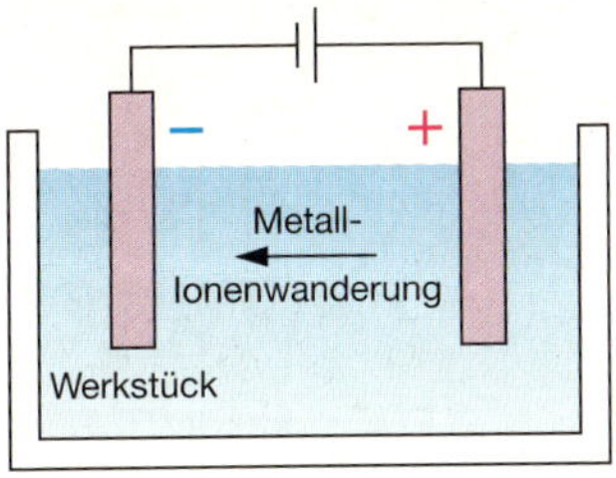

Wirkungsgrad (Stromausbeute)

Katodischer Wirkungsgrad

$\eta = \frac{m^*}{c \cdot I \cdot t}$ m^*: verfügbare Masse

Der Wirkungsgrad ist stark von der Anlage abhängig.

Die Verluste entstehen durch:

- Nebenreaktionen (z. B. Wasserstoffabscheidung)
- Zusammensetzung der Flüssigkeit
- Erwärmung der Flüssigkeit

Massenberechnung (Faradaysches Gesetz)

$m = c \cdot I \cdot t$

m: Masse

c: elektrochemisches Äquivalent

$[c] = \frac{\text{mg}}{\text{As}}, \frac{\text{g}}{\text{Ah}}$ $1\,\frac{\text{mg}}{\text{As}} = \frac{3{,}6\,\text{g}}{\text{Ah}}$

I: Stromstärke

t: Zeit

Schichtdicke *s*

$s = \frac{m}{A \cdot \varrho}$ $s = \frac{c \cdot I \cdot t}{A \cdot \varrho}$ $s = \frac{c \cdot J \cdot t}{\varrho}$

ϱ: Dichte

Stromdichte *J*

$J = \frac{I}{q}$ q: Fläche $[J] = \frac{\text{A}}{\text{dm}^2}$

Metall	Wertigkeit	elektrochem. Äquivalent c in $\frac{\text{g}}{\text{A} \cdot \text{h}}$	Metall	Wertigkeit	elektrochem. Äquivalent c in $\frac{\text{g}}{\text{A} \cdot \text{h}}$	Metall	Wertigkeit	elektrochem. Äquivalent c in $\frac{\text{g}}{\text{A} \cdot \text{h}}$
Al Aluminium	III	0,3356	Au Gold	I	7,3490	Mn Mangan	II	1,0249
Pb Blei	II	3,8654	Au Gold	III	2,4497	Ni Nickel	II	1,0954
Cd Cadmium	II	2,0969	Co Kobalt	II	1,0994	Pt Platin	IV	1,8195
Cr Chrom	III	0,6467	Cu Kupfer	I	2,3707	Ag Silber	I	4,0247
Cr Chrom	VI	0,3233	Cu Kupfer	II	1,1854	Zn Zink	II	1,2197
Fe Eisen	II	1,0419	Mg Magnesium	II	0,4535	Sn Zinn	II	2,2142

Korrosionsschutzmaßnahmen – *Corrosion protection measures*

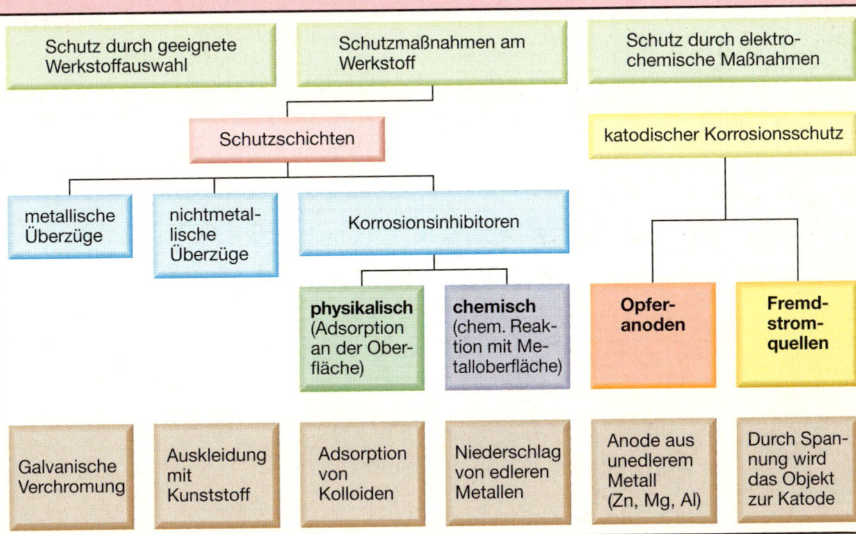

Periodensystem – *Periodic system*

Beispiel: Atommassezahl 1, Kurzzeichen H, Ordnungszahl 1, Wertigkeit 1 (Zellenangabe: Atommassezahl / Kurzzeichen / Ordnungszahl / Wertigkeit)

Periode	Schale																		
1	K	1 H 1 / 1																	4 He 2 / 0
2	L	7 Li 3 / 1	9 Be 4 / 2											11 B 5 / 3	12 C 6 / 2, 4	14 N 7 / 2, 3, 5	16 O 8 / 2	19 F 9 / 1, 7	20 Ne 10 / 0
3	M	23 Na 11 / 1	24 Mg 12 / 2, 4,4, 6,7											27 Al 13 / 3	28 Si 14 / 4	31 P 15 / 3, 5	32 S 16 / 2, 4, 6	35 Cl 17 / 1, 5, 7	40 Ar 18 / 0
4	N	39 K 19 / 1	40 Ca 20 / 2	45 Sc 21 / 3	48 Ti 22 / 2, 3, 4	51 V 23 / 2 … 5	52 Cr 24 / 2, 3, 6	55 Mn 25 / 2, 3,4, 6,7	56 Fe 26 / 2, 3, 6	59 Co 27 / 2, 3	59 Ni 28 / 2, 3	64 Cu 29 / 1, 2	65 Zn 30 / 2	70 Ga 31 / 3	73 Ge 32 / 4	75 As 33 / 3, 5	79 Se 34 / 2, 4, 6	80 Br 35 / 1, 5	84 Kr 36 / 0
5	O	85 Rb 37 / 1	88 Sr 38 / 2	89 Y 39 / 3	91 Zr 40 / 4	93 Nb 41 / 3, 5	96 Mo 42 / 3, 4, 6	99 Tc 43 / 7	101 Ru 44 / 3,4, 6,8	103 Rh 45 / 8	106 Pd 46 / 2, 4	108 Ag 47 / 1, 2	112 Cd 48 / 1, 2	115 In 49 / 3	119 Sn 50 / 2, 4	122 Sb 51 / 3 … 5	128 Te 52 / 2, 4, 6	127 J 53 / 1,3, 5,7	131 Xe 54 / 0
6	P	133 Cs 55 / 1	137 Ba 56 / 2	139*) La 57 / 3	179 Hf 72 / 4	181 Ta 73 / 5	184 W 74 / 2 … 6	186 Re 75 / 1, 4, 7	190 Os 76 / 2,3, 4,8	192 Ir 77 / 3, 4, 6	195 Pt 78 / 2, 4	197 Au 79 / 1, 3	201 Hg 80 / 1, 2	204 Tl 81 / 1, 3	207 Pb 82 / 2, 4	209 Bi 83 / 3, 5	210 Po 84 / 2, 6	210 At 85 / 7	222 Rn 86 / 0
7	Q	223 Fr 87 / 1	226 Ra 88 / 2	227*) Ac 89 / 3	Ku 104 / 4	Ha 105 / 5													
6	P	Lanthanide			140 Ce 58 / 3, 4	141 Pr 59 / 3	144 Nd 60 / 3	147 Pm 61 / 3	150 Sm 62 / 3	152 Eu 63 / 3	157 Gd 64 / 3	159 Tb 65 / 3	163 Dy 66 / 3	165 Ho 67 / 3	167 Er 68 / 3	169 Tm 69 / 3	173 Yb 70 / 2, 3	175 Lu 71 / 3
7	Q	Actinide			232 Th 90 / 4	231 Pa 91 / 3	238 U 92 / 3 … 6	237 Np 93 / 3 … 6	242 Pu 94 / 3 … 6	243 Am 95 / 3	247 Cm 96 / 3	249 Bk 97 / 3, 4	251 Cf 98 / 3	254 Es 99 / 3	253 Fm 100 / 3	256 Md 101 / 3	No 102 / 3	Lr 103 / 3

Leichtmetall · Schwermetall · Edelmetall · Nichtmetall · Halbmetall · Edelgas

Stoffwerte von Werkstoffen

Physical characteristics of materials

(20 °C und $1{,}013 \cdot 10^5$ Pa)

Name	Kurzzeichen	Dichte ρ in $\frac{kg}{dm^3}$ Gas: $\frac{mg}{cm^3}$	Schmelzpunkt ϑ_{Fl} in °C	Siedepunkt ϑ_G in °C	Spez. Schmelzwärme q in $\frac{kJ}{kg}$	Spez. Wärmekapazität c in $\frac{kJ}{kg \cdot K}$	Längen-/Volumen-Ausdehnungskoeffizient α in $\frac{10^{-6}}{K}$ (0 … 100 °C)
Aluminiumoxid	Al_2O_3	4,0	2050	2700	263	0,764	6,5
Glas	–	2,4 … 2,7	≈ 700	–		0,850	5
Polyvinylchlorid	PVC	1,35	–	–	165	1,500	8,0
Porzellan	–	2,3 … 2,5	1600	–		0,880	4
Quarz	SiO_2	2,1 … 2,6	1480	2230		0,745	8
Benzin	–	0,68 … 0,75	– 30 … – 50	40 … 200		2,020	1000
Heizöl	–	≈ 0,82	– 10	> 170		2,070	950
Petroleum	–	0,81	– 70	150 … 300		2,150	1000
Wasser (destilliert)	H_2O	1,00[1)]	0	100		4,182	207
Kohlendioxid	CO_2	1,977[2)]	– 56,6	– 78,5		0,630[3)]	–
Luft	–	1,29[2)]	– 220	– 191,4		0,716[3)]	–
Methan	CH_4	0,72[2)]	– 182,5	– 161,5		1,680[3)]	–

1) bei 4 °C 2) bei 0 °C 3) bei V = const.

Widerstands-Werkstoffe – *Resistance materials*

Kurzname (Handelsnamen als Beispiel)	ϱ in $\frac{kg}{dm^3}$	R_m in $\frac{N}{mm^2}$	A_5 in %	α in $\frac{10^{-6}}{K}$	λ in $\frac{W}{m \cdot K}$	c in $\frac{J}{g \cdot K}$	T_S in °C	T_A in °C	$\varkappa_{20}$ in µΩm	α_{20} in $\frac{10^{-3}}{K}$	besondere Eigenschaften	Verwendung
CuNi2	8,9	220	18	16,5	130	0,38	1090	300	0,05	+1,4	weich lötbar	niedrigohmige Widerstände Heizdrähte, Heizkabel mit niedriger Temperatur
CuNi6	8,9	250	18	16	92	0,38	1095	300	0,10	+0,7		
CuMn12Ni (Manganin)	8,4	390	20	18	22	0,41	960	140	0,43	±0,01	hohe zeitliche Konstanz des Widerstandes	Mess- und Normalwiderstände, Vorschaltwiderstände
CuNi44 (Konstantan)	8,9	420	20	13,5	23	0,41	1280	600	0,49	–0,08 ±0,04	gut zunderbeständig	Heizdrähte, Potenziometer
CuNi10	8,9	290	20	16	59	0,38	1100	400	0,15	+0,35	korrosions- und zunderbeständig	

Kontakt-Werkstoffe – *Contact materials*

Kurzname	ϱ in $\frac{kg}{dm^3}$	T_S in °C	λ in $\frac{W}{m \cdot K}$	$\varkappa$ in $\frac{MS}{m}$	α in 10^{-3} K^{-1}	Verwendungsbeispiele
Reine Metalle						
Ag (Feinsilber)	10,5	961	1	67,1	4,1	Relais
Au (Feingold)	19,3	1063	0,72	47,6	4	Fernmeldetechnik
Ir	22,5	2454	0,14	20,4	4,1	Legierungen
Pd	12,0	1552	0,17	9,8	3,7	Fernmeldetechnik
Re	21,0	3180	0,14	5,3	4,5	Unterbrecher-Kontakte
Hg	13,6	–39	10	1,04	–	ex-Schaltgeräte
Legierungen						
CuAg (2 … 6 % Ag) (Silberbronze)	9,2	1010	0,27	38	–	Federn, Messer, Elektroden
Ag (2 % Cu + Ni) (Hartsilber)	10,5	945	0,97	52	3,5	Schütze, Relais
PtIr (80 % Pt)	21,7	1840	0,042	3,2	0,77	in Mess- und F-Technik
PtAg (70 % Pt)	12,8	1090	–	3,4	0,3	Schütze, Relais

Magnet-Werkstoffe – *Magnetic materials*

Übertragerblech

Kurzname	Bestandteile	Kennzeichnung		ϱ in $\frac{kg}{dm^3}$	$\varkappa$ in $\frac{MS}{m}$	H_c in $\frac{A}{m}$	$B_{Sät}$ in T	μ_{16} 2) (μ_4)	T_{Curie} 3) in °C	Handelsnamen (Beispiele)
		Farbe	Strichanzahl							
A0	Stahl mit	–	0	7,7	2,5	100	2,03	450	750	Trafoperm
A2	2,5 …	hellgrün	2	7,63	1,82	60	2	800…900	750	
A3	4,5 % Si		3	7,57	1,47	35	1,92	750…900	750	Hyperm 4
E3	Ni-Fe-Leg.	hellrot	1	8,6	2,00	2	0,7 … 0,8	(16000 … 35000)	400	Mumetall, Hyperm 500
E4	mit ≈ 75 % Ni	hellrot/weiß	je 1	8,7	1,82	1	0,6 … 0,8	(30000 … 40000)	270 … 400	

Keramische Isolierstoffe – *Ceramic insulating materials*

Keramische Isolierstoffe
- C 100 Alkalialuminiumsilicate
- C 200 Magnesiumsilicate
- C 300 Titanate
- C 400 Erdalkalialuminiumsilicate
- C 500 Aluminiumsilicate, porös
- C 600 Multikeramik (niedriger Alkaligehalt)
- C 700 Hoch Al_2O_3-haltige Keramik
- C 800 Oxidkeramikwerkstoffe
- C 900 Nichtoxidische Keramikisolierstoffe

Glasisolierstoffe
- G 100 Alkalikalksilicate
- G 200 Borosilicate
- G 400 Aluminiumkalksilicate
- G 500 Bleialkalisilicate
- G 600 Bariumalkalisilicate
- G 700 Kieselgläser

Glaskeramische Werkstoffe
- GC 100

Isolierstoffe aus glasgebundenen Glimmern
- GM 100

Beispiele:

C 310	Titandioxid	Titandioxid	hohe Permittivität Niedriger tan δ	Kondensatoren für hohe Frequenzen
C 610	Multikeramik	Mullitgehalt: 50…65 % niedriger Al_2O_3-Gehalt	temperaturwechselbeständig, feuerfest	Thermoelementrohre
GM 110	Glasgebundene Glimmer	natürlicher Glimmer und niedrig schmelzende Glasfritte		komplex geformte Isolatoren für Niederspannung

Kunststoffe – *Plastics*

Kurzzeichen	ϱ in $\frac{kg}{dm^3}$	Anwendungstemperatur in °C		Chemische Beständigkeit und Löslichkeit													ϱ_D in $\Omega \cdot cm$	R_m in $\frac{N}{mm^2}$	E_d in $\frac{kV}{mm}$	λ_{20} in $\frac{mW}{m \cdot K}$	ε_r
		dauernd	kurzzeitig	Kraftstoff	Mineralöl	Säure schwach	Säure stark	Säure organisch	Lauge schwach	Lauge stark	organische Öle	Xylol	Aceton	Tetrachlorkohlenstoff	Trichloräthylen	Methylenchlorid					
PVC hart	1,35…1,4	60…70	70…80	–	+	+	○	○	+	+	+	○	○	○	○	○	10^{16}	50	20…50	100	3,3…4,0
PVC weich	1,2…1,3	50…60	60…70	–	○	+	+	○	+	○	○	○	○	○	○	○	10^{10}…10^{15}	20	20…35	100	3,5…7,5
ABS	1,03…1,07	75…95	85…105	○	○	+	○	+	+	+	+	–	–	○	–	–	10^{15}	40	40	150	3,0…4,0
PMMA	1,18	75…95	85…100	–	+	+	○	–	+	○	+	–	–	○	○	–	10^{17}	70	40	186	3,4
CA **CAB**	1,26 1,17	50…80	70…95	– x	+ x	– x	– x	– ○	+ x	+ x	+ x	+ ○	– –	○ –	○ –	○ –	10^{14}	30	30…40	200	3,3…6,0

+ beständig ○ bedingt beständig – unbeständig x keine generelle Aussage möglich

PVC: Polyvinylchlorid ABS: Acrylnitrit-Butadien-Styrol PMMA: Polymethylmethacrylat CA: Celluloseacetat

Löten, Leiterplattenmontage – *Soldering, p.c.b. mounting*

Löten

Stichwort	Erläuterung
Lötfuge	0,05 … 0,26 mm, je dünner desto besser, Kapillarwirkung
Festigkeit	Weichlöten: ca. 40 $\frac{N}{mm^2}$; Hartlöten: 250 … 400 $\frac{N}{mm^2}$
Kupferlötkolben	Zinnlote lösen Kupfer an, daher Lötkolben nacharbeiten.
Leitungen an Lötösen	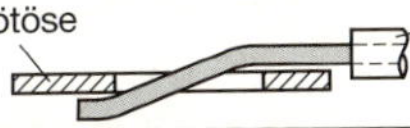 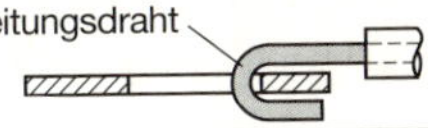

Leiterplatten mit bedrahteten Bauelementen

Schritt	Erläuterung
Leiterplatten-Layout	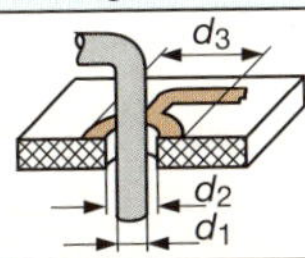

Durchmesser in mm		
Draht (d_1)	LP-Loch (d_2)	Lötauge (d_3)
bis 0,6	0,8	2,0
0,6 … 0,8	1,0	2,0
0,65 … 1,1	1,3	2,5

Biegen der Anschlussdrähte auf Rastermaß

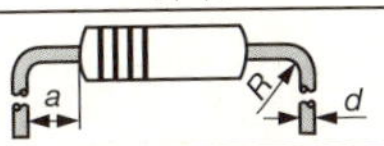

$R > d$
$a \geq 2d$
= mind. 1,5 mm

Mechanische Beanspruchung vom Bauelementkörper fernhalten! Vorschädigung möglich.

Lagefixierung der Bauelemente

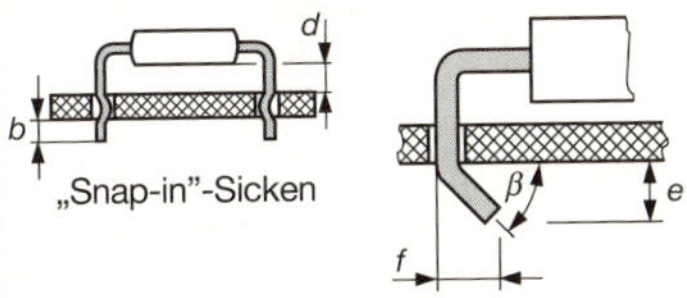

Beim Snap-in-Sicken können Bauelementhalterungen entfallen. Bei Halbleitern „*d*" einhalten!

Richtwerte für Biegewinkel β	
Anschlussart	β in °
axial	40 … 60
radial	40 … 60
DIP-Gehäuse	10 … 60

Ätztechnik	*e* in mm	*f* in mm	*b* in mm
normal	0,8 … 2,0	0,7 … 1,1	0,5 … 2,0
fein	0,5 … 2,0	0,3 … 1,1	0,5 … 2,0
feinst	0,5 … 1,5	0,3 … 0,9	0,5 … 1,5

Löten

Löttechnik	Größe, Lot	Wert, Legierung
Schwalllöten mit Einfach- oder Doppelwelle	Lot Durchzugswinkel Löttemperatur Lötzeit, Einfachwelle Lötzeit, Doppelwelle	L-Sn 63 Pb und L-Sn 60 Pb 5 … 10° 260° ± 5 °C < 3 s < 5 s
Schlepplöten	Lot, Löttemperatur	L-Sn 60 PbCu, 245 °C

Leiterplatten mit SMD-Bauteilen (SMD: **S**urface **M**ounted **D**evice)

Leiterplatten-Layout

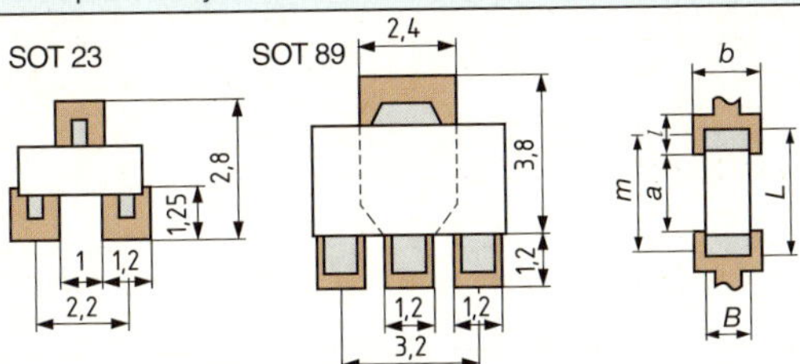

Maße in mm		Zylinder-		Quaderform			
Bauelement	*L*	3,5	5,9	2	3,2	3,2	4,5
	B	1,5	2,2	1,25	1,6	2,5	3,2
Anschlussfläche	*L*	1,2	2,1	1,1	1	1	2,2
	b	1,6	2,3	2,1	2,4	3,3	4
	m	2,8	4,8	2	3,2	3,2	4,5
	a	1,6	2,7	0,9	2,2	2,2	2,3

Montage, Löten

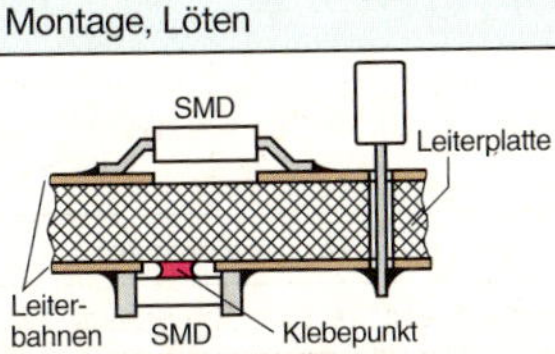

SMD, einseitig	Kleber/Schwalllöten
SMD, einseitig	Lotpaste/Reflowlöten
SMD, beidseitig, 1. Seite	Lotpaste/Reflowlöten
SMD, beidseitig, 2. Seite	Kleber/Schwalllöten
Mischbestückung, SMD einseitig	Kleber/Schwalllöten
Mischbestückung, SMD beidseitig, 1. Seite	Lotpaste/Reflowlöten
Mischbestückung, SMD beidseitig, 2. Seite	Kleber/Schwalllöten

Grundlegende Größen und Formeln der Elektrotechnik

Basic quantities and formulas of electrical engineering

Größe	Darstellung	Größen und Formelzeichen	Einheit und Einheitenzeichen	Formel und Kurzbezeichnung
Spannung	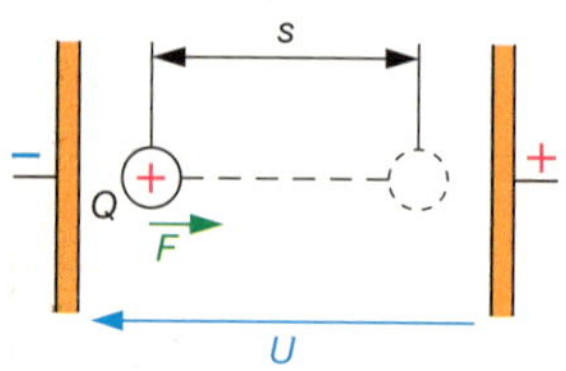	Spannung U	Volt V	$U = \frac{W}{Q}$ DC: Gleichspannung AC: Wechselspannung
		Ladung Q	Coulomb C Amperesekunde As	
		Arbeit W	Wattsekunde Ws, VAs	
	Die **elektrische Spannung** zwischen zwei Punkten eines elektrischen Feldes ist gleich dem Quotienten aus der verrichteten Verschiebungsarbeit und der bewegten Ladung.			
Stromstärke	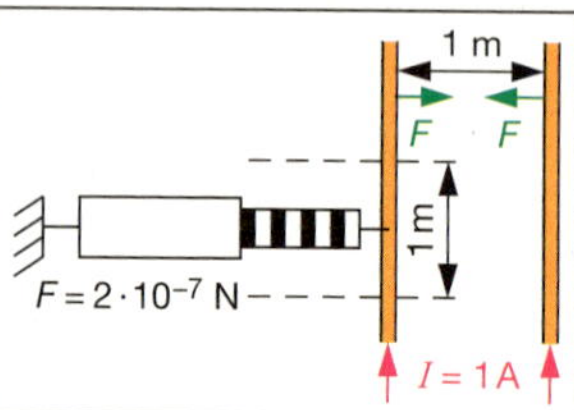	Stromstärke I	Ampere A	$I = \frac{Q}{t}$
		Zeit t	Sekunde s 1 As = 1 C	
	Ein Ampere ist die Stärke eines zeitlich unveränderlichen elektrischen Stromes durch zwei geradlinige, parallele, unendlich lange Leiter, die einen Abstand von 1 m haben und zwischen denen im leeren Raum je 1 m Doppelleitung eine Kraft von $2 \cdot 10^{-7}$ N wirkt.			
Stromdichte	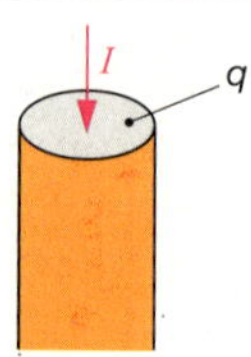	Stromdichte J	Ampere durch Quadratmeter $\frac{A}{m^2}$	$J = \frac{I}{q}$
		Querschnittsfläche q	Quadratmeter m^2 $1\ m^2 = 10^4\ cm^2 = 10^6\ mm^2$	
Stromstärke, Spannung, Widerstand und Leitwert	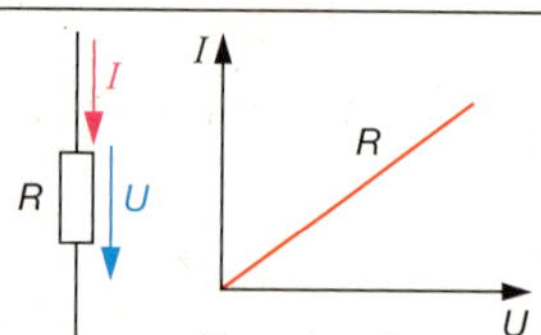 Ohmsches Gesetz	Widerstand R	Ohm Ω $1\ \Omega = 1\ \frac{V}{A}$	$I = \frac{U}{R}$
		Leitwert G	Siemens S $1\ S = 1\ \frac{A}{V}$	$G = \frac{1}{R}$ $I = G \cdot U$
Elektrische Arbeit		Elektrische Arbeit W	Wattsekunde Ws, VAs 1 kWh = $3{,}6 \cdot 10^6$ Ws 1 Nm = 1 Ws = 1 J	$W = U \cdot I \cdot t$ $W = P \cdot t$
Elektrische Leistung	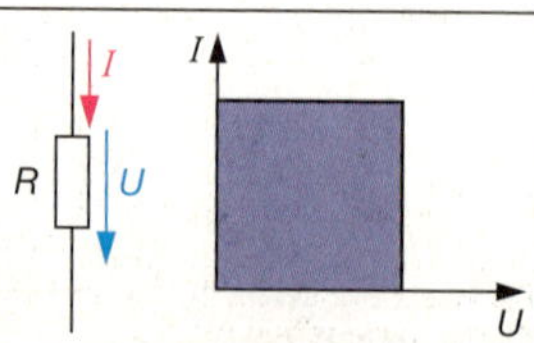	Elektrische Leistung P	Watt W, VA	$P = \frac{W}{t}$ $P = U \cdot I$ $P = I^2 \cdot R$ $P = \frac{U^2}{R}$

Elektrischer Widerstand – *Electrical resistance*

Bezeichnung	Darstellung	Größen und Formelzeichen	Einheitenzeichen	Formel
Widerstand von Leitern	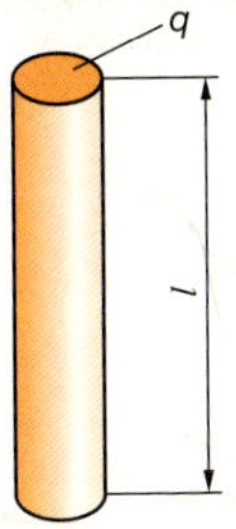	R: Widerstand	Ω	$R = \frac{\varrho \cdot l}{q}$
		l: Leiterlänge	m	
		q: Querschnittsfläche	m^2, mm^2	
		ϱ: Spezifischer Widerstand	$\Omega \cdot m$, $\frac{\Omega \cdot mm^2}{m}$ $1 \frac{\Omega \cdot mm^2}{m} = 1\ \mu\Omega \cdot m$	$\varkappa = \frac{1}{\varrho}$
		$\gamma, \varkappa$: Elektrische Leitfähigkeit	$\frac{S}{m}$, $\frac{S \cdot m}{mm^2}$ $1 \frac{S \cdot m}{mm^2} = 1 \frac{MS}{m}$	$R = \frac{l}{\varkappa \cdot q}$
Widerstand und Temperatur	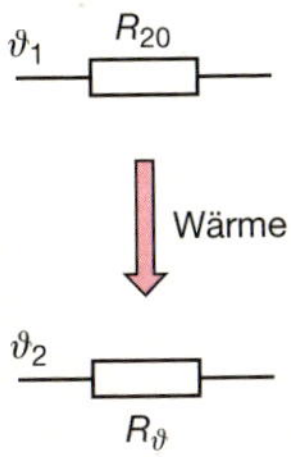	ΔR: Widerstandsänderung	Ω	ϑ < 200 °C
		R_{20}: Widerstand bei 20 °C	Ω	$\Delta R = R_{20} \cdot \alpha \cdot \Delta\vartheta$
		$\alpha; \beta$: Temperaturkoeffizient	$\frac{1}{K}$, K^{-1}; $\frac{1}{K^2}$, K^{-2}	$R_\vartheta = R_{20} + \Delta R$
		$\Delta\vartheta$: Temperaturänderung	K	$R_\vartheta = R_{20}\,(1 + \alpha \cdot \Delta\vartheta)$
		R_ϑ: Widerstand nach Erwärmung	Ω	ϑ > 200 °C
				$R_\vartheta = R_{20}\,(1 + \alpha \cdot \Delta\vartheta + \beta \cdot \Delta\vartheta^2)$

Bemessungsspannungen in V – *Rated voltages in V*

Wechselspannungen unter 120 V (für Betriebsmittel)

bevorzugt		6	12		24		42		60		110
ergänzend	5			15		36		48		100	

Gleichspannungen unter 750 V (für Betriebsmittel)

bevorzugt						6			12		24		36		48	60	72		96	110		220		440	
ergänzend	2,4	3	4	4,5	5		7,5	9		15		30		40				80			125		250		600

Drehstrom-Vierleiter- oder Dreileiternetz				Einphasen-Dreileiternetz
230 V/400 V	277 V/480 V	400 V/690 V	1 000 V	120 V/240 V

Gleichstrom-Bahnnetze		Wechselstrom-Einphasen-Bahnnetze		
Bemessungsspannung (bevorzugt)	Bereich	Bemessungsspannung (bevorzugt)	Bereich	Frequenz in Hz
750	500 … 900	15 000	12 000 … 17 250	16 2/3
1 500	1 000 … 1 800			
3 000	2 000 … 3 600	25 000	19 000 … 27 500	50 oder 60

Drehstromnetze über 1 kV bis 230 kV (Bemessungsspannung)

bevorzugt in Deutschland	3	6	**10**	15	**20**		35	45	**66**	**110**	**132**	150	**220**
andere Länder	3,3	6,6	11		22	33			69	115	138		230

Fettgedruckte Werte sind Vorzugswerte für öffentliche Verteilernetze.

Drehstromnetze über 245 kV (höchste Spannung)

300	363	**420**	525	765	1 200	Vorzugswert fett gedruckt

Bemessungsstromstärken in A – *Rated currents in A*

1 10 100 1 000 10 000	1,25 12,5 125 1 250	1,6 16 160 1 600	2 20 200 2 000	2,5 25 250 2 500	3,15 31,5 315 3 150	4 40 400 4 000	5 50 500 5 000	6,3 63 630 6 300	8 80 800 8 000

Es können, falls erforderlich, anstatt 1,6 A; 3,15 A; 6,3 A und 8 A auch die Werte 1,5 A; 3 A; 6 A und 7,5 A bzw. das 10-, 100- und 1 000fache dieser Werte vorgesehen werden.

Schaltungen mit Widerständen – *Circuits with resistors*

Vorzeichen und Richtungssinne von Strom und Spannung

DIN 5489: 90-09

Gleicher Bezugssinn	Ungleicher Bezugssinn		Verbraucher-Pfeilsystem	Erzeuger-Pfeilsystem
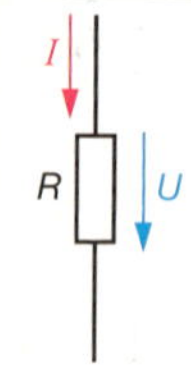 	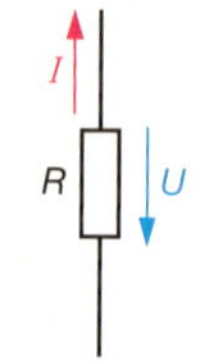 	Spannungsq.	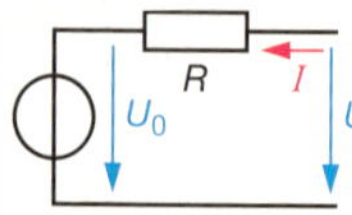 $U = U_0 + I \cdot R$	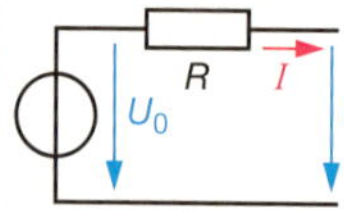 $U = U_0 - I \cdot R$
$U = I \cdot R$	$U = -I \cdot R$	Stromquelle	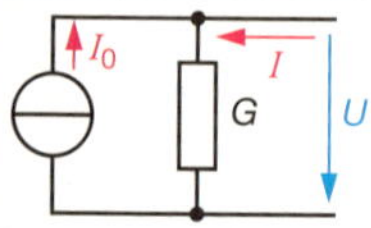 $I = -I_0 + G \cdot U$	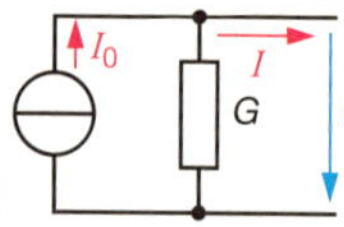 $I = I_0 - G \cdot U$

Erstes Kirchhoffsches Gesetz (Knotenregel)

In jedem Knotenpunkt ist die Summe aller Ströme Null.

$$\sum I = 0$$

$$I_1 - I_2 - I_3 + I_4 + I_5 = 0$$

Beispiel:

Zweites Kirchhoffsches Gesetz (Maschenregel)

Die Summe aller Teilspannungen entlang eines geschlossenen Weges (willkürlich gewählter Umlaufsinn) ist Null.

$$\sum U = 0$$

$$-U_1 + I \cdot R_1 + I \cdot R_2 - U_2 + I \cdot R_3 = 0$$

Beispiel:

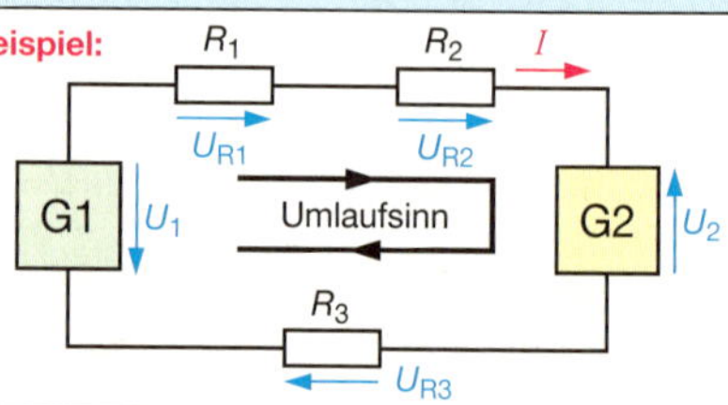

	Reihenschaltung	Parallelschaltung
Schaltung	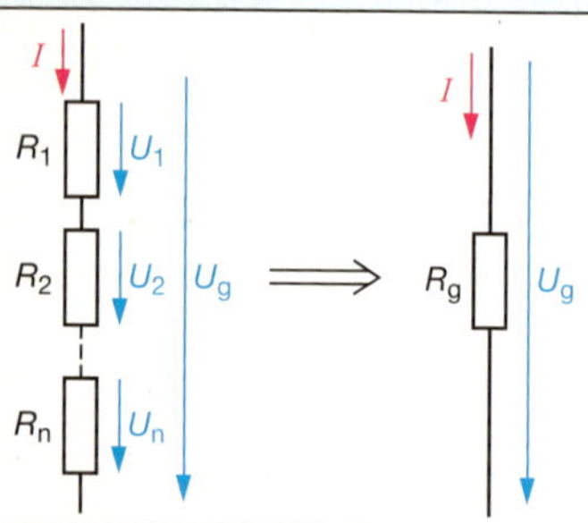 	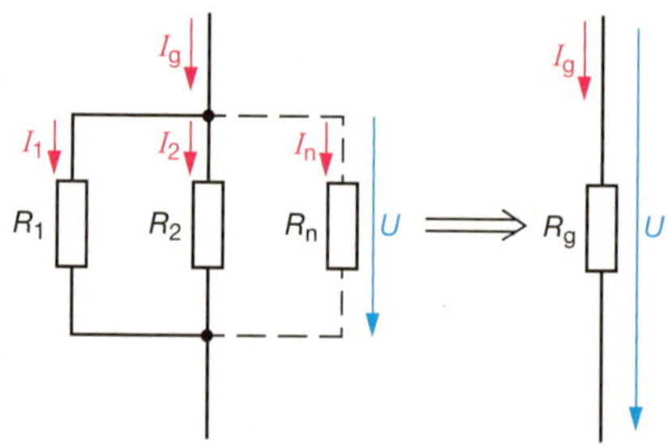
Spannung	$U_g = U_1 + U_2 + \ldots + U_n$	Alle Widerstände liegen an derselben Spannung U.
Stromstärke	Durch alle Widerstände fließt derselbe Strom mit der Stärke I.	$I_g = I_1 + I_2 + \ldots + I_n$
Widerstände und Leitwerte	$R_g = R_1 + R_2 + \ldots + R_n$	$\frac{1}{R_g} = \frac{1}{R_1} + \frac{1}{R_2} + \ldots + \frac{1}{R_n}$ $G_g = G_1 + G_2 + \ldots + G_n$
Verhältnisse	$\frac{U_1}{U_2} = \frac{R_1}{R_2}$; $\frac{U_1}{U_n} = \frac{R_1}{R_n}$; $\frac{U_1}{U_g} = \frac{R_1}{R_g}$; …	$\frac{I_1}{I_2} = \frac{R_2}{R_1}$; $\frac{I_1}{I_n} = \frac{R_n}{R_1}$; $\frac{I_1}{I_g} = \frac{R_g}{R_1}$; …

Schaltungen mit Widerständen – *Circuits with resistors*

Unbelasteter Spannungsteiler

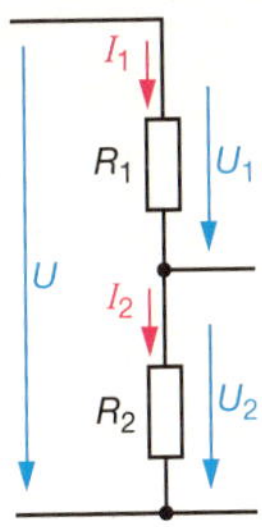

$$\frac{U_2}{U} = \frac{R_2}{R_1 + R_2}$$

Belasteter Spannungsteiler

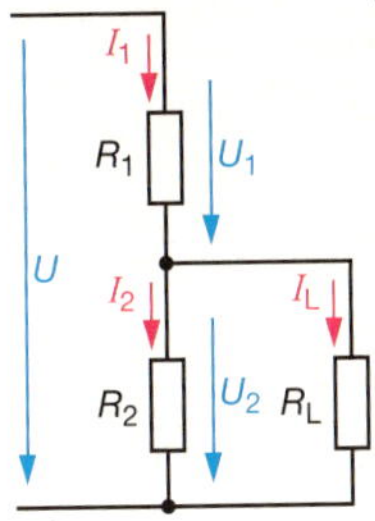

$$\frac{U_2}{U} = \frac{R_2 \cdot R_L}{R_1 (R_2 + R_L) + R_2 \cdot R_L}$$

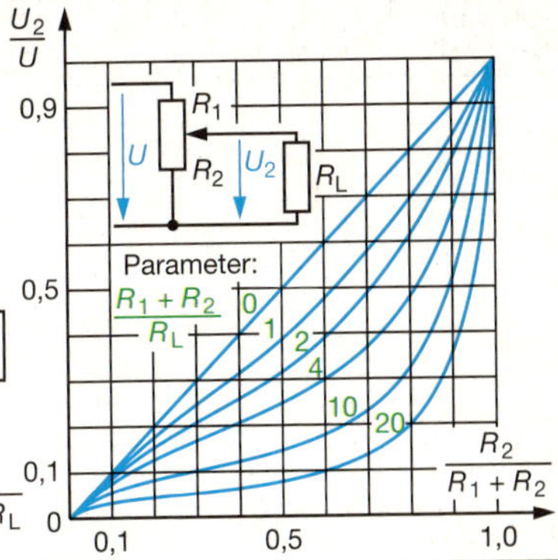

Messbereichserweiterung

Spannungsmessung

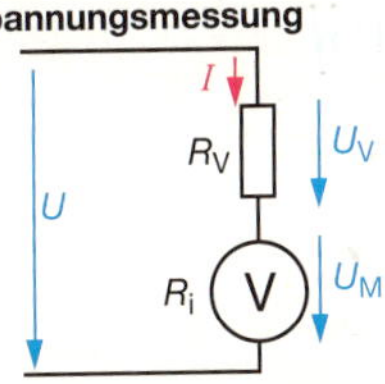

- n: Faktor der Messbereichserweiterung
- R_v: Vorwiderstand
- R_i: Innenwiderstand
- U_M: Spannung am Messwerk bei Vollausschlag
- I: Strom durch das Messwerk bei Vollausschlag

$$n = \frac{U}{U_M}$$

$$R_v = \frac{U - U_M}{I}$$

$$R_v = (n - 1)\, R_i$$

Stromstärkenmessung

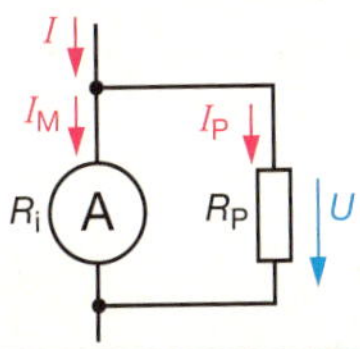

- n: Faktor der Messbereichserweiterung
- R_p: Parallelwiderstand
- R_i: Innenwiderstand
- U: Spannung am Messwerk bei Vollausschlag
- I_M: Strom durch das Messwerk bei Vollausschlag

$$n = \frac{I}{I_M}$$

$$R_p = \frac{U}{I - I_M}$$

$$R_p = \frac{R_i}{(n - 1)}$$

Stern-Dreieck-Umwandlung

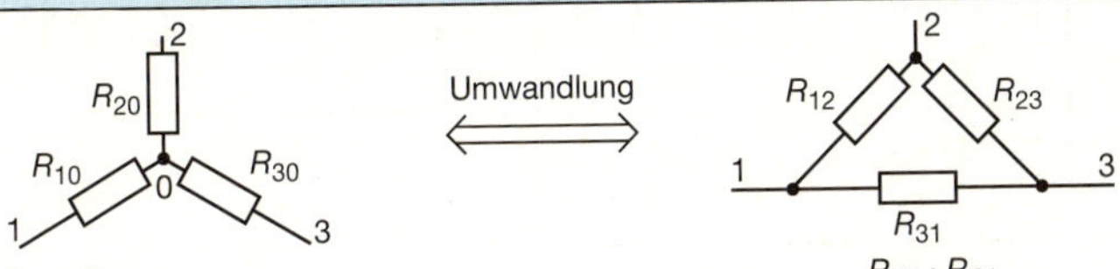

$$R_{12} = \frac{R_{10} \cdot R_{20}}{R_{30}} + R_{10} + R_{20}$$

$$R_{23} = \frac{R_{20} \cdot R_{30}}{R_{10}} + R_{20} + R_{30}$$

$$R_{31} = \frac{R_{10} \cdot R_{30}}{R_{20}} + R_{10} + R_{30}$$

$$R_{10} = \frac{R_{12} \cdot R_{31}}{R_{12} + R_{23} + R_{31}}$$

$$R_{20} = \frac{R_{12} \cdot R_{23}}{R_{12} + R_{23} + R_{31}}$$

$$R_{30} = \frac{R_{23} \cdot R_{31}}{R_{12} + R_{23} + R_{31}}$$

Beispiel:

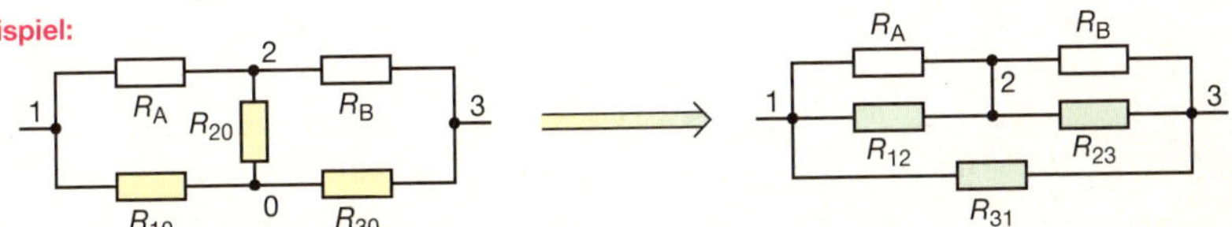

Schaltungen mit Spannungsquellen – *Circuits with voltage sources*

Spannungsquelle mit Innenwiderstand

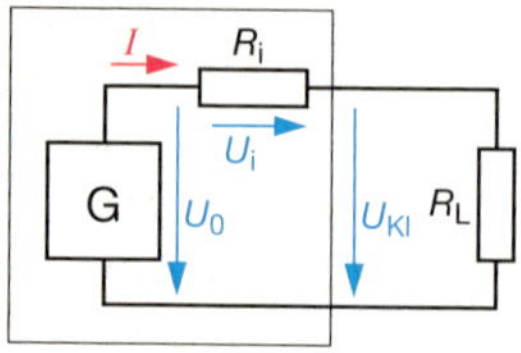

U_0 : Leerlaufspannung (Quellensp.)
U_{Kl} : Klemmenspannung
ΔU : Spannungsänderung
R_i : Innenwiderstand
R_L : Belastungswiderstand
I_k : Kurzschlussstromstärke
ΔI : Stromstärkenänderung
P_L : Ausgangsleistung
P_i : Verlustleistung der Spannungsquelle

$$U_0 = U_i + U_{Kl}$$

$$I = \frac{U_0}{R_i + R_L}; \quad I_k = \frac{U_0}{R_i}$$

$$R_i = \frac{U_i}{I}; \quad R_i = \frac{\Delta U}{\Delta I}$$

$$U_{Kl} = U_0 - I \cdot R_i$$

Anpassung

Stromanpassung, $R_L \ll R_i$

$$I \approx \frac{U_0}{R_i}$$

$$U_{Kl} \approx \frac{U_0 \cdot R_L}{R_i}$$

$$P_L \approx 0$$

Spannungsanpassung, $R_L \gg R_i$

$$I \approx \frac{U_0}{R_L}$$

$$U_{Kl} \approx U_0$$

$$P_L \approx 0$$

Leistungsanpassung, $R_L = R_i$

$$I = \frac{U_0}{2R_i}; \quad I = \frac{U_0}{2R_L}$$

$$U_{Kl} = \frac{U_0}{2}$$

$$P_L = \frac{U_0^2}{4R_i}; \quad P_i = \frac{U_0^2}{4R_L}$$

Reihenschaltung

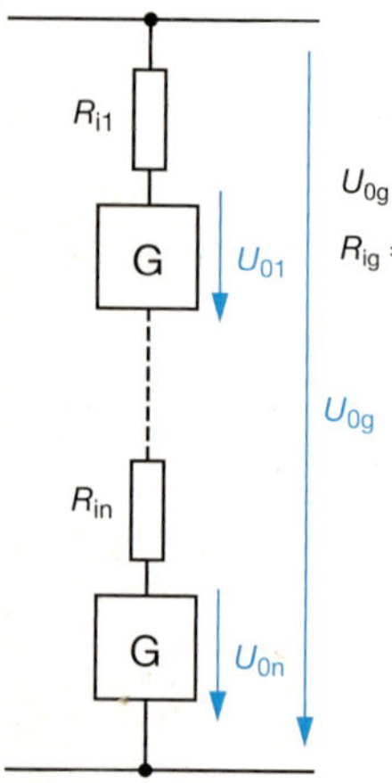

$$U_{0g} = U_{01} + \ldots + U_{0n}$$

$$R_{ig} = R_{i1} + \ldots + R_{in}$$

Parallelschaltung

$$I_g = I_1 + \ldots + I_n$$

$$\frac{1}{R_{ig}} = \frac{1}{R_{i1}} + \ldots + \frac{1}{R_{in}}$$

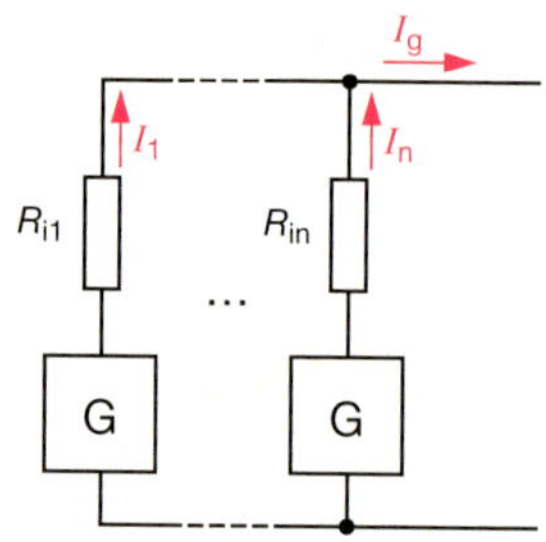

Bei unterschiedlichen Leerlaufspannungen fließen zwischen den Spannungsquellen Ausgleichsströme.

Wärmewirkungsgrad – *Thermal efficiency*

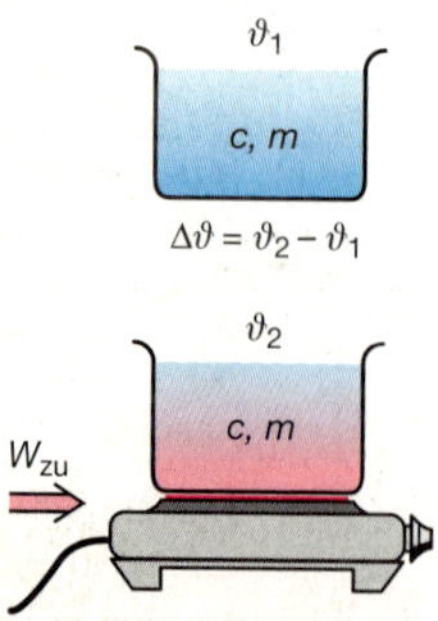

W_{zu} : Zugeführte elektrische Arbeit
W_{ab}, Q : Abgegebene Wärmemenge
$\Delta\vartheta$: Temperaturänderung
c : Spezifische Wärmekapazität

$$c_{H_2O} = \frac{4{,}19\ \text{kJ}}{\text{kg} \cdot \text{K}}$$

η_{th} : Wärmewirkungsgrad
t : Zeit
m : Masse (z. B. Wasser)

$$W_{zu} = P \cdot t$$

$[W_{zu}] = \text{Ws}$, $[P] = \text{W}$, $[t] = \text{s}$

$$W_{ab} = Q$$

$$Q = m \cdot c \cdot \Delta\vartheta$$

$[Q] = \text{J}$, $[m] = \text{kg}$, $[c] = \frac{\text{J}}{\text{kg} \cdot \text{K}}$, $[\Delta\vartheta] = \text{K}$

$$\eta_{th} = \frac{W_{ab}}{W_{zu}}$$

$$P = \frac{\Delta\vartheta \cdot c \cdot m}{\eta_{th} \cdot t}$$

$[\eta] = 1$

Umwelt- und Klimabedingungen – *Environmental and climatic conditions*

- Der Einsatz elektrotechnischer u. elektronischer Geräte erfolgt weltweit in unterschiedlichen Umgebungsbedingungen.
- **Umgebungsbedingungen** in diesem Zusammenhang sind u.a. klimatische Bedingungen (z.B. Temperatur, Luftfeuchte usw.) aber auch die Arten des Einsatzes (z.B. ortsfester oder ortsveränderlicher Einsatz) einer Einrichtung.
- Im Rahmen der Planung für die Errichtung einer Anlage ist deshalb eine genaue Kenntnis der zu erwartenden Umgebungsbedingungen erforderlich und zu berücksichtigen.
- Gegebenenfalls sind spezielle Maßnahmen zu treffen, wie z.B. die Errichtung einer Klimaanlage, um den zuverlässigen Betrieb der Gesamtanlage zu garantieren.
- Umgebungsbedingungen sind über einen längeren Zeitraum in den Regionen der Welt ermittelt worden und z.B. in der DIN IEC 60721 bzw. in der CENELEC HD 478xxx nach verschiedenen Kriterien (s.u.) klassifiziert.
- Eine Übersicht über die Techno-Freiluftklimate der Welt gibt die DIN 50 019 Teil 1.

Einteilung

IEC 60721 **Klassifizierung von Umweltbedingungen** (classification of environmental conditions)	IEC 60721 - 2 - 1	Temperatur und Luftfeuchte (temperature and humidity)
	IEC 60721 - 2 - 2	Niederschlag und Wind (precipitation and wind)
	IEC 60721 - 2 - 3	Luftdruck (air pressure)
	IEC 60721 - 2 - 4	Sonnenstrahlung (solar radiation)
	IEC 60721 - 2 - 5	Staub, Sand, Salz (dust, sand, salt mist)
	IEC 60721 - 2 - 6	Seismische Einflüsse (earthquake vibration and shock)
	IEC 60721 - 2 - 7	Fauna und Flora (fauna and flora)
	IEC 60721 - 3 - 0	Klassen von Einflussgrößen (classification of groups of enviromental parameters and their severities)
	IEC 60721 - 3 - 3	Ortsfester Einsatz, wettergeschützt (stationary use at weatherprotected locations)
	IEC 60721 - 3 - 4	Ortsfester Einsatz, nicht wettergeschützt (stationary use at non-weatherprotected locations)
	IEC 60721 - 3 - 6	Einsatz auf Schiffen (ship enviroment)
	IEC 60721 - 3 - 7	Ortsveränderlicher Einsatz (portable and non-stationary use)
	IEC 60721 - 3 - 9	Mikroklimate innerhalb von Erzeugnissen (microclimates inside products)

Technoklimate

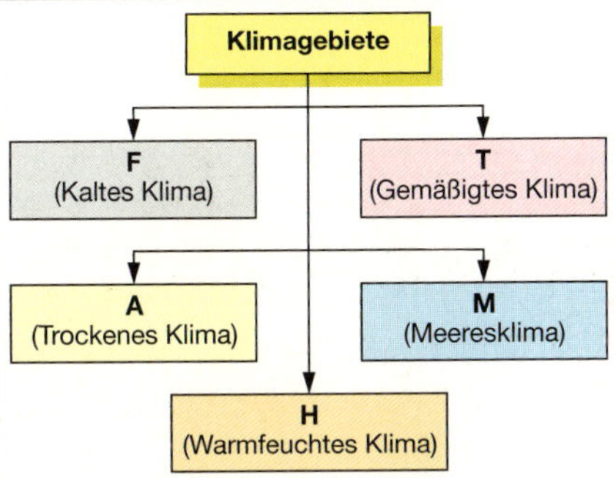

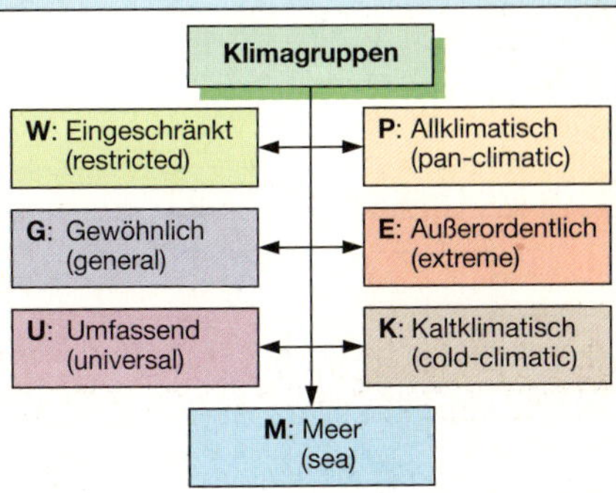

Klimauntergebiete

- Die **Klimagebiete** werden nach **mittleren Extremtemperaturen** unterteilt:
  - Bei **Landklimaten** der mittlere Jahrestiefstwert der Lufttemperatur t_n,
  - bei den **Meeresklimaten** der Normalwert des Jahresmittels der Meeresoberflächen-Wassertemperatur t_a an der unteren Grenze des jeweiligen Meeresklimas.
- **Bezeichnungsbeispiele**:
  H_5 : Ausgeglichenes warmfeuchtes Klima.
  A_{-55}: Winterextremes trockenes Klima.

Zuordnung	t_n in °C	Klassierende Eigenschaft
Landklimate	-85	winterexzessiv
	-55	winterextrem
	-40	winterkalt
	-25	winterrauh
	-15	winterkühl
	5	ausgeglichen

Zuordnung	t_a in °C	Klassierende Eigenschaft
Meeresklimate	- 2	kalt
	5	gemäßigt
	18	warm

Elektrisches Feld, Kondensator – *Electric field, capacitor*

Kraft zwischen Ladungen (Coulombsches Gesetz)

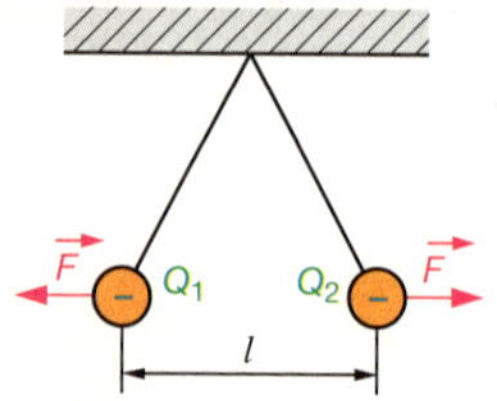

- F : Kraft zwischen den Ladungen
- Q_1, Q_2 : Ladungen
- ε : Permittivität
- ε_o : Elektrische Feldkonstante
- ε_r : Permittivitätszahl
- l : Abstand der Ladungen

$$F = \frac{Q_1 \cdot Q_2}{4\pi\varepsilon \cdot l^2}$$

$$\varepsilon = \varepsilon_o \cdot \varepsilon_r \qquad [\varepsilon_r] = 1$$

$$\varepsilon_o = 8{,}86 \cdot 10^{-12}\ \frac{\text{As}}{\text{Vm}}$$

Elektrische Feldstärke

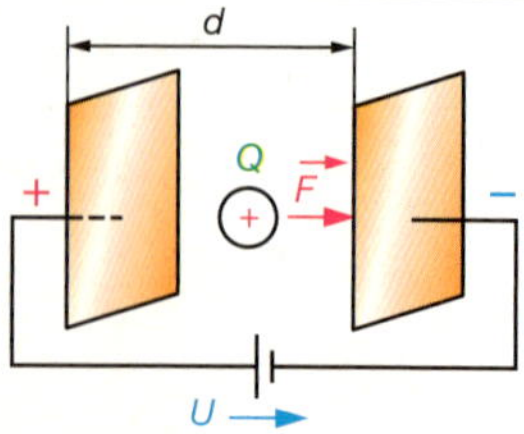

- E : Elektrische Feldstärke
- F : Kraft auf die Ladung im Feld
- Q : Ladung im Feld
- U : Spannung zwischen den Platten
- d : Abstand der Platten

$$E = \frac{F}{Q} \qquad [E] = \frac{\text{N}}{\text{C}}$$

1 C = 1 As

$$E = \frac{U}{d} \qquad [E] = \frac{\text{V}}{\text{m}}$$

Kondensator und Kapazität

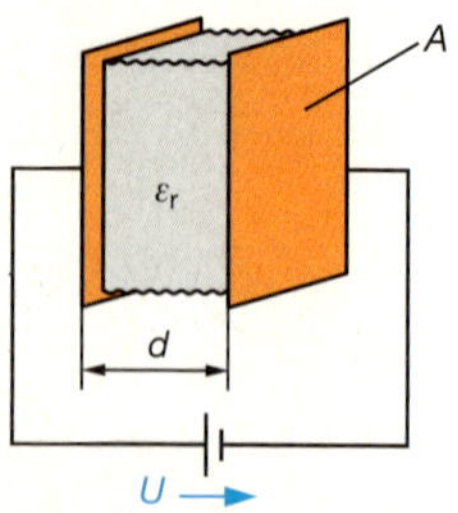

- C : Kapazität des Kondensators
- Q : Ladung des Kondensators
- U : Spannung zwischen den Kondensatorplatten
- ε : Permittivität
- ε_o : Elektrische Feldkonstante
- ε_r : Permittivitätszahl
- A : Plattenfläche
- d : Plattenabstand
- W : Gespeicherte Energie des Kondensators

$$C = \frac{Q}{U} \qquad [C] = \frac{\text{As}}{\text{V}}$$

$$1\ \frac{\text{As}}{\text{V}} = 1\ \text{F (Farad)}$$

$$C = \frac{\varepsilon \cdot A}{d}$$

$$\varepsilon = \varepsilon_o \cdot \varepsilon_r \qquad [\varepsilon_r] = 1$$

$$\varepsilon_o = 8{,}86 \cdot 10^{-12}\ \frac{\text{As}}{\text{Vm}}$$

$$W = \frac{C \cdot U^2}{2} \qquad [W] = \text{V As}$$

Parallelschaltung von Kondensatoren

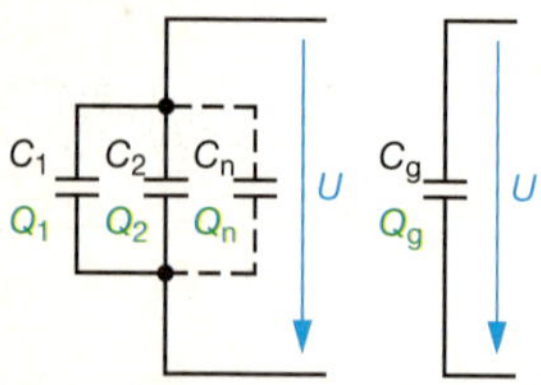

- $Q_1 \dots Q_n$: Ladungen der Einzelkondensatoren
- $C_1 \dots C_n$: Kapazitäten der Einzelkondensatoren
- Q_g: Ladung der Gesamtkapazität
- C_g: Gesamtkapazität

$$Q = C \cdot U$$

$$Q_g = Q_1 + Q_2 + \dots + Q_n$$

$$C_g = C_1 + C_2 + \dots + C_n$$

Reihenschaltung von Kondensatoren

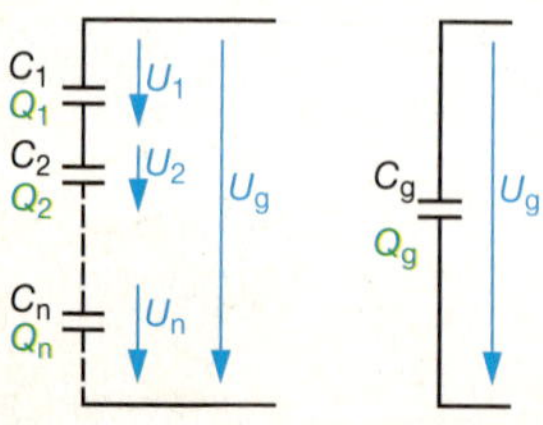

- $Q_1 \dots Q_n$: Ladungen der Einzelkondensatoren
- $C_1 \dots C_n$: Kapazitäten der Einzelkondensatoren
- $U_1 \dots U_n$: Einzelspannungen
- Q_g: Ladung der Gesamtkapazität
- C_g: Gesamtkapazität
- U_g: Gesamtspannung

$$Q = C \cdot U$$

$$Q_g = Q_1 = Q_2 = \dots = Q_n$$

$$U_g = U_1 + U_2 + \dots + U_n$$

$$\frac{1}{C_g} = \frac{1}{C_1} + \frac{1}{C_2} + \dots + \frac{1}{C_n}$$

Magnetisches Feld – *Magnetic field*

Magnetische Feldstärke

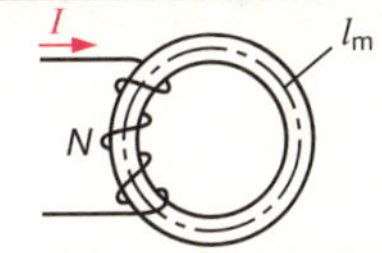

H : Magnetische Feldstärke
I : Stromstärke
N : Windungszahl
l_m : Mittlere Feldlinienlänge
Θ : Elektrische Durchflutung

$H = \frac{I \cdot N}{l_m}$ $[H] = \frac{A}{m}$

$\Theta = I \cdot N$ $[\Theta] = A$

Magnetische Flussdichte (Induktion)

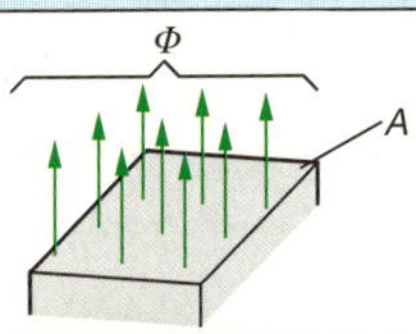

B : Magnetische Flussdichte
Φ : Magnetischer Fluss
A : Fläche

$B = \frac{\Phi}{A}$

$[\Phi] = V\,s$

$1\,V\,s = 1\,Wb$ (Weber)

$[B] = \frac{V\,s}{m^2}$

$1\,\frac{V\,s}{m^2} = 1\,T$ (Tesla)

Zusammenhang zwischen magnetischer Feldstärke und Flussdichte

Vakuum (Luft)

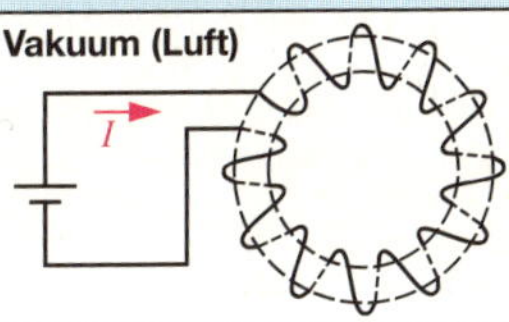

μ_o : Magnetische Feldkonstante

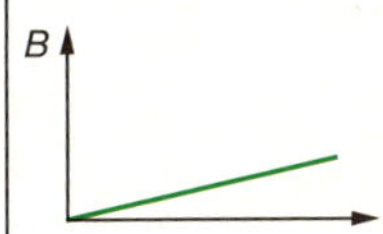

Magnetisierungs-Kennlinie von Luft

$B = \mu_o \cdot H$

$\mu_o = 1{,}257 \cdot 10^{-6}\,\frac{V\,s}{A\,m}$

Eisenkern

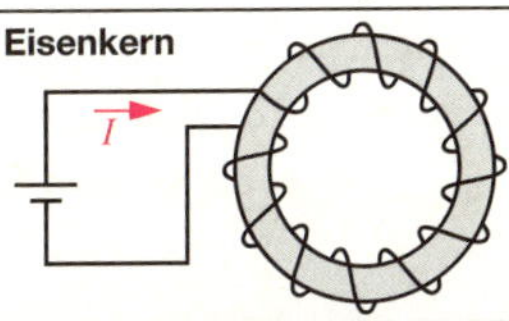

μ_r : Permeabilitätszahl
μ : Permeabilität

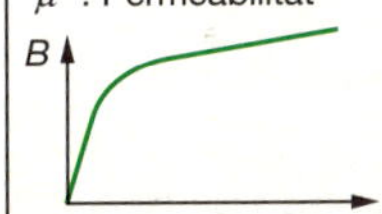

Magnetisierungs-Kennlinie von Eisen

$B = \mu \cdot H$

$\mu = \mu_o \cdot \mu_r$ $[\mu_r] = 1$

Stromdurchflossener Leiter im Magnetfeld

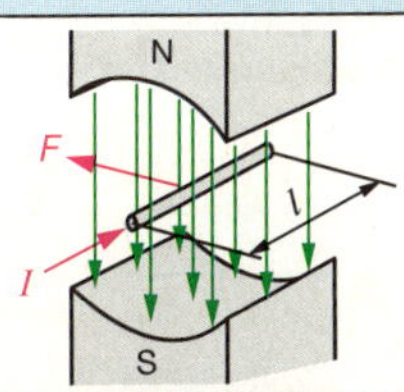

F : Kraft auf den Leiter
I : Stromstärke
l : Leiterlänge im Magnetfeld
z : Anzahl der Leiter

$F = B \cdot I \cdot l \cdot z$

$[F] = N$

Spule im Magnetfeld

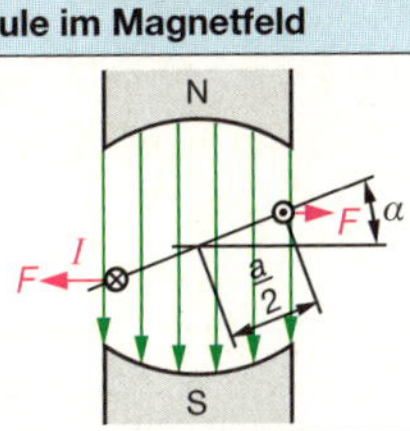

M : Drehmoment
a : Spulenlänge
N : Windungszahl

$M = \frac{F \cdot a \cdot \sin\alpha}{2}$

$F = 2 \cdot N \cdot B \cdot l \cdot I$

Induktivität der Spule

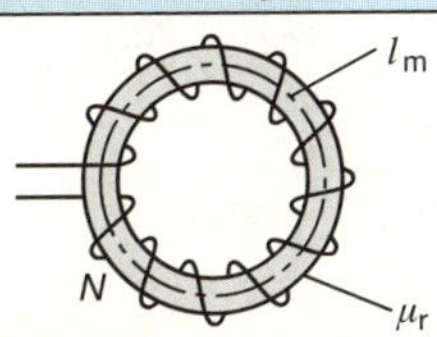

L : Induktivität
N : Windungszahl
A : Fläche (Querschnitt der Spule)
μ_o : Magnetische Feldkonstante
μ_r : Permeabilitätszahl
μ : Permeabilität
l_m : Feldlinienlänge (mittlere)
W : Energie der Spule

$L = \frac{\mu \cdot N^2 \cdot A}{l_m}$ $[L] = \frac{V\,s}{A}$

$1\,\frac{V\,s}{A} = 1\,H$ (Henry)

$\mu = \mu_o \cdot \mu_r$ $[\mu_r] = 1$

$W = \frac{L \cdot I^2}{2}$

Induktionsspannung – *Induction voltage*

Induktion der Bewegung

Leiter im Magnetfeld

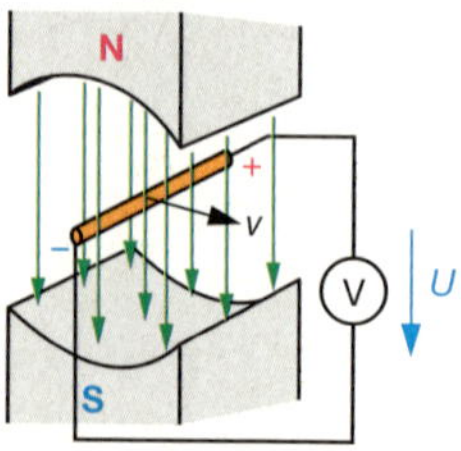

- U : Induktionsspannung
- B : Magnetische Flussdichte
- l : Leiterlänge im Magnetfeld
- v : Geschwindigkeit des Leiters
- z : Anzahl der Leiter

$$U = B \cdot l \cdot v \cdot z$$

Spule im Magnetfeld

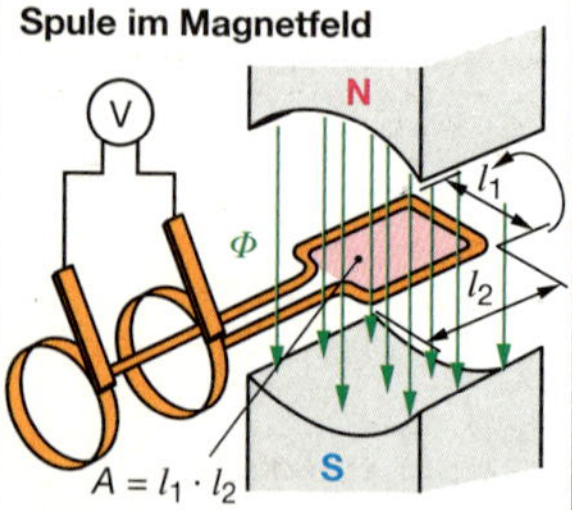

- U : Induktionsspannung
- N : Windungszahl
- $\Delta\Phi$: Flussänderung
- Δt : Zeitänderung

$$U = N \cdot \frac{\Delta\Phi}{\Delta t}$$

$$U = -N \cdot \frac{\Delta\Phi}{\Delta t}$$

(Das Vorzeichen hängt vom gewählten Richtungssinn ab.)

Induktion der Ruhe

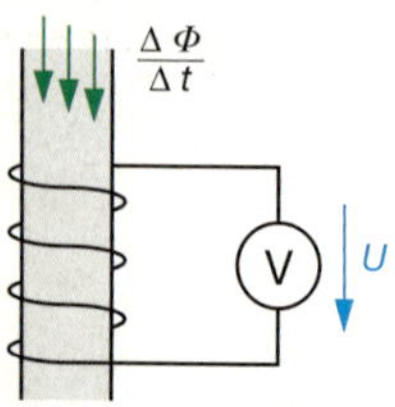

- U : Induktionsspannung
- N : Windungszahl
- $\Delta\Phi$: Flussänderung
- Δt : Zeitänderung

$$U = N \cdot \frac{\Delta\Phi}{\Delta t}$$

$$U = -N \cdot \frac{\Delta\Phi}{\Delta t}$$

(Das Vorzeichen hängt vom gewählten Richtungssinn ab.)

Einphasentransformatoren, Übertrager

Übersetzungsverhältnisse

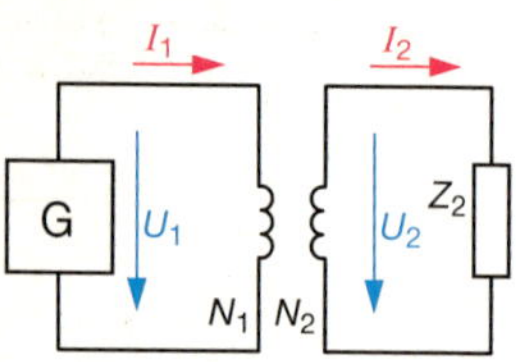

- U_1 : Primärspannung
- U_2 : Sekundärspannung
- I_1 : Primärstromstärke
- I_2 : Sekundärstromstärke
- N_1 : Primärwindungszahl
- N_2 : Sekundärwindungszahl
- Z_1 : Primärer Scheinwiderstand
- Z_2 : Sekund. Scheinwiderstand
- $ü$: Übersetzungsverhältnis

$$\frac{U_1}{U_2} \approx \frac{N_1}{N_2}; \qquad ü = \frac{N_1}{N_2}$$

$$\frac{I_1}{I_2} \approx \frac{N_2}{N_1}$$

$$\frac{Z_1}{Z_2} \approx \left(\frac{N_1}{N_2}\right)^2$$

Wicklungssinn

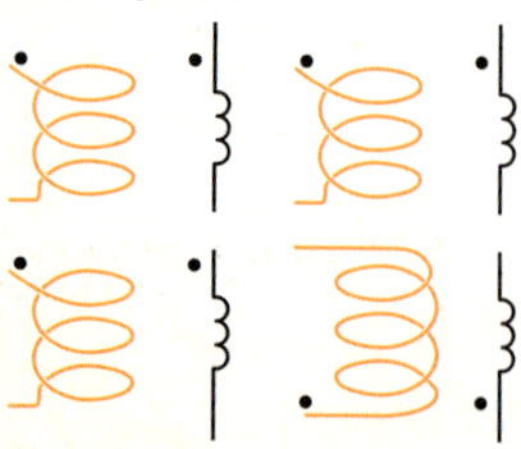

- L : gesamte Selbstinduktivität
- L_1, L_2 : Einzelinduktivitäten
- L_{12} : Gegeninduktivität

$$L = L_1 + L_2 + 2\,L_{12}$$

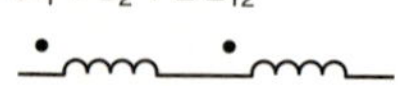

$$L = L_1 + L_2 - 2\,L_{12}$$

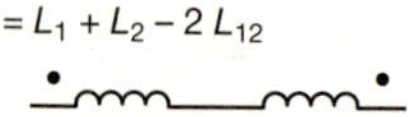

Schaltvorgänge bei Kondensatoren und Spulen

Switching action of capacitors and coils

Kondensator

Aufladung

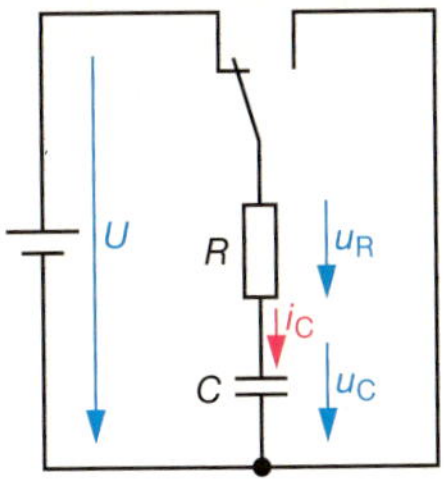

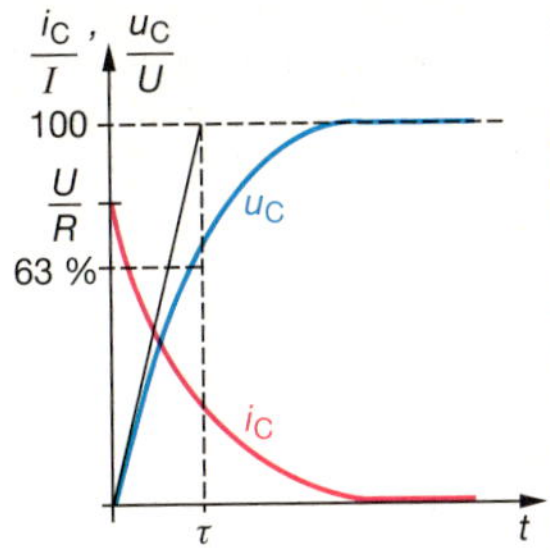

$\tau = R \cdot C$ $\qquad [\tau] = \text{s}$

$e = 2{,}718\ ...$

$u_C = U\,(1 - e^{-\frac{t}{\tau}})$

$i_C = \frac{U}{R} \cdot e^{-\frac{t}{\tau}}$

bei $t \approx 5\,\tau$:
Kondensator geladen
(99,33 % von U)

τ : Zeitkonstante
u_C: Spannung am Kondensator
i_C : Strom in der Reihenschaltung

Entladung

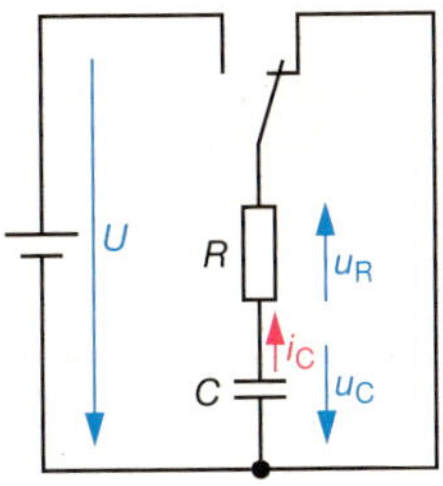

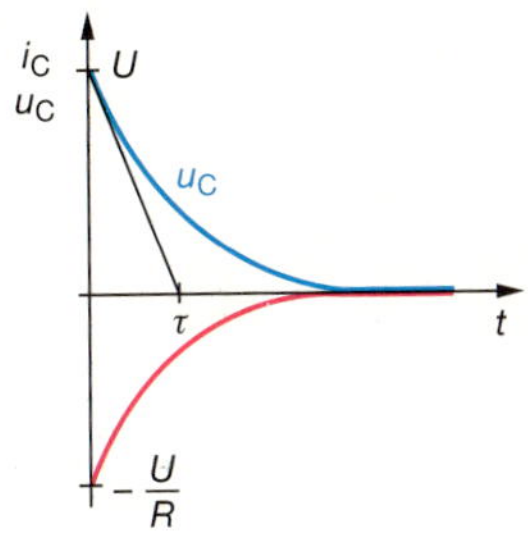

$\tau = R \cdot C$ $\qquad [\tau] = \text{s}$

$e = 2{,}718\ ...$

$u_C = U \cdot e^{-\frac{t}{\tau}}$

$i_C = -\frac{U}{R} \cdot e^{-\frac{t}{\tau}}$

bei $t \approx 5\,\tau$:
Kondensator entladen

τ : Zeitkonstante
u_C: Spannung am Kondensator
i_C : Strom in der Reihenschaltung

Induktivität

Einschaltvorgang

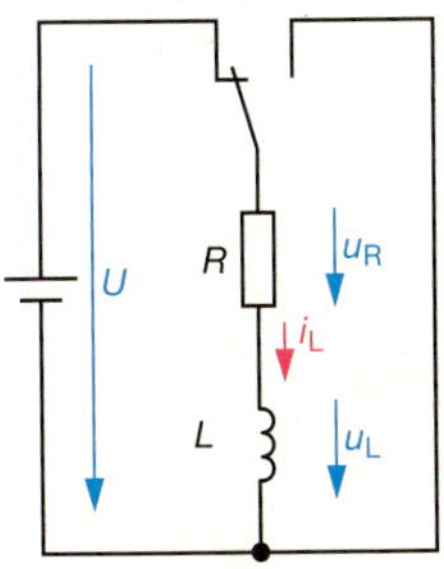

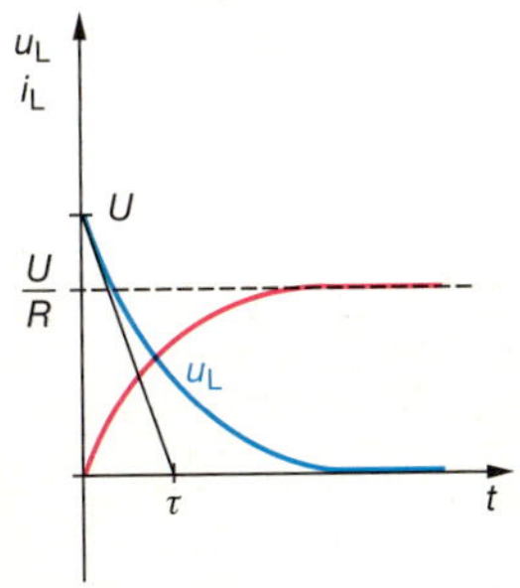

$\tau = \frac{L}{R}$ $\qquad [\tau] = \text{s}$

$e = 2{,}718\ ...$

$u_L = U \cdot e^{-\frac{t}{\tau}}$

$i_L = \frac{U}{R}\,(1 - e^{-\frac{t}{\tau}})$

τ : Zeitkonstante
u_L : Spannung an der Induktivität
i_L : Strom in der Reihenschaltung

Ausschaltvorgang

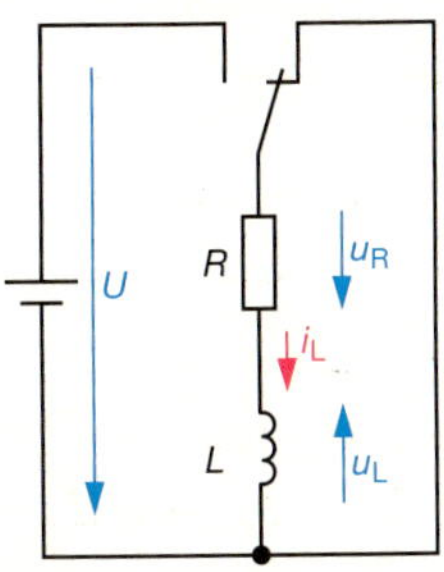

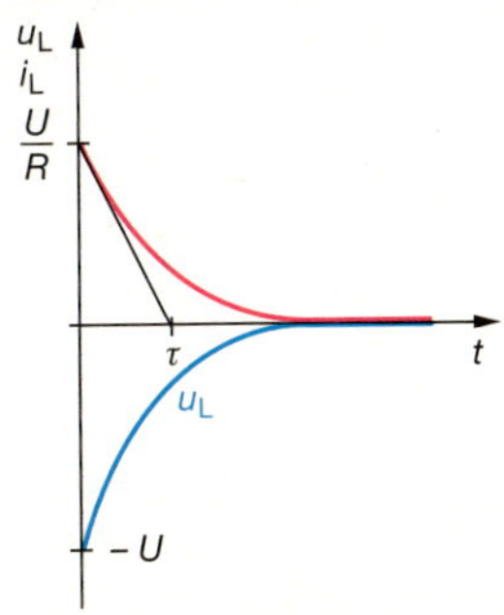

$\tau = \frac{L}{R}$ $\qquad [\tau] = \text{s}$

$e = 2{,}718\ ...$

$u_L = -U \cdot e^{-\frac{t}{\tau}}$

$i_L = \frac{U}{R} \cdot e^{-\frac{t}{\tau}}$

τ : Zeitkonstante
u_L : Spannung an der Induktivität
i_L : Strom in der Reihenschaltung

Wechselspannung und Wechselstrom – *Alternating voltage and alternating current*

Sinusförmige Wechselspannung

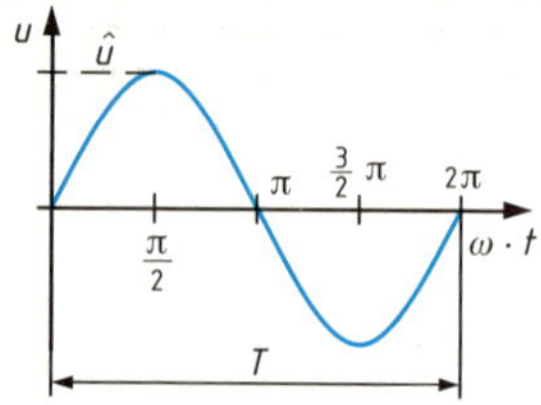

u, i: Momentanwerte (Augenblickswerte)
$\hat{u}, \hat{\imath}$: Maximalwerte, Spitzenwerte
f: Frequenz
T: Periodendauer
ω: Kreisfrequenz
p: Polpaarzahl
n: Drehzahl

$u = \hat{u} \sin \omega \cdot t$

$\omega = 2\pi \cdot f \qquad [\omega] = \frac{1}{s}$

$f = \frac{1}{T} \qquad [f] = \text{Hz}$

$f = p \cdot n \qquad [n] = \frac{1}{s}$

Spitzen- und Effektivwerte

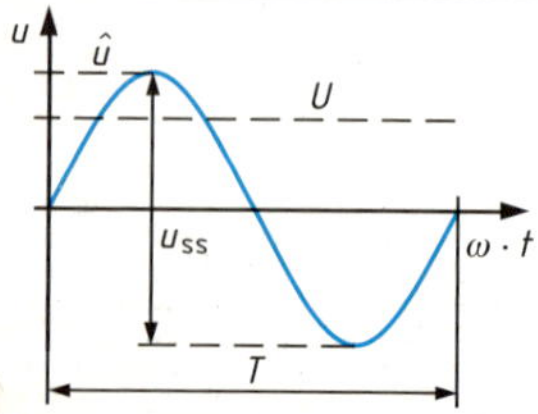

$\hat{u}, \hat{\imath}$: Maximalwerte, Spitzenwerte, Amplituden

U, I: Effektivwerte auch: U_{eff} und I_{eff}

u_{ss}, i_{ss}: Spitze-Spitze-Wert

$U = \frac{\hat{u}}{\sqrt{2}}$

$I = \frac{\hat{\imath}}{\sqrt{2}}$

$\hat{u}_{SS} = 2 \cdot \hat{u}$

$i_{SS} = 2 \cdot \hat{\imath}$

Addition phasenverschobener Spannungen und Ströme

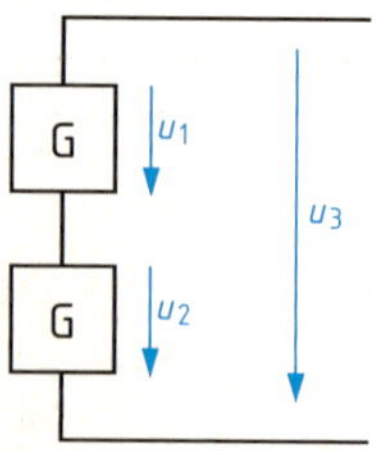

$\varphi_{13}, \varphi_{32}, \varphi_{12}$: Phasenverschiebungswinkel

$\hat{u}_1, \hat{u}_2$: Spitzenwerte der Einzelspannungen

$\hat{u}_3$: Spitzenwert der Gesamtspannung

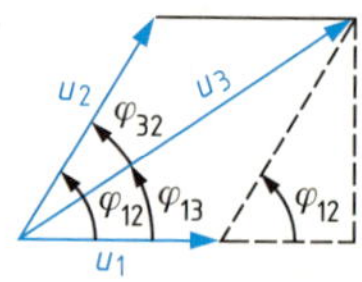

$u_3^2 = u_1^2 + u_2^2 - 2 \cdot u_1 \cdot u_2 \cdot \cos(180° - \varphi_{12})$

$\tan \varphi_{13} = \frac{u_1 \cdot \sin \varphi_{12}}{u_2 + u_1 \cdot \cos \varphi_{12}}$

Leistungen im Wechselstromkreis

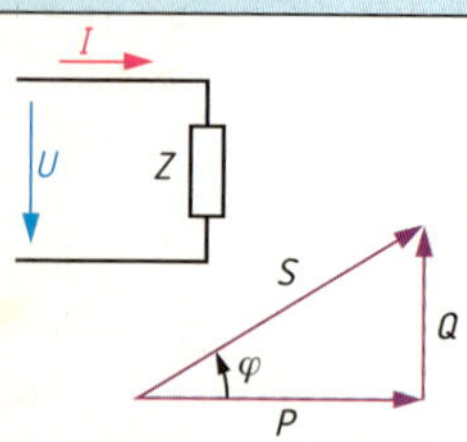

S: Scheinleistung
P: Wirkleistung
Q: Blindleistung

$\cos \varphi$:
λ: Leistungsfaktor (Wirkleistungsfaktor)

$\sin \varphi$: Blindleistungsfaktor

$S = U \cdot I \qquad [S] = \text{V} \cdot \text{A}$

$S = \sqrt{P^2 + Q^2}$

$P = U \cdot I \cdot \cos \varphi \qquad [P] = \text{W}$

$\cos \varphi = \frac{P}{S}$

$Q = U \cdot I \cdot \sin \varphi \qquad [Q] = \text{var}$

Formelzeichen

$\bar{u}, U_{AV}$	**Arithmetischer Mittelwert** (zeitlich linearer Mittelwert, Gleichwert, Gleichspannungswert)	Fläche unter der Kurve dividiert durch Periodendauer (positiv bzw. negativ)
$\lvert\bar{u}\rvert$	**Gleichrichtwert**	Fläche unter der Kurve dividiert durch Periodendauer (nur positive Flächen, Beträge)
U, U_{RMS}	**Effektivwert**	Quadratischer Mittelwert
$\hat{u}/U, \quad F_{Cres} = \hat{u}/U$	**Scheitelfaktor** (Crest-Faktor)	Maximalwert/Effektivwert
$U/\lvert\bar{u}\rvert, \quad F = U/\lvert\bar{u}\rvert$	**Formfaktor**	Effektivwert/Gleichrichtwert

Fourier-Analyse – *Fourier analysis*

Linienspektrum

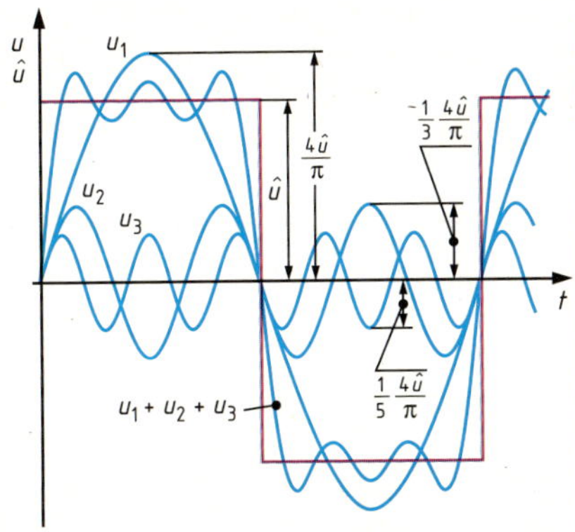

Frequenzspektrum

Jede periodische Schwingung kann als Summe von sinusförmigen Teilschwingungen dargestellt werden.

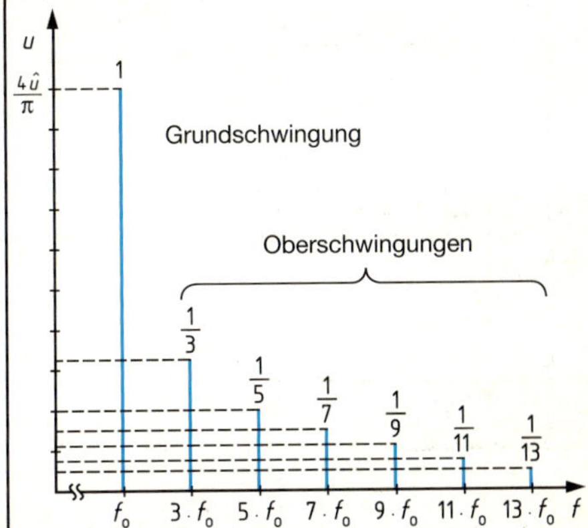

Funktionsgleichung: $u = \frac{4\,\hat{u}}{\pi}\left(\sin \omega t + \frac{1}{3}\sin 3\,\omega t + \frac{1}{5}\sin 5\,\omega t + \frac{1}{7}\sin 7\,\omega t\ \ t + \ldots\right)$; $\omega = 2\pi \cdot f$

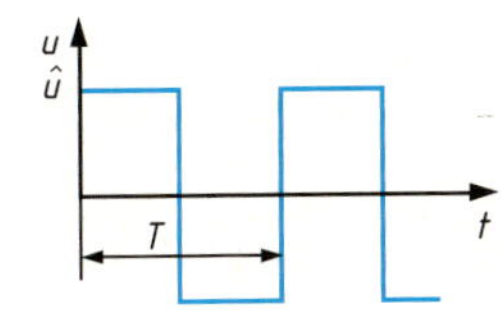

$\bar{u} = 0$

$|\bar{u}| = \hat{u}$

$U = \hat{u}$

$F_{Crest} = 1$

$F = 1$

$u = \frac{4\,\hat{u}}{\pi}\left(\sin \omega t + \frac{1}{3}\sin 3\,\omega t + \frac{1}{5}\sin 5\,\omega t + \ldots\right)$

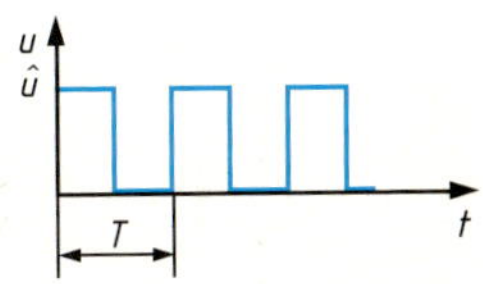

$\bar{u} = \frac{\hat{u}}{2}$

$|\bar{u}| = \frac{\hat{u}}{2}$

$U = 0{,}707 \cdot \hat{u}$

$F_{Crest} = 1{,}41$

$F = 1{,}41$

$u = \frac{\hat{u}}{2} + \frac{2\,\hat{u}}{\pi} \cdot \left(\sin \omega t + \frac{1}{3}\sin 3\,\omega t + \frac{1}{5}\sin 5\,\omega t + \ldots\right)$

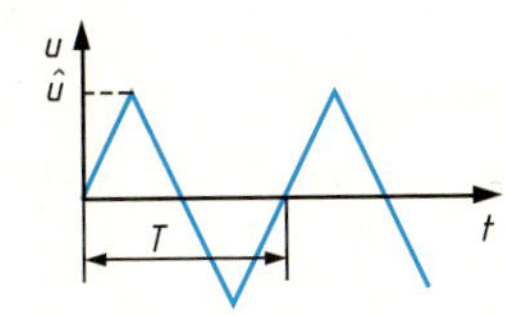

$\bar{u} = 0$

$|\bar{u}| = \frac{\hat{u}}{2}$

$U = \frac{\hat{u}}{\sqrt{3}}$

$F_{Crest} = \sqrt{3}$

$F = 1{,}547$

$u = \frac{8\,\hat{u}}{\pi}\left(\sin \omega t - \frac{1}{9}\sin 3\,\omega t + \frac{1}{25}\sin 5\,\omega t - + \ldots\right)$

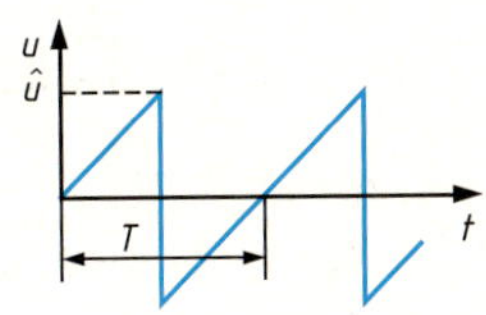

$\bar{u} = \frac{\hat{u}}{2}$

$|\bar{u}| = \frac{\hat{u}}{2}$

$U = \frac{\hat{u}}{\sqrt{3}}$

$F_{Crest} = \sqrt{3}$

$F = 1{,}547$

$u = \frac{2\,\hat{u}}{\pi}\left(\sin \omega t - \frac{1}{2}\sin 2\,\omega t + \frac{1}{3}\sin 3\,\omega t - + \ldots\right)$

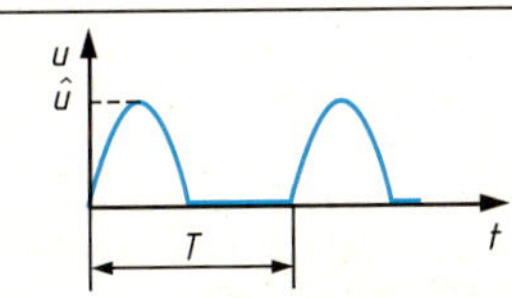

$\bar{u} = 0{,}318\ \hat{u}$

$|\bar{u}| = 0{,}318\ \hat{u}$

$U = 0{,}5\ \hat{u}$

$F_{Cres} = 2$

$F = 1{,}57$

$u = \frac{\hat{u}}{\pi} + \frac{\hat{u}}{2} \cdot \sin \omega t - 2\,\frac{\hat{u}}{\pi} \cdot \left(\frac{1}{3} \cdot \cos 2\,\omega t + \frac{1}{15}\cos 4\,\omega t + \frac{1}{35}\cos 6\,\omega t + \ldots\right)$

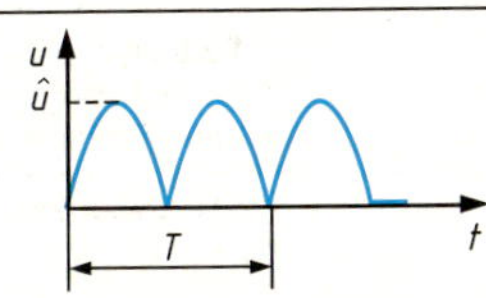

$\bar{u} = 0{,}637\ \hat{u}$

$|\bar{u}| = 0{,}637\ \hat{u}$

$U = \frac{\hat{u}}{\sqrt{2}}$

$F_{Cres} = \sqrt{2}$

$F = 1{,}11$

$u = \frac{2\,\hat{u}}{\pi}\left(1 - \frac{2}{3}\cos 2\,\omega t - \frac{2}{15}\cos 4\,\omega t - \frac{2}{35}\cos 6\,\omega t - \ldots\right)$

Nichtsinusförmige Spannungen – *Non sinusoidal voltages*

Rechtecksignale

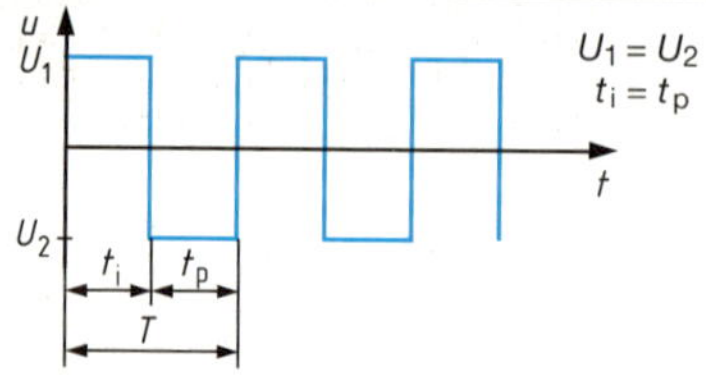

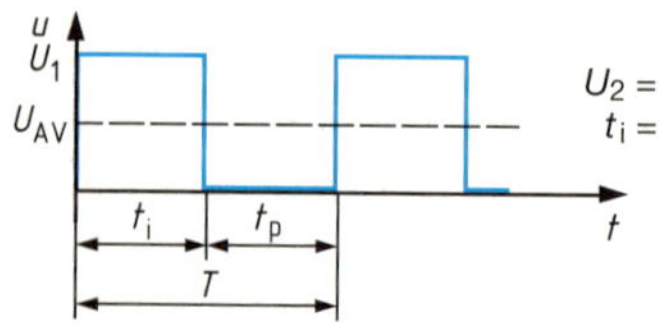

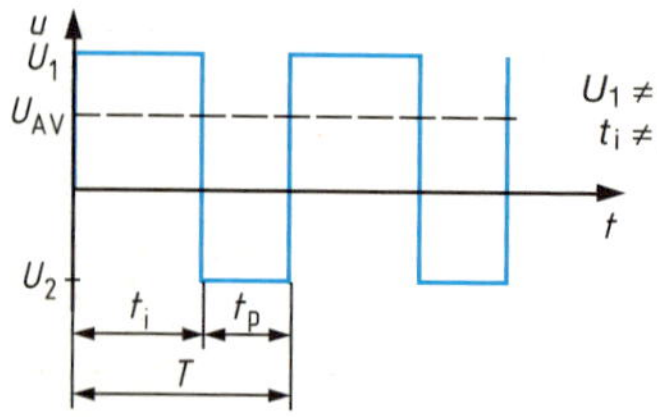

t_i: Impulsdauer
t_p: Pausendauer
T: Periodendauer
f: Frequenz
g: Tastgrad
V: Tastverhältnis
$\bar{u}$: Arithmetischer
U_{AV}: Mittelwert

$T = t_i + t_p$

$f = \frac{1}{T}$ $\quad V = \frac{1}{g}$

$g = \frac{t_i}{T}$

$U_{AV} = \frac{U_1 \cdot t_i + U_2 \cdot t_p}{T}$

Signallaufzeit

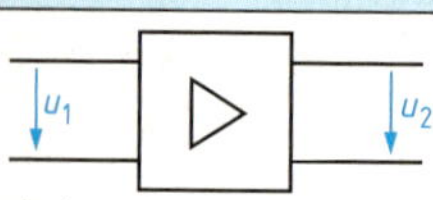

t_l: Signallaufzeit

Bezugspegel müssen nicht immer bei 50 % von $\hat{u}$ liegen.

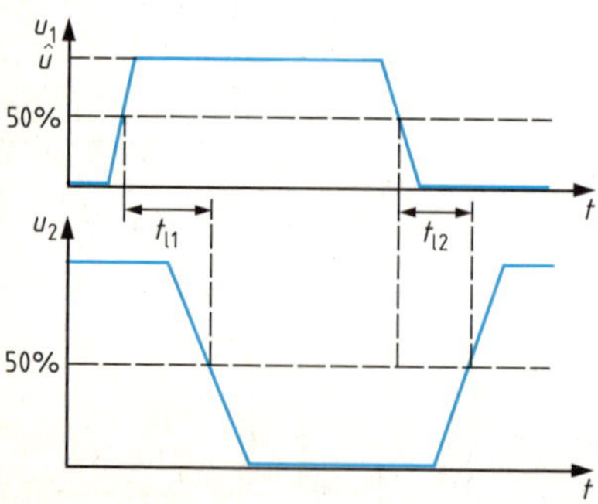

Impulsform

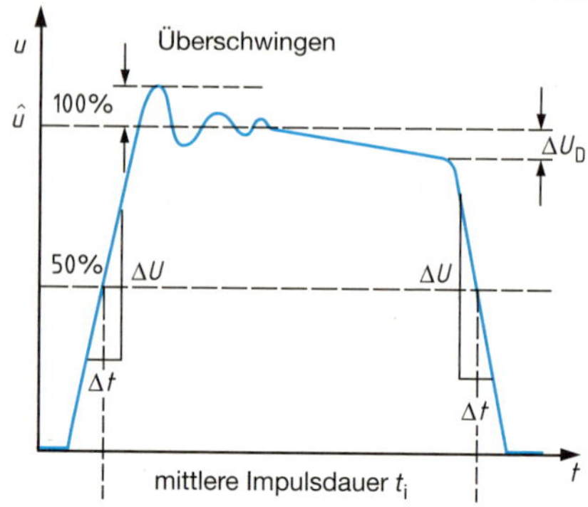

D: Dachschräge
S: Flankensteilheit
ΔU: Spannungsänderung
Δt: Zeitänderung
t_i: Impulsdauer

$D = \frac{\Delta U_D}{\hat{u}}$

$S = \frac{\Delta U}{\Delta t}$ $\qquad [S] = \frac{V}{s}$

Impulsverformung

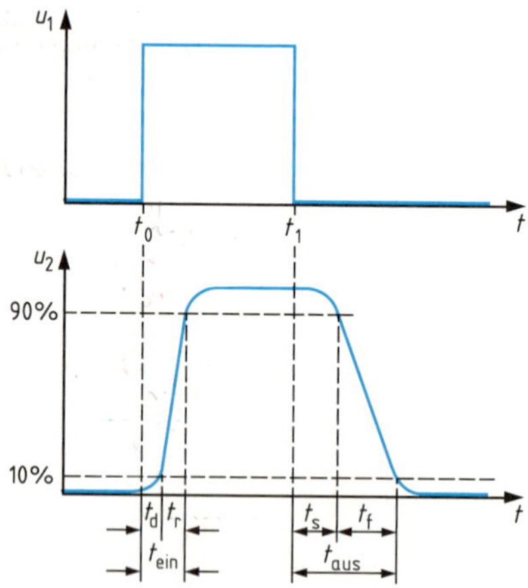

t_d: Verzögerungszeit (delay time)
t_r: Anstiegszeit (rise time)
t_s: Speicherzeit (storage time)
t_f: Abfallzeit (fall time)
t_{ein}: Einschaltzeit
t_{aus}: Ausschaltzeit

$t_{ein} = t_d + t_r$
$t_{aus} = t_s + t_f$

Stromsysteme – *Distribution systems*

Kennzeichnung von Systempunkten und Leitern

Stromsystem	Teil	Außenpunkte, Außenleiter	Mittelpunkt, Mittelleiter, Sternpunkt, Neutralleiter	Bezugserde	Schutzleiter geerdet	Neutralleiter, PEN-Leiter [3]
Gleichstrom	Netz	Polarität: positiv: L+; negativ: L–	M	E	PE	–
m-Phasensystem	Netz	vorzugsweise: L1, L2, L3 … Lm	N			
		zulässig auch: 1, 2, 3, … m [1) 2)]				
Drehstrom	Netz	vorzugsweise: L1, L2, L3				PEN
		zulässig auch: 1, 2, 3 [1) 2)]				
		zulässig auch: R, S, T [2)]				–
	Betriebsmittel	allgemein: U, V, W [2)]				

1) wenn keine Verwechslung möglich 2) Nummerierung oder Reihenfolge der Buchstaben im Sinne der Phasenfolge 3) auch noch Nullleiter üblich

U_S : Strangspannung I_S : Strangstrom S : Gesamt-Scheinleistung Q : Gesamt-Blindleistung
U : Leiterspannung I : Leiterstrom P : Gesamt-Wirkleistung $\cos\varphi$: Leistungsfaktor

Symmetrische Belastung $I_N = 0$

$S = \sqrt{3} \cdot U \cdot I$ $[S] = \text{VA}$ $P = \sqrt{3} \cdot U \cdot I \cdot \cos\varphi$ $[P] = \text{W}$ $Q = \sqrt{3} \cdot U \cdot I \cdot \sin\varphi$ $[Q] = \text{var}$

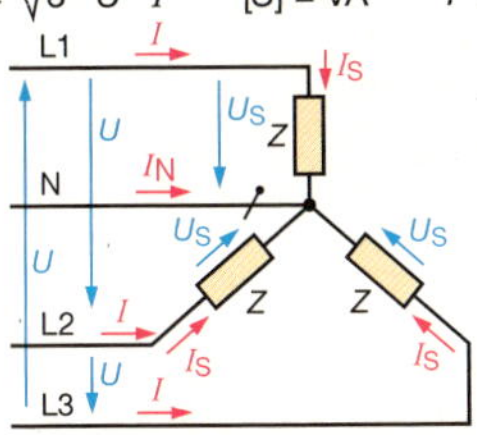

S_Y: Gesamt-Scheinleistung bei Sternschaltung

$U_S = \dfrac{U}{\sqrt{3}}$ $I = I_S$

$U = U_S$ $I = \sqrt{3} \cdot I_S$

$S_Y = \dfrac{1}{3} \cdot S_\Delta$

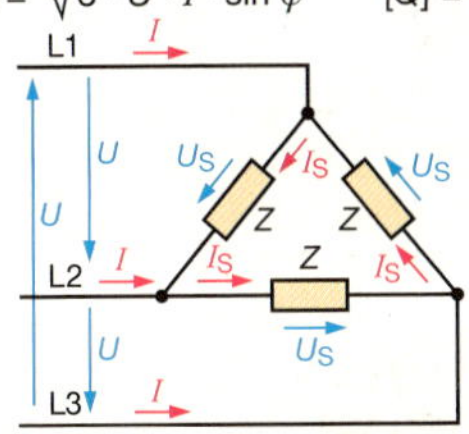

S_Δ: Gesamt-Scheinleistung bei Dreieckschaltung

Drehstromübertragung – *Three-phase current transmission*

Verteilung

Drehstromgenerator mit Gleichstromerregung

Drehstromtransformator in Δ ⅄ – Schaltung

Verteilungsnetz

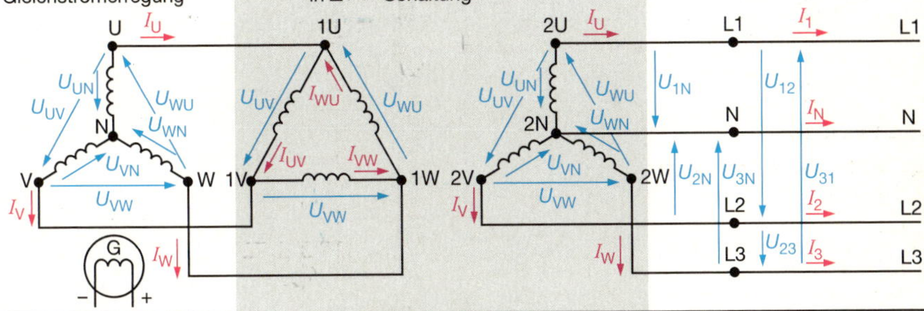

Liniendiagramm

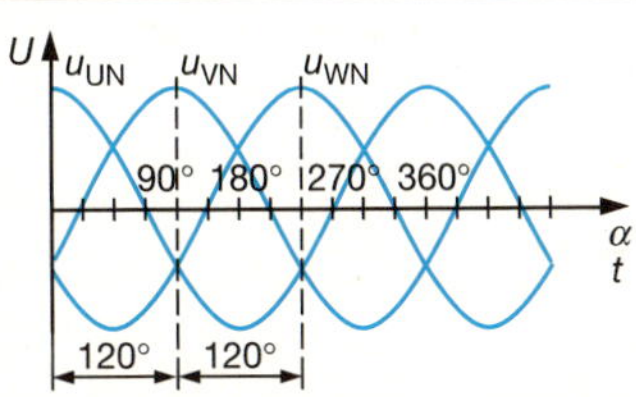

Zeigerdiagramm

Spannungen $U_{WU} = \sqrt{3} \cdot U_{UN}$

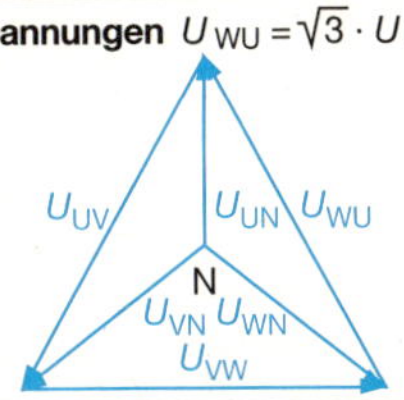

Ströme $I_{WU} = \sqrt{3} \cdot I_U$

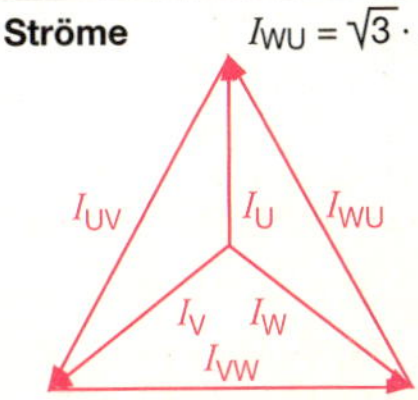

Widerstände im Wechselstromkreis – *Resistors in a.c. circuit*

Schaltung	Stromstärke und Spannung	Widerstand und Leitwert	Leistung
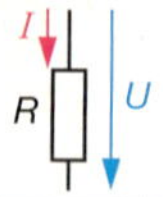	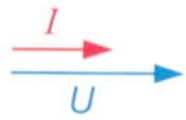 $I = \frac{U}{R}$ $\varphi = 0°$	$R = \frac{U}{I}$	$P = U \cdot I$ $P = I^2 \cdot R$ $P = \frac{U^2}{R}$
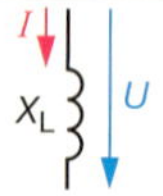	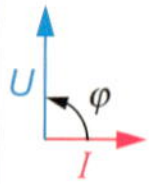 $I = \frac{U}{X_L}$ $\varphi = 90°$ (induktiv)	$X_L = 2\pi \cdot f \cdot L$ $X_L = \omega \cdot L$	$Q_L = U \cdot I$
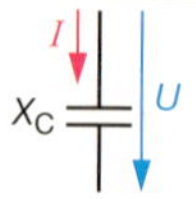	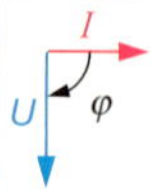 $I = \frac{U}{X_C}$ $\varphi = 90°$ (kapazitiv)	$X_C = \frac{1}{2\pi \cdot f \cdot C}$ $X_C = \frac{1}{\omega \cdot C}$	$Q_C = U \cdot I$
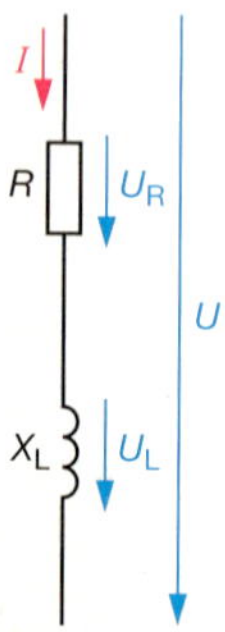	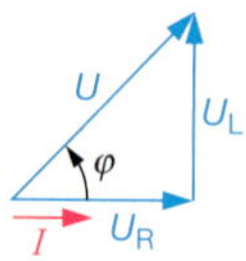 $I = \frac{U_R}{R}$ $I = \frac{U_L}{X_L}$ $I = \frac{U}{Z}$ $U^2 = U_R^2 + U_L^2$ $\tan\varphi = \frac{U_L}{U_R}$ $\sin\varphi = \frac{U_L}{U}$; $\cos\varphi = \frac{U_R}{U}$	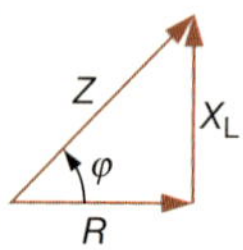 $Z^2 = R^2 + X_L^2$ $\tan\varphi = \frac{X_L}{R}$ $\sin\varphi = \frac{X_L}{Z}$; $\cos\varphi = \frac{R}{Z}$	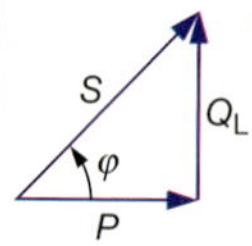 $P = U_R \cdot I$ $Q_L = U_L \cdot I$ $S = U \cdot I$ $S^2 = P^2 + Q_L^2$ $\tan\varphi = \frac{Q_L}{P}$ $\sin\varphi = \frac{Q_L}{S}$; $\cos\varphi = \frac{P}{S}$
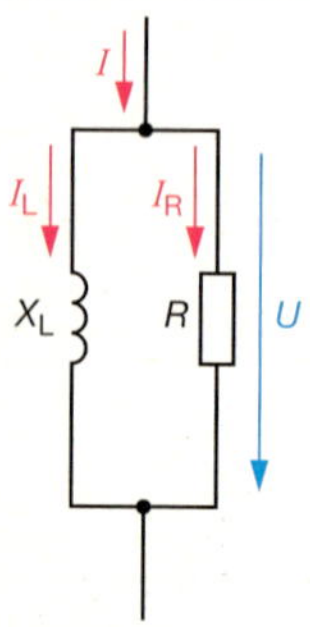	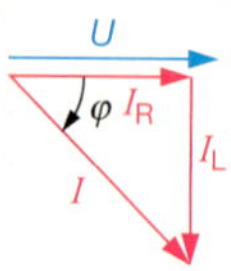 $U = I_R \cdot R$ $U = I_L \cdot X_L$ $U = I \cdot Z$ $I^2 = I_R^2 + I_L^2$ $\tan\varphi = \frac{I_L}{I_R}$ $\sin\varphi = \frac{I_L}{I}$; $\cos\varphi = \frac{I_R}{I}$	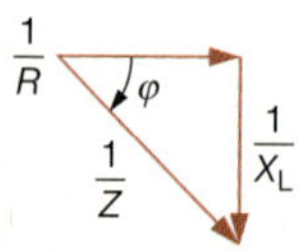 $Y^2 = G^2 + B_L^2$ $\left(\frac{1}{Z}\right)^2 = \left(\frac{1}{R}\right)^2 + \left(\frac{1}{X_L}\right)^2$ $\tan\varphi = \frac{R}{X_L}$ $\sin\varphi = \frac{Z}{X_L}$; $\cos\varphi = \frac{Z}{R}$	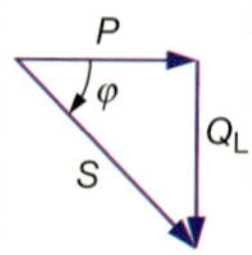 $P = U \cdot I_R$ $Q_L = U \cdot I_L$ $S = U \cdot I$ $S^2 = P^2 + Q_L^2$ $\tan\varphi = \frac{Q_L}{P}$ $\sin\varphi = \frac{Q_L}{S}$; $\cos\varphi = \frac{P}{S}$
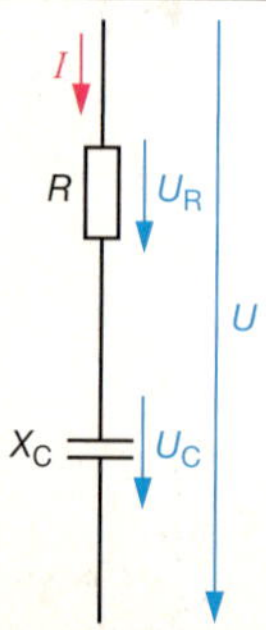	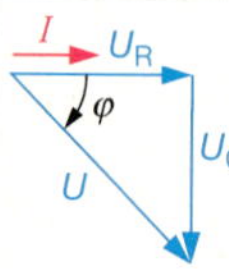 $I = \frac{U_R}{R}$ $I = \frac{U_C}{X_C}$ $I = \frac{U}{Z}$ $U^2 = U_R^2 + U_C^2$ $\tan\varphi = \frac{U_C}{U_R}$ $\sin\varphi = \frac{U_C}{U}$; $\cos\varphi = \frac{U_R}{U}$	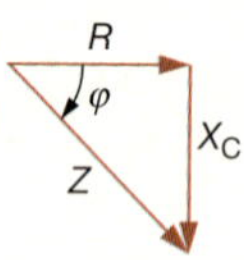 $Z^2 = R^2 + X_C^2$ $\tan\varphi = \frac{X_C}{R}$ $\sin\varphi = \frac{X_C}{Z}$; $\cos\varphi = \frac{R}{Z}$	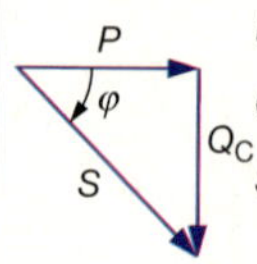 $P = U_R \cdot I$ $Q_C = U_C \cdot I$ $S = U \cdot I$ $S^2 = P^2 + Q_C^2$ $\tan\varphi = \frac{Q_C}{P}$ $\sin\varphi = \frac{Q_C}{S}$; $\cos\varphi = \frac{P}{S}$

Widerstände im Wechselstromkreis – *Resistors in a.c. circuit*

Schaltung | **Stromstärke und Spannung** | **Widerstand und Leitwert** | **Leistung**

Parallelschaltung R und X_C

Schaltung

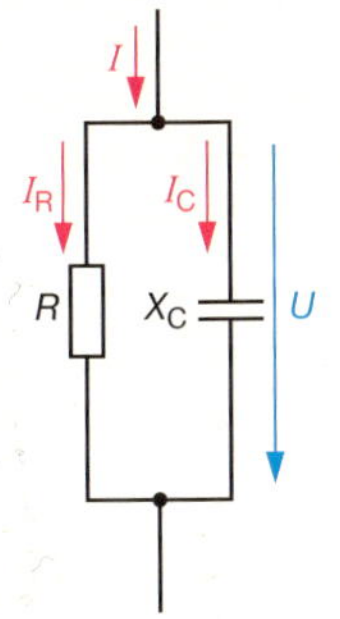

Stromstärke und Spannung

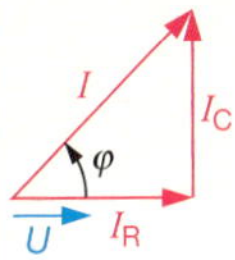

$I_R = \frac{U}{R}$

$I_C = \frac{U}{X_C}$

$I = \frac{U}{Z}$

$I^2 = I_R^2 + I_C^2$

$\tan\varphi = \frac{I_C}{I_R}$; $\cos\varphi = \frac{I_R}{I}$

$\sin\varphi = \frac{I_C}{I}$

Widerstand und Leitwert

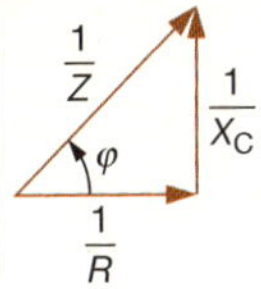

$Y^2 = G^2 + B_C^2$

$\left(\frac{1}{Z}\right)^2 = \left(\frac{1}{R}\right)^2 + \left(\frac{1}{X_C}\right)^2$

$\tan\varphi = \frac{R}{X_C}$; $\cos\varphi = \frac{Z}{R}$

$\sin\varphi = \frac{Z}{X_C}$

Leistung

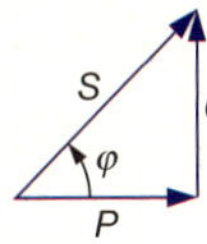

$P = I_R \cdot U$

$Q_C = I_C \cdot U$

$S = I \cdot U$

$S^2 = P^2 + Q_C^2$

$\tan\varphi = \frac{Q_C}{P}$; $\cos\varphi = \frac{P}{S}$

$\sin\varphi = \frac{Q_C}{S}$

Reihenschaltung X_C, X_L und R

Schaltung

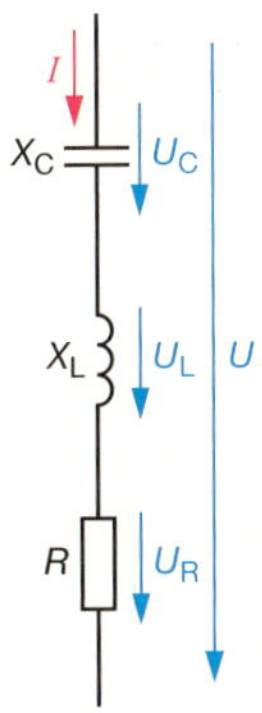

Stromstärke und Spannung ($U_L > U_C$ | $U_L < U_C$)

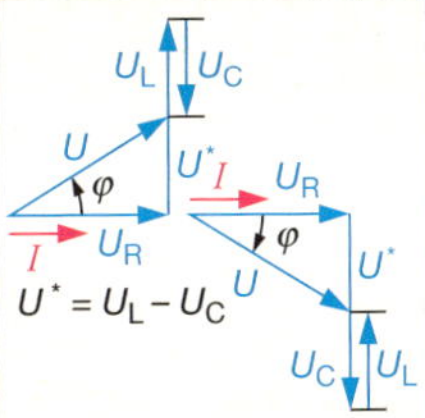

$U^* = U_L - U_C$

$U^* = U_C - U_L$

$U^2 = U_R^2 + U^{*2}$

$\tan\varphi = \frac{U^*}{U_R}$

$\sin\varphi = \frac{U^*}{U}$; $\cos\varphi = \frac{U_R}{U}$

Widerstand und Leitwert ($X_L > X_C$ | $X_L < X_C$)

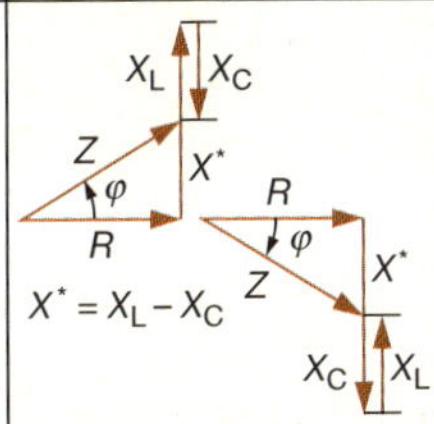

$X^* = X_L - X_C$

$X^* = X_C - X_L$

$Z^2 = R^2 + X^{*2}$

$\tan\varphi = \frac{X^*}{R}$

$\sin\varphi = \frac{X^*}{Z}$; $\cos\varphi = \frac{R}{Z}$

Leistung ($Q_L > Q_C$ | $Q_L < Q_C$)

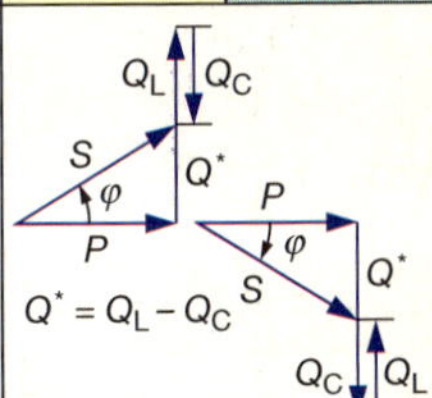

$Q^* = Q_L - Q_C$

$Q^* = Q_C - Q_L$

$S^2 = P^2 + Q^{*2}$

$\tan\varphi = \frac{Q^*}{P}$

$\sin\varphi = \frac{Q^*}{S}$; $\cos\varphi = \frac{P}{S}$

Parallelschaltung R, X_L und X_C

Schaltung

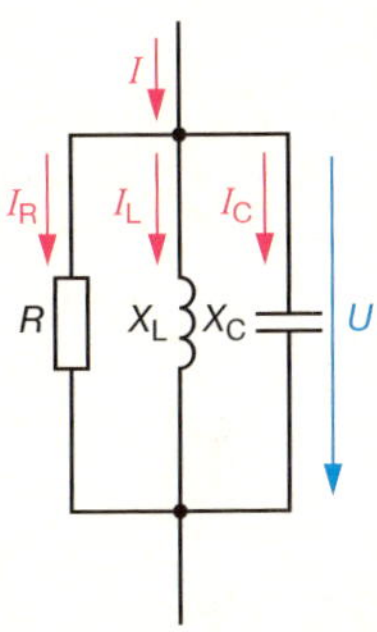

Stromstärke und Spannung ($I_C > I_L$ | $I_C < I_L$)

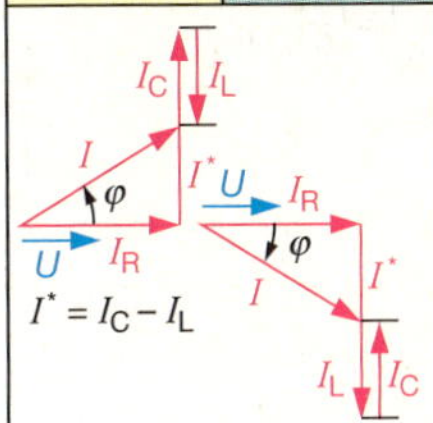

$I^* = I_C - I_L$

$I^* = I_L - I_C$

$I^2 = I_R^2 + I^{*2}$

$\tan\varphi = \frac{I^*}{I_R}$

$\sin\varphi = \frac{I^*}{I}$; $\cos\varphi = \frac{I_R}{I}$

Widerstand und Leitwert ($X_C < X_L$ | $X_C > X_L$)

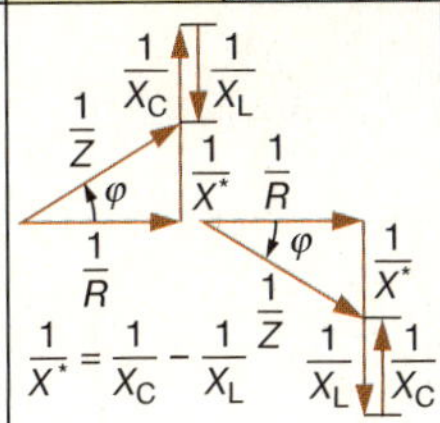

$\frac{1}{X^*} = \frac{1}{X_C} - \frac{1}{X_L}$

$\frac{1}{X^*} = \frac{1}{X_L} - \frac{1}{X_C}$

$Y^2 = G^2 + B^{*2}$

$\left(\frac{1}{Z}\right)^2 = \left(\frac{1}{R}\right)^2 + \left(\frac{1}{X^*}\right)^2$

$\tan\varphi = \frac{R}{X^*}$

$\sin\varphi = \frac{Z}{X^*}$; $\cos\varphi = \frac{Z}{R}$

Leistung ($Q_C > Q_L$ | $Q_C < Q_L$)

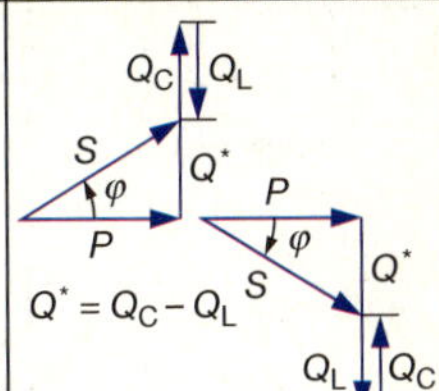

$Q^* = Q_C - Q_L$

$Q^* = Q_L - Q_C$

$S^2 = P^2 + Q^{*2}$

$\tan\varphi = \frac{Q^*}{P}$

$\sin\varphi = \frac{Q^*}{S}$; $\cos\varphi = \frac{P}{S}$

Filterschaltungen – *Filter circuits*

Schaltung	Grenzfrequenz f_g	Durchlasskurve und Phasenverschiebungswinkel
Tiefpass 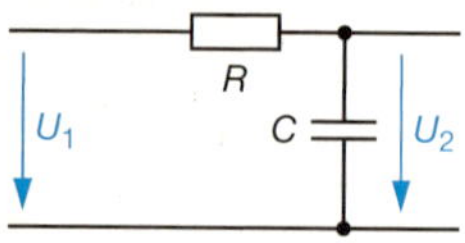	f_g bei: $\frac{u_2}{u_1} = \frac{1}{\sqrt{2}}$ $f_g = \frac{1}{2\pi R \cdot C}$	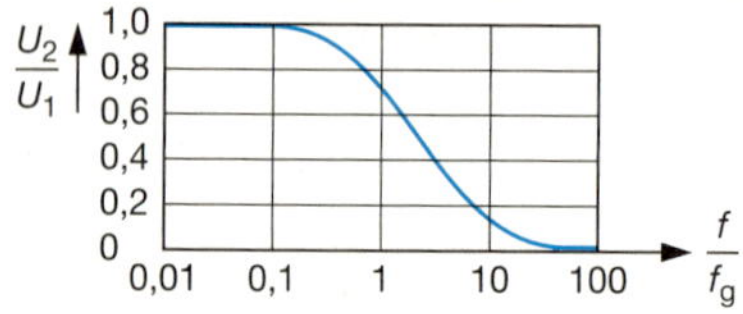
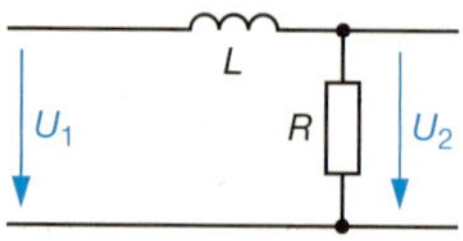	$f_g = \frac{R}{2\pi L}$	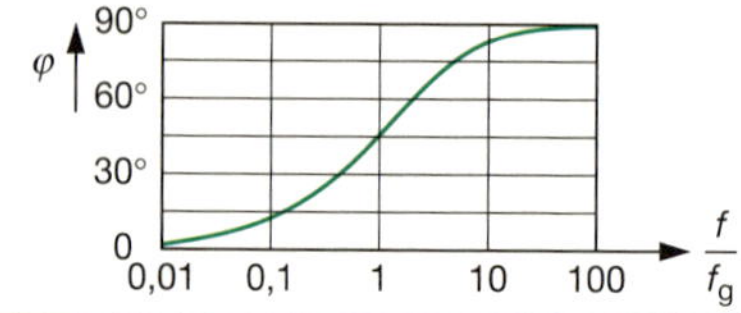
Tiefpass 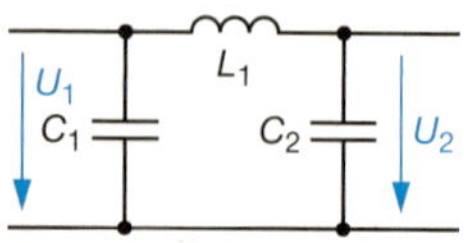	$C_1 = C_2 = C$ $f_g = \frac{1}{2\pi\sqrt{L_1 \cdot C}}$	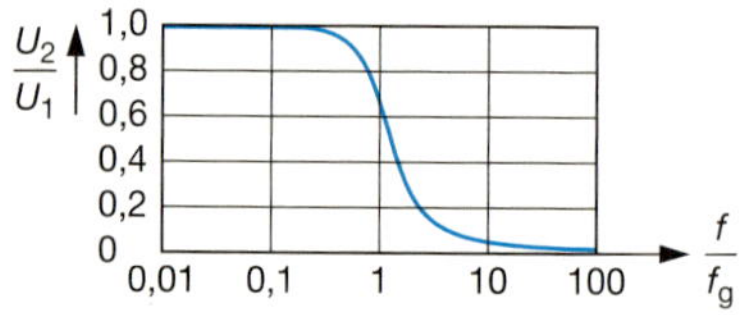
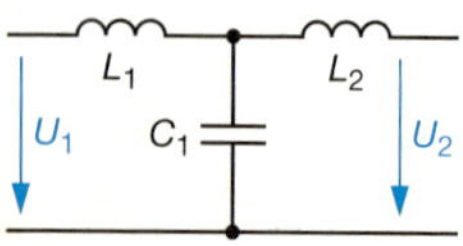	$L_1 = L_2 = L$ $f_g = \frac{1}{2\pi\sqrt{L \cdot C_1}}$	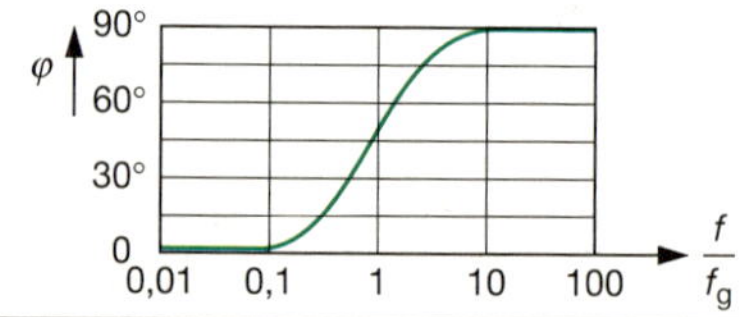
Hochpass 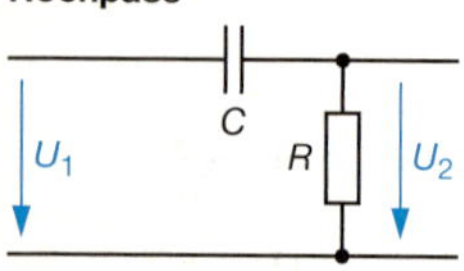	$f_g = \frac{1}{2\pi R \cdot C}$	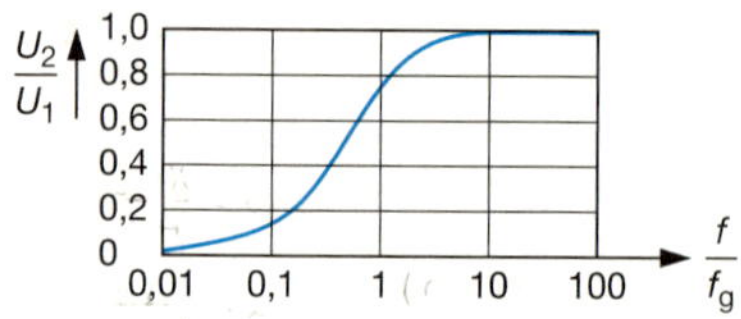
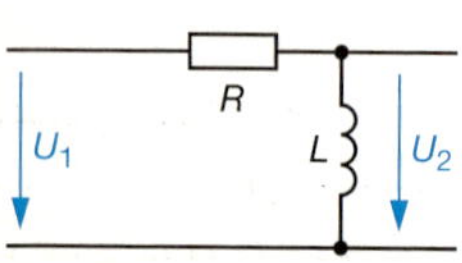	$f_g = \frac{R}{2\pi L}$	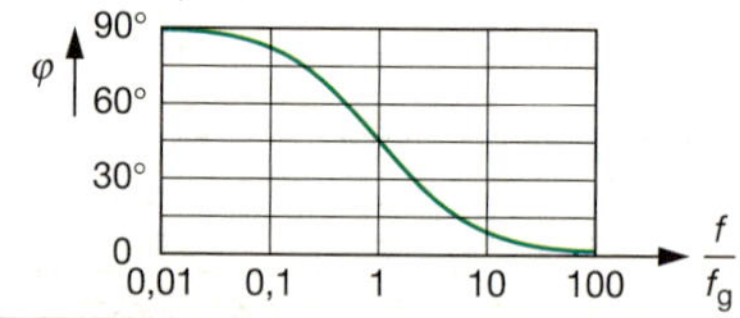
Hochpass 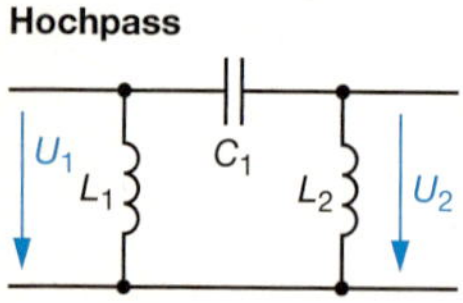	$L_1 = L_2 = L$ $f_g = \frac{1}{2\pi\sqrt{L \cdot C_1}}$	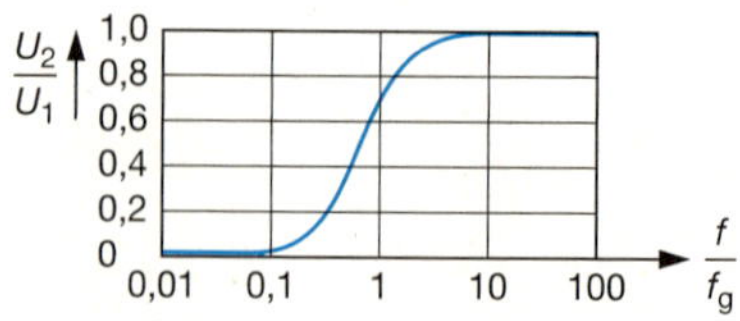
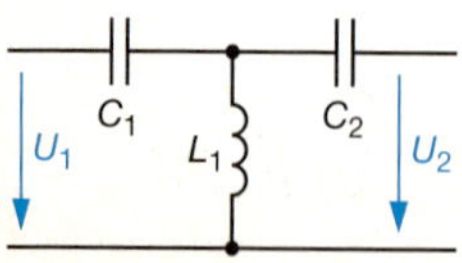	$C_1 = C_2 = C$ $f_g = \frac{1}{2\pi\sqrt{L_1 \cdot C}}$	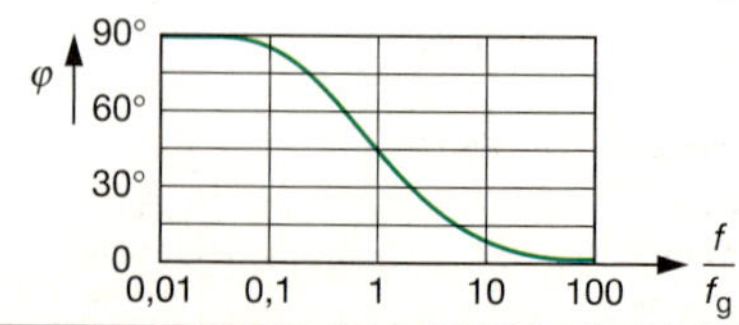

Schaltungsumwandlungen – *Circuit conversions*

Umrechnungen zwischen *RC*-Schaltungen

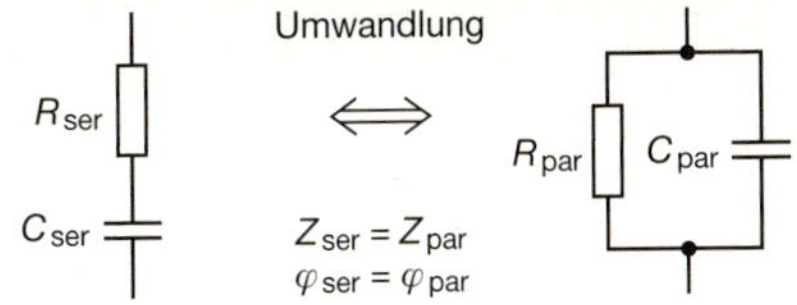

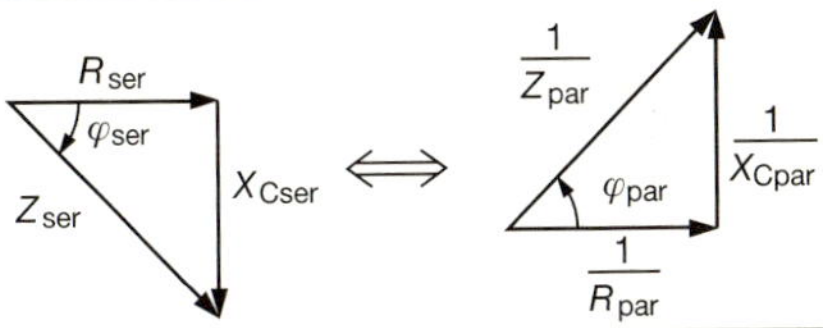

$$R_{par} = R_{ser}\left(1 + \left(\frac{X_{Cser}}{R_{ser}}\right)^2\right)$$

$$X_{Cpar} = X_{Cser}\left(1 + \left(\frac{R_{ser}}{X_{Cser}}\right)^2\right)$$

Umrechnungen zwischen *RL*-Schaltungen

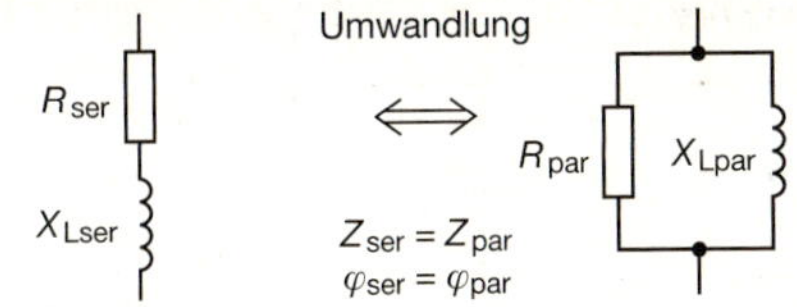

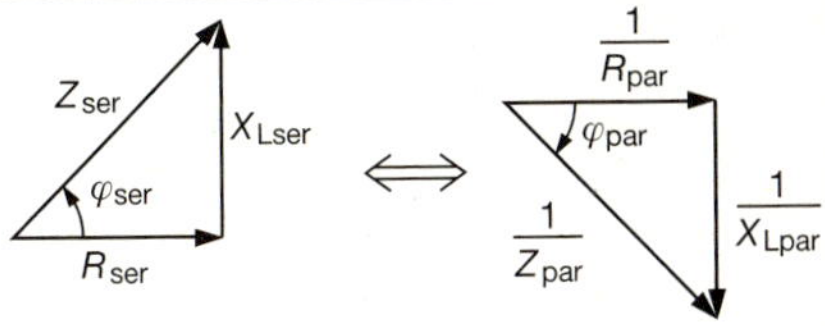

$$R_{par} = R_{ser}\left(1 + \left(\frac{X_{Lser}}{R_{ser}}\right)^2\right)$$

$$X_{Lpar} = X_{Lser}\left(1 + \left(\frac{R_{ser}}{X_{Lser}}\right)^2\right)$$

Verlustbehafteter Kondensator

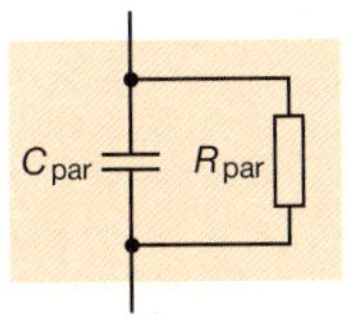

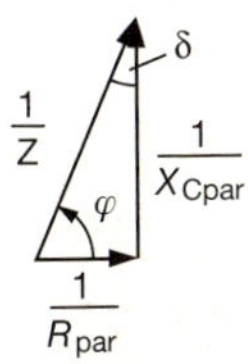

tan δ: Verlustfaktor

d: Verlustfaktor

Q: Güte (Gütefaktor)

R_{par}: Paralleler Verlustwiderstand

$$d = \tan\delta$$

$$\tan\delta = \frac{X_{Cpar}}{R_{par}}$$

$$Q = \frac{R_{par}}{X_{Cpar}}$$

$$Q = \frac{1}{d}$$

Verlustbehaftete Spule

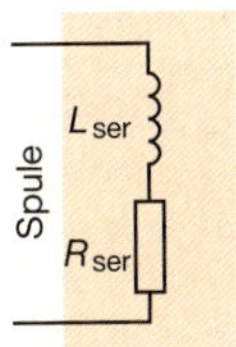

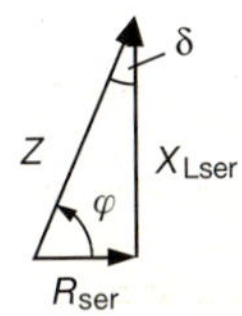

tan δ: Verlustfaktor

d: Verlustfaktor

Q: Güte (Gütefaktor)

R_{ser}: Serieller Verlustwiderstand

$$d = \tan\delta$$

$$\tan\delta = \frac{R_{ser}}{X_L}$$

$$Q = \frac{X_{Lser}}{R_{ser}}$$

$$Q = \frac{1}{d}$$

Schwingkreis

Schaltungen

Paralleler Verlustwiderstand des Kondensators vernachlässigt.

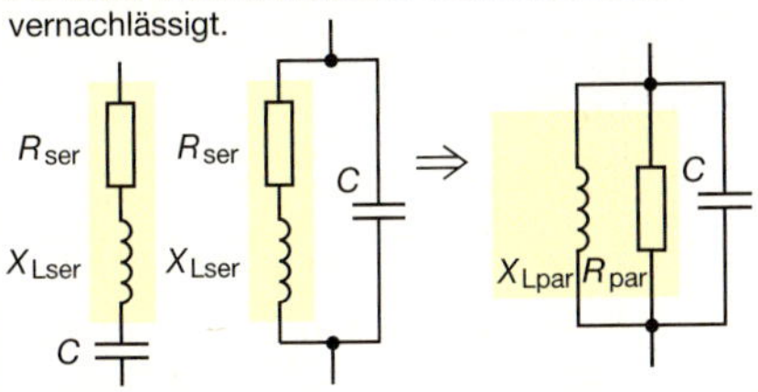

Resonanzwiderstand

Reihenschwingkreis
$Z_0 = R_{ser}$

Parallelschwingkreis
$Z_0 = R_{par}$

Umrechnungsformeln

$$Q = \frac{X_{Lser}}{R_{ser}} \qquad Q = \frac{R_{par}}{X_{Lpar}}$$

$$R_{par} = R_{ser}\,(1 + Q^2)$$

$$X_{Lpar} = X_{Lser}\,\left(1 + \frac{1}{Q^2}\right)$$

bei $Q > 10$ gilt: $X_{Lpar} \approx X_{Lser}$

Resonanz bei: $X_{Lpar} = X_C$

Resonanzfrequenz: $f_0 = \dfrac{1}{2\pi\sqrt{L_{par}\cdot C}}$

Schwingkreis – *Resonant circuit*

Parallelschwingkreis

Konstante Spannung

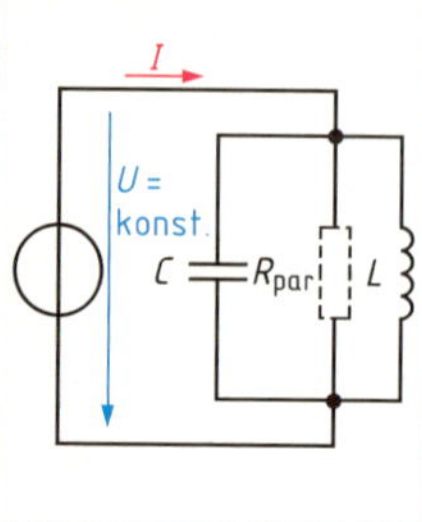

Konstanter Strom

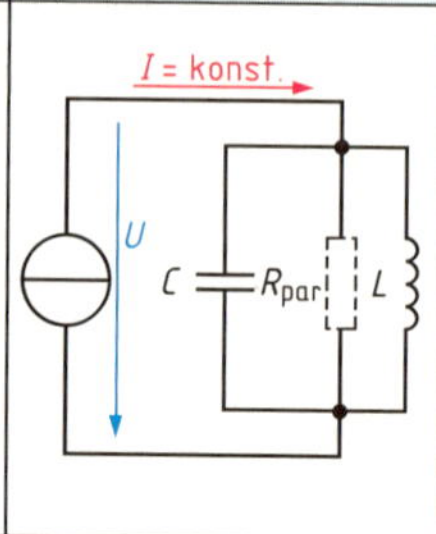

Serienschwingkreis

Konstante Spannung

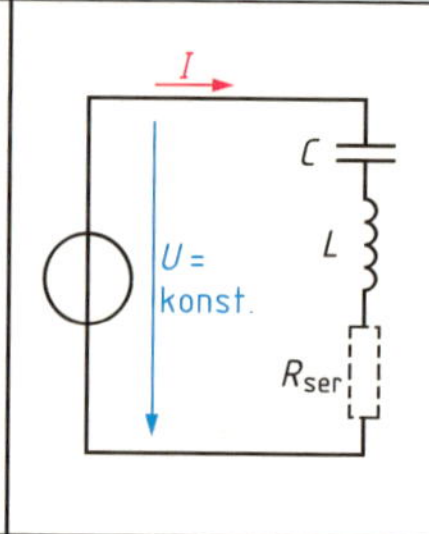

Konstanter Strom

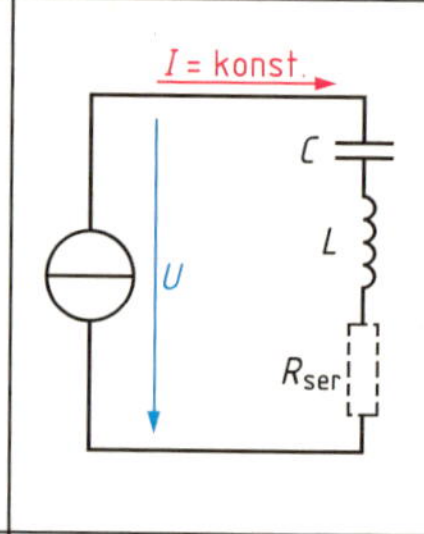

Parallelschwingkreis

Stromstärke

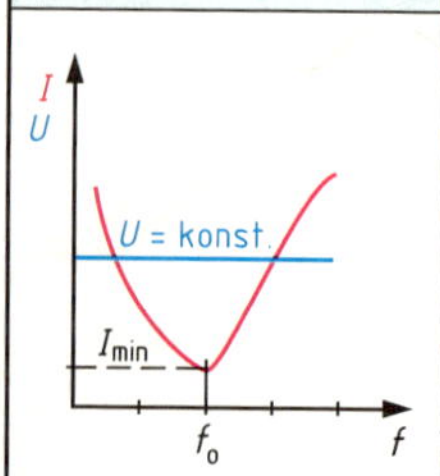

Spannung

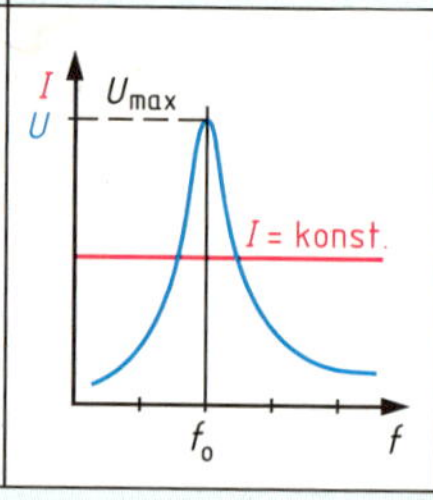

Serienschwingkreis

Stromstärke

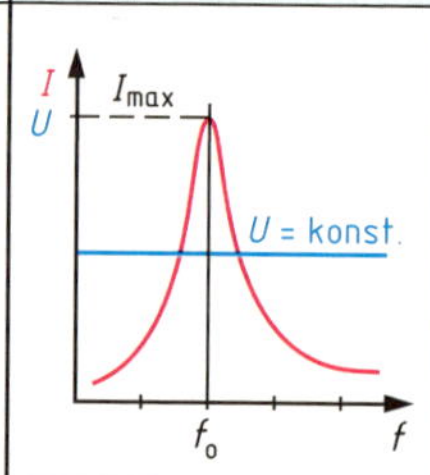

Spannung

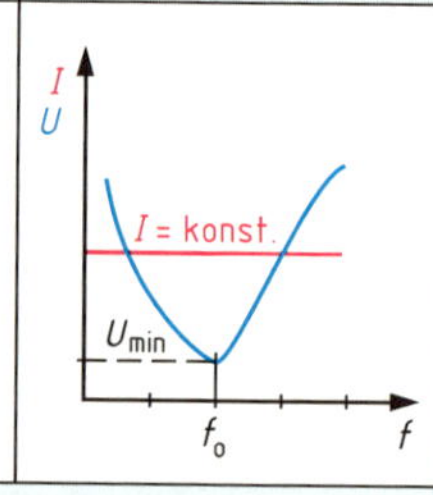

Phasenbeziehung (Parallelschwingkreis)

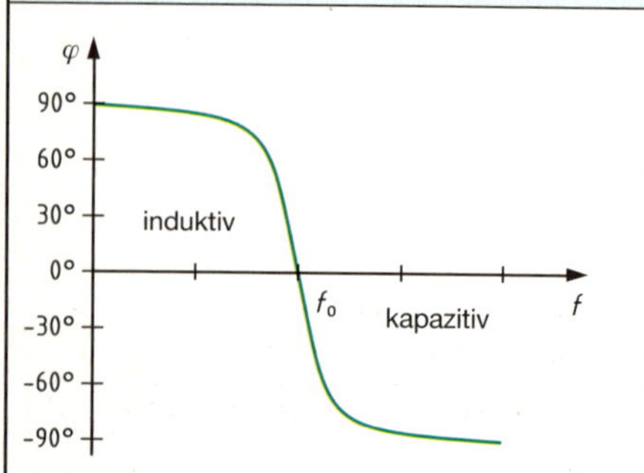

Phasenbeziehung (Serienschwingkreis)

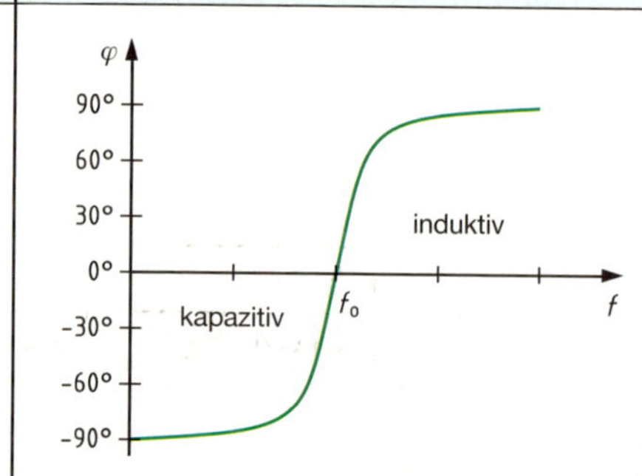

Impedanz (Parallelschwingkreis)

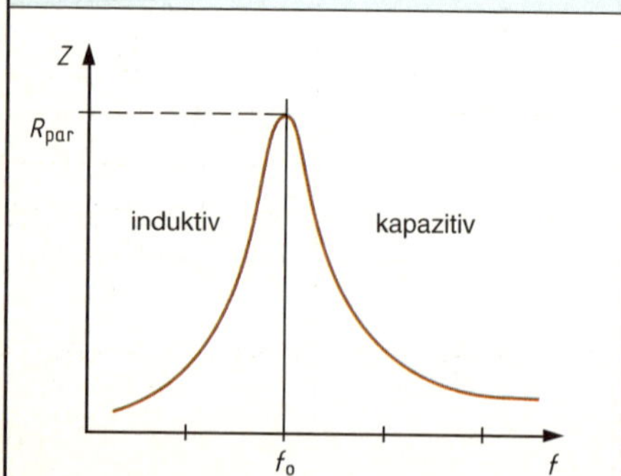

Impedanz (Serienschwingkreis)

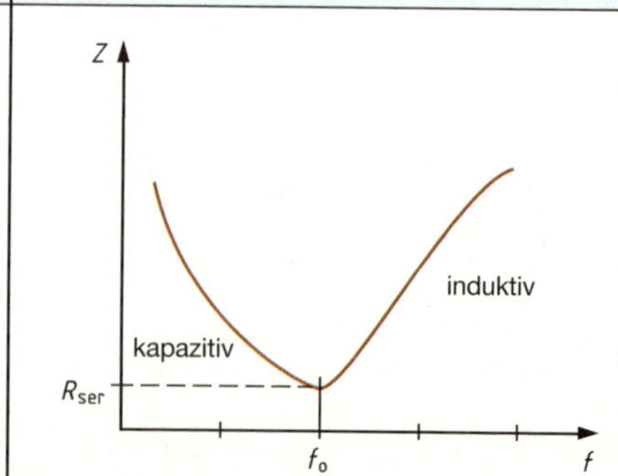

Schwingkreis – *Resonant circuit*

Resonanzfrequenz

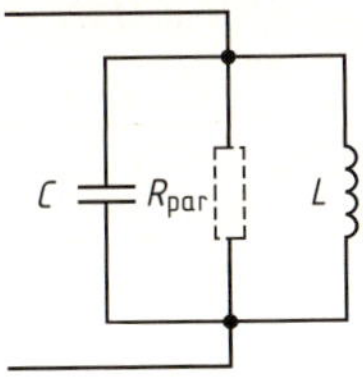

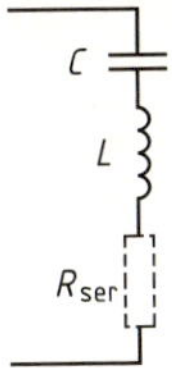

$$Q = \frac{R_{par}}{X_L} \qquad Q = \frac{X_L}{R_{ser}}$$

$$X_L = X_C$$

f_o: Resonanzfrequenz

R_{par}: Paralleler Verlustwiderstand

R_{ser}: Serieller Verlustwiderstand

Q: Güte

$$f_o = \frac{1}{2\,\pi\,\sqrt{L \cdot C}}$$

Bandbreite

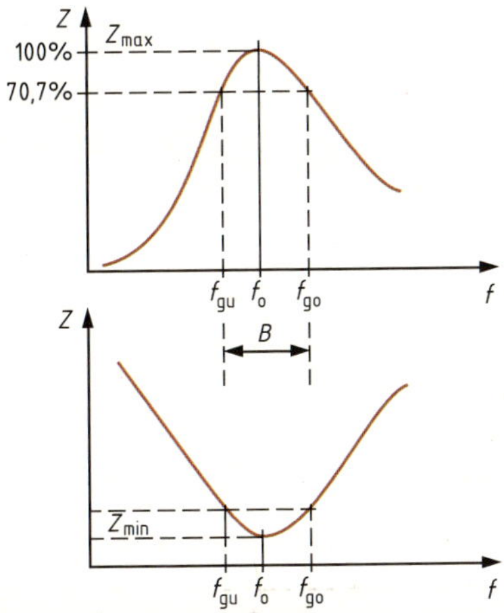

f_{go}: obere Grenzfrequenz ($\varphi = 45°$)

f_{gu}: untere Grenzfrequenz ($\varphi = 45°$)

B: Bandbreite

$$B = f_{go} - f_{gu}$$

$$B = \frac{f_o}{Q}$$

Einengung des Frequenzbereichs – *Limitation of frequency range*

Grundschaltung

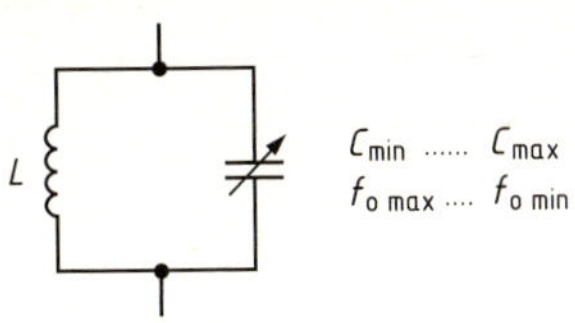

V_f: Frequenzvariationsverhältnis

V_C: Kapazitätsvariationsverhältnis

f_{0max}: größte Resonanzfrequenz

f_{0min}: kleinste Resonanzfrequenz

C_{max}: größte Kapazität des Drehkondensators

C_{min}: kleinste Kapazität des Drehkondensators

$$V_f = \frac{f_{0max}}{f_{0min}} \qquad V_C = \frac{C_{max}}{C_{min}} \qquad \frac{f_{0max}^2}{f_{0min}^2} = \frac{C_{max}}{C_{min}}$$

Parallelschaltung

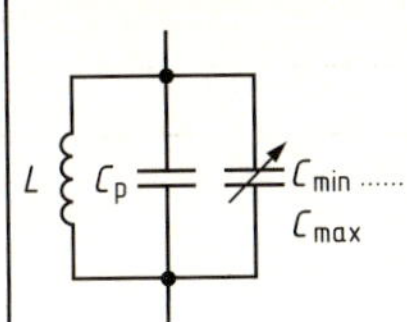

$$\frac{f_{0max}^2}{f_{0min}^2} = \frac{C_{max} + C_p}{C_{min} + C_p}$$

$$C_p = \frac{C_{max} - V_f^2 \cdot C_{min}}{V_f^2 - 1}$$

Serienschaltung

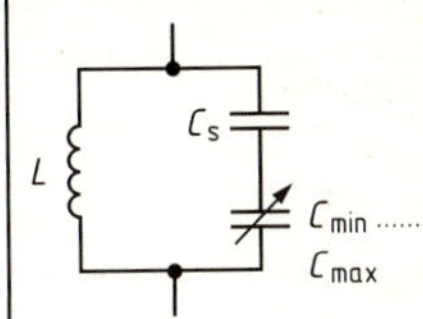

$$\frac{f_{0max}^2}{f_{0min}^2} = \frac{C_{max}\,(C_{min} + C_s)}{C_{min}\,(C_{max} + C_s)}$$

$$C_s = C_{max}\,\frac{V_f^2 - 1}{\frac{C_{max}}{C_{min}} - V_f^2}$$

Komplexe Größen – *Complex quantities*

Reelle Zahlen

Reelle Zahlen
z. B. ganze rationale Zahlen (2, 3, 4, …), gebrochene rationale Zahlen (1/4; 1/3; …)

Irrationale Zahlen
z. B. $\pi = 3{,}14159\ldots$, $e = 2{,}71828\ldots$
$\sqrt{2} = 1{,}414\ldots$, $\sqrt{3} = 1{,}73\ldots$

Imaginäre Zahlen

Die Einheit der imaginären Zahlen ist $\sqrt{-1}$.

Dieser Ausdruck wird mit **j** bezeichnet.

Beispiele: $j \cdot 3 = \sqrt{-1} \cdot 3$; $j^2 = -1$
$j^3 = -\sqrt{-1}$; $j^4 = 1$

Komplexe Zahlen

Verbindung aus einer reellen Zahl mit einer imaginären Zahl, z. B. $z = 4 + j \cdot 3$

Grafische Darstellung in der Gauß'schen Zahlenebene

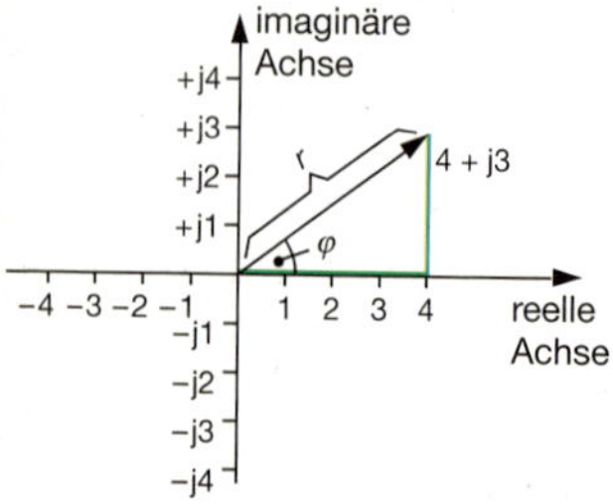

Algebraische Form:	$z = a + jb$;	$z = 4 + j \cdot 3$
Trigonometrische Form: (Rechteckkoordinaten)	$z = r\,(\cos\varphi + j\sin\varphi)$;	$z = 5\,(0{,}8 + j\,0{,}6)$
Exponentielle Form: (Polarkoordinaten)	$z = r \cdot e^{j\varphi}$;	$z = 5 \cdot e^{j36{,}9^\circ}$

Berechnungsformeln:

$r = \sqrt{a^2 + b^2}$

$a = r \cdot \cos\varphi$

$\tan\varphi = \dfrac{b}{a}$

$b = r \cdot \sin\varphi$

Komplexer Scheinwiderstand, Leitwert, Phasenverschiebungswinkel (z, y, φ)

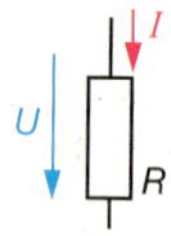

$Z = R$
$Y = G$
$\varphi = 0^\circ$

$\underline{Z} = R \cdot e^{j0^\circ}$
$\underline{Y} = G \cdot e^{j0^\circ}$

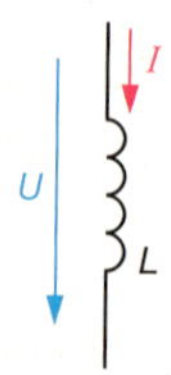

$\underline{Z} = j\,X_L = j\omega L \qquad Z = \omega L$

$\underline{Y} = -j\,B_L = \dfrac{1}{j\omega L} = -j\,\dfrac{1}{\omega L}$

$Y = \dfrac{1}{\omega L}$

$\varphi = -90^\circ$

$\underline{Z} = X_L \cdot e^{j90^\circ}$; $\underline{Y} = B_L \cdot e^{-j90^\circ}$

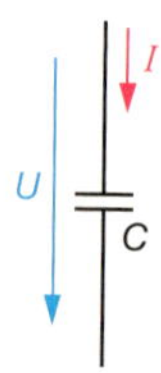

$\underline{Z} = -j\,X_C = \dfrac{1}{j\omega C} = -j\,\dfrac{1}{\omega C}$

$Z = \dfrac{1}{\omega C}$

$\underline{Y} = jB_C = j\omega C; \qquad Y = \omega C$

$\varphi = -90^\circ$

$\underline{Z} = X_C \cdot e^{-j90^\circ}$; $\underline{Y} = B_C \cdot e^{j90^\circ}$

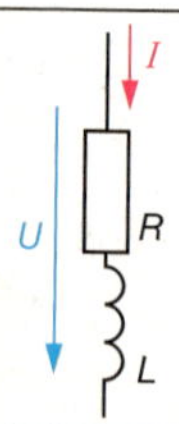

$\underline{Z} = R + j\omega L; \quad Z = \sqrt{R^2 + (\omega L)^2}$

$\underline{Y} = \dfrac{R}{R^2 + (\omega L)^2} - j\,\dfrac{\omega L}{R^2 + (\omega L)^2}$

$\tan\varphi = \dfrac{\omega L}{R}$

$\underline{Z} = Z \cdot e^{j\varphi}$

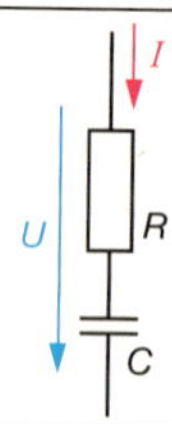

$\underline{Z} = R - j\,\dfrac{1}{\omega C}; \quad Z = \sqrt{R^2 + \left(\dfrac{1}{\omega C}\right)^2}$

$\underline{Y} = \dfrac{R\,(\omega C)^2}{(R\,\omega C)^2 + 1} + j\,\dfrac{\omega C}{(R\,\omega C)^2 + 1}$

$\tan\varphi = \dfrac{1}{\omega CR}$

$\underline{Z} = Z \cdot e^{-j\varphi}$

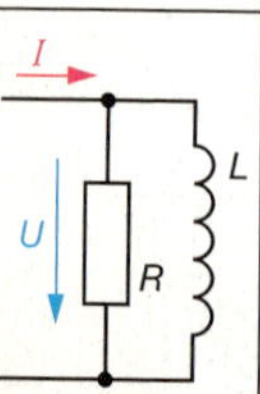

$\underline{Y} = \dfrac{1}{R} - j\,\dfrac{1}{\omega L}; \quad Y = \sqrt{\left(\dfrac{1}{R}\right)^2 + \left(\dfrac{1}{\omega L}\right)^2}$

$\underline{Z} = \dfrac{R\,(\omega L)^2}{R^2 + (\omega L)^2} + j\,\dfrac{R^2\,\omega L}{R^2 + (\omega L)^2}$

$\tan\varphi = \dfrac{R}{\omega L}$

$\underline{Y} = Y \cdot e^{j\varphi}$

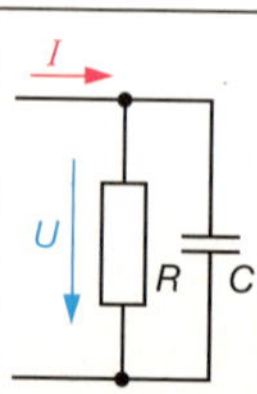

$\underline{Y} = \dfrac{1}{R} + j\,\omega C; \quad Y = \sqrt{\left(\dfrac{1}{R}\right)^2 + (\omega C)^2}$

$\underline{Z} = \dfrac{R}{1 + (R\omega C)^2} - j\,\dfrac{R^2\,\omega C}{1 + (R\omega C)^2}$

$\tan\varphi = \omega CR$

$\underline{Y} = Y \cdot e^{j\varphi}$

3 Bauelemente und Grundschaltungen

Passive Bauelemente

Halbleiterbauelemente und Grundschaltungen

Netzteile, Energieversorgung

Qualitätsbegriffe für Bauelemente – *Quality terms of components*

Allgemeine Begriffe

Qualität	Zuverlässigkeit	Fehler	Funktionsfähigkeit
Beschaffenheit einer Einheit (Bauteil, Gerät, Einrichtung), festgelegte und vorausgesetzte Erfordernisse zu erfüllen.	Beschaffenheit einer Einheit bezüglich ihrer Eignung, während oder nach vorgegebenen Zeitspannen bei vorgegebenen Anwendungsbedingungen die Zuverlässigkeitsforderungen zu erfüllen.	• Unzulässige Abweichung eines Bauteilemerkmales (Wertes) vom Sollwert. • Wert außerhalb des Toleranzbereiches.	Eignung einer Einheit, eine geforderte Funktion unter vorgegebenen Anwendungsbedingungen zu erfüllen.
Fehlerklassen	**Fehleranteil**	**dpm (Defekte per Mio.)**	**ppm (parts per Mio.)**
Einteilung der Bauelementefehler in • Totalfehler, • elektrische Fehler, • mechanische Fehler.	Anteil der fehlerhaften Bauelemente innerhalb einer Lieferung. Angegeben wird der Wert in %.	Einheit für die Anzahl fehlerhafter Bauteile $1\ \text{dpm} = 1 \cdot 10^{-6}$ $= 1 \cdot 10^{-4}\ \%$ $10000\ \text{dpm} = 1\ \%$. Angabe wird bei Ein- bzw. Ausgangsprüfung verwendet.	Einheit zur Angabe über Funktionsfehler über den gesamten Herstellvorgang. $1\ \text{ppm} = 1 \cdot 10^{-4}\ \%$.

Konformität (Übereinstimmung)

Sortierprüfung	Stichprobenanweisung	Stichprobenprüfung	Stichprobenplan
Sämtliche gefundenen defekten Bauteile werden aus einer Lieferung aussortiert (100 % Prüfung).	Anweisung über die Anzahl der Bauteile in der Stichprobe und Angabe der Qualitätskriterien für die Bauteile.	Prüfung der Qualität anhand einer Stichprobenanweisung zur Beurteilung des Prüfloses.	Zusammenstellung von Stichprobenanweisungen. Es wird unterschieden zwischen normaler, verschärfter und reduzierter Prüfung.

Zuverlässigkeit

Frühausfall	Ausfallsatz a	Ausfallzeitpunkt	Ausfallursache
Ausfall in der Anfangszeit der Beanspruchung (etwa 100 … 5000 Stunden bei 40 °C).	Anteil ausgefallener Bauteile während einer angegebenen Beanspruchungsdauer. $a = \frac{r}{n}$ Wird in % angegeben. Beispiel: $n = 2000$ Bauelemente $r = 2$ Ausfälle ergibt Ausfallsatz = 0,1 %.	Tatsächlicher Zeitpunkt des Ausfalls. (Ist der tatsächliche Ausfallzeitpunkt nicht feststellbar, muss ein fiktiver Ausfallzeitpunkt festgelegt werden.)	Umstände während der Entwurfs-, der Fertigungs- oder der Nutzphase einer Einheit, die zu einem Ausfall geführt haben.

Zuverlässigkeitsfunktion

- Die Zuverlässigkeitsfunktion $R(t)$ gibt an, mit welcher Wahrscheinlichkeit eine Betrachtungseinheit im Zeitraum von 0 bis t funktionsfähig ist (Betriebszeiten $T > t$).

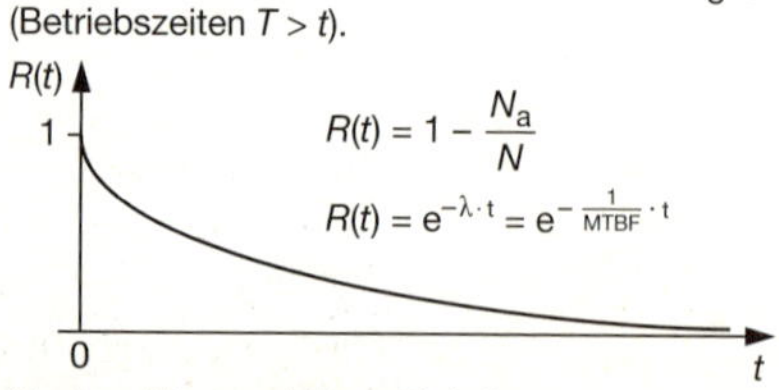

$$R(t) = 1 - \frac{N_a}{N}$$

$$R(t) = e^{-\lambda \cdot t} = e^{-\frac{1}{\text{MTBF}} \cdot t}$$

N_a: Anzahl ausgefallene Einheiten
N: Gesamtzahl der Einheiten

Ausfallhäufigkeit

$$H(\Delta t) = n_g(t_1)_r - n_g(t_2)_r$$

$$= \frac{n_g(t_r) - n_g(t_2)}{n(0)} \quad \text{mit } \Delta t = t_2 - t_1 > 0 \text{ und Nenner konstant}$$

$n(0)$: Anfangsbestand

$n_g(t)$: Bestand zum Zeitpunkt t; g = gut

$n_g(t_r)$: Relativer Bestand $[n_g(t)_r = \frac{n_g(t)}{n(0)}]$

Zuverlässigkeit, Ausfall, Verfügbarkeit – *Reliability, failure, availability*

- Bei technischen Systemen ist Zuverlässigkeit definiert als die Beschaffenheit einer Einheit (z. B. Bauelement, Baugruppe, Anlage) bezüglich ihrer Eignung während oder nach vorgegebenen Zeitspannen bei vorgegebenen Anwendungsbedingungen die Zuverlässigkeitsforderung zu erfüllen (DIN 40 041)
- Zur Berechnung der vorausgesagten Zuverlässigkeit werden zahlreiche Zuverlässigkeitsmodelle angewendet, z. B.
  - Fehlerbaumanalyse (Analyse potenzieller Störfälle)
  - Monte-Carlo-Simulation (Simulationsmodelle mit Zufallsvariablen)

Ausfall, Ausfallrate

- **Ausfall** ist die Beendigung der Funktionsfähigkeit einer Einheit, im Rahmen der zugelassenen Beanspruchung.
- Die **Ausfallrate** λ (failure rate) ist der Anteil ausgefallener Bauelemente (oder Systeme) während einer Beanspruchungsdauer geteilt durch die Beanspruchungsdauer.
- Die Ausfallrate wird in **fit** (**f**ailure **i**n **t**ime) angegeben.
  1 fit entspricht einem Ausfall von 1 Million Betriebsstunden.

  Beispiele für Ausfallraten:

Pentium Prozessor:	300 fit
Bestückte Leiterplatte:	800 bis 4000 fit
Maschinenlötstelle:	0,01 fit

- Das Ausfallverhalten von technischen Bauelementen und Geräten wird durch eine „Badewannenkurve“ beschrieben.
  - Phase A: Frühausfälle
  - Phase B: Zufallsausfälle (**konstante Ausfallrate**)
  - Phase C: Verschleißausfälle

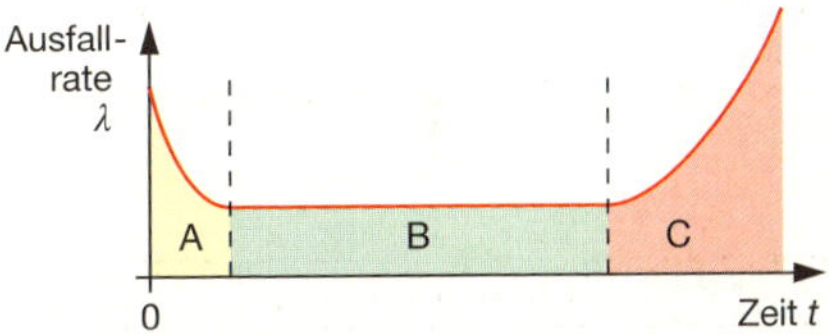

- **MTBF** (**M**ean **T**ime **B**etween **F**ailure) ist die mittlere Betriebsdauer zwischen zwei Ausfällen $\quad MTBF = \frac{1}{\lambda}$

Verfügbarkeit

- **Momentane Verfügbarkeit** ist die **Wahrscheinlichkeit**, eine Einheit zu einem vorgegebenen Zeitpunkt der geforderten Anwendungsdauer in einem funktionsfähigen Zustand anzutreffen.
- **Stationäre Verfügbarkeit** ist die mittlere Betriebsdauer zwischen zwei Ausfällen dividiert durch die Summe von mittlerer Betriebsdauer zwischen zwei Ausfällen und mittlerer Störungsdauer.
- Bei konstanter Ausfallrate und Instandsetzungsrate ist die stationäre Verfügbarkeit definiert als

$$PA = \frac{MTBF}{MTBF + MDT}$$

PA: **P**oint **A**vailability (Stationäre Verfügbark.)
MTBF: **M**ean **T**ime **B**etween **F**ailure (mittlere Betriebsdauer zwischen zwei Ausfällen)
MDT: **M**ean **D**own **T**ime (mittlere Störungsdauer)

Lebenszykluskosten – *Life cycle costs*

- Lebenszykluskosten (**L**ife **C**ycle **C**osts, **LCC**) sind alle Kosten einer Anlage oder eines Systems, die während der gesamten Lebenszeit derselben entstehen.
- Die Berechnung der Lebenszykluskosten dient als Vergleichsmaßstab für Varianten von Anlagen oder Systemen und ist Basis der Wirtschaftlichkeitsbetrachtung.

LCC = A + B + W + R

Anschaffungskosten
- Preis der Anlage
- Planungs-/Genehmigungskosten
- Installation
- Schulung
- Kapitalkosten

Betriebskosten
- Arbeitskosten
- Energiekosten
- Hilfs- u. Betriebsstoffe
- Abfallbeseitigung
- Entgangene Wertschöpfung

Wartungskosten
- Arbeitskosten
- Ersatzteile
- Ersatzteillagerung

Recyclingkosten
- Abbau der Anlage
- Entsorgungskosten
- Rückbau und Reinigung des Standorts
- Erlöse Gebrauchtanlage und Schrott

Anwendungsklassen und Zuverlässigkeitsangaben

Utilization classes and reliability data

Beispiel: **G P E / L T / W N Z**

Klimatischer Bereich:
- Untere Grenztemperatur — G
- Obere Grenztemperatur — P
- Feuchtebeanspruchung — E

Zuverlässigkeit:
- Ausfallquotient — L
- Beanspruchungsdauer — T

Mechanische Anwendung:
- Sonderbeanspruchung (Einzelbestimmung) — Z
- Luftdruck — N
- mechanische Beanspruchung — W

1. Buchstabe: Untere Grenztemperatur ϑ_{min} in °C

A bis **D**	frei	**J**	– 10
E	– 65	**K**	0
F	– 55	**L**	+ 5
G	– 40	**Z**	Einzelbestimmung der Hersteller
H	– 25		

2. Buchstabe: Obere Grenztemperatur ϑ_{max} in °C

A	400	**N**	90
B	350	**P**	85
C	300	**Q**	80
D	250	**R**	75
E	200	**S**	70
F	180	**T**	65
G	170	**U**	60
H	155	**V**	55
J	140	**W**	50
K	125	**Y**	40
L	110	**Z**	Einzelbestimmung der Hersteller
M	100		

3. Buchstabe: Feuchtebeanspruchung

	Höchstwerte der relativen Luftfeuchtigkeit in %				Bemerkungen
	Jahresmittel 1)	30 Tage im Jahr 1)	60 Tage im Jahr 1)	Übrige Tage 2)	
A	≤ 100	–	–	–	andauernde Nässe
B	frei				
C	≤ 95	100	–	100	Betauung
R	≤ 90	100	–	95	Betauung
D	≤ 80	100	–	90	Betauung
E	≤ 75	95	–	85	3)
F	≤ 75	95	–	85	keine Betauung
G	≤ 65	–	85	75	keine Betauung
H	≤ 50	–	75	65	keine Betauung
J	≤ 50				keine Betauung
Z	Einzelbestimmung der Hersteller				

1) Über das ganze Jahr verteilt 2) Unter Einhaltung des Jahresmittels
3) Seltene und leichte Betauung, z. B. beim kurzzeitigen Öffnen von Geräten, die im Freien installiert sind

5. Buchstabe: Beanspruchungsdauer in Stunden

Q	300 000	**U**	3 000
R	100 000	**V**	1000
S	30 000	**W**	300
T	10 000	**Z**	Einzelbestimmung der Hersteller

6. Buchstabe: Grenzwerte der mechanischen Beanspruchung

	Schwingungsbeanspruchung		Schockbeanspruchung	
	Frequenz in Hz 10 Hz bis …	Beschleunigung in m/s^2	Beschleunigung in m/s^2	Zeit in ms
Q	2 000	500	1000	6
R	2 000	200	1000	6
S	2 000	100	500	11
T	500	100	300	18
U	55	50	300	18
V	55	50	150	11
W	55	20	150	11
Z	Einzelbestimmung der Hersteller			

7. Buchstabe: Luftdruck

	Untere Druckgrenze in mbar bis …	Entspricht einer Betriebshöhe in m über NN
N	840	1000
R	700	2 200
S	600	3 500
T	530	4 300
U	300	8 500
V	85	16 000
W	44	20 000
Y	20	26 000
Z	Einzelbestimmung der Hersteller	

8. Buchstabe: Sonderbeanspruchng Z

Beispiele:
- Spritzwasser, Regen, Schnee, Vereisung, Schwall-, Strahl-, Druckwasser
- Trockenheit, Meeres-, Industrieluft, Isolierstoffausdünstung in abgeschloss. Räumen
- Staub, Sandsturm
- Schimmel, Insekten
- Sonnenstrahlung, andere Strahlung

4. Buchstabe: Ausfallquotient in Ausfällen je 10^9 Bauelementestunden

D	0,1	**J**	30	**P**	10 000	**U**	3 000 000
E	0,3	**K**	100	**Q**	30 000	**V**	10 000 000
F	1	**L**	300	**R**	100 000	**W**	30 000 000
G	3	**M**	1000	**S**	300 000	**Z**	Einzelbestimmung der Hersteller
H	10	**N**	3000	**T**	1000 000		

Widerstände – *Resistors*

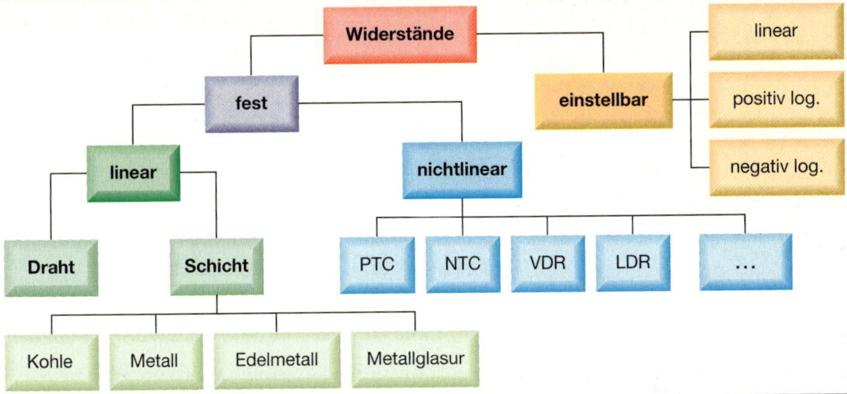

Drahtwiderstände

Anforderungen

- Hoher spezifischer Widerstand
- Große spezifische Wärmekapazität
- Schlechte Wärmeleitfähigkeit
- Gute Korrosionsbeständigkeit
- Gute Zunderbeständigkeit
- Kleiner Ausdehnungskoeffizient
- Kleiner Temperaturkoeffizient (gewünscht bei Messwiderständen)
- Gute mechanische Eigenschaften (z. B. elastisch, stoßfest)
- Gute technologische Eigenschaften (lötbar, warmfest, u. U. schweißbar)

Wertebereich	Toleranz	Werkstoffe	Temperaturbereich	Belastbarkeit bei 70 °C	Temperaturkoeffizient
0,1 Ω bis 300 kΩ	± 0,01 % bis ± 20 %	Chrom-Nickel Kupfer-Nickel Kupfer-Mangan	– 50 °C bis + 500 °C	0,25 W bis 100 W	$\pm 1 \cdot 10^{-6}\,K^{-1}$ bis $\pm 200 \cdot 10^{-6}\,K^{-1}$

Lineare Schichtwiderstände

Merkmale	**Kohle**, C	**Metall**, Cr/Ni	**Edelmetall**, Au/Pt
Herstellverfahren	Thermischer Zerfall von Kohlenwasserstoffen	Aufdampfen im Hochvakuum	Reduktion von Edelmetallsalzen durch Einbrennen
Spezifischer Widerstand	$3000 \cdot 10^{-6}\,\Omega \cdot cm$	$\approx 100 \cdot 10^{-6}\,\Omega \cdot cm$	$\approx 40 \cdot 10^{-6}\,\Omega \cdot cm$
Schichtdicke	$10 \ldots 30000 \cdot 10^{-9}$ m	$10 \ldots 100 \cdot 10^{-9}$ m	$10 \ldots 1000 \cdot 10^{-9}$ m
Flächenwiderstand	1 … 5000 Ω	20 … 1000 Ω	0,5 … 100 Ω
Temperaturkoeffizient	$(-200 \ldots -800) \cdot 10^{-6} \cdot K^{-1}$	$\pm 100 \cdot 10^{-6} \cdot K^{-1}$	$(+250 \ldots +350) \cdot 10^{-6} \cdot K^{-1}$
max. Schichttemperatur	125 °C	175 °C	155 °C
Drift nach 10^4 h Lagerung bzw. bei Belastung auf 125 °C in %	– 0,5 … + 1,5	– 0,6 … + 1	– 0,5
Stromrauschen	klein	sehr klein	sehr klein
Nichtlinearität	klein	sehr klein	sehr klein
Anwendungen	Vermittlungstechnik, Datentechnik, Weitverkehrstechnik, Elektronik	Für extreme klimatische und elektrische Beanspruchungen, Luft- und Raumfahrt, Messgeräte	Kompensation in Transistorschaltungen, Hochlastwiderstände mit Sicherungswirkung

Kennzeichnung von Bauelementen – *Marking of components*

Farbkennzeichnung von Widerständen

Erster Ring **Beispiel:** 27 kΩ ± 5 %

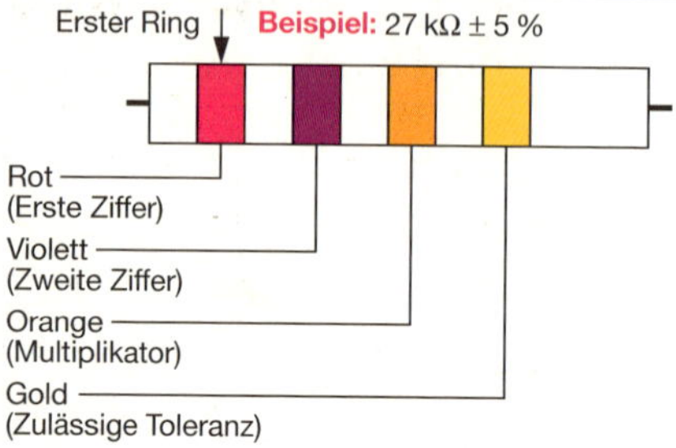

Erster Ring **Beispiel:** 24,9 kΩ ± 1 %

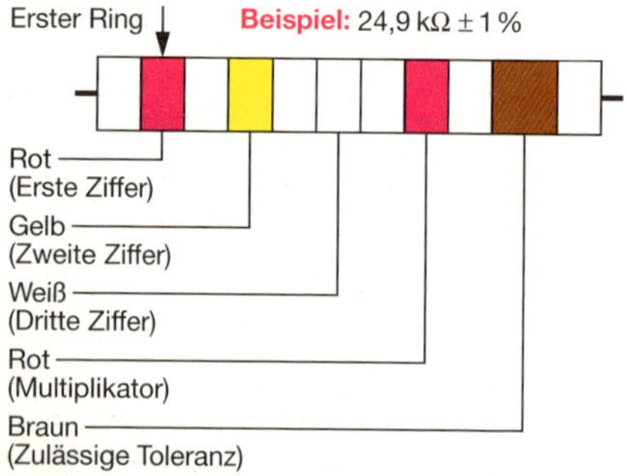

Temperaturkoeffizient:

- sechster und breiter Farbring, eventuell unterbrochen

Farbschlüssel Kennfarbe	Widerstandswert in Ω zählende Ziffern	Widerstandswert in Ω Multiplikator	Zulässige rel. Abweichung des Widerstandswertes	Temperatur-Koeffizient (10^{-6}/K)
silber	–	10^{-2}	± 10 %	–
gold	–	10^{-1}	± 5 %	–
schwarz	0	10^{0}	–	± 250
braun	1	10^{1}	± 1 %	± 100
rot	2	10^{2}	± 2 %	± 50
orange	3	10^{3}	–	± 15
gelb	4	10^{4}	–	± 25
grün	5	10^{5}	± 0,5 %	± 20
blau	6	10^{6}	± 0,25 %	± 10
violett	7	10^{7}	± 0,1 %	± 5
grau	8	10^{8}	–	± 1
weiß	9	10^{9}	–	–
keine	–	–	± 20 %	–

Wertkennzeichnung durch Buchstaben EN 60 062: 94-10

Kennbuchstabe	Multiplikator		**Beispiele:**
p	Pico	10^{-12}	3µ3 = 3,3 µF
n	Nano	10^{-9}	m33 = 330 µF
µ	Mikro	10^{-6}	33m = 33000 µF
m	Milli	10^{-3}	R33 = 0,33 Ω
R, F		10^{0}	3R3 = 3,3 Ω
K	Kilo	10^{3}	33K = 33 kΩ
M	Mega	10^{6}	330K = 330 kΩ
G	Giga	10^{9}	M33 = 0,33 MΩ
T	Tera	10^{12}	3M3 = 3,3 MΩ

Vorzugsreihen für Bemessungswerte bis ± 5 % zul. Abweichung DIN IEC 63: 85-12

E3 (>±20 %)	E6 (±20 %)	E12 (±10 %)	E24 (±5 %)
1,0	1,0	1,0	1,0
			1,1
		1,2	1,2
			1,3
2,2	1,5	1,5	1,5
			1,6
		1,8	1,8
			2,0
	2,2	2,2	2,2
			2,4
		2,7	2,7
			3,0
4,7	3,3	3,3	3,3
			3,6
		3,9	3,9
			4,3
	4,7	4,7	4,7
			5,1
		5,6	5,6
			6,2
	6,8	6,8	6,8
			7,5
		8,2	8,2
			9,1

Buchstabenkennzeichnung der zulässigen Abweichungen

zul. Abweichung	Kennzeichen
Symmetrische Abweichung in %	
± 0,1	B
± 0,25	C
± 0,5	D
± 1	F
± 2	G
± 5	J
± 10	K
± 20	M
± 30	N
Unsymmetrische Abweichung in %	
+ 30 … – 10	Q
+ 50 … – 10	T
+ 50 … – 20	S
+ 80 … – 20	Z
Symmetrische Abweichung in absoluten Werten (Kapazitätswerte unter 10 pF)	
± 0,1	B
± 0,25	C
± 0,5	D
± 1	F

Bauelemente in SMD-Technologie[1] – *Components in smd-technology*

Abmessungen

Typ	Bauform	Länge l_o	Länge l_m	Breite b_o	Breite b_m	Höhe h	Abstand c
Widerstand (Quader)	0805 1206	2,0 ± 0,2 3,2 ± 0,2		1,25 ± 0,15 1,6 ± 0,15		0,45 ± 0,05 0,6 ± 0,05	≤ 0,1
Keramische Konden-satoren,	0805 1206 1210 1812 2220	2,0 ± 0,2 3,2 ± 0,2 3,2 ± 0,2 4,5 ± 0,2 5,7 ± 0,2		1,25 ± 0,2 1,6 ± 0,2 2,5 ± 0,2 3,2 ± 0,2 5,0 ± 0,2		≤ 1,3 ≤ 1,3 ≤ 1,7 ≤ 1,7 ≤ 1,7	0,02 … 0,06
Aluminium-Elektrolyt-kondensator	A B C D E F	4,6 – 0,3 4,6 – 0,3 7,0 – 0,3 8,5 – 0,3 9,1 – 0,3 9,1 – 0,3	4,9 – 0,3 4,9 – 0,3 7,3 – 0,3 8,8 – 0,3 9,4 – 0,3 9,4 – 0,3	4,5 – 0,1 5,5 – 0,1 5,0 – 0,1 5,9 – 0,1 8,0 – 0,1 8,0 – 0,1		≤ 2,5 ≤ 3,2 ≤ 3,2 ≤ 4,0 ≤ 4,7 ≤ 6,0	0,1 … 0,15
Tantal-Konden-satoren,	A B C D E	≤ 4,3 ≤ 4,3 ≤ 8,0 ≤ 8,0 ≤ 8,0	4,57 ± 0,13 4,57 ± 0,13 8,13 ± 0,13 8,13 ± 0,13 8,13 ± 0,13	2,55 ± 0,25 2,55 ± 0,25 4,55 ± 0,25 4,55 ± 0,25 4,55 ± 0,25		1,77 ± 0,13 2,57 ± 0,13 1,77 ± 0,13 2,57 ± 0,13 4,97 ± 0,13	0,1 … 0,15
Diskrete Halbleiter	SOT 23 SOT 143 SOT 89 SOD 80[2]	2,9 ± 0,1 2,9 ± 0,1 4,5 3,5 ± 0,1		1,3 ± 0,1 1,3 ± 0,1 < 2,6 Ø 1,5	≤ 2,6 ≤ 2,6 ≤ 4,25 Ø 1,6 ± 0,1	≤ 1,1 ≤ 1,1 1,5 	0,05 … 0,1 0,05 … 0,1 0 ≤ 0,2
Integrierte Schaltungen	SO 6[3] SO 8 SO 14 SO 20 L	3,9 – 0,3 5,2 – 0,2 8,8 – 0,3 12,8 – 0,2		4 – 0,2 4 – 0,2 4 – 0,2 7,6 – 0,2	6,2 – 0,5 6,2 – 0,5 6,0 ± 0,2 10,4 ± 0,3	≤ 2,2 ≤ 2,2 ≤ 1,8 ≤ 2,7	≤ 0,2
	PLCC 44[4] PLCC 68	16,60 ± 0,07 24,21 ± 0,07	17,53 ± 0,13 25,15 ± 0,13	wie Länge		4,4 ± 0,2 4,6 ± 0,4	

alle Angaben in mm
l_o: Länge ohne Lötanschluss
l_m: Länge mit Lötanschluss
b_o: Breite ohne Lötanschluss
b_m: Breite mit Lötanschluss
h: Gesamthöhe
c: Bodenabstand

Bauformen

Widerstände

Quader

Kondensatoren

Keramische

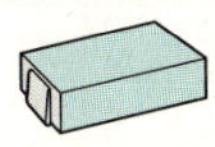
Aluminium-El.

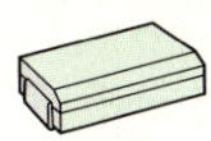
Tantal

Spulen

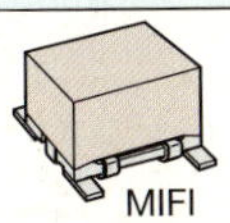
MIFI

Diskrete Halbleiter

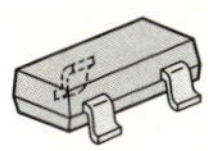
SOT 23

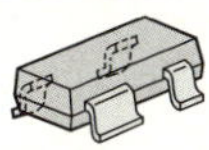
SOT 143

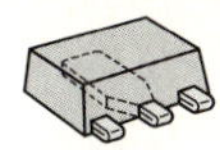
SOT 89

Spulen

Schalenkern 4,6 Ø

Integrierte Schaltungen

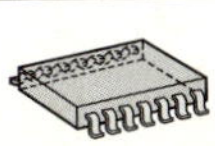
SO 6 … SO 20 L

PLCC

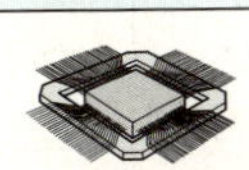
Mikropack, QFP

[1] SMD: Surface Mounted Device, [2] Rundgehäuse, [3] Small Outline, [4] Plastic Leaded Chip Carrier

Einstellbare Widerstände – *Adjustable resistors*

Unterscheidungen und Begriffe

Betätigung durch		Widerstandsmaterial aus	
Schieben	Drehen ①②④	Draht ②④	Schicht ①
	– eingängig ① – mehrgängig ② (Wendelpotenziometer)		– Kohle ① – Cermet[1] ③ – Leitplastik

[1] Cermet: ceramic metal, Werkstoff aus Metallkeramik (große Härte, elektrisch leitfähig)

Potenziometer (Potentiometer):
Ursprünglicher Begriff für Spannungsteiler zur Einstellung von Spannungen (Potenziale).
Heute: Allgemeine Verwendung für einstellbaren Widerstand (Schieben, Drehen).

Trimmer: ③
Einstellbarer Widerstand mit entsprechendem Werkzeug (z. B. Schraubendreher).

Kennlinien

linear

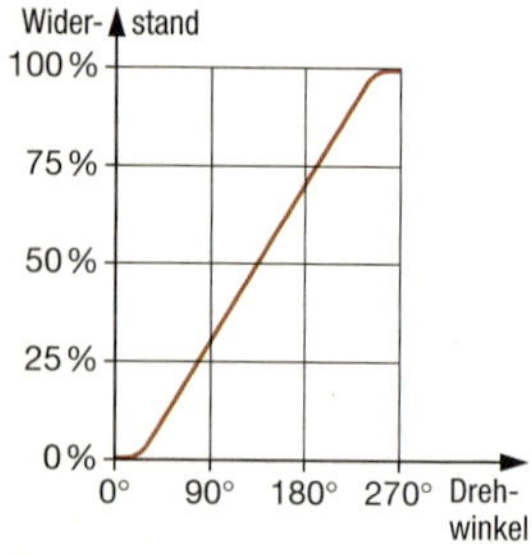

linear mit Drehschalter

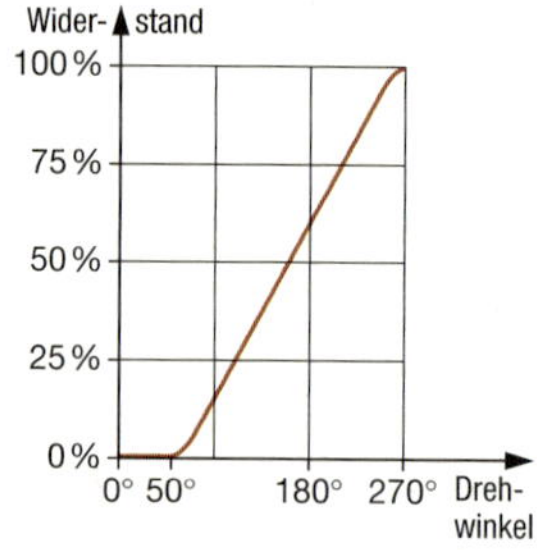

linear mit Drehschalter

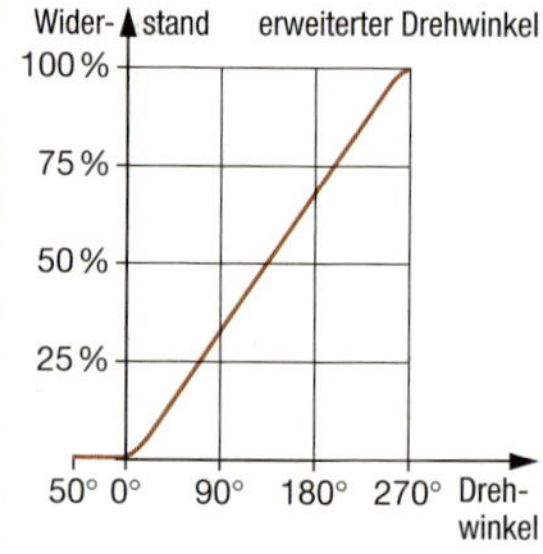

negativ logarithmisch

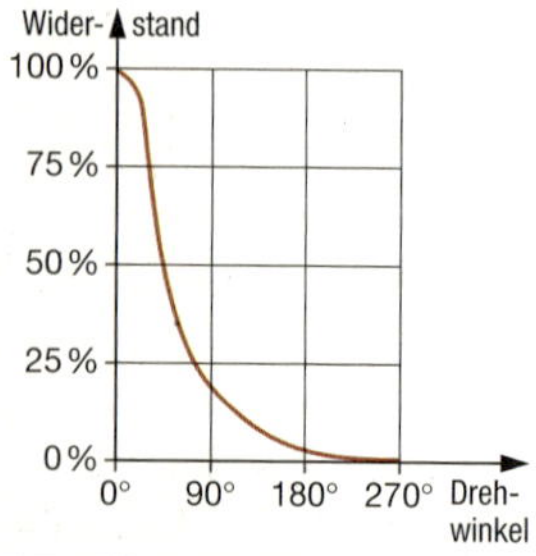

positiv logarithmisch

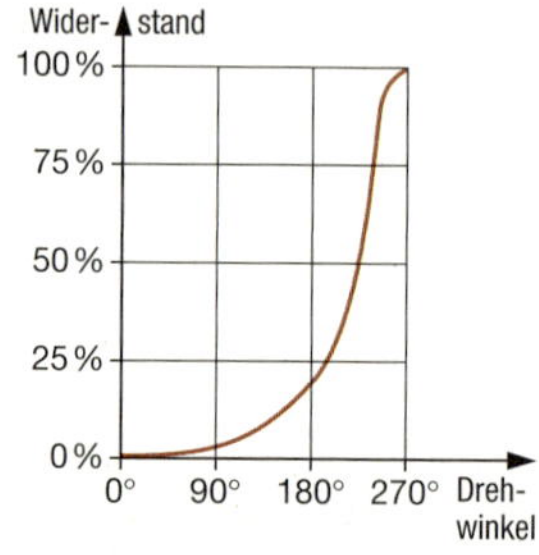

linear positiv logarithmisch

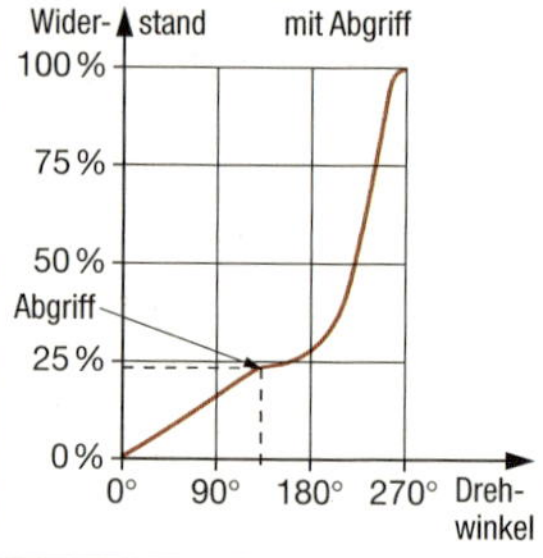

Ausführungen

①

②

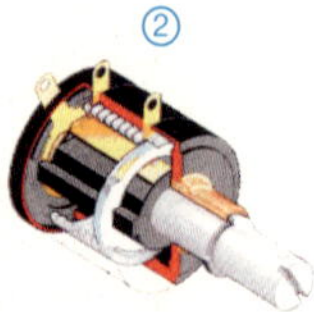

③

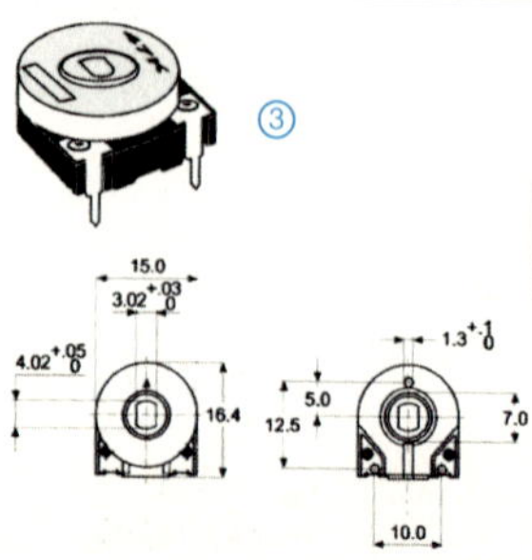

④

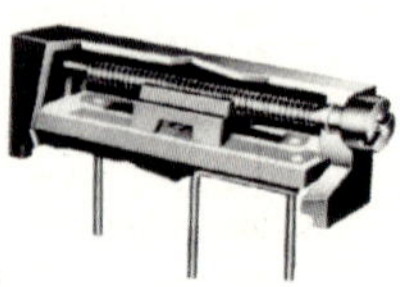

Temperatur- und spannungsabhängige Widerstände

Temperature- and voltage dependent resistors

Heißleiter

NTC-Widerstand
(**N**egative **T**emperature **C**oefficient)

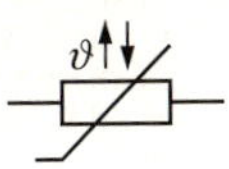

Heißleiter sind temperaturabhängige Halbleiterwiderstände, deren Widerstandswerte sich mit steigender Temperatur verringern.

Material: polykristalline Mischoxidkeramik

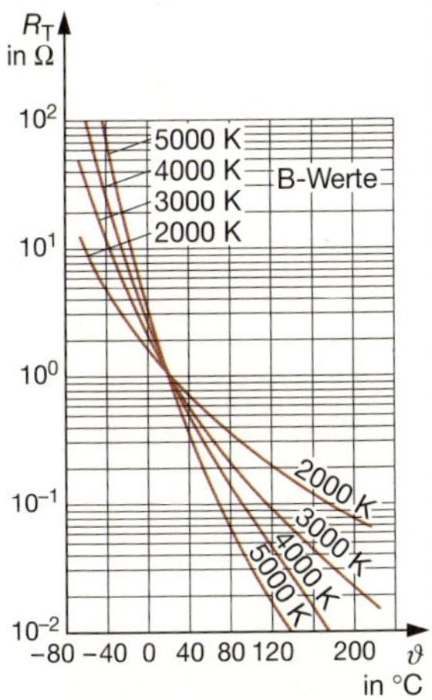

Temperatur-Koeffizient α_R

$$\alpha_R = \frac{-B \cdot 100}{T^2} \quad [\alpha_R] = \frac{\%}{K} \quad [T] = K$$

***B*-Wert**

$$B = \frac{T_1 \cdot T_2}{T_2 - T_1} \ln \frac{R_1}{R_2}$$

R_1: Widerstandswert in Ω bei T_1 in K (Kelvin)

R_2: Widerstand in Ω bei T_2 in K (Kelvin)

B: B-Wert als Maß für die Temperaturabhängigkeit des Heißleiters in K (Kelvin), Materialkonstante

Kaltleiter DIN 44080: 1983-10

PTC-Widerstand
(**P**ositive **T**emperature **C**oefficient)

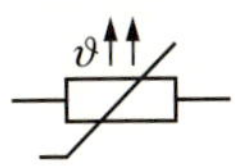

Kaltleiter sind temperaturabhängige Widerstände, deren Widerstandswerte bei ansteigender Temperatur annähernd sprungförmig ansteigen, sobald eine bestimmte Temperatur überschritten wird.

Material: ferroelektrische Keramik, z.B. TiO_3

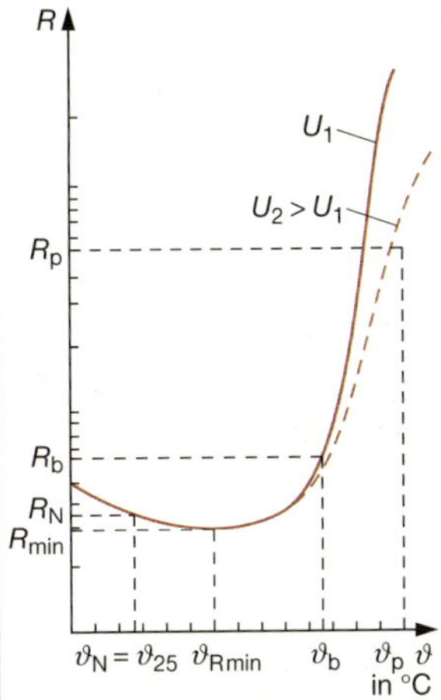

R_N: Bemessungswiderstandswert bei 25 °C

R_{min}: Kleinster Widerstandswert

R_p: Widerstandswert bei der höchstzulässigen Spannung

α_R: Temperaturkoeffizient

β: Spannungsabhängigkeit (der Widerstandswert des Kaltleiters ist spannungsabhängig)

Beispiele:

$R_{min} = 50\ \Omega$
$\vartheta_{Rmin} = 20\,°C$
$R_b = 100\ \Omega$
$\vartheta_b = 60\,°C$
$R_p \geq 50\ k\Omega$
$\vartheta_p = 110\,°C$

$U_{max} = 30\ V$
$\alpha_R = 20\ \%/K$

Varistoren

VDR-Widerstand
(**V**oltage **D**ependent **R**esistor)

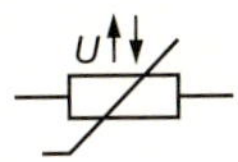

Varistoren sind Widerstände, deren Widerstandswerte sich bei ansteigender Spannung verringern.

Material: Siliciumkarbid, $\alpha < 5$, Zinkoxid, $\alpha < 30$

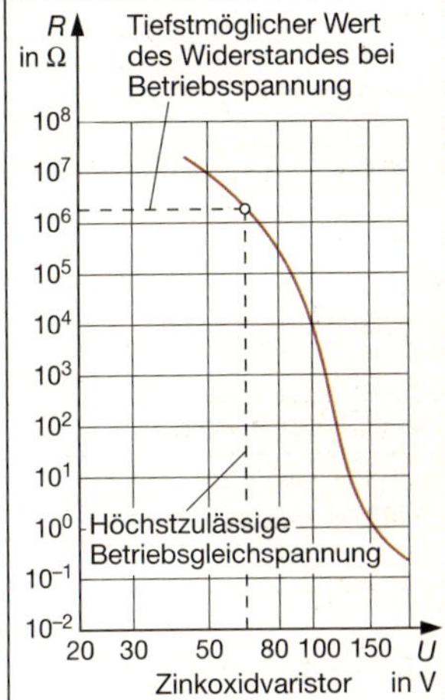

$$R = \frac{U^{1-\alpha}}{K}$$

K: Elementarkonstante in A, von der Geometrie abhängig

α: Nichtlinearitätsexponent

Kennwerte

Beispiele:

$\alpha > 30$ bei ZnO (Zinkoxidvaristoren)

Betriebstemperatur: −40 °C … +85 °C

Betriebsspannung: 14 … 1500 V

Ansprechzeit: < 50 ns

Stoßstrom: bis 4000 A

Dauerbelastbarkeit: 0,8 W

Temperatur- und spannungsabhängige Widerstände

Temperature- and voltage dependent resistors

Heißleiter

Heißleiter in Scheibenform

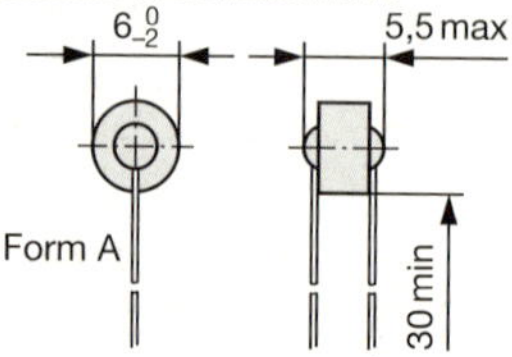

- Form A

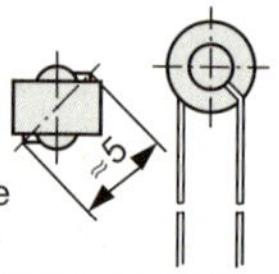

- Form AB

übrige Maße wie Form A

Betriebsbedingungen	Klimatische Anwendungsklasse		
	FKF	HKF	HHH
untere Grenztemperatur	−55 °C	−25 °C	−25 °C
obere Grenztemperatur	125 °C	125 °C	155 °C

Bemessungswiderstandswert R_N bei 25 °C (R_{25})
Bezugstemperatur: 10 Ω bis 100 kΩ

zulässige Abweichung vom Nennwiderstand ±10 %; ±20 %

Belastbarkeit P_{max} bei 25 °C: 0,6 W

Kaltleiter

- ohne Umhüllung, metallisierte Stirnseiten

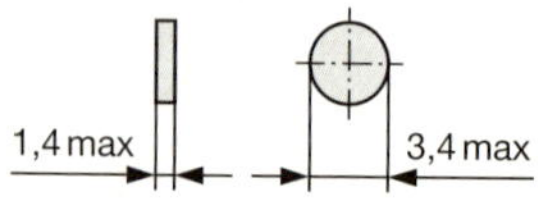

- ohne Umhüllung, radiale Anschlussdrähte

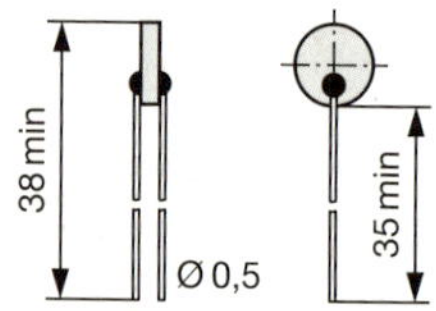

- mit Kunststoffumhüllung

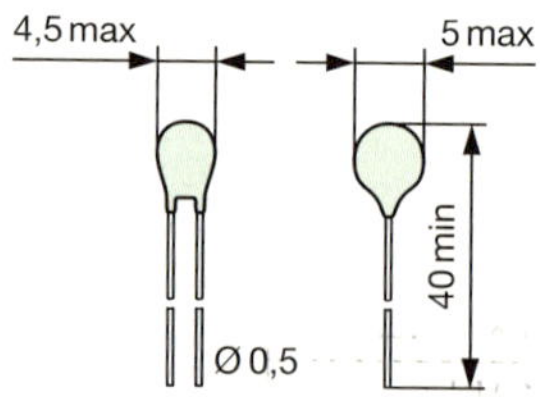

Bezugstemperatur:
−30 °C … +180 °C
Endtemperatur:
+40 °C … +220 °C

Varistoren

Scheibenform

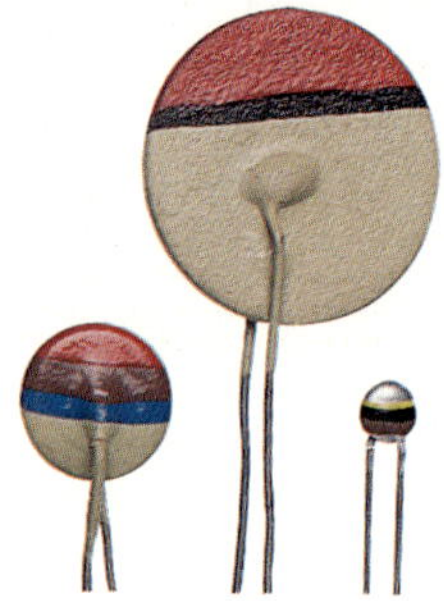

Blockform

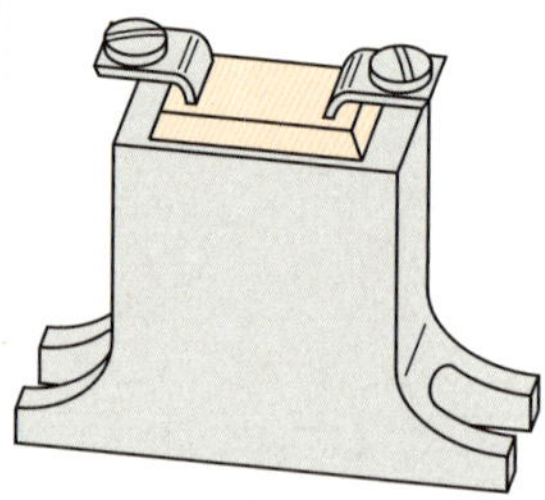

Anwendungen

Arbeitspunktstabilisierung

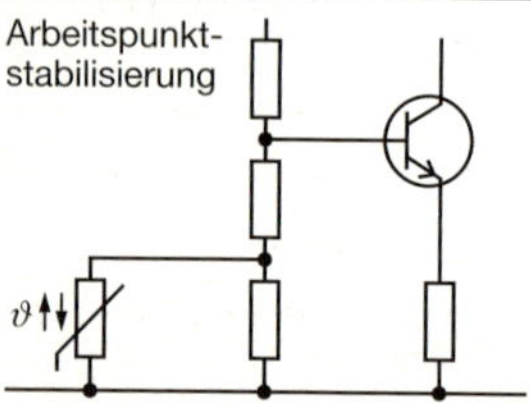

Flüssigkeitsniveaufühler

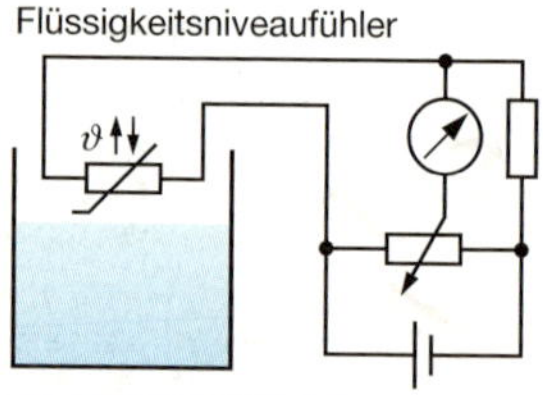

Überspannungsschutz von Halbleiterschaltungen

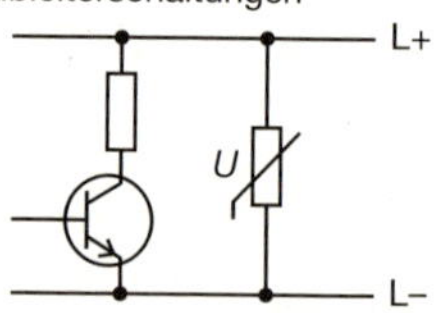

Temperaturmessung

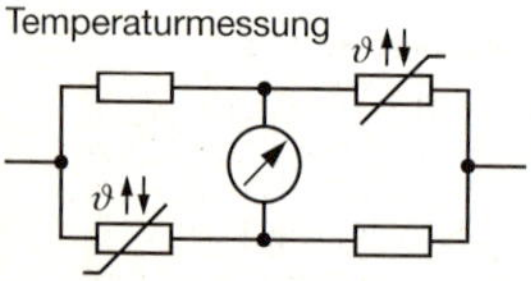

Temperaturregelung für eine Heizung

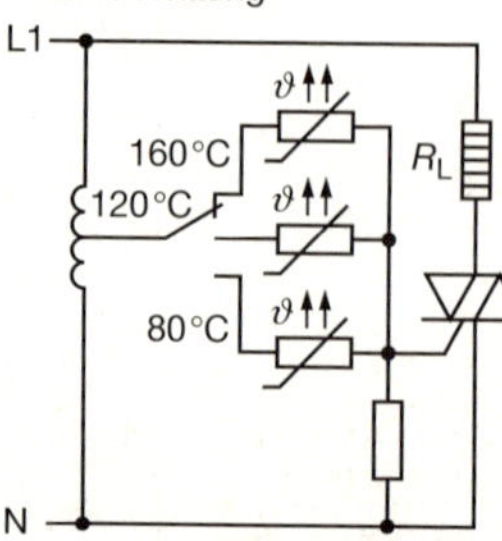

Spannungsstabilisierung

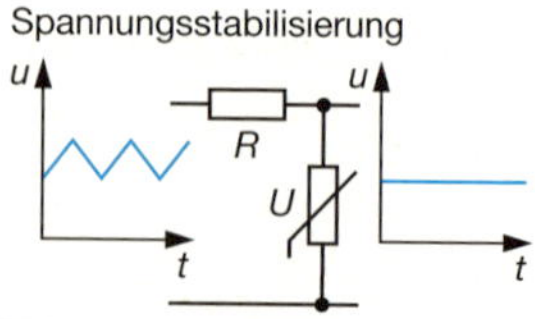

Anzugsverzögerung

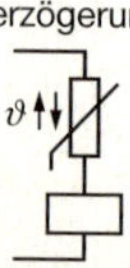

Abfallverzögerung

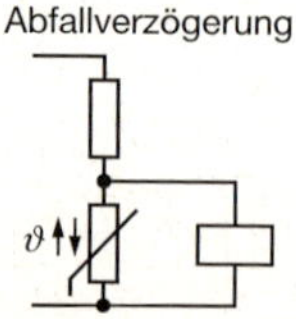

Absorption von Schaltenergie

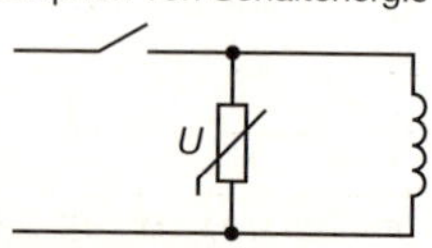

Anwendungsbereiche und Kenndaten von Kondensatoren

Field of applications and characteristic data of capacitors

Kondensatorart	Temperaturbereich in °C	Verlustfaktor tan δ in 10^{-3}	Bevorzugte Anwendung
Papierkondensatoren			
Papierkondensator	– 55 … + 125	50 Hz: 2 … 2,7	Glättungs- und Hochspannungskond.; Stoß- und Stützk.; besonders für 50 Hz, bis 10 kHz möglich.
Metallpapier-Gleichspannungskondensatoren			
MP	– 55 … + 85	50 Hz: 7 … 8 1 kHz: 12	Nachrichtentechnik: Koppel-, Glättungs-; Hochspannungs-; Stoß- und Stützkondensatoren.
Metallisierte Kunststoffkondensatoren			
MKU	– 55 … + 70/+ 85	1 kHz: 12 … 15	Für Gleichspannung, aber auch für reduzierte Wechselspannung; Miniaturtechnik; Hochtemperatur; Glättung; Kopplung; Ablenkstufen von Fernsehgeräten; besonders verlustarmer Kondensator; viele Bauformen (auch in Schichtausführung mit Rastermaß).
MKT	– 55/– 40 … + 100	1 kHz: 5 … 7	
MKC	– 55/– 40 … + 85/+ 100	1 kHz: 1 … 3	
MKP	– 40 … + 85	1 kHz: 0,25	
Verlustarme Kondensatoren			
KS	– 55/– 10 … + 70	1 MHz: 0,4 … 1	Schwingkreiskondensatoren in frequenzbestimmenden Kreisen; Filter; hochisolierte Kopplung und Entkopplung; Miniaturtechnik; Hochtemperatur (Glimmer- und Glaskondensatoren); Blockkondensatoren; Messkondensatoren; Glas; sehr hohe Konstanz und Strahlungsfestigkeit.
MKS	– 55 … + 70	1 kHz: 0,5 … 1	
KP	– 55/– 25 … + 85	1 MHz: 0,3 … 1	
Glimmer-Kondensator	– 40 … + 80	1 MHz: ≤ 0,2 (< 1 nF)	
MKV	– 55 … + 85	1 kHz: ca. 1	
Glas-Kondens.	– 55 … + 125	1 MHz: < 0,5	
Keramik-Kondensatoren			
NDK-Kondensator (ε_r = 13…470)	– 55/– 25 … + 85/+ 125	1 MHz: 0,4 … 1	In frequenzstabilisierten Schwingkreisen zur Temperaturkompensation; Filter-, Hochspannungs-, Impuls-Kondensatoren, auch als Chip.
HDK-Kondensator (ε_r = 700 … 50000)	– 55/+ 10 … + 70/+ 125	1 kHz: 10 … 20	Kopplung, Siebung, Hochspannungs-, Impulskondensator, auch als Chip.
Elektrolyt-Kondensatoren			
Aluminium-Elektrolytkon.	– 55/– 25 … + 70/+ 125	50 Hz: 80 … 300 (bis 1000 µF)	Sieb-, Koppel-, Glättungs-, Block-, Motorkondensator; Energiespeicher.
Tantal-Elektrolytkondensator	– 55 … + 85 (+ 125)	120 Hz: ≤ 40 … 350	Nachrichtentechnik; Mess- und Regelungstechnik, Chip-Kondensator für Hybridschaltung; Glättung und Kopplung.

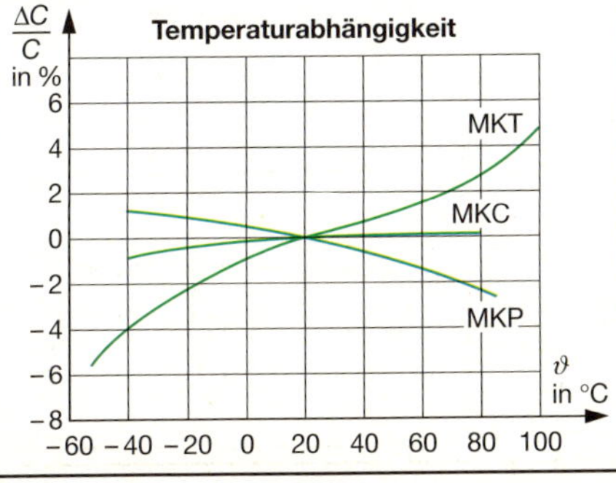

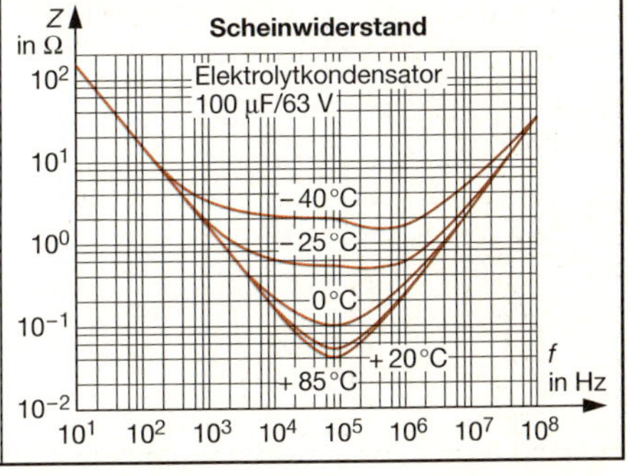

Bemessungsspannungen und Toleranzen von Kondensatoren

Rated voltages and tolerances of capacitors

Bemessungsgleichspannungen in V für Kondensatoren bis 1000 V Werte der R 5-Reihe

Kondensator	Papierkondensator	MP-Kondensator	Kunststoff-Folienkond.	Glimmerkondens.	Keramik-Kondens.	Aluminium-Elektrolytkon.	Tantal-Elektrolytk.
Spannung (R 5) in V	40, 63, 100, 160, 250, 400, 630, 1000	63, 100, 160, 250, 400, 630, 1000	63, 100, 160, 250, 400, 630, 1000	250, 1000	40, 63, 100, 160, 250, 630, 1000	10, 25, 100, 250, 1000	6,3; 10, 16, 25
Zulässige Abweichung in %	±5; ±10; ±20;	±10; ±20	±0,3; ±0,5; ±1; ±2; ±2,5; ±5; ±10; ±20;	ab 10 pF ±0,1; ±0,5; ±1; ±2; ±5; ±10; ±20	ab 10 pF ±1; ±2; ±5; ±10; ±20; +50…–20; +80…–20; +100…–20	+20…–0; +30…–10; +30…–20; +5…–0; +50…–10; +5…–20; +80…–10; +100…–10; +100…–20	±5; ±10; ±20; +50…–10; +50…–20

Werte der R 5-Reihe: 6,3; 10; 16; 25; 40; 63; 100; 160; 250; 400; 630; 1000

Zulässige Abweichungen in %

B: ±0,1	**C**: ±0,3	**D**: ±0,5	**F**: ±1	**G**: ±2	**H**: ±2,5	**J**: ±5	**K**: ±10
M: ±20	**W**: +20…–0	**Q**: +30…–10	**R**: +30…–20	**Y**: +50…–0	**T**: +50…–10	**S**: +50…–20	**U**: +80…–0
Z: +80…–20	**V**: +100…–10	**ohne**: +100…–20					

Kurzform der Benennung von Kunststoff-Folienkondensatoren

M K C

- **C** – Art des Dielektrikums
- **K** – Dielektrikum: Kunststoff
- **M** – Metallisierte Beläge (falls Metallfolienbeläge: kein Zeichen)

Kennbuchstabe und Art des Dielektrikums

- **C**: Poly**c**arbonat
- **P**: Poly**p**ropylen
- **S**: Poly**s**tyrol
- **T**: Poly**t**erephthalat
- **U**: Cellu**l**oseacetat

Kondensatoren zum Betrieb von Entladungslampen

Capacitors for operation of discharge lamps

Beispielhafter Aufbau

B: Papierkondensator rund

C: MP-Kondensator, rund

Maße in mm

l_1: 102 mm … 210 mm

d_1: 30 … 50 mm

d_2: M8- oder M12-Gewinde

l_2: 8 mm

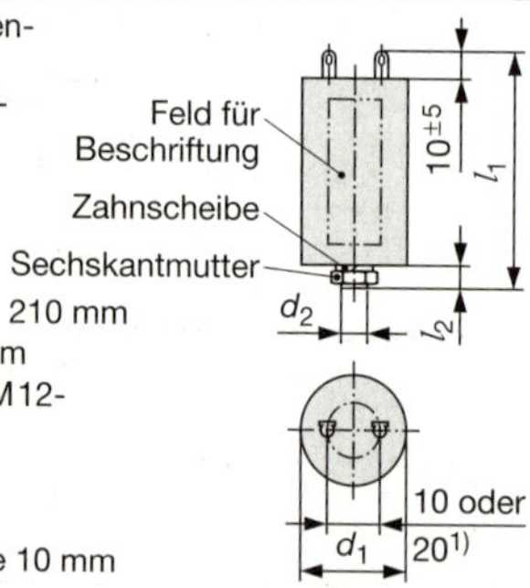

[1] vorzugsweise 10 mm

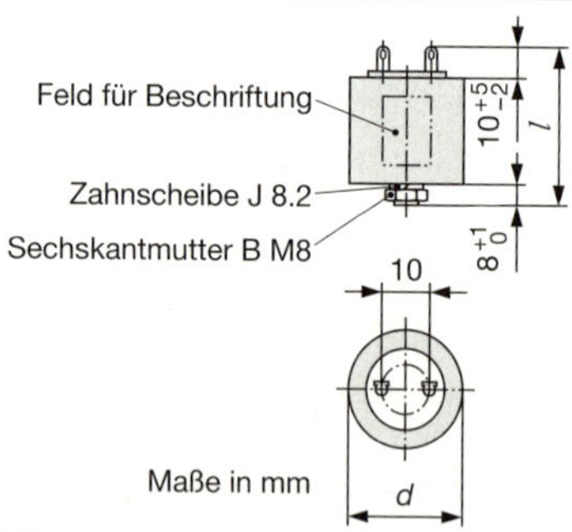

Blindleistungen von Kondensatoren zur Kompensation

Berechnung	$\cos\varphi_1$	$\cos\varphi_2 = 0{,}7$	$\cos\varphi_2 = 0{,}8$	$\cos\varphi_2 = 0{,}9$	$\cos\varphi_2 = 0{,}96$	$\cos\varphi_2 = 1{,}0$
$Q_C = P \cdot (\tan\varphi_1 - \tan\varphi_2)$	0,3	2,16	2,43	2,70	2,89	3,18
Q_C: Kapazitive Bindleistung in var	0,4	1,27	1,54	1,81	2,00	2,29
P: Wirkleistung in W	0,5	0,71	0,98	1,25	1,44	1,73
φ_1: Phasenverschiebungswinkel vor der Kompensation	0,6	0,31	0,58	0,85	1,04	1,33
φ_2: Phasenverschiebungswinkel nach der Kompensation	0,7		0,27	0,54	0,73	1,02
	0,8			0,27	0,46	0,75

Spulen – *Coils*

Ferromagnetische Kernmaterialien werden vorzugsweise bei Spulen im niedrigen Frequenzbereich eingesetzt.
- Hohe Permeabilitäten.
- Betrieb bis zur Sättigungsmagnetisierung.

Oxidkeramische Ferrite finden bei Spulen im höheren Frequenzbereich ihren Einsatz.
- Hoher spezifischer Widerstand verhindert spür-
- bare Wirbelstromverluste.
- Mn-Zn-Ferrite bis 1,5 MHz
- Ni-Zn-Ferrite bis 600 MHz

Bauformen und Anwendungen von Spulen

Bauform	Werkstoff	Frequenzbereich in MHz	Flussdichte B in mT	Anwendung
Schalenkerne mit Luftspalt	N48 M33, N58 K1	… 0,1 0,2… 1,6 1,5… 12	≦ 10	• Schwingkreise und Filter mit geschlossenem magnetischen Kreis
Zylinderkerne Rohrkerne Gewindekerne	K1 K12 U17	1,5… 12 6 … 40 16 …220	≦ 10	• Schwingkreise und Filter mit offenem magnetischen Kreis
Schalen- und E-Kerne Schalenkerne Zylinder- u. Rohrkerne	T38 M33 U17	… 0,3 … 10 …250	≦ 10	• Breitbandübertrager (z. B. Antennenübertr.) • Impulsübertrager für EDV
Schalen-, RM- und EP-Kerne U-, E-, EC-, CC- und Schalenkerne	T26 N27, N41	… 0,1 (bei Impulsbetrieb bis 1,0)	≦ 200	• Übertrager • Drosseln (z. B. Schaltnetzteile, Zeilentrafo, …)
Magnetkopfkerne	N22, T52…54	0,2	≦ 200	• Magnetköpfe

Auswahl von Ferritwerkstoffen

Werkstoff	Relative Anfangspermeabilität μ_i	Flussdichte B bei $H = 3000\,\frac{A}{m}$ in mT	bezogener Verlustfaktor $\tan\delta/\mu_i$ bei f_{min}	bezogener Verlustfaktor $\tan\delta/\mu_i$ bei f_{max}	Günstiges Frequenzgebiet f_{min}	Günstiges Frequenzgebiet f_{max}	Hysteresematerialkonstante η_B bei 10 kHz in 10^{-6}/mT
K1	80 ± 20 %	360	$<40 \cdot 10^{-6}$	$<100 \cdot 10^{-6}$	1,5 MHz	12 MHz	<36
M33	700 ± 20 %	400	$<12 \cdot 10^{-6}$	$<20 \cdot 10^{-6}$	0,2 MHz	1 MHz	< 6,8
N48	2000 ± 20 %	390	$<0{,}5 \cdot 10^{-6}$	$<2{,}5 \cdot 10^{-6}$	1 kHz	100 kHZ	< 0,4
T38	1000 ± 30 %	380	–	–	–	–	< 1,4

Schalenkernspulen

DIN 41293: 71-08

- **Induktivitätsfaktor A_L**
  Auf Windungszahl $N = 1$ bezogene Induktivität (magn. Leitwert). $A_L = \frac{L}{N^2}$
- **Relative effektive Permeabilität μ_e**
  Geringere Permeabilität eines magnetischen Kernes mit Luftspalt.
- **Günstigstes Frequenzgebiet**
  f_{min}: eventuelle Wahl des höherpermeablen Werkstoffes.
  f_{max}: Steilanstieg der Verlustfaktorkurve.
- **Relative Anfangspermeabilität μ_i**
  Verhältnis von Flussdichteänderung ΔB zur Feldstärkeänderung ΔH beim magnetisch geschlossenen Kern ohne Luftspalt.
- **Bezogener Verlustfaktor $\tan\delta/\mu_i$**
  Durch Luftspalt wird $\tan\delta$ nur noch im Verhältnis μ_e/μ_i wirksam.
- **Effektiver Verlustfaktor $\tan\delta_e$**
  Wirksamer Verlustfaktor bei Kern mit Luftspalt.
  $\tan\delta_e = \frac{\mu_e}{\mu_i} \cdot \tan\delta$

Beispiel: Schalenkern Ø 18 x 11:

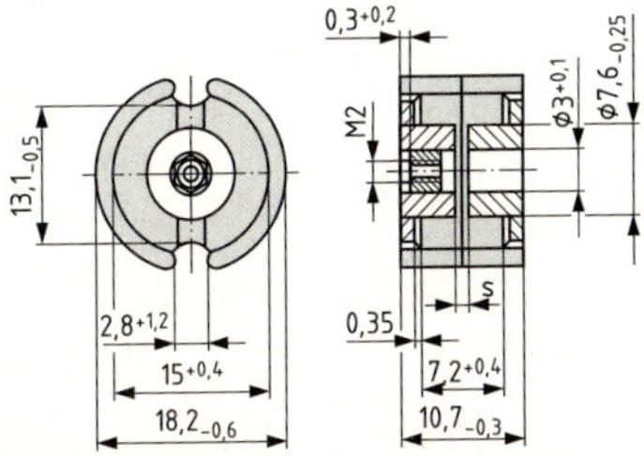

A_L-Wert in nH	Werkstoff	Gesamtluftspalt s in mm	effektive Permeabilität μ_e
mit Luftspalt (Toleranzen ±3 %)			
25	K1	3,1	12
40 100	M33	2,0 0,6	19,2 47,9
250 500	N48	0,2 0,07	120 240
ohne Luftspalt (Toleranzen ±40 % … –30 %)			
3900	N41		
12000	T38		

Übertrager mit Ferritkernen – *Transformer with ferrite core*

Übertrager, allgemein

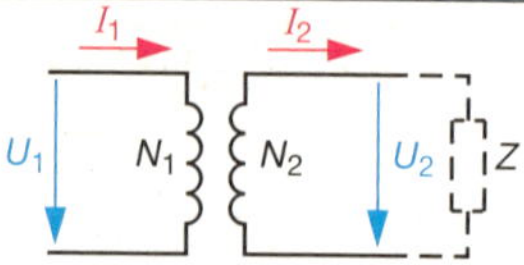

$$ü = \frac{N_1}{N_2} \qquad ü^2 = \frac{Z_1}{Z_2}$$

$$\frac{I_1}{I_2} = \frac{N_2}{N_1} = \frac{U_2}{U_1}$$

ü: Übersetzungsverhältnis
Z_1: Eingangs-Wechselstromwiderstand
Z_2: Ausgangs-Wechselstromwiderstand

Kenngrößen

Magnetische Formgrößen pro Kernsatz
l_e: mittlere magnetische Weglänge im Kern
$\Sigma l/A$: magnetischer Formfaktor
A_e: effektiver magnetischer Querschnitt

Elektrische Kenngrößen
f: Schaltfrequenz
A_N: Wickelquerschnitt
A_L: Induktivitätsfaktor $A_L = L/N^2$ (Spezifische Induktivität für $N = 1$)

Typ/ Anwendung	Hauptmaße (Größtwerte) Kern			Spulenkörper		Magnetische Kenngrößen			Elektrische Kenngrößen	
	Größe	*a* in mm	*b* in mm	*c* in mm	*d* in mm	l_e in mm	$\Sigma l/A$ in mm^{-1}	A_e in mm^2	A_N in mm^2	A_L-Wert in nH
P-Kern										Ferrit N30
• Kleinsignal- • Breitband-übertrager	P 4,6 x 4,1	4,65	4,1	2,05	0,49	7,6	2,60	2,8	0,8	800
	P 5,8 x 3,3	5,8	3,3	1,65	0,67	7,9	1,68	4,7	0,95	1500
	P 7 x 4	7,35	4,2	2,15	1,05	10,0	1,43	7,0	2,2	2000
	P 9 x 5	9,3	5,4	2,8	1,30	12,2	1,25	9,8	3,6	2500
	P 11 x 7	11,3	6,6	3,4	1,60	15,9	1,00	15,9	4,2	3500
	P 14 x 8	14,3	8,5	4,9	2,20	20,0	0,80	25	8,4	4600
	P 18 x 11	18,4	10,6	6,0	3,05	25,9	0,60	43	16,0	5900
	P 22 x 13	22,0	13,6	7,8	3,55	31,6	0,50	63	23,4	7600
	P 26 x 16	26,0	16,3	6,9	4,05	37,2	0,40	93	32,0	9700
	P 30 x 19	30,5	19,0	11,4	4,85	45,0	0,33	136	48,0	11500
	P 36 x 22	36,0	22,0	12,8	5,85	52,0	0,26	202	63,0	15200
RM-Kern										Ferrit N30
• Kleinsignal- • Breitband-, • Leistungs-übertrager	RM 4	9,8	10,5	5,78	1,50	22,0	1,7	13	7,7	1900
	RM 5	12,3	10,5	4,88	2,07	22,1	0,93	23,8	9,5	3500
	RM 6	14,7	12,5	6,53	2,42	28,6	0,78	36,6	15	4300
	RM 7	17,2	13,5	7,05	3,17	30,4	0,7	43	21,4	5000
	RM 8	19,7	16,5	9,15	3,47	38	0,59	64	30	5700
	RM 10	24,7	18,7	10,7	4,25	44	0,45	98	41,5	7600
	RM 12	29,8	24,6	14,8	5,1	57	0,39	146	73	8400
	RM 14	34,6	30,2	18,7	6,0	70	0,35	200	107	9500
ETD-Kern										Ferrit N87
Leistungs-übertrager	ETD 29	30,6	9,8	19,4	4,90	71	0,92	76	97	2200
	ETD 34	35,0	11,1	20,9	5,80	78,6	0,81	97,1	122	2600
	ETD 39	40,0	12,8	25,7	6,90	92,2	0,74	125	178	2800
	ETD 44	45	15,2	29,5	7,10	103	0,60	173	210	3500
	ETD 49	49,8	16,7	32,7	8,25	114	0,54	211	269	3800
	ETD 54	55,8	19,3	36,8	8,57	127	0,49	280	315	4450
	ETD 59	61,2	22,1	41,2	8,87	139	0,38	368	365	5300
U-Kern										Ferrit N27
Leistungs-übertrager	U 15	15,9	6,7	10,3	3,7	48	1,5	32	37	1200
	U 20	21,4	7,7	14,7	4,5	68	1,23	55	70	1600
	U 25	25,0	13	20,0	5,9	86	0,82	105	138	2500

P-Kern

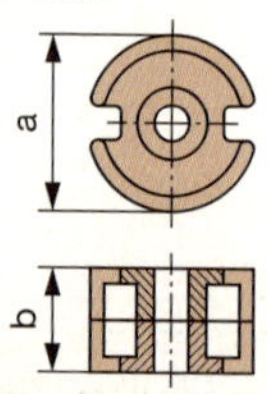

RM-Kern

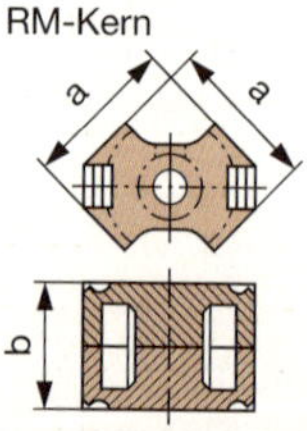

ETD-Kern (Halber Kernsatz)

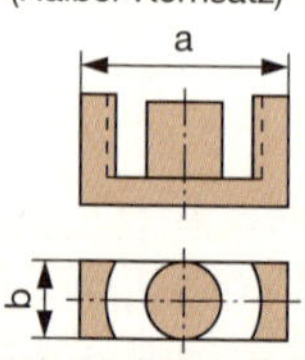

U-Kern (Halber Kernsatz)

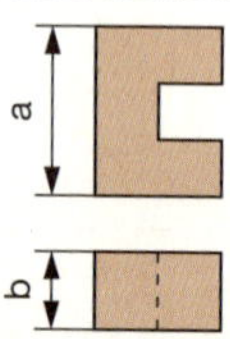

Spulenkörper

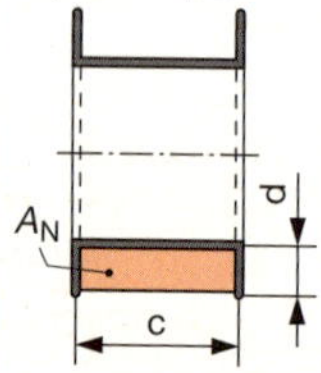

Elektromagnetische Relais – *Electromagnetic relays*

Rundrelais

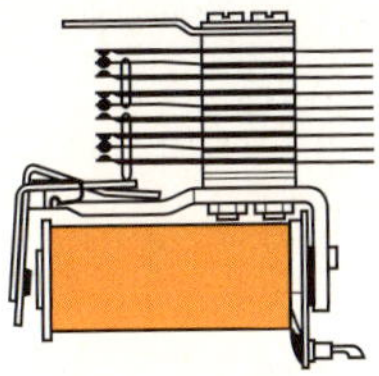

Bei Erregung der Spule zieht der Anker an und betätigt die Kontaktfedersätze. Anwendung in der Fernmeldetechnik.

Reed-Relais

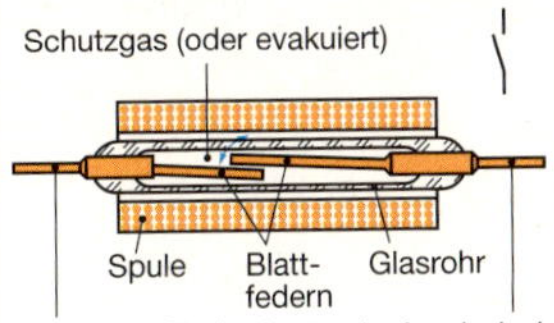

Die Kontakte sind in schutzgasgefüllte Glasröhrchen eingeschmolzen, die sich in den Erregerspulen befinden. Anwendung in elektronischen Schaltungen.

Kammrelais

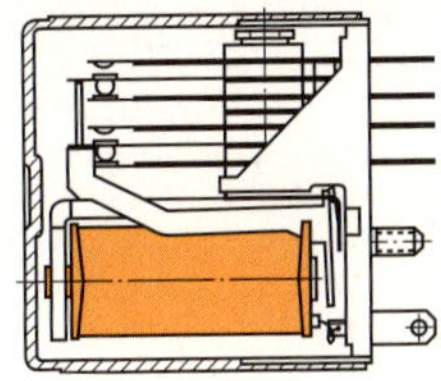

Kammförmiger Betätigungsteil am Anker betätigt bei Erregung der Spule die Kontaktfedersätze gleichmäßig. Gehäuse schützt vor Staub. Einsatz als Steuerrelais.

Schaltvorgänge von Trockenrelais

Anlaufzeit
Zeit vom Schließen bzw. Öffnen des Erregerstromkreises bis zum Beginn der Ankerbewegung

Ansprechzeit
Zeit vom Schließen des Erregerkreises bis zum Schließen bzw. Öffnen des Kontaktes

Hubzeit
Zeit vom Beginn der Ankerbewegung bis zum Erreichen der Ankerendlage

Rückwerfzeit
Zeit vom Schließen des Erregerkreises bis zum Öffnen bzw. Schließen eines Kontaktes

Prellzeit
Zeit vom ersten bis zum letzten Schließen bzw. Öffnen eines Relaiskontaktes

Umschlagszeit
Zeit vom Öffnen des geschlossenen Kontaktes bis zum Schließen des anderen Kontaktes

Rückfallzeit
Zeit vom Öffnen des Erregerkreises bis zum Öffnen bzw. Schließen eines Kontaktes

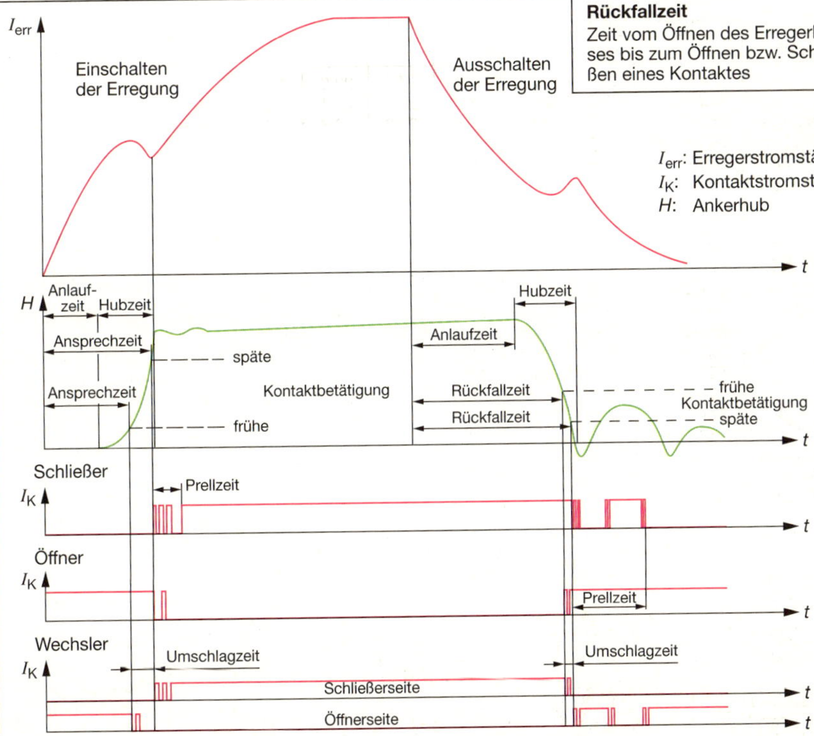

Bandpässe und Bandsperren – *Bandpass and band-stop filter*

Bandpässe

Grundglied

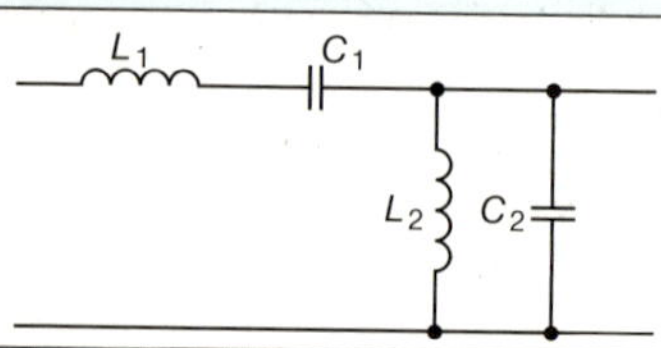

T-Glied

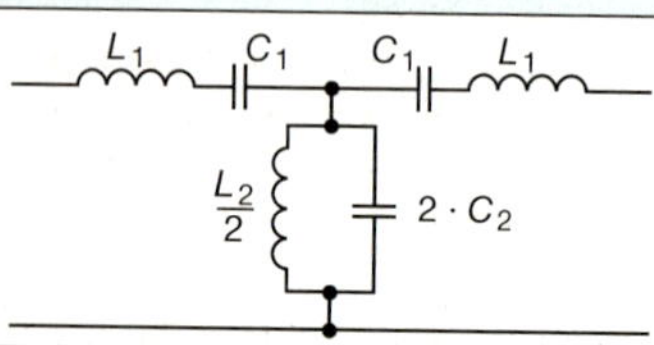

π-Glied

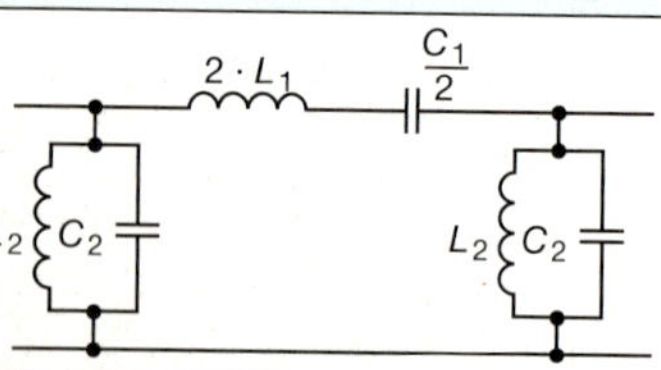

Bandsperren

Grundglied

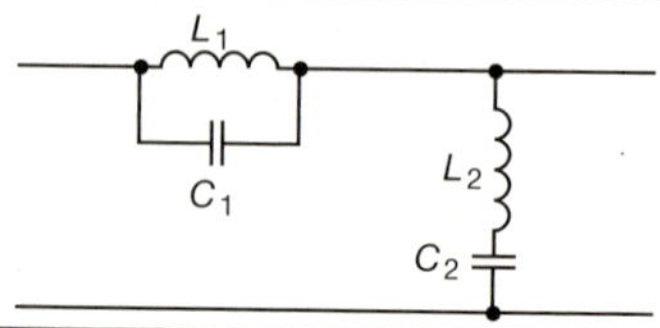

T-Glied

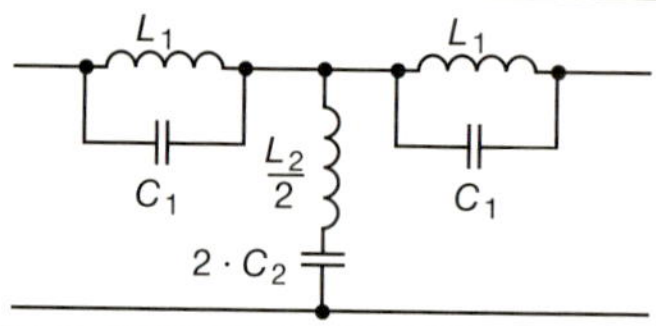

π-Glied

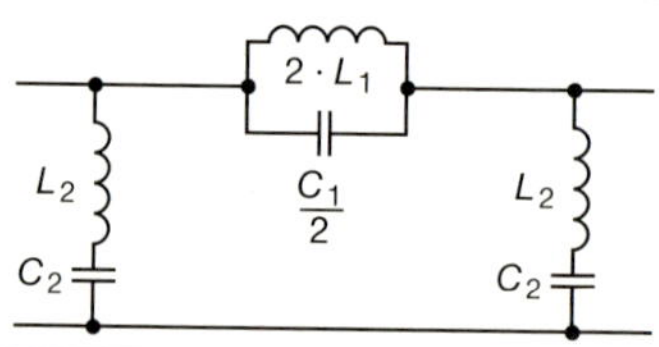

Grundformeln

ω_0: Geometrische Bandmittenfrequenz
ω_1: Untere Grenzfrequenz
ω_2: Obere Grenzfrequenz
B: Bandbreite (Relativwert)
Z_0: Nennwiderstand (Wellenwiderstand)
Ω: Normierte Frequenz
R: Belastungswiderstand

$$\omega_0 = \frac{1}{\sqrt{L_1 \cdot C_1}} \qquad \omega_0 = \frac{1}{\sqrt{L_2 \cdot C_2}} \qquad \omega_0 = \sqrt{\omega_1 \cdot \omega_2}$$

$$B = \frac{\omega_2 - \omega_1}{\omega_0} \qquad Z_0 = \sqrt{\frac{L_1}{C_1}} \qquad Z_0 = \sqrt{\frac{L_2}{C_2}}$$

Dämpfungsverlauf

Bandpässe

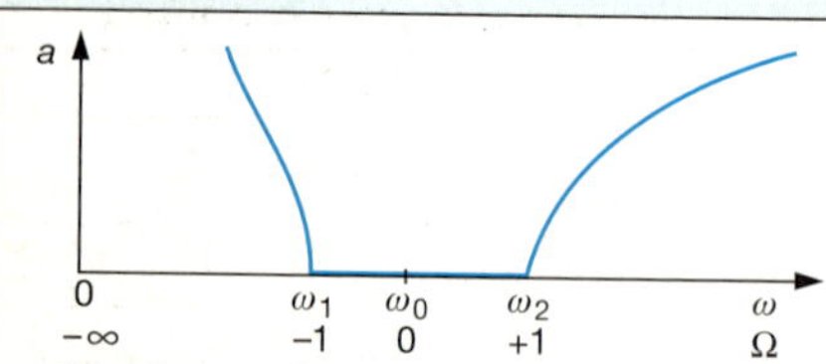

a: Dämpfungsmaß

$$\Omega = \frac{1}{B}\left(\frac{\omega}{\omega_0} - \frac{\omega_0}{\omega}\right)$$

$$L_1 = \frac{Z_0}{\omega_2 - \omega_1} \qquad L_2 = Z_0 \frac{\omega_2 - \omega_1}{\omega_0^2}$$

$$C_1 = \frac{1}{Z_0} \cdot \frac{\omega_2 - \omega_1}{\omega_0^2} \qquad C_2 = \frac{1}{Z_0} \cdot \frac{1}{\omega_2 - \omega_1}$$

Bandsperren

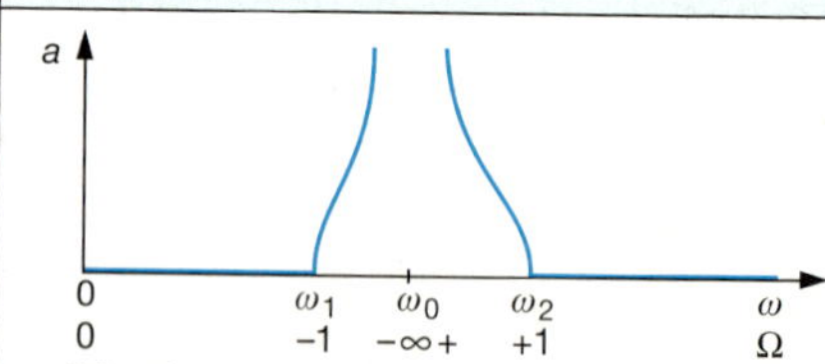

a: Dämpfungsmaß

$$\Omega = -B \frac{1}{\left(\frac{\omega}{\omega_0} - \frac{\omega_0}{\omega}\right)}$$

$$L_1 = Z_0 \frac{\omega_2 - \omega_1}{\omega_0^2} \qquad L_2 = Z_0 \frac{1}{\omega_2 - \omega_1}$$

$$C_1 = \frac{1}{Z_0} \cdot \frac{1}{\omega_2 - \omega_1} \qquad C_2 = \frac{1}{Z_0} \cdot \frac{\omega_2 - \omega_1}{\omega_0^2}$$

T-Glied: $Z_0 = 1{,}25 \cdot R$ π-Glied: $Z_0 = 0{,}8 \cdot R$

Oberflächenwellenresonatoren (OFWR) – *Surface acoustic wave filter*

Aufbau

- Piezoelektrisches Einkristall als Grundmaterial.
- Strichgitterreflektoren und Interdigitalwandler in planaren Metallstrukturen aufgedampft.

Wirkungsweise

- Strichgitterreflektoren bilden für die Oberflächenwelle einen Resonanzraum.
- Ein oder zwei Interdigitalwandler (Eintor- bzw. Zweitor-Resonatoren) zwischen den Reflektoren koppeln die akustische Energie ein bzw. aus.
- Vielfachreflexionen im Resonator ergeben stehende akustische Welle mit ausgeprägter Resonanzüberhöhung.
- Anpassung an die Resonatorimpedanzen erfolgen über Quell- und Lastwiderstände.
- Resonanzüberhöhung und Güte nehmen ab.
- Einfügungsdämpfung sinkt, Bandbreite wächst.

Einsatzbereiche

Oberflächenwellenresonatoren werden eingesetzt als

- schmalbandige Filter,
- frequenzbestimmende Bauelemente in Oszillatorschaltungen.

Merkmale

- hohe Güte ($Q_{typ} \geq 5000$),
- hohe Langzeitstabilität,
- geringe Alterungsraten ($\leq 5 \cdot 10^{-6}$ Hz/Jahr),
- hohe spektrale Reinheit des Ausgangssignals (geringes Einseitenband-Phasenrauschen),
- Grundwellenbetrieb zwischen 200 MHz und 1000 MHz.

Dämpfung

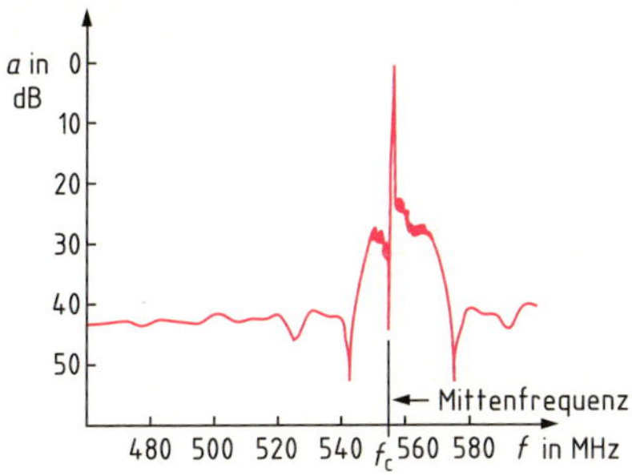

a: Dämpfungsmaß bei Z = 50 Ω

f_c: Mittenfrequenz,

arithmetisches Mittel von zwei Frequenzen, bei denen die Dämpfung einen bestimmten Wert hat (wird jeweils festgelegt).

Einseitenband (ESB)-Phasenrauschen

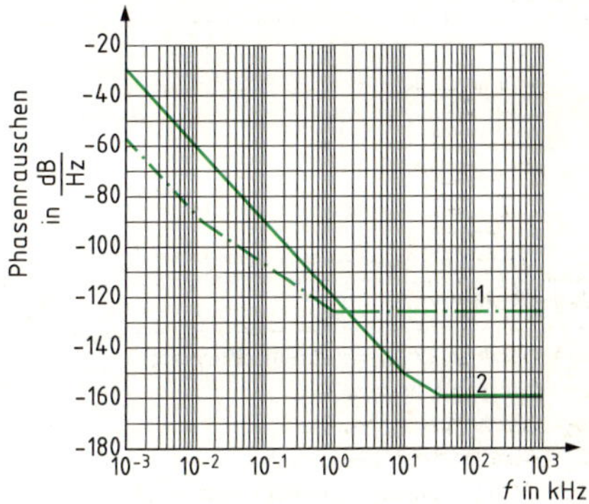

Kurve 1: Referenzoszillator eines Synthesizers bei 10 MHz auf 500 MHz transformiert

Kurve 2: 500 MHz OFW-Oszillator

Anwendung

HF-Oszillator für 433,92 MHz mit OFW-Resonator R 2554

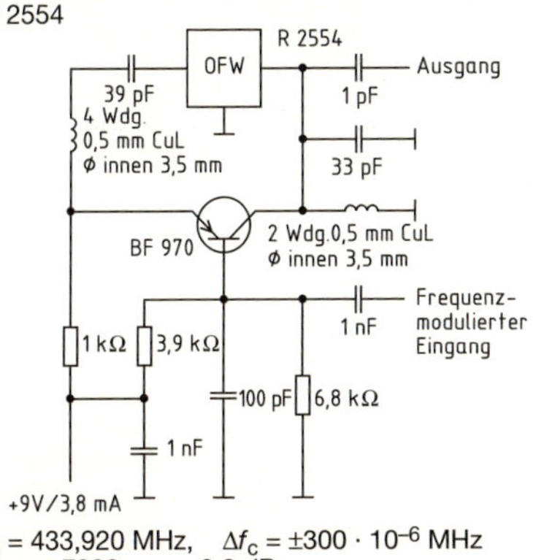

f_c = 433,920 MHz, $\Delta f_c = \pm 300 \cdot 10^{-6}$ MHz

Q_{typ} = 7000, a = 9,0 dB

Gehäuseformen und Anschlussbelegungen

TO 8	TO 39
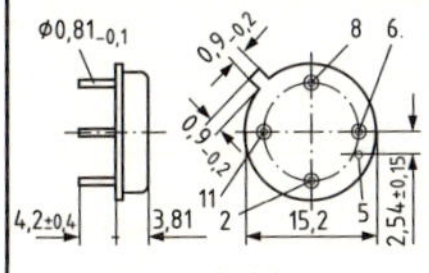	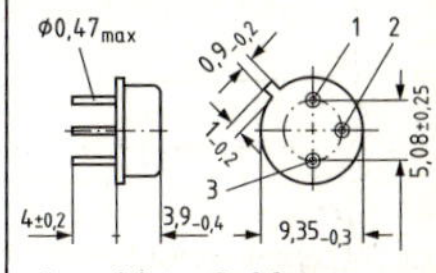
Anschluss 5: Masse	Anschluss 3: Masse

Ersatzschaltung

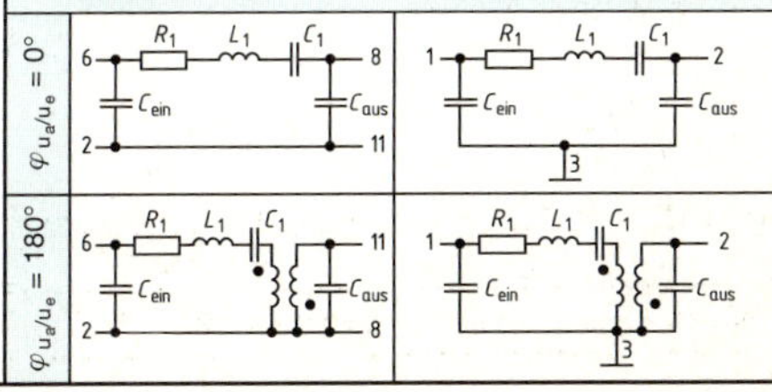

Schwingquarze – *Quartz crystal*

Ersatzschaltbild

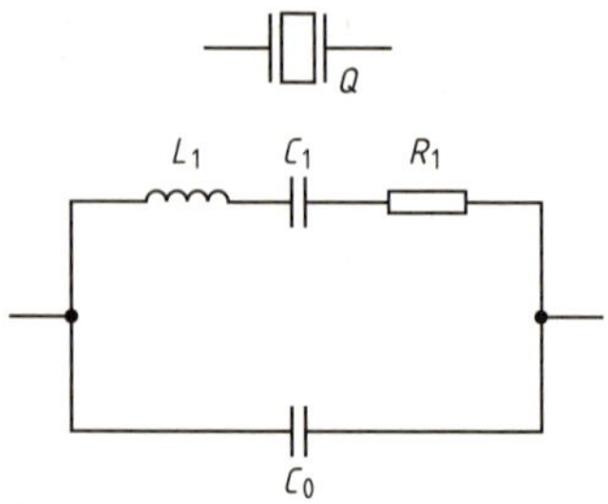

Begriffe	Formeln
Serienresonanzfrequenz Blindwiderstand = 0 Ω, C_0 oder R_1 vernachlässigt	$f_S = \dfrac{1}{2\pi\sqrt{L_1 C_1}}$
Parallelresonanzfrequenz Scheinwiderstand = ∞, R_1 vernachlässigt	$f_P = \dfrac{1}{2\pi\sqrt{L_1 \dfrac{C_1 \cdot C_0}{C_1 + C_0}}}$
Lastresonanzfrequenz Scheinwiderstand: reell, Quarz einschließlich parallel oder in Serie geschaltete Lastkapazität C_L	$f_L = f_S \sqrt{1 + \dfrac{C_1}{C_0 + C_L}} = f_S \left(1 + \dfrac{C_1}{2\,(C_0 + C_L)}\right)$
Ziehbereich relative Frequenzänderung zwischen zwei Lastkapazitätswerten	$PR = \left\lvert \dfrac{f_{L1} - f_{L2}}{f_r} \right\rvert = \left\lvert \dfrac{C_1\,(C_{L2} - C_{L1})}{2 \cdot (C_0 + C_{L1}) \cdot (C_0 + C_{L2})} \right\rvert$
Ziehempfindlichkeit Frequenzänderung pro pF Lastkapazitätsänderung, angegeben in 10^{-6}/pF	$S = -\dfrac{C_1}{2\,(C_0 + C_L)^2}$
Güte	$Q = \dfrac{2\pi f_S L_1}{R_1}$

C_L: Lastkapazität: die für den Quarz wirksame Eingangskapazität der Oszillatorschaltung

Beispiel eines Temperaturganges

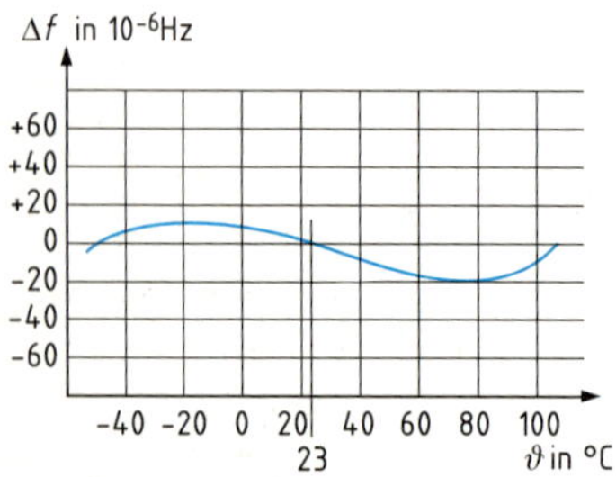

Gehäuseformen und Kennwerte

	Normalausführungen in Metallgehäuse				SMD in Kunststoff
Bez. n. USA-Norm	HC-48U	HC-49U	HC-45U	HC-35U	XSO-4
Bez. n. DIN 45110	K3A	M4B	N4B	T1A	
• Grundtonquarz: Schwingquarz ist für den Betrieb auf einer Grundschwingung ausgelegt. • Obertonquarz: Schwingquarz ist für den Betrieb auf einer Oberschwingung ausgelegt.	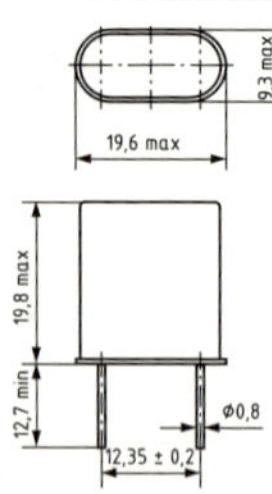	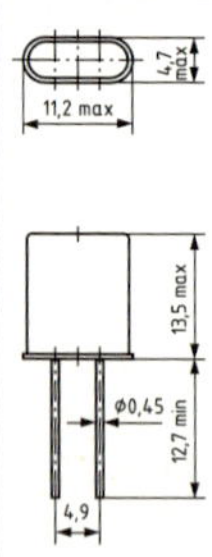	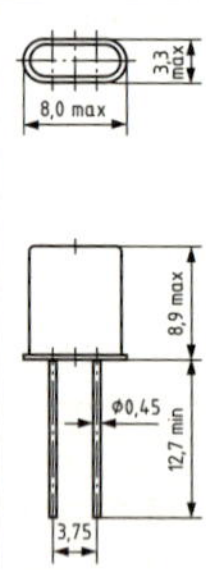	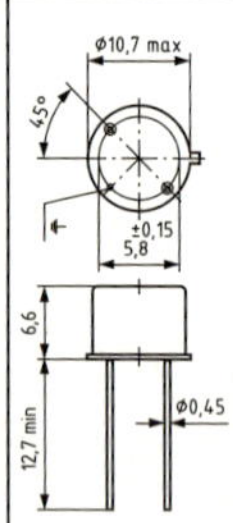	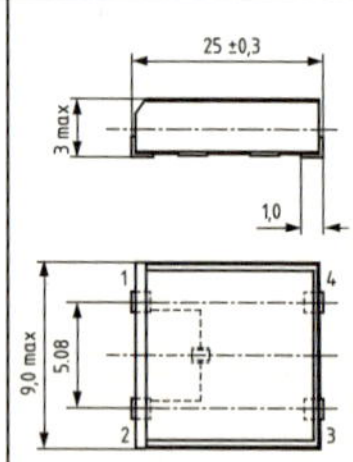
Grundton in MHz	0,8 … 40	1,8 … 40	3 … 40		8 … 50
3. Oberton in MHz	16 … 90	15 … 90	22 … 90		22 … 120
5. Oberton in MHz	50 … 150	50 … 150	60 … 150		60 … 200
7. Oberton in MHz	110 … 210	110 … 210	110 … 210		110 … 280
9. Oberton in MHz	150 … 360	150 … 360	150 … 360		150 … 360
Güte Q	Grundton: $1 \ldots 2 \cdot 10^6$, 3. Oberton $4 \ldots 7 \cdot 10^6$, 5.–9. Oberton $5 \ldots 10 \cdot 10^6$				
Toleranz der Nennfrequenz Δf	$\pm 100 \cdot 10^{-6}$ Hz … $\pm 2{,}5 \cdot 10^{-6}$ Hz bei + 23 °C				
Frequenzstabilität	$\pm 50 \cdot 10^{-6}$ Hz … $\pm 1{,}5 \cdot 10^{-6}$ Hz bei – 55 °C … + 105 °C				
Lastkapazität C_L	16 … 32 pF				

Halbleiterkennzeichnungen – *Semiconductor marking codes*

Beispiel: B C X 70

- B – Ausgangsmaterial
- C – Hauptfunktion
- X – Hinweis auf kommerziellen Einsatz
- 70 – Registriernummer (2 oder 3 Ziffern)

1. Kennbuchstabe	Ausgangsmaterial	2. Kennbuchstabe	Hauptfunktion	2. Kennbuchstabe	Hauptfunktion
A	Germanium	A	Diode, allgemein	N	Optokoppler
B	Silicium	B	Kapazitätsdiode	P	z. B. Fotodiode, Fotoelement
C	z. B. Gallium-Arsenid (Energieabstand ≥ 1,3 eV)	C	NF-Transistor	Q	z. B. Leuchtdiode
D	z.B. Indium-Antimonid (Energieabstand ≥ 0,6 eV)	D	NF-Leistungstransistor	R	Thyristor
R	Fotohalbleiter- und Hallgeneratoren-Ausgangsmaterial	E	Tunneldiode	S	Schalttransistor
		F	HF-Transistor	T	z. B. steuerbare Gleichrichter
		G	z. B. Oszillatordiode	U	Leistungsschalttransistor
		H	Hall-Feldsonde	X	Vervielfacher-Diode
		K (M)	Hallgenerator	Y	Leistungsdiode
		L	HF-Leistungstransistor	Z	Z-Diode

Als dritter Buchstabe wird bei kommerziellen Bauelementen X, Y oder Z benutzt.

Gehäuseformen von Halbleiterbauelementen – *Semiconductor packages*

Lötanschluss

SMD – Beispiele | diskret – Beispiele

Schraub-/Lötanschluss

Leistungshalbleiter – Beispiele

Diodengehäuse SOD 80

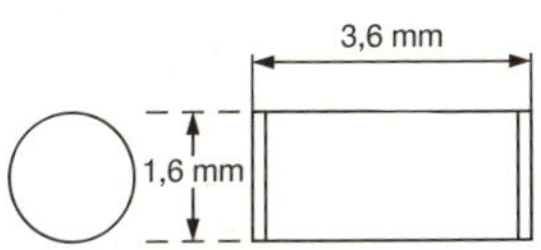

z. B. Siliciumdiode BA683 Typenkennzeichnung über farbigen Kathodenring

Glasgehäuse DO-7

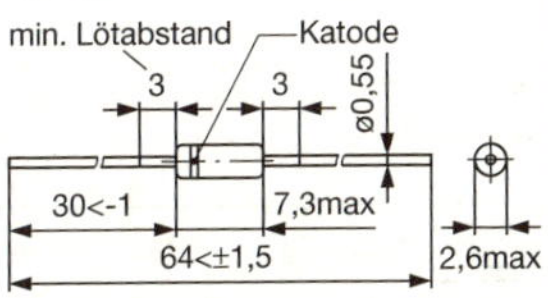

z. B. Germanium-Universal-Diode AA 118

Metallgehäuse TO-64

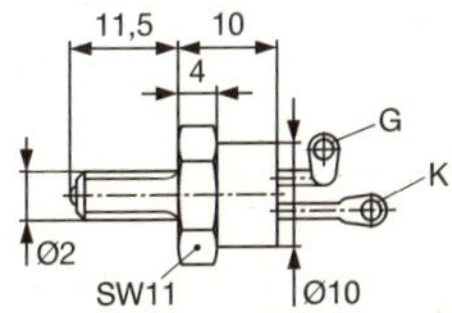

z. B. Thyristor CS8-12IO2 (Herstellerbezeichnung)

Kunststoffgehäuse SOT 23

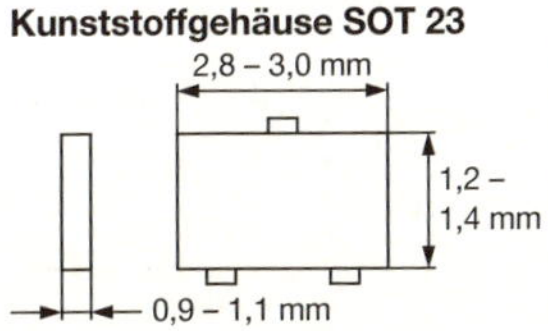

z. B. Silicium Z-Diode 3,6 V BZX79 C3V6

Kunststoffgehäuse TO-92

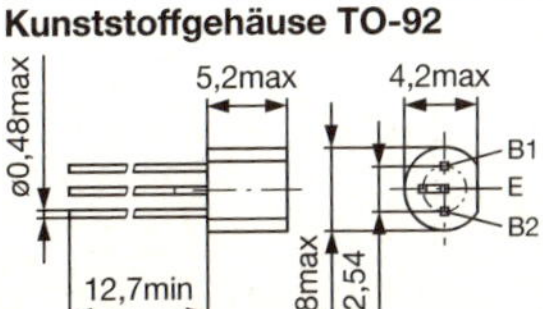

z. B. Unijunction-Transistor 2N 4870

Modulgehäuse

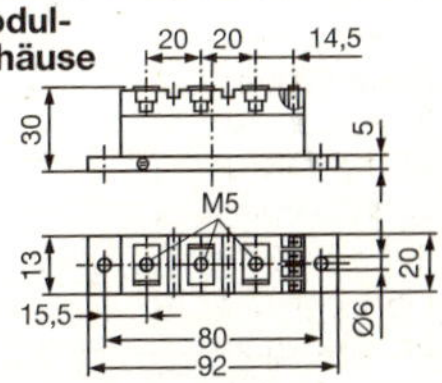

z. B. Thyristormodul

Kunststoffgehäuse TO-268

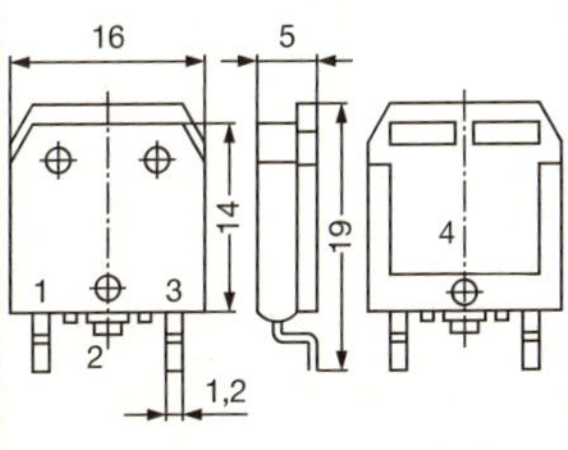

z. B. IGBT IXGT 31N60D1 (Herstellerbezeichnung)

Kunststoffgehäuse TO-220 mit Metallflansch

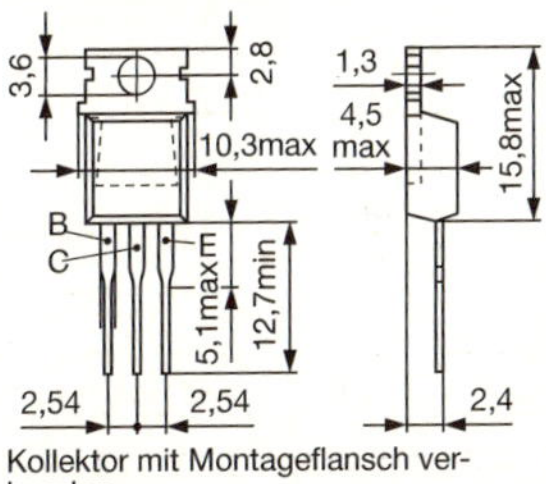

Kollektor mit Montageflansch verbunden

z. B. Silicium-NPN-Darlington-transistor BD 649

miniBloc-Gehäuse SOT-227B

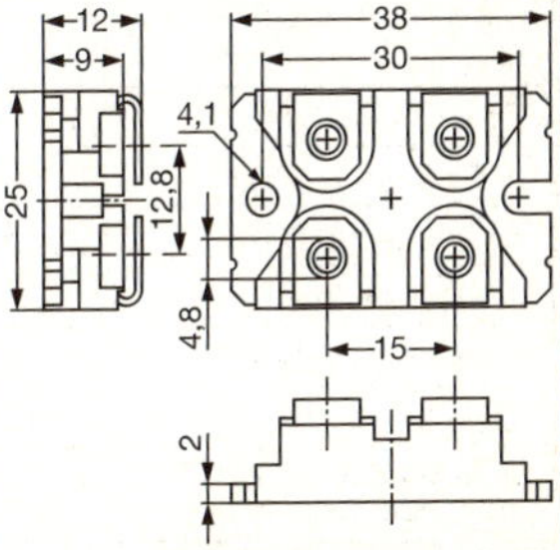

z. B. Hochgeschwindigkeits-IGBT IXGN 60N60 (Herstellerbez.)

Dioden – *Diodes*

Schaltzeichen	Kennlinien	Kennwerte	Anwendungen
Diode 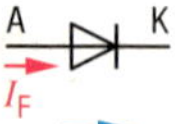 	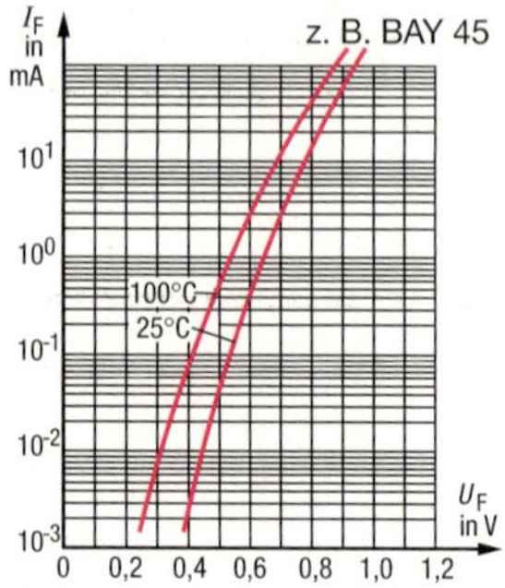 Durchlasskennlinie $I_F = f(U_F)$ bei ϑ_u = 25 °C bzw. 100 °C	**Germanium-Dioden:** U_{T0} = 200 mV … 400 mV U_{RM} ≦ 100 V I_F ≦ 150 mA I_R ≦ 300 µA $R_{thJU} \leqq 400\ \frac{K}{W}$ ϑ_u = −55 °C … +75 °C **Silizium-Dioden:** U_{T0} = 0,6 V … 0,8 V U_{RM} = 30 V … 3,5 kV I_F = 150 mA … 750 A I_R = 0,5 µA … 50 mA ϑ_u = −40 °C … +150 °C	**Germanium-Dioden:** • Universaldiode im HF-Bereich, bedingt durch die geringe Sperrschichtkapazität • Schaltdiode • gepaart als Phasendiskriminatorpaar im Ablenkteil von Fernsehgeräten **Silizium-Dioden:** • Gleichrichterdioden bis Höchstleistungsbereich • Diodenschalter, z. B. Schutz vor Falschpolung • Begrenzerdiode für kleine Spannungen
Z-Diode 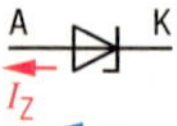 	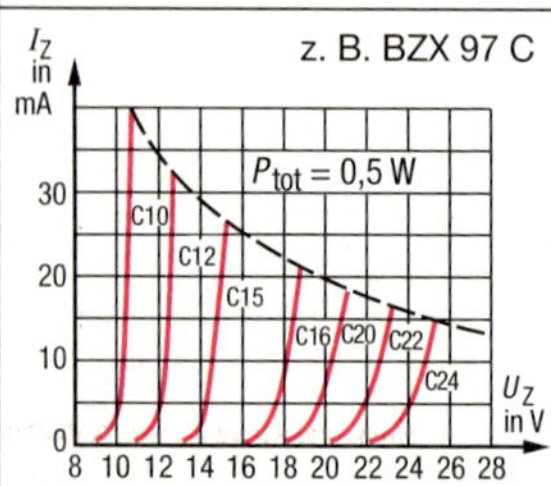 Stabilisierungskennlinien $I_z = f(U_z)$	Stabilisierungseffekt bei Sperrrichtungsbetrieb U_z = 0,8 V … 200 V P_{tot} ≦ 50 W ϑ_u ≦ 150 °C Bei U_z ≦ 5,1 V negativer und bei U_z ≧ 5,1 V positiver Temperaturkoeffizient.	• Stabilisierung bzw. Begrenzung von Gleichspannungen • Gegenreihenschaltung von Z- und normalen Dioden zu Referenzdioden mit besonders kleiner Temperaturabhängigkeit • TAZ-Dioden (**T**ransient **A**bsorption **Z**ener) zum Schutz vor zu hohen Spannungsspitzen.
Schottky-Diode (Schaltzeichen nicht genormt) 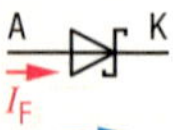 	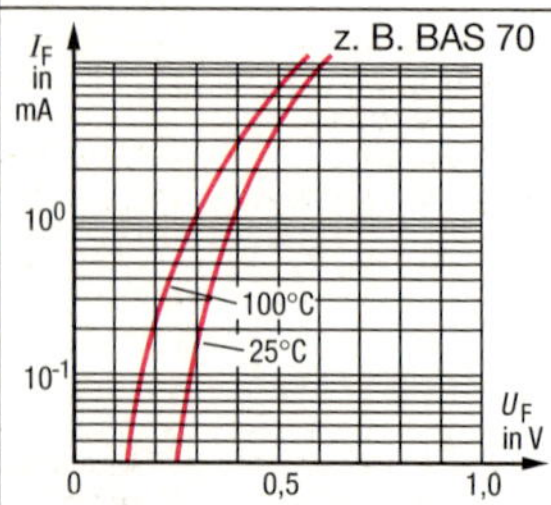 Durchlasskennlinien $I_F = f(U_F)$	Schaltzeiten < 1 ns U_{T0} < 300 mV U_{RM} ≦ 70 V I_F < 80 A I_R < 200 nA ϑ_u = −65 °C … +125 °C	• Extrem schnelle Diodenschalter in der HF- und Mikrowellentechnik f > 15 GHz • integrierte Schaltungen der Digitaltechnik • Gleichrichter in Schaltnetzteilen
Kapazitäts-Diode 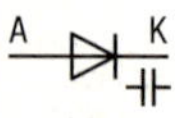 	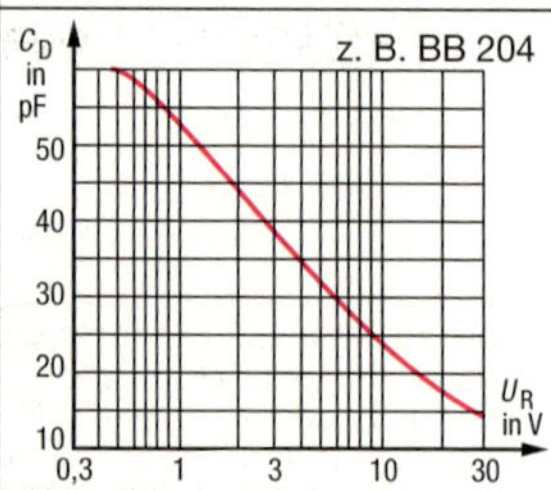 Kapazitätskennlinie $C_D = f(U_R)$	Diodenkapazität C_D sinkt mit steigender Sperrspannung. C_D ≦ 60 pF U_{RM} = 30 V I_F = 100 mA ϑ_u = −55 °C … +125 °C	• Schwingkreiskapazitäten in HF-Technik • Nachstimmschaltungen • Koppelelemente in Filtern mit regelbarer Bandbreite

U_{T0}: Schleusenspannung U_F: Durchlassspannung U_{RM}: max. Sperrspannung U_z: Z-Spannung
I_F: Durchlassstrom I_R: Sperrstrom
ϑ_u: Umgebungstemperatur R_{thJU}: thermischer Widerstand zwischen Sperrschicht und Umgebung

Halbleiterbauelemente mit Schaltverhalten

Semiconductor components with switching behaviour

Schaltzeichen	Kennlinie	Eigenschaften	Anwendung, Kennwerte
Triggerdioden, UJT, PUT			
Zweirichtungsdiode (Diac: Diode alternating current) 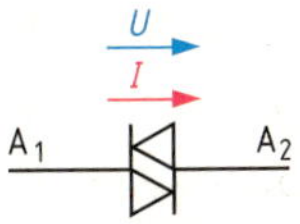	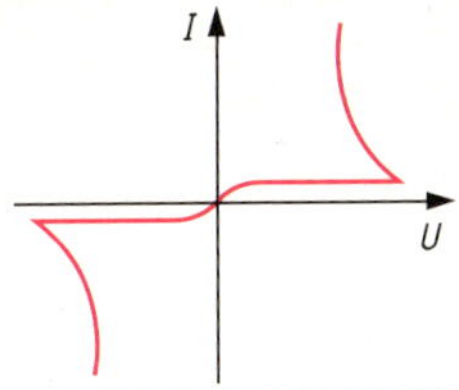	Stetiger Übergang im Durchbruchbereich Hohe Durchlassspannung.	• Triggern von Zündströmen für Triacs Kippspannungen ca. 35 V • Durchlassstrom stark von Impulslänge abhängig • Maximale Verlustleistung ca. 300 mW
Unijunktion-Transistor UJT, (auch Doppelbasisdiode) 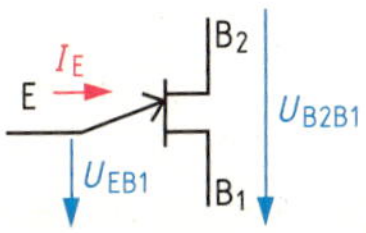	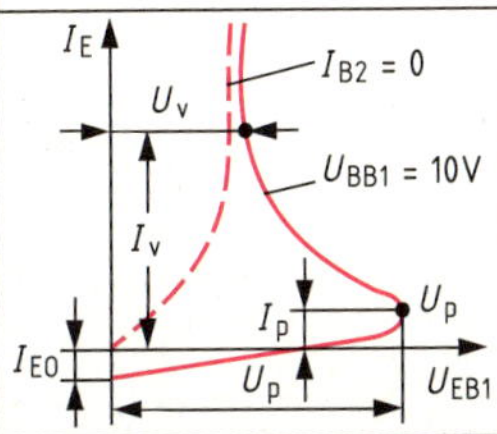	Mit steigender Spannung U_{EB1} kehrt sich der Sperrstrom um. Ab Höckerspannung U_p wird die Emitter-B1-Strecke leitend.	• Ansteuern von Triacs und Thyristoren • RC-Generatoren • Spannung: max. 30 V • Strom: max. 50 mA
Thyristoren, Triac			
P-Gate-Thyristor 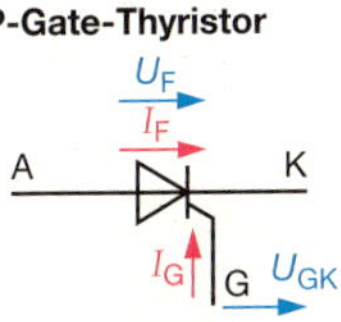	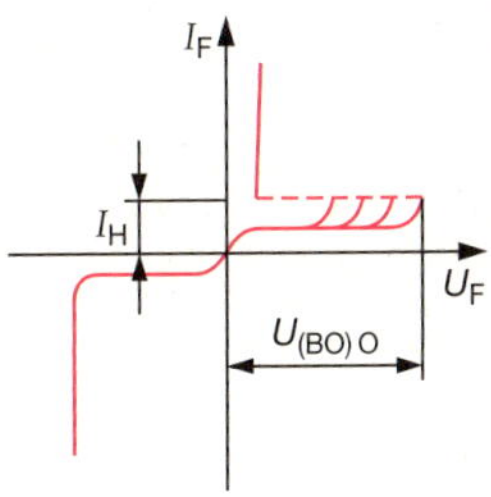	Thyristortriode • katodenseitig steuerbar • rückwärtssperrend	Stromrichter bis zu größten Leistungen. Von 100 V … 4000 V, Strom je nach Bauart bis max. 1000 A bei Scheibenthyristoren, wassergekühlt
N-Gate-Thyristor 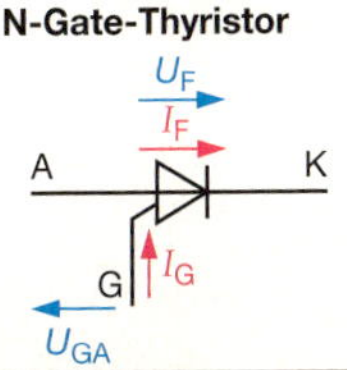		Thyristortriode • anodenseitig steuerbar • rückwärtssperrend	Kleinleistungsbereich Bei Beschaltung mit Spannungsteiler auch als PUT
Abschaltbarer Thyristor (GTO, Gate-turn-off) 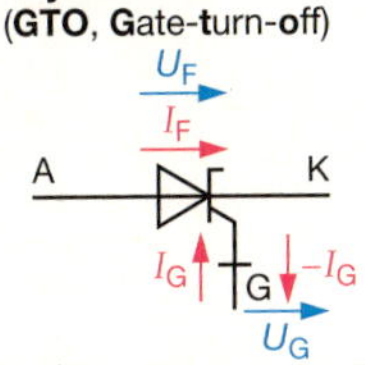	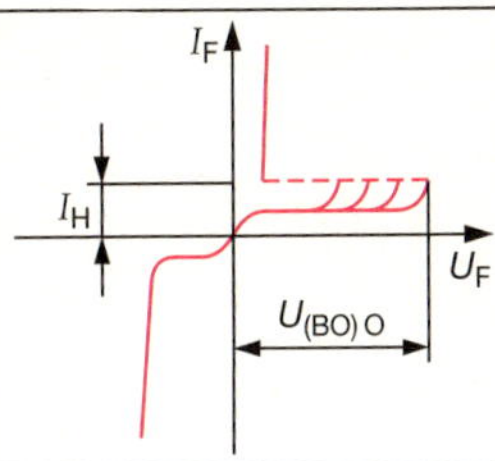	Thyristortriode • katodenseitig steuerbar • Sperren von I_F mit negativem Gatestrom • rückwärtssperrend	Gleichstromsteller bis zum mittleren Leistungsbereich. Spannung ≤ 1200 V Strom ≤ 400 A
Zweirichtungsthyristor, Triac (Triode alternating current) 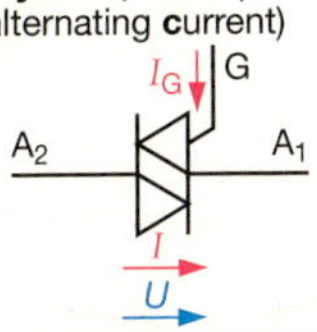	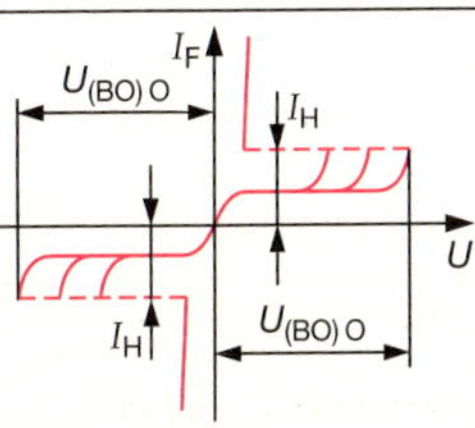	• Verhalten ähnlich antiparallel geschalteter Thyristoren • Zündung mit positivem oder negativem Gatestrom unabhängig von Polung der Anoden	Phasenanschnittssteuerungen, elektronische Relais und Schütze im Klein- und im Mittelleistungsbereich. Spannungen bis 1200 V, Ströme bis ca. 300 A

Bipolare Transistoren – *Bipolar transistors*

NPN-Transistor

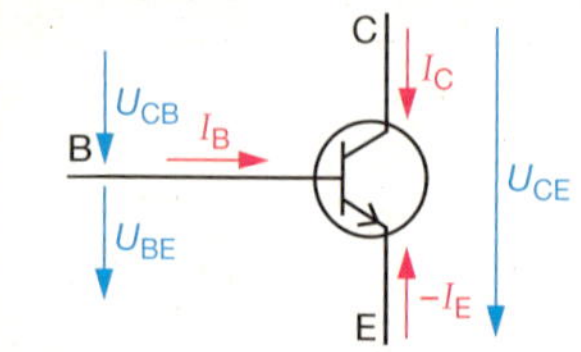

$$I_E = I_C + I_B$$

$$U_{CE} = U_{CB} + U_{BE}$$

$$B = \frac{I_C}{I_B}$$

$$P_{tot} = U_{CE} \cdot I_C + U_{BE} \cdot I_B$$

$$P_{tot} \approx U_{CE} \cdot I_C$$

PNP-Transistor

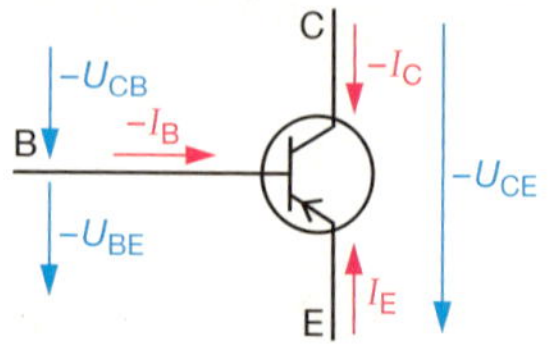

Kennzeichnung von Transistorrestströmen und -sperrspannungen

3. Index-Buchstabe	Bedeutung
0	Nicht genannte Elektrode ist offen, z. B. U_{CE0}
R	Zwischen zweit- und nichtgenannter Elektrode liegt Widerstand, z.B. I_{CER}
S	Zwischen zweit- und nichtgenannter Elektrode ist Kurzschluss, z.B. I_{CES}
V	Zwischen zweit- und nichtgenannter Elektrode liegt Sperrspannung, z.B. I_{CEV}

Beispiel: Silicium-NPN-Epitaxial-Planar-NF-Transistor BC 140

Besondere Merkmale:
- Verlustleistung 3,7 W
- komplementär zu BC 160
- Gehäuse TO 39, Kollektor mit Gehäuse verbunden
- Gewicht max. 1,5 g

Absolute Grenzdaten:

U_{CES} = 80 V
U_{CE0} = 40 V
U_{EB0} = 7 V
I_C = 1 A
I_B = 100 mA
P_{tot} = 650 mW bei $t_{amb} \leq 45\,°C$
P_{tot} = 3,7 W bei $U_{CE} \leq 7V$ und $t_{case} \leq 45\,°C$
ϑ_j = 175 °C

Wärmewiderstände:

R_{thJA}: max. $200 \frac{K}{W}$

R_{thJC}: max. $35 \frac{K}{W}$

Statische Kenngrößen ($t_{amb} = 25\,°C$):

I_{CES} = 10 … 100 nA bei $U_{CE} = 60$ V
$U_{(Br)CE0}$ = 80 V bei $I_C = 100\,\mu A$
$U_{(Br)EB0} \leq$ 7 V bei $I_E = 100\,\mu A$
U_{BE} = 1,2 V bei $U_{CE} = 1$ V und $I_C = 1$ A

Dynamische Kenngrößen ($t_{amb} = 25\,°C$):

f_T = 50 MHz
$C_{CB0} \leq$ 25 pF
C_{EB0} = 80 pF

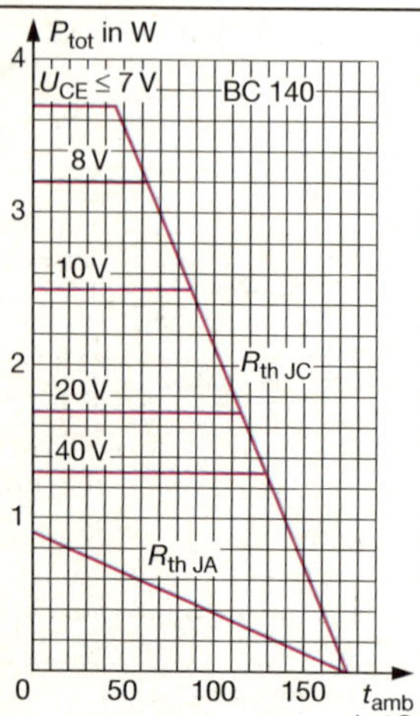

Zulässige Gesamtverlustleistung in Abhängigkeit von der Umgebungstemperatur

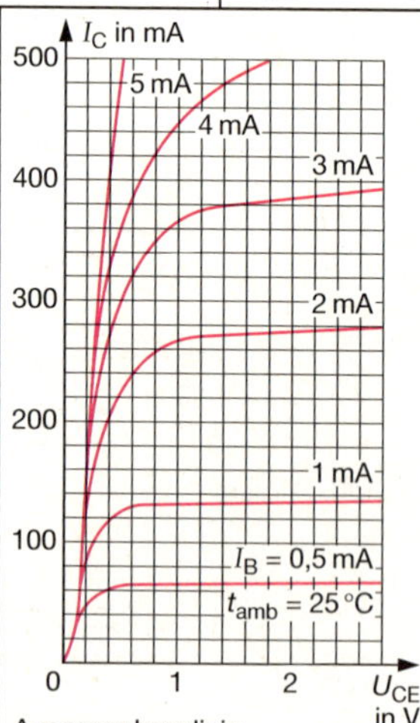

Ausgangskennlinie $I_C = f(U_{CE})$ mit I_B als Parameter

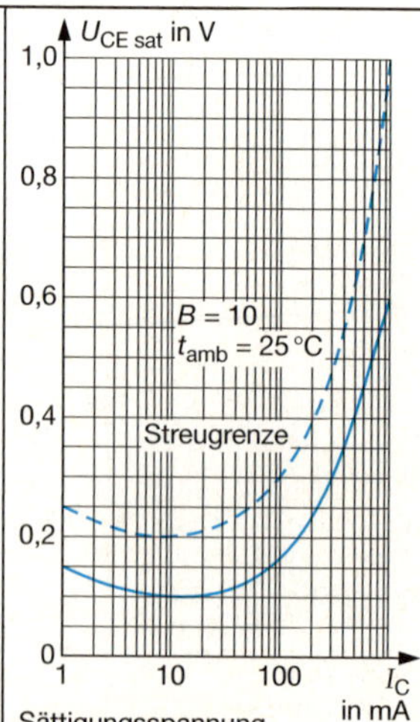

Sättigungsspannung $U_{CEsat} = f(I_C)$ bei $B = 10$ und $t_{amb} = 25\,°C$

B: Gleichstromverstärkung, P_{tot}: Gesamtverlustleistung, ϑ_j: Sperrschichttemperatur, t_{amb}: Umgebungstemperatur, f_T: Transitfrequenz, R_{thJA}, R_{thJC}: Wärmewiderstand zwischen Sperrschicht u. Umgebung (Gehäuse)

Bipolarer Transistor als Schalter – *Bipolar transistor as switch*

Belastung gegen U_B

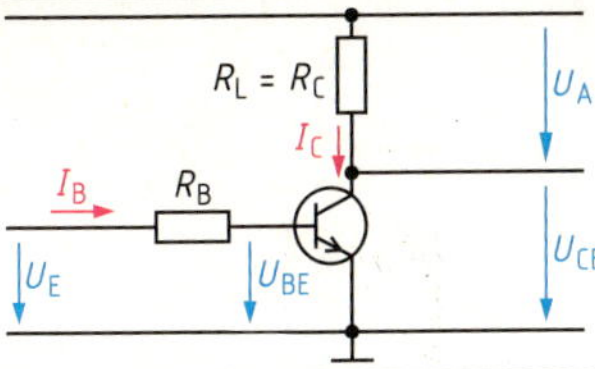

Eingang 0, Ausgang 0

$U_{BE} = 0\,V$ $\quad U_A = 0\,V$ $\quad U_{CE} = U_B$

$I_B = 0\,mA$ $\quad I_L = I_C \approx 0\,mA$

Eingang 1, Ausgang 1

$U_{BE} \approx 0{,}7\,V$ $\quad U_A \approx U_B$ $\quad U_{CE} = U_{CEsat} \approx 0\,V$

$I_{Bü} = ü \cdot I_B$ $\quad I_L = I_C \approx \frac{U_B}{R_C}$

$R_B = \frac{U_E - U_{BE}}{I_{Bü}}$ $\quad R_C = \frac{U_B - U_{CEsat}}{I_C}$

$P_V = U_{CESat} \cdot I_C + U_{BE} \cdot I_{BÜ}$

Belastung gegen Masse

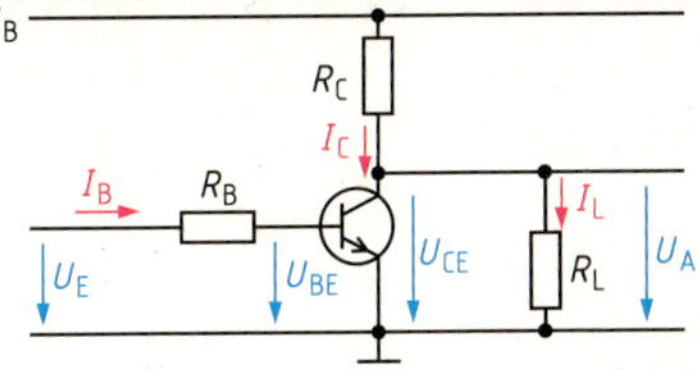

Eingang 0, Ausgang 1

$U_{BE} = 0\,V$ $\quad U_{CE} = U_A = \frac{U_B \cdot R_L}{R_C + R_L}$

$I_B = 0\,mA,$ $\quad I_C \approx 0\,mA,$ $\quad I_L = \frac{U_B}{R_C + R_L}$

Für Mindestpegel U_{Amin} gilt: $R_{Lmin} = \frac{U_{Amin} \cdot R_C}{U_B - U_{Amin}}$

Eingang 1, Ausgang 0

$U_{BE} \approx 0{,}7\,V$ $\quad U_{CE} = U_{CEsat} = U_A \approx 0\,V$

$I_{Bü} = ü \cdot I_B,$ $\quad I_L \approx 0\,mA,$ $\quad I_C \approx \frac{U_B}{R_C}$

$P_V = U_{CEsat} \cdot I_C + U_{BE} \cdot I_{Bü}$

Schaltverhalten bei unterschiedlichen Lasten

Wirklast

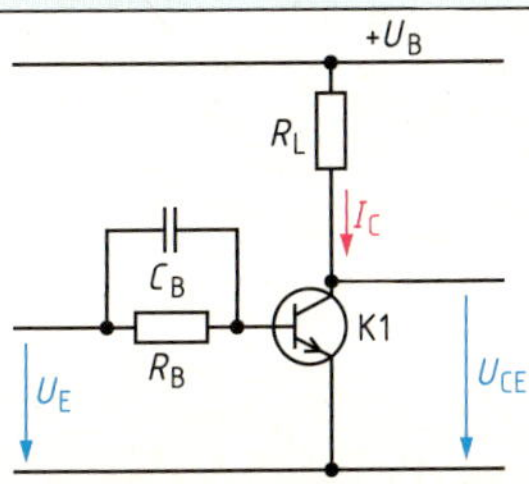

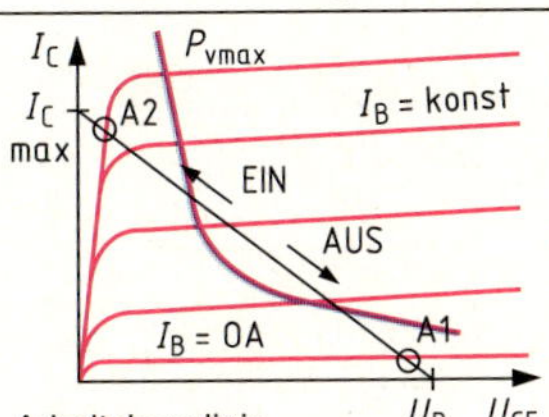

Arbeitskennlinie

Bei schnellen Schaltzeilen darf Arbeitsgerade die Verlustleistungshyperbel schneiden.
C_B: Beschleunigungskondensator

Schalten von
- Signallampen
- Gleichstromstellern
- Digitalschaltungen als Leistungsverstärker

induktive Last

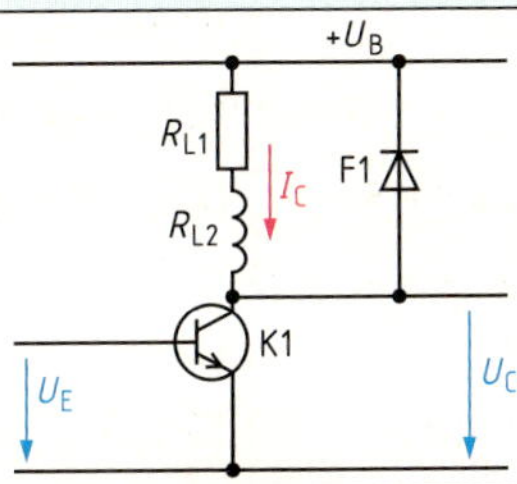

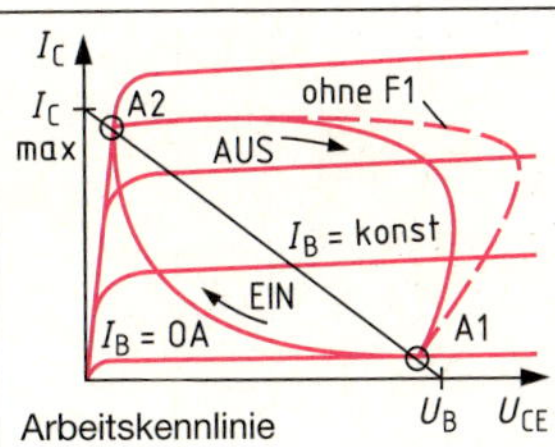

Arbeitskennlinie

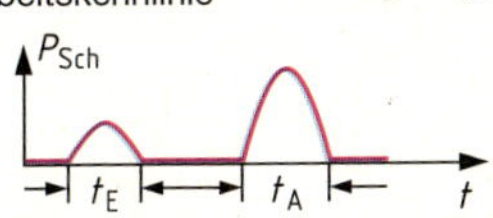

Schalten von
- Relais
- Zugmagneten
- Gleichstrommotoren

kapazitive Last

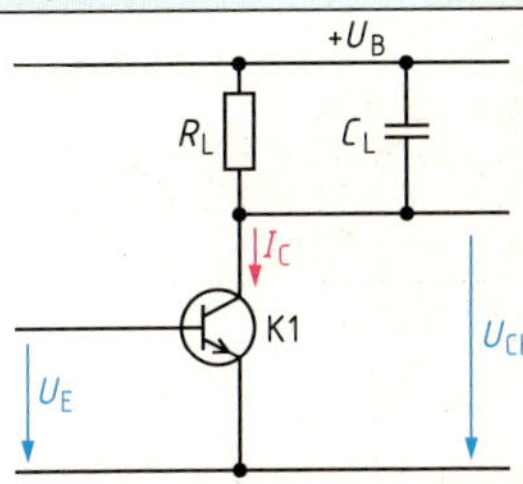

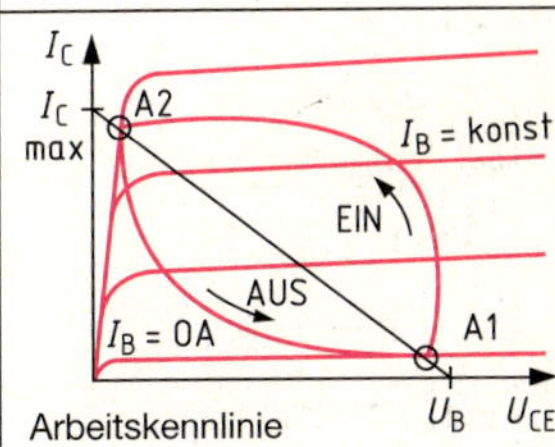

Arbeitskennlinie

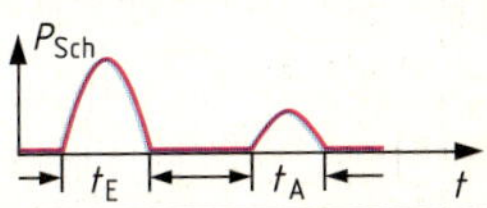

- Schaltnetzteile mit Glättungskondensatoren
- Kippschaltungen

U_{CEsat}: Kollektor-Emitter-Sättigungsspannung; $I_{Bü}$: Basisstrom bei Übersteuerung; $ü$: Übersteuerungsfaktor (2…10);
P_V: Verlustleistung; P_{Sch}: Schaltverlustleistung; t_E, t_A: Ein- bzw. Ausschaltzeit

$u_A = 1{,}25\,V \cdot (1 + \frac{R_2}{R_1})$

Bipolartransistor (Gleichstromverhalten) – *Bipolar transistor (d.c. behaviour)*

Arbeitspunkteinstellung durch Vorwiderstand zwischen

Betriebsspannung und Basis

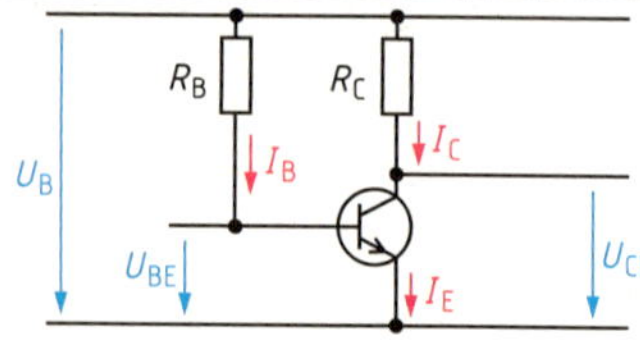

$$R_B = \frac{U_B - U_{BE}}{I_B} \qquad R_C = \frac{U_B - U_{CE}}{I_C}$$

Kollektor und Basis

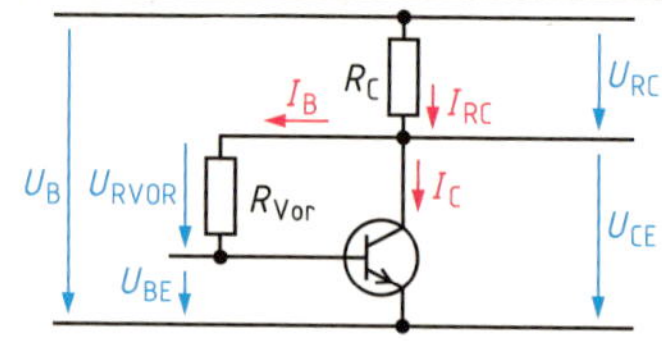

$$I_{RC} = I_B + I_C \qquad U_{RC} = (I_B + I_C) \cdot R_C$$

$$U_{CE} = U_B - U_{RC} \qquad R_{Vor} = \frac{U_{CE} - U_{BE}}{I_B}$$

Arbeitspunkteinstellung durch

Basisspannungsteiler

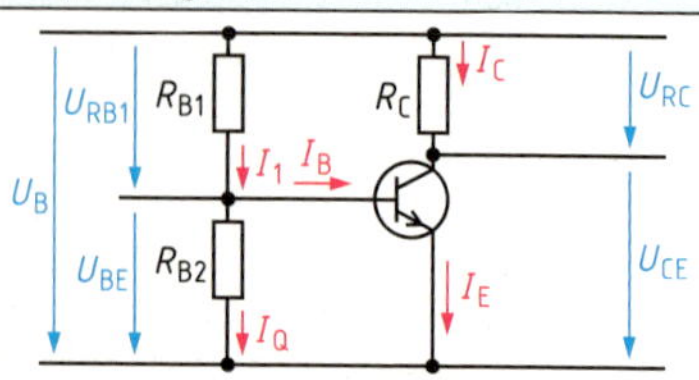

$$U_{RB1} = I_1 \cdot R_{B1} \qquad U_{RC} = I_C \cdot R_C$$

$$R_{B1} = \frac{U_B - U_{BE}}{I_1} \qquad R_{B2} = \frac{U_B - U_{RB1}}{I_Q}$$

$$I_1 = I_B + I_Q \qquad I_Q = 5 \ldots 10 \cdot I_B$$

Arbeitspunkt bei halber Betriebsspannung

Schaltungen wie vorhergehend!

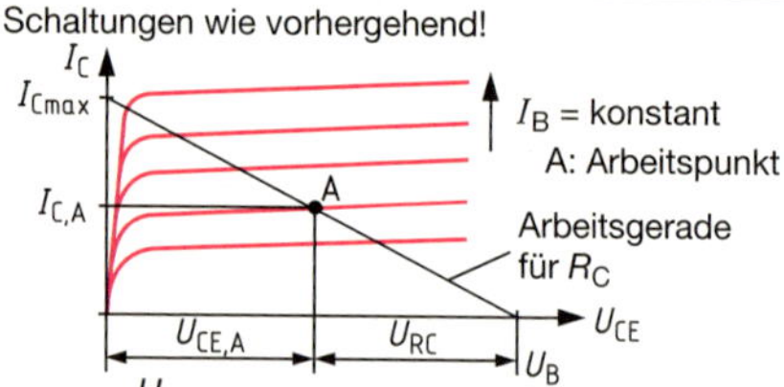

$$U_{CE,A} = \frac{U_B}{2} \qquad U_B = I_{C,A} \cdot R_C + U_{CE,A}$$

$$I_{CA} = \frac{I_{Cmax}}{2} \qquad U_{RC} = I_{C,A} \cdot R \qquad R_C = \frac{U_B}{2 \cdot I_{C,A}}$$

Arbeitspunktstabilisierung durch

Emitterwiderstand

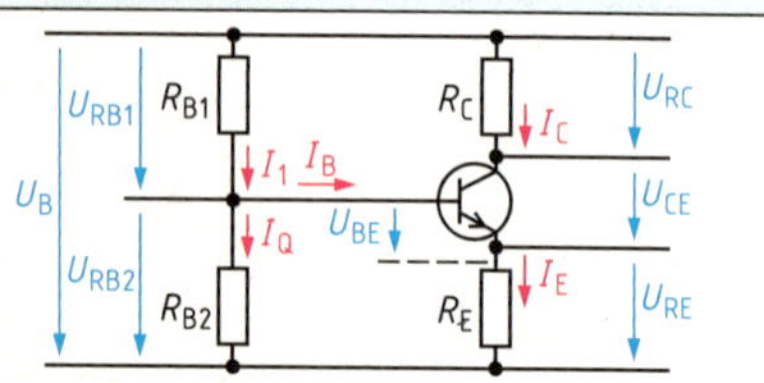

$$U_{RE} = \frac{1}{5}\,U_B \ldots \frac{1}{4}\,U_B \qquad U_{RE} = U_B - U_{RC} - U_{CE}$$

$$U_{RB1} = U_B - U_{RB2} \qquad U_{RB2} = U_{BE} + U_{RE}$$

$$R_{B1} = \frac{U_{RB1}}{I_1};\ R_{B2} = \frac{U_{RB2}}{I_Q};\ R_E = \frac{U_{RE}}{I_E};\ R_C = \frac{U_{RC}}{I_Q}$$

Differenzverstärker

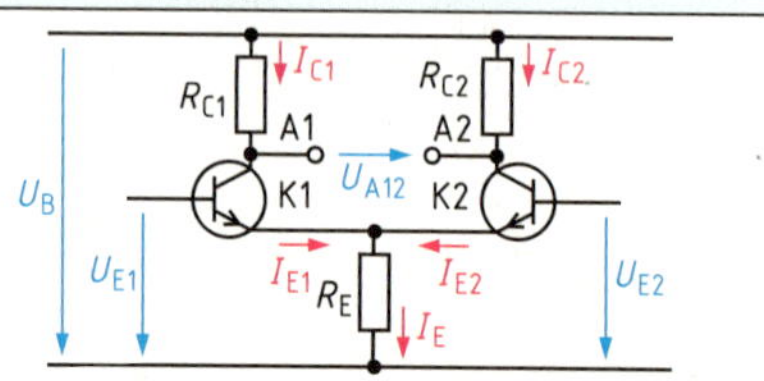

$$\text{Spannungsverstärkung } v_U = -\frac{U_{A1} - U_{A2}}{U_{E1} - U_{E2}} = \frac{U_{A12}}{U_D}$$

$$-U_{A1} = v_U \cdot U_{E1}; \qquad -U_{A2} = v_U \cdot U_{E2}$$

$$I_E = I_{E1} + I_{E2}$$

Darlington-Schaltung

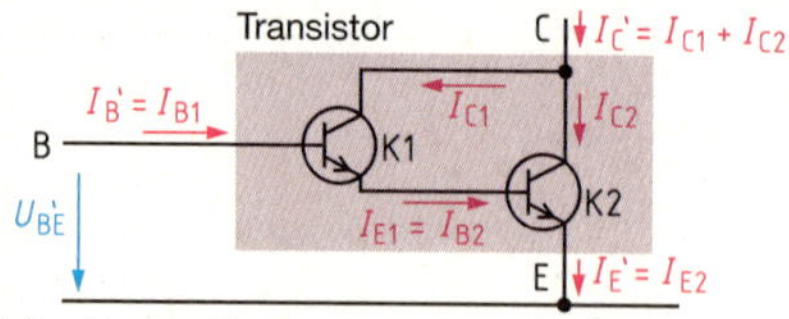

$$U_{BE}' = U_{BE1} + U_{BE2} \qquad r_{BE}' \approx 2 \cdot r_{BE1}$$

$$B' = B_1 \cdot B_2;\quad \beta' = \beta_1 \cdot \beta_2;\quad r_{CE}' = r_{CE2} \parallel \frac{2 r_{CE1}}{\beta_2}$$

Komplementär-Darlington-Schaltung

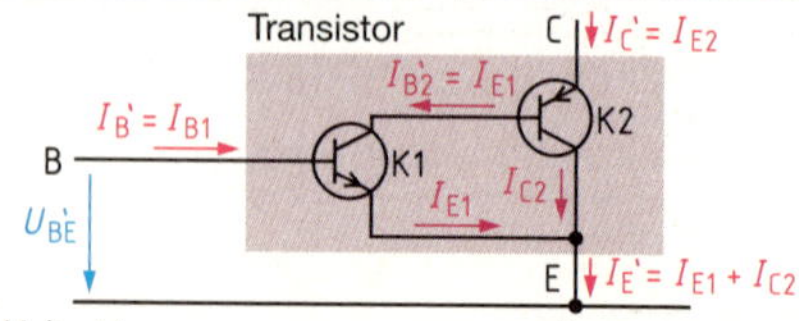

$$U_{BE}' = U_{BE1} \qquad r_{BE}' = r_{BE1}$$

$$B' = B_1 \cdot B_2 \qquad \beta' = \beta_1 \cdot \beta_2 \qquad r_{CE}' = r_{CE2} \parallel \frac{r_{CE1}}{\beta_2}$$

Strichwerte, wie z. B. U_{BE}' oder r_{CE}' beziehen sich auf den Darlington-Transistor

Bipolartransistor (Wechselstromverhalten) – *Bipolar transistor (a.c. behaviour)*

Emitterschaltung

Schaltung

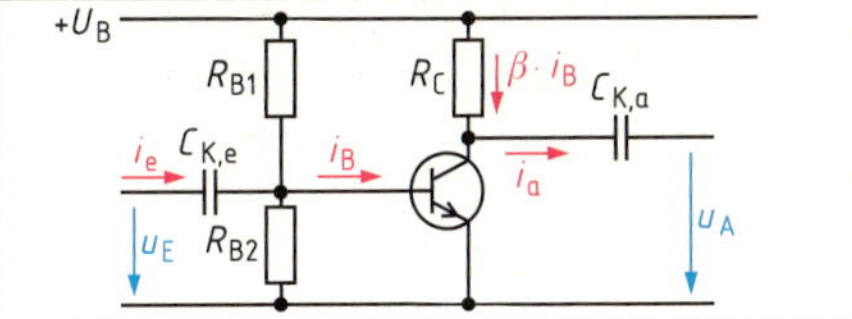

Wechselstrom-Ersatzschaltung

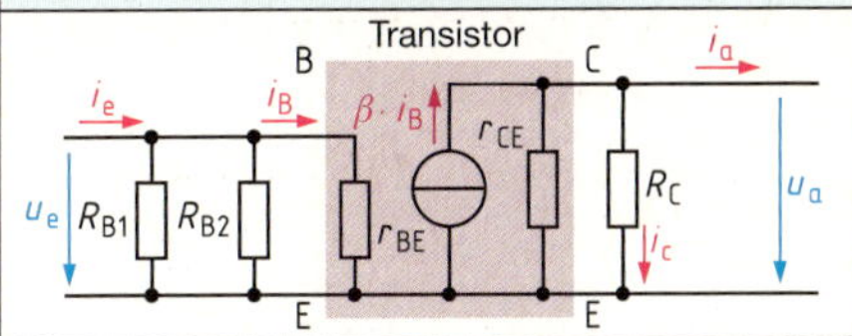

Eigenschaften

$R_B = \frac{R_{B1} \cdot R_{B2}}{R_{B1} + R_{B2}}$ $\quad v_u = -\beta \frac{R_C}{r_{BE}}$

$r_e = \frac{r_{BE} \cdot R_B}{r_{BE} + R_B}$ $\quad r_a = \frac{r_{CE} \cdot R_C}{r_{CE} + R_C}$

$v_i = \beta$ $\quad v_p = v_u \cdot v_i$

$f_{gu} = \frac{1}{2\pi C_{K,e} \cdot r_e}$ $\quad f_{go} = \frac{1}{2\pi C_{BE} \cdot r_{BB}}$

Anwendungen, Werte[1)]

- Universelle Schaltung zur Spannungs- und Stromverstärkung im NF- und HF-Bereich.

$r_e = 20\ \Omega \dots 5\ \mathrm{k\Omega}$ $\quad r_a = 5\ \mathrm{k\Omega} \dots 20\ \mathrm{k\Omega}$

$v_u = 300 \dots 1000$ $\quad v_i = 50 \dots 300$

$\varphi = 180°$ $\quad f_{gu} \approx 20\ \mathrm{Hz}$

Kollektorschaltung

Schaltung

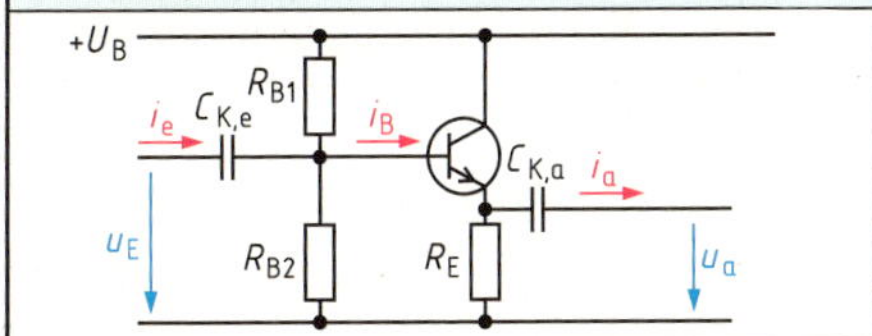

Wechselstrom-Ersatzschaltbild

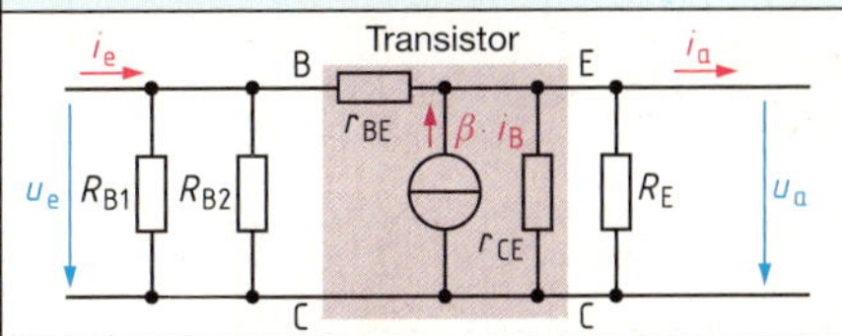

Eigenschaften

$r_e = \frac{(r_{BE} + \beta \cdot R_E) \cdot R_B}{r_{BE} + \beta \cdot R_{BE} + R_B}$ $\quad R_B = \frac{R_{B1} \cdot R_{B2}}{R_{B1} + R_{B2}}$

$v_u = \frac{\beta \cdot R_E}{\beta \cdot R_E + r_{BE}} < 1$ $\quad r_a = \frac{\frac{r_{BE}}{\beta} \cdot R_E}{\frac{r_{BE}}{\beta} + R_E}$ $\quad f_{go} < f_\beta$

$v_i \approx \beta$

Anwendungen, Werte[1)]

- NF-Eingangsverstärker
- Impedanzwandler

$r_e = 10\ \mathrm{k\Omega} \dots 200\ \mathrm{k\Omega}$ $\quad r_a = 4\ \Omega \dots 100\ \Omega$

$v_u = 0{,}9 \dots 0{,}98$ $\quad v_i = 30 \dots 500$

$v_p = (0{,}9 \dots 0{,}98)\ v_i$ $\quad \varphi = 0°$ $\quad f_{gu} \approx 20\ \mathrm{Hz}$

Basisschaltung

Schaltung

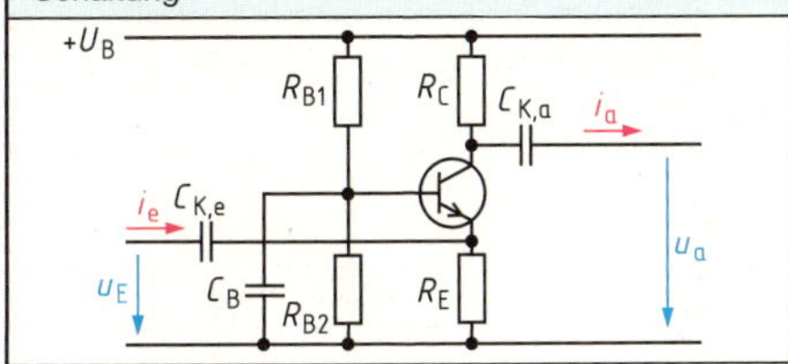

Wechselstrom-Ersatzschaltbild

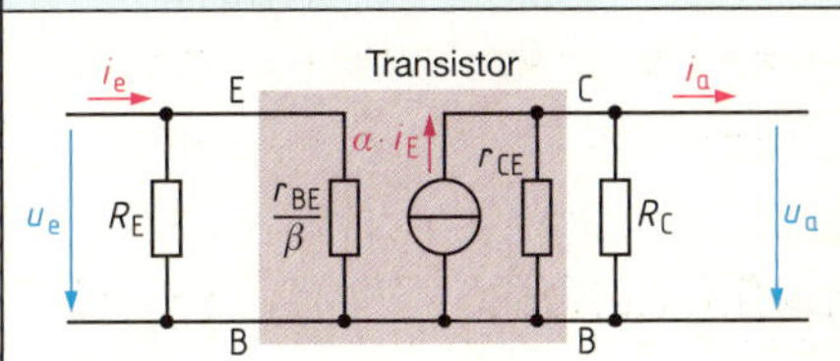

Eigenschaften

$r_e = \frac{\frac{r_{BE}}{\beta} \cdot R_E}{\frac{r_{BE}}{\beta} + R_E}$ $\quad r_a = \frac{r_{CE} \cdot R_C}{r_{CE} + R_C}$

$v_i \approx \frac{\beta}{\beta + 1} < 1$

$v_u = \beta \cdot \frac{R_C}{r_{BE}}$ $\quad f_{go} \approx \beta \cdot f_b$

Anwendungen, Werte[1)]

- Oszillatorschaltungen
- HF-Verstärker

$r_e = 10\ \Omega \dots 100\ \Omega$ $\quad r_a = 50\ \mathrm{k\Omega} \dots 1\ \mathrm{M\Omega}$

$v_u = 100 \dots 500$ $\quad v_i \le 1$ $\quad v_p \approx v_u$

$\varphi = 0°$ $\quad f_{gu} \approx 20\ \mathrm{Hz}$

[1)] Werte können ggf. deutlich abweichen. r_{BB}: Basisbahnwiderstand, r_e, r_a: Wechselstrom-Eingangs-/-Ausgangswiderstand, v_u: Wechselspannungsverstärkung, v_i: Wechselstromverstärkung, v_p: Leistungsverstärkung, φ: Phasenverschiebung zwischen u_A und u_E, f_{gu}, f_{go}: Untere/obere Grenzfrequenz, β: Transistor-Wechselstromverstärkung, f_b: Frequenz mit 70,7 % der Stromverstärkung bei Transitfrequenz f_T.

Leistungs-Feldeffekttransistoren – *Power field-effect transistors*

Halbleiterstruktur: z. B. V-MOS, U-MOS, HEX-FET, dadurch Spannungen von $U_{DS} \geq 1$ kV bei $I_D \geq 5$ A möglich. Zum Teil sind Schutzelemente wie z. B. Freilaufdiode mit in den FET integriert. Kombination von MOS-FET und Bipolartransistor ergibt BIMOS-Transistor.

Vorteile:
- Hohe Schaltleistung und Überlastsicherheit
- Einfaches Parallelschalten mehrerer Transistoren zur Leistungssteigerung
- Sehr hohe Schaltgeschwindigkeiten, $T_S \leq 10$ µs
- Sehr hohe Grenzfrequenzen

Anwendungen:
- Getaktete Stromversorgungsgeräte
- Motorsteuerung, z. B. in Umrichtern
- Leistungsendstufen in Datentechnik
- Kfz-Elektronik, z. B. in Zündschaltung

Leistungs-BIMOS-Transistor (IGBT)

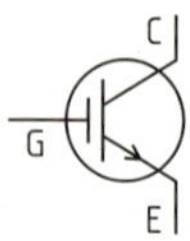

IGBT
(**I**nsulated **G**ate **B**ipolar **T**ransistor)

- Schaltgeschwindigkeit, Ansteuerleistung und Robustheit wie Leistungs-MOS-FET.
- Geringer Einschaltwiderstand wie beim bipolaren Darlington-Transistor.
- Einsatz in Frequenzumrichtern, getakteten Stromversorgungen für Schweißgeräte, Schaltnetzteile größerer Leistung, Kfz-Zündung.

Beispiel: Kennwerte

- Kollektorstrom $I_C = 25$ A bei $\vartheta_G = 25$ °C
- Verlustleistung $P_{tot} = 2000$ W bei $\vartheta_G = 25$ °C
- Wärmewiderstand Chip-Gehäuse $R_{thJC} \leq 0{,}63\ \frac{K}{W}$
- Gate-Schwellenspannung $U_{GE} = 5$ V
- Kollektor-Emitter-Sättigungsspannung $U_{CE\,(sat)} = 2{,}5$ V
- Kollektor-Emitter-Durchbruchspannung $U_{(BR)\,CE} = 1000$ V

Leistungs-MOS-FET
mit integriertem Übertemperaturschutz

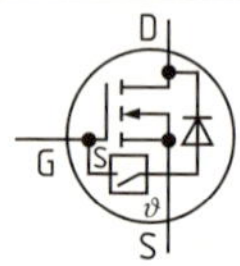

TEMP – FET
(**Tem**peratur **P**rotected-FET)

- Integrierte Freilaufdiode erspart externe Schutzbeschaltung.
- Sensorchip S ist in Hybridtechnik auf FET-Chip geklebt und elektrisch mit Gate und Source verbunden.
- Thyristorähnlicher Sensor schaltet bei $\vartheta_G = 155$ °C durch und sperrt FET solange, bis Haltestrom mindestens 5 µs unterbrochen wird.

Beispiel: Abschaltzeit

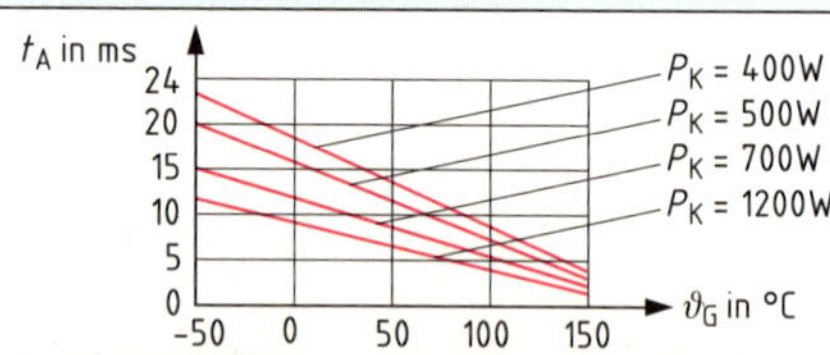

Leistungs-MOS-FET-Module – *Power-MOS-FET-modules*

Anwendungen:
- Halb- und Vollbrückenschaltungen
- Drehstrom-Umrichter
- AC- und DC-Schalter, DC-Chopper
- Induktive Heizungen

Eigenschaften:
- CMOS-kompatible Eingänge
- Niedrige Wärmewiderstände
- Integrierter Übertemperatur-, Überstrom- und Überspannungsschutz

Auswahl von Modulen

Modulschaltung	U_{DS} in V	I_D in A	P_D in W	R_{thJC} in K/W	$R_{DS(on)}$ in Ω	Beispiele: Bauformen
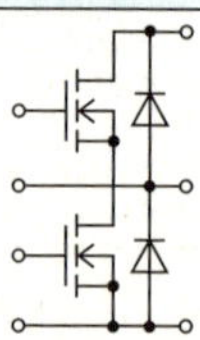	200	130	700	0,18	20	
	200	450	2000	0,06	4,3	
	200	250	1040	0,12	8,6	
	U_{CES} in V	I_C in A	P_{tot} in W	R_{thJC} in K/W Trans.	$R_{DS(on)}$ in Ω Diode	
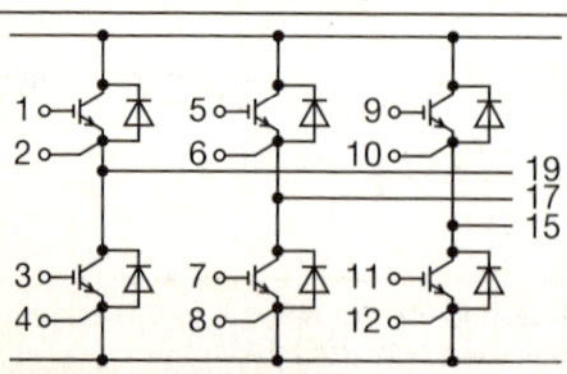	600	100	430	0,29	0,55	
	1200	150	680	0,182	0,36	

Feldeffekttransistorgrundschaltungen – *Basic circuits for fet*

Schaltung	Wechselstrom-Ersatzschaltbild	Eigenschaften, Werte[1]

Sourceschaltung mit Sperrschicht-FET

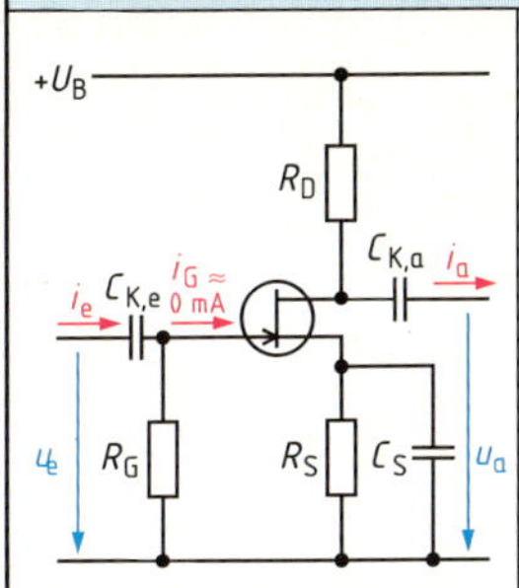

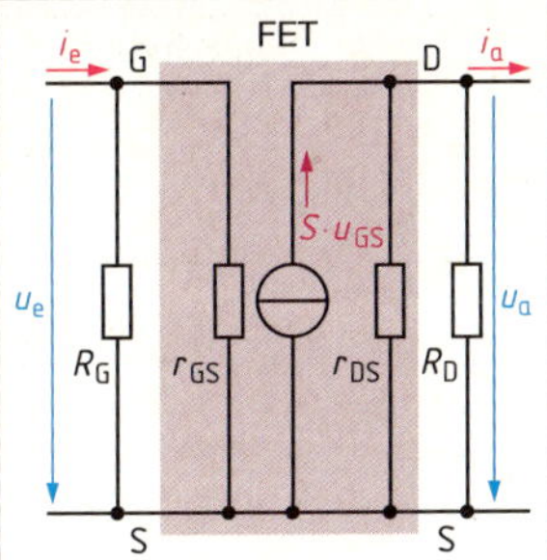

- Nahezu leistungslose Ansteuerung da $r_{GS} \geq 10\ \text{G}\Omega$.
- Einsatz als Verstärkerschaltung im NF- und HF-Bereich.

$r_e = \dfrac{r_{GS} \cdot R_G}{r_{GS} + R_G}$ $\quad r_e = 1\ \text{M}\Omega \ldots 10\ \text{M}\Omega$

$r_a = \dfrac{r_{DS} \cdot R_D}{r_{DS} + R_D}$ $\quad r_a = 2\ \text{k}\Omega \ldots 10\ \text{k}\Omega$

$S = \dfrac{\Delta I_D}{\Delta U_{GS}}$ $\quad v_u = \dfrac{\Delta U_{DS}}{\Delta U_{GS}}$

$v_u = -S \cdot r_a$ $\quad v_u = 5 \ldots 20$

$v_i \to \infty$ $\quad \varphi = 180°$

Drainschaltung mit Sperrschicht-FET

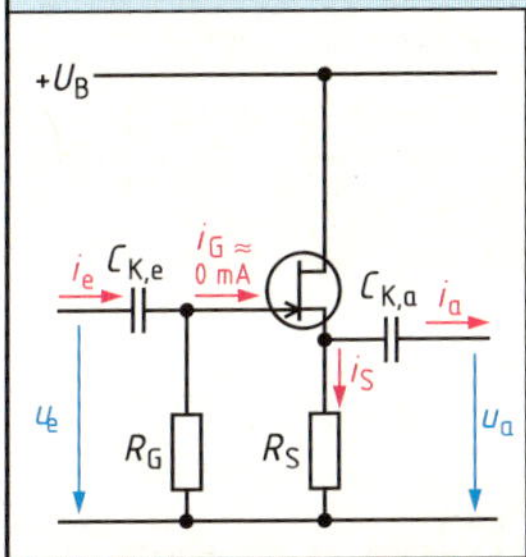

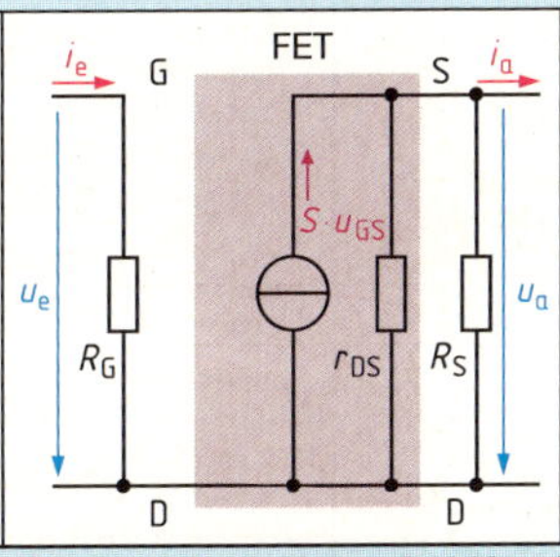

- Erzeugung der negativen Gatespannung (wie oben) über R_S. $-U_{GS} = R_S \cdot I_D$.
- Einsatz als Vorverstärker und Impedanzwandler.

$r_e \approx R_G$ $\quad r_e = 1\ \text{M}\Omega \ldots 20\ \text{M}\Omega$

$r_a \approx \dfrac{1}{S}$ $\quad r_a = 100\ \Omega \ldots 1\ \text{k}\Omega$

$v_u = \dfrac{S \cdot R_S}{1 + S \cdot R_S} \leq 1$

$\varphi = 0°$

Sourceschaltung mit Isolierschicht-FET (selbstleitend, N-Kanal)

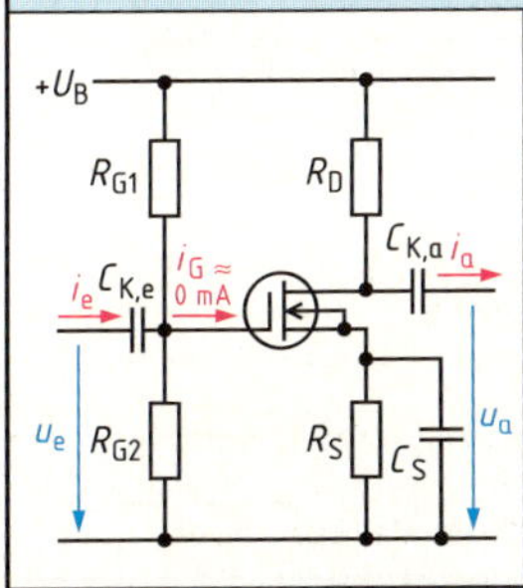

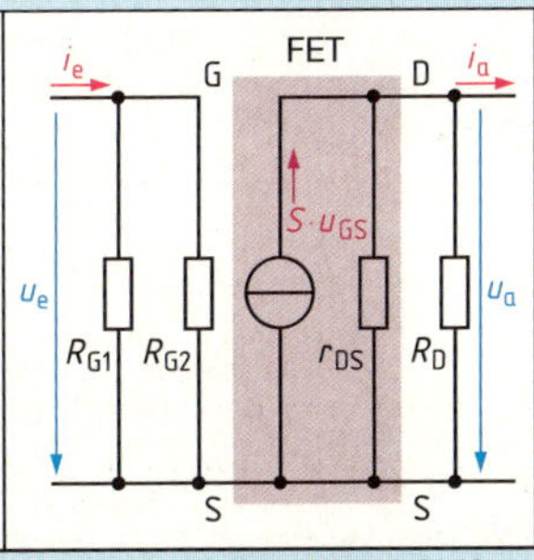

- Leistungslose Ansteuerung, da $r_{GS} \geq 10\ \text{T}\Omega$.
- Bei $U_{GS} = 0$ V ist Drain-Source-Strecke bereits leitend.

$r_e = \dfrac{R_{G1} \cdot R_{G2}}{R_{G1} + R_{G2}}$ $\quad r_e = 1\ \text{M}\Omega \ldots 10\ \text{M}\Omega$

$r_a = \dfrac{r_{DS} \cdot R_D}{r_{DS} + R_D}$ $\quad r_a = 10\ \text{k}\Omega \ldots 100\ \text{k}\Omega$

$v_u = -S \cdot r_a$, mit $r_a \approx R_D$

$v_u \approx -S \cdot R_D$ $\quad v_u = 5 \ldots 20$

$\varphi = 180°$

Drainschaltung mit Isolierschicht-FET (selbstsperrend, N-Kanal)

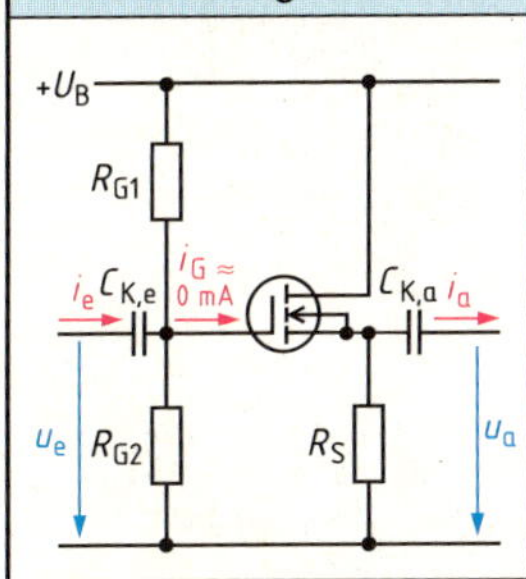

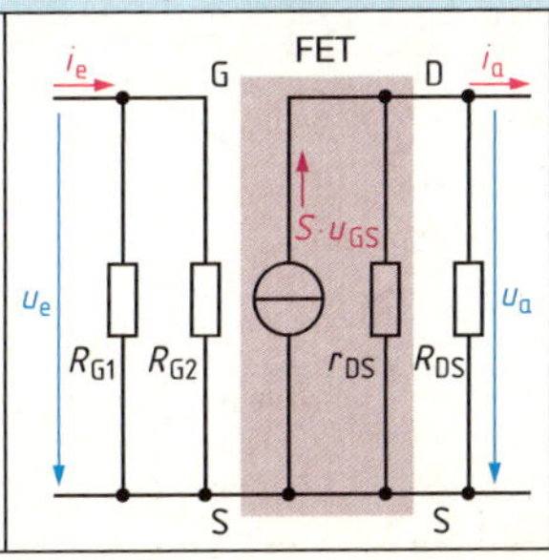

- Leistungslose Ansteuerung, da $r_{GS} \geq 10\ \text{T}\Omega$.
- Bei $U_{GS} = 0$ V ist Drain-Source-Strecke gesperrt.

$r_e = \dfrac{R_{G1} \cdot R_{G2}}{R_{G1} + R_{G2}}$ $\quad r_e = 1\ \text{M}\Omega \ldots 10\ \text{M}\Omega$

$r_a \approx \dfrac{1}{S} \| R_S$ $\quad r_a \approx \dfrac{1}{S}$ für $R_S > 1\ \text{k}\Omega$

$v_u \approx \dfrac{S \cdot R_S}{1 + S \cdot R_S}$ $\quad v_u \leq 1$

$\varphi = 0°$

[1] Angegebene Kennwerte können im Einzelfall deutlich unter- bzw. überschritten werden.
S: Steilheit, ca. 1 mS … 50 mS für Sperrschicht-FET, 4 mS … 20 mS für Isolierschicht-FET

Mehrstufige Verstärker – *Multi-stage amplifier*

- Mehrstufige Verstärker entstehen durch Kettenschaltung zweier oder mehrerer Einzelverstärker.
- Verhalten des Gesamtverstärkers wird durch die jeweiligen Kopplungsarten bestimmt.
- Bandbreite des Gesamtverstärkers ist kleiner als die Bandbreite einer Verstärkerstufe.

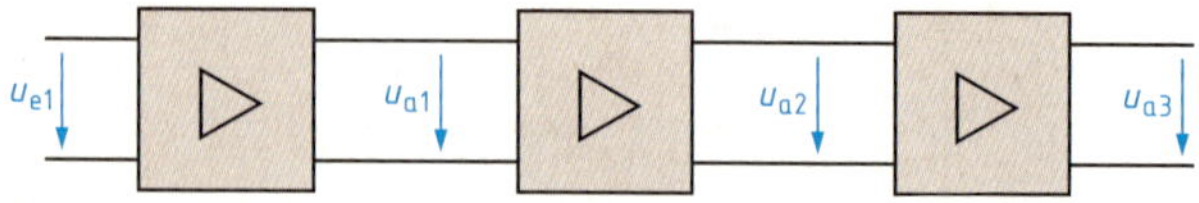

$v_{u1} = \frac{u_{a1}}{u_{e1}}$ $v_{u2} = \frac{u_{a2}}{u_{a1}}$ $v_{u3} = \frac{u_{a3}}{u_{a2}}$

Gesamtverstärkung $v_{ug} = v_{u1} \cdot v_{u2} \cdot v_{u3}$

Gleichstromkopplung (Galvanische Kopplung)

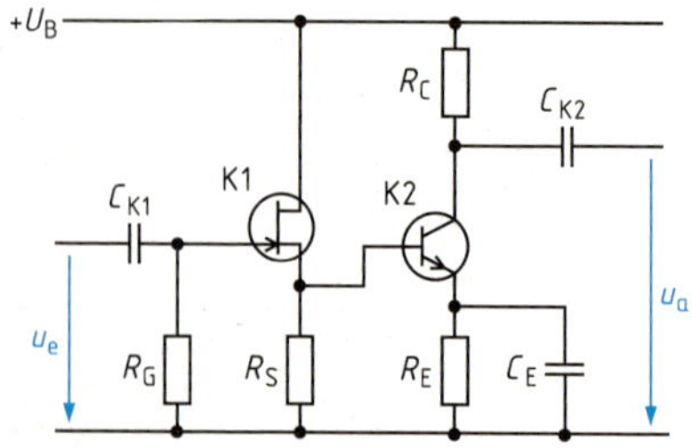

- Einsatz als Verstärker im Gleichspannungs- und NF-Bereich.
- Bei Verstärkeraufbau mit NPN-Transistoren nimmt die Aussteuerbarkeit der Folgestufen durch Erhöhung der Ruhespannung ab.
- Vermeidung dieser Nachteile durch Einsatz von komplementären Transistoren.
- Schaltbild hat in 1. Stufe Drainschaltung mit hohem Eingangswiderstand für schwach belastbare Signalquellen.
- Spannungsverstärkung erfolgt in Emitterschaltung der 2. Stufe.
- Gegenseitige Beeinflussung der Stufen bei Arbeitspunktverschiebungen.

Kapazitive Kopplung (*RC*-Kopplung)

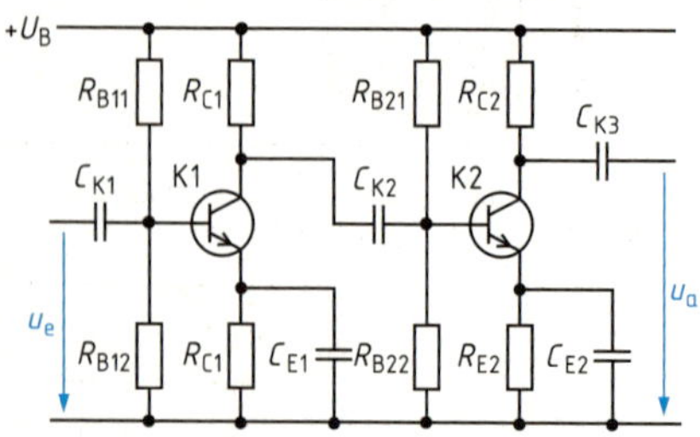

- Einsatz als NF-Verstärker mit frequenzabhängiger Kopplung.
- Durch gleichspannungsmäßige Trennung entfällt gegenseitige Beeinflussung bei einzelnen Arbeitspunktverschiebungen.
  Bandbreite B` des mehrstufigen Verstärkers ist kleiner als Bandbreite B der einzelnen Stufen.
  $f'_{gu} \approx \sqrt{n} \cdot f_{gu}$ $f'_{go} \approx \frac{1}{\sqrt{n}} f_{go}$
- Bei unterer bzw. oberer Grenzfrequenz ist
  $v_{ug} = \left(\frac{1}{\sqrt{2}}\right) n \cdot (v_{u1} \cdot v_{u2} \cdot \ldots \cdot v_n)$.

Übertragerkopplung

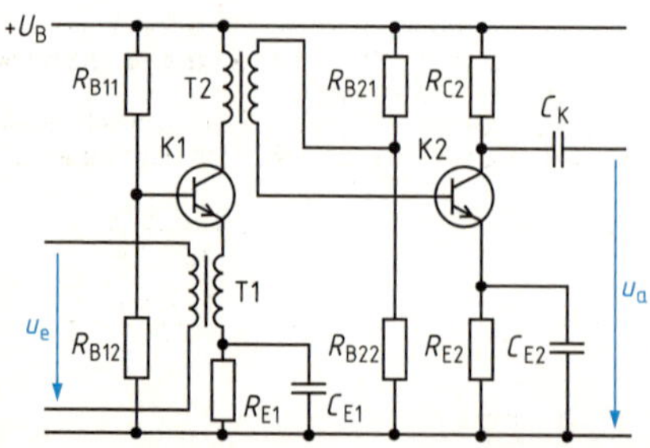

- Einsatz als HF-Verstärker mit optimaler Anpassung der einzelnen Stufen durch Widerstandstransformation bei hohem Wirkungsgrad.
  $ü = \frac{N_1}{N_2} = \sqrt{\frac{Z_e}{Z_a}}$ $Z_a = Z_e \left(\frac{N_2}{N_1}\right)^2$
- Im Schaltbild ist erste Stufe als Basisschaltung wirksam. Primärwicklung von T2 wirkt als Arbeitswiderstand.
- Realisierung eines linearen Amplitudenganges über großes Frequenzspektrum nur bei kleinen Streuinduktivitäten und Wicklungskapazitäten möglich.

f'_{gu}, f'_{go}: Untere, obere Grenzfrequenz der einzelnen Stufen, n: Anzahl der Stufen

Grundschaltungen der Gegenkopplung – *Basic circuits of negative feedback*

- Gegenphasige Rückkopplung des Ausgangssignales von Verstärkern bewirkt Linearisierung und Stabilisierung der Verstärkung.
- Durch Gegenkopplung können die Verstärkereigenschaften v_u, v_i, r_e und r_a beeinflusst werden.
- Grundsätzliche Unterscheidung nach Strom- oder Spannungsgegenkopplung.
- Rückgeführtes Signal kann dem Eingang parallel als Gegenkopplungsstrom oder seriell als Gegenkopplungsspannung zugeführt werden.

Gegenkopplungsfaktor $k = \frac{u_{GK}}{u_a^*}$ bzw. $k = \frac{i_{GK}}{i_a^*}$

Gegenkopplungsgrad: $1 + k \cdot v$

$v_u^* = \frac{v_u}{1 + k \cdot v_u}$ $\qquad v_i^* = \frac{v_i}{1 + k \cdot v_i}$

Bei $v \gg 1$ gilt: $\qquad$ Bandbreite $B^* = B \cdot \frac{v}{v^*}$

$v_u^* \approx \frac{1}{k}$ bzw. $v_i^* \approx \frac{1}{k}$

Kennzeichnung der bei Gegenkopplung wirksamen Größen mit *.

Stromgegenkopplung

Strom-Serien-Gegenkopplung

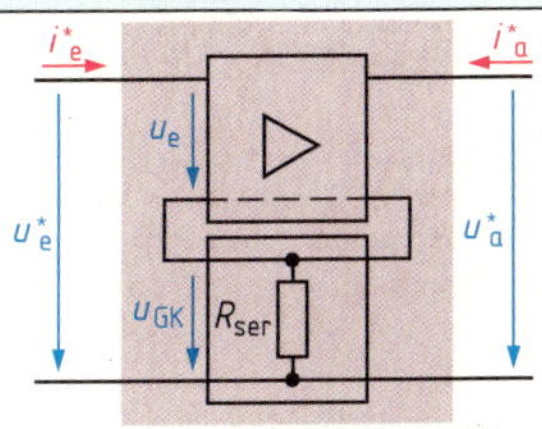

- Vergrößerung von r_e^* und r_a^*
- Reduzierung der Spannungsverstärkung v_u^*

Strom-Parallel-Gegenkopplung

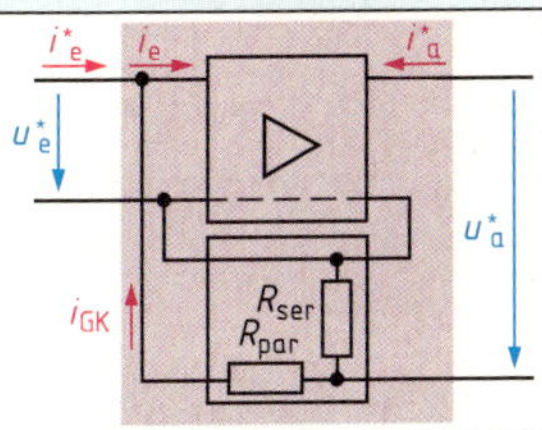

- Verkleinerung von r_e^*
- Vergrößerung von r_a^*
- Reduzierung der Stromverstärkung v_i^*

Spannungsgegenkopplung

Spannungs-Serien-Gegenkopplung

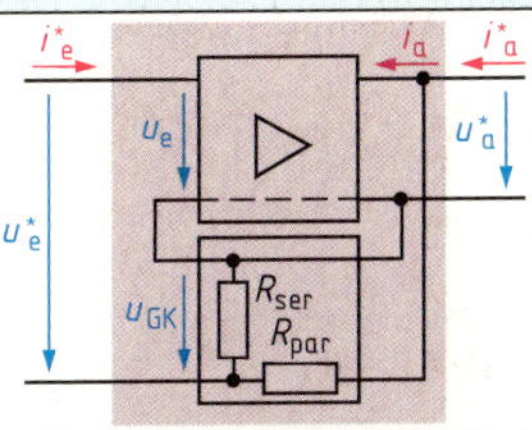

- Vergrößerung von r_e^*
- Verkleinerung von r_a^*
- Reduzierung der Spannungsverstärkung v_u^*

Spannungs-Parallel-Gegenkopplung

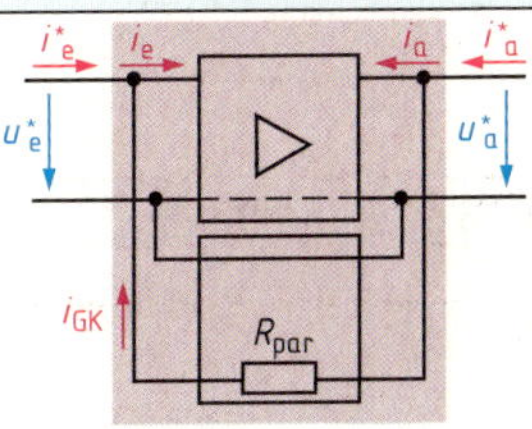

- Verkleinerung von r_e^* und r_a^*
- Reduzierung der Stromverstärkung v_i^*

Gegenkopplungsarten von Transistorschaltungen

Strom-Serien-Gegenkopplung

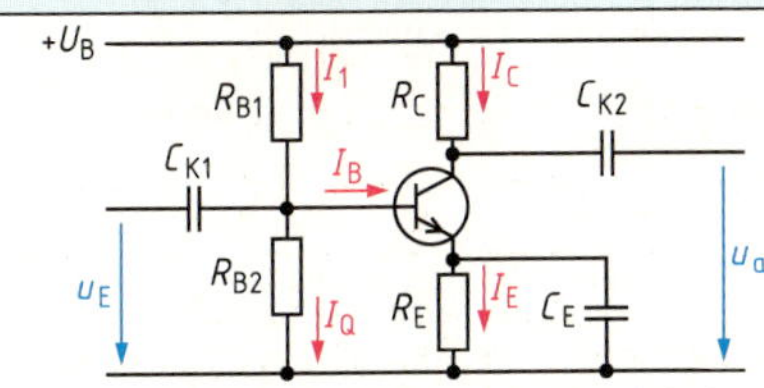

- Emitterwiderstand R_E stabilisiert den Arbeitspunkt gegen thermischen Einfluss.
- Emitterkondensator C_E hebt bei höheren Frequenzen Verstärkungsverlust auf.

$U_{RE} = \frac{1}{5} \dots \frac{1}{4}\, U_B$ $\qquad R_C$ = bei symmetrischem Arbeitspunkt

$C_E = \frac{r_{BE} + \beta \cdot R_E}{2\,\pi \cdot f_{gu} \cdot r_{BE} \cdot R_E}$ $\qquad R_C = \frac{U_B - (U_{RE} + U_{CEsat})}{I_{C,A}}$

$R_{B1} = \frac{U_B - (U_{BE} + U_{RE})}{I_Q + I_B}$ $\qquad R_{B2} = \frac{U_{BE} + U_{RE}}{I_Q}$

$r_e^* = (r_{BE} + \beta \cdot R_E) \parallel R_{B1} \parallel R_{B2} \cdot r_a^* \approx R_C$

$v_u^* \approx -\frac{R_C}{R_E}$

Spannungs-Parallel-Gegenkopplung

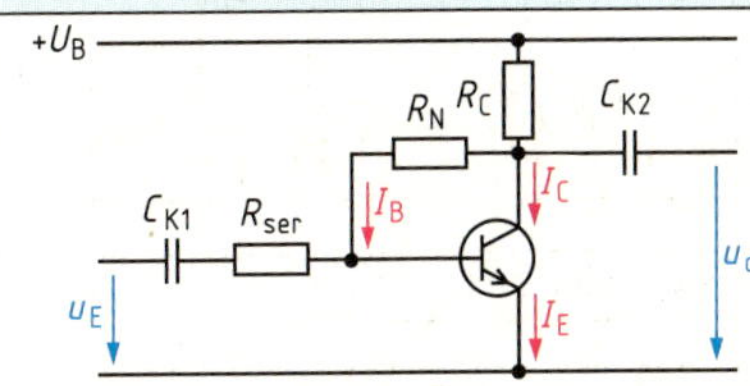

- Nebenwiderstand R_N stabilisiert den Arbeitspunkt gegen thermischen Einfluss.
- Serienwiderstand R_{ser} verhindert Kurzschluss der rückgekoppelten Spannung durch Signalquelle.

$R_N = \frac{U_{CE} - U_{BE}}{I_B}$ $\qquad R_C = \frac{U_B - U_{CE}}{I_C + I_B}$

$r_e^* \approx R_{ser}$ $\qquad r_a^* \approx \frac{R_C \parallel r_{CE}}{v_u} \cdot v_u^*$

$v_u^* \approx \frac{R_N}{R_{ser}}$

Großsignalverstärker (Leistungsverstärker) – *Power amplifier*

- Leistungsverstärker geben eine größtmögliche Signalleistung an den Verbraucher.
- Forderung nach Leistung, Verzerrungsfreiheit und hohem Wirkungsgrad.

Betriebsarten – Lage des Arbeitspunktes

A-Betrieb

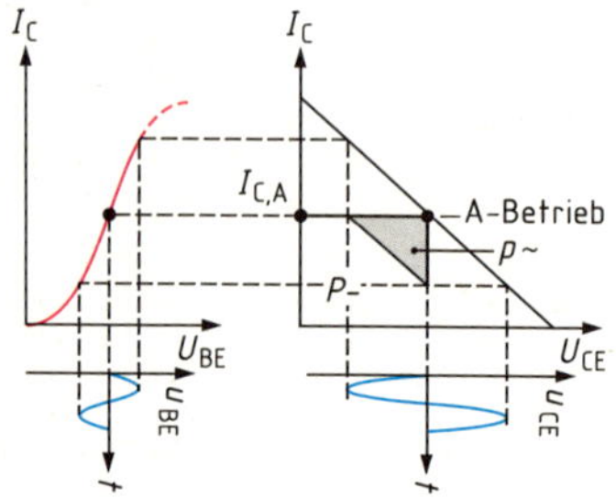

- Arbeitspunkt liegt in Kennlinienmitte. Beide Halbschwingungen der Eingangsspannung u_{BE} steuern aus.
- Kleiner linearer Aussteuerbereich.
- Hoher Ruhestrom, Wirkungsgrad $\eta \leq 50$ %.
- Wirkungsgrad $\eta = \dfrac{P_N}{P_=} \leq 50$ %.
- Geringer Klirrfaktor nur bei Kleinsignalbetrieb.

AB-, B-, C-Betrieb

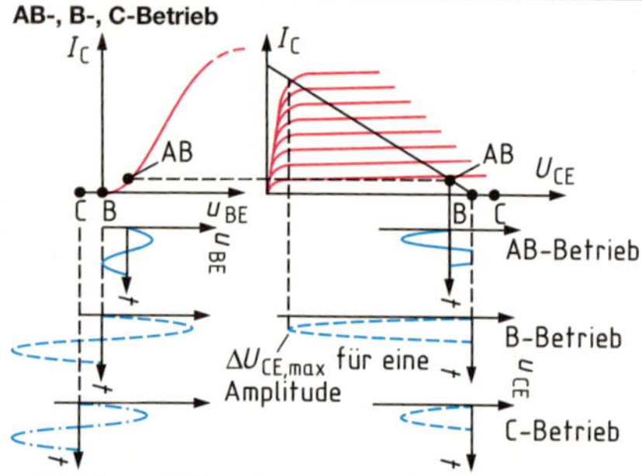

- Arbeitspunkt liegt im unteren Kennlinienbereich. Bei Aussteuerung nur Übertragung einer Signalhalbschwingung. Realisierung nur durch Gegentaktschaltungen möglich.
- Kleiner Ruhestrom.
- Wirkungsgrad $\eta = \dfrac{P_N}{P_=} \leq 78$ %.
- Verzerrungen größer als bei A-Betrieb.

Gegentaktverstärker – *Push-pull amplifier*

- Aufbau durch zwei komplementäre Transistoren in Kollektorschaltung.
- Einsatz vorzugsweise in Endstufen von Leistungsverstärkern.

Grundschaltung	Wirkungsweise

Gegentakt-B-Verstärker

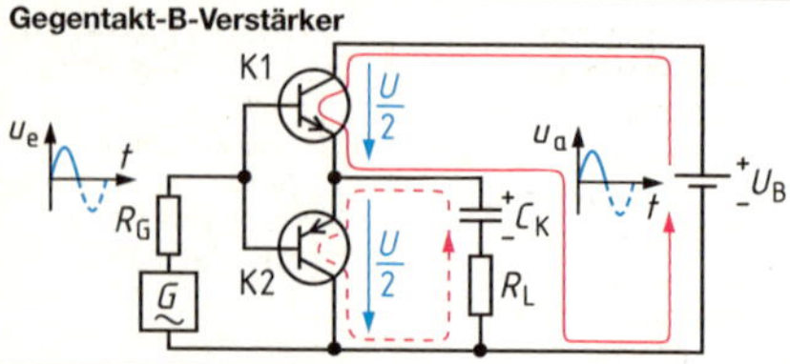

- Bei galvanisch gekoppelter Last sind zwei Betriebsquellen bzw. Betriebsquelle mit Mittelanzapfung erforderlich.
- C_K vermeidet gleichstrommäßigen Kurzschluss des Lastwiderstandes.
- Bei positivem Eingangssignal leitet K1 und lädt C_K mit auf. $P_{RLmax} \approx \dfrac{1}{8} \cdot \dfrac{U_B^2}{R_L}$
- Bei negativem Eingangssignal leitet K2 und C_K wird entladen. $C_K \approx \dfrac{1}{2\pi \cdot f_u \cdot R_L}$

Gegentakt-AB-Verstärker

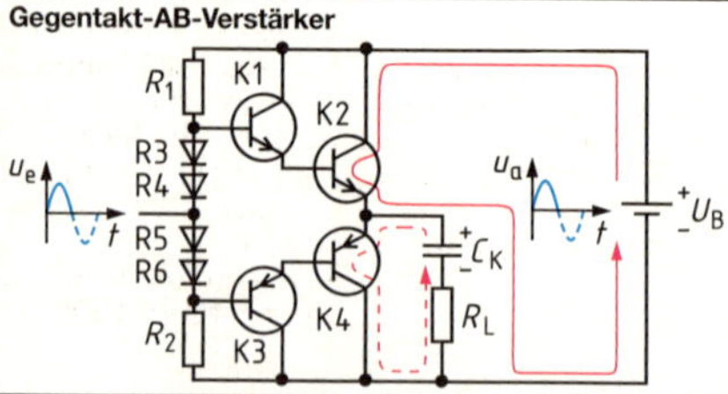

- AB-Betrieb vermeidet starke Verzerrungen bei kleinen Signalamplituden des B-Betriebes.
- Bedingt durch Transistor-Ruheströme ist der Wirkungsgrad ungünstiger als im B-Betrieb.
- Belastung der Signalquelle wird durch Darlington-Stufen gemindert.
- R3, R4 bzw. R5, R6 dienen zur Vorspannungserzeugung.

Quasi-Komplementär-Endstufe

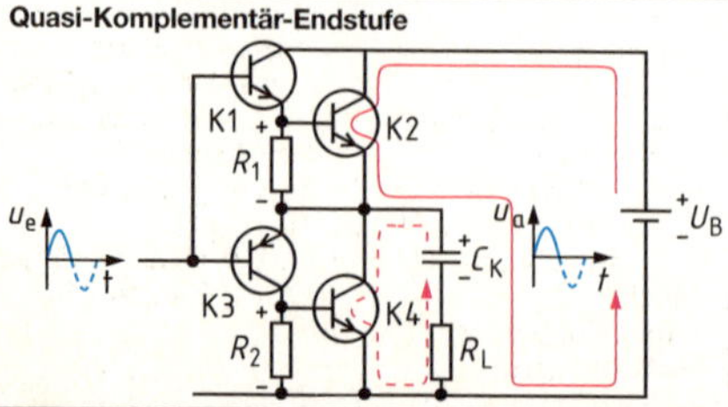

- Forderung bei Verstärkern hoher Leistung oft Einsatz von gleichen Endstufentransistoren K2 und K4.
- Komplementäre Steuertransistoren K1, K3 steuern gleiche Leistungstransistoren K2, K4.
- Wegen unsymmetrischer Eingangswiderstände treten Signalverzerrungen auf, die durch Gegenkopplung kompensiert werden.
- Aufbau von kompletten Verstärkern in integrierter Form, z. B. TDA 4935 mit 2 x 15 W, möglich.

Optoelektronische Bauelemente – *Opto-electronic components*

Schaltzeichen	Typische Kennlinie	Eigenschaften	Anwendung, Kennwerte
Fotowiderstand (**LDR**, **L**ight-**D**ependant-**R**esistor) 	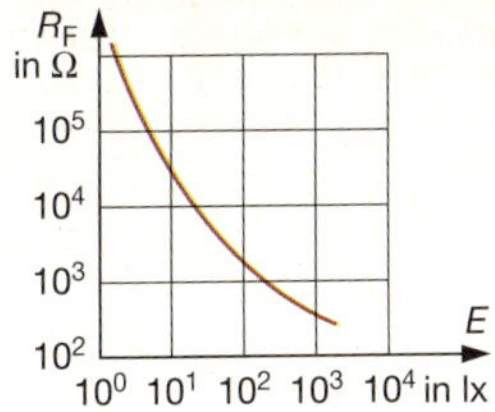	Passives Bauelement • Je nach Basismaterial empfindlich von 0,5…8 µm (UV- bis IR-Bereich) • höchste Lichtempfindlichkeit • sehr träge bei Helligkeitsänderung	• Einsatz im Gleich- und Wechselstromkreis • Beleuchtungsstärkemessung, Dämmerungsschalter • Betriebsspannung bis zu mehreren 100 V • Belastbarkeit bis 500 mW
Fotodiode 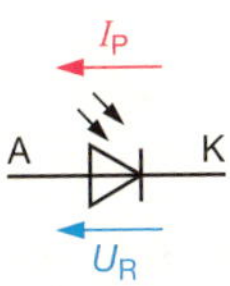	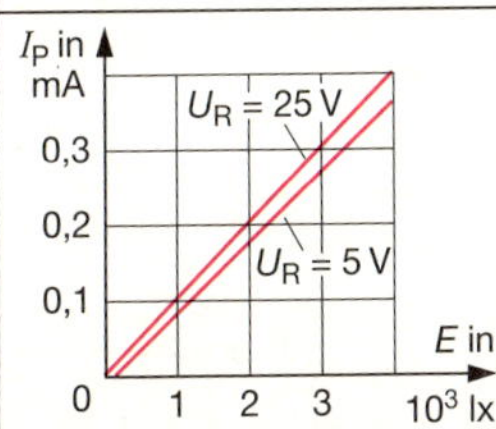	• Betrieb in Sperrrichtung • geringe Lichtempfindlichkeit • sehr kurze Ansprechzeit • Stromstärke annähernd proportional zur Beleuchtungsstärke	• Messaufgaben • Spannungen bis 25 V • Verlustleistung bis max. 150 mW • Grenzfrequenz bei ca. 500 MHz
Fototransistor 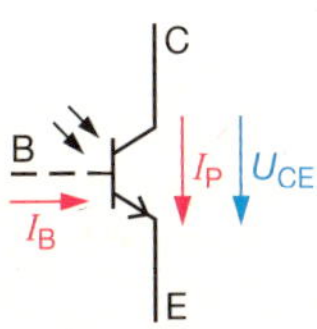	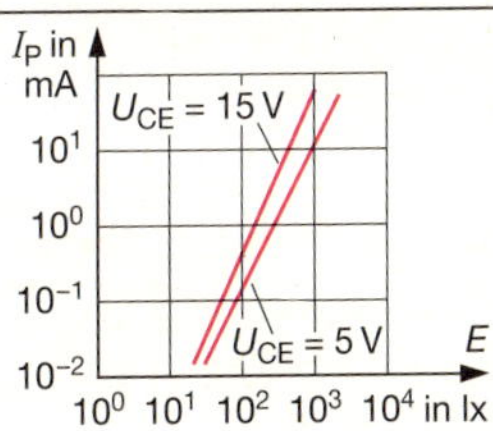	• Wirkungsweise wie Fotodiode mit Verstärker, daher 100- bis 500fach größere Empfindlichkeit • Einstellung des Arbeitspunktes mit dem Basisanschluss (nicht immer vorhanden)	• fotoelektronische Empfänger in Überwachungs- und Regelkreisen • Spannungen bis 30 V • Verlustleistung bis 200 mW • Grenzfrequenz bei ca. 0,5 MHz
Fotothyristor 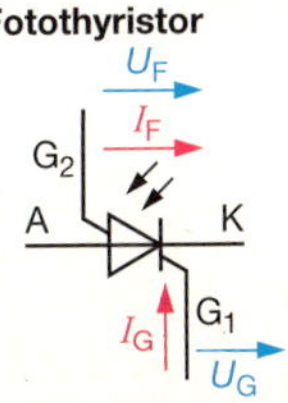	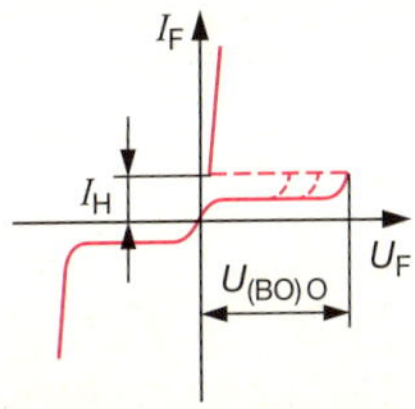	Zündung durch • Gatestrom oder • Lichtimpuls Löschen durch • Unterschreiten des Haltestromes oder • durch negativen Impuls auf Anodenanschluss	• Kleinleistungsbereich, Verlustleistungen bis 500 mW • Hochspannungstechnik, Zündung über Lichtwellenleiter (LWL), ≤ 4000 V, ≤ 10 A
Solarzelle (Fotoelement) 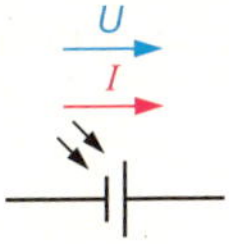	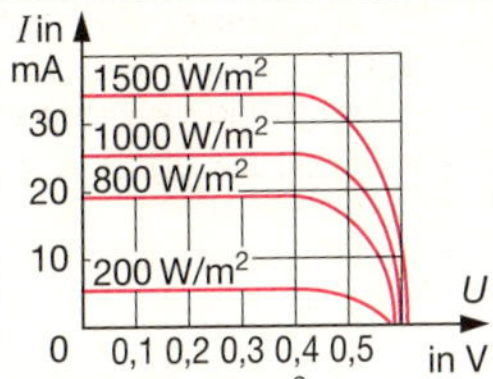Zellenfläche 1 cm²	Aktives Bauelement. Entnehmbare Leistung ist abhängig von • Lichtintensität, • Zellentemperatur und • Größe der aktiven Fläche	• Energiegewinnung aus Sonnenlicht • Serien- und Reihenschaltung ermöglicht Leistungen im kW-Bereich • Zellengröße 100 mm Ø • Leerlaufspg. ≤ 600 mV
Lumineszenzdiode (**LED**, **L**ight-**E**mitting-**D**iode) 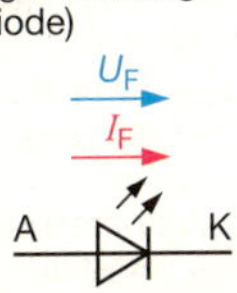	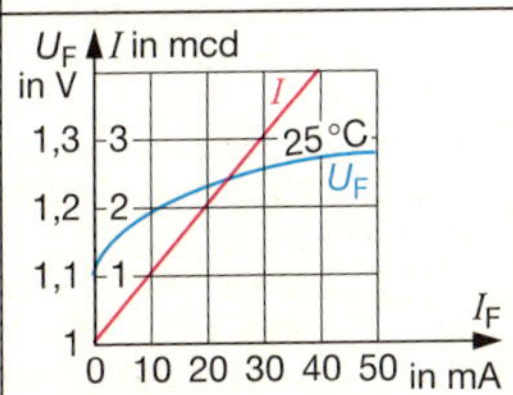I: Lichtstärke in Achsenrichtung	• Lichtaussendung im Durchlassbereich • robust, hohe Lebensdauer, klein • gering. Sperrspannung • modulierbar bis 20 MHz • Vorwiderstand erforderlich • rot, gelb, grün, blau, infrarot, weiß	• Anzeigen, Zeichen- und Ziffernddarstellung • Sender in Optokopplern, Lichtwellenstrecken, Infrarotsteuerungen • Durchlassstromstärken bis ca. 400 mA

Optoelektronische Bauelemente – *Opto-electronic components*

7-Segment-Anzeige

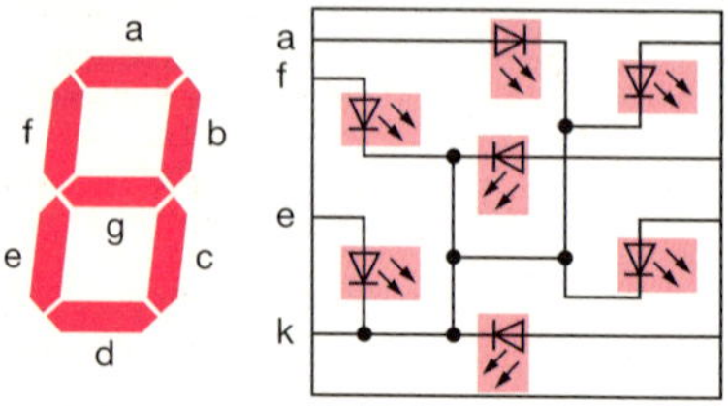

0123456789

- Zusammengesetzt aus einzelnen LEDs; mit gemeinsamer Anode bzw. Katode verfügbar.

Laserdiode

Light **A**mplification by **S**timulated **E**mission of **R**adiation

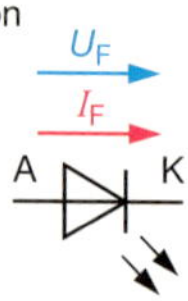

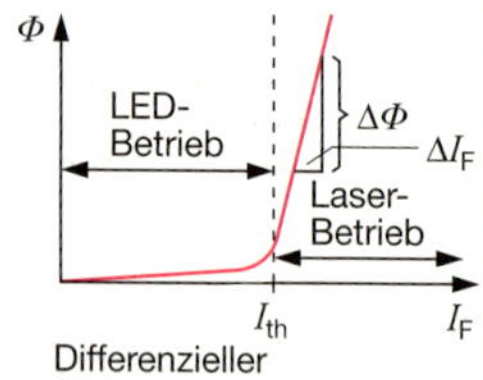

Differenzieller Wirkungsgrad: $\Delta\Phi/\Delta I_F$

- LED mit Laserresonator emittiert Laserstrahlung
- Farben: rot, gelb, grün, infrarot
- Gefahr der Augenschädigung!
- Anwendung bei LWL-Sendern, Laserdruckern, CD-/DVD-Geräten

Fotovoltaisches Relais (PVR)

- Aufbau ähnlich Optokoppler
- Fotovoltaischer Generator (mehrere Fotodioden in Reihe) steuert einen BOSFET (Bidirectional-Output-Switch-Field-Effect-Transistor)
- Zwei Systeme im DIL-Gehäuse

Steuerstrom I_F	≥ 2 mA
Steuerspannung U_F	≥ 1,5 V
Max. Laststrom I_{Amax}	1 A
Max. Lastspannung U_{Dmax}	300 V
Durchlasswiderstand (s. Kennlinie)	10…30 Ω
Thermospannung	0,2 µV
Sperrwiderstand	10^{10} Ω

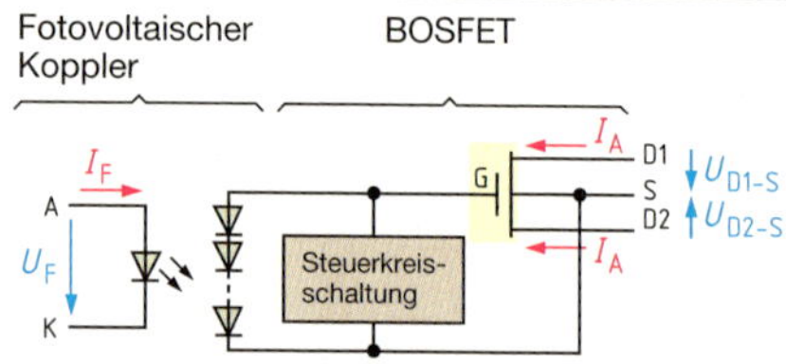

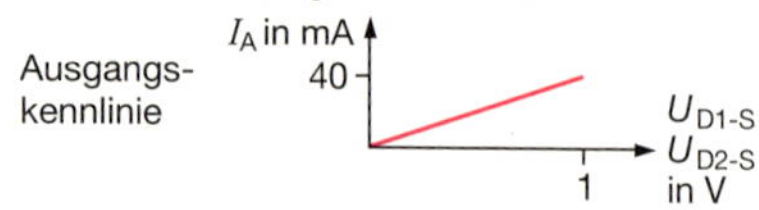

Vakuum-Fluoreszenz-Anzeigen (VF-Anzeigen)

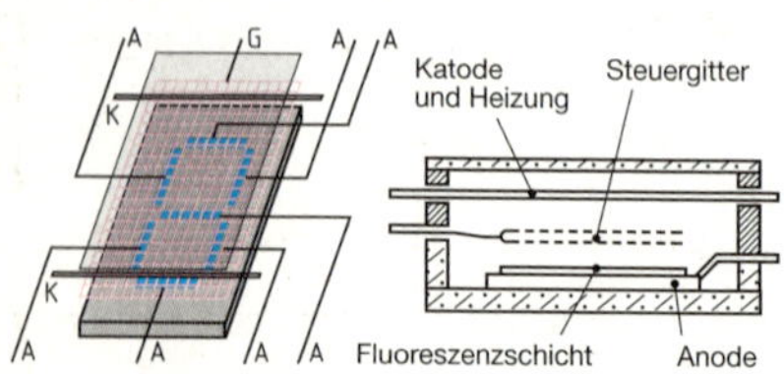

- Aufbau und Funktion wie direktgeheizte Triode
- Anoden leuchten, wenn Anoden an Pluspotenzial liegen und Gitter gegen Katode positiv
- Gitter gegen Katode negativ: Segment dunkel
- Segmentanode abgeschaltet: Segment dunkel
- **Farben**: blau/grün, grün, gelb, rot, orange (je nach Anodenbeschichtung)
- **Betriebsspannung** (Anodenspannung): 25…50 V

Optokoppler

Kenngrößen

CTR: Koppelfaktor, auch Stromübertragungsverhältnis; (**CTR**: **C**urrent-**t**ransfer-**r**atio)

$$CTR = \frac{I_C}{I_F} \text{ (in \%) bei } I_F = 10 \text{ mA und } U_{CE} = 5 \text{ V}$$

U_{ISOL}:	Isolationsprüfspannung	(max. ≈ 10 kV)
I_F:	Dioden-Durchlassstrom	(max. ≈ 80 mA)
I_C:	Kollektorstrom	(max. ≈ 100 mA)
f_g:	Grenzfrequenz	(typ. 250 kHz)

Ausführungen

Schaltung	Bemerkung
A 1, K 2 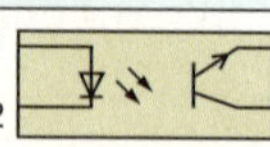 4 E, 3 C	Basisanschluss nicht vorhanden
A 1, K 2, 3 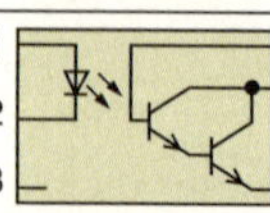 6 B, 5 C, 4 E	Darlington-Fototransistor $\frac{I_C}{I_F} > 500\ \%$
A 1, K 2, 3 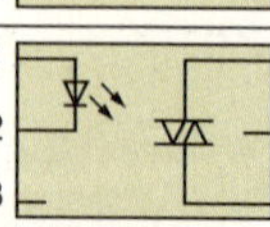 6 A2, 5, 4 A1	Triac-Koppler, Schaltverhalten, für Wechselspannung, Spitzensperrspannung bis 600 V

Lichtschranken – *Light barriers*

Betriebsarten

Einwegbetrieb

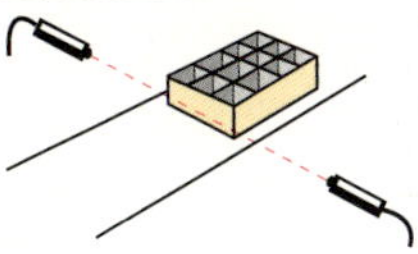

- Sender und Empfänger in getrennten Gehäusen
- Unterbrechung des Lichtstrahls löst Schaltvorgang aus
- Reichweite bis 100 m

Reflexionsbetrieb

- Sender und Empfänger meist in einem Gehäuse
- Das Objekt ist Reflektor.
- Montageaufwand geringer
- Reichweite bis ca. 4 m

Systemarten

Faseroptische Lichtschranken

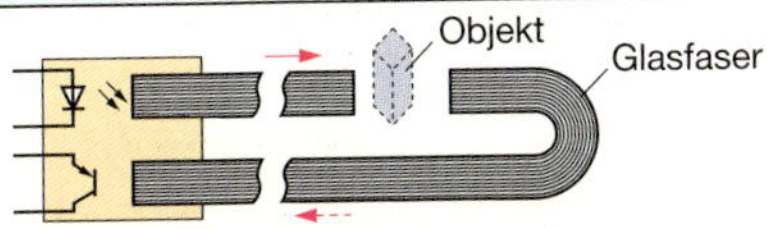

- Lichttransport zu sonst unzugänglichen Orten
- Explosionsschutz möglich
- Erkennung sehr kleiner Objekte (< 0,5 mm)

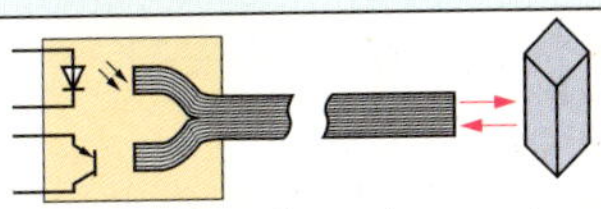

- Sende- und Empfangsfasern im gemeinsamen
- LWL-Kabel
  Verlauf der Fasern im Kabel bewirkt diffusen Lichtaus-/eintritt am Kabelende.

Doppel-Einweg-Lichtschranke

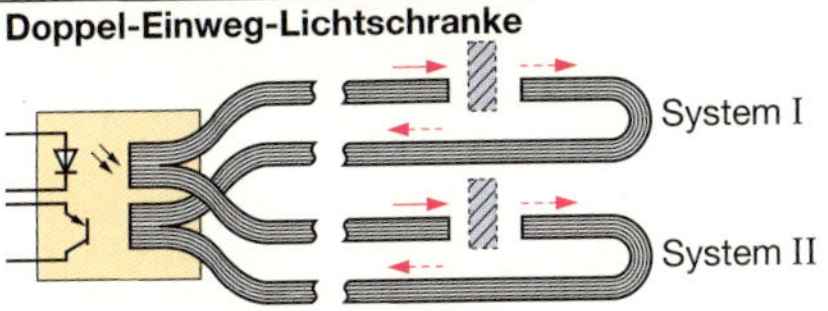

- Sende- und Empfangsfasern je zur Hälfte in zwei getrennten LWL-Kabeln
- Zwei Objekte maximal werden gleichzeitig erfasst.
- Optische ODER-Verknüpfung

Doppel-Reflexions-Lichtschranke

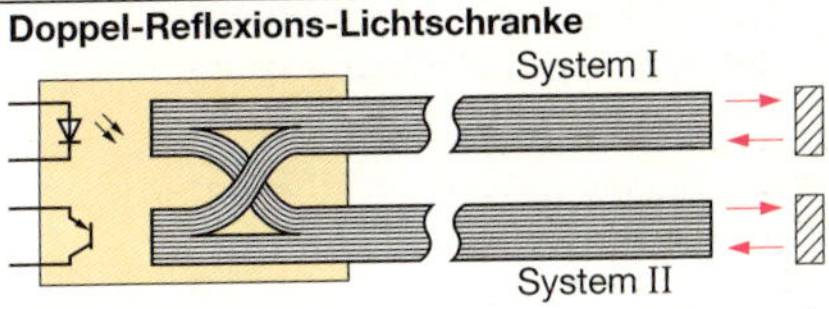

- Sende- und Empfangsfasern je zur Hälfte in zwei getrennten LWL-Kabeln
- Zwei Objekte werden maximal gleichzeitig erfasst.
- Optische ODER-Verknüpfung

Linsenoptische Lichtschranken

Hintergrundausblendung

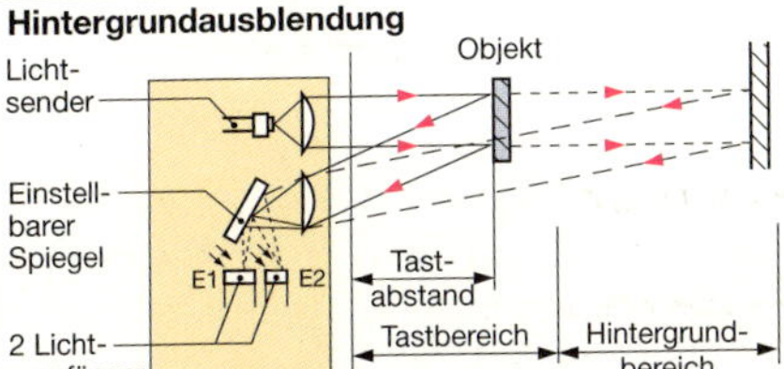

- Hintergrund kann Tastergebnis verfälschen.
- Messung mit zwei Empfängern, die Licht vom Objekt und vom Hintergrund erhalten.
- Auswertung: Lichtanteil an E1 größer bedeutet, dass Objekt vorhanden ist.

Störlicht-ausblendung

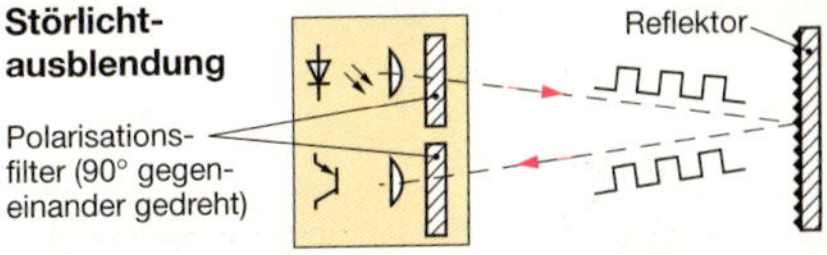

- Optik mit Lichtpolarisation und gepulstem Licht
- Sender und Empfänger synchron gepulst
- Polarisationsebenen von Sender und Empfänger um 90° gedreht
- Reflektor dreht Lichtpolarisation ebenfalls um 90°.
- Es wird nur Licht vom eigenen Sender empfangen.
- Hohe Funktionssicherheit
- Material, das nicht die Polarisationsebene dreht, wird als Objekt erkannt.

Lumineszenzabtastung

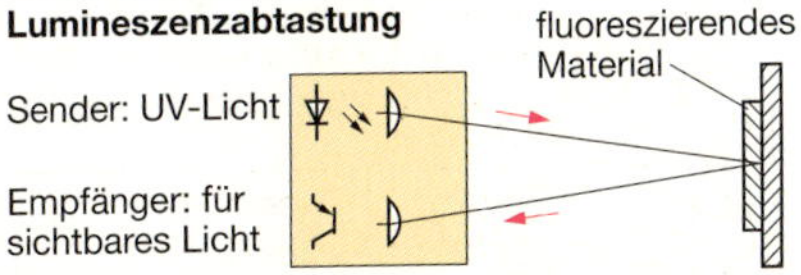

- Erkennen der Vollständigkeit von Schichten (z.B. von Flüssigkeiten auf Oberflächen)
- Sender gibt UV-Licht ab, das von einer lumineszierenden Beimischung in der Schicht in sichtbares Licht umgewandelt wird.
- Fremdlichtausblendung: Sender und Empfänger synchron gepulst

Optischer Distanzsensor

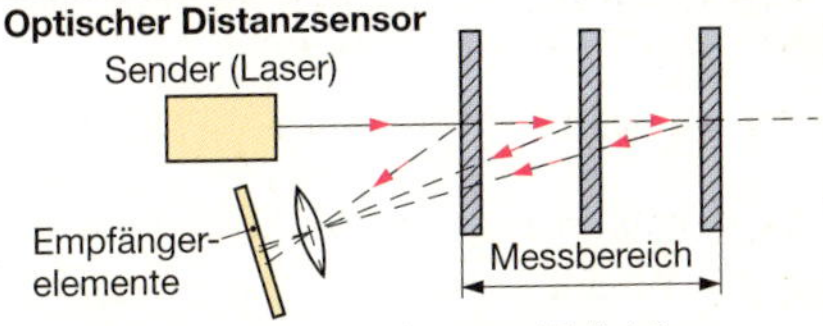

- Empfängerelemente liefern zwei Teilströme, deren Höhe von der Position des Lichtflecks bestimmt wird.
- Analoges, abstandsproportionales Ausgangssignal zwischen 1…10 V
- Messbereich: ca. 0,2…1 m

Magnetfeldabhängige Bauelemente – *Magnetic field-dependent components*

Hallgenerator

Halleffekt

Ein Halbleiterplättchen wird von einem Steuerstrom I_1 durchflossen und von einem Magnetfeld durchsetzt. Eine Spannung U_2 (Hallspannung) entsteht an den Anschlüssen 3–4.

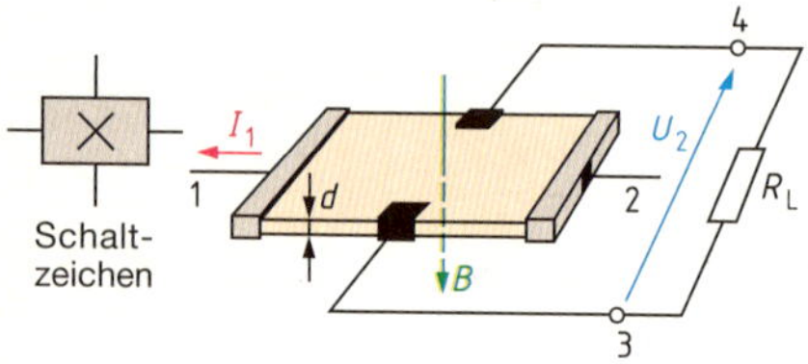

Lineare Anpassung

Abschlusswiderstand für lineare Anpassung R_{LL}: Widerstand R_L, bei dem Linearität zwischen der steuerstrombezogenen Hallspannung U_2/I_1 und dem Steuerfeld erreicht wird.

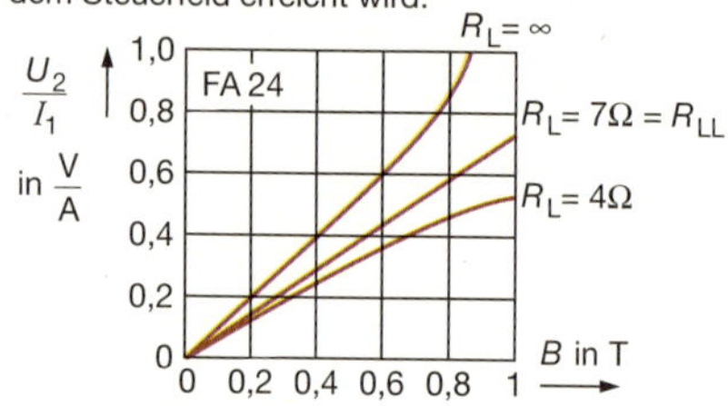

Lineare Anpassung mit R_L

Charakteristische Größen

- Leerlaufhallspannung U_{20}: Spannung U_2 bei $R_L = \infty$, Nenninduktion (z.B. 1 T) und Nennsteuerstrom I_{1N}.

$U_{20} = \frac{R_h}{d} \cdot I_1 \cdot B$ in V   Typ. Werte: 50 … 1000 mV

- Hallkonstante R_h: Material- und formgebungsabhängige Konstante
- Induktionsempfindlichkeit K_{BO}: Material- und formgebungsabhängige Konstante

$K_{BO} = \frac{U_{20}}{I_{1N} \cdot B}$ in $\frac{V}{AT}$ Typ. Wert: 0,5 … 100 $\frac{V}{AT}$

Steuerbemessungsstrom I_{1N},   Typ. Wert: 10 … 400 mA

Anwendung

- Feldregelung
- Signalgabe
- Multiplikation
- Feldmessung (auch bei tiefen Temperaturen)

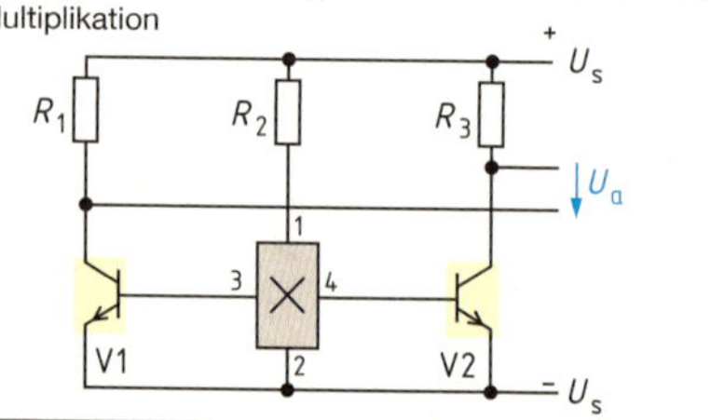

Feldplatte

Aufbau

Der Widerstandswert eines Halbleitermaterials nimmt bei wachsendem magnetischen Feld beliebiger Polarität zu. Die Struktur des Materials bewirkt Umlenken der Strombahnen bei Feldeinwirkung. Bei konstanter Feldstärke sind Strom und Spannung linear. Mit der Gestaltung des Mäanders wird der Grundwiderstand R_o beeinflusst.

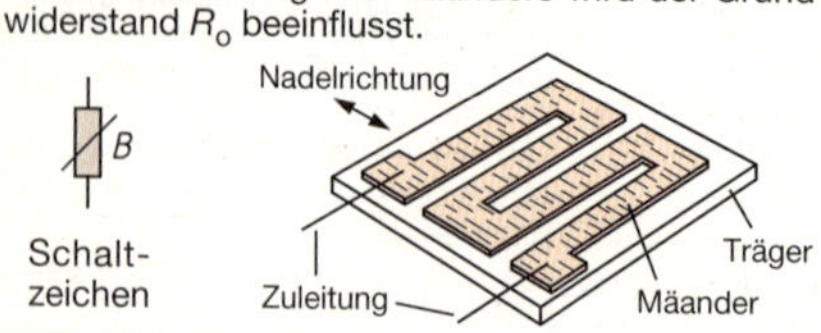

Charakteristische Größen

- Grundwiderstand R_o: Widerstand der Feldplatte ohne Einwirkung eines Magnetfeldes
- Widerstand R_B im Magnetfeld: Widerstand bei senkrecht einwirkendem Magnetfeld

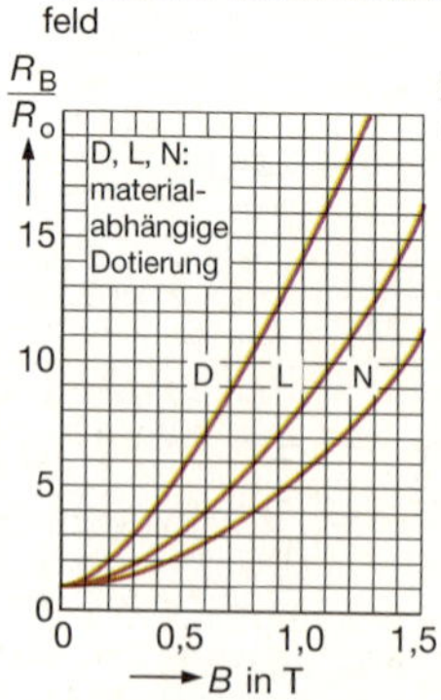

Widerstandsverhältnis $R_B/R_o = f(B)$

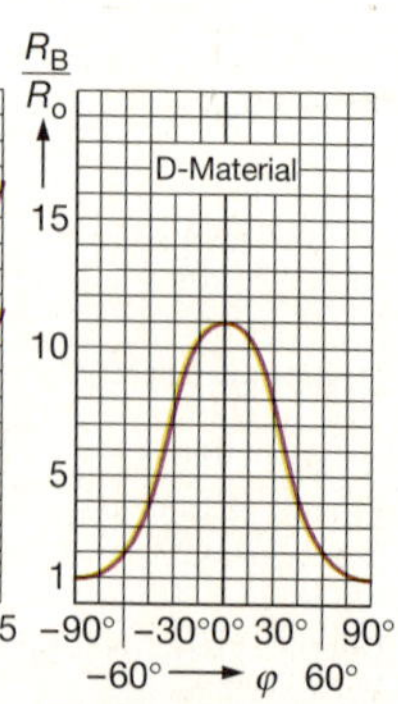

Widerstandsverhältnis $R_B/R_o = f(\varphi)$
φ: Neigungswinkel des Magnetfeldes (D-Halbleitermaterial)

Anwendung

- Positionserfassung
- Drehzahl- und Drehsinnerfassung
- Winkelschrittgeber
- Potenziometer

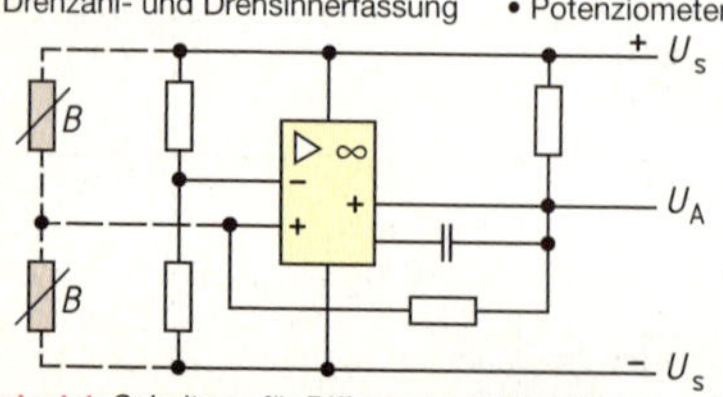

Beispiel: Schaltung für Differenzial-Feldplatten-Positionssensoren

Operationsverstärker – *Operational amplifiers*

Aufbau

Operationsverstärker enthalten einen Differenzverstärker und einen nachgeschalteten, meist mehrstufigen Verstärker.

Blockschaltbild

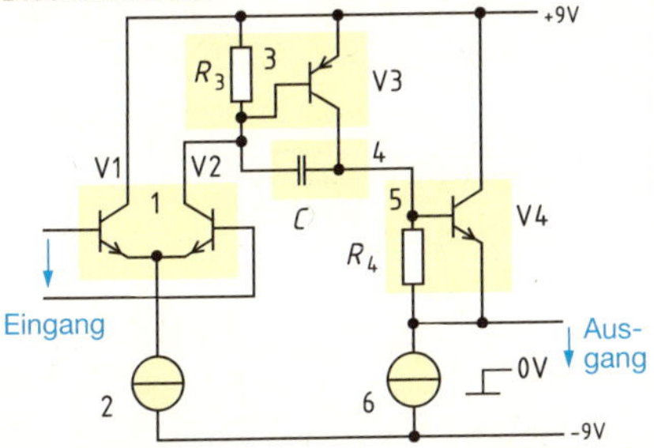

1: Diff.-Verstärker
2,6: Konstantstromquellen
3: Verstärkerstufe
4: Komp.-Kapazität
5: Ausgangsstufe

Frequenzverhalten

Infolge interner Phasendrehung bei hohen Frequenzen besteht Schwingneigung.
Daher ist eine Reduzierung der Verstärkung um 20 dB/Dekade mittels C_K und R notwendig (häufig bereits intern vorhanden).

Frequenzkompensation

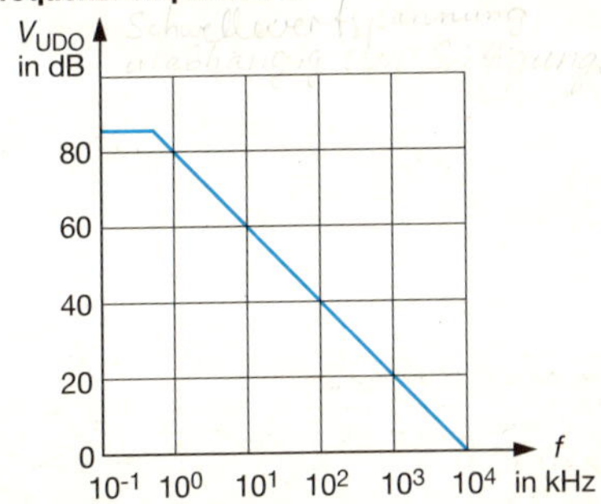

Schaltzeichen

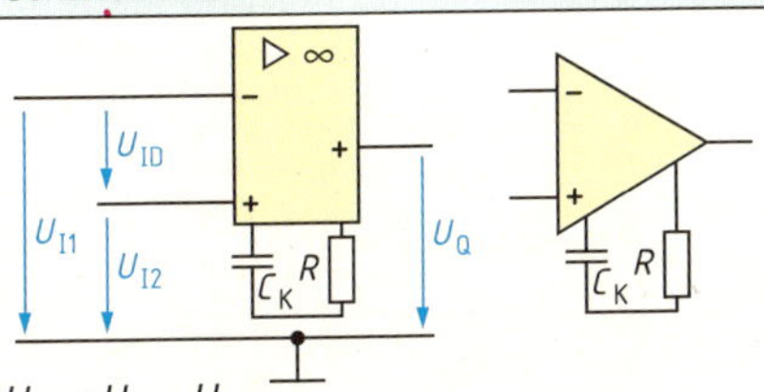

$U_{ID} = U_{I1} - U_{I2}$

Darstellung: einpolig, ohne Speisespannungsanschlüsse
–: Invertierender Eingang
+: Nichtinvertierender Eingang
C_K, R: Frequenzkompensation
U_{ID}: Differenz-Eingangsspannung

Übertragungskennlinie

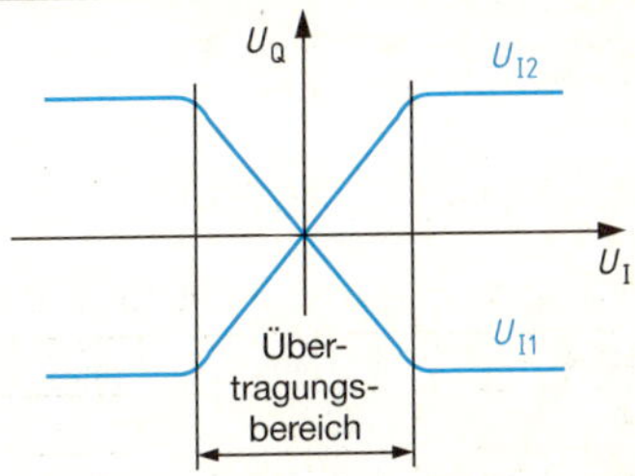

Anwendungsbereiche

Industrielle Elektronik, Regelungstechnik, NF-Technik

Begriff, Formelzeichen	Definition	Beziehung	Typ. Werte
Eingangs-Null-Spannung (input-offset-voltage) U_{I0}	Spannungsdifferenz, die an den Eingängen angelegt werden muss, damit die Ausgangsspannung Null ist.	$U_{I0} = U_{I1} - U_{I2}$ bei $U_Q = 0\,V$ und Generatorwiderstand $R_G = 50\,\Omega$	max. ± 6 mV
Gleichtakt-Eingangsspannung (common mode input voltage) U_{IC}	Arithmetischer Mittelwert der Eingangsspannungen, wenn die Ausgangsspannung Null ist.	$U_{IC} = \frac{U_{I1} + U_{I2}}{2}$	
Eingangs-Null-Strom (input-offset-current) I_{I0S}	Differenz der Eingangsströme im Arbeitsbereich, wenn die Ausgangsspannung Null ist.	$I_{I0S} = I_{I1} - I_{I2}$	80 nA
Eingangs-Ruhestrom (input-bias-current) I_I	Mittlerer statischer Eingangsstrom, der für die Funktion des OP notwendig ist.	$I_I = \frac{I_{I1} + I_{I2}}{2}$	80 nA
Differenz-Leerlaufspannungs-Verstärkung (open-loop-voltage-gain) v_{UD0}	Verstärkung einer Differenz-Eingangsspannung ohne Gegenkopplung	$v_{UD0} = \frac{U_Q}{U_{ID}}$ $= 20 \log \frac{U_Q}{U_{ID}}$ in dB	80 dB
Gleichtakt-Leerlaufspannungs-Verstärkung (common-mode-voltage-gain) v_{UC0}	Verhältnis der Ausgangsspannung zur Gleichtakt-Eingangsspannung	$v_{UC0} = \frac{U_Q}{U_{IC}}$	

Schaltungen mit Operationsverstärkern – *Circuits with operational amplifiers*

Invertierer

$$U_A = -U_E \frac{R_2}{R_1}$$

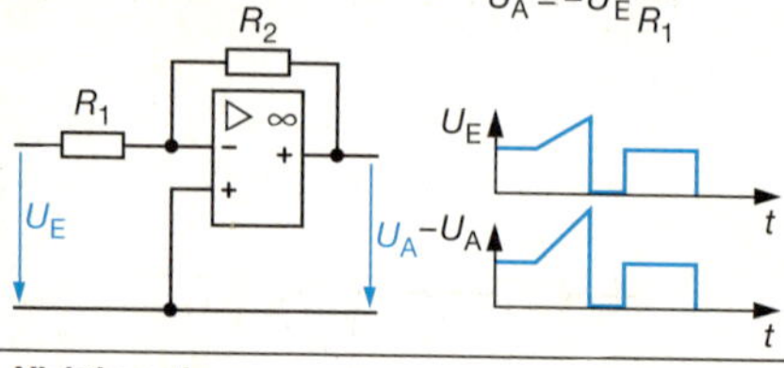

Impedanzwandler

$$U_A = U_E$$

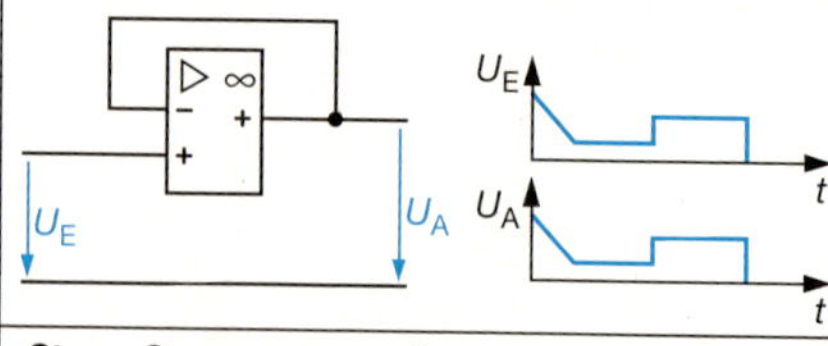

Nichtinvertierer

$$U_A = U_E \left(1 + \frac{R_2}{R_1}\right)$$

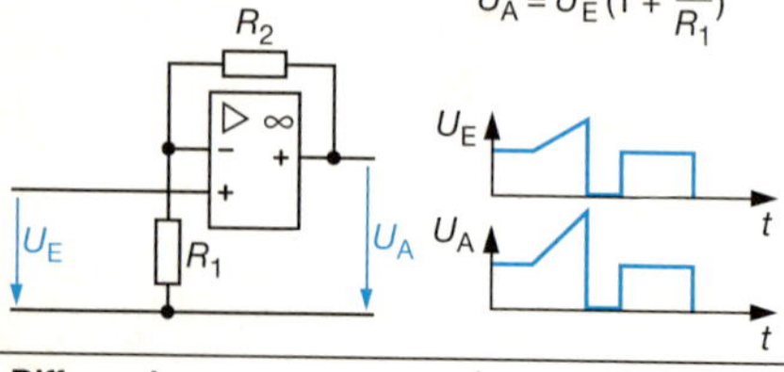

Strom-Spannungswandler

$$U_A = -I_E \cdot R_2$$

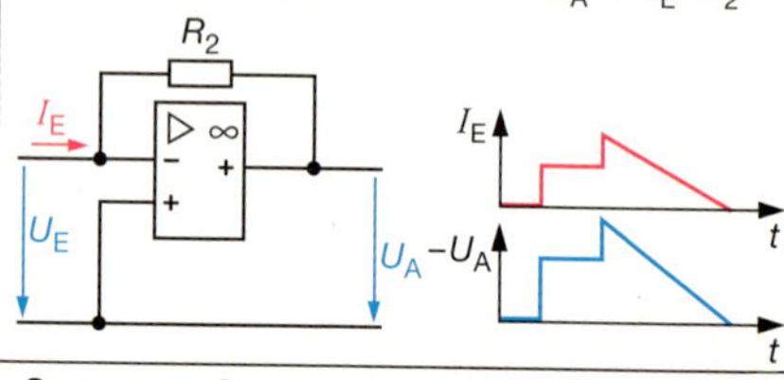

Differenzierer
Differenzierer als Hochpass

$U_E \sqcap$: $U_A = -\frac{\Delta U_E}{\Delta t} \cdot R_2 \cdot C_1$

$U_E \sim$: $U_A = -U_E \cdot R_2 \cdot \omega \cdot C_1$

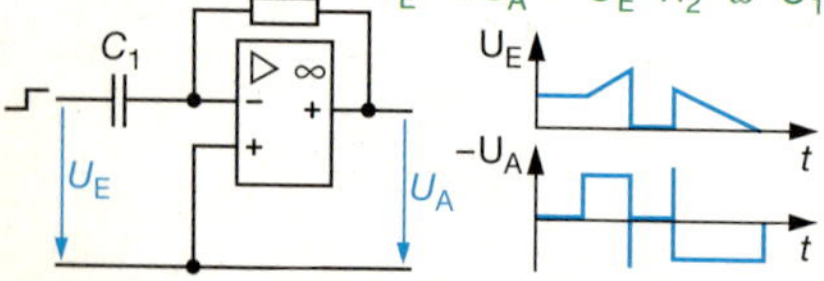

Spannungs-Stromwandler

$$I_A = \frac{U_E}{R_1}\left(1 + \frac{R_2}{R_3}\right)$$

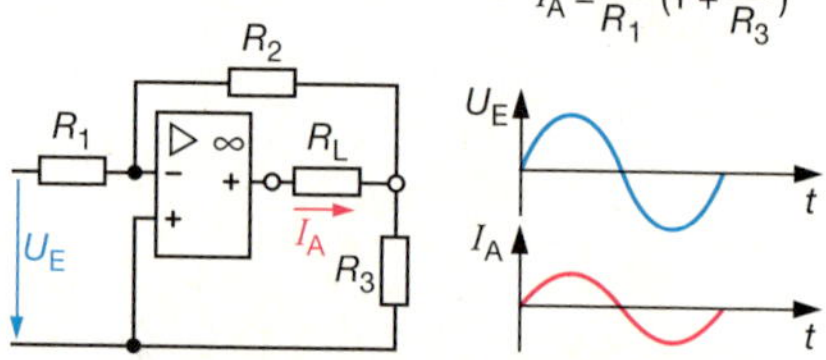

Integrierer
Integrierer als Tiefpass

$U_E \sqcap$: $\Delta U_A = -U_E \cdot \Delta t \frac{1}{R_1 \cdot C_1}$

$U_E \sim$: $U_A = -U_E \frac{1}{R_1 \cdot \omega \cdot C_1}$

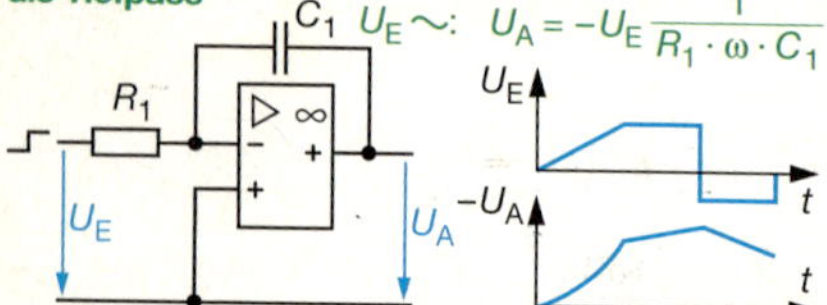

Spannungs-Komparator, mit und ohne Hysterese

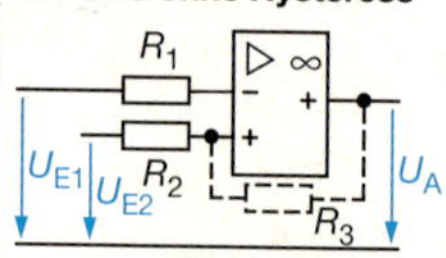

$$U_{Hy} = \frac{R_2}{R_2 + R_3} \cdot \Delta U_A$$

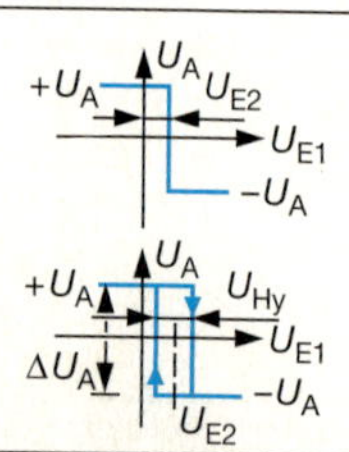

Summierverstärker

$$U_A = -R_3\left(\frac{U_{E1}}{R_1} + \frac{U_{E2}}{R_2}\right)$$

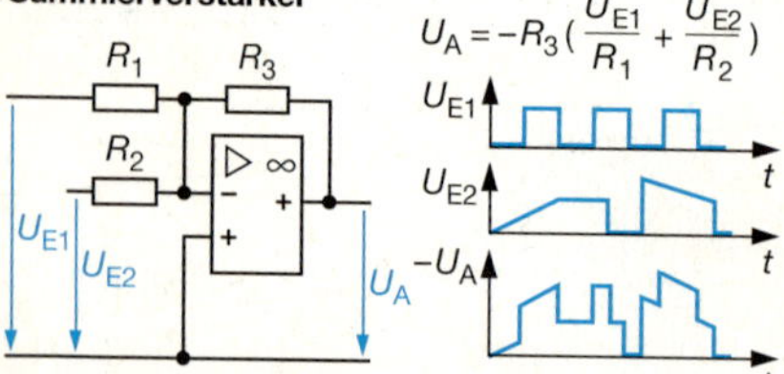

Bistabiler Multivibrator

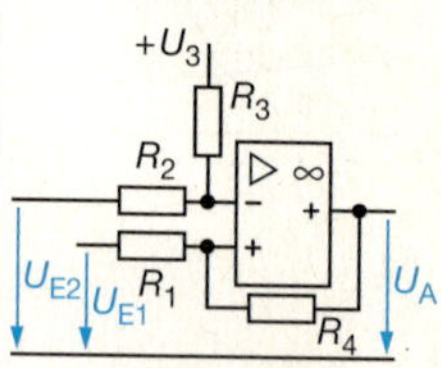

Setzen: an U_{E1}

Rücksetzen: an U_{E2}

Differenzverstärker

$$U_A = U_{E2} \frac{R_4 (R_1 + R_3)}{R_1 (R_2 + R_4)} - U_{E1} \frac{R_3}{R_1}$$

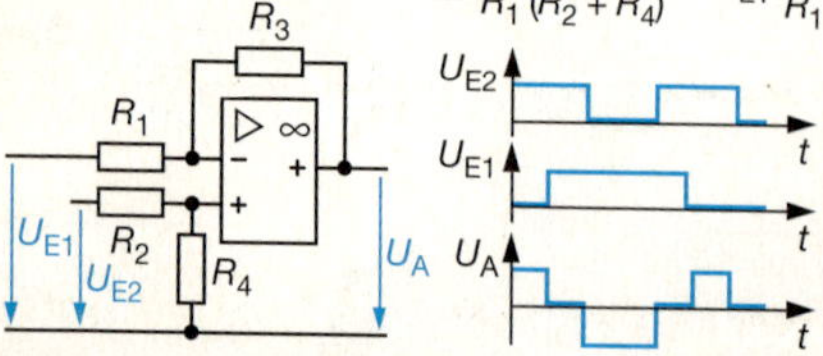

Astabiler-Multivibrator

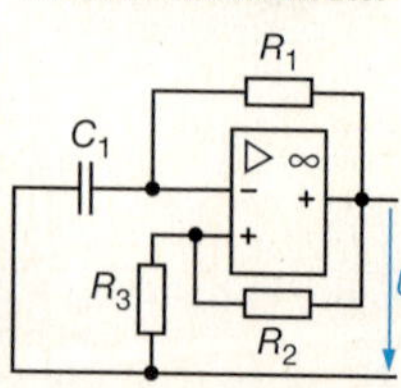

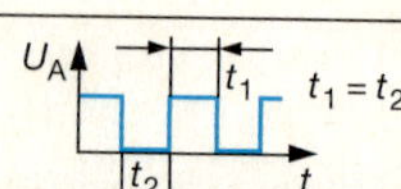

$t_1 = t_2$

$T = t_1 + t_2$

$T = 2R_1C_1 \ln\left(1 + \frac{2R_3}{R_2}\right)$

$R_1 = \frac{R_2 \cdot R_3}{R_2 + R_3}$

Aktive Filter – *Active filters*

Tiefpass 1. Ordnung

A_0: Verstärkung bei $f = 0$ Hz
f_g: Grenzfrequenz

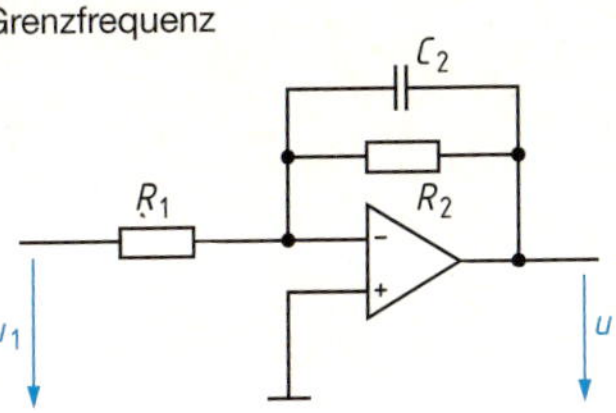

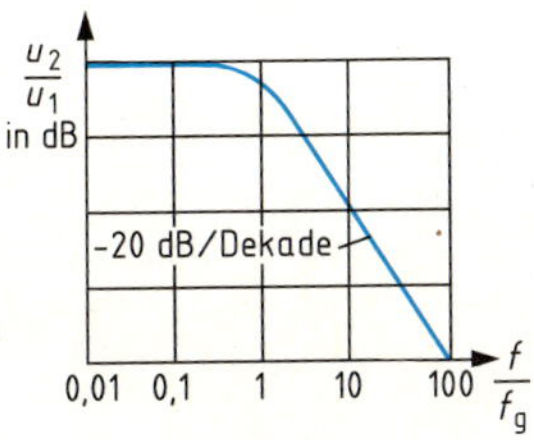

$$A_0 = -\frac{R_2}{R_1}$$

$$f_g = \frac{1}{2\pi \cdot R_2 \cdot C_2}$$

Hochpass 1. Ordnung

A_∞: Verstärkung bei $f \gg f_g$
f_g: Grenzfrequenz

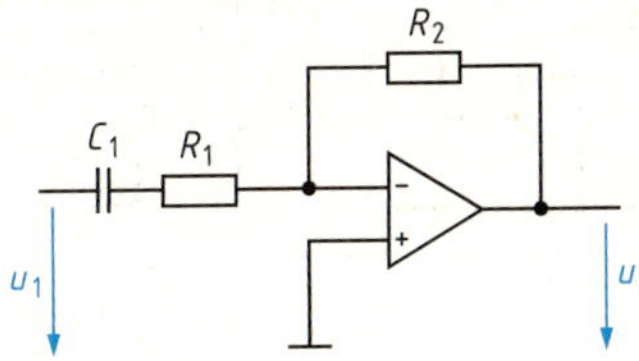

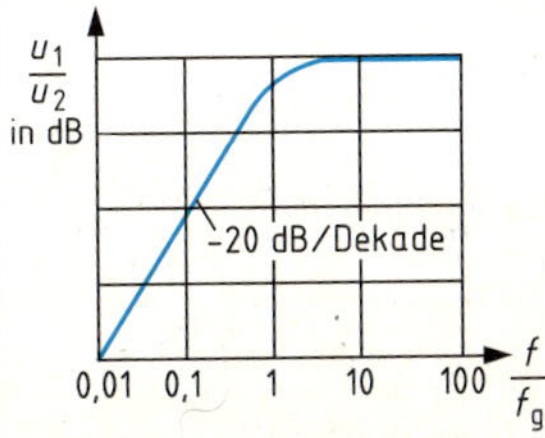

$$A_\infty = -\frac{R_2}{R_1}$$

$$f_g = \frac{1}{2\pi \cdot R_1 \cdot C_1}$$

Tiefpass 2. Ordnung

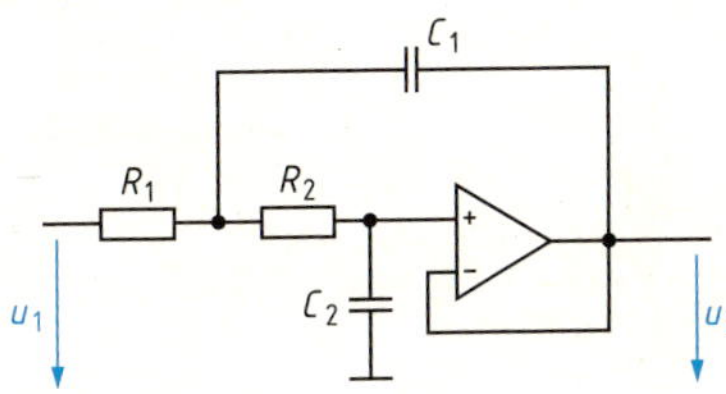

$$f_g = \frac{1}{2\pi\sqrt{R_1 \cdot R_2 \cdot C_1 \cdot C_2}} \qquad A_0 = 1$$

Abfall: – 40 dB/Dekade

Hochpass 2. Ordnung

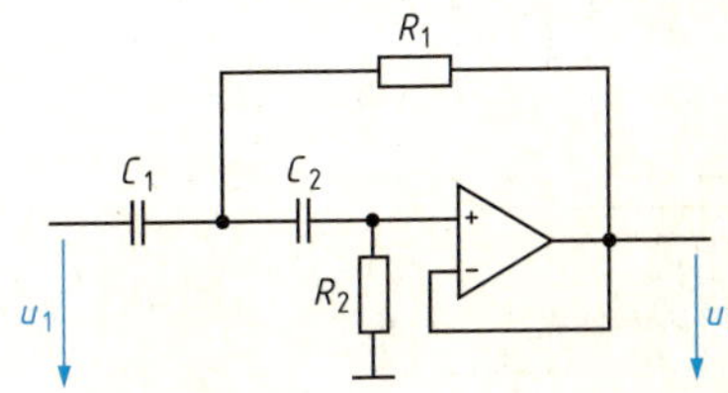

$$f_g = \frac{1}{2\pi\sqrt{R_1 \cdot R_2 \cdot C_1 \cdot C_2}} \qquad A_\infty = 1$$

Anstieg: 40 dB/Dekade

Bandpass aus Tief- und Hochpass

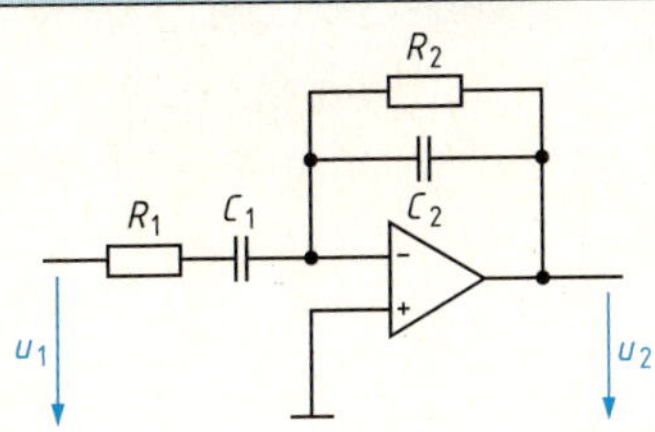

$f_{g1} = f_{g2}$

Resonanzfrequenz: $f_0 = \dfrac{1}{2\pi \cdot R_1 \cdot C_1}$

$f_0 = \dfrac{1}{2\pi \cdot R_2 \cdot C_2}$

Verstärkung bei f_0: $A = -\dfrac{R_2}{2R_1}$

Bandpass mit Mehrfachgegenkopplung

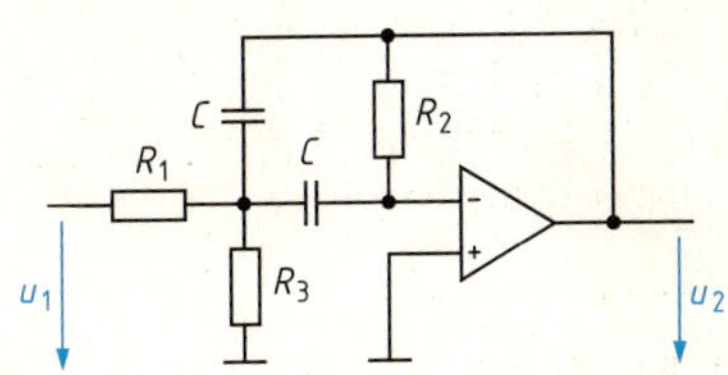

Resonanzfrequenz: $f_0 = \dfrac{1}{2\pi C}\sqrt{\dfrac{R_1 + R_3}{R_1 R_2 R_3}}$

Verstärkung bei f_0: $A = -\dfrac{R_2}{2R_1}$

Sinusoszillatoren – *Sine-wave oscillators*

Prinzip der Schwingungserzeugung

v: Verstärkungsfaktor
k: Rückkopplungsfaktor
$v \cdot k = 1$ (komplexe Größen, Amplituden- und Phasenlage spielen eine Rolle)

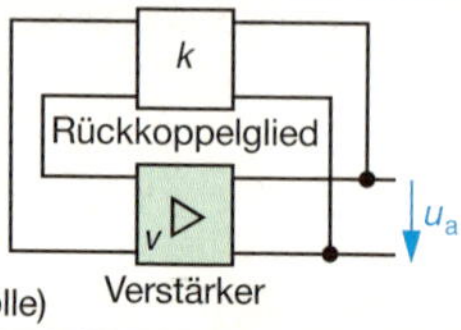

Amplitudenbedingung: Amplitude der zurückgeführten Spannung muss so groß sein, dass alle Wirkverluste ausgeglichen werden.

Phasenbedingung: Die Phasenlage der zurückgeführten Spannung muss so sein, dass nach der Verstärkung die Phasenlage von u_a wieder erreicht wird.

Meißner-Oszillator

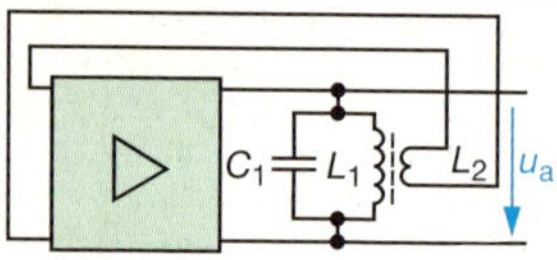

Colpitts-Oszillator

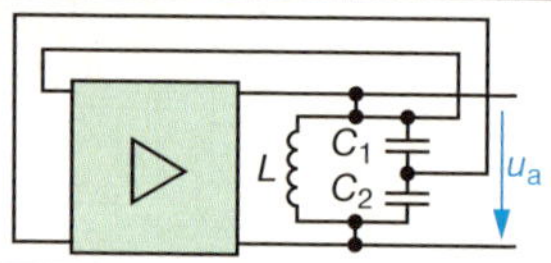

Hartley-Oszillator

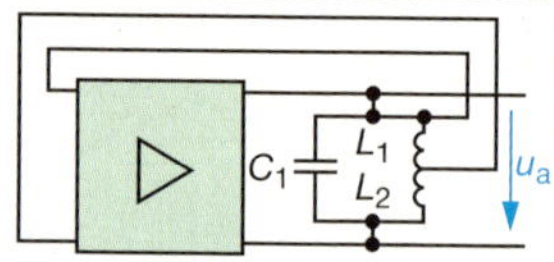

RC-Phasenschieberoszillatoren

Prinzip

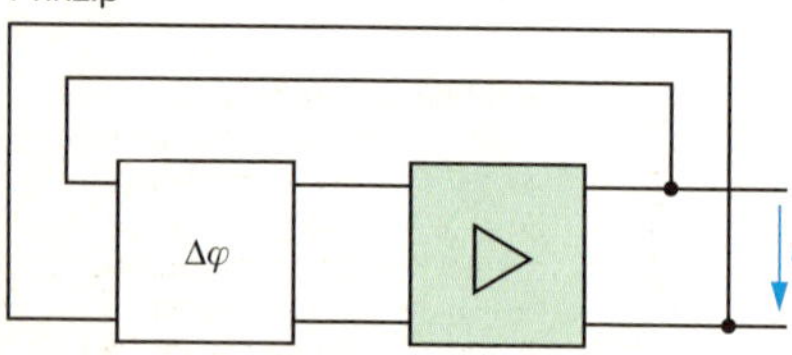

Schaltungsbeispiel

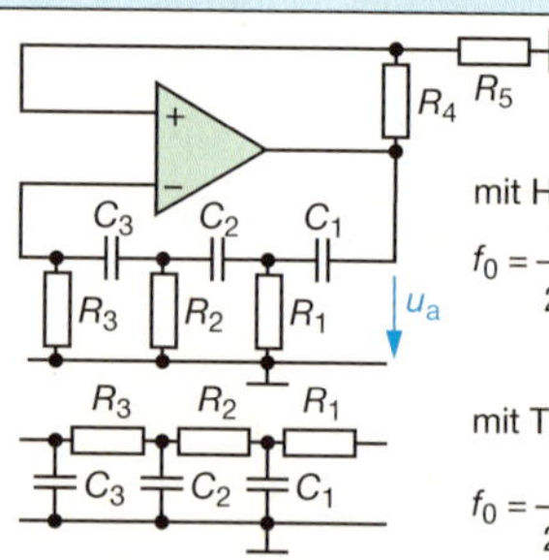

mit Hochpässen

$$f_0 = \frac{1}{2\pi \cdot \sqrt{6}\, R \cdot C}$$

mit Tiefpässen

$$f_0 = \frac{\sqrt{6}}{2\pi \cdot R \cdot C}$$

Wien-Robinson-Oszillator

Prinzip

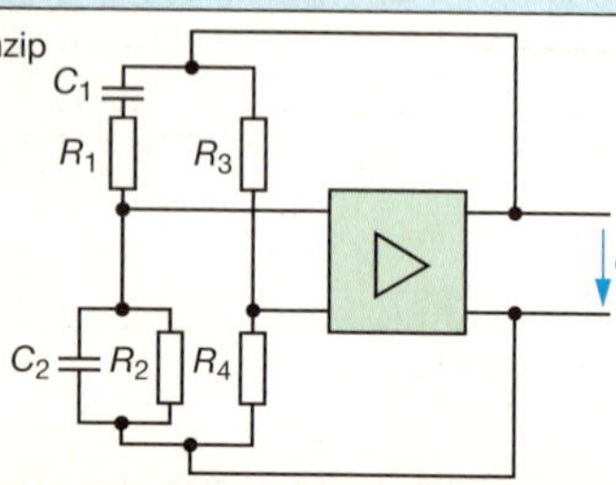

Schaltungsbeispiel

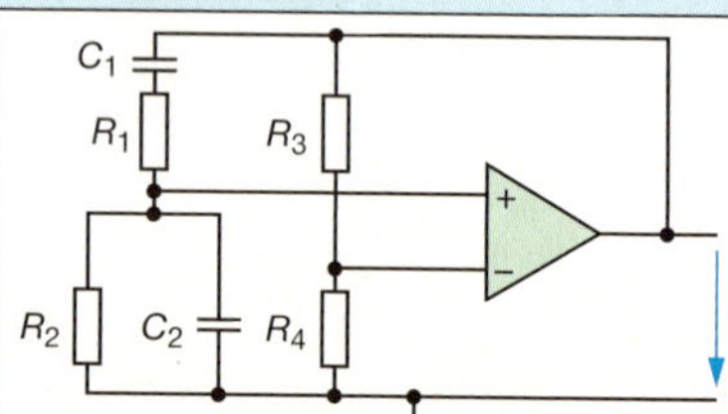

$$f_0 = \frac{1}{2\pi \cdot \sqrt{R_1 \cdot R_2 \cdot C_1 \cdot C_2}}$$

Quarzoszillator – *Crystal oscillators*

Prinzip

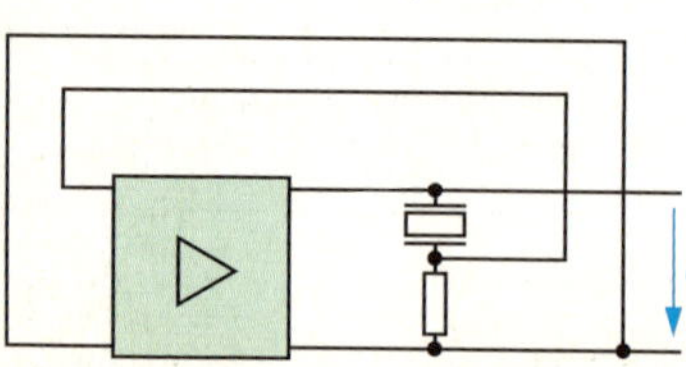

Schwingquarz

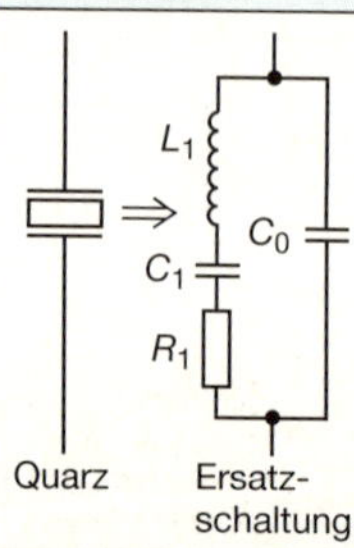

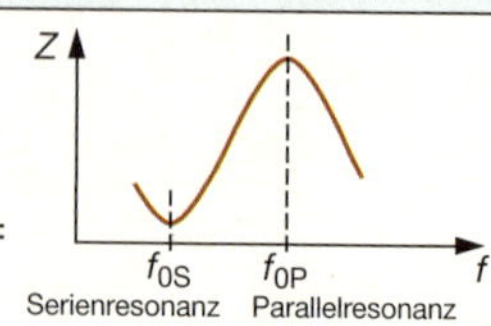

$$f_{0S} = \frac{1}{2\pi \cdot \sqrt{L_1 \cdot C_1}}$$

$$f_{0P} = \frac{1}{2\pi} \sqrt{\frac{C_1 + C_0}{L_1 \cdot C_1 \cdot C_0}}$$

Stromrichter – *Current converter*

Umwandlungsarten der elektrischen Energie

Die Umwandlung elektrischer Energie ermöglicht Energiefluss zwischen Systemen mit unterschiedlicher Stromart.

Gleichrichten: Umwandeln von Wechselstrom in Gleichstrom. Energiefluss vom Wechsel- zum Gleichstromsystem.

Gleichstromumrichten: Umwandeln von Gleichstrom gegebener Spannung und Polarität in Gleichstrom anderer Spannung und/oder Polarität.

Wechselstromumrichten: Umwandeln von Wechselstrom gegebener Spannung, Frequenz und Phasenzahl in Wechselstrom anderer Spannung und/oder Frequenz und/oder Phasenzahl.

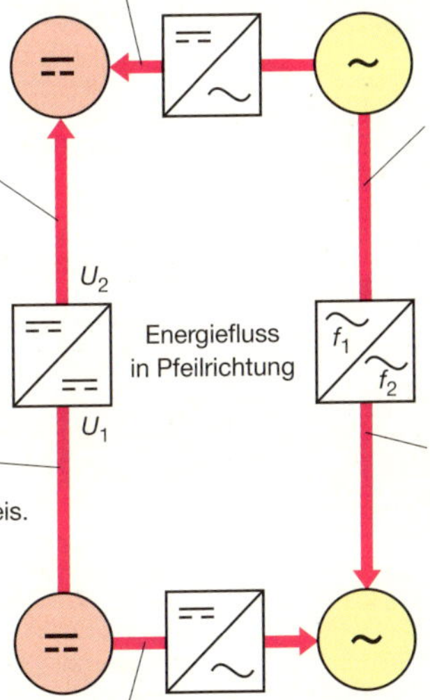

Gleichstromstellen: Gleichstromumrichten ohne Wechselspannungszwischenkreis.

Wechselstromstellen: Wechselstromumrichten mit Verstellung der Ausgangswechselspannung bei Vorgabe der Eingangswechselspannung. Die Grundschwingungen von Eingangs- und Ausgangsfrequenz sind gleich.

Wechselrichten: Umwandeln von Gleichstrom in Wechselstrom. Energiefluss vom Gleich- zum Wechselstromsystem.

Anwendungen

Schaltung	Gleichrichter	Wechselrichter	Gleichstromsteller
Netzgeführte Stromrichter • ungesteuert	Gleichspannung nur von Netzspannung und Last abhängig	–	–
• gesteuert	Gleichspannung kann in der Größe verstellt werden	Nur bei eingeprägtem Gleichstrom möglich	–
Selbstgeführte Stromrichter	Gleichspannung/-strom in Größe und Polarität einstellbar	Gleichspannung/-strom in Größe und Polarität einstellbar	Je nach Anforderung sind nur Teile einer vollständigen Brückenschaltung erforderlich

Wechselstromsteller	Wechselstromumrichter
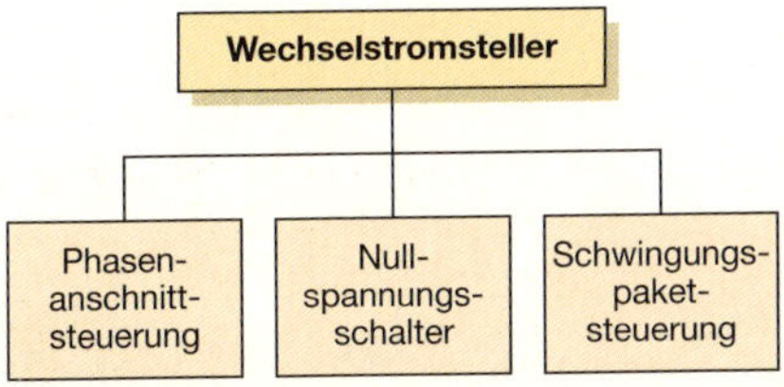	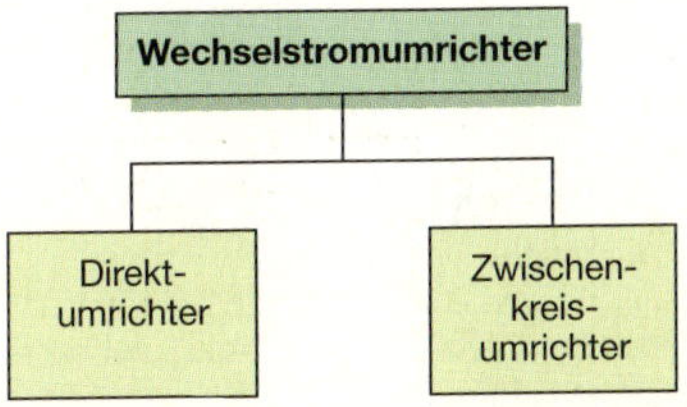

Netzgeführte Stromrichter – *Line-commutated converter*

Ungesteuerte Stromrichter

- Leitfähigkeit der Dioden nur von Eingangsspannung und Laststrom abhängig.
- Nur eine Leistungsrichtung möglich (Gleichrichter).

Bezeichnung	Schaltung	Spannungsverlauf	Eigenschaften
Einpuls-Mittelpunkt-Schaltung M1U	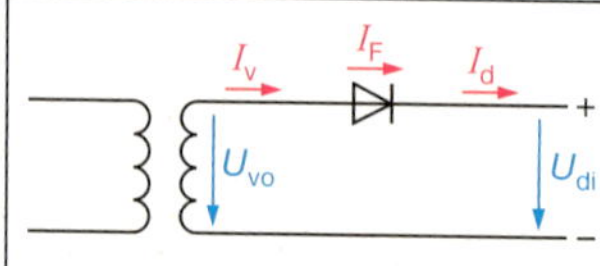	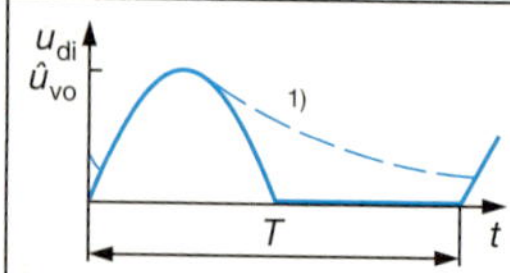	große Spannungswelligkeit $w_u = 1{,}21$ $U_{di}/U_{vo} = 0{,}45$
Zweipuls-Brücken-Schaltung B2U	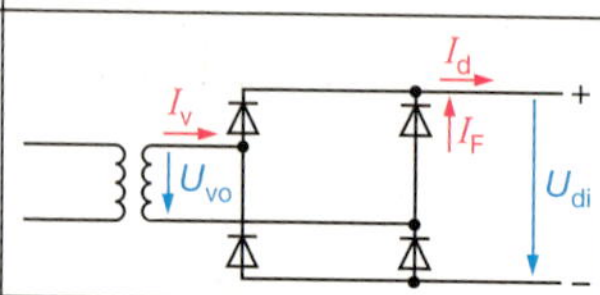	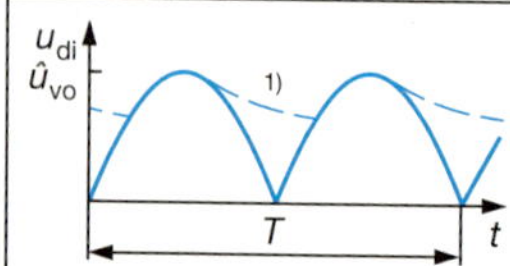	geringste Spannungswelligkeit bei zweiphasigem Anschluss $w_u = 0{,}48$ $U_{di}/U_{vo} = 0{,}9$
Sechspuls-Brücken-Schaltung B6U	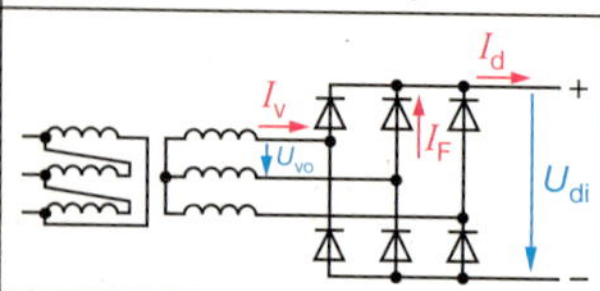	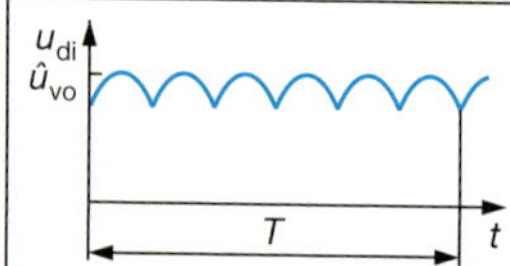	kleine Spannungswelligkeit $w_u = 0{,}04$ $U_{di}/U_{vo} = 1{,}35$

[1)] Spannungsverlauf mit Glättungskondensator

Vollgesteuerte Stromrichter

- Alle Halbleiter können durch einen Zündimpuls in den leitenden Zustand gebracht werden.
- Strom kommutiert und verlischt bei Nulldurchgang.
- Nur eine Gleichstromrichtung möglich.
- Zwei Leistungsflussrichtungen möglich.

Zweipulsbrückenschaltung B2C

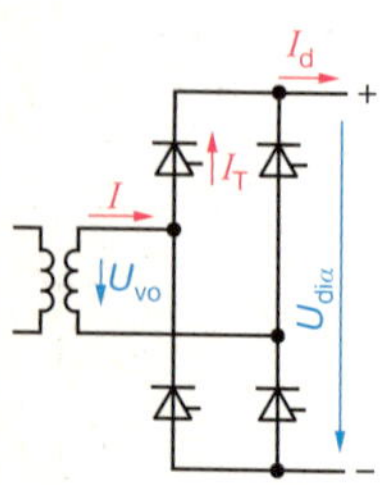

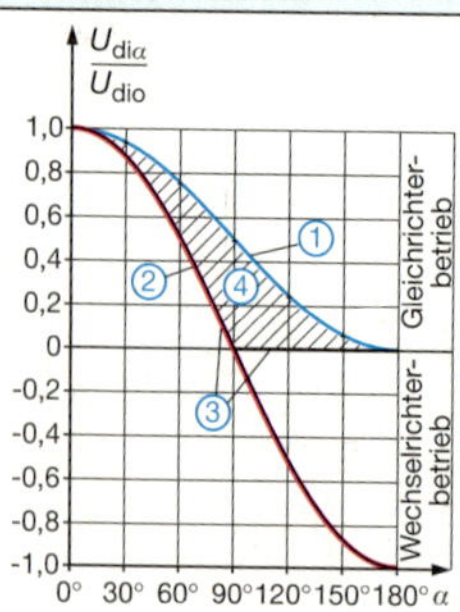

Sechspulsbrückenschaltung B6C

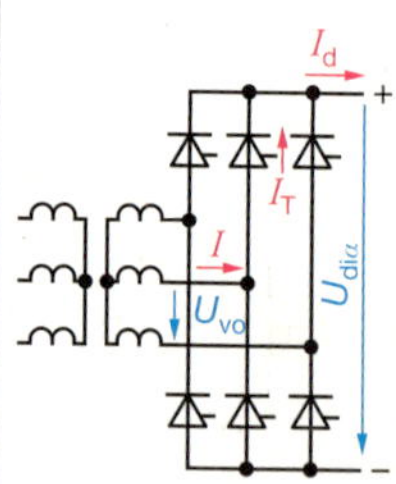

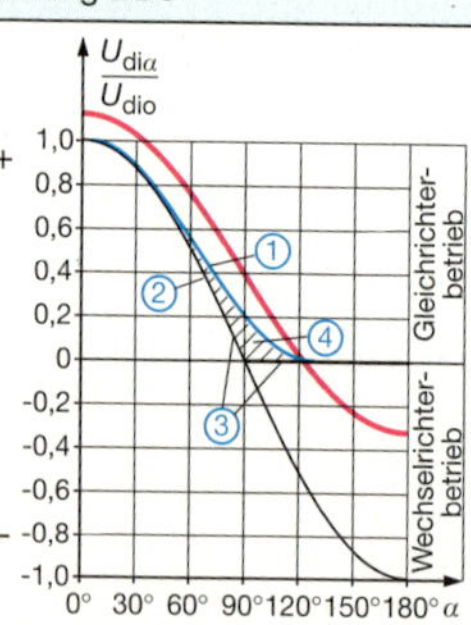

$\alpha = 60°$ Gleichrichter

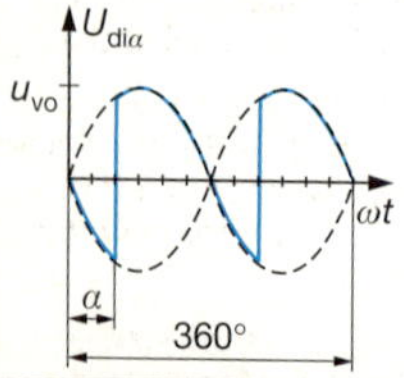

$\alpha = 120°$ Wechselrichter

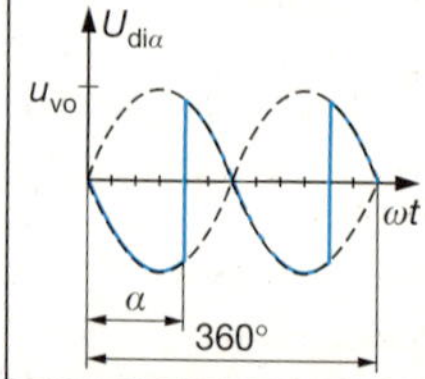

$\alpha = 60°$ Gleichrichter

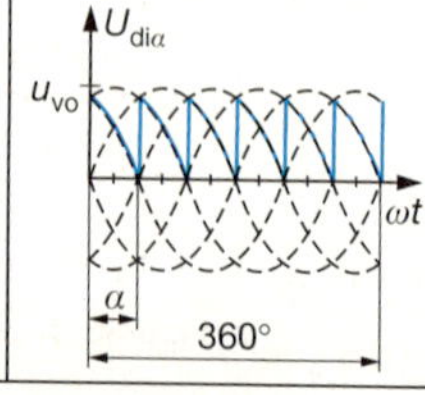

$\alpha = 120°$ Wechselrichter

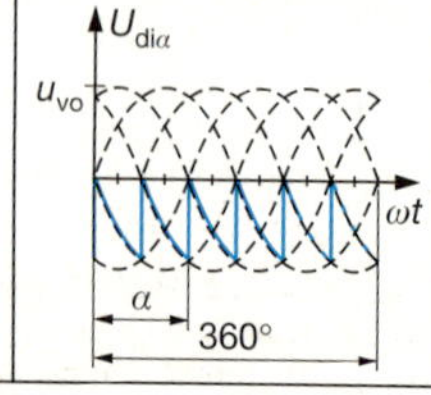

① Widerstandslast
② aktive Last bei nichtlückendem Strom
③ induktive Last
④ Stellbereich bei ohmsch-induktiver Last

Wechselstromsteller – *A.c. power controller*

	Phasenanschnittsteuerung	Nullspannungsschalter	Schwingungspaketsteuerung
Anwendung	• Einsatz im Dimmer • Stellglied für Anker-/Erregerkreis von Gleichstrommotoren • Zwischenkreiseinspeisung bei Frequenzumformern • Hochspannungs-Gleichstromübertragung	• elektronisches Lastrelais • beliebige Lasten • Vermeidung von Ausgleichsvorgängen	• Heizungs-/Temperaturregelung z. B. bei Schmelz-, Trockenöfen, Elektroheizungen, Lötkolben usw.
Beschreibung	Netzspannung wird erst bei Erreichen des Steuerwinkels α zugeschaltet. Dadurch wird der Spannungseffektivwert zwischen 0 und 100 % eingestellt.	Unabhängig vom Zeitpunkt des Steuersignals erfolgt die Einschaltung beim nächsten Spannungsnulldurchgang über der Schaltstrecke.	Einschaltung des Schalters erfolgt so, dass immer eine komplette Spannungsschwingung die Last versorgt.
Schaltverhalten	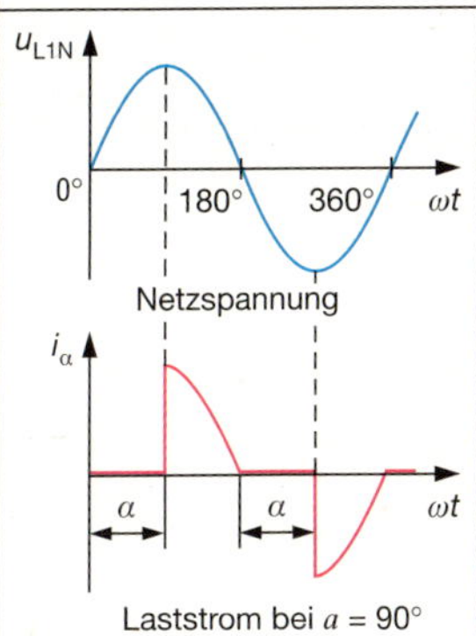	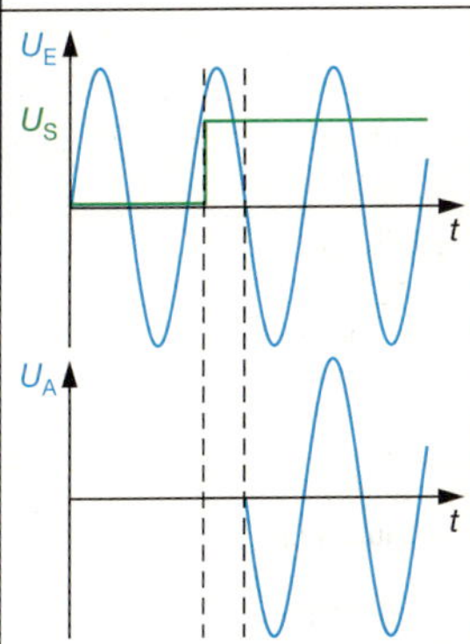	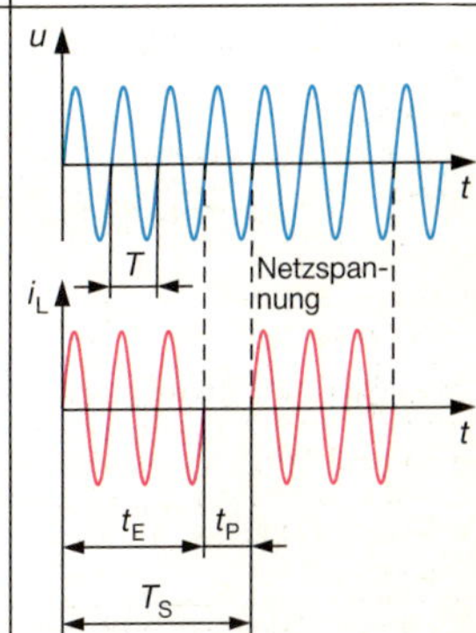
Beispiel	W1C-Schaltung mit Triac als Dimmer 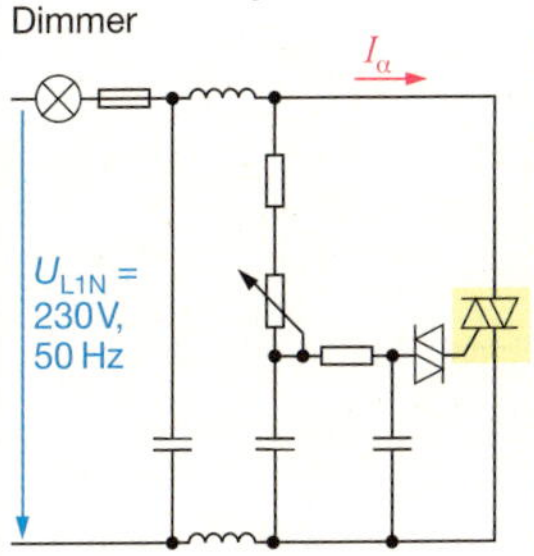	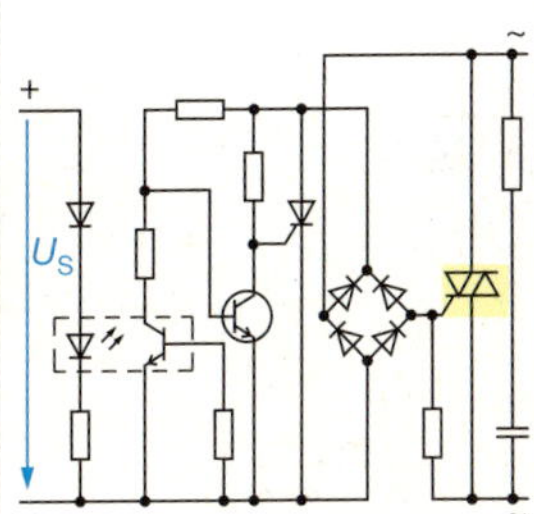	Zusatz für Trafolast 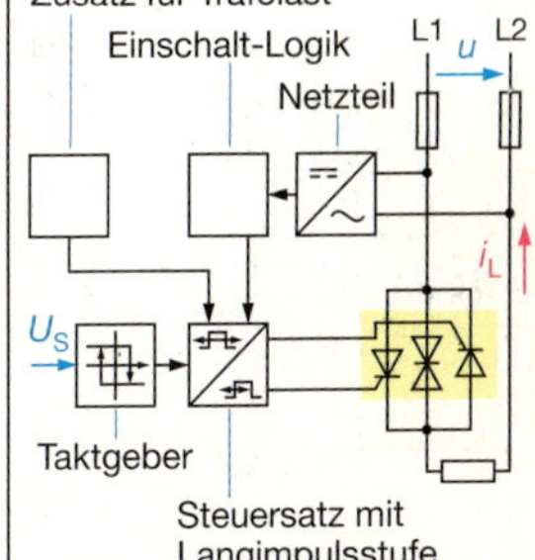
Eigenschaften	• verursacht Stromoberschwingungen und Steuerblindleistung • große Verbraucher nur mit Sondergenehmigung des VNB zu betreiben • nach TAB 2000 max. 1,7 kW Glühlampenleistung pro Außenleiter; bei induktivem Vorschaltgerät bzw. Motoren max. 3,4 kVA	• prellfreies Schalten möglich • Ausschaltung nach natürlichem Stromnulldurchgang • geringe Funkstörung und Netzrückwirkungen • hohe Schaltgeschwindigkeit • geräuscharmes Schalten	• keine Stromoberschwingungen, keine Steuerblindleistung • verursacht Flicker (optisch wahrnehmbare Beleuchtungsstärkeschwankung) durch schnelle Änderung der Netzspannung • max. Anschlussleistung beschränkt; abhängig von Schalthäufigkeit und Netzform

Netzteile – *Power supply*

- Sie bilden aus Wechselspannung eine konstante Gleichspannung
- Sie versorgen elektronische Komponenten (z.B. in PC, Fernseher, Telefonanlage, …)

Übersicht

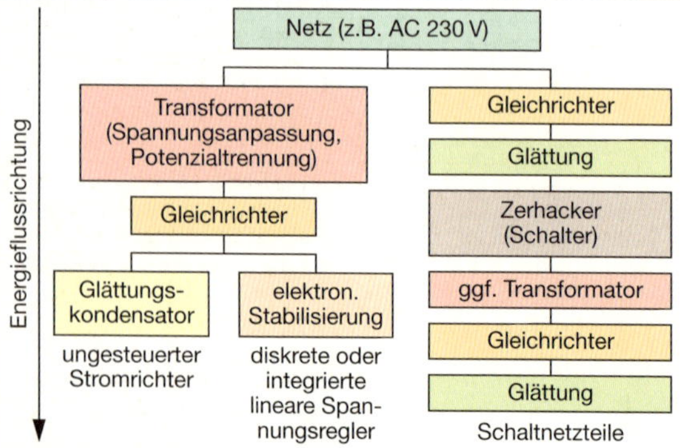

ungesteuerte Gleichrichter:
- einfacher Aufbau
- Spannung stark von Laststrom abhängig

diskrete/integrierte, lineare Spannungsregler:
- gute Spannungskonstanz
- hohe Verlustleistung bei Differenzspannung zwischen Eingang und Ausgang

Schaltnetzteile:
- wegen hoher Schaltfrequenz nur kleine Transformatoren erforderlich

Linearer Spannungsregler

Konstantspannungsquelle mit Transistor

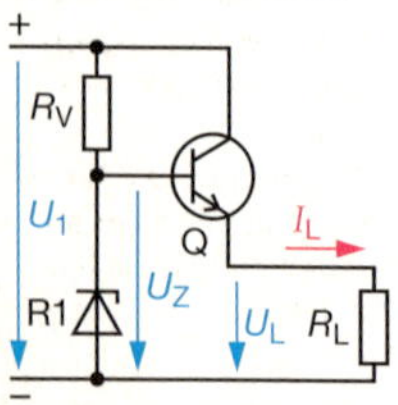

R1 bewirkt feste Basisspannung an Q.

$U_L = U_Z - U_{BE}$

$U_L = U_1 - U_{CE}$

$G \approx \frac{R_V}{r_Z} \qquad r_i = \frac{\Delta U_L}{\Delta I_L} \approx \frac{r_Z}{\beta}$

Integrierter Festspannungsregler

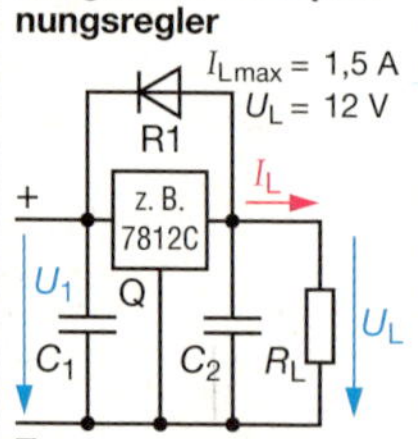

Festspannungsregler arbeiten als Konstantspannungsquelle mit Differenzverstärker.

$U_1 \geqq U_L + 2$ V

$r_i \approx 20$ mΩ

$G \approx 500 \ldots 5000$

Spannungsregler mit Operationsverstärker

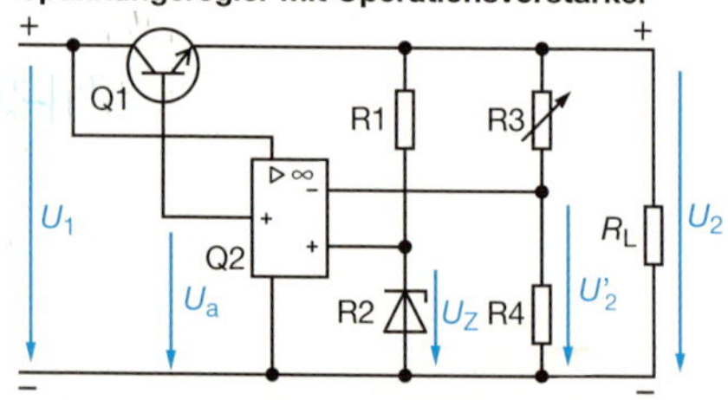

- Operationsverstärker Q2 vergleicht Referenzspannung U_Z mit U'_2 und steuert Q1 an.
- Bei sinkender Spannung U_2 bzw. U'_2 erhöht Q2 die Spannung U_a bis $U'_2 = U_Z$
- Mit R3 lässt sich die Ausgangsspannung U_2 einstellen.

Schaltnetzteile

Hochsetzsteller (Boost-converter)

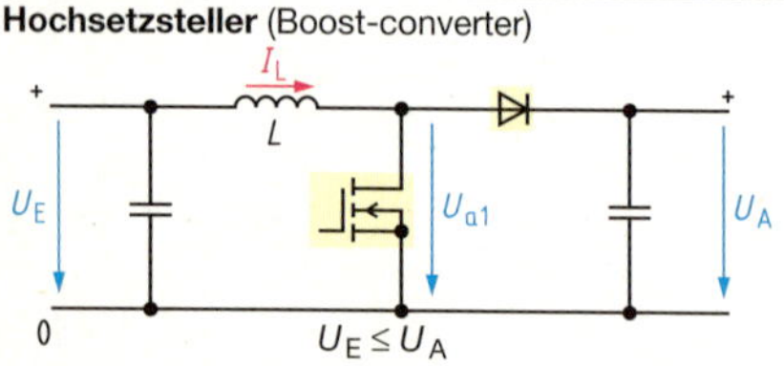

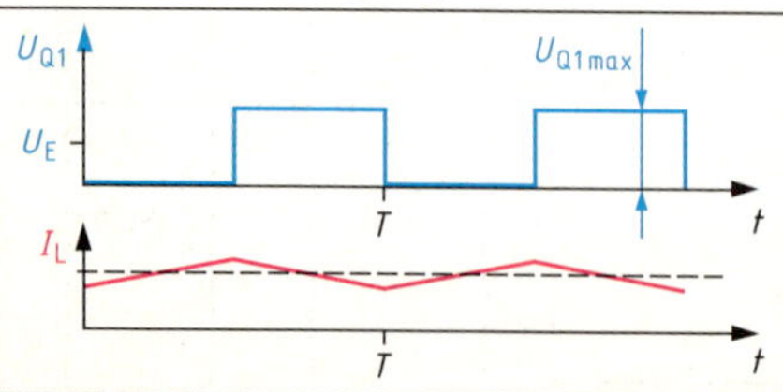

Eintakt-Durchflusswandler (Forward-converter)

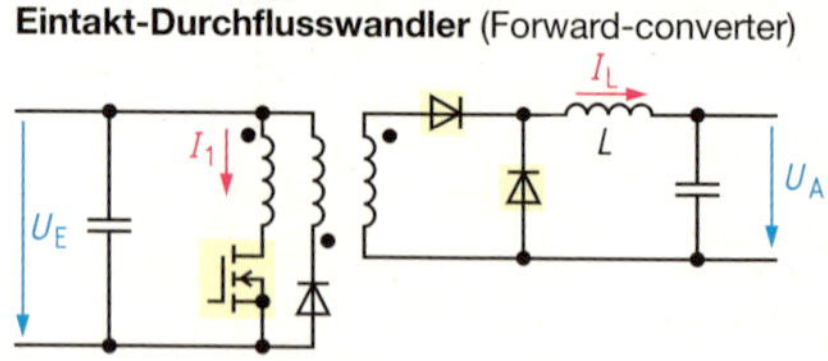

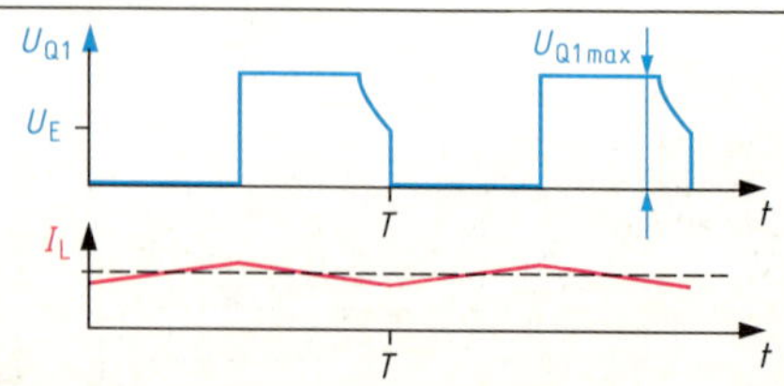

Wechselrichter – *Inverter*

Schaltungsbeispiele	Ausgangsspannungen	Bemerkungen
Selbstgeführter Wechselrichter (einphasig) 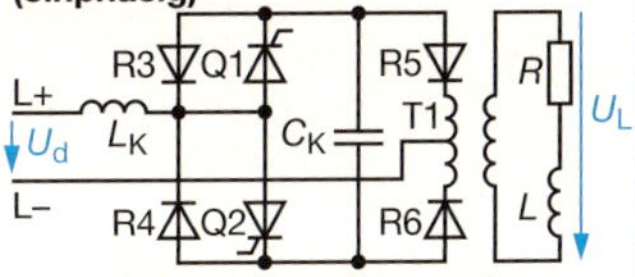	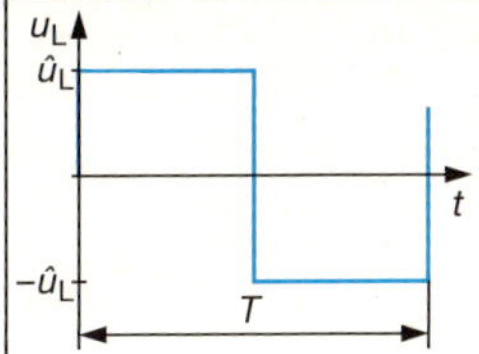	• Wechselrichter in Mittelpunktschaltung versorgt durch Rücklaufdioden V3 und V4 beliebige Lasten mit nahezu rechteckförmiger Wechselspannung. • Einsatz z. B. als Notstromversorgung in Anlagen der Fernmeldetechnik.
Selbstgeführter Wechselrichter (dreiphasig) 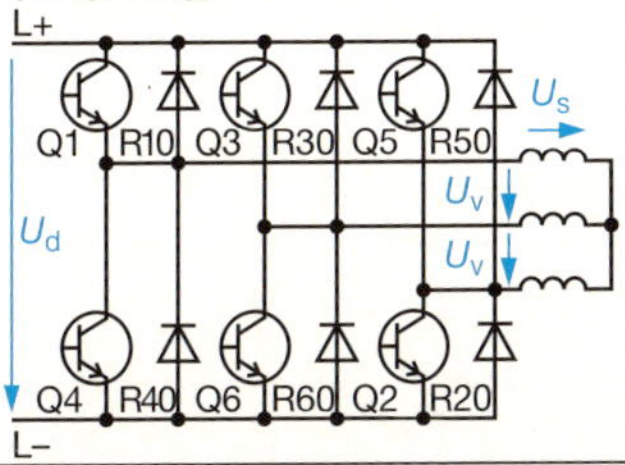	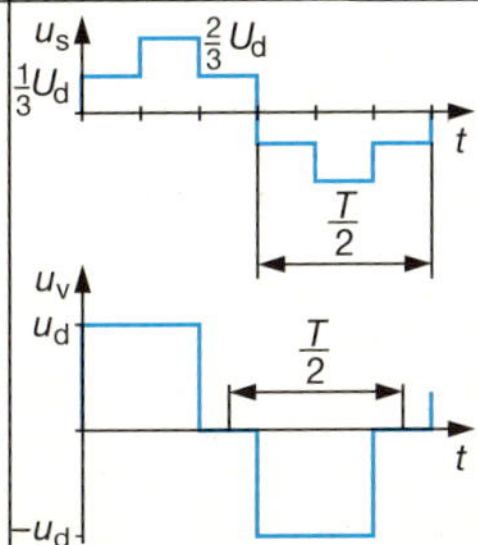	• Anwendung vorzugsweise bei drehzahlgeregelten Antrieben mit Drehstrommaschinen. • Wechselrichter für Leistungen ab 10 kW mit Thyristoren und Einzellöschkreisen. • Spannungsdiagramme bei einem Stromflußwinkel der Ventile von $\Theta = 180°$.
Zwischenkreis-Umrichter (Pulsumrichter) 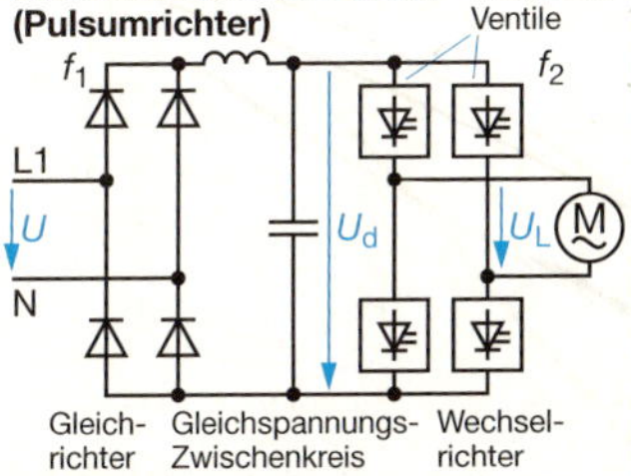	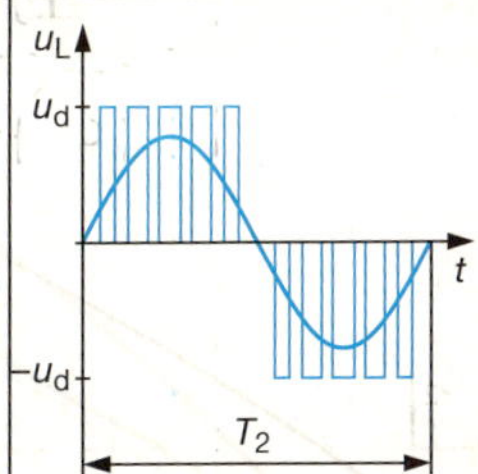	• Durch spezielle Pulsbreitensteuerung kann die Wechselspannung stufenlos bezüglich Frequenz und Amplitude verstellt werden. • Die sinusförmige Grundschwingungsfrequenz liegt unterhalb der Pulsfrequenz (Unterschwingungsverfahren).

Spannungsvervielfacherschaltungen – *Voltage multiplier circuits*

Bezeichnung	Schaltung	Spannungsverlauf	Schaltungskennwerte $\frac{U_{di}}{U}$	$\frac{\hat{u}_R}{U}$	$\frac{I_{FAV}}{I_d}$	$\frac{f_ü}{f}$
Einpuls-Verdoppler-Schaltung D1	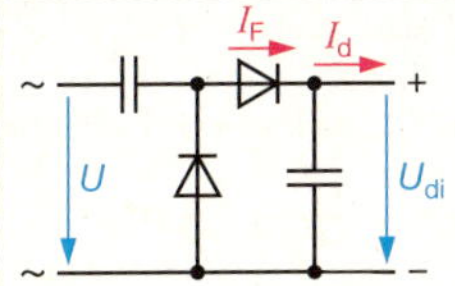	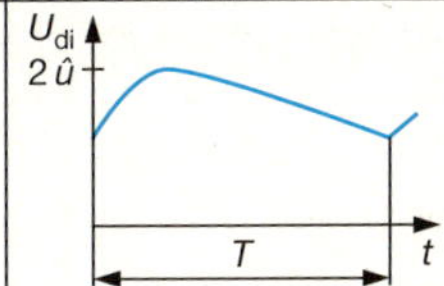	2,82	2,82	1,0	1
Zweipuls-Verdoppler-Schaltung D2	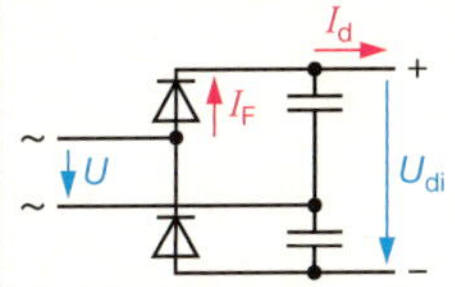	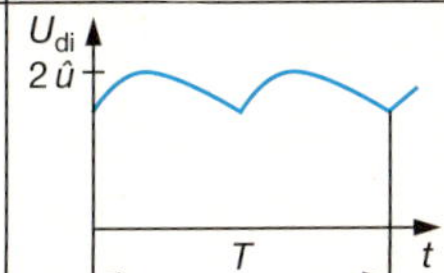	2,82	2,82	0,5	2
Einpuls-Vervielfacher-Schaltung V1	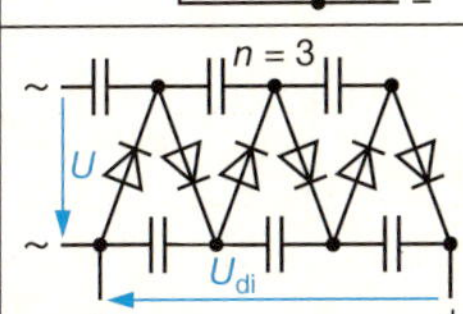	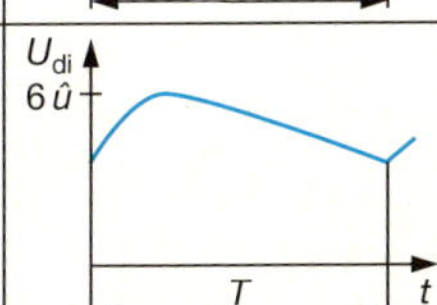	$n \cdot 2 \cdot \sqrt{2}$ für $n = 3$ 8,48	2,82	n für 2. Stufe 2	1

Sieb- und Stabilisierungsschaltungen – *Filter- and stabilizer circuits*

Schaltung	Bemerkungen	Schaltung	Bemerkungen
Ladekondensator 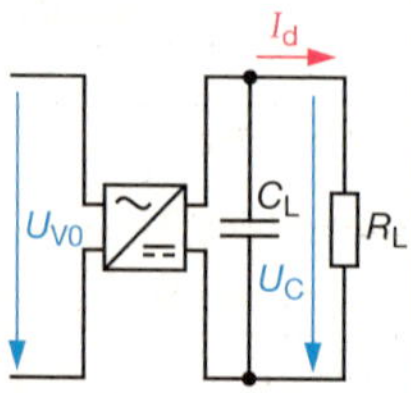 	Spannungsglättung durch Ladekondensator C_L. Bei Belastung durch R_L entsteht als Wechselspannungsanteil die Brummspannung U_W. $C_L \approx \frac{k \cdot I_d}{p \cdot f \cdot U_W}$ k = 0,25 bei Einpuls- u. k = 0,2 bei Zweipulsschaltungen.	**Glättungsdrossel** 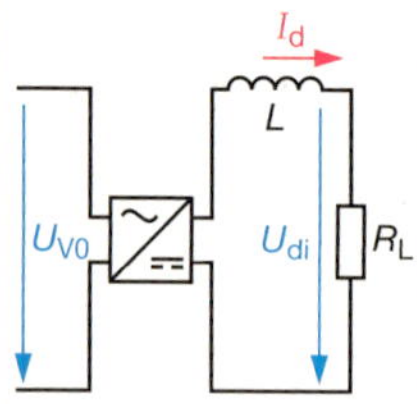 	Stromglättung durch Glättungsdrossel L. Stromwelligkeit $w_I = \frac{I_w}{I_d}$ $L \geq \frac{\sqrt{Z^2 - R_L^2}}{p \cdot 2 \cdot \pi \cdot f}$
RC-Siebglied 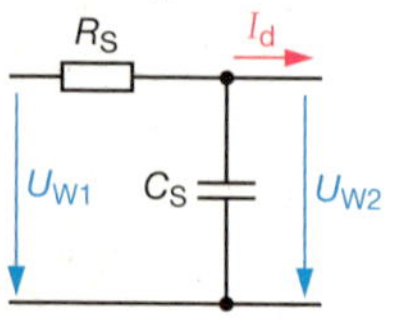 	Frequenzabhängiger Spannungsteiler als Tiefpass. Siebfaktor $s = \frac{U_{W1}}{U_{W2}}$ $s \approx p \cdot 2 \cdot \pi \cdot f \cdot R_s \cdot C_s$ p: Pulszahl der Gleichrichterschaltung $s_G = s_1 \cdot s_2 \cdot \ldots \cdot s_n$	**LC-Siebglied** 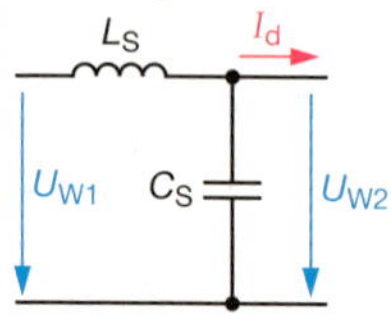 	Tiefpass für höhere Lastströme. Siebfaktor $s = \frac{U_{W1}}{U_{W2}}$ $s \approx (p \cdot 2 \cdot \pi \cdot f)^2 \cdot L_s \cdot C_s$ p: Pulszahl der Gleichrichterschaltung $s_G = s_1 \cdot s_2 \cdot \ldots \cdot s_n$
RZ-Stabilisierung 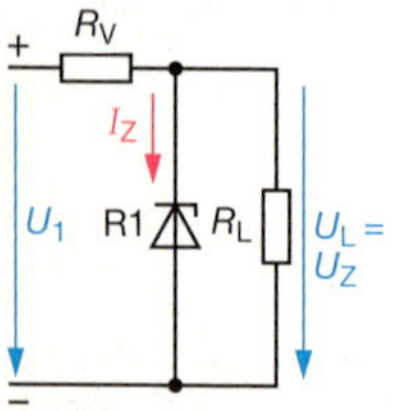 	Der differenzielle Widerstand r_z von V1 wirkt bei Wechselspannungen glättend und bei Gleichspannungen stabilisierend. $G = \frac{\Delta U_1}{\Delta U_2} = 1 + \frac{R_v}{r_Z}$ $R_{v\,min} = \frac{U_{1max} - U_Z}{I_{Zmax} + I_{Lmin}}$ $R_{v\,max} = \frac{U_{1min} - U_Z}{I_{Zmin} + I_{Lmax}}$ $I_{Zmin} \geq 0{,}1 \cdot I_{Zmax}$ $I_{Zmax} \leq \frac{P_{tot}}{U_Z}$	**RZ-Präzisions-Stabilisierung** 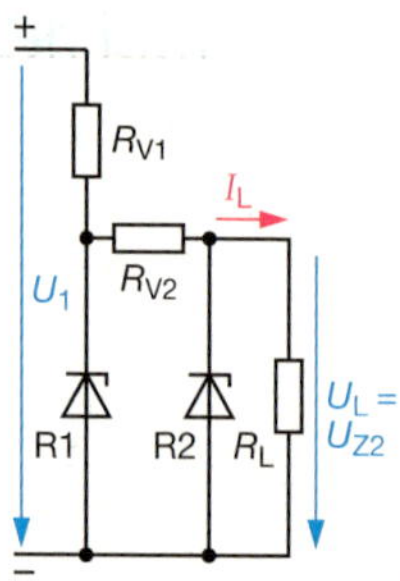 	Glättungsfaktor G $G = G_1 \cdot G_2$ $G_1 \approx \frac{R_{v1}}{r_{Z1}}$ $G_2 \approx \frac{R_{v2}}{r_{Z2}}$
Konstantspannungsquelle mit Transistor 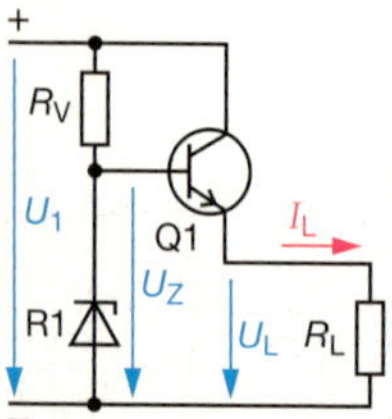 	V1 bewirkt feste Basisspannung an V2. $U_L = U_Z - U_{BE}$ $U_L = U_1 - U_{CE}$ $G \approx \frac{R_v}{r_Z}$ $r_i = \frac{\Delta U_L}{\Delta I_L} \approx \frac{r_Z}{\beta}$	**Integrierter Festspannungsregler** 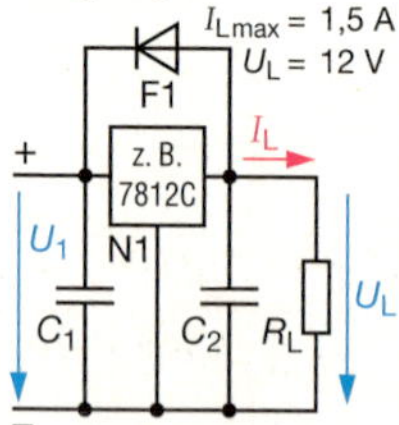 	Festspannungsregler arbeiten als Konstantspannungsquelle mit Differenzverstärker. $U_1 \geqq U_L + 2$ V $r_i \approx 20$ mΩ $G \approx 500 \ldots 5000$ Sehr verbreitet: Serie 78XX für pos., Serie 79XX für neg. Spannungen $C_1 = 470 \ldots 2200$ µF, $C_2 = 1 \ldots 10$ µF
Konstantstromquelle mit Transistor 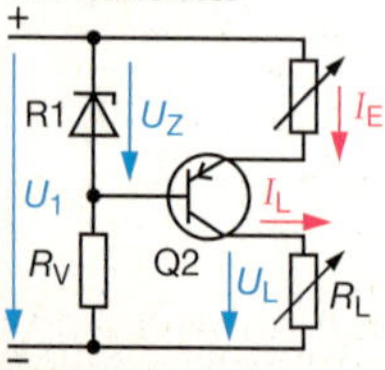 	Da V2 PNP-Transistor, liegt R_L an Masse. Stromeinstellung erfolgt mit Emitterwiderstand R_E. $I_E = \frac{U_Z - U_{EB}}{R_E} \approx I_L$ $r_i \approx 50 \ldots 500 \cdot r_{CE}$	**Konstantstromquelle mit Feldeffekttransistor** 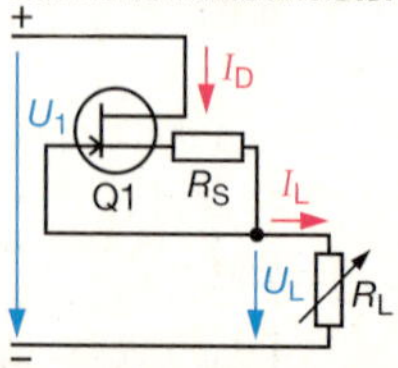 	Steuerspannung $-U_{GS}$ wird am Source-Widerstand R_S abgenommen. Die I_D-U_{GS}-Kennlinie liefert für jeden Betrag von R_S den Konstantstrom I_L. $I_L = I_D = \frac{-U_{GS}}{R_S}$ $r_i \approx 20 \ldots 100 \cdot r_{DS}$

Glättung und Siebung – *Smoothing and filtering*

- Gleichrichterschaltungen liefern pulsierende Gleichspannungen und -ströme.
- Schaltungen mit Glättungsdrosseln werden bis in MW-Bereich eingesetzt.
- Schaltungen mit Lade-(Glättungs-)-Kondensator sind bis 2 kW üblich.
- In der Elektronik beeinflusst der Netztransformator die Dimensionierung der Gleichrichterschaltung.

Gleichrichterschaltungen mit Netztransformator und Ladekondensator

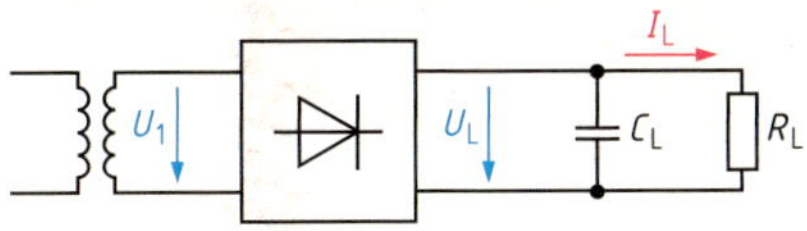

$$C_L = \frac{k \cdot I_L}{2 \cdot u_{BrSS} \cdot f}$$

U_1: Effektivwert der Wechselspannung am Gleichrichtereingang.
U_L: Gleichspannung am Ladekondensator und an der Last.
U_{BrSS}: Brummspannung an der Last (Spitze-Spitze-Wert).
f: Frequenz der Brummspannung
50 Hz bei Einpulsschaltungen
100 Hz bei Zweipulschaltungen
k: Verlustfaktor (Netztransformator).

Auswahl von Netztransformatoren

Kerntyp	Nennleistung	Verlustfaktor k
M 42	4 W	0,63
M 55	15 W	0,56
M 65	33 W	0,51
M 75	55 W	0,48
M 85a	80 W	0,46

Auswahl von Brückengleichrichtern mit maximalem Glättungskondensator

Typ	Q	I_{Lmax}	C_{Lmax}
B 40 C 800	40 V_{eff}	0,8 A	2500 µF
B 40 C 1000		1,0 A	
B 40 C 1500/1000[1)]		1,5 A	
B 40 C 3200/2200[1)]		3,2 A/2,2 A	5000 µF
B 40 C 5000/3300[1)]		5,0 A/3,3 A	10000 µF

Siebschaltungen

- Sieb- oder Filterschaltungen sollen die Brummspannung möglichst stark verringern, ohne den Innenwiderstand deutlich zu erhöhen.
- Die *LC*-Siebung ist wegen des geringen Spulenwiderstandes R_{sp} sehr vorteilhaft, wird aber wegen Spulengröße und -gewicht weniger eingesetzt.

Siebkette aus *RC*-Gliedern

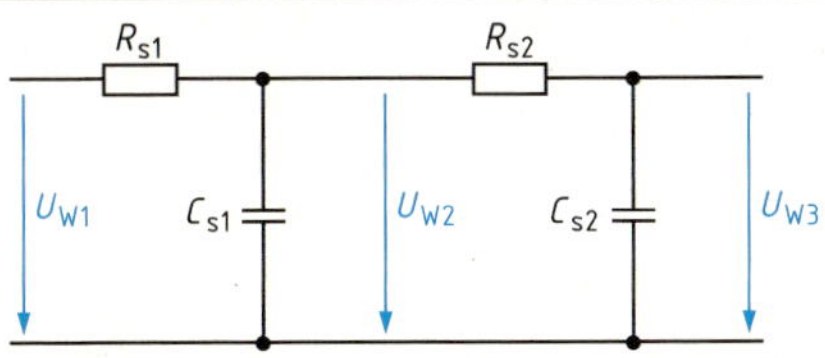

allgemein:

$$s = \frac{U_{W1}}{U_{W2}} = \frac{\sqrt{R_s^2 + X_c^2}}{X_C} = \sqrt{(2\,\pi \cdot f \cdot R_s \cdot C_s)^2 + 1}$$

$$s \approx 2\,\pi \cdot f \cdot R_s \cdot C_s$$

$$s_1 = \frac{U_{W1}}{U_{W2}} \qquad s_2 = \frac{U_{W2}}{U_{W3}}$$

$$s_g = s_1 \cdot s_2 = \frac{U_{W1}}{U_{W2}} \cdot \frac{U_{W2}}{U_{W3}} = \frac{U_{W1}}{U_{W3}}$$

s: Siebfaktor – auch Glättungsfaktor G –, Verhältnis von Brummspannungen U_W des Einganges zum Ausgang.
s_G: Gesamtsiebfaktor als Produkt der Einzelsiebfaktoren.
$s_G = s_1 \cdot s_2 \cdot \ldots s_n$
f: Frequenz der Brummspannung
50 Hz bei Einwegschaltungen
100 Hz bei Zweiwegschaltungen

Begrenzerschaltungen – *Limiting circuits*

Störspannungsbegrenzer

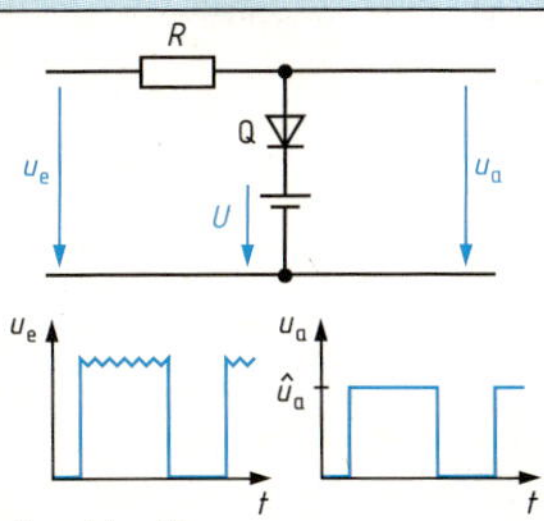

$\hat{u}_a = U + U_F$

Impulsformer

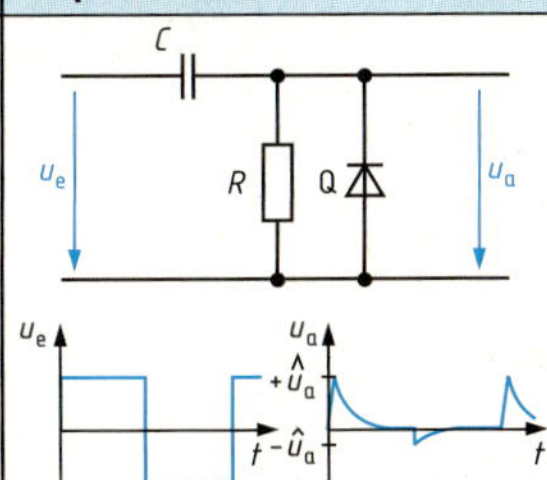

$+\hat{u}_a = U_e \qquad -\hat{u}_a = U_F$

Amplitudenbegrenzer

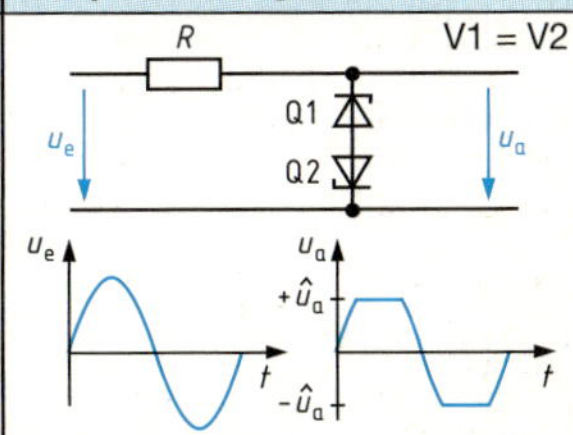

$\hat{u}_a = U_Z + U_F$
U_Z: Begrenzerspannungen der Z-Dioden
U_F: Durchlassspannungen der Z-Dioden

Schutz von Halbleiter-Ventilen und -Stromrichtern

Protection of semiconductor valves and converters

Überspannungsschutz

Überspannungen entstehen u. a. durch:
- Trägerstaueffekt (TSE) der Ventile
- Schalthandlungen an kapazitiven oder induktiven Lasten
- atmosphärische Einflüsse

Schaltungsbeispiele	Eigenschaften	Anwendungen
Kombinierter Schutz 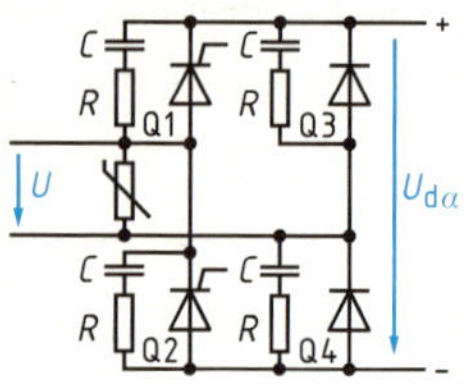	• Schutz gegen TSE-Überspannungen durch *RC*-Einzelbeschaltung der Ventile. • Überspannungsbegrenzung der Eingangsspannung durch Varistor.	• Schutz kleinerer Stromrichter und elektronischer Lastrelais vor Schaltüberspannungen. • Varistoren sind als TSE-Beschaltung nur für Thyristoren mit Rückstromspitzen < 20 A geeignet.

TSE-Beschaltung	*R*	*C*
125–249 V, 40–60 Hz	47– 68 Ω/ 6 W	0,22 µF, 600 V~
250–379 V, 40–60 Hz	68–100 Ω/ 6 W	0,1 µF, 600 V~
380–500 V, 40–60 Hz	100–150 Ω/10 W	0,1 µF, 600 V~

Überstromschutz

Schaltungsbeispiel	Kennlinien	Eigenschaften	Anwendungen
Strangsicherungen 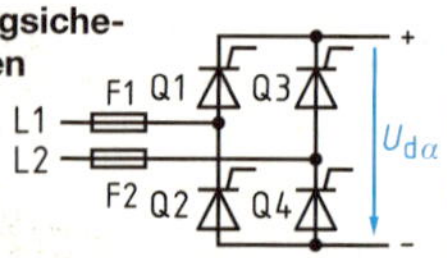	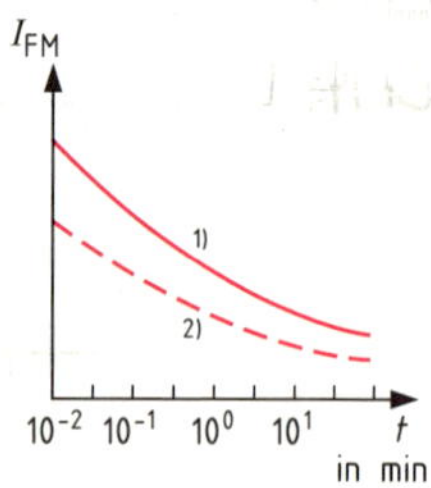	• niedrige Ausrüstungskosten • zulässiger Ventilüberstrom kann nicht voll genutzt werden	• Leistungsbereich bis etwa 20 kW
Zellensicherungen 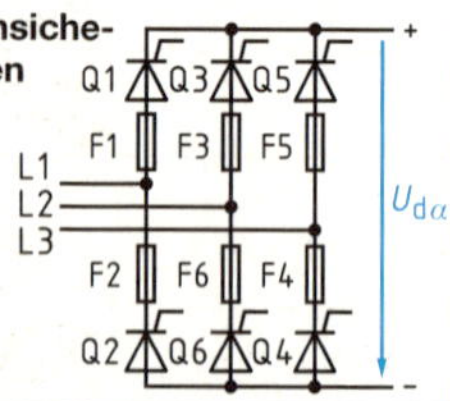		• höhere Ausrüstungskosten gegenüber Strangsicherungen • bessere Ausnutzung	• bei Gegenspannungsbetrieb • bei mehreren parallel geschalteten Ventilen pro Zweig

[1] Grenzstromlinie des Ventils [2] Schmelzkennlinie der Sicherung

Kühlung

Wärmeableitung

Die Ableitung der Verlustwärme von Halbleiterventilen beeinflusst Belastbarkeit und Bauvolumen der Stromrichteranlagen.

Beispiel: Ventil mit Druckgusskörper

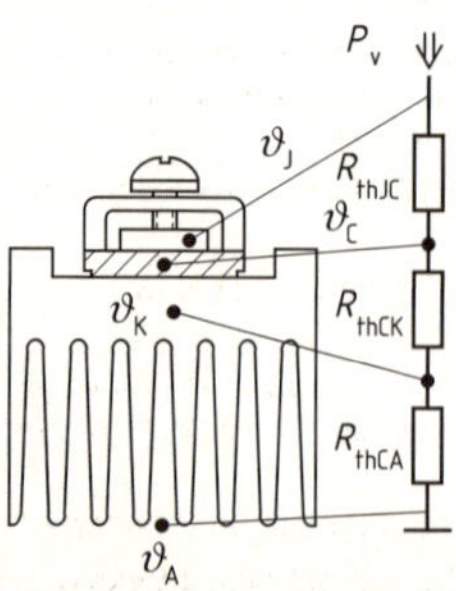

Stationärer Zustand:

$R_{th} \neq f(t)$; $[R_{th}] = \frac{K}{W}$

$P_v = \frac{\vartheta_J - \vartheta_A}{R_{thJA}}$

$R_{thJA} =$
$R_{thJA} + R_{thCK} + R_{thKA}$

Ersatzschaltbild für den Wärmewiderstand R_{th}

Beispiele

$R_{thK} = 60 \frac{K}{W}$

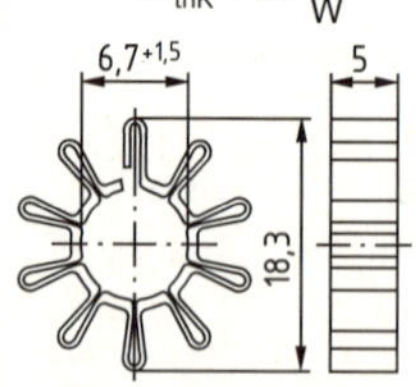

Federkühlkörper aus Federbronze, geschwärzt

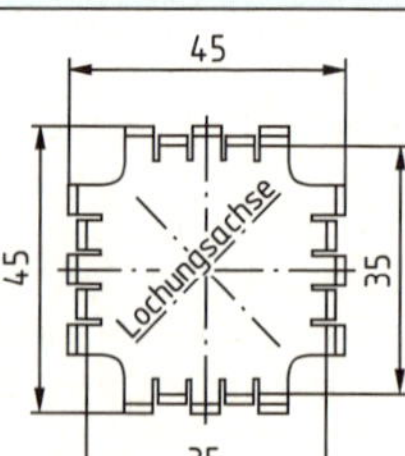

Fingerkühlkörper aus Aluminium $R_{thK} = 6 \frac{K}{W}$

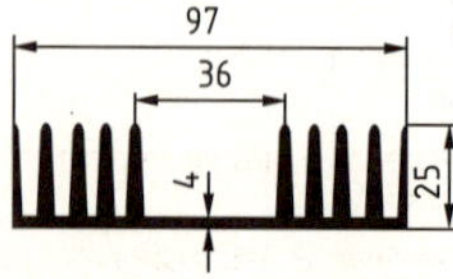

Rippenkühlkörper aus Aluminium-Druckguss als Stangenmaterial

Elektrostatisch gefährdete Bauelemente – *Electrostatic sensitive components*

Elektrostatische Aufladungen

- entstehen durch Reibung verschiedener Materialien gegeneinander.
- erreichen dabei hohe Werte, wenn die entstehende Ladung sich nicht sofort wieder ausgleichen kann.
- entstehen auch bei Bewegungsänderung des Menschen und der damit verbundenen Änderung der Körperkapazität gegenüber der Umgebung.
- werden vom Menschen gefühlt ab 3 500 V.
- sind vom Menschen zu hören ab 4 500 V.
- sind vom Menschen zu sehen ab 5 000 V.
- zerstören Halbleiterbauelemente, wenn sie noch weit unter der Wahrnehmungsschwelle des Menschen liegen.
- sind abhängig von der Luftfeuchtigkeit.

Beispiele für elektrostatische Aufladung

erreichbare Spannung in V	verursacht durch
35 000	gehen auf Teppichboden
12 000	gehen auf Kunststoffboden
18 000	sitzen auf Posterstuhl
8 000	Entlötgerät aus Kunststoff
5 000	Kaffeetassen aus Kunststoff
5 000	Klarsichthüllen aus Kunststoff
8 000	Hefte u. Bücher mit Kunststoffeinband

Beispiele für die Empfindlichkeit gegen elektrostatische Aufladung

Spannung	Bauelement	
≥ 20 V...	Plastic Flatpack	
	Plastic Chip Carrier PLCC	
	Plastic Chip Carrier PLCC	
≥ 2000 V	Keramik Chip Carrier LCC	
≥ 30 V/250 V	SCHOTTKY-Dioden	

Spannung	Bauelement	
≥ 100 V	MOS-FET	
≥ 100 V	GAAS-FET	
≥ 100 V	EPROM	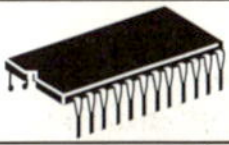
≥ 140 V	J-FET	
≥ 190 V	OP	
≥ 380 V	Film-Widerstand	
≥ 1000 V	SCHOTTKY-TTL	

Maßnahmen zum Schutz von elektrostatisch gefährdeten Bauelementen

- Bauelemente bis zur Verarbeitung in der Verpackung belassen.
- Verarbeitung der Bauelemente nur an besonders eingerichteten Arbeitsplätzen.
- Arbeitskleidung nicht aus aufladbaren Kunstfasern, besser ist reine Baumwollkleidung.
- Erdungsarmband fest an die Haut anlegen.
- Transporteinheiten und bestückte Leiterplatten durch Berühren mit der Hand hochohmig entladen, bevor einzelne Bauelemente berührt werden.
- Flachbaugruppen niemals am Steckverbinder oder an Bauelemente-Anschlüssen berühren.
- Mindestabstand von 10 cm zu Sichtgeräte-Bildschirmen einhalten.
- Bauelemente auch während der Lagerung in der Lieferverpackung belassen.
- Lagertemperatur nicht höher als +60 °C.
- Bauelemente nur in zugelassenen Verpackungsschienen und in hochohmig leitenden bzw. antistatisch imprägnierten Behältern (evtl. unlackiertes Holz) transportieren.
- Fußböden antistatisch und ableitfähig gestalten.
- Untere Grenze der Ableitfähigkeit darf Standortübergangswiderstand (50 kΩ) nicht unterschreiten (DIN VDE 0100/T.600).
- Schuhwerk und Drehstuhl-Isolationswiderstand ≤ 100 kΩ
- Arbeitstische mit leitfähigem Belag (50 kΩ … 100 MΩ) verwenden.
- Elektrische Einrichtungen müssen den Unfallverhütungsvorschriften und den VDE-Bestimmungen entsprechen.
- Lötkolben ohne Thyristorregelungen verwenden.
- Netztransienten mit Funkentstöreinrichtungen verhindern.

Primärbatterien – *Primary (galvanic) batteries*

Batteriearten

- **Industrie-Batterien:**
  Blei- und Nickel-Cadmium-Batterien
- **Starter-Batterien:**
  Bleiakkumulatoren in Kraftfahrzeugen, Schiffen
- **Geräte-Batterien:**
  Rund- und Knopfzellen als aufladbare Akkumulatoren und nichtaufladbare Primärbatterien

Zink-Kohle-Element

U_n in V	IEC-Bez.	C_n in mAh	Maße (max.) in mm *d*	*h*	*l*	*b*
1,5	R 6	1200	14,5	50,5	–	–
4,5	3 R 12	2700	–	67	62	22
1,5	R 14	3200	26,2	50	–	–
1,5	R 20	8000	34,2	61,5	–	–
9	6 F 22	400	–	48,5	26,5	17,5
6	4 R 22X	8500	–	115	67	67

Alkali-Mangan-Rundzellen und -Batterien

U_n in V	IEC-Bez.	C_n in mAh	Maße (max.) in mm *d*	*h*	*l*	*b*
1,5	LR 1	800	12	30,2	–	–
4,5	3 LR 12	6300	–	67	62	22

U_n in V	IEC-Bez.	C_n in mAh	*d*	*h*	Verwendung
1,5	LR 41	30	7,9	3,6	Fotogeräte
1,5	LR 55	25	11,6	2,1	Uhren
1,5	LR 54	50	11,6	3,1	elektroni-
1,5	LR 43	80	11,6	4,2	sche Geräte
1,5	LR 44	115	11,6	5,4	Fernbedie-
1,5	LR 9	185	16	6,2	nungen

Umweltverträglich, keine spezielle Entsorgung.

Zink-Luft-Knopfzellen und -Batterien

U_n in V	IEC-Bez.	C_n in mAh	Maße in mm *d*	*h*	Verwendung
1,4	PR 70	70	5,8	3,6	Hörgeräte
1,4	PR 48	240	7,9	5,4	Personen-
1,4	PR 44	570	11,6	5,4	rufgeräte
1,4	AR 40	75	67	172	universal
7	5 AR 40	90	181	180	Weidezaun

In spezieller Ausführung geeignet für Normal- und Spitzenlast- (Push Pull) Betrieb, d. h. mit konstantem Strom I_1 und zusätzlichem Pulsstrom I_2.
Schadstoffe: 0 % Hg und 0 % Cd

Begriff	Erklärung
Ruhespannung, Leerlaufspannung	Klemmenspannung des unbelasteten Elements
Arbeitsspannung, Bemessungsspannung	Klemmenspannung bei Belastung
Entladeendspannung	minimal zulässige Betriebsspannung (halbe Bemessungsspannung)
Innenwiderstand	innerer Widerstand der Zelle

Kennbuchstaben nach IEC

Kurzzeichen	Bedeutung
A	Zink-Luft-Element, – saurer Elektrolyt –
M, N	Quecksilberoxid-Element
L	Alkali-Mangan-Element
P	Zink-Luft-Element – KOH-Elektrolyt –
S	Silberoxid-Element

Beispiel: Entladekurve des Elements R 14

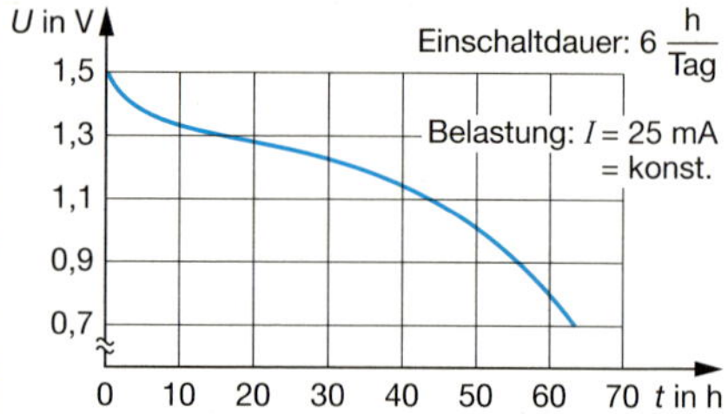

Silberoxid-Knopfzellen und -Batterien

U_n in V	IEC-Bez.	C_n in mAh	Maße in mm *d*	*h*	Verwendung
1,55	SR 62	9	5,8	1,7	Fotogeräte
1,55	SR 64	16	5,8	2,7	Uhren
1,55	SR 43	115	11,6	4,2	Taschen-
1,55	SR 44	170	11,6	5,4	rechner
6,2	4 SR 44	145	13	25,2	
1,55	–	3400	26	50	Einsatz: $\vartheta \leq 165°C$

Nicht umweltverträglich, spezielle Entsorgung.

Systemeigenschaften von Lithium-Zellen

Typ	Rundzelle	Knopfzelle
System	$Li\text{-}MnO_2$	$Li\text{-}MnO_2$
Energiedichte	400 bis 800 Wh/dm^3	360 bis 660 Wh/dm^3
U_o/U_n	3,2 V/3 V	3,2 V/3 V
C_n in mAh	400 bis 2000	25 bis 500

Begriff	Erklärung
Lecksicherheit	Schutz gegen Elektrolytaustritt, der durch konstruktive Maßnahmen erreicht wird
Entladeschlussspannung	Klemmenspannung, bei der das Element als entladen gilt
Selbstentladung	innerer Vorgang, der bei Lagerung die Betriebsdauer vermindert
Dauerentladung	ununterbrochene Stromentnahme

Brennstoffzelle – *Fuel cell*

Brennstoffzellen

Niedertemperaturzellen bis 200 °C

- **AFC** (**A**lkaline **F**uel **C**ell) – alkalische Brennstoffzelle
- **PAFC** (**P**hosphoric **A**cid **F**uel **C**ell) – phosphorsaure Brennstoffzelle
- **PEMFC** (**P**roton **E**xchange **M**embrane **F**uel **C**ell) – polymerelektrolyte-Membran-Brennstoffzelle
- **DMFC** (**D**irect **M**ethanol **F**uel **C**ell) – Methanol-Brennstoffzelle Bauweise als **SFC** (**S**mart **F**uel **C**ell)

Hochtemperaturzellen von 650 °C bis 1000 °C

- **MCFC** (**M**olton **C**arbonate **F**uel **C**ell) – Schmelzkarbonat-Brennstoffzelle
- **SOFC** (**S**olid **O**xide **F**uel **C**ell) – festoxidkeramische Brennstoffzelle

Hinweis:
Verwendete Elektrolyte ergeben sich aus den Bezeichnungen.

SFC-Brennstoffzelle

Funktion

- Direkte Energieumwandlung beim Zusammentreffen von Sauerstoff der Luft mit Methanol, wobei positiv geladene Wasserstoffionen zur Katode wandern.
  ⇓
  Ladungstrennung, d.h. Aufbau einer elektrischen Spannung.
- Flüssiges Methanol in Tankpatrone ist der Energiespeicher ①.
- Elektrolyt in der Brennstoffzelle:
  - zur Trennung zwischen Anode und Katode ② und
  - für kontrollierte elektrochemische Reaktion von Sauerstoff und Wasserstoff

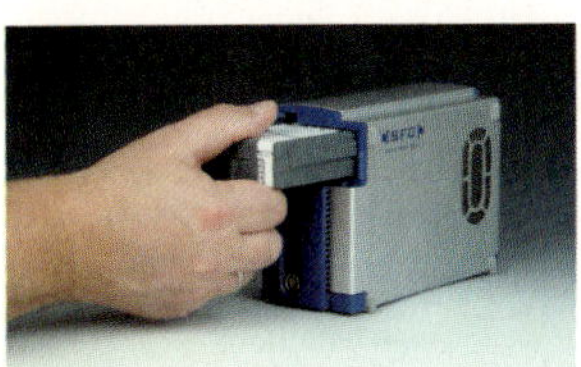

③

Prinzip

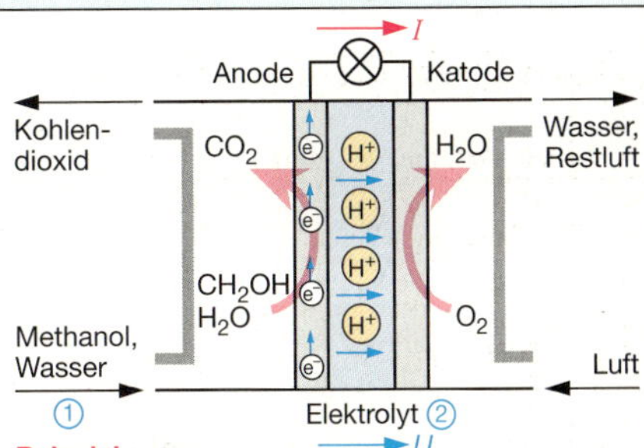

Beispiel:

P_{max} = 80 W; P_n = 25 W; U = 12 V
$t_{Betrieb}$ = 100 h bei 25 W
V_{Tank} = 2,5 l; m = 10 kg

Anwendungen

- Spannungsquelle ③ für mobile Geräte wie z.B. Laptops, Mobiltelefone und elektronische Geräte,
- keine Ersatzakkus und Ladegeräte erforderlich,
- eine Tankpatrone/Arbeitstag für einen Laptop.

Systemvergleich verschiedener Spannungsquellen

Kenngrößen/ Arten	SFC-Brennstoffzelle	Wasserstoff-Brennstoffzelle	Lithium-Ionen-Akkumulator	Nickel-Cadmium Akkumulator
Kapazität	sehr hoch min. 20 Ah	mittel ca. 20 Ah	mittel 4 bis 6 Ah	gering 2 bis 3 Ah
Energiedichte	niedrig min. 320 Wh/kg	hoch 100 Wh/kg	mittel 120 Wh/kg	hoch 50 Wh/kg
Aufladezeit in h	0	0	2,5 bis 3	1,5
Anzahl der Ersatzakkus	0	0	2 bis 6	2 bis 10
Memory Effekt	nein	nein	gering	hoch
Selbstentladung	gering	nein	gering	mittel
Lebensdauer in h	min. 3000	min. 3000	2000	1200
Umweltbelastung	keine	keine	mittel	hoch

Laden gasdichter Akkumulatoren – *Charging of sealed accumulators*

Arten

- **Normalladen**
  - konstanter Ladebemessungsstrom: 0,1 · CA
  - Ladezeit: 14 bis 16 h
  - 24 h-Ladung mit Ladebemessungsstrom zum Wiederherstellen der vollen Kapazität
- **Beschleunigtes Laden**
  - Ladestrom: 0,2 bis 0,3 · CA
  - Ladezeit: 7 bis 8 h
- **Schnellladen**
  - **Spannungsüberwachung**
    - Vollständiges Entladen vor Ladebeginn
    - Ladebemessungsstrom: 0,5 · CA
    - Ladungsunterbrechung nach 3 h erforderlich
  - **Temperaturüberwachung**
    - Ladebemessungsstrom bis 0,2 · CA
    - Ladeüberwachung durch NTC-Widerstand
    - Ladungsunterbrechung bei 50 °C Zellentemperatur
- **Dauerladen**
  - **Erhaltungsladen**
    - Laden bei gasdichten Zellen
    - Dauerladestrom: 0,05 · CA
  - **Intervallladen**
    - Laden je nach Belastung
    - Vollladung bei z. B. 6 bis 7 h: 0,2 · CA
    - Dauerladung in Intervallen von ca. 1 min/h: 0,2 · CA

Regeln

Voraussetzungen

- Ladezustand:
  Akkumulator eventuell nachladen, Ni-Cd-Akkumulatoren erst ganz entladen und neu laden.
- Akkumulator-Pflege:
  Ni-Cd-Akkumulator vor Nachladen immer entladen.
  Verlängerung der Haltbarkeit von Ni-Cd-Akkumulatoren durch gelegentliches Zyklen.
- Lagerung:
  Ladezustand von Ni-Cd- und Ni-MH-Akkumulator bei Kurzlagerung (6 Monate) unverändert, sonst vor Lagerung voll aufladen.
  Lithium-Ion-Akkumulator vor Lagern voll aufladen, spätestens nach 12 Monaten nachladen, sonst Zerstörung des Akkumulators.
- Auswahl von Ladegeräten:
  Eignung von Ladegeräten prüfen, Herstellerangaben beachten.
- Einsatz von Ladegeräten:
  Gleicher Typ für Ni-Cd- und Ni-MH-Akkumulatoren.

Vorgang

- Umgebungstemperatur: 15 °C bis 30 °C
- Elektronisch gesteuerte Ladegeräte
  ⇒ Abschaltung bei Volladung und Umstellung auf geringe Erhaltungsstromstärke.
- Ladegerät erkennt Temperaturanstieg und schaltet ab.
  Akkumulator für Handys mit Thermoswitch, der Ladefunktion bei 70 °C unterbricht.

Ladegeräte

Direkte Aufladung

- Keine Berücksichtigung des Entladezustandes
  ⇒ Reduzierung der Lebensdauer und Kapazität des Akkumulators.

Entlade-Lade-Technik

- Berücksichtigung des Entladezustandes
  ⇒ Erst vollständige Entladung, Vermeiden von Überladung, Erhaltung der Kapazität z. B. Ni-Cd-Akkumulatoren.

Gerätetypen

- Lader mit **automatischer Zeitschaltung**
  Anschluss: 230 V/50 Hz
  Zellengröße:
  Micro, Mignon und 9-V-Block
  Schonende Ladung von Ni-Cd- und Ni-MH-Akkumulatoren, keine Überladung.

- Lader mit **Microprozessor**
  Anschluss: 230 V/50 Hz
  Zellengröße:
  Micro, Mignon, Baby, Mono und 9-V-Block
  Elektronisch gesteuerte Polaritätskontrolle.
  Keine Überladung, eingebaute Entladungsfunktion
  ⇒ Verhinderung des Memory-Effektes.
  Gerätetyp für alle Baugrößen von Ni-Cd- und Ni-MH-Akkus.

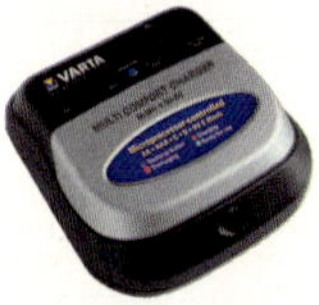

Batterien in Ersatzstromanlagen

Verwendung

Industrie, Krankenhäuser, Kommunikationsanlagen: Energieversorgung bei Netzstörungen oder -ausfall

Bemessung des Akkumulators

Für Umgebungstemperatur von 5 °C und dreimaliger Start mit 10 s Dauer und 5 s Pause. (Herstellerangaben beachten.)

Ladeverlauf nach U-I-Kennlinie

Akkumulator muss in 10 h auf 90 % von C_n gebracht werden.

Auswahl des Ladegeräts

- Ladespannung pro Zelle:
  2,4 V (Bleiakkumulator); 1,55 V (Ni-Cd-Akkumul.)
- Dauerladespannung pro Zelle:
  2,23 V (Bleiakkumulator); 1,4 V (Ni-Cd-Akkumul.).

4 Übertragungssyteme

Elektromagnetische Wellen – *Electromagnetic waves*

Schwingung

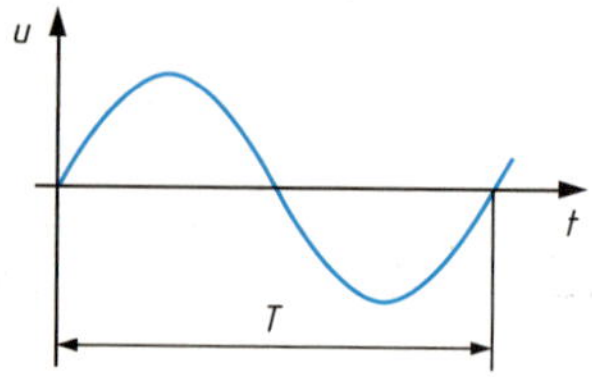

T: Periodendauer — $[T] = \text{s}$

f: Frequenz — $[f] = \text{Hz}$

$f = \frac{1}{T}$ — $1\ \text{Hz} = \frac{1}{\text{s}}$

Wellen

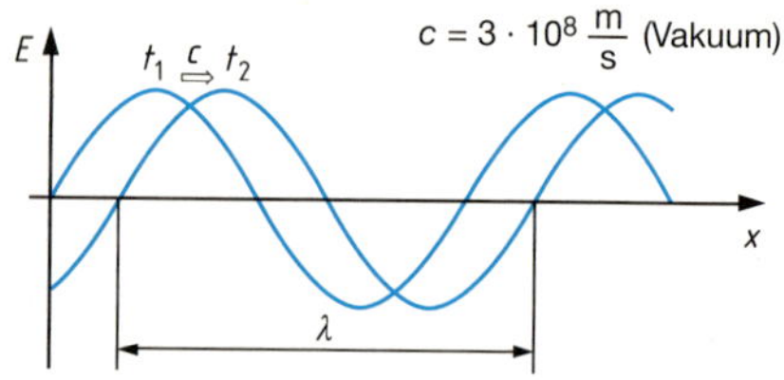

c: Ausbreitungsgeschwindigkeit, Lichtgeschwindigkeit — $[c] = \text{m/s}$

λ: Wellenlänge — $[\lambda] = \text{m}$

f: Frequenz — $[f] = \text{Hz}$

x: Weg, Strecke

$\lambda = \frac{c}{f}$ $\qquad \lambda = c \cdot T$

Wellenabstrahlung

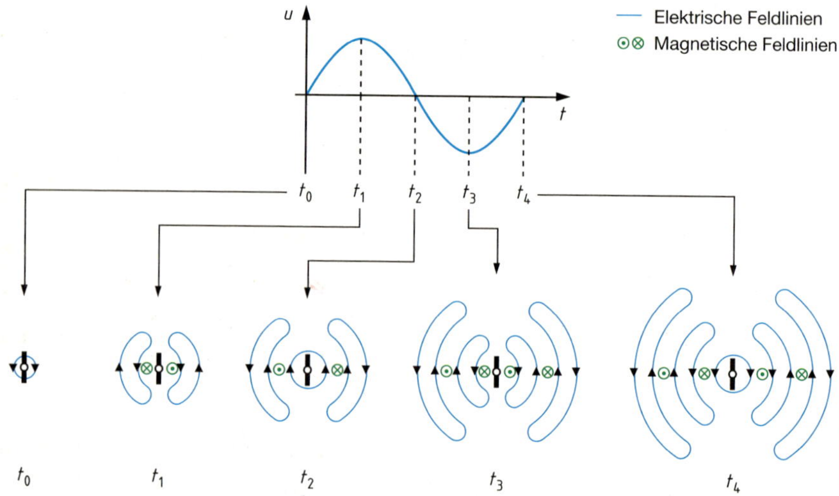

Elektromagnetisches Feld

E:	Elektrische Feldstärke	$[E] = \text{V/m}$
H:	Magnetische Feldstärke	$[H] = \text{A/m}$
Z_0:	Feldwellenwiderstand	$[Z_0] = \Omega$
ε_0:	Elektrische Feldkonstante	$\varepsilon_0 = 8{,}86 \cdot 10^{-12}\ \text{As/Vm}$
μ_0:	Magnetische Feldkonstante	$\mu_0 = 1{,}257 \cdot 10^{-6}\ \text{Vs/Am}$

$E = Z_0 \cdot H$ $\qquad Z_0 = 376{,}68\ \Omega$

$Z_0 = \sqrt{\frac{\mu_0}{\varepsilon_0}}$

Feldberechnung (Kugelstrahler)

P:	Strahlungsleistung der Antenne (abgestrahlte Energie pro Zeit)	$[P] = \text{W}$
S:	Strahlungsdichte	$[S] = \text{W/m}^2$
E:	Elektrische Feldstärke	$[E] = \text{V/m}$
H:	Magnetische Feldstärke	$[H] = \text{A/m}$

$S = \frac{P}{4\,\pi \cdot r^2}$

$S = E \cdot H$

$S = \frac{E^2}{Z_0}$

Wellenausbreitung – *Wave progagation*

Ausbreitungszonen

Nahempfangszone	Tote Zone	Interferenzzone (Fadingzone)	Fernempfangszone
Nur Bodenwelle vorhanden.	Bodenwelle und Raumwelle sind nicht vorhanden.	Bodenwelle und Raumwelle sind vorhanden, Auslöschung möglich.	Nur Raumwelle vorhanden.

Feldarten

Nahfeld: $r < \lambda$; $E \sim \frac{1}{r^3}$ r: Radius (Kugelstrahler)

Fernfeld: $r > \lambda$; $E \sim \frac{1}{r}$ (r ca. 10 λ)

Im Fernfeld sind die magnetische und die elektrische Komponente des elektromagnetischen Feldes in Phase und stehen senkrecht aufeinander.

Einteilung der Atmosphäre

Troposphäre: bis ca. 12 km
Stratosphäre: von 12 km bis ca. 80 km
Ionosphäre: von 80 km bis ca. 1000 km

Schichten der Ionosphäre

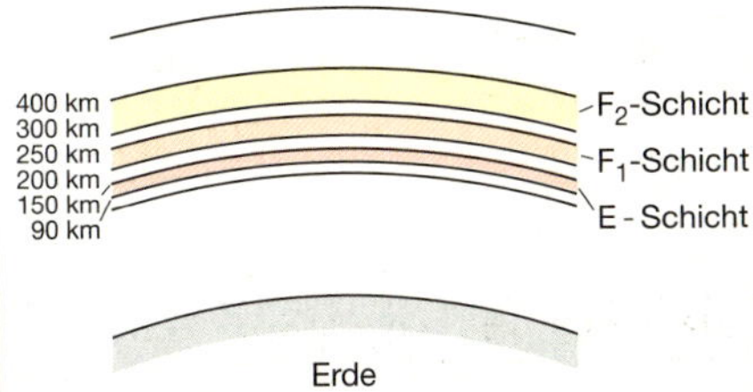

Ausbreitungseigenschaften verschiedener Wellenlängenbereiche

Längstwellen, Langwellen

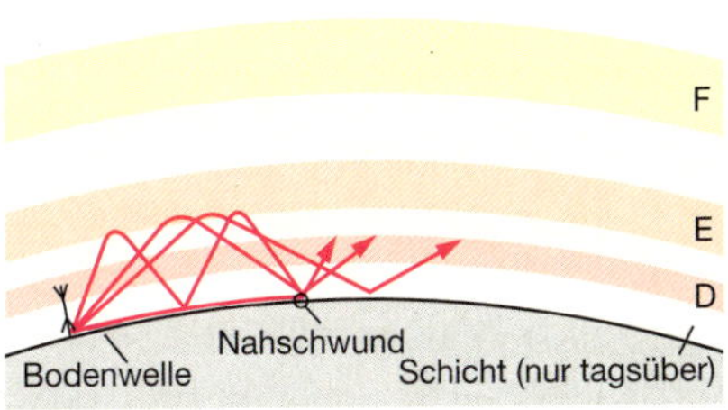

Vorwiegend nur Bodenwellen

Mittelwellen

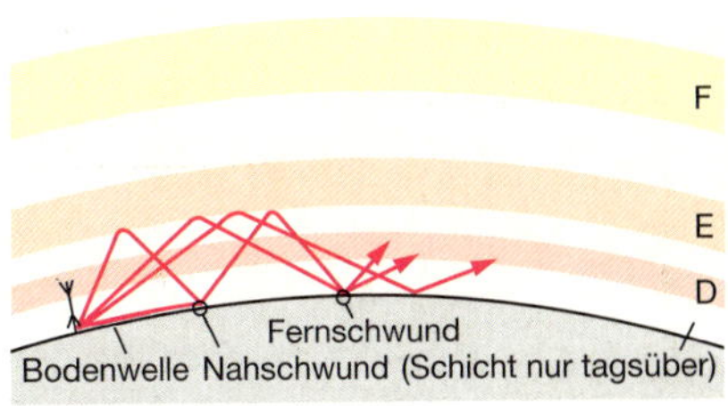

Tag: Vorwiegend Bodenwellen
Nacht: Boden- und Raumwellen
Ausbreitung ist abhängig von Tages- und Jahreszeit.

Kurzwellen

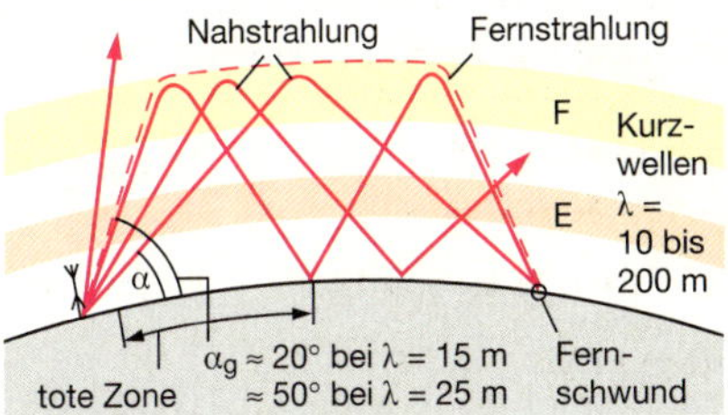

Vorwiegend Raumwelle.
Ausbreitung abhängig von Tages- und Jahreszeit und von Sonnenaktivität, Mehrfachreflexion möglich.

Ultrakurzwellen

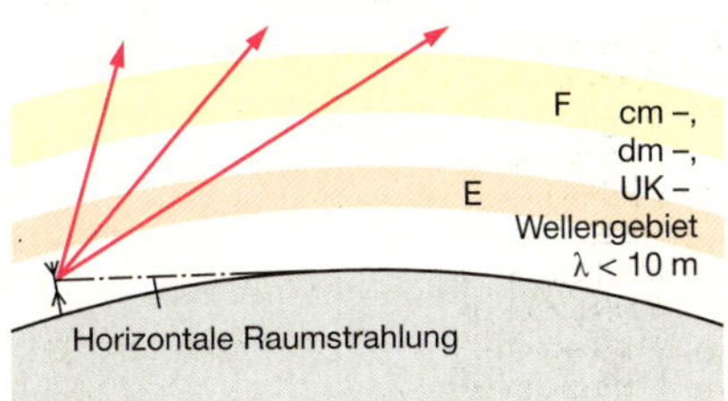

Quasioptische Wellen

Frequenz- und Wellenlängenbereiche – *Frequency and wavelength-ranges*

Elektromagnetisches Spektrum

$c = \lambda \cdot f$

c: Ausbreitungsgeschwindigkeit der elektromagnetischen Welle
c = 299792,5 km/s
λ: Wellenlänge f: Frequenz

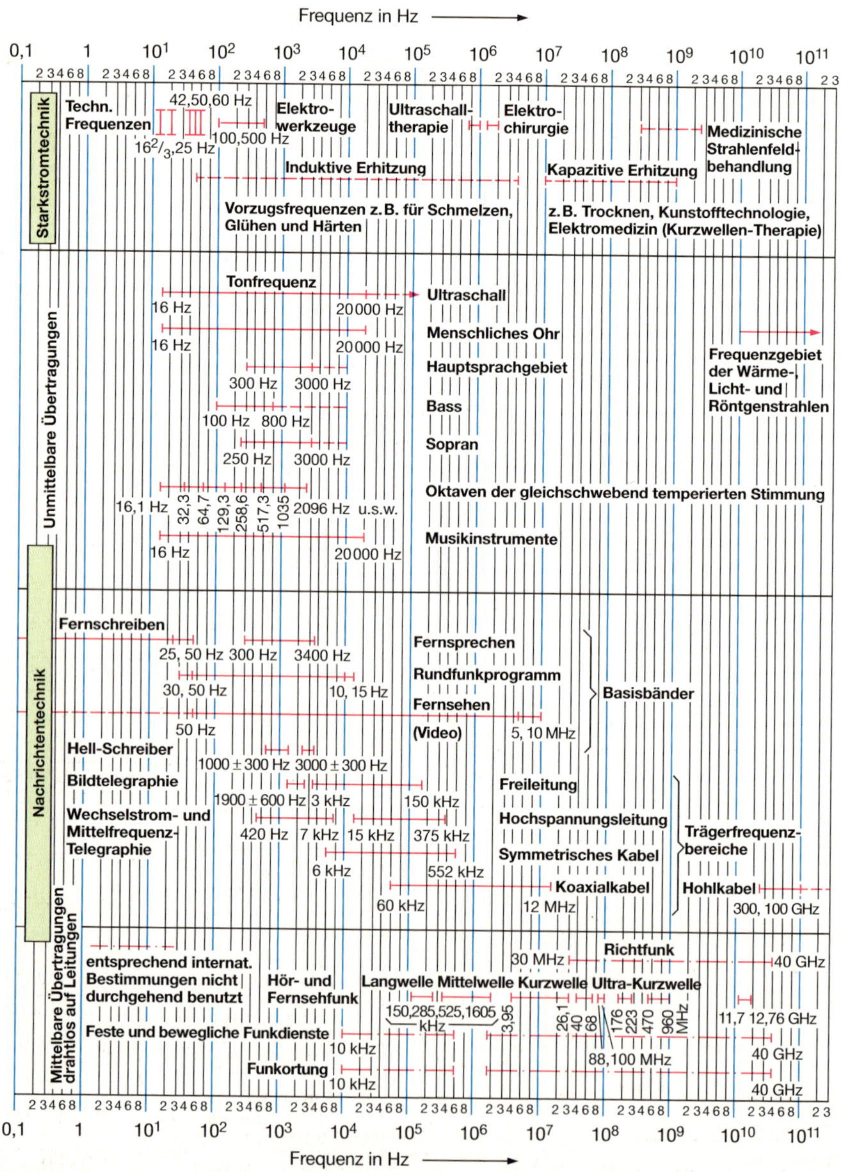

Frequenz- und Wellenlängenbereiche – *Frequencies and wavelength-ranges*

Bezeichnungen	Anwendungsbereiche	Frequenzbereich	Wellenlängenbereich
ELF (extremely low frequencies)		0,3 Hz … 3 Hz 3 Hz … 30 Hz 30 Hz … 300 Hz	$1 \cdot 10^6$ km … $1 \cdot 10^5$ km $1 \cdot 10^5$ km … $1 \cdot 10^4$ km $1 \cdot 10^4$ km … $1 \cdot 10^3$ km
ILF (infra low frequencies)		300 Hz … 3 kHz	$1 \cdot 10^3$ km … 100 km
VLF (very low frequencies), **Myriameterwellen** (Längstwellen)	Funkverkehr zwischen Feststationen	3 kHz … 30 kHz	100 km … 10 km
LF (low frequencies), **Kilometerwellen** (Langwellen)	Funkverkehr zwischen Feststationen, Rundfunk, Überseefunk	30 kHz … 300 kHz	10 km … 1 km
MF (medium frequencies), **Hektometerwellen** (Mittelwellen)	Rundfunk, Schiffsfunk, Amateurfunk, Polizeifunk	300 kHz … 3 MHz	1 km … 0,1 km
HF (high frequencies), **Dekameterwellen** (Kurzwellen)	Rundfunk für große Reichweiten, Küsten-, Flug-, Amateurfunk, Medizin	3 MHz … 30 MHz	100 m … 10 m
VHF (very high frequencies), **Meterwellen** (Ultrakurzwellen)	Rundfunk, Fernsehfunk, Richtfunk, Flugnavigation, Polizei-, Amateurfunk, Küstenfunk, Medizin	30 MHz … 300 MHz	10 m … 1 m
UHF (ultra high frequencies), **Dezimeterwellen** (Ultrakurzwellen)	Fernsehfunk, Richtfunk, Flugnavigation, Amateurfunk	300 MHz … 3 GHz	1 m … 0,1 m
SHF (super high frequencies), **Zentimeterwellen** (Mikrowellen)	Radar, Richtfunk, Navigation	3 GHz … 30 GHz	10 cm … 1 cm
EHF (extremely high frequencies), **Millimeterwellen**	Radar, Richtfunk	30 GHz … 300 GHz	1 cm … 1 mm
Mikrometerwellen		300 GHz … 3 THz	1 mm … 0,1 mm

Frequenzbereiche für Hör- und Fernsehfunk in Europa

Frequency ranges for radio and television in Europe

Bezeichnung	Frequenzbereich
Langwellenbereich	150 … 285 kHz
Mittelwellenbereich	510 … 1605 kHz
Kurzwellenbereich	2,30 … 2,498 MHz
75-m-Band	3,95 … 4,0 MHz
49-m-Band	5,95 … 6,2 MHz
41-m-Band	7,1 … 7,3 MHz
31-m-Band	9,5 … 9,9 MHz
25-m-Band	11,65 … 12,05 MHz
23-m-Band	13,6 … 13,8 MHz
19-m-Band	15,1 … 15,6 MHz
16-m-Band	17,55 … 17,9 MHz
13-m-Band	21,45 … 21,85 MHz
11-m-Band	25,67 … 26,1 MHz

Bezeichnung	Frequenzbereich
VHF-Bereich, Band I, (Kanal 2 bis 4, Fernsehfunk, 7 MHz Senderabstand)	47 … 68 MHz
UKW-Bereich, Band II, (Kanal 2 bis 70, FM-Tonrundfunk, 300 kHz Senderabstand)	87,6.. 108 MHz
VHF-Bereich, Band III, (Kanal 5 bis 12, Fernsehfunk, 7 MHz Senderabstand)	174 … 230 MHz
UHF-Bereich, Band IV, (Kanal 21 bis 37, Fernsehfunk, 8 MHz Senderabstand)	470 … 606 MHz
UHF-Bereich, Band V, (Kanal 38 bis 69, Fernsehfunk, 8 MHz Senderabstand)	606 … 862 MHz
SHF-Bereich, Band VI Kanal 1 bis 40	11,7 GHz … 12,5 GHz

Dämpfung, Übertragung, Pegel – *Attenuation, transmission, level*

Dämpfungs- und Übertragungsfaktoren

Schaltung	Dämpfungsfaktor D	Übertragungsfaktor / Verstärkungsfaktor T
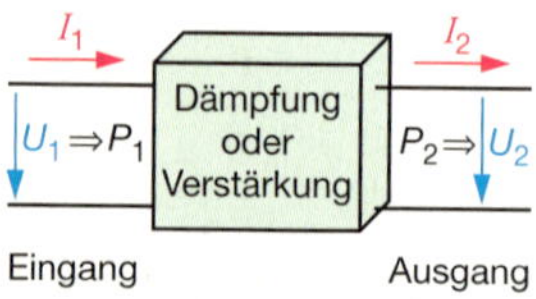	Stromdämpfungsfaktor $D_I = \frac{I_1}{I_2}$ Spannungsdämpfungsfaktor $D_u = \frac{U_1}{U_2}$ Leistungsdämpfungsfaktor $D_p = \frac{P_1}{P_2}$	Stromübertragungsfaktor $T_I = \frac{I_2}{I_1}$ Spannungsübertragungsfaktor $T_u = \frac{U_2}{U_1}$ Leistungsübertragungsfaktor $T_p = \frac{P_2}{P_1}$

Dämpfungs- und Übertragungsmaße

Schaltung (Einzelglied)	Dämpfungsmaß a	Übertragungsmaß / Verstärkungsmaß $-a$
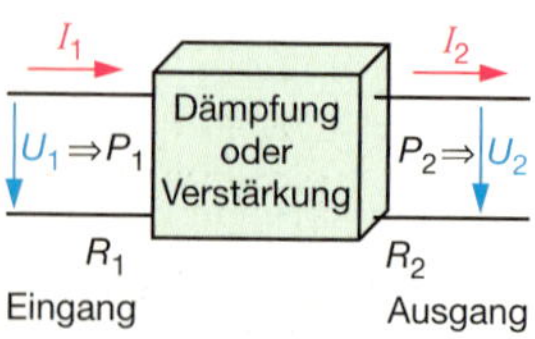	Leistungsdämpfungsmaß $a_p = \lg \frac{P_1}{P_2}$ B B: Bel $a_p = 10 \cdot \lg \frac{P_1}{P_2}$ dB dB: dezi Bel Spannungsdämpfungsmaß $a_u = 20 \cdot \lg \frac{U_1}{U_2}$ dB $R_1 = R_2$ Stromdämpfungsmaß $a_u = 20 \cdot \lg \frac{I_1}{I_2}$ dB $R_1 = R_2$	Leistungsübertragungsmaß $-a_p = 10 \cdot \lg \frac{P_2}{P_1}$ dB Spannungsübertragungsmaß $-a_u = 20 \cdot \lg \frac{U_2}{U_1}$ dB $R_1 = R_2$ Stromübertragungsmaß $-a_I = 20 \cdot \lg \frac{I_2}{I_1}$ dB $R_1 = R_2$
Übertragungskette	**Gesamtdämpfungsmaß bzw. Gesamtübertragungsmaß**	
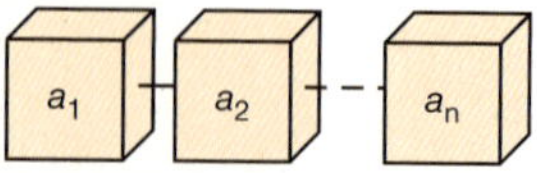	$a_{ges} = a_1 + a_2 + \ldots a_n$ (Vorzeichen beachten)	

Zusammenhang zwischen Dämpfungsfaktoren und Dämpfungsmaßen

Dämpfungsmaß in dB	a	0	1	3	6	10	20	30	40
Leistungsdämpfungsfaktor	D_p	1	1,26	2	4	10	100	1000	10 000
Spannungsdämpfungsfaktor	D_u	1	1,12	1,41	2	3,16	10	31,6	100

Absoluter Pegel L_{abs}

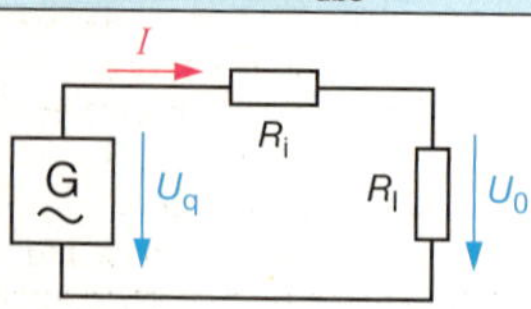

Der Pegel 0 dB liegt bei der Leistung $P_0 = 1$ mW oder der Spannung $U_0 = 775$ mV vor. ($I = 1{,}29$ mA)

P_0: Bezugsleistung

U_0: Bezugsspannung

$L_{Pabs} = 10 \lg \frac{P}{P_0}$ dBm

$L_{Uabs} = 20 \lg \frac{U}{U_0}$ dBu

$R_L = 600\ \Omega$

Relativer Pegel L_{rel}

Beliebiger Bezugswert:

z.B. Antennentechnik mit $R_L = 75\ \Omega$; $U_0 = 1\ \mu V$ (dBµV)
$U_0 = 1$ V (dBV)
$P_0 = 1$ W (dBW)
$P_0 = 10^{-15}$ W (dBf)

$L_{Urel} = 20 \lg \frac{U}{1\ \mu V}$ dBµV

Pegelplan – *Level plan*

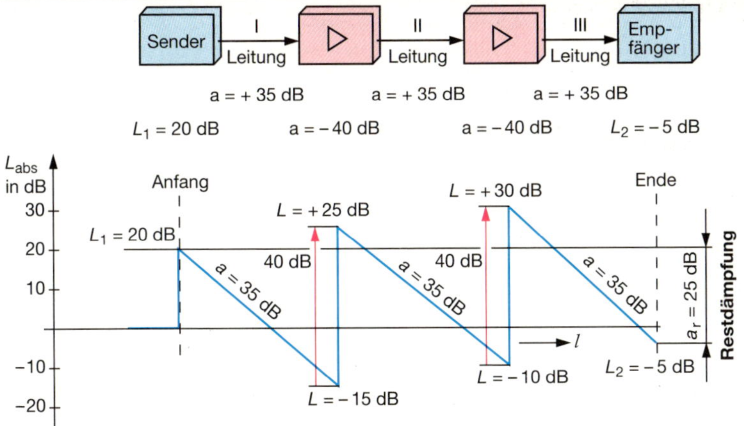

Restdämpfung
$a_r = L_1 - L_2$

$a_r = 20\text{ dB} - (-5\text{ dB}) = 25\text{ dB}$
oder als Summe aller Dämpfungen:
$a_r = 35\text{ dB} + (-40\text{ dB}) + 35\text{ dB} + (-40\text{ dB}) + 35\text{ dB} = 25\text{ dB}$

Rauschen – *Noise*

Rauschleistung, Rauschspannung

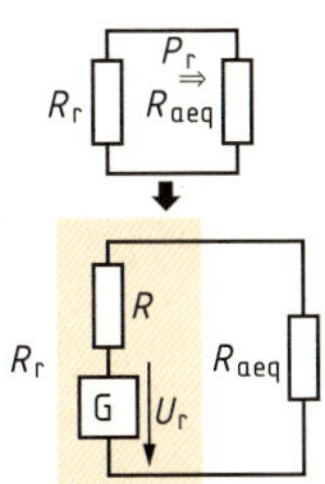

$P_r = k \cdot T \cdot B$
$U_r = \sqrt{4 \cdot k \cdot T \cdot B \cdot R}$

$k = 1{,}38 \cdot 10^{-23}$

Rauschabstandsmaß, Signal-Rausch-Verhältnis (SNR)

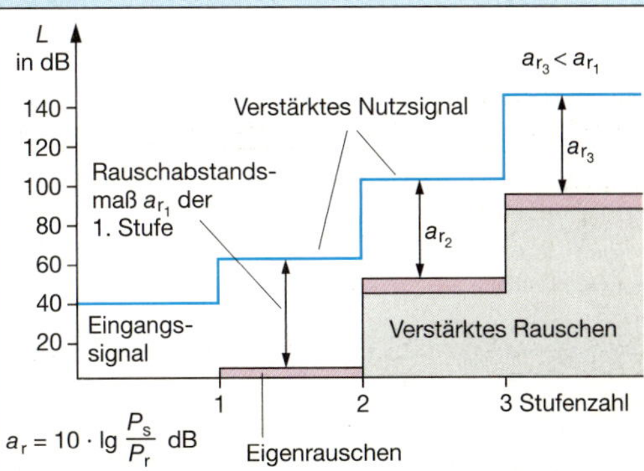

$a_r = 10 \cdot \lg \frac{P_s}{P_r}$ dB

$a_r = 20 \cdot \lg \frac{U_s}{U_r}$ dB

P_r: Rauschleistung
U_r: Rauschspannung
P_s: Leistung des Nutzsignals
U_s: Spannung des Nutzsignals

R_r: Rauschender Widerstand (Rauschquelle)
R_{aeq}: Nichtrauschender Widerstand
P_r: Rauschleistung

U_r: Rauschspannung
T: Absolute Temperatur in Kelvin
B: Bandbreite in Hz
k: Boltzmann-Konstante

Rauschzahl *F*

$F = \frac{P_{se}}{P_{re}} : \frac{P_{sa}}{P_{ra}} \qquad F = \frac{P_{se} \cdot P_{ra}}{P_{re} \cdot P_{sa}}$

Eingangsgrößen: P_{se}; P_{re}
Ausgangsgrößen: P_{sa}; P_{ra}

Rauschzahl a_F

$a_F = 10 \cdot \lg F$ dB

Übertragungsqualität und Rauschabstandsmaß a_r

Übertragungsqualität	P_s/P_r	U_s/U_r	a_r in dB
Untere Wahrnehmungsgrenze	1	1	0
Untere Sprachverständlichkeitsgrenze	10	3,2	10
Ausreichende Musikwiedergabe	1000	32	30
Rauschfreie Bildqualität	10 000	100	40

HF-Leitung – *HF-cable*

Ersatzschaltbild

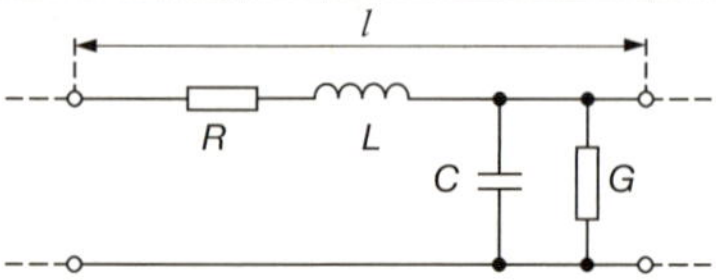

Widerstandsbelag $R' = \frac{R}{l}$

Leitwertbelag $G' = \frac{G}{l}$

Induktivitätsbelag $L' = \frac{L}{l}$

Kapazitätsbelag $C' = \frac{C}{l}$

Wellenwiderstand

tiefe Frequenzen

$(R > \omega \cdot L)$

$$Z = \sqrt{\frac{R}{\omega \cdot C}}$$

hohe Frequenzen

$(R < \omega \cdot L)$

$$Z = \sqrt{\frac{L}{C}}$$

Paralleldrahtleitung

$$Z = \frac{\ln \frac{2a}{d}}{\sqrt{\varepsilon_r}} \cdot 120\ \Omega$$

a: Leiterabstand
d: Leiterdurchmesser
ε_r: Permittivitätszahl

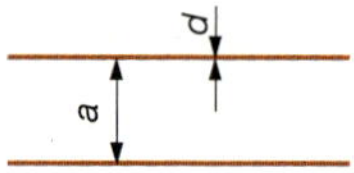

Leitung als Übertragungsstrecke

Ausbreitungsgeschwindigkeit

$$v = \frac{c}{\sqrt{\varepsilon_r}}$$

c: Lichtgeschwindigkeit, $c = 3 \cdot 10^8$ m/s
ε_r: Permittivitätszahl

Verkürzungsfaktor

$$K = \frac{1}{\sqrt{\varepsilon_r}}$$

(bei Koaxialkabel: 0,65 … 0,82)

Abschlüsse am Leitungsende

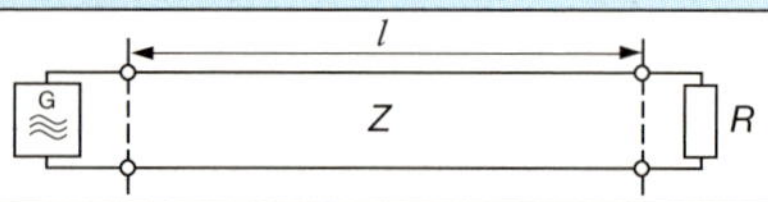

λ: Wellenlänge
l: Leitungslänge
Z: Wellenwiderstand der Leitung

$R \to \infty$	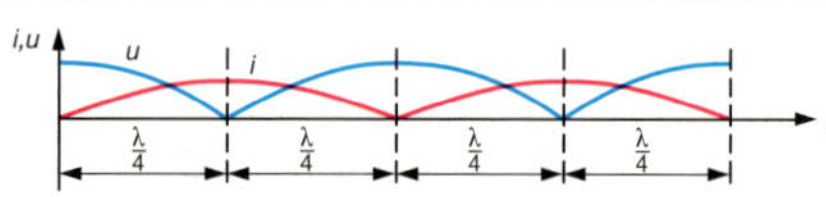	stehende Welle, Spannungsmaximum, $I = 0$ A, keine Energieübertragung
$R = 0\ \Omega$	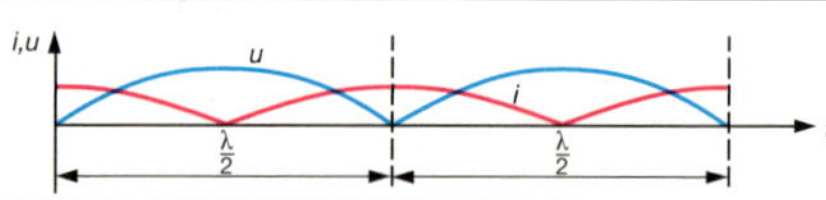	stehende Welle, Strommaximum, $U = 0$ V, keine Energieübertragung
$R = Z$		keine stehende Welle, Anpassung, Energieübertragung maximal
$R < Z$	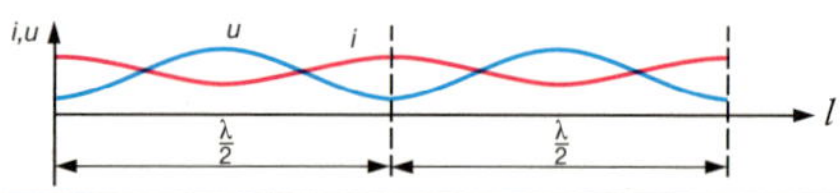	Fehlanpassung, verminderte Energieübertragung

Leitung als Bauteil

Leitung am Ende offen

Länge	Verhalten	Länge	Verhalten
$l = \lambda/4$	 Serienschwingkreis	$l = \lambda/2$	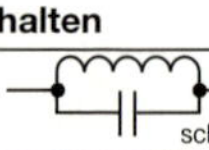 Parallelschwingkreis
$l > \lambda/4$		$l > \lambda/2$	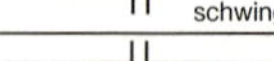
$l < \lambda/4$		$l < \lambda/2$	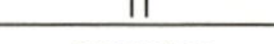

Leitung am Ende kurzgeschlossen

$l = \lambda/4$	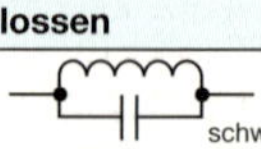 Parallelschwingkreis	$l = \lambda/2$	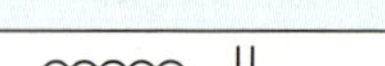 Serienschwingkreis
$l > \lambda/4$	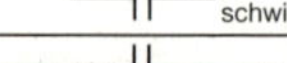	$l > \lambda/2$	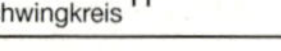
$l < \lambda/4$	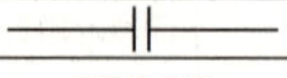	$l < \lambda/2$	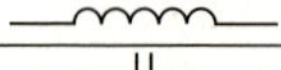

Vorschriften für Empfangs- und Verteilanlagen

Regulations for cabled distribution systems

Inhalt	DIN EN 50083 ...	VDE 0855 Teil ...
• Sicherheitsanforderungen (z. B. Erdung, Blitzschutz, Potenzialausgleich, mechanische Festigkeit) • Elektromagnetische Verträglichkeit von Geräten (z. B. Schirmungsmaß, Störabstrahlung, Störeinstrahlung, Funkentstörung)	... – 1; ... – 1/A1 ... – 2; ... – 2/A1	... 1; ... 1/A1 ... 2; ... 2/A1
• Aktive Breitbandgeräte für koaxiale Kabelnetze • Passive Breitbandgeräte für koaxiale Kabelnetze • Geräte für Kopfstellen • Optische Geräte • Systemanforderungen	... – 3; ... – 3/A1 ... – 4; ... – 4/A1 ... – 5; ... – 5/A1 ... – 6 ... – 7	... 3; ... 3/A1 ... 4; ... 4/A1 ... 5; ... 5/A1 ... 6 ... 7
• Elektromagnetische Verträglichkeit von Kabelnetzen • Schnittstellen für CATV-/SMATV-Kopfstellen und vergleichbare professionelle Geräte für DVB-/MPEG-2-Transportströme • Rückkanal-Systemanforderungen	... – 8 ... – 9 ... – 10	... 8 ... 9 ... 10
• Allgem. Kriterien für Konformitätserklärungen für Anbieter • Erdungsleitungen für Antennenanlagen • Sicherheitsbestimmungen für netzbetriebene elektronische Geräte und deren Zubehör für den Hausgebrauch und ähnliche Anwendungen	DIN EN 45014 DIN EN 50083-1 DIN EN 60065	 VDE 0855 Teil 1 VDE 0860
• Trenn- und Sicherheitstransformatoren • Elektromagnetische Verträglichkeit	DIN EN 60742 DIN EN 61000-3-2 und DIN EN 61000-3-3	 VDE 0838 Teil 2 und VDE 0838 Teil 3

Deutsche Telekom AG

1 R8-15	Bedingungen und Empfehlungen für den Anschluss privater Breitbandanlagen/Rundfunk-Empfangsanlagen

Werte und Wertebereiche

Trägersignalpegel, DIN EN 50083-7 (an Antennensteckdose)

Rundfunkdienst	Modulation	Min. Pegel in dBμV	Max. Pegel in dBμV
TV[1]	AM	57 ... 60	77 ... 80
TV (Sat, ZF)	FM	47	77
UKW Stereo[2]	FM	50	77

BK-Netz der Deutschen Telekom (1 R8-15):
[1] 60 dBμV ... 80 dBμV
[2] 56 dBμV ... 80 dBμV

Maximale Pegeldifferenz zwischen belegten FS-Kanälen, DIN EN 50083-7 (zw. Antennensteckdosen)

Frequenzbereich	Modulation	Max. Pegel-Differenz in dB
47 MHz ... 862 MHz[1]	AM	12
Beliebiger Bereich mit 60 MHz Bandbreite	AM	6
Nachbarkanal	AM	3
Sat-ZF	FM	15
bis 470 MHz	FM	15

BK-Netz der Deutschen Telekom (1 R8-15):
[1] Empfohlene Pegeldifferenz max. 5 dB

Erdungsleitungen DIN EN 50083-1

Material	Querschnitt	Durchmesser	Beschaffenheit	Beispiel
Kupfer	≥ 16 mm^2	≥ 4,7 mm	blank bzw. isoliert	H 07V-U, H 07V-R (NYA), NYY, NYM
Aluminium	≥ 25 mm^2	≥ 5,7 mm	blank (nur in Innenräumen) bzw. isoliert	NAYY
Aluminium	≥ 50 mm^2	≥ 8,0 mm	(Knet-) Legierung	
Stahldraht		8,0 mm	verzinkt	
Stahlband	2,5 x 20 mm		verzinkt	

Die Leitungen sind ein- oder mehrdrähtig, jedoch nicht feindrähtig.

Potenzialausgleichsleitungen DIN EN 50083-1

Material	Querschnitt	Durchmesser	Beschaffenheit	Beispiel
Kupfer	4 mm^2	2,3 mm	blank bzw. isoliert	H07 V-U (NYA)

Mobilfunkantennen für Sender – *Mobile radio aerial for stations*

- Mobilfunkantennen dienen als Wandler zwischen einer **leitungsgeführten Welle** und einer **Freiraumwelle**.
- Passive Antennen besitzen identische Eigenschaften für den Sende- und Empfangsfall (**Reziprozität**).
- Die **Polarisation** wird definiert durch die Schwingungsrichtung des Elektrischen Feldstärkevektors (Mobilfunk: vertikale Polarisation).
- **Gewinn** (dbi) ist bezogen auf isotropen Strahler.
- **Richtcharakteristik** wird beschrieben durch Schnitte durch das vertikale und horizontale Strahlungsdiagramm.
- **Halbwertsbreite** (halbe Leistung der Antenne, 3 dB-Punkte horizontal und vertikal) beschreibt den **Öffnungswinkel** der Antenne.
- **VSWR** (**V**oltage **S**tanding **W**are **R**atio: Stehwellenverhältnis) beschreibt Fehlanpassung Antenne (Abweichung der Impedanz von der Nenn-Impedanz).

Bauform	Richtdiagramme Horizontal	Richtdiagramme Vertikal	Daten		
Richtantenne 4-Element Yagi 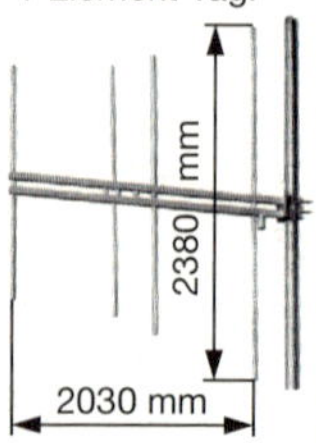	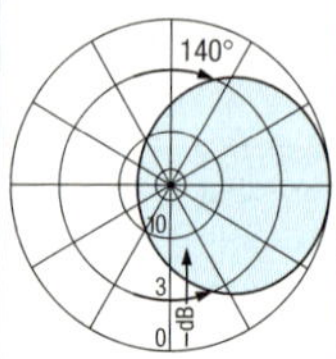	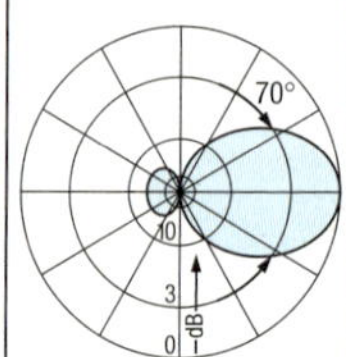	Frequenzbereich (MHz)	68…87,5	
			Gewinn (dBi)	6	
			Impedanz (Ω)	50	
			VSWR	< 1,4	
			Polarisation	vertikal	
			Max. Eingangsleistung (W)	100	
			Max. Windgeschwindigkeit (km/h) Windlast (N bei 150 km/h)	180 510	
Rundstrahler (Groundplane) 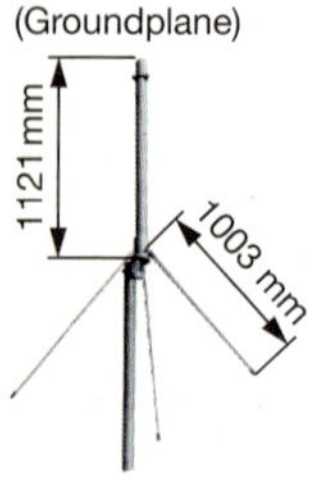	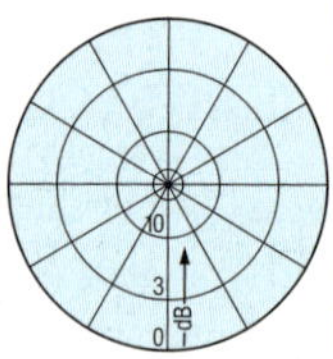	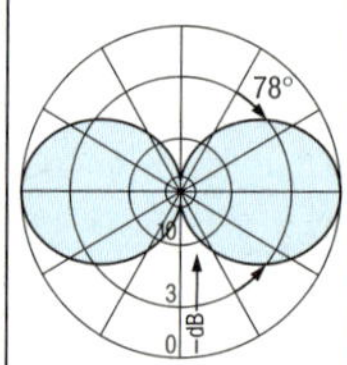	Frequenzbereich (MHz)	74,2…77,7 84,0…87,5	
			Gewinn (dBi)	0	
			Impedanz (Ω)	50	
			VSWR	< 1,5	
			Polarisation	vertikal	
			Max. Eingangsleistung (W)	10	
			Entkopplung zwischen 2 m und 4 m Band (dB)	> 30	
Dual-Band GSM 900 MHz/1800 MHz 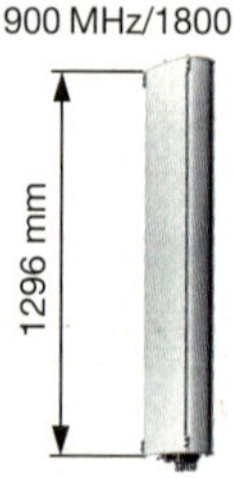	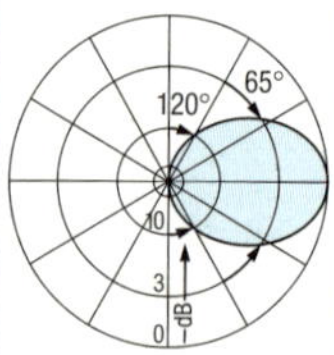	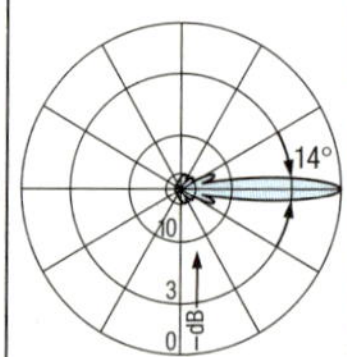	Frequenzbereich (MHz)	GSM 900 870…960	GSM 1800 1710…1880
			Gewinn (dBi)	2 x 15	2 x 17
			Impedanz (Ω)	50	50
			VSWR	< 1,5	< 1,5
			Polarisation	+45°/–45°	+45°/–45°
			Max. Eingangsleistung (W)	400	400
			Vorwärts-/Rückwärtsverhältnis (dB)	30	30
Tetra Basisstationsantenne 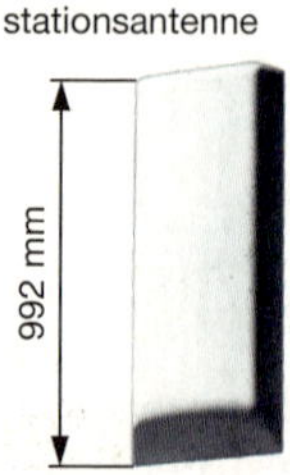	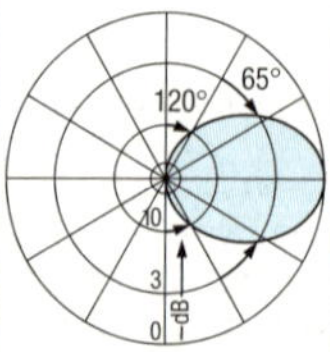	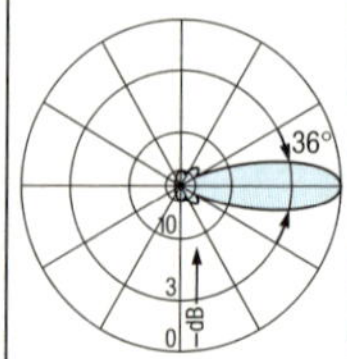	Frequenzbereich (MHz)	380…470	
			Gewinn (dBi)	12	
			Impedanz (Ω)	50	
			VSWR	< 1,5	
			Polarisation	+45°/–45°	
			Max. Eingangsleistung (W)	500	
			Vorwärts-/Rückwärtsverhältnis (dB)	> 25 dB	

Terrestrische Empfangsantennen – *Terrestrial reception arials*

Arten von Dipolen

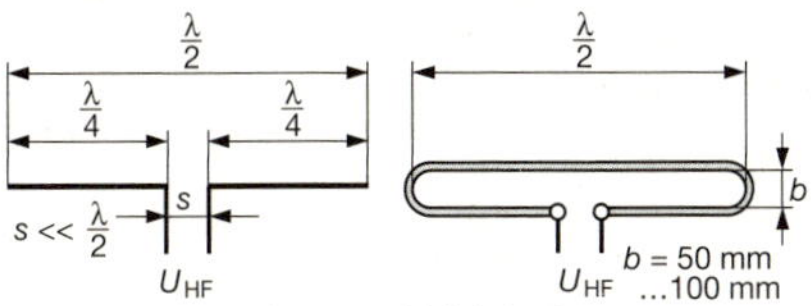

a) gestreckter Dipol b) Faltdipol

(Halbwellendipol mit $l = \frac{\lambda}{2}$)

$Z = 75\ \Omega$ $Z = 300\ \Omega$

Gewinn 0 dB Vor-Rück-Verhältnis 1 : 1 (0 dB)

Aufbau einer Yagi-Antenne

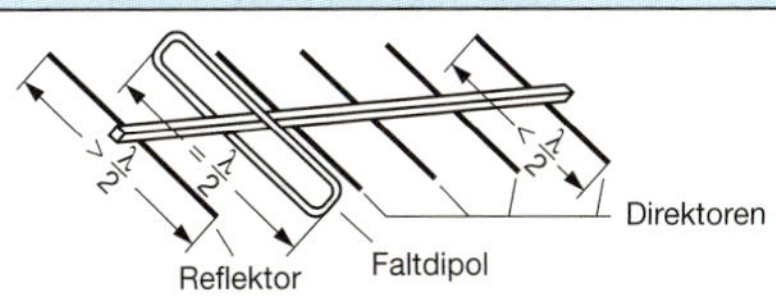

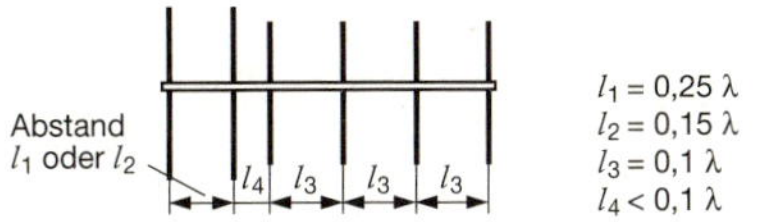

$l_1 = 0{,}25\ \lambda$
$l_2 = 0{,}15\ \lambda$
$l_3 = 0{,}1\ \lambda$
$l_4 < 0{,}1\ \lambda$

Mehrelement-UKW- und FS-Antennen

Antennen	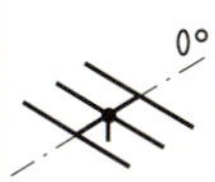 3-Element-antenne mit gestrecktem Dipol	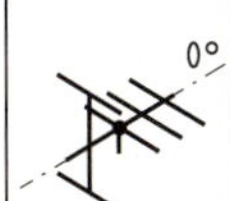 5-Element-Richt-antenne	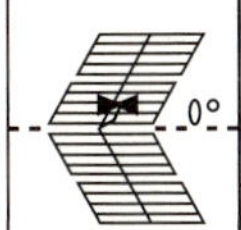 Winkel-Reflektor-mit V-Dipol Bd. IV + V
Richtcharakteristik	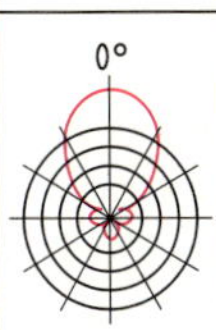	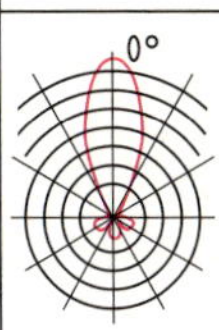	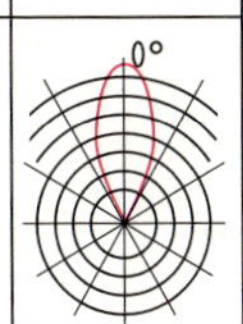
Gewinnmaß	5 dB	7 dB	12 dB (bei 470 MHz)
Vor-Rück-verhältnis	5,6:1 (15 dB)	8:1 (18 dB)	30,6:1 (30 dB)
Öffnungswinkel horizontal	70°	65°	40°
Öffnungswinkel vertikal	110°	80°	27°

Montage

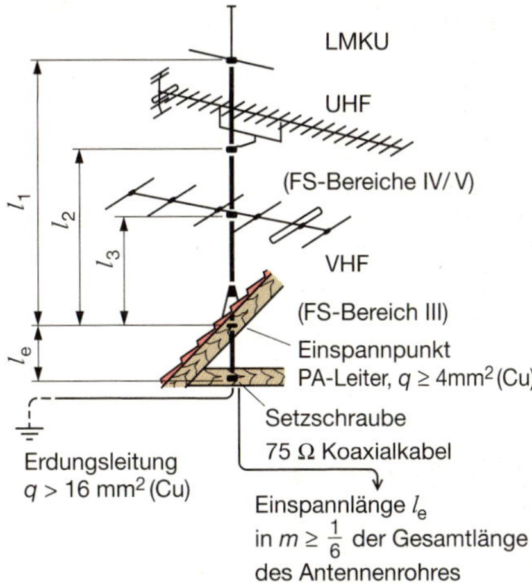

Antennenanlagen (Kenngrößen)

Verteiler	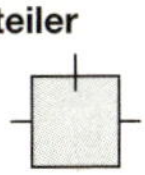	Verteildämpfungsmaß $a_V = 4$ bis 13 dB
Abzweiger	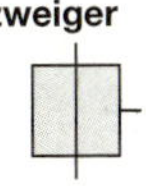	Abzweigdämpfungsmaß $a_A = 10$ bis 50 dB Durchgangsdämpfungsmaß $a_D = 0{,}5$ bis 2 dB
Durchgangsdose		Anschlussdämpfungsmaß $a_A = 11$ bis 14 dB Durchgangsdämpfungsmaß $a_D = 1$ bis 2 dB
Enddosen		Anschlussdämpfungsmaß $a_A = 11$ bis 14 dB für Einzelanlagen $a_A \approx 0$ dB
Bandpässe und **Bandsperren**	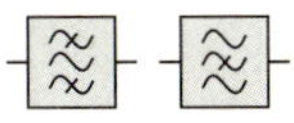	Sperrdämpfungsmaß $a_{sp} = 15$ bis 28 dB $a_D = 0{,}5$ bis 2 dB
Antennenweiche	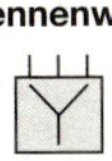	für Bereichsweiche $a_D \approx 1$ dB für Kanalweiche $a_D \approx 2$ dB

Zulässiger Betriebspegel
Störstrahlungsleistung $4 \cdot 10^{-9}$ W
bzw. Störpegel 55 dBμV
(je max. Werte für elektronische Bauteile)

Beispiel: Schirmungsmaß 35 dBμV (gemessener Wert)

Zul. Betriebspegel = Schirmungsmaß + Störpegel
Zul. Betriebspegel = 35 dBμV + 55 dBμV = 90 dBμV

Terrestrische Antennenanlagen – *Terrestrial arial installations*

Antennenanlage (Hausgemeinschaft)

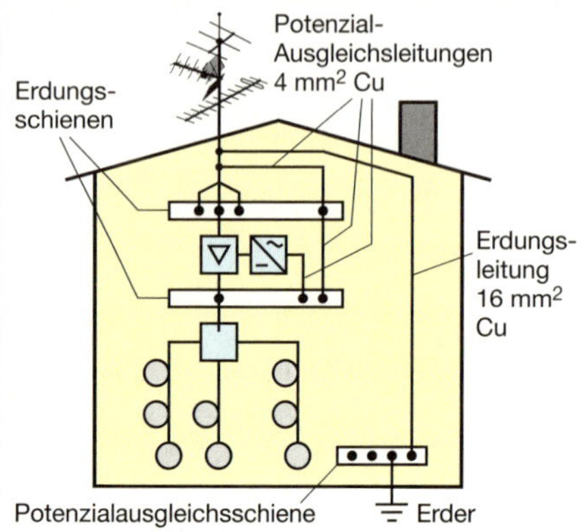

Erdungsleitungen

Verlegung innerhalb und außerhalb von Gebäuden:

- Cu, Querschnitt > 16 mm^2 (d > 4,6 mm) blank oder isoliert (gnge)
- Al, Querschnitt > 25 mm^2 (d > 5,7 mm) blank, nur Verlegung in Innenräumen oder isoliert (gnge)

Leitungen, ein- oder mehrdrähtig (nicht feindrähtig):

- Al-(Knet)-Legierung, Querschnitt > 50 mm^2 (d > 8,0 mm)
- Stahldraht, verzinkt, d = 8 mm
- Stahlband, verzinkt, 2,5 mm · 20 mm

Die Antennenanlage ist in den Potenzialausgleich einzubeziehen.

Einzel-Antennenanlage mit Steckdosen

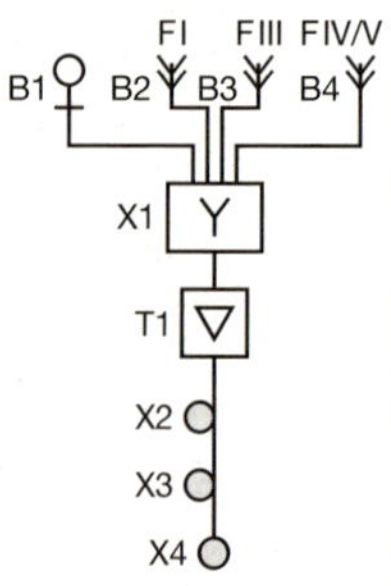

Stammleitungssystem

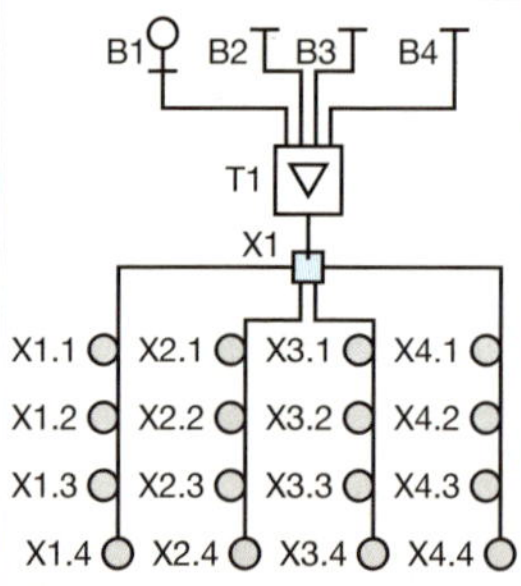

Stichleitungssystem

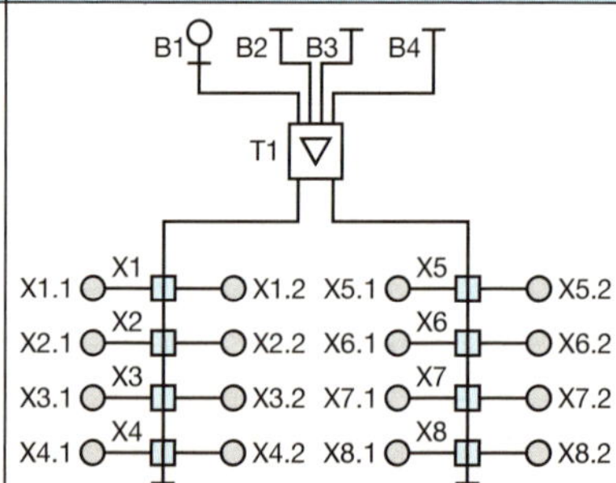

Satellitenempfangs-Antennen – *Satellite reception dishes*

Parabol-Antenne

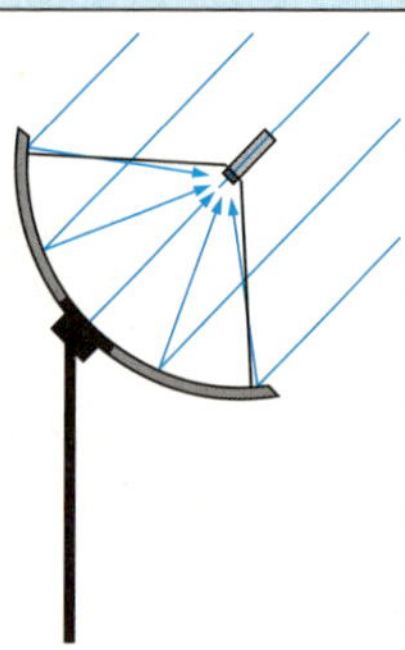

- Elektromagnetische Wellen werden im Brennpunkt vereinigt.
- Flächenwirkungsgrad: 50 – 60 %

Parabol-Offsetantenne

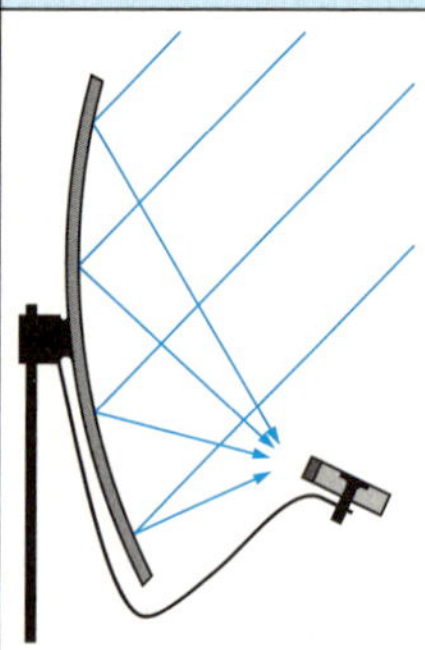

- Ausschnitt aus einer Parabol-Antenne.
- Flächenwirkungsgrad: 60 – 65 %

Cassegrain-Antenne

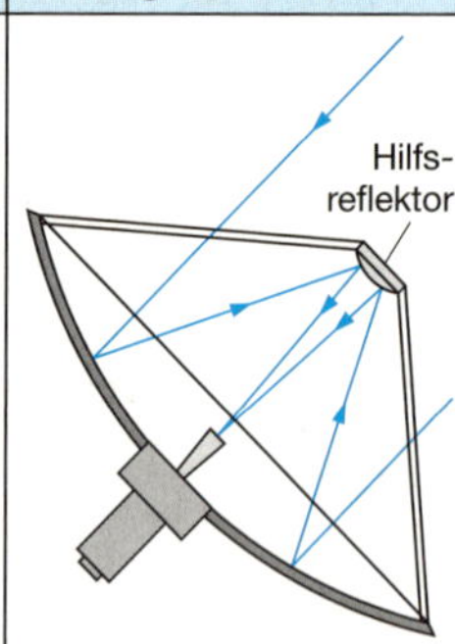

- Symmetrische Parabol-Antenne mit Hilfsreflektor.
- Flächenwirkungsgrad: 60 –70 %

Flachantenne

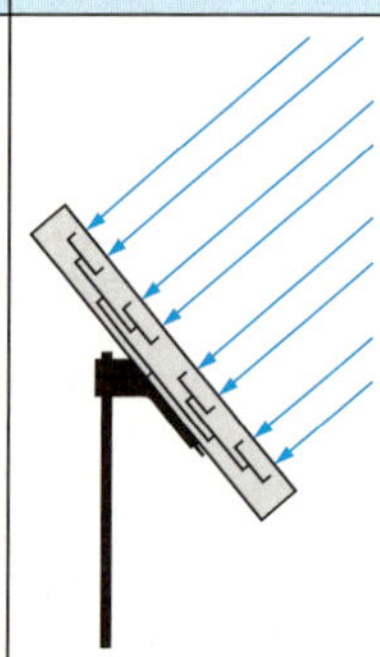

- Empfangssystem in der Antenne integriert.
- Flächenwirkungsgrad: 40 –80 %

Satelliten-Empfang – *Satellite reception*

Komponenten

① Offset-Parabolantenne
② Speisesystem/-systeme
③ DiSEqC Umschaltmatrizen
④ Weichen
⑤ Terrestrische Antennen
⑥ Antennensteckdosen
⑦ Sat-ZF-Verstärker
⑧ Umsetzer/Matrix
⑨ Umschaltmatrix
⑩ 5fach Verbinder
⑪ Einschleuseweiche

Einzelanlagen

Zwei Satelliten-Empfang (Multifeed-Empfang), Twin-Betrieb, 2 Teilnehmer

- 2 Satelliten-Empfang
- 2 Polarisationen, horizontal und vertikal
- Low-/Highband
- Analog und digital
- Terrestrisches Signal
- DiSEqC, 8xSat-ZF

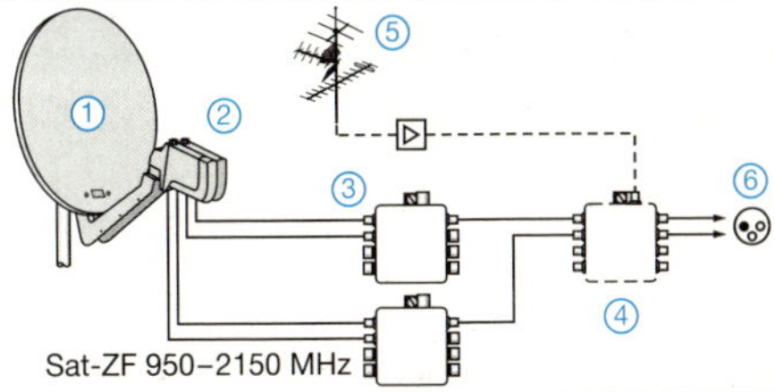

Ein Satelliten-Empfang, Erweiterung für 4 Anschlüsse

- 1 Satelliten-Empfang
- 2 Polarisationen, horizontal und vertikal: 14/18 V
- Low-/Highband: 0/22 kHz
- Analog und digital
- Terrestrisches Signal
- 4 Anschlüsse (auf 8 erweiterbar)

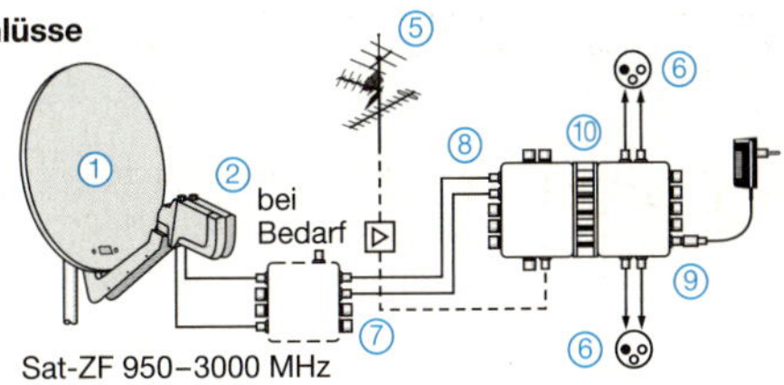

Gemeinschaftsanlagen

2xSat-ZF, 8 Teilnehmer

- 1 Satelliten-Empfang
- 2 Polarisationen, horizontal und vertikal: 14/18 V
- Lowband
- Terrestrisches Signal
- Erweiterbar

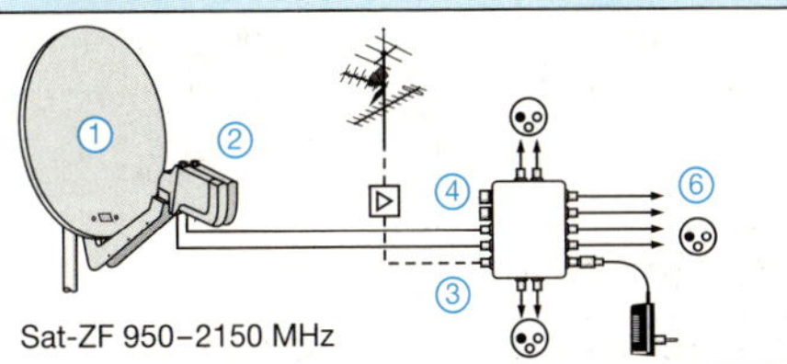

4xSat-ZF, Multifeed, 20 Teilnehmer

- 2 Satelliten-Empfang
  Satellit A: 0 kHz
  Satellit B: 22 kHz
- 2 Polarisationen, horizontal und vertikal: 14/18 V
- Lowband
- Terrestrisches Signal

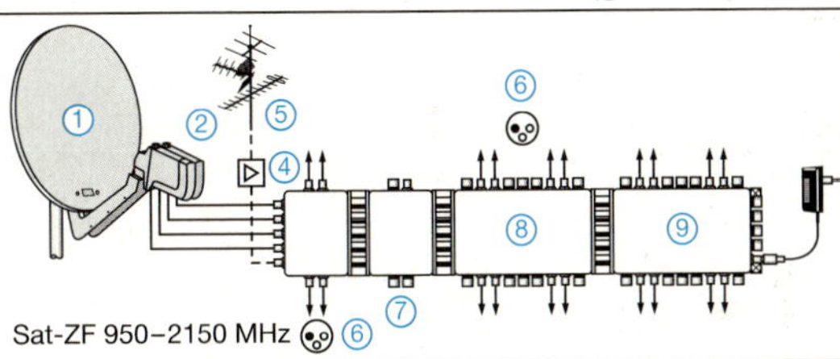

8xSat-ZF, 4 Teilnehmer

- 2 Satelliten-Empfang
- 2 Polarisationen, horizontal und vertikal
- Analog und digital
- Low- und Highband
- Terrestrisches Signal
- DiSEqC: 8xSat-ZF

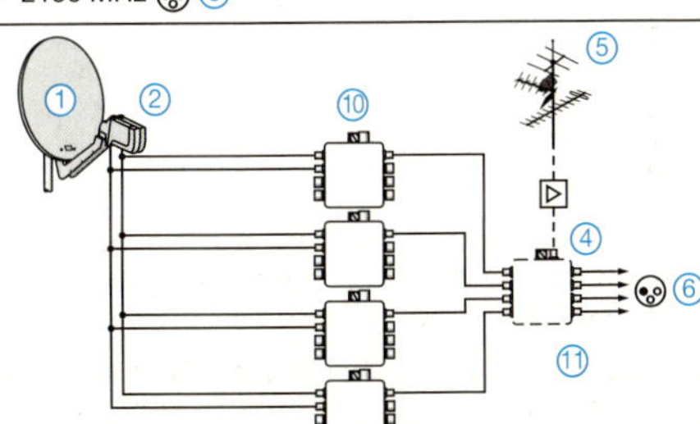

Montage von Satelliten-Antennen – *Installation of satellite aerials*

Einstellungen der Antenne und Satellitenstandorte

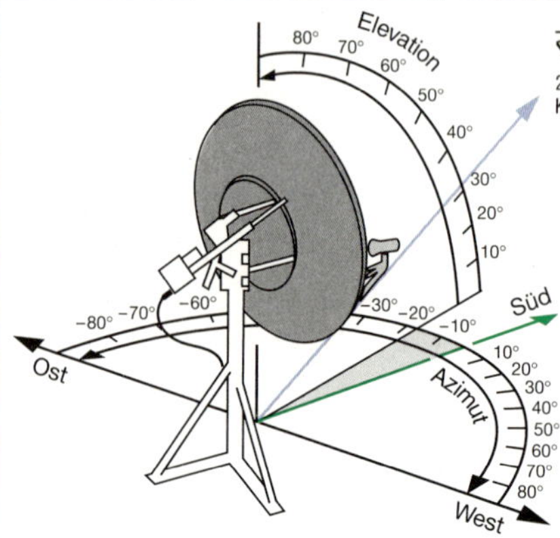

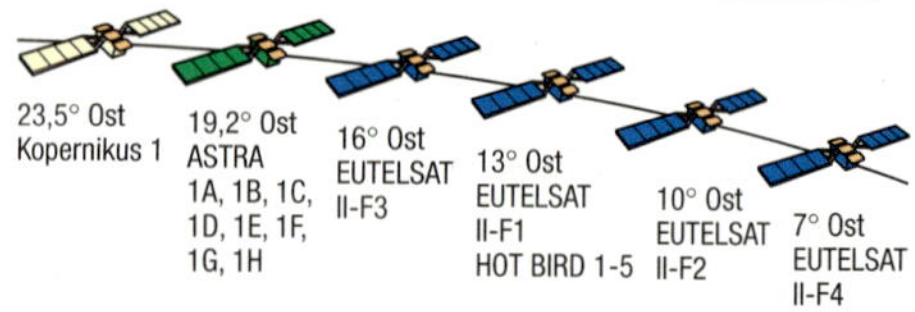

- **LNB** (**L**ow **N**oise **B**lock Converter) empfängt das Satelliten-Signal (10,7 GHz bis 12,75 GHz) und verstärkt es rauscharm. Anschließend erfolgt eine Umwandlung in ein ZF-Signal (Zwischenfrequenz) von 0,95 GHz bis 1,7 GHz.
- **Azimut**
  Winkel der Himmelsrichtung aus der das Signal empfangen wird, Angabe in Grad.
- **Elevation**
  Winkel zwischen dem theoretischen Horizont und dem Satelliten (Erhebungswinkel), Angabe in Grad.

Montageschritte

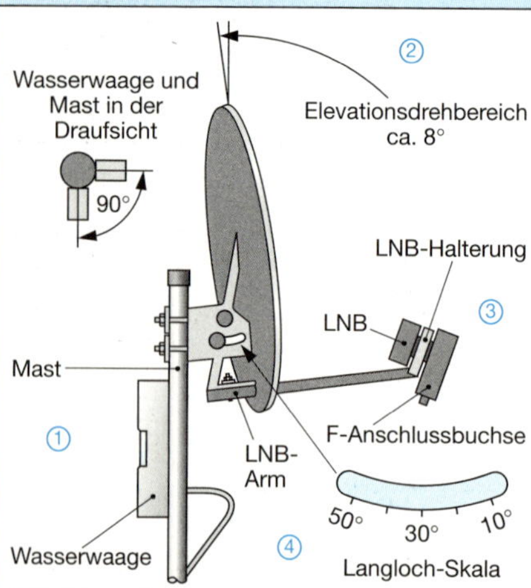

1. Geeigneten Standort wählen („freie Sicht" zum Satelliten).
2. Mast mit Wasserwaage absolut senkrecht montieren ①.
3. Voreinstellung des Elevationswinkels ②, Wert aus Tabelle für den jeweiligen Standort entnehmen.
4. Mit dem Kompass die Südrichtung ③ festlegen.
5. Receiver mit FS-Gerät verbinden und Empfang mit Testbild überprüfen (evtl. akustischen Satelliten-Finder einsetzen).
6. Testbild abschalten und Receiver auf Kanal 1 (in der Regel ARD) einstellen.
7. Azimut für den zu empfangenden Satelliten einstellen ④ (aus Tabelle).
8. Feinabgleich der Antennenrichtung mit FS-Bild bzw. Messgerät.

Beispiel für die Einstellungen auf die Astra-Satelliten (19,2° Ost) für den Standort Braunschweig:

Azimut: 10,7°
Elevation: 29,7°

Montage der F-Stecker

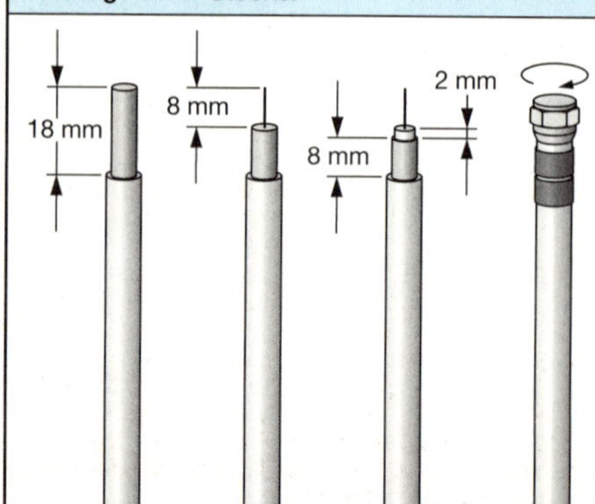

Koaxialkabel-Montage und Steckdose

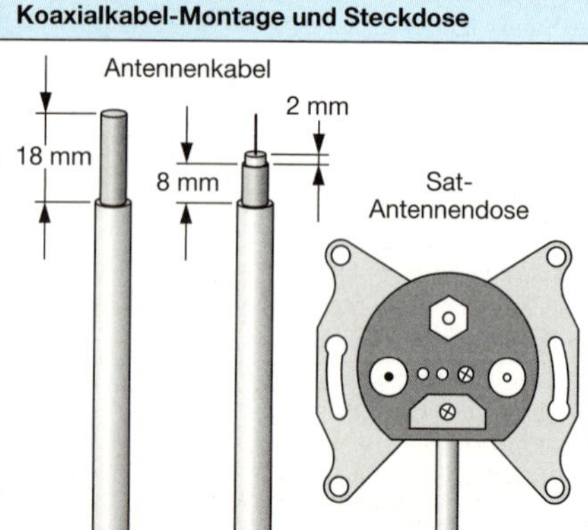

Multischalter für den Satellitenempfang – *Multi-switch for satellite reception*

Frequenzen und ihre Umsetzung

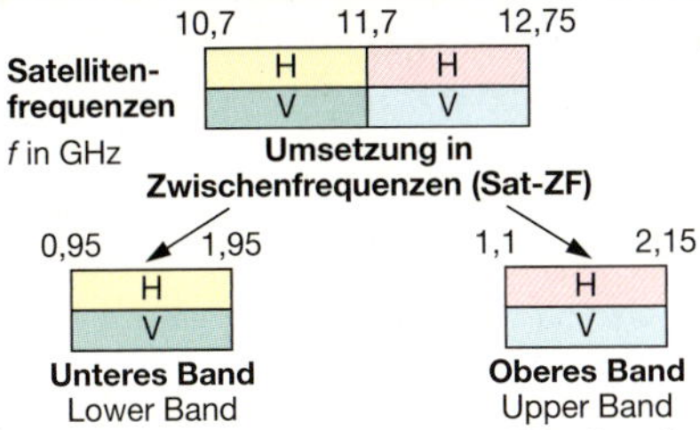

Die Umsetzung erfolgt im LNB mit Hilfe eines Oszillators.

LNB: **L**ow **N**oise **B**lock Converter; Empfangskopf (Empfangskonverter)
H: Horizontal polarisierte Wellen
V: Vertikal polarisierte Wellen

Umschaltmöglichkeiten

Prinzip der Umschaltung

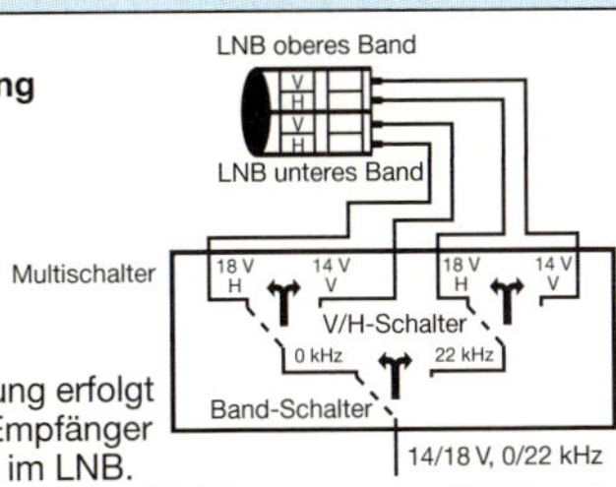

- Umschaltung erfolgt vom Sat-Empfänger (Receiver) im LNB.
- Verwendet werden Gleichspannungen (14 V und 18 V) und/oder Wechselspannungen (22 kHz).
- Wechselspannung wird der Gleichspannung überlagert.
- Zuführung erfolgt über die Koaxial-Leitung.

U in V	*f* in kHz	Polarisation	Band
14	0	H	unteres
14	22	H	oberes
18	0	V	unteres
18	22	V	oberes

LNB

- **Single-LNB**
  - Zwei interne Umschalter für Bänder und Polarisation.
  - Ein Ausgang für die Sat-ZF ⇒ Es kann jeweils nur ein Band eingespeist werden.
- **Twin-LNB**
  - Zwei Single-LNBs zu einer Funktionseinheit zusammengeschaltet.
  - Zwei Sat-ZF Ausgänge mit Umschaltmöglichkeit für Bänder und Polarisation.
- **Dual-Output-LNB**
  - Zwei Umschalter im LNB.
  - Zwei Sat-ZF Ausgänge mit Umschaltmöglichkeit für Bänder und Polarisation.
- **Quattro-LNB, Universal-LNB**
  - Jedes Band mit jeder Polarisation steht an getrennten Ausgängen zur Verfügung.
  - Vier Sat-ZF Ausgänge.

Multischalter für vier Teilnehmer

Multischalter werden eingesetzt, wenn mehrere Teilnehmer auf eine Sat-Antenne zugreifen.

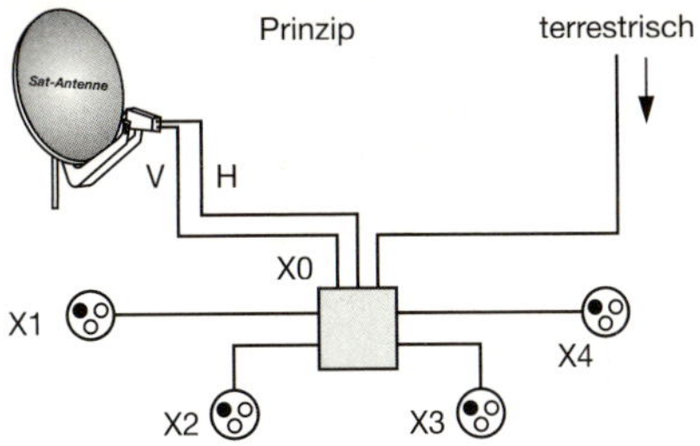

X0: Vierfach Multischalter

Übersichtsschaltplan

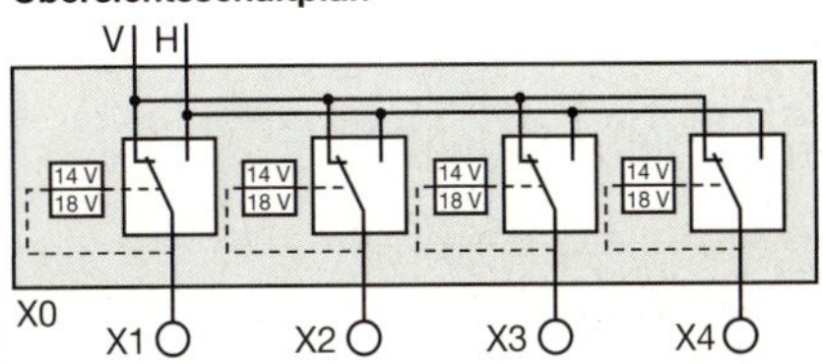

DiSEqC

DiSEqC
- **Di**gital **S**atellite **Eq**uipment **C**ontrol (sprich: Disäck)
- Digitales Steuerungsverfahren für Satelliteneinrichtungen.
- 0- und 1-Zustände werden durch getastetes 22-kHz-Signal erzeugt (0,6 V Spitze-Spitze).

Bitstruktur:

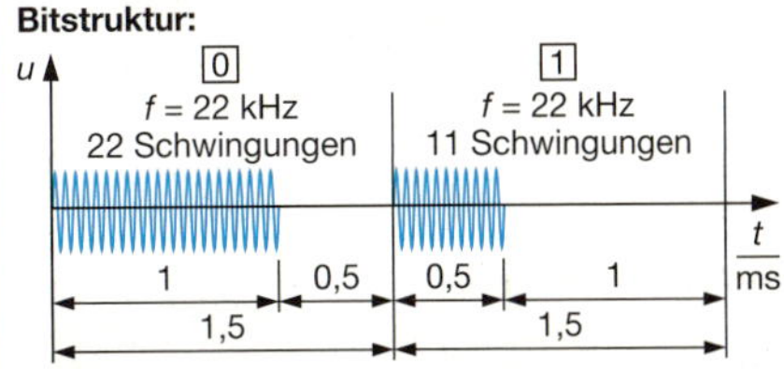

Logo: DiSEqC 2.0

Versionen:

1,0 1,1 1,2
2,0 2,1 2,2

Erste Ziffer: Art der Kommunikation
1: Übertragung von Befehlen vom analogen oder digitalen Empfänger zur Funktionseinheit (unidirektional).
2: Bidirektionale Kommunikation zwischen analogem oder digitalem Empfänger und der Funktionseinheit.

Zweite Ziffer: Umfang der Kommunikation
0: Schaltvorgänge für vier Satelliten, jeweils beide Bänder, Polarisation und weitere Optionen.
1: Wie Ziffer 0, zusätzl. Befehle über eine Leitung.
2: Wie Ziffer 0 und 1, zusätzliche Befehle für eine drehbare Satellitenantenne.

Breitbandkommunikation – *Broadband communication*

BK-Rundfunk-Übertragung

Netzebene 1
Studio und Schaltstelle

Netzebene 2
– Sende- und Empfangsanlagen –

Arten der Einspeisung:
- direkte Leitung ①
- Satellit ②
- Glasfaserkabel (Gf) ③
- Richtfunk ④

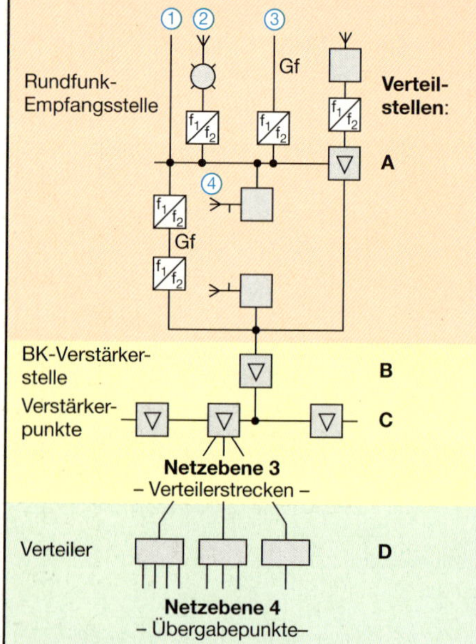

Einspeisung in das Hausnetz

Systemarten

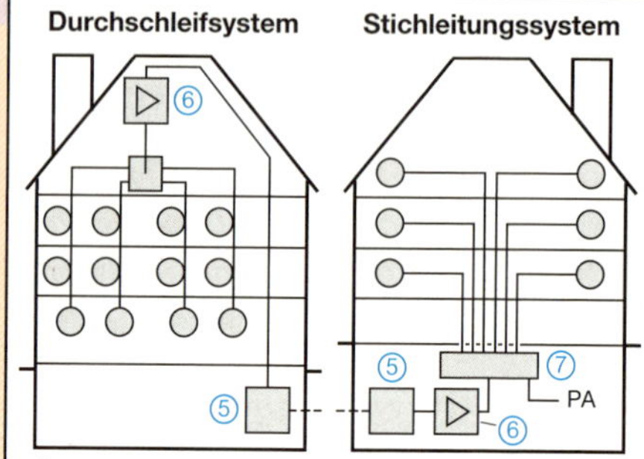

Systemelemente:
⑤ Übergabepunkt ÜP der BK-Anlage
⑥ Hausanschlussverstärker
⑦ Verteiler

Nutzsignalpegel an Steckdosen

Art der Signale	Grenzwerte in dBµV BK-Anl.	konv. Anl.
Tonsignale:		
• UKW-FM – Mono bzw. Stereo –	56 bis 80	50 bis 80
• Digitaler Tonrundfunk	56 bis 80	–
• MW-LW	40 bis 80	40 bis 94
FS-Signale:		
• FI	60 bis 84	52 bis 84
• USB		–
• FIII		54 bis 84
• OSB		–
• ESB		–
• FIV/V		57 bis 84

Kanalraster des BK-Netzes

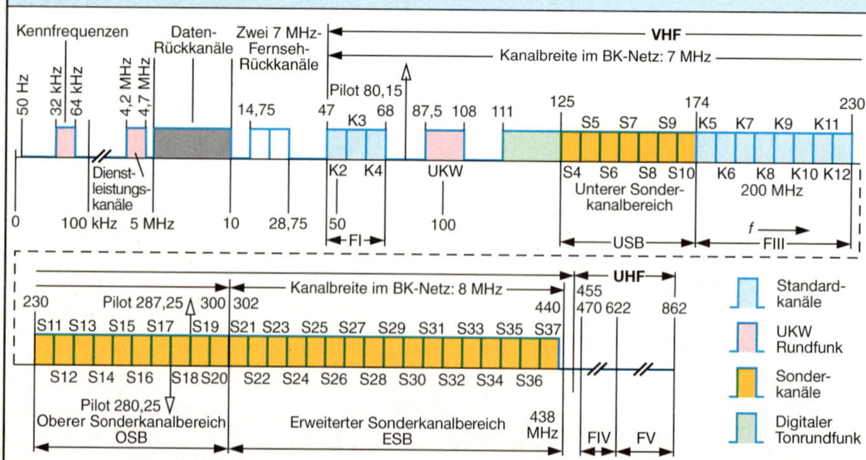

Antennenkabel und Steckverbinder – *Aerial cables and connectors*

Verwendung

Verwendung		Hausverlegung					Außen-Verleg.	Erdkabel
Koaxialkabel Impedanz 75 Ω								
Innenleiter	Ø in mm	0,75 Cu	0,4 Staku	1,13 Cu	0,75 Cu	1,13 Cu	1,63 Cu	1,1 Cu
Isolation	Ø in mm	3,2 Cell-PE	2,65 PE	4,8 Cell-PE	4,8 PE	4,8 Cell-PE	7,2 Cell-PE	7,25 PE
Außenleiter	Ø in mm	3,8 Al + CuSn [1]	3,3 Al + CuSn [1]	5,3 Al + CuSn [1]	5,5 Al + CuSn [1]	5,3 Al + CuSn [1]	7,9 Al + CuSn [1]	7,5 Cu
Außenmantel	Ø in mm	5,0 PVC weiß	4,1 PVC weiß	6,8 PVC weiß	6,8 PVC weiß	6,8 PE schwarz	10,4 PE schwarz	10,2 PE schwarz
Kupferanteil	in kg/km	10,6	3,6	14,0	8,3	30,0	42,0	41,0
Biegeradius	in mm	≥ 25	≥ 30	≥ 35	≥ 35	≥ 35	≥ 50	≥ 110
Dämpfung in dB/100 m bei 20 °C	5 MHz	2	4	1	3	1	1	1
	50 MHz	7	10	4	6	4	3	4
	100 MHz	9	15	6	9	6	4	5
	450 MHz	18	32	13	19	12	9	12
	1000 MHz	28	48	21	29	19	14	19
	2050 MHz	40	72	31	43	28	21	30
	3000 MHz	50	88	39	53	36	28	–
Gleichstromwiderstand in Ω/km		≤ 90	≤ 375	≤ 45	≤ 100	≤ 30	≤ 20	≤ 25,5
Schirmungsmaß in dB	47–108 MHz	≥ 70	≥ 70	≥ 75	≥ 70	≥ 90	≥ 90	≥ 90
	108–470 MHz	≥ 75	≥ 75	≥ 75	≥ 75			
	1000–2400 MHz	≥ 65	≥ 65	≥ 65	≥ 65			

F-Stecker

schraubbar

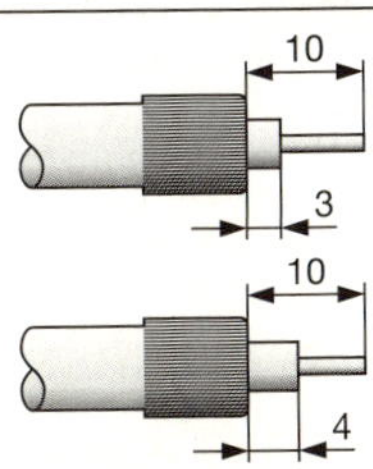

crimpbar

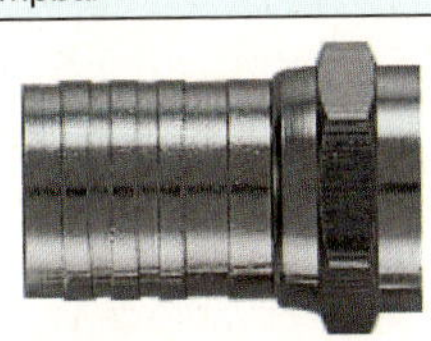

IEC-Stecker [2]

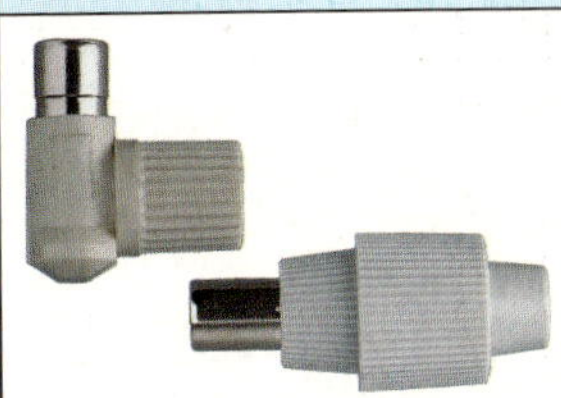

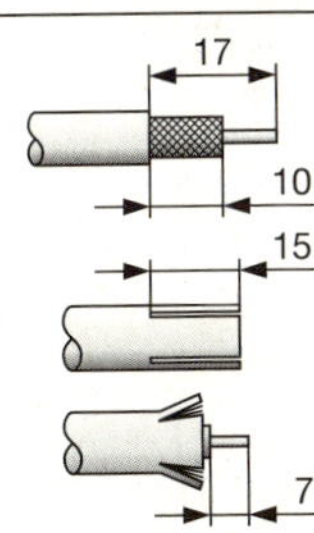

alle Angaben in mm

[1] Folie beidseitig mit Aluminium beschichtet + verzinntes Kupfergeflecht
[2] **IEC**: **I**nternational **E**lectronical **C**ommission

Kabel für TK- und Informationsverarbeitungsanlagen

Cables for TC- and information processing installations

Schaltkabel

Beispiel:
- Schaltkabel zur Signalübertragung z. B. S-Y(ST)Y 10 x 2 x 0,6 BD
- Kupferleiter von 0,6 mm Durchmesser, PVC-Isolierhülle,
- Adern zu Paaren, Dreiern oder Fünfern verseilt, je 5 Verseilelemente zum Bündel verseilt,
- Bündel zur Seele verseilt

Verseilung

Adern a bis e entsprechend verseilt zu Paaren, Dreiern, Vierern oder Fünfern

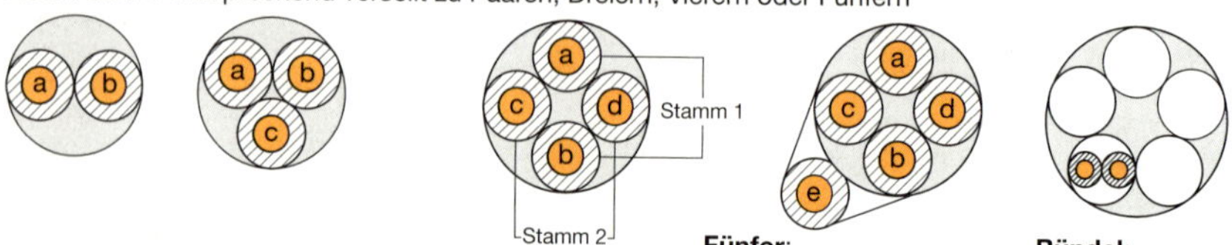

Paar: 2 Adern

Dreier: 3 Adern

Vierer: 4 verseilte Adern

Fünfer: Vierer und eine unverseilte Ader

Bündel: 5 Verseilelemente, z. B. 5 Paare

Arten

- Schaltkabel mit geschirmter Kabelseele S-Y (ST) Y 10 x 3 x 0,6 BD
- Schaltkabel mit geschirmten Paaren S-YY 10 x 2 x 0,6 PIMF LG
- Schaltkabel für Signalzwecke S-YY 30 (5 x 6) x 1 x 0,6 LG

Kurzzeichen

S:	Schaltkabel
Y:	Isolierhülle oder Mantel (PVC)
(ST):	statischer Schirm
PIMF:	geschirmtes Paar
BD:	Bündelverseilung
LG:	Lagenverseilung

Aufbau, Verwendung und elektrische Kennwerte

Schaltkabel	S-Y(ST)Y … BD				S-YY … PIMF LG	S-YY…LG		
Verseilart	Bündelverseilung				Lagenverseilung			
Verseilelement	Paar	Dreier	Vierer	Fünfer	Paar (geschirmt)	Ader		
Cu-Leitung d in mm	0,6				0,6	0,5	0,6	1,0
Isolierhülle, Wanddicke in mm	0,2				0,4	0,3	0,4	0,5
Anzahl der Verseilelemente	1 3 4 5 6 10 11 12 15 16 18 20 22 24 25 30 32 40 50	5 10 11 15 18 20 21 24 25 28	1 5 10 20 25	10	2 5 6 10 12 20	60	10 20 30 60 80	20 24 32 40 60
Verwendung	• Verlegung in trockenen, zeitweise feuchten Betriebsstätten • nicht zugelassen für Starkstrominstallation und im Erdreich							
R_{Ltg}, 1 km, in Ω	Schleife: 130					96	65	23,4
R_{iso}, 1 km, in MΩ	100 (bei 20 °C)							
C_b bei 800 Hz max. 1 km, in nF	120				150	–		
Maximaler Verlustfaktor bei 800 Hz	0,1							
Spannungsfestigkeit U_{eff} in kV	0,8/0,8					2/–	2,5/–	
U_b, U_{max} in V	300					374	375	600

C_b: Betriebskapazität

Nachrichtenkabel (Kupfer) – *Communication cable (copper)*

Übertragungseigenschaften

Niedrige Frequenzen

- Übertragungseigenschaften sind bestimmt durch:
  - **Leiterwiderstand,**
  - **Isolationswiderstand,**
  - **Betriebskapazität.**
- Leiterwiderstand ist:
  - abhängig von Leiterquerschnitt,
  - längenabhängig,
  - abhängig von der Qualität des Kupfers.
- Isolationswiderstand wird:
  - bestimmt durch verwendeten Isolierstoff,
  - kleiner bei zunehmender Länge.
- Betriebskapazität:
  - ergibt sich aus den Kapazitäten der Einzeladern untereinander und gegen Kabelschirm,
  - steigt linear mit Kabellänge (längenabhängig).

Hohe Frequenzen

Bei hohen Frequenzen sind zu berücksichtigen:

- **Wellenwiderstand** (setzt sich u.a. zusammen aus Leitungsbelägen und ist unabhängig von der Leitungslänge.)
- **Leitungsdämpfung** (abhängig von Leiterwiderstand und Betriebskapazität; nimmt linear mit der Leitungslänge zu).
- **Nebensprechen** (gegenseitige Beeinflussung benachbarter Aderpaare; abhängig von der Frequenz; unabhängig von der Leitungslänge).
- **Übersprechdämpfung** (**ACR**: **A**ttenuation **C**ross **R**atio; Verhältnis des Nutzsignalpegels am Empfängereingang zum Störpegel).
- **Erdunsymmetrie** (verursacht durch mechanische Unsymmetrien im Kabel oder unterschiedliche ohmsche Widerstände).

Beeinflussung

- Nachrichtenkabel werden beeinflusst durch Starkstromanlagen, Blitzschlag, Feuchtigkeit und Brände.
- **Gefährdende elektrische Beeinflussungen** in unsymmetrischen Kreisen von Kabeln (Leiter gegen Erde) werden hervorgerufen durch **Langzeiteinflüsse** (z. B. dauernde Betriebsströme von Bahnanlagen) und/oder **Kurzzeiteinflüsse** (z. B. Erdkurzschlüsse in Starkstromanlagen).
- **Störende elektrische Beeinflussungen** treten in symmetrischen Kreisen (Leiter gegen Leiter) des Nachrichtenkabels auf.
- Grundlage für **gefährdende** und **störende** Beeinflussung sind **induktive Kopplungen** bei Parallelführung von Starkstromkabeln oder galvanische Kopplung.
- **Kapazitive Kopplungen** sind für geschirmte Nachrichtenkabel unkritisch, für Fernmeldefreileitungen jedoch möglich (DIN VDE 0228 Teil 1).
- **Fremdspannungen** bestehen aus einem Frequenzgemisch mit Ober- und Grundwellen; es ist die **effektive Spannungssumme** aus allen Amplituden wirksam; gestört werden hauptsächlich **Signalkreise**.
- Bei **Geräuschspannungen** werden alle Frequenzanteile entsprechend der Empfindlichkeit des menschlichen Ohres im Zusammenhang mit der Übertragungscharakteristik des Fernhörers betrachtet (Bezugsfrequenz ist 800 Hz).
- **Fremd**- und **Geräuschspannungen** sind **niederfrequente Störungen**.
- **Hochfrequente Störungen** entstehen durch Sendeanlagen oder Schaltvorgänge (z. B. Thyristorschalter); **wirken störend auf Datenleitungen**.
- Für Kabelanlagen sind **Grenzwerte für die zulässigen Beeinflussungsspannungen** zum Schutz von Personen und entsprechende Schutzmaßnahmen festgelegt.

Beeinflussungsspannungen

Gefährdende Spannungen	DIN VDE	CCITT (ITU)
Langzeitbeeinflussung von Nachrichtenkreisen ohne Abschluss durch Trennübertrager	65 V	60 V
Langzeitbeeinflussung von Nachrichtenkreisen mit Abschluss durch Trennübertrager	250 V	150 V
Kurzzeitbeeinflussung (max. 0,5 s) von Nachrichtenkreisen mit spannungssicheren Abschlusskreisen	300 V (öffentl. Netze)/ 500 V	430 V
Geräuschspannungen	**DIN VDE**	**CCITT (ITU)**
Fernsprechkreise des öffentlichen Verkehrs	0,5 mV	0,5 mV
Fernsprechkreise des nichtöffentlichen Verkehrs	2,5 mV	2,5 mV

Brandverhalten

Aspekt	Deutsche Norm	Internationale Norm
Einaderbrennprüfung	DIN EN 50265	
Einkabelbrennprüfung	DIN EN 50265	IEC 60331-1
Mehrkabelbrennprüfung	DIN EN 50265	IEC 60332-3
Korrosivität	DIN EN 50267	IEC 60754-2
Halogenfreiheit von Materialien	DIN VDE 0472 Teil 815	
Rauchgasdichte	DIN EN 50268	IEC 61034
Toxizität	DIN 53436	in Vorbereitung
Isolationserhalt	DIN VDE 0472 Teil 814	IEC 60331

Optische Übertragungstechnik – *Optical transmission technology*

Begriffe

Brechzahl (refractive index)

$n_1 = c / c_1$

c: Lichtgeschwindigkeit im Vakuum

c_1: Lichtgeschwindigkeit im Medium

Brechungsgesetz (law of reflection)

$$\frac{\sin \alpha}{\sin \beta} = \frac{c_1}{c_2} = \frac{n_2}{n_1}$$

n_1, n_2: Brechzahl der Medien

c_1, c_2: Lichtgeschwindigkeiten in den Medien

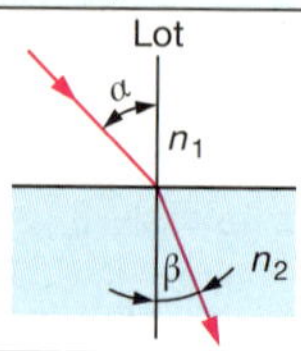

Numerische Apertur (numerical aperture) A_N

$A_N = n \cdot \sin \Theta_A$

n: Brechzahl

Θ_A: Akzeptanzwinkel, Öffnungswinkel

Moden (mode)

Mögliche Ausbreitungswege in einem Lichtwellenleiter.

Dispersion (dispersion)

Streuung der Signallaufzeiten im Lichtwellenleiter.

Modendispersion: Unterschiedliche Ausbreitungswege.

Materialdispersion: Hervorgerufen durch wellenlängenabhängige Brechzahl.

Akzeptanzwinkel, Öffnungswinkel Θ_A (acceptance angle)

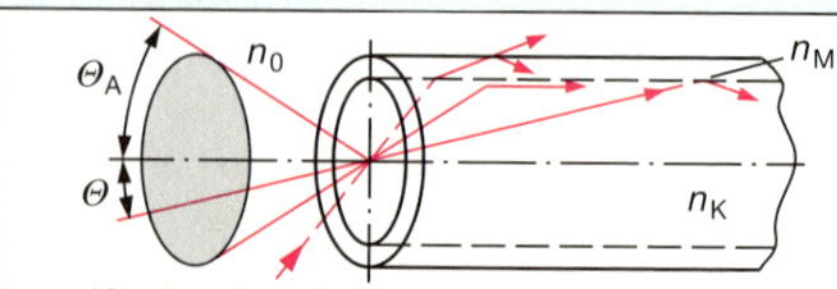

n_K: Kernbrechzahl n_M: Mantelbrechzahl

Dämpfung (attenuation)

Hervorgerufen durch:
- Absorption,
- Streuung,
- abstrahlende Moden,
- Abstrahlung durch Krümmungen,
- Leckmoden

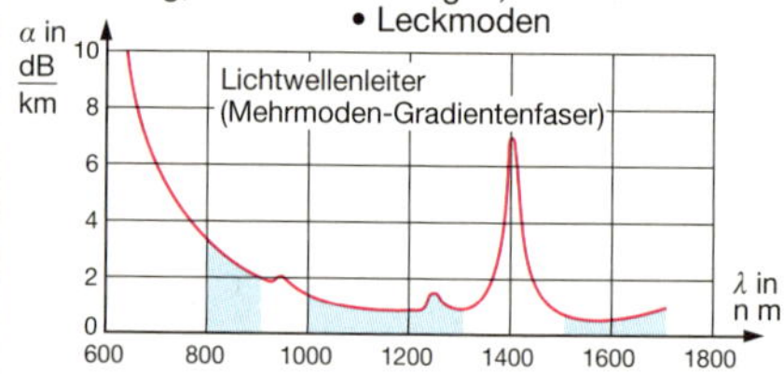

Optische Fenster (optical window)

Wellenlängenbereiche für Lichtwellenleiter mit geringer Dämpfung:

850 nm; 1300 nm; 1550 nm

Empfangselemente

Fototransistor

Einsatzbereich bis einige Kilohertz, Aufbau: Fotodiode mit nachgeschaltetem Verstärker

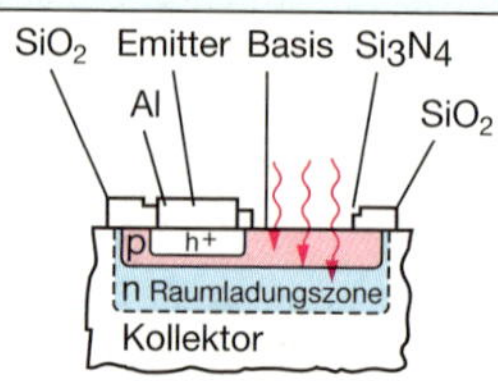

PIN-Fotodiode

Hochdotierte p- und n-Bereiche durch eigenleitende i-Zone getrennt, Spannung in Sperrichtung anlegen. Durch die i-Zone ist die wirksame Raumladungszone, in der durch die Photonen freie Elektronen und Löcher entstehen, erweitert worden.

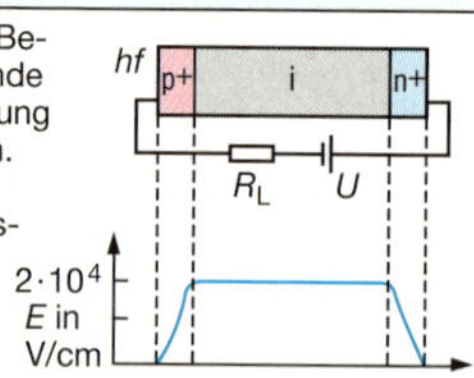

Lawinen-Fotodiode

Durch Stoßionisation werden zusätzliche Elektronen und Löcher erzeugt.

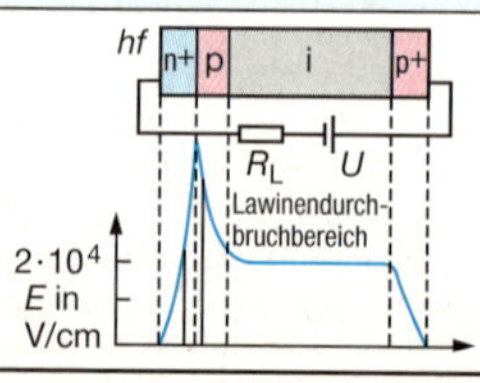

Sendeelemente

Lumineszenz-Diode (LED)	Laser-Diode (LD)

Prinzip

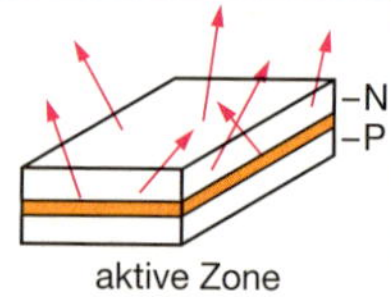

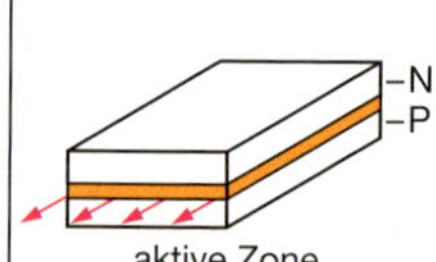

Abstrahlung

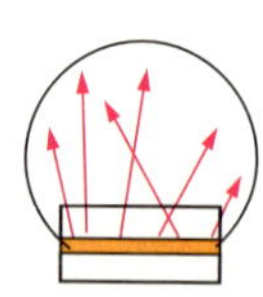

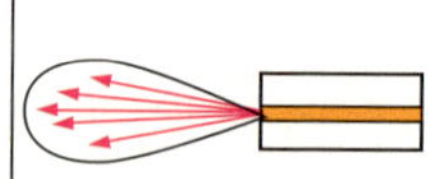

Spektrum

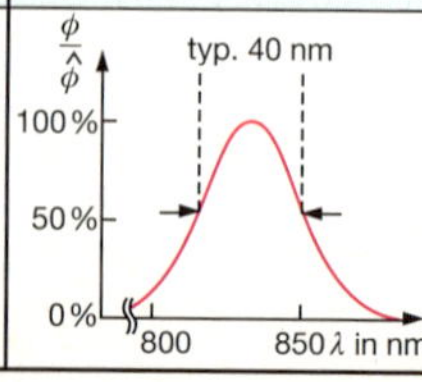

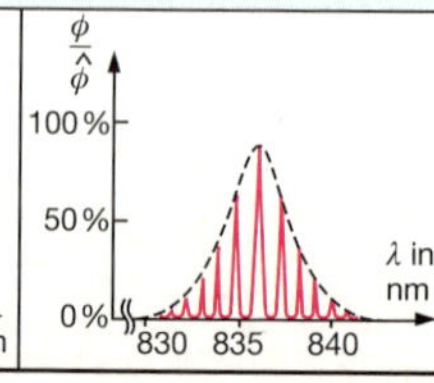

Lichtwellenleiter – *Fibre optic cable*

Aufbau und Kenndaten	**Modenausbreitung**

Mehrmoden-Stufenfaser

Stufenindex-Profil

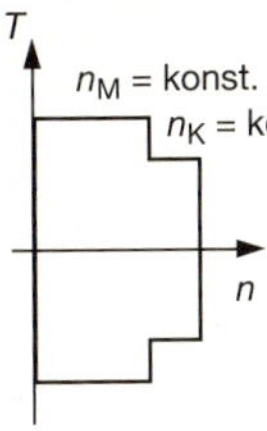

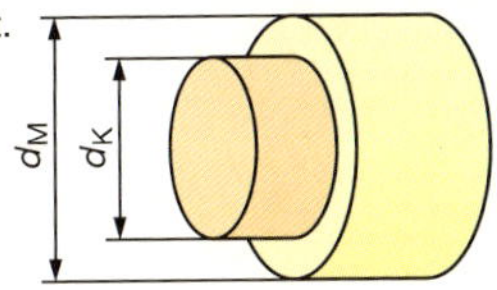

Typische Werte:
$n_M = 1{,}517$ (Mantel)
$n_K = 1{,}527$ (Kern)

n = Brechzahl

Typische Werte:
d_K: 100 µm, 200 µm, 400 µm
d_M: 200 µm, 300 µm, 500 µm

Multimode-Lichtwellenleiter

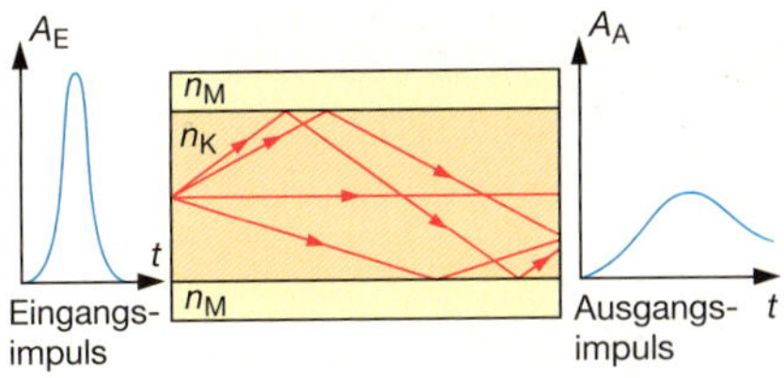

- Große Laufzeitunterschiede der Lichtstrahlen,
- Starke Impulsverbreiterung,
- Bandbreite – Reichweite – Produkt $B \cdot l > 100$ MHz · km,
- Einsatzbereich: Kurzstrecken, in Gebäuden

Mehrmoden-Gradientenfaser

Gradientenindex-Profil

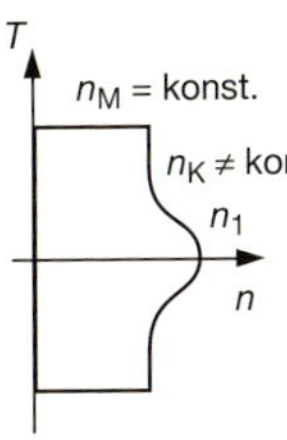

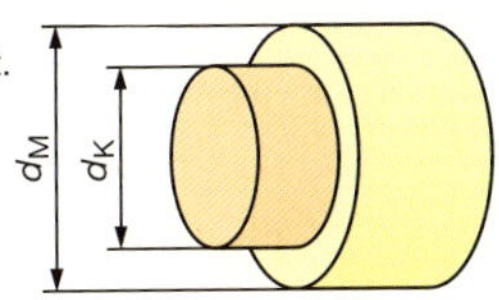

Typische Werte:
$n_M = 1{,}457$ (Mantel)
$n_K = 1{,}417$ (Kern)

Typische Werte:
d_K = 50 µm

d_M = 125 µm

Multimode-Lichtwellenleiter

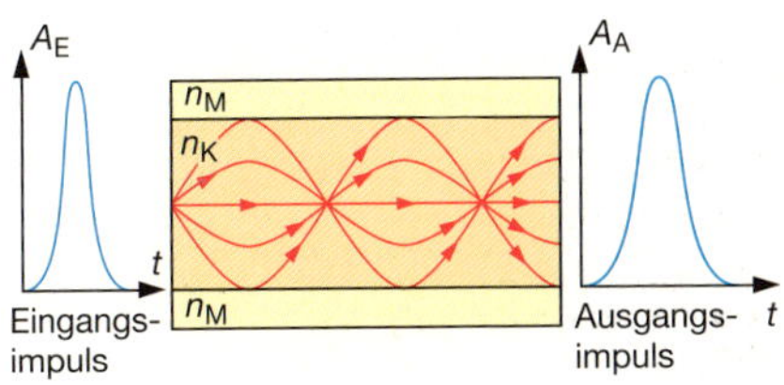

- Geringe Laufzeitunterschiede der Lichtstrahlen,
- Geringe Impulsverbreiterung, $B \cdot l > 1$ GHz · km,
- Einsatzbereich: Ortsnetz, Bezirksnetz

Einmoden-Stufenfaser

Stufenindex-Profil

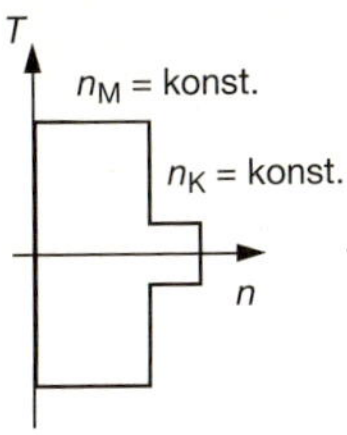

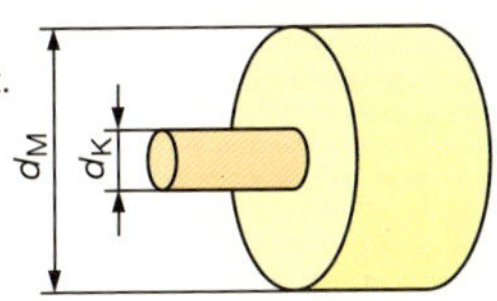

Typische Werte:
$n_M = 1{,}457$ (Mantel)
$n_K = 1{,}417$ (Kern)

Typische Werte:
d_K = 10 µm

d_M = 125 µm

Einmoden-Lichtwellenleiter

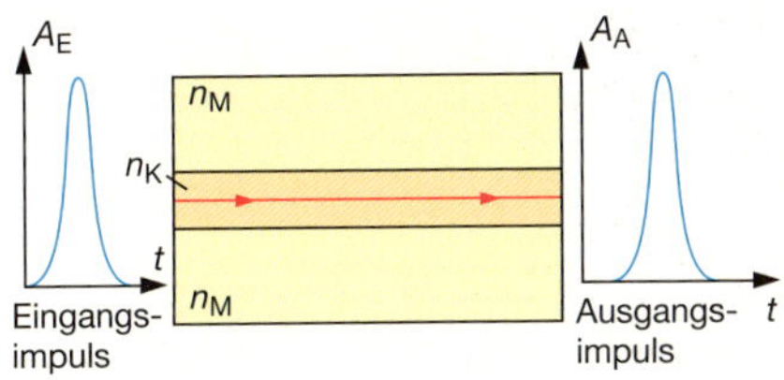

- Keine Laufzeitunterschiede, da nur eine Ausbreitungsrichtung,
- Formtreue Impulsübertragung, $B \cdot l > 10$ GHz · km,
- Einsatzbereich: Fernverkehr

Lichtwellenleiter – *Fibre optic cable*

Signalübertragung mit Lichtwellenleitern

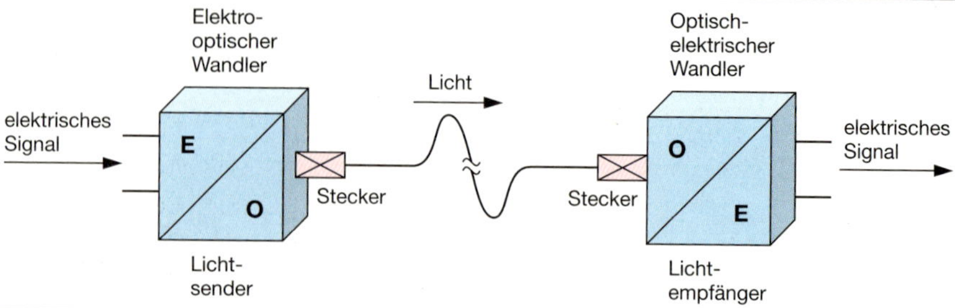

Dämpfung

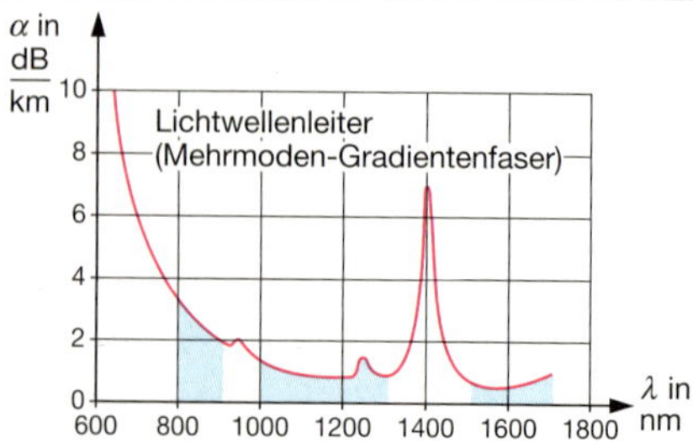

Dämpfung wird hervorgerufen durch:

- Abstrahlende Moden
- Abstrahlung durch Krümmung
- Absorption
- Streuung
- Leckmoden

Optische Fenster:
Wellenlängenbereiche mit geringer Dämpfung bei 850 nm, 1300 nm und 1550 nm.

Querschnitte

Beispiele:

Innenkabel
(Aussendurchmesser 5 mm)

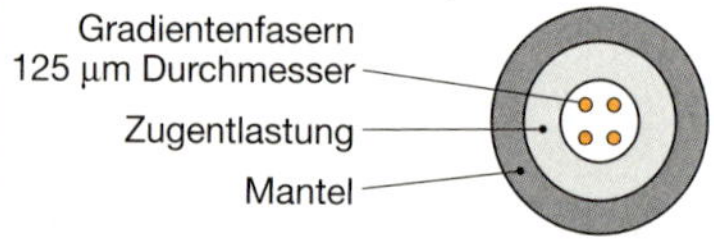

Aussenkabel
(Aussendurchmesser 12 mm)

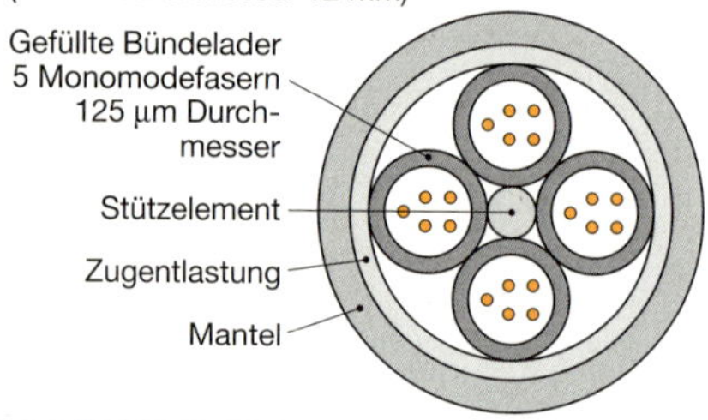

Steckverbinder

Befestigungsarten:
Gewinde, Bajonettverschluss, Schnappvorrichtung
Beispiel ST (Single Terminator): Faser wird durch Drücken und Verdrehen des Bajonettverschlusses mit der Kupplung verrastet (in der Regel Drehverhinderung).

Einfügeverluste durch:
Radialer Versatz, Winkelfehler, Lücken

Grundsätzlicher Aufbau:
Der zylinderförmige Steckerhals (Ferul) aus Silbermetall, Hartmetall oder Keramik (auch Kombinationen verschiedener Materialien) enthält in einer zentrischen Bohrung die meist eingeklebte Faser. Ein schlupffreier aber nicht klemmender Sitz zwischen Steckerhals und Kupplung wird durch eine geschlitzte Kupplungshülse gewährleistet.

Simplex (eine einzige Faser) — **Duplex** (zwei Fasern für Sender und Empfänger)

FC	ST	SC	DIN	FSMA	Escon	SC Duplex	FDDI Duplex
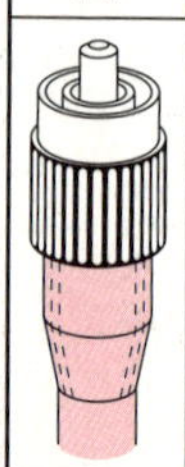		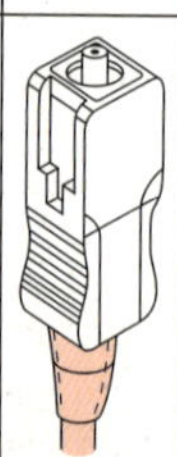	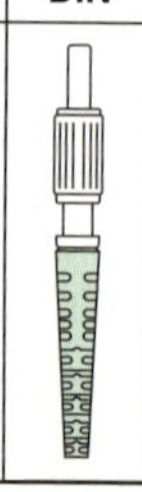	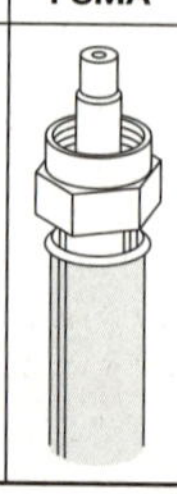	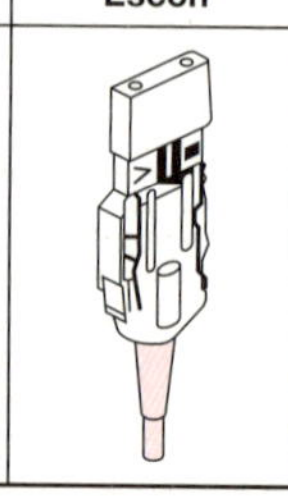	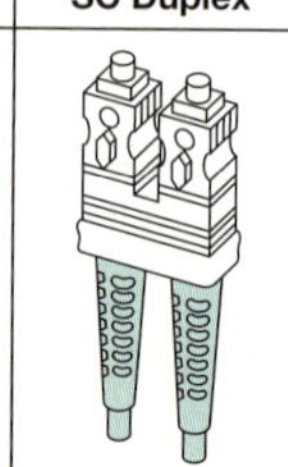	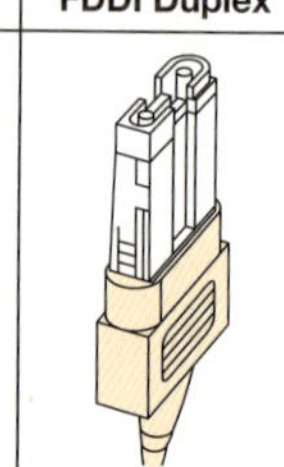

Lichtwellenleiter – *Fibre optic cable*

Aufbau

Anwendung	Beispiel	Aufbau
• Verbindung zwischen Endverteilern und/oder Endgeräten • kurze Übertragungswege • direkte Steckermontage möglich (häufig vorkonfektioniert)	Duplex-Patchkabel (innen) 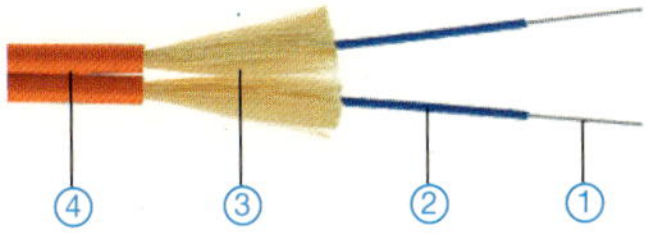	① LWL-Faser mit Primärcoating (Primärbeschichtung) ② Sekundärcoating ③ Zugentlastung (Aramid- oder Glasfaser) ④ Außenmantel (ggf. mit Nagetierschutz) ⑤ nummerierter Mantel ⑥ Polyesterfolie ⑦ LWL-Faserbündel mit Primärcoating ⑧ mit Gel gefüllte Zentralbündelader
• Verbindung zwischen Haupt- und Nebenverteiler • direkte Steckermontage je Faser möglich • aufspleissbar für Kabelendverteiler	Breakout-Innenkabel mit Kompaktadern 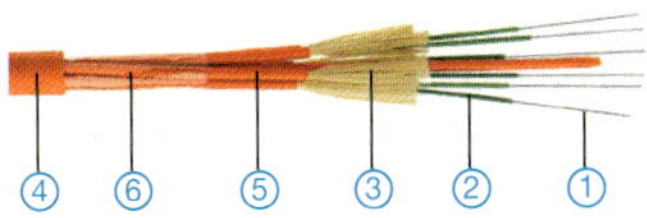	
• Telekommunikations-/Kabelfernsehanwendung • Computernetzwerke • große Entfernungen/Datenmengen	Zentral-Bündeladerkabel (außen) 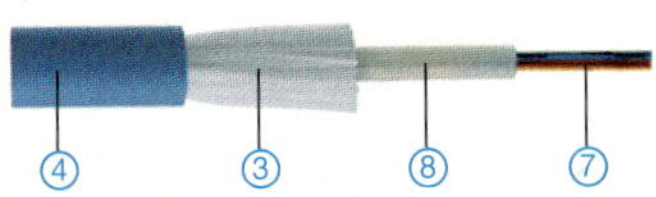	

Kurzbezeichnung

Beispiel: A – D F – (ZN)2Y – 4x6 – G50/125 – 3,5 B 800

- A – Kabelart
- D – Faserschutz
- Zentralelement *)
- F – Kabelfüllung *)
- (ZN)2Y – Außenmaterial
- Bewehrung *)
- 4x6 – Faseranzahl
- G – Faserart
- 50 – Faserkern
- 125 – Fasermantel
- 3,5 – Dämpfung
- B – Wellenlänge
- 800 – Dispersion
- Sonderarten *)

*) kann je nach Kabeltyp entfallen

Kabelart	
A	Außenkabel
AT	Breakoutkabel
I	Innenkabel

Faserschutz	
B	Bündelfaser (trocken)
D	Bündelfaser (Gelfüllung)
F	Faser mit 250 µm Buffer
H	Hohlader (trocken)
V	Vollader
W	Hohlader (Gelfüllung)

Zentralelement	
S	Seele aus Metall

Kabelfüllung	
F	Hohlräume der Verseilung mit Gelfüllung

Außenmaterial	
2Y PE	Polyethylen
4Y	Polyamid
11Y	Polyurethan
(D)2Y PE	" mit Kunststoffsperrschicht
(L)2Y PE	Schichtenmantel
H	halogenfrei
Y PVC	
(ZN)2Y PE	mit metallfreier Zugentlastung

Bewehrung	
B	allgemein Bewehrung
BY	zusätzliche PVC-Hülle
B2Y	zusätzliche PE-Hülle
Q	Quellfliesumwicklung

Faseranzahl	
a	Anzahl der Volladern
a x b	Anzahl der Bündeladern x Faserzahl

Faserart	
E	Singlemode
G	Gradientenindex
K	Stufenindex (Glas/Plastik)
P	Plastikfaser
S	Stufenindex (Glas(Glas)

Faserkern	
	Manteldurchmesser in µm

Fasermantel	
	Faserdurchmesser in µm

Dämpfung	
	in dB/km

Wellenlänge	
B	850 nm
F	1300 nm (Monomode), 1310 nm (Singlemode)
H	1550 nm (Singlemode)

Dispersion – Sonderarten	
LG	Lagenverseilung
SZ	SZ-Verseilung

Hochfrequenz-Hohlleiter – *High frequency hollow waveguide*

- Hochfrequenz-Hohlleiter sind Leiter für Hochfrequenz-Energie.
- Energie wird als ebene Welle im umschlossenen Raum des Hohlleiters reflektiert.
- Wellen werden an den ebenen (hochglanzpolierten) Wänden des Hohlleiters reflektiert.
- Übertragen die Energie in Form von *H*-Wellen (magnetischen Wellen) und *E*-Wellen (elektrischen Wellen).
- *H*-Welle wird als *TE*-Welle (transversal-elektrisch) bezeichnet, da das elektrische Feld nur in Querrichtung vorkommt.
- *E*-Welle wird als *TM*-Welle (transversal-magnetisch) bezeichnet, da das magnetische Feld nur transversal vorkommt.
- *H*- oder *E*-Wellen werden nach den Querschnittsbildern eines Hohlleiters bezeichnet.
- Hohlleiter sind in quadratischer, rechteckiger, runder oder elliptischer Form aufgebaut (starre oder flexible Bauform).
- Rundhohlleiter ist dämpfungsärmer als Rechteckhohlleiter.
- Rundhohlleiter (elliptischer Hohlleiter) lässt die gleichzeitige Übertragung von zueinander senkrecht polarisierten Wellen zu.
- Hohlleiter werden so betrieben, dass nur die gewünschte Wellenform ausbreitungsfähig ist (Grundwelle).
- Wellen werden in einem Hohlleiter nur dann übertragen, wenn deren Wellenlänge unterhalb der kritischen Wellenlänge liegt.
- Hohlleiter werden eingesetzt als Zuleitung zu Sende-/Empfangsantennen bei Frequenzen ab ca. 2 GHz.

Bezeichnung von *E*- und *H*-Wellen

H-Wellen	*E*-Wellen
• H_{mn}-Welle: ***m***: Anzahl der Betragsmaxima der elektrischen Feldkomponente E_y längs der x-Richtung. ***n***: Anzahl der Betragsmaxima der elektrischen Feldkomponente E_x längs der y-Richtung.	• E_{mn}-Welle: ***m***: Anzahl der Betragsmaxima der magnetischen Feldkomponente H_y längs der x-Richtung. ***n***: Anzahl der Betragsmaxima der magnetischen Feldkomponente H_x längs der y-Richtung.

H_{01}-Welle

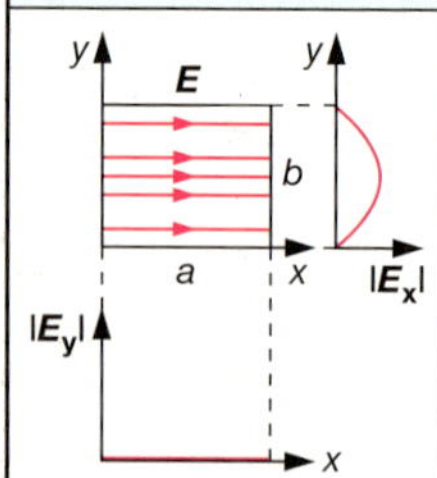

H_{12}-Welle

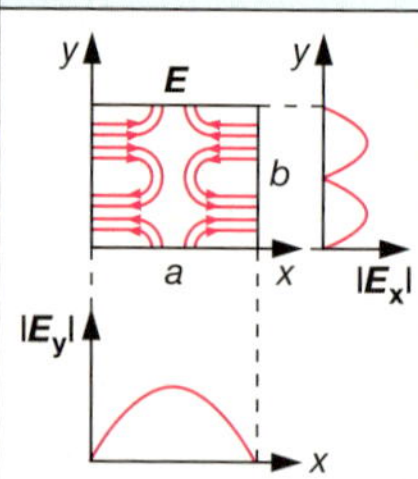

E_{11}-Welle

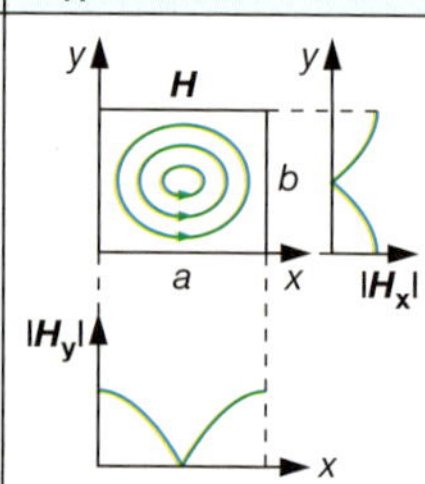

E_{12}-Welle

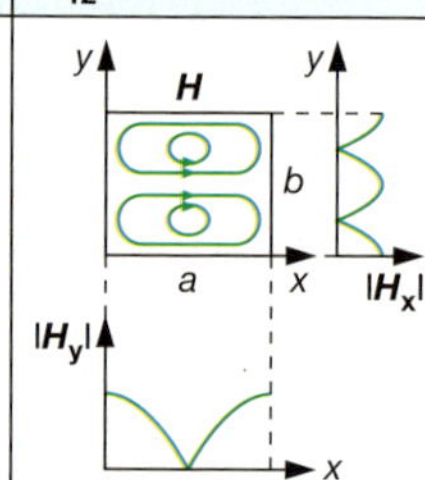

Dargestellt ist der Feldlinienverlauf in einem rechteckigen Hohlleiter mit den Seiten *a* und *b*.

Kritische Wellenlänge λ_k

- Wellen eines bestimmten Typs werden nur dann in einem Hohlleiter vorgegebener Größe übertragen, wenn deren Wellenlänge unterhalb der kritischen Wellenlänge liegt.
- Wellenform mit der größten kritischen Wellenlänge heißt Grundwelle.

Rechteckhohlleiter

$$\lambda_k = \frac{2}{\sqrt{\left(\frac{m}{a}\right)^2 + \left(\frac{n}{b}\right)^2}}$$

λ_k: kritische Wellenlänge

m bzw. *n*: Indizes der *H*- bzw. *E*-Welle
a bzw. *b*: Seiten des Rechteckhohlleiters (in mm)

Rundhohlleiter

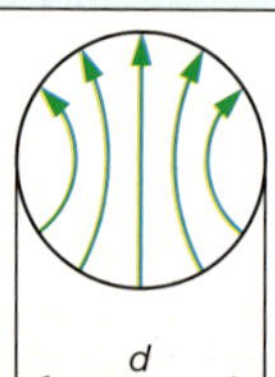

Kritische Wellenlänge bei H_{11}-Welle:
$\lambda_k = 1{,}7065 \cdot d$

d: Durchmesser in mm

Elliptischer Hohlleiter

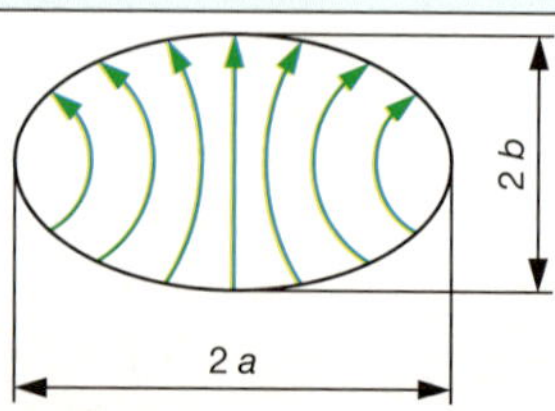

Kritische Wellenlänge bei H_{11}-Welle:
$\lambda_k = 1{,}68 \cdot a$
bei Achsenverhältnis $b/a = 0{,}6$
a und *b* in mm

Funkentstörung – *Radio noise suppression*

Begriffe

- **Funkstörung** ist eine hochfrequente Störung (0,15 MHz … 300 MHz) des Funkempfanges.
- Eine **Dauerstörung** ist eine Funkstörung, die länger als 200 ms andauert.
- **Grenzwertpegel** L siehe Diagramme.
- Die **Knackstörung** ist eine Funkstörung, die weniger als 200 ms dauert. Der Grenzwertpegel L_Q ist wie folgt zu berechnen

  $L_Q = L + 44$ für $N < 0{,}2$

  $L_Q = L + 20 \log_{10} \frac{30}{N}$ für $0{,}2 < N < 30$

  $L_Q = L$ für $30 < N$

  Dabei ist die Einheit für L_Q

  db (µV) für 0,15 MHz < 1 < 30 MHz

  dB (pW) für 30 MHz < 1 < 300 MHz
- Die **Knackrate** N ist die Anzahl der Funkstörungen pro Minute.
- Der **Funkstörgrad** ist eine frequenzabhängige Grenze für Funkstörungen

  0 funkstörfrei

  N funkentstört (Normalstörgrad)

  K funkentstört (Kleinststörgrad)

  G grobentstört (Einsatz beschränkt)

Funkschutzzeichen mit Angabe des Störgrades

Entstörmaßnahmen

- **Zweckmäßige Planung**, z.B. Kurzschlussläufermotoren statt Kommutatormotoren verwenden, besondere Wicklungsanordnung, usw.
- **Beschalten** mit Drosselspulen, Siebgliedern, Widerständen, Funkenlöscheinrichtungen
- **Abschirmung** von Leitungen, Geräten oder Räumen

Gerät der Schutzklasse I

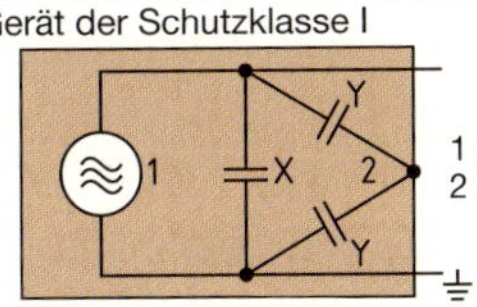

1 Störer
2 Kondensator

Schalter

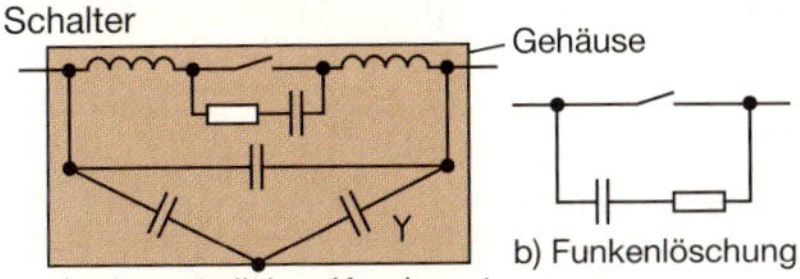

a) mit zusätzlichen Kondensatoren gegen Masse

b) Funkenlöschung

Phasenanschnittsteuerung

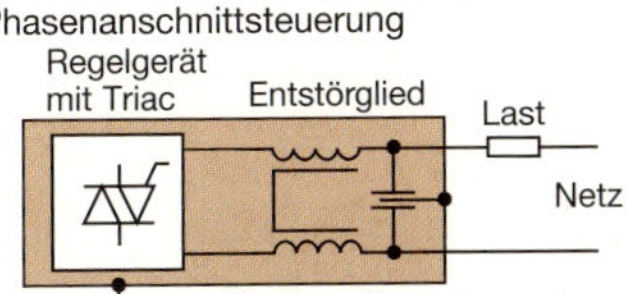

Grenzwertpegel

a **Haushaltsgeräte**
b **Halbleiterstellglieder**
1: am Netz,
2: am Verbraucher

c **Elektrowerkzeuge**
1: bis 700 W,
2: 700 W … 100 W,
3: 1000 W … 2000 W

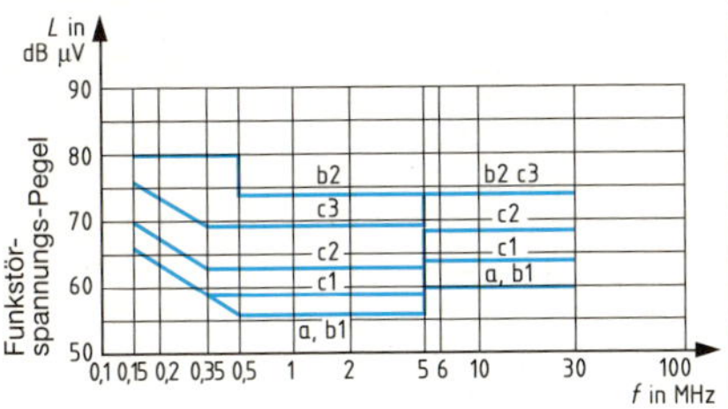

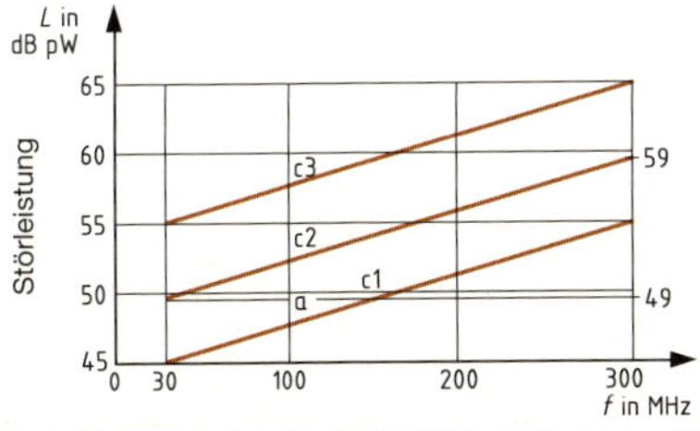

Besondere Geräte und elektrische Anlagen

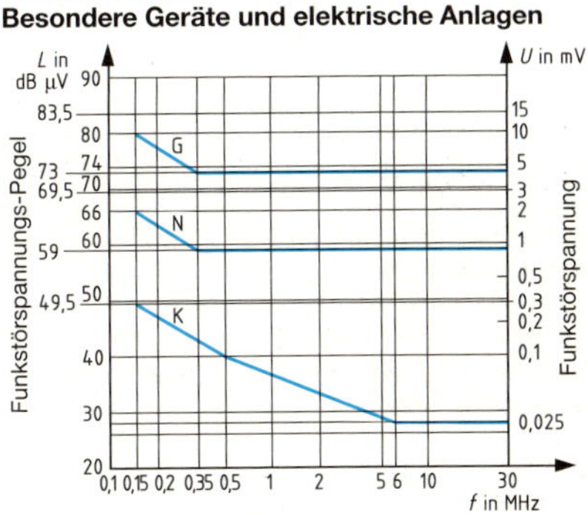

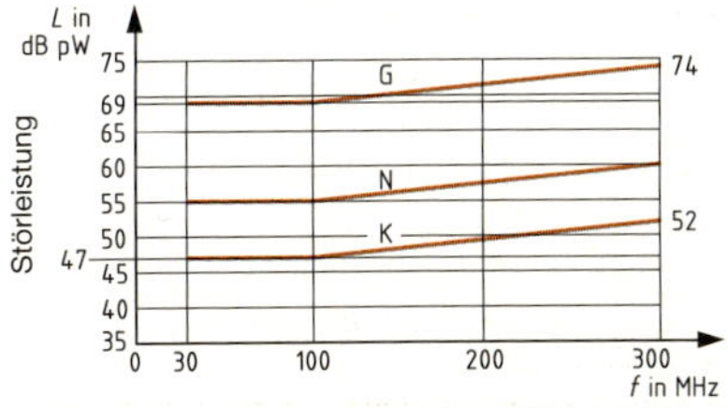

Filterschaltungen für Netzleitungen – *Filter circuits for mains cables*

Ein-Phasen-Netzleitungsfilter für gedruckte Schaltung

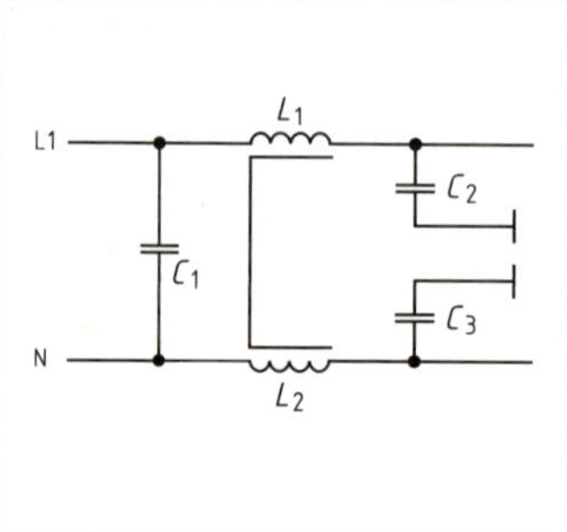

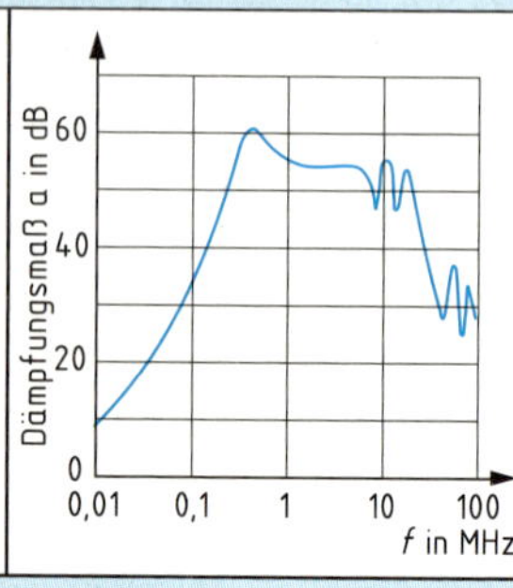

Bemessungsspannung in V~	115/250
Bemessungsstrom in A bei ϑ_u = + 40 °C	0,5
Ableitstrom in mA	< 0,5
Bemessungskapazitäten C_1 in µF C_2, C_3 in pF	0,25 4700
Bemessungsinduktivitäten L_1, L_2 in mH	39

Ein-Phasen-Netzleitungsfilter mit IEC-Stecker, Sicherungshalter und Netzschalter

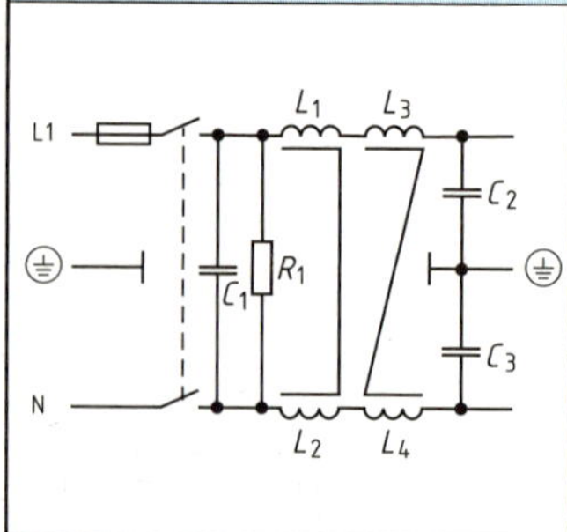

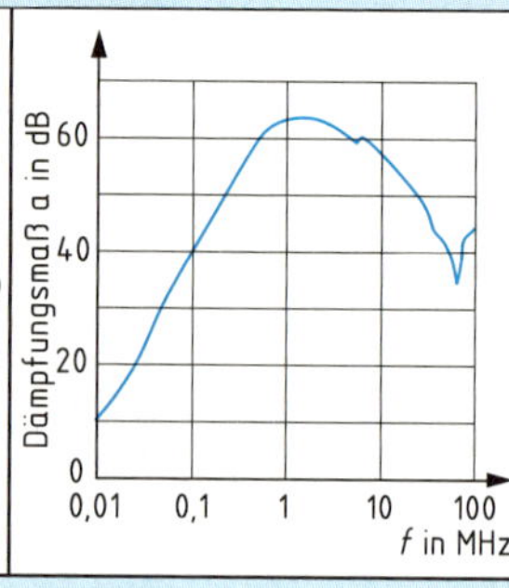

Bemessungsspannung in V~	115/250
Bemessungsstrom in A bei ϑ_u = + 40 °C	3
Ableitstrom in mA	< 1
Bemessungskapazitäten C_1 in µF C_2, C_3 in nF	0,33 10
Bemessungsinduktivitäten L_1, L_2 in mH L_3, L_4 in µH	1,5 22

Drei-Phasen-Netzleitungsfilter

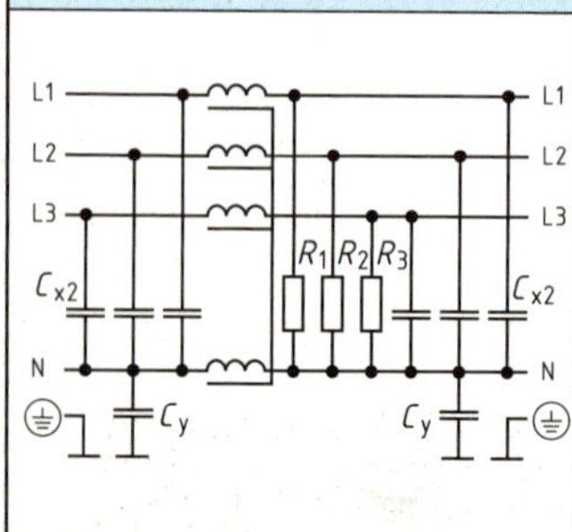

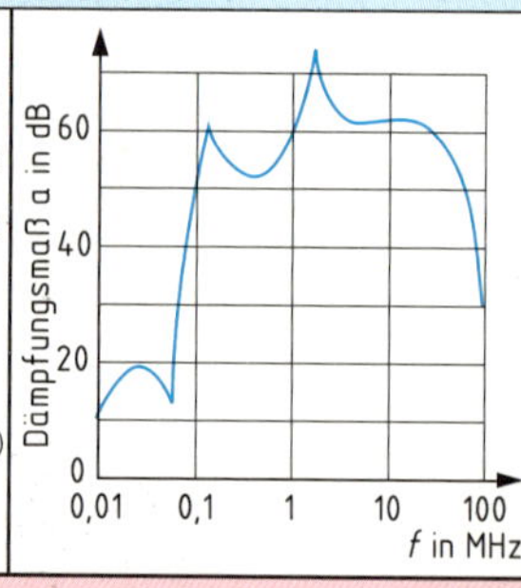

Bemessungsspannung in V~	250/440
Bemessungsstrom in A bei ϑ_u = + 40 °C	16
Spannungsfall je Phase in V	< 0,4
Symmetrischer Blindstrom je Phase in mA	< 140
Ableitstrom in mA	< 3,5

Filterschaltungen für Datenleitungen – *Filter circuits for data cables*

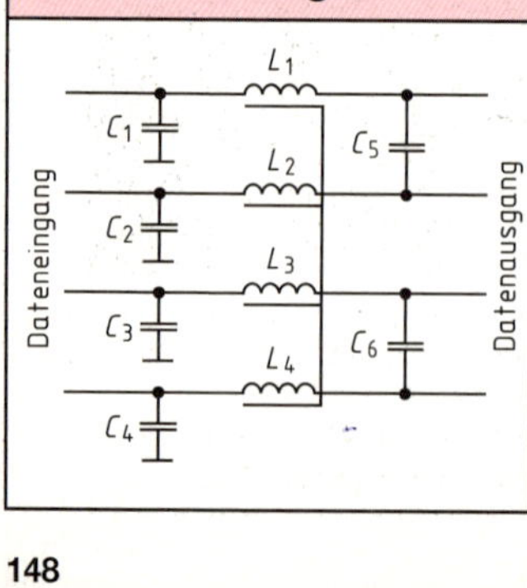

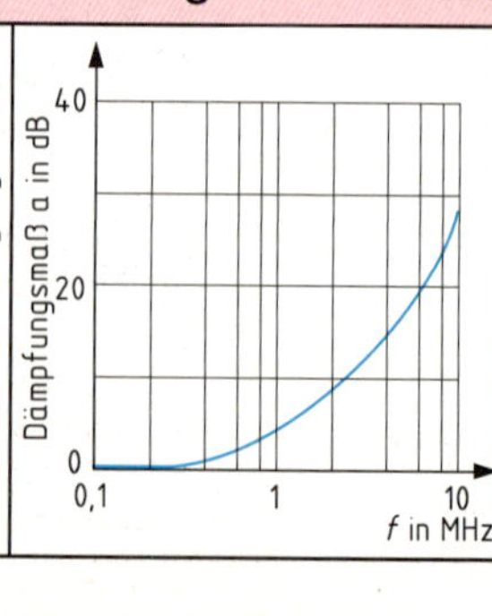

Bemessungsspannung in V~	50
Bemessungsstrom je Leitung in A	0,1
Gleichstromwiderstand je Leitung in Ω	2,5
Bemessungskapazitäten $C_1 \ldots C_6$ in nF	6,8 1,5
Prüfspannung in V~ in V–	 300 750

Elektromagnetische Verträglichkeit (EMV) – *Electromagnetic compatibility (EMC)*

Elektromagnetische Umgebung

Kennzeichnung der EM-Umgebung eines Gerätes oder einer Einrichtung durch
- elektromagnetische Störungen, die am Einsatzort auftreten können und
- Randbedingungen, z. B. Luftfeuchtigkeit.

Entstehung elektromagnetischer Störungen durch
- systemfremde natürliche Störquellen, z. B. atmosphärische Entladungen,
- systemeigene künstliche Störquellen, z. B. elektrische Maschinen.

Störquellen

Systemfremd	Systemeigen
• Blitzentladungen mit Direkt-, Nah- oder Ferneinschlägen • Elektrostatische Entladungen in Form von Gleit-, Büschel-, Funken- o. blitzähnlichen Entladungen • Schalten von Sammelschienen mittels Kontakten • Kurz-, Erd- und Doppelerdschlüsse • Abschalten leerlaufender Hochspannungsleitungen • Prellvorgänge an mechanisch. Kontakten (Bursts) • Ein- und Ausschalten von Leuchtstofflampen • Betrieb von Lichtbogenschmelzöfen • Zuschalten leerlaufender Kabel	• Versorgungswechselspannung (50 Hz/60 Hz) • Öffnen und Schließen von Kontakten (Funkenentladung) • Abschaltvorgänge von Induktivitäten (Relaisspulen) • Flankenwechsel auf Steuer- und Datenleitungen • Lastwechsel auf Elektronik-Stromversorgungsleitungen • Taktsignale (hoch- und niederfrequente) • Reflexionserscheinungen auf Leitungen • Magnetfelder von Speicherlaufwerken

Umgebungsklassen

Einteilung der Umgebungsbedingungen:
- Umgebungsklassen für unterschiedliche Anforderungen an die EMV der Geräte.
- Umgebungsklassen für Anforderungen an die EMV von Systemen, die an bestimmten Orten eingesetzt werden.

Klasse 1 (Gut geschützte Umgebung)	Klasse 2 (Geschützte Umgebung)	Klasse 3 (Industrielle Umgebung)	Klasse 4 (Erhöhte Beanspruchung)
• EMV-gerechtes Erdungs-, Verkabelungs- und Schirmungskonzept • Unterbrechungsfreie Stromversorgung für einzelne Anlagenteile • Gebrauch von Sendeeinrichtungen jeglicher Art untersagt.	• Keine Leistungsschalter in der Umgebung • Abgestimmtes Erdungskonzept • Steuer- und Leistungskreise teilweise mit Störschutz und Überspannungs-Schutzeinrichtungen • Keine Funksprechgeräte ohne Sendeeinrichtungen	• Kein Überspannungsschutz in Steuer- und Leistungskreisen • Erdungsanlage vorhanden • Getrennte Kabel für Steuer-, Signal- und Datenleitungen • Ungenügende Trennung der Versorgungs-, Steuer- und Kommunikationsleitungen	• Kein Überspannungsschutz • Undefinierte Erdungsverhältnisse • Steuer- u. Signalleitungen in einem Kabel • Funksprechgeräte uneingeschränkt möglich • Elektroöfen, Schweißgeräte in der Nähe

Begriffe

EMC	**E**lectro**m**agnetical **C**ompatibility: Elektromagnetische Kompatibilität
EME	**E**lectro**m**agnetical **E**mission: Elektromagnetische Emission (Abstrahlung)
EMI	**E**lectro**m**agnetical **I**nterference: Elektromagnetische Störung
EMP	**E**lectro**m**agnetical Im**p**ulse: Elektromagnetischer Impuls
EMR	**E**lectro**m**agnetical **R**adiation: Elektromagnetische Strahlung
EMS	**E**lectro**m**agnetical **S**usceptibility: Elektromagnetische Empfindlichkeit
ERP	**E**arth **R**eference **P**lane: Erdpotenzialbezugsfläche
ESD	**E**lectro**s**tatic **D**ischarge: Elektrostatische Entladung
HBD	**H**uman **B**ody **D**ischarge: Elektrostatische Körperentladung
Burst	Entladungsstoß
Surge	Überspannungsstoß

EMV-Leitungen

Einkopplung und Übertragung von Störgrößen in elektrische Betriebsmittel über die z. B. abgebildeten Leitungen wird vermieden durch
- Ferritbeschichtung der Adern ① und
- Abschirmung durch Aluminium-Folie ②.

Übertragungs-systeme

Schaltungen zur Hauskommunikation – *Circuits in home-communication*

Signalschaltung

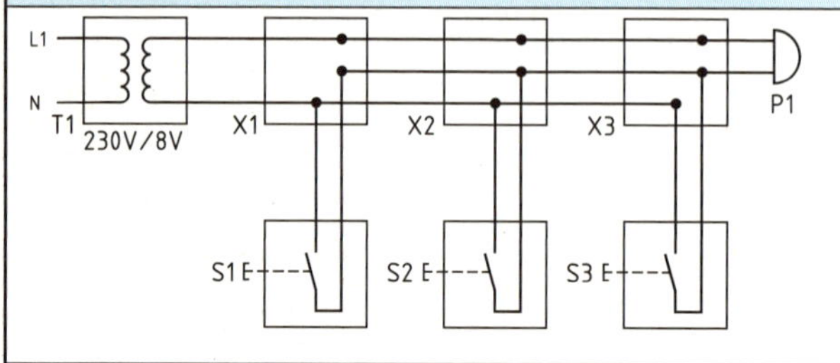

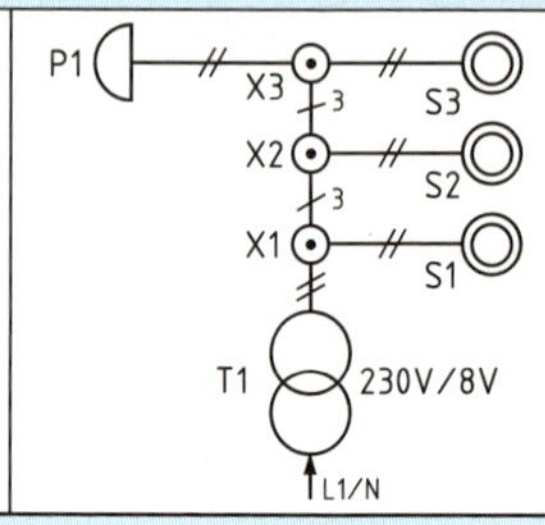

Gegensprechanlage mit beidseitigem Anruf

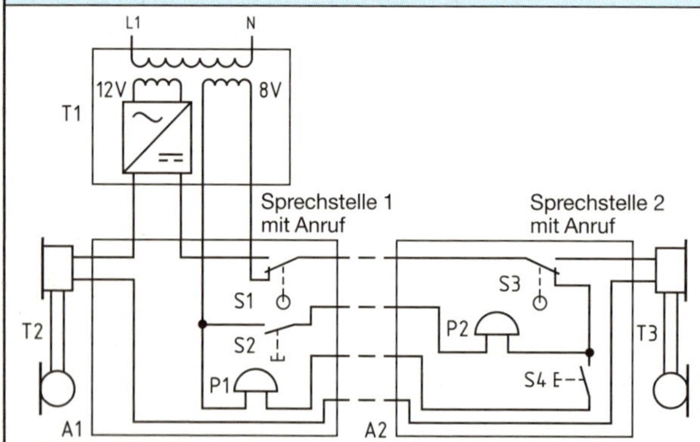

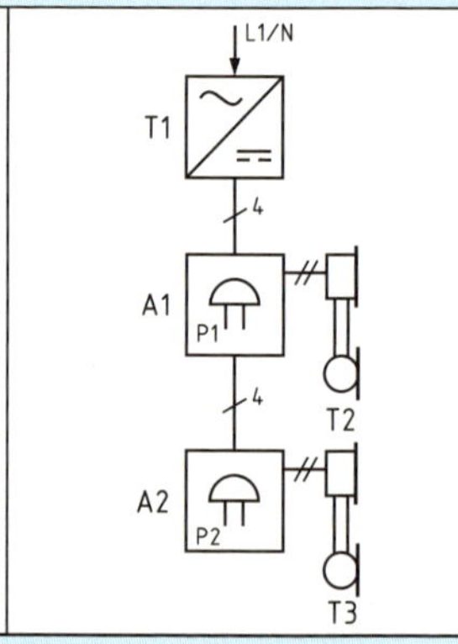

Video-Türtelefonanlage

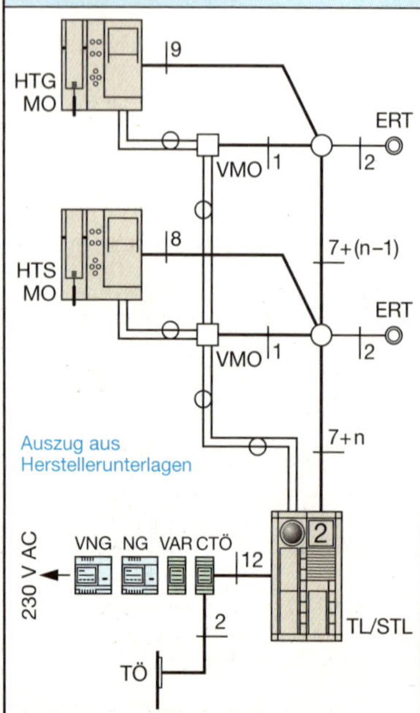

Auszug aus Herstellerunterlagen

Kennzeichen
- Anlagen mit Rufunterscheidung
- mithör- und mitsehgesperrt

Module

CMM/CMC:	Modulkamera	TLM:	Türlautsprecher-Modul
CTÖ:	Controller Türöffner	TL/STL:	Türlautsprecher/Türstation
ERT:	Etagenruftaster	TM:	Tasten-Modul
HTG/HTS:	Systemtelefon	VAR:	Video-Anschaltrelais
MO:	Monitor	VMO:	Video-Monitor-Verteiler
n:	Anzahl der Rufstationen	VNG:	Video-Netzgerät
NG:	Stromversorgung für Ruf-, Sprech-, Türöffnerbetrieb und Ruftasterbeleuchtung		

Installation
- Leitungsmaterial:
  Y: Schwachstromdraht YR: Schwachstromleitung
  JY(ST)Y: Leitung paarig verdrillt, abgeschirmt
- Leitungsführung:
  Getrennte Führung von Energie- und Kommunikations-Leitung (DIN VDE 0800) Mindestabstand: 10 cm
- Reichweiten:
  Haustelefon bis Türlautsprecher Schleifenwiderstand ≤ 40 Ω
  Beispiel: Aderdurchmesser 0,8 mm ⇒ Länge der Hin- und Rückleitung ca. 500 m, Max. Reichweite bei größerem Leitungsquerschnitt ca. 500 m
- Anschlussklemmen mit gleicher Bezeichnung verbinden.

Übertragungssysteme

Videoüberwachung – *Video control*

Grundschaltungen mit Koaxialkabel

Direkte Videoüberwachung

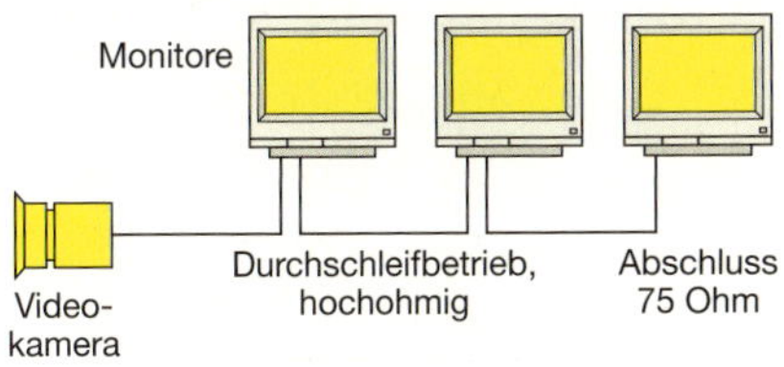

- Letzter Monitor: Abschluss mit 75 Ω
- Signal wird durchgeschleift und erscheint auf allen Monitoren

Video-Verteiler-Verstärker

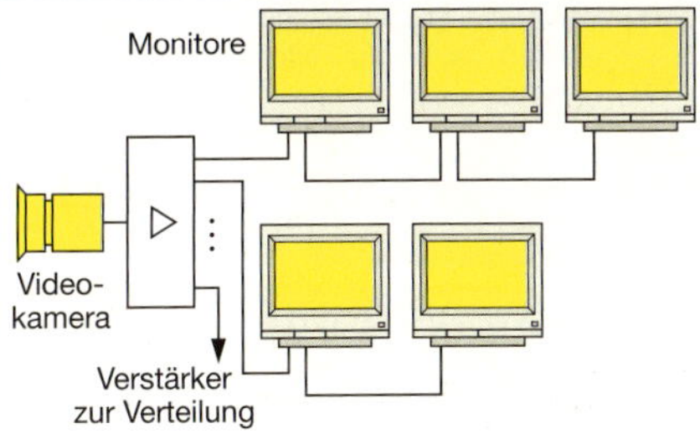

- Signal wird auf verschiedene Überwachungslinien verteilt, z. B. in mehrere Gebäude.
- Signal wird durchgeschleift, Abschluss mit 75 Ω.

Anlage mit Kamera-Umschalter

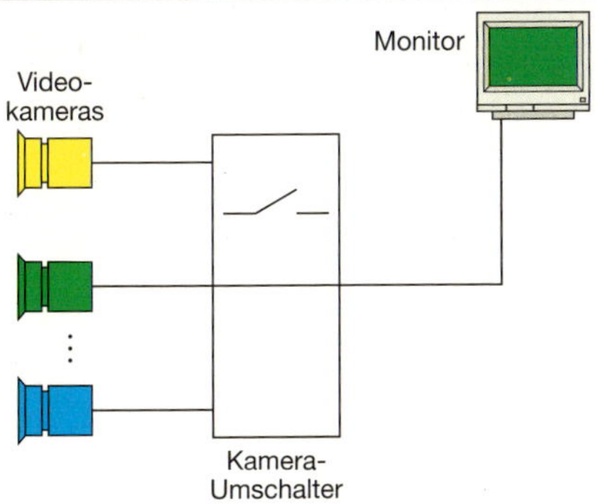

- Bildinformation wird bei Bedarf gewählt.
- Manuelle bzw. elektronische Umschaltung

Anlage mit Quadraturselektor

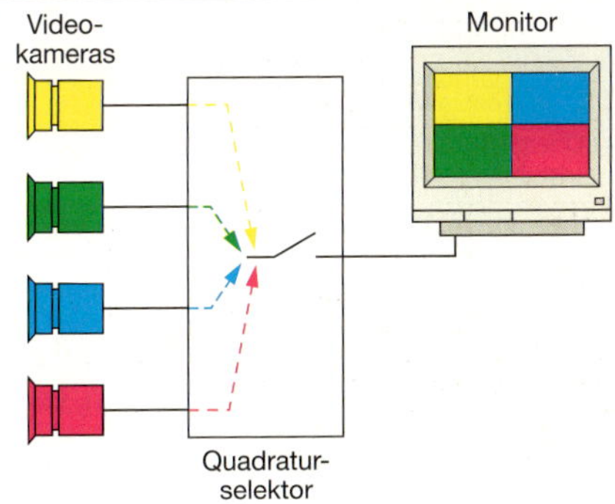

- Gleichzeitige Übertragung von vier Kamerasignalen
- Monitor mit vier Quadranten
- Umschaltung auf Vollformat möglich

Videoüberwachung über TK-Netz

Prinzip:
Übertragung von Live-Bildern für Überwachungs-, Fernwartungs- sowie andere Aufgaben und Datenaustausch über das vorhandene TK-Netz, lokale Intranet oder Internet. Die Module kommunizieren über das Netzwerkprotokoll (TCP/IP) miteinander.

Vorteile:
- Nutzung vorhandener Netzwerke
- Verwaltung beliebig vieler Kameras
- Anpassung an wachsende Anforderungen
- Drahtgebundene und drahtlose Verbindungen sind möglich
- Offene Schnittstellen für weitere Anwendungen
- Alarm-Weiterleitung z. B. per E-Mail
- Fernsteuerung von Kameras und angeschlossenen Geräten
- Plattform unabhängiger WebViewer

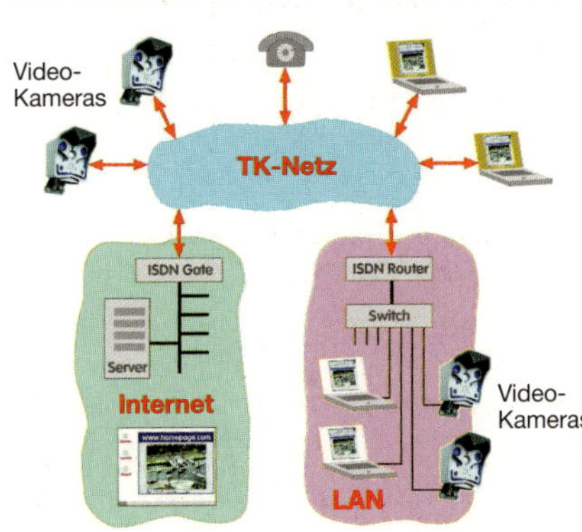

Komponenten einer Videoüberwachung – *Components of video control system*

CCD[1)]-Kamera

Eigenschaften	1/3"-Platinenkamera mit Objektiv
• Verschleißfreier Dauerbetrieb • Konstante optische und elektrische Eigenschaften • Keine Schäden durch Überbelichtung und Einbrennen • Keine Beeinflussung durch elektrische oder magnetische Felder • Stoß- und vibrationsfest • Genormte Anschlüsse (Objektiv, Videoausgang) • Bild wird in horizontale und vertikale Bildelemente zerlegt (Pixel) und zeilenweise ausgelesen. • Anzahl der Pixel ist ein Maß für die Qualität der Bildauflösung. • Bildauflösungsbereiche in Horizontallinien. 220 – 400: Einsatz für nahen und mittleren Aufnahmebereich, Standardübertragung (2 bis 25 m) 400 – 500: sehr gute Erkennbarkeit > 500: professioneller Einsatz • Frequenzbereich bei 400 Linien etwa 5 MHz • Sensorformate der Kameras (in Zoll): 1/2"-, 1/3"-, 1/4"-Fomat • Ausgangssignal: FBAS-Signal (Farb-Bild-Austast-Synchronsignal) [1)] **C**harge **C**oupled **D**evice (Halbleitersensor, der mit Ladungsverschiebungen arbeitet)	**Beispiel:**  • Mindestbeleuchtung: 0,75 Lux • Fernsehnorm: PAL, 625 Zeilen, 50 Hz • Videoausgangssignal: FBAS 1 Vss, 75 Ω • Betriebsspannung: 9,5 V – 14,5 V DC • Leistung: 2,7 W • Masse: 30 g • Abmessungen: 38 x 38 mm (2 Platinen)

Übertragungsmöglichkeiten für Videosignale

- **Koaxialkabel** (Standardleitung)
  Dämpfung hängt vom Leitungstyp und der Länge ab; Dämpfung ist bis 3 dB optisch nicht wahrnehmbar; bei > 6 dB werden feine Strukturen weniger erkannt. Bei größeren Strecken ist ein Verstärker erforderlich.
- **Zweidraht-Leitung** (verdrillte Kupferleitung)
  Das unsymmetrische Videosignal muss in ein symmetrisches Videosignal umgewandelt werden. „Zweidraht-Sender" und „Zweidraht-Empfänger" sind erforderlich.
- **Glasfaserleitung** (LWL)
  - Vorteile gegenüber Kupferleitungen: abhörsicher und störstrahlungsfrei, geringes Gewicht, unempfindlich gegen elektrische und magnetische Störfelder
  - Nachteile: Hohe Kosten durch Leitungspreis und Anschlusstechnik
- **Funkübertragung**
  Frequenz 2,4 GHz, nur geringe Leistung zulässig, Reichweite innerhalb von Gebäuden 50 m, außerhalb 300 m.

Monitor

Monitorarten:
- LCD-TFT-Monitor (Flachbildschirm)
- Schwarz-Weiß-Monitor
- Farbmonitor

Zusatzkomponenten (Beispiele):
- 4fach Umschalter für Kamera
- Wechselsprechanlage
- Quadraturselektor
- Alarmeingänge

Beispiel: Anschlüsse bei einem Farbmonitor mit Quadrantensektor

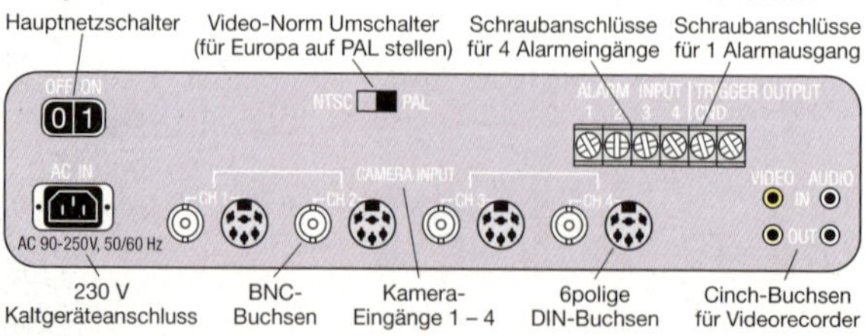

6-polige DIN-Buchse

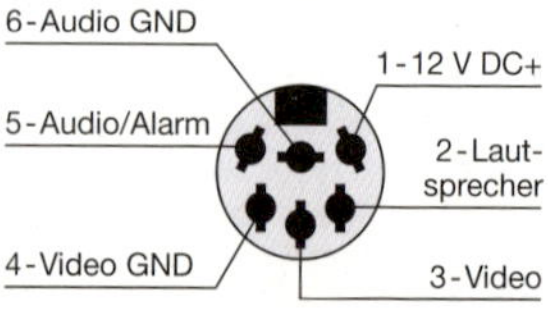

5 Signalverarbeitung und -wiedergabe

Signalverarbeitung

Signalwiedergabe

Signalarten – *Signal types*

wertkontinuierlich, zeitkontinuierlich (analog)

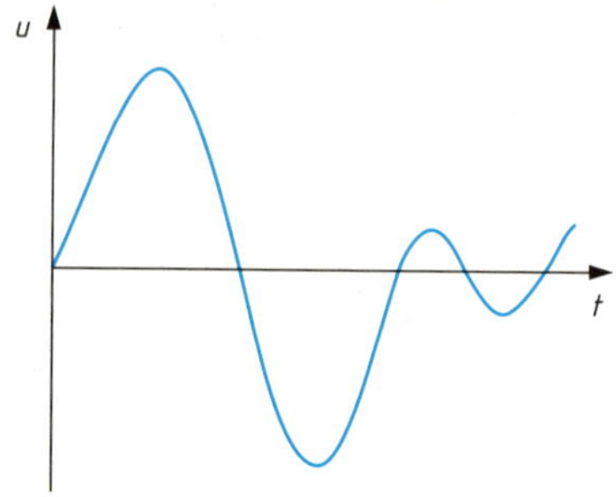

wertkontinuierlich, zeitdiskret

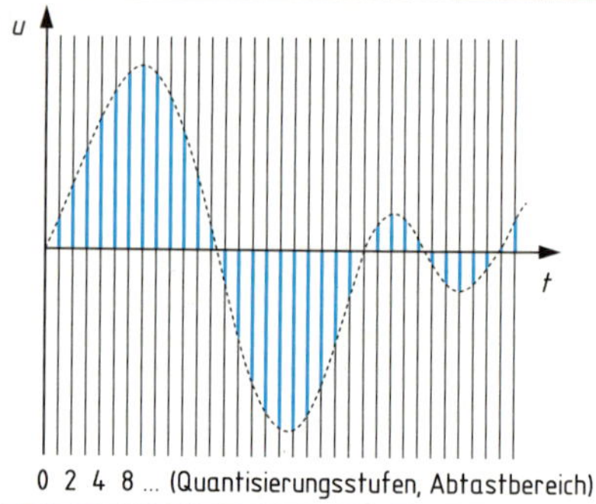

wertdiskret, zeitkontinuierlich

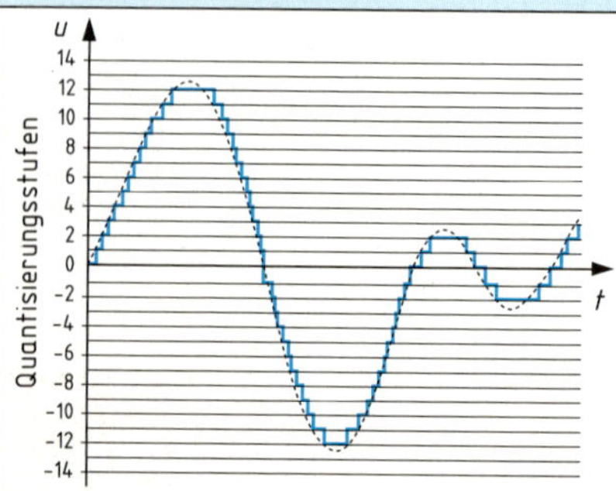

wertdiskret, zeitdiskret

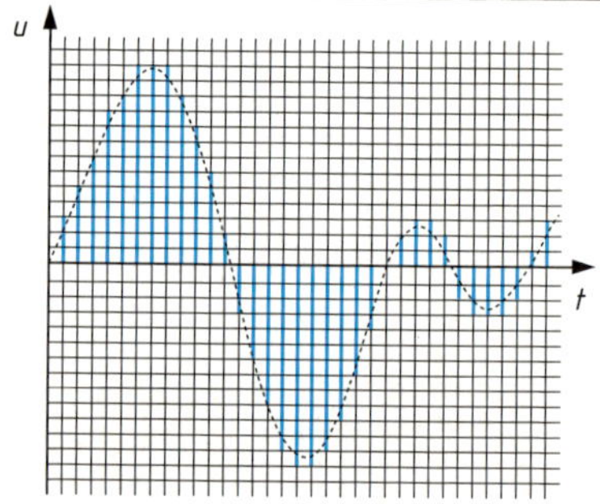

Verzerrungen – *Distortions*

Lineare Verzerrungen

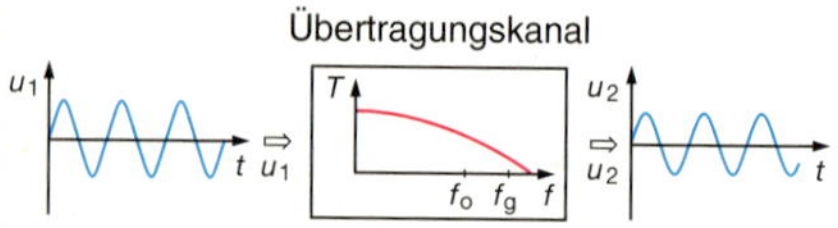

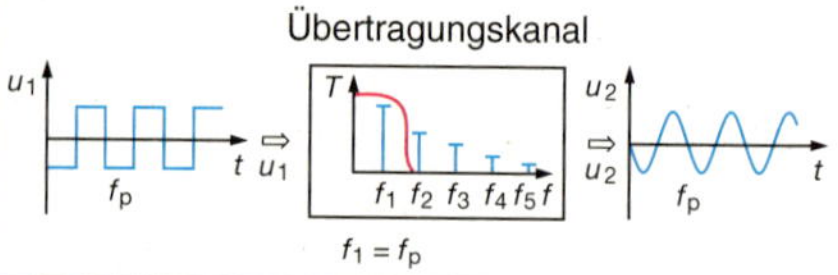

Nichtlineare Verzerrungen

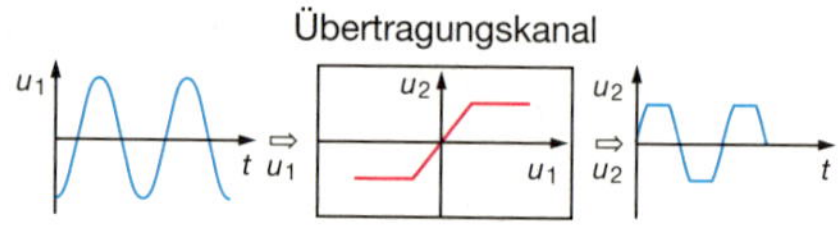

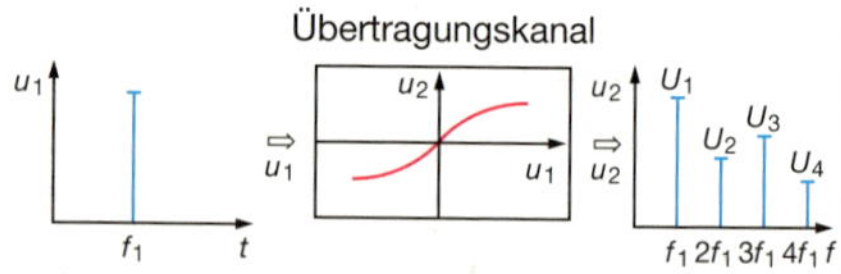

Klirrfaktor *k*

$$k = \sqrt{\frac{U_2^2 + U_3^2 + \ldots + U_n^2}{U_1^2 + U_2^2 + U_3^2 + \ldots + U_n^2}}$$

1 … n: Index für Schwingungen (laufende Nummern)

Teilklirrfaktor

$$k_m = \frac{U_m}{\sqrt{U_1^2 + U_2^2 + U_3^2 + \ldots + U_n^2}}$$

Klirrdämpfungsmaß a_k

$$a_k = 20 \cdot \lg \frac{1}{k} \text{ dB}$$

Teilklirrdämpfungsmaß

$$a_{km} = 20 \cdot \lg \frac{1}{k_m} \text{ dB}$$

Modulationsverfahren – *Modulation principles*

Analoges Modulationssignal

Träger

sinusförmig
- Amplitudenmodulation **AM**
- Frequenzmodulation **FM**
- Phasenmodulation **PM**

pulsförmig
- Pulsamplitudenmodulation **PAM**
- Pulsfrequenzmodulation **PFM**
- Pulsphasenmodulation **PPM**
- Pulsdauermodulation **PDM**

Quantisiertes und codiertes Modulationssignal

- Pulscodemodulation **PCM**
- Deltamodulation **DM**

Digitales Modulationssignal

Träger

sinusförmig
- Amplituden Shift Keying **ASK**
- Frequency Shift Keying **FSK**
- Phase Shift Keying **PSK**
- Quadratur Amplitudenmodulation **QUAM**

pulsförmig
- Orthogonal Frequency Division Multiplexing **OFDM**
- Coded Orthogonal Frequency Division Multiplexing **COFDM**

Mischung – *Mixing*

Prinzip

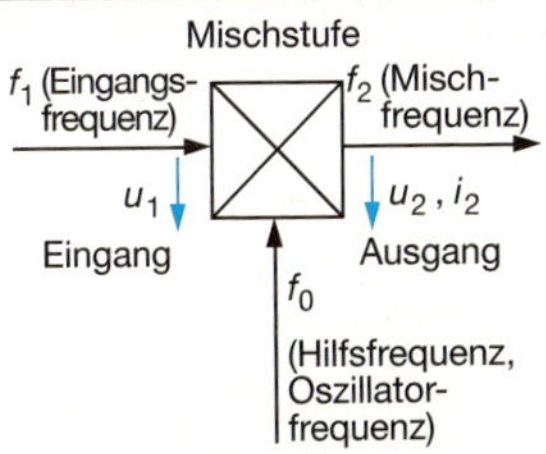

Größen

Mischsteilheit S_m

$$S_m = \frac{i_2}{u_1}$$

Mischverstärkung v_m

$$v_m = \frac{u_2}{u_1}$$

Frequenzumsetzung

$f_2 = |f_0 \pm f_1|$

bzw.

$f_2 = |n \cdot f_0 \pm f_1| \quad n = 0, 1, 2 \ldots$

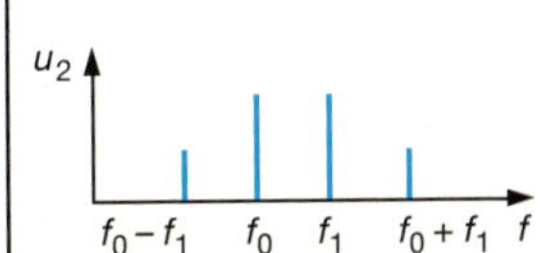

Mischschaltungen

Eintakt-Mischschaltung

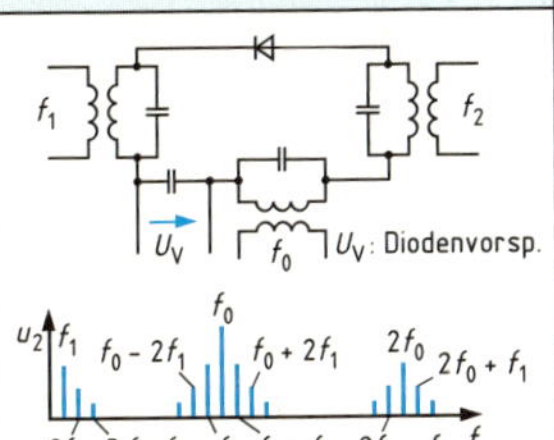

Verkopplung der Schwingkreise, breites Frequenzspektrum.

Gegentaktmischschaltung

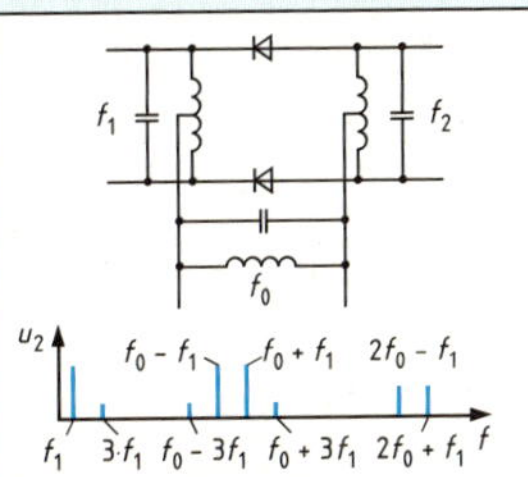

Ein- und Ausgangsspannung enthalten nicht die Hilfsspannung (Oszillatorspannung)

Ringmodulator

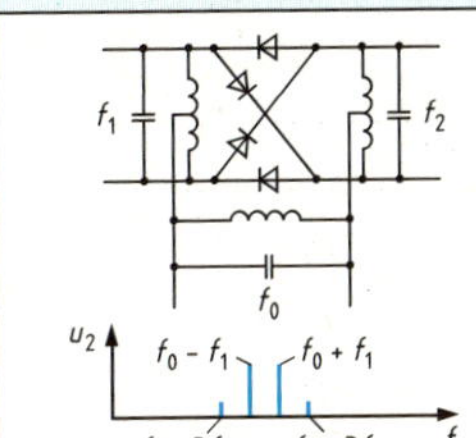

Kleines Frequenzspektrum, f_1 und f_0 sind nicht am Ausgang vorhanden.

Amplitudenmodulation (AM) – *Amplitude modulation*

Prinzip

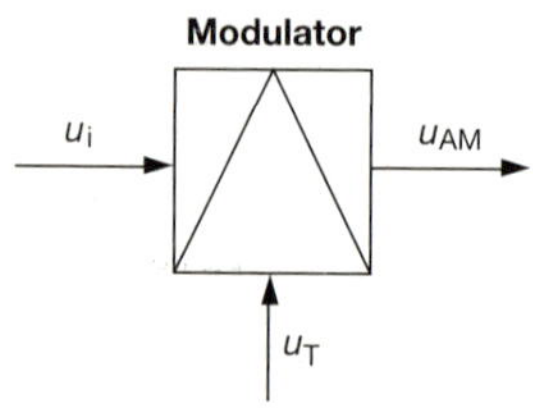

u_i: Informationsspannung
u_T: Trägerspannung
u_{AM}: Amplitudenmodulierte Spannung

Frequenzsspektrum

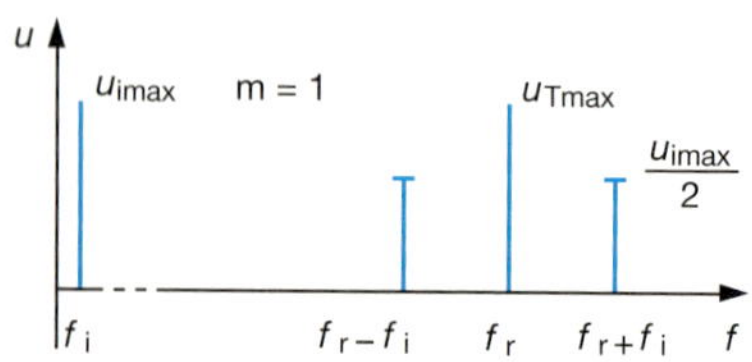

Seitenfrequenzen

B: Bandbreite
f_i: Frequenz der Informationsspannung

$B = 2 \cdot f_{imax}$

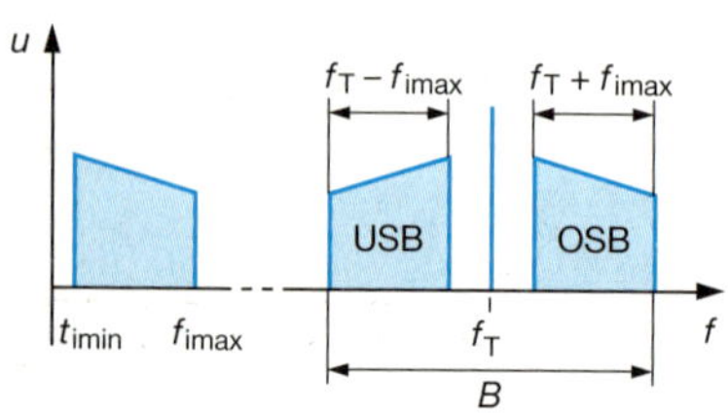

Seitenbänder

OSB: Oberes Seitenband
USB: Unteres Seitenband

Liniendiagramme

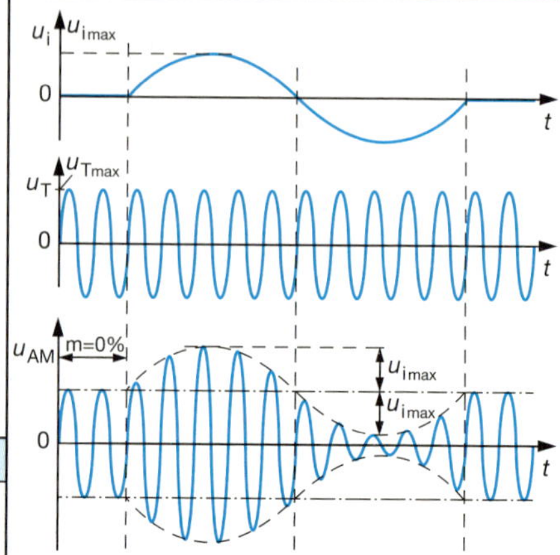

m: Modulationsgrad
Ω: Kreisfrequenz der Trägerschwingung
ω: Kreisfrequenz der Informationsschwingung

$$m = \frac{u_{imax}}{u_{Tmax}}$$

$$u_{AM} = u_{Tmax} \cdot \sin \Omega \cdot t + \frac{u_{imax}}{2} \cos (\Omega - \omega) \cdot t + \frac{u_{imax}}{2} \cos (\Omega + \omega) \cdot t$$

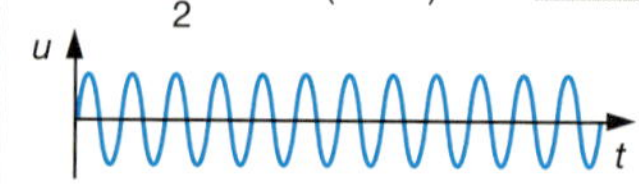

Obere Seitenfrequenz/ band (OSB)

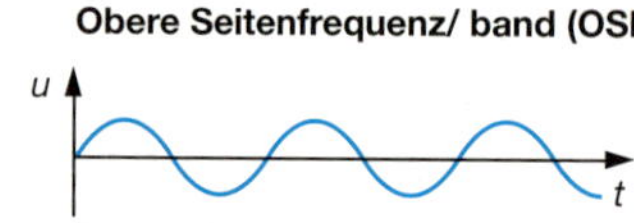

Untere Seitenfrequenz/ band (USB)

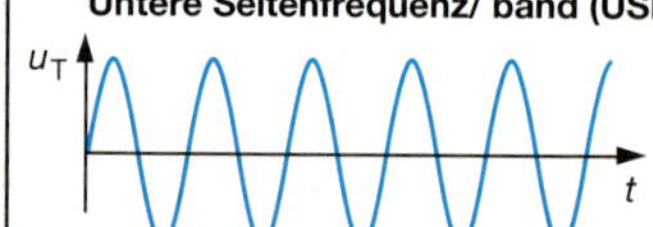

Trägerfrequenz

Leistung

P_M: Mittlere Leistung (angegeben bei kleinster Frequenz der Modulationsspannung, u_i)
P_T: Trägerleistung
P_{OSB}: Leistung des oberen Seitenbandes
P_{USB}: Leistung des unteren Seitenbandes

$$P_M = (1 + \frac{m}{2})^2 \cdot P_T$$

$$P_M = P_T + P_{OSB} + P_{USB}$$

Zeigerdarstellung

rotierende Zeiger

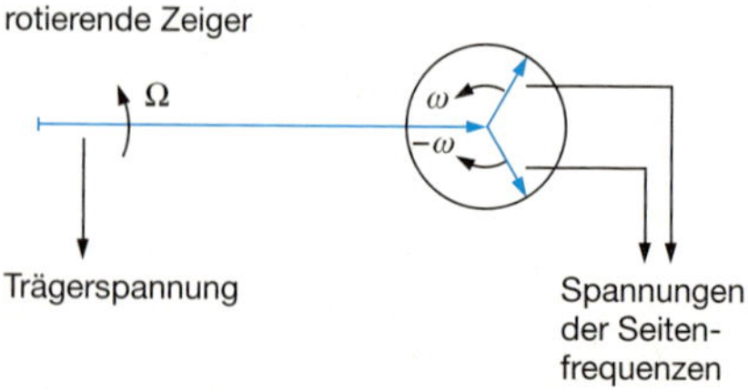

Demodulation amplitudenmodulierter Signale

Demodulation of amplitude modulated signals

Hüllkurvendetektor

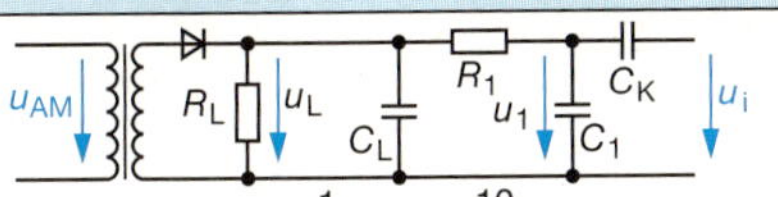

$\tau = R_L \cdot C_L$ $\quad \frac{1}{f_{imax}} > \tau > \frac{10}{f_T}$

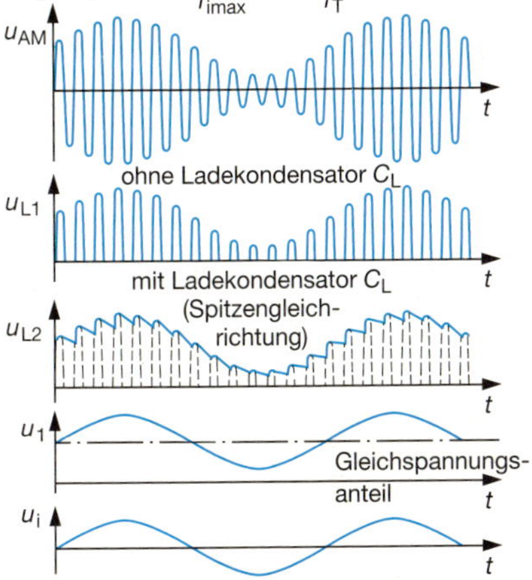

Synchrondemodulator

(Produktdetektor, trägergesteuerter Demodulator)

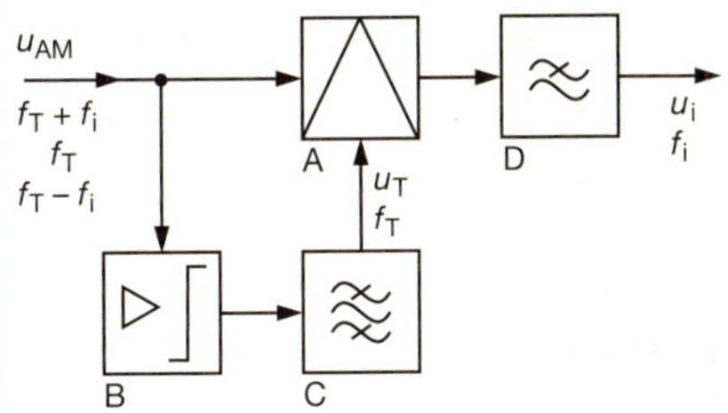

Anwendungsbereich:
Besonders bei integrierten Schaltungen

A: Demodulator
B: Verstärker mit beidseitiger Amplitudenbegrenzung
C: Bandfilter für Trägerfrequenz
D: Tiefpass für Informationsspannung

Modulation mit unterdrücktem Träger – *Modulation with suppressed carrier*

Ringmodulator zur Trägerunterdrückung

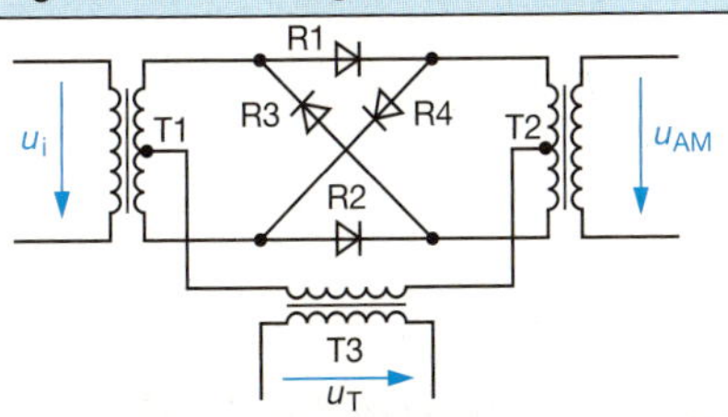

Frequenzspektrum

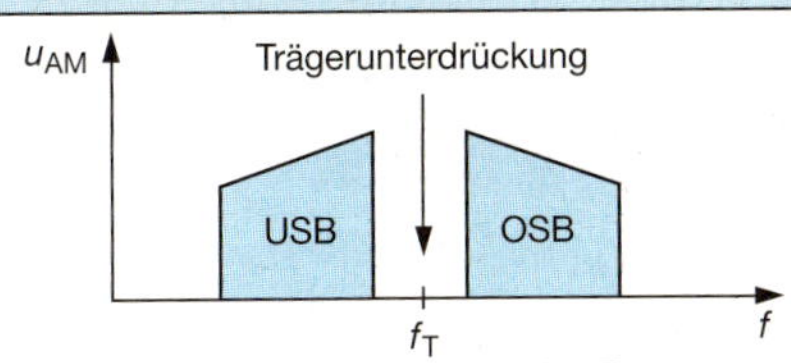

Filter werden zur Beeinflussung des Frequenzganges verwendet.

Arbeitsweise des Ringmodulators

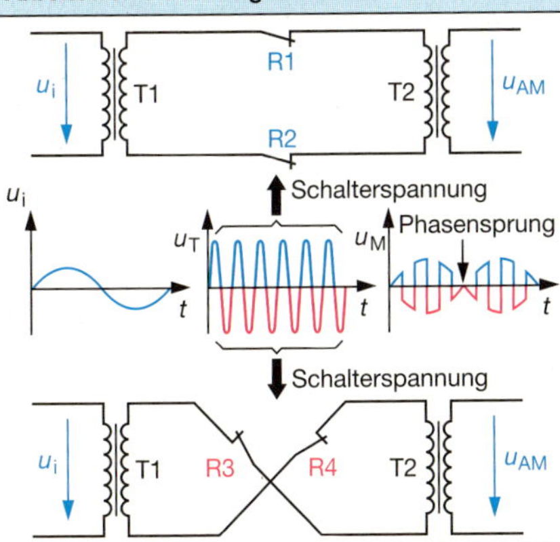

Demodulation mit Ringmodulator

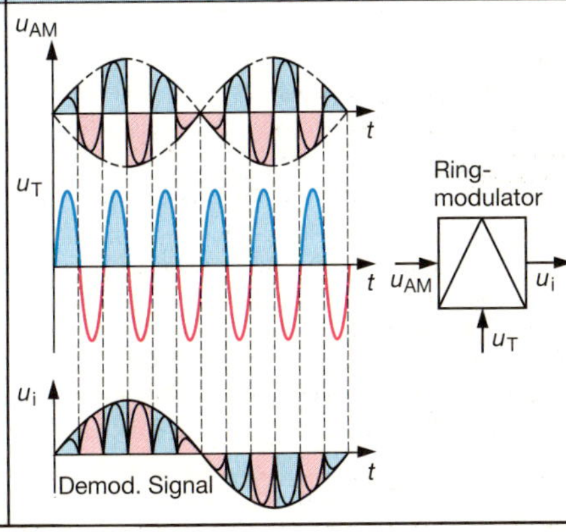

Frequenzmodulation (FM) – *Frequency modulation*

Frequenzmoduliertes Signal

u_i: Informationsspannung
u_T: Trägerspannung
u_{FM}: Frequenzmodulierte Spannung
f_i: Informationsfrequenz
f_{imin}: minimale Informationsfrequenz
f_{imax}: maximale Informationsfrequenz
ω_i: Kreisfrequenz Informationsspannung
m: Modulationsindex
f_T: Trägerfrequenz
ω_T: Kreisfrequenz der Trägerspannung

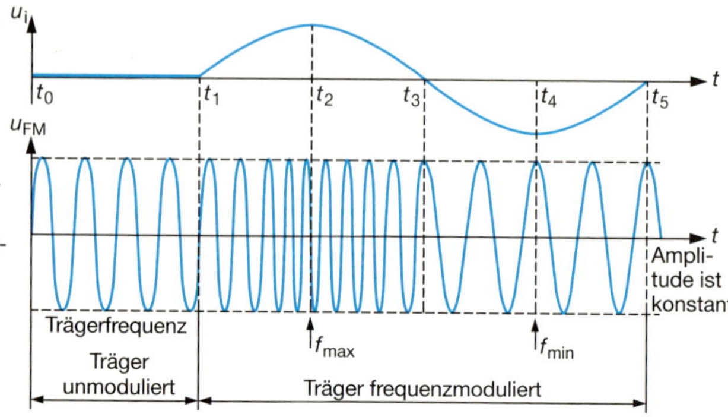

$u_{FM} = \hat{u}_T \sin(\omega_T + m \cdot \sin \omega_i) \cdot t$

(ohne Berücksichtigung eines Nullphasenwinkels)

Frequenzhub Δf_T

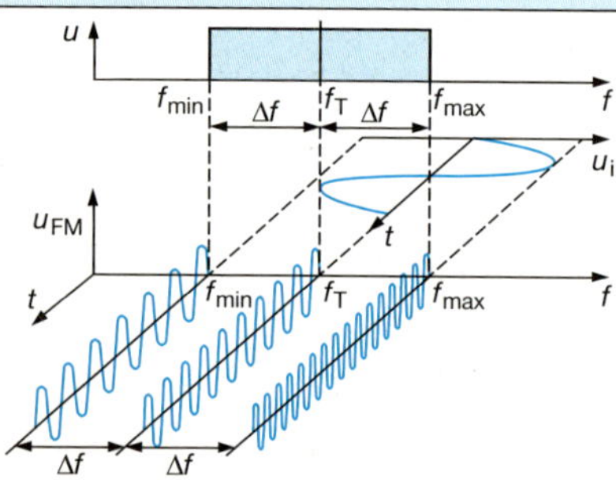

m: Modulationsindex
Δf_T: Frequenzhub
f_i: Informationsfrequenz

$$m = \frac{\Delta f_T}{f_i}$$

UKW-Sender: Δf = 75 kHz
Fernsehton: Δf = 50 kHz

Bandbreite B

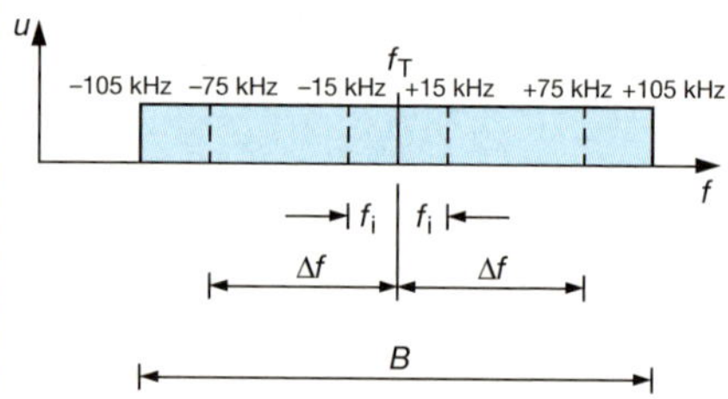

f_T: Trägerfrequenz
B: Bandbreite
Δf_T: Frequenzhub
f_i: Informationsfrequenz
n: Zahl, n = 1, 2, 3 …

$$B = 2\,(\Delta f_T + n \cdot f_{imax})$$

UKW: B = 2 (75 kHz + 2 · 15 kHz) = 210 kHz

Störreduzierung durch Pre- und De-Emphasis

Senderseite

Pre-Emphasis
(Vor-Verzerrung)
durch Hochpass

τ: Zeitkonstante
$\tau = 50\ \mu s$
$\tau = R \cdot C$

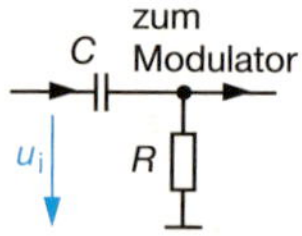

Frequenzgangbeeinflussung

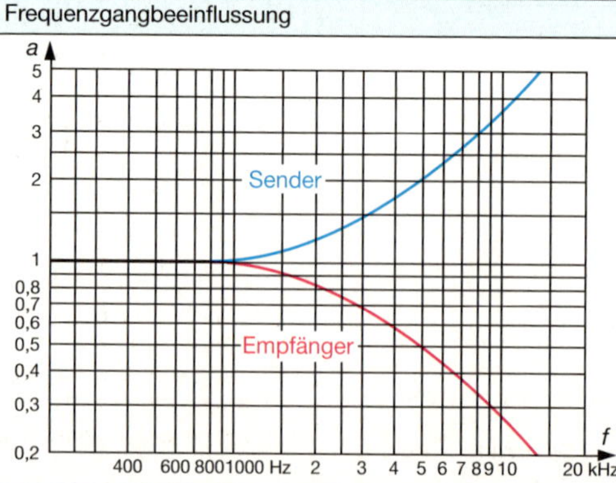

Empfängerseite

De-Emphasis
(Nach-Entzerrung)
durch Tiefpass

τ: Zeitkonstante
$\tau = 50\ \mu s$
$\tau = R \cdot C$

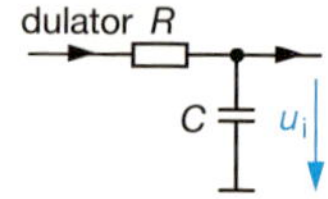

Demodulation frequenzmodulierter Signale

Demodulation of frequency modulated signals

Phasendiskriminator

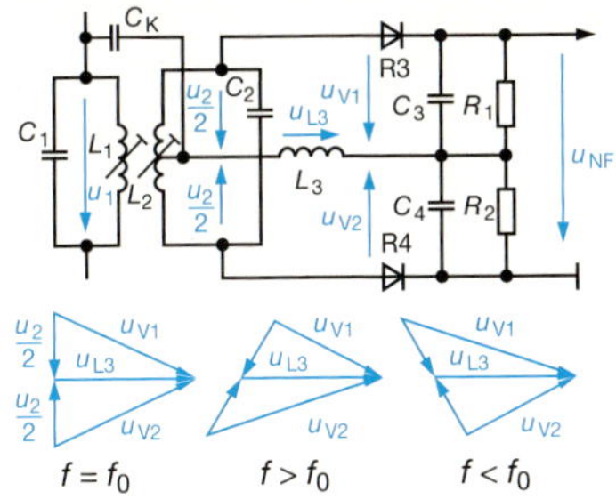

- zwei Einspeisungen in den Demodulatorkreis,
- Amplitudenbegrenzung,
- Umwandlung frequenzmodulierter in amplitudenmodulierte Signale,
- u_{NF} entsteht aus geometrischer Addition der Diodenspannungen

PLL-Diskriminator

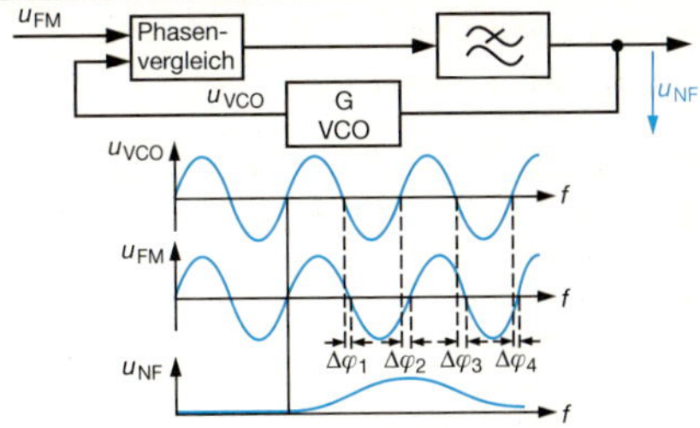

PLL: Phase Locked Loop (Phasenregelkreis)
VCO: Voltage Controlled Oscillator (spannungsgesteuerter Oszillator)

- bei Abweichung von f_1 und f_2 bildet die Phasenvergleichsspannung eine Regelspannung,
- Regelspannung entspricht der Informationsspannung,
- Anwendung in integrierten Schaltungen

Symmetrischer Verhältnisdiskriminator

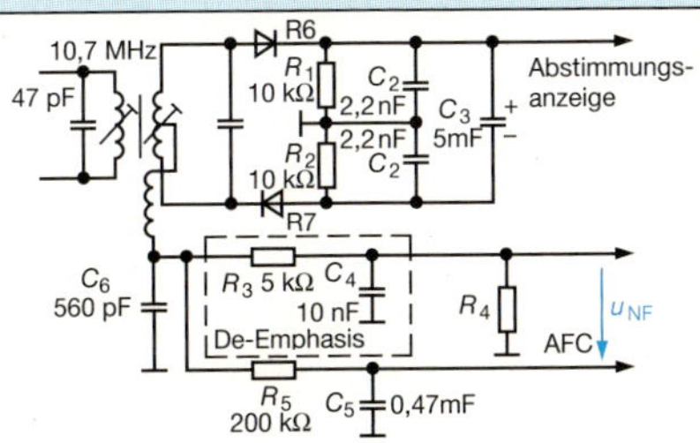

- auch als Ratiodetektor bezeichnet,
- zwei Einspeisungen in den Demodulatorkreis,
- Amplitudenbegrenzung durch $R_1 \cdot C_3$,
- weniger empfindlich als der Phasendiskriminator,
- Spannungen für Abstimmanzeige und automatische Frequenznachregelung möglich,
- u_{NF} entsteht aus geometrischer Addition der Diodenspannungen

Koinzidenzdemodulator

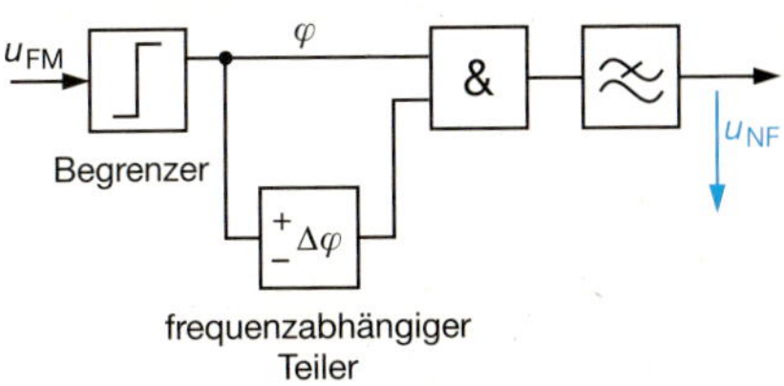

- auch Phasendemodulator genannt,
- frequenzabhängiger Teiler erzeugt eine um $\pm\Delta\varphi$ von der Mittenfrequenz abweichende Spannung,
- mit dem nicht abweichenden Signal wird eine UND-Verknüpfung vorgenommen,
- Anwendung in integrierten Schaltungen

Unsymmetrischer Verhältnisdiskriminator

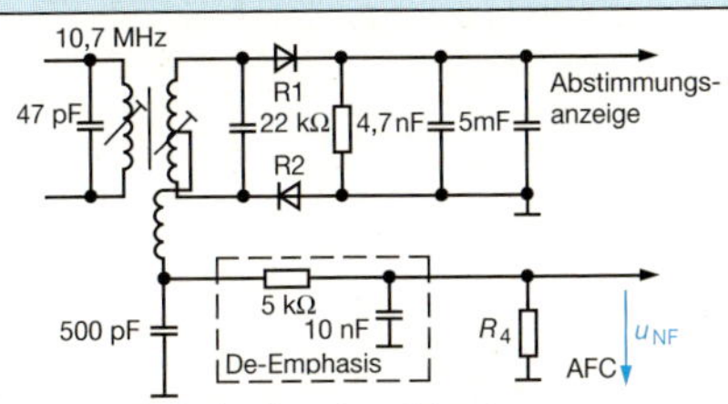

- auch als Ratiodetektor bezeichnet,
- Eigenschaften wie symmetrischer Verhältnisdiskriminator,
- weniger Bauteile als symmetrischer Verhältnisdiskriminator,
- keine Abstimmspannung für automatische Frequenznachregelung möglich

Zähldiskriminator

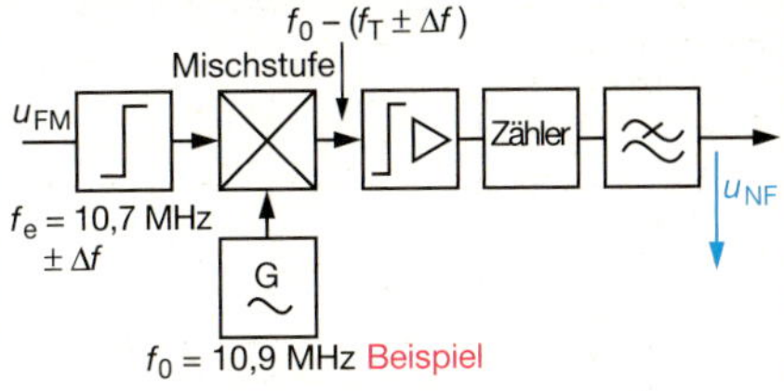

- Begrenzung und Mischung auf eine tiefe Zwischenfrequenz,
- Zähler addiert Impulse, Impulse sind pro Zeiteinheit proportional der Informationsfrequenz,
- Anwendung in integrierten Schaltungen

Phasenmodulation (PM) – *Phase modulation*

Phasenmoduliertes Signal

u_i: Informationsspannung
u_T: Trägerspannung
u_{PM}: Phasenmodulierte Spannung
f_i: Informationsfrequenz
f_T: Trägerfrequenz
ω_T: Kreisfrequenz Träger
ω_i: Kreisfrequenz Informationsspannung
$\Delta\varphi_T$: Phasenhub
φ_T: Phasenwinkel des Trägers

$u_{PM} = \hat{u}_T \sin(\omega_T + \Delta\varphi_T \sin \omega_i) \cdot t$
(ohne Berücksichtigung eines Nullphasenwinkels)

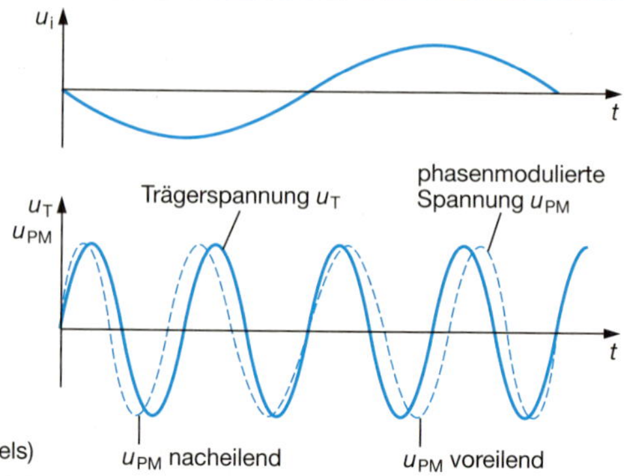

Phasenhub $\Delta\varphi_T$

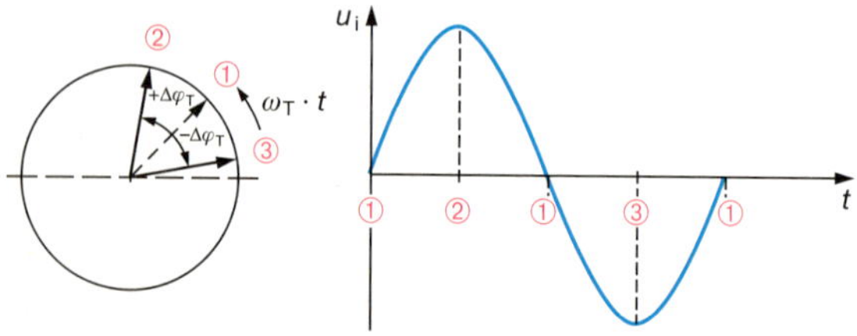

Frequenzhub $\Delta\varphi_T$

$\Delta f_T = \Delta\varphi_T \cdot f_i$

$m = \frac{\Delta f_T}{f_i}$

$\varphi = 2\pi \cdot f_T \cdot t$

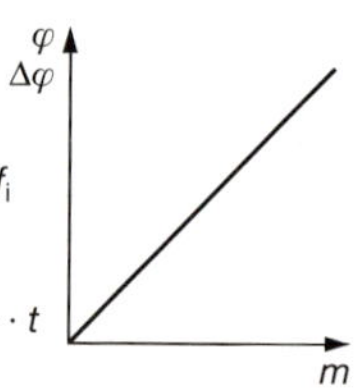

Modulation mit pulsförmigem Träger – *Modulation with pulse based carrier*

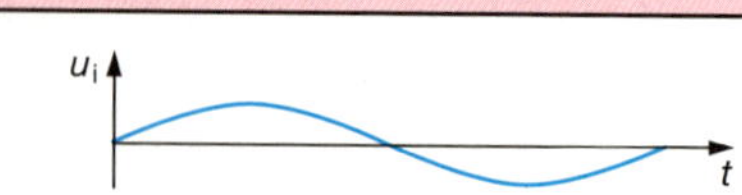

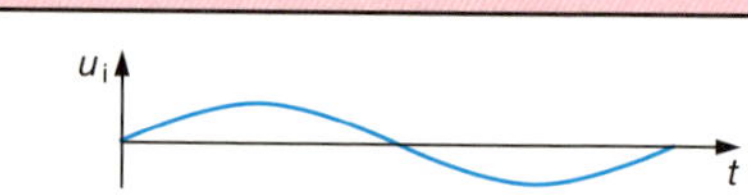

Pulsamplitudenmodulation PAM

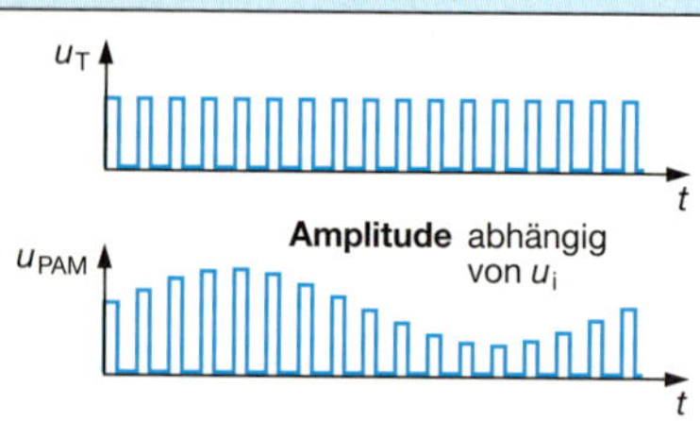

Pulsfrequenzmodulation PFM

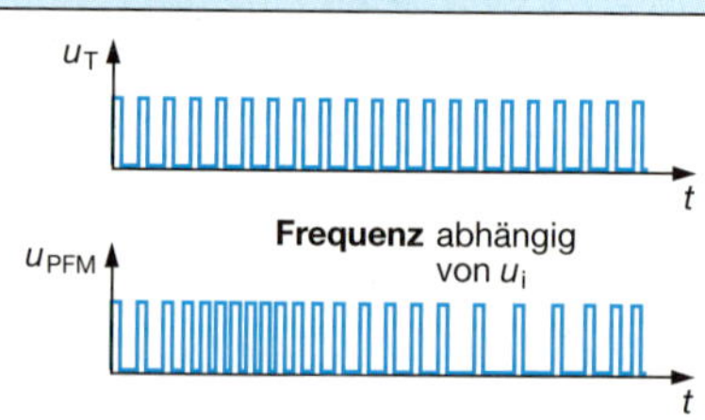

Pulsphasenmodulation PPM

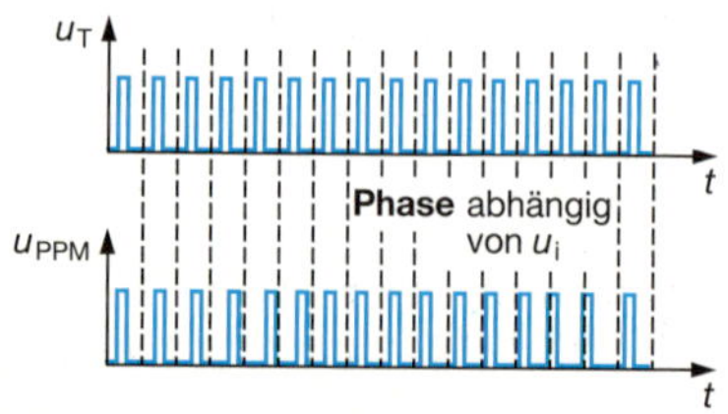

Pulsdauermodulation PDM

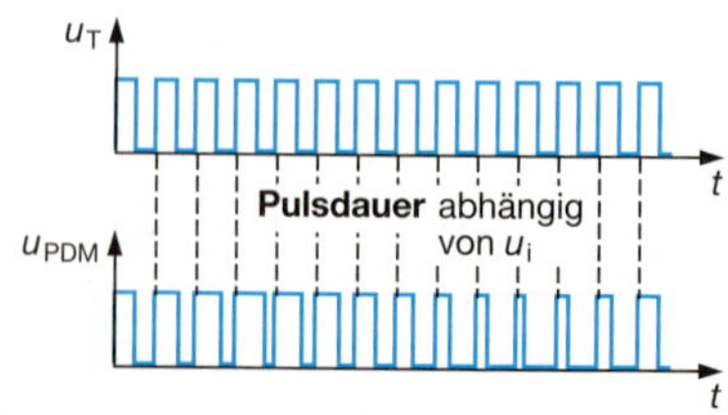

Pulscodemodulation (PCM) – *Pulse Code Modulation (PCM)*

Prinzip

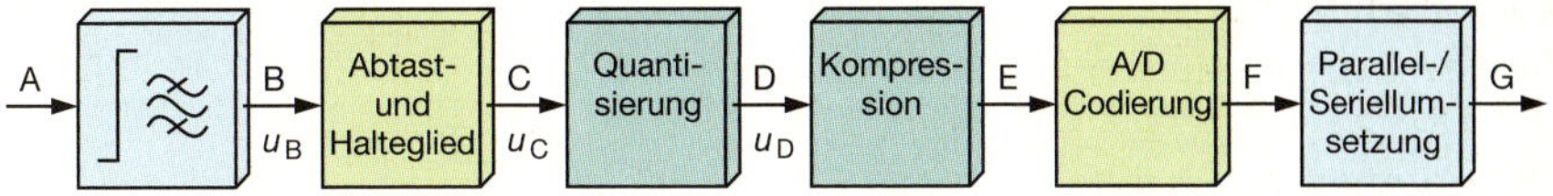

Erläuterungen (Sprachsignale)

A: Analoges Sprachsignal als Eingangssignal.

B: Sprachsignal auf 3,4 kHz begrenzt (Bandbreite *B*).

C: **Abtastung**, Erzeugung eines PAM-Signals (zeitdiskret amplituden-analog), Abtastfrequenz $f \geq 2B$ (8 kHz, CCITT); Signalspeicherung.

D: **Quantisierung**, Zuordnung der Analogwerte zu diskreten Werten, 256 Quantisierungsabschnitte.

E: **Kompandierung** (nichtlineare Quantelung), kleine Quantisierungsstufen in der Mitte und große am Ende des Aussteuerbereichs (vgl. Kompressionskennlinie).

F: **Codierung**, 256 Code-Wörter, PCM-Bitrate, 64 kbit/s je Sprachkanal.

G: Serielle Bitfolge zur Signalübertragung.

Kompressionskennlinie

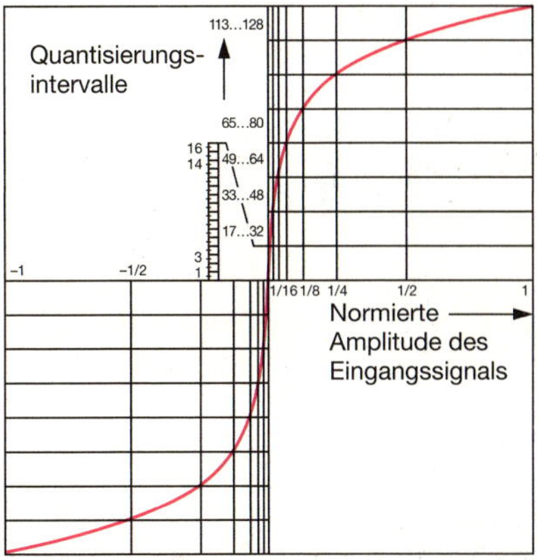

Quantisierung eines Signals und Zuordnung zu Code-Wörtern

Stufe	Code-wort
8	111
7	110
6	101
5	100
4	011
3	010
2	001
1	000

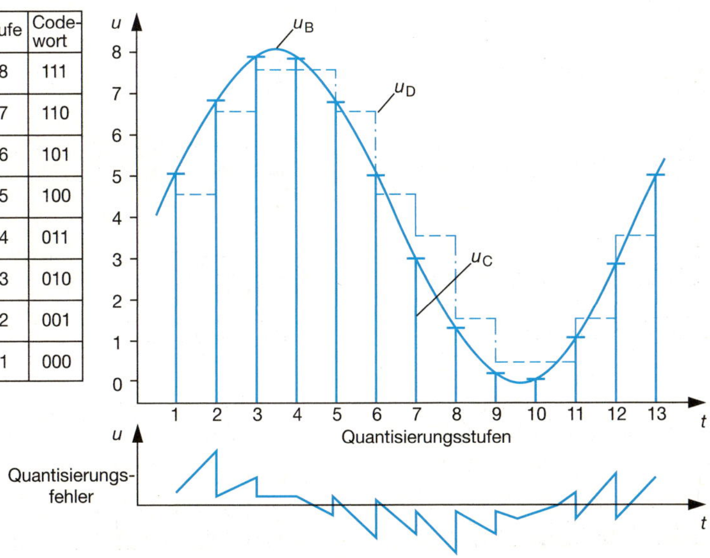

Digitalisierung – *Digitalization*

Digitalisierung

1. Die Quelle liefert ein analoges Signal ①.
2. Durch **Abtastung** wird ein pulsamplitudenmoduliertes Signal gebildet ②.
3. Jeder Pulsamplitude wird in der **Quantisierungsstufe** ③ ein bestimmter Wert zugeordnet. Wenn der Abtastwert zwischen den Stufen liegt, ergeben sich Fehler. Sie sind um so kleiner, je größer die Zahl der Quantisierungsstufen ist.
4. Jeder Stufe wird danach eine bestimmte Bitfolge zugeordnet (Codierung ④ durch ein Codewort). In diesem Fall sind es 3 Bit.

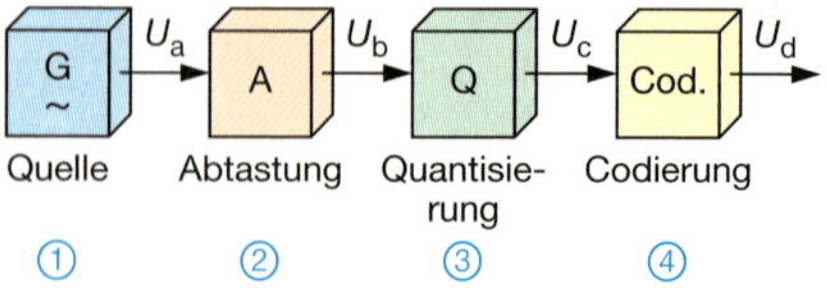

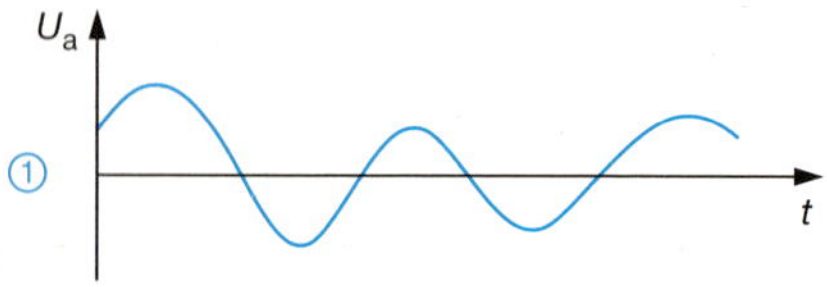

Eingangsgröße, Informationsspannung

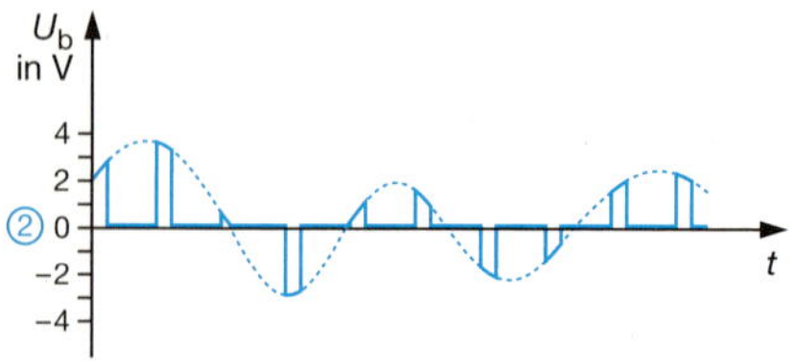

Pulsamplitudenmoduliertes Signal

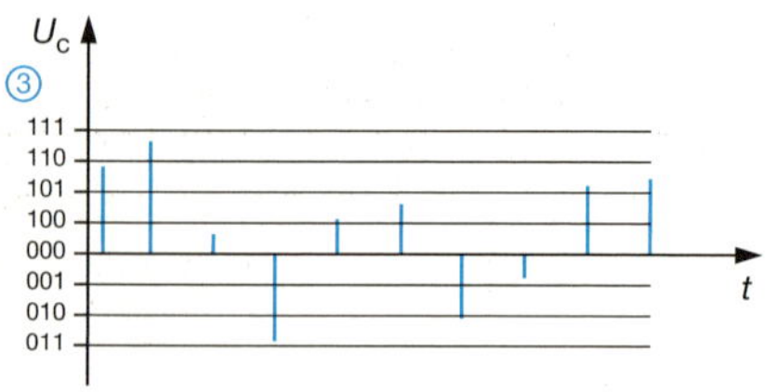

Quantisierung

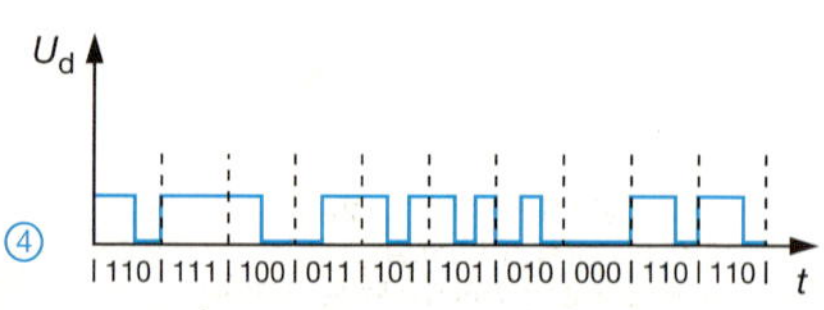

Pulscodemoduliertes Signal

Bit und Byte

Bit: **Bi**nary Digi**t**, Binärziffer
Kleinste Informationeinheit der Computertechnik und anderer digital arbeitender Systeme.

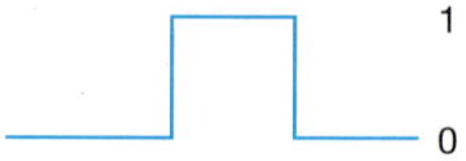

Byte: Einheit von 8 Bit.

z. B. 01101011

Jedes Bit kann die Zustände 0 und 1 annehmen. Demzufolge ergibt sich die folgende Zahl an Kombinationen:

$$2^8 = 256$$

1 B (Byte) = 8 Bit
1 KB (Kilobyte) = 1024 Byte
1 MB (Megabyte) = 1024 KB (etwa 1 Million Bytes)
1 GB (Gigabyte) = 1024 MB (etwa 1 Milliarde Bytes)

Umsetzer

Analog-Digital-Umsetzer

Beispiel:
Ein rampenförmiges Signal (analog) wird mit binären Signalen (0 und 1) in einen Signalfluss von 4 Bit (Dual-Code) umgesetzt.

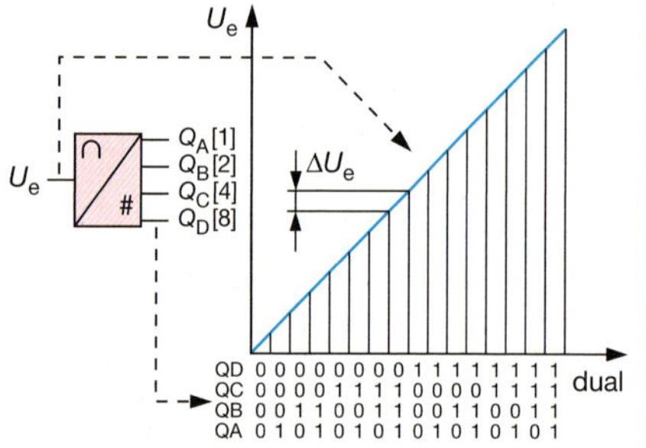

Digital-Analog-Umsetzer

Beispiel:
Eine 4 Bit Signalfolge (Dual-Code) wird in ein treppenförmiges Signal umgesetzt. Nach anschließender Glättung ist wieder ein analoges Signal vorhanden.

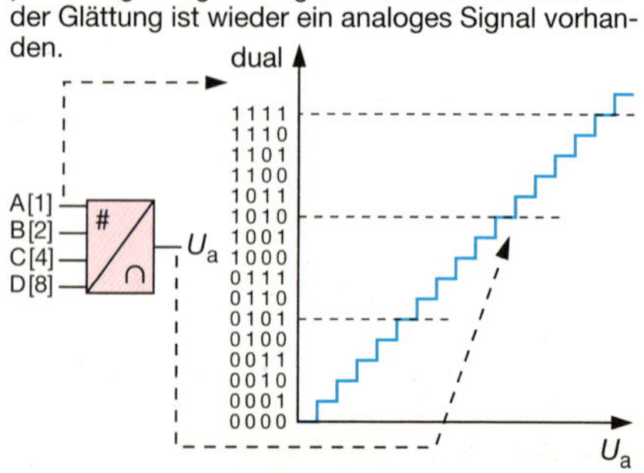

Digitale Modulationsverfahren – *Digital modulation principles*

Prinzip

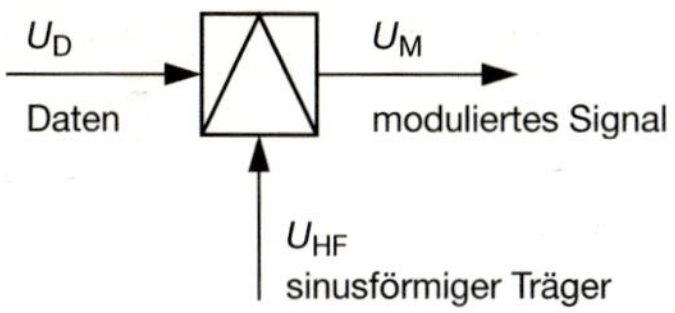

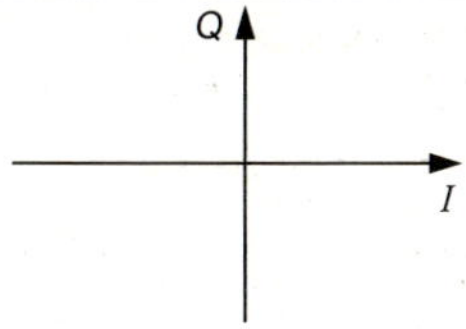

I-Vektor: In Phase Vektor, (horizontale Komponente).
Q-Vektor: Quadratur Phase Vektor, (vertikale Komponente).

Amplitudenumtastung, ASK

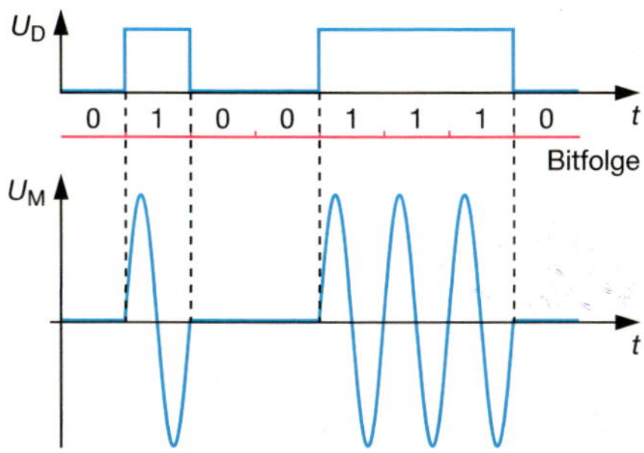

ASK: **A**mplitude **S**hift **K**eying

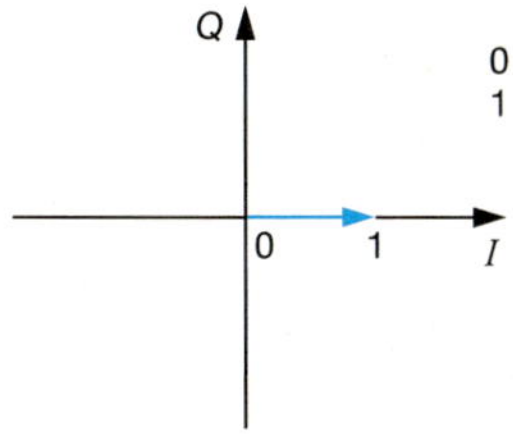

0 ≙ Amplitude 1
1 ≙ Amplitude 2

- Amplitude des Trägers wird geändert (Abb.: Ein- und Ausschalten des Trägers, **On-Off-Keying, OOK**, digitale Glasfasersysteme).

Frequenzumtastung, FSK

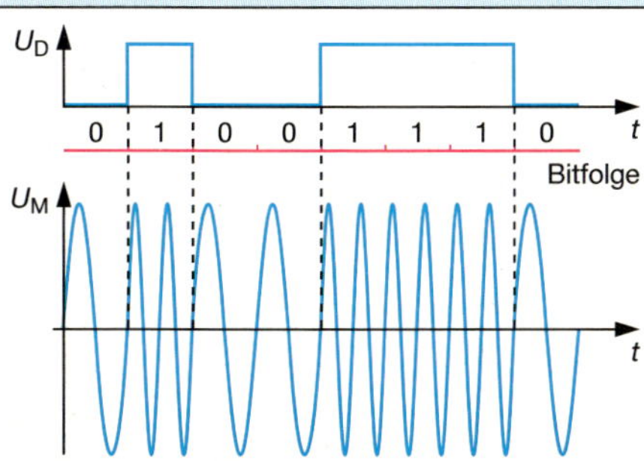

FSK: **F**requency **S**hift **K**eying

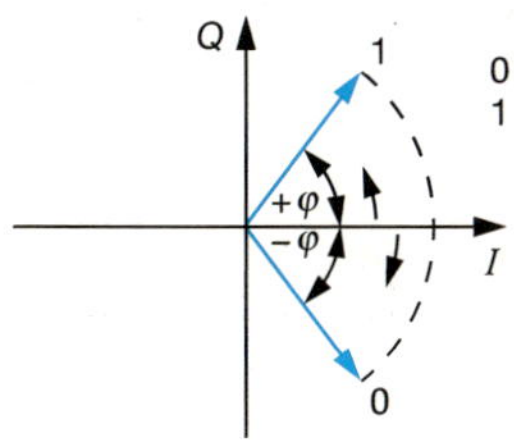

0 ≙ Frequenz 1
1 ≙ Frequenz 2

- Umschaltung von zwei Oszillatoren (s. Abbildung, Phasensprünge),
- Umschaltung eines Oszillators (phasenkontinuierliche FSK, **CPFSK**, **c**ontinuous **p**hase **f**requency **s**hift **k**eying).

Phasenumtastung, PSK

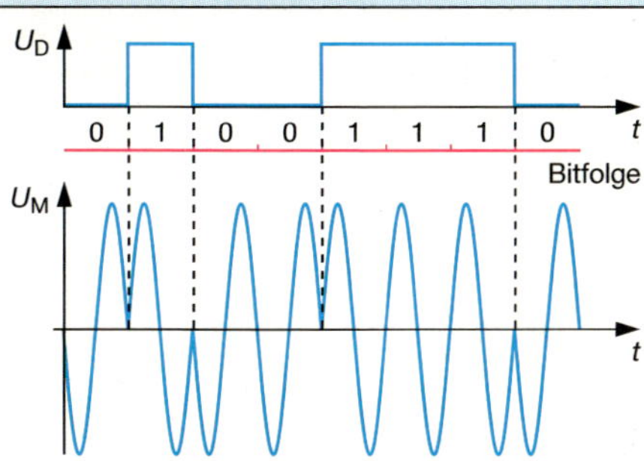

PSK: **P**hase **S**hift **K**eying

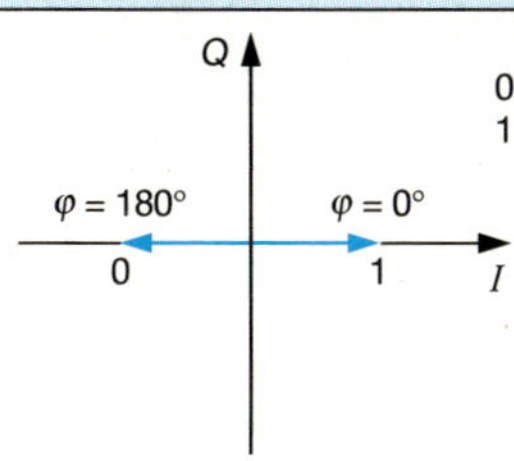

0 ≙ Phase 1
1 ≙ Phase 2

- Umschaltung zwischen zwei verschiedenen Phasen (s. Abbildung, **binäre PSK**, **BPSK**).

Digitale Modulationsverfahren – *Digital modulation principles*

Höherwertige Verfahren der Phasenumtastung

- **Quadratur PSK, QPSK (Vierphasenumtastung)**

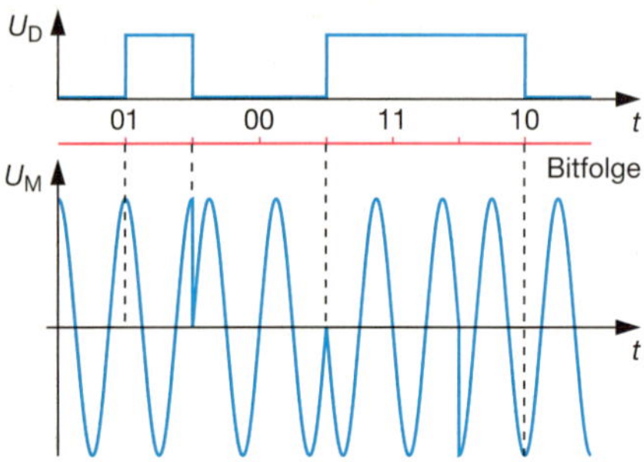

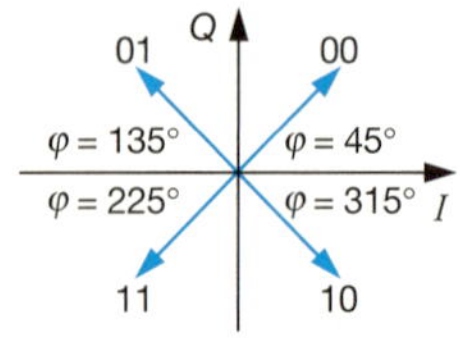

Zusammenfassung von je 2 Bits (Dibit) für vier verschiedene Phasenlagen (Satellitenübertragung).

Bit	Phase	I-Komp.	Q-Komp.
00	45°	+1	+1
01	135°	−1	+1
11	225°	−1	−1
10	315°	+1	−1

- **8-PSK** (Zusammenfassung von 3 Bits)
  000 ≙ 45°; 001 ≙ 90°; 010 ≙ 135° usw. (360°/8 = 45°)
- **16-PSK** (360°/16 = 22,5°)

Anwendung: UMTS (4-PSK)
EDGE: **E**nhanced **D**atarate for **G**lobal **E**volation (8 PSK)

Offset QPSK, OQPSK

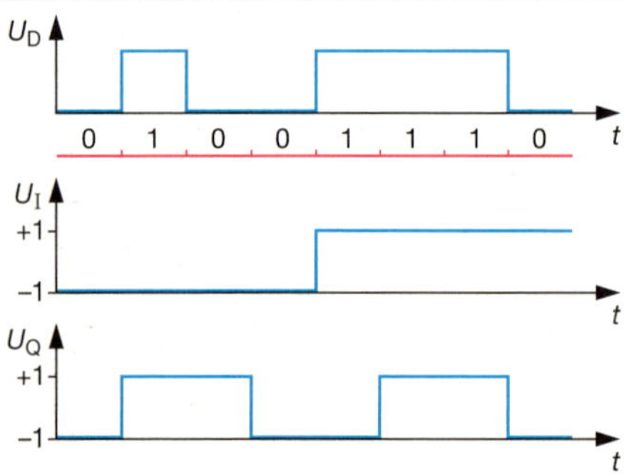

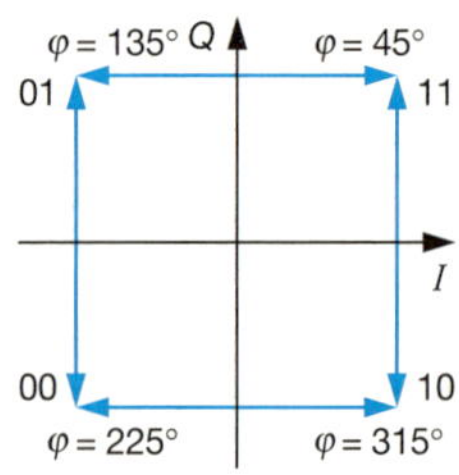

Übergänge zwischen den verschiedenen Phasenlagen erfolgen zeitlich versetzt in jeder Achsenrichtung.
Vorteil: Geringere Schwankung der Amplitude als bei QPSK.

Differenzielle QPSK, DQPSK

DPSK: Differential **P**hase **S**hift **K**eying

Bitfolge	$\Delta\varphi$ (Phasenänderung)
11	$-3\pi/4$
01	$3\pi/4$
00	$\pi/4$
10	$-\pi/4$

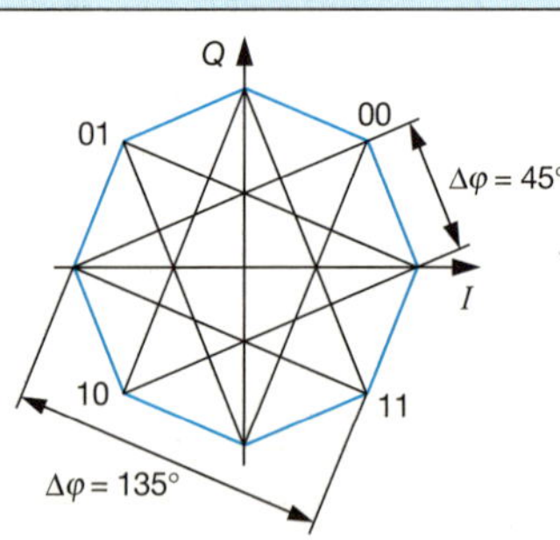

Die Information ist in der Phasenänderung enthalten ($\Delta\varphi$);
- Mobilfunk ADC/JDC (amerikanisch/japanisch)
- WLAN-Standard IEEE 802-11b

Minimum Shift Keying, MSK

- **CPFSK** mit Modulationsindex 0,5 (Optimale Unterscheidung von Bit 1 und 0).
- **Gauß´sche MSK, GMSK**
  Keine Rechteckimpulse für die Daten, sondern Gaußimpulse (Vorteil: günstigeres Spektrum als bei MSK). Anwendung: Mobilfunk, GSM.

Quadratur Amplitudenmodulation, QAM

- Phasen- und Amplitudenumtastung kombiniert.
- Zusammenfassung mehrerer Bits; z. B. 16 QAM (16 Symbole, jeweils 4 Bit).
- Systeme: 16-, 64-, 256-, 1024-QAM.
- Anwendung: DVB (64- und 256 QAM)

Zeitmultiplex – *Time division multiplex*

Zeitmultiplexverfahren

Mehrere Signale werden zeitlich gestaffelt übertragen.

Abtasttheorem:

$$T_A \leq \frac{1}{2 \cdot f_{imax}}$$

f_A: Abtastfrequenz
f_{imax}: Maximale Informationsfrequenz
(mindestens zwei Abtastungen innerhalb einer Periodendauer der Übertragungsfrequenz)

PCM 30

- 30 Fernsprechkanäle in PCM-codierter Form
- f_{imax} = 3,4 kHz; f_T = 8 kHz
- Periodendauer der Abtastung 125 µs
- 32 Kanäle, zwei für Synchronisier-, Kennzeichen- und Alarminformationen (Kanal 0 und Kanal 16)

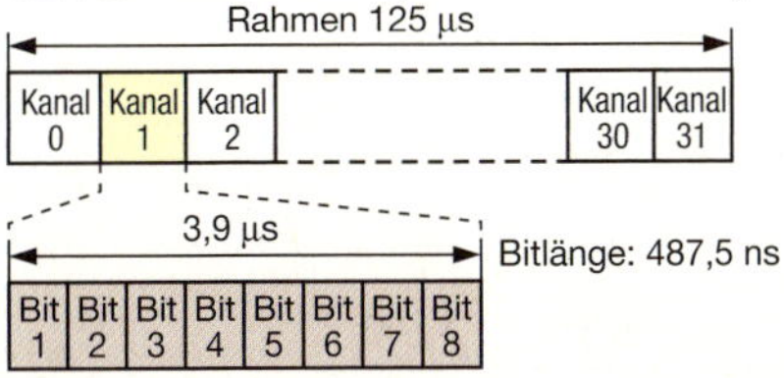

Prinzip

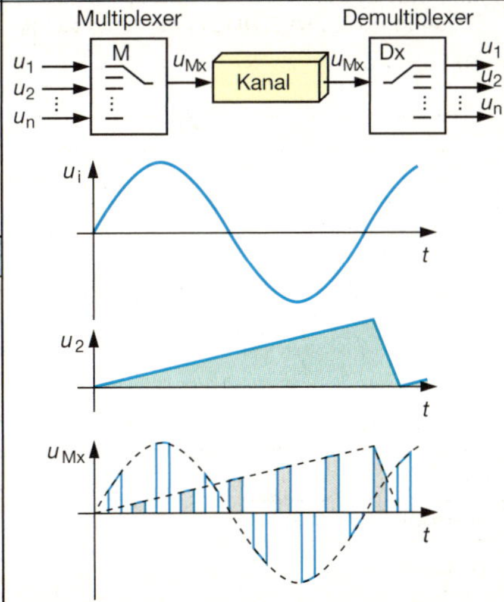

u_{Mx}: Multiplexsignal

Frequenzmultiplex – *Frequency division multiplex*

Prinzip

Frequenzmultiplexverfahren:
Mehrere Signale werden frequenzmäßig gestaffelt übertragen.

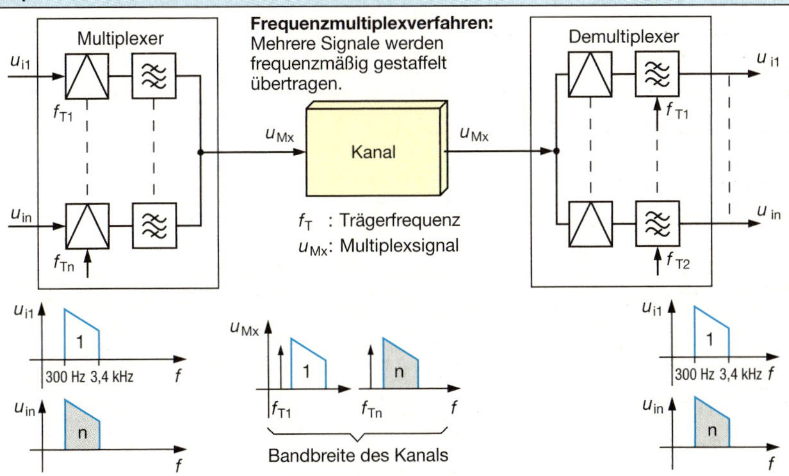

f_T : Trägerfrequenz
u_{Mx}: Multiplexsignal

Trägerfrequenztechnik (TF), Sprachkanal: 300 Hz…3,4 kHz

Vorgruppe 12 kHz…24 kHz	**Primärgruppe** 60 kHz…108 kHz	**Sekundärgruppe** 312 kHz…552 kHz	**Tertiärgruppe** 812 kHz…2044 kHz	**Quartärgruppe** 8516 kHz…12388 kHz
f_{T1} = 12 kHz f_{T2} = 16 kHz f_{T3} = 20 kHz	f_{T1} = 84 kHz f_{T2} = 96 kHz f_{T3} = 108 kHz f_{T4} = 120 kHz	f_{T1} = 420 kHz f_{T2} = 468 kHz f_{T3} = 516 kHz f_{T4} = 564 kHz f_{T5} = 612 kHz	f_{T1} = 1364 kHz f_{T2} = 1612 kHz f_{T3} = 1860 kHz f_{T4} = 2108 kHz f_{T5} = 2356 kHz	f_{T1} = 10560 kHz f_{T2} = 11880 kHz f_{T3} = 13200 kHz
3 Kanäle	12 Kanäle	60 Kanäle	300 Kanäle	900 Kanäle

Wellenlängenmultiplex – *Wavelength multiplex*

- Verfahren zur Erhöhung der Datenübertragungsrate auf Lichtwellenleitern.
- Verwendet die Verfahren **WDM** und **DWDM**.

WDM

WDM: **W**avelength **D**ivision **M**ultiplex (Wellenlängenmultiplex)

- Übertragung erfolgt in unterschiedlichen optischen Fenstern (1310 nm und 1550 nm).
- Wellenlängen werden mit optischen Filtern zusammengefügt, auf einer Faser übertragen und am Empfänger durch optische Filter wieder in ursprüngliche Wellenlängen zerlegt.
- Wird auch als **Breitband WDM** bezeichnet, da pro Wellenlänge nur ein Kanal übertragen wird.

Prinzip

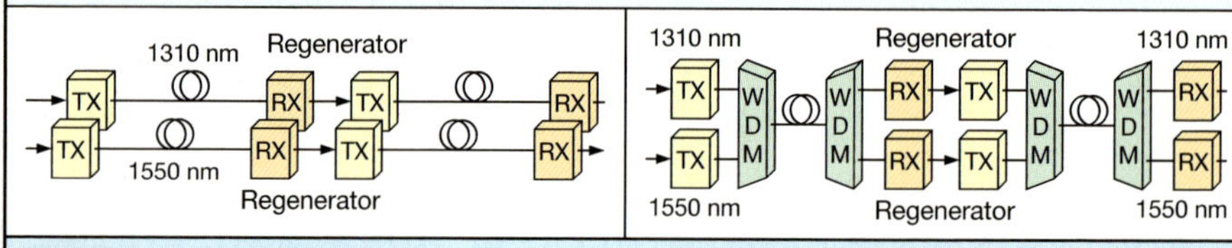

DWDM

DWDM: **D**ense **W**avelenght **D**ivision **M**ultiplex (Schmalband Wellenlängenmultiplex)

- **Mehrkanalübertragung** auf geringfügig unterschiedlichen Wellenlängen.
- Wellenlängen liegen im dritten optischen Fenster (1530 nm bis 1565 nm).
- Verwendet **optische Verstärker** mit erbiumdotierter Glasfaser und Pumplaser.
- Nutzsignale lassen sich somit um 20 dB bis 30 dB verstärken.
- Übertragungsstrecken sind, je nach überbrückbarer Entfernung, in **Kategorien** eingeteilt (**L**, **V**, **U**).
- Standardisiert von ITU in G.692 mit 4 und 8 Nutzkanälen bei Bitraten bis zum STM - 16 Standard.
- Geplant sind 16 und 32 Kanalsysteme (STM - 64) und bidirektionale Übertragung.
- Nutzkanäle liegen im 100 GHz Raster.
- Bietet die Möglichkeit vorhandene LWL-Strecken kostengünstig auf höhere Übertragungsleistung aufzurüsten.

Prinzip

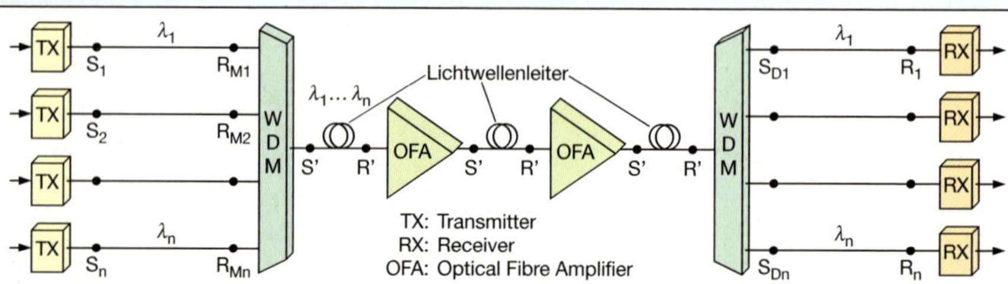

Kategorien Übertragungsstrecken

			Teilstrecke	Dämpfung
L	**L**ong Haul	L: 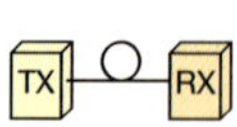	~ 80 km	22 dB
		3L: 		3 x 22 dB
V	**V**ery Long Haul	V: 	~ 120 km	33 dB
		3V: 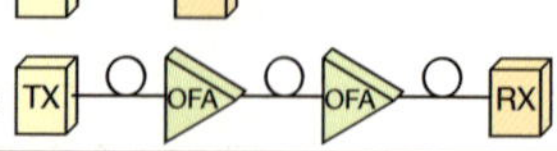		3 x 33 dB
U	**U**ltra Long Haul	U: 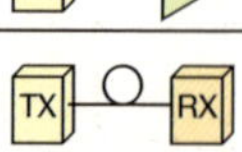	~ 160 km	44 dB

Datenreduktion – *Data reduction*

Datenreduktion und Datenkompression

Ziel: Verringerung der zu speichernden oder zu übertragenden Daten ohne wahrnehmbaren Qualitätsverlust.
Reduktion und Kompression werden häufig synonym verwendet.
Unterschiede:
- **Kompression** bedeutet eine „Verdichtung" der Daten (gepackte Daten). Die ursprünglichen Daten können ohne Verluste wieder hergestellt werden (verlustfreie Kompression).
- **Reduktion** bedeutet, dass unwichtige oder nicht wahrnehmbare Daten entfernt werden. Die ursprünglichen Daten können nicht wieder hergestellt werden (eingeplante Verluste, verlustbehaftete Kompression).

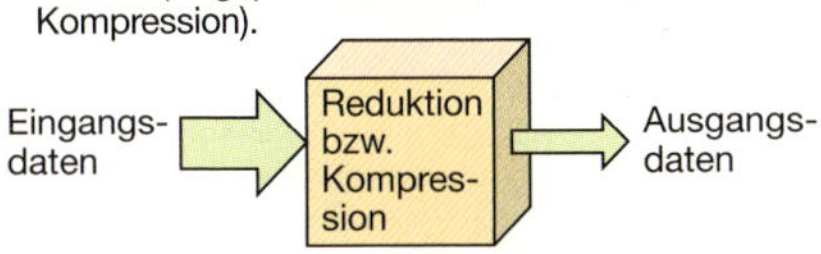

Kompressionsrate bzw. Reduktionsrate: Verhältnis von Eingangsdaten zu Ausgangsdaten (z.B.: 12 : 1)
Kompressionsfaktor bzw. Reduktionsfaktor: Verhältnis von Ausgangsdaten zu Eingangsdaten (z.B.: 1 : 12)

Erforderliche Datenraten für Medien

Medium	Annahmen	Datenrate
Text	• 1 Seite mit 80 Zeichen/Zeile • 64 Zeilen/Seite • 1 Byte/Zeichen	80 x 64 x 1 x 8 = **41 kbit/Seite**
Audio	CD-Qualität: • Abtastrate 44,1 kHz • 16 Bit/Abtastwert	44 x 100 x 16 x 2 = **1,4 Mbit/s**
Standbild	• 512x512 Pixel/Bild • 24 Bit/Pixel	512 x 512 x 24 = **6,1 Mbit/Bild**
Video	Vollbild: • 1024 x 1024 Pixel/Bild • 24 Bit/Pixel • 30 Bilder/s	1024 x 1024 x 24 x 30 = **755 Mbit/s**

Folgerung:
Besonders bei Bildern und Videosequenzen muss die Datenrate erheblich verringert werden, um die Daten mit einem vertretbaren Aufwand speichern bzw. übertragen zu können.

Anwendung der Psycho-Akustik für die Audiodatenreduktion

Ruhehörschwelle:
Das menschliche Ohr kann nur Töne oberhalb einer bestimmten Schwelle wahrnehmen (①, oberhalb der Kennlinie).

- **Frequenzabhängige Lautstärkeempfindung**:
  Bei unterschiedlichen Frequenzen besitzt das Ohr eine unterschiedliche Lautstärkeempfindung (②, nichtlinearer Kurvenverlauf).
- **Mithörschwelle**:
  Bei lauten Tönen werden die frequenzmäßig in der „Nähe" liegenden leisen Töne vom Ohr nicht wahrgenommen. Die Hörschwelle wird angehoben ③ (Maskierung).
- **Verdeckungseffekt**:
  Leise Töne werden durch zeitlich voreilende oder nacheilende laute Töne „verdeckt" und damit vom Ohr nicht wahrgenommen ④.
- **Redundanz-Reduktion**:
  Mehrfach vorhandende Teile oder Informationen werden nicht übertragen.
- **Irrelevanz-Reduktion**:
  Nicht wahrnehmbare Teile oder Informationen werden nicht übertragen.

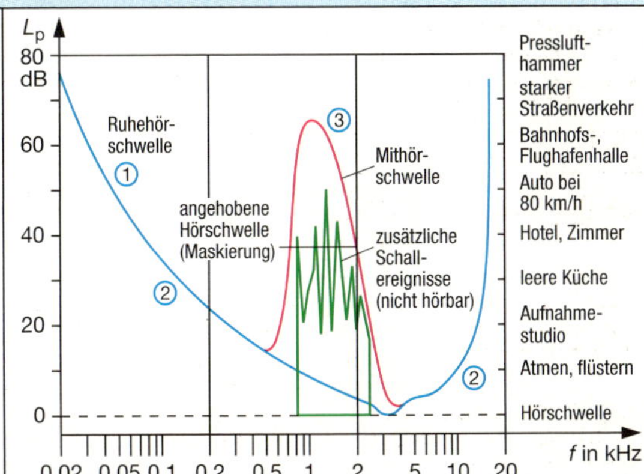

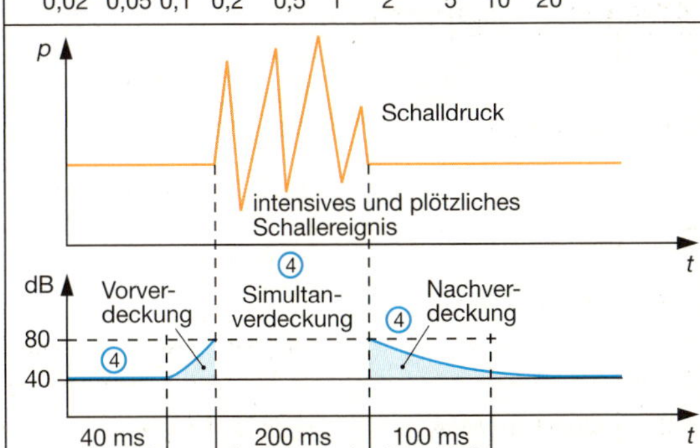

MPEG-Standards

Möglichkeiten der Datenreduktion

- Nebeneinanderliegende Bildpunkte sind mitunter in Farbe und Helligkeit ähnlich. Es können Pixelblöcke mit Mittelwerten gebildet werden.
- Gröbere Bildstrukturen werden besser erkannt als feinere. Bei der Bildanalyse kann deshalb eine obere Grenze festgelegt werden.
- Helligkeitsunterschiede werden intensiver wahrgenommen als Farbunterschiede. Die Farbauflösung kann deshalb geringer sein als die Hell-Dunkel-Auflösung.
- Aufeinanderfolgende Bilder (Video) sind häufig ähnlich. Es müssen lediglich Änderungen übertragen werden.
- Informationen in der Mitte eines Bildes werden stärker wahrgenommen als am Rand. Deshalb ist eine verminderte Bildquaität am Rand zulässig.
- Strukturen von bewegten Objekten werden weniger gut wahrgenommen als wenn sich das Objekt in Ruhe befindet. Deshalb kann die Übertragungsqualität von bewegten Bildern geringer sein als die von Standbildern.
- In Ruhe bleibende Bildteile (z. B. Hintergrund) müssen nicht ständig, sondern nur einmal übertragen werden.

MPEG-1 (ISO/ICE 11172)

- **MPEG**:
  Motion **P**icture **E**xpert **G**roup (auch Moving Pictures Experts Group);
- Expertengruppe, die Vorschläge für die Datenreduktion erarbeitet (MPEG-Standards).
- Einzelstandards für
  Video (Videocodierung und Reduktion),
  Audio (Reduktion mit psychoakustischem Modell),
  System (Synchronisation und Multiplexing).
- MPEG-1 wird auch allein für Audiodaten verwendet.
- Innerhalb des Standards werden drei Schichten (**Layer**) unterschieden.

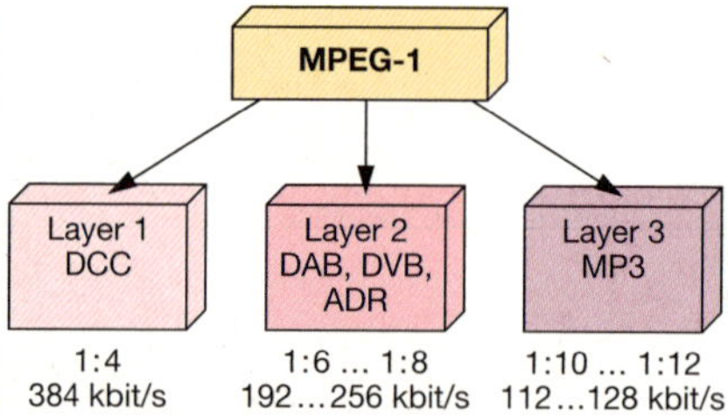

DCC: **D**igital **C**ompact **C**assette (Digitale Tonaufzeichnung),
DAB: **D**igital **A**udio **B**roadcasting (Digitale Übertragung von Audiodaten, Verfahren: MUSICAM),
DVB: **D**igital **V**ideo **B**roadcasting (Digitale Übertragung von Video-Daten),
ADR: **A**stra **D**igital **R**adio (Digitale Übertragung von Audiodaten über Satellit und Kabel),
MP3: Digitale Übertragung von Audiodaten über das Internet mit hoher Datenreduktion (1:12).

MPEG-2 (ISO/ICE 13818)

MPEG-2 ist eine Weiterentwicklung des MPEG-1 Standards und baut auf ihn auf. Die erreichbare Bildqualität erfüllt die Anforderungen gängiger FS-Normen (PAL, NTSC, HDTV).

Unterschiede zu MPEG-1:
- Die Bewegungsanalyse erfolgt halbbildbezogen und nicht bildbezogen. Das Zeilensprungverfahren kann also verarbeitet werden.
- 8x8 Pixel werden zu Makroblöcken zusammengefasst.
- Auflösung der Helligkeits- und Farbinformationen: 4:2:2 und 4:4:4.
- Maximale Bildgröße: 16383x16383 Pixel.
- Skalierbarkeit (scalability). Der Endnutzer kann entscheiden, welche Teile der Übertragung er empfangen möchte (Zeit- u. Qualitäts-Scalability).

Unterschiedliche Qualitätsebenen durch Levels:

Level	Bildgröße in Pixel x Pixel	Übertragungsraten		Anwendung
		Pixel/s	Daten in Mbit/s	
Low	352 x 288	3 M	4	Konsumelektronik, rückwärtskompatibel zu MPEG 1
Main	720 x 480	10 M	15	Studio TV
High 1440	1440 x 1152	47 M	60	Konsumelektronik, HDTV
High	1920 x 1080	63 M	80	Filmproduktion

Hauptanwendungen von MPEG-2:
- Digitale Video-, Übertragungs- und Fernsehtechnik bei Datenraten von 1,5 Mbit/s bis 15 Mbit/s,
- Codieren von Kinofilmen auf DVD,
- Digitales Fernsehen (Premiere World, d-Box),
- DVD-ROM.

Qualitätsebenen der Audiodaten:
- Verbesserte Tonqualität bei niedrigen Datenraten (64 kbit/s pro Kanal),
- 5 + 1 Tonkanäle (3 Front- und 2 Surroundkanäle),
- ein optionaler „Low Frequency Enhancement"-Kanal (unterhalb 120 Hz),
- 7 Sprachkanäle für Dialoge bzw. mehrsprachige Kommentare und
- erweiterte Abtastfrequenzen (16; 22,05; 24 kHz).

MPEG-4

Der Inhalt eines Bildes wird in seine wesentlichen Szenenobjekte zerlegt (z. B. Vordergrund, Hintergrund, Bewegung) und übertragen. Dadurch besteht die Möglichkeit der Veränderung auf der Empfängerseite. Die Datenreduktion ist bei diesem Verfahren groß.

JPEG

- **JPEG**:
  - **J**oint **P**hotographic **E**xperts **G**roup (Vereinigte Gruppe von Fotoexperten),
  - Datenreduktionsverfahren für digitalisierte Einzelbilder.
- Maximale Bildformate:
  16384 x 16384 Pixel
- Das Ausgangsbild wird in kleine Bildelemente (Pixel) zerlegt.
- Jedes Pixel wird in die Farbanteile Rot, Grün und Blau zerlegt (Farbsystem RGB).
- Bei JPEG wird ein reduziertes Farbsystem verwendet: YC_RC_B ①
  Y: Helligkeitskomponente
  C_R: Rote Chrominanzkomponente
  C_B: Blaue Chrominanzkomponente
  Jede Komponente kann unabhängig voneinander reduziert werden.
- Farbinformationen werden mit geringerer Auflösung übertragen (Unterabtastung, Subsampling). Beispiel: $Y:C_R:C_B$ = 4:2:2
- Ausgangsbild wird in Blöcken zu 8x8 Pixel zusammengefasst ②, Beispiel: Blockbildung beim 625-Zeilen-Fernsehbild (4:3).

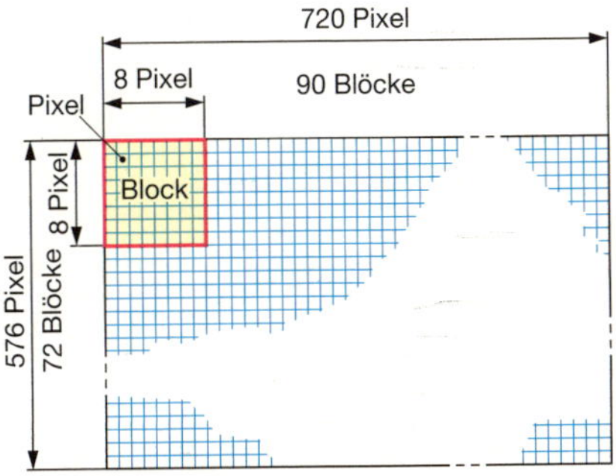

- Verwandlung der Helligkeits- und Farbinformationen in einen digitalen Datenstrom durch Diskrete Cosinus-Transformation (**DCT**: **D**iscrete **C**osine **T**ransformation).
  Prinzip:
  Örtlich verteilte Bildinformationen werden in den Frequenzbereich transformiert (**Ortsfrequenzen** werden ermittelt).
- DCT-Koeffizienten werden reduziert und quantisiert. In jedem Block werden alle 64 Koeffizienten durch Quantisierungskonstanten (in Tabellen festgelegte Werte, Gewichtung) und die Ergebnisse dann als Zahl gerundet.
- Der **DC-Koeffizient** gibt die tiefste Frequenz an (Gleichanteil, 0 Hz), die **AC-Koeffizienten** stellen höhere Frequenzen dar.
- Anschließend erfolgt eine Zick-Zack-Abtastung (ZigZag Scan), vom DC-Koeffizienten bis zum höchsten AC-Koeffizienten (DCT-Koeffizienten werden frequenzmäßig geordnet).

Prinzip der Datenreduktion bei JPEG

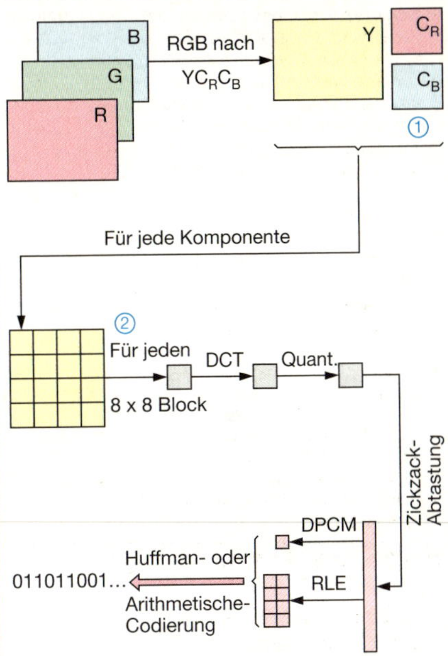

Verlustfreie Kompression

- Wenn die Informationen benachbarter Blöcke ähnlich sind, werden nur die Differenzen der DC-Koeffizienten codiert. Sie werden als AC-Anteile behandelt (**DPCM**: **D**ifferential **P**uls **C**ode **Mo**dulation).
- Bei den AC-Koeffizienten wird die Lauflängencodierung (**RLE**) angewendet (gleiche Daten werden zusammengefasst und nur die Anzahl übertragen).
- Häufig vorkommende Informationen erhalten ein kurzes und selten vorkommende Informationen ein langes Codewort (**Huffman-Codierung**).

Zick-Zack-Abtastung

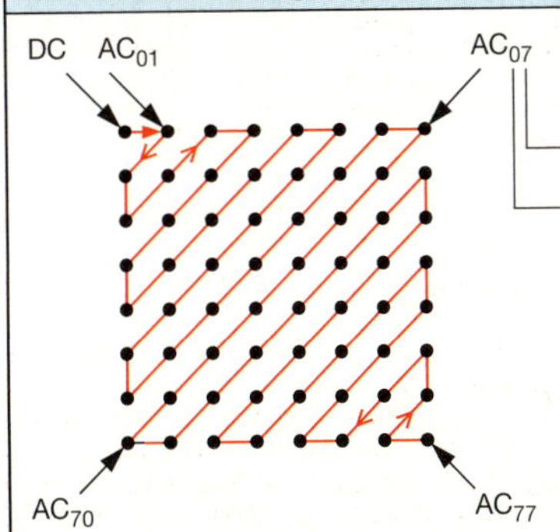

Datenreduktion bei bewegten Bildern – *Data reduction in moving pictures*

Möglichkeiten

- **Ähnlichkeit bei aufeinanderfolgenden Bildern**
  Bildfolgen unterscheiden sich häufig nur geringfügig, so dass oft nur die Unterschiede zwischen den Bildern übertragen werden müssen.
- **Ähnlichkeit benachbarter Bildpunkte**
  In vielen Flächen ändern sich Helligkeits- und Farbinformationen nicht oder nur geringfügig, so dass nicht jedes Pixel übertragen werden muss.
- **Ähnlichkeit der Grauwerte bei nachfolgenden Bildern**
  Bei technisch „guten" Aufnahmen ändern sich die Grauwerte (Helligkeit) zwischen den einzelnen Bildern nur geringfügig, so dass nicht für jedes Bild der Helligkeitsumfang übertragen werden muss.
- **Strukturen**
  Gröbere Strukturen werden besser erkannt als feinere, so dass letztere nur bis zu einem Grenzwert übertragen werden müssen.
- **Diagonale Strukturen**
  Senkrechte und waagerechte Strukturen werden besser wahrgenommen als diagonale. Sie können deshalb reduziert übertragen werden.
- **Farb- und Helligkeitswahrnehmung**
  Helligkeitsunterschiede werden intensiver als Farbänderungen wahrgenommen, so dass eine geringere Farbaufösung gewählt werden kann.
- **Mittenwahrnehmung**
  Informationen in der Mitte eines Bildes werden intensiver wahrgenommen als Randinformationen. Eine Qualitätsverringerung am Rand ist deshalb zulässig.
- **Bewegte Objekte**
  Strukturen bewegter Objekte werden weniger gut wahrgenommen als ruhende Objekte. Die Informationen von bewegten Bildelementen können deshalb reduziert werden.

Datenreduktion bei MPEG

Prinzip:

Es werden nicht die vollständigen Informationen jedes Einzelbildes übertragen.

Es genügt oft, ein Ausgangsbild vollständig und nachfolgend nur die Differenzen zwischen dem Ausgangsbild und nachfolgenden Bildern zu übertragen.

Die vollständige Bildinformation jedes Einzelbildes lässt sich dann aus den vorliegenden Daten im Empfänger rekonstruieren ① ②.

Es werden I-, P- und B-Bildtypen unterschieden.

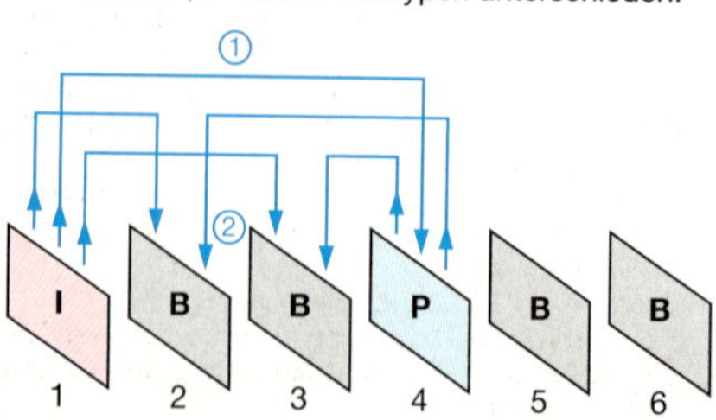

Bildtypen

I-Bild (Intra Picture)

- Es enthält die vollständigen Bildinformationen.
- Es dient als Referenzbild für die nachfolgenden Differenzbilder.
- I-Bilder sind Zugriffspunkte für den Videoschnitt und sie dienen als Orientierungspunkte für den Zugriff auf bestimmten Szenen.
- Typischerweise ist jedes fünfzehnte Bild ein I-Bild.
- Die Reduktion entspricht dem JPEG-Standard.

P-Bild (Predicted Picture)

- P-Bilder nehmen Bezug auf das vorhergehende I-Bild.
- Im P-Bild sind lediglich die inhaltliche und örtliche Differenz (Bewegungsvektor) enthalten.
- Die Differenz erhät man durch Einteilung des Bildes in gröbere Blöcke (Makroblöcke, 16 x 16 Pixel ⑤.
- Für die Farbinformation dieses Differenzbildes wird nur jedes 4. Pixel verwendet (Subsampling, 4:1:1).

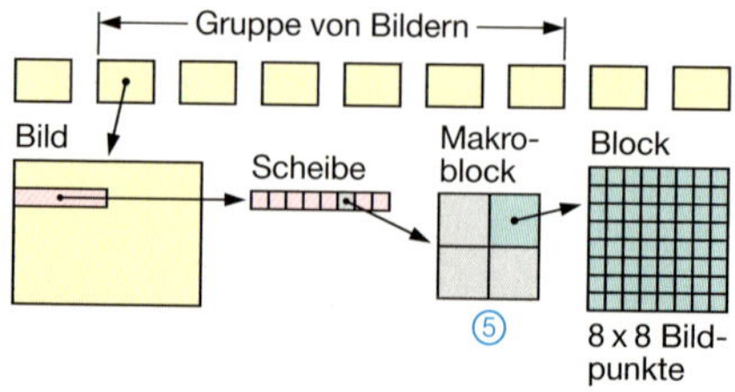

- Die Differenz zum vorangegangenen I-Bild ② wird gewonnen, indem der Makroblock im Zielbild ① solange verschoben wird, bis größtmögliche Übereinstimmung besteht.
- Die Differenz ③ wird dann wie beim I-Bild codiert ④.

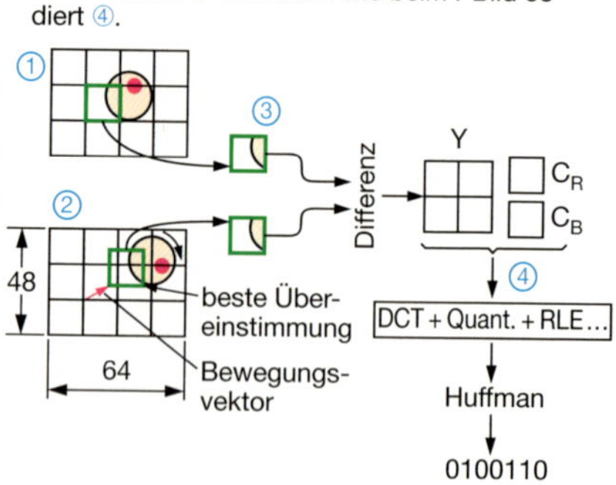

B-Bild (Bidirectional Picture)

- Für das B-Bild wird das P-Bild (Makroblöcke des P-Bildes) verwendet.
- Weil ein Differenzbild verwendet wird, ist die Datenmenge am geringsten.
- Zur Rekonstruktion des Ursprungsbildes werden auf die Daten des vorangegangenen I-Bildes und des nachfolgenden P-Bildes zurückgegriffen.

Verlustfreie Kompression – *Lossless Compression*

Prinzip

Bei der verlustfreien Datenkompression (**Lossless Compression**) wird durch die Codierung der ursprüngliche Informationsgehalt nicht verändert. Es werden keine Informationen aus dem Datenbestand entfernt. Die vorliegenden Daten werden in ein „dichteres" Ordnungssystem überführt (**Entropiecodierung, Entropy Coding**).

Lauflängencodierung

RLE: **R**un **L**ength **E**ncoding
Prinzip:
Mehrfachsymbole werden durch ein Symbol und die Angabe eines Zählers ersetzt.

Beispiele:

- YYYYYY ⇒ 6Y
- 0000000 111111111 00000 ⇒ 709150
  Die Zähler werden binär codiert.
- Übertragung auf Bildelemente: Große Flächen mit gleicher Farbe werden nicht pixelweise übertragen, sondern lediglich Anfangswert und Pixelanzahl.

LZW-Codierung

LZW: **L**empel-**Z**iv-**W**elch
(Abraham Lempel, Jakob Ziv, Terry Welch)
Prinzip:

- Die vorliegenden Daten werden in Abschnitte zerlegt und dann in einer Tabelle eingetragen.
- Beim wiederholten Auftreten desselben Abschnittes wird nur der Tabellenverweis geschrieben, ohne dass eine neue Tabellenzeile eingetragen wird.
- Die Codetabelle wird im Laufe der Zeit immer länger, bis eine obere Grenze erreicht ist.
- Anwendung: Geeignet für jede Form von digitalen Daten (Text und Bild), z. B. GIF-, TIFF-, PostScript-Format.

Mustersetzung (Pattern Substitution)

Prinzip:
Im Datenstrom wiederkehrende Muster werden durch neue Zeichen ersetzt.

Beispiel:
ABCDEABCEEABCEE

1. Muster: ABC ersetzen durch das Zeichen „1"
   ⇒ 1DE1EE1EE
2. Muster: ABCEE ersetzen durch das Zeichen „1"
   ⇒ ABCDE11

Arithmetische Codierung

Prinzip:

- Die Zeichen werden durch Häufigkeitsintervalle codiert.
- Die Zeichenfolgen werden durch bedingte (geschachtelte) Häufigkeitsintervalle codiert.

Das Verfahren ist patentiert und darf nicht ohne Lizensierung verwendet werden.
Der Code nähert sich bei sehr langen Nachrichten einer optimalen Codierung.

Huffman-Codierung

Prinzip:
Den Zeichen eines Datenstroms werden Codewörter verschiedener Länge zugewiesen. Am häufigsten vorkommende Zeichen erhalten das kürzeste und am seltensten vorkommende das längste Codewort.

Beispiel: Textcodierung des Wortes Kernenergie

Buchstabe	Häufigkeit	Codewort
E	4	0
R	2	10
N	2	110
K	1	1110
G	1	11110
I	1	11111

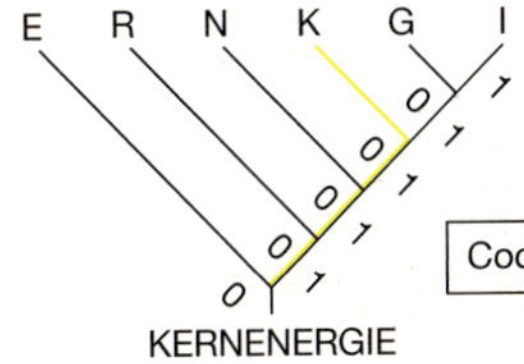

Code-Baum

Codierung:

1110	0	10	110	0	110	0	10	11110	11111	0
K	E	R	N	E	N	E	R	G	I	E

- **Statische Codierung**: Gleiche Tabellen für Codierer und Decodierer werden verwendet.
- **Dynamische Codierung**: Relative Häufigkeit der vorliegenden Daten wird festgestellt und danach der Code festgelegt.
- **Adaptive Codierung**: Zunächst wird von festen Codes aus Tabellen ausgegangen, danach erfolgt eine dynamische Anpassung.

Anwendung (modifizierte Huffman-Codierung):
Übertragung von Faxdaten (Schwarz-Weiß) über das TK-Netz. Von der CCITT sind folgende Verfahren festgelegt:

- **Group 3, G31D (1-dimensional)**:
  Das Bild besteht aus einer Folge schwarzer und weißer Pixel mit unterschiedlichen Längen (runs). Der Code wird aus festen Wertetabellen (statistische Erhebungen über Häufigkeiten) entnommen.
  Jede Zeile wird dabei unabhängig von der anderen betrachtet (1-dimensionale Betrachtung).
- **Group 3, G32D (2-dimensional)**:
  Aufeinanderfolgende Zeilen ähneln sich (2-dimensionale Betrachtung), so dass prinzipiell nur Unterschiede übertragen werden müssen. Die Anzahl der gemeinsam betrachteten Zeilen werden durch den K-Faktor angegeben.
  Bei z. B. K = 4 werden drei aufeinander folgende Zeilen 2-dimensional codiert, die 4. Zeile dann 1-dimensional.
- **Group 4, G42D (2-dimensional)**:
  Der K-Faktor wird auf unendlich gesetzt. Die Codierung wird dadurch komplexer und die Rechenleistung steigt.

Signalverarbeitung und -wiedergabe

Mikrofone – *Microphones*

Kenngrößen

Übertragungsfaktor *T*

$T = \frac{U}{p}$ $\qquad f = 1\ \text{kHz}$

U: Ausgangsspannung in mV
p: Schalldruckänderung in Pa

Übertragungsmaß *G*

$G = 20 \cdot \lg \frac{T}{T_o}\ \text{dB} \qquad f = 1\ \text{kHz}$

T in V/Pa $\qquad T_o = 1\ \text{V/Pa}$

Richtcharakteristik

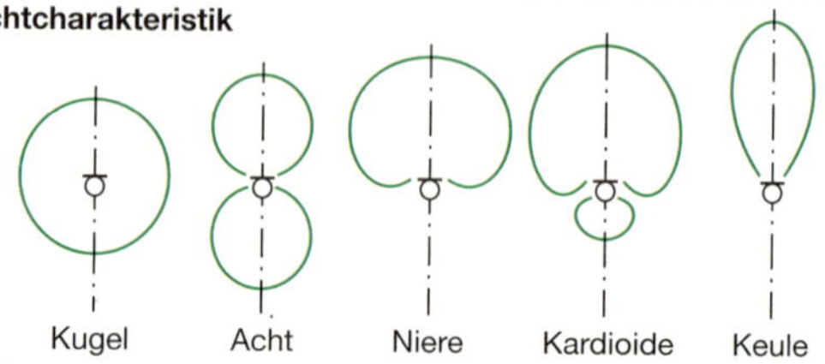

Arten

Mikrofontyp	Eingangsgrößen	Übertragungsfaktor *T* in mV/Pa (z. B.)	Frequenzgang	Klirrfaktor in %	Anwendungen, Besonderheiten
Kohle	100…500 Ω	1000	700 Hz…4 kHz	25	Telefon, Sprachübertragung, Betriebsspannung erforderlich
Elektromagnetisch	z. B. 2 kΩ	20	400 Hz…6 kHz	10	Telefon, Wechselsprechanlagen
Tauchspul	200 Ω	2	50 Hz…14 kHz	1	Tonaufzeichnung, Tonübertragung
Bändchen	0,1 Ω, mit Übertrager 200 Ω	0,1	50 Hz…18 kHz	0,4	hochwertige Tonaufzeichnung und -übertragung, Studio
Kristall	1 MΩ…5 MΩ, $C_e \approx 1$ nF	1	30 Hz…10 kHz	1…2	Tonaufzeichnung und -übertragung
Kondensator	50 MΩ (ohne Verstärkung), $C_e \approx 100$ pF	10	20 Hz…20 kHz	0,1	hochwertige Aufzeichnung und Übertragung, Hilfsspannung erforderlich

Schaltungen von Tauchspulmikrofonen

symmetrisch

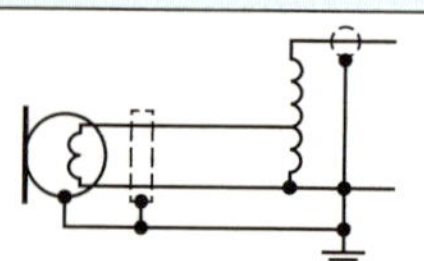

Studiobetrieb, auch bei längeren Leitungen störungsfreie Übertragung

unsymmetrisch

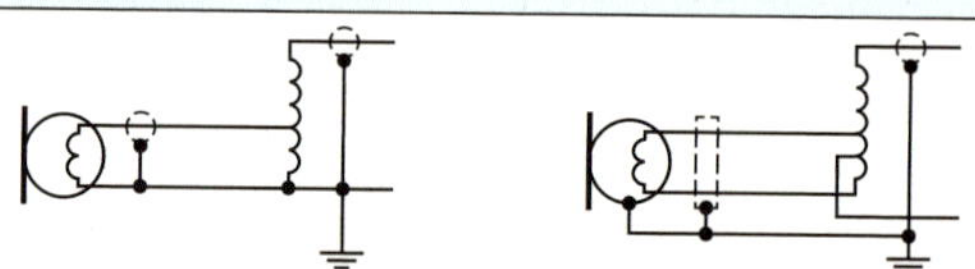

Nur bei nicht allzu großen Leiterlängen störungsfrei, wird im Konsumelektronik-Bereich häufig verwendet (entspricht den Eingangsschaltungen der Verstärker), besonders für hochohmige Ausgänge von Mikrofonen.

Schaltungen für Mikrofone ohne und mit getrennter Stromversorgung

Phantomspeisung

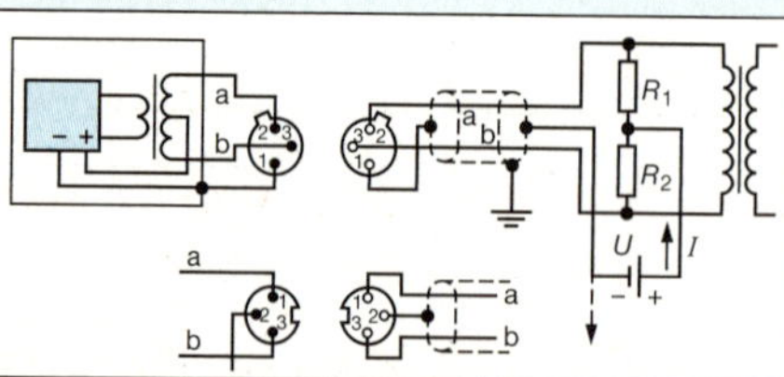

Versorgungsspannung U	12 ± 1 V	24 ± 4 V	48 ± 4 V
Versorgungsstrom I	max. 15 mA	max. 10 mA	max. 10 mA
R_1 und R_2 (typische Werte)	680 Ω	1,2 kΩ	6,8 Ω

Tonader-Speisung

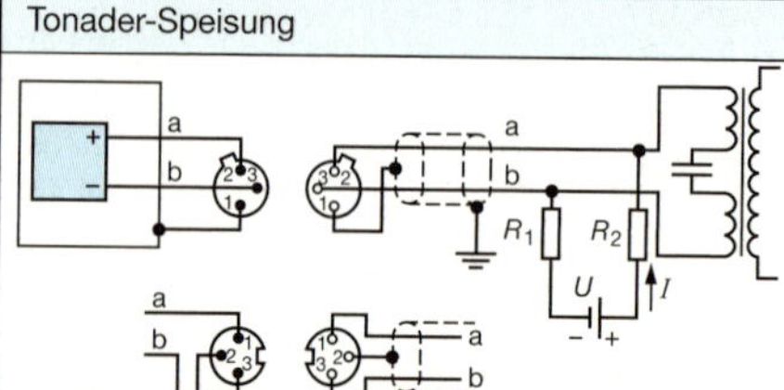

Versorgungsspannung U	12 ± 1 V
Versorgungsstrom I	max. 15 mA
R_1 und R_2 (typisch)	180 Ω

Lautsprecher– *Loudspeaker*

Kenngrößen

Nennscheinwiderstand Z_n
Der Scheinwiderstand darf bei keiner Frequenz innerhalb des Übertragungsbereichs mehr als 20 % unter dem angegebenen Nennscheinwiderstand liegen.

Grundresonanzfrequenz f_{res}
niedrigste Eigenfrequenz

Übertragungsfaktor *T*

$T = \frac{p}{U}$ in $\frac{\text{Pa}}{\text{V}}$ Bezugsabstand: 1 m

p: Schalldruck
U: Klemmenspannung des Lautsprechers

Übertragungsmaß *G*

$G = 20 \cdot \lg \frac{T}{T_o}$ dB $T_o = 1$ Pa/V
Bezugsabstand: 1 m

Übertragungsbereich
$f_u \ldots f_o$ (Abfall 10 dB vom Mittelwert)

Nennbelastbarkeit
maximale Leistung im Dauerbetrieb

Impulsbelastbarkeit
maximale Leistung bei getasteten Sinustönen

Arten

- Dynamische Lautsprecher (Tauchspul-Lautsprecher, Bändchen-Lautsprecher)
- Magnetische Lautsprecher
- Elektrostatische Lautsprecher (Kondensator-Lautsprecher)
- Piezoelektrische Lautsprecher (Kristall-Lautsprecher)
- Ionen-Lautsprecher

Breitband-Lautsprecher
Übertragungsbereich mindestens 90 Hz bis 11200 Hz, Toleranz 10 dB

Tiefton-Lautsprecher
Nennresonanzfrequenz ≤ 50 Hz

Hochton-Lautsprecher
Obere Grenzfrequenz ≥ 14 kHz

Elektrische Weichen

Weiche mit 6 dB Spannungsfall pro Oktave

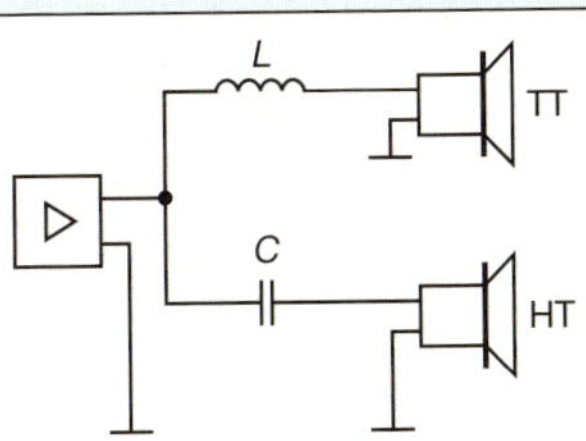

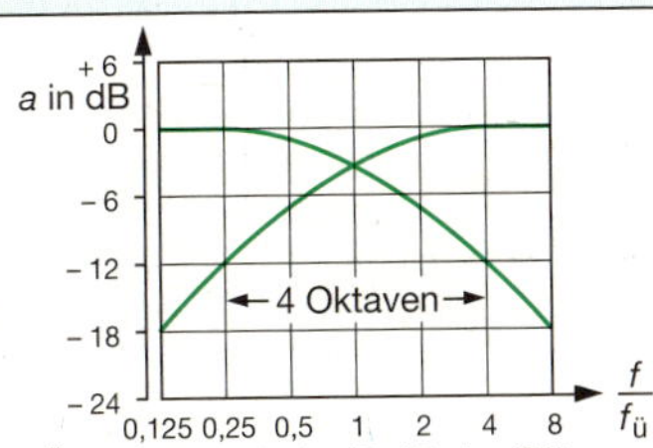

Überlappung bei −12 dB vier Oktaven

$$C = \frac{1}{2\pi \cdot f_ü \cdot Z}$$

$$L = \frac{Z}{2\pi \cdot f_ü}$$

$f_ü$: Übernahmefrequenz
Z: Lautsprecherimpedanz

Weiche mit 12 dB Spannungsfall pro Oktave

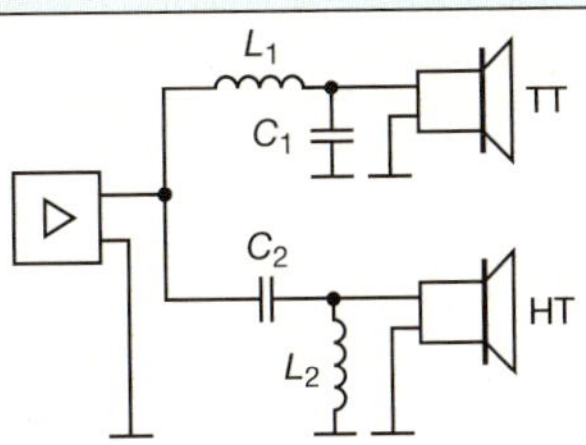

Überlappung bei −12 dB zwei Oktaven

$$C_1 = C_2 = \frac{1}{\sqrt{2} \cdot 2\pi \cdot f_ü \cdot Z}$$

$$L_1 = L_2 = \frac{\sqrt{2} \cdot Z}{2\pi \cdot f_ü}$$

$f_ü$: Übernahmefrequenz
Z: Lautsprecherimpedanz

Lautsprecherbox mit 3-Wege-Weiche

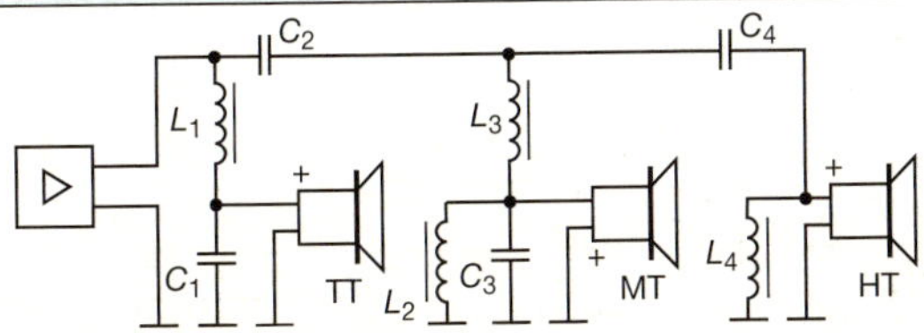

Wertebeispiele:

$Z_1 = Z_2 = Z_3 = 4\ \Omega$
$C_1 = 40\ \mu F$; $C_3 = 7{,}5\ \mu F$
$C_2 = 20\ \mu F$; $C_4 = 4{,}7\ \mu F$
$L_1 = 2{,}5$ mH; $L_3 = 550\ \mu H$
$L_2 = 250\ \mu H$; $L_4 = 150\ \mu H$

Steckverbinder für elektroakustische Anlagen

Connectors for electro-acoustical installations

Steckverbinder	Anwendungen	Kontaktnummern 1	2	3	4	5
Stecker beweglich Buchse fest: 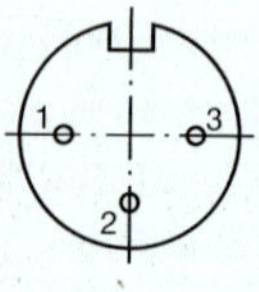	**Mikrofon**, Mono-System (symmetrisch)	Signal	Schirmung	Rückleitung	–	–
	Mikrofon, Mono-System (symmetrisch), tonadergespeist	Signal und +Pol	Schirmung	Rückleitung und –Pol	–	–
	Mikrofon, Mono-System (symmetrisch, phantomgespeist)	Signal und +Pol	Schirmung und –Pol	Rückleitung und +Pol	–	–
	Mikrofon, Mono-System (unsymmetrisch)	Signal	Schirmung und Rückleitung	–	–	–
Stecker beweglich Buchse fest: 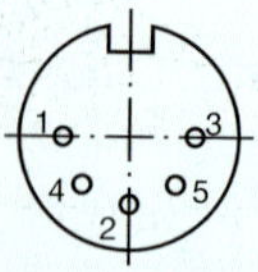	**Mikrofon**, Mono-System (symmetrisch)	Signal	Schirmung	Rückleitung	verbunden mit 1	verbunden mit 3
	Mikrofon, Mono-System (unsymmetrisch)	Signal	Schirmung und Rückleitung	–	verbunden mit 1	–
	Mikrofon, Stereo-System (symmetrisch)	Signal linker Kanal	Schirmung	Rückleitung linker Kanal	Signal rechter Kanal	Rückleitung rechter Kanal
	Mikrofon, Stereo-System (unsymmetrisch)	Signal linker Kanal	Schirmung und Rückleitung	–	Signal rechter Kanal	–

Konzentrische Steckverbinder

Anwendungen	Typ des Steckverbinders		Kontaktnummern 1 (Spitze)	2 (Hülse)	3 (Ring)
Mikrofon	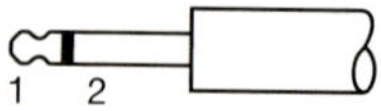 6,3 mm	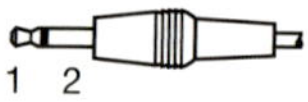 Miniatur 3,5 mm	Signal	Abschirmung und Rückleitung	–
Lautsprecher	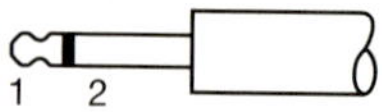 6,3 mm	 Miniatur 3,5 mm	Signal	Abschirmung	–
Kopfhörer, Mono	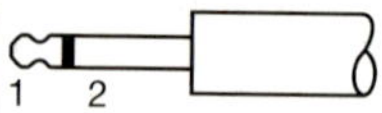 6,3 mm	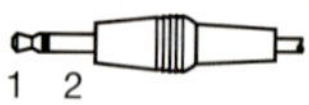 Miniatur 3,5 mm	Signal	Abschirmung und Rückleitung	–
Kopfhörer, Stereo	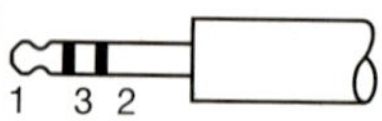 6,3 mm	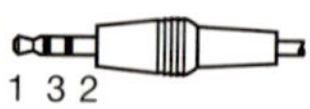 Miniatur 3,5 mm	Signal linker Kanal	Abschirmung und Rückleitung	Signal rechter Kanal
Ohrhörer	 Miniatur 3,5 mm	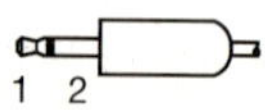 Subminiatur 2,5 mm	Signal	Abschirmung und Rückleitung	–

Surround-Sound-Systeme – *Surround-Sound systems*

Prinzip

Aufteilung der akustischen Informationen in
- Stereo-Signale (Links L und Rechts R)
- Dialoge von vorne (Zentrum, Center C, Sprachkanal)
- Hintergrund- und Nebengeräusche von hinten (Raumklang, SR: Surround rechts, SL: Surround links)

Beispiel für eine Mehrkanalwiedergabe

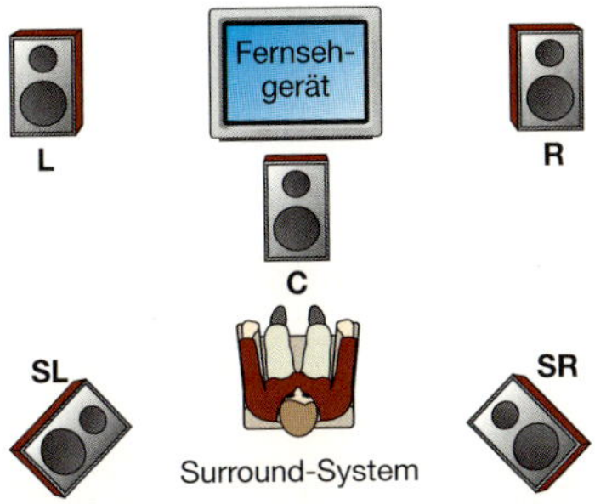

Lautsprecher

Kennzeichnungsprinzip:
Ziffer Punkt Ziffer

Beispiel:

5.1
- 1 Tieftöner (Subwoofer)
- 5 Lautsprecher (Fullrange Kanäle)

Lautsprecherpositionierung beim 5.1 System

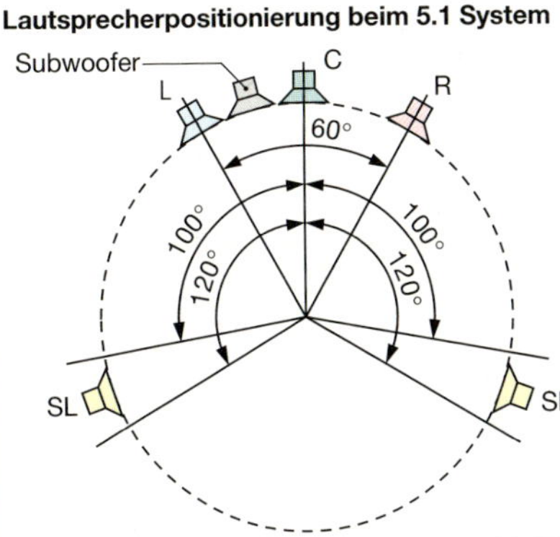

Analoges Surround-System

Nachfolger von Dolby Surround.
Surround-Signale werden verschlüsselt und können gemeinsam oder als linke und rechte Informationen wiedergegeben werden (SL und SR).

Digitale Surround-Sound-Systeme

Dolby Digital
- Das am weitesten verbreitete 5.1 System, 20 Bit, 48 kHz.
- Verwendung bei Kinofilmen und bei DVD.
- Das Verfahren wird auch als **AC-3** (**A**udio **C**oding **3**) bezeichnet.
- Datenrate 448 kbit/s (Kompressionsverhältnis 13:1)

Dolby Digital Surround EX
(EX: Extended, Erweiterung von Dolby Digital)
- Surround-Bereich wird um einen Surround-Center-Kanal erweitert (errechnet).
- 6.1 System

Digital Theater System (DTS)
Der Ton ist nicht auf dem Film aufgebracht.
- Zur Tonwiedergabe läuft eine DVD synchron zum Film. Problem: Aufwändige Synchronisation.
- Bis zu 11 Kanäle sind möglich (hervorragende Klangwiedergabe), üblich 6.1 System, 20 Bit, 48 kHz
- Datenraten von 256 bis 1536 kbit/s sind möglich.
- Kompressionsverhältnis 3,75:1

DTS-ES
Erweitertes DTS-System
- 6 unabhängige Kanäle plus Subwoofer (DTS-ES-Discrete 6.1)
- Der hintere Center-Kanal ist eigenständig aufgenommen worden.

Sony Dynamic Digital Sound (SDDS)
Einsatz im professionellen Kinobereich.
- Bis zu 7 Kanälen (7.1 System) Datenrate 1,4 Mbit/s
- Kompressionsverhältnis 5:1

MPEG-2
- Niedrige Datenrate von 256 kbit/s für Stereosignale, maximal 384 kbit/s, dadurch kompatibel zu MPEG-1.
- 3 Frontkanäle und 2 Surroundkanäle (5.1 System), erweiterbar auf 7.1 (MPEG-Multichannel)
- Ein optionaler „Low Frequency Enhancement"-Kanal.
- Anwendung: DVD, digitales Fernsehen

THX
Tomlinson **H**olman e**X**periment
Kein eigenständiges Surround-System.
Lucasfilm hat eine Reihe von Qualitätsnormen für die Mehrkanalton-Wiedergabe in Kinos entwickelt.

Digitale Filter – *Digital filters*

- Digitale Filter sind Filterschaltungen, die mit digital arbeitenden Schaltungskomponenten aufgebaut sind.
- Werden eingesetzt im Rahmen der digitalen Signalverarbeitung, z. B. bei CD-Playern, Digital-Audio Tape (DAT) oder HDTV (High Definition Television).
- Sind insbesondere bei niedrigen Frequenzen vorteilhaft gegenüber Filtern mit analogen Bauelementen (kleiner und stabiler).
- Grundformen digitaler Filter werden bezeichnet mit FIR und IIR.
- FIR: Finite Impulse Response (endliche Anzahl von Impulsantworten).
- IIR: Infinite Impulse Response (unendliche Anzahl von Impulsantworten).
- Realisierung mit digitalen Signalprozessoren erlaubt die freie Programmierbarkeit der Filtereigenschaften.

Finite Impulse Response-Filter (FIR)

Blockschaltbild

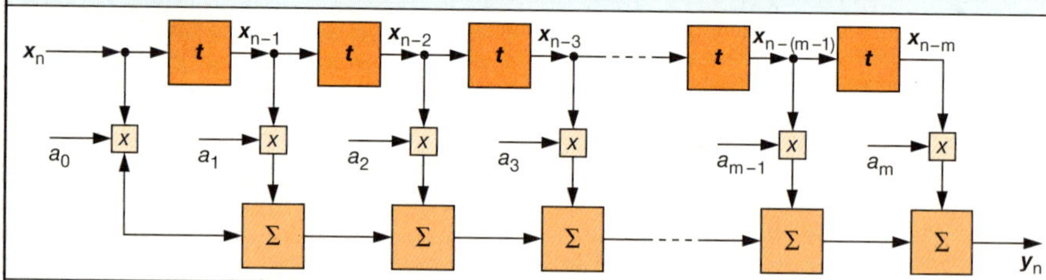

x_n	Eingangssignal zum Zeitpunkt n	x	Mulitplikationsstufe
x_{n-1}	Eingangssignal zum vorherigen Zeitpunkt	Σ	Additionsstufe
$a_0 \ldots a_m$	Koeffizienten des Filters	t	Speicherglieder für die Zwischenspeicherung der abgetasteten Eingangssignale (Verzögerungsglied für Abtastperiode)
y_n	Ausgangssignal zum Zeitpunkt n		

Funktion

- Am Filtereingang stehen die aktuell abgetasteten digitalen Datenwerte des gewandelten Analogsignals an.
- Mit jedem Abtastschritt werden diese Datenwerte um eine Stufe weitergeschoben.
- Die Ausgänge der Speicherglieder führen zu Multiplikationsstufen, in denen die Multiplikation mit den Filterkoeffizienten stattfindet.
- Ergebnis steht am Ausgang (y_n) als Additionsergebnis der einzelnen Stufen an.
- Filtercharakteristik wird bestimmt durch die Koeffizienten (a) und die Ordnungszahl (m + 1).
- m + 1 bestimmt die erreichbare Dämpfung, aber auch den erforderlichen Rechenaufwand im digitalen Signalprozessor (DSP).

Funktionsgleichung

$$y_n = a_0\, x_n + a_1 (x_{n-1}) + a_2 (x_{n-2}) + \ldots + a_{m-1}\, x_{n-(m-1)} + a_m\, x_{n-m}$$

Kurzschreibweise: $$y_n = \sum_{i=0}^{m} a_i\, x_{n-1}$$

Infinite Impulse Response (IIR)

Blockschaltbild

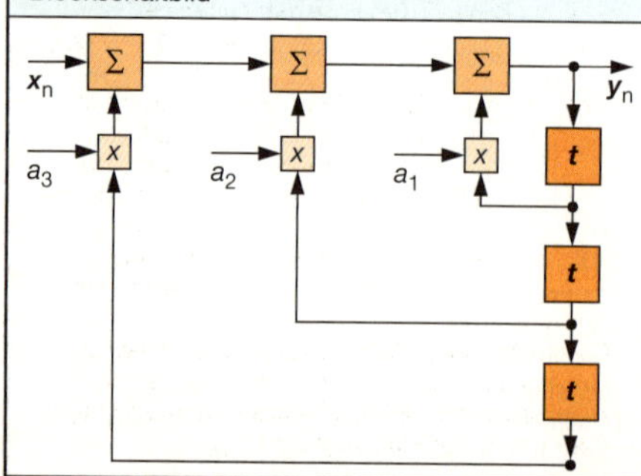

Funktion

- Jedes Ausgangssignal ist abhängig von den Ausgangssignalen der vorhergehenden Berechnungen.
- Deshalb wird diese Filterform als Infinite-Impulse-Response-Filter bezeichnet.
- IIR-Filter bieten eine hohe Flankensteilheit.
- Stabilität des Filters ist kritisch.

Funktionsgleichung

$$y_n = x_n + a_1\, y_{n-1} + a_2\, y_{n-2} \ldots a_m\, y_{n-m}$$

Kurzschreibweise: $$y_n = x_n + \sum_{i=0}^{m} a_i\, y_{n-1}$$

Bildaufnehmer – *Image sensors*

Bildaufnahmeröhren

Bildwandler, Bildverstärker

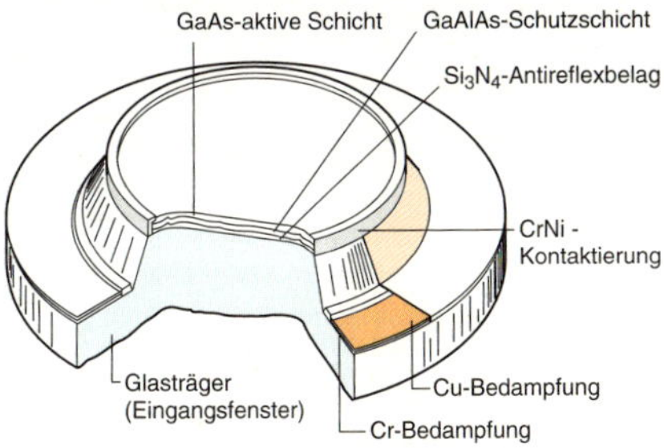

- Nehmen für das menschliche Auge primär nicht sichtbare Bildinformationen auf.
- Photonen der Objektstrahlung werden in Elektronen umgesetzt (äußerer lichtelektrischer Fotoeffekt), verstärkt und auf Leuchtschirm sichtbar als Bild wiedergegeben.
- **Bildwandler** besteht aus Fotokatode, elektronenoptischem Wandler und Leuchtschirm.
- **Bildverstärker** enthält elektronenoptisches Verstärkersystem.
- **Fotokatode** besteht aus unterschiedlichen Materialien (z. B. Gallium-Arsenid, mit hoher Infrarotempfindlichkeit).

Kameraröhren

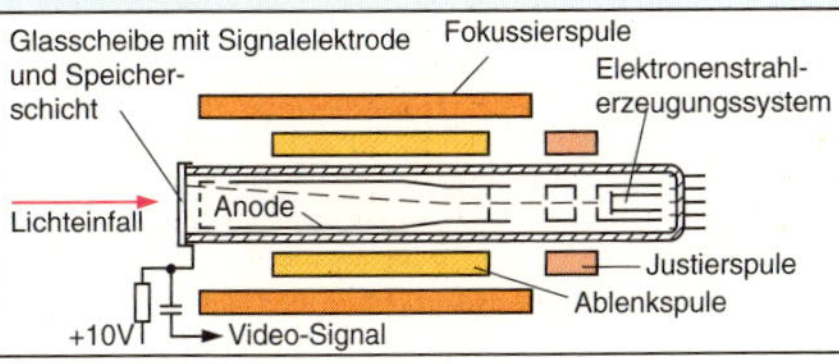

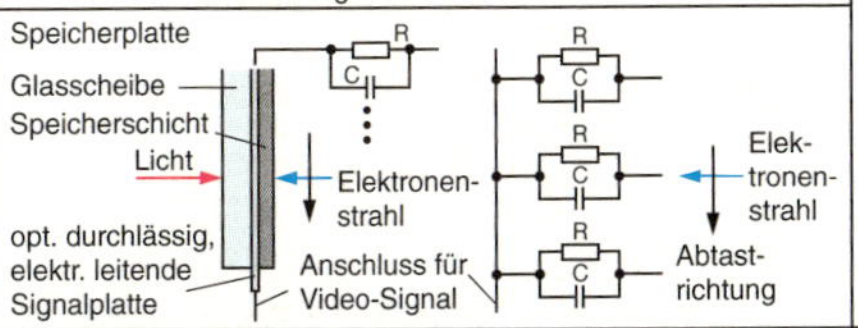

- **Vidikon** (vide, lat. = sehe, Ikon, griech. = Bild) arbeitet mit innerem Fotoeffekt.
- Halbleiterschicht am Röhreneingang (Antimonsulfid) ändert Widerstand durch äußere Belichtung (Photoneneinfall).
- Über Elektronenstrahl erfolgt zeilenweises Abtasten der Speicherschicht.
- Aufladeimpuls des Elektronenstrahls wird kapazitiv ausgekoppelt und stellt Videoinformation dar.
- Röhre bei hohen Beleuchtungsniveaus einsetzbar.
- **Plumbicon** hat Wandlerschicht aus fotoleitendem Bleioxid.
- Einsatz bei Farbfernsehtechnik, da hohe Empfindlichkeit und niedriger Dunkelstrom.

Halbleiter-Bildaufnehmer

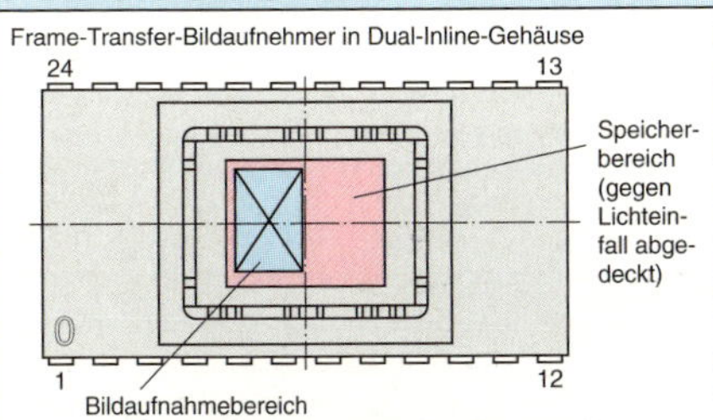

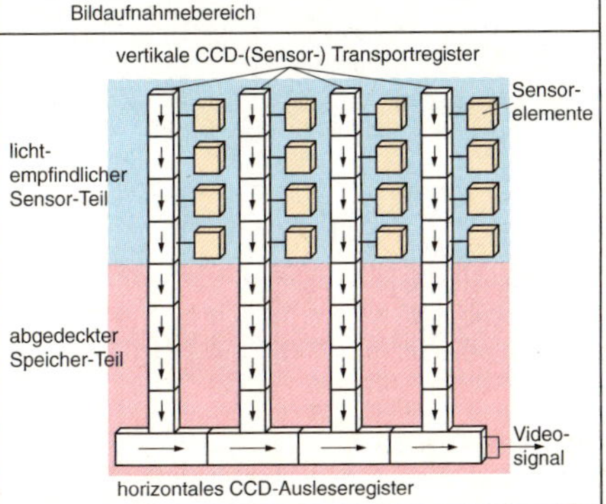

- Sensorelemente bestehen aus MOS-Kondensatoren oder pn-Dioden aus Silizium.
- Das Prinzip der Ladungsspeicherung wird verwendet.
- Signalstrom ist linear abhängig von Beleuchtungsstärke.
- **Zeilensensoren**: Aufgeladene Sperrschichtkapazitäten der Dioden durch Belichtung entladen, anschließend Speicherkapazitäten bildpunktweise über MOS-Transistoren wieder aufgeladen. Ladestrom erzeugt am Arbeitswiderstand das Videosignal. Ladungstransport kann auch über analoge CCD-Transportregister (Charged Coupled Device: Ladungsgekoppelte Einheiten) erfolgen.
- **Interline-Transfer-Bildaufnehmer**: beinhaltet Bildaufnehmer und Speicherbereich auf der optisch wirksamen Fläche. Sensoren spaltenförmig angeordnet. Anzahl entspricht der aufzulösenden Zeilenzahl. Vertikale CCD-Transportregister lesen Informationen aus und transportieren sie über horizontale Ausleseregister zum Verstärker.
- **Frame-Transfer-Bildaufnehmer**: Bildbereich und Speicherbereich voneinander getrennt.
- **x-y-adressierte Bildaufnehmer**: matrixförmige Anordnung der Fotoelemente.

Display-Technologien – *Display-technologies*

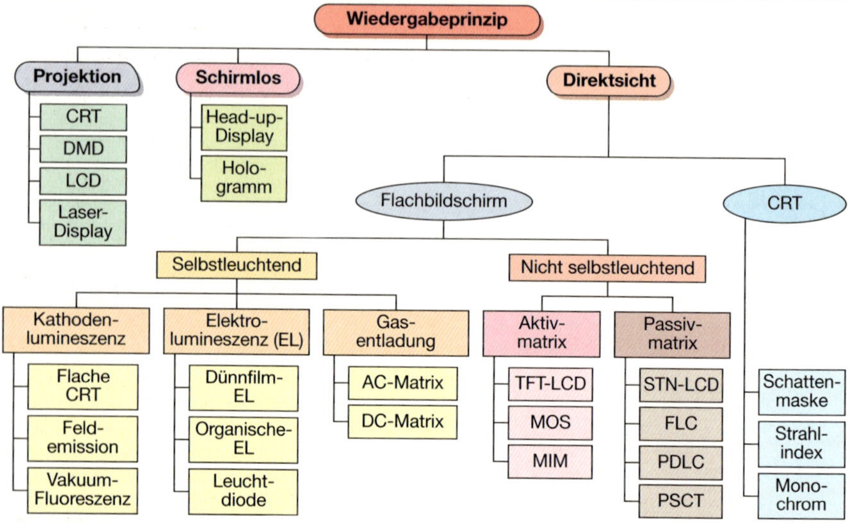

CRT: **C**athode **R**ay **T**ube (Kathodenstrahlröhre)
DMD: **D**ense **M**irror **D**isplay (Mikrospiegel)
LCD: **L**iquid **C**rystal **D**isplay (Flüssigkristall)
FLC: **F**erro **L**iquid **C**rystal (Ferroelektrisch)
MOS: **M**etall **O**xid **S**emiconductor (Metall-Oxid)
MIM: **M**etall **I**solator **M**etall (Metal Isolator Metal)
PDLC: **P**olymer **D**isperged **L**iquid **C**rystal (Polymer dispergierter Flüssigkristall)
PSCT: **P**olymer **S**tabilised **C**holestric **T**exture (Polymer stabilisierte cholestrische Texture)
STN: **S**uper **T**wisted **N**ematic (Super gedreht)
TFT: **T**hin **F**ilm **T**ransistor (Dünnschicht Transistor)

LCD (Liquid Crystal Display)

- Flüssigkristall-Anzeigen
  - basieren auf organischen Komponenten mit stäbchenhaften **Molekülen** und benötigen externe Lichtquellen,
  - wirken nach dem **Durchlicht**- oder **Reflexionsverfahren** oder einer Kombination aus beidem,
  - bilden im Temperaturbereich von –20 °C bis +85 °C **Kristallstäbchen**, die verschiebbar sind.
- Durch Anlegen elektrischer Spannungen wird die Ausrichtung der Moleküle beeinflusst.
- **Normal-White Zelle** ist ohne Spannung weiß.
- **Normal-Black Zelle** ist ohne Spannung dunkel.
- **Passiv-Matrix**-Displays beeinflussen auch Nachbarzellen (geringer Kontrast).
- **Aktiv-Matrix**-Displays sind in jeder Zelle mit einem Dünnschichttransistor als Schalter ausgerüstet und werden als **TFT-Displays** (Thin-Film-Transistor) bezeichnet.

Leuchtverfahren

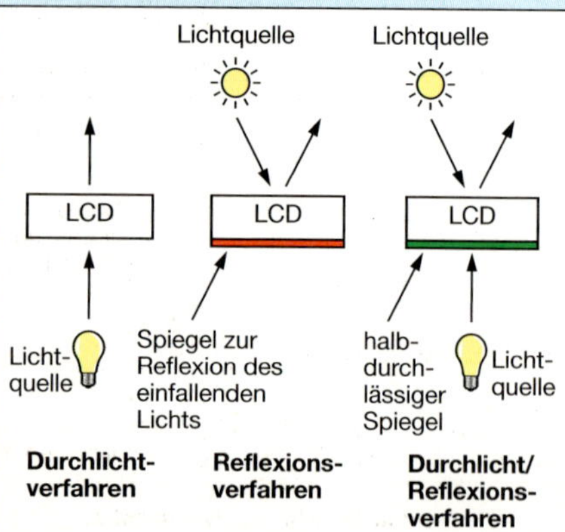

Funktion

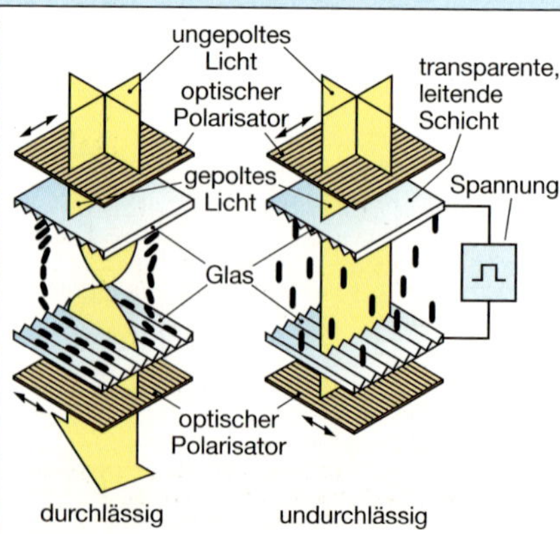

Flachbild-Anzeigen – *Flat screen displays*

TFT-LCD

Funktion

- **TFT**-LCD (**T**hin-**F**ilm-**T**ransistor LCD)
  - bestehen aus LC-Zellen mit einem integrierten **Dünnschicht-Transistor** pro Farbe in jeder Zelle und werden deshalb als **Aktiv-Matrix-Displays** bezeichnet,
  - sind in der Bauform wesentlich dünner als Passiv-Displays.
- Die Transistoren steuern den Grad der Molekülablenkung und somit die Helligkeit der einzelnen Farben.
- Die **Refresh-Rate** liegt annähernd bei der von Bildröhren.
- Defekte Pixel sind entweder dauernd leuchtend bei schwarzem Hintergrund oder dunkel bei weißem Hintergrund.

Aufbau

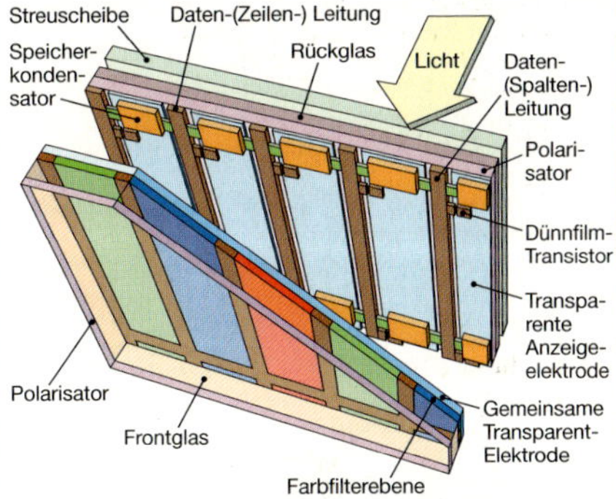

PLD

Funktion

- **Pl**asma-**D**isplays (**PLD**)
  - sind selbstleuchtend,
  - beinhalten eine Mischung aus Edelgasen (Argon, Neon) zur **Plasmaerzeugung**,
  - verwenden Phosphor (rot, grün, blau) als Leuchtmittel,
  - werden über eine x/y-Matrix angesteuert,
  - erzeugen durch **Stoßionisation** frei bewegliche Ionen und Elektronen.
- Gebundene Elektronen im Plasma werden durch die freien Elektronen auf höheres Energieniveau angehoben und erzeugen bei Rückfall auf normales Niveau **Ultraviolett-Strahlung**, die den Phosphor zum Leuchten anregt.
- Die Steuerung der Helligkeit erfolgt durch zeitabhängige Anschaltung der Zellen.

Zellen-Aufbau

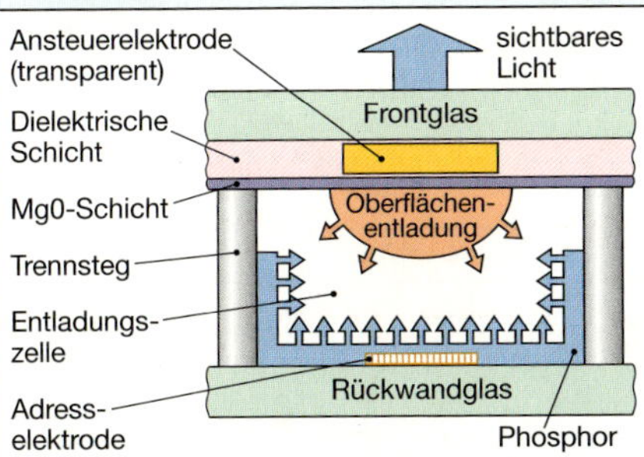

Display-Aufbau

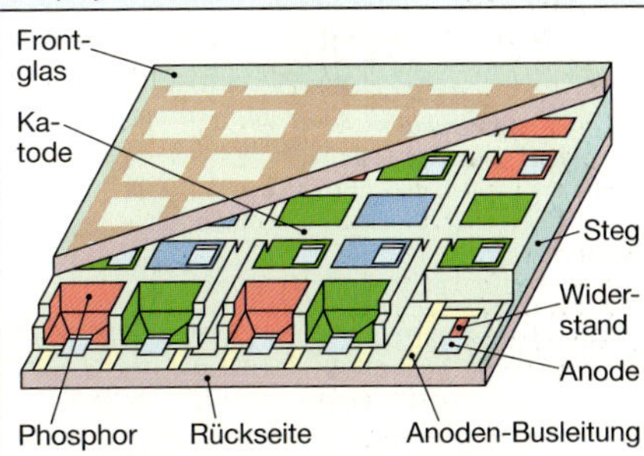

OLED

Funktion

- **O**rganic-**L**ight **E**mitting **D**isplays (**OLED**) verwenden als Leuchtschicht organische Leuchtstoffe, in denen die positiven und negativen Ladungsträger beim Zusammentreffen sichtbares Licht erzeugen.
- OLED
  - sind selbstleuchtend (Elektrolumineszenz),
  - verbrauchen wenig Energie,
  - bieten hohe Kontrastverhältnisse,
  - sind als Passiv- und Aktiv-Matrix Displays eingesetzt (Mobiltelefone, Leuchtsymbole).

Zellen-Aufbau

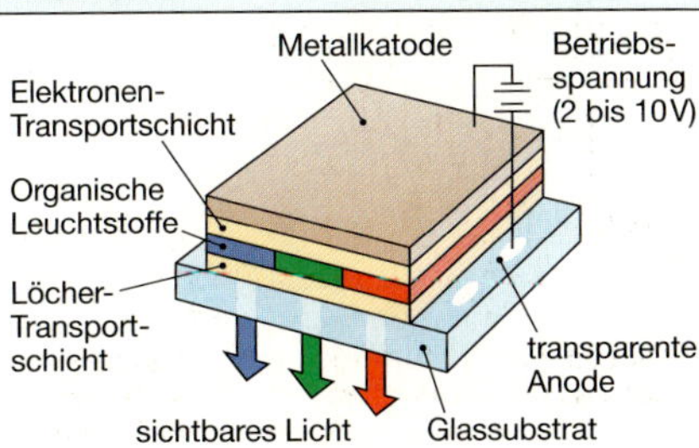

Farbbildröhre – *Colour picture tube*

Funktionsprinzip

- Die Bildröhre verwendet zur Umsetzung von elektrischen Signalen in optisch sichtbare Informationen **Elektronenstrahlen**.
  Sie besteht aus
  - einem **evakuierten** Glaskolben,
  - Elektronenstrahlsystem je Farbkanal,
  - **Ablenkeinrichtungen** für Horizontal- und Vertikalablenkung,
  - **Leuchtschirm**, beschichtet mit **Leuchtstoffen** für die drei Primärfarben Rot, Grün und Blau.
  - Die in den **beheizten Katoden** erzeugten Elektronen werden elektrisch beschleunigt, fokussiert und durch die Ablenkeinrichtungen zeilenweise auf die Leuchtschicht gelenkt.
- Beim Aufprall der Elektronen wird die Bewegungsenergie in **Lichtenergie** umgesetzt.
- Bildröhren werden unterschieden nach Art der **Maskenformen**, die vor der Leuchtschicht liegt.
- Bei **Deltaröhren** sind die Strahlerzeugersysteme um 120° versetzt angeordnet.
- Bei **In-Line-Röhren** liegen die drei Strahlerzeugungssysteme in einer Ebene nebeneinander.

Aufbau

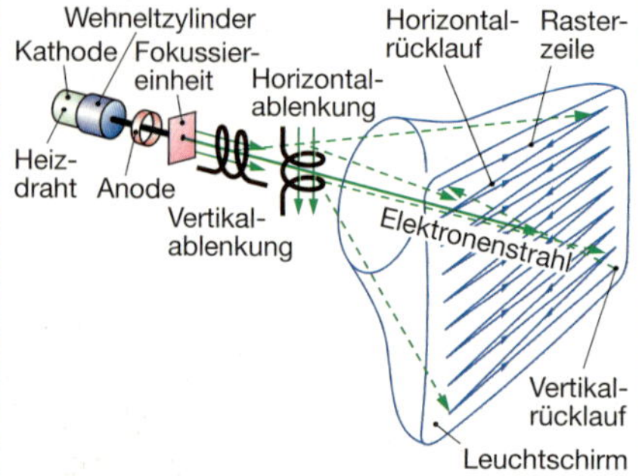

Funktionseinheiten

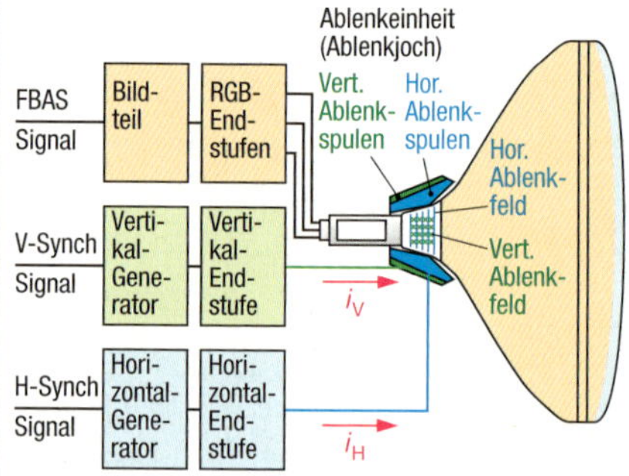

Maskenformen

Lochmaske

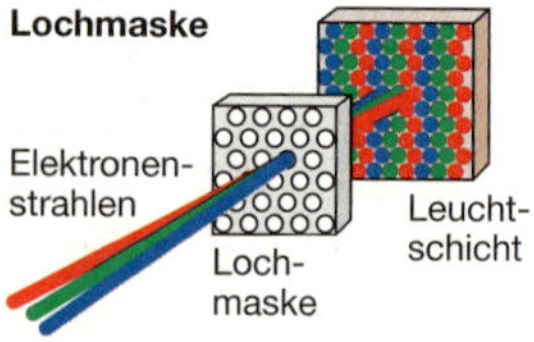

Streifenmaske

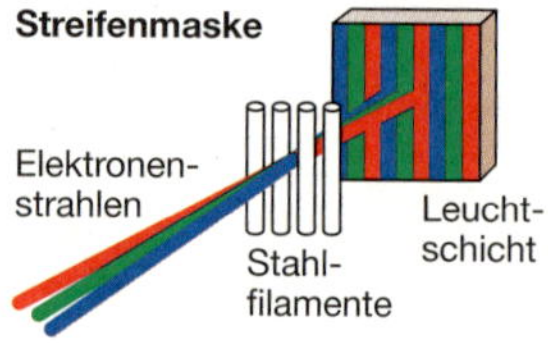

Schlitzmaske

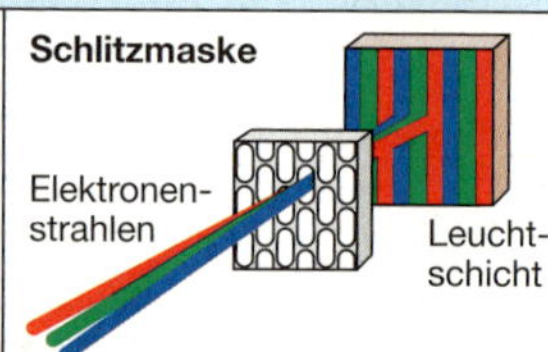

Leuchtstoffe

Farbdreieck

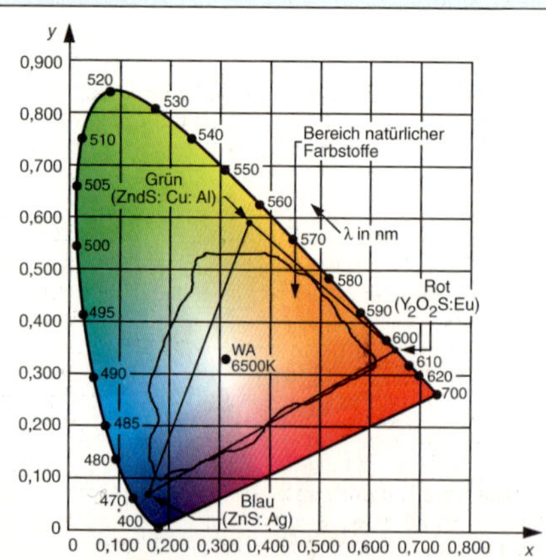

Anwendungen/Eigenschaften

Anwendung	Koordinaten / Bezeichnung nach EIA	Koordinaten / Bezeichnung nach PRO-ELEC-TRON	Fluoreszenz	Phosphoreszenz	Nachleuchten
TV-Kontrollmonitor	x=0,313 –	y=0,329 WA	weiß	weiß	1 ms … 100 ms
Monochrom Bildschirm/ Datenanzeigen	– P4 P6 P18	– WW	weiß	weiß	10 µs … 1000 µs
Farbfernsehen	– P22 P58	– X	Dreifarbenschirm	–	–
Monitor	x=0,238 P42	y=0,568 GW	gelb/grün	gelb/grün	1 ms … 100 ms
Oszilloskop	x=0,139 P11	y=0,148 BE	blau	blau	10 µs … 1000 µs

Datenprojektoren – *Data projectors*

Anschlüsse

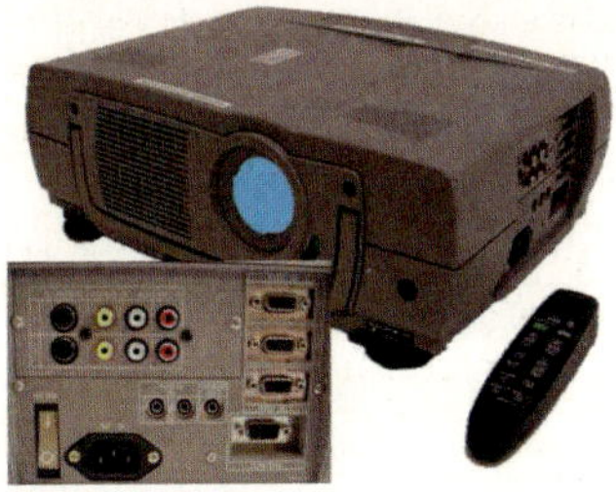

Abhängig von der Geräteausstellung

Beispiele:

- **Computer**
  15-polig D-Sub (RGB), DVI
- **Monitor**
  15-polig D-Sub (RGB), DVI
- **Maus/serielle Schnittstelle**
  9-polig D-Sub (RS232C), USB
- **Video** (PAL, SECAM, NTSC, HDTV)
  – Video in: Cinch, Composite (S-VHS)
  – Audio in (Stereo): Cinch/Miniklinke
  – Audio out (Stereo): Cinch

Auflösung

VGA: 640 x 480 Pixel
SVGA: 800 x 600 Pixel
XGA: 1024 x 768 Pixel
SXGA: 1280 x 1024 Pixel (Workstation-Auflösung, z. B. CAD)
UXGA: 1600 x 1200 Pixel
MAC: 832 x 624 Pixel, 1152 x 870 Pixel (Standard bei Macintosh-Computern)
SUN: 1152 x 900 Pixel (SUN-Standard)

Resizing

Komprimierungsvorgang, wenn eine Vollbilddarstellung von einem höher auflösenden Format auf Projektoren mit geringerer Auflösung erfolgt (z. B. XGA ⇒ SVGA).

Prinzip:
Mittelwert wird aus zwei nebeneinander liegenden Zeilen gebildet ⇒ Qualitätsverlust.

Ausleuchtung

Vergleich der Helligkeit:
Die Helligkeit in der Projektionsmitte wird mit der Helligkeit am Rand verglichen. Je größer der Wert in %, desto gleichmäßiger ist die Ausleuchtung.

Gute Werte > 80 %

Kontrastverhältnis

Verhältniszahl, die aussagt, wie viel mal heller das projizierte Weiß gegenüber Schwarz ist.
Je größer die Zahl, desto besser der Kontrast.
Messung erfolgt mit einem Schachbrettmuster.

Gute Werte: 300:1, 400:1

Helligkeit

Angabe erfolgt durch den Lichtstrom in Lumen.
Messverfahren durch ANSI festgelegt:
(**ANSI**: **A**merican **N**ational **S**tandard **I**nstitutes)

1. Einstellung (Kontrast und Helligkeit) des Projektors mit einem Testbild.
2. Einblendung eines weißen Bildes.
3. Einteilung des weißen Bildes in 9 gleich große Felder und Messung der Helligkeit im Mittelpunkt der Felder.
4. Berechnung eines Durchschnittswertes und Multiplikation mit der Bildgröße (in m^2).

Optimale Helligkeiten:

- Kleine Räume (ca. 2 m Bildbreite):
  … 1400 Lumen (ANSI)
- Mittlere Räume (ca. 3 m Bildbreite):
  1400 … 2000 Lumen (ANSI)
- Große bzw. sehr helle Räume (> 3 m Bildbreite):
  2000 Lumen (ANSI)

Keystone-Korrektur (Keystone-Shift)

Bei einer Aufwärtsprojektion treten Trapezverzerrungen auf (Keystone-Effekt).

z. B.:
$\alpha = 0 \ldots 12°$

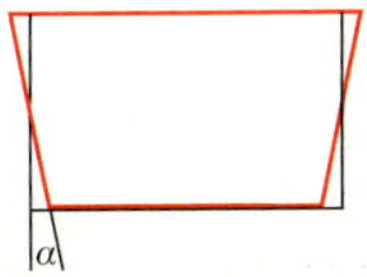

Maßnahmen:

- Optische Korrektur (mechanische Einstellung)
- Digitale Korrektur: Durch die Umrechnung des Bildschirminhaltes kann sich die Bildschärfe und der Kontrast verringern (Auflösungsverlust).

Zoom

- Manueller Zoom durch das optische System.
  Brennweitenbeispiele: 49 – 63 mm, 52 – 66 mm
- Digitaler Zoom (Enlarge)
  Elektronische Bildausschnittsvergrößerung, z. B. 4fach (Auflösungsverlust)

Farbtemperatur

Als Maß für die Farbwiedergabe wird die Farbtemperatur (weißes Licht, in Kelvin, K) angegeben.

- Tageslicht: 5600 K
- Halogen-Glühlampe: 3400 K
- Metalldampflampe: 6000 K

Ablenkfrequenzen

- Zeilenfrequenz (horizontal)
  Zeilen pro Sekunde (z.B. 15 kHz – 100 kHz)
- Bildwiederholfrequenz (vertikal)
  Bilder pro Sekunde (z.B. 43 Hz – 120 Hz)

Projektor-Technologie – *Projector technologies*

LCD-Projektoren

Transmissive LCD-Projektoren

LCD: **L**iquid **C**rystal **D**isplay

- Weißes Licht ① wird mit dichroitischen (selektiv lichtdurchlässig) Spiegeln ② in die Grundfarben Rot, Grün und Blau zerlegt.
- Für jede Grundfarbe (3 Panel) ist ein transmissives (lichtdurchlässiges) Polysilizium-LCD-Panel ③ (Psi-LCD) vorhanden (Diagonale: 0,7; 0,9; 1,3 oder 1,8 Zoll). Umrechnung: 0,9 Zoll = 23 mm Es entstehen einfarbige Teilbilder.
- Vor den LCDs sind zur Lichtbündelung Mikrolinsen (**MLA**: **M**icro **L**ens **A**rray).
- Ein Prisma ④ mischt die Einzelbilder zu einem vollfarbigen Bild zusammen (additive Farbmischung), das durch ein Objektiv auf die Leinwand projiziert wird.

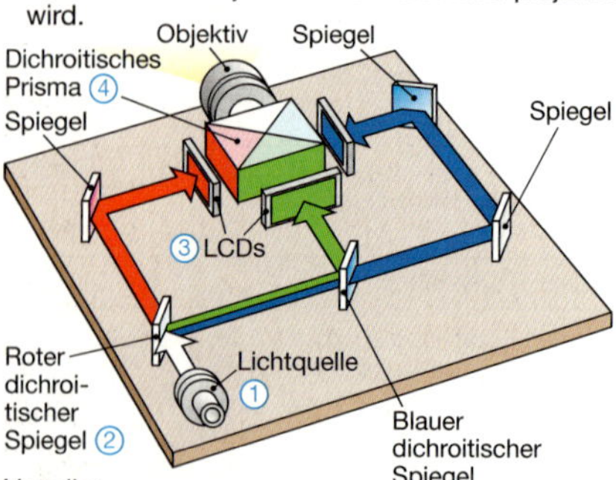

Vorteile:
- Da die Psi-LCDs klein sind, können kleine und lichtstarke Projektoren hergestellt werden.
- Farben werden gleichzeitig erzeugt.

Nachteil:
- Große Lichtabsorption und Wärmeentwicklung (Lüfter erforderlich).

Reflexive LCD-Projektoren

- Es werden anstelle von transmissiven reflexive LCDs verwendet ⑤ (**LCoS**: **L**iquid **C**rystal **o**n **S**ilizium).
- Hinter jedem LCD befindet sich ein fester Spiegel ⑥.

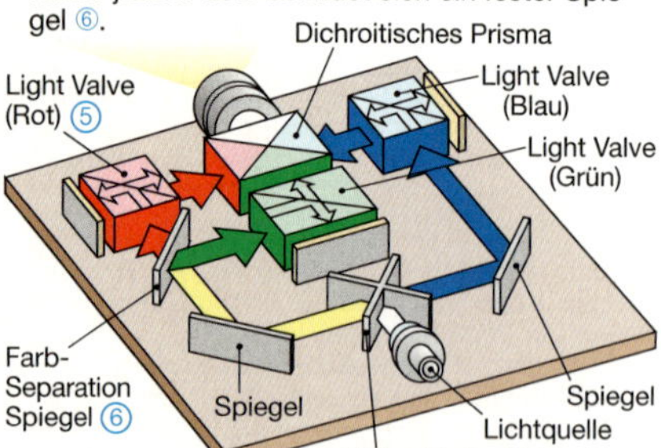

Vorteile:
- Hohe Lichtausbeute, da auch der Ansteuerungstransistor hinter jedem Pixel liegt.
- Aufgrund der Reflexion geringere Licht- und Wärmeverluste.

DLP-Projektoren

DLP: **D**igital **L**ight **P**rocessing

Logo von Texas Instruments (Patent)

- Das Licht der Projektionslampe ① wird durch ein rotierendes Farbrad ② (3600 1/min, mindestens drei Farbsegmente für Rot, Grün und Blau; RGB) zerlegt. Es entstehen in schneller Folge rote, grüne und blaue Einzelbilder.
- Die Einzelbilder treffen auf den **DMD**-Chip (**D**igital **M**icromirror **D**evice, z. B. 15 x 13 mm). Auf der Chipoberfläche sind bis zu 2,4 Millionen beweglich gelagerte und einzeln angesteuerte Mikrospiegel ③ angebracht (16 µm, 14 µm, 12 µm).
- Speicherzellen (ähnlich SRAM) kippen über elektrostatische Anziehung die beweglichen Spiegel, so dass ein Bildpunkt hell oder dunkel projiziert werden kann. Die Spiegel können um etwa ±10° bis ±12° gekippt werden (20 µs).
- Die SRAM-Zellen werden zeilen- und spaltenweise mit einem Byte pro Pixel angesteuert (256 Helligkeitsabstufungen, 16,7 Millionen Farben).
- Durch die schnelle Folge der Einzelbilder entsteht für den Betrachter ein vollfarbiges Gesamtbild.
- Besonders hochwertige Projektoren verfügen über drei DMD-Chips.

Vorteile:
- Durch extrem geringe Abstände (1 µm) zwischen den Spiegeln werden störende Effekte wie Flimmern, Pixelrasterung und Rauschen weitgehend vermieden.
- Das Bild erscheint aufgrund der Reflexion besonders kontrastreich (1400:1), naturgetreu und in der Regel heller als bei LCD-Projektoren.
- DLP-Projektoren sind in der Regel leichter als LCD-Projektoren.

Nachteile:
- DLP-Projektoren sind in der Regel teurer als LCD-Projektoren.
- Mechanische Teile sind vorhanden.

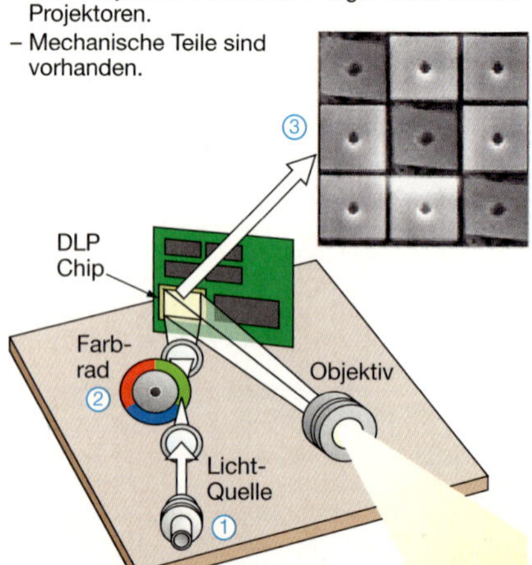

6 Multimediale Consumergeräte

Ton-Rundfunktechnik

Fernsehtechnik

Aufzeichnung und Wiedergabe

Multimedia

- Kommunikation des Menschen mit anderen Menschen und ihrer Umwelt über verschiedene Kanäle des menschlichen Wahrnehmungsbereichs.
- Mit Hilfe von Wissenschaft und Technik sollen diese Kanäle als Gesamtheit zu einer ganzheitlichen Wahrnehmung nutzbar gemacht werden (Integration).

Medien

- **Zeitunabhängige Medien**
  Merkmal:
  Die im Medium enthaltenen Informationen haben keinen Zeitbezug.
  Beispiele:
  Text, Zeichnung (Linien-Grafik), Einzelbild (Foto, Pixel-Bild)
- **Zeitabhängige Medien**
  Merkmal:
  Die Informationen dieser Medien haben einen Zeitbezug, sie liegen z. B. als kontinuierlicher Datenstrom zu bestimmten Zeiten vor.
  Beispiele:
  Schallereignisse, Video (Bewegtbilder und Schallereignisse), Animationen
- **Medienströme**
  Die Medien werden in der Regel nicht direkt, sondern als binäre Informationen übertragen, verarbeitet und gespeichert. Dieses geschieht in der Regel computerunterstützt.

Menschliche Kommunikationskanäle

- **Sehen** → Text, Grafik; Bewegung
- **Fühlen** → Bewegung; Kräfte, Beschleunigung, Temperatur
- **Hören** → Schallereignisse
- **Riechen** → chemische Prozesse
- **Schmecken** → chemische Prozesse

Definition

Multimedia ist gekennzeichnet durch die

- computerunterstützte und
- integrierte
  - Erzeugung,
  - Verarbeitung,
  - Speicherung,
  - Darstellung und
  - Übertragung von
- mehreren zeitabhängigen und
- zeitunabhängigen Medienströmen.

Merkmale multimedialer Datenströme

- Es treten große Datenmengen und dementsprechend große Datenströme auf. Aus ökonomischen Gründen müssen diese reduziert werden.
- Die Reduktion der Daten ist auf den Menschen als Endabnehmer zugeschnitten. Die menschlichen Wahrnehmungs- und Interaktionsfähigkeiten werden berücksichtigt.
- Die Daten müssen in der Regel in Echtzeit übertragen und dargestellt werden.
- Die unterschiedlichen Daten müssen in der Regel miteinander und anderen Ereignissen synchronisiert werden.

Qualität der Übertragung

QoS: **Q**uality **o**f **S**ervices
Sie ist abhängig von der bereitgestellten Bandbreite im Übertragungskanal.

Mit QoS:
Es wird eine festgelegte Bandbreite bereitgestellt, so dass eine definierte Qualität der Übertragung eingehalten wird.

Ohne QoS:
Es wird keine bestimmte Bandbreite bereitgestellt. Die Qualität der Übertragung kann sich ändern.

Repräsentations-Medien

Ausgabe
Papier, Bildschirm, Lautsprecher

Eingabe
Tastatur, Mikrofon, Kamera, Scanner

Speicherung
Papier, Magnetspeicher, CD-ROM, DVD

Überlagerungsempfänger – *Superheterodyne receiver*

Prinzip

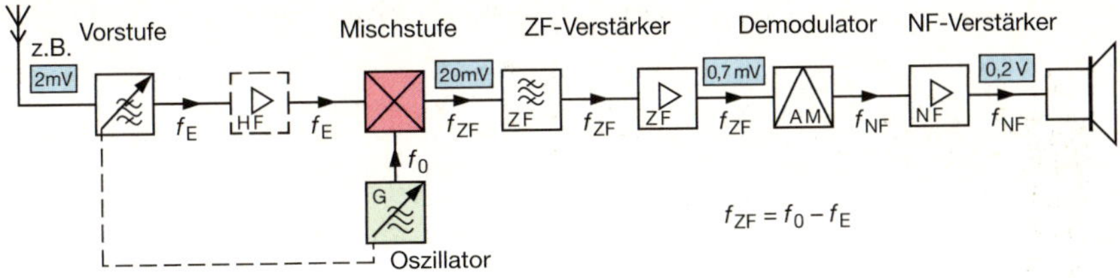

f_E: Eingangsfrequenz f_0: Oszillatorfrequenz f_{ZF}: Zwischenfrequenz f_{NF}: Niederfrequenz

Eingangsstufe, Vorstufe: Selektiert das zu empfangende Signal, unterdrückt die Spiegelfrequenz, eventuell Verstärkung.

Oszillator: Erzeugt eine Spannung mit konstanter Amplitude und einer Frequenz, die um die Zwischenfrequenz höher liegt als die Eingangsfrequenz.

Mischstufe: Bildet eine konstante Zwischenfrequenz für jede Sendereinstellung.

ZF-Verstärker: Verstärkt die Zwischenfrequenz mit der notwendigen Bandbreite, erzeugt steile Flanken an den Bandgrenzen.

Demodulator: Löst das Nachrichtensignals (NF) vom Träger.

NF-Verstärker: Verstärkt die niederfrequente Spannung und steuert den Lautsprecher.

Gleichlaufbedingung zwischen Vor- und Oszillatorkreis

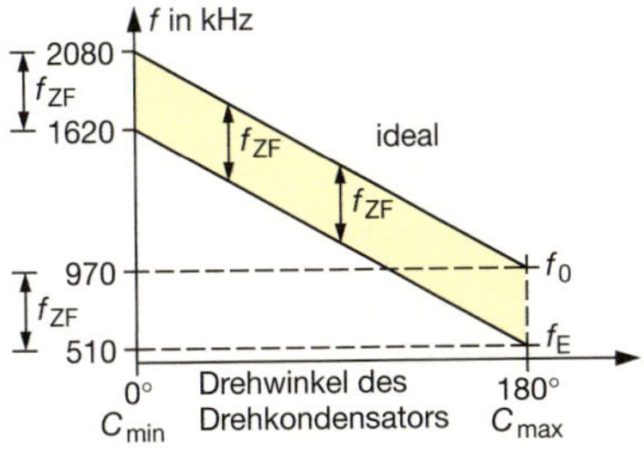

Spiegelfrequenz

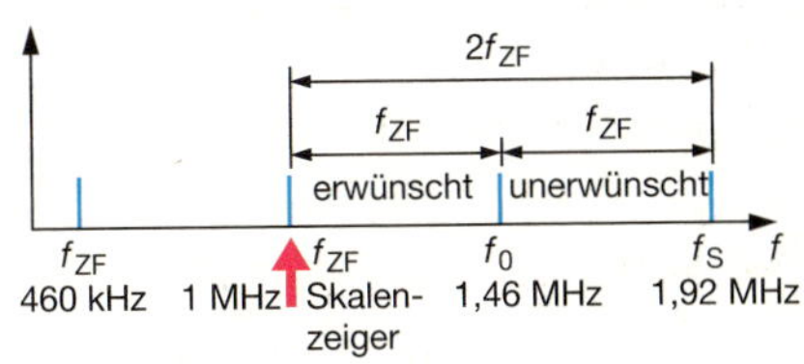

$f_{ZF} = f_0 - f_E$

$f_{ZF} = f_S - f_0$ $f_S = f_E + 2 \cdot f_{ZF}$

f_S: Spiegelfrequenz

Variationsbereiche im Vor- und Oszillatorkreis

	LW	MW	KW	Schaltung
Vorkreis	150…300 kHz	510…1620 kHz	5 MHz…20 MHz	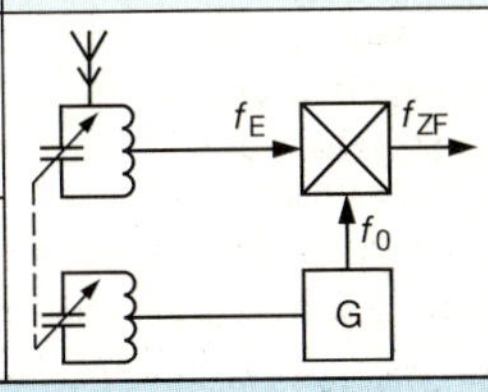
Frequenzverhältnis	1:2	1: 3,16	1: 4	
Kapazitätsverhältnis	1:4	1:10	1:16	
Oszillatorkreis	610…760 kHz	970…2080 kHz	5,46…20,46 MHz	
Frequenzverhältnis	1:1,25	1:2,2	1: 3,7	
Kapazitätsverhältnis	1:1,5	1:4,8	1:14	

Überlagerungsempfänger mit doppelter Überlagerung (Doppelsuper)

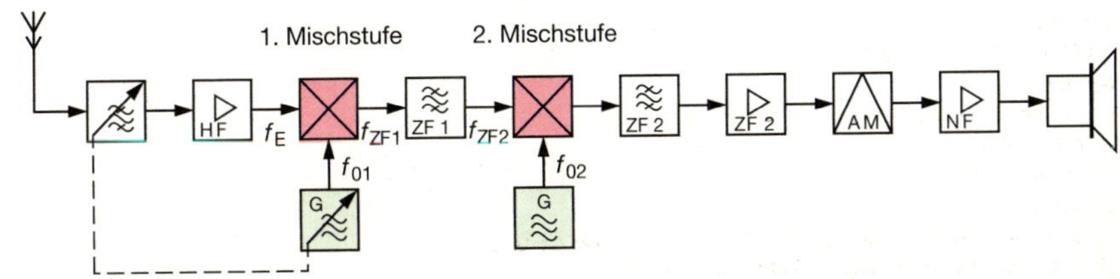

AM-FM-Empfänger – *AM-FM-receiver*

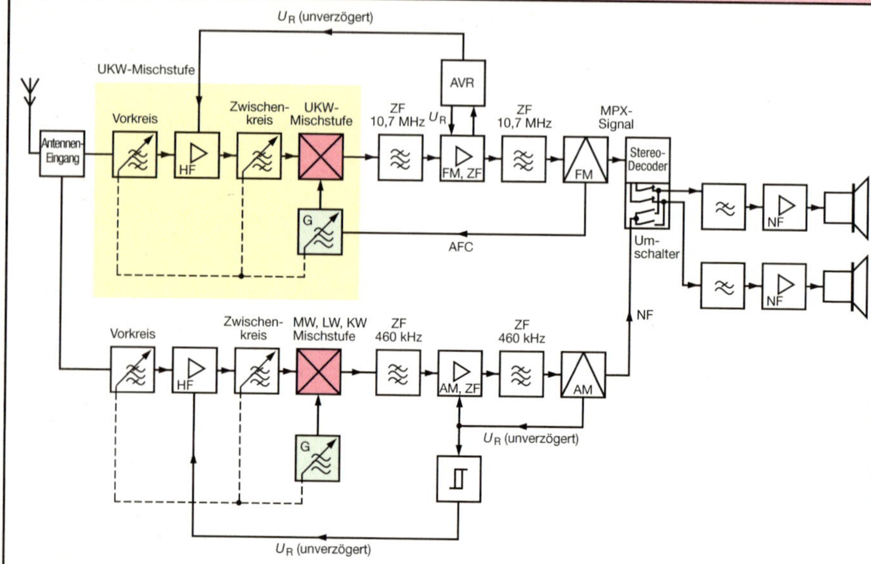

Kenndaten von FM- und AM-Empfängern

Characteristics of FM- and AM-receiver

Begriffe

Empfindlichkeit:
Eingangsspannung bei 50 mW am 5 Ω Lautsprecherwiderstand; AM-Empfänger bei 1 kHz und m = 30 %, Lautstärke- und Klangeinstellung voll aufgedreht; Spannung wird in der Regel für einen bestimmten Störabstand angegeben (6 dB und 26 dB üblich).

ZF-Selektion oder Trennschärfe:
Absenkung der Nachbarsender,
AM: 9 kHz-Abstand, FM: 300 kHz-Abstand.

Spiegelfrequenzselektion:
Unterdrückung der Störungen durch Spiegelfrequenzsender.

Klirrfaktor:
Anteil der Oberschwingungen

ZF-Unterdrückung:
Reduzierung des ZF-Signals.

AM-Unterdrückung:
Unterdrückung des AM-Störsignals bei FM-Empfang.

Übersprechdämpfung:
Trennung der Kanäle.

Pilotton-Unterdrückung:
Dämpfung des Pilotton-Signals.

Beispiele eines Mittelklasseempfängers

UKW-Empfangsteil:

- Eingangsempfindlichkeit bei 50 dB Signal-Rauschabstand: Mono: 3,6 µV, Stereo: 43 µV
- Klirrfaktor bei m = 100 % und f = 1 kHz Mono: 0,1 %, Stereo: 0,15 %
- Spiegelfrequenzselektion: 90 dB
- Trennschärfe: 75 dB
- ZF-Unterdrückung: 100 dB
- AM-Unterdrückung: 60 dB
- Übersprechdämpfung zwischen 50 Hz und 15 kHz: 35 dB

MW-Empfangsteil:

- Eingangsempfindlichkeit: 14 µV
- Klirrfaktor: 0,5 %
- Signal-Rauschabstand bei m = 30 % und Eingangsspannung 1 mV: 50 dB
- Spiegelfrequenzselektion: 30 dB
- Trennschärfe: 35 dB

Radio-Daten-System (RDS) – *Radio data system*

Frequenzspektrum eines UKW-Hörfunksenders mit RDS

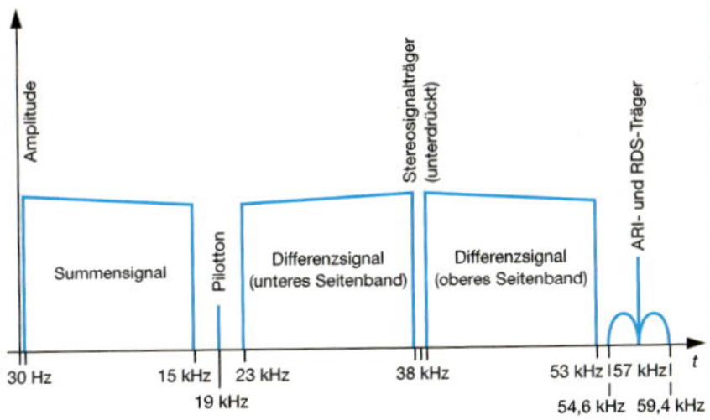

Träger: 57 kHz, mit 1,1875 kHz frequenzmoduliert, Hub auf 1,2 kHz reduziert (ARI: 3,5 kHz Hub).

Datenformat

- Daten sind in einem 16 Bit Datenwort enthalten.
- Datenwort wird durch ein 10 Bit Kontrollwort und einem Offset kontrolliert.
- Datenwort und Kontrollwort werden zu einem 26 Bit langen Block zusammengefaßt.
- 4 Blöcke bilden eine 104 Bit Gruppe.
- 15 Gruppen sind möglich.
- Die Versionen A und B werden unterschieden.

Möglichkeiten von RDS

PI: Programmidentification: Programmkettenkennung, z. B. WDR I, zusätzlich Länder- und Bereichskennung.

PS: Programmservicename: Programmname; wird mit 8 Zeichen (ASCII) übertragen.

AF: Alternative frequencies: Alternative Frequenzen; Liste von Frequenzen übertragen, auf denen der gleiche Programminhalt abgestrahlt wird (automat. Umschaltung möglich).

TP/TA: Trafficprogram, -announcement: Verkehrsfunk-Durchsagekennung; entspricht SK- bzw. DK-Signal beim Verkehrsfunk.

Weitere Merkmale
(z. Z. in Deutschland nicht realisiert)

ON: Other networks: Information über andere Dienste.
CT: Clock, time and Date: Uhrzeit, Datum.
PTX: Programmtype: Programmartenerkennung.
PIN: Programitem number: Programmbeitragserkennung.
RT: Radiotext: Radiotext.
TDC: Transparent datachannel: Datenkanal für Schaltfunktion.
DI: Decoder identification: Decoder Identifikation.
MS: Music/speech: Musik/Sprache-Kennung.
IH: Inhouse information: Rundfunkinterne Information.
RP: Radio paging: Rundfunk-Fernruf (Personenruf).
TMC: Traffic message channel: Verkehrsdatenkanal.

Datenformat der Gruppe 4A (Zeit und Datum)

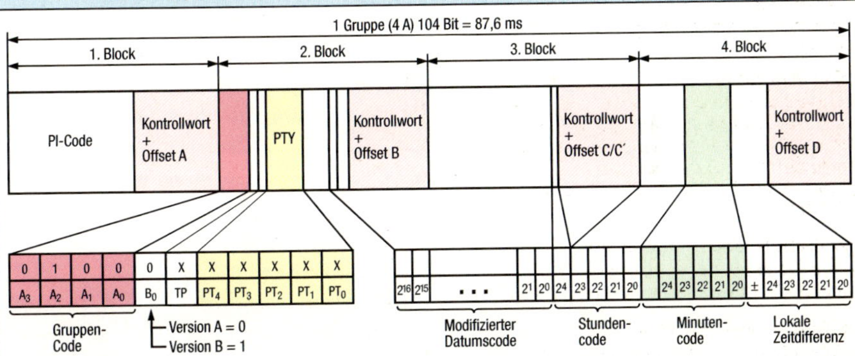

PTY: Programmstart

Gruppeninhalt

Gruppe	A_3	A_2	A_1	A_0	B_0	Anwendung
0						Info für Abstimmung und Schaltvorgänge
0A	0	0	0	0	0	PI, PTY, TP, TA, DI, MS, PS, AF
0B	0	0	0	0	1	PI, PTY, TP, TA, DI, MS, PS
1						Programmbeitragserkennung
1A/B	0	0	0	1	X	PI, PTY, TP, PIN
2						Radiotext
2A/B	0	0	1	1	X	PI, PTY, TP, RT
3						nicht definiert
4						Zeit, Datum
4A	0	1	0	0	0	PI, PTY, TP, CT

Gruppe	A_3	A_2	A_1	A_0	B_0	Anwendung
5						transparenter Kanal (Text, Grafik)
5A/B	0	1	0	1	X	PI, PTX, TP, TDC
6						rundfunkinterne Übertragungen
6A/B	0	1	1	0	X	PI, PTY, TP, INH
7						Radio Paging
7A/B	0	1	1	1	X	PI, PTY, TP, Radio Paging
8–13						nicht definiert
14						Andere Dienste
14A/B	1	1	1	0	X	PI, PTY, TP, Other Networks
15						schnelles Info für Abstimmen und Schalten
15B	1	1	1	1	1	PI, PTY, TP, DI, MS

DAB – *Digital Audio Broadcasting*

Prinzip

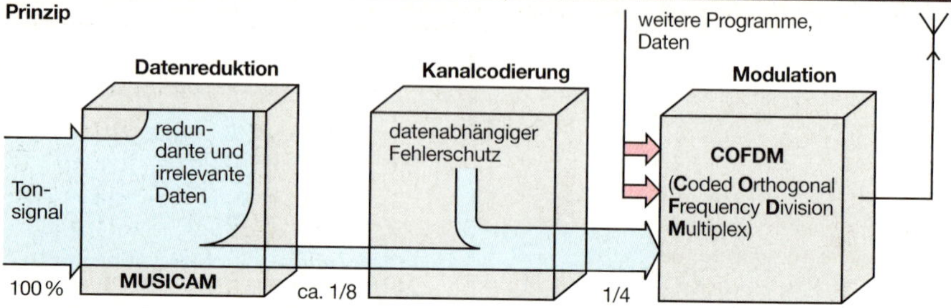

- Datenreduktion auf ca. 1/8 durch MUSICAM (MPEG Layer 2).
- Audio-Bitrate von 32 kbit/s bis 384 kbit/s.
- Sechs qualitativ hochwertige Stereoprogramme (384 kbit/s) bzw. 20 Stereo/Monoprogramme einfacher Qualität.
- Programmbezogene Daten (**PAD**, **P**rogram **A**ssociated **D**ata) im Audio-Bitstrom eingebettet (z. B. Programmkennzeichnung).
- Datendienste
- **S**ervice **I**nformationen (**SI**), Verkehrsfunk, Paging.
- Fehlerschutz
- COFDM: Zeit- und Frequenzmultiplex (Immunität gegen Signaleinbrüche, äußere Störungen und Mehrwegeempfang).
- Gleichwellennetz: Alle Sender arbeiten auf derselben Frequenz.
- CD-Qualität
- Frequenz: K 12 VHF, 223 – 230 MHz (12 A bis 12 D).

Datenrahmen

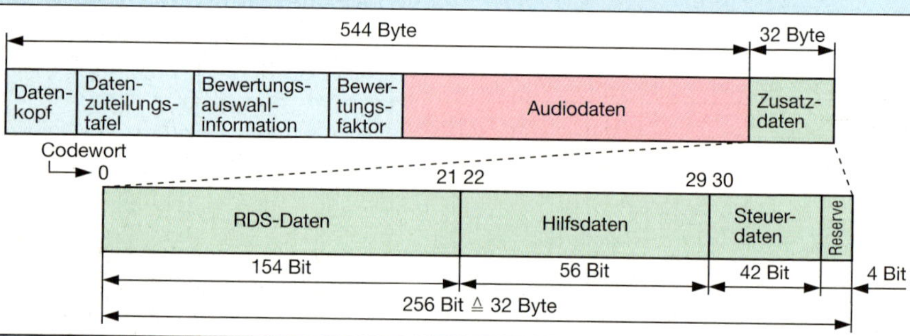

DAB-Empfänger

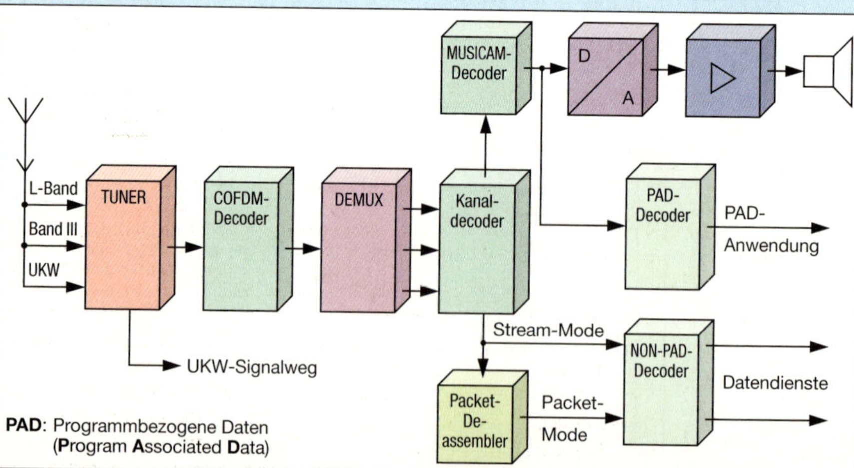

PAD: Programmbezogene Daten (**P**rogram **A**ssociated **D**ata)

DAB – *Digital Audio Broadcasting*

COFDM (Coded Orthogonal Frequency Division Multiplex)

M: Multiplex

- Keine Übertragung eines einzelnen Programms, sondern mehrere ineinander verschachtelte und gleichmäßig über den Frequenzbereich verwürfelte Programme, z. B. 6 Stereoprogramme.

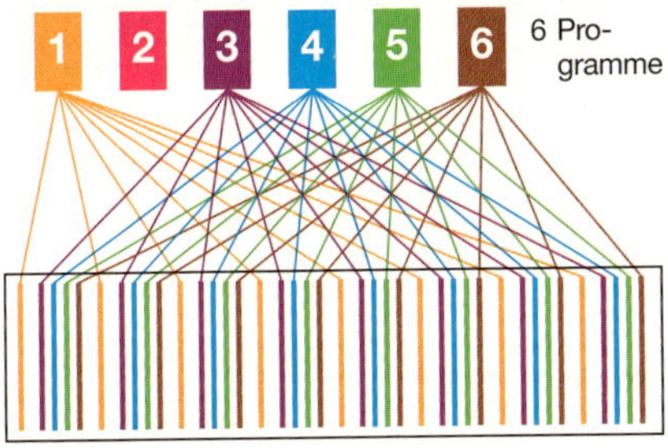

Verschachtelung:

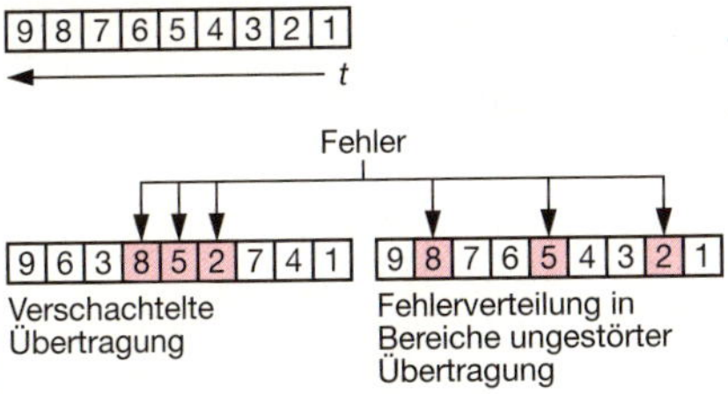

- 1536 schmalbandige Träger.
- Bandbreite des DAB-Signals 1,5 MHz.

OFD: Orthogonal Frequency Division

- Gleichmäßiger Trägerabstand.
- Subträgerfrequenzen sind Vielfache einer Grundschwingung. Dadurch lassen sich trotz Frequenzüberlappungen die Signale voneinander trennen.
- Subträger liegen dicht aneinander.
- Modulation der Subträger: DQPSK.

C: Coded

- Durch Frequenz-Interleaving liegen aufeinanderfolgende Symbole eines Programms frequenzmäßig weit auseinander. Wird ein Symbol von frequenzselektivem Fading verfälscht, wird wahrscheinlich das darauffolgende Symbol nicht verfälscht. Fehler auf dem Übertragungsweg lassen sich durch intelligente Fehlerkorrekturverfahren (Kanalcodierung) vermeiden.

Gleichwellenfähigkeit

UKW-FM-Flächenversorgung (bisher)

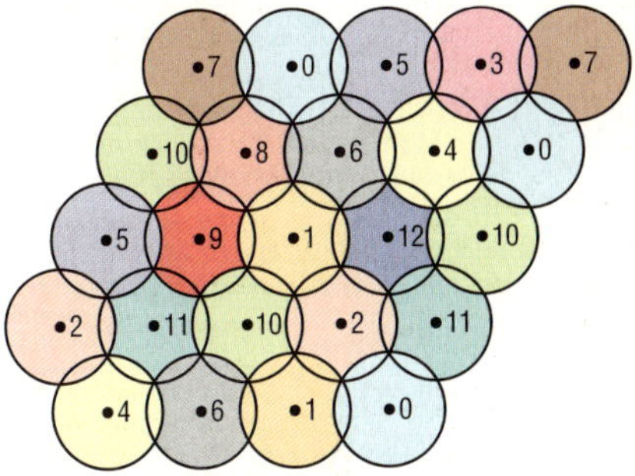

- Vielzahl von Kanälen.
- In etwa 240 km Abstand der Sender mit derselben Trägerfrequenz.

Gleichwellennetz

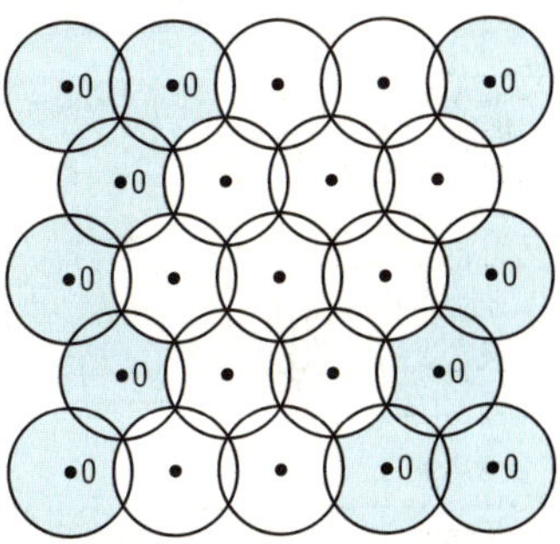

- Alle Sender besitzen dieselbe Trägerfrequenz.
- Geringere Senderdichte, durchschnittlicher Senderabstand 60 km.
- Geringere Abstrahlleistung, da auch Signale der Nachbarsender am Empfangsort ausgewertet werden.
- Synchronisation über Satelliten.
- Mehrwegeresistentes Verfahren: Vor jedem Audiodatenbereich (vgl. Datenrahmen) liegen Schutz- oder Guarddaten, so dass vom Empfänger auch bei Verzögerung/Phasenverschiebung eine korrekte Verarbeitung der Nutzdaten möglich wird.

Geeignete Frequenzbereiche

VHF Band I	47 – 68 MHz	Kanal 2 – 4	12 Blöcke (2A – 4D)
VHF Band III	174 – 230 MHz	Kanal 5 – 12	32 Blöcke (5A – 12D)
VHF Band III	230 – 240 MHz	Kanal 13	6 Blöcke (13A – 13F)
L-Band	1452 – 1467,5 MHz	–	9 Blöcke (LA – LI)

ADR – *Astra Digital Radio*

Merkmale und Parameter

- Digitale Übertragung in CD-Qualität, Pay-Radio.
- Träger sind im Frequenzspektrum des Satellitenfernsehens untergebracht.
- 180 kHz Frequenzraster entsprechend dem Analog-Radio.
- Frequenzbereich bei Übertragung eines Videosignals: 6,12 MHz bis 8,46 MHz; Unterbringung von 12 digitalen Unterträgern möglich.
- Frequenzbereich bei vollständiger Nutzung des Transponders: 0,18 MHz bis 8,82 MHz; Unterbringung von 48 digitalen Unterträgern möglich.
- Kanalbandbreite 130 kHz.
- Abtastfrequenz 48 kHz.
- Audioquantisierung 16 Bit.
- Nettobitrate 192 kbit/s nach Reduktion.
- Übertragungsbitrate 256 kbit/s nach Kanalcodierung.
- Datenreduktion durch MUSICAM.
- Modulation: QPSK.
- Verwürfelung CCITT V.35
- Zusatzdatenübertragung, z. B. RDS.
- Empfänger-Frequenzbereich: 950 MHz bis 2050 MHz.
- Polarisationsumschaltung 14/18 V.
- 60 cm Empfangsantenne in der 51 dBW Zone.

ADR-Coder/Sender

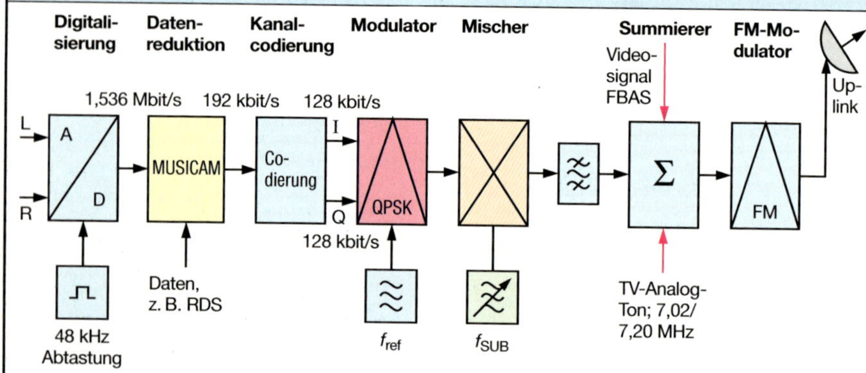

Beispiel für eine Unterträger-Verteilung

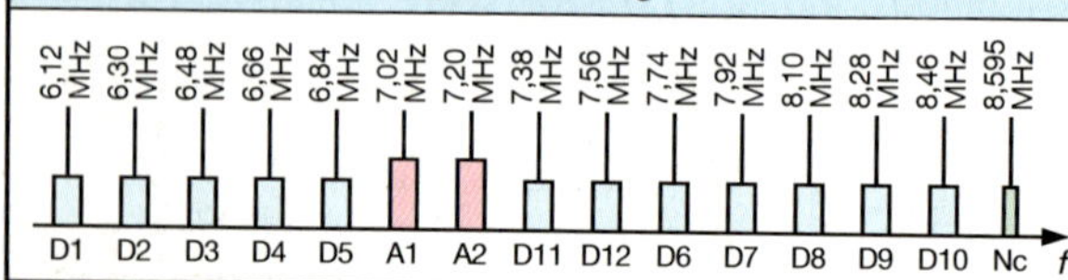

D1 … D12: Digital-Audio, $m = 0{,}12$
A1 und A2: Analog-Audio, $m = 0{,}15$ (TV-Begleitton, WEGENER PANDA)
Nc: Netzwerkkontrolle

ADR-Empfänger

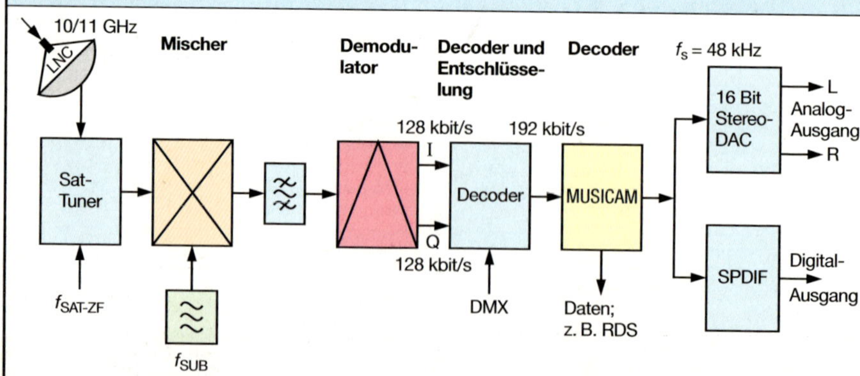

Rundfunk-Stereofonie – *Radio stereophony*

FM-Stereosender

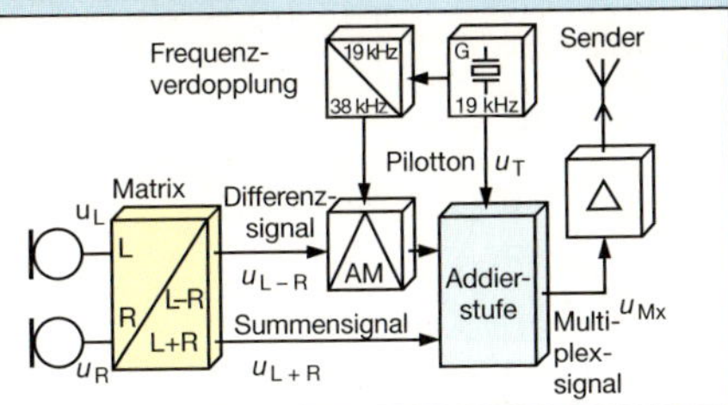

Summen- und Differenzbildung (Matrix)

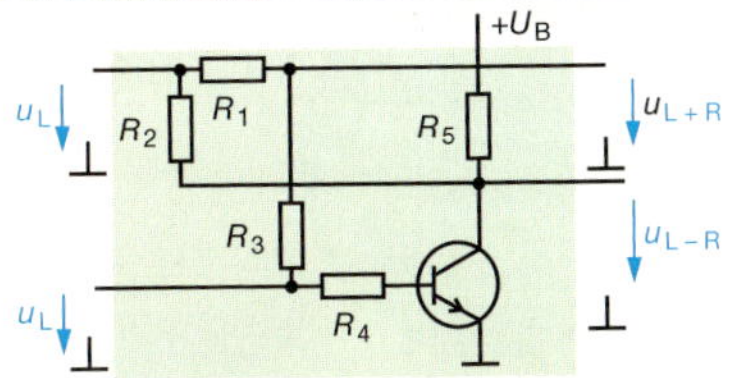

u_L: Signal linker Kanal; u_{L+R}: Summensignal;
u_R: Signal rechter Kanal; u_{L-R}: Differenzsignal

Frequenzspektrum

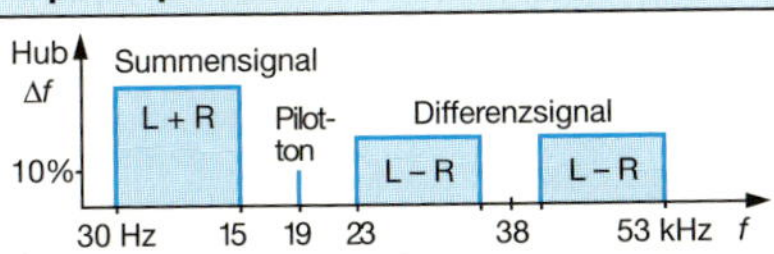

Aufbau des Stereo-Multiplexsignals

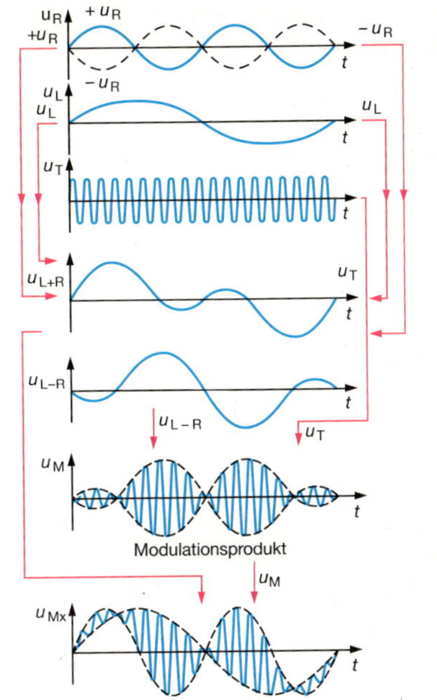

u_{Mx}: Multiplexsignal

Matrix-Decoder

Frequenzmultiplex-Verfahren

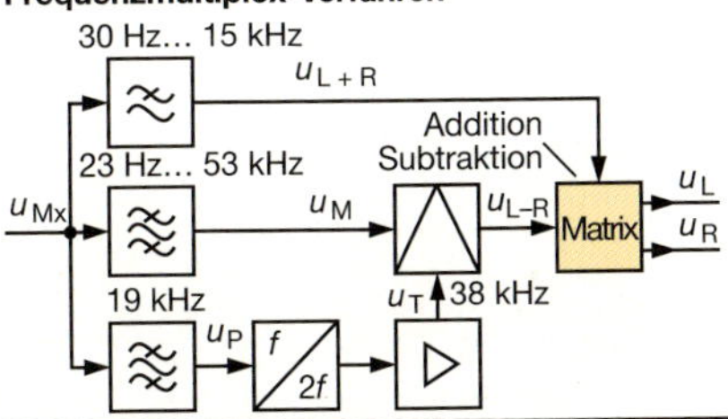

Schalter-Decoder

Zeitmultiplex-Verfahren

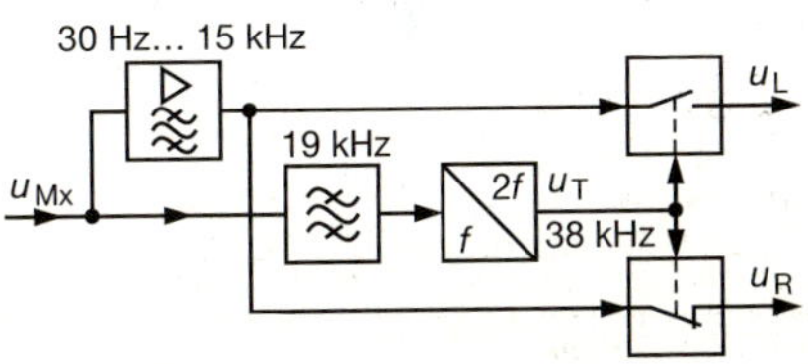

Rückgewinnung des Ausgangssignals mit Hilfe einer Widerstandsmatrix

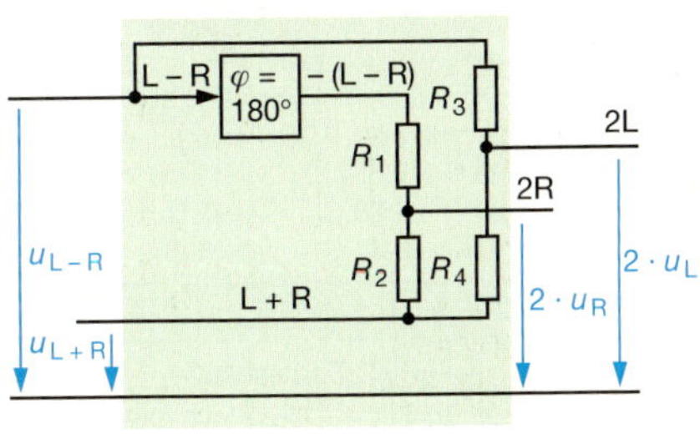

Schalter-Decoder mit PLL-Regelkreis
(Anwendung in integrierten Schaltungen)

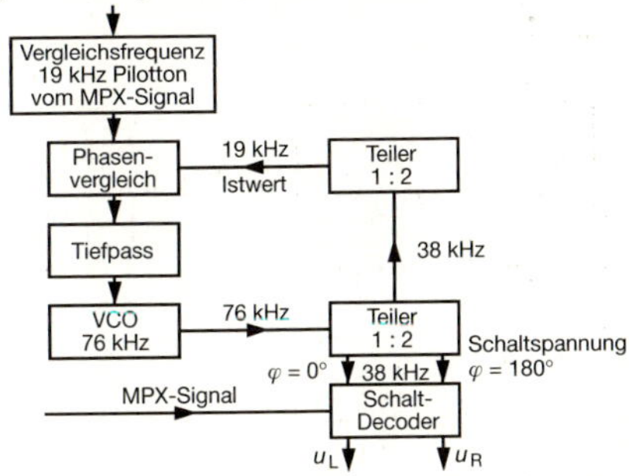

Farbmodelle – *Colour models*

RGB

Funktion von Farbmodellen:
Beschreibung einzelner Farben durch Zahlenwerte.

Anwendung von RGB:
Farbdarstellung auf Displays, Farbmonitoren (aktiv lichterzeugende Medien)

RGB:
- **Additives** Farbmodell
- Primärfarben (Grundfarben)
  - **R**ot 610 nm (R);
  - **G**rün 535 nm (G) und
  - **B**lau 470 nm (B)
- Die Primärfarben ergeben zusammen Weiß.
  0,3 R + 0,59 G + 0,11 B = 1
- Weitere Farben lassen sich aus Mischung der drei Primärfarben erzeugen.

- Der Farbraum des RGB-Modells lässt sich in Form eines Würfels mit der Kantenlänge 1 darstellen.
- Vorteil:
  Alle Farben lassen sich durch Vektoren mit ihren Komponenten darstellen.

Beispiele:

Schwarz	(0, 0, 0);	Rot	(1, 0, 0);	Grün	(0, 1, 0);
Blau	(0, 0, 1);	Magenta	(1, 0, 1);	Cyan	(0, 1, 1);
Gelb	(1, 1, 0);	Weiß	(1, 1, 1)		

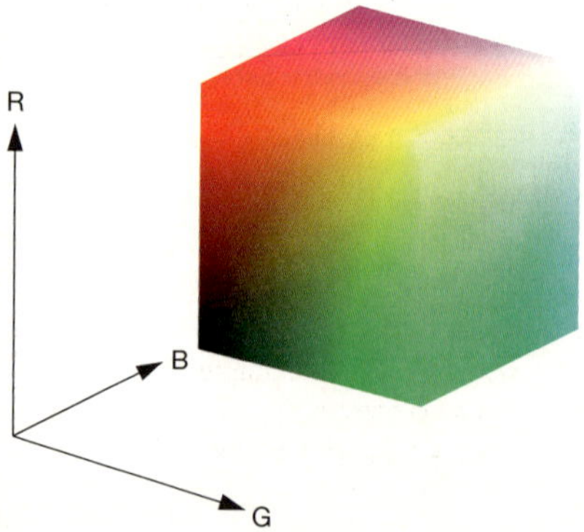

CYM

Anwendung:
Malerei und Farbausgabe durch Drucker (reflektierende Medien).

CYM:
- **Subtraktives** Farbmodell
- Grundfarben
  - **C**yan (C),
  - **Y**ellow (Y) und
  - **M**agenta (M)
- Alle Grundfarben zusammen ergeben Schwarz.

CMYK

Neben den Grundfarben Cyan, Magenta und Yellow wird für den Farbdruck Schwarz eingesetzt (**Vierfarbendruck**).

Vorteile:
- Schwarz lässt sich klarer darstellen.
- Druckpapier würde durch das Auftragen der drei Farben zu stark durchnässt werden.

YUV

Verwendung beim PAL-Fernsehen.

Y: Leuchtdichtesignal, Helligkeitssignal (Luminanz)
U: Reduziertes Farbdifferenzsignal (R – Y)
V: Reduziertes Farbdifferenzsignal (B – Y)

$$Y = 0{,}299\,R + 0{,}587\,G + 0{,}114\,B$$
$$U = -0{,}169\,R - 0{,}0331\,G - 0{,}5\,B$$
$$V = 0{,}5\,R - 0{,}419\,G - 0{,}081\,B$$

Variante: **YCbCr** (**YC_BC_R**)
Y: Leuchtdichtesignal, Helligkeitssignal
Cb: Blaue Chrominanzkomponente
Cr: Rote Chrominanzkomponente
Zusammenhang mit dem RGB-Farbsystem:

$$Y = 0{,}299\,R + 0{,}587\,G + 0{,}114\,B$$
$$Cr = 0{,}60\,R - 0{,}28\,G - 0{,}32\,B$$
$$Cb = 0{,}21\,R - 0{,}52\,G + 0{,}31\,B$$

YIQ

Verwendung beim NTSC-Fernsehen.
Y: Leuchtdichtesignal, Helligkeitssignal
I, Q: Reduzierte Farbdifferenzsignale

Bild und Grafik – *Picture and grafic*

Bildarten

Schwarzweißbild	Graustufen- oder Halbtonbild	Farbbild
Information pro Bildpunkt		
• 1 Bit ⇒ $2^1 = 2$ 2 verschiedene Werte, Schwarz oder Weiß	• 1 Bit ⇒ $2^4 = 16$ 16 verschiedene Werte möglich • 8 Bit ⇒ $2^8 = 256$ 256 verschiedene Werte möglich	• 8 Bit für jeweils Rot, Grün und Blau 24 Bit ⇒ $2^{24} = 16.777.216$ 16,78 Millionen verschiedene Werte möglich (Truecolor)

Farbtiefe (Farbumfang Image Depth)

$C = 2^D$

C: Anzahl der verschiedenen Farben (bzw. Graustufen)

D: Farbtiefe in Bit/Pixel

Farbinformationen

- **Farbton** (Hue)
  Wellenlänge des Lichtes
- **Helligkeit** (Brightness)
  Wie nah an Schwarz (0 %), wie nah an Weiß (100 %)
- **Farbsättigung** (Chroma)
  Leuchtkraft der Farbe, Weißanteil

Beispiele für Farbtiefen

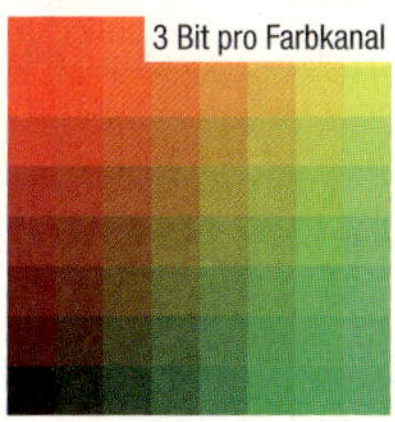

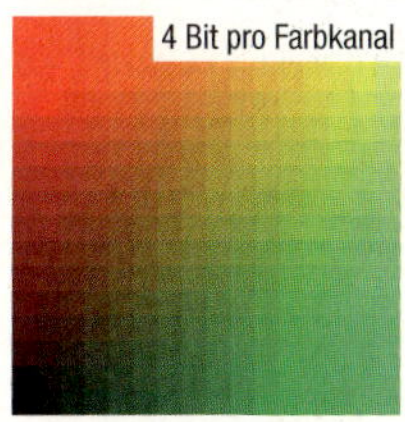

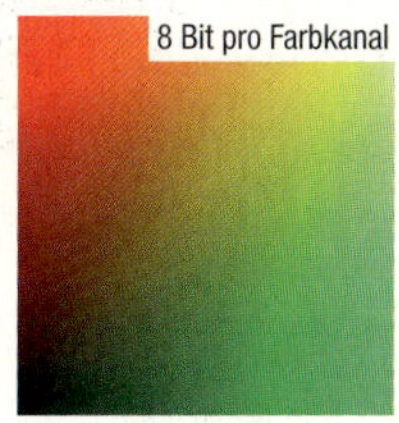

Auflösung und Bildpunkte

Auflösung:
Zwei Zahlen, die die Anzahl der darstellbaren Bildpunkte in horizontaler und vertikaler Richtung angeben.

Auflösung	Bildpunkte	Dateigröße im RGB in MB
320 x 240	76.800	0,225
640 x 480	307.200	0,900
800 x 600	480,000	1,37
1280 x 1024	1.310.720	3,67
1528 x 1146	1.751.088	5,01
1600 x 1200	1.920.000	5,49
2048 x 2048	4.194.304	12,29
3060 x 2036	6.230.160	17,82
6144 x 6144	37.748.736	110,00

Vektor-Grafiken

- Bei Vektor-Grafiken werden geometrische Formen (z. B. Kreise, Rechtecke) gespeichert. Ein Rechteck besitzt z. B. einen Ursprungspunkt und eine Ausdehnung in Form von Längen- und Breitenangaben.
- Vektor-Grafiken können ohne Qualitätsverlust frei gedreht und vergrößert werden (Skalierbarkeit).

Anwendung: Konstruktionsbereich (CAD)

Beispiele für Dateiendungen:
.AI: **A**dobe **I**llustrator
.CDR: **C**orel **Dr**aw
.EPS: **E**ncapsulated **P**ost**s**cript

Rastergrafik, Pixelgrafik

- Bilder in Pixel-Formaten werden als Bitmaps bezeichnet.
- Die Speicherung erfolgt wie bei einem Mosaik. Jedes Pixel (Bildpunkt) wird mit Informationen über Lage (x-y-Achsen) und Farbe gespeichert.
- Pixel-Grafiken verlieren beim Skalieren (Vergrößern) stark an Qualität, da die Pixel vergrößert werden. Stufungen sind erkennbar.

Anwendung:
Wiedergabe von Fotos und Grafiken mit feinen Farbabstufungen

Beispiele für Dateiendungen:

.BMP: **B**it**m**a**p**
.FIF: **F**ractal **I**mage **F**ormat
.GIF: **G**raphics **I**nterchange **F**ormat
.JPEG: **J**oint **P**hotographic **E**xperts **G**roup
.PCX: Paint Brush Format
.PDF: **P**ortable **D**ocument **F**ormat
.PNG: **P**ortable **N**etwork **G**raphics
.PSD: Adobe Photoshop
.TIF: **T**agged **I**mage **F**ile Format

Fernsehnormen – *Television standards*

Fernsehnormen

Standard	System-Bezeichnung	Zeiten	Vertikalfrequenz	Kanalbreite	Differenz Ton-Bildträger	Kanalgrenze, bzgl. Bildträger	Seitenband		Modulation	
							oberes	unteres	Video	Ton
A	Englisch, s/w, alt	405	50 Hz	5 MHz	–3,5 MHz	+1,25 MHz	3 MHz	0,75 MHz	AM pos.	AM
B	CCIR[1], Westeuropa	625	50 Hz	7 MHz	+5,5 MHz	–1,25 MHz	5 MHz	0,75 MHz	AM neg.	FM ± 50 kHz
C	VHF	625	50 Hz	7 MHz	+5,5 MHz	–1,25 MHz	5 MHz	0,75 MHz	AM pos.	AM
D	Belgisch, VHF	625	50 Hz	8 MHz	+6,5 MHz	–1,25 MHz	6 MHz	0,75 MHz	AM neg.	FM ± 50 kHz
E	OIRT, Osteuropa	819	10 MHz	14 MHz	±11,15 MHz	±2,83 MHz	10 MHz	2 MHz	AM pos.	AM
G	Französisch, s/w, alt, VHF	625	5 MHz	8 MHz	+5,5 MHz	–1,25 MHz	5 MHz	0,75 MHz	AM neg.	FM ± 50 kHz
H	CCIR[1], Westeuropa, UHF	625	5 MHz	8 MHz	+5,5 MHz	–1,25 MHz	5 MHz	1,25 MHz	AM neg.	FM ± 50 kHz
I	CCIR[1], Westeuropa	625	5,5 MHz	8 MHz	+6 MHz	–1,25 MHz	5,5 MHz	1,25 MHz	AM neg.	FM ± 50 kHz
K	Englisch, UHF	626	6 MHz	8 MHz	+6,5 MHz	–1,25 MHz	6 MHz	0,75 MHz	AM neg.	FM ± 50 kHz
K1	OIRT, Osteuropa	625	6 MHz	8 MHz	+6,5 MHz	–1,25 MHz	6 MHz	1,25 MHz	AM neg.	FM ± 50 kHz
L	OIRT, Osteuropa	625	6 MHz	8 MHz	+6,5 MHz	–1,25 MHz	6 MHz	1,25 MHz	AM pos.	AM
M	Französisch, UHF	525	4,2 MHz	6 MHz	+4,5 MHz	–1,25 MHz	4,2 MHz	0,75 MHz	AM neg.	FM ± 50 kHz
N	Amerikanisch	625	4,2 MHz	6 MHz	+4,5 MHz	–1,25 MHz	4,2 MHz	0,75 MHz	AM neg.	FM ± 50 kHz

[1] **CCIR**: **C**omité **C**onsultatif **I**nternational des **R**adiocommunications
(Zwischenstaatlicher beratender Ausschuss für das Funkwesen des Internationalen Fernmeldevereins)

Fernsehkanäle

Standard B, Europa

Bereich	Kanal	Frequenzbereich in MHz	Bildträgerfrequenz in MHz	Farbträgerfrequenz in MHz	Tonträgerfrequenz	
					Ton 1 in MHz	Ton 2 in MHz
VHF Band I	2 3 4	47 … 54 54 … 61 61 … 68	48,25 55,25 62,25	52,68 59,68 66,68	53,75 60,75 67,75	54,00 61,00 68,00
USB **U**nterer **S**onderkanal**b**ereich	S2 S3	111 … 118 118 … 125	Satelliten-Rundfunk			
	S4 … S10	125 … 132 … 167 … 174	126,25 … 168,25	130,68 … 172,68	131,75 … 173,25	132,00 … 174,00
VHF Band III	5 … 12	174 … 181 … 223 … 230	175,25 … 224,25	179,68 … 228,68	180,75 … 229,75	181,00 … 230,00
OSB **O**berer **S**onderkanal**b**ereich	S11 … S20	230 … 237 … 293 … 300	231,25 … 294,24	235,68 … 298,68	236,75 … 299,75	237,00 … 300,00
ESB (8 MHz) **E**rweiterter **S**onderkanal**b**ereich	S21 … S38	302 … 310 … 438 … 446	303,25 … 439,25	307,68 … 443,68	308,75 … 444,75	310,00 … 446,00
Standard G, H, I, K, L						
UHF Band IV und V	21 … 69	470 … 478 … 854 … 862	471,25 … 855,25	475,68 … 859,68	476,75 … 860,75	477,00 … 861,00

Kanalbelegung und Signale des analogen Fernsehens

Channel occupancy of analog television

Standard B, USB, BIII und OSB

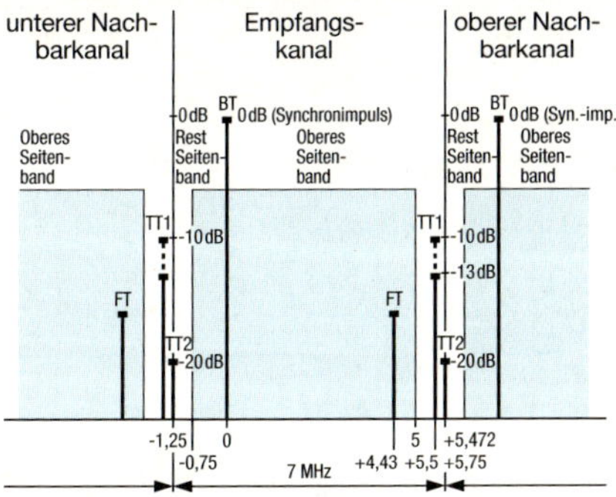

BT: Bildträger TT: Tonträger FT: Farbträger

Synchronsignal Norm I

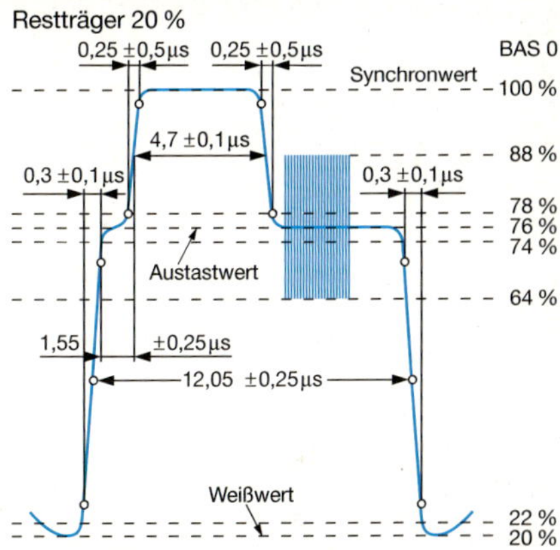

Standard G, ESB und Band IV/V

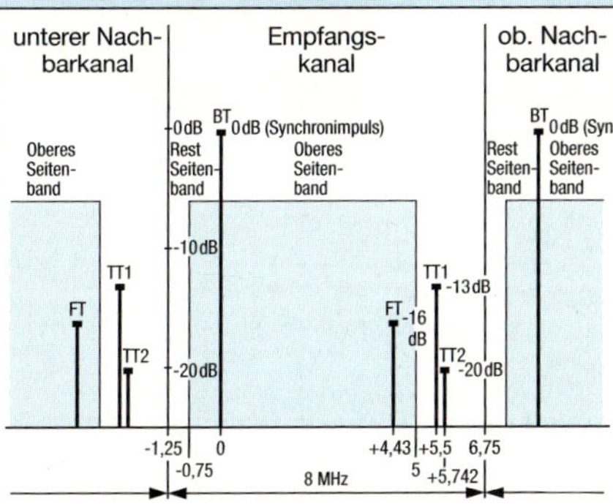

BT: Bildträger TT: Tonträger FT: Farbträger

Modulationssignal

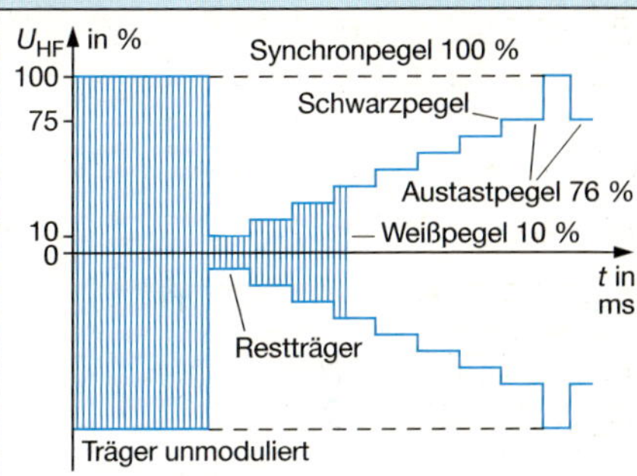

Vertikalsynchronisation

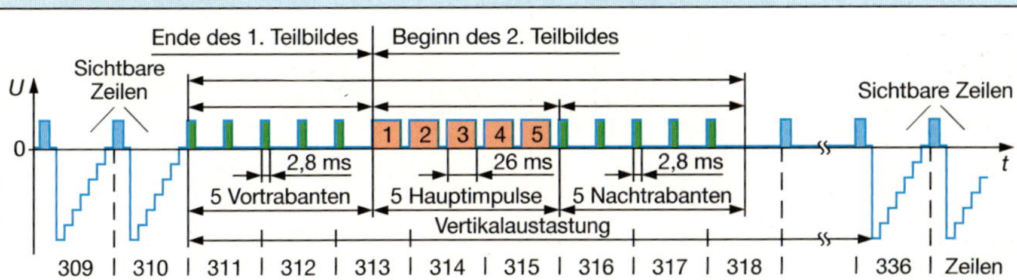

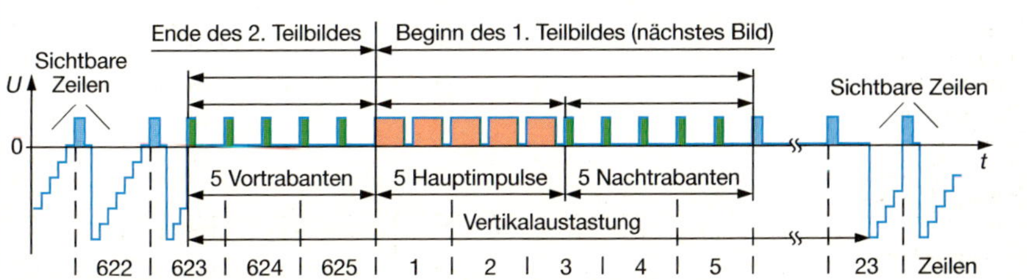

Farbsignale der analogen Farbfernsehtechnik

Colour signals of analog colour television

Begriffe

R: Farbauszug Rot
G: Farbauszug Grün
B: Farbauszug Blau
Y: Leuchtdichtesignal (Luminanz)
$Y = 0{,}3R + 0{,}59G + 0{,}11B$
B-Y: Farbdifferenzsignal
R-Y: Farbdifferenzsignal
V: Reduziertes R-Y-Signal (Reduzierungsfaktor 0,877)
U: Reduziertes B-Y-Signal (Reduzierungsfaktor 0,493)
F_V, F_U: Farbartsignale, 90° gegeneinander phasenverschoben
F: Farbartsignal
$F^2 = F_V^2 + F_U^2$
FBAS: Farb-Bild-Austast-Synchron-Signal

Entstehung der Farbdifferenzsignale

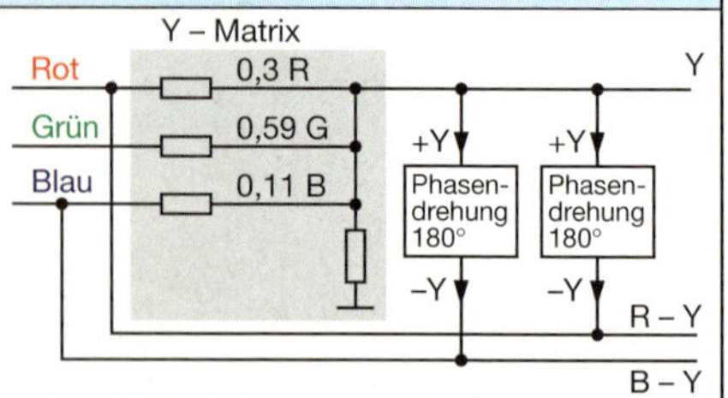

Farbkreis mit reduzierten Farbdifferenzsignalen

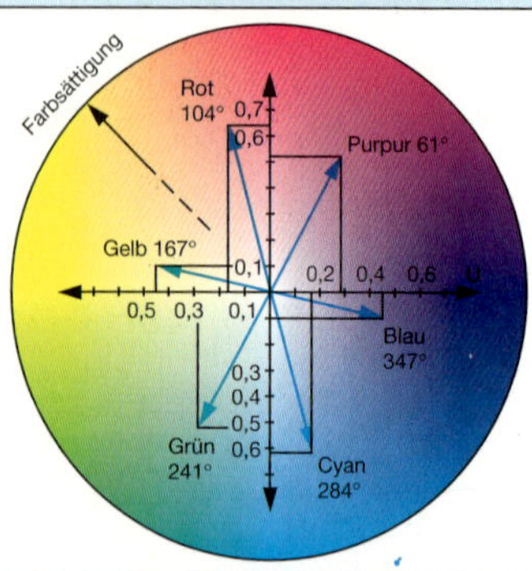

FBAS-Signal (Farbbalkenvorlage)

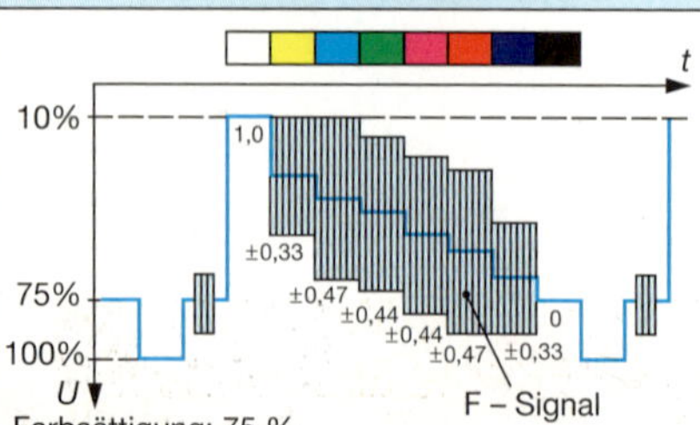

Zusammenhang zwischen Farbsignalen

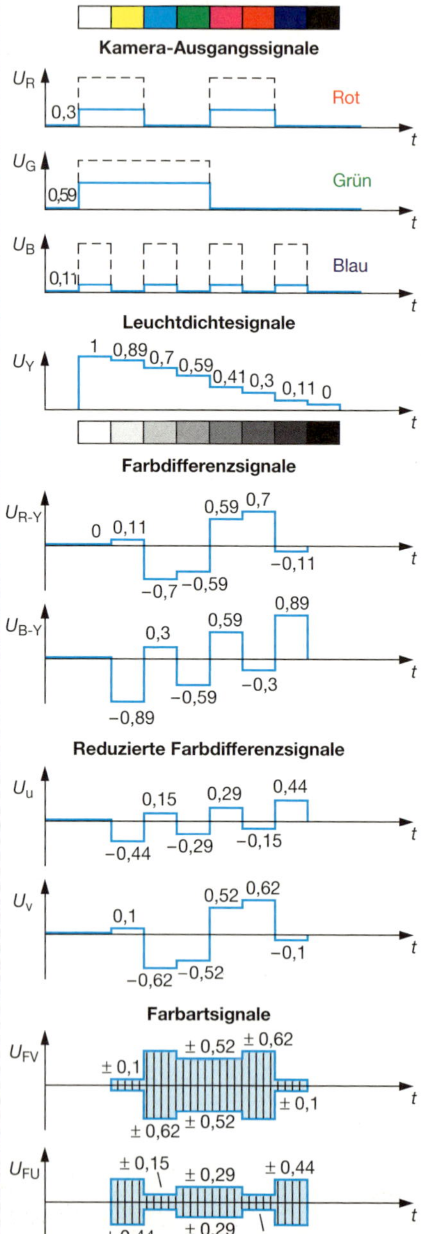

Quadraturmodulation in der analogen Farbfernsehtechnik

Quadrature modulation in analog colour television

Quadraturmodulation für die Farbart Purpur (Sender)

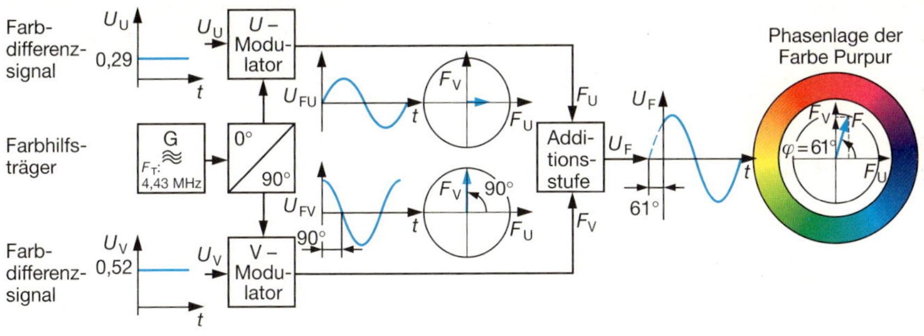

- Modulation mit unterdrücktem Träger (z. B. Ringmodulator)
- Um 90° phasenverschobene Trägersignale (Quadraturmodulation)
- Addition der modulierten Signale F_U und F_V ($F^2 = F_V^2 + F_U^2$)
- Ergebnis: Farbartsignal F, 61° phasenverschoben (bei Purpur)

Spannungen bei Farbbalkenvorlage

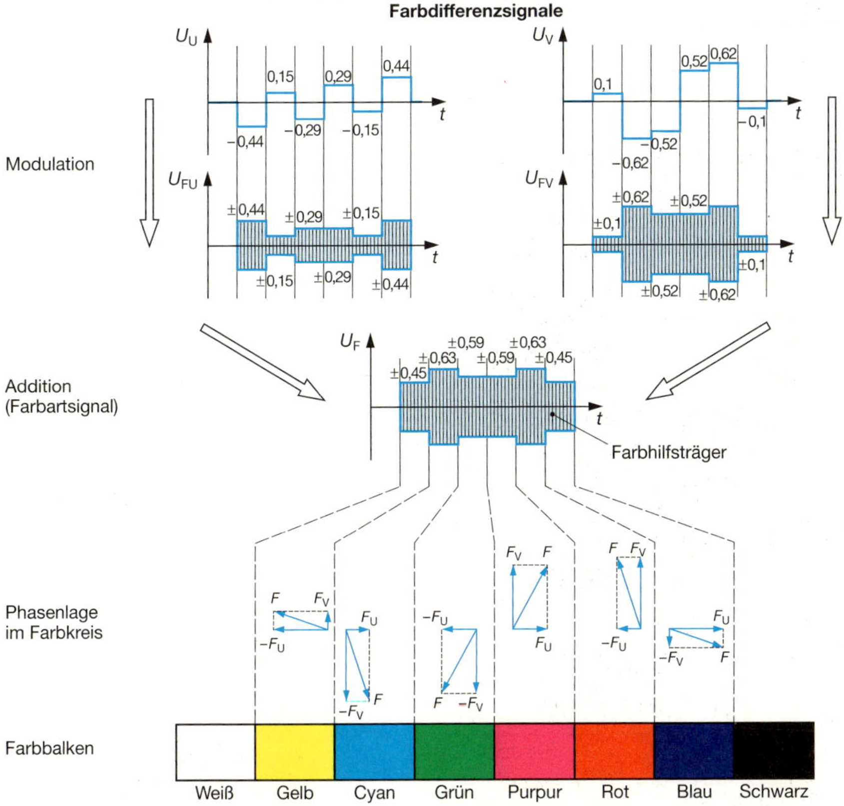

PAL-Verfahren[1] – *PAL-principle*

Prinzip der Phasenfehlerkompensation (Empfänger)

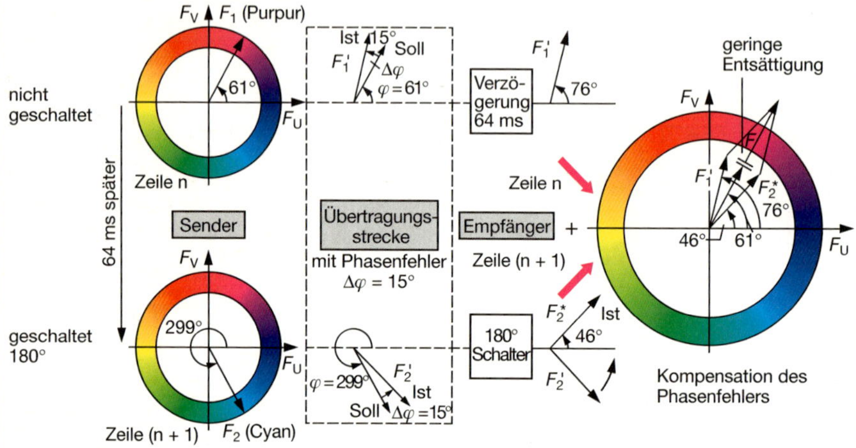

- Ausgangsposition: Zwei benachbarte Zeilen unterscheiden sich kaum in der Farbinformation.
- Sender: Zeile n wird ohne Phasendrehung übertragen, Zeile n + 1 mit Phasendrehung 180°.
- Strecke: Angenommener Phasenfehler 15°.
- Empfänger: Zeile n + 1 wird zurückgeschaltet und mit Zeile n addiert, Phasenfehler ist kompensiert, etwas geringere Farbsättigung.

PAL-Farbcoder (Sender)

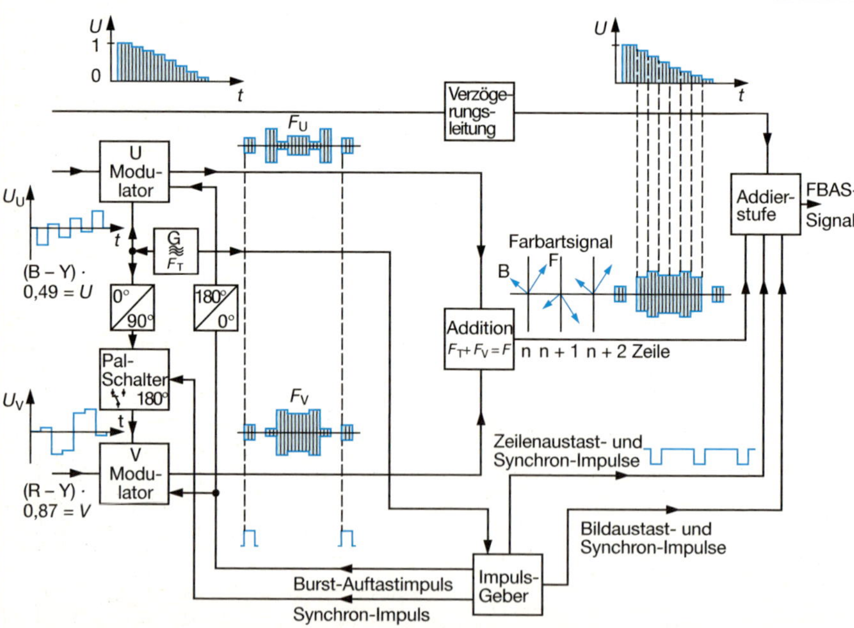

[1] Phase-Alternation-Line (in der Phase wechselnde Zeile)

Analoger Farbfernsehempfänger – *Analog television receiver*

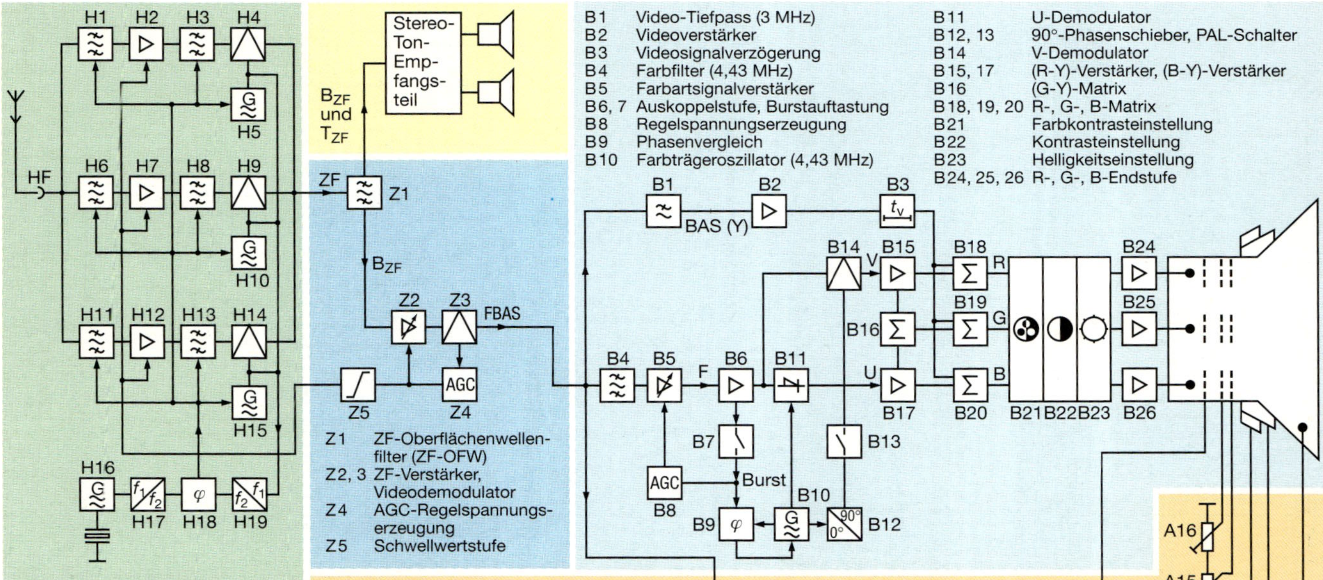

H1	HF-Vorkreis (UHF IV, UHF V)
H6	HF-Vorkreis (VHF III, OSB, ESB)
H11	HF-Vorkreis (VHF I, USB)
H2, 7, 12	HF-Verstärker
H3, 8, 13	HF-Bandfilter
H4, 9, 14	Mischstufe
H5, 10, 15	Oszillator
H16, 17	Referenzoszillator, Sollwertteiler
H18, 19	Phasenvergleich, Istwertteiler

Z1	ZF-Oberflächenwellen-filter (ZF-OFW)
Z2, 3	ZF-Verstärker, Videodemodulator
Z4	AGC-Regelspannungs-erzeugung
Z5	Schwellwertstufe

B1	Video-Tiefpass (3 MHz)
B2	Videoverstärker
B3	Videosignalverzögerung
B4	Farbfilter (4,43 MHz)
B5	Farbartsignalverstärker
B6, 7	Auskoppelstufe, Burstauftastung
B8	Regelspannungserzeugung
B9	Phasenvergleich
B10	Farbträgeroszillator (4,43 MHz)
B11	U-Demodulator
B12, 13	90°-Phasenschieber, PAL-Schalter
B14	V-Demodulator
B15, 17	(R-Y)-Verstärker, (B-Y)-Verstärker
B16	(G-Y)-Matrix
B18, 19, 20	R-, G-, B-Matrix
B21	Farbkontrasteinstellung
B22	Kontrasteinstellung
B23	Helligkeitseinstellung
B24, 25, 26	R-, G-, B-Endstufe

A1	Schwellwertstufe (Amplitudensieb)
A2	Filter für Vertikalsynchronsignal
A3	Vertikalgenerator (50 Hz)
A4, 5	Vertikaltreiber, Vertikalendstufe
A6	Filter für Horizontalsynchronsignal
A7	Phasenvergleich
A8	Zeitkonstantenumschaltung
A9	Horizontalgenerator
A10, 11	Horizontaltreiber, Horizontalendstufe
A12	Leuchtpunktunterdrückung
A13	OW-Diodenmodulator
A14	Hochspannungserzeugung
A15	Focusspannungseinstellung
A16	Gitter 2-Spannungseinstellung (U_{g2})

Fernsehbildformat – *Television aspect ratio*

Kinoformate

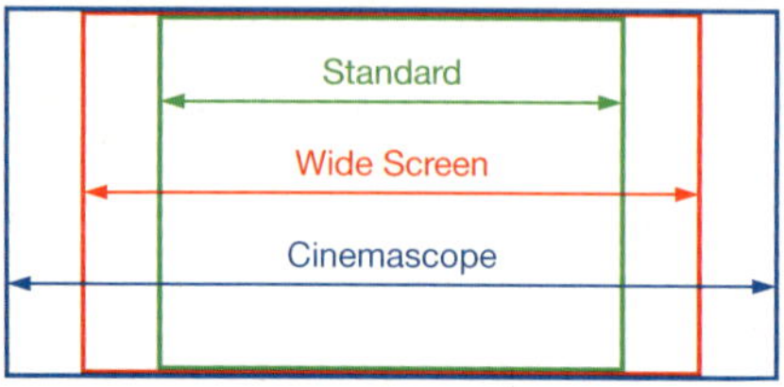

Standard: Breite : Höhe = 1,33:1

Wide Screen: Breite : Höhe = 1,8:1, entspricht dem Fernsehbild 16:9

Cinemascope: Breite : Höhe = 2,35:1

Darstellung von 16:9 Bild auf 4:3 Bildschirm

Bildhöhe formatfüllend

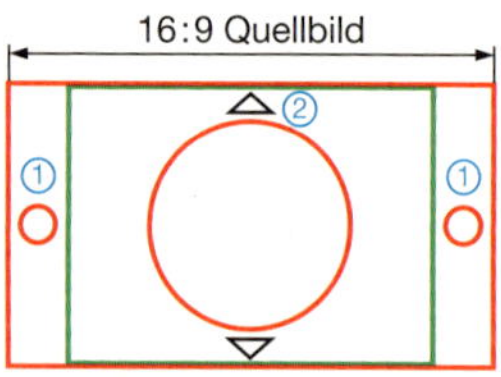

Am linken und rechten Bildrand ① gehen Informationen des Quellbildes ② verloren.

Bildbreite formatfüllend

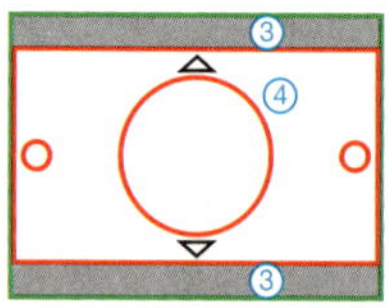

Quellbild wird vollständig abgebildet ④, am oberen und unteren Rand entstehen schwarze Streifen ③.

Bildhöhe formatfüllend, verzerrt

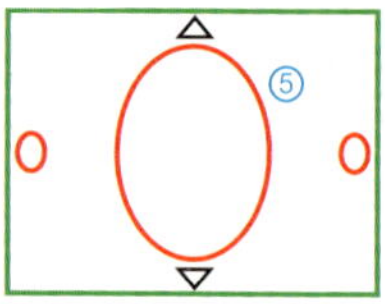

Das Quellbild wird vollständig abgebildet. Das Bild ist vertikal verzerrt ⑤.

Darstellung von 4:3 Bild auf 16:9 Bildschirm

Quellbild (Übertragungsbild) in 4:3

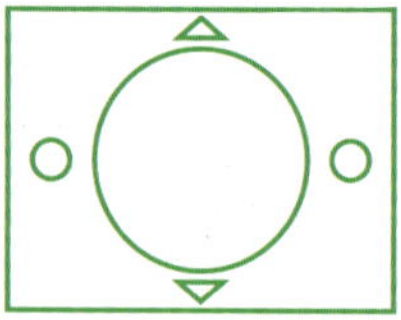

Wiedergabe in 4:3

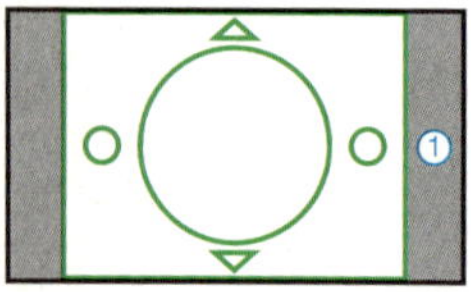

Das Quellbild wird ohne Verzerrungen vollständig abgebildet, links und rechts entstehen schwarze Streifen ①.

Wiedergabe in Option Cinema

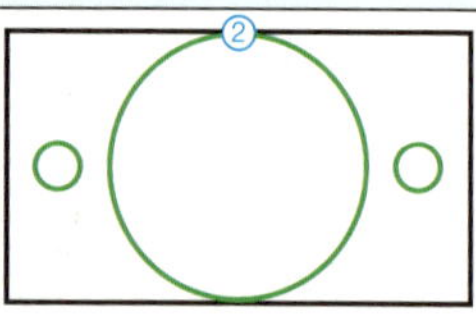

Die Bildbreite wird formatfüllend und unverzerrt dargestellt, am oberen und unteren Rand gehen Informationen verloren ②.

Wiedergabe in Option Breitbild

Die Bildhöhe wird formatfüllend dargestellt, Bild ist horizontal verzerrt ③.

Wiedergabe in Option Panorama Zoom

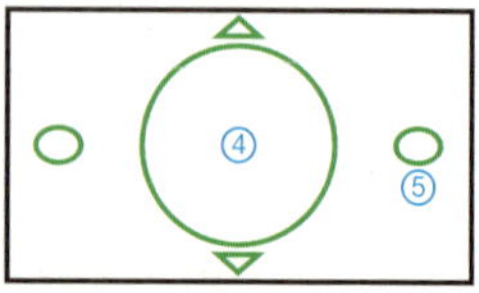

Die Bildinformationen werden so verändert, dass im wichtigen mittleren Bildbereich ④ die Proportionen erhalten bleiben. Die weniger kritischen Randbereiche ⑤ werden formatfüllend gedehnt.

PALplus – *PALplus*

Merkmale von PALplus Übertragungen

- Abwärtskompatibilität, alle Sendewege können ohne Anpassung genutzt werden, einschließlich PAL-Empfänger.
- PAL-Empfänger zeigt die Letterbox (oben und unten schwarze Streifen) bei der Wiedergabe.
- Es gibt weniger Farbstörungen bei Abbildungen auf dem PAL-Empfänger.
- PALplus-Empfänger haben praktisch keine Cross-Chrominanz- und Cross-Luminanz-Störungen.

Prinzip

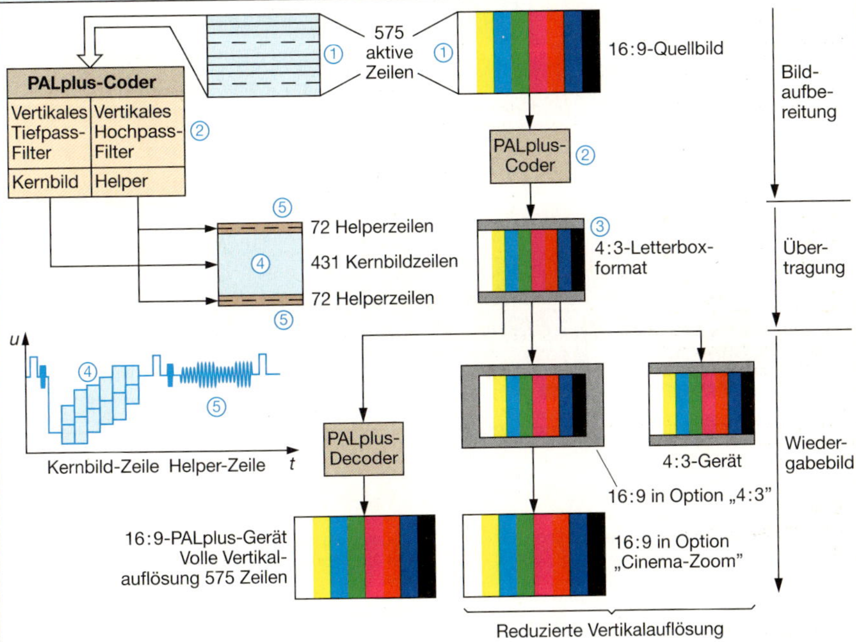

- Das Breitband-Quellbild ① im 16:9 Format besteht aus 575 aktiven Zeilen. Jede 4. sichtbare Zeile wird herausgenommen (Helper-Zeilen).
- Der PALplus-Coder ② convertiert das Ursprungsbild als Letterbox-Bild ③ mit 431 aktiven Kernbildzeilen ④ und 144 Helper-Zeilen in zwei Blöcke ⑤.
- Das Leuchtdichtesignal der herausgenommenen 144 Zeilen wird in den Helper-Zeilen in je 72 Zeilen vor bzw. nach dem Kernbild übertragen.
- Durch die geringere Zeilenzahl besitzt das 4:3 Bild bei einer 16:9 Übertragung eine geringere Auflösung.

PALplus-Decoder

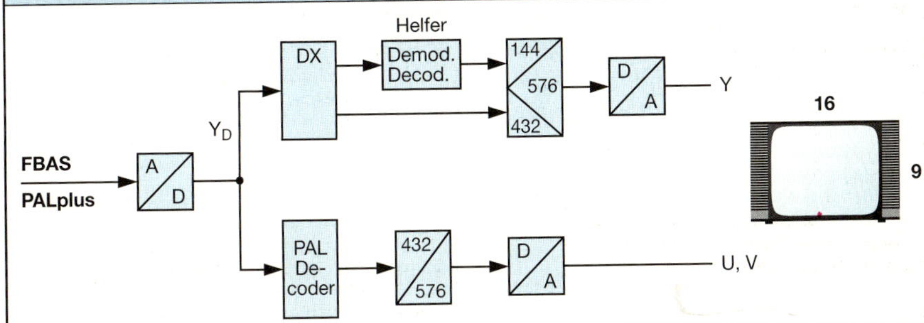

Multimediale Consumergeräte

Farbtestbild – *Colour test chart*

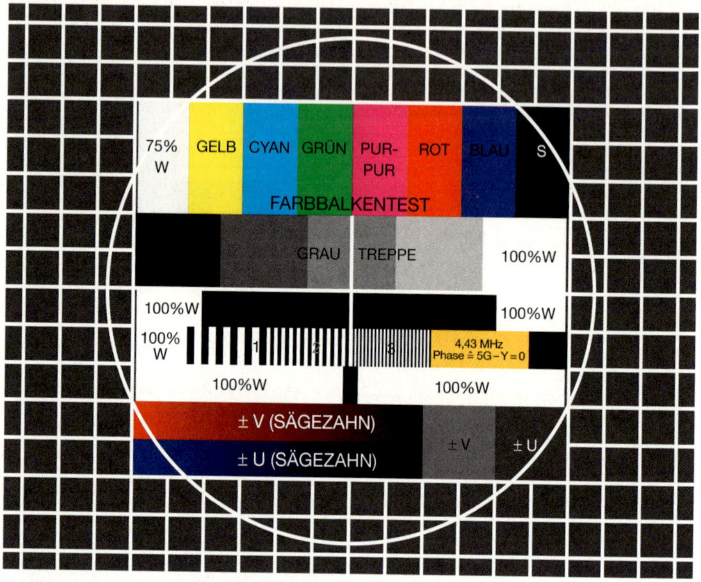

Bedeutung der Bereiche und Einstellmöglichkeiten

Weißer Kreis

Einstellen und Kontrollieren der Bildlinearität und Bildzentrierung.

Umgebendes Gitter

Grauwerte mit 20 % bis 30 % der Weißwerte. Einstellen und Kontrollieren der dynamischen Konvergenz.

Sich kreuzende und hellgetastete Gitterlinien (Bildmitte)

Einstellen und Kontrollieren der statischen Konvergenz.

Farbbalken (oben)

Reihenfolge: Weißbalken mit 75 %, 6 Farbbalken (gelb, cyan, grün, purpur, rot, blau) mit 75 % Sättigung, Schwarzbalken.

- Kontrolle der Farbübertragungsstufen,
- Feststellen von Phasen- und Amplitudenfehlern,
- Einstellen des Farbkontrastes,
- Einstellen der Amplitudenverhältnisse der Farbdifferenzsignale.

Fünfstufige Grautreppe

Weißabgleich, Grauabgleich.

Weiß-Schwarz-Sprung und Schwarz-Weiß-Sprung

Beurteilung der tiefen Videofrequenzen. Bei Amplituden- bzw. Phasenfehlern treten Fahnen bzw. unscharfe Konturen auf.

Videosignale mit 1 MHz, 2 MHz und 3 MHz

Kontrolle der Übertragungsfrequenzen von Tuner und ZF-Verstärker.

(G – Y) = 0 Feld

- Farbton entspricht der Gesichtsfarbe und dient deshalb zur Einstellung des richtigen Farbgrundkontrastes,
- Kontrolle der (G – Y)-Matrix,
- Beurteilung linearer Verzerrungen.

Weißbalken mit 100 % Amplitude (Y-Signal)

- Kontrolle und Einstellen der Videostufe (Weißpegel, Lage der Schwarzschulter),
- Schwarzimpuls von 1 μs Länge in der Mitte,
- Beurteilung von Reflexionen.

PAL-Testsignal mit Sägezahn ±V, + U (links untereinander) und +V mit ± U (rechts nebeneinander)

Einstellen von Amplitude und Phase. Sie wird so eingestellt, daß kein „Jalousieeffekt" auftritt und die –V- und ± U-Felder keine Paarigkeit aufweisen. Bei falscher Phasenlage sind die +V- und ± U-Felder farbig.

Prüfzeilensignale für die analoge Fernsehbildübertragung

Test line signals for analog video signal transmission

Zeile 17

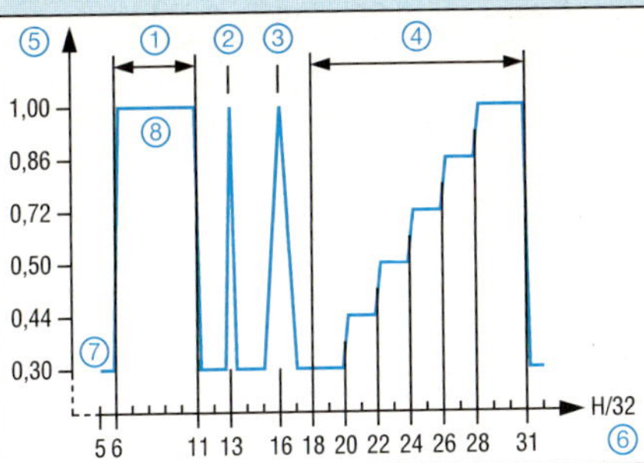

① Weißimpuls
② 2T-Impuls, $T = 100$ ns, $T = \frac{1}{2 \cdot B}$, $B = 5$ MHz
③ 20T-Impuls (2 µs)
④ Grautreppe
⑤ Normierte Spannung in %
⑥ Normierte Zeitachse, H/32 = 2 µs
⑦ Schwarz- bzw. Austastwert
⑧ Weißwert, 100 % BA-Signal

Fehlerursachen:

Pegelfehler (①, Pegel), Frequenzgangfehler (①, Dachschräge; ② Amplitude); Intermodulation zwischen Chrominanz und Luminanz (③).

Zeile 18

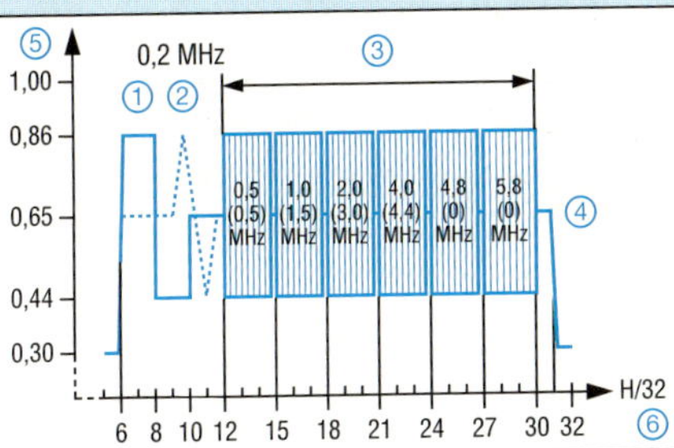

① Multiburst, alternativ zu ②
② Schwingungszug (5 µs), Bezug zu ③
③ Sinusschwingungen unterschiedlicher Frequenz.
④ Grauwert von 50 % des Weißwertes, überlagert mit Sinusschwingungen von 420 mV (Spitze – Spitze), Schwingungspakete etwa 6 µs Dauer.
⑤ Normierte Spannung in %.
⑥ Normierte Zeitachse, H/32 = 2 µs

Fehlerursachen:

Frequenzgangfehler (Amplitudenfrequenzgang).

Zeile 330

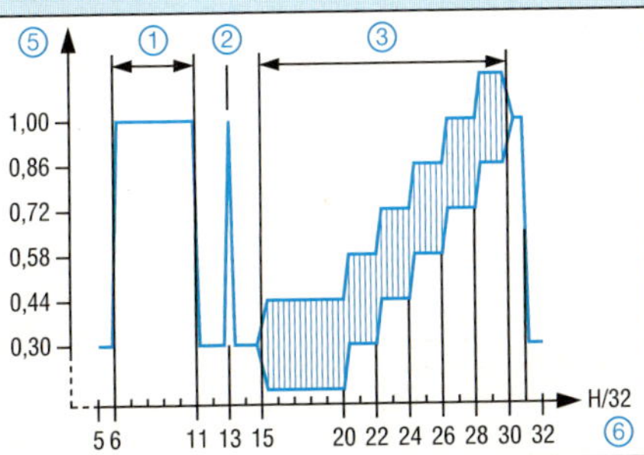

① Weißimpuls
② 2T-Impuls
③ Fünfstufige Grautreppe (modulierte Farbtreppe mit Farbträgerschwingungen), Farbträgerschwingungen: 280 mV (Spitze – Spitze), Phasenlage 60° bezogen auf (B-Y)-Achse.
⑤ Normierte Spannung in %.
⑥ Normierte Zeitachse, H/32 = 2 µs

Fehlerursachen:

Nichtlinearität, Sättigungseffekte in Verstärkern und Umsetzern.

Zeile 331

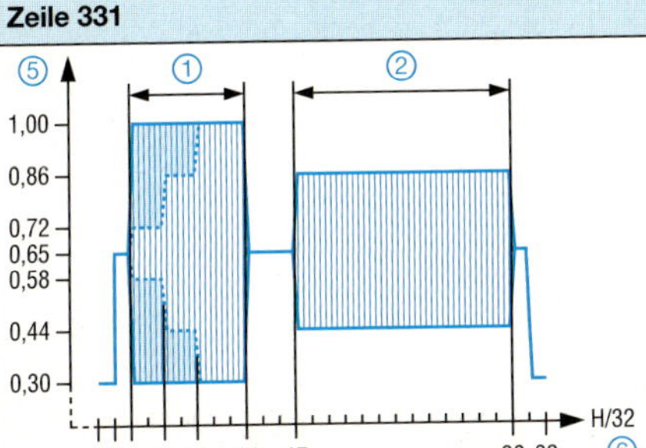

① Farbträger, Farbträgerpakete dreifach gestuft (20 %, 60 % und 100 %), dem Grauwert wird die Farbträgerschwingung mit großer Amplitude überlagert.
② Farbträger, Farbträgerpaket bleibt in der Amplitude konstant.
⑤ Normierte Spannung in %.
⑥ Normierte Zeitachse, H/32 = 2 µs

Fehlerursachen:

Frequenzgangfehler bei $f_T = 4{,}43$ MHz, Nichtlinearität, Sättigungseffekte in Verstärkern und Umsetzern.

Zeile 22 bzw. 335: Rauschmessung

Wiedergewinnung der analogen Farbsignale

Recovery of analog colour signals

Blockschaltbild der Signalaufbereitung

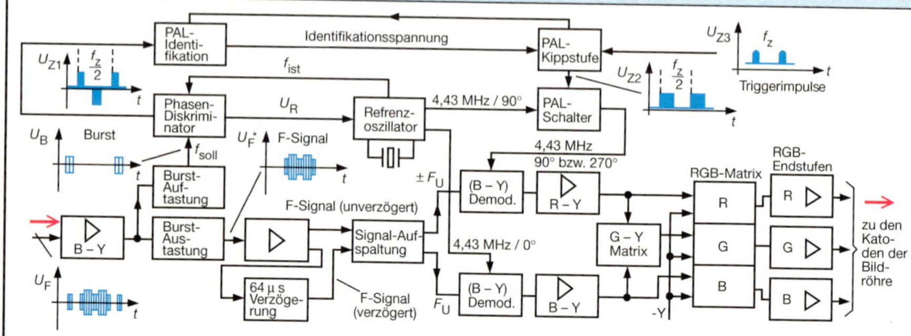

Ansteuerung der Bildröhre

Farbdifferenz-Ansteuerung

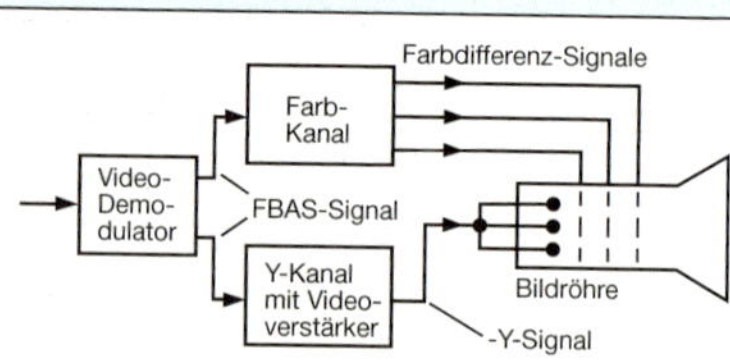

Farbbalkenvorlage

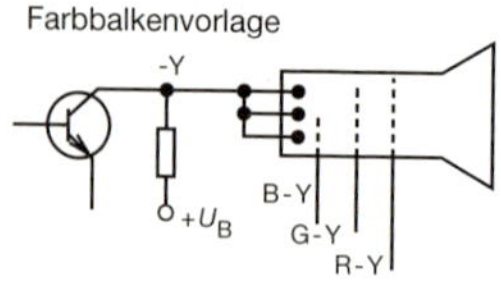

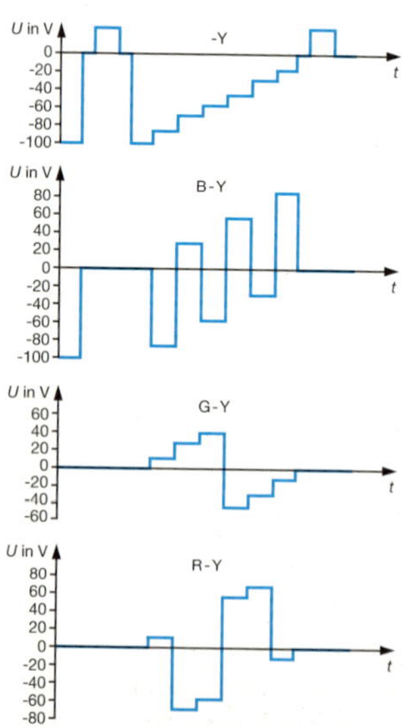

RGB-Ansteuerung

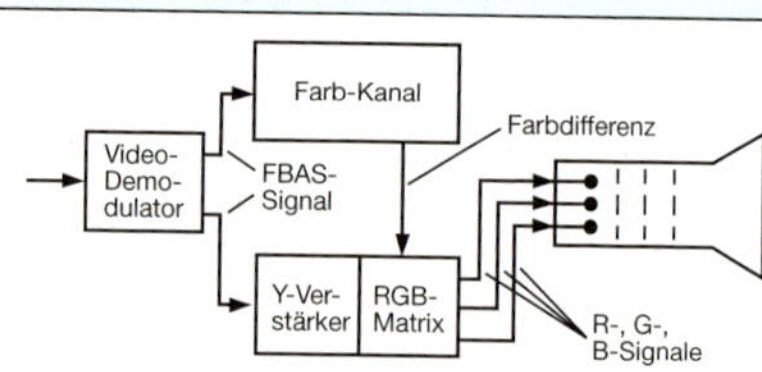

Farbbalkenvorlage

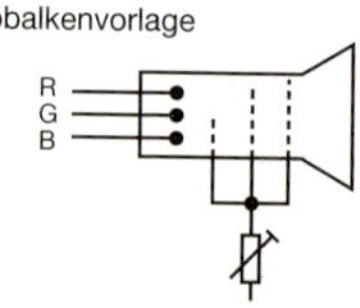

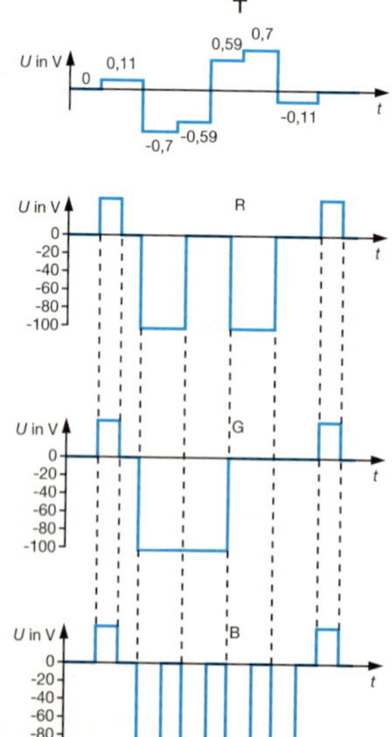

Videotext – *Videotex*

Prinzip und Kenndaten

- Informationsübertragung in der Vertikalaustastlücke (≈ 25 Zeilen, 17 werden für das „normale“ Fernsehbild nicht benötigt).
- Jede Videotextseite oder -tafel ist durch eine Seitennummer gekennzeichnet.
- Jede Videotexttafel besteht aus max. 24 Zeilen.
- Jede Zeile besteht aus max. 40 Zeichen.
- Jedes Zeichen ist nach einer 10 x 12-Punkt-Matrix aufgebaut.
- Die Tafeln sind in mehrere Seiten unterteilt.
- Pro Datenübertragungszeile wird eine Bildschirmzeile übertragen.
- Videotexttafeln werden sequentiell übertragen.
- Zeichen mit 8 Bit-Code.
- Taktfrequenz 6,937 MHz.
- Ab 1980: Zeile 13,14 sowie 326 u. 327 für Videotext; heute: ab Zeile 11 sowie 324.

Ablauf der Seitenwahl

- Eingabe der Seitennummer im Empfänger.
- Videotext-Decoder vergleicht vorgegebene Seite mit der vom Sender ausgestrahlten Seitennummer.
- Bei Gleichheit der Seitenzahlen wird die Information in den Seitenspeicher eingeschrieben.
- Seite erscheint auf dem Bildschirm.
- Neue Seitenwahl, Vorgang wiederholt sich.

- Textseiten, die häufiger benötigt werden, z.B. Inhaltsverzeichnisse, werden öfter in den Sendezyklus eingefügt (Wartezeit verringert sich).
- Moderne Videotext-Decoder haben mehrere programmierbare Seitenspeicher, Wartezeit verringert sich.

Signale der Vertikalaustastlücke für beide Halbbilder

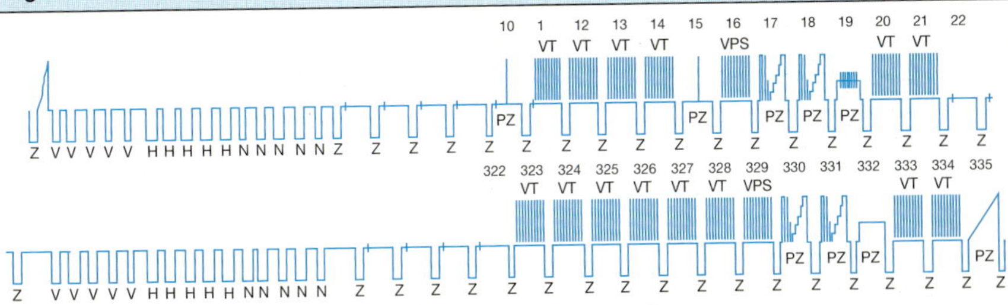

Z: Zeilensynchronimpuls
V: Vortrabant des Rastersynchrongemisches
H: Vertikal-Hauptimpuls
N: Nachtrabant des Rastersynchrongemisches

PZ: Prüfzeilen
VPS: Video-Programm-System
VT: Videotext

Aufbau einer Datenübertragungszeile

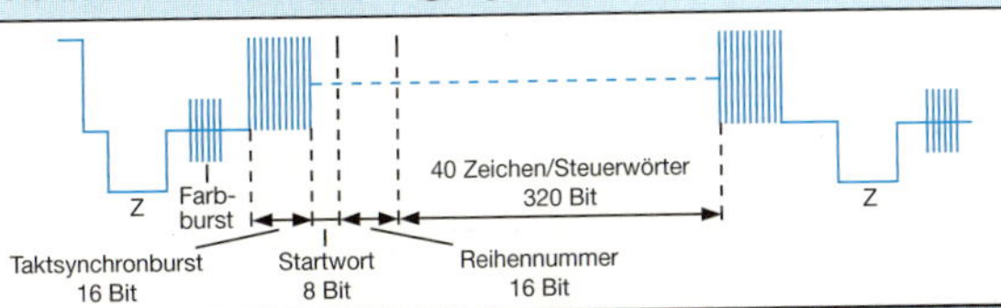

- Taktsynchronburst (16 Bit lang)
- Startwort (8 Bit)
- Codierung für Reihennummer (2 Wörter zu je 8 Bit)
- 40 Zeichen- und Steuerwörter (zu je 8 Bit)

Alphanumerischer Zeichenvorrat (Standard)

b_7	b_6	b_5		0	1	2	3	4	5	6	7	8	9	10	11	12	13	14	15
1	1	1	7	p	q	r	s	t	u	v	w	x	y	z	ä	ö	ü	ß	■
1	1	0	6	°	a	b	c	d	e	f	g	h	i	j	k	l	m	n	o
1	0	1	5	P	Q	R	S	T	U	V	W	X	Y	Z	Ä	Ö	Ü	^	-
1	0	0	4	§	A	B	C	D	E	F	G	H	I	J	K	L	M	N	O
0	1	1	3	0	1	2	3	4	5	6	7	8	9	:	;	<	=	>	?
0	1	0	2		!	"	#	$	%	&	'	(	)	*	+	,	-	.	/
			b_1	0	1	0	1	0	1	0	1	0	1	0	1	0	1	0	1
			b_2	0	0	1	1	0	0	1	1	0	0	1	1	0	0	1	1
			b_3	0	0	0	0	1	1	1	1	0	0	0	0	1	1	1	1
			b_4	0	0	0	0	0	0	0	0	1	1	1	1	1	1	1	1

Multimediale Consumergeräte

DVB – *Digital Video Broadcasting*

Digitales Fernsehen

DVB-S Verbreitung über **Satelliten** Modulation: **QPSK**	**DVB-C** Verbreitung über **Kabelnetze** Modulation: **QAM**	**DVB-T** **Terrestrische Verbreitung** Modulation: **OFDM**

QPSK
Quadratur **P**hase **S**hift **K**eying
Quadratur-Phasenumtastung

Der sinusförmige Träger ① hat je nach binärem Zustand des Informationssignals vier verschiedene Phasenzustände.

Den vier Phasenzuständen sind jeweils zwei Bits zugeordnet ②.

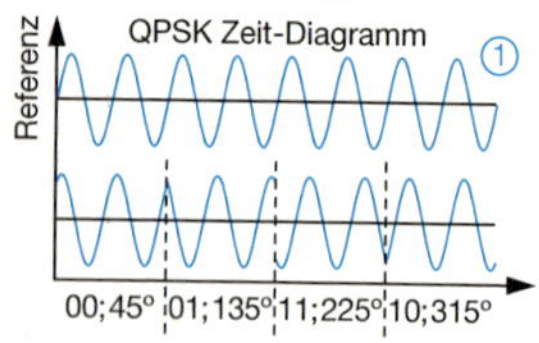

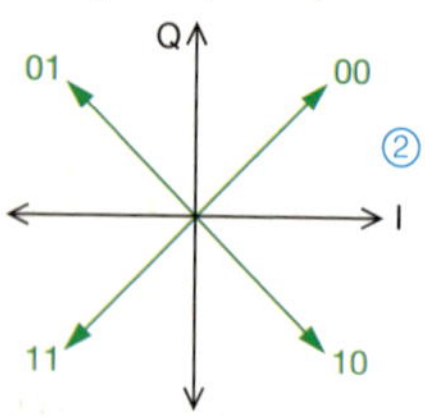

Modulator

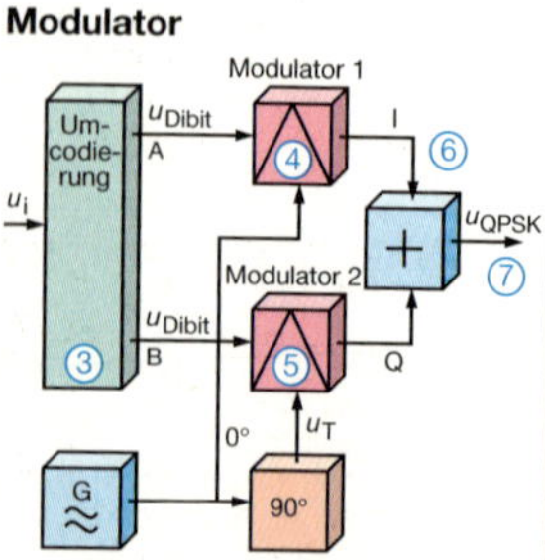

- Durch Umcodierung wird der Datenstrom in zwei Datenströme aufgeteilt (Dibit ③).
- Die Dibitsignale werden zwei Modulatoren zugeführt (0° und 90° ④ ⑤).
- Das I- und Q-Signal ⑥ werden in einer Addierstufe zum QPSK-Signal zusammengeführt ⑦.
  I: In Phase; Q: Quadratur Phase

QAM
Quadratur-**A**mplituden-**m**odulation

Bei der Modulation werden Phase und Amplitude gleichzeitig verändert.

Anwendung:
16-QAM, 32-QAM, 64-QAM

Beispiel: 16-QAM

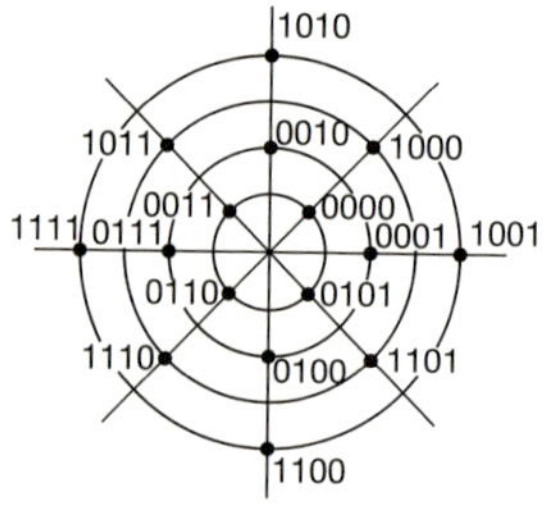

Der Abstand vom Nullpunkt bis zum Endpunkt entspricht der Amplitude des Signals.

Modulator

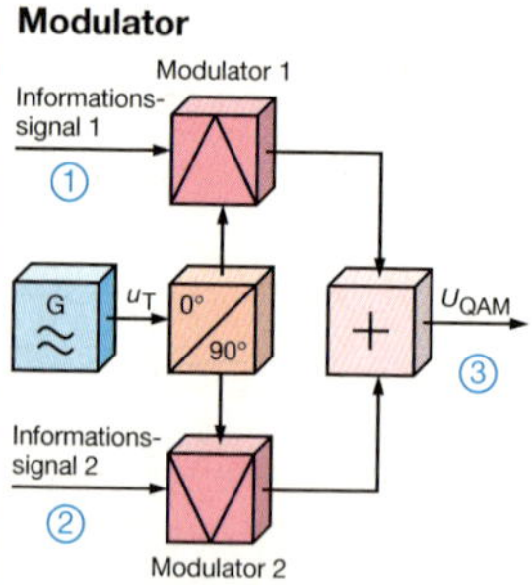

- Die beiden Informationssignale ① ② werden getrennt moduliert.
- Der I-Vektor stellt die horizontale Komponente dar.
- Der Q-Vektor stellt die vertikale Komponente dar.
- Beide modulierten Signale werden zum QAM-Signal addiert ③.

OFDM
Orthogonal **F**requency **D**ivision **M**ultiplex (Coded OFDM)
Vielträgerverfahren

Problem beim herkömmlichen terrestrischen Empfang:

- Die Empfangssignale gelangen auf verschiedenen Wegen zum Empfänger (Mehrwegeempfang, **Multipath**). Die Laufzeitunterschiede verursachen Störungen. Konventionelle Modulationsverfahren sind deshalb nicht geeignet.

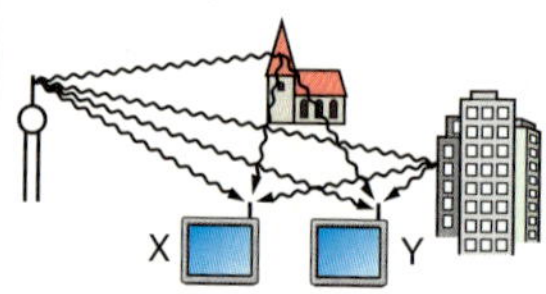

- Als Bandbreite stehen die analogen FS-Kanäle mit 7 bzw. 8 MHz zur Verfügung.

Abhilfe:
Verteilung der Signale auf viele Träger durch OFDM.

Prinzip von OFDM

- Aufteilung der Signale auf ca. 1700 (2K-Mode) oder 6800 (8K-Mode, $2^{13} = 8192$) Träger.
- Der Abstand der Träger beträgt 4,4 kHz (2K-Mode) bzw. 1,1 kHz (8K-Mode).
- Die Träger werden mit QPSK oder QAM moduliert. Die übertragbare Datenrate hängt von diesen Modulationsarten ab.
- Vor der Modulation werden die Daten in Pakete zusammengefasst und durch ein zeitliches Schutzintervall getrennt (**Guard-Intervall**). Störende Überlagerungen können während der Schutzintervalldauer abklingen.
- Das Netz ist ein **Gleichwellennetz** (alle Sender besitzen dieselbe Trägerfrequenz).

DVB-S

Merkmale

- Digitale Fernsehübertragung über Satelliten.
- Die Sendebandbreite ist groß. Beispiel: 30 MHz pro Kanal bei Astra.
- Die Sendeleistung muss innerhalb eines Kanals möglichst konstant sein ⇒ **Energieverwischung**.
- Die Senderöhren im Satelliten werden voll ausgesteuert. Sie werden bis im gekrümmten Teil der Kennlinie betrieben. Dadurch entstehen Amplitudenverzerrungen, so dass QAM nicht angewendet werden kann. Verwendet wird deshalb QPSK (Quadratur-Phasenumtastung).
- Im erdnahen Bereich werden die Signale stark gedämpft und gestört. Deshalb ist ein möglichst störsicheres Modulationsverfahren erforderlich.
- Weil der Störabstand im Empfänger gering ist, muss ein hochwertiger Fehlerschutz verwendet werden.

Signalaufbereitung

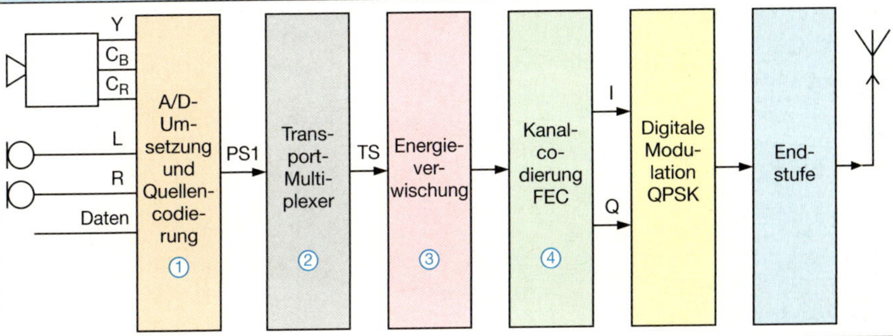

Quellencodierung:

- Die analogen Luminanzsignale Y, die farbreduzierten Chrominanzsignale C_R und C_B sowie die Audio-Stereoinformationen werden zunächst digitalisiert und danach entsprechend dem MPEG-2 Standard codiert ①.
- Diese Datenströme werden als **Elementar-Ströme** (**ES**) bezeichnet und paketiert (**PES**: **P**aketized **E**lementary **S**tream) und mit einem Header versehen (188 Byte).
- Bildsignale, Tonsignale und zusätzliche Daten (z. B. Videotext) werden zu einem Datenstrom im Programm-Multiplexer zusammengefasst (**PS**: **P**rogramm-**S**trom).
- Vom Transport-Multiplexer ② gelangen die Signale in den Energieverwischer ③ (Energy Dispersial Scrambling). Die Daten werden mit Hilfe eines rückgekoppelten Schieberegisters in eine Pseudozufallsfolge gebracht, um ein möglichst gleich verteiltes Leistungsspektrum zu erzielen.

Kanalcodierung:

An den Fehlerschutz (Erkennung und Korrektur) werden hohe Anforderungen gestellt (**FEC**: **F**orworth **E**rror **C**orrection ④). Eingesetzt werden:

Block-codierung	Inter-leaving	Faltungs-codierung

- **Blockcodierung (Block Coding)**
  Der Datenstrom besteht aus festen Blöcken (Datenbit, i-Bit). Jedem Block werden Redundanzbits angehängt (r-Bit), so dass beim verwendeten Reed-Solomon-Code zu den 188 i-Byte 16 r-Byte zum Fehlerschutz hinzugefügt werden (Summe 204 Byte).

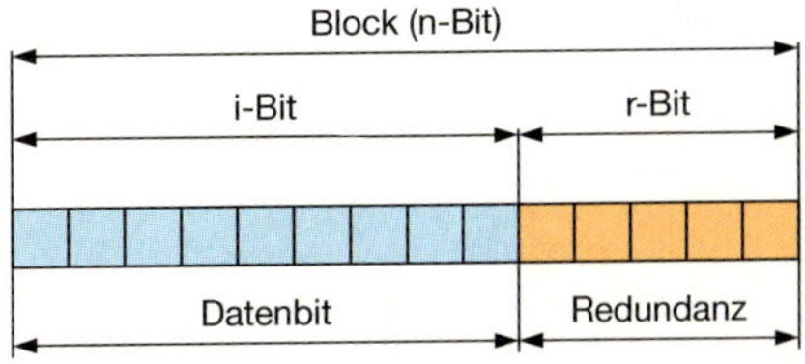

- **Interleaving**
  Hierbei werden die einzelnen Bits eines Datenwortes nach einem mathematischen Verfahren zeitlich in eine andere Reihenfolge gebracht (Zeitinterleaving). Dadurch wird verhindert, dass im Fehlerfall ein einzelnes Datenwort vollständig fehlerhaft wird oder fehlt.

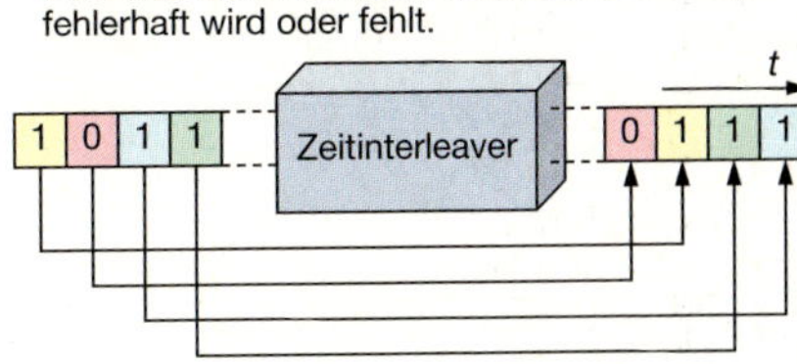

- **Faltungscodierung (Convolution Coding)**
  Die Faltungscodierung ist im Gegensatz zur Blockcodierung bitorientiert. Die einzelnen Bits eines Datenwortes werden nacheinander mit Redundanz versehen.
  Die Eingangsdatenbits werden in einem Schieberegister gespeichert, das verschiedene Abgriffe besitzt. Durch paarweise Multiplikation und Addition wird das Signal an den Abgriffen mit dem Eingangssignal zu einem erweiterten Datenstrom verarbeitet.

DVB-C

Merkmale

- Digitale Fernsehübertragung über das Kabelnetz.
- Die Sendebandbreite ist gering. Sie beträgt 7 bzw. 8 MHz.
- Im Kabelnetz treten weniger Störungen auf als bei einer Satellitenübertragung. Für den Fehlerschutz ist kein großer Aufwand erforderlich. Unter Berücksichtigung aller Einflüsse kann mit einem Träger/Rauschabstand von 28 dB gerechnet werden.
- Höherwertige Modulationsverfahren können eingesetzt werden, 16-QAM, 32-QAM und 64-QAM.
- Eine Datenrate von 38 Mbit/s wird erreicht.
- Da häufig Satellitenprogramme in das Kabelnetz eingespeist werden, bestehen viele Gemeinsamkeiten zwischen den Empfangseinrichtungen.

Einspeisung digitaler Signale in das Kabelnetz

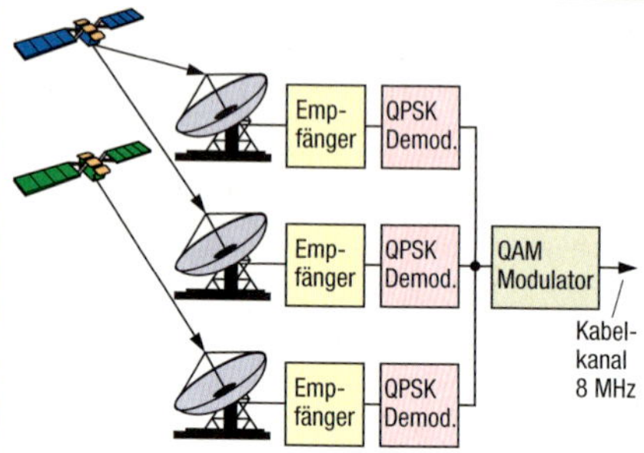

Signalaufbereitung

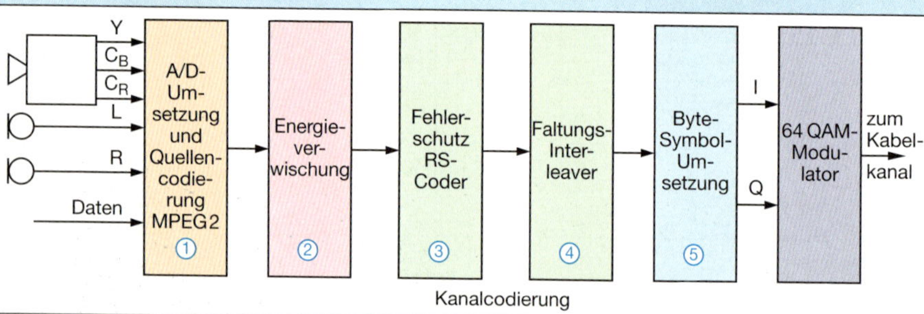

- Die Verteilung von DVB-C erfolgt im Hyperband (303 MHz … 446 MHz, heute S 21, 22 und 23).
- Die Quellencodierung erfolgt wie bei DVB-S ①.
- Nach der MPEG-2 Codierung erfolgt die Energieverwischung ②.
- Als Fehlerschutz wird eine Blockcodierung mit einem Reed-Solomon-Code vorgenommen (RS-Coder ③).
- Als innerer Fehlerschutz wird eine Faltungscodierung (Faltungsinterleaver) vorgenommen ④.
- Die 8 Bit breiten Datenwörter werden jetzt im Byte/Symbolumsetzer ⑤ in Symbolwörter (4, 5, 6, 8 je nach gewählter QAM) umgesetzt. Dazu müssen die Bits neu organisiert werden. Der Datenstrom ändert sich z. B. bei 64-QAM (6 Symbole) von 204 Byte auf 272 Symbole.

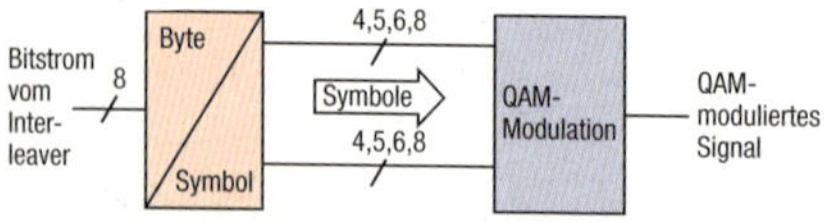

- Als Modulation werden 16-, 32-, 64- oder 256-QAM verwendet. Die Tabelle verdeutlicht die Leistungsmerkmale.

QAM	Bit/ Symbol	Bandbreitenausnutzung in (bit/s)/Hz	Bitrate in Mbit/s	
			netto[1]	brutto[2]
16	4	3,2	25,67	27,84
32	5	4,0	32,09	34,80
64	6	4,8	38,50	41,76
256	8	6,4	51,34	55,68

[1] Nettodatenrate: Die reinen Informationsbits, ohne Kanal- und Fehlerschutzcodierung.
[2] Bruttodatenrate: Nettodatenrate plus Kanal- und Fehlerschutzcodierung.

Service-Informationen[1] bei DAB

Tabelle	Name	Funktion
PAT	Program Association Table	Liste der Programme im Transport-Multiplex
PMT	Program Map Table	Verweis auf die Packet-ID eines Programms
CAT	Conditional Access Table	Verweis auf die Entschlüsselungsdaten
NIT	Network Information Table	Daten einzelner Netzbetreiber, z. B. Satellitenpositionen
BAT	Bouquet Association Table	Informationen über das Angebot einzelner Anbieter
SDT	Service Description Table	Beschreibung der angebotenen Programme
EIT	Event Information Table	Programmtafeln und -kennungen, z. B. für Jugendschutz
TDT	Time and Data Table	Enthält die augenblickliche Uhrzeit
RST	Running Status Table	Angaben der laufenden Sendung zur Steuerung von VCR

[1] Erweiterungen des FS-Empfangs, der in Tabellen festgelegt ist.

Set-Top-Box

Merkmale

- Fernsehgeräte sind für den Empfang analoger Signale eingerichtet. Zum Empfang digitaler Signale wird deshalb ein Umsetzungsgerät (Set-Top-Box) benötigt.
- Der Aufbau der Set-Top-Box hängt davon ab, ob die Signale über Satellit (DVB-S), über das Kabelnetz (DVB-C) oder terrestrisch (DVB-T) empfangen werden.
- Grundsätzlich übernimmt die Set-Top-Box die Aufgabe der Demodulation und Decodierung der DVB-Signale. Unabhängig von der Modulationsart wird immer ein MPEG-2 Datenstrom erzeugt.
- TV-Schnittstelle (SCART):
  - Y/C (S-VHS),
  - RGB, FBAS,
  - Audio (HiFi), (z. B. 2 RCA/Cinch)
- Serielle Daten-Schnittstelle:
  - RS 232 C, Sub-D (z. B. 115 kbit/s)
- Empfang von verschlüsselten (**Pay-TV**: Gebührenpflichtige Programme) und unverschlüsselten (**Free-TV**) Sendungen.
- Bedingter Programmzugang (**CA**: **C**onditional **A**ccess):
  Bestimmte Programme können nur nach entsprechender Entschlüsselung empfangen werden. Die Empfangsberechtigung des Kunden ist auf einer Smartcard gespeichert.
- Betrieb-Software:
  Sie befindet sich auf einem Flash-RAM und kann über die serielle Schnittstelle oder direkt über das Sendesignal von außen aktualisiert werden.
- SI-Daten (Programmübersicht, Zusatzdaten, ...):
  Sie werden während des Betriebs in einem Speicher abgelegt, so dass sie ohne Zeitverzögerung zur Verfügung stehen.

Prinzip der Umsetzung

Digitale Signale aus unterschiedlichen Übertragungswegen

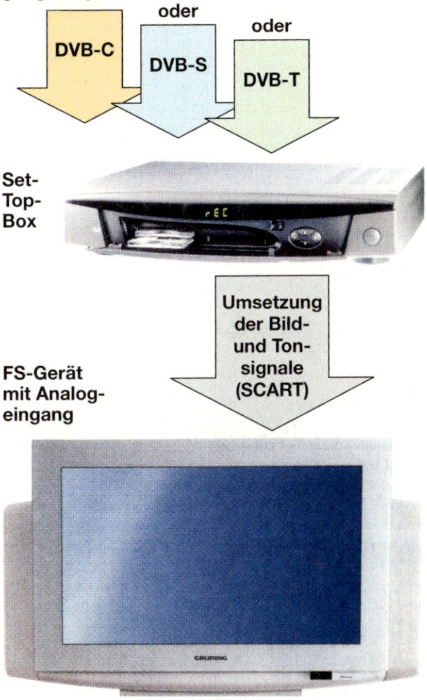

Blockschaltbild

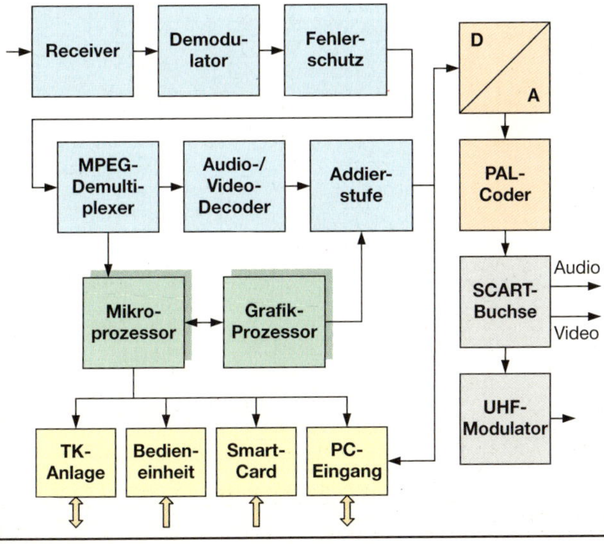

MHP

MHP:
Multimedia **H**ome **P**latform

mhp

- MHP basiert auf der Programmiersprache JAVA.
- Sie ist eine einheitliche offene Schnittstelle zur Entwicklung von interaktiven, multimedialen Mehrwegdiensten.
  Beispiele:
  - Weiterleitung auf Internet-Seiten,
  - Angebote von Werbe-Trägern empfangen,
  - eComerce
- Anforderungen:
  - Telefonmodem,
  - Kabelmodem oder
  - Rückkanal im Kabel

Analoge Schallaufzeichnung – *Analog sound recording*

Nadeltonverfahren

Schriftarten

Tiefenschrift (Edison 1877)
Schneidstichel wird senkrecht zur Plattenebene bewegt.

Seitenschrift (E. Berliner)
Schneidstichel wird in Richtung der Plattenebene bewegt.

Flankenschrift (Stereoschrift)
Stereosignale steuern den Stichel in um 90° versetzte Bewegungskomponenten. Jede Komponente ist um 45° gegen die Plattenebene geneigt.

Schallplatte

Symbole	Mono/Stereo	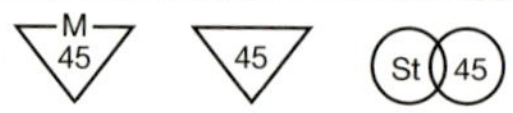	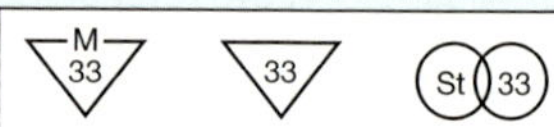
Abtastnadel		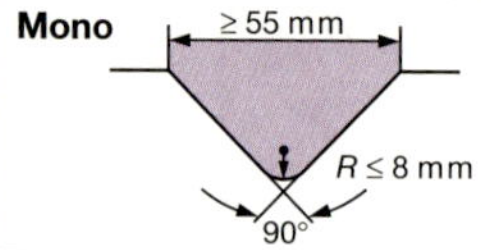	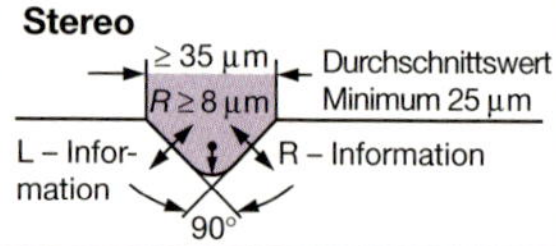
Drehzahl in 1/min		45	33 1/3
Nenndurchmesser in cm		17,5	30
Spielzeit in min		6…9	bis 40
Rillenbreite in μm	Mono	50	50
	Stereo	40	40
DIN Normen	Mono	45 537	45 537
	Stereo	45 546	45 547

Magnettonverfahren

Tonbandgerät (Mono)

Vollspuraufzeichnung

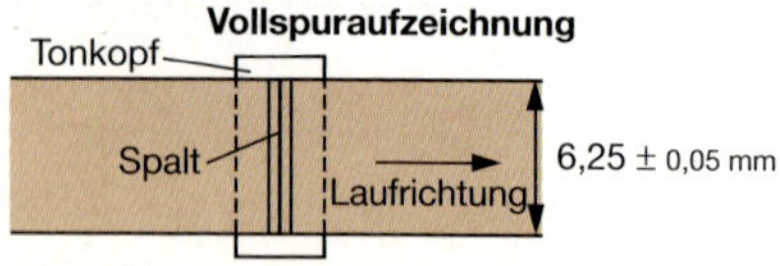

Das Band kann gewendet werden

Halbspuraufzeichnung

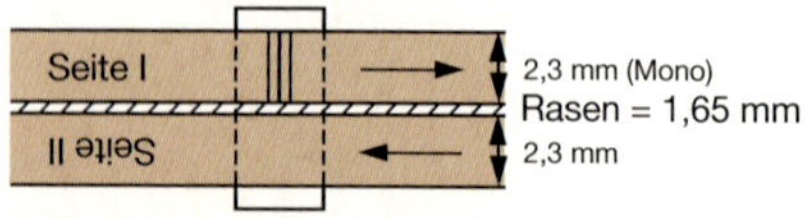

Das Band kann gewendet werden

Tonbandgerät (Stereo)

Halbspurstereo

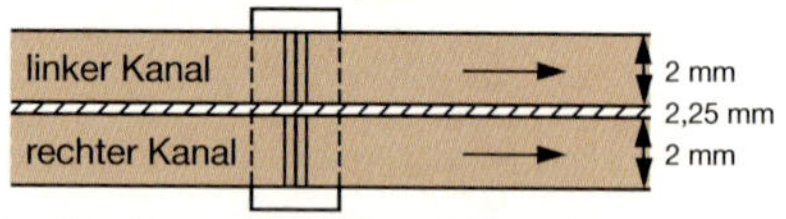

Das Band kann nicht gewendet werden

Viertelspurstereo

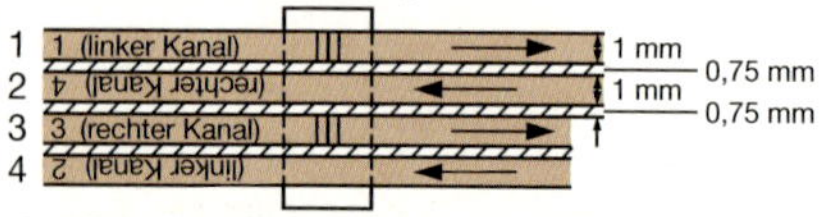

Das Band kann gewendet werden

Kassettengerät (Kassette kann gewendet werden)

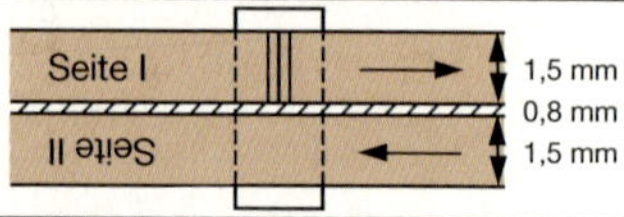

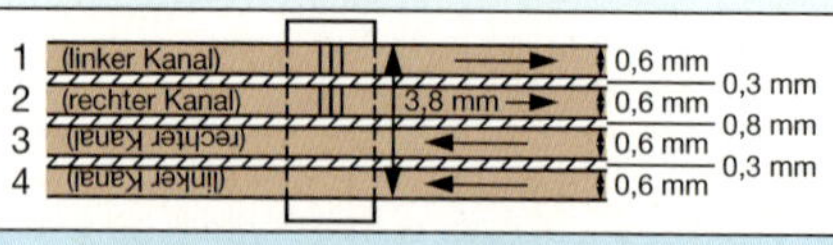

Bandsorten

Beschichtung	Merkmale
Eisenoxid (Fe-Bänder) Fe_2O_3	Signal-Rauschabstand gering, damit geringe Dynamik, Höhenaussteuerbarkeit gering
Chromdioxid (Cr-Bänder) CrO_2	Höhenaussteuerbarkeit gut, Tiefenaussteuerbarkeit gering, größte Dynamik
Doppelschichtband (Fe-Cr) Eisenoxid und Chromdioxid	Gute Höhen- und Tiefenaussteuerbarkeit, Dynamikwerte zwischen denen der Fe- und Cr-Bänder
Reineisen (Me-Band) (kein Oxid)	sehr gute Höhenaussteuerbarkeit, Dynamik ähnlich Fe-Band, nur auf speziell ausgerüsteten Geräten zu verwenden

CD-Familie – *CD family*

Red-Book [1)]

CD-Audio, Audio-CD
CD-DA (Digital Audio)

- 2352 Byte als Nutzdaten/Sektor
- 882 Zusatzbyte (784 zur Fehlererkennung, 98 Kontroll-Bytes)
- Kapazität: 74 Minuten Musik, max. 98 Titel

CD-DA mit Grafik

- Grafikdaten werden in den Kontrollbytes transportiert

Mixed-Mode CD

CD für Einsatz im Computer:
- Musikdaten (Text + Bild)
- Computerdaten (CD-ROM)

Yellow-Book [1)]

CD-ROM

- Enthält Spezifikationen der CD-DA
- zusätzlich:
  - Fehlererkennung (EDC)
  - Fehlerkorrektur (ECC)
- Aufzeichnungsstandard ISO 9660

Mode 1: Computerdaten	Mode 2: Audio- und Grafikdaten
• Kapazität: 682 Mbyte	• Kapazität: 778 Mbyte

CD-ROM/XA

XA: Extended Architecture (erweiterte Möglichkeiten der CD-ROM)

Form 1: Computergrafik
Form 2: Komprimierte Audio-, Grafik- und Videodaten

Green-Book [1)]

CD-I

Computer Disk Interaktive, enthält:
- Computerdaten
- Musik und Bilder
- 650 MByte (72 min Video oder 19 h Ton)

Orange-Book [1)]

CD-MO	CD-WO
MO: Magneto Optical	WO: Write Once
Datenträger, die mit Spezialgeräten mehrfach beschrieben und gelesen werden können.	Einmalig bzw. in mehreren Sitzungen (Sessions) beschreibbar, beliebig oft lesbarer Datenträger
CD-R	**CD-RW**
R: Recordable Beschreibbare CD (optisch)	RW: ReWritable Wiederbeschreibbare CD (optisch)

Photo-CD

Anwendung:
Aufzeichung und Wiedergabe von DIAS (Kodak)

Die technischen Spezifikationen (Standards) werden als „farbige" Bücher bezeichnet.

White-Book [1)]

Video- und Photo-CD nach MPEG

Video in VHS-Qualität
Kapazität: 75 Minuten Video

Blue-Book [1)]

CD-Extra, CD-Plus, CD-V

Audio und Daten,
Kombination aus Red u. Yellow Book

1) Festgelegter Aufzeichungsstandard

Audio-CD

CD-Platte

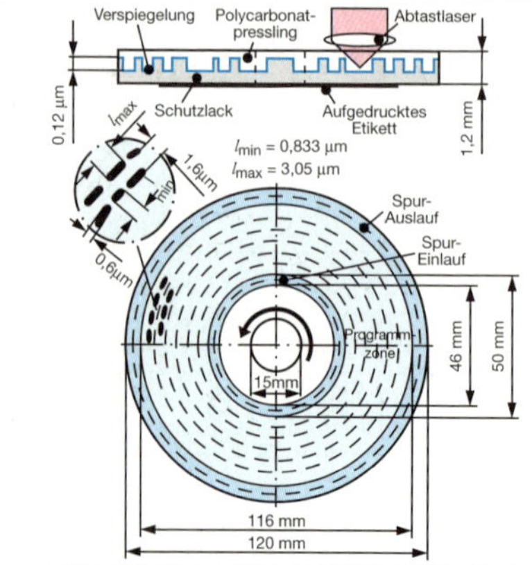

Wiedergabedaten	20 Hz…20 kHz ± 0,5 dB, Dynamik: > 90 dB; Klirrfaktor: < 0,01 %; Kanaltrennung: > 90 dB
Spieldauer	max. 74 min, einseitig
Drehzahl (veränderlich)	Innenabtastung: 500/min Außenabtastung: 215/min
Abtastgeschwindigkeit	1,2 m/s (70 min Spieldauer) … 1,4 m/s (60 min Spieldauer)
Drehrichtung	gegen Uhrzeigersinn
Leserichtung	spiralförmig, von innen nach außen

Optisches System

Lichtquelle	Halbleiter-Laser (≤ 2 mW) AlGaAs, 780…820 nm
Tiefenschärfe	±2 µm

Signalformat

Abtastung	44,1 kHz Abtastfrequenz, L und R gleichzeitig, 1,41 Mbit/s
Codierung und Quantisierung	PCM, 2er-Komplement, 16 Bit linear (14 Bit bei Oversampling)

Aufzeichnungsformat

Fehlerkorrektur-Code	CIRC: Cross-Interleaved-Reed-Solomon-Code (Verschachtelung mit Prüfwort ergänzt)
Kanal-Modulation	EFM: Eight to Fourteen Modulation; 8–14 Modulation; 8 Bit breite Symbols werden zu 14 Bit breiten Wörtern umgesetzt.
Sample	Abtastwert: je 16 Bit für L und R
Frame	Rahmen: 6 Samples ergeben 1 Frame
Frame-Länge	Rahmenlänge: 588 Bits; Synchronisation: 24 Kanalbits Steuerung/Anzeige: 8 Datenb., 14 Kanalb. 24 Datenbytes: 192 Datenb., 336 Kanalb. 8 Fehlerkorrektur-Bytes: 64 Datenb., 112 Kanalb. Zusatzbits: 102 Kanalbits
Merginbit	Koppelbit zur Synchronisation, für den Übergang von einem Wort zum anderen.
Kanalbitrate	4,3218 Mbit/s

Aufbau eines Datenrahmens (Frame)

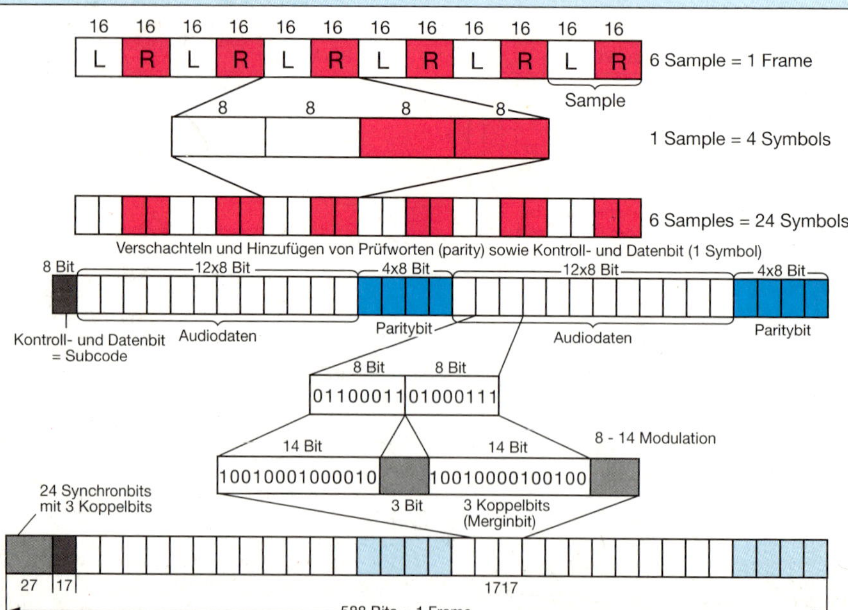

MD – *Minidisc*

Aufzeichnungsprinzip (magnetisch)

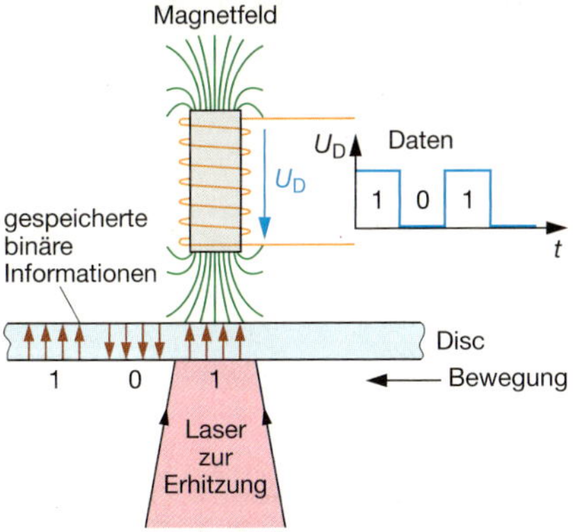

Speichern und Lesen durch Anwendung des Kerr-Effektes:

- Ferromagnetisches Material wird durch Laserlicht erwärmt (489° C).
- Ausrichtung der Molekularmagnete durch Magnetfeld entsprechend den zu speichernden Daten.
- Bei Abkühlung bleibt die Ausrichtung erhalten.

Anwendung

- Platzsparende Speicherung von Audiodaten (etwa 1/5 der auf der CD verwendeten Daten).
- Beliebig oft Aufnehmen und Wiedergeben.

Leseprinzip (optisch)

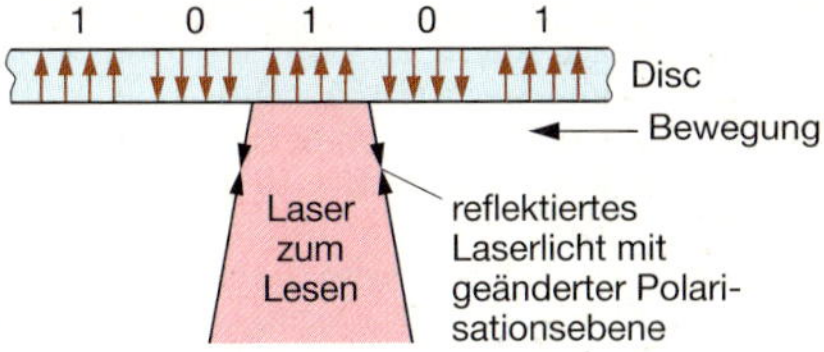

- Die Polarisationsebene des reflektierten Lichtes hängt von den Ausrichtungen der Elementarmagnete ab.

Technische Daten

Durchmesser	63 mm
Abspieldauer	74 min
Bitrate	ca. 140 kbit/s
Lesegeschwindigkeit	1,2 bis 1,4 m/s
Kanäle	2 (Stereo)
Samplingfrequenz	44,1 kHz
Modulation	EFM (vgl. CD)
Fehlerkorrektur	CIRC (vgl. CD)

Datenreduktion (ATRAC)

Adaptive-**T**ransform-**A**coustic-**C**oding:

- Aufteilung in 3 Unterbänder (Subbänder) 0 … 5,5 kHz; 5,5 … 11 kHz; 11 … 22 kHz
- Transformation von anhaltenden Signalen in Blöcken von 11,6 ms
- Transformation von kurzen Impulsen in Blöcken von 2,9 ms (hohe Frequenzen in 1,45 ms)

DAT – *Digital Audio Tape*

Bandumschlingung und Kopftrommel

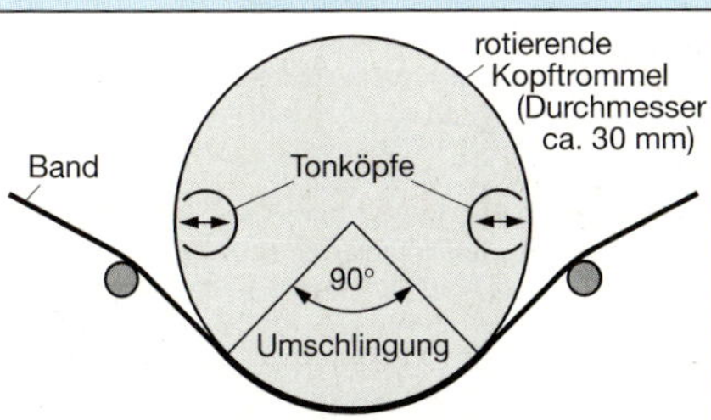

Schrägspurverfahren und Band

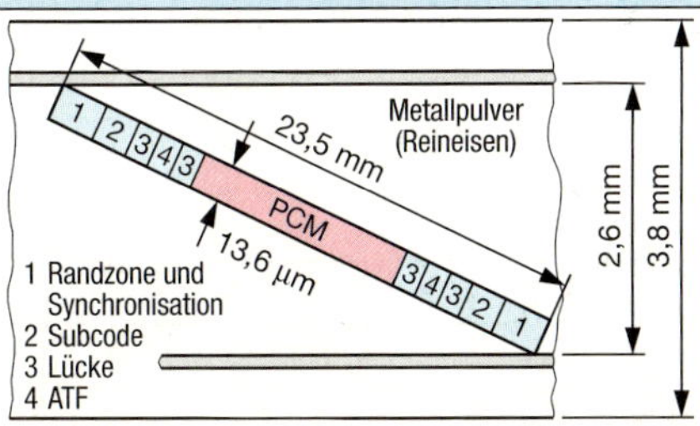

Kenndaten und Merkmale

- Spieldauer: 2 h bis 4 h (Long Play Mode)
- Bandgeschwindigkeit 8,15 mm/s
- Umdrehung der Tonköpfe/s: 1/2000
- Kanäle 2 oder 4
- Abtastfrequenzen: 48; 44,1 oder 32 kHz
- Quantisierung 16 Bit linear oder 12 Bit kompandiert
- DAT-Cassette: 73 x 54 x 10,5 mm
- Kennzeichnung der Spuren durch Frequenzpakete (ATF, Automatic Track Finding, automatisches Spurfinden)
- Spur enthält: 196 Informationsblöcke mit PCM-Daten, Zusatzinformationen (Subcode), Synchrondaten und ATF-Zonen
- Speicherkapazität: etwa 4 x CD
- Unempfindlich gegen mechanische Erschütterungen
- CD-Qualität
- Fehlerkorrektur, Kopierschutz, Preemphasis
- Datenstrom: ca. 2,77 Mbit/s

MP3

Prinzip und Anwendung

- Verfahren zur Audiodatenreduktion bei guter Wiedergabequalität (CD ① ⇒ MCC ③).
- Kompressionsfaktor 1:10 bis 1:12
- Datenrate: 64 kbit/s ... 192 kbit/s
- Standard: MPEG-1 Layer III.
- Anwendungen:
  - Die reduzierten Audiodaten benötigen wenig Speicherplatz (z.B. Speicherung auf MMC ③).
  - Kostengünstige Verbreitung von Audiodaten über das Internet ②.
    Die Wiedergabe erfolgt in kleinen robusten Geräten, in denen zum Abspielen keine mechanisch beweglichen Teile verwendet werden ④.

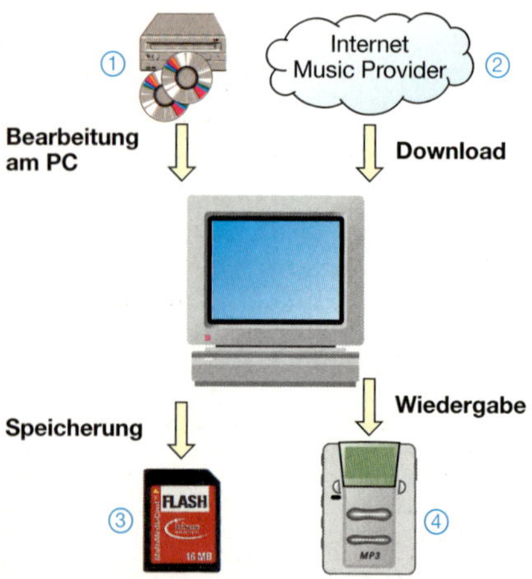

Umwandlung in das MP3-Format

1. **Audioquelle**
   Digitale Audiodaten z.B. von einer CD stehen zur Verfügung ①.
2. **Digital Audio Copy (DAC)**
   Digitale Audiodaten werden mit entsprechender Software vom PC gelesen (CD-Ripper ②).
3. **Wave-Datei**
   Das CD-Ripper-Programm erstellt zunächst eine vom Datenumfang noch recht große Wave-Datei (.wav ③).
   Beispiel: Ein 5 min Musikstück in CD Qualität benötigt ca. 50 MB Speicherplatz auf der Festplatte.
4. **Encoder**
   Der MP3-Encoder ④ reduziert die Daten in unterschiedlicher Qualität.
5. **Wiedergabe**
   Die reduzierten Daten können auf den verschiedenen Datenträgern (Festplatte, CD, MMC usw.) gespeichert und wiedergegeben werden ⑤.

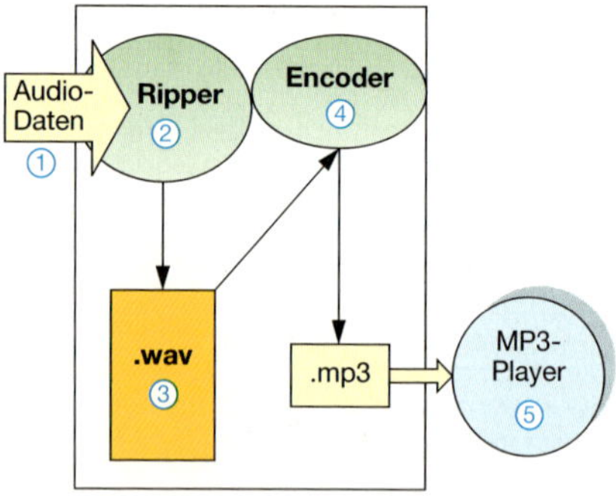

Datenreduktion bei MP3

- **Anpassung der Subbänder**
  Das nichtlineare Hörverhalten des menschlichen Ohres wird besonders berücksichtigt, indem man die Subbänder mit zunehmender Frequenz breiter macht (im Gegensatz zu MUSICAM).

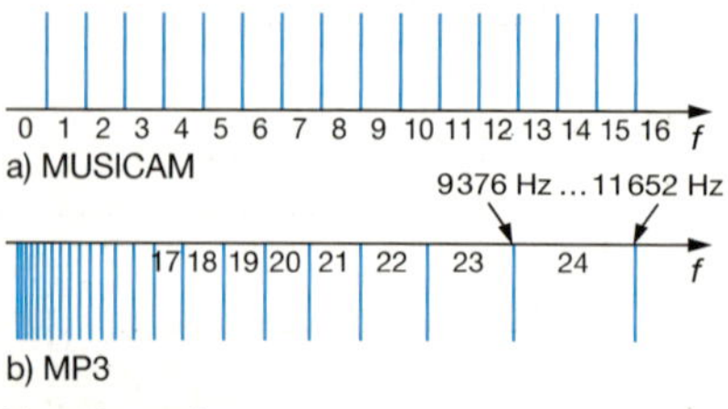

- **Transformation**
  Durch die Anwendung von **MIDCT** (**M**odifizierte **d**iskrete **C**osinus-**T**ransformation) wird der Aliasing-Effekt weitgehend verhindert.
- **Blocklängen**
  Niedrige Frequenzen:
  Lange Blöcke mit 36 Samples.
  Hohe Frequenzen:
  Kurze Blocklängen mit 12 Samples.
- **Quantisierung**
  Mit der angewendeten nichtlinearen Quantisierung erreicht man eine bessere Anpassung an das nichtlineare Verhalten des Ohres.
- **Bit-Reservoire**
  Durch unterschiedliche Samples unterscheiden sich die Datenbreiten in den einzelnen Frames. Es besteht die Möglichkeit, zusätzliche Daten einzubinden, die beim Decodieren verwendet werden können (z.B. Liedtext).
- **Reduktion der Stereo-Information**
  Ab einer bestimmten Frequenz kann das Ohr Unterschiede zwischen beiden Kanälen nicht mehr wahrnehmen.
- **Intensity Stereo Coding**
  Im oberen Frequenzbereich werden nicht Links- und Rechts-Signale, sondern nur das Summensignal (L+R) übertragen.
- **MS Stereo Coding (Middle Side)**
  Aufteilung der Stereo-Informationen in:
  - Middle-Channel (Summe L+R)
  - Side-Channel (L-R)
    Die Daten des Side-Channels enthalten erheblich weniger Informationen als der Middle-Channel.

Analoge Videoaufzeichnungssysteme – *Analog video recording systems*

Aufzeichnungsprinzip

- Videosignal wird im Schrägspurverfahren mit rotierenden Videoköpfen aufgezeichnet.
- Neigungswinkel der Kopfspalte (Azimut): VHS, VHS-C ± 6°, Video 8 ± 10°.
- Ton wird im Längsspurverfahren oder im Schrägspurverfahren (HiFi) aufgezeichnet.

Schrägspurverfahren

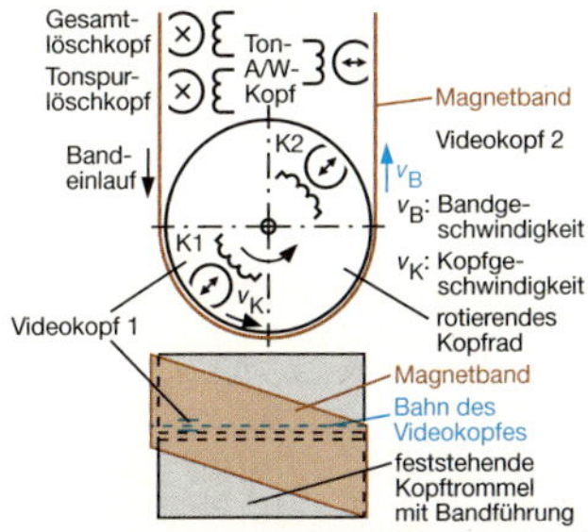

VHS, S-VHS

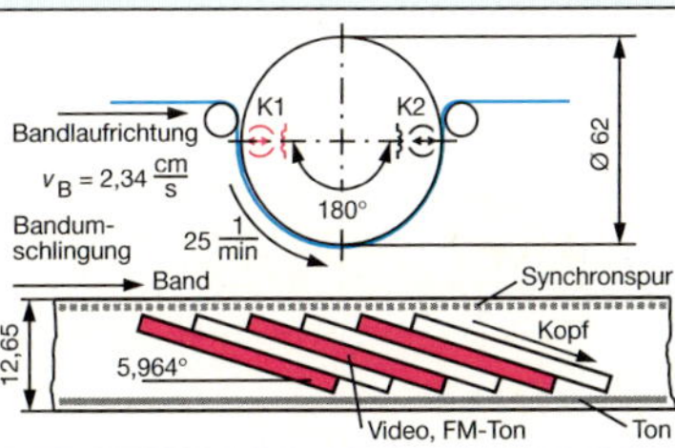

VHS-C

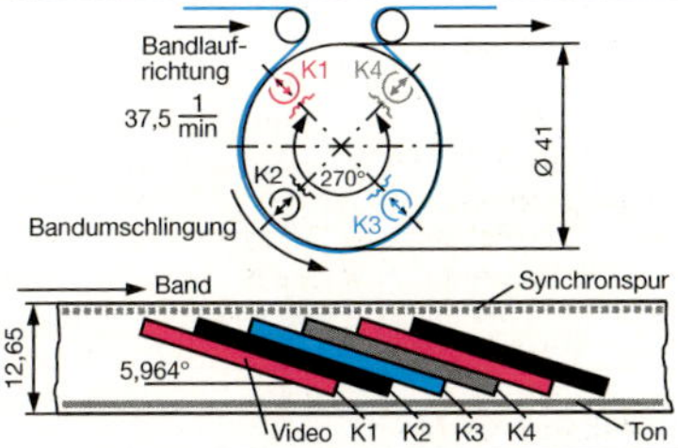

Video 8, Hi 8

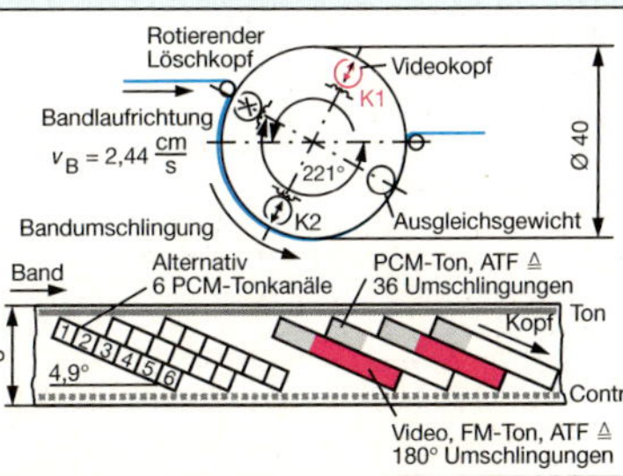

Frequenzverteilung und Kenndaten

VHS

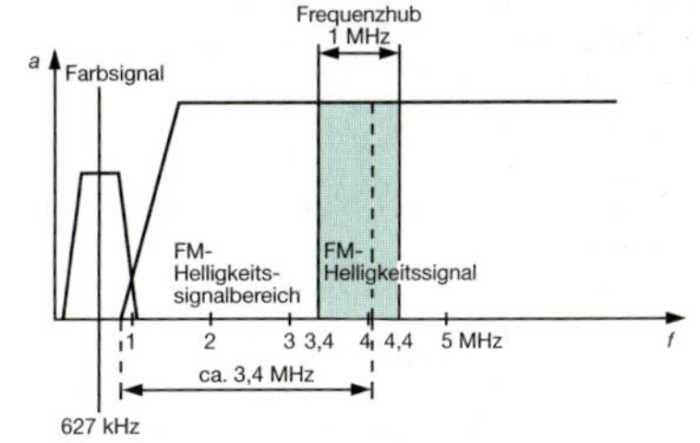

Auflösung: ca. 250 Zeilen

S-VHS

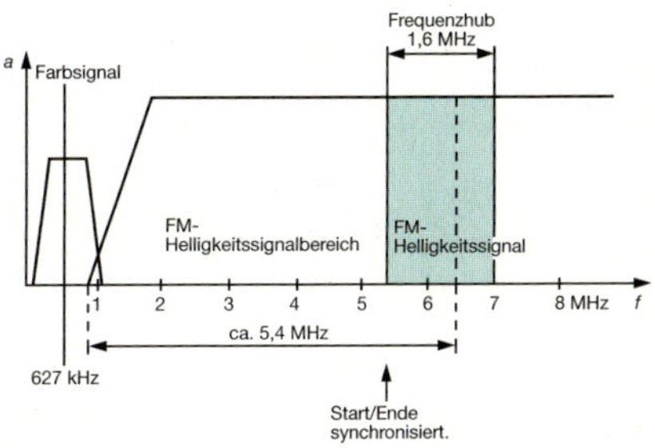

Auflösung: ca. 430 Zeilen

Video 8

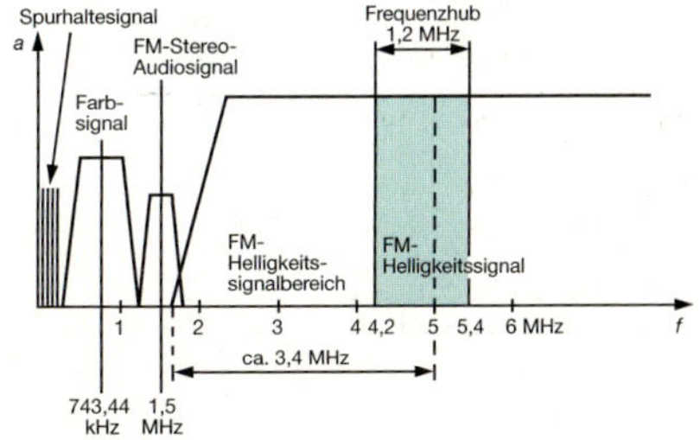

Auflösung: ca. 270 Zeilen

Hi 8

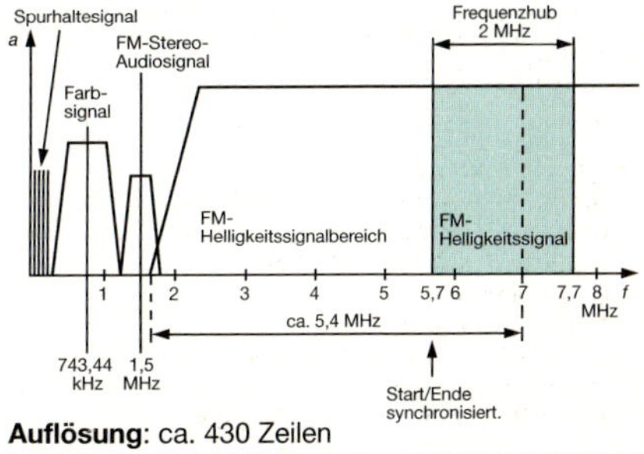

Auflösung: ca. 430 Zeilen

Analoge Bildaufzeichnung und Bildwiedergabe

Analog video recording and replay

Erzeugung des FM-Signals zur Aufnahme der Helligkeitsinformation

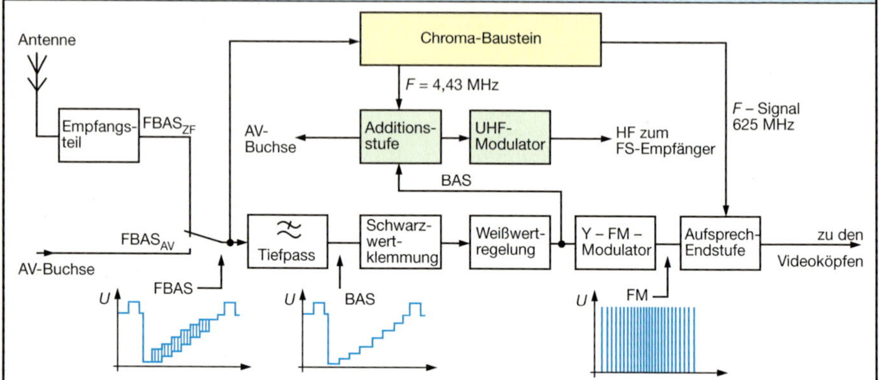

Wiedergabe der Helligkeitsinformation

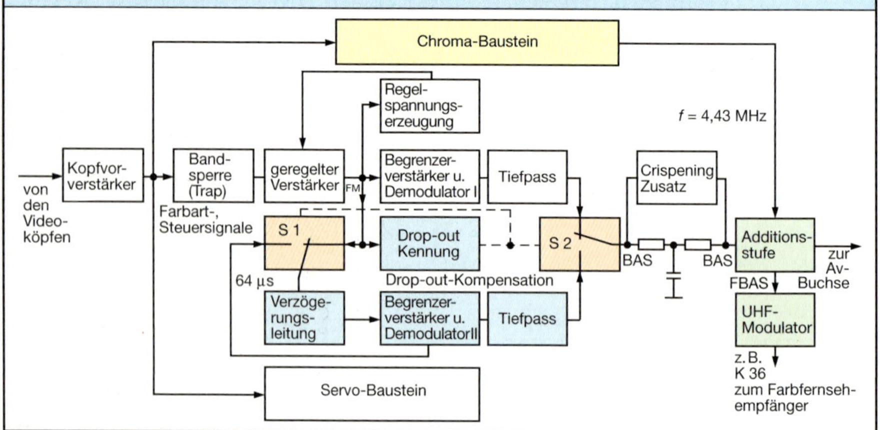

Farbaufnahmeteil

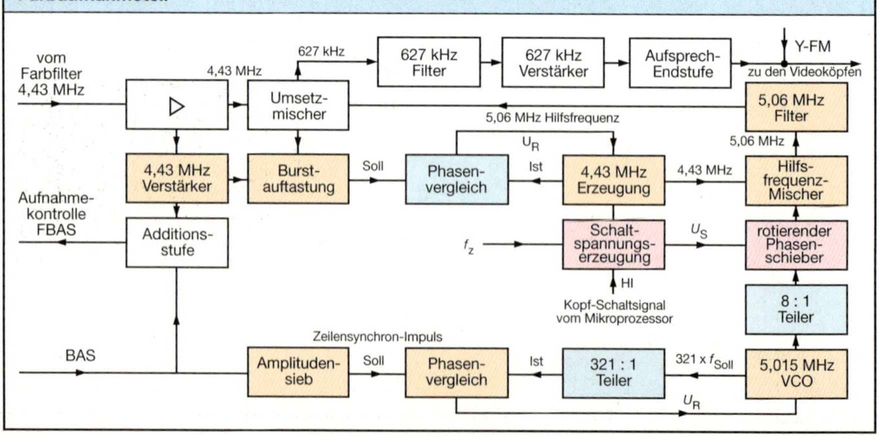

Digital-Video (DV)

Kassettenvergleich

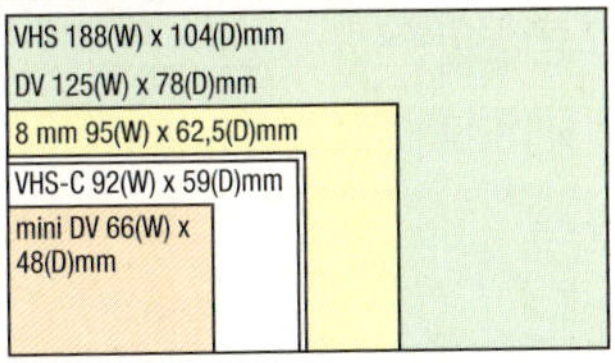

Bandvergleich

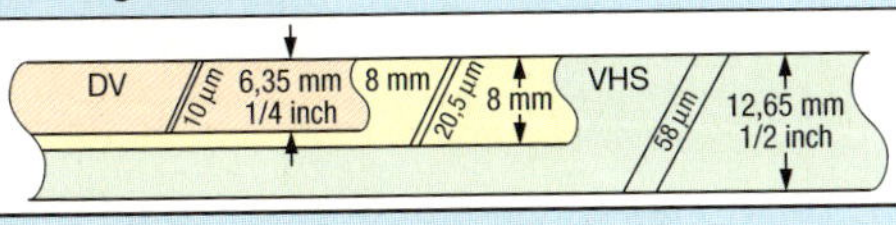

DV-Spuren

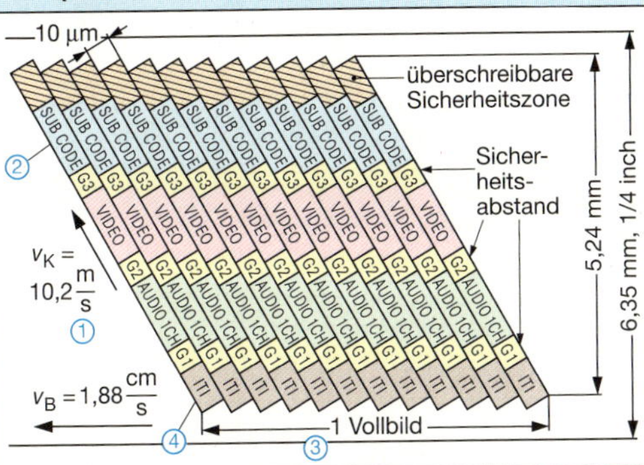

Spielzeiten

	DV	DV-M[3]
Spielzeit (SP[1]; 7,0 µm Band)	bis 4,5 h	bis 60 min
Bandgeschwindigkeit SP	1,88 cm/s	1,88 cm/s
Spielzeit (LP[2]; 7,0 µm Band)	bis 7 h	bis 90 min
Bandgeschwindigkeit LP	1,25 cm/s	1,25 cm/s

[1] **SP**: **S**tandard **P**lay [2] **LP**: **L**ong **P**lay
[3] DV-Mini, mDV, mini DV (Einsatz im Camcorder)

Aufzeichnung

- **Luminanzsignal** (Y)
  Abtastung mit 13,5 MHz, 8 Bit PCM
- **Chrominanzsignale** C_B und C_R
  Abtastung mit 6,75 MHz, 8 Bit PCM
  Subsampling 4:2:0
  ⇒ Auflösung ist höher als bei S-VHS (ca. 500 Linien)
  ⇒ Farbsignale mit größerer Bandbreite als bei S-VHS.
- **Audiosignal**
  Bild und Ton werden vollkommen getrennt aufgezeichnet ①.
  - Abtastung 48 kHz, 16 Bit (DAT-Qualität), keine Kompression, oder
  - Abtastung 32 kHz, 12 Bit
    2 Kanäle Stereoton, 2 Kanäle für Nachvertonung
- **Integrierter Time Base Correktor** (TBC)
  Jitter von der Kopftrommel oder vom Bandtransport werden eliminiert.
- **Timecode**
  Im SUB-Codebereich ② werden Zusatzinformationen (Spurnummer, Index) gespeichert.
- **DV-Spuren**
  Vollbild ③ besteht aus 12 Teilstücken, die von zwei Köpfen mit 6 Kopftrommelumdrehungen aufgezeichnet werden.
- **ITI-Bereich** (**I**nsert **T**racking **I**nformation)
  Hier werden ein Referenzsignal für die absolute Spurhöhe (Beginn und Ende) sowie ein Tracksignal aufgezeichnet ④.
- **Video-Datenreduktion**
  Y-Signal
  13,5 MHz x 8 Bit = 108 Mbit
  ohne Synchronisation
  720 x 576 x 8 Bit x 25 Vollbilder
  = 82,99 Mbit

  C-Signale
  R-Y 6,75 MHz x 8 Bit = 54 Mbit
  B-Y 6,75 MHz x 8 Bit = 54 Mbit
  ohne Synchronisation
  360 x 288 x 8 Bit x 25 Vollbilder
  = 41,472 Mbit

  Es werden nicht wie bei MPEG-2 P- und B-Bilder gebildet, sondern nur I-Bilder.

Kassettencodierung

Die Kassette enthält an der Rückseite vier Kontakte. Über sie werden Widerstände gemessen, die Informationen über das verwendete Band liefern. Optional kann in der Kassette ein Speicherchip integriert sein, in dem zusätzlich benutzerspezifische Daten wie das Inhaltsverzeichnis abgespeichert werden können (**MIC**: **M**emory **i**n **C**assette).

Anschluss	Inhalt	Angabe	Widerstand	Erkennungswert
1	Banddicke	7 µm	offen	> 22 kΩ
2	Bandart	ME-Band Reinigungsband MP-Band	offen 1,8 kΩ 0 Ω	> 22 kΩ 3,7…13,2 kΩ > 0,49 kΩ
3	Bandsorte	Consumer-Anwend. Industrie-Anwendung Computer-Anwend.	offen 6,8 kΩ 0 Ω	> 22 kΩ 3,7…13,2 kΩ > 0,49 kΩ
4	Masse (GND: Ground)			

DVD

Kenndaten

DVD:
Digital **V**ersatile **D**isc (Digitale vielseitige Scheibe)

Durchmesser:	120 mm (wie bei der CD)
Dicke:	1,2 mm (wie bei der CD)
Laserlicht:	635 bzw. 650 nm (Rot)
Laserstrahldurchmesser:	0,6 μm
Spurverlauf:	spiralförmig von innen nach außen, Zoneneinteilung
Sampletakt für Y:	13,5 MHz
Sampletakt für C_B, C_R:	6,75 MHz
Mittlere Datenrate Bild:	ca. 4 Mbit/s
Datenreduktion:	MPEG-2 (für Video)

Vergleich DVD mit CD

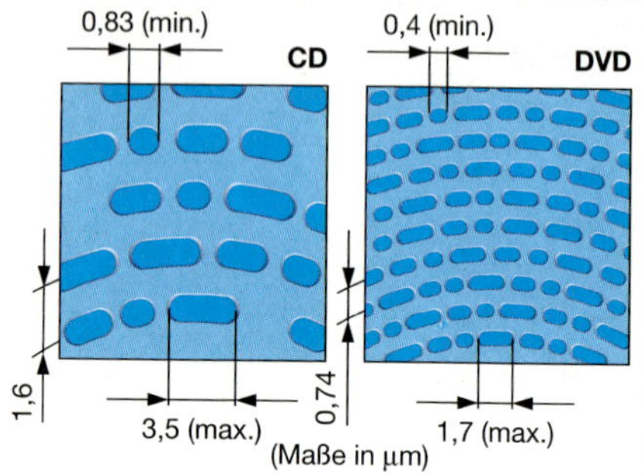

DVD 5 (4,7 GB)

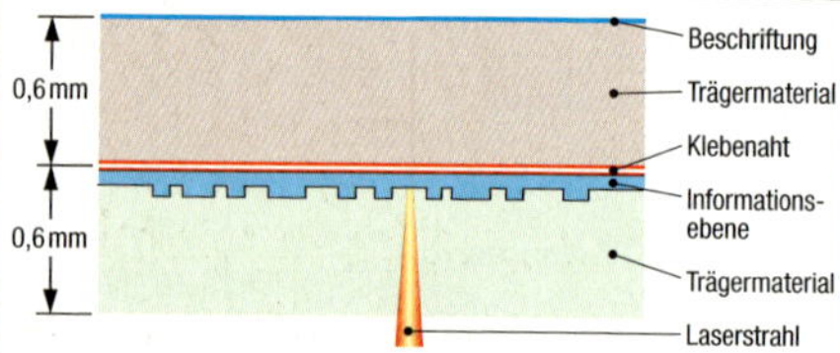

- Single Sided, Single Layer (eine Seite, eine Schicht)
- Videospielzeit ca. 2,2 Stunden

DVD 9 (8,5 GB)

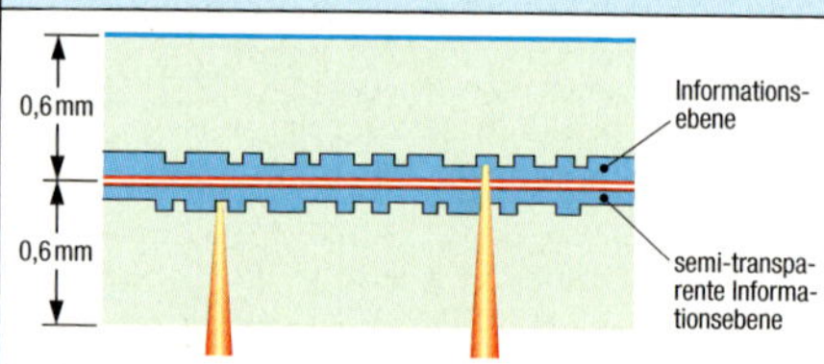

- Single Sided, Dual Layer (eine Seite, zwei Schichten)
- Videospielzeit ca. 4 Stunden

DVD 10 (9,4 GB)

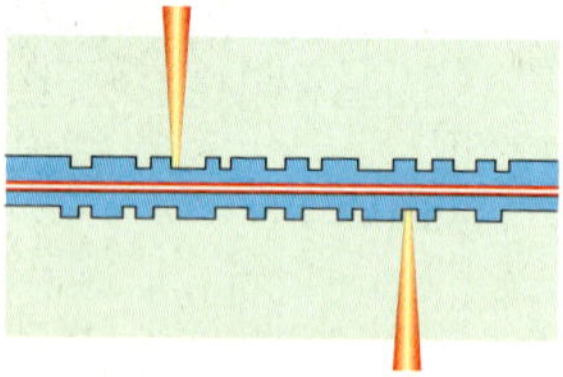

- Double Sided, Single Layer (zwei Seiten, je eine Schicht)
- Videospielzeit ca. 4,4 Stunden

DVD 18 (17 GB)

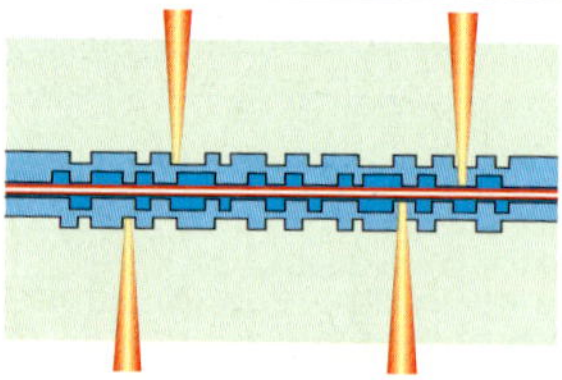

- Double Sided, Dual Layer (zwei Seiten, je zwei Schichten)
- Videospielzeit ca. 8 Stunden

Signalaufbereitung

- Analoges Eingangssignal, Anti-Alias-Filter ①.
- Analog-Digital-Umsetzung: Luminazsignal Y mit 13,5 MHz, Chrominanzsignale C_R und C_B mit 6,75 MHz ②.
- Codierung des PAM-Signals (8 Bit PCM ③)
- Datenreduktion mit MPEG-2 ④, Kompressionsfaktor ca. 1:50
- Fehlerkorrektur mit **RSPC** (**R**eed **S**olomon **P**roduct **C**ode) ⑤.
- Im ersten Multiplexer ⑥ werden Identifikations- und Steuersignale hinzugefügt.
- Im zweiten Multiplexer ⑦ werden die Tonsignale hinzugefügt.
- Umsetzung der 8 Bit breiten Wörter in 16 Bit breite Wörter (EFMplus, 8:16) ⑧.

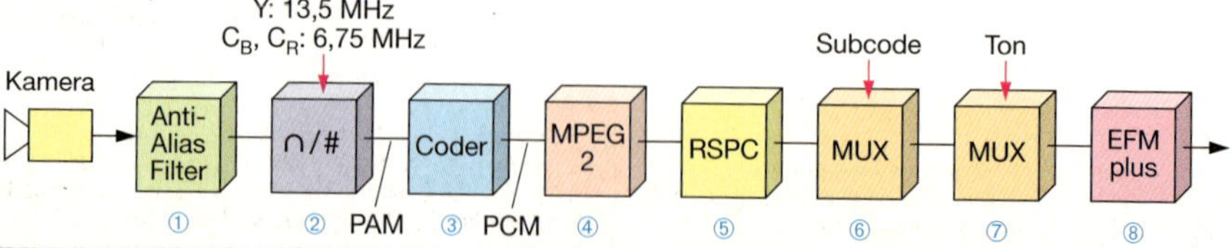

DVD-Aufzeichnung – *DVD-recording*

- Gepresste DVDs können von **fast allen** Playern gelesen werden.
- Selbstgebrannte DVDs können **nicht** von allen Playern gelesen werden.

Schreibformate

Format	DVD-R	DVD-RAM	DVD-RW	DVD+RW
Einführungsjahr	1997	1998	2000	2001
beschreibbar	einmal	100.000 Mal	1000 Mal	1000 Mal
Kapazität in GB/Seite	4,7	4,7 bzw. 9,4	4,7	4,7
Reflexionsgrad in %	45 bis 85	15 bis 35	18 bis 30	10 bis 20
Aufzeichnungsmethode	Wobbled groove[1]	Wobbled groove[1] and land[2]	Wobbled groove[1]	High-frequency wobbled groove[1]
Speicherverfahren	Organic Dye[5]	Phase Change[6]	Phase Change[6]	Phase Change[6]
Formatierung	CLV[3]	Zoned CLV	CLV	CLV oder CAV[4]
Laser Wellenlänge schreiben	635 bzw. 650 nm	650 nm	650 nm	650 nm
Laser Wellenlänge lesen	650 nm	650 nm	650 nm	650 nm

[1] Groove: Vertiefung
[2] Land: Erhöhung
[3] **CLV**: **C**onstant **L**inear **V**elocity
Die Drehzahl des Mediums variiert, die Transferrate der Daten bleibt deshalb konstant.
[4] **CAV**: **C**onstant **A**ngular **V**elocity
Die Drehzahl des Mediums bleibt konstant, die Transferrate der Daten wird von innen nach außen größer.
[5] Die Aufzeichnungsschicht besteht aus organischem Farbstoff ①, der sich bei der Erhitzung durch den Schreib-Laserstrahl verfärbt, so dass von diesen Stellen der Laserstrahl beim Lesen weniger stark reflektiert wird (Pits). Die Leistung des Lasers beträgt 6 bis 12 mW.
[6] Phasen-Wechsel: Der Laserstrahl erhitzt Zonen der Aufzeichnungsschicht ② (ca. 200 °C), die Metallatome ordnen sich kristallin an, der Refexionsgrad erhöht sich, der Zustand bleibt bei Abkühlung erhalten.
Beim Löschen erhitzt man die Aufzeichnungsschicht auf 500 bis 700 °C, nach der Abkühlung befindet sich das Metall wieder im amorphen Zustand (Ausgangszustand).

DVD-R

Schnitt

Die Aufzeichnungsschicht befindet sich zwischen der transparenten Schicht und der reflektierenden Metallschicht.
Die Art des organischen Farbstoffs bestimmt die Farbe des Rohlings.

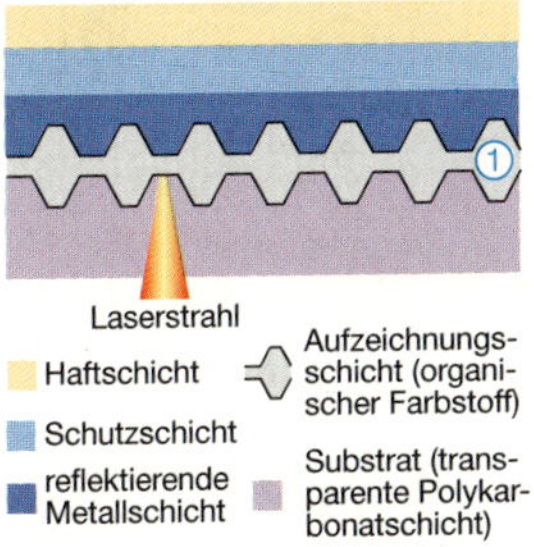

Aufzeichnung erfolgt im Prinzip wie bei der CD.

DVD-RW

Schnitt

In die Substratschicht ist eine sinusförmige Datenspur gepresst, die spiralförmig von innen nach außen verläuft.
Die Daten werden in den Vertiefungen zwischen den einzelnen Windungen als Pits und Lands gespeichert.

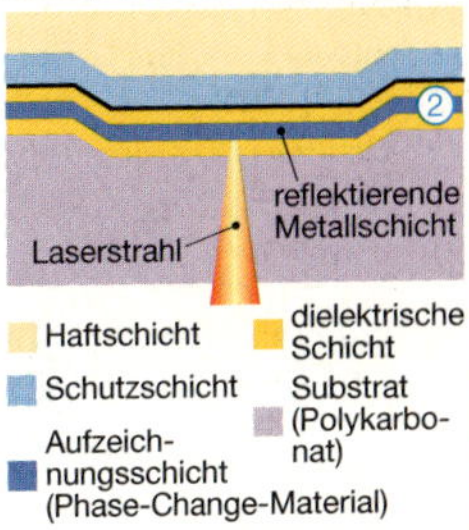

Für die Adressierung und Datenidentifikation dienen die Land Prepit Areas, die sich auf den Erhöhungen befinden.

DVD+RW

In der Substrat-Schicht verläuft eine sinusförmig und hochfrequent gewundene Datenspur.
Die Daten werden im Groove (Vertiefungen) gespeichert.

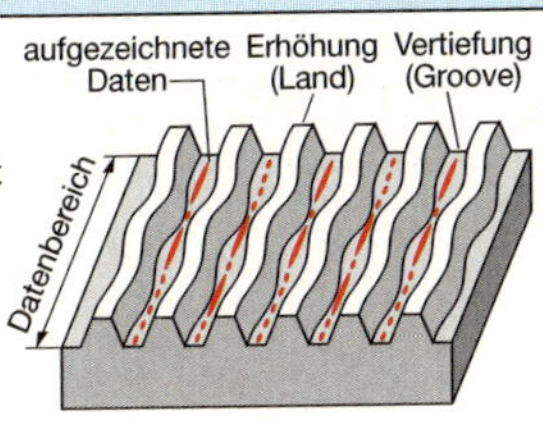

Die Lands dienen als Führungsspur für den Laserstrahl.
Mit CAV kann eine schnellere Positionierung des Laserstrahls erfolgen als bei CLV, da die Drehzahl nicht zusätzlich verändert werden muss.

DVD-RAM

Die Daten werden abwechselnd sowohl in den vorgepressten Vertiefungen (Grooves) als auch in den dazwischen liegenden Erhöhungen (Lands) geschrieben (wobbled).

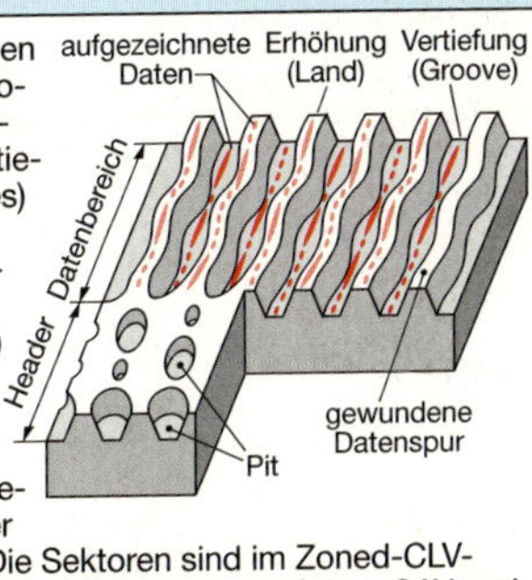

Jedem Sektor ist zur Identifizierung ein Header vorangestellt. Die Sektoren sind im Zoned-CLV-Schema angeordnet (Mischung zwischen CAV und CLV). Eine DVD ist in 35 Zonen aufgeteilt. Innerhalb der Zone ist die Drehgeschwindigkeit konstant.

Videosignalaufzeichnung – *Video signal recording*

Möglichkeiten der Aufzeichnung

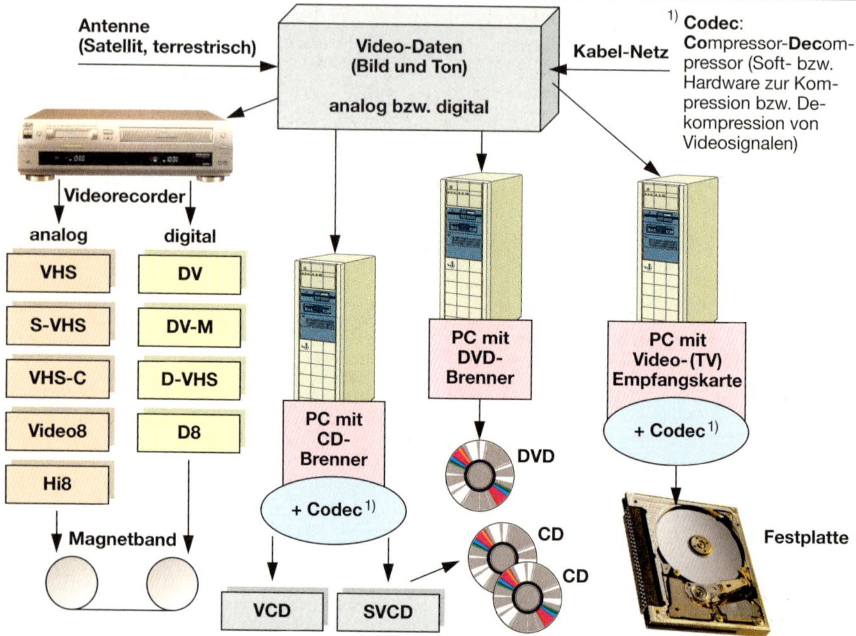

1) **Co**dec: **Co**mpressor-**Dec**ompressor (Soft- bzw. Hardware zur Kompression bzw. Dekompression von Videosignalen)

Aufzeichnungssysteme mit Videorecorder

analog	digital
VHS: Video Home System **S-VHS**: Super-VHS **VHS-C**: VHS-Compact **Video8**: Video auf 8 mm Band **Hi8**: Video 8 mit höherer Qualität	**DV**: Digital-Video **DV-M**: Mini DV **D-VHS**: Digital-VHS **D8**: Digital8

DVD auf CD kopieren

1. **Rippen** (reißen)
   DVD-Daten werden von spezieller Software (Codecs z.B. DVDx, MovieJack, ...) ausgelesen (entschlüsselt) und auf der Festplatte gespeichert.
2. **Konvertieren**
   DVD-Daten werden in ein Format mit geringerem Datenumfang umgewandelt.
3. **CD brennen**
   Reduzierte Daten werden auf der CD gespeichert.

Videoaufzeichnung	auf CD			**auf DVD**
	VCD Video-CD	SVCD Super-Video-CD	DivX MPEG-4	
Video-Daten-reduktion	MPEG-1 1,15 Mbit/s	MPEG-1, MPEG-2 bis 2,6 MB/s	DivX/MPEG-4 ohne Datenrahmen-beschränkung	MPEG-2 bis 10 Mbit/s
Audio-Daten-reduktion	MPEG-1 Layer 2 224 kbit/s	MPEG-1 Layer 2 224 kbit/s	MPEG-1 Layer 3/MP3 Pro, ohne Datenrahmenbeschränkung	MPEG-2, AC-3, DTS, bis 768 kbit/s, Mehrkanalton
Mehr-kanalton	Stereo, Dolby Surround	Stereo, Dolby Surround, Vierkanal oder Bilingual	Stereo, Dolby Surround	Dolby Digital, DTS, Dolby Surround
Auflösung (PAL)	352x288 Pixel	480x576 Pixel	Beliebig, quadratische Pixel	720x576 Pixel
Hinweise	etwa VHS-Qualität, CD lässt sich auf den meisten PCs abspielen	etwa 45–60 min Video können auf einer CD gespeichert werden	geringer Datenumfang (etwa 1:18), ideal für das Internet	Wiedergabe von Kinofilmen und professionellen Videos

Video-Programm-System (VPS) – *Video program system*

Verwendung

Programmierbare Aufnahme durch Videorecorder, unabhängig von der tatsächlichen Sendezeit.

VPS-Daten

Zeile 16 mit 15 Wörtern zu je 1 Byte (8 Bit)

Modulation

Bi-Phase-Modulation: Jedes Bit wird durch einen Pegelsprung dargestellt.

0 → 1: 0-Zustand, 1 → 0: 1-Zustand

Datenrate 2,5 Mbit/s

VPS-Zeit

Ursprünglich im Programm vorgesehene Anfangszeit. Sie bleibt immer der Sendung zugeordnet, auch wenn Programmteile eingeschoben werden.

VPS-Decoder

Aufgaben (u. a.):
- Überwacht Datenzeile 16.
- Trennt Datenzeile 16 von der Bildinformation.
- Erzeugt Datentakte.
- Vergleicht decodierte VPS-Daten mit programmierten Daten.
- Erzeugt Steuersignale für Videorecorder.

System-Statuscode

- Er zeigt an, daß trotz vorhandener Datenzeile kein VPS-Label gesendet wird,
- Aufzeichnung muß dann im Timerbetrieb durchgeführt werden.

Leercode

Verwendung für Testbilder oder andere Füllprogramme.

Unterbrechungscode

Hiermit können Aufnahmepausen eingeplant werden, z. B. Halbzeitpause bei Fußballübertragungen.

VPS-Datenzeile 16

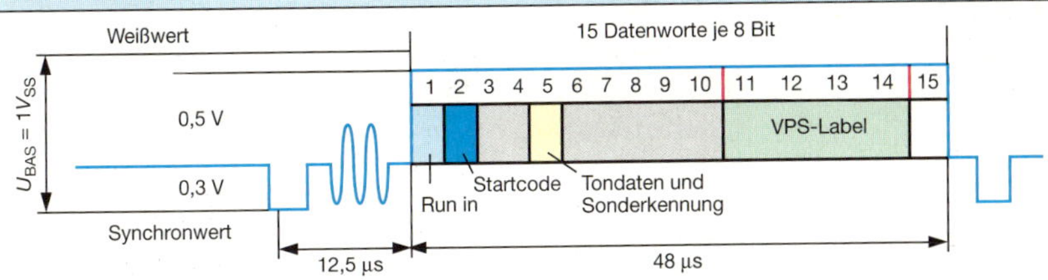

Wort	Funktion, Verwendung
1	Run in; Signal dient zur Synchronisierung des Empfänger-Taktgenerators
2	Startcode; Bitmuster zur Erkennung der Datenzeile.
3	Codierte Quellenkennung; Identifizierung der Programmquelle (Sendeanstalt).
4	Klarschrift Quellenkennung (ASCII-Sequenz).
5	Leercode; Tondaten (Zweikanal, Mono, Stereo).
6	Signalinhaltskennung, programmbezogen (Testbild, Programm).
7	ASCII-Klarschrift, betriebsbezogen (Beitragsnummer, Beitragslänge)
8 u. 9	Zieladresse für Leitweglenkung (Angaben zur Verteilung der Adressen)
10	Meldungen/Befehle
11…14	VPS-Zusatzinformation (VPS-Label, s. unten), Signale zur Steuerung des Videorecorders.
15	Reserve

Tondaten, Sonderkennung und VPS-Zusatzinformationen in Datenzeile 16

Tondaten und Sonderkennung (Wortnr. Datenzeile 16: ⑤; Bits 1 2 3 4 5 6 7 8)

Bit 1	Bit 2	Status
0	0	2-Kan.*
0	1	Mono
1	0	Stereo
1	1	2-Kan.

Bit 3	Bit 4	Status
0	1	jugendfrei
0	0	nicht
1	0	jugend-
1	1	frei

Bit 5…8 Reserve

VPS-Zusatzinformation (Wortnr. Datenzeile 16: ⑪ Bit 1…8, ⑫ Bit 1…8, ⑬ Bit 1…8, ⑭ Bit 1…8)

VPS-Bit-Nr.	0 1	2 3 4 5 6	7 8 9 10	11 12 13 14 15	16 17 18 19 20 21	22 23 24 25	26 27 28 29 30 31
Reguläres Label	Adressbereich	Tag binär	Monat binär	Stunde binär	Minute binär	Land binär	Programmquelle binär
System-Statuscode	A A	0 0 0 0 0	1 1 1 1	1 1 1 1 1	1 1 1 1 1 1	N . . N	P . . . . P
Leercode	A A	0 0 0 0 0	1 1 1 1	1 1 1 1 0	1 1 1 1 1 1	N . . N	P . . . . P
Unterbrechungscode	A A	0 0 0 0 0	1 1 1 1	1 1 1 0 1	1 1 1 1 1 1	N . . N	P . . . . P

A ≙ aktueller Adressbereichscode
N ≙ aktueller Nationalitätencode
P ≙ aktueller Programmquellencode

* 2-Kanal-Sendungen werden mit 11 gekennzeichnet.
Die Kombination 00 ist als Sonderfall nur im Empfänger zu berücksichtigen.

Video-Steckverbinder – *Video connector*

SCART-Anschluss, DIN-EN 50 049 (EURO-AV)

Buchse (Verdrahtungsseite)

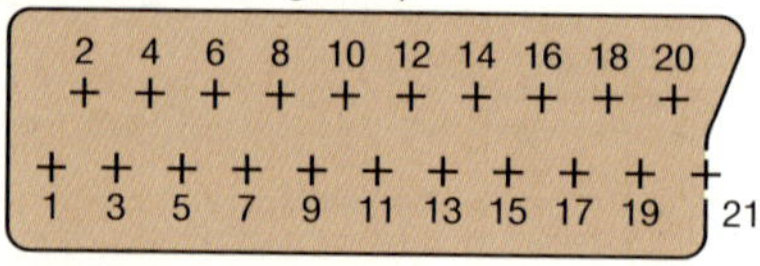

Stecker (Verdrahtungsseite)

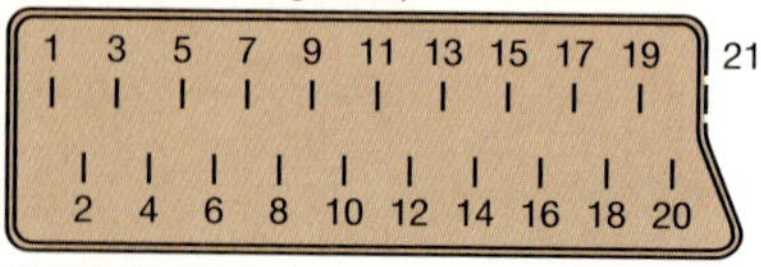

Stift	Signal	Stift	Signal
1	Audio-Ausgang B, Stereo-Kanal R	10	Datenleitung 2
		11	RGB Grün-Signal
2	Audio-Eingang B, Stereo-Kanal R	12	Datenleitung 1
		13	RGB Rot-Masse
3	Audio-Ausgang A, Stereo-Kanal L, Mono	14	Datenleitung 3
		15	RGB Rot-Signal
4	Audio-Masse	16	Austastsignal
5	RGB Blau-Masse	17	Video-Masse
6	Audio-Eingang A, Stereo-Kanal L, Mono	18	Austastsignal Masse
7	RGB Blau-Signal	19	Video-Ausgang
8	Schaltspannung	20	Video-Eingang
9	RGB Grün-Masse	21	Schirmung/Masse

Video-Anschluss, (AV-Buchse), DIN 45 322

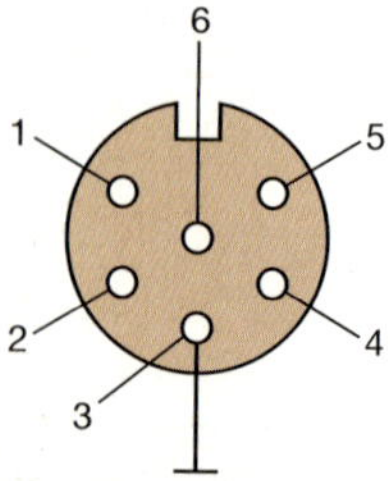

Stift	Signal
1	Schaltspannung 12 V (AV-Wiedergabe)
2	Videosignal (FBAS) (1 Vss an 75 Ω)
3	Masse
4	Ton links bzw. Mono
5	Versorgungsspannung +12 V
6	Ton rechts

Kamera-Anschluss (Stecker)

10 polig

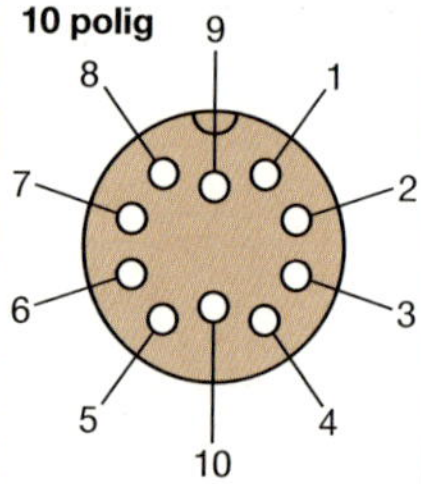

Stift	Signal
1	Video-Ein/Aus
2	Masse
3	Aufnahme, Anzeige
4	Masse bzw. Status
5	Ton rechts oder frei
6	Start-Stop
7	Ton links bzw. Mono
8 u. 9	Masse
10	Kamera-Betriebsspannung 12 V/1 A

Camcorder-Anschluss

Movie-Stecker, 8 polig

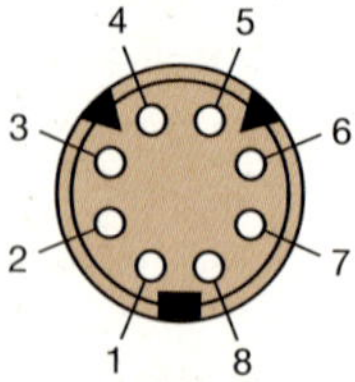

Stift	Signal
1	Videosignal (S-VHS; Y)
2	Video-Masse
3	Schaltspannung
4	Audio-Masse
5	Start-Stop oder frei
6	Ton links bzw. Mono
7	S-VHS: C
8	Ton rechts

Kamera-Anschluss

14 polig

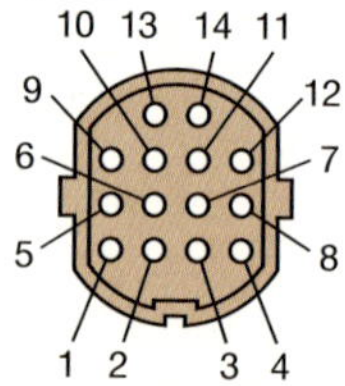

Stift	Signal
1	Videosignal
2	Video-Masse
5	Start-Stop
9	Audio
10	Audio-Masse
13	Versorgungsspannung
14	Versorgungsspannung Masse

Hochauflösendes Fernsehen HDTV – *High definition television*

- Vergrößerung des Bildformats von 4 : 3 auf 16 : 9.
- Erhöhung der Zeilenzahl.

USA:
1050 Zeilen; 59 Hz, 94 Hz und 2 : 1 Abtastung (Zeilensprungverfahren)

Japan:
1125 Zeilen; 60 Hz und 2 : 1 Abtastung (Zeilensprungverfahren)

Europa (EUREKA-Projekt EU 95[1]):
1250 Zeilen; 50 Hz, 94 Hz und 1 : 1 Abtastung (Zeilensprungverfahren)

- Paketübertragungssystem
- Farb- und Helligkeitsinformationen zeitlich nacheinander (Verringerung von Störungen).
- Tonqualität entspricht einer CD.
- Mehrsprachige Übertragung möglich.

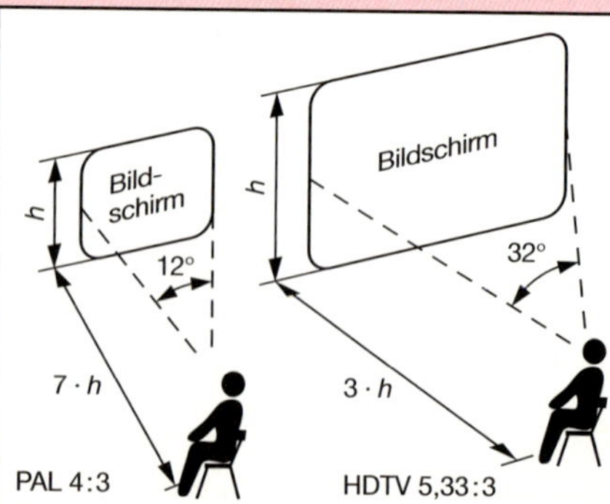

[1] 30 Organisationen aus 9 Ländern Europas

Multimediale Consumergeräte

7 Telekommunikation, Netze

Information und Kommunikation – *Information and communication*

Nachricht und Information

Unter einer Nachricht versteht man jede Art von Mitteilungen.

Beispiele:

Ampelsignal, gesprochener Text, Mitteilung auf einer Tonkassette, …

In die Nachricht ist immer eine Information eingebettet. Es wird unterschieden:

Syntaktischer Aspekt[1] einer Nachricht:
Aufbau der Nachricht nach formalen Regeln, Zeichen, Zeichenfolge usw.

Semantischer Aspekt[2] einer Nachricht:
Bedeutung der Nachricht für den Empfänger (z.B. das Rot der Ampel bedeutet: Stopp!)

[1] Syntax (gr., lat.): Lehre vom Satzbau, Satzlehre
[2] Semantik (gr.): Wortbedeutungslehre

Prinzip der Nachrichtenübertragung

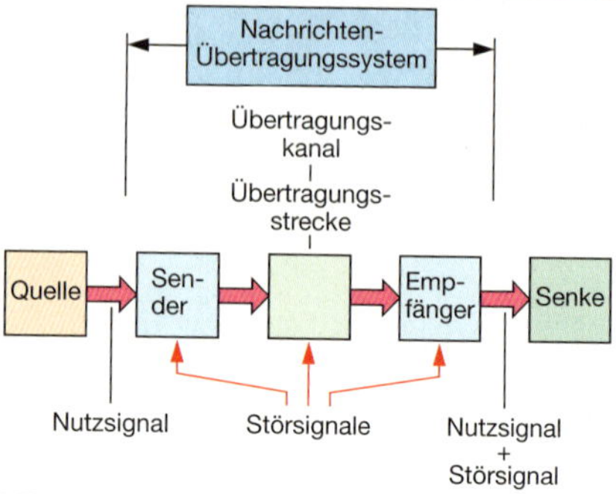

Informationsformen

Töne:
Sprache, Musik, Geräusche

Bilder:
Feste Bilder, bewegte Bilder (farbig, monochrom)

Text:
Alphanumerische Zeichen

Daten:
Elektrische oder optische Signale, die nicht direkt vom Menschen wahrgenommen werden können

Kommunikation

Einseitiger oder wechselseitiger Austausch zwischen Menschen, technischen Einrichtungen (Endeinrichtungen) oder zwischen Menschen und technischen Einrichtungen.

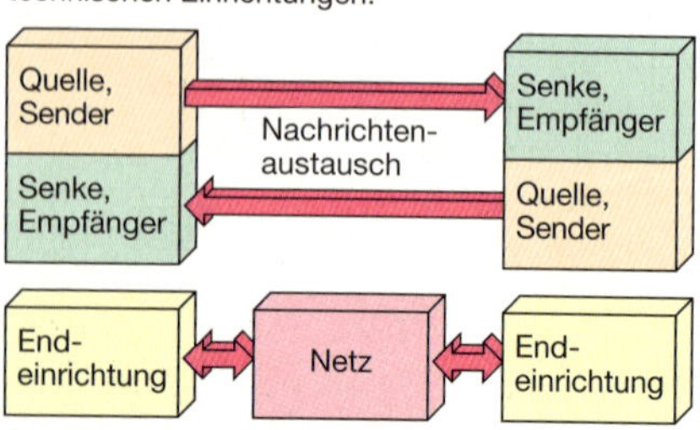

Informationsübertragung

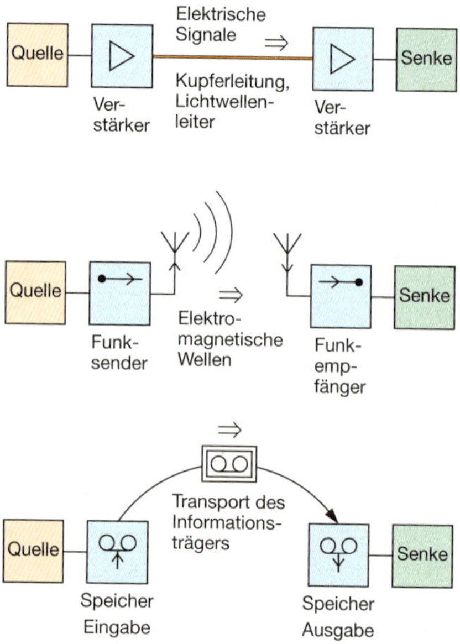

Betriebsarten der technischen Kommunikation

Duplex-Betrieb (Gegenbetrieb)
Beide Partner sind gleichberechtigt. Sie können gleichzeitig senden und empfangen (z.B. Telefon).

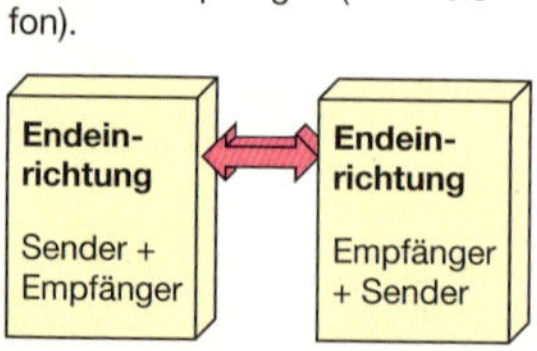

Halbduplex-Betrieb (Wechselbetrieb)
Die Kommunikationspartner können abwechselnd (alternierend) senden und empfangen.

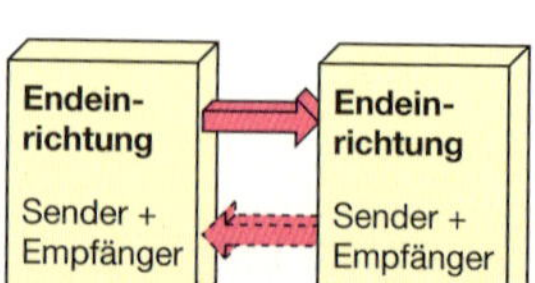

Simplex-Betrieb (Richtungsbetrieb)
Der Empfänger kann keine Signale zum Sender schicken (z.B. Verteilkommunikation bei Rundfunk-Sendungen).

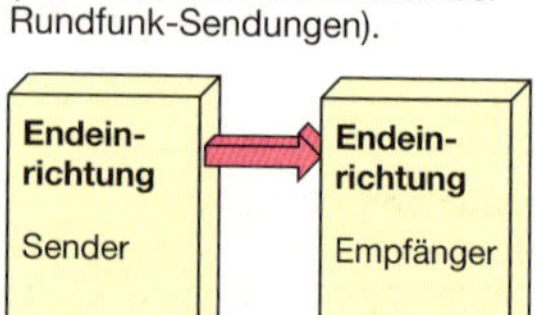

Kommunikationsnetze – *Communication networks*

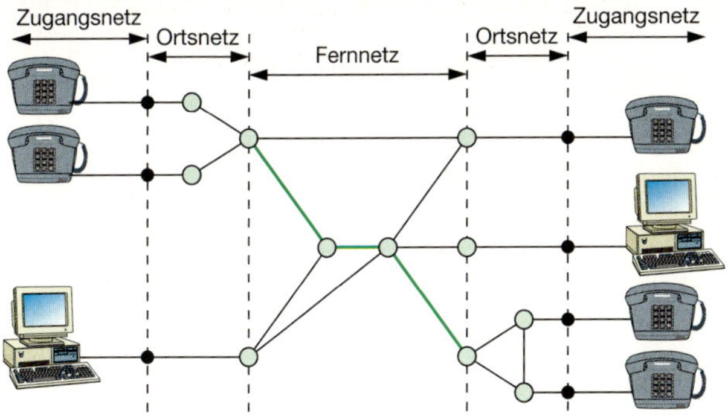

- **Netzknoten** ○
  Ein Punkt im Netz, in dem mehrere Datenübertragungsstrecken zusammenlaufen.
- **Verbindungsleitung** —
  Kupferleitungen, Glasfaserkabel zwischen Netzknoten.
- **Trunk** —
  Engl.: Stamm, Strang; Kabelbündel zwischen Netzknoten.
- **Zugangspunkt** •
  Benutzer-Schnittstelle für den Netzzugang.

Dienst (Service)

Darunter versteht man eine Dienstleistung (Funktionen) im Netz, die der Betreiber (**Provider**) in der Regel gegen Gebühr einem Nutzer im Netz (engl.: **network**) zur Verfügung stellt.

Beispiele:
Telephonie, Fax, Teletext, Datenübertragung, Videoüberwachung

Den Diensten lassen sich **Dienstmerkmale** zuordnen.

Beispiele:
Rufweiterschaltung, Gebührenanzeige, automatischer Rückruf bei „Besetzt“, Anrufaufzeichnung, Anklopfen

Netzeinteilung

- **Lokales Netz**
  (**LAN**: **L**ocal **A**rea **N**etwork)
  Räumlich begrenztes Netz bis zu wenigen Kilometern, oft nur innerhalb von Gebäuden.
- **Regionales Netz**
  (**MAN**: **M**etropolitan **A**rea **N**etwork)
  Ausdehnung bis 20 km, z. B. im Stadtgebiet.
- **Weitverkehrsnetz**
  (**WAN**: **Wi**de **A**rea **N**etwork)
  Ausdehnung von mehr als 10 km, länderübergreifende und weltweite Vermittlung.

Protokolle

Protokolle sind Vereinbarungen und Regeln für die Verständigung zwischen den Teilnehmern einer Kommunikation.
Ein Informationsaustausch zwischen Kommunikationspartnern ist nur dann möglich, wenn dieselben Protokolle verwendet werden.

Transportprotokolle:
Technische Einzelheiten der Übermittlung.

Beispiele:
Signalart, Format der Information, Steuerungsverfahren

Anwenderprotokolle:

Beispiele:
Darstellung der Daten, Abläufe der Vermittlung bzw. Übertragung

Netzstrukturen, Netztopologien

Stern
Sämtliche Teilnehmer sind über eine Zentrale und getrennte Kanäle miteinander verbunden.

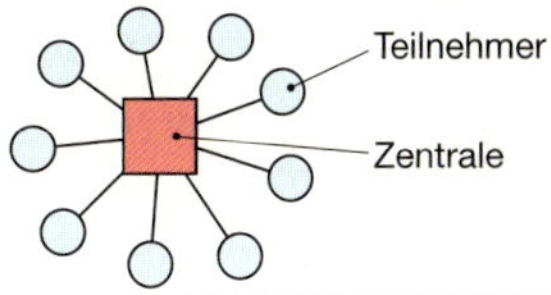

Baum
Kombination aus mehreren Stern-Netzen.
Alle Teilnehmer sind über Zweige und Unterzentralen mit der Hauptzentrale verbunden.

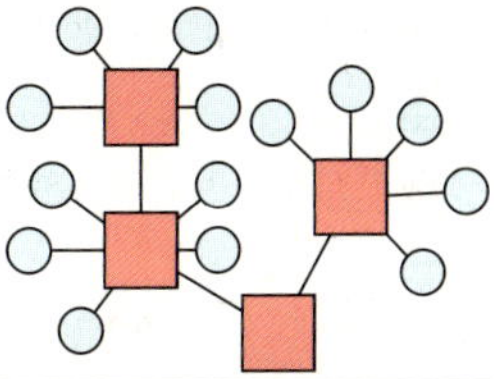

Bus
Die Teilnehmer sind parallel geschaltet und mit der Zentrale verbunden. Je nach Aufgabenstellung kann ein Busnetz auch ohne Zentrale arbeiten.

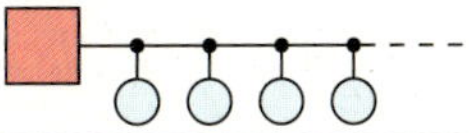

Ring
Die Teilnehmer sind über einen Bus zu einem geschlossenen Kreis zusammengeschlossen. Alle Teilnehmer sind gleichberechtigt.

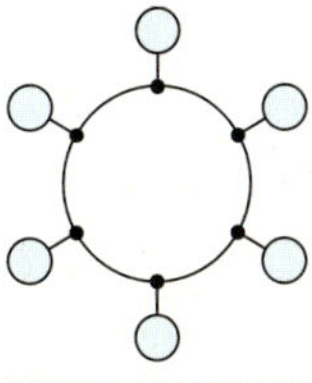

Öffentliche Kommunikationsnetze – *Public communication networks*

Fest-Netze

Fest-Netze (Leased Link)

City Netze	Internationale Netze	Analog-/Digital-Netze	Digital-Netze	Digital-Netze
2 Mbit/s 34 Mbit/s 155 Mbit/s	16 kbit/s bis 155 Mbit/s	< 64 kbit/s	64 kbit/s bis 1920 kbit/s	> 2 Mbit/s

- **City-Netze**
  - Hochgeschwindigkeitsnetze für Kommunikation in Wirtschaftszentren.
  - Netzaufbau als **Ringstruktur** mit Verfügbarkeiten von bis zu 99,0 %.
  - Im Zugangsbereich niedrigere Geschwindigkeiten möglich.
  - **Punkt- zu Punkt-Verbindungen** für Übertragung von Sprache und Fax (analog und digital).
  - Kopplung von LAN's über Multi-Protocol-Router.
- **Internationale Netze**
  - Exklusive transparente weltweite Übertragungskanäle.
  - Sprach-, Daten- und Videoübertragungen.
  - Kopplung von LAN's oder Rechenzentren.
  - Weltweite **Internet**-/**Intranet**-Netzplattform.
  - Dialoganwendung.
  - **Sprachübertragung analog** mit 16 kbit/s.
  - **Digitale Übertragung** mit n x 64 kbit/s bis 155 Mbit/s.
- **Digital-Netze 64 kbit/s bis 1920 kbit/s**
  - Sprach- und Datenkommunikation mit ISDN-Endgeräten mit einem oder zwei 64 kbit/s Kanälen (B-Kanal).
  - Verbindung geeignet für die Datenübertragung zwischen PC's oder Anbindung PC an Host-Rechner.
  - Geeignet für die Verbindung kleinerer TK-Anlagen.
  - Über X.21 Schnittstellen ist die Anschaltung von EDV-Anlagen zur Übertragung mittlerer Datenmengen realisierbar.
  - Standardmäßige Verfügbarkeit von 98,8 % kann durch ISDN-Backup auf 99,5 % erhöht werden.
- **Digital-Netze > 2 Mbit/s**
  - **Unstrukturierte Verbindung** arbeitet mit einer Nettobitrate von 2,048 Mbit/s. Geeignet für Netze mit großen Datenmengen.
  - **Telefondienstgeeignete Verbindung** arbeitet mit Nettodatenrate von 1984 Mbit/s und Signallaufzeit von 12 ms.
  - Verbindung mit 1,92 Mbit/s für bittransparente Übertragung von Sprache, Daten und Video.

Vermittelnde Netze

- **T-InterConnect**
  - Zugang zum Internet.
- **T-Net-ATM**
  - **Vermittelter ATM** Service mit Zugangsgeschwindigkeiten von 2, 34 und 165 Mbit/s.
  - Übertragung von Sprache, Daten und Video mit flexibler Bitrate.
  - Bitraten sind für die Übertragungsrichtungen definierbar.
  - Aufbau mehrerer Verbindungen zu unterschiedlichen Kommunikationspartnern mit verschiedenen Anwendungen über einen einzigen Teilnehmeranschluss.
  - Verkehrskategorien mit **konstanter Bitrate** (**CBR**: **C**onstant **B**it **R**ate) für geringe Verzögerungen (z. B. bei Anschaltung einer TK-Anlage) und **variabler Bitrate** (**VBR**: **V**ariable **B**it **R**ate) für hohe Zuverlässigkeit (geringe Datenfehler bzw. Verlustrate).
- **Datex-M**
  - Hochgeschwindigkeitsübertragung für LAN-Kopplung.
  - **Verbindungslose**, zellorientierte Vermittlung.
  - Anschlussgeschwindigkeiten von 64 kbit/s bis 34 Mbit/s.
  - Anwendung z. B. bei Anschluss von Filialunternehmen an Rechenzentrum der Zentrale.
  - Zusatzleistungen, wie z. B. **Ersatzschaltung** des gesamten Übertragungsweges, sind realisierbar.
  - Flächendeckende Anwendung in Deutschland möglich.
- **FrameLink Plus**
  - Dient zum Aufbau **individueller Weitverkehrsnetze** von Unternehmen zur Daten- u. Sprachübertragung.
  - **Verbindungsorientierter Datenübermittlungsdienst**, basierend auf Fast Packet Switching der Frame Relay Technik.
  - Ständig **garantierte Bandbreiten**.
  - Datendurchsatz je Verbindung ist bis zur maximalen physikalischen Anschlussgeschwindigkeit möglich.
  - **Nationale Portgeschwindigkeiten**: 19,2 kbit/s bis zu 2 Mbit/s (Garantierte Bandbreiten 4 kbit/s bis 1024 kbit/s).
  - **Internationale Portgeschwindigkeiten**: 64 kbit/s bis 2 Mbit/s (Garantierte Bandbreite wie oben).
  - Netzverfügbarkeit von 99,99 %.
  - Intergration von Sprache und Fax gegeben.
- **Datex-P**
  - **Paketorientierte Übermittlung** von Daten mit **garantierter Vollständigkeit und Richtigkeit** der Daten.
  - Tarifgestaltung entweder entfernungs- und zeitabhängig oder nach festem Datenvolumen.
  - Asynchrone **Einwahl vom D1 Funknetz** möglich.
  - Gateway zu FrameLink Plus.
- **Telex**
  - Weltweit verbreitete Textkommunikation mit 400 Zeichen/Minute (**Minitelex** oder **T-Online Telex**).

ITU (CCITT) Empfehlungen – *ITU recommendations*

- **ITU** (**I**nternational **T**elecommunication **U**nion) wurde 1865 als International Telegraph Union gegründet.
- Ist Teil der **Vereinten Nationen**.
- Weltweit zuständig für die Entwicklung der Telekommunikation.
- Organisiert die Verwendung der **Frequenzspektren** im terrestrischen-, Raum- und geostationären Satelliten Bereich.
- Tätigkeitsbereiche liegen u. a.
  - bei der **Entwicklung** und dem **Einsatz** effizienter Telekommunikationseinrichtungen,
  - bei der Unterstützung von **Entwicklungsländern** bei der Einführung und dem Betrieb von Telekommunikationseinrichtungen.
- ITU beinhaltet u. a.
  - ITU-**T**: **T**elecommunication Standardization Sector
  - ITU-**R**: **R**adiocommunication Sector
- ITU erarbeitet **Empfehlungen**, die in Serien zusammengefasst sind.
- Empfehlungen sind keine **Dienstvorschriften**, werden aber in der Regel dort berücksichtigt.

ITU-T

Serie	Inhalt	Serie	Inhalt
A	Organisation der Arbeit der CCITT	**N**	Unterhaltung von Ton- und Fernsehübertragungswegen
B	Ausdrucksmittel (Definitionen, Vokabular, Symbole, Klassifizierung)	**O**	Eigenschaften von Messgeräten
C	Statistiken	**P**	Fernsprechübertragungsgüte, Teilnehmereinrichtungen und Fernsprechortsnetze
D	Vermietung internationaler Fernmeldewege		
E	Fernsprechbetrieb, Tarife	**Q**	Fernsprech-Zeichengabe, Fernsprechvermittlung
F	Telegrafenbetrieb, Tarife		
G	Fernsprechübertragung über drahtgebundene Verbindungen, Satelliten- und Funkverbindungen	**R**	Telegrafenkanäle
		S	Apparate der alphabetischen Telegrafie
H	Einsatz von Leitungen für Telegrafie (einschließlich Bildtelegrafie)	**T**	Faksimileapparate und Telematikprotokolle
		U	Telegrafievermittlung
I	Diensteintegrierende Netze (ISDN)	**V**	Datenübertragung über das Fernsprechnetz
J	Ton- und Fernsehübertragung		
K	Schutz gegen Störungen	**X**	Datenübertragung über öffentliche Datenübermittlungsnetze
L	Schutz gegen Korrosion		
M	Unterhaltung von Fernsprechleitungen und Trägerfrequenzsystemen	**Z**	Programmiersprachen für rechnergesteuerte Vermittlungen

V-Serie (Datenübertragung über das Telefonnetz)

V.1... V.7	Grundlagen und allgemeine Festlegungen	**V.50... V.57**	Übertragungsqualität und Unterhaltung
V.10... V.32	Schnittstellen und Modems im Fernsprechband	**V.100**	Verknüpfung von öffentlichen Daten- und Telefonnetzen
V.35... V.37	Breitbandmodems	**V.110**	Unterstützung von Datenendeinrichtungen mit V-Schnittstellen durch ein ISDN
V.40... V.41	Fehlersicherung		

Beispiele einzelner Empfehlungen

V.1	Äquivalenz zwischen den Binärzeichen 0 und 1 und den Kennzuständen eines Zwei-Zustands-Codes	**V.22**	Duplex-Modem mit 1200 bit/s zur Benutzung im öffentlichen Telefonwählnetz und auf festgeschalteten Zweidrahtleitungen
V.2	Leistungspegel für Datenübertragung über Fernsprechleitungen	**V.24**	Liste der Definitionen der Schnittstellenleitungen zwischen Datenend- und Datenübertragungseinrichtungen
V.5	Normierung der Übertragungsgeschwindigkeit für synchrone Datenübertragung über das öffentliche Telefonwählnetz	**V.90**	Digitales und analoges Modem-Paar zur Anwendung im öffentlichen Telefonnetz. Übertragungsraten bis zu 56 kbit/s in Empfangs- und 33,6 kbit/s in Senderichtung
V.15	Anwendung von akustischer Kopplung für die Datenübertragung	**V.92**	Erweiterung der V.90 Empfehlung mit bis zu 48 kbit/s in Senderichtung und "Modem on hold" Funktion
V.21	Modem mit 300 bit/s zur Benutzung im öffentlichen Telefonwählnetz		

ITU (CCITT) Empfehlungen – *ITU recommendations*

ITU-T

Empfehlungen der X-Serie (Datenübermittlungsnetze)

X.1... X.4	Dienste und Leistungsmerkmale in Datennetzen.	**X.200... X.229**	OSI-Modell, Dienste und Protokolle.
X.20... X.32	Schnittstellen in Datennetzen.	**X.300... X.330**	Zusammenarbeit von verschiedenen Netzen.
X.40... X.87	Übertragung, Kennzeichengabe und Vermittlung in Datennetzen.	**X.400... X.430**	Nachrichten Behandlungs-Systeme.
X.92... X.141	Netzaspekte in Datennetzen.		

Beispiele einzelner Empfehlungen

X.1	Internationale Klassen für Benutzer in öffentlichen Datennetzen.	**X.21**	Schnittstelle zwischen Datenendeinrichtung und Datenübertragungseinrichtung für Synchronverfahren zur Anwendung in öffentlichen Datennetzen.
X.2	Internationale- und Leistungsmerkmale für Benutzer in öffentlichen und ISDN-basierenden Netzen.	**X.21 bis**	Betrieb von Datenendeinrichtungen, die für den Anschluß an synchrone Modems der V.-Serie konzipiert sind in öffentlichen Datennetzen.
X.4	Allgemeine Struktur von Signalen, die nach dem internationalen Alphabet Nr. 5 codiert sind und zur Übertragung in öffentlichen Datennetzen verwendet wird (entspricht im wesentlichen der Empfehlung V.4).	**X.25**	Schnittstelle zwischen Datenendeinrichtung und Datenübertragungseinrichtung für Endeinrichtungen, die im Paketmodus in öffentlichen Netzen arbeiten. (Hier werden u.a. die Eigenschaften der DEE/DÜE-Schnittstelle, die Zugriffsprozeduren und der Paketierungs-Modus beschrieben).
X.20	Schnittstelle zwischen Datenendeinrichtung (DEE) und Datenübertragungseinrichtung (DÜE) für Start-Stop-Verfahren in öffentlichen Datennetzen.		

Beispiele der I-Serie (ISDN)

I.112	Verzeichnis der Begriffe des ISDN	I.254	Zusätzliche Dienste mit mehreren Teilnehmern
I.120	Diensteintegrierte digitale Netze	I.310	ISDN; funktionelle Netzprinzipien
I.121	Breitbandaspekte für ISDN	I.320	ISDN Protokoll-Referenzmodell
I.150	Asynchrone Übertragungsform im B-ISDN; Funktionsbeschreibung	I.324	ISDN Netz-Architektur
I.210	Grundsätze der durch ein ISDN unterstützten Telekommunikationsdienste und Mittel zu deren Beschreibung	I.327	Funktions-Architektur des B-ISDN
I.211	Diensteaspekte des B-ISDN	I.330	ISDN Nummern- und Adressierungs-Prinzipien
I.230	Definition der Kategorien von Träger-Diensten	I.340	ISDN Verbindungsarten
I.240	Definition der Tele-Dienste	I.361	Spezifikation der ATM-Schicht des B-ISDN
I.241	Von einem ISDN unterstützte Tele-Dienste	I.375	Netzwerkfähigkeiten für Multimedia-Dienste
I.250	Definition zusätzlicher Dienste	I.380	Internet Protokoll Datenübertragungs-Dienst
I.251.2	ISDN Mehrfachrufnummer	I.420	Basis-Nutzer-Netz-Schnittstelle
I.251.7	Identifizierung böswilliger Anrufe		

ITU-R Serien

BO	Broadcasting-satellite service (sound and television)	RA	Radioastronomy
BR	Sound and television recording	S	Fixed-satellite service
BS	Broadcasting service (sound)	SA	Space applications and meteorology
BT	Broadcasting service (television)	SF	Frequency sharing between the fixed-satellite service and the fixed service
F	Fixed service	SM	Spectrum management
IS	Interservice sharing and compatibility	SNG	Satellite news gathering
M	Mobile, radiodetermination, amateur and related satellite service	TF	Time signals and frequency standards emissions
P	Radiowave propagation	V	Vocabulary and related subjects

Analoges TK-Netz – *Analog TC-network*

Netzhierarchie

Beispiele für Vorwahl:

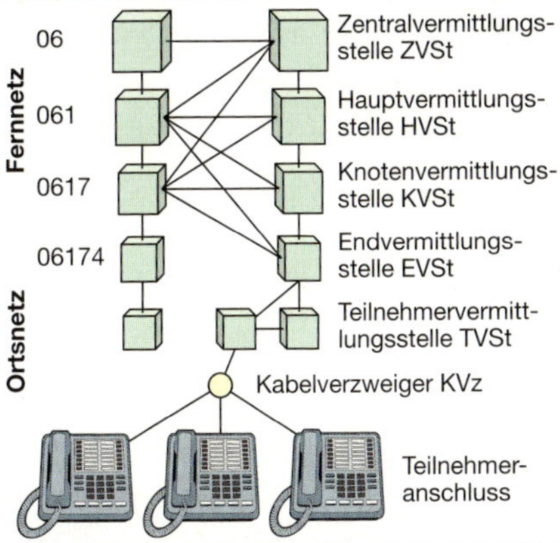

Analoges Telefon (Fernsprechapparat)

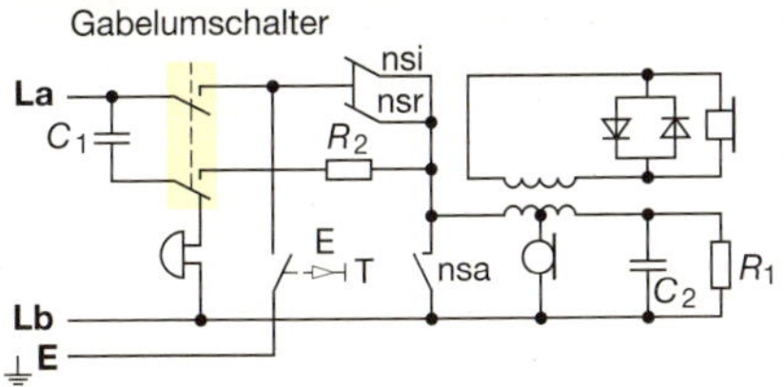

- **Gabelumschalter**:
  Einleiten oder Aufheben der Verbindung.
- **Kontakt nsr**:
  Der **N**ummern**s**chalter-**R**uhekontakt überbrückt die letzten zwei Impulse.
- **Kontakt nsa**:
  Der **N**ummern**s**chalter-**A**rbeitskontakt überbrückt beim Betätigen der Wähleinrichtung den Hör-/Sprechkreis.
- **Kontakt nsi**:
  Durch den **N**ummern**s**chalter-**I**mpulskontakt werden Wählimpuse beim Rücklauf der aufgezogenen Scheibe erzeugt.

Wählablauf für die Ziffer 4 (IWV)

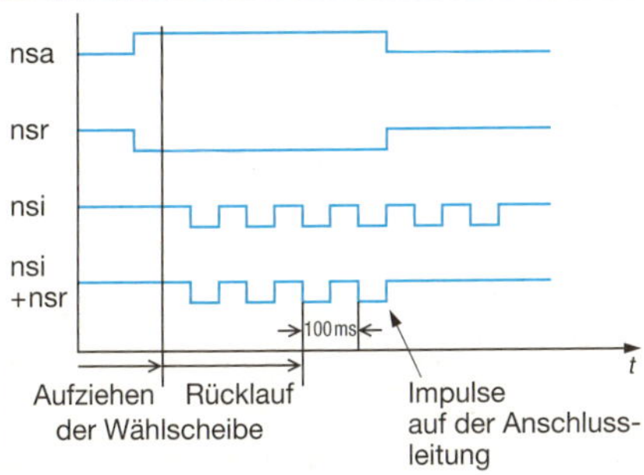

Begriffe und Funktionen

- **Vermittlungseinrichtung**:
  Auf- und Abbau von Verbindungen, Erfassen von Gebühren.
- **Endeinrichtungen**:
  Fernsprechapparate, Anrufbeantworter, Fax-Geräte
- **Wählverfahren**:
  Impulswahlverfahren (IWV),
  Mehrfrequenzwahl (MFW)
- **Übertragungseinrichtungen**:
  Leitungen (Kupfer, Glasfaser) zwischen den Endeinrichtungen und der jeweiligen Vermittlung, Richtfunkstrecken oder Funkstrecken über Satelliten.
- **Bandbreite**: 300 Hz bis 3,4 kHz

Mehrfrequenzwahl (MFW)

Durch Betätigen der Ziffern wird mindestens 40 ms lang ein niederfrequentes Tonsignal (Mischung aus zwei Frequenzen) erzeugt.

Beispiel: Ziffer 8: Übertragung von 852 Hz u. 1336 Hz

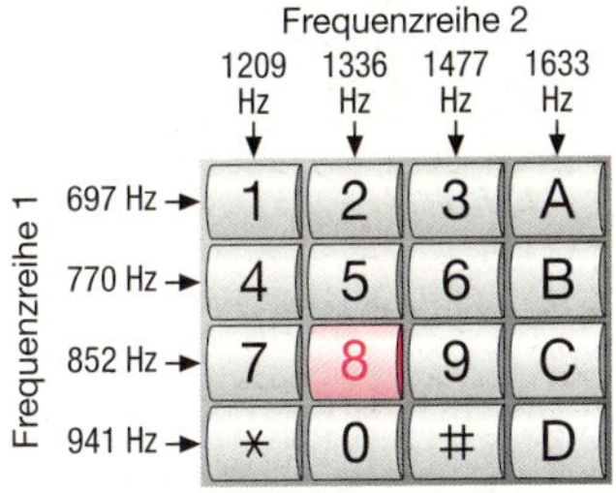

Spannungen und Stromstärken

- Speisespannung im öffentlichen Netz: Gleichspannung 60 V, Minuspol an La
- Gleichspannung bei abgehobenem Hörer am Endgerät 10 V bis 20 V.
- Gleichstrom (Schleifenstrom): 25 mA bis 40 mA
- Rufwechselspannung:
  50 V bis 90 V (Spitze-Spitze-Wert bis 200 V),
  f = 25 Hz ± 8 %, Impulsdauer 1 s, Impulspausen 4 s bis 5 s.
  Sie wird unterbrochen, wenn der angerufene Teilnehmer abhebt oder der Verbindungsaufbau abgebrochen wird.
- Zählimpulse: 16 kHz

Signaltöne

t_D: Zeit für den Dauerton; t_P: Zeit für die Pause

- **Wählton**
  Dauerton von 425 Hz; Vermittlungsstelle kann die Rufnummer aufnehmen.
- **Rufton**
  Impulston von 425 Hz (t_D = 1 s; t_P = 4 s); Verbindungsweg wird vorbereitet, Anschluss wird angerufen.
- **Besetztton**
  Impulston von 425 Hz (t_D = 150 ms; t_P = 425 ms); Verbindung kommt nicht zustande.
- **Aufschalteton**
  Impulston von 425 Hz (t_{D1} = 125 ms; t_{P1} = 150 ms; t_{D2} = 125 ms; t_{P2} = 425 ms, usw.); Netzbetreiber hat sich aufgeschaltet.

Anschluss analoger Telekommunikationsgeräte

Connection of analog telecommunication equipment

TAE

TAE: **T**elekommunikations-**A**nschluss-**E**inheit

Steckdose zum Anschluss analoger Endgeräte an das **TK**-Netz (**Tele**kommunikations-Netz).

Es dürfen nur zugelassene Geräte angeschlossen werden (**B**undesamt für **Z**ulassung in der **T**elekommunikation, **BZT**).

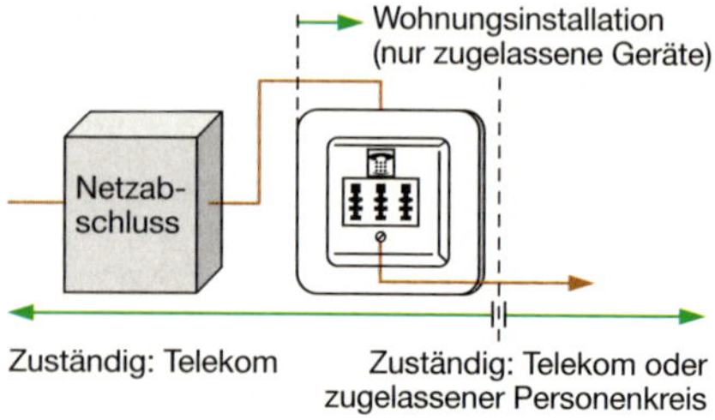

TAE 3 x 6 NFN

Mechanische Codierung:

- **N**: **N**icht-Fernsprechbetrieb, z. B. Anrufbeantworter, Fax, Modem
- **F**: **F**ernsprechbetrieb, z. B. Telefon, TK-Anlage

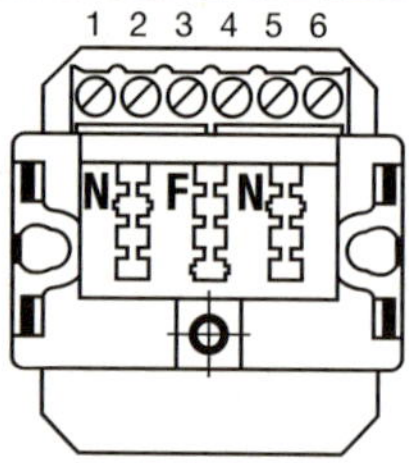

Innenschaltung der TAE 3 x 6 NFN

Durch die Stecker werden in der Dose Schalter betätigt (Schaltbuchsen), die den Signalfluss unterbrechen.

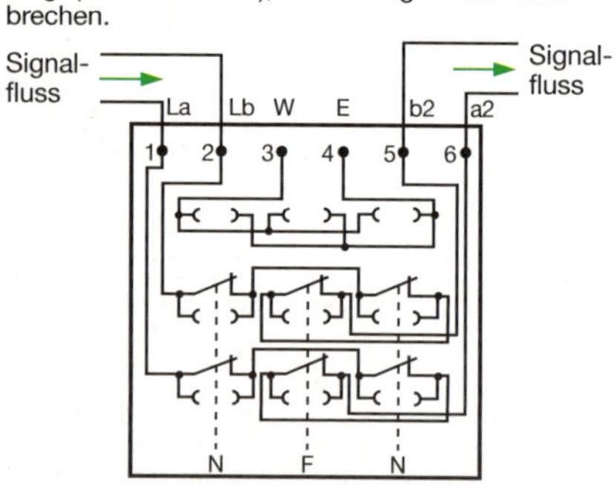

Kontakte der TAE-Stecker

Kontakt	Bedeutung der Anschlüsse	Farbe
1	La, a-Ader, Signalleitung	ws … weiß
2	Lb, b-Ader, Signalleitung	br … braun
3	W, Wecker	gn … grün
4	E, Erde, Nebenstelle	ge … gelb
5	b2, b-Ader, Weiterführung	gr … grau
6	a2, a-Ader, Weiterführung	rs … rosa

TAE-Stecker

F-Codierung

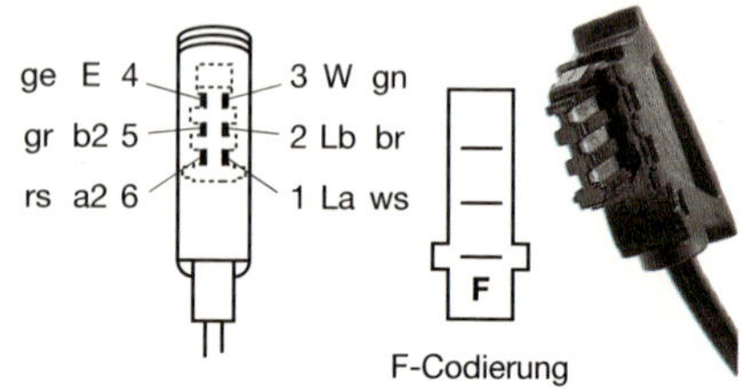

N-Codierung

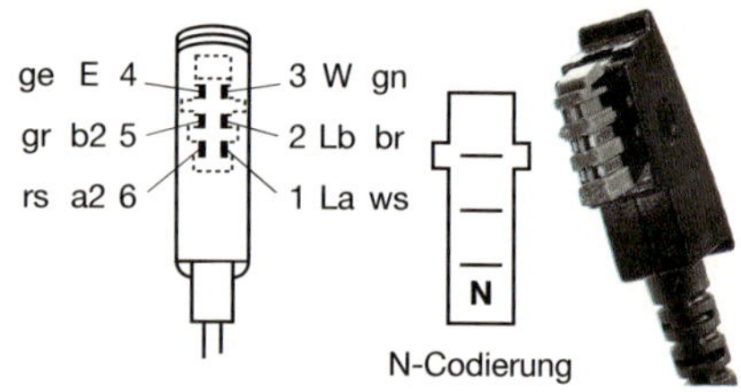

Western-Steckverbindung

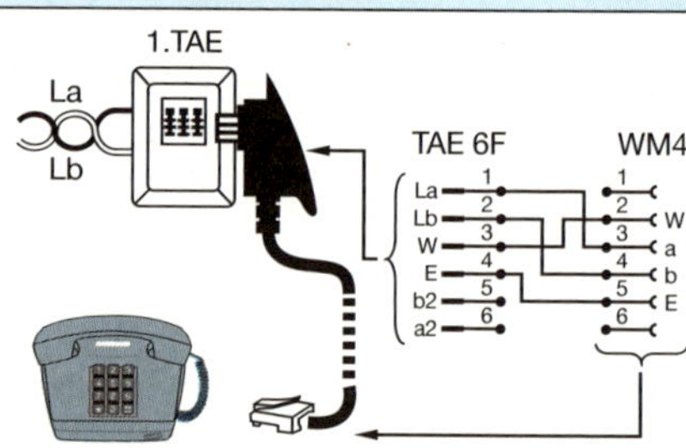

Telefonkabel (Sternvierer)

Ringcodierung bei einem Sternvierer (Farbe: Rot).

1. Paar: 1a, a-Ader, ohne Ring
1b, b-Ader, ein Ring

2. Paar: 2a, a-Ader, zwei Ringe m. großen Intervallen
2b, b-Ader, zwei Ringe m. kleinen Intervallen

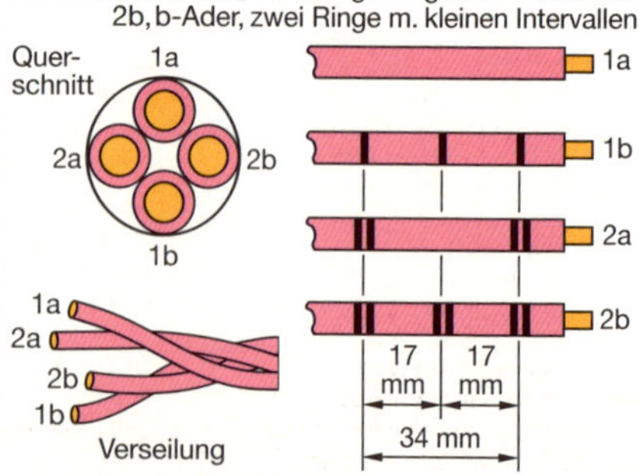

Modem

Modemarten

- Sprachband-Modem
- Kabel-Modem
- Funk-Modem
- Netzleitungs-Modem

Sprachband-Modem

- Sprachband-Modems werden zur Ankopplung von Endgeräten an das analoge Telefonnetz verwendet und übertragen die Daten zwischen den Endgeräten in serieller Form.
- Sie sind deshalb mit 2 Schnittstellen ausgestattet:
  - **Leitungsschnittstelle** (Analoganpassung),
  - **Endgeräteschnittstelle** (Digitalanpassung).
- Grundlegende Funktionen des Modems sind:
  - Verarbeiten der von der Endgeräteschnittstelle empfangenen Kommandos,
  - Aufbau der Verbindung mit der Gegenstelle,
  - Umwandeln der digitalen elektrischen Signale des Endgerätes in analoge Tonfrequenzen,
  - Geschwindigkeitsanpassung an die Leitungsqualität,
  - Korrektur aufgetretener Übertragungsfehler.
- Die **Übertragungsleitung** verfügt über eine Bandbreite von 3100 Hz (Sprachband).
- Auf der Leitung werden unterschiedliche **Modulationsverfahren** angewendet, z.B.:
  - **AM** (Amplitudenmodulation),
  - **FM** (Frequenzmodulation),
  - **PM** (Phasenmodulation).

  oder Kombinationen daraus (z.B. **QAM**: **Q**uadratur **A**mplituden **M**odulation).
- Je höher die Übertragungsgeschwindigkeit, desto aufwendiger ist das Modulationsverfahren.
- Als **Übertragungsart** werden Halb- oder Vollduplexübertragung angewendet.
- Die **Steuerung** des Modems vom Endgerät erfolgt mit festgelegten Kommandosequenzen (z.B. Hayes-Befehlen).
- Durch Anwendung von **Kompressionsverfahren** kann die Übertragungsgeschwindigkeit erhöht werden.
- Die Datenübertragung zwischen den Endgeräten wird durch **Protokolle** geregelt.
- Modems unterstützen auch das Versenden oder Empfangen von **Fax-Nachrichten**.
  Diese können dann direkt in den PC eingelesen, allerdings nicht als Textdokument weiterverarbeitet werden.
- Modems für **GSM-Netze** bieten die Möglichkeit Daten und Faxe per Funk zu einem Handy zu übertragen.
  Dazu erforderlich sind spezielle GSM-Modem (z.B. PC-Card im Laptop) oder Daten Service Adapter (DSA) und die Freischaltung des entsprechenden Dienstes vom Dienstanbieter für den jeweiligen Teilnehmeranschluss.
- Die Festlegung der **Übertragungsstandards** für Datenübertragung auf analogen Leitungen werden von der ITU-T in Form von Empfehlungen in der V-Reihe durchgeführt (z.B. V.90).

Modemsteuerung

- Die Modemsteuerung auf der seriellen (V.24) Schnittstelle erfolgt mit Befehlen, die in Konfigurations- und Ausführungsbefehle unterteilt sind.
- Befehlsaufbau bei Anwendung der Hayes-Befehle.

AT E1 B1 D1 <CR>

- AT: Kennzeichen für Hayes-Befehle (muss immer vorangestellt werden)
- E1 B1 D1: Befehlsfolge
- <CR>: Abschlusszeichen (Carrige Return)

Anschaltung

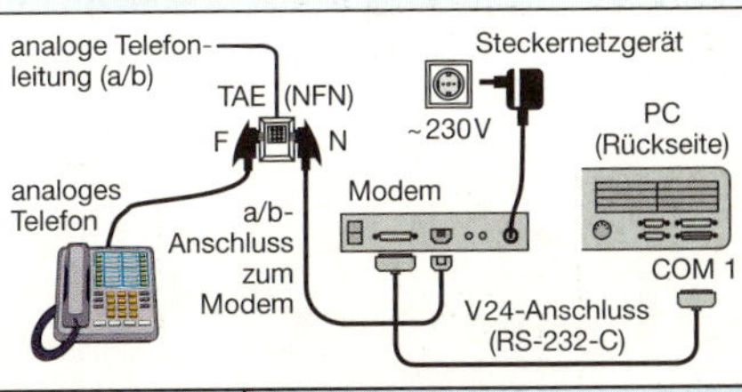

Kabel-Modem

- Kabel-Modems werden am vorhandenen **Breitbandkabel-Netz** betrieben.
- Aufgrund der zur Verfügung stehenden **Bandbreite** in diesem Kabel lassen sich Übertragungsraten von bis zu 50 Mbit/s erzielen.
  Diese **Übertragungsrate** kann allerdings nur im Downstream (Kabelkopfstelle zum Anwender) erreicht werden.
- Für **Internetanwendungen** ist ein getrennter Rückkanal über das Telefonnetz erforderlich.

Funk-Modem

- **Funk-Modems** dienen zur Übertragung von Daten über kurze Entfernungen und werden überwiegend in Bereichen angewendet, wo eine Kabelverlegung unmöglich oder störend (z.B. medizinischer Bereich) ist.
  Die **Betriebsfrequenzen** liegen in der Regel in den genehmigungsfreien Frequenzbändern (433 MHz und 2,4 GHz).
  Die **Datenraten** liegen bei 9600 bit/s und die Übertragungsentfernungen bis zu 300 m (Freiraum).

Netzleitungs-Modem

- Netzleitungs-Modems (auch als **Powerline Modem** bezeichnet) werden zur Übertragung von Daten über die **Energieversorgungsleitungen** eingesetzt.
  Die dafür nach CENELEC Norm EN 50065 definierten **Frequenzbänder** liegen im Bereich von 9 kHz bis 148,5 kHz.
  Die **Übertragungsraten** und -entfernungen werden begrenzt durch Dämpfung und Rauschen und ermöglichen max. 2 Mbit/s bei 500 m.

Fernwirksysteme – *Telecontrol systems*

- Fernwirksysteme dienen zur Überwachung und Steuerung geografisch ausgedehnter Prozesse unabhängig von den jeweils lokal ablaufenden Prozessen.
- Sie werden eingesetzt z. B. in
  - Energieverteilungsanlagen,
  - Wasser-/ Abwasseraufbereitungsanlagen,
  - Verkehrssteuerung,
  - Pipelineüberwachung,
  - Gebäudemanagement.
- Bestehen aus **Unterstationen** (Fernwirkkopf) und mindestens einer **Leitzentrale**, die mit einem oder mehreren Bedienplätzen ausgerüstet sind.
- Die Unterstationen sind über Kommunikationsverbindungen mit der Leitzentrale verbunden.
- Eingesetzte Übertragungsmedien sind u. a.
  - Kupferleitungen (analoges oder digitales Telefonnetz, GSM),
  - Lichtwellenleiter,
  - Funkstrecken (Richtfunk, Radialfunk).
- Zur Sicherstellung eines ungestörten Betriebes muss die Informationsübertragung dabei mit
  - hoher Datensicherheit,
  - hoher Verfügbarkeit,
  - kurzer Übertragungszeit

  erfolgen.
- Die Festlegung der zu verwendenden Protokolle für die Übertragung muss u. a. den Einfluss schwieriger Umgebungsbedingungen wie z. B.
  - elektromagnetische Beeinflussungen,
  - Erdpotenzialdifferenzen,
  - Stör- und Rauschquellen auf den Leitungen

  berücksichtigen.
- Schutzmassnahmen für die zu übertragenden Daten sind u. a. zu treffen gegen
  - unerkannten Informationsverlust,
  - Entstehen von ungewollten Informationen,
  - unerkannte Bitfehler,
  - Trennung oder Störung zusammenhängender Informationen.
- Für die Datenübertragung werden drei unterschiedliche **Daten-Integritätsklassen** (I1, I2, I3) festgelegt, wobei die Anwendung jeder Klasse von der Art der Daten abhängt.

Kommunikationsstruktur

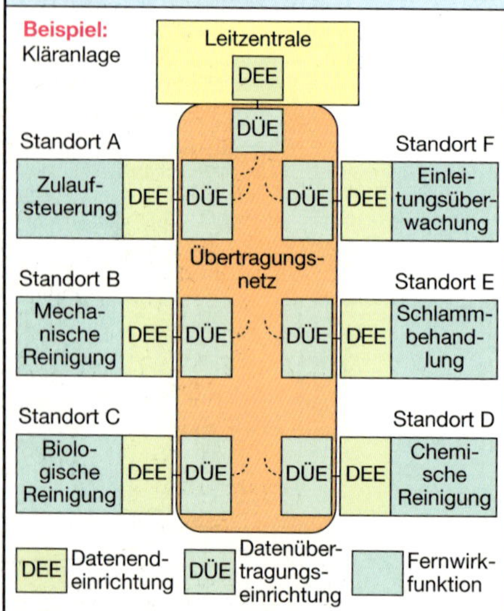

Integritätsklassen

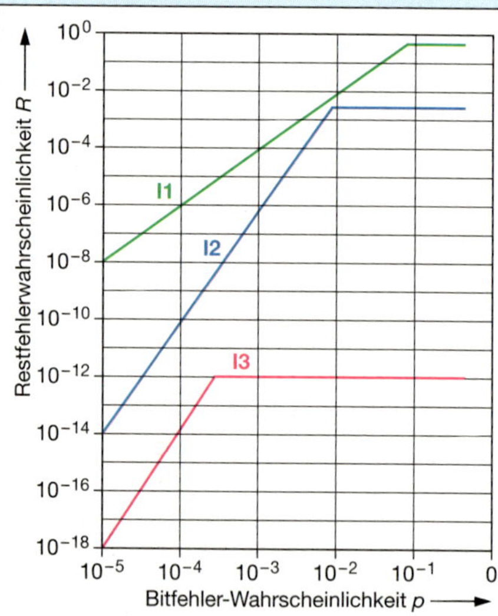

Integritätswerte

- Die mittlere Zeit *T* zwischen unerkannt fehlerhaften Nachrichten wird berechnet nach

$$T = \frac{n}{v \cdot R}$$

n: Telegrammlänge in Bit

v: Übertragungsgeschwindigkeit in bit/s

R: Restfehlerwahrscheinlichkeit

p: Restfehlerrate

Anwendungsbeispiel	Integritätsklasse	Restfehlerrate	Zeit *T* (in Jahren)
Zyklisch aufdatende Systeme	I1	10^{-6}	$2{,}6 \cdot 10^{-3}$
Ereignisgesteuerte Übertragung	I2	10^{-10}	26
Kritische Informationsübertragung	I3	10^{-14}	$260 \cdot 10^{3}$
Werte bei n = 100 bit, v = 1200 bit/s, $p = 10^{-4}$			

ISDN-Dienste und -Anschlüsse – *ISDN-services and interfaces*

ISDN-Anschlussarten

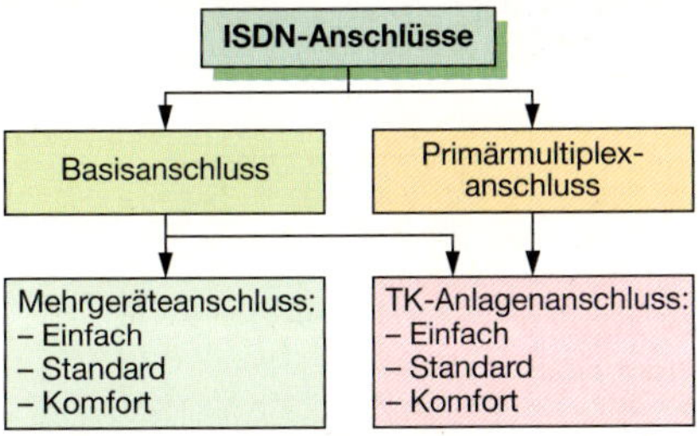

Schnittstelle für Basisanschluss

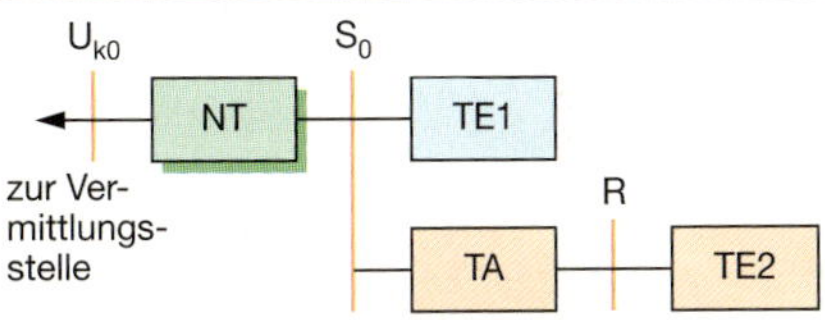

NT: Netzabschluss (Network Terminator)
TE1: ISDN-Endgerät
TA: Endgeräteanpassung (Terminaladapter)
TE2: Nicht-ISDN-Endgerät (z.B. analoges Telefon)
R, S, U: Schnittstellen

Basisanschluss (BaAs)

NTBA: **N**etwork **T**erminal for ISDN **B**asic **A**ccess (Netzabschlussgerät für den ISDN-Basisanschluss)

- U_{k0}: Netzseitige ISDN-Schnittstelle
- S_0: Kundenseitige ISDN-Schnittstelle
- B1, B2: Nutzkanäle mit jeweils 64 kbit/s
- D: Steuer- und Zeichengabekanal mit 16 kbit/s (DSS1-Protokoll)

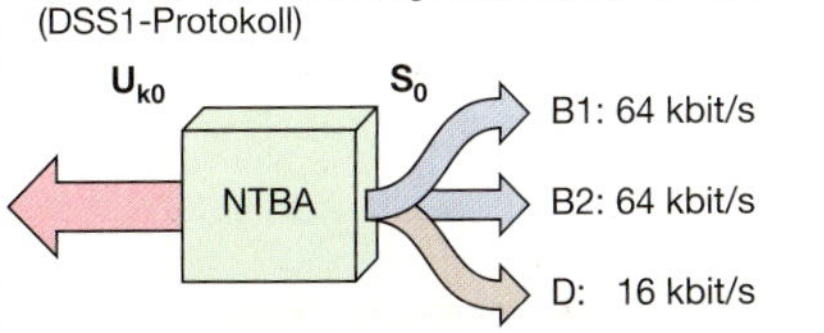

Primärmultiplexanschluss

NTPM: **N**etwork **T**erminal for ISDN-**P**ri**m**ary Rate Access

- U_{2M}: Netzseitige ISDN-Schnittstelle
- S_{2M}: Kundenseitige ISDN-Schnittstelle
- Synchronisationskanal mit 64 kbit/s
- B1 bis B15: Nutzkanäle mit jeweils 64 kbit/s
- B16 bis B30: Nutzkanäle mit jeweils 64 kbit/s
- D-Kanal: 64 kbit/s (DSS1-Protokoll)

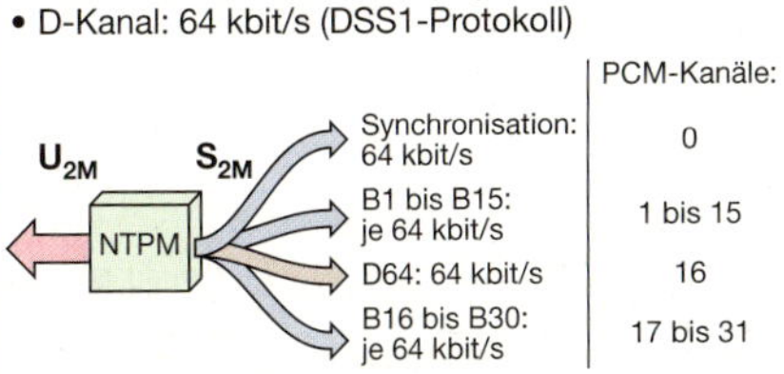

Mehrgeräteanschluss

- Bis zu zwölf Anschlusssteckdosen (IEA) können installiert werden.
- Acht ISDN-Endgeräte oder eine TK-Anlage können gleichzeitig eingesteckt/angeschlossen (maximal vier Telefone) sein.
- Drei Rufnummern (**Mehrfachnummern**, **MSN**: **M**ultiple **S**ubscriber **N**umber) stehen zur Verfügung. Sieben weitere können beantragt werden.
- Entfernung vom NTBA zur letzten Dose: Bis 180 m.

Beispiel:

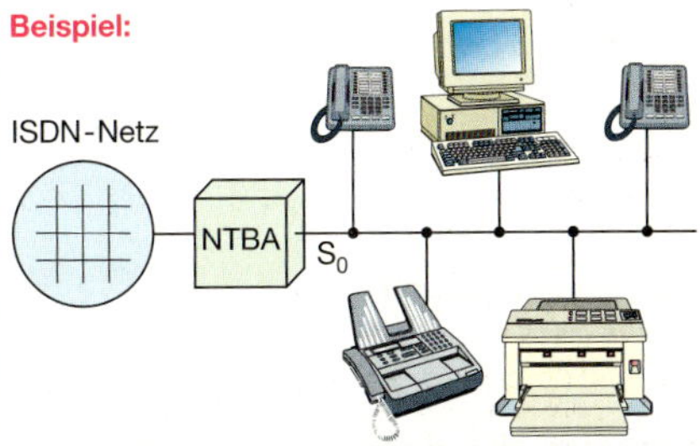

Anlagenanschluss

- Eine Durchwahl zu jedem Teilnehmer der Nebenstelle ist möglich.
- Entfernung vom NTBA zur letzten Dose: 1 km.
- Keine Einschränkung der Zahl der anzuschließenden Telefone.
- Kostenlose interne Gespräche.
- Mehrere Basiskanäle sind möglich.

Beispiel:

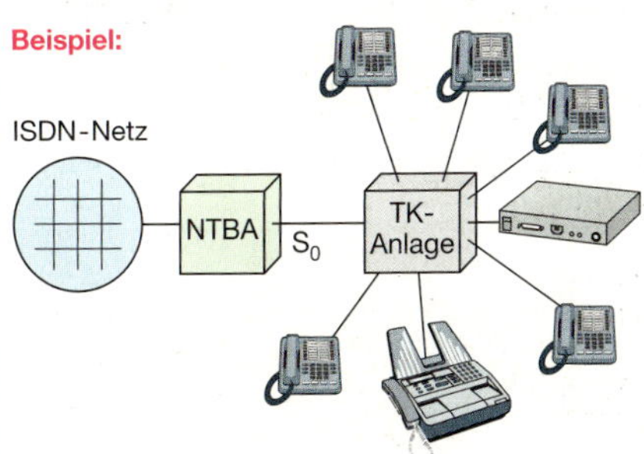

Anschluss analoger Endgeräte

Analoge Endgeräte können über a/b-Terminal-Adapter angeschlossen werden. In TK-Anlagen sind a/b-Adapter mitunter integriert.

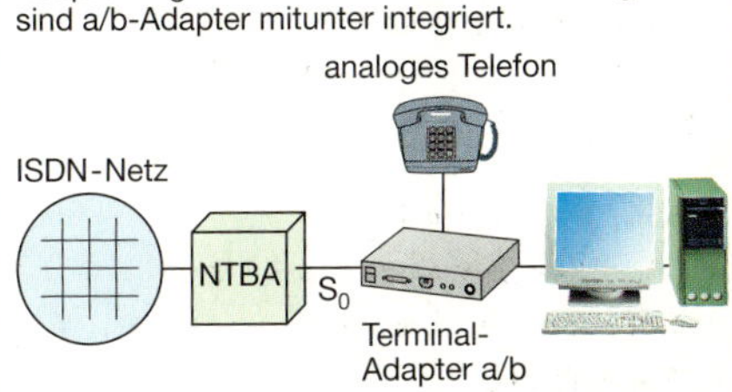

Anschluss von ISDN-Geräten – *Connection of ISDN-equipment*

NTBA

NTBA: **N**etwork **T**erminal for ISDN **B**asic **A**ccess (Netzabschlussgerät für den ISDN-Basisanschluss)

Mit ihm erfolgt die Umsetzung der 2-Draht-Leitung in eine hausinterne 4-Draht-Leitung (S_0-Schnittstelle).

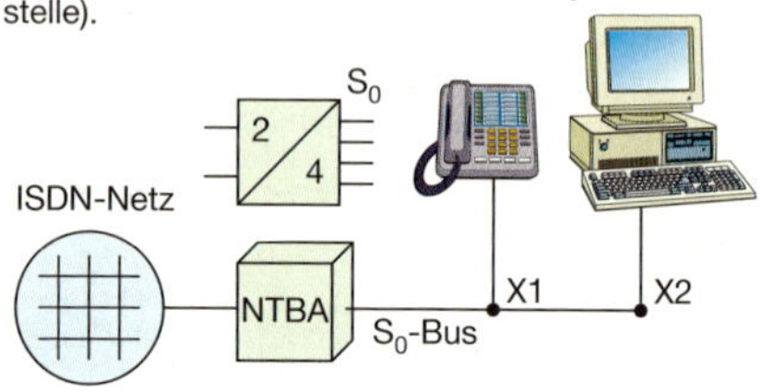

S_0-Bus

- Für die Leitungsverlegung vom NTBA muss die Busstruktur eingehalten werden (s.Abb.).
- Leitungen:
  - 1a und 1b (Sendeleitungen),
  - 2a und 2b (Empfangsleitungen).
- Die Anschlussdosen werden mit **IAE** (**I**SDN-**A**nschluss**e**inheiten) bezeichnet.
- Zwölf IAE's sind möglich, acht ISDN-Endgeräte können gleichzeitig angeschlossen sein, zwei können gleichzeitig betrieben werden.
- Die Leitung in der letzten IAE muss mit zwei Widerständen von 100 Ω +/- 5 % abgeschlossen werden.
- Die Anschlussleitung für ein Gerät darf 10 m nicht überschreiten.
- Die Gesamtlänge des Busses darf 180 m nicht überschreiten (hängt vom Leitungstyp ab).
- Bus-Struktur:

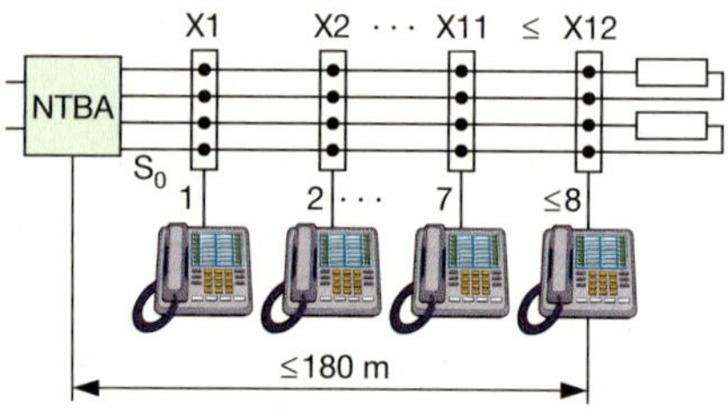

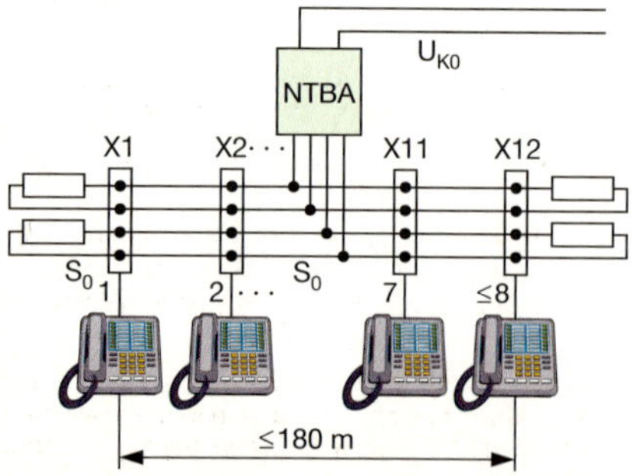

ISDN Anschlusseinheit IAE

Beispiel: IAE 8 (4)
(8 polig, 4 Buchsenkontakte)

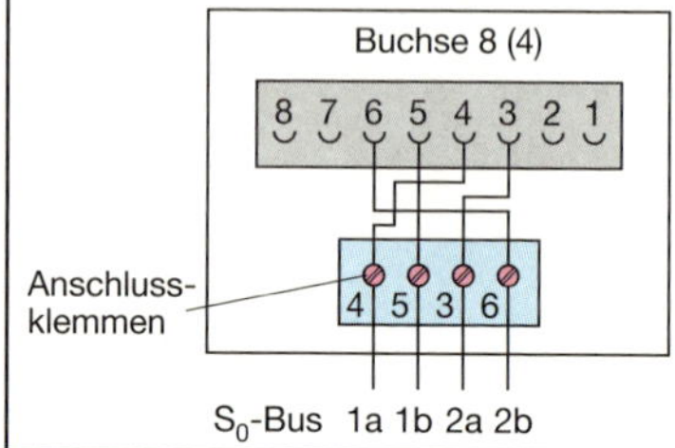

Universal-Anschlusseinheit UAE

UAE: **U**niversal **A**nschluss**e**inheit

Beispiel: UAE 8 (4)
(8 polig, 4 Buchsenkontakte)

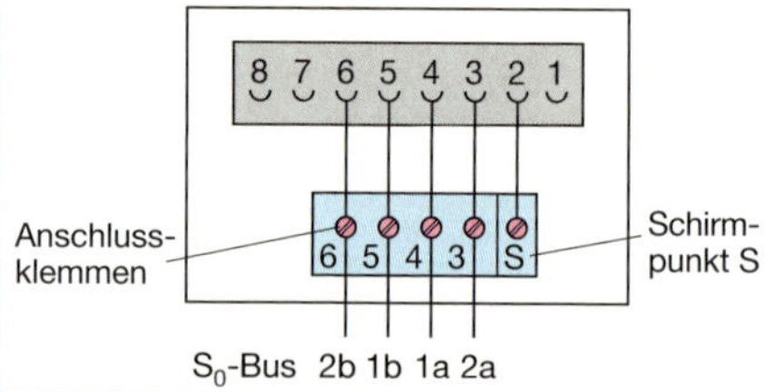

Western-Steckverbinder

- Sie wurden von der US-Telefongesellschaft Western Bell entwickelt.
- Die Steckerform entspricht einem 8 poligen Stecker, wie sie für ISDN-Geräte zum Anschluss an die IAE bzw. UAE verwendet werden.
- Andere Bezeichnung: RJ-45.
- Verwendet werden auch Stecker mit 4 (IAE-Stecker) oder 6 Kontakten.
- Vierpolige Stecker werden auch für Telefonhörer verwendet.

Belegung der Buchsenkontakte

Klemmen-Nummer	4	5	3	6
ISDN-Anschluss	1a	1b	2a	2b
Analoger Anschluss	a	b	E	W

Stecker

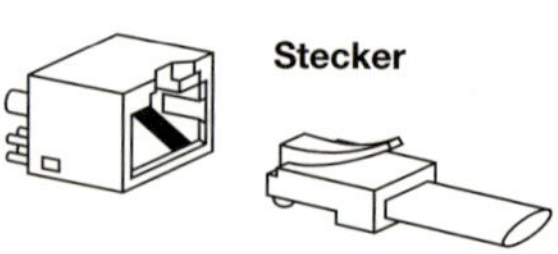

Buchsen

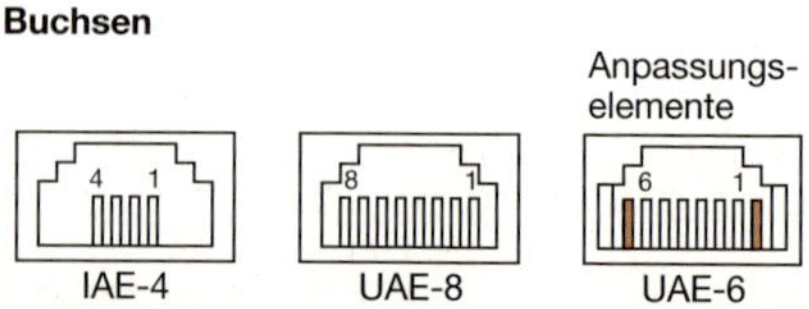

ISDN-Karten – *ISDN cards*

ISDN-Karte mit Schnittstellen

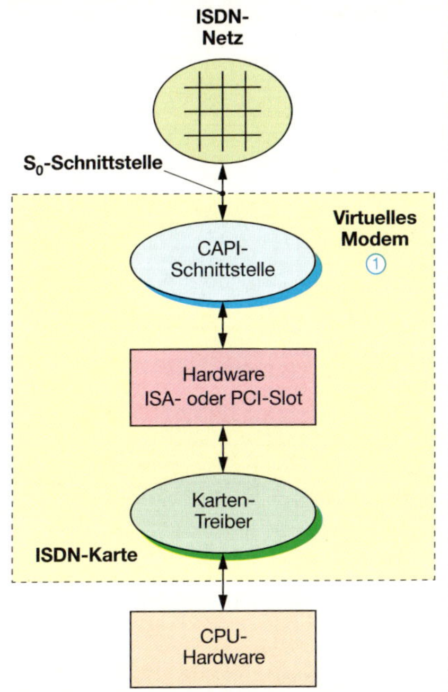

ISDN-Karte im Gerätemanager (Windows)

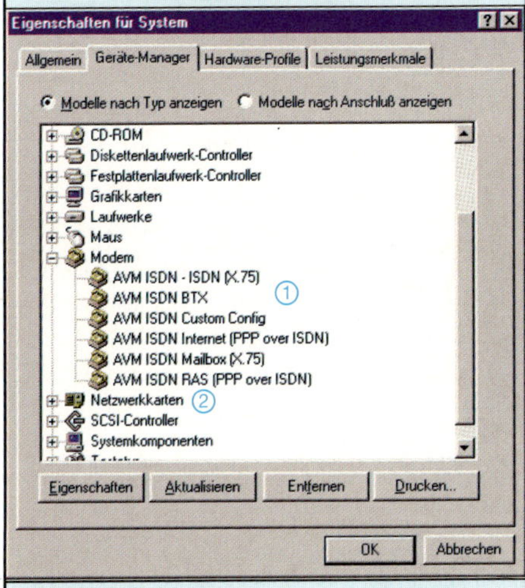

Internet-Adressen http://...

Acotec www.acotec.de/german/	**AVM** www.avm.de **Controlware** www.cware.de	**Creatix** www.creatix.de **Elsa** www.elsa.de

Aufgaben

- Anschluss des PC an die S_0-Schnittstelle des ISDN-Netzes.
- Übersetzung der Signale der CPU in „verständliche" Signale für das ISDN-Netz (Protokolle).
- **D-Kanal**: Signalisiert und steuert die ISDN-Datenströme in den B-Kanälen (Diensterkennung, Verbindungskontrolle, ...).
- Simulation von Modems (**virtuelle Modems** ①).
- **Aktive Karte**:
  Realisiert die Schnittstelle; Prozessor mit Speicher auf der Karte; anfallende Rechnerleistung wird teilweise von der Karte übernommen.
- **Passive Karte**:
  Nur Schnittstelle, alle Anwendungen laufen über den PC.

Installation und Konfiguration

- Die Software für ISDN-Karten enthält den **CAPI-Treiber** (CAPI.DLL), mit dem die einheitliche Schnittstelle für ISDN-Karten realisiert wird.
  CAPI: **C**ommon **A**pplication **P**rogramming **I**nterface.
  CAPI 1.1: 16-Bit-Treiber
  CAPI 2.0: 32-Bit-Treiber
  Beide Schnittstellen (Treiber) sind nicht kompatibel.
- Bei einigen Karten muss vor der Hardware-Installation die Software installiert werden.
- Die Karte wird unter Windows als **Netzwerk-Karte** konfiguriert (s. Geräte-Manager ②). Deshalb müssen entsprechende Netzwerkprotokolle (TCP/IP, IPX/SPX) eingerichtet werden.
- D-Kanal-Protokoll: DSS1 (Euro ISDN).
- Ressourcen sind erforderlich,
  z. B. E/A-Bereich 0300 – 031F, Interrupt 11.
- Die installierten virtuellen Modems unterscheiden sich durch unterschiedliche Protokolle.

Protokolle

- **X.75**: ISDN-Datenkommunikation mit maximal 64 000 Bps (ein B-Kanal) bzw. 128 000 Bps (beide B-Kanäle).
- **V.110**: Asynchroner Übertragungsmodus mit bis zu 38 400 Bps oder synchron max. 56 000 Bps.
- **V.120**: Erweitertes V.110, zusätzlich Fehlerkorrektur und Komprimierung.
- **TCP/IP**: **T**ransmission **C**ontrol **P**rotocol/**I**nternet **P**rotocol regelt den Versand von Datenpaketen, auch über unterschiedliche Kanäle im Internet (Standard-Netzwerkprotokoll).
- **PPP**: **P**oint-to-**P**oint **P**rotocoll, Punkt-zu-Punkt-Verbindung zwischen PC-Systemen, serielle Verbindung mit Korrektur von Übertragungsfehlern.

Vermittlungstechnik – *Exchange technology*

Vermittlungstechnik mit digitalen Einrichtungen

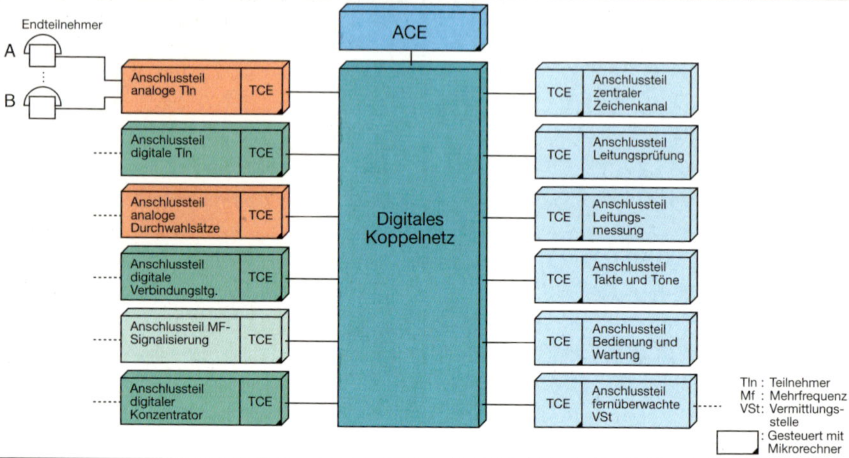

ACE (Auxiliary Control Element)

Funktionssteuereinheit für übergeordnete Steuerungsaufgaben, aufgeteilt in Vermittlungs- und System-Steuereinheit.

Vermittlungssteuereinheit

- Bearbeitet die Vermittlungsaufträge.
- Führt Verbindungsauf- und -abbau durch.
- Erfasst die Gebühren.

Systemsteuereinheit

- Führt Ziffernauswertung durch.
- Ermittelt die Teilnehmeranschlusslage.
- Zuständig für Verkehrslenkung und Tarifermittlung.
- Gebührenerfassung.
- Fehlerbearbeitung und Fehlermeldung.

TCE (**T**erminal **C**ontrol **E**lement)

Modulsteuereinheit für die Steuerung der Funktionen der jeweiligen Anschlussteile.

- Bearbeitung der physikalischen Signalisierung des Anschlussteils.
- Verwaltung der angeschlossenen Peripherie (z. B. Teilnehmerschaltungen).
- Erzeugt Gebührenimpuls (bei Analog-Teilnehmern).

Anschlussteile

Schnittstellen zu den jeweiligen angeschlossenen Endeinrichtungen, z. B. für analoge Teilnehmer mit folgendenFunktionen:

- Zweidraht-/Vierdraht-Wandlung
- Wandlung analoge Sprach- in PCM-Signale
- Erkennen von Schleifenschluss
- Rufstromerzeugung und -einspeisung
- Gleichstromspeisung der Teilnehmer

Digitales Koppelnetz

Besteht aus digitalen Schaltgliedern (UND-Gattern) und hat folgende Aufgaben:

- Durchschalten der Verbindungswege zwischen Teilnehmeranschlüssen
- Teilnehmeranschluss und ACE
- semipermanente Festverbindungen zwischen TCEs und zentralem Zeichenkanal.

Informationsübertragung erfolgt mittels PCM-Signalen. Aufbau erfolgt mehrstufig (je nach Größe der Vermittlungsstelle) mit **Z**eit- und **R**aumstufen (**Z**-**R**-**Z**- für kleine und **Z**-**RRR**-**Z**-Struktur für große Vermittlungsstellen.

Verkehrstheorie (Grundbegriffe)

Leitung: Eingangs-, Zubringer-, Ausgangs-, Abnehmer- oder Zwischenleitung.

Gerät: Vermittlungstechnische Einrichtung mit speziellen Funktionen (z. B. Koppelnetzsteuerung).

Bündel: Anzahl von Leitungen, die untereinander gleichwertig sind.

Erreichbarkeit: Volle Erreichbarkeit ist gegeben, wenn jede Zubringerleitung jede Abnehmerleitung erreichen kann.

Begrenzte Erreichbarkeit, wenn Zubringerleitungen nur einen Teil der Abnehmerleitungen erreicht.

Hauptverkehrsstunde: Hat keine bestimmte zeitliche Lage. Stellt eine mittlere Verkehrsbelastung dar. Wird durch viertelstündliche Messungen an fünf bis zehn aufeinanderfolgenden Werktagen ermittelt. Jeweils vier aufeinanderfolgende Messwerte werden zusammengefaßt und zur Mittelwertbildung verwendet.

Mittlere Belegungsdauer	Verkehrsmenge	Verkehrswert
$t_m = \frac{Y}{c}$ $[t_m] = h$ Y: Summe der Belegungszeiten, c: Anzahl der Belegungen	$Y = c \cdot t_m$ $[Y] = \text{Erlh}$ Erlh: Erlangstunden	$y = \frac{Y}{T} = c \cdot \frac{t_m}{T}$ $[y] = \text{Erl}$ T: Beobachtungsdauer

Datenkommunikation über das TK-Netz – *Data communication via telco-net*

Allgemeines

- Übertragung weltweit über vorhandene Telefonanschlüsse.
- Anschaltung an das Telefonnetz über Modem (Modulator/Demodulator).
- Bei mobiler Anwendung auch Einsatz von Akkustikkopplern.
- Verbindungsaufbau zwischen den Teilnehmern manuell oder automatisch.
- Prozeduren für Wählvorgang nach CCITT X.25 bis oder Hayes-kompatiblem Protokoll.
- Keine Einschränkung des Übertragungscodes bzw. der Übertragungssteuerung während der Übertragung.
- Sicherung gegen Übertragungsfehler mit zusätzlichen Protokollen (MNP3 oder MNP5) möglich.
- Verbindungsgebühren entsprechen denen der normalen Telefonverbindung.
- Übergänge in andere Netze möglich.

Übertragungsraten

Übertragungsgeschwindigkeit	**10 Zeichen/s**	**20/40 Zeichen/s**	**...300 bit/s**	**...1200 bit/s**	**1200 bit/s**	**2400 bit/s**	**2400 bit/s**	**4800 bit/s**	**9600 bit/s**	**19200 bit/s**
Übertragungsverfahren	parallel	parallel	seriell asyn.	seriell asyn./ syn.	seriell asyn./ syn.	seriell syn.	seriell asyn./ syn.	seriell syn.	seriell syn./ asyn.	seriell syn./ asyn.
Betriebsverfahren	sx	sx m.R.: hx	sx dx	sx, hx m.H.: dx	dx	sx dx	dx	sx dx	dx	dx
Modulationsverfahren	V.19	V.20	V.21 Bell 103J	V.23	V.22 Bell 212A	V.26bis	V.22bis	V.27ter	V.32	Mehrfachträger

sx: simplex, hx: halbduplex, dx: duplex, m.R.: mit Rückkanal 5 oder 75 bit/s, m.H.: mit Hilfskanal 75 bit/s, asyn.: asynchron, syn.: synchron

Netzstruktur

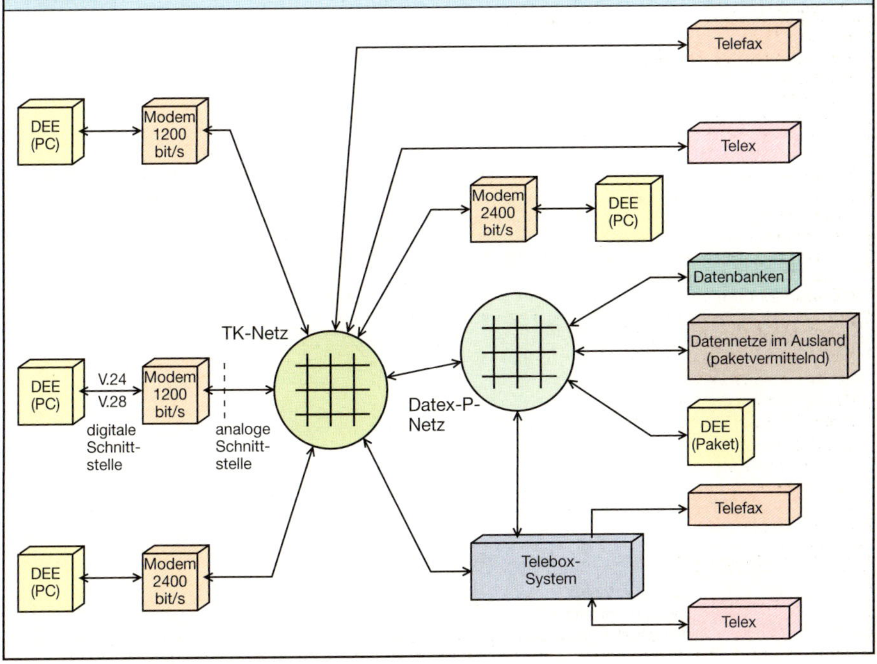

Videokonferenz – *Video conferencing*

- **Videokonferenzsysteme** werden zur Multimedia-Kommunikation zwischen räumlich entfernten (global verteilten) Teilnehmern eingesetzt.
- **Anwendungsbereiche** sind u. a.
  - Aus- und Weiterbildung von Firmenmitarbeitern (remote education, distant learning),
  - online Dokumentenbearbeitung (document sharing),
  - Fernüberwachung bzw. -steuerung von Anlagen, Systemen und Gebäuden (remote control).
- Systeme bieten die Möglichkeit zur **Video**-, **Audio**- und **Dokumentenübertragung** über unterschiedliche Übertragungsnetze.
- Die Kommunikation in Netzen zwischen Endgeräten und Teilnehmern werden geregelt durch
  - **Gateways** (Netzkoppler),
  - **Gatekeeper** (Netzverwalter),
  - **Multipoint Control Units** (**MCU**; Vielfachverbindungssteuerungs-Einheit).
- **Gateways** realisieren die durchgängigen Verbindungen von Endgeräten, die nach den unterschiedlichen H.32X-Standards arbeiten.
- **Gatekeeper** verwalten die Kommunikationsbeziehungen der Teilnehmer (z. B. Adressierung, Bandbreitenverwaltung, Abrechnung).
- MCU's regeln bei verteilten Teilnehmern die Punkt- zu Mehrpunktverbindungen; können als zentrales System in einem Netz oder verteilt in den Endgeräten vorhanden sein.
- **Desktop-Systeme** (Arbeitsplatzsysteme) werden in PC's installiert und bestehen aus
  - Schnittstellenbaugruppe mit PCI-Anschluss u. Anschlussmöglichkeiten für die Endgeräte, wie
  - Videokamera, Lautsprecher, Eingabemikrofon,
  - Anwendungssoftware (Kommunikationsprotokolle).
- Die **Standards** sind von der ITU festgelegt und werden nach der Art des eingesetzten Übertragungsweges unterschieden (z.B. H.323 für Internetübertragung).

Standards

Bezeichnung	H.324	H.323	H.322	H.321	H.320
Übertragungsnetz	Analoge Verbindungen	LAN ohne QoS	LAN mit QoS	Breitband ISDN/ATM	ISDN
Video	H.261	H.261	H.261	H.261	H.261
Audio	H.263 G.723.1	G.711 G.722 G.723.1 G.728 G.729	G.711 G.722 G.723.1 G.728	G.711 G.728	G.711 G.722 G.723.1 G.728 G.729
Dokumente	T.120	T.120	T.120	T.120	T.120
Multiplexing	H.223	H.225	H.221	H.221	H.221
Verbindungskontrolle	H.245	H.225 H.245	H.223 H.242	H.230 H.242 Q.2931	H.230 H.242
Multipoint	H.231 H.243	H.323	H.231 H.243	H.231 H.243	H.231 H.243
Verschlüsselung	H.233 H.234	H.233 H.234	H.233 H.234	H.233 H.234	H.233 H.234
Verbindungskontrolle	V.34	IP	I.400 IP	I.400 I.363 I.361	I.400

QoS: **Q**uality **o**f **S**ervice **IP**: **I**nternet **P**rotocol

Desktop System

WEB Camera

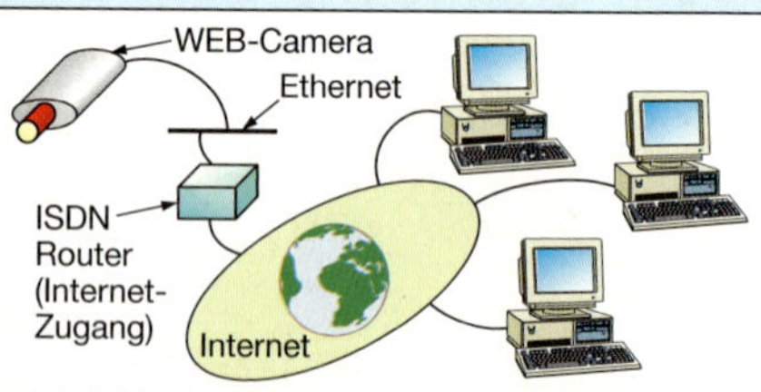

- Die WEB Camera wird an ein LAN angeschlossen und ermöglicht damit die Bildübertragung über das Internet mit TCP/IP.
- Empfänger kann über Standard-Browser die aufgenommenen Bilder auf seinem PC darstellen.
- Aktualisierung eines JPEG-Bildes dauert ca. 0,7 s.

Audio-/Videocodierung – *Audio-/video-encoding*

- **Audiovisuelle Kommunikation** bietet die Möglichkeit, jederzeit an jedem Ort die gewünschten Informationen abzurufen.
- Die hierzu erforderliche Übertragung und Speicherung von digitalen Daten erfordert aus Kostengründen leistungsfähige **Kompressionsverfahren**.
- Grundlage der Kompression ist die **Entfernung redundanter** und **irrelevanter** Informationen aus den Datenströmen.
- **Redundanz** entsteht durch den Zusammenhang und die Vorhersagbarkeit von Daten.
- Redundante Informationen können entfernt werden, ohne dass Informationen verloren gehen.
- **Irrelevante** Informationen liegen beim Betrachter oder Zuhörer unterhalb der Wahrnehmungsschwelle.
- Werden irrelevante Informationen entfernt, sind die ursprünglichen Informationen nicht mehr verlustfrei herstellbar.

Einteilung

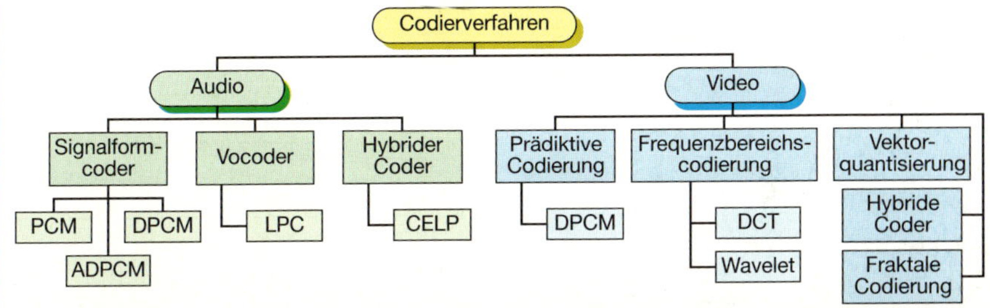

PCM: **P**ulse **C**ode **M**odulation
DPCM: **D**ifferential **PCM**
ADPCM: **Adaptive** DPCM

LPC: **L**inear **P**redictive **C**oding
CELP: **C**odebook-**E**xcited-**LP**
Vocoder: **Vo**ice **Coder**

DPCM: **D**ifferential **PCM**
DCT: **D**iscrete **C**osinus **T**ransformation

Audiostandards

Bezeichnung	Anwendung	Resultierende Übertragungsrate in kbit/s	Abtastfrequenz/Quantisierung
MPEG-1	CD	32 … 448	32; 44,1; 48 kHz bis zu 24 Bit
MPEG-2	DAB; digit. Fernsehen	ab 32	16; 22,05; 24; 32; 44,1; 48 kHz bis zu 24 Bit
MPEG-4	zukünftige Multimedia	ab 2	–
G 711	ISDN, Videotelefon	64	8 kHz, nicht linear 8 Bit
G 722	Videokonferenzen	64	16 kHz, linear 14 Bit
G 723.1	Videotelefon über PSTN	6,3 oder 5,3	8 kHz, linear 16 Bit
G 728	Videokonferenzen	16	8 kHz, 10 Bit
G 729	Videokonferenzen	8	8 kHz, linear 16 Bit

Videostandards

Bezeichnung	Anwendung	Verfahren	Typisches Bildformat	Eingangs-Bitrate (Mbit/s)	Ausgangs-Bitrate (Kbit/s)	Datenkompression
Motion JPEG	Multimedia Video	DCT-basierend	QCIF CIF	2,5…30,4	1150…40000	4…100
H 261	Bildtelefon über ISDN	Hybrid DCT block-basierend	CIF 352x288 10 Hz 4:2:0	12,2	n x 64	bis 200
H 263	Bildtelefon		QCIF 176x144 8,33 Hz 4:2:0	2,5	8…20	125…313
MPEG-1	Video CD		CIF 352x288 25 Hz 4:2:0	30,4	1150	26
MPEG-2	TV & HDTV		CCIR 601 25 Hz 4:2:2	166	4000…9000	18…42
MPEG-4	Multimedia Studioanw.		QCIF CCIR 601	2,5…66	10…1000	ca. 300

JPEG: **J**oint **P**hotographic **E**xpert **G**roup
MPEG: **M**oving **P**ictures **E**xpert **G**roup

CIF: **C**ommon **I**ntermediate **F**ormat
QCIF: **Q**uarter **CIF**

DSL-Techniken – *DSL-technology*

- **DSL** - **D**igital **S**ubscriber **L**ine (Digitale Anschlussleitung).
- Übertragungstechnik zur Erhöhung des Datendurchsatzes auf Teilnehmeranschlussleitungen im Ortsnetz.
- Verwendet die vorhandene Teilnehmer-Kupferleitung mit der gesamten verfügbaren Leitungsbandbreite.
- Übertragenes Signal ist nicht digital, sondern definiertes analoges Signal.
- Signalcodierung/-decodierung erfolgt durch entsprechende Endgeräte beim Teilnehmer und in der Vermittlungsstelle.
- Angewendete **Leitungscodes** sind
  - **2B1Q** (**2 B**inary **1 Q**uarternary), 4B3T und TCPAM,
  - **PAM** (**P**ulse-**A**mplitude **M**odulation),
  - **CAP** (**C**arrierless **AM**/**PM**: Trägerloses AM/PM),
  - **QAM** (**Q**uadrature **A**mplitude **M**odulation),
  - **DMT** (**D**iscrete **M**ulti **T**one: Einzelne Vielfach-Träger).
- Filter übernehmen die Aufteilung des Frequenzspektrums in Sprach- und Datenband.
- Übertragungsrichtungen werden bezeichnet mit
  - **Upstream** (aufwärts): Teilnehmer zur Vermittlungsstelle,
  - **Downstream** (abwärts): Vermittlungsstelle zum Teilnehmer.
- **DSL Varianten** werden durch vorangestellten Buchstaben gekennzeichnet:
  z. B. **A**DSL: **A**symmetric DSL (asymmetrisches DSL).
- Anwendung bei **Video on Demand** (Video auf Anforderung), interaktive Multimedia Dienste, **SOHO** (**S**mall **O**ffice – **H**ome **O**ffice: Kleines Büro – Heimbüro).

Frequenzbandaufteilung

FDM

FDM: Frequency **D**ivision **M**ultiplex

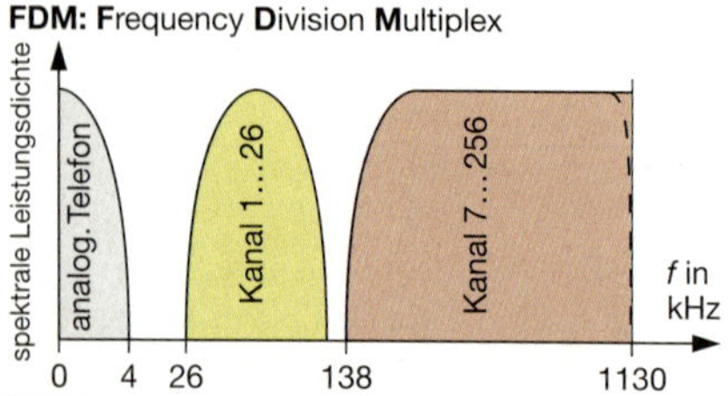

EC

EC: Echo **C**ancellation

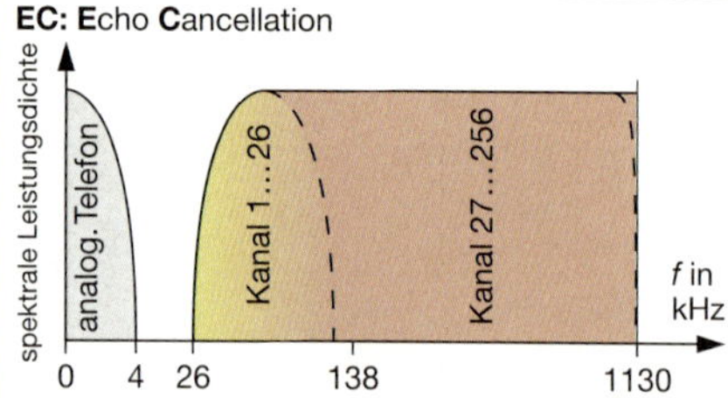

DMT

DMT: Discrete **M**ulti **T**one (einzelne Vielfachträger)

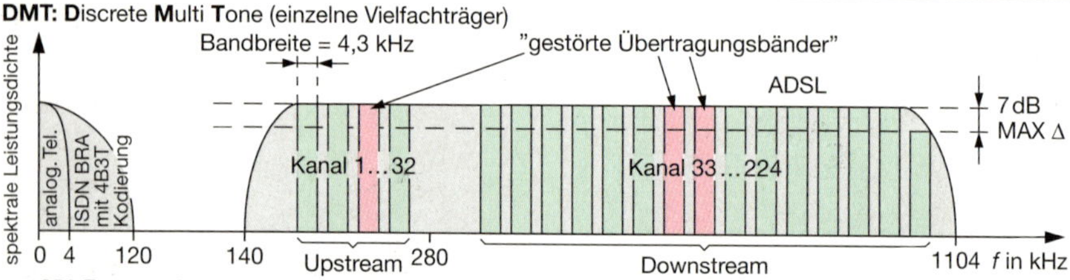

ca. 256 Frequenzbänder, pro Frequenzband bis zu 15 bit/Symbol (64 kbit/s) übertragbar.

Varianten

Variante Standard	Bezeichnung	Übertragungsart Leitungspaare	Upstream-Datenrate in MBit/s *	Downstream-Datenrate in MBit/s *	Reichweite in km ca. *
ADSL TS 101388	**A**symmetric **D**igital **S**ubscriber **L**ine	asymmetrisch 1	0,768	8	5
SDSL TS 101524	**S**ymmetric **D**igital **S**ubscriber **L**ine	symmetrisch 1	2,048	2,048	2,5
HDSL ETSI TS 101135	**H**igh Data Rate **D**igital **S**ubscriber **L**ine	symmetrisch 3 bei 2,048 Mbit/s	2,048	2,048	4
VDSL ETSI TS 1011270	**V**ery High Data Rate Digital **S**ubscriber **L**ine	sym./asymmetr. 1	2,3	52	1,5
SHDSL ITU G.991.2	**S**ingle-Pair **H**igh-Speed Digital **S**ubscriber **L**ine	symmetrisch 1	2,3	2,3	3

* Datenraten und Entfernungen sind abhängig von Leitungsqualität und Leitungsquerschnitt.

DSL-Anschlüsse – *DSL-connections*

Begriffe

- **ADSL**
  Asymmetric **D**igital **S**ubscriber **L**ine: Unsymmetrisches digitales übertragungstechnisches Verfahren zur breitbandigen Nutzung der vorhandenen verdrillten TK-Leitungen.
- **xDSL**
  Allgemeine Kennzeichnung für DSL-Verfahren bzw. DSL-Dienste.
- **DSL**
  Digital **S**ubscriber **L**ine: Digitales übertragungstechnisches Verfahren zur breitbandigen Nutzung der vorhandenen verdrillten TK-Leitungen.
- **T-DSL**
  Produktname der Deutschen Telekom AG für die DSL-Anbindungen.
- **POTS**
  Plain **O**ld **T**elephone **S**ervice: Analoger Bereich der Telekommunikation (300 Hz bis 3,4 kHz).

- **BBAE**
  Breit**b**and**a**nschluss**e**inheit (Splitter) zur Trennung der Signale (POTS, ISDN, ADSL).
- **Splitter**
  BBAE zur Trennung der Signale.
- **NTBBA**
  Netzwerk**t**erminationspunkt **B**reit**b**and**a**ngebot: ADSL-Modem zur bidirektionalen Verarbeitung der ADSL-Signale.

- **Downstream-Kanal**
  Abwärtskanal zum Teilnehmer (bei T-DSL von 100 kHz bis 1,1 MHz).
- **Upstream-Kanal**
  Aufwärtskanal vom Teilnehmer aus (bei T-DSL von 20 kHz bis 100 kHz).

DSL-Technologien

	Bedeutung	Übertragung und Bitraten	Bandbreite
HDSL	**H**igh **D**igital **S**ubscriber **L**ine	Symmetrisch: 2,048 Mbit/s	80 kHz bis 240 kHz
ADSL	**A**symmetric **D**igital **S**ub-scriber **L**ine	Unsymmetrisch: 1,5 bis 8 Mbit/s	130 kHz bis 1,104 MHz
VDSL	**V**ery High **D**igital **S**ub-scriber **L**ine	Symmetrisch: 2,3 Mbit/s bis 34 Mbit/s	11 MHz

Beispiele für ADSL-Bitraten

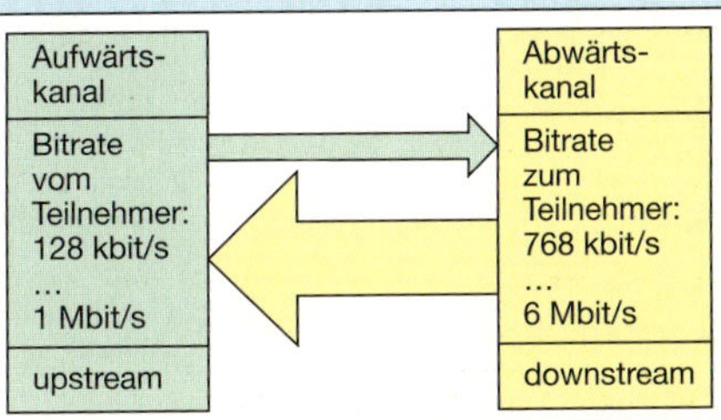

T-DSL

Anschlussbeispiel:

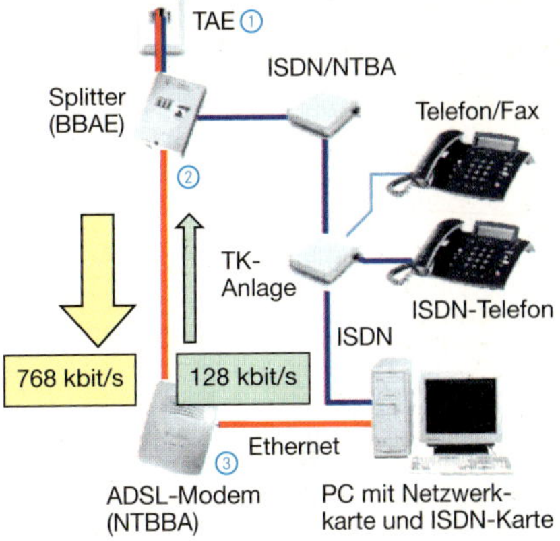

T-DSL:

Geräte bzw. Baueinheiten:
Splitter (BBAE), ADSL-Modem (NTBBA) und Netzwerkkarte (10 Mbit/s).

Einsatz:
Internetzugang mit
– 768 kbit/s im Abwärtskanal (downstream)
– 128 kbit/s im Aufwärtskanal (upstream)

- **TAE** ①:
  Frequenzgemisch aus ISDN- und T-DSL-Signalen bis 1,1 MHz steht zur Verfügung.
- **Splitter** (BBAE) ②:
  Trennung der Signale in ISDN- und T-DSL-Signale.
- **ADSL-Modem** ③:
  Verarbeitung der T-DSL-Signale, Verbindung mit PC über Netzwerkkarte, Steckverbinder RJ 45
- **ISDN-NTBA**:
  Weiterleitung der ISDN-Signale zur TK-Anlage.
- **TK-Anlage**:
  Anschlüsse für ISDN-Telefone und PC.

Verbindung zwischen NTBBA und PC

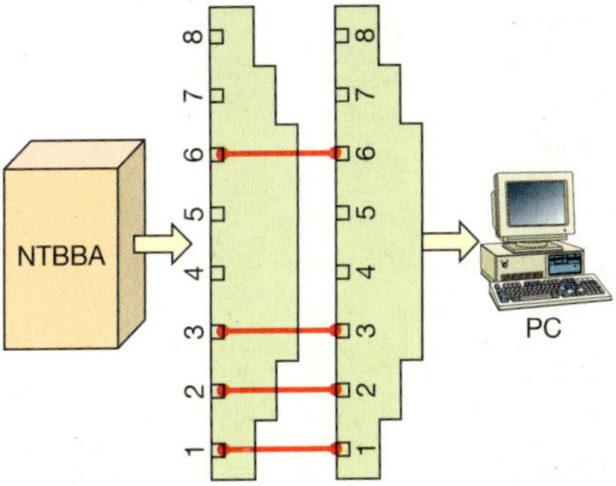

Richtfunk – *Microwave radio systems*

- Bei Richtfunk wird eine Funkstrecke zwischen zwei festen Punkten (Antennen) aufgebaut.
- Die elektromagnetische Energie wird gebündelt im Freiraum übertragen.
- Durch starke Bündelung bleibt der Einfluss auf gleicher Frequenz sehr klein und ermöglicht kleine Sendeleistungen.
- Unterer anwendbarer Frequenzbereich liegt bei 200 MHz.
- Allgemein verwendet wird der Frequenzbereich zwischen 2 GHz und 60 GHz.
- Übertragungskapazitäten:
  2 Mbit/s, 4 Mbit/s, 8 Mbit/s, 2 x 8 Mbit/s, 34 Mbit/s, 140 Mbit/s.
- Modulationsverfahren:
  4 PSK, 4 FSK, 16 QAM, 64 QAM, 128 TCM.
- Übertragungsentfernungen liegen zwischen 5 km und 50 km (freie Sichtverhältnisse); größere Entfernungen werden durch hintereinander geschaltete Stationen erreicht.
- Reichweite wird begrenzt durch:
  - Flachschwund; entsteht durch Änderung des Brechungsindexes der Luft (breitbandige Reduzierung des Empfängersignals), Niederschläge (Regen oder Nassschnee).
  - Mehrwegeschwund; entsteht durch Beugung oder Reflexion an Luftschichten oder Reflexionen an der Erdoberfläche (Verzerrungen).
- Freiraumausbreitung bedeutet freie optische Sicht zwischen den Antennen (Fresnelzone).
- Fresnelzone beschreibt ein Ellipsoid mit den Antennen als Brennpunkte.

Frequenzbandeinteilung

- Schwerpunktmäßig genutzter Bereich im Richtfunk verwendet 4 GHz bis 38 GHz mit Teilbändern von 200 MHz bis 2 GHz.
- Frequenzbereiche werden in Ober- u. Unterband eingeteilt.
- Teilbänder werden durch Mittenlücke getrennt (in der Regel größer als der Nachbarkanalabstand).
- Bänder mit gleichen Ziffern in beiden Bändern bilden Frequenzpaare für die Hin- und Rückübertragung einer Verbindung.

Fresnel-Zone

Reflexionsfreie Übertragung ist gegeben, wenn keine Hindernisse in die 1. Fresnelsche Zone ragen.

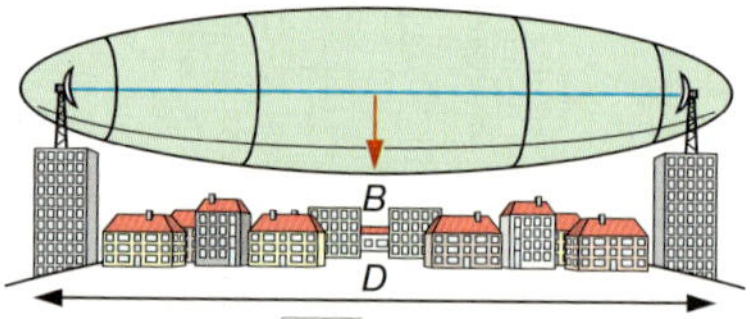

$B = 0{,}5 \cdot \sqrt{\lambda \cdot D}$ λ: Wellenlänge

Antennen

- Sendeantennen wandeln die Leitungswelle in eine Raumwelle.
- Empfangsantennen wandeln die Raumwelle in eine Leitungswelle.
- Die abgestrahlte Energie wird durch die Bauform der Antenne scharf gebündelt und in bevorzugter Richtung abgestrahlt.

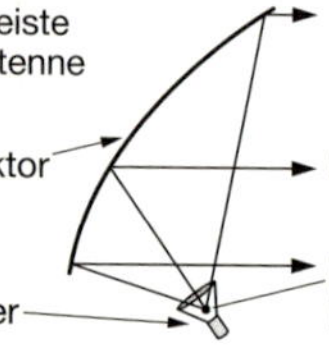

Beispiel Standortvernetzung

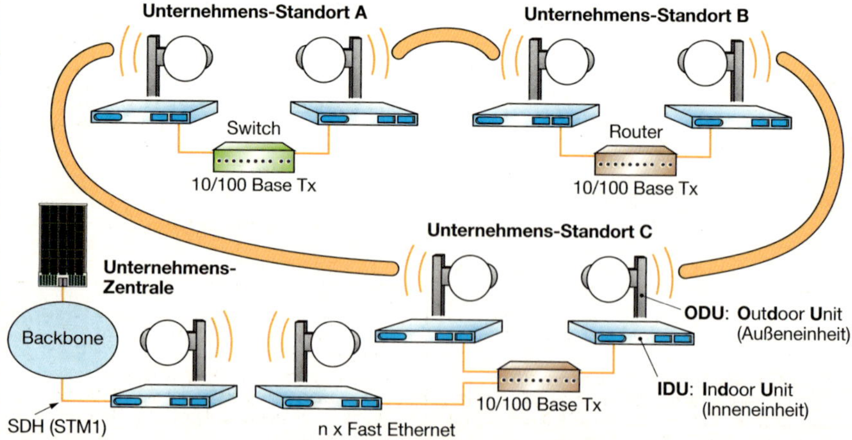

Öffentlicher Funk – *Public radio*

Systeme

- Amateurfunk
- **CB**-Funk (**C**itizen **B**and)
- **SRD** (**S**hort **R**ange **D**evice)
- **PMR** (**P**rivate **M**obile **R**adio)

Amateurfunk

- Funkdienst, der z. B.
  - von Funkamateuren untereinander,
  - zu experimentellen und technisch wissenschaftlichen Studien,
  - zur eigenen Weiterbildung,
  - zur Unterstützung von Hilfsaktionen in Not- und Katastrophenfällen

  wahrgenommen wird.
- Schliesst die Benutzung von Weltraumfunkstellen mit ein.
- Ist kein Sicherheitsfunkdienst.
- Die Teilnahme am Amateurfunkdienst erfordert die Erlangung einer **Amateurfunk-Lizenz** durch eine Prüfung.
- Derzeit gibt es **drei Lizenzklassen**.
- Prüfungsteile müssen zu 75 % erfüllt sein.

Klasse 1	Klasse 2	Klasse 3
Kurzwellen-Lizenz	**Ultrakurzwellen**-Lizenz	**Einsteigerklasse**
Frequenzbänder/ -bereiche		
Bänder (in m): 160, 80, 40, 30, 20, 17, 12, 10, 2, 6 (mit Sondergenehmigung) Bänder (in cm): 70, 23, 13, 9, 6, 3 Frequenzbereiche (in GHz): 24, 46, 74	Bänder (in m): 2 Bänder (in cm): 70, 23, 13, 9, 6, 3 Frequenzbereiche (in GHz): 24, 46, 74	Bänder (in m): 2 Bänder (in cm): 70
Hochfrequenzleistung (max.)		
750 Watt mit Begrenzung auf 100 Watt bzw. 75 Watt (ab 13 cm-Band)	75 Watt	10 Watt **EIRP** (**E**quivalent **I**sotropic **R**adiated **P**ower)
Prüfungsteile		
– Technik, – Betriebstechnik, – Gesetzeskunde.	– Technik, – Betriebstechnik, – Gesetzeskunde.	– Technik, – Betriebstechnik, – Gesetzeskunde.
Hören und **Geben** von Morsezeichen mit 25 Zeichen/Minute.	Kenntnisse der Morsetelegrafie sind **nicht** erforderlich.	Kenntnisse der Morsetelegrafie sind **nicht** erforderlich.
Gültig in allen CEPT-Ländern.	Gültig in allen CEPT-Ländern.	**Nur** in Deutschland gültig, da **keine** CEPT-Harmonisierung.

CB-Funk (27 MHz)

- 11 m Band mit 4 W bzw. 1 W.
- Frequenzbereich eingeteilt in **80 Kanäle**.
- Kanal 1 (26,965 MHz) bis Kanal 40 (27,405 MHz) entsprechen der CEPT-Norm.
- Kanal 41 (26,565 MHz) bis Kanal 80 (26,955 MHz) nur in Deutschland zugelassen.
- Bei Verwendung dieser Kanäle sind in grenznahen Gebieten die entsprechenden **Schutzabstände** zu den Nachbarländern einzuhalten.
- **Anmelde- und gebührenfrei** sind die reinen 40-Kanal-Geräte mit FM-Betriebsart (Frequenz-Modulation).
- **Anmelde- und gebührenpflichtig** sind alle anderen Geräte, z. B. mit 80 Kanälen, SSB-Geräte oder Geräte, die innerhalb der 40/80 Kanaäle auf 12 Kanälen in AM arbeiten können.

PMR (446 MHz)

- **8 Frequenzen** im Frequenzband von 446,006 MHz bis 446,093 MHz mit Kanalabstand von 12,5 kHz.
- Maximale Leistung beträgt 500 mW.
- Dient nur zur Übertragung von Sprache.
- Reichweite bis zu 10 km (umgebungsabhängig).
- Geräte nur als Handsprechfunkgeräte mit integrierter Antenne.
- Anmelde- und gebührenfrei.

SRD

- 70 cm ISM-Band (433,065 MHz bis 434,785 MHz) mit max. 10 mW.
- Sprachübertragung in FM-Betriebsart.
- Frequenzeinteilung entweder mit 69 Kanälen fest oder freie Frequenzwahl im 5, 10, 12,5, 20, 25, 50 kHz-Raster.

Global System for Mobile Communication (GSM)

- **GSM**: **G**lobal **S**ystem for **M**obile Communication (Mobilfunksystem). Frühere Bezeichnung: Groupe Spéciale-Mobiles.
- Weltweit sind drei Frequenzbänder für GSM freigegeben:
  - **GSM 900** (Up: 890 MHz…915 MHz/ Down: 935 MHz…960 MHz),
  - **GSM 1800** (Up: 1710 MHz…1785 MHz/ Down: 1805 MHz…1880 MHz),
  - **GSM 1900** (Up: 1850 MHz…1910 MHz/ Down: 1930 MHz…1990 MHz).
- Dienste im GSM orientieren sich an den Diensten im ISDN.
- Neben Sprachdiensten werden auch Datendienste angeboten.
- Versorgungsgebiet ist in Funkbereiche aufgeteilt (Funkzelle max. 35 km Durchmesser).

Netzarchitektur

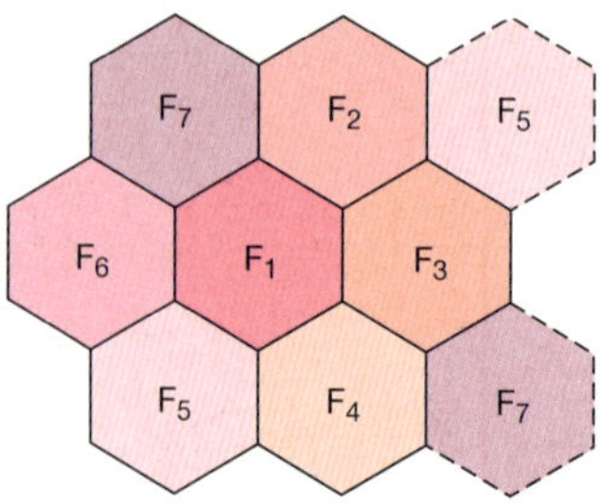

F_1 … F_7: Funkzellen mit fest zugeteilten Frequenzbündeln. Wegen begrenzter Reichweite können Frequenzbündel in anderen Zellen wieder verwendet werden.

Technische Daten

Funkübertragung erfolgt nach **TDMA**-Prinzip (**T**ime **D**ivision **M**ultiple **A**ccess: Zeitschlitz mit Vielfachzugriff).

Frequenzen	
Uplink (UL) Mobilstation → Basisstation	890 … 915 MHz
Downlink (DL) Basisstation → Mobilstation	935 … 960 MHz
Kanalraster	200 kHz
Trägerfrequenzen (gesamt)	2 x 124
Bitrate (gesamt)	270,833 kBit/s
Sprachkanal	13 kBit/s
Anzahl Sprachkanäle/Träger	8
Modulationsverfahren	GMSK
Modulationsindex	0,3

Netzkonfiguration

Endgeräte	Radiosystem	Vermittlungstechnik	Registerfunktionen

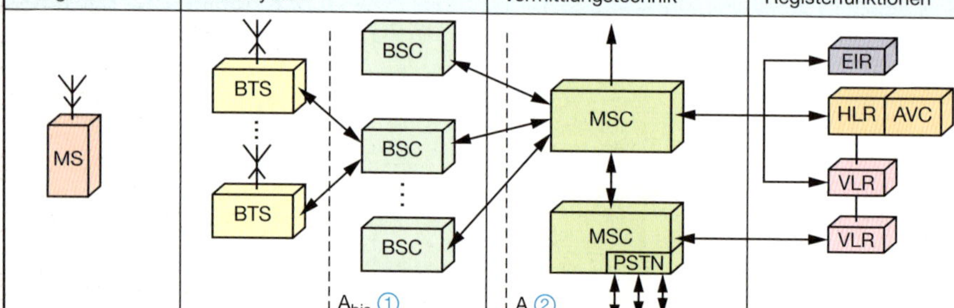

MS (Mobile Station)

Teilnehmereinrichtung; Teilnehmer wird unabhängig vom Gerät über **SIM** (**S**ubscriber **I**dentity **M**odul: Teilnehmer Erkennungs-Modul) identifiziert.

BTS (Base Transceiver Station)

Basisstation versorgt jeweils eine Funkzelle und wickelt Funkverkehr mit Mobilstationen über Luftschnittstelle U_m ab.

BSC (Base Station Controller)

- Steuert eine oder mehrere BTS.
- Ist über Datenleitungen (A_{bis}-Schnittstelle) ① mit den BTS verbunden.
- Verwaltet die Funkkanäle.
- Steuert HF-Leistung der Basis- u. Mobilstationen und Handover zwischen BTS.

MSC (Mobile Switching Centre)

- Mobilfunkvermittlungsstelle verwaltet die BSC's und stellt den Übergang in das Drahtnetz (PSTN-Public Switched Telephone Network) her.
- Verbindung zwischen MSC und BSC mit Kupferleitungen oder Richtfunkverbindungen über A-Schnittstelle. ②
- Führt zentrale Steuerung durch, z. B. für
  - Gesprächsaufbau und Gesprächsabbau,
  - Location Update (Orts-Aktualisierung),
  - Handover (Gesprächsweitergabe) zwischen verschiedenen BSC's bzw. MSC's
  - Wegesuche im Netz,
  - Schaltung von Echokompensatoren,
  - Gebührenermittlung

Global System for Mobile Communication (GSM)

HLR (**H**ome **L**ocation **R**egister)	**EIR** (**E**quipment **I**dentity **R**egister)
Heimat-Standortverzeichnis • Jeder Teilnehmer ist in einem HLR gespeichert. • Zusätztlich sind auch der aktuelle Aufenthaltsort und alle Berechtigungen innerhalb des Netzes gespeichert.	Geräte-Kennungsverzeichnis • Verwaltet die Teilnehmer- und Gerätenummern. • Bei Diebstahl kann das Gerät durch einen Eintrag im EIR gegen Weiterbenutzung gesperrt werden.
VLR (**V**isitor **L**ocation **R**egister)	**AUC** (**Au**thentication **C**enter)
Besucher-Standortverzeichnis • Enthält Daten von Teilnehmern, die sich in diesem Bereich aufhalten. • Bei Verlassen diese Bereiches werden die Daten hier gelöscht und im neuen VLR eingetragen (Handover-Funktion).	Authentisierungszentrum • Jedem Teilnehmer wird bei Einrichtung des Zugangs ein individueller Schlüssel zugeteilt und im AUC verwaltet. • Verhindert unerlaubten Zugriff auf das Netz von nicht zugelassenen Teilnehmern.

Signalübertragung

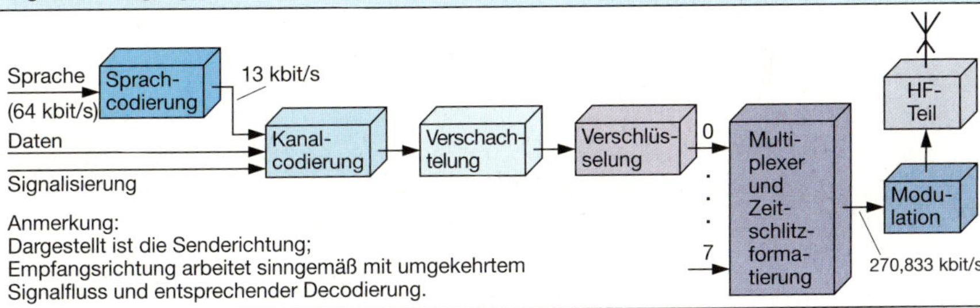

Anmerkung:
Dargestellt ist die Senderichtung;
Empfangsrichtung arbeitet sinngemäß mit umgekehrtem Signalfluss und entsprechender Decodierung.

Sprachcodierung

- Sprachdatenstrom mit 64 kbit/s wird unterteilt in 20 ms lange Abschnitte.
- Datenwerte werden untersucht und Prognose für nächsten Datenwert gebildet.
- Übertragen wird lediglich die Differenz zwischen wirklichem Wert und prognostiziertem Wert.
- Damit wird die Datenrate auf 13 kbit/s reduziert (Full Rate Coder: Vollratencodierung).
- Pro Funkfrequenz sind so 8 Telefongespräche gleichzeitig möglich.
- Zukünftig wird Half Rate Codierung (Halbraten Codierung, mit 6 kbit/s eingesetzt; 16 Gespräche gleichzeitig pro Frequenz)

Kanalcodierung

- Fügt zusätzliche Bits in die zu übertragenden Daten ein, um Störungen auf der Luftschnittstelle zu überbrücken.
- Empfänger kann durch mathematische Verfahren fehlerhafte Bits erkennen und korrigieren.

Verschachtelung

- Datenbits von verschiedenen 20 ms-Abschnitten werden untereinander verschachtelt und auf verschiedene Zeitschlitze im Funkkanal verteilt.
- Bei Übertragungsausfällen sind dadurch nur wenige Bits aus verschiedenen Sprachabschnitten betroffen. Die Kanalcodierung kann diese Störungen aufheben.

Verschlüsselung

- Daten werden durch mathematisches Verfahren verwürfelt (Kryptografie).
- Sicherheitsmechanismus, der die Übertragung gegen Abhören und Verfälschung schützt (Teilnehmer bleibt geschützt).

Multiplexer/Zeitschlitzformatierung

- Bildet das Modulationssignal.
- Formatiert die Zeitschlitze.
- In der Basisstation werden die übrigen Zeitschlitze hinzugefügt.

TDMA-Rahmenstruktur

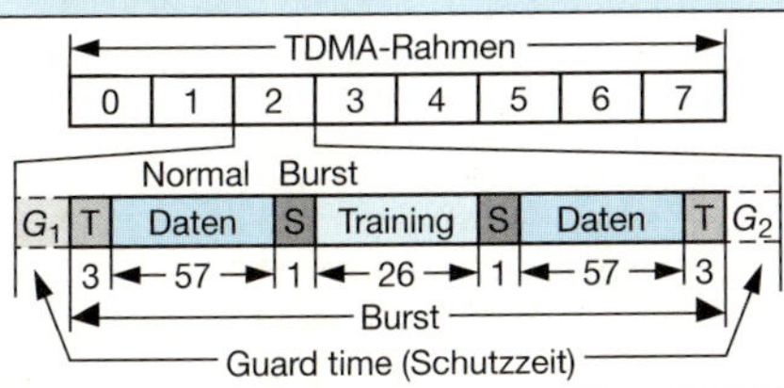

TDMA-Rahmen	4,615 ms	156,25 bit
Zeit/bit	3,692 µs	1 bit
Burst	564,4 µs	148 bit
$G_1 + G_2$	30,5 µs	8,25 bit

T (Tail bit): Anhangsbit
S (Stealing Flag): Kennbit zur Unterscheidung Signalisierung o. Verkehrsdaten

UMTS

- **UMTS** (**U**niversal **M**obile **T**elecommunications **S**ystem: Universelles mobiles Telekommunikations System) wird als **Mobilfunk der dritten Generation** (3G) bezeichnet und wurde von **ETSI** (**E**uropean **T**elecommunication **S**tandards **I**nstitut: Europäisches Telekommunikations Standardisierungs Behörde) spezifiziert.
- International wird UMTS von der ITU mit **IMT** (**I**nternational **M**obile **T**elecommunication: Internationale Mobile Kommunikation) bezeichnet.
- UMTS erlaubt weltweit angeglichene drahtlose **paketorientierte** Kommunikation mit im wesentlichen zwei Endgerätetypen.
- Endgeräte müssen in der Lage sein im **Multi-Band-Betrieb** arbeiten zu können.
- Insgesamt realisiert UMTS ein modulares Kommunikationskonzept mit terrestrisch festen und mobilen Bestandteilen und auch satellitengestützten Bestandteilen.
- Luftschnittstelle **UTRA** (**U**niversal **T**errestrial **R**adio **A**ccess: Universeller terrestrischer Funkzugriff) wird realisiert über
  - **W-CDMA** (**W**ideband **C**ode **D**ivision **M**ultiple **A**ccess) für Versorgung größerer Bereiche,
  - **TD-CDMA** (**T**ime **D**ivision **CDMA**) für lokale Gebiete.
- **Angebotene Dienste** sind:
  - Sprachübertragung (hohe Qualität),
  - e-mail Versand,
  - short message service (SMS),
  - Informationsdienste (Nachrichten, Wetter, Verkehr),
  - Internet-Zugriff (mittels WAP),
  - electronic shopping,
  - Multimedia-Dienste (interaktiv),
  - Verteildienste, breitbandig (Video- und Audiodaten in Echtzeit),
  - Bildtelefonie und
  - elektronische Finanzdienstleistungen (electronic banking, electronic cash, Börsendienste).
- **Gebietseinteilung** erfolgt in vier Bereichen:
  - **Pico-Zelle**: Hohe Teilnehmerzahlen, hoher Kommunikationsverkehr, Radius ca. 500 m, Datenrate bis 2 Mbit/s.
  - **Micro-Zelle**: Innerstädtischer Betrieb, erhöhter Kommunikationsaufwand, Radius ca. 3 km, Datenrate bis 384 kbit/s.
  - **Macro-Zelle**: Ausserstädtische Gebiete, niedriges Verkehrsaufkommen, höhere Mobilität der Teilnehmer, Datenrate deutlich über 144 kbit/s.
  - **Welt-Zelle**: Uneingeschränkte Mobilität (Kommunikation auch aus Flugzeugen), Übertragungskapazität noch oberhalb 144 kbit/s.

Gebietseinteilung

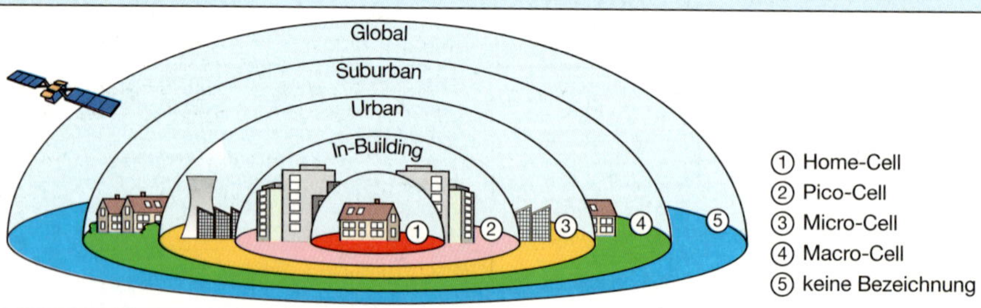

Frequenzbereichseinteilung

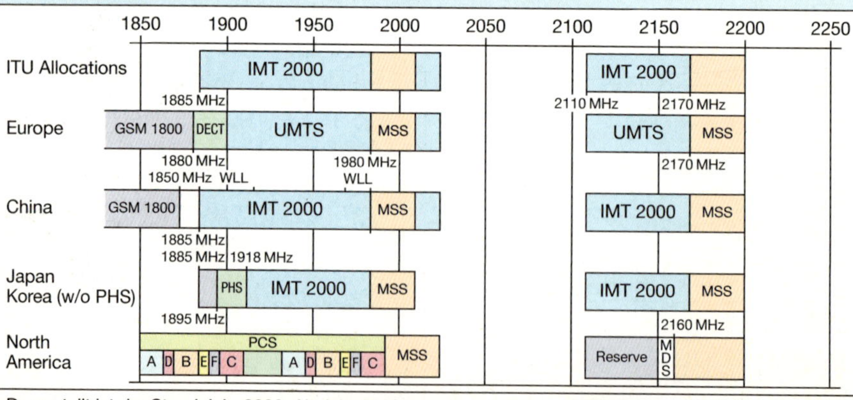

Dargestellt ist der Stand Jahr 2000. Ab Jahr 2010 kommen die Bänder **MSS** (**M**obile **S**atellite **S**ystem) und **PCS** (**P**ersonal **C**ommunication **S**ystem) hinzu: 806 … 960 MHz; 1710 … 1885 MHz und 2500 … 2690 MHz.

WAP

- **WAP** (**W**ireless **A**pplication **P**rotocol: Drahtloses Anwendungsprotokoll) ist ein Stamdard für drahtlose Informationsdienste über digitale mobile Telefone und andere drahtlose Terminals, z. B. **PDA** (**P**ersonal **D**igital **A**ssistant).
- Überträgt Internet-Inhalte, E-Mail u. FTP-Dienste.
- Unterstützt verschiedene **Übermittlungsdienste** und **Übertragungssysteme**.
- Spezifikation beschreibt die Architektur als Cient-Server-Modell.
- Schichtenmodell lehnt sich an OSI an.
- Nutzt Standardaufrufe des WWW mit URL's.
- Verwendet HTML, Java Script und HTTP.
- Endgeräte enthalten **Mikro-Browser** (arbeiten analog zu Standard WEB-Browsern).
- Kommunikation zwischen Client (Endgerät) und Server erfolgt über **WAP-Proxy**.
- WAP-Proxy arbeitet als **Protokoll-Gateway** und Codierer bzw. Decodierer.
- Übersetzt Anfragen (requests) aus dem WAP-Protokoll-Stack (z. B. **WSP**: **W**ireless **S**ession **P**rotocol) in WWW Protocol-Stacks wie HTTP oder TCP/IP.
- Kodierfunktion übersetzt u. a. den WAP-Inhalt in kompaktes Format zur Reduzierung des Datenaufkommens im Netz.
- **WTA** (**W**ireless **T**elephony **S**erver: Drahtloser Telefon Server) für normale Sprachkommunikation dient zum Übergang vom digitalen Mobilfunknetz in entsprechendes Festnetz.
- **WML** (**W**ireless **M**ark-up **L**anguage: Drahtlose Darstellungssprache) ist eine spezielle Sprache zur Wiedergabe von Informationen auf Display's von mobilen Endgeräten.
- **WDP** (**W**ireless **D**atagram **P**rotocol: Drahtloses Daten-Protokoll) ist das Transport-Layer-Programm.
- WDP verwendet unterschiedliche Anpassungen (Profile) für die Übermittlungsdienste.
- Enthält **WCMP** (**W**ireless **C**ontrol **M**essaging **P**rotocol: Drahtloses Kontroll-Nachrichten-Protokoll) zur Übertragung von Fehlermeldungen an Netzknoten.
- **WTLS** (**W**ireless **T**ransport **L**ayer **S**ecurity) ist ein Sicherheitsprotokoll mit der Realisierung folgender Funktionen:
  - Daten-Integrität zwischen Server und Client,
  - Privacy (Vertraulichkeit),
  - Authentication (Schutz vor unberechtigtem Zugriff),
  - Denial of Service Protection (Zugriffsverweigerung auf Dienste) zum Entdecken und Zurückweisen unkorrekt verifizierter Daten.
- **WTP** (**W**ireless **T**ransaction **P**rotocol) realisiert den Datagramm-Dienst, arbeitet transaktionsorientiert und bietet drei Dienstklassen:
  - **Erste Klasse**: Unzuverlässige Einwege-Kommunikation für gelegentlichen Datenverkehr ohne Antwort.
  - **Zweite Klasse**: Zuverlässige Einwege-Kommunikation mit Antwort.
  - **Dritte Klasse**: Zuverlässige Zweiwege-Kommunikation für gegenseitigen Datenaustausch mit wechselseitiger Bestätigung.
- **WSP** (**W**ireless **S**ession **P**rotocol) bietet WAE zwei Dienste zur Datenübertragung:
  - **Erster Dienst**: Sicher, verbindungsorientiert.
  - **Zweiter Dienst**: Verbindungslos, sicher oder nicht sicher.

Protokollstruktur

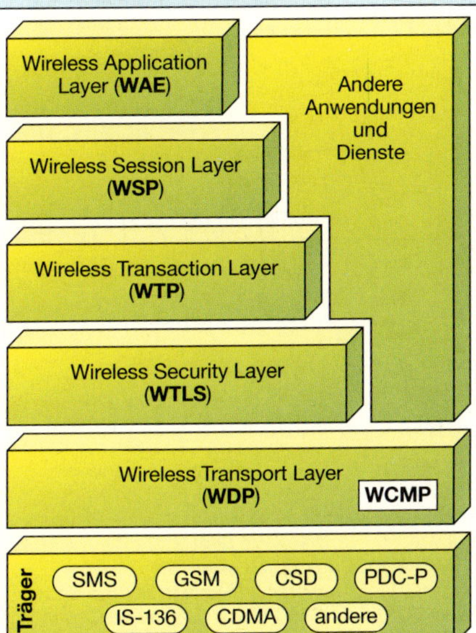

WAP-Modell

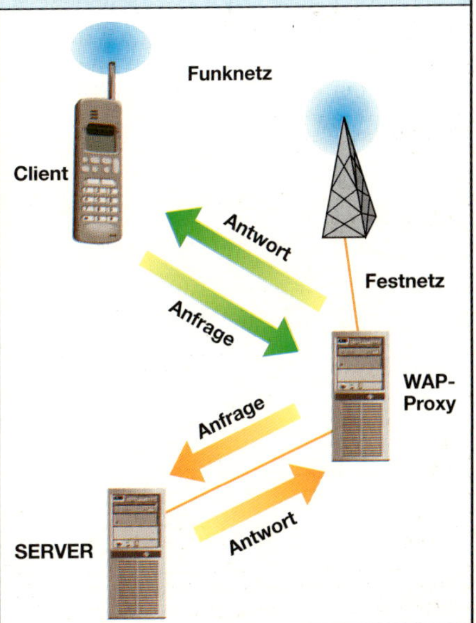

GPRS

- **GPRS** (**G**eneral **P**acket **R**adio **S**ervice) ist eine Erweiterung des **circuit switched** zum **packet switched** GSM-Netz.
- Realisiert die **Funk-Datenübertragung** mit bis zu 171,2 kbit/s.
- Arbeitet als **paketorientierter** Dienst.
- Datenstrom wird dabei in Pakete aufgeteilt, die über momentan freie GSM-Kanäle übrtragen werden.
- Empfänger setzt die Datenpakete in der richtigen Reihenfolge wieder zusammen.
- Für GPRS ist das GSM-Netz erweitert worden um
  - **paketorientiertes Protokoll** für die Luftschnittstelle,
  - **Core Netzwerk**, auf Internet-Protokoll basierendes Netzwerk, das über Standardschnittstellen an GSM angeschlossen wird.
- Standards (ETSI) für GPRS sind spezifiziert in z. B.:
  - GSM 02.60 (GPRS Überblick),
  - GSM 03.60; 03.64; 03.61; 03.62 (Systemarchitektur und Dienste-Definitionen).
- GRPS ist erster Dienst im Rahmen der **GSM-Phase 2+**.
- Bietet Zugang zu paketorientierten Datendiensten wie z. B. Internet oder Intranet.
- Codierungsverfahren auf der Luftschnittstelle ist in vier Gruppen eingeteilt (**CS 1** bis **CS 4**).
- CS 1: Geringster Datendurchsatz, beste Fehlerkorrektur.
- CS 4: Höchster Datendurchsatz ohne Fehlerkorrektur.
- **Nettodatenrate** wird bestimmt durch:
  - Verfügbarkeit von Zeitschlitzen (speziell in Spitzenzeiten),
  - Qualität der Funkübertragung (Wiederholung von fehlerhaften Datenpaketen),
  - Verhältnis von Overhead- zu Nutz-Daten.
- GSM-Netze mit GPRS-Funktionen enthalten neue Netzelemente wie
  - **SGSN** (**S**erving **G**PRS **S**upport **N**ode),
  - **GGSN** (**G**ateway **G**PRS **S**upport **N**ode),
  - **BG** (**B**order **G**ateway),
  - **PTM-SC** (**P**oint-**t**o-**M**ultipoint **S**ervice **C**entre).

Datendurchsatz

Kanal-Codierungsverfahren	CS 1	CS 2	CS 3	CS 4
Einfacher Zeitschlitz (kbit/s)	9,05	13,4	15,6	21,4
Achtfacher Zeitschlitz (kbit/s)	72,0	107,2	124,8	171,2

Endgeräteklassen

Class	Merkmal
A	Sprach- und Datenverbindungen **gleichzeitig**
B	**Entweder** Sprach- oder Datenverbindung (automatische Umschaltung)
C	Manuelle Auswahl v. Sprach- o. Datenverb.

Referenzmodell

Schnittstellenspezifikationen:
C, D, E, Gb, Gd, Gf, Gi, Gn, Gp, Gr, Gs, R, Um

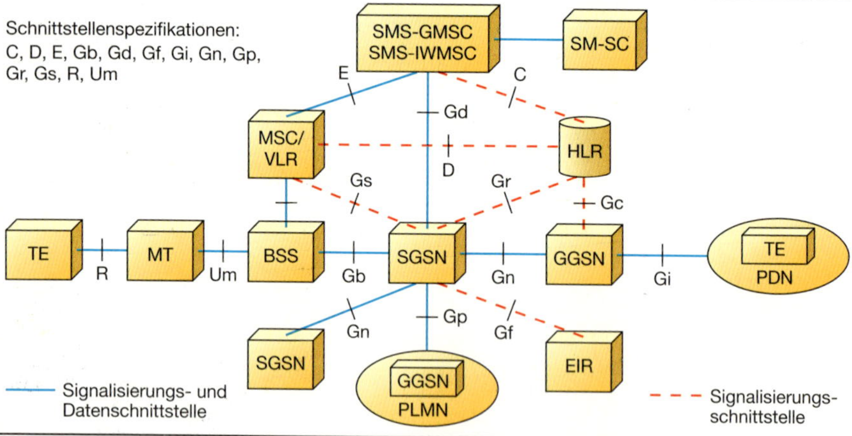

BSS:	**B**ase **S**tation **S**ubsystem
EIR:	**E**quipment **I**dentity **R**egister
GGSN:	**G**ateway **GPRS** **N**ode
HLR:	**H**ome **L**ocation **R**egister
MSC/VLR:	**M**obile **S**witching **C**entre/ **V**isitors **L**ocation **R**egister
MT:	**M**obile **T**erminal
PDN:	**P**ublic **D**ata **N**etwork
PLMN:	**P**ublic **L**and **M**obile **N**etwork
SGSN:	**S**erving **GPRS** **S**upport **N**ode
SMS-GMSC:	**S**hort **M**essage **S**ervice-**G**ateway **M**essage **S**ervice **C**entre
SMS-IWMSC:	**S**hort **M**essage **S**ervice-**I**nter**w**orking **M**essage **S**ervice **C**entre
SM-SC:	**S**hort **M**essage-**S**ervice **C**entre
TE:	**T**erminal **E**quipment

Telekommunikation, Netze

DECT

- **DECT** (**D**igital **E**uropean **C**ordless **T**elecommunications) ist ein europäischer Standard für schnurlose Telekommunikation.
- Ist standardisiert durch ETSI in ETS 300175.
- Anwendungsbereiche sind
  – Telefonie, – Datenübertragung.
  Anwendungsgebiete werden definiert für
- – Privathaushalte,
  – Klein-, Mittel- und Großbetriebe
  – öffentliche Netze.
- Reichweiten innerhalb von Gebäuden liegen zwischen 20 m und 50 m, außerhalb bis zu 300 m.
- DECT ist multizellenfähig und unterstützt Verfahren wie Roaming und Handover.
- Übergänge in das ISDN sind realisiert; für GSM in der Realisierungsphase.
- Verkehrswerte von bis zu 10000 Erlang/km^2, d.h. 100000 Teilnehmer pro Quadratkilometer.
- Sprachqualität aufgrund der verwendeten Codierung (**ADPCM**: **A**daptive **P**uls **C**ode **M**odulation; nach G.726) besser als bei GSM.
- Die Sprachcodierung erfolgt mit 32 kbit/s.
- Verwendeter Frequenzbereich liegt europaweit zwischen 1880 MHz u. 1900 MHz mit 10 Trägerfrequenzen bei 1,8 MHz Bandbreite pro Träger.
- Übertragungsverfahren verwenden **TDMA** (**T**ime **D**ivision **M**ultiple **A**ccess) und **TDD** (**T**ime **D**ivision **D**uplex).
- Jede Trägerfrequenz arbeitet mit 12 Duplex- bzw. 24 Simplex-Übertragungskanälen; insgesamt also 120 Übertragungskanäle bidirektional.
- Durch Zeitmultiplexverfahren können mehrere Mobilgeräte gleichzeitig mit einer Basisstation und untereinander kommunizieren.
- Mobilteile können an mehreren Basisstationen angemeldet werden und sind dann über verschiedene Rufnummern erreichbar (Multilink); angewendet überwiegend bei schnurlosen Telekommunikationsanlagen.
- Die Grundlage für alle Sprachanwendungen in DECT sind im **GAP** (**G**eneric **A**ccess **P**rofile) festgelegt.
- Durch die verwendeten Zugriffsverfahren ist eine hohe Übertragungssicherheit gegen Abhören gegeben.
- Für Datenübertragungen ist die Möglichkeit von Kanalbündelungen mit n x 24 kbit/s bis auf max. 552 kbit/s gegeben.

Rahmenstruktur

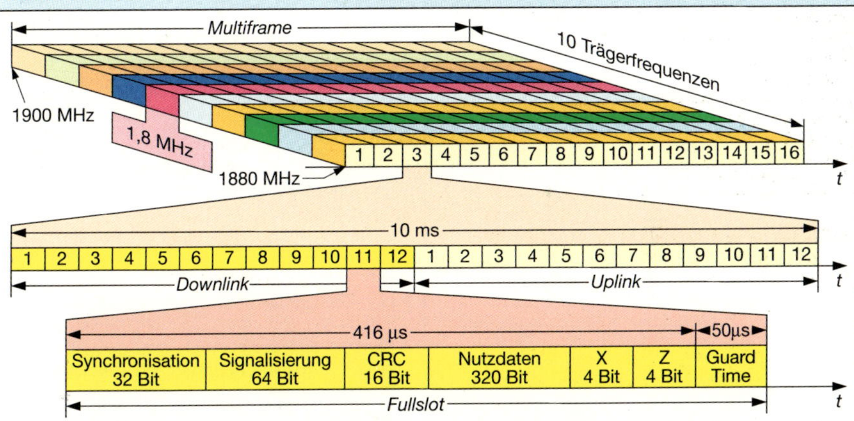

Guardtime: Schutzzeit (entspricht 40 Bit-Zeiten); X- und Z-Feld sind spezielle Kennungsfelder.

Mobilgerät

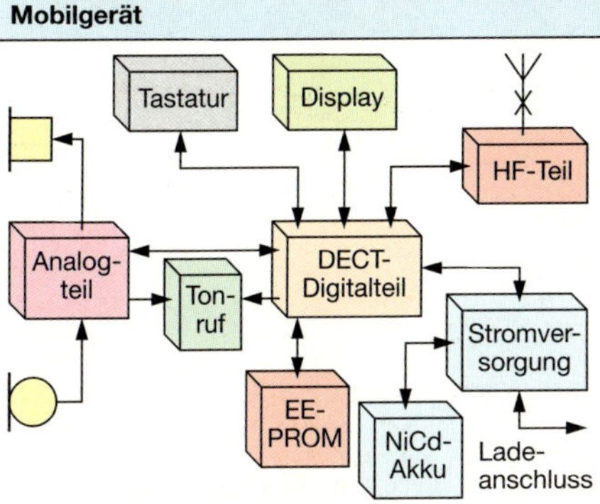

Systemaufbau

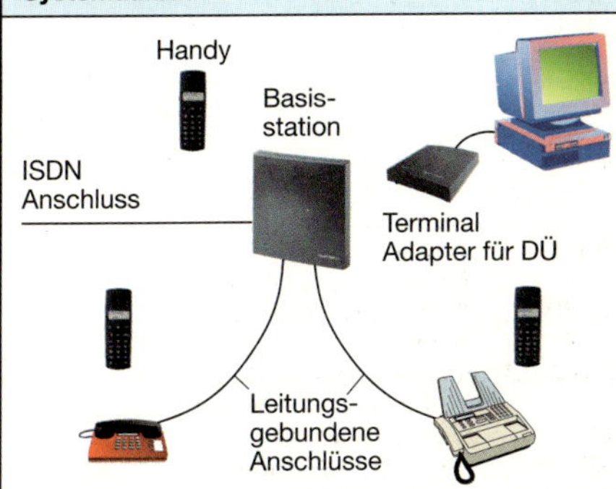

GPS (Global Positioning System)

Ortungsprinzip

Nacheinander werden zwei Entfernungen zu einem sich bewegenden Satelliten gemessen (Messung der **Entfernungsänderung**).

a_1: Entfernung zum Satelliten zum Zeitpunkt t_1

a_2: Entfernung zum Satelliten zum Zeitpunkt t_2

$\Delta a = a_2 - a_1$

Diese Entfernungsänderung ist ein Messgröße, die für eine Ortung verwendbar ist.

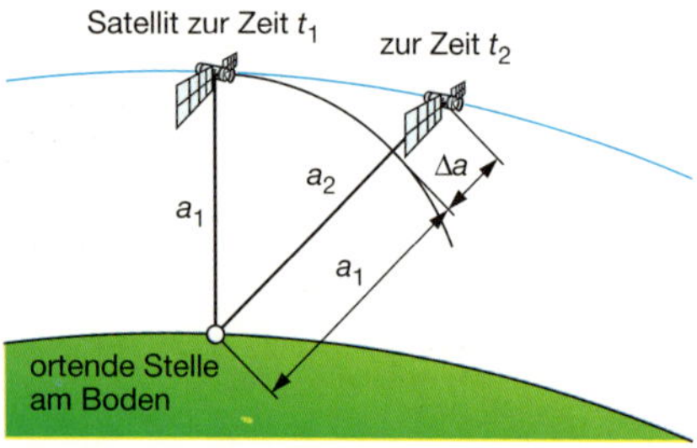

Segmente im GPS-System

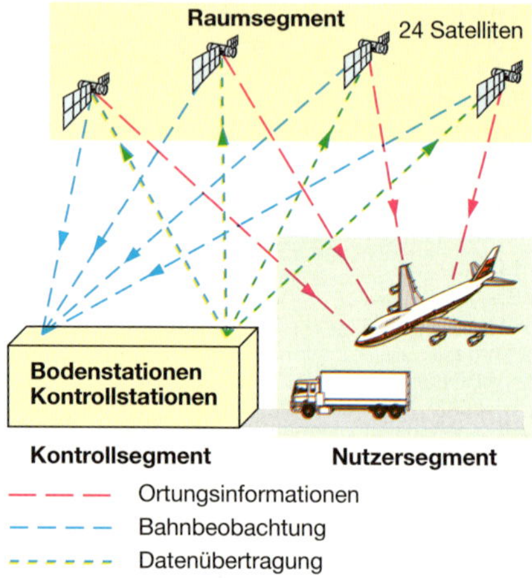

GPS-Grundkonzeption

Aufgaben	Positionsbestimmung (Ortung), Geschwindigkeitsbestimmung, Zeitinformationsbestimmung
Ortungsverfahren	Entfernungsmessung, dreidimensional
Satelliten	24 umlaufende Satelliten (21 aktiv, 3 Ersatz)
Bahnhöhe	20 230 km
Sendefrequenzen (Träger)	Träger L1: f_1 = 1575,42 MHz Träger L2: f_2 = 1227,60 MHz (aus Atomfrequenznormal f_0 = 10,23 MHz abgeleitet)
Messgrößen	Entfernung durch Messen von **Signallaufzeiten** (Impulslaufzeitverfahren), **Trägerphasendifferenz** (kontinuierliche Schwingungen, CW-Verfahren)
Positionsbestimmung	Genauigkeit: Signallaufzeitmessung: 30 b. 100 m Trägerphasendifferenz: 3 bis 30 cm
Geschwindigkeit	Genauigkeit: Fehler 3 m/s
Zeitinformation	Genauigkeit: Fehler 100 ns

Anwendung von GPS im zivilen Bereich

Ortung und Navigation:

- **C/A**-Code (**C**oarse **A**cquisation) des Trägers L1 wird empfangen, ausgewertet und daraus die Position berechnet.
- Zur Berechnung muss der Standort des Satelliten bekannt sein. Die Daten liefern 5 auf der Erde verteilte Kontrollstationen (Kontrollsegmente).
- Zur dreidimensionalen Positionsbestimmung sind Signale von drei Satelliten erforderlich.
- Voraussetzung für eine exakte Messung ist die mitgesendete „Uhrzeit" (GPS-Zeit).

Differenzial-GPS (DGPS)

Bei der Auswertung der GPS-Signale können Abweichungen von 30 bis 500 m auftreten. Eine verbesserte Positionsbestimmung wird durch eine **Differenzialmessung** erreicht.

Prinzip:

- Genau vermessene Referenzstation mit GPS-Empfänger, Referenzprozessor, Referenzsender.
- Die Differenz zwischen den über die GPS-Daten ermittelten Koordinaten und den geodätischen Koordinaten wird ständig ermittelt, ausgewertet und Korrekturdaten errechnet.
- Die Korrekturdaten werden über einen Sender abgestrahlt (z. B. über RDS, Langewelle).
- Der GPS-Nutzer kann beide Signale verwenden, um seine Position zu bestimmen. Genauigkeit bis zu 10 m.

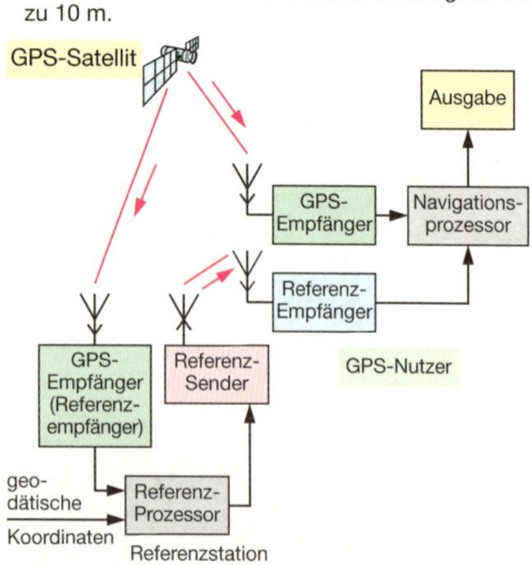

GPS im Landverkehr – *GPS for land based transportation*

Zielführungssytem

Prinzip:
Kontinuierliche Positionsbestimmung und Vergleich mit digital gespeicherter Straßenkarte.

Messgrößen:
- Empfang und Auswertung der GPS oder DGPS-Signale.
- Der zurückgelegte Weg wird mit einem Radsensor (Radumdrehung und Radumfang) ermittelt.
- Die Fahrtrichtung liefert ein Kompass.

Effektivität:
Sie hängt im Wesentlichen von der Genauigkeit der digitalen Straßenkarte ab.

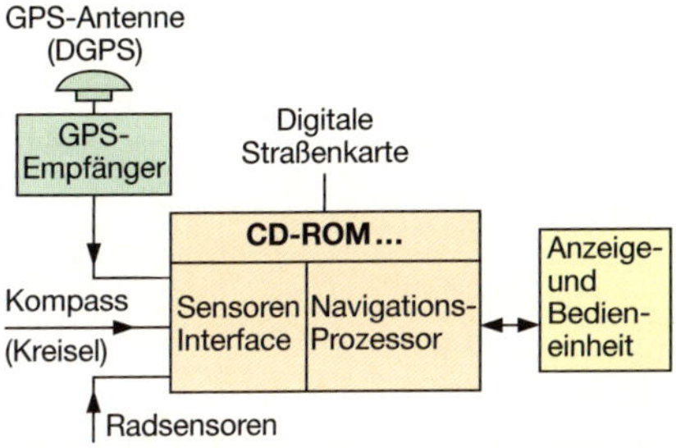

Positionsmeldesystem

Prinzip:
Positionsbestimmung mit GPS.
Kommunikation über das Mobilfunknetz oder über einen Kommunikationssatelliten (z.B. INMARSAT).

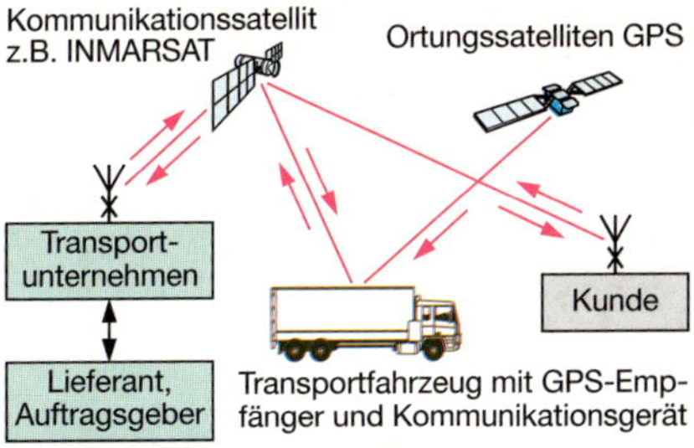

Verkehrsleitsystem

Prinzip:
Verkehrsteilnehmer bestimmen ihre Position aus den Satellitensignalen.
Position wird der Verkehrsleitzentrale übermittelt.
Zwischen Zentrale und Fahrzeugen besteht zur Steuerung eine Funksprechverbindung.

Mobilfunknetze – *Mobile radio networks*

	D-Netz (D1 und D2)	E-Netz
Leistungsmerkmale (je nach Ausstattung)	Telefonie, Notruf, Kurznachrichten, Rufnummernanzeige, Gesprächsdaueranzeige, Anrufumleitung, Anrufsperrung, Anklopfen, Halten, Konferenz, Persönliche Anrufbeantwortung, Telefonauskunft, Weitervermittlung, Pannenhilfe, Auftragsdienst für Kurznachrichten, Mailbox, Fax, Datendienste, ...	
Standard	GSM-900 (**G**lobal **S**ystems for **M**obile communications) GSM-1888	
Frequenzband: **uplink** **downlink**	890 MHz – 915 MHz 935 MHz – 960 MHz	1710 MHz – 1785 MHz 1805 MHz – 1880 MHz
Duplexabstand	45 MHz	95 MHz
Bandbreite	2 x 25 MHz	2 x 75 MHz
Trägerfrequenzen	124	372
Kanalabstand	200 kHz	200 kHz
Kanäle (full rate)	992	2976
Kanäle (half rate)	1984	5952
Zellgröße	0,2 km – 35 km	0,2 km – 8 km (0,25 W), 10 km (1 W)
Sendeleistung max. (Handy)	1 W	0,25 W – 1 W
Reichweite (freies Gelände)	bis zu 50 km	bis zu 8 km (Stadtgebiet unter 1 km) Dämpfung größer als im D-Netz: 6 – 8 dB
Vorwahlnummer	D1: 0171...; D2: 0172...	E1: 0177...
Betreiber	z.B.: T-Mobile Vodaphone	z.B.: Eplus
Abhörsicherheit	Gewähleistet durch digitale Verschlüsselung (Codierung und Decodierung in der SIM-Karte festgelegt).	
Fax, Datenübertrag.	9600 bit/s	

Bündelfunk-TETRA – *Trunked radio*

- **TETRA** (**Te**rrestrial **T**runked **Ra**dio: „gebündelter irdischer Funk") ist ein zellulares digitales **Bündelfunksystem** für Sprach- und Datenübertragung.
- Wird eingesetzt für private und öffentliche **Betriebsfunknetze** (z.B. Taxi- und Fuhrunternehmen) und für Sicherheitsfunkanwendungen (z.B. Polizei und Feuerwehr) in Form geschlossener Benutzergruppen.
- Standardisiert durch ETSI in
  - ETS 300 392 TETRA **V**oice + **D**ata
  - ETS 300 383 TETRA **P**acket **D**ata **O**ptimised
  - ETS 300 396 TETRA **D**irect **M**ode **O**peration
  - ETS 300 394 TETRA Testing.
- Im Gegensatz zu öffentlichen Mobilfunksystemen bietet TETRA schnellen Verbindungsaufbau (max 500 ms).
- Angebotene Dienste (Teledienste):
  - Individual Call (Individualruf),
  - Group Call (Gruppenruf),
  - Broadcast Call (Punkt-zu Multipunkt-Ruf),
  - Emergency Call (Notruf),
  - Open Channel (Offener Sprechkanal).
- **Datendienste**:
  - Status Transmission,
  - Short Data Service,
  - Leitungsvermittelte Datendienste (ungeschützte, geschützte und hochgeschützte Datenübertragung),
  - Paketvermittelte Datendienste (verbindungsorientiert, verbindungslos und TCP/IP-Zugriff).
- **Zusatzdienste** sind u.a. Priority Call, Discreet und Ambience Listening.
- Frequenzbereiche in Europa:
  - 410...430 MHz; 450...470 MHz,
  - 870...876 MHz gepaart mit 915...921 MHz
  - 385...390 MHz gepaart mit 395...399,9 MHz
- Pro Zelle werden typisch vier bis fünf Träger (16 bis 20 logische Kanäle) aufgebaut.

Netzstruktur

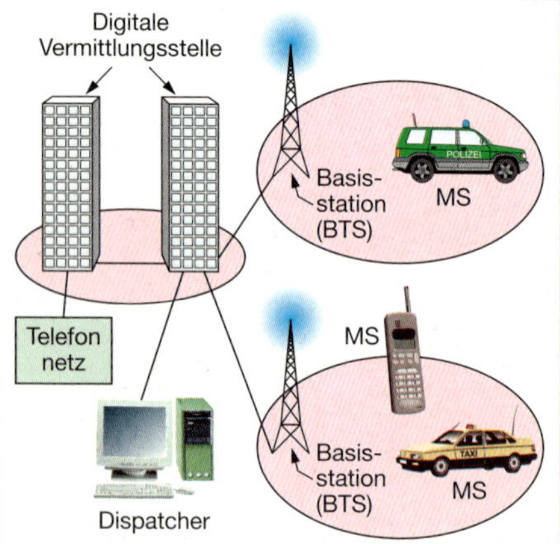

Betriebsarten

DMO (**D**irect **M**ode **O**peration)

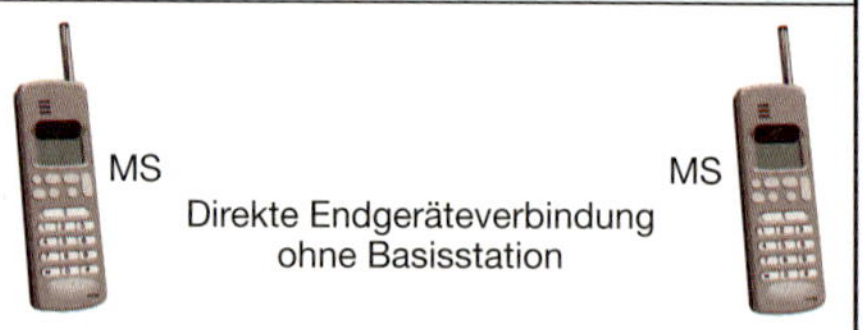

DMO mit Repeater

Kenndaten

Parameter	Wert
Kanalraster	25 kHz
Sendeleistung Basisstation pro Trägerfrequenz (typ.)	25 W ERP
Sendeleistung Mobilgerät	1 W, 3 W, 10 W
Empfängerempfindichkeit statisch (BER = 1,2 %; 4,8 kBit/s; N = 4)	MS: –113 dBm BTS: –115 dBm
Empfängerempfindichkeit dynamisch (TU50; N = 4; BER = 1,2 %; 4,8 kBit/s)	MS: –104 dBm BTS: –106 dBm
Betriebsart	Semi-, Vollduplex
Kanalzugriffsverfahren	TDMA
Modulation	π/4-DQPSK
Kanalbitrate	36 kBit/s
Maximale Datenrate, ungeschützt (gross bit rate)	28,8 kBit/s

Parameter	Wert
Netto-Datenrate: – non-protected – low-protected – high-protected	(n = 1, 2, 3, 4) n x 7,2 kBit/s n x 4,8 kBit/s n x 2,4 kBit/s
Sprachcodierung (**A-CELP**: **A**lgebraic **C**ode-**E**xcited **L**inear **P**redictive)	4,567 kBit/s
Spektrumseffiziens in interferenzbegrenzter Umgebung (viel Verkehr, viele Zellen)	50 Bit/(s · kHz · Zelle)
Spektrumseffiziens in rauschbegrenzter Umgebung (eine isolierte Zelle)	384 Bit/(s · kHz)
Reichweite: – Rural – Suburban	ca. 14 km ca. 4,5 km

OSI[1])-Referenzmodell – *OSI reference model*

Prinzip

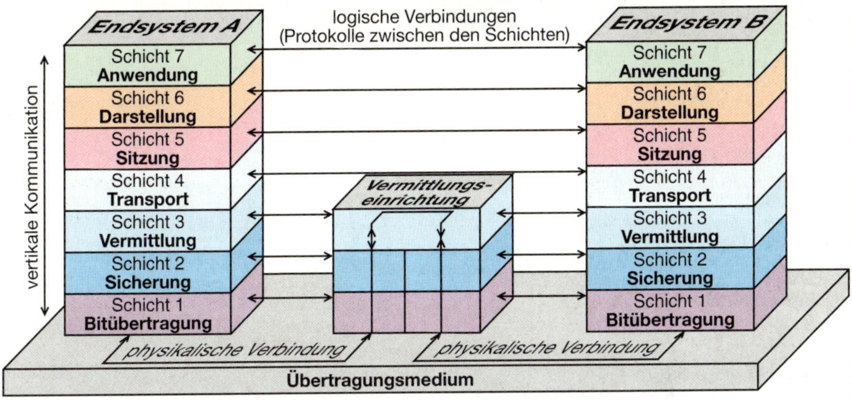

Erläuterung

- OSI-7 Schichtenmodell ist Referenzmodell für herstellerunabhängige Kommunikationssysteme.
- Jede Schicht bietet der darüberliegenden Schicht definierte Dienste an und nutzt seinerseits die Dienste der darunterliegenden Schicht.
- Schichteneinteilung erfolgt mit definierten Schnittstellen.
- Einzelne Schichten können ohne große Gesamtsystemänderungen ausgetauscht und angepasst werden.
- Schichten 1…4 sind die transportorientierten Schichten (physikalischer Datentransport bis zu den physikalischen Endpunkten der Systeme).
- Schichten 5…7 sind anwendungsorientierte Schichten (Handhabung der Schnittstellen).
- Übertragungsmedium (Verbindungskabel) ist nicht im OSI-Modell festgelegt.

Bitübertragungsschicht

Schicht 1 **(Physical)**	• zuständig für den physikalischen Transport der digitalen Informationen, • überwacht die Funktion dieser Schicht durch zyklisches Prüfen von Steuerleitungen (getrennt von den Datenleitungen).

Datensicherungsschicht

Schicht 2 **(Link)**	• zuständig für den unverfälschten Datentransport über einen einzelnen Übermittlungsabschnitt, • Flußsteuerung überwacht die vollständige und richtige Übertragung der Daten von den darüberliegenden Schichten.

Vermittlungsschicht

Schicht 3 **(Network)**	• zuständig für die Überbrückung geografischer Entfernungen zwischen den Endsystemen durch Einbeziehung von Vermittlungssystemen, • steuert die zeitlich und logisch getrennte Kommunikation zwischen verschiedenen Endsystemen.

Transportschicht

Schicht 4 **(Transport)**	• zuständig für die Erweiterung von Verbindungen zwischen Endsystemen zu Teilnehmerverbindungen, • bildet die Verbindungsschicht zu den anwendungsorientierten Schichten.

Sitzungsschicht

Schicht 5 **(Session)**	• zuständig für den geordneten Ablauf des Dialoges zwischen den Endsystemen, • festlegen und verwalten der Berechtigungsmarken für die Kommunikation.

Darstellungsschicht

Schicht 6 **(Representation)**	• zuständig für den gemeinsamen Zeichensatz u. die gemeinsame Syntax, • umwandeln der lokalen Syntax in die für den Transport festgelegte Syntax und umgekehrt.

Anwendungsschicht

Schicht 7 **(Application)**	• zuständig für die Steuerung der untergeordneten Schichten, • übernimmt die Anpassung an die jeweilige Anwendung, • stellt dem Anwenderprogramm die Verbindung zur Außenwelt zur Verfügung.

1) **OSI: O**pen **S**ystem **I**nterconnection (Offenes System für Kommunikationsverbindungen)

Netze – *Networks*

Klassifikation

Einteilungskriterien

Vermittlungstechnik
- Paketvermittelnde/
- Leitungsvermittelnde Netze
- Festgeschaltete Leitungen

Diensten
- Dienstspezifische Netze (Telex)
- Diensteintegrierende Netze (ISDN)

Übertragungsmedien
- Kupfer
- Glasfaser
- Funk

Übertragungsverfahren
- Seriell
- Parallel
- Synchron
- Asynchron

Netztopologie
- Sternstruktur
- Baumstruktur
- Ringstruktur
- Busstruktur

Kommunikationsrichtung
- Simplex
- Halbduplex
- Vollduplex

Übertragungstechnik
- Analoge Netze
- Digitale Netze

Übertragungsbandbreite
- Schmalbandnetz
- Breitbandnetz

Netztopolgien

Bus

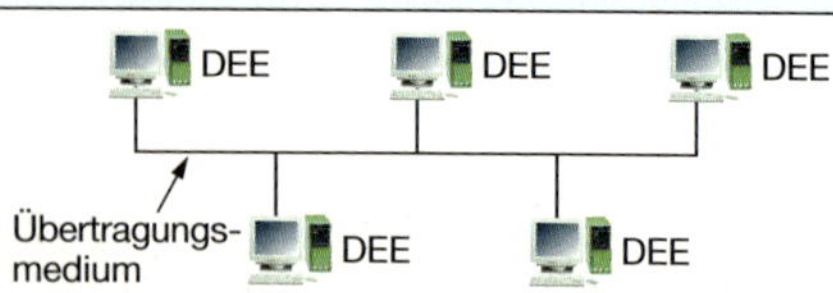

- Stationen verwenden ein einziges Übertragungsmedium.
- Datenaustausch erfolgt direkt zwischen den Stationen.

Ring

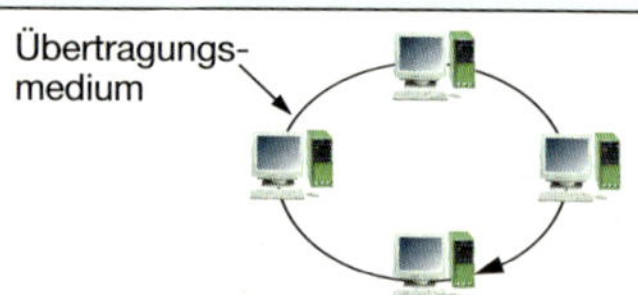

- Stationen sind ringförmig untereinander verbunden.
- Datenaustausch erfolgt von Station zu Station.

Stern

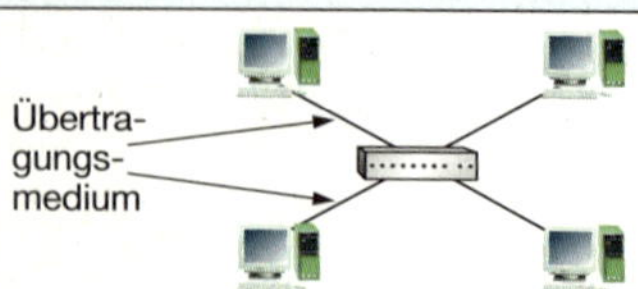

- Stationen sind sternförmig an Zentrale angeschlossen.
- Datenaustausch erfolgt immer über die Zentrale.

Baum

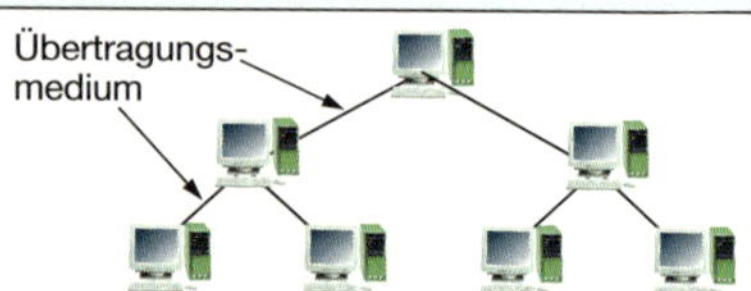

- Stationen sind jeweils mit der darüberliegenden verbunden.
- Datenaustausch erfolgt über die jeweiligen Pfade.

Vermascht

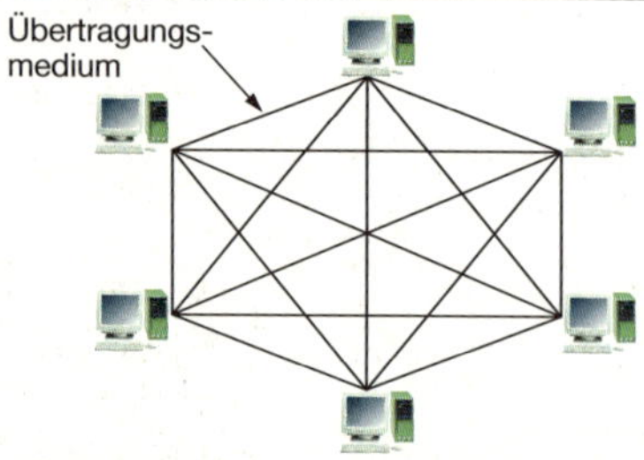

- Stationen sind alle direkt untereinander verbunden.
- Datenübertragung erfolgt als Punkt-zu-Punkt-Verbindung.

Beispiele

Bus:
- Lokale Netzwerke (**LAN**: **L**ocal **A**rea **N**etwork)
- **MAN** (**M**etropolitan **A**rea **N**etwork)
- Token Bus Netzwerk
- Mikroprozessor-Bus (z. B. PCI oder **CAN**: **C**ontroller **A**rea **N**etwork).

Ring: Lokale Netzwerke als Token-Ring.

Stern: Lokale Netzwerke mit Hub oder Switch.

Baum:
- Lokale Netzwerke,
- Terminalnetzwerke,
- Fernsehverteilungsnetze.

Vermascht:
- Fernsprechnetze (voll- oder teilvermascht)

LAN

Datennetze	Möglichkeiten	Standard
• Sind räumlich abgegrenzt. • Werden von einem Betreiber verwaltet und organisiert. • Ermöglichen einen direkten Datenaustausch zwischen den Teilnehmern des Netzes. • Nutzen ein für alle angeschlossenen Stationen gemeinsames Übertragungsmedium. • Bieten hohe Datenübertragungsgeschwindigkeiten.	• Zentrale Datenhaltung auf großen Massenspeichern. • Elektronischer Datenaustausch zwischen den einzelnen Stationen untereinander bzw. mit der Zentralstation. • Gemeinsame Nutzung von Programmen, Geräten u. Kommunikationsschnittstellen zu externen Datenübertragungseinrichtungen.	• Nach IEEE-802. • Eingeteilt nach verwendeten Zugriffssteuerverfahren auf das Übertragungsmedium. • Unterteilt in die verschiedenen Systeme.

Einteilung lokaler Netze

OSI-Referenzmodell[1)]		Institute of Electrical and Electronic Engineers-Standard IEEE-Standard		
Ebene	Funktion	Ebene	Funktion	Standardisiert durch
3	Vermittlungsschicht (Network-Layer)	**3 (HILI)**	Netzwerkverwaltung Netz-/Netz-Verwaltung (Higher-Layer-Interface)	IEEE 802.1
2	Sicherungsschicht (Data-Link-Layer)	**2b (LLC)**	Logische Verknüpfungssteuerung (Logical-Link-Control)	IEEE 802.2
		2a (MAC)	Mediumszugriff-Steuerung (Medium-Access-Control)	IEEE 802.3
1	Bitübertragungsschicht (Physical-Layer)	**1 (Phy)**	Elektronischer und mechanischer Aufbau (Physical-Layer)	① ② ③ ④ ⑤ ⑥ ⑦ ⑧ ⑨

IEEE 802.3 CSMA/CD

1 Base 5	10 Base 2	10 Base 5	10 Base F	10 Base T	10 Broad 36	100 Base-T	1000 Base-X	10 GBase-X
Starlan ①	Thin Ethernet (Cheapernet) ②	Ethernet ③	Ethernet with Fibre (mit LWL) ④	Ethernet with UTP-cable (mit ungeschirmten verdrillten Zweidraht-Leitungen) ⑤	Breitband-Ethernet ⑥	100 Mbit/s auf LWL und Cu (802.3u) ⑦	1 Gbit/s LWL u. Cu (802.3z) Twisted Pair (802.3ab) ⑧	10 Gbit/s auf Basis LWL (802.3ae) ⑨

Erläuterungen: 10 ≙ 10 Mbit/s Datenrate
Base: Übertragungsverfahren im Basisband
5 ≙ 500 m (max.) Segmentlänge

IEEE 802.4 Token Bus	IEEE 802.5 Token Ring	IEEE 802.6 Metropolitan Area Network MAN	IEEE 802.7	IEEE 802.8	IEEE 802.9	IEEE 802.10
Einkanal-/Mehrkanal mit 1 Mbit/s, 5 Mbit/s, 10 Mbit/s	Basisband mit 1 Mbit/s, 4 Mbit/s und 16 Mbit/s	Netzwerke für große Bereiche (Städte)	Breitband LAN's	Glasfasermedien für große Bereiche (Städte)	Schnittstelle zu einem integrierten Sprache- u. Daten-LAN	Empfehlungen über Sicherheitsaspekte in LAN's

IEEE 802.11	IEEE 802.12	IEEE 802.14	IEEE 802.15	IEEE 802.16	IEEE 802.17	IEEE 802.18
Wireless LAN (Drahtloses LAN)	VG-AnyLAN (Voice Grade LAN) 100 Mbit/s	Cable Television (CATV)	Drahtloses persönliches Netzwerk (WPRN)	Breitbandiger drahtloser Zugang	Resilient Packet Ring Access Protocol	LAN/MAN Radio Regulatory Technical Advisory Group

1) OSI; Open System Interconnection: Referenzmodell für allgemeine herstellerunabhängige Kommunikationsstruktur 1983 von der ISO (International Standard Organisation) festgelegt.

Ethernet

- Ist die Bezeichnung für eine **serielle** Datenübertragung zwischen mehreren Teilnehmern, die an einem gemeinsam genutzten Medium über Netzwerkkarten angeschlossen sind.
- Die Datenübertragung erfolgt dabei in **Rahmenformat** (Frames).
- Die Zuteilung der Sendeerlaubnis wird durch **CSMA/CD** (**C**arrier **S**ense **M**ultiple **A**ccess/**C**ollision **D**etection: Trägererkennung mit Mehrfachzugriff/Kollisionserkennung) gesteuert.
- Ist verfügbar in verschiedenen Übertragungsgeschwindigkeiten (10 MBit/s, 100 MBit/s).
- 10 MBit Ethernet überträgt die Daten auf dem physikalischen Medium im **Basisband** als Manchester-Kodierung.
- Die existierenden **Rahmenformate** stammen aus der Entwicklungsgeschichte und werden bezeichnet als
  - IEEE 802.3 (Ethernet 802.2),
  - IEEE 802.3 SNAP (Ethernet SNAP),
  - Ethernet Version II (Ethernet II),
  - IEEE 802.3 RAWS (Novell Proprietary).
- Jeder zu übertragende Rahmen beginnt mit einer **Präambel** (Rahmeneinleitung) und dient zur Synchronisation der angeschlossenen asynchron betriebenen Netzwerkbaugruppen.

Rahmenformate

Präambel

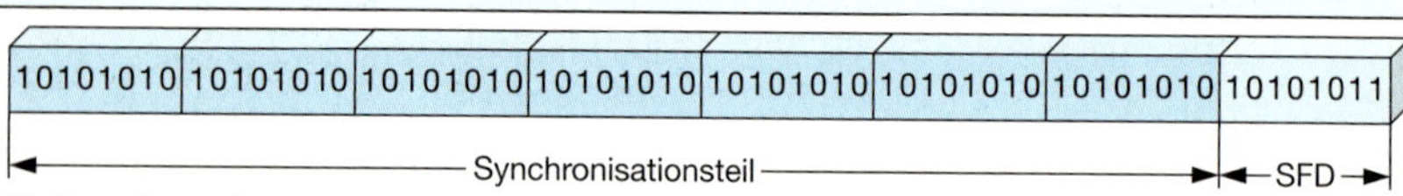

SFD: **S**tart **F**rame **D**elimiter (Anfangsrahmen-Begrenzer), dient zur Kennzeichnung der beginnenden Daten.

IEEE 802.3

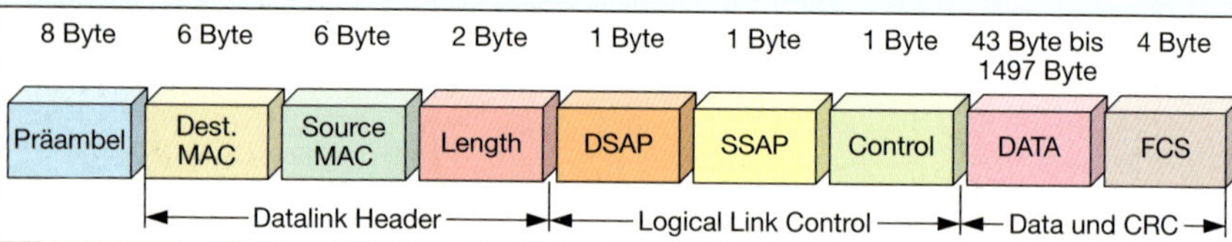

IEEE 802.3 SNAP

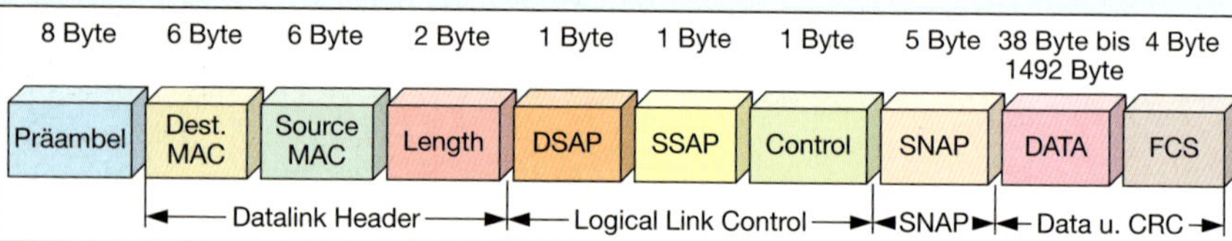

Ethernet II

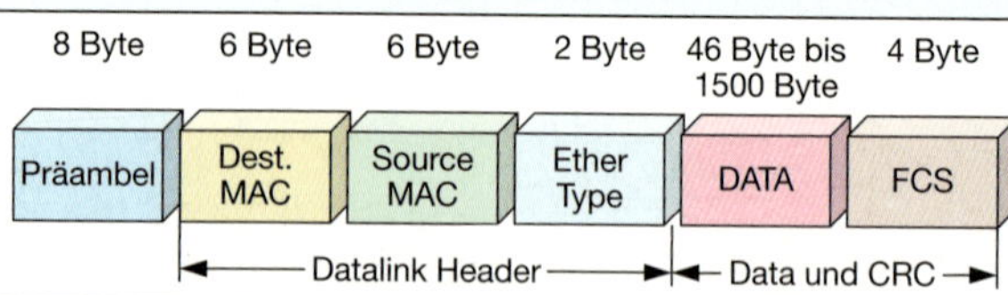

IEEE 802.3 RAWS

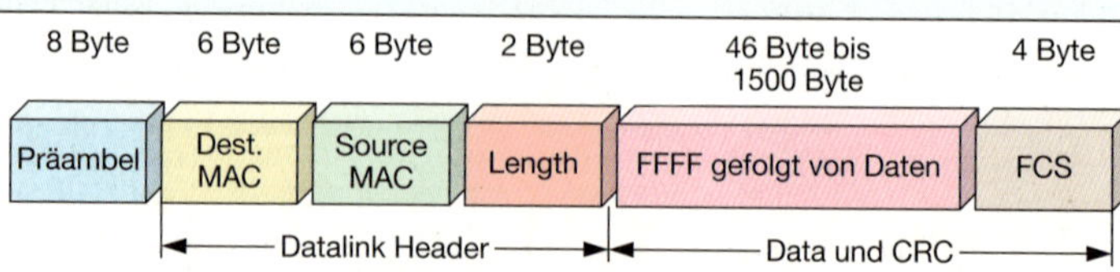

Implementierung der Fa. Novell

Ethernet

- **Destination MAC** (**D**estination **M**edium **A**ccess **C**ontrol: Zieladresse)
  - definiert die Zieladresse (Netzwerkkarte), zu der die Daten gesendet werden sollen,
  - beinhaltet in den ersten drei Byte die Kennzeichnung des **Kartenherstellers**, wobei das **erste Bit** den Adresstyp definiert:
    Bit = 0 bedeutet Adresse für **individuelle** Zielstation,
    Bit = 1 bedeutet Adresse für **logische Gruppe** von Zielstationen und das
    zweite Bit zur Unterscheidung zwischen lokaler und globaler Adresse verwendet wird.
  - definiert mit den folgenden drei Byte den Typ der Netzwerkkarte,
  - Sonderfall: alle 48 Bit = 1 bedeutet **Broadcasting** (Rundsendung) an alle Stationen.
- **Source MAC** (**Source** **M**edium **A**ccess **C**ontrol: Absender-Adresse)
  - beinhaltet die Absender-Adresse mit drei Byte als feste Kennung für den Kartenhersteller.
- **Length** (Länge)
  - dient zur Angabe der Anzahl von Byte im Logical Link Control (LLC) Feld.

  Hinweis: Ethernetrahmen dürfen nicht kürzer als 64 Byte bzw. länger als 1518 Byte sein.
- **DSAP** (**D**estination **S**ervice **A**ccess **P**oint: Dienstzugangspunkt)
  - entspricht einem Zeiger auf dem Pufferspeicher im empfangenden Netzwerkadapter zur Ablage der Daten.
- **SSAP** (**S**ource **S**ervice **A**ccess **P**oint: Dienstausgangspunkt)
  - definiert die Quelle des sendenden Prozesses.
- **Control Byte** (Kontroll-Byte)
  - spezifiziert den Type des LCC-Rahmens.
- **Data** (Daten)
  - beinhaltet die Daten (Header und Daten) der höher liegenden Protokollschichten von z.B. TCP/IP oder IPX.
- **FCS** (**F**rame **C**heck **S**equence: Rahmenprüfbits)
  - dient zur Sicherung der übertragenen Bits gegen Verfälschung mittels **CRC-Verfahren** (**C**yclic **R**edundancy **C**heck),
  - verwendet Generatorplynom $G(x) = x^{32} + x^{26} + x^{23} + x^{22} + x^{16} + x^{12} + x^{11} + x^{10} + x^{8} + x^{7} + x^{5} + x^{4} + x^{2} + x + 1$
- **SNAP**
  - beinhaltet auf den ersten drei Byte die Herstellerkennung (wie in der Absender-Adresse), die normalerweise auf null gesetzt ist.
  - die folgenden zwei Byte beinhalten eine Kennung zum Ethertyp, um die Anwärtskompatibilität zu Ethernet II zu erhalten.
- **Ethertyp**
  - ist analog zu SAP im 802.3 Rahmen,
  - Werte sind grundsätzlich größer als 05DC (Hex) bzw. 1500 Dez. zur Kennzeichnung, ob der nachfolgende Rahmen ein Ethernet II-Rahmen oder z.B. ein 802.3 Rahmen ist.
- **Novell-Daten-Rahmen**
  - beginnen in den Anwender-Daten mit einem IPX-Protokollkopf,
  - diese beinhalten in den ersten beiden Bytes optional eine Prüfsumme (FFFF),
  - zeigen damit an, dass die Prüfsumme nicht verwendet wird,
  - damit unterscheiden die Netzwerkkarten zwischen Novell-Rahmen und anderen Rahmen.

10 Mbit Ethernet Parameter

Parameter	Bezeichnung Formel	Einheit	10Base5	10Base2	10BaseT	10BaseFL
Übertragungsrate	u	bit/s	10 000 000			
Lichtgeschwindigkeit	c	m/s	299 792 458			
Ausbreitungskoeffizient	n		0,77	0,65	0,77	0,68
Maximale Segmentlänge	l_{max}	m	500	185	100	2 000
Maximale Signallaufzeit	$t_{max} = l_{max}/n \cdot c$	µs	2,166	0,949	0,445	9,811
Dauer eines Bits	$t_{bit} = 1/u$	µs	0,1	0,1	0,1	0,1
Länge eines Bits	$l_{bit} = n \cdot c/t_{bit}$	m	23,08	19,49	22,48	20,39
Anzahl Bits pro Segment	$b_{Segment} = l_{max}/l_{bit}$		21,66	9,49	4,45	98,09
Dauer von 64 Bytes	$t_{64Byte} = t_{bit} \cdot 8 \cdot 64$	µs	51,2	51,2	51,2	51,2

Gigabit-Ethernet – *Gigabit-Ethernet*

- Gigabit Ethernet ist eine Erweiterung des 10 Mbit/100 Mbit-Ethernet Standards auf eine Übertragungsrate von 1 Gbit/s.
- IEEE-Spezifikation beinhaltet die unteren beiden Schichten des OSI-Modells.
- Übertragungsmedien sind Lichtwellenleiter und Kupferkabel.
- Arbeitet bei **Kupferkabel** im Halb- und im Vollduplexbetrieb.
- Rahmenformat wie bei 10 Mbit/100 Mbit-Ethernet (64 Byte Rahmengröße automatisch auf 512 Byte verlängert)
- **Kategory 5** Übertragung verwendet 4B/5B (4 Bit/5 Bit) Leitungscodierung.
- Verwendet 4 Aderpaare mit jeweils 250 Mbps, Gesamtrate (125 Mbps pro Richtung) pro Paar.
- Bei **Einsatz auf Kategory 5** ist die Leistungsfähigkeit der Verkabelung zu berücksichtigen:
  - **FEXT** (**F**ar-**E**nd Cross **T**alk: Fernübersprechen)
  - **Return Loss** (Rücklaufverluste)
  - **NEXT** (**N**ear-**E**nd Cross **T**alk: Nahübersprechen)
  - **Attenuation** (Dämpfung)
- **Delay** (Laufzeitverzögerung)
- Anwendungsbereiche sind z. B.:
  - Kopplung von Switches
  - Verbindung von Switch mit Servern

Übertragungsmedien

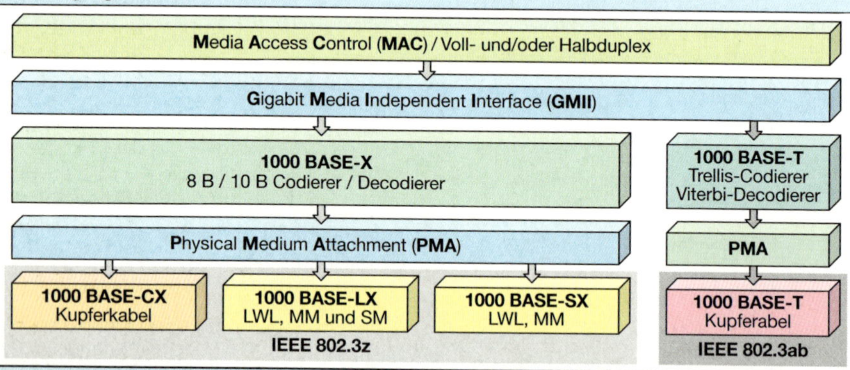

Medien-Spezifikationen

Transceiver-Typ	Medien-Typ	Bandbreiten-Längen-Produkt in MHz x km	Zulässige Länge in m	Typische Anwendung
1000 BASE-CX	Kupferkabel, 150 Ω, symmetrisch, geschirmt	–	25	Verkabelungsschrank
1000 BASE-LX (1300 nm)	LWL MM 62,5 µm LWL MM 50 µm LWL MM 50 µm LWL SM 10 µm	500 400 500 –	2 bis 550 2 bis 550 2 bis 550 2 bis 5000	Horizontale Verkabelung Kurzes Backbone Kurzes Backbone Gelände Backbone
1000 BASE-SX (850 nm)	LWL MM 62,5 µm LWL MM 62,5 µm LWL MM 50 µm LWL MM 50 µm	160 200 400 500	2 bis 220 2 bis 274 2 bis 500 2 bis 550	Horizontale Verkabelung Horizontale Verkabelung Kurzes Backbone Kurzes Backbone
1000 BASE-T	Kategory 5 Kupferkabel	–	100	Horizontale Verkabelung

MM: **M**ulti-**M**ode Faser **SM**: **S**ingle-**M**ode Faser (Mono-Mode)

Anwendung

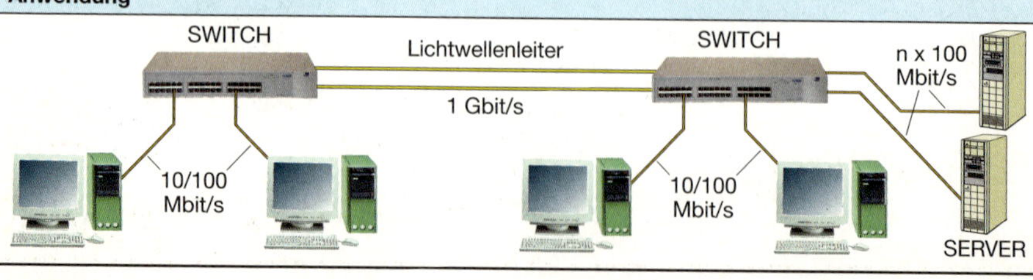

10 Gigabit Ethernet

- 10 Gigabit Ethernet ist die Erweiterung der Ethernet-Technologie auf eine Übertragungsrate von 10 Gigabit/s.
- Standard ist spezifiziert in **IEEE 802.3.ae**
- Arbeitet nur im **Voll-Duplex**-Betrieb als **Punkt-zu-Punkt**-Verbindung (ohne Kollisionen).
- Verwendet als Übertragungsmedium nur Lichtwellenleiter (Single Mode und Multi Mode) mit 850 nm, 1310 nm und 1550 nm Wellenlänge.
- Wird eingesetzt im LAN-Bereich und im WAN (Wide Area Network)-Bereich.
- Signalcodierung erfolgt mit **8B/10B** (LAN) und **64B/66B Blockcodierung** (LAN/WAN).
- Der Standard legt insgesamt sieben Interfaces (PHY-Layer) fest; drei für den WAN-Einsatz und vier für den LAN-Einsatz.
- WAN-Interfaces arbeiten mit **Sonet/SDH**-Rahmen (Datenrate: 9,953 Gbit/s).

Architektur

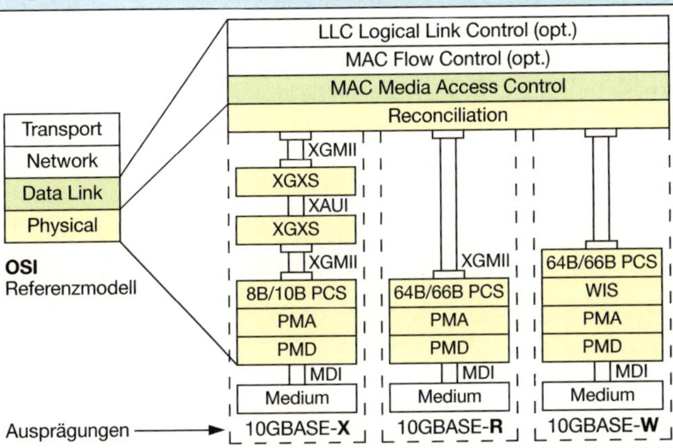

XAUI: **A**ttachement **U**nit **I**nterface

XGXS: **XG**MII e**X**tender **S**ublayer

XGMII: **M**edium **I**ndependent **I**nterface

PCS: **P**hysical **C**oding **S**ublayer

WIS: **W**AN **I**nterface **S**ublayer

PMA: **P**hysical **M**edium **A**ttachment

PMD: **P**hysical **M**edium **D**ependent

MDI: **M**edium **D**ependent **I**nterface

Bezeichnungsschema

Bezeichnung	Wellenlänge in nm	Codierung	Typ	Multi-Mode Fibre	Single-Mode Fibre
10GBASE-S R	850	64b/66b	seriell	65 (300) m	nicht unterstützt
10GBASE-S W	850	64b/66b	SONET/SDH	65 (300) m	nicht unterstützt
10GBASE-L X 4	1310	8b/10b	WWDM	300 m	10 km
10GBASE-L R	1310	64b/66b	seriell	nicht unterstützt	10 km
10GBASE-L W	1310	64b/66b	SONET/SDH	nicht unterstützt	10 km
10GBASE-E R	1550	64b/66b	seriell	nicht unterstützt	40 km
10GBASE-E E	1550	64b/66b	SONET/SDH	nicht unterstützt	40 km

Wellenlängen-Multiplex: 1 → serielle Übertragung;
n → Anzahl der Wellenlängen (4 für WWDM)

Codierung: X → LAN 8B/10B; R → LAN 64B/66B Blockcodierung; W → WAN

Wellenlänge: S(hort) → 850 nm; L(ong) → 1310 nm; E(xtra long) → 1550 nm

Anwendung

Beispiel: Kopplung über **MAN** (**M**etropolitan **A**rea **N**etwork)

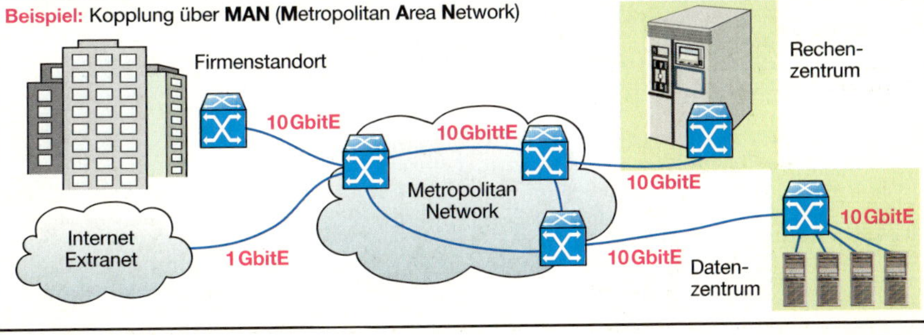

Telekommunikation, Netze

Begriffe der LAN-Technik – *Terms used in LAN engineering*

ANI (**A**ccess **N**etwork **I**nterface):
Schnittstelle eines Teilnehmers zu einem Zugangsnetz.

APPN (**A**dvanced **P**eer- to **P**eer-**N**etworking):
Punkt- zu Punkt-Verbindung, z.B. zwischen zwei PC's in einem Netzwerk auf Ebene 3 oder 4, ohne Host.

Autonegotiation:
Konfigurationsprotokoll im Fast Ethernet zur Festlegung der Datenübertragungsrate (100 Mbit/s oder 10 Mbit/s, Full Duplex oder Half Duplex).

Autosensing:
Automatisches Erkennen der Datenrate, mit der empfangen bzw. gesendet wird.

Backup:
Sichern einer Datei oder eines Datenträgers. (Unterschied in Voll- und Teil-Backup).

Balun (**Bal**anced **Un**balanced Adapter):
Adapter zur Anpassung der Impedanz von Zweidraht-Leitungen und Koaxialkabel.

BNC (**B**ayonet-**N**eill-**C**oncelman):
Bezeichnung für eine Steckerart zum Anschluss von Koaxialkabeln (z.B. Thin-Ethernet oder Monitore).

Broadcast („Rundruf"):
Nachricht, die an alle Stationen gleichzeitig gesendet wird (z.B. bei zu hoher Netzlast).

Bypass-Switch (Umgehungs-Schalter):
Schalter zur Abtrennung von Stationen in einem LAN.

CGI (**C**ommon **G**ateway **I**nterface):
Technik, die den Austausch zwischen WWW-Anwendungen und herkömmlichen Programmen erlaubt.

Cluster (Ansammlung):
Mehrplatzsystem, z.B. Ansammlung von Terminals an einem Hauptrechner.

Collapsed Backbone (zusammengefasstes Netz):
Bezeichnet ein Netz, das auf der Rückwand eines Hubs zusammengefasst ist.

Collision Domain (Kollisons-Domäne):
Der Bereich in einem mit Repeatern verbundenen Netzwerk, in dem sich eine Kollision von Datenpaketen bemerkbar macht.

CSMA/CA (**C**arrier **S**ense **M**ultiple **A**ccess/**C**ollision **A**voidance):
Zugangsverfahren der gleichberechtigten Stationen an einem Netz mit Verhinderung der Kollision.

CSMA/CD (**C**arrier **S**ense **M**ultiple **A**ccess/**C**ollision **D**etection):
Zugangsverfahren der gleichberechtigten Stationen an einem Netz mit Kollisionserkennung.

Datagramm („Datentelegramm"):
Zeitunkritische Daten, die auch die Verwaltungsinformationen enthalten und über ein Netzwerk übertragen werden.

Dedicated Network (zugewiesenes Netzwerk):
Netzwerk, das nur einen Dienst ermöglicht oder zugewiesener Netzwerkbereich zu einer abgegrenzten Gemeinschaft.

Demand Priority (Bandbreitenanfrage):
Zugriffsverfahren für LAN's, die mit Hubs ausgestattet sind und eine Bandbreitenzuteilung für die einzelnen Dienste festlegen.

DNIC (**D**ata **N**etwork **I**dentification **C**ode):
Internationale 'Vorwahl' der Datennetze (definiert in der X.21).

DNS (**D**omain **N**ame **S**ystem):
Verteiltes Datenbanksystem im Internet zur Umwandlung der numerischen Internet-Adressen in umgangssprachliche Begriffe.

Extranet:
Bezeichnung für einzelne, voneinander isolierte Netze, die über das Internet verbunden sind und somit ein eigenes Subnetz bilden.

FAQ (**F**requently **A**sked **Q**uestion):
Liste mit häufig gestellten Fragen und Antworten (z.B. im Zusammenhang mit dem Internet).

FDSE (**F**ull **D**uplex **S**witched **E**thernet):
Ethernet-Standard für geswitchte Vollduplexverbindungen (10 MHz und 100 MHz).

FOIRL (**F**ibre **O**ptic **I**nter-**R**epeater **L**ink):
Standard zur Datenübertragung über Lichtwellenleiter mit Datenrate von 10 Mbit/s.

FTAM (**F**ile **T**ransfer, **A**dministration And **M**anagement):
Protokoll auf Schicht 7 des OSI-Modells für Datenübertragung, -zugriff und -verwaltung.

FTTO (**F**ibre **T**o **T**he **O**ffice):
Glasfaserkabel im Anschlussbereich von Geschäftskunden.

HiperLan (**Hi**gh **Per**formance Radio **LAN**):
Standard für drahtlose LAN.

HSLAN (**H**igh **S**peed **LAN**):
Bezeichnung für LAN's mit mindestens 100 Mbit/s.

Intranet:
Bezeichnung für ein firmeninternes privates Netzwerk, das in der Regel die Protokolle u. Dienste des Internet im eigenen Netz anbietet.

Jabber:
Fehlerhafte Daten, die von einer Netzwerkkarte auf das Netz gegeben werden.

Multicasting:
Gleichzeitiges Versenden von Nachrichten an mehrere Teilnehmer unter Verwendung einer Adresse oder Nachrichtenkennung.

Multiport Bridge (Multiport Brücke):
Brücke, die mehrere LAN's verbinden kann.

NIC (**N**etwork **I**nterface **C**ard):
Netzwerkkarten für den Anschluss an LAN's.

PPP (**P**oint- to **P**oint-**P**rotocol):
Protokoll der TCP/IP-Familie zum seriellen Datentransfer über Wählverbindungen.

Queue:
Warteschlange zum Sammeln von Aufträgen, z.B. für die Bearbeitung von Druckaufträgen.

Shared LAN („aufgeteiltes LAN"):
Alle Teilnehmer in einem LAN teilen sich die nominale Bandbreite.

VLAN (**V**irtual **LAN**):
Virtuelles LAN, das unabhängig von der physikalischen Struktur logisch konfiguriert wird.

WAN (**W**ide **A**rea **N**etwork):
Öffentliches oder privates Netz mit einer Ausdehnung größer 10 km; verbindet mehrere LAN's miteinander.

Wireless LAN

- **Wireless LAN** (Drahtlose LAN) sind lokale Netzwerke, die auf Funkbasis arbeiten.
- Endgeräte werden mit Funkeinrichtungen ausgerüstet.
- Ortsfestes LAN wird mit Zugangspunkten (Access Point, AP) für die Endgeräte ausgerüstet.
- Wireless LAN's sind spezifiziert nach **IEEE 802.11**, dem **DECT**-Standard oder nach **HIPER LAN** (**Hi**gh **Per**formance **R**adio) **LAN**.
- Bei **Wireless LAN's** nach **IEEE 802.11** werden folgende Teile unterschieden:
  - **BSS** (**B**ASIC **S**ervice **S**et: Basis Dienst Einrichtung,
  - **DS** (**D**istribution **S**ystem: Verteilungs System),
  - **ESS** (**E**xtended **S**ervice **S**et: Erweiterte Dienst Einrichtung).
- Mit **BSS** wird eine einzelne Funkzelle bezeichnet, in der mindestens zwei Funkeinrichtungen Dienste beabspruchen.
  Die Funkeinrichtungen können sowohl zwei Endgeräte als auch ein Endgerät und ein Zugangspunkt (**Access Point**, **AP**), der an einem ortsfesten LAN angeschlossen ist, sein.
- Das **DS**-Teilsystem ist in der Regel ein ortsfestes LAN, über das die Access Points miteinander verbunden sind.
- Mit **ESS** wird ein vollständig installiertes Netz, bestehend aus mehreren Funkzellen, den dazugehörigen Access Points und ortsfestem LAN, bezeichnet.
- **Codierungsverfahren** auf der Luftschnittstelle ist **FHSS** (**F**requency **H**opping **S**pread **S**pectrum: Bandspreiztechnik mit Frequenzwechsel) oder **DSSS** (**D**irect **S**equence **S**pread **S**pectrum).
- Die Zugriffsmethode auf die Luftschnittstelle erfolgt nach dem **CSMA/CA**-Verfahren (**C**arrier **S**ense **M**ultiple **A**ccess / **C**ollision **A**voidance: Trägererkennung mit Mehrfachzugriff/Kollisionsvermeidung).
- Zur Vermeidung von unerwünschten Kollisionen mit Stationen, die nicht gegenseitig bekannt sind, werden zusätzliche Kurzprotokolle zur Verbindungsanfrage zwischen zwei Stationen ausgesendet.
- **Anmeldung** einer Funkstation in einer Zelle erfolgt über **Passive Scanning** (passives Scannen) oder **Active Scanning** (aktives Scannen).
- Beim **passiven Scannen** wartet die Funkstation, bis sie einen Trägerrahmen von dem AP empfängt und meldet sich dann an.
- Beim **aktiven Scannen** sendet die Funkstation aktive Testrahmen aus und erwartet eine Quittung vom AP.
- Der genutzte **Frequenzbereich** liegt in offenen Bändern, z. B. 2,4 GHz. Geplant sind Erweiterungen im 17 GHz Bereich.
- Die Sendeleistung beträgt 10 mW oder 100 mW.
- Es sind keine **Funklizenzen** erforderlich.
- **Datenraten**:
  802.11 : 1 Mbit/s (2 Mbit/s)
  802.11b: 5,5 Mbit/s und 11 Mbit/s (Codierung mit **CCK**: **C**omplementary **C**ode **K**eying)
  802.11a: 36 Mbit/s, 48 Mbit/s und 54 Mbit/s; Frequenzbereich 5 GHz-Band, Codierung mit **COFD** (**C**oded **O**thogonal **F**requency **D**ivision **M**ultiplexing)
- Sicherheit duch **WEP** (**W**ired **E**quivalent **P**rivacy).
- Die **Reichweiten** betragen 50 m bis 200 m innerhalb von Gebäuden, außerhalb bis ca. 600 m. Mit zusätzlichen externen Antennen sind mehrere Kilometer möglich.
- **Vorteilhafter Einsatz** bei mobilen Mitarbeitern, provisorischen Netzaufbauten oder wenn keine Möglichkeit zur Kabelverlegung besteht.

Rahmenaufbau

Standardrahmen

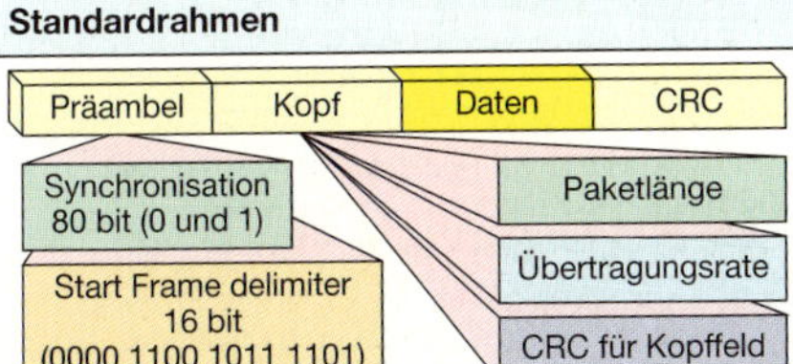

Datenfeld

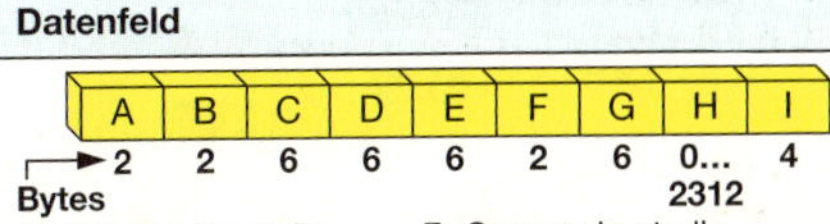

A: Rahmen Kontrolle
B: Stationserkennung
C: Adresse 1
D: Adresse 2
E: Adresse 3
F: Sequenzkontrolle
G: Adresse 4
H: Nutzdaten
I: CRC-Daten

Netzaufbau

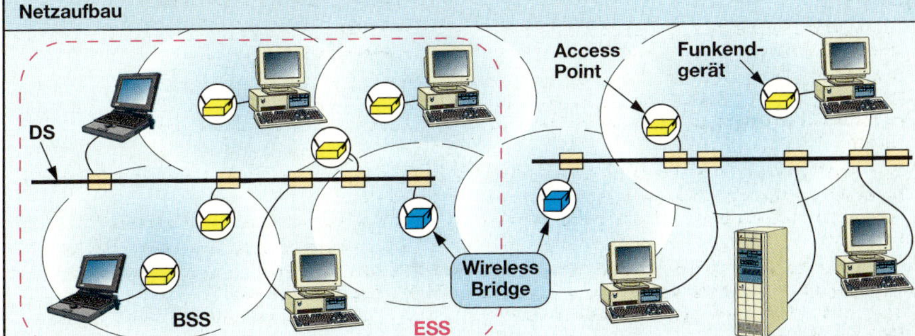

Frame Relay

- Frame Relay ist ein **schnelles paket- u. verbindungsorientiertes Übermittlungsverfahren** für Breitbandanwend. im Punkt- zu Punkt-Betrieb.
- Vereinigt die Eigenschaften des X.25-Protokolls in Verbindung mit statistischen Multiplexern.
- FR bietet in der Regel die **geringste Durchlaufverzögerung** gegenüber anderen Protokollen; maximale Grenze der Durchlaufverzögerung kann nicht garantiert werden.
- Für **Sprach- u. Videoübertragung** nur begrenzt verwendbar.
- FR stellt **hohe Anforderungen** an Qualität d. Übertragungsleitungen (Bit Error Rate: Bitfehlerrate).
- **Vermittlung** der Frames erfolgt anhand d. Daten im Header (**DLCI**: **D**ata **L**ink **C**onnection **I**dentifier).
- Ermöglicht **gleichzeitig mehrere virtuelle Übertragungskanäle** über ein Übertragungsmedium.
- Die Datenübermittlung erfolgt abschnittsweise zwischen den Netzknoten ohne Quittung.
- FR-Verbindungen sind **duplexfähig**.
- Die Netzknoten prüfen lediglich auf **Übertragungsfehler** mittels CRC-Verfahren.
- Die Überprüfung d. Vollständigkeit d. Daten muss von den Endteilnehmern durchgeführt werden.
- **Fehlerhafte** oder **verlorene Datenpakete** müssen von den Partner-Endgeräten erneut angefordert bzw. übertragen werden.
- Verkehrsparameter definieren u.a. die **garantierte Informationsrate** (**CIR**: **C**ommitted **I**nformation **R**ate).
- Die **logische Struktur** von FR-Netzen ist ähnlich der von X.25-Netzen.
- FR arbeitet auf den OSI-Schichten 1 und 2.
- Die Netzzugangsschnittstelle wird als **FR-UNI** (**FR-U**ser **N**etwork **I**nterface) bezeichnet.
- Der Anschluss ans Netz kann mit allen üblichen physikalischen Schnittstellen (z.B. X.21, V.35, E1) aus d. Bereich d. Datenkommunikation erfolgen.
- Die **Paketlänge** ist variabel von 261 Byte (Grundeinstellung) bis 8192 Byte.
- Angewendet werden in der Regel 1512 Byte.
- **Übertragungsgeschwindigkeiten** sind einstellbar von
  - 56 kbit/s bzw. 64 kbit/s
  - n x 64 kbit/s
  - bis 1,544 Mbit/s bzw. 2,048 Mbit/s.
- Die wesentlichen **Steuerungsmechanismen** sind im Rahmenkopf enthalten (z.B. **Zieladresse**).
- FR unterstützt **permanente** und **geschaltete virtuelle** Verbindungen.
- **Überlastkontrolle** im Netz erfolgt durch Verfahren wie
  - **BECN** (**B**ackward **E**xplicit **C**ongestion **N**otification: Überlast-Rückwärtsanzeige),
  - **FECN** (**F**orward **E**xplicit **C**ongestion **N**otification: Überlast-Vorwärtsanzeige),
  - **DE** (**D**iscard **E**ligibility: Wegwerf-Erlaubnis).
- FR wird eingesetzt zur Kopplung von LAN's, als Backbone für X.25-Systeme und in privaten Datennetzen.

Übermittlungsprinzip

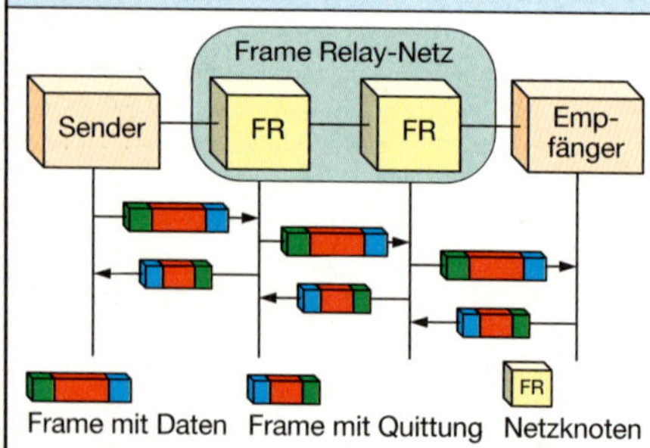

Netzknotenaufbau

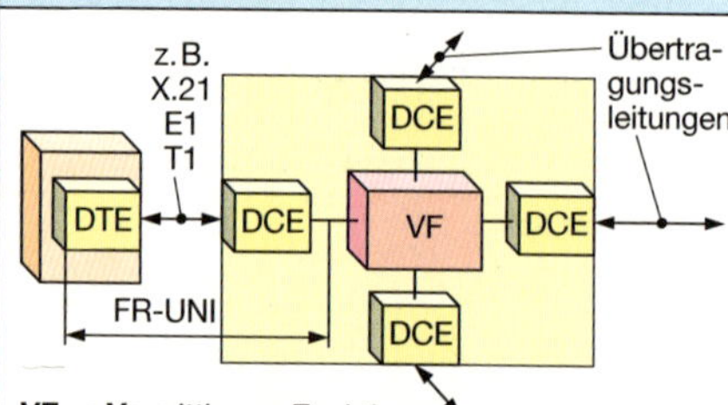

VF : **V**ermittlungs-**F**unktion
DCE: **D**ata **C**ommunication **E**quipment
DTE : **D**ata **T**erminal **E**quipment

Rahmenaufbau

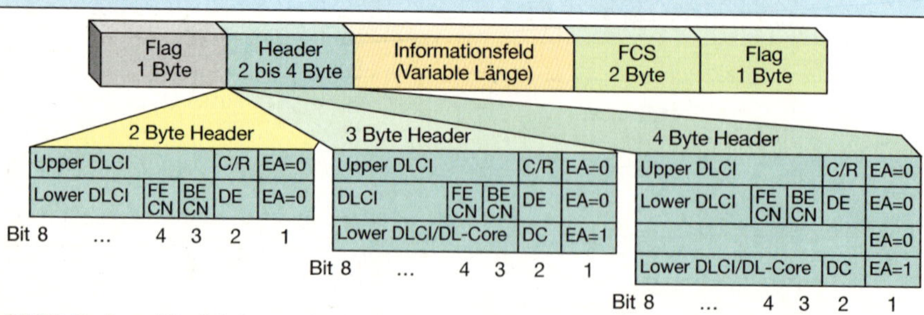

BECN: **B**ackward **E**xplicit **C**ongestion **N**otification
C/R : **C**ommand/**R**esponse Field
DC : **D**LCI oder DL-**C**ore Control Indicator
DE : **D**iscard **E**ligibility Indicator
DLCI : **D**ata **L**ink **C**onnection **I**dentifier
EA : **A**ddress **E**xtension
FECN: **F**orward **E**xplicit **C**ongestion **N**otification
Flag : 01111110

Signalcodierung für Basisbandübertragung

Signal encoding in baseband transmission

Anwendung

- Digitale Signale werden bei der Übertragung im Basisband nicht moduliert.
- Signale werden als rechteckförmige Impulse auf den Leitungen übertragen.
- Es wird eine hohe Bandbreite oberhalb 0 Hz auf den Leitungen (Übertragungswegen) benötigt.
- Bei galvanischer Kopplung zwischen Sender und Empfänger dürfen die Signale Gleichstromanteile beinhalten.
- Bei galvanischer Trennung zwischen Sender und Empfänger (Übertragerkopplung), wird Gleichstromfreiheit der Signale durch spezielle Codierung der Signale erreicht.
- Taktinformationen können in der Signalcodierung enthalten sein und werden auf der Empfängerseite zurückgewonnen.

NRZ-Code (Non Return to Zero)

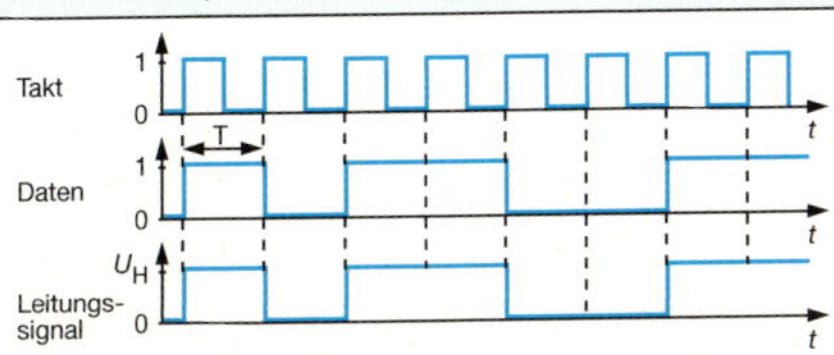

log. 0 ≙ 0-Signal log. 1 ≙ $+U_H$-Signal

- Leitungssignal nicht gleichstromfrei.
- Keine Taktrückgewinnung auf der Empfängerseite.

RZ-Code (Return to Zero)

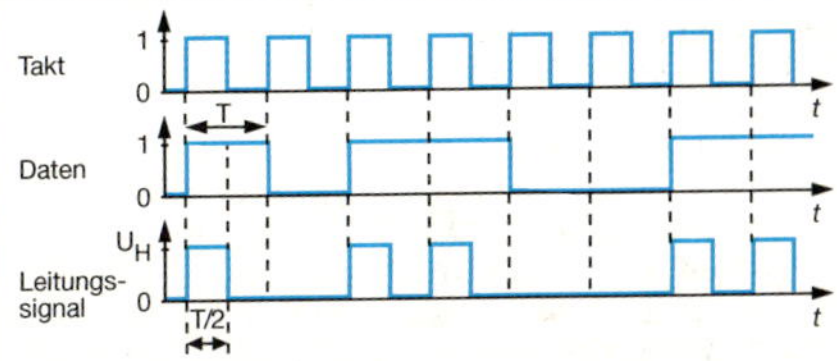

log. 0 ≙ 0-Signal log. 1 ≙ $+U_H$-Signal während T/2

- Leitungssignal nicht gleichstromfrei.
- Taktinformation nur bei 1-Signalen mitübertragen.

AMI (Alternate Mark Inversion), Bipolar-Verfahren

Tastverhältnis 1:1

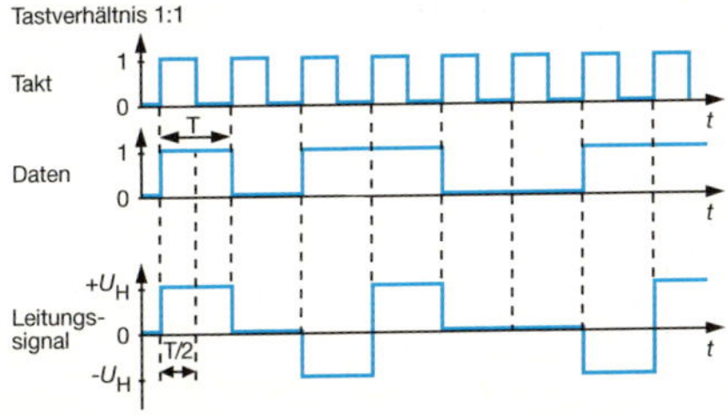

log. 0 ≙ 0-Signal log. 1 ≙ alternierend $+U_H$-Signal und $-U_H$-Signal

- Signal ist gleichstromfrei.
- Taktinformation nur in 1-Signal.

Tastverhältnis 1:2

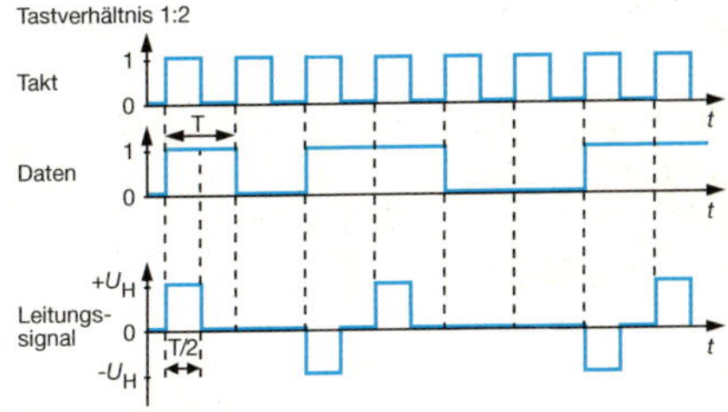

log. 0 ≙ 0-Signal log. 1 ≙ alternierend $+U_H$-Signal und $-U_H$-Signal bei T/2

- Signal ist gleichstromfrei.
- Taktinformation nur in 1-Signal.

Manchester-Code

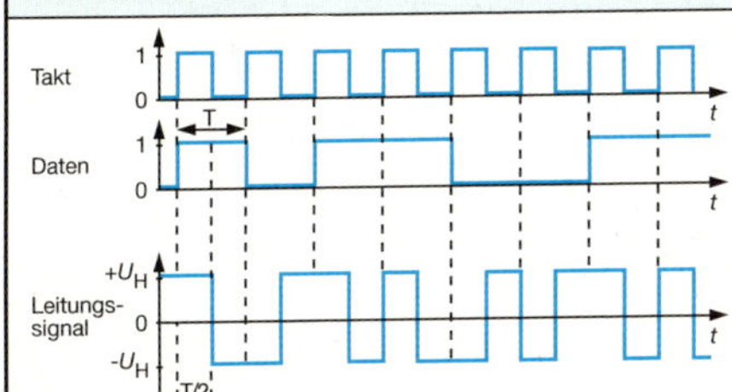

log. 0 ≙ Wechsel von $-U_H$-Signal nach $+U_H$-Signal bei T/2 log. 1 ≙ Wechsel von $+U_H$-Signal nach $-U_H$-Signal bei T/2

- Signal ist gleichstromfrei und selbsttaktend.

Differenzial-Manchester-Code

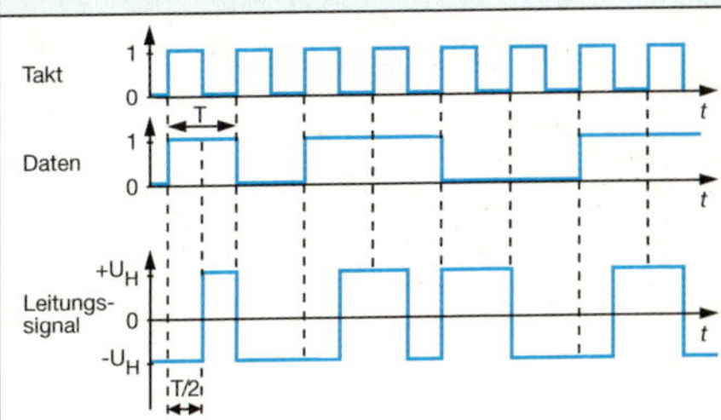

log. 0 ≙ Polarität wechselt am Schrittanfang log. 1 ≙ Polarität wechselt **nicht** am Schrittanfang

- Signal ist gleichstromfrei und selbsttaktend.

Protokollfamilien / Schichtenmodelle – *Protocol families / Layer models*

Referenzmodell	LAN-Anwendung					WAN-Anwendung				
OSI (ISO)	IEEE-Local Area Network	TCP/IP	TCP/IP-Protokollstruktur		SNA	Anwendungen				
Anwendungsschicht	Höhere Protokolle	Process/Application Layer	FTP SMTP Telnet SNMP	NFS XDR RPC	Transaction Services					
Darstellungsschicht					Presentation Services					
Sitzungsschicht (Kommunikationssteuerung)					Data Flow Control					
Transportschicht		Host-to-Host-Layer	TCP	UDP	Transmission Control					
Vermittlungsschicht		Internet-Layer	Routing	IP ICMP	Path Control	X.25 PLP				
Sicherungsschicht	2d-Bridging 2c-Secure Data Exchange	Network Access oder Local Network Layer	ARP	RARP	Data Link Control	LAPB	FRAME RELAY	HDLC	PPP	SDLC
	2b-Logical Link Control (Verbindungssteuerungsschicht) 2a-Media Access Control (MAC) (Medienzugriffsschicht)		X.25 Arcnet TOKEN BUS (IEEE 802.4) Ethernet CSMA/CD (IEEE 802.3) TOKEN RING (IEEE 802.5) FDDI							
Bitübertragungsschicht	Physical Layer				Physical Layer	X.21 bis	EIA/TIA-232 EIA/TIA-449 V.24/V.35/G.703 HSSI/EIA-530			

Abkürzungen:

ARP: **A**ddress **R**esolution **P**rotocol
CD: **C**ollision **D**etection
CSMA: **C**arrier **S**ense **M**ultiple **A**ccess
EIA: **E**lectronic **I**ndustry **A**ssociation
FDDI: **F**ibre **D**istributed **D**ata **I**nterface
FTP: **F**ile **T**ransfer **P**rotocol
HDLC: **H**igh **L**evel **D**ata **L**ink **C**ontrol
HSSI: **H**igh **S**peed **S**erial **I**nterface
IEEE: **I**nstitute of **E**lectrical and **E**lectronic **E**ngineers
ICMP: **I**nternet **C**ontrol **M**essage **P**rotocol
IP: **I**nternet **P**rotocol
ISO: **I**nternational **S**tandardization **O**rganisation
LAPB: **L**ink **A**ccess **P**rotocol **B**alanced
NFS: **N**etwork **F**ile **S**ystem
OSI: **O**pen **S**ystems **I**nterconnection
PLP: **P**acked **L**ayer **P**rotocol
PPP: **P**oint-to-**P**oint **P**rotocol
RARP: **R**emote **A**ddress **R**esolution **P**rotocol
RPC: **R**emote **P**rocedure **C**all
DLC: Synchronous **D**ata **L**ink **C**ontrol Protocol
SNA: **S**ystems **N**etwork **A**rchitecture (IBM)
SMTP: **S**imple **M**ail **T**ransfer **P**rotocol
SNMP: **S**imple **N**etwork **M**anagement **P**rotocol
TCP: **T**ransport **C**ontrol **P**rotocol
Telnet: **T**erminal **E**mulation
TIA: **T**elecommunication **I**ndustry **A**ssociation
UDP: **U**ser **D**atagram **P**rotocol
XDR: E**x**ternal **D**ata **R**epresentation

Netzzugriffsverfahren – *Network access methods*

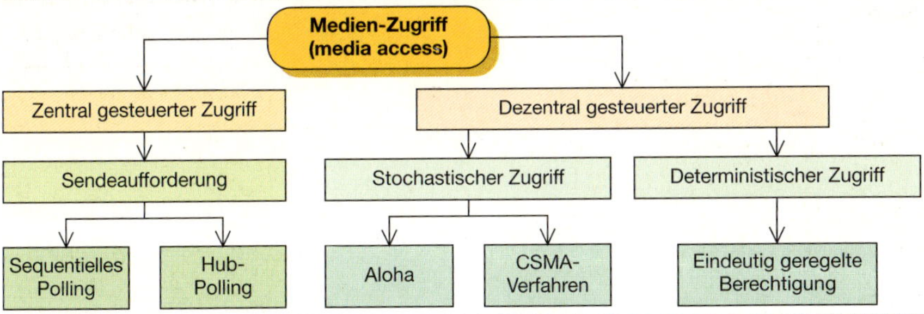

Zentrale Verfahren

- Zentral gesteuerter Zugriff
  - setzt eine Station (Zentrale) im Netzwerk als Verwalter für die Kommunikation zwischen den vorhandenen Stationen voraus,
  - verwendet **Sequentielle**- und **Hub**-Polling-Methoden.
- Bei sequentiellem Polling ruft die Zentrale die einzelnen Stationen zeitlich nacheinander zur Übertragung der Daten auf.
- Bei Hub-Polling erfolgt der Aufruf zur Datenübertragung von einer Station zur nächsten.

Dezentrale Verfahren

- Dezentral gesteuerte Zugriffsverfahren
  - werden unterschieden in **stochastische** (zufallsgesteuerte) und **deterministische** (vorhersagbare) Verfahren,
  - verwenden keinen zentralen Koordinator für die Steuerung der Kommunikation.
- Angewendete stochastische Verfahren sind
  - Aloha,
  - CSMA-Verfahren,
  - Verfahren mit eindeutig geregelter Berechtigung (z. B. priorisierte Teilnehmerklassen).

CSMA-Verfahren

CSMA/CD

- Bei **CSMA/CD** (**C**arrier **S**ense **M**ultiple **A**ccess/ **C**ollision **D**etection: Abhören des Trägers mit Mehrfachzugriff/**Kollisionserkennung**)
  - kann jede Station unabhängig von den anderen eine Datenübertragung starten,
  - können **Kollisionen** auftreten, wenn Stationen gleichzeitig mit der Aussendung beginnen,
  - wird die Übertragung durch vorheriges Abhören des Übertragungsmediums auf Vorhandensein einer Übertragung überwacht,
  - stellt die sendende Station, die eine Kollision von Daten erkennt, die eigene Übertragung durch Aussenden eines **jam**-Signals ein,
  - beginnt die erneute Übertragung nach Ablauf einer zufälligen Wartezeit,
  - ist die Laufzeitlänge der Datenpakete mindestens gleich dem zweifachen Stationsabstand.

CSMA/CA

- Bei **CSMA/CA** (**C**arrier **S**ense **M**ultiple **A**ccess/ **C**ollision **A**voidance: Abhören des Trägers mit Mehrfachzugriff/**Kollisionsvermeidung**)
  - wird Übertragungswunsch den anderen Stationen durch Aussenden eines **RTS**-Signals (**R**eady **t**o **S**end) angezeigt,
  - führt ein von einer anderen Station empfangenes RTS-Signal zum Aufschub des eigenen Sendewunsches,
  - übermitteln die mit RTS angesprochenen Stationen ein **CTS**-Signal (**C**lear **t**o **S**end) und reservieren damit die Verbindung,
  - wird das Ende der Übertragung mit **ACK**-Signal (**Ack**nowledge) allen Stationen angezeigt.
- Anwendung z. B. bei Wireless LAN.

Leistungsmerkmale

Eigenschaft / Verfahren	Effizienz bei geringem Verkehr	Effizienz bei hohem Verkehr	Determinismus	Priorisierung	Robustheit
CSMA/CD	+	–	–	0	+
CSMA/CA	+	+	+	+	+
Token Ring	+	+	+	+	0
Token Bus	0	+	+	0	0
TDMA	–	+	+	–	–
Polling	–	0	+	–	0
Punkt-zu-Punkt-Verbindung	0	–	+	0	+

TDMA: Time Division Multiple Access —: weniger gut 0: normal +: gut

Virtuelles privates Netzwerk – *Virtual private network*

- **VPN** (**V**irtual **P**rivate **N**etwork)
  - ist ein **geschlossenes** logisches Netzwerk zur **sicheren** Datenübertragung über öffentlich zugängliche Übertragungsnetzwerke (z. B. Internet), bei denen die Verbindungen durch einen öffentlichen **ISP** (**I**nternet **S**ervice **P**rovider) bereit gestellt werden,
  - erzeugt zur Übertragung im Internet einen sogenannten **Tunnel** (Tunneling).
- Grundprinzip des Tunneling ist das Verpacken (encapsulation) von Anwendungspaketen in die Datenpakete des Transportprotokolls.
- Angewendete **Sicherheitsmechanismen** wie Identifikation, Authentifikation und Verschlüsselung der Daten verhindern den Zugang durch Unbefugte.
- **Vorteile** gegenüber echten privaten Netzen (z. B. Corporate Network) sind
  - höhere Flexibilität (u. a. eigene Adressierung),
  - höhere Leistungsfähigkeit (u. a. Bandbreite),
  - niedrigere Kosten für die Übertragung.
- Protokolle zur Implementierung eines VPN sind
  - **PPTP** (**P**oint-to-**P**oint **T**unneling **P**rotocol: Punkt-zu-Punkt-Tunnel Protokoll),
  - **L2TP** (**L**ayer **2** **T**unneling **P**rotocol: Ebene 2 Tunnel Protokoll),
  - **IPSec** (**IP** **Sec**urity Protocol: Internet Sicherheits Protokoll).
- **PPTP**
  - Transport von IP, IPX oder Net BEUI über IP-Netzwerke,
  - arbeitet auf Schicht 2 des OSI-Modells und nur über IP-Netzwerke,
  - packt die Datenpakete in Rahmen des PPP (Point-to-Point Protokoll).
- **L2TP**
  - Transport von IP, IPX oder NetBEUI über beliebige Medien wie z. B. X25, Frame Relay, ATM (Punkt-zu-Punkt Datagramm Übertragung) oder IP-Netzwerke,
  - arbeitet auf Schicht 2 des OSI-Modells,
  - packt die Datenpakete in Rahmen des PPP.
- **IPSec**
  - Transport von IP-Daten über ein IP-Netzwerk,
  - arbeitet auf Schicht 3 des OSI-Modells,
  - verwendet Transport- oder Tunnelmodus,
  - Protokolle sind **AH** (**A**uthentication **H**eader: Authentifikations-Kopf) und/oder **ESP** (**E**ncapsulated **S**ecurity **P**ayload: verschlüsselter Kopf und Anhang),
  - kann auch als normales Transportprotokoll verwendet werden (nur Nutzlast verschlüsselt, Header bleibt original erhalten, ergibt geringere Bandbreitenbelastung).
- **Einsatzfelder** von VPN sind
  - **Remotezugriff** auf Unternehmensdaten über das öffentliche Internet durch Aussendienstmitarbeiter oder Heimarbeiter,
  - Verbindung von Netzwerken (Zweigstelle mit Unternehmenszentrale),
  - Verbinden von Computern über ein **Intranet** (firmeneigenes Netzwerk) zum Aufbau geschlossener Benutzergruppen.

Heimarbeiter-Anbindung

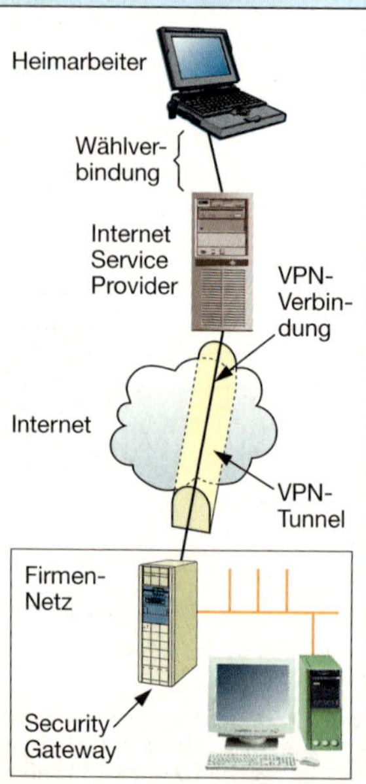

Protokoll-Struktur

PPTP

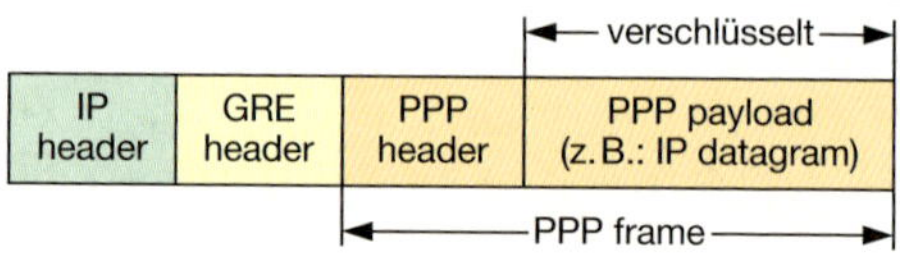

GRE: **G**eneric **R**outing **E**ncapsulation

L2TP

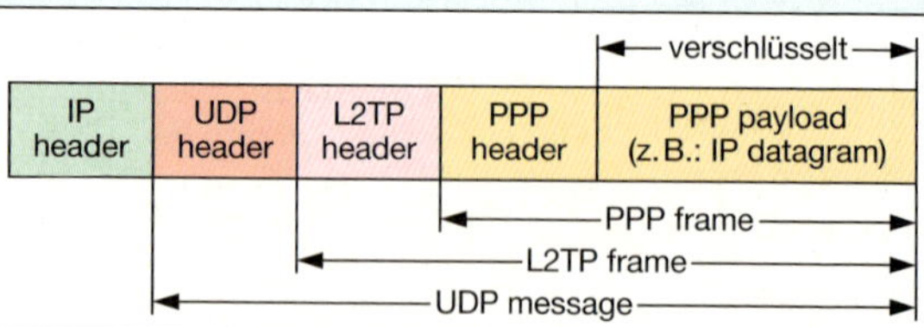

IPSec mit ESP (Tunnelmode)

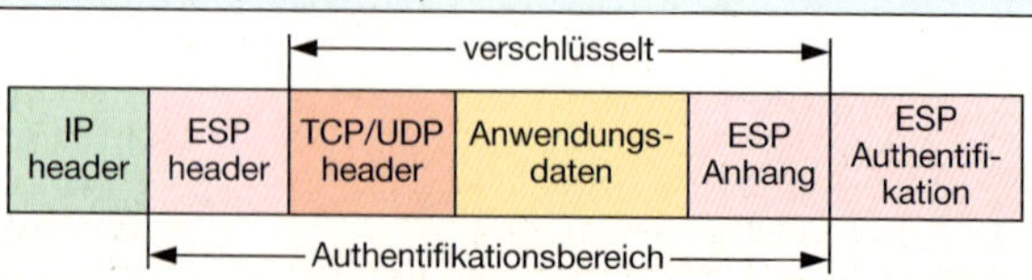

Fibre Channel

- **FC** (**F**ibre **C**hannel: Faserkanal) ist ein Hochgeschwindigkeitsübertragungskanal mit Übertragungsraten von 133 Mbit/s, 266 Mbit/s, 531 Mbit/s und 1,062 Gbit/s.
- Übertragungsmedium sowohl Kupfer (STP) als auch LWL.
- Kupferübertragung erfordert zwei Aderpaare, eines zum Senden, eines zum Empfangen, deshalb 'full duplex' möglich.
- Übertragungsentfernungen:
  - Kupfer maximal 47 m zwischen zwei Knoten.
  - LWL (9 µm single mode bzw. 50/60 µm multimode) maximal 10 km.
- Mischung der Medien ist möglich.
- Topologien können sein:
  - Punkt- zu Punkt-Verbindung,
  - **Arbitrated Loop** (gesteuerter Ring),
  - **Fabric-Switching** (Fibre Channel Switching).
- Punkt- zu Punkt-Verbindungen verlangen gleiche Datenraten bei den Teilnehmern.
- Bei Switching Ports können unterschiedliche Datenraten gefahren werden.
- Übertragung ist protokollunabhängig.
- Dienste werden in Klassen eingeteilt:
  - **Service Class 1** (Dienstklasse 1).
    Punkt- zu Punkt-Verbindung mit Standleitung.
    Anwendung bei Kopplung von Servern mit Massenspeichern.
  - **Service Class 2** (Dienstklasse 2).
    Verbindungslose Übertragung, gesteuert über Rahmenaufbau, mit Rückmeldung.
    Anwendung in gemischten Systemen mit Netzwerken und Massenspeichern.
  - **Service Class 3** (Dienstklasse 3).
    Ähnlich wie Klasse 2; Anwendung für 'one to many' (einer für viele); keine Rückmeldung über versendete Daten; keine Datenwiederholung.
  - **Service Class 4** (Dienstklasse 4).
    Verbindungsgesteuerter Dienst mit garantierter Bandbreite und garantiertem Zeitverhalten; isochrone Datenübertragung für realtime Video und Daten.
- Anwendungsbereiche:
  Übertragung großer Datenmengen wie z. B. bei Bilddaten, 3-D Rendering, CAD-Daten, Video-Erstellung, Massenspeicherkopplung mit Netzwerken.

Topologie

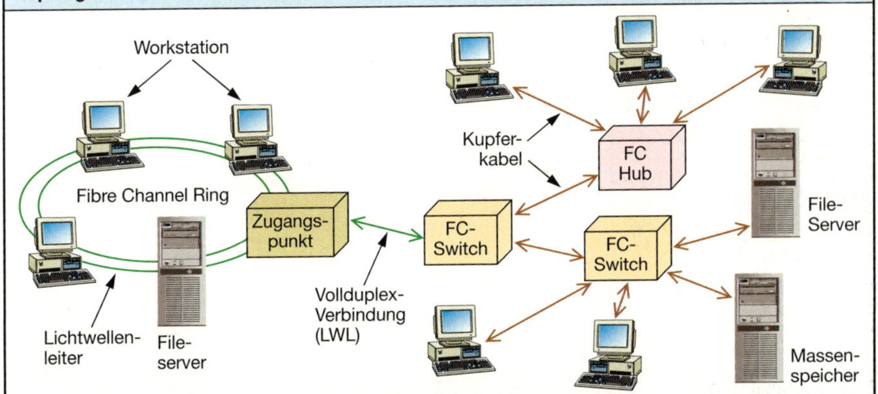

Kommunikationsstruktur

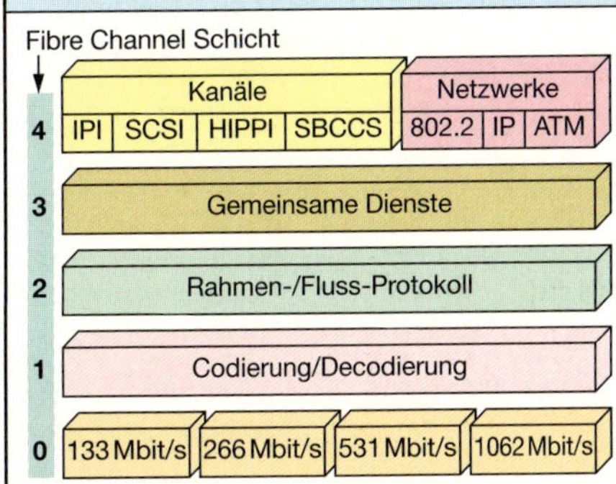

IPI: **I**ntelligent **P**eripheral **I**nterface
HIPPI: **H**igh **P**erformance **P**arallel **I**nterface

Rahmenstruktur

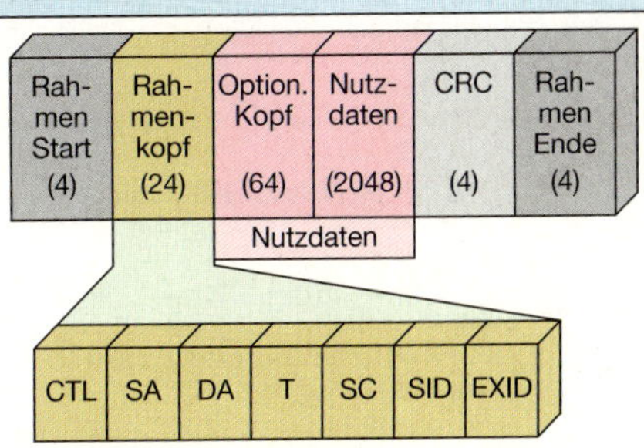

(n) entspricht Anzahl der Bytes

SA: **S**ource **A**ddress
DA: **D**estination **A**ddress
T: **T**ype
SC: **S**equence **C**ounter
SID: **S**equence **Id**entfier
EXID: **Ex**change **Id**entfier

ATM

- **ATM** (**A**synchronous **T**ransfer **M**ode) ist eine **verbindungsorientierte** Multiplex- u. Vermittlungstechnik.
- Findet Anwendung im Bereich **globaler Netze** und lokaler **multimediafähiger Netze**.
- Ist eine Kombination der Vorteile von **paket**- und **leitungsvermittelnden** Netzen (paketvermittelt bietet variable Bitraten; leitungsvermittelt bietet Echtzeit).
- Ist derzeit die Grundlage für **B-ISDN** (**B**reitband **ISDN**).
- Dient zur Übertragung von digital codierten Informationen, wie z. B.
  - Sprache,
  - Stand- und Bewegungsbilder,
  - Daten und Texte,
  - Datenströme jeder Kapazität (z.B. **Video on Demand**, Video auf Anfrage).
- Arbeitet mit Nutz- u. Steuerungskanälen, über die **Nutzzellen** u. **Steuerungszellen** übertragen werden.
- Zellen haben das einheitliche Format mit 53 Byte (Kopffeld 5 Byte, Informationsfeld 48 Byte).
- Im **Kopffeld** sind die Adressierungsdaten zur Vermittlung enthalten.
- Die Vermittlungsknoten werten lediglich die Adressinformationen (mit Hardwareschaltungen) aus, wodurch die hohe Vermittlungsgeschwindigkeit erreicht wird.
- Für die Teilnehmer-Schnittstelle (**UNI**: **U**ser **N**etwork **I**nterface) sind Datenraten spezifiziert mit 2, 34, 140, 155, 622 Mbit/s.
- Zwischen den Netzknoten (**NNI**: **N**etwork **N**ode **I**nterface) und dem Übergang zwischen Netzen verschiedener Betreiber (**BICI**: **B**roadband **I**nter**c**arrier **I**nterface) sind Datenraten mit 34, 140, 155 und 622 Mbit/s festgelegt.
- ATM arbeitet nach OSI-Referenzmodell auf der Schicht 1 und Teilen von Schicht 2.

Schichtenmodell

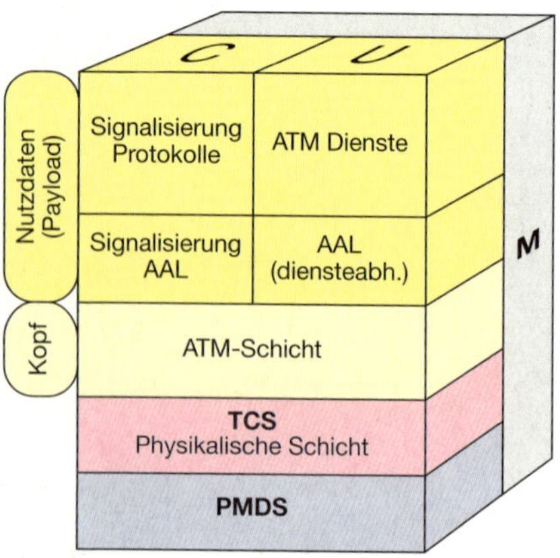

- **U-Plane** (**U**ser-Plane: Anwender-Säule) enthält Regeln und Protokolle für die Übertragung der Nutzinformationen über ATM-Verbindungen.
- **C-Plane** (**C**ontrol-Plane: Signalisierungssäule) enthält Regeln u. Protokolle für die Übertragung der Steuerung, die für die Signalisierung benötigt werden.
- **M-Plane** (**M**anagement-Säule) enthält Regeln u. Protokolle für die Übertragung der Managementinformationen der Nutz- und Signalisierungsverbindungen.
- **ATM**-Schicht realisiert den dienstunabhängigen Transport von ATM-Zellen sowie die Identifikation virtueller ATM-Verbindungen.
- **AAL**-Schicht (**A**TM **A**daption **L**ayer: ATM Anpassung) realisiert Funktionen zur Unterstützung unterschiedlicher Telekommunikationsdienste; bildet die ATM-Zellen.

Physikalische Schicht

- Die physikalische Schicht ist wegen der Abhängigkeit vom Übertragungsmedium in zwei Schichten unterteilt.
- **TCS** (**T**ransmission **C**onvergence **S**ublayer) erzeugt beim Senden
  - Prüfsumme für den Zellkopf (**HEC**: **H**eader **E**rror **C**heck); wird auf Empfangsseite zur Fehlererkennung verwendet;
  - Leerzellen für einen kontinuierlichen Zellenstrom.
- Leerzellen werden besonders markiert und an der Empfangsseite wieder entfernt.
- **PMDS** (**P**hysical **M**edium **D**ependent **S**ublayer) realisiert:
  - Leitungscodierung,
  - Timing u. Synchronisation auf dem Signalniveau.

Zellenaufbau

Beispiel: UNI-Schnittstelle

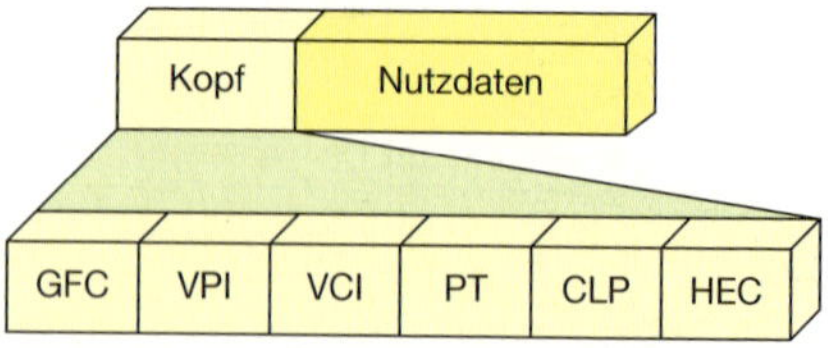

GFC: **G**eneric **F**low **C**ontrol (Flusskontrolle)
VPI: **V**irtual **P**ath **I**dentifier (virtuelle Pfadkennung)
VCI: **V**irtual **C**hannel **I**dentifier (virt. Kanalkennung)
PT: **P**ayload **T**ype (Nutzlastkennung)
CLP: **C**ell **L**oss **P**riority (Zellen Verlustpriorität)
HEC: **H**eader **E**rror **C**ontrol (Kopfprüfsumme)

Multiplextechniken – *Multiplexing techniques*

- Zur Übertragung mehrerer logischer Kommunikationskanäle über einen physikalischen Übertragungsweg (Kabel) wird die **Multiplextechnik** angewendet.
- Anwendung hauptsächlich auf Fernleitungen, um Kosten für Übertragungskabel gering zu halten.
- Grundsätzliche **Multiplexprinzipien** sind:
  - **Frequenzmultiplex** (Leitungsbandbreite wird in mehrere Frequenzbereiche aufgeteilt).
  - **Zeitmultiplex** (Übertragungskanälen werden einzelne Zeitabschnitte zugeteilt).

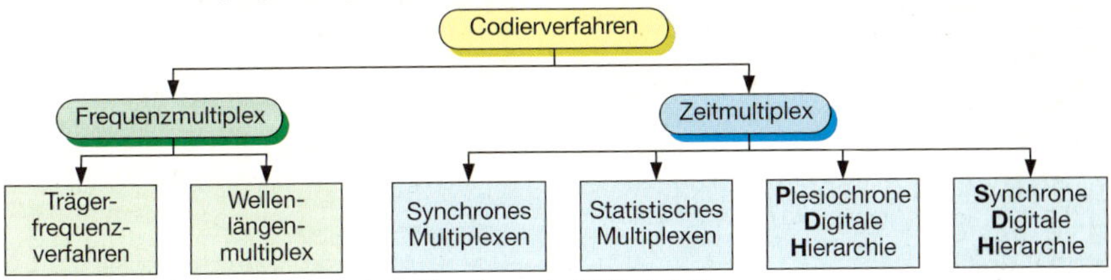

PDH: 'fast' synchrone Multiplextechnik; Vorgänger der SDH-Technik

Synchrone Digitale Hierarchie

- Die **S**ynchrone **D**igitale **H**ierarchie (**SDH**)-Technik ist spezielle digitale, transparente, zeitsynchrone Multiplex-Übertragungstechnik für Weitverkehrsnetze.
- Übertragungsmedium sind Lichtwellenleiter und Richtfunkstrecken (niedrige Bitraten).
- Datenströme mit unterschiedlichen (niedrigeren) Bitraten werden auf einheitliche, standardisierte höhere Bitraten für den Transport umgesetzt (gemultiplext), bzw. am Empfangsort wieder entnommen (demultiplext).
- Zentrale Elemente eines SDH-Systems sind u. a.:
  - **Terminalmultiplexer** (fassen Eingangssignale mit unterschiedlichen Bitraten zusammen),
  - **Add Drop Multiplexer**,
  - **Regeneratoren**.
- SDH-Strecken können als **Ring**- oder **Maschenstruktur** aufgebaut werden.
- Netzweit wird mit einem **Mastertakt** gearbeitet.
- Mastertakt wird in kleinen Netzen von einem Multiplexknoten erzeugt.
- Bei größeren Netzen (internationale Verbindungen) werden spezielle, hochgenaue Taktgeneratoren (z. B. GPS oder Caesium-Zeitnormale) eingesetzt.
- Verwendet zur Übertragung zwischen den Netzknoten (Multiplexern) strukturierte Zeitrahmen.
- Zeitrahmen werden als Synchronous Transport Module (STM-1, da erste Multiplexerstufe) bezeichnet.
- Die Gesamtdatenrate an der STM-1 Schnittstelle beträgt 155,520 Mbit/s.
- **Höhere Hierarchiestufen** der SDH-Technik werden durch Zusammenfassen von STM-1 Modulen erreicht.
  - **STM-4** besteht aus 4 x STM-1 mit einer Bitrate von 622,080 Mbit/s.
  - **STM-16** besteht aus 16 x STM-1 Rahmen mit einer Bitrate von 2488,320 Mbit/s.
- SDH-Technik ist standardisiert von der ITU-T in der G-Reihe:
  - G.707 (Bitraten), G.708 (Signalstrukturen), G.709 (Multiplexstruktur).

Rahmenaufbau

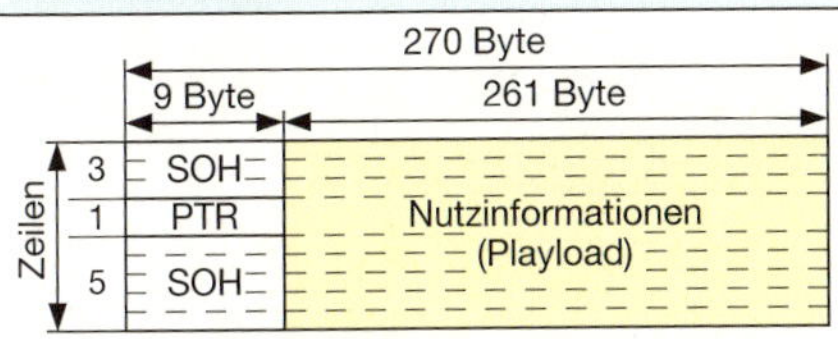

SOH (**S**ection **O**verh**e**ad): Transportinformation
PTR (**P**oin**t**e**r**): Anfangsadresse der Nutzinformation

- Jeder STM-1 Rahmen besteht aus 2430 Byte, die in 9 Zellen zu je 270 Byte eingeteilt sind.
- In jeder Zelle sind 9 Byte für die Rahmenorganisation und die Steuerung reserviert.
- Die Nutzlast (Payload) ist in 261 Byte pro Zelle enthalten.
- Insgesamt werden pro Sekunde 8000 Rahmen übertragen (125 µs pro Rahmen).

Netzstruktur Ring

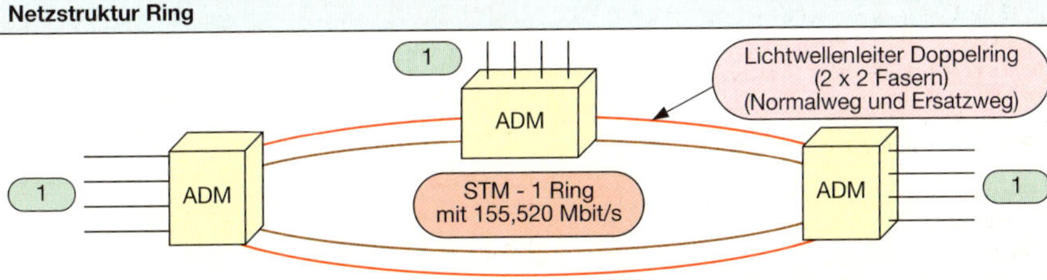

ADM: **A**dd **D**rop **M**ultiplexer

1 Zubringersignale (z. B.: 2 Mbit, 64 kBit)

Grobes Wellenlängenmultiplex – *Coarse Wavelength Division Multiplex*

- **CDWM** (**C**oarse **W**avelength **M**ultiplex: grobes Wellenlängen-Multiplex) ist ein Wellenlängen-Multiplexverfahren mit einem breiteren Bandspektrum als z.B. **DWDM** (**D**ense **W**avelength **D**ivision **M**ultiplex: dichtes Wellenlängenmultiplex).
- Wird eingesetzt in **Zugangsnetzen** wie z.B. in Metro-Netzen und Kurzstrecken-Übertragungsnetzen.
- Ist abgestimmt auf die Verwendung der bestehenden Faser-Infrastrukturen.
- Verwendet die Wellenlängenbereiche im
  - **O**-Band (**O**riginal-Band),
  - **E**-Band (**E**xtended Band),
  - **S**-Band (**Sh**ort Band),
  - **L**-Band (**L**ong Band),
  - **C**-Band (**C**onventional Band).
- Ist spezifiziert nach ITU G.694.2 und verwendet 18 Wellenlängen mit einem Kanalabstand von 20 nm.
- Bei Lichtwellenleitern, die nach ITU G.652 spezifiziert sind, wird das E-Band nicht verwendet.
- Lichtwellenleiter, die nach ITU G.652.C spezifiziert sind, weisen keine erhöhte Dämpfung durch eingeschlossene Wassermoleküle auf und verwenden deshalb auch das E-Band.
- Als **Sendedioden** werden direkt modulierte CWDMLaser-Dioden eingesetzt, die
  - mit Bitraten bis zu 2,5 Gbit/s arbeiten und
  - bis zu 80 km Entfernung überbrücken.
- Die eingesetzten **Empfänger** verwenden **Avalanche Photodiodes Detectors** (**APD**) oder Agnostic PIN-Dioden.
- Die jeweiligen Wellenlängen werden mittels optischer Filter aus dem Spektrum gefiltert.
- Aufgebaut sind die optischen Filter in **TFF** Technologie (**T**hin **F**ilm **F**ilter: Dünnschichtfilter in diskreter Form oder als integrierte Multiplexer bzw. Demultiplexer).

WDM-Gegenüberstellung

	Coarse WDM (mit WWDM)	**WDM**	**DWDM** (mit ultra dense WDM)
Kanalabstand	in der Regel 20 nm	1310 nm und 1550 nm	≤ 1,6 nm
Verwendetes Band	O, E, S, C und L	O und C	C und L
Kosten pro Kanal	gering	gering	hoch
Anzahl der Kanäle	18 Kanäle	2 Kanäle	Hunderte von Kanälen
Anwendung	Short-haul, Metro [1]	PON [2]	Long-haul [3]

[1] Kurzstrecken [2] Passive Optical Network [3] Langstrecken

Wellenlängenbänder

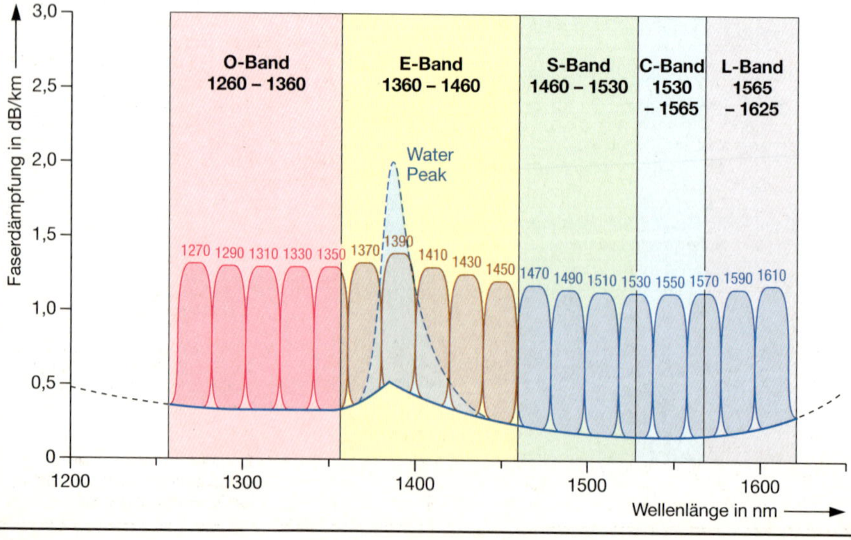

Telekommunikation, Netze

Netzwerkkomponenten – *Network components*

Repeater

- **Repeater** (Wiederholer) arbeitet als Signalverstärker zur Regenerierung von Leitungspegeln.
- Ist mit 2 Netzwerkanschlüssen ausgerüstet, über die die Netzsegmente angeschlossen werden.
- Arbeitet auf Schicht 1 des OSI-Modells.
- Ermöglicht Verbindung unterschiedlicher Ethernet-Segmente (z. B.: 10 Base 5 auf 10 Base 2).
- Führt keine Bearbeitung der Datenpakete durch.

Bridge

- **Bridge** (Brücke) verbindet Teilnetze miteinander.
- Arbeitet auf Schicht 1 und 2 des OSI-Modells.
- Überträgt Datenpakete zwischen den Teilnetzen aufgrund der identifizierten MAC-Adressen.
- Dient zur Lastentkopplung im eigenen Netz.
- Führt keine Bearbeitung der Daten durch.
- Remote-Bridges sind zwei getrennte Geräte, die räumlich entfernte Netze über Standleitungen koppeln.

Gateway

- **Gateway** ('Torweg') in **lokalen Netzen** koppelt unterschiedliche Netzwerktypen.
- Übersetzt dabei die Protokolldaten der unterschiedlichen Netze in die jeweils andere Form.
- Arbeitet auf Schicht 3 bis 7 des OSI-Modells.
- In **öffentlichen Netzen** arbeitet das Gateway als Überleiteinrichtung zwischen Netzen verschiedener Betreiber oder verschiedenen nationalen Netzen.

Switch

- Ein **Switch** (Schalter) arbeitet im Prinzip wie eine Vermittlungseinrichtung.
- Verfügt über eine Vielzahl von Anschlüssen (**Ports**), an die die Teilnehmer oder Netzsegmente angeschlossen werden und schaltet die Verbindungen zwischen den Ports durch.
- Stationen, die direkt am Switch angeschlossen sind, können direkt miteinander kommunizieren ohne die LAN-Segmente zu belasten (**Lastentkopplung**).
- **Parallele Kommunikation** zwischen verschiedenen Teilnehmern ist möglich.
- Arbeitet auf Schicht 2 nach dem OSI-Modell.
- Ist **hardwarebasierend** aufgebaut und erreicht kurze **Durchlaufzeiten** (ca. 50 µs) für die Datenpakete.
- Die Zuordnung der Ports zu den Kommunikationsteilnehmern (MAC-Adressen) erfolgt über Adresstabellen, die entweder manuell eingegeben oder automatisch aufgrund der Kommunikationsverbindungen erlernt und abgespeichert werden.
- Adressen werden je Port (z. B.: 4096 Einträge) oder insgesamt als Pool gespeichert.
- Unterschieden werden Switches nach den **Funktionsprinzipien**
  - **Store-and-Forward** (Speichern u. Weiterleiten),
  - **Cut-Through** (Abschneiden und Durchleiten),
  - **Fragment-Free** (Verstümmelungsfrei).
- Store-and-Forward Switch liest die empfangenen Datenpakete vollständig ein, wertet die Adressinformation aus und sendet gesamtes Datenpaket auf dem ermittelten Port wieder aus.
- Prinzip ist zwar langsam, aber zuverlässig gegen unvollständige Datensätze, da diese verworfen werden.
- Anpassung der Geschwindigkeit zwischen unterschiedlich schnellen Teilnehmern ist möglich.
- Cut-Through-Switch analysiert nur die Adressinformation (14 Bytes) des empfangenen Datenpaketes, sobald diese vollständig eingelesen ist.
- Schaltet die Verbindung zum identifizierten Port durch und überträgt das komplette Datentelegramm ohne weitere Überprüfung.
- Verfahren bietet insbesondere bei langen Datenpaketen Zeitgewinn.
- Geschwindigkeitsanpassung ist nicht möglich.
- Fragment-Free-Switch liest 72 Byte des empfangenen Paketes ein, wertet die Adresse aus und leitet anschließend weiter.
- Bietet den Vorteil, dass **keine Kollision** in dem Zielsegment auftreten kann, da Zeitfenster für eine mögliche Kollision in dem Zielsegment abgewartet wird.
- **Kenngrößen** für Switches sind:
  - **Forwarding Rate** (Durchleitrate), gibt an, wieviele Pakete pro Sekunde eingelesen, bearbeitet und weitergeleitet werden.
  - **Filter Rate** (Filterrate), gibt an, wieviele Pakete pro Sekunde bearbeitet werden.
  - Anzahl der **verwaltbaren MAC-Adressen**.
  - **Backplanedurchsatz** (beschreibt die Kapazität auf den Bussen innerhalb des Switches, für den Transport zwischen den Ports).
- **Netzausdehnung** bis 150 km realisierbar.

Struktur

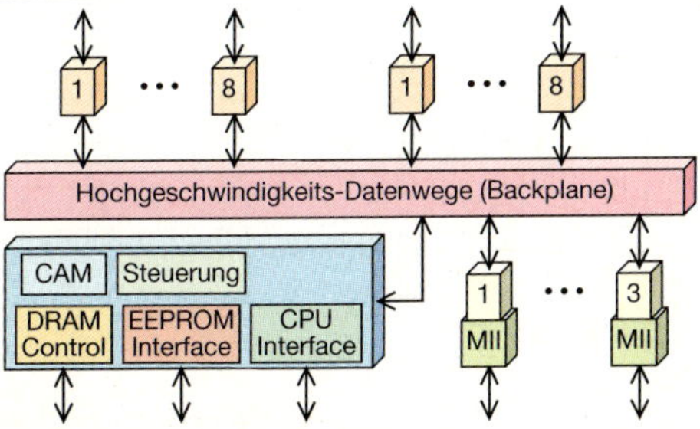

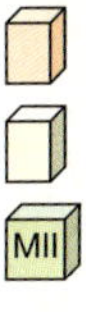

Port mit 10 Mbit/s

Port mit 10/100 Mbit/s (automatische Einstellung)

MII: **M**edium **I**ndependent **I**nterface (Medienunabhängige Schnittstelle), z. B. als Verbindung zu Hochgeschwindigkeitsnetzen über LWL.

CAM: **C**ontent **A**dressable **M**emory, Inhaltsadressierbarer Speicher für Teilnehmeradressen.

Datenkabelaufbau – *Mechanical construction of data cables*

UTP

UTP: **U**nshielded **T**wisted **P**air (ungeschirmte verseilte Paare)

Aufbau:

- blanker Kupferleiter 0,51 mm Durchmesser (AWG 24),
- Zell-PE-Isolierung,
- je zwei Adern zu Paaren verseilt,
- vier Paare zur Seele verseilt,
- Kunststoffmantel (grau), aus PVC oder halogenfreiem, flammwidrigem Material.

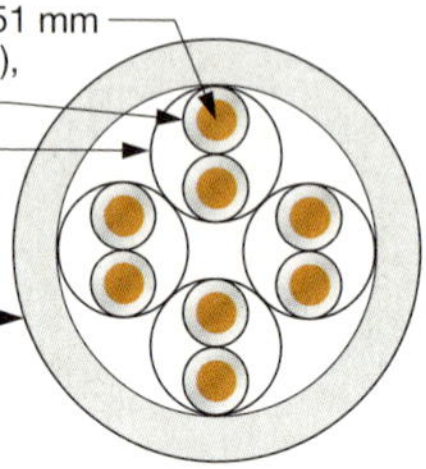

Beispiel: J-02YS 4x2x0,51 LG

STP

STP: **S**hielded **T**wisted **P**air (geschirmte verseilte Paare)

Aufbau:

- blanker Kupferleiter 0,55 mm Durchmesser,
- foam-skin-PE-Isolierung,
- je 2 Adern zu Paaren verseilt,
- Schirm aus kunststoffkaschierter Al-Folie,
- vier geschirmte Paare zur Seele verseilt,
- Beidraht zur Kontaktierung der Schirme,
- Kunststoffmantel aus PVC oder halogenfreiem Material, flammwidrig.

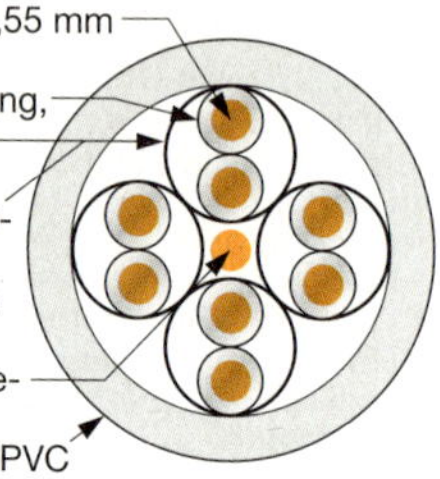

Beispiel: J-02YSCY 4x2x0,55 PiMF

S/STP

S/STP: **S**creened **S**hielded **T**wisted **P**air (geschirmte verseilte Paare und Gesamtschirm)

Aufbau:

- blanker Kupferleiter 0,6 mm Durchmesser,
- foam-skin-PE-Isolierung (02YS),
- je 2 Adern zu Paaren verseilt,
- Schirm (PiMF) aus kunststoffkaschierter Al-Folie,
- vier geschirmte Paare zur Seele verseilt,
- Schirmgeflecht aus verzinnten Cu-Drähten,
- Mantel aus PVC oder halogenfreiem Material, flammwidrig, petrolfarben.

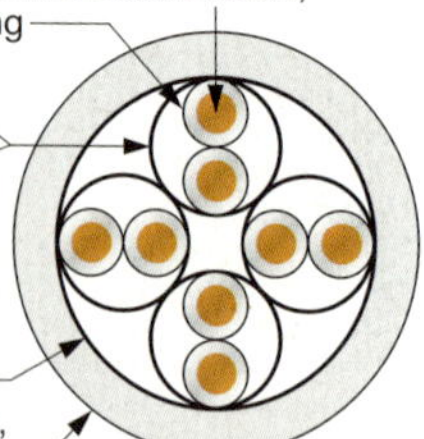

Beispiel: J-02YSCY 4x2x0,6 PiMF

S/STQ

S/STQ: **S**creened **S**hielded **T**wisted **Q**uad (Sternvierer geschirmt und Gesamtschirm)

Aufbau:

- blanker Kupferleiter 0,6 mm Durchmesser,
- Voll-PE-Isolierung,
- je 4 Adern zu einem Sternvierer verseilt und mit kunststoffkaschierter Al-Folie geschirmt (Kontaktseite außen),
- geschirmte Vierer in Lagen zur Seele verseilt,
- Geflechtschirm,
- Kunststoffmantel (grau), aus PVC oder halogenfreiem Material, flammwidrig.

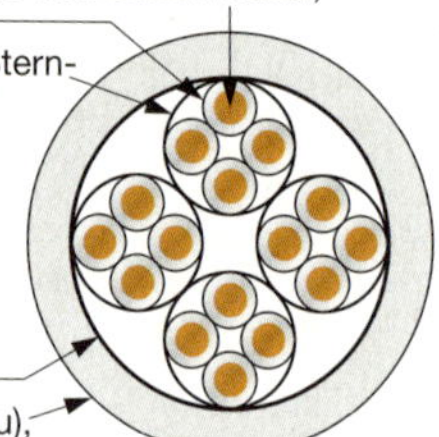

Beispiel: J-2YCY 8x2x0,6 ViMF

Verwendete Abkürzungen:
TP: **T**wisted **P**air (verseiltes Paar)
TQ: **T**wisted **Q**uad (viererverseilte Adern; Sternvierer)

S/UTP: **S**creened **U**nshielded **T**wisted **P**air (ungeschirmte Paare mit Gesamtschirm)
STQ: **S**hielded **T**wisted **Q**uad (Sternvierer einzeln geschirmt)

Anschlussbelegung

Stecker	EIA/TIA 568A	EIA/TIA 568B
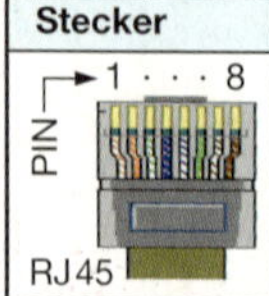	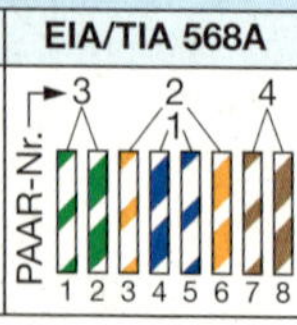	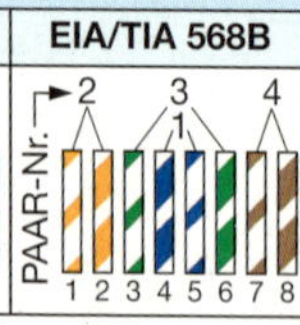

EIA/TIA: Electr.-/Telecomm. Ind. Association

Crossover-Kabel

TRANSCEIVER TPT — TRANSCEIVER TPT

HUB MRXI — HUB MRXI

1 zu 1-Kabel

HUB MRXI — TRANSCEIVER TPT

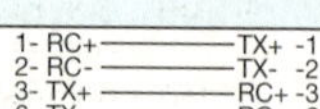

Kontaktbelegung Endgerät

Dienst	Steckeranschluss-Nr.:			
	1 u. 2	3 u. 6	4 u. 5	7 u. 8
Analoges Telefon	n	T/R	n	n
ISDN, Token Ring	n	T	R	n
10Base-T (802.3)	T	R	n	n
100Base-TX (802.u)	T	R	n	n
100Base VG (812.12)	B	B	B	B
100Base-T4 (802.3u)	T	R	B	B
FDDI 100 Mbit/s (TP)	T	O	O	R
ATM User Device	T	O	O	R
ATM Network Equipm.	R	O	O	T
1000Base-T (802.3ab)	B	B	B	B

T: Transmit; R: Receive; B: Bidirectional; O: Optional
n: nicht verwendet

Strukturierte Verkabelung – *Structured cabling* DIN EN 50173

- Anwendungsneutrales **Verkabelungssystem** dient zur Vereinheitlichung des Aufbaues von Kabelnetzwerken für die **Integration unterschiedlicher Dienste** (z. B. Sprache, Daten).
- Definiert die Anforderungen an die eingesetzten Komponenten (z. B. Datenkabel, Steckverbinder).
- Verkabelungsstruktur wird eingeteilt in:
  - **Tertiären Bereich** (Stockwerk, horizontal) mit Einteilung in **Übertragungsstrecke** und **Installationsstrecke** (permanent link)
  - **Sekundären** Bereich (Stockwerksverbindung, vertikal),
  - **Primären** Bereich (Gebäudeverbindung).
- Eingesetzt werden Kupferkabel mit einem Nenn-Wellenwiderstand von 100 Ω und einem Gleichstrom-Schleifenwiderstand von z. B. 25 Ω (Klasse E) oder Lichtwellenleiter (Mehrmoden oder Einmoden) für 850 nm, 1300 nm, 1310 nm und 1550 nm Wellenlänge.
- Steckertyp für alle Anwendungen: RJ 45 (8-pol.).
- Jeder Arbeitsplatz soll mind. zwei Informationstechnische Anschlüsse erhalten (Anschluss 1: Kupfer, symmetrisch, Kategorie 5, s. u.; Anschluss 2: wie zuvor oder LWL).
- **Tertiäre** Verkabelung mit Kupferkabel oder LWL.
- **Sekundäre** Verkabelung Kupfer oder LWL.
- **Primäre** Verkabelung erfolgt mit LWL (größere Verbindungsstrecken, höhere Übertragungssicherheit, hohe Bandbreite, keine Potenzialverschleppung).
- **Parameter** für Übertragungs- und Installationsstrecken sind abhängig von der Verkabelungsklasse und spezifisch festgelegt.
- Höhere Klasse unterstützt jeweils niedrigere Klassen.
- Installationsverfahren zur Berücksichtigung der Elektromagnetischen Verträglichkeit, Erdung und Potenzialausgleich sind in EN 50174 und EN 50310 festgelegt.

Übertragungsstrecken-Klassen

Category (TIA/ EIA 568 A)	Klasse (CENELEC)	Frequenzbereich in MHz	Netz-Anwendung
–	A	0,1	Analoge Sprache
Cat. 3	B	1	Digitales Telefon
Cat. 4	C	16	Einfache Datendienste
Cat. 5	D	100	Hochleistungs-Datendienste
Cat. 6	E	250	Höchstleistungs-Datendienste
Cat. 7	F	600	Höchstleistungs-Datendienste

TIA/EIA: **T**elecommunication **I**ndustry **A**ssociation/ **E**lectronic **I**ndustry **A**ssociation.

Leistungsmerkmale

Übertragungsstrecke n bei Kupfer (geschirmt oder ungeschirmt) werden definiert durch:
- Nenn-Wellenwiderstand
- Rückflussdämpfung (Klasse C, D, E, F)
- Dämpfung (Klasse A, B, C, D, E, F)
- Nahnebensprechen (**NEXT**; Klasse A, B, C, D, E, F)
- Leistungssummierte Nahnebensprechdämpfung (**PSNEXT**; Klasse D, E, F)
- Dämpfungs – Nebensprechdämpfungs-Verhältnis (**ACR**; Klasse D, E, F)
- Leistungssummiertes ACR (**PSACR**; Klasse D, E, F)
- Ausgangsseitige Fernnebensprechdämpfung (**ELFEXT**; Klasse D, E, F)
- Leistungssummiertes ELFEXT (**PSELFEXT**; Kl. D, E, F)
- Gleichstrom Schleifenwiderstand (Kl. A, B, C, D, E, F)
- Laufzeit (Klasse A, B, C, D, E, F)
- Laufzeitunterschied (Klasse C, D, E, F)
- Erdunsymmetriedämpfung (Übertragungsstrecke; Klasse A, B, C, D, E, F)
- Kopplungswiderstand (geschirmte Kabel)

Verkabelungsstruktur

Prinzip

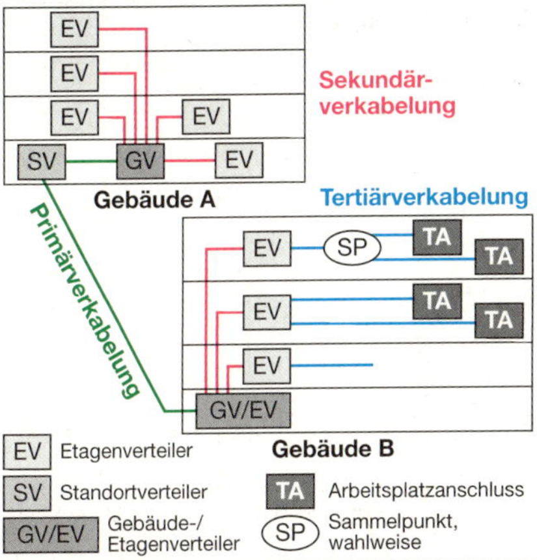

Symmetrische Tertiärverkabelung

Anwendung: Kupferkabel mit Etagenverteiler

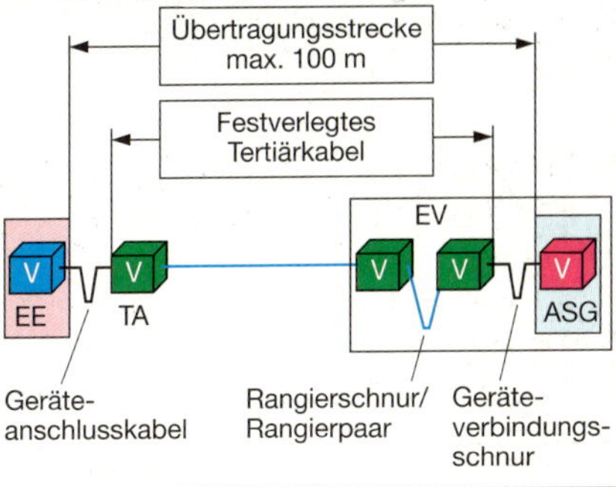

V: Verbindung (Stecker/Buchse)
EE: Endgerät Arbeitsplatz
EV: Etagenverteiler
ASG: Gerät im Etagenverteiler
TA: Arbeitsplatzanschluss

Telekommunikation, Netze

Prüfen installierter Verkabelung – *Testing of installed cabeling*

- Das Prüfen informationstechnischer Verkabelungen (Kupfer- und LWL) an Standorten dient zur Feststellung des übertragungstechnischen Leistungsvermögens der Installation.
- Prüfverfahren sind u.a. definiert in DIN EN 61935 und werden verwendet für die
  - **Abnahmemessung** nach vereinbarten Grenzwerten,
  - Überprüfung einer vorhandenen Installation auf Unterstützung einer bestimmten Netzanwendung,
  - **Fehlersuche** im Störungsfall.
- Diese Prüfverfahren sind **nicht** für konfektionierte Kabelgarnituren oder Komponenten geeignet.
- In DIN EN 50346 sind u.a. festgelegt:
  - Prüfparameter,
  - Prüfverfahren,
  - Prüfsystem,
  - Prüfgeräte,
  - Kalibrierung,
  - Interpretation der Prüfergebnisse,
  - Dokumentation.
- Die zu prüfende Verkabelung kann sein:
  - eine **Übertragungsstrecke** oder
  - eine **Verkabelungsstrecke**.
- Prüfungen auf Übertragungsstrecken dienen zur Fehlersuche, auf Verkabelungsstrecken zur Überprüfung des Leistungsvermögens.

Bezugsebenen

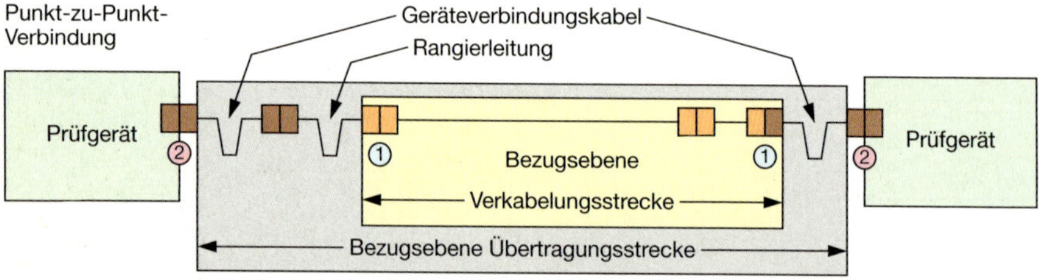

① Leistungsvermögen der **Verkabelungsstrecke beinhaltet** die Verbindungen an den Anschlusspunkten.	② Leistungsvermögen der **Übertragungsstrecke beinhaltet nicht** die Verbindungseinrichtungen an der Übertragungs- und Endeinrichtung.

Prüfparameter für symmetrische Kupferverkabelung

Verdrahtungsplan	Kopplungsdämpfung
Länge	Gleichstromschleifenwiderstand
Laufzeit	Widerstandsunterschied
Laufzeitunterschied	Erdunsymmetriedämpfung am nahen Ende (LCL)
Einfügedämpfung (Dämpfung)	Nahnebensprechdämpfung (zwischen Paaren und leistungssummiert)
Einfügedämpfungsabweichung	Ausgangsseitige Fernnebensprechdämpfung (zwischen Paaren u. leistungssummiert; ELFEXT)
Rückflussdämpfung	Dämpfungs-Nahnebensprechdämpfungs-Verhältnis (zwischen Paaren und leistungssummiert; ACR)

Prüfparameter für Lichtwellenleiter-Verkabelung

Laufzeit	Länge	Abstand zwischen Komponenten	Dämpfung	Rückflussdämpfung

Telekommunikation, Netze

Melde- und Signaltechnik – *Detector and signalling technique*

Melde- und Signaltechnik

Gefahrenmeldetechnik	Straßenverkehrsignaltechnik	Zeitdiensttechnik	Lichtruftechnik
Erkennen von Gefahren für Personen und Sachen und zur Schadensabwehr	Steuern und Leiten des Individualverkehrs für flüssigen Verkehrsablauf	Angabe und Verteilung von Normalzeiten	Optische Signalisierung von Informationen und Herbeirufen von Hilfe

Gefahrenmeldeanlagen

Einteilung

Gefahrenmeldeanlagen (GMA)

- **Brandmeldeanlagen (BMA)**
- **Einbruchmeldeanlagen (EMA)**
- **Überfallmeldeanlagen (ÜMA)**

- Gefahrenmeldeanlagen Klasse I erfassen Störungen und Eingriffe, die sich wie betriebliche Störungen auswirken.
- Gefahrenmeldeanlagen der Klasse II erfüllen die Anforderungen der Klasse I mit dem Zusatz, daß das Verhindern von Meldungen selbst zu einer Meldung führt.

Aufbau

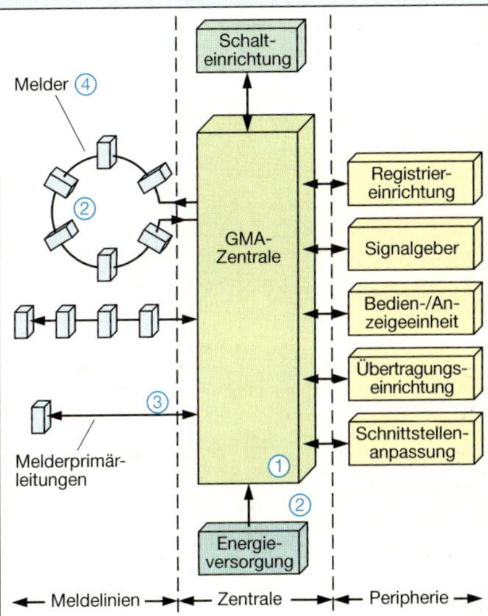

Brandmeldeanlagen

- Sollen einen Brand in der Entstehungsphase erkennen und an hilfeleistende Stelle melden.
- Sind Gefahrenmeldeanlagen der Klasse I.
- Können den Brand durch Ansteuerung von Brandschutzmitteln oder Löschanlagen eingrenzen oder verhindern.

Bestehen aus

- Brandmeldezentrale ①,
- Energieversorgung ②,
- Meldeprimärleitungen ③,
- automatischen bzw. nicht automatischen Meldern ④,
- Meldeprimärleitungen werden ständig auf Unterbrechung bzw. Kurzschluss überwacht.

Brandmelder

Verbrennungsvorgang

Ausgangsmaterial			
Stoffumsetzung		Energieumsetzung	
Dauerhafte Stoffe	Flüchtige Stoffe	Strahlung	Konvektion
• fest (Asche) • flüssig	• sichtbar (Rauch) • unsichtbar (Gase)	• ultraviolett • infrarot • sichtbares Licht	• Wärme • Temperatur

Einteilung

Brandmelder

- **Rauchmelder**
- **Wärmemelder**
- **Strahlungsmelder**
- **mechanische Melder**

Brandmeldeanlagen – *Fire alarm systems*

Optischer Rauchmelder

Ruhezustand

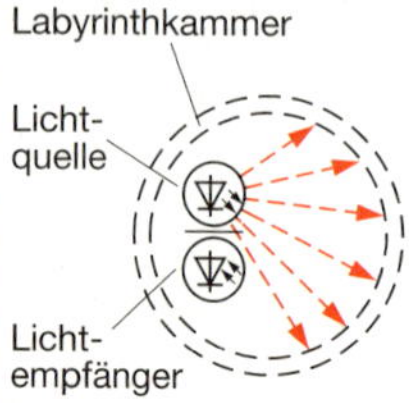

Lichtempfänger wird nicht bestrahlt

Alarmzustand

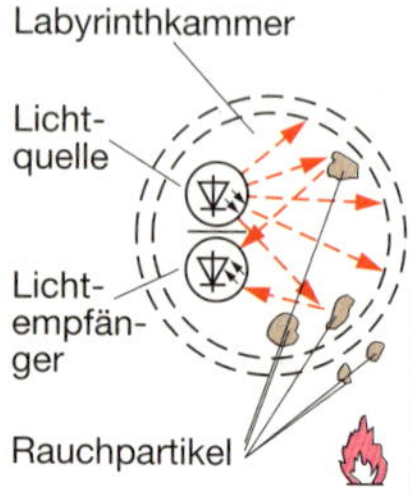

Streulicht fällt auf den Empfänger

Schaltung

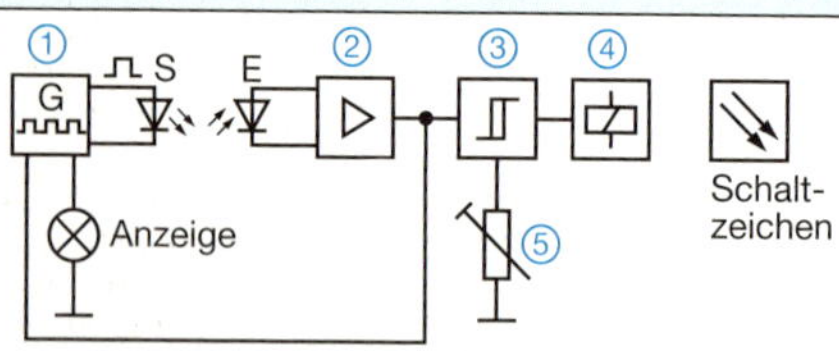

1 Impulsgenerator (zyklisch angeschaltet)
2 Empfangsverstärker
3 Schwellwerterkennung
4 Ausgaberelais
5 Einstellwiderstand für Ansprechschwelle

Ionisationsmelder

Ruhezustand

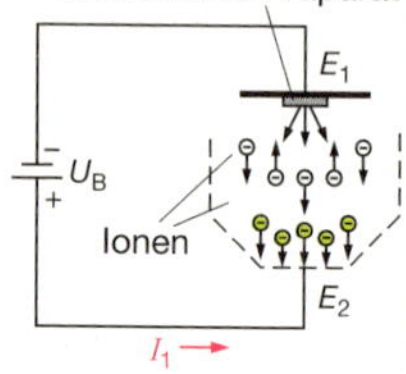

I_1 = Messkammerstrom im Ruhezustand; Ionen sind frei beweglich

Alarmzustand

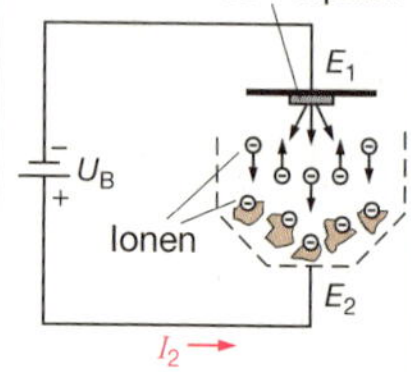

I_2 = Verminderter Messkammerstrom durch das Eindringen von Rauchaerosolen; Ionen können sich nicht bewegen

Schaltung

Einkammer-Ionisationsmelder

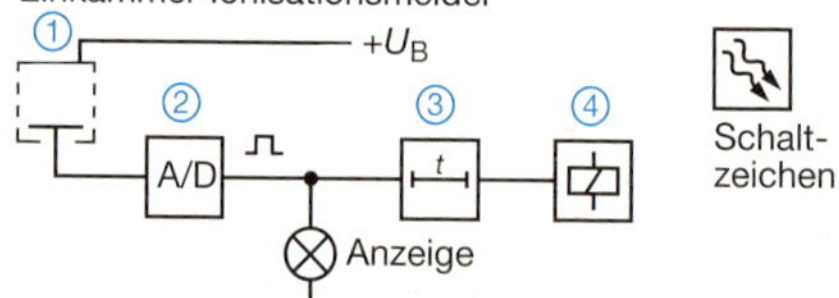

1 Messkammer
2 Analog-/Digitalwandler (Pulsbreite ändert sich mit Rauchdichte.)
3 Pulsbreitenüberwachung
4 Ausgaberelais

Flammenmelder

- Werden eingesetzt, wenn bei Verbrennungsvorgang kein Rauch entsteht (z.B. bei Mineralölprodukten).
- Ultraviolett-Melder ist auf UV-Strahlung offener Flammen (150 nm … 220 nm) abgestimmt.
- Ultraviolett-Melder können keine Flammen hinter Glasscheiben erkennen.
- Infrarotmelder verwendet pyroelektrischen (pyro: wärmeabhängig) Sensor.
- Infrarotmelder erkennt Strahlung im Bereich von 4000 nm … 5000 nm.

Schaltung

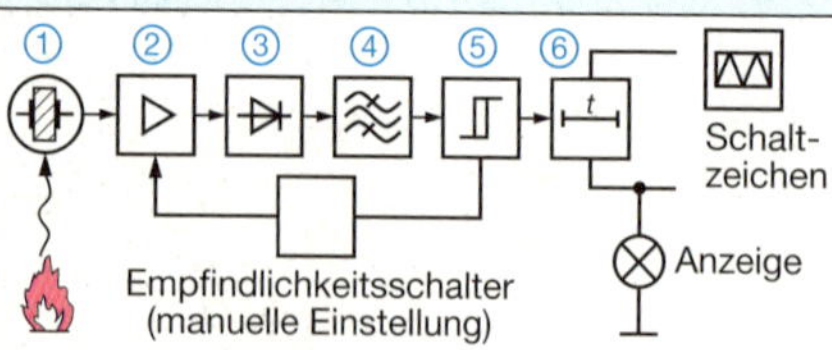

1 Sensorelement (pyroelektrisch)
2 Empfangsverstärker
3 Spitzenwertgleichrichtung
4 Bandpass (filtert Flammenbewegung aus)
5 Schwellwerterkennung
6 Pulsbreitenüberwachung/-auswertung

Wärmemelder

- Einsatz dort, wo bei Verbrennungsvorgang mit hoher Verschmutzung oder schnellem Temperaturanstieg zu rechnen ist.
- Bei Maximalmelder wird entweder Bimetallschalter oder Heißleiter als Sensorelement eingesetzt.
- Maximalmelder löst bei festgelegter Umgebungstemperatur aus.
- Differential-Maximalmelder wertet sowohl maximale Temperatur als auch Temperaturanstieg pro Zeiteinheit aus.

Schaltung

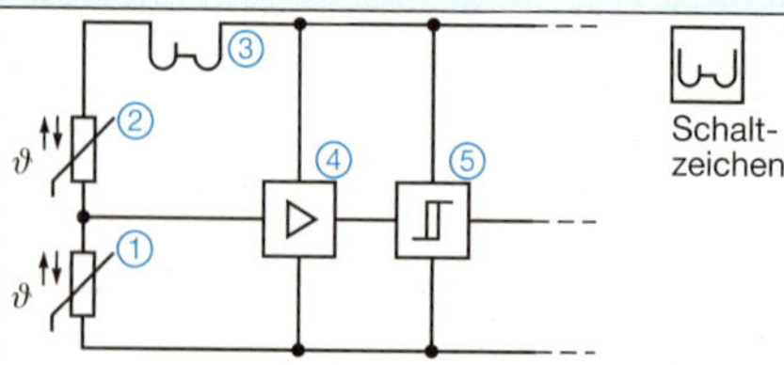

1 Messheißleiter
2 Vergleichsheißleiter
3 Bimetallschalter
4 Verstärker
5 Schwellwerterkennung

Brandmeldeanlagen – *Fire alarm systems*

Leitungsarten/Verlegearten

Verwendung	Zulässige Leitungsart (Benennung)	Zulässige Verlegungsart A	B	C	D
alle Meldertypen	J-Y(ST)Y 1 x 2 x 0,8 J-Y(ST)Y 2 x 2 x 0,8	X X	X X	X X	
Hängemontage - ohne zus. MAZ - mit zus. MAZ	JE-LiYCY 2 x 2 x 0,5 mm² L-YCY 6 x 1 x 0,5 mm²				
Ex-Bereiche ab Ex-Linienkoppler	JE-Y(ST)Y 2 x 2 x 0,8	X	(X	(X	
extrem ungünstige Einsatzfälle, z. B. starke HF-Felder	JE-Li YCY 2 x 2 x 0,5 mm²	X	X	X	
extrem ungünstige Einsatzfälle, z. B. starke elektromagnetische und/oder HF-Felder	J-02YCY 1 x 2 x 0,6 PIMF (H60)	X	X	X	X
Sammelleitungen f. - alle Meldertypen - Verbindungsleitungen zu Paralleltableau	J-Y(ST)Y n x 2 x 0,8 A-2Y(L)2Y n x 2 x 0,8	X X X	X X X	X X X	 X

Verwendung	Zulässige Leitungsart (Benennung)	Zulässige Verlegungsart A	B	C	D
Verlegung im Erdreich	A-2Y(L)2Y 2 x 2 x 0,8	X	X	X	X
Leitungen für die Anschaltung von: - Betriebseinrichtungen - Brandschutzeinrichtugen - Alarmierungseinrichtungen	J-Y(ST)Y n x 2 x 0,8 A-2Y(L)2Y n x 2 x 0,8 NYM-O 2 x 1,5 mm² NYM-J 3 x 1,5 mm² NYY-J 3 x 1,5 mm²	X X X X X	X X X X X	X X X X X X	 X X
Auslöseleitung der ÜE (Übertragungseinrichtung)	NYM-J n x 1,5 mm²	X X	X X	X X	
Netzzuleitung	NYM-J 3 x 1,5 mm²	X	X	X	
Batteriezuleitung (Mindest mm² bei ext. Batterie)	NYM-J 3 x2,5 mm² H07V-U 2,5 mm² NYY-0 2 x 2,5 mm²	X X	X X	X X X	 X
Erdanschluss (Fundamenterder mind. 4 mm²)	H07V-U 4 mm²			X	

A) Auf Putz in trockenen und feuchten Räumen
B) Unter Putz in trockenen und feuchten Räumen
C) Eingezogen in Rohr, verlegt nach A) oder B)
D) Im Erdreich
(X: VDE 0165 beachten

Installationskabel J-Y(ST)Y n x 2 x 0,8

Aufbau

- Cu-Leiter, blank, ø 0,8 mm, PVC-Isolierhülle
- 2 Adern rt/sw zum Paar verseilt
- Kunststoff-Folie
- Metallfolie mit blankem Beidraht (ø 0,5 mm)
- PVC-Mantel, grau oder rot, Wanddicke 1 mm
- Bedruckt mit Aufschrift BRANDMELDEKABEL

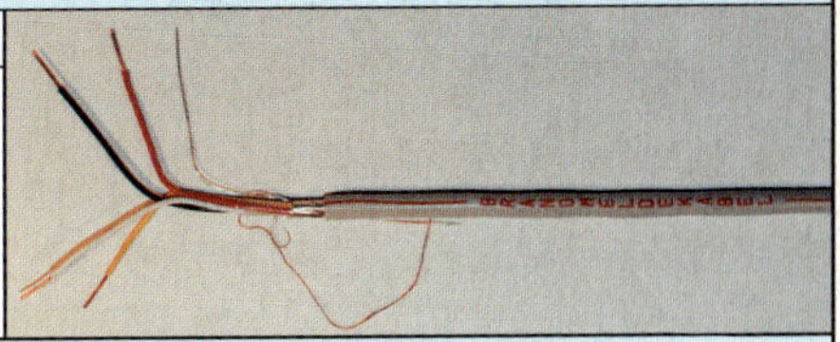

Elektrische Eigenschaften (bei 20° C)

Leiterwiderstand der Schleife max.	73,2 Ω/km
Isolationswiderstand mind.	100 MΩ/km
Betriebskapazität bei 800 Hz max.	100 nF/km
Prüfspannung Ader/Ader	800 V_{eff}

Betriebsspannung max.	300 V_{ss}
Mechanische und thermische Eigenschaften	gem. VDE 0815
Zulässiger Temperaturbereich	
Verlegung	– 5° C … + 50° C
Lagerung	bis + 70° C

Leitungsführung

Melderanschluss

zulässig

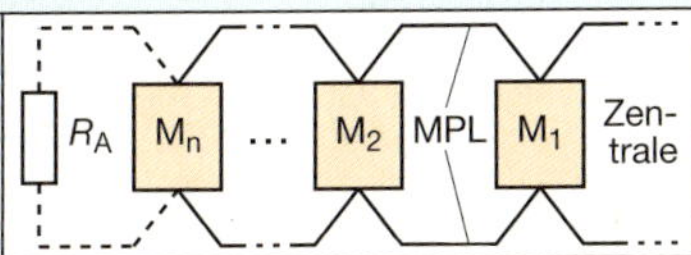

nicht zulässig

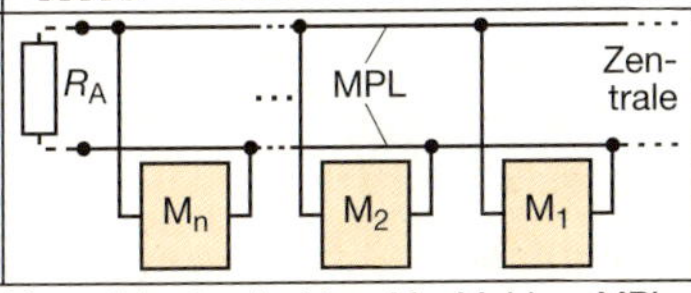

nicht zulässig

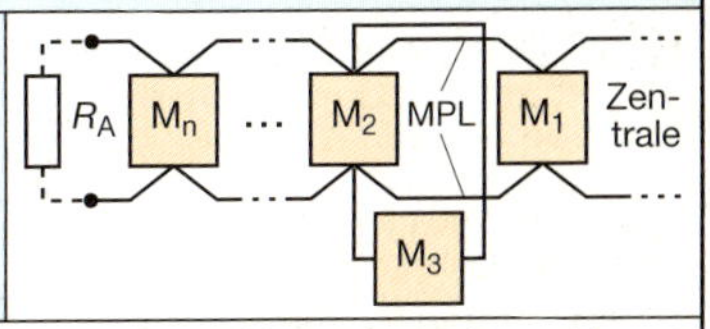

- Ankommende Kabel sind besonders zu kennzeichnen.
- Verlängerung der MDL mit Würge- oder Klemmverbindungen ist nicht zulässig.
- Spannungsfestigkeit (2,5 kV) zu Starkstromleitungen ist einzuhalten.

R_A: Abschlusswiderstand; $M_1 \ldots M_n$: Melder; MPL: Melderprimärleitung

Einbruchmeldeanlagen – *Burglar alarm systems*

Beispiel: Melder im Fensterbereich

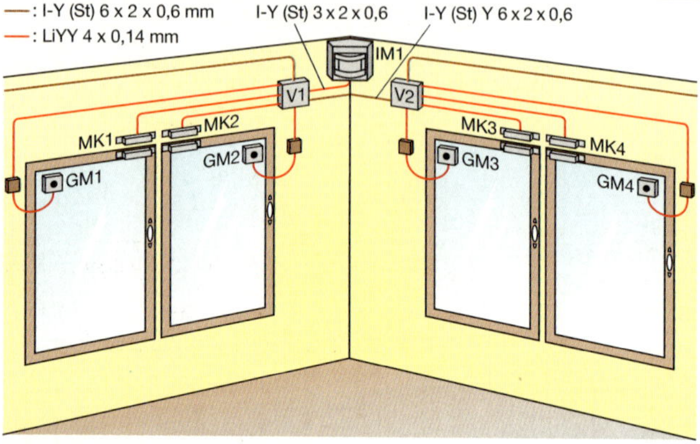

Leitung LiYY

0,14 mm² x Aderzahl	Durchmesser in mm
2x2	4,9
3x2	5,0
4x2	5,4
5x2	5,9
6x2	6,3

Flexible PVC Signalleitung für den Anschluss von Geräten und Bauteilen.

Beispiel für Melder an Türen

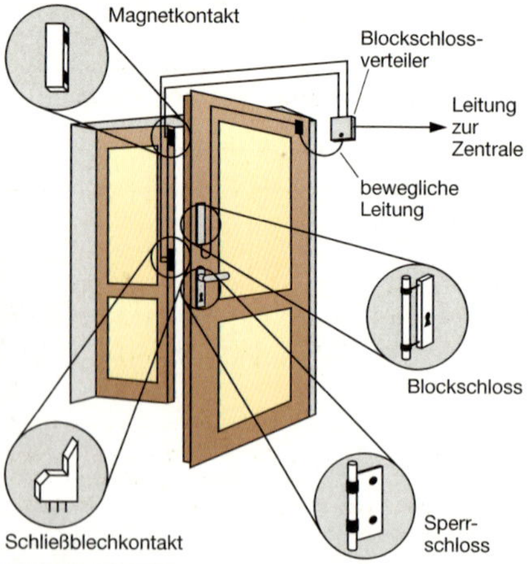

Stromlaufplan einer Einbruchmeldeanlage

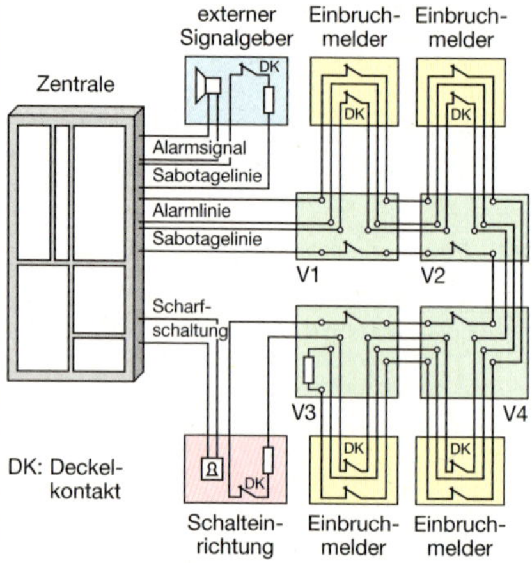

Begriffe

- **Alarmschleife**
  Ein Stromkreis, der bei einer Unterbrechung oder bei einer definierten Widerstandsänderung zu einer Meldung führt.
- **AWAG**
  Automatisches **W**ähl- und **A**nsage**g**erät (Telefonwählgerät, bei dem die Information durch Sprache übertragen wird).
- **Blockschloss**
  Ein Schloss für das Scharf- bzw. Unscharfschalten von Einbruchmeldeanlagen mit gleichzeitiger mechanischer Ver- bzw. Entriegelung sowie mit Möglichkeiten der Sperrung des Zu- bzw. Aufschließvorganges.
- **Klassifizierung**
  Einteilung der Einbruchmeldeanlagen in Klassen (A: einfacher Schutz; B: mittlerer Schutz; C: erhöhter Schutz).
- **Sabotagemeldung**
  Meldung des Ansprechens von Sabotagemeldern (z. B. Deckelkontakt).
- **Scharfschalten**
  Durchschalten der Einbruchmeldeanlage oder von Teilen der Anlage zu den Alarmierungseinrichtungen (z. B. Melder).
- **Schließblechkontakt**
  Am Schließblech angeordnete Einrichtung (z. B. Kontakt, Sensor), der bei der Verriegelung des Schlosses durch den Riegel betätigt wird.
- **Überfallmeldeanlage (ÜMA)**
  Eine Anlage, die Personen zum direkten Hilferuf bei Überfällen dient.
- **Unscharfschalten**
  Rücknahme der Durchschaltung der Einbruchmeldeanlage oder von Teilen der Anlage zu den Alarmierungseinrichtungen.

Einbruchmelder und Meldelinien – *Burglar alarm sensors and detector lines*

Einbruchmelder

VdS: **V**erband **d**er **S**achversicherer e.V.

- **Kontaktüberwachung**
  - Magnetkontakte
  - Schließblechkontakte
  - Elektromechanische Kontakte
  - Übergangskontakte
- **Flächenüberwachung**
  - Vibrationskontakte
  - Folien (aus Metallstreifen)
  - Alarmdrahttapeten, Bespannungen und Kunststoff-Folien mit Alarmdrahteinlage
  - Alarmglas
  - Fadenzugkontakte
  - Passive Glasbruchmelder
  - Aktive Glasbruchmelder
  - Körperschallmelder
- **Feldmäßige Überwachung**
  - Kapazitive Feldänderungsmelder
- **Streckenüberwachung**
  - Lichtschranken
- **Räumliche Überwachung**
  - Bewegungsmelder
  - Mikrowellen-Bewegungsmelder
  - Ultraschall-Bewegungsmelder
  - Infrarot-Bewegungsmelder

Melder mit 4-Leiter-Anschluss

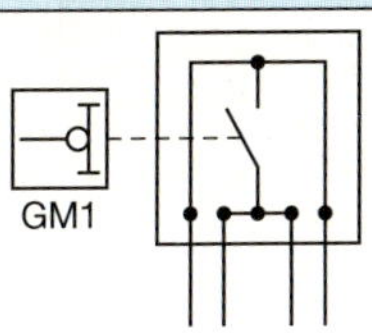

Vorteil: Höhere Sabotagesicherheit durch Einbindung der zusätzlichen Anschlüsse in die Meldelinien.

Melder mit Betriebsspannung

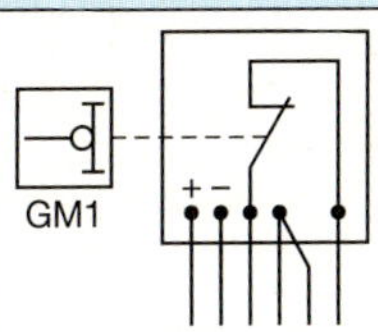

Elektronischer Glasbruchmelder in 4-Leiter-Technik.

Meldelinien

Ruhestromprinzip

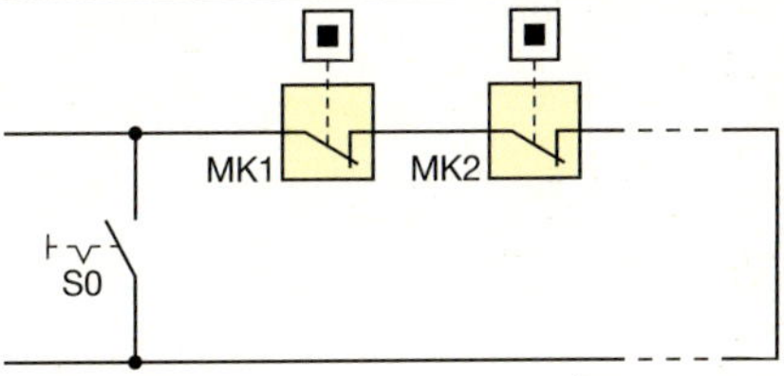

Nachteil: Sabotagemöglichkeit durch Überbrückung der Melder.

Arbeitsstromprinzip

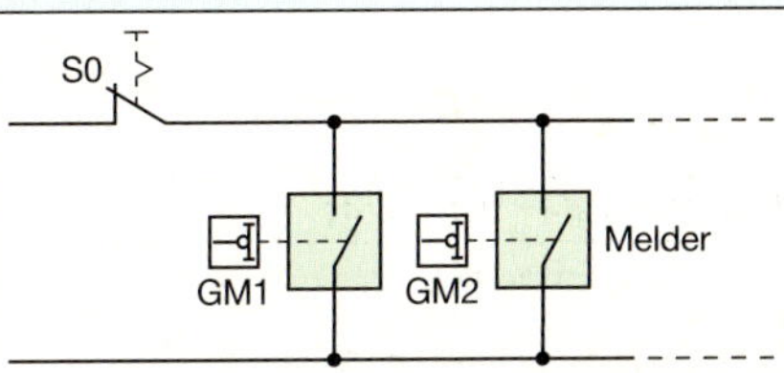

Nachteil: Sabotagemöglichkeit durch Unterbrechung am Melder.

Differenzialprinzip

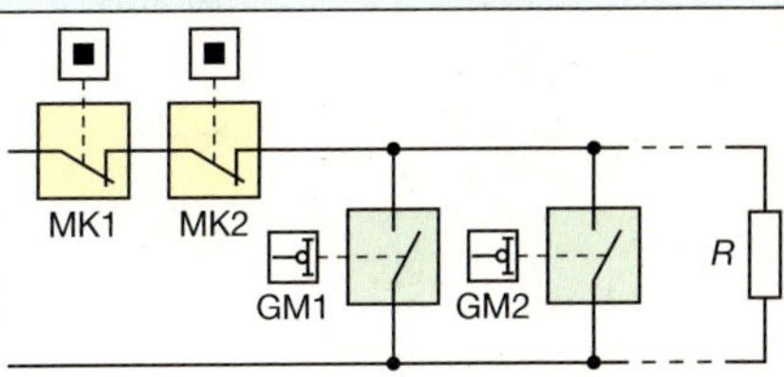

Ein oder mehrere Widerstände werden in die Meldelinie eingefügt. Der Widerstandswert wird von der Zentrale (Brückenschaltung) ständig überwacht.

Symbole für Einbruchmeldeanalgen (EMA)

Symbol	Bezeichnung	Symbol	Bezeichnung	Symbol	Bezeichnung	Symbol	Bezeichnung
	Magnetkontakt **MK**	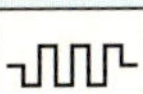	Flächenschutz **FÜ**		Schließblechkontakt **SK**	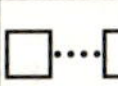	Lichtschranke **LS**
	Öffnungskontakt **ÖK**	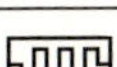	Alarmglas **ADG**		Glasbruchmelder **GM**		Zentrale **Z**
	Vibrationskontakt **VK**		Druckmelder **DM**	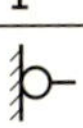	Körperschallmelder **KS**		Verteiler **V**
	Pendelkontakt **PK**	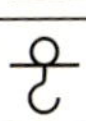	Bildermelder **BM**		Überfallmelder **ÜM**		Optischer Signalgeber **SO**
	Fadenzugkontakt **FK**		Blockschloss **SM**		Kapazitiv-Feldänderungsmelder **KFM**	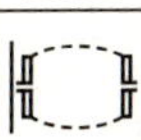	Hochfrequenzschranke **HFS**
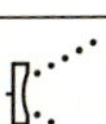	Ultraschall-Bewegungsmelder **UM**		Infrarot-Bewegungsmelder **IM**	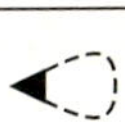	Mikrowellen-Bewegungsmelder **MM**		Mikrowellenschranke **MS**

Telekommunikation, Netze

Sicherheitsgerichtete Systeme – *Safety related systems*

- Sicherheitsgerichtete Systeme sind Systeme, die **Sicherheitsfunktionen** (z.B. Überwachung einer Brennersteuerung) ausführen.
- **E/E/PES**-Systeme (**E**lectrical/**E**lectronic/**Pro**grammable **E**lectronic **S**ystems), die zur Realisierung von Schutzfunktionen eingesetzt werden, sind in der jeweils spezifischen Umgebung im Rahmen einer **Sicherheitsstrategie** für das Gesamtsystem zu betrachten.
- **Sicherheits-Integritätslevel** (**S**afety **I**ntegrity **L**evel: **SIL**) definieren die notwendigen funktionalen Sicherheitsanforderungen.
- Wesentlicher Inhalt ist die Festlegung eines **tolerierbaren Risikos** und der Massnahmen, die zur Risikominderung erforderlich sind.
- Das tolerierbare Risiko für eine spezifische Anwendung (z.B. Anzahl der Verletzten, Schwere der Verletzungen, Häufigkeit mit der Personen der Gefahr ausgesetzt sind) ist von vielen Faktoren abhängig, wie z.B. gesetzliche Anforderungen.
- Die Risikominderung kann dabei qualitativ oder quantitativ bestimmt werden.
- Eine **quantitative Festlegung** ist z.B., dass ein gefährlicher Vorfall, der eine bestimmte Auswirkung zur Folge hat, nicht mit einer Häufigkeit von mehr als einmal in 10^7 Stunden auftreten darf. Die quantitative Festlegung erfolgt mittels **Risikograph** (DIN EN 61508).

Risikominderung

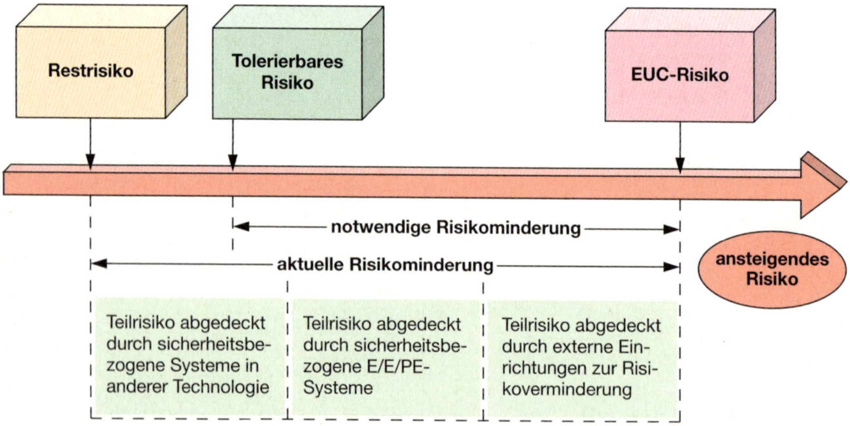

EUC: **E**quipment **U**nder **C**ontrol – Kontrollierte Einrichtung

Risikograph (allgemein)

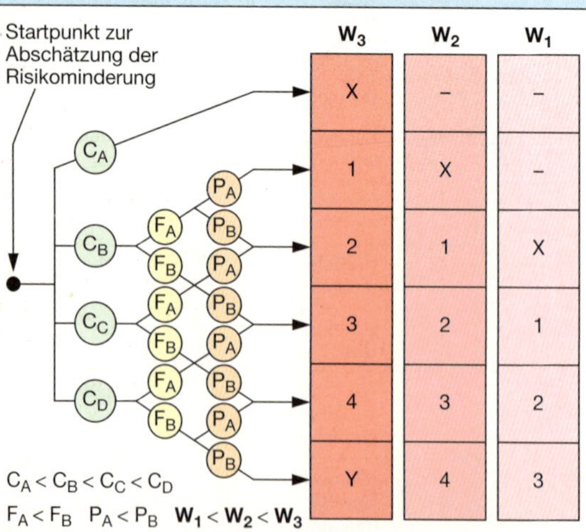

C: Risikoparameter der Auswirkung

F: Risikoparameter der Häufigkeit und Aufenthaltsdauer

P: Risikoparameter der Möglichkeit, den gefährlichen Vorfall zu vermeiden

W: Wahrscheinlichkeit des unerwünschten Ereignisses (W_3 = höchste Wahrscheinlichkeit) – keine Sicherheitsanforderungen

X: keine speziellen Sicherheitsanforderungen

Y: ein einzelnes E/E/PES ist nicht ausreichend

1, 2, 3, 4: Sicherheits-Integritätsstufen (safety integrety level), wobei SIL 4 die höchsten Anforderungen stellt.

8 Technische Informatik

PC und Peripheriegeräte

Begriffe und Formeln zur Datenübertragung

Terms and formulas in data transmission

Funktionelle Einteilung einer Datenstation

Datenstation

Datenendeinrichtung, DEE
(Data Terminal Equipment, DTE)

- Fernbetriebseinheit
- Eingabewerk
- Ausgabewerk
- Rechenwerk
- Leitwerk
- Speicher
- Fehlerüberwachungseinheit (evtl.)
- Synchronisiereinheit (evtl.)

Schnittstelle

Datenübertragungseinrichtung, DÜE
(Data Circuit-terminating Equipment, DCE)

- Signalumsetzer
- Anschalteinheit
- Fehlerüberwachungseinheit (evtl.)
- Synchronisiereinheit (evtl.)
  (jede Einheit kann bestehen aus: Sende-, Empfangs- und Schaltteil)

Übertragungsleitung

Datenübertragungssystem

Schrittgeschwindigkeit

$v_s = \frac{1}{T_s}$ $[v_s] = \text{Baud}^{1)}$ $1\ \text{Baud} = \frac{1}{s}$

T_s: Schrittdauer $[T_s] = s$

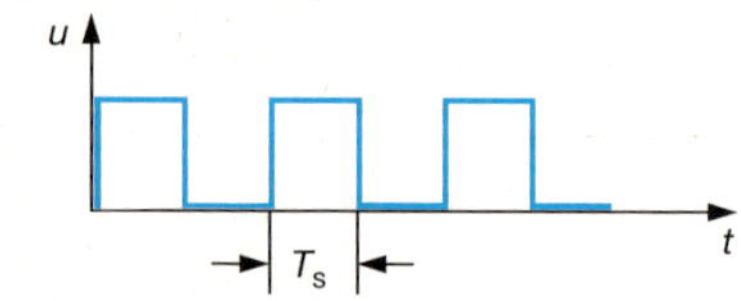

1) Abkürzung von Baudot, franz. Telegrafentechniker

Übertragungsgeschwindigkeit (Baudrate)

$v_ü = v_s \cdot \text{lb}\ n$ $[v_ü] = \frac{\text{bit}}{s}$

$v_ü = Z \cdot v_z \cdot \text{lb}\ n$

n = 2 (binäre Übertragung)

lb: Logarithmus zur Basis 2

lg: Logarithmus zur Basis 10

$\text{lb}\ n = \frac{\text{lg}\ n}{\text{lg}\ 2}$

Zeichengeschwindigkeit

$v_z = \frac{1}{T_z}$ $T_z = Z \cdot T_s$

T_z: Übertragungsdauer eines Zeichenrahmens

Z: Anzahl der Einheitsschritte in einem Zeichenrahmen

Beispiel:

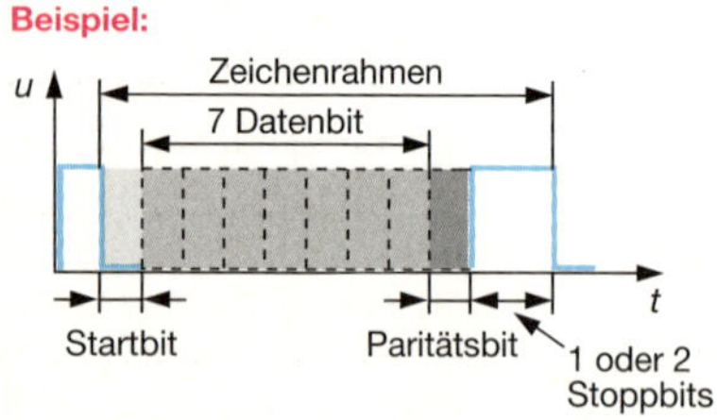

1 Sta. + 7 Dat. + 1 Par. + 1 Sto.: Z = 10

Beispiele für Baudraten

Baud in bit/s	Zeichen/s	Zeit/bit in µs
1200	120	833
2400	240	416
4800	480	208
9600	960	104
19200	1920	52

Wirkungsgrad (Datendurchsatz)

$$n_ü = \frac{n_{Dat}}{n_{Sta} + n_{Dat} + n_{Par} + n_{Sto}}$$

n_{Dat}: Anzahl der Datenbit

n_{Sta}: Startbit

n_{Par}: Paritätsbit

n_{Sto}: Anzahl der Stoppbits

Maximale Datenübertragungsrate

Im **rauschfreien** Kanal (Nyquist-Theorem)

$$C = 2 \cdot B\ \text{lb}\ (M)$$

C: Übertragungsrate (Bit/s)
B: Bandbreite (Hz) z.B. 3000 Hz bei Telefonleitung
M: Anzahl Signalpegel (bei Digitalsignal = 2)

Im **nicht rauschfreien** Kanal (nach Shannon)

$$C = B \cdot \text{lb}\ (1 + \text{SN})$$

SN: Verhältnis Signal zu Rauschen (noise)
(Angabe in absoluten Werten, nicht in dB; z.B. 1000 für 30 dB)

Schaltalgebra – *Boolean algebra*

Konjunktion (UND-Funktion)	**Disjunktion** (ODER-Funktion)	**Negation** (NICHT-Verknüpfung)
$x = a \wedge 0 = 0$ $x = a \wedge 1 = a$ $x = a \wedge a = a$ $x = a \wedge \overline{a} = 0$	$x = a \vee 0 = a$ $x = a \vee 1 = 1$ $x = a \vee a = a$ $x = a \vee \overline{a} = 1$	$x = \overline{a}$ $\quad x = \overline{\overline{a}} = a$ $x = \overline{\overline{\overline{a}}} = \overline{a}$ $\quad x = \overline{\overline{\overline{\overline{a}}}} = a$

Rechenregel	Schaltungsbeispiel
Vertauschungsregel (Kommutatives Gesetz)	
$x = a \wedge b = b \wedge a$ $x = a \vee b = b \vee a$	
Verbindungsregel (Assoziatives Gesetz)	
$x = a \wedge\ b \wedge c\ = a \wedge (b \wedge c)$ $= b \wedge (a \wedge c) = c \wedge (a \wedge b)$ $x = a \vee\ b \vee c\ = a \vee (b \vee c)$ $= b \vee (a \vee c) = c \vee (a \vee b)$	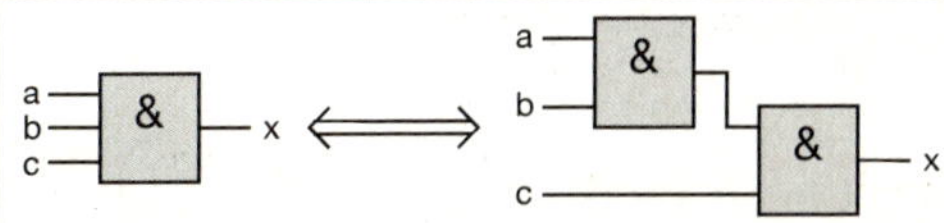
Verteilungsregel (Distributives Gesetz)	
$x =\ a \wedge b\ \vee\ a \wedge c\ = a \wedge (b \vee c)$ UND-Funktion geht vor ODER-Funktion $x = (a \vee b) \wedge (a \vee c) = a \vee (b \wedge c)$	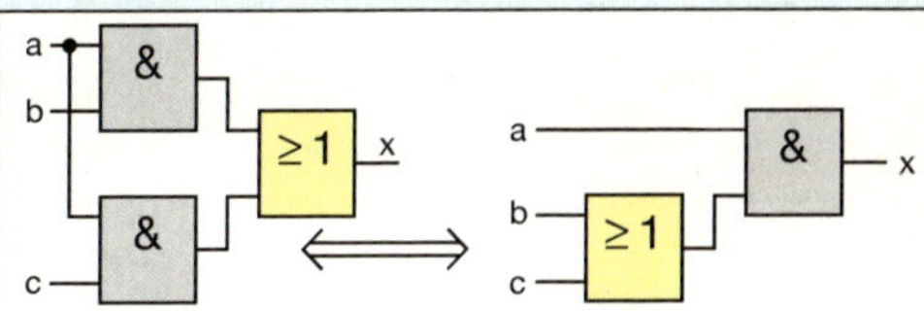
De Morgansches Gesetz	
$x = a \wedge b = \overline{\overline{a} \vee \overline{b}}$ $x = a \vee b = \overline{\overline{a} \wedge \overline{b}}$ $x = \overline{a \wedge b} = \overline{a} \vee \overline{b}$ $x = \overline{a \vee b} = \overline{a} \wedge \overline{b}$	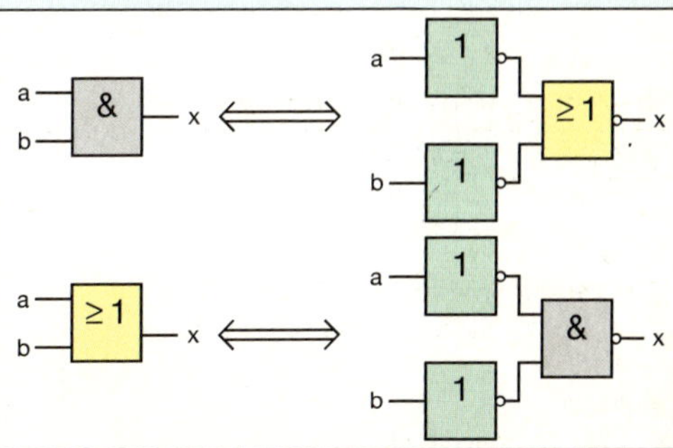
Vereinfachungen	
$x = a \wedge (a \vee b) = a$ $x = a \vee\ a \wedge b\ = a$	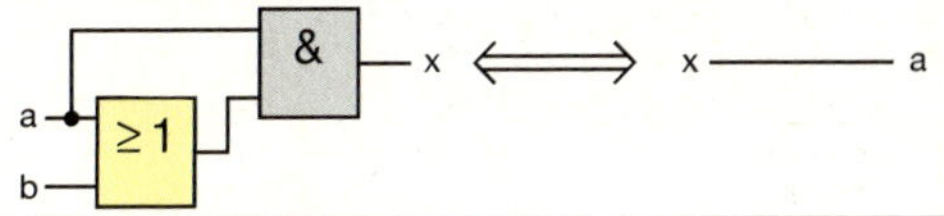
$x = a \wedge (\overline{a} \vee b) = a \wedge b$ $x = a \vee (\overline{a} \wedge b) = a \vee b$	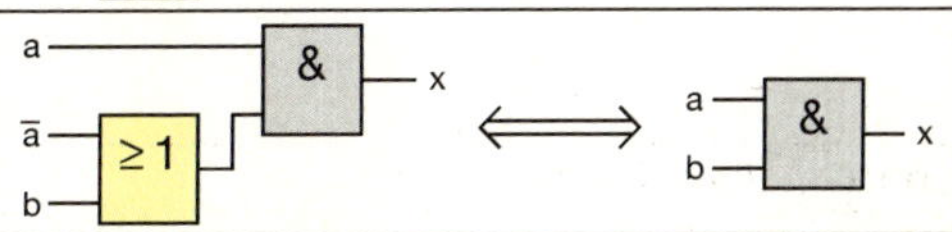
$x = a \vee \overline{a} \wedge \overline{b} = a \vee \overline{b}$ $x = \overline{a} \vee a \wedge b = \overline{a} \vee b$ $x = \overline{a} \vee a \wedge \overline{b} = \overline{a} \vee \overline{b}$	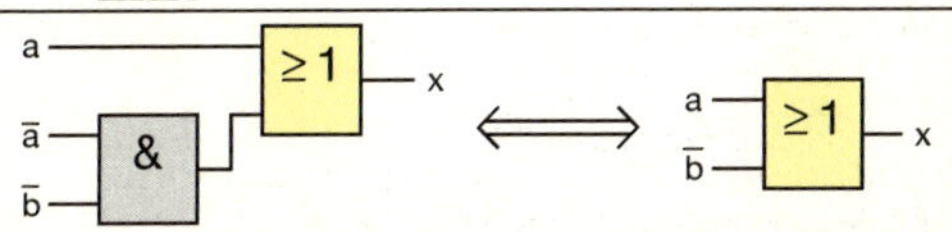

Verknüpfungsbausteine – *Logic gates*

DIN 66000: 85-11

Schaltzeichen	Schaltfunktion, Benennung	Wertetabelle a	b	x	Beispiel mit Kontakten	Benennung
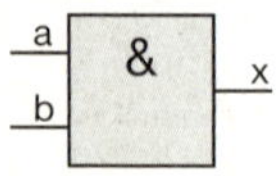	$x = a \wedge b$ **UND-Verknüpfung** (Konjunktion)	0	0	0	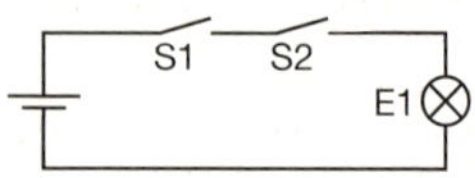	$x = a \wedge b$ (a und b)
		0	1	0		
		1	0	0		
		1	1	1		
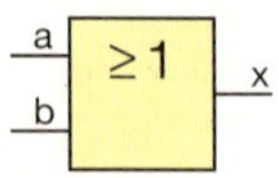	$x = a \vee b$ **ODER-Verknüpfung** (Disjunktion)	0	0	0	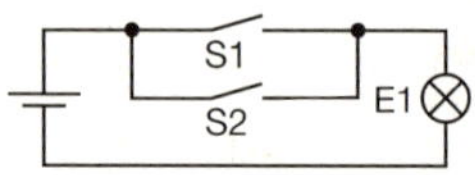	$x = a \vee b$ (a oder b)
		0	1	1		
		1	0	1		
		1	1	1		
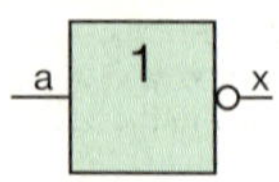	$x = \bar{a}$ **NICHT** (Negation)	0	–	1	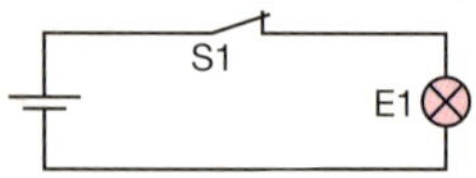	$\neg\, a$ (nicht a)
		1	–	0		
		–	–	–		
		–	–	–		
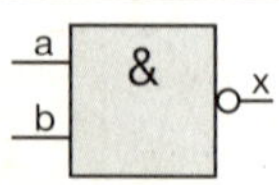	$x = \overline{a \wedge b}$ **NAND-Verknüpfung**	0	0	1	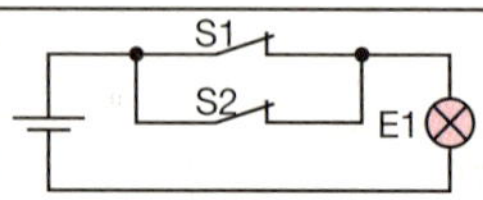	$x = a \mathbin{\bar{\wedge}} b$ (a nand b)
		0	1	1		
		1	0	1		
		1	1	0		
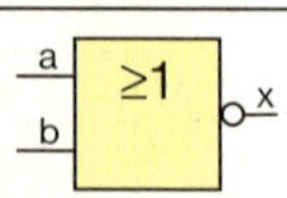	$x = \overline{a \vee b}$ **NOR-Verknüpfung**	0	0	1	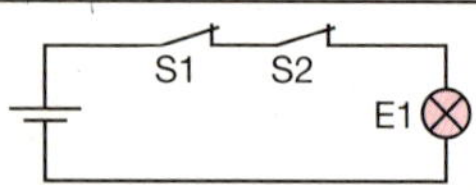	$x = a \mathbin{\bar{\vee}} b$ (a nor b)
		0	1	0		
		1	0	0		
		1	1	0		
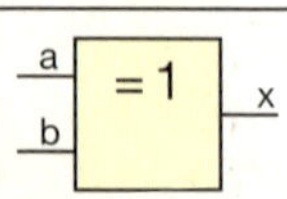	$x = (a \wedge \bar{b}) \vee (\bar{a} \wedge b)$ **Exklusiv-ODER** (Antivalenz)	0	0	0	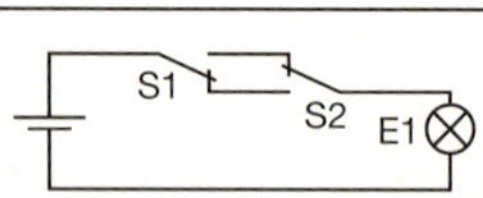	$x = a \nleftrightarrow b$ (a xor b)
		0	1	1		
		1	0	1		
		1	1	0		
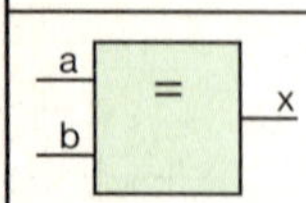	$x = (a \wedge b) \vee (\bar{a} \wedge \bar{b})$ **Exklusiv-NOR** (Äquivalenz)	0	0	1	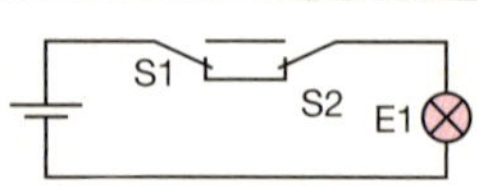	$x = a \leftrightarrow b$ (a Doppelpfeil b)
		0	1	0		
		1	0	0		
		1	1	1		
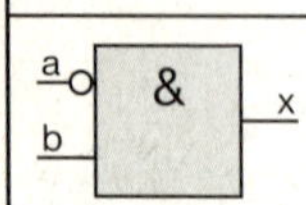	$x = \bar{a} \wedge b$ **Sperrgatter** (Inhibition)	0	0	0	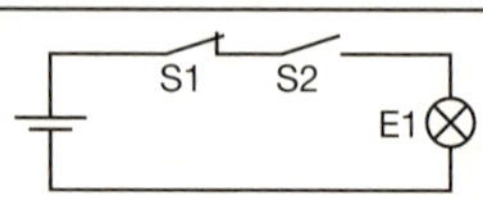	
		0	1	1		
		1	0	0		
		1	1	0		
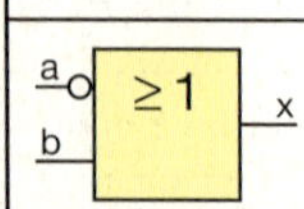	$x = \bar{a} \vee b$ **Subjunktion** (Implikation)	0	0	1	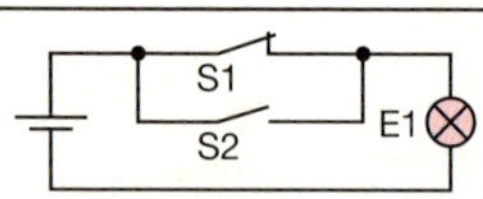	$x = a \rightarrow b$ (a Pfeil b)
		0	1	1		
		1	0	0		
		1	1	1		

UND durch ODER

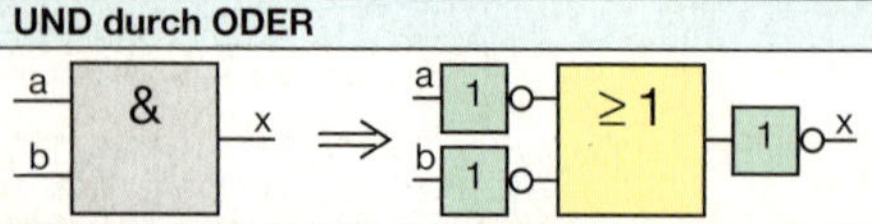

ODER durch UND

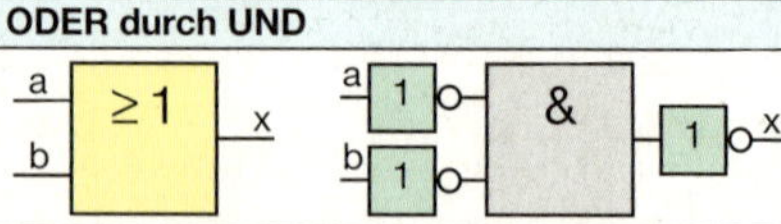

NAND durch ODER

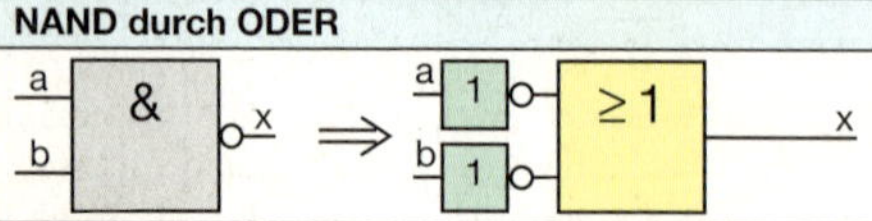

NOR durch UND

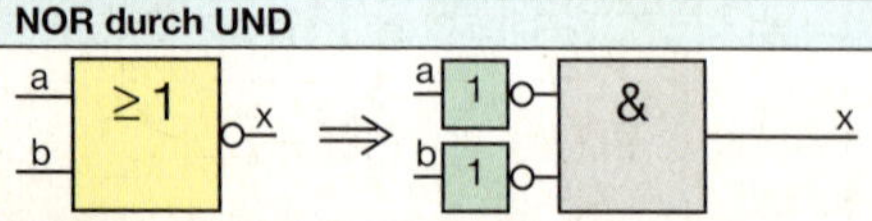

Ersetzen von Verknüpfungsgliedern

Man erhält gleichwertige Verknüpfungsglieder, wenn:

1. alle & durch ≥,
2. alle ≥ durch & ersetzt und
3. alle Anschlüsse gegenüber dem Ausgangszustand invertiert werden. (Ausnahme: NICHT-Glied)

Vereinfachungen mit K-V-Tafeln – *Minimization with K-V-maps*

Regeln

- Karnaugh-Veitch-Diagramme (K-V-Diagramme, K-V-Tafeln) sind grafische Verfahren zur Vereinfachung von Schaltfunktionen.
- Die Anzahl a der Felder in der K-V-Tafel ist abhängig von der Anzahl n der Eingangsvariablen: $a = 2^n$.
- Angeordnet werden die Eingangsvariablen in der Form, dass jeweils von Spalte zu Spalte und von Zeile zu Zeile nur eine Variable geändert wird.
- In die Felder werden die Werte aus der Wertetabelle eingetragen.
- Felder, die nicht belegt sind, können je nach gewählter Methode mit 0 oder 1 ergänzt werden.
- **Mintermmethode:** möglichst viele Felder, die eine 1 enthalten (Vollkonjunktionen) zu 2er-, 4er-, 8er- oder 16er-Blöcken zusammenfassen.
- Es dürfen nur die Vollkonjunktionen zusammengefaßt werden, die mit einer Seite aneinanderstoßen (nicht mit Ecken).
- Variable innerhalb eines Blockes, die negiert und nicht negiert auftreten, entfallen.
- Die je Block verbleibenden Variablen werden UND-verknüpft.
- Diese UND-Verknüpfungen werden durch ODER-Verknüpfungen zusammengefasst und ergeben die Schaltfunktion in Disjunktiver Minimalform.
- **Maxtermmethode:** Vereinfachen zum Zusammenfassen und reduzieren wie bei der Mintermmethode mit den Feldern, die eine 0 enthalten.
- Die Umwandlung in die Konjunktive Minimalform erfolgt durch nochmalige Negation und Anwendung des de Morgan'schen Theorems.
- K-V-Tafeln werden nur für bis zu 5 Eingangsvariable aufgestellt.

Wertetabelle | **Funktionsgleichung** | **K-V-Tafel** (Minimierte Funktionsgleichung)

Beispiel für 2 Variable

	a	b	x	Vollkonjunktion	Volldisjunktion
1	0	0	1	$x = \bar{a} \wedge \bar{b}$	
2	0	1	0		$\bar{x} = a \vee \bar{b}$
3	1	0	1	$x = a \wedge \bar{b}$	
4	1	1	0		$\bar{x} = \bar{a} \vee \bar{b}$

Mintermmethode

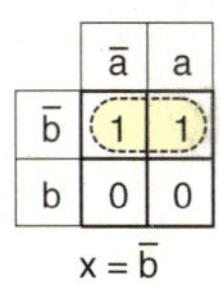

$x = \bar{b}$

Maxtermmethode

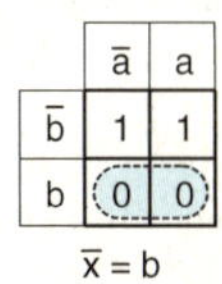

$\bar{x} = b$

Beispiel für 3 Variable

	a	b	c	x	Vollkonjunktion	Volldisjunktion
1	0	0	0	1	$x = \bar{a} \wedge \bar{b} \wedge \bar{c}$	
2	0	0	1	1	$x = \bar{a} \wedge \bar{b} \wedge c$	
3	0	1	0	1	$x = \bar{a} \wedge b \wedge \bar{c}$	
4	0	1	1	0		$\bar{x} = a \vee \bar{b} \vee \bar{c}$
5	1	0	0	1	$x = a \wedge \bar{b} \wedge \bar{c}$	
6	1	0	1	0		$\bar{x} = \bar{a} \vee b \vee \bar{c}$
7	1	1	0	0		$\bar{x} = \bar{a} \vee \bar{b} \vee c$
8	1	1	1	0		$\bar{x} = \bar{a} \vee \bar{b} \vee \bar{c}$

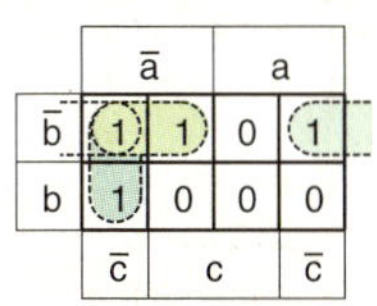

Disjunktive Minimalform

$x = (\bar{a} \wedge \bar{c}) \vee (\bar{b} \wedge \bar{c}) \vee (\bar{a} \wedge \bar{b})$

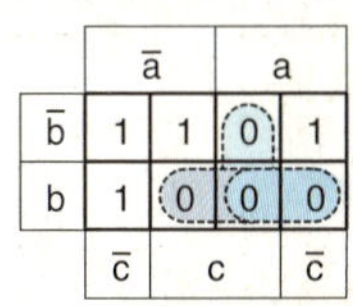

Disjunktive Minimalform

$\bar{x} = (a \wedge c) \vee (b \wedge c) \vee (a \wedge b)$

Konjunktive Minimalform

$x = (\bar{a} \vee \bar{c}) \wedge (\bar{b} \vee \bar{c}) \wedge (\bar{a} \vee \bar{b})$

K-V-Tafel für 4 Variable

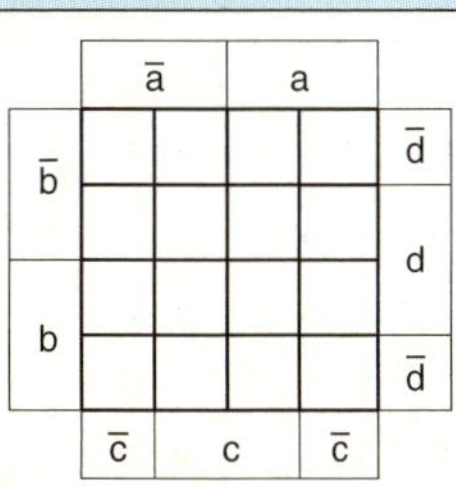

K-V-Tafel für 5 Variable

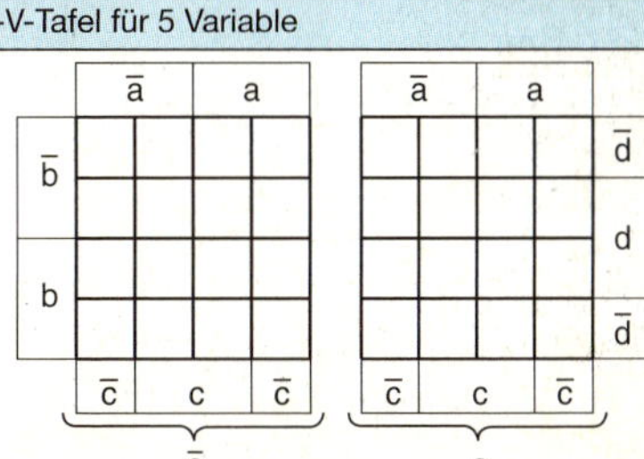

Monostabile Kippstufe, nachtriggerbar – *Monostable element, retriggerable*

Schaltzeichen

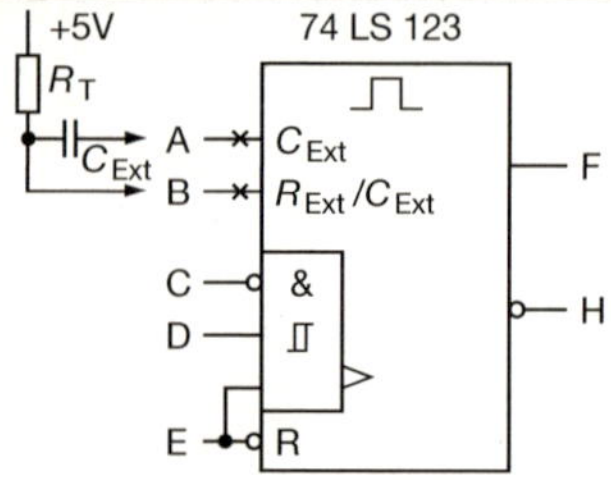

A	14	6
B	15	7
C	1	9
D	2	10
E	3	11
F	13	5
H	4	12

Anschlussbelegung

Wertetabelle

Eingänge			Ausgänge	
Rücksetzen	A	B	Q	$\overline{Q}$
0	x	x	0	1
x	1	x	0	1
x	x	0	0	1
1	0	↑	⊓	⊔
1	↓	1	⊓	⊔
↑	0	1	⊓	⊔

↑: Wechsel von 0 nach 1
↓: Wechsel von 1 nach 0
x: Wert beliebig
⊓: Ausgangsimpuls an Q
⊔: Ausgangsimpuls an $\overline{Q}$

Ausgangsimpulsbreite bei $C_{Ext} > 1000$ pF

mit R_T in kΩ
C_{Ext} in pF
t_w in ns
K siehe Kurve

$t_w = K \cdot R_T \cdot C_{Ext}$
t_w: Ausgangsimpulsbreite
K: Korrekturfaktor

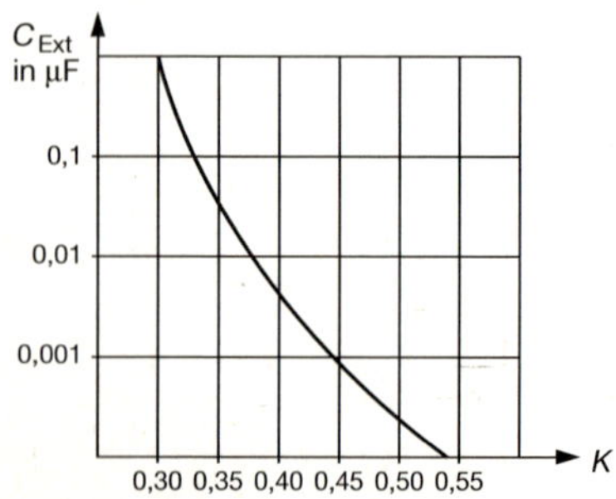

Ausgangsimpulsbreite bei $C_{Ext} \leq 1000$ pF

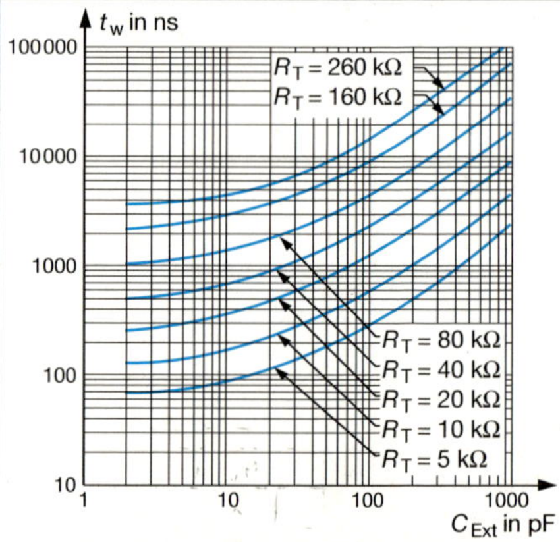

Schmitt-Trigger – *Schmitt-Trigger*

Sechsfach invertierend (74LS14)

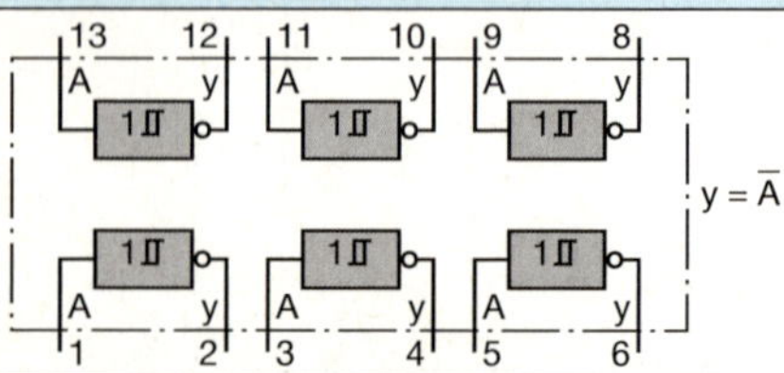

Vierfach Nand (74LS13)

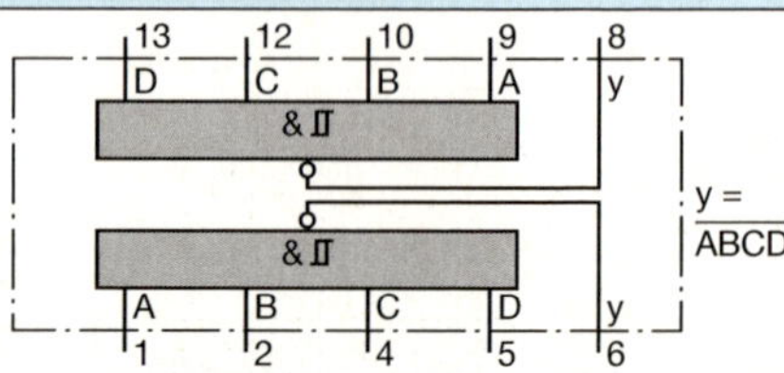

Schaltverhalten (Abhängigkeiten)

Ausgangsspannung zu Eingangsspannung

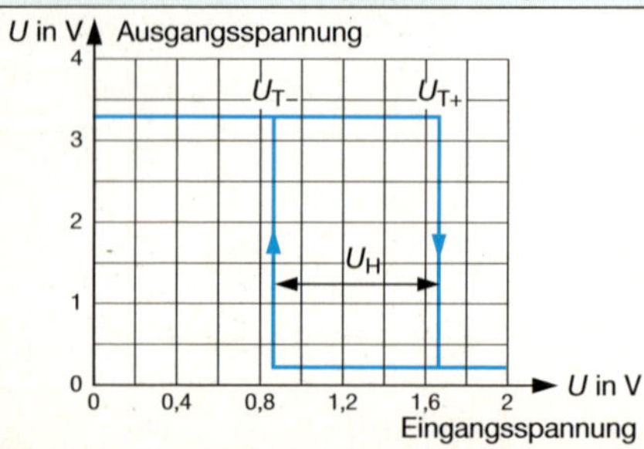

Schwellwert und Hysterese zu Betriebsspannung

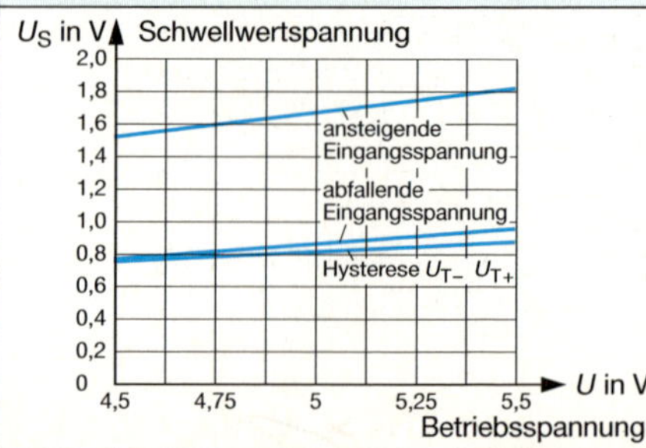

Bistabile Kippglieder – *Bistable elements*

Schaltzeichen | Wertetabelle | Bemerkung | Realisierung

RS-NOR-Flipflop

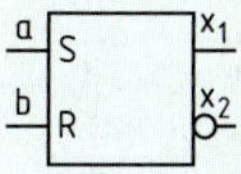

a	b	x_1	x_2	
1	0	1	0	Setzen
0	1	0	1	Rücksetzen
0	0	x_{1n}	x_{2n}	Speichern
1	1	(0)	(0)	unbestimmt

S: Setzen

R: Rücksetzen

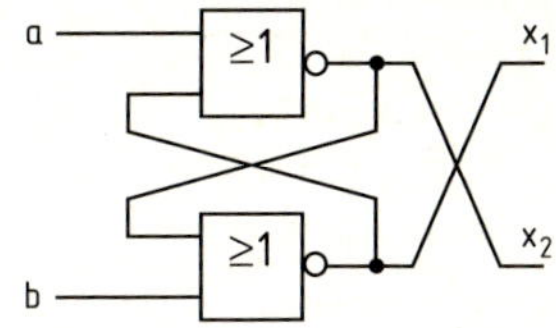

RS-NAND-Flipflop

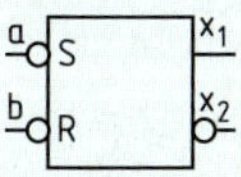

a	b	x_1	x_2	
0	1	1	0	Setzen
1	0	0	1	Rücksetzen
1	1	x_{1n}	x_{2n}	Speichern
0	0	(1)	(1)	unbestimmt

Setzen: $x_1 \rightarrow 1$

Rücksetzen: $x_1 \rightarrow 0$

x_{1n}, x_{2n} kann 0- oder 1-Signal haben.

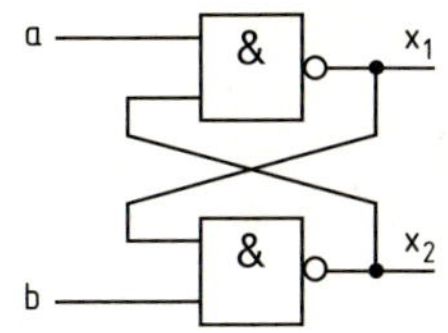

RS-FF, taktzustandsgesteuert

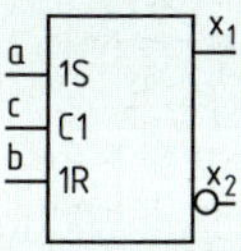

a	b	$x_{1\,(n+1)}$	$x_{2\,(n+1)}$
1	0	1	0
0	1	0	1
0	0	x_{1n}	x_{2n}
1	1	(1)	(1)

unbestimmt

Index n: Zustand vor dem Taktimpuls.
Index n + 1: Zustand nach dem Taktimpuls.

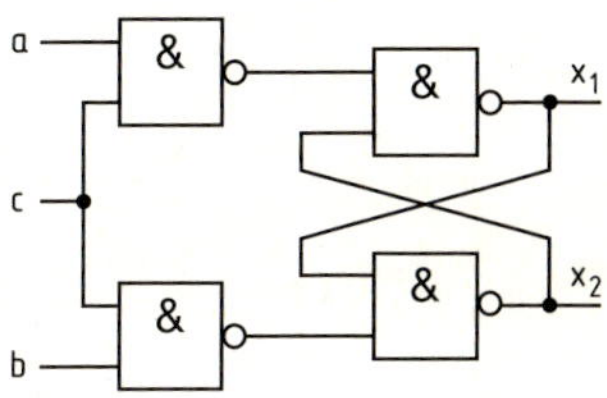

Delay-(D) Flipflop

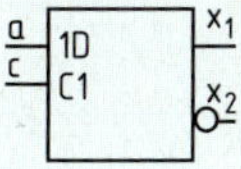

a	c	$x_{1\,(n+1)}$	$x_{2\,(n+1)}$
0	0	x_{1n}	x_{2n}
1	0	x_{1n}	x_{2n}
0	⎍	0	1
1	⎍	1	0

¬: Retardierung, Zustandsänderung am Ausgang erst, wenn Eingang C wieder das ursprüngliche Signal führt.

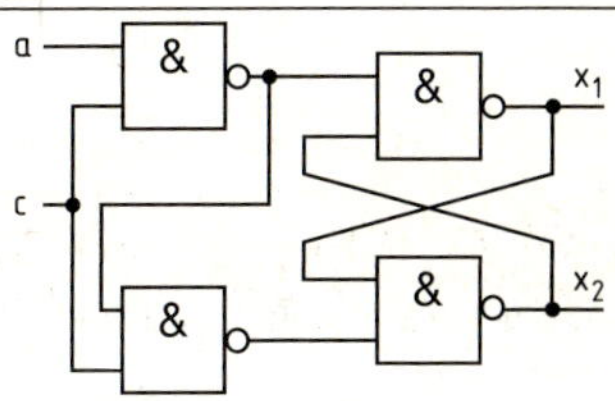

Master-Slave-FF, zweiflankengesteuert

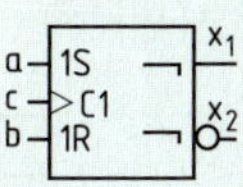

a	b	c	x_1	x_2
x	x	0	x_{1n}	x_{2n}
1	0	⎍	1	0
0	1	⎍	0	1
0	0	⎍	x_{1n}	x_{2n}
1	1	⎍	(0)	(0)

unbestimmt

x: beliebiger Zustand

⎍ : Die Zustandsänderung am Ausgang wird erst wirksam, wenn der Eingang C1 wieder das ursprüngliche Signal führt.

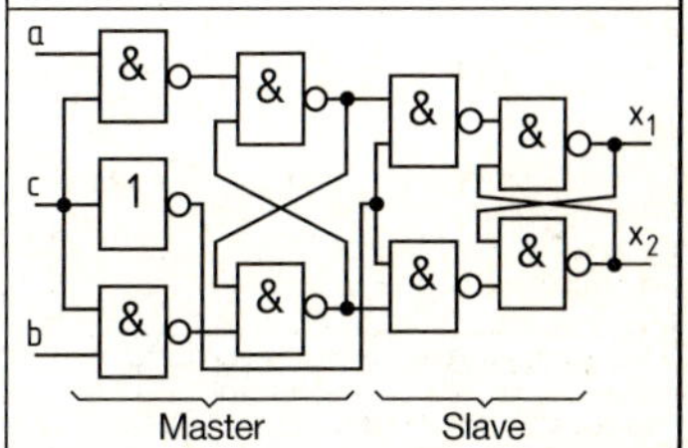

J-K-Master-Slave-FF, zweiflankengesteuert

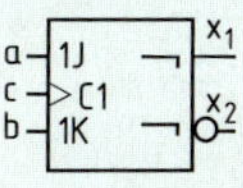

a	b	c	x_1	x_2
x	x	0	x_{1n}	x_{2n}
1	0	⎍	1	0
0	1	⎍	0	1
0	0	⎍	x_{1n}	x_{2n}
1	1	⎍	x_{2n}	x_{1n}

Wechseln

x: beliebiger Zustand

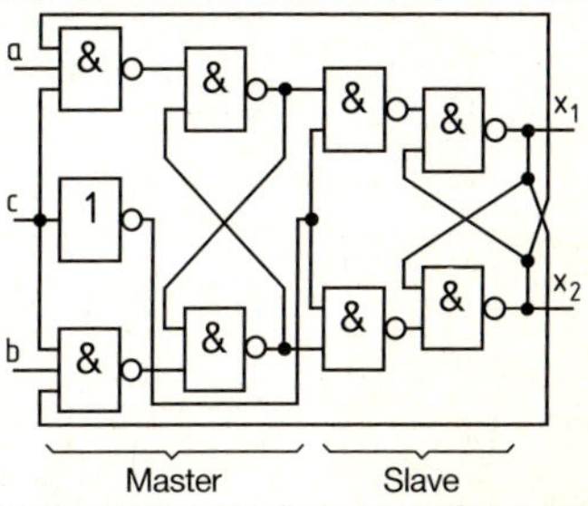

Grafische Symbole für binäre Elemente

Graphical symbols for binary elements

DIN EN 60617

Regeln

- Abhängigkeitsnotation gibt die Beziehungen zwischen Ein-, Ausgängen oder Ein- und Ausgängen bei digitalen Schaltgliedern an.
- Steuernde Eingänge werden mit festgelegten Buchstaben und einer Kennzahl bezeichnet.
- Ein- oder Ausgänge, die von diesem Eingang gesteuert werden, werden mit derselben Kennzahl bezeichnet.
- Die Kennzahl des gesteuerten Ein- oder Ausgangs wird negiert, wenn die Steuerung durch das Komplement des internen Logik-Zustandes des Steuereinganges erfolgt.
- Sind zusätzliche Bezeichnungen für gesteuerte Ein- oder Ausgänge erforderlich, sind die Kennzahlen diesen Bezeichnungen voranzustellen.
- Steuern mehrere Eingänge einen Ein- oder Ausgang, werden die Kennzahlen der steuernden Eingänge in der Reihenfolge der Wirkung angegeben (von links nach rechts).
- Steuernde Eingänge mit unterschiedlichen Buchstaben müssen unterschiedliche Kennzahlen haben (Ausnahme: Buchstabe A)

Abhängigkeitsarten

Kennbuchstabe	Abhängigkeitsart	Verhalten gesteuerter Ein- und Ausgänge, wenn steuernder Eingang 1	Verhalten gesteuerter Ein- und Ausgänge, wenn steuernder Eingang 0
G	UND	Funktion freigegeben	0-Zustand
V	ODER	1-Zustand	Funktion freigegeben
N	Negation	Zustand komplementiert	keine Funktion
A	Adressen	Funktion freigegeben	Funktion verhindert
C	Steuerung	Funktion freigegeben	Funktion verhindert
M	Mode	Funktion freigegeben	Funktion verhindert
R	Rücksetzen	gesteuerter Ausgang gesetzt	keine Wirkung
S	Setzen	gesteuerter Ausgang rückgesetzt	keine Wirkung
Z	Verbindung	1-Zustand	0-Zustand

Kennbuchstabe	Abhängigkeitsart	Verhalten gesteuerter Ein- u. Ausgänge, wenn steuernder Eingang 1	Verhalten gesteuerter Ein- u. Ausgänge, wenn steuernder Eingang 0
EN	Freigabe	Funktion erlaubt	• Funktion verhindert bei gesteuerten Eingängen • offene und Tri-state-Ausgänge extern hochohmig • passive Pulldown-Ausgänge: hochohmiges 0-Signal • passive Pullup-Ausgänge: hochohmiges 1-Signal • andere Ausgänge: 0-Zustand

Funktion bedeutet: gesteuerte Eingänge üben ihre definierte Wirkung auf das Element aus; gesteuerte Ausgänge nehmen den durch das Element definierten internen Logik-Zustand an

Beispiele für Abhängigkeiten

UND

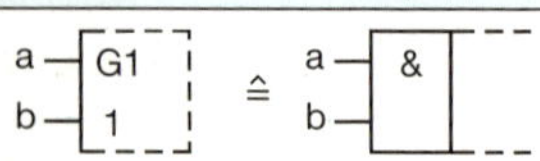

a = 0: interner Zustand = 0
a = 1: interner Zustand durch Eingang b bestimmt

ODER

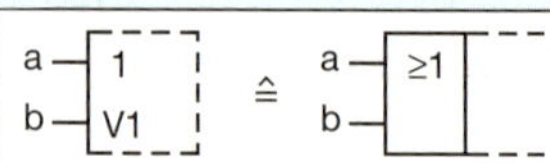

a = 0: interner Zustand durch Eingang b bestimmt
a = 1: interner Zustand = 1

Negation

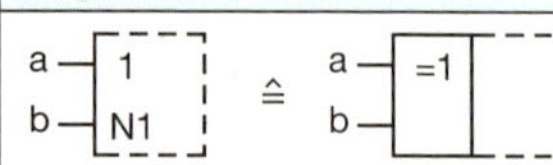

a = 0: interner Zustand durch b bestimmt
a = 1: interner Zustand von b komplementiert

Steuerung

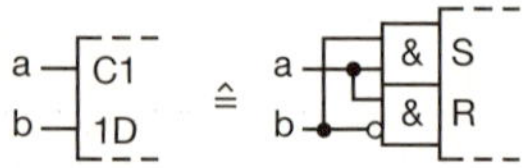

Verwendung bei sequentiellen Elementen; kennzeichnet z. B. Takt

Setzen

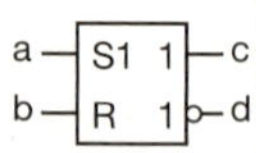

a	b	c	d
0	0	unverändert	
0	1	0	1
1	0	1	0
1	1	1	0

Rücksetzen

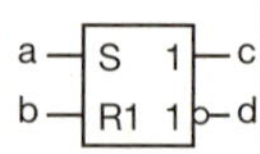

a	b	c	d
0	0	unverändert	
0	1	0	1
1	0	1	0
1	1	0	1

Freigabe

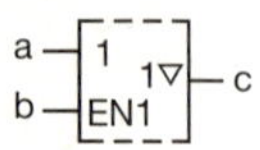

b	c
0	hochohmig
1	a

Mode

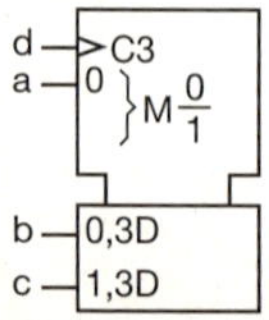

Mode 0 (a = 0): laden Eingang b
Mode 1 (a = 1): Laden Eingang c

Adressen

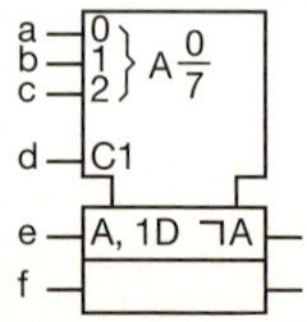

Speicherfeld mit 8 Wörtern (A0...A7) zu je 2 Bit durch zwei-zustands-gesteuertes Flipflop realisiert

Synchrone Zähler – *Parallel counter*

Dezimal-Zähler (74 LS 160 A)

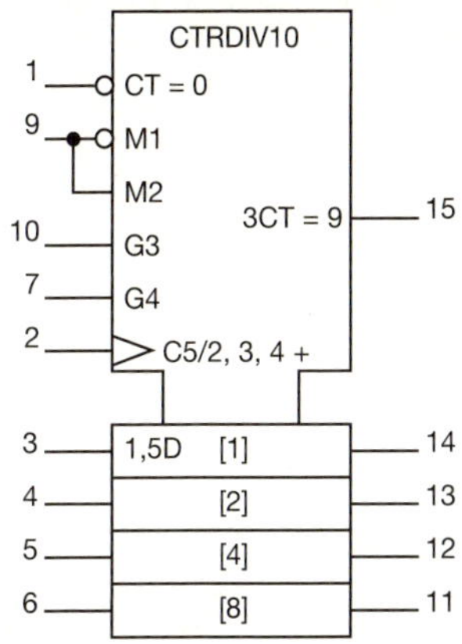

Funktionsabläufe

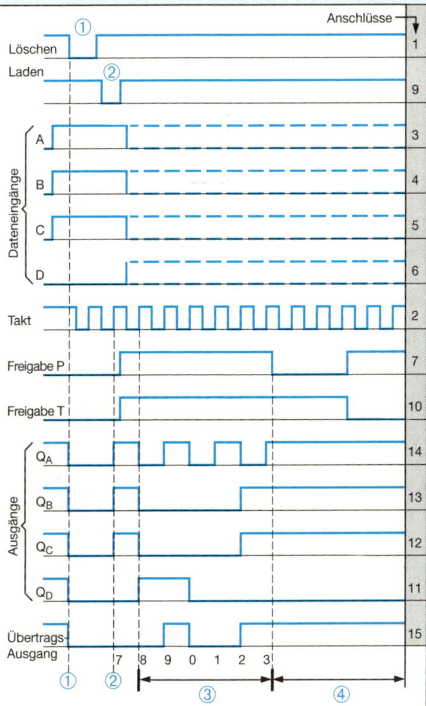

① Zähler löschen
② Einstellen auf BCD 7
③ Zählen bis 8, 9, 0, 1, 2, 3
④ Zähler sperren

Vier-Bit-Binär-Zähler (74 LS 161 A)

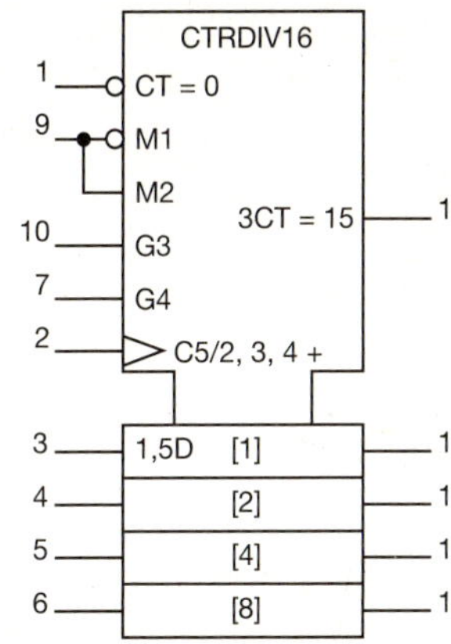

Funktionsabläufe

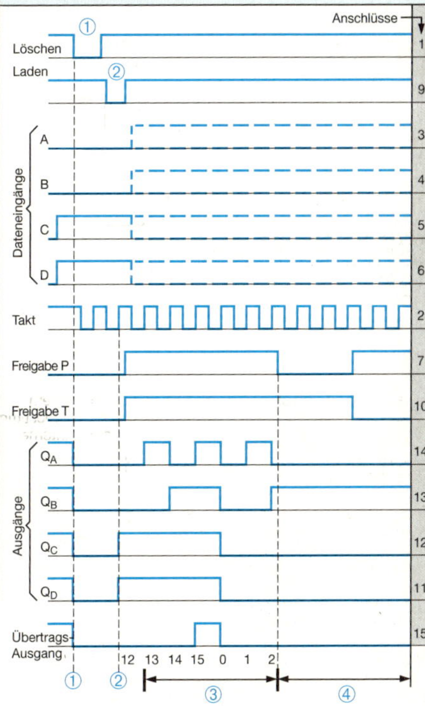

① Zähler löschen
② Einstellen auf binär 12
③ Zählen bis 13, 14, 15, 0, 1, 2
④ Zähler sperren

Decoder – *Decoder*

BCD- zu Dezimal-Decoder

Schaltzeichen

74 45

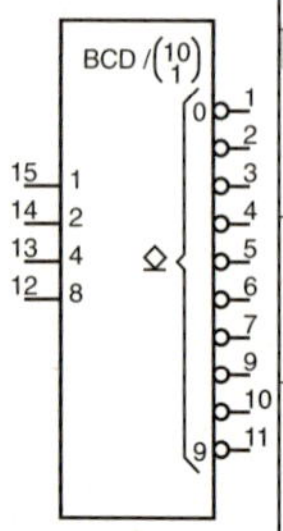

Wertetabelle

Nr.	D	C	B	A	0	1	2	3	4	5	6	7	8	9
	Eingänge				Ausgänge									
	12	13	14	15	1	2	3	4	5	6	7	9	10	11
0	0	0	0	0	0	1	1	1	1	1	1	1	1	1
1	0	0	0	1	1	0	1	1	1	1	1	1	1	1
2	0	0	1	0	1	1	0	1	1	1	1	1	1	1
3	0	0	1	1	1	1	1	0	1	1	1	1	1	1
4	0	1	0	0	1	1	1	1	0	1	1	1	1	1
5	0	1	0	1	1	1	1	1	1	0	1	1	1	1
6	0	1	1	0	1	1	1	1	1	1	0	1	1	1
7	0	1	1	1	1	1	1	1	1	1	1	0	1	1
8	1	0	0	0	1	1	1	1	1	1	1	1	0	1
9	1	0	0	1	1	1	1	1	1	1	1	1	1	0
ungültig	1	0	1	0	1	1	1	1	1	1	1	1	1	1
ungültig	1	0	1	1	1	1	1	1	1	1	1	1	1	1
ungültig	1	1	0	0	1	1	1	1	1	1	1	1	1	1
ungültig	1	1	0	1	1	1	1	1	1	1	1	1	1	1
ungültig	1	1	1	0	1	1	1	1	1	1	1	1	1	1
ungültig	1	1	1	1	1	1	1	1	1	1	1	1	1	1

Prioritäts-Decoder 8 zu 3

Schaltzeichen

74 LS 148

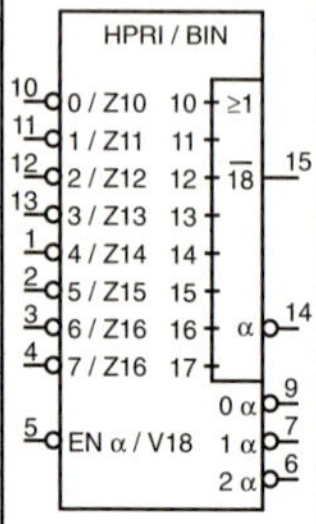

Wertetabelle

EN	0	1	2	3	4	5	6	7	A2	A1	A0	GS	E0
Eingänge									Ausgänge				
5	10	11	12	13	1	2	3	4	6	7	9	14	15
1	x	x	x	x	x	x	x	x	1	1	1	1	1
0	1	1	1	1	1	1	1	1	1	1	1	1	0
0	x	x	x	x	x	x	x	0	0	0	0	0	1
0	x	x	x	x	x	x	0	1	0	0	1	0	1
0	x	x	x	x	x	0	1	1	0	1	0	0	1
0	x	x	x	x	0	1	1	1	0	1	1	0	1
0	x	x	x	0	1	1	1	1	1	0	0	0	1
0	x	x	0	1	1	1	1	1	1	0	1	0	1
0	x	0	1	1	1	1	1	1	1	1	0	0	1
0	0	1	1	1	1	1	1	1	1	1	1	0	1

x: Wert beliebig

BCD- zu Sieben-Segment

Schaltzeichen

74 LS 246

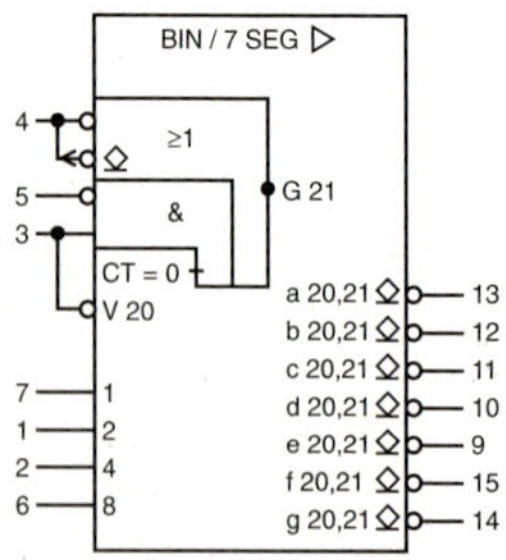

Wertetabelle

Dezimal-Wert/ Funktion	LT	RBI	D	C	B	A	BI/RBO	a	b	c	d	e	f	g
	Eingänge							Ausgänge						
	3	5	6	2	1	7	4	13	12	11	10	9	15	14
0	1	1	0	0	0	0	1	E	E	E	E	E	E	A
1	1	x	0	0	0	1	1	A	E	E	A	A	A	A
2	1	x	0	0	1	0	1	E	E	A	E	E	A	E
3	1	x	0	0	1	1	1	E	E	E	E	A	A	E
4	1	x	0	1	0	0	1	A	E	E	A	A	E	E
5	1	x	0	1	0	1	1	E	A	E	E	A	E	E
6	1	x	0	1	1	0	1	E	A	E	E	E	E	E
7	1	x	0	1	1	1	1	E	E	E	A	A	A	A
8	1	x	1	0	0	0	1	E	E	E	E	E	E	E
9	1	x	1	0	0	1	1	E	E	E	E	A	E	E
10	1	x	1	0	1	0	1	A	A	A	E	E	A	E
11	1	x	1	0	1	1	1	A	A	E	E	A	A	E
12	1	x	1	1	0	0	1	A	E	A	A	A	E	E
13	1	x	1	1	0	1	1	E	A	A	E	A	E	E
14	1	x	1	1	1	0	1	A	A	A	E	E	E	E
15	1	x	1	1	1	1	1	A	A	A	A	A	A	A
BI	x	x	x	x	x	x	0	A	A	A	A	A	A	A
RBI	1	0	0	0	0	0	0	A	A	A	A	A	A	A
LT	0	x	x	x	x	x	1	E	E	E	E	E	E	E

BI ≙ Blanking Input: alle Ausgänge abgeschaltet; RBI ≙ Ripple Blanking Input: Übertragungseingang für 0-Ausblendung; RBO ≙ Ripple Blanking Output: Übertragungsausgang für 0-Ausblendung; LT ≙ Lamp Test: Lampen Test; E: Ein; A: Aus; x: Wert beliebig.

Demultiplexer – *Demultiplexer*

Schaltzeichen

74 LS 138

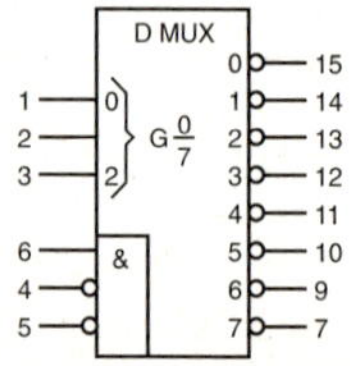

Wertetabelle

G1	G2*	C	B	A	Y0	Y1	Y2	Y3	Y4	Y5	Y6	Y7
Eingänge: Freigabe		Eingänge: Auswahl			Ausgänge							
6	4/5	3	2	1	15	14	13	12	11	10	9	7
x	1	x	x	x	1	1	1	1	1	1	1	1
0	x	x	x	x	1	1	1	1	1	1	1	1
1	0	0	0	0	0	1	1	1	1	1	1	1
1	0	0	0	1	1	0	1	1	1	1	1	1
1	0	0	1	0	1	1	0	1	1	1	1	1
1	0	0	1	1	1	1	1	0	1	1	1	1
1	0	1	0	0	1	1	1	1	0	1	1	1
1	0	1	0	1	1	1	1	1	1	0	1	1
1	0	1	1	0	1	1	1	1	1	1	0	1
1	0	1	1	1	1	1	1	1	1	1	1	0

Multiplexer – *Multiplexer*

Schaltzeichen

74 LS 151

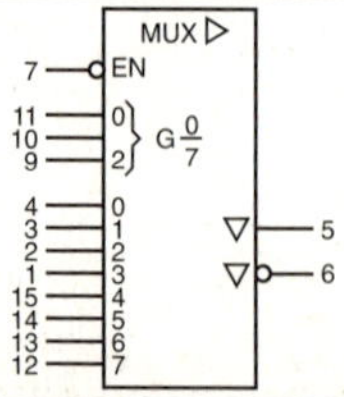

Wertetabelle

C	B	A	Freigabe	Y	W
Eingänge: Auswahl			Eingänge: Freigabe	Ausgänge	
9	10	11	7	5	6
x	x	x	1	0	1
0	0	0	0	D0	$\overline{D0}$
0	0	1	0	D1	$\overline{D1}$
0	1	0	0	D2	$\overline{D2}$
0	1	1	0	D3	$\overline{D3}$
1	0	0	0	D4	$\overline{D4}$
1	0	1	0	D5	$\overline{D5}$
1	1	0	0	D6	$\overline{D6}$
1	1	1	0	D7	$\overline{D7}$

Schieberegister – *Shift register*

Seriell ein / Parallel aus, 8 Bit

Schaltzeichen

74 LS 164

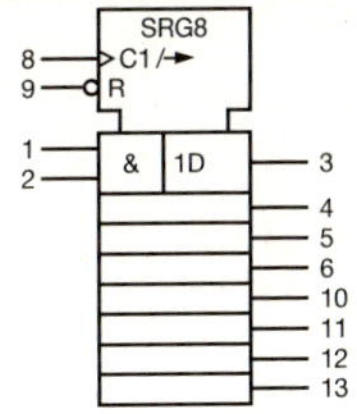

Wertetabelle

Eingänge				Ausgänge			
Löschen	Takt	A	B	Q_A	Q_B	…	Q_H
9	8	1	2	3	4	…	13
0	x	x	x	0	0	…	0
1	0	x	x	Q_{An}	Q_{Bn}	…	Q_{Hn}
1	↑	1	1	1	Q_{An+1}	…	Q_{Gn+1}
1	↑	0	x	0	Q_{An+1}	…	Q_{Gn+1}
1	↑	x	0	0	Q_{An+1}	…	Q_{Gn+1}

↑ Flanke von 0 nach 1;
Q_{An}, Q_{Bn}, Q_{Hn} ≙ Zustand vor dem Taktimpuls;
Q_{An+1}, Q_{Gn+1}: Zustand nach dem Taktimpuls

Funktionsabläufe

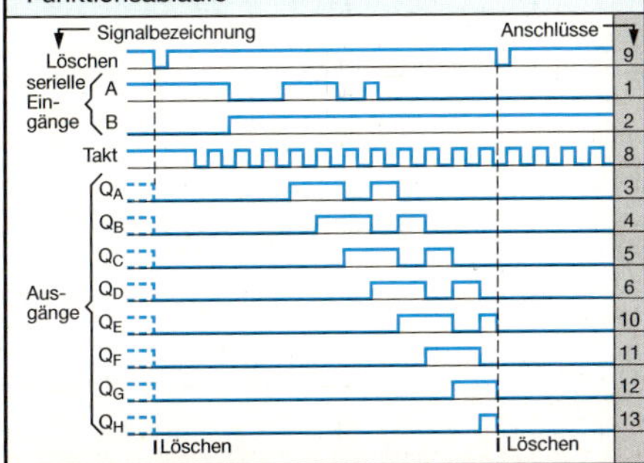

Parallel-Seriell ein / Seriell aus, 8 Bit

Schaltzeichen

74 LS 165

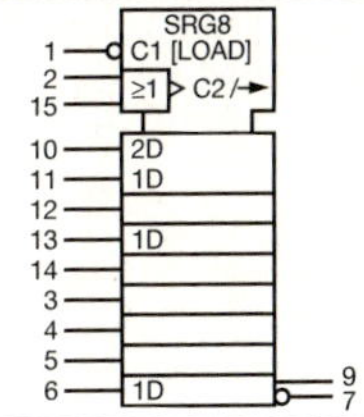

Wertetabelle

Eingänge					Ausgänge		
Schieben/ Laden	Takt sperren	Takt	Eingänge seriell	A…H	intern Q_{An}	Q_{Bn+1}	extern
1	15	2	10	11…6			9
0	x	x	x	a…h	a	b	h
1	0	0	x	x	Q_{An}	Q_{Bn}	Q_{Hn}
1	0	↑	1	x	1	Q_{An+1}	Q_{Gn+1}
1	0	↑	0	x	0	Q_{An+1}	Q_{Gn+1}
1	1	x	x	x	Q_{An}	Q_{Bn}	Q_{Hn+1}

a…h: Zustand entsprechen den Eingänge A…H;
Q_{An}…Q_{Hn+1}: Zustand vor dem Taktimpuls; x: Wert beliebig;
Q_{An+1}…Q_{Hn+1}: Zustand nach dem Taktimpuls;
↑: Flanke von 0 nach 1

Funktionsabläufe

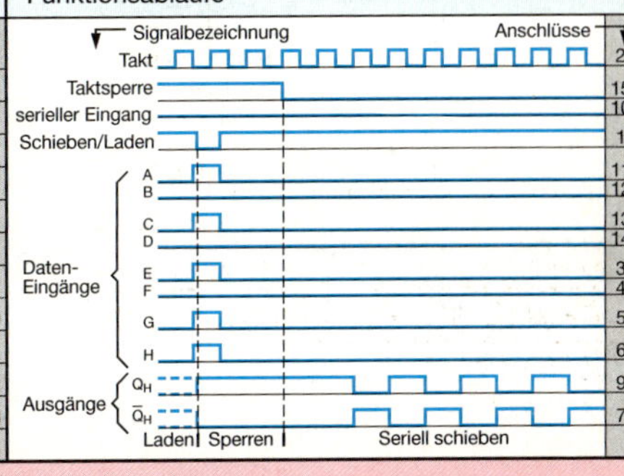

Technische Informatik

Komparator – *Comparator*

Schaltzeichen

74 LS 85

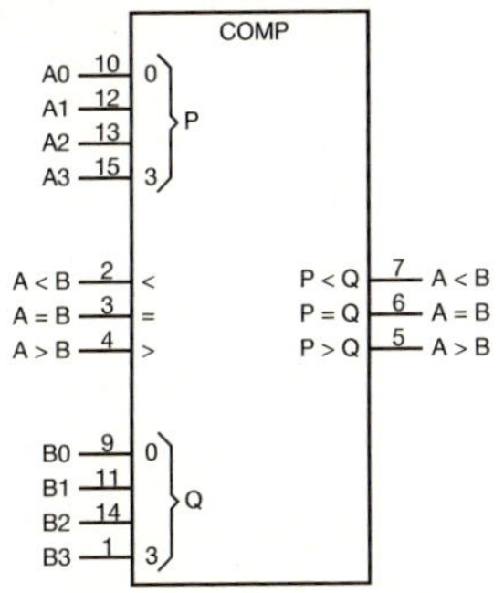

Wertetabelle

Vergleichs-Eingänge				Übertrags-Eingänge			Ausgänge		
A3, B3	A2, B2	A1, B1	A0, B0	A > B	A < B	A = B	A > B	A < B	A = B
15,1	13,14	12,11	10,9	4	2	3	5	7	6
A3 > B3	x	x	x	x	x	x	1	0	0
A3 < B3	x	x	x	x	x	x	0	1	0
A3 = B3	A2 > B2	x	x	x	x	x	1	0	0
A3 = B3	A2 < B2	x	x	x	x	x	0	1	0
A3 = B2	A2 = B2	A1 > B1	x	x	x	x	1	0	0
A3 = B3	A2 = B2	A1 < B1	x	x	x	x	0	1	0
A3 = B3	A2 = B2	A1 = B1	A0 > B0	x	x	x	1	0	0
A3 = B3	A2 = B2	A1 = B1	A0 < B0	x	x	x	0	1	0
A3 = B3	A2 = B2	A1 = B1	A0 = B0	1	0	0	1	0	0
A3 = B3	A2 = B2	A1 = B1	A0 = B0	0	1	0	0	1	0
A3 = B3	A2 = B2	A1 = B1	A0 = B0	0	0	1	0	0	1
A3 = B3	A2 = B2	A1 = B1	A0 = B0	x	x	1	0	0	1
A3 = B3	A2 = B2	A1 = B1	A0 = B0	1	1	0	0	0	0
A3 = B3	A2 = B2	A1 = B1	A0 = B0	0	0	0	1	1	0

x: Wert beliebig <: kleiner als >: größer als

Logikfamilien – *Logic families*

Übersicht

AUC	**A**dvanced **U**ltra-Low-Voltage-**C**MOS Logic
GTLP	**G**unning-**T**ransceiver **L**ogic **P**lus
AVC	**A**dvanced **V**ery-Low-Voltage **C**MOS Logic
TVC	**T**ranslation **V**oltage **C**lamp Logic
ALVT	**A**dvanced **L**ow-**V**oltage BiCMOS **T**echnology-Logic
CBTLV	**CBT** **L**ow-**V**oltage Crossbar
AHC	Technology Logic **A**dvanced-**H**igh-Speed **C**MOS
ALVC	**A**dvanced **L**ow-**V**oltage **C**MOS
CBT	**C**ross**B**ar **T**echnology
LV	**L**ow-**V**oltage CMOS
LVC	**L**ow-**V**oltage **C**MOS
LVT	**L**ow-**V**oltage BiCMOS **T**echnology Logic
ABT	**A**dvanced **B**iCMOS **T**echnology
FCT	**F**ast **C**MOS **T**echnology
AC	**A**dvanced **C**MOS Logic
BCT	**B**iCMOS **T**echnology
HC	**H**igh-Speed **C**MOS
ALS	**A**dvanced **L**ow-Power **S**chottky
F	**F**ast Logic
AS	**A**dvanced **S**chottky Logic
CD 4000	CMOS B-Serie
LS	**L**ow-Power **S**chottky Logic
S	**S**chottky Logic
TTL	**T**ransistor-**T**ransistor **L**ogic

■ CMOS ■ BiCMOS ■ Bipolar

Einordnung nach Eigenschaften

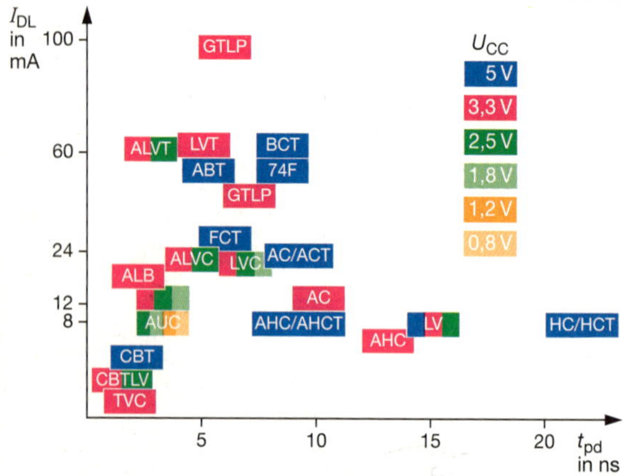

Formelzeichen

U_{CC}: Betriebsspannung
U_{IH}: Eingangsspg. für H-Pegel
U_{IL}: Eingangsspg. für L-Pegel
U_{OH}: Ausgangsspg. für H-Pegel
U_{OL}: Ausgangsspg. für L-Pegel
I_{OL}: Ausgangsstrom je Ausgang bei L-Pegel
I_{OH}: Ausgangsstrom je Ausgang bei H-Pegel
I_{IL}: Eingangsstrom je Ausgang bei L-Pegel
I_{IH}: Eingangsstrom je Ausgang bei H-Pegel
t_{pd}: mittlere Signallaufzeit
F_I: Fan in, Eingangslastfaktor
F_O: Fan out, Ausgangslastfaktor

Kenndaten einiger Logikfamilien

Technologie		CBT	AUC	AHC	LVC	LVT	LS	F
Betriebsspannung(en)	in V	5	0,8…2,5	5	2,0…3,6	2,7…3,3	5	5
Betriebsspannungsbereich	in V	4,0…5,5	0,8…2,7	4,5…5,5	1,65…3,6	2,7…3,6	4,75…5,25	4,5…5,5
Temperaturbereich	in °C	-40…+85	-40…+85	-40…+85	-40…+85	-40…+85	0…+70	0…+70
U_{IH}	in V	2	1)	2	1)	2	2	2
U_{IL}	in V	0,8	0…0,7	0,8	1)	0,8	0,8	0,8
I_{OH}	in mA	–	–9 1)	–8	–24	–12	–0,4	–1
I_{OL}	in mA	–	9 1)	8	24	12	8	20
t_{pd} (max.)	in ns	0,25	2,2 1)	8,5	4,5	5,3	15	6

1) abhängig von U_{CC}

Technische Informatik

Analog-Digital-Umsetzer – *Analog-digital-converter*

Parallelverfahren

- Eingangsspannung wird **gleichzeitig** mit n festen Referenzspannungen verglichen.
- Ergebnis wird in einem Schritt ermittelt.

Wägeverfahren

- Eingangsspannung wird **nacheinander** mit n-Referenzspannungen verglichen.
- Anzahl der Referenzspannungen entspricht der Stellenzahl der dualen Ausgangszahl.

Zählverfahren

- Eingangsspannung wird mit **einer** Referenzspannung verglichen (kleinster Wert ≙ LSB).
- Dieser Wert wird so oft aufaddiert, bis Wert der Eingangsspannung erreicht ist.

Merkmale	M	A	G
• Direkter-Umsetzer (auch als Flash-Umsetzer bezeichnet)	s	h	g
• Parallel-Seriell-Umsetzer	s	h	g

Merkmale	M	A	G
• Nachlaufverschlüssler	m	m	h
• Stufenrampen-Umsetzer	l	m	h
• Sukzessive Annäherung	h	m	h
• Ladungsübertragung	n	m	m
• Subtraktions-Umsetzer	h	h	g

Merkmale	M	A	G
• Pulsbreiten-Umsetzer	n	g	m
• Sägezahn-Umsetzer	n	ng	m
• Dual-Slope-Umsetzer	n	m	h

M ≙ Messgeschwindigkeit; A ≙ Aufwand; G ≙ Genauigkeit; s ≙ sehr hoch; h ≙ hoch; g ≙ gering; m ≙ mittel; l ≙ langsam; n ≙ niedrig; ng ≙ noch gering

Direkt-Umsetzer

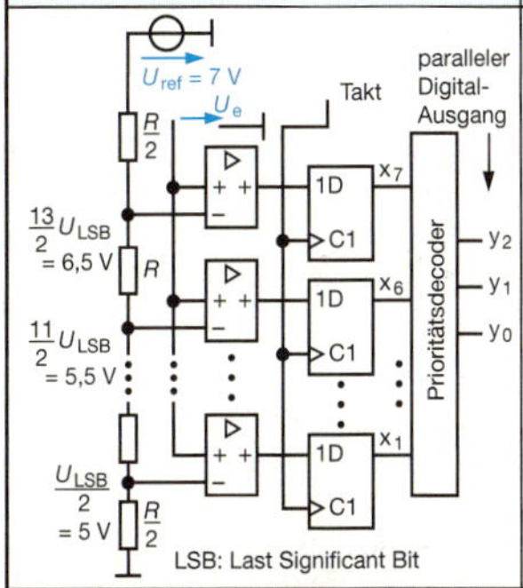

U_e in V	x_7	x_6	x_5	x_4	x_3	x_2	x_1	y_2	y_1	y_0
0	0	0	0	0	0	0	0	0	0	0
1	0	0	0	0	0	0	1	0	0	1
⋮				⋮					⋮	
7	1	1	1	1	1	1	1	1	1	1

Stufenrampen-Umsetzer

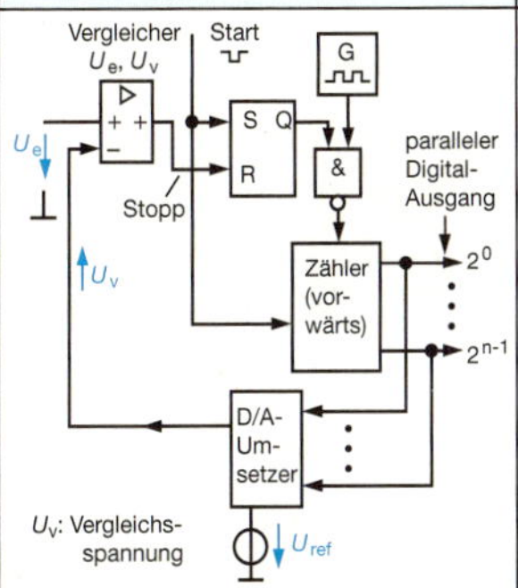

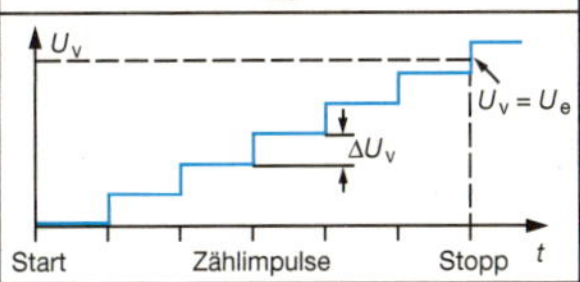

Dual-Slope-Umsetzer

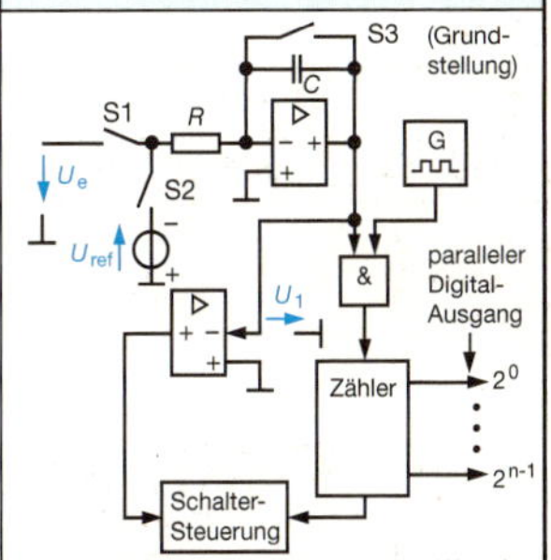

Impulse während t_2 entsprechen dem Wert der Eingangsspannung.

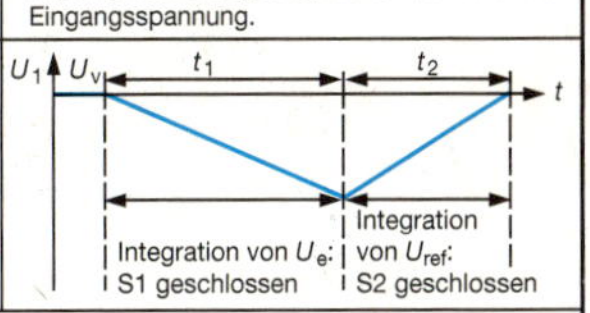

Genauigkeit von Analog-Digital-Umsetzern ist bestimmt durch statische und dynamische Fehler.

Statischer Fehler: (Quantisierungsfehler) ist so groß, wie die halbe Änderung der Eingangsspannung um die Zahl in der niedrigsten Stelle zu ändern (±1/2 LSB).

Dynamischer Fehler: entsteht durch Änderung des Eingangssignals während der Umsetzung (Abtastfrequenz muß doppelt so hoch sein wie Signalfrequenz).

Digital-Analog-Umsetzer – *Digital-analog-converter*

Parallelverfahren

- Für jede umzusetzende digitale Zahl ist eine diesem Wert entsprechende Spannungsquelle erforderlich.
- Die Spannungsquellen werden einzeln, getrennt eingeschaltet.

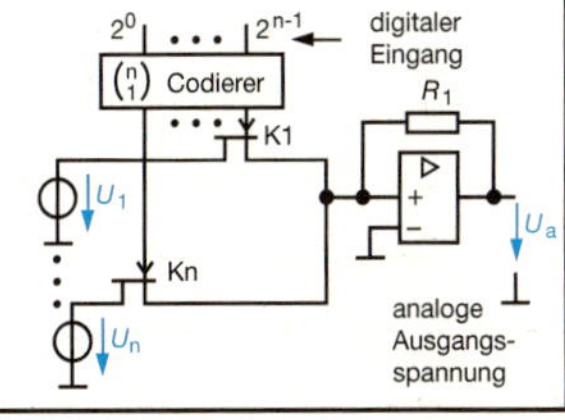

Wägeverfahren

- Jedem Digitaleingang ist eine unterschiedlich gewichtete Spannungs- oder Stromquelle zugeordnet.
- Sie werden entsprechend der anliegenden Dualzahl eingeschaltet und aufsummiert.

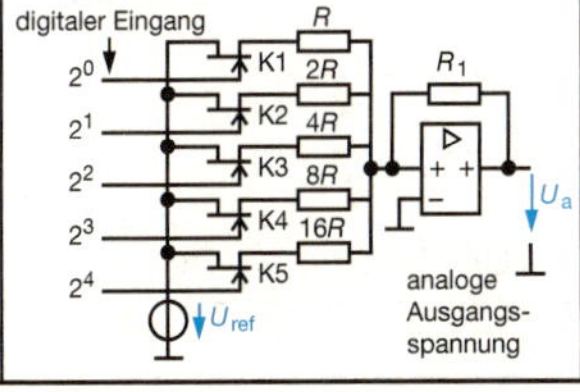

Zählverfahren

- Beim Sägezahnverfahren wird nur eine Referenzspannung benötigt.
- Digitalwert wird im Zähler auf Null gezählt. Benötigte Zeit ist proportional zum Digitalwert.

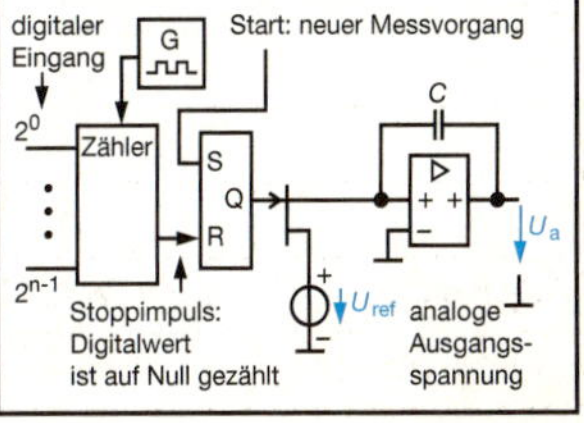

Grundbegriffe der Codierung – *Basic terms of encoding*

- Codieren bedeutet, den gegebenen Vorrat an Symbolen eines Zeichensatzes den Symbolen eines anderen Zeichensatzes zuzuordnen.

Codieren erfolgt aus verschiedenen Gründen:

- Bei Datenübertragung: Einfache und zeitsparende Übertragung der Symbole.
- Für Datensicherheit: Daten möglichst schwer entschlüsselbar (kryptologische Codierungen).
- Für Datenverarbeitung: Mathematische Operationen mit geringem technischen Aufwand durchführen.

- Überwiegend verwendet werden binäre Codes.
- Besondere Bedeutung haben die Codes, bei denen die Codewörter aus gleich vielen Elementen bestehen (z. B. vier Bit).
- Bei n Elementen pro Codewort und v unterscheidbaren Zuständen pro Element sind $M = v^n$ Codewörter darstellbar.
(Binärsystem mit v = 2 ist $M = 2^n$.)

Stellenwertigkeit

Die zu einem Codewort gehörende Zahl kann bei einigen Codes durch Addition der Stellengewichte, die mit 1 belegt sind, ermittelt werden.
Beispiel BCD-Code:
Codewort 0 1 1 0 ≙ $0 \cdot 8 + 1 \cdot 4 + 1 \cdot 2 + 0 \cdot 1 = 6$
Stellenwert 8 4 2 1

Fehlererkennbarkeit

Codes, die einfache oder mehrfache Verfälschungen von Stellen innerhalb eines Codewortes aufzeigen, sind fehlererkennbar (z. B. 1 aus 10- und 2 aus 5-Code).

Parität

Jedem Codewort kann durch Hinzufügen einer einzelnen Prüfstelle die Fähigkeit zum Erkennen einfacher Fehler gegeben werden.

- Gerade Parität: Paritätsbit wird auf 0 gesetzt, wenn Quersumme der mit 1 besetzten Stellen im Codewort gerade ist.
Paritätsbit = 1, wenn Quersumme ungerade.
- Ungerade Parität: Paritätsbit = 1, wenn Quersumme gerade;
Paritätsbit = 0, wenn Quersumme ungerade.

Beispiel:

Parität	gerade (even)	ungerade (odd)
Codewort 1	0 1 1 0 0	0 1 1 0 1
Codewort 2	1 1 1 0 1	1 1 1 0 0

Paritätsbit (jeweils letzte Stelle)

Blockprüfung

Auch als Longitudinale Redundanzprüfung bezeichnet. Sichert durch **BCC** (**B**lock **C**heck **C**haracter: Paritätszeichen) einen Datenblock.

- Alle Bitstellen mit derselben Bitnummer innerhalb des Blockes werden addiert.
- Dafür wird jeweils ein Paritätsbit gebildet.
- Die zusammengefaßten Paritätsbits ergeben das BCC.

Beispiel:

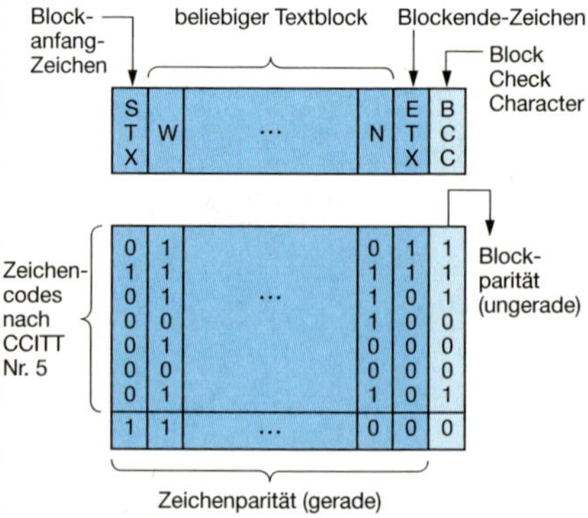

Zyklische Redundanzprüfung

- Beim **CRC**-Verfahren (**C**yclic **R**edundancy **C**heck) wird gesamte Nachricht als serieller Bitstrom betrachtet.
- Alle Bits werden an einen CRC-Generator gegeben.
- Hier wird der Bitstrom durch ein Generatorpolynom dividiert und eine Kontrollzahl erzeugt.
- Daten und Kontrollzahl werden vom Empfänger ebenfalls durch Generatorpolynom dividert.
- Wenn Divisionsrest gleich 0, dann hat keine Verfälschung stattgefunden.
- CRC-Generator besteht aus Schieberegistern, die an bestimmten Stellen über Exclusiv-Oder-Gatter zurückgekoppelt sind.

Übertragungsprinzip mit CRC-Verfahren

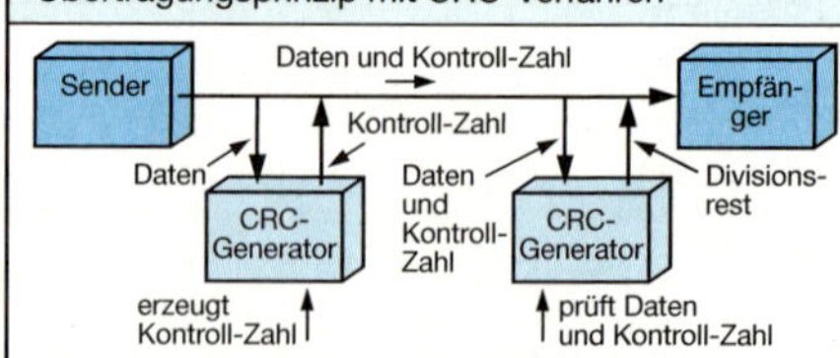

Generatorpolynome für CRC-Generator

CCITT: $G(x) = x^{16} + x^{12} + x^5 + 1$	CRC-12: $G(x) = x^{12} + x^{11} + x^3 + x^2 + x + 1$
CRC-16 (IBM): $G(x) = x^{16} + x^{15} + x^2 + 1$	CRC-8 (LRC): $G(x) = x^8 + 1$

Zahlen-Codes – *Numeric codes*

Tetradische Codes

- Bestehen aus vier Bit (Tetrade) je Codewort.
- Codieren die Dezimalziffern 0…9.
- Enthalten sechs Codewörter (Dezimalzahlen 10… 15), die nicht verwendet werden (Pseudotetraden).

Mehrschrittige Tetradische Codes

- Ändern mehrere Binärstellen beim Übergang von einem Codewort zum folgenden.
- BCD-Code: Binary-Coded Decimals (binärcodierte Dezimalziffern), geeignet für Addition.
- Aiken-Code: geeignet für Addition und Subtraktion.

Einschrittige Tetradische Codes

- Ändern nur eine Binärstelle beim Übergang von einem Codewort zum folgenden.
- Anwendung bei Analog-Digital-Umsetzern (z. B. Winkelcodierern).

Dezimal-Ziffer	BCD-Code	Aiken-Code	Gray-Code	Glixon-Code	O'Brien-Code
0	0 0 0 0	0 0 0 0	0 0 0 0	0 0 0 0	0 0 0 1
1	0 0 0 1	0 0 0 1	0 0 0 1	0 0 0 1	0 0 1 1
2	0 0 1 0	0 0 1 0	0 0 1 1	0 0 1 1	0 0 1 0
3	0 0 1 1	0 0 1 1	0 0 1 0	0 0 1 0	0 1 1 0
4	0 1 0 0	0 1 0 0	0 1 1 0	0 1 1 0	0 1 0 0
5	0 1 0 1	1 0 1 1	0 1 1 1	0 1 1 1	1 1 0 0
6	0 1 1 0	1 1 0 0	0 1 0 1	0 1 0 1	1 1 1 0
7	0 1 1 1	1 1 0 1	0 1 0 0	0 1 0 0	1 0 1 0
8	1 0 0 0	1 1 1 0	1 1 0 0	1 1 0 0	1 0 1 1
9	1 0 0 1	1 1 1 1	1 1 0 1	1 0 0 0	1 0 0 1
Wertigkeit	8 4 2 1	2 4 2 1			
Stelle	4 3 2 1	4 3 2 1	4 3 2 1	4 3 2 1	4 3 2 1

Höherstellige Codes

- Verwenden mehr als vier Stellen zur Darstellung eines Codewortes.
- 2 aus 5-Code: gleichgewichtiger Code; jeweils zwei von fünf Stellen sind in jedem Codewort mit 1 besetzt; fehlererkennbar.
- 1 aus 10-Code: fehlererkennbar.
- Libaw-Craig-Code: einschrittiger Code.
- Biquinär-Code: 2 aus 7-Code

Dezimal-Ziffer	2 aus 5-Code	1 aus 10-Code	Libaw-Craig-Code	Biquinär-Code
0	0 0 0 1 1	0 0 0 0 0 0 0 0 0 1	0 0 0 0 0	1 0 0 0 0 0 1
1	0 0 1 0 1	0 0 0 0 0 0 0 0 1 0	0 0 0 0 1	1 0 0 0 0 1 0
2	0 0 1 1 0	0 0 0 0 0 0 0 1 0 0	0 0 0 1 1	1 0 0 0 1 0 0
3	0 1 0 0 1	0 0 0 0 0 0 1 0 0 0	0 0 1 1 1	1 0 0 1 0 0 0
4	0 1 0 1 0	0 0 0 0 0 1 0 0 0 0	0 1 1 1 1	1 0 1 0 0 0 0
5	0 1 1 0 0	0 0 0 0 1 0 0 0 0 0	1 1 1 1 1	0 1 0 0 0 0 1
6	1 0 0 0 1	0 0 0 1 0 0 0 0 0 0	1 1 1 1 0	0 1 0 0 0 1 0
7	1 0 0 1 0	0 0 1 0 0 0 0 0 0 0	1 1 1 0 0	0 1 0 0 1 0 0
8	1 0 1 0 0	0 1 0 0 0 0 0 0 0 0	1 1 0 0 0	0 1 0 1 0 0 0
9	1 1 0 0 0	1 0 0 0 0 0 0 0 0 0	1 0 0 0 0	0 1 1 0 0 0 0
Stelle	5 4 3 2 1	9 8 7 6 5 4 3 2 1 0	5 4 3 2 1	6 5 4 3 2 1 0

Nichtdekadische Codes

- Zahlen werden vollständig in einem Codewort dargestellt.
- Codes müssen auf die Menge der zu codierenden Zahlen ausgelegt sein.

Dezimal-Ziffer	Dual-Code	Hamming-Code	Dezimal-Ziffer	Dual-Code	Hamming-Code
0	0 0 0 0	0 0 0 0 0 0 0	8	1 0 0 0	1 0 0 1 0 1 1
1	0 0 0 1	0 0 0 0 1 1 1	9	1 0 0 1	1 0 0 1 1 0 0
2	0 0 1 0	0 0 1 1 0 0 1	10	1 0 1 0	1 0 1 0 0 1 0
3	0 0 1 1	0 0 1 1 1 1 0	11	1 0 1 1	1 0 1 0 1 0 1
4	0 1 0 0	0 1 0 1 0 1 0	12	1 1 0 0	1 1 0 0 0 0 1
5	0 1 0 1	0 1 0 1 1 0 1	13	1 1 0 1	1 1 0 0 1 1 0
6	0 1 1 0	0 1 1 0 0 1 1	14	1 1 1 0	1 1 1 1 0 0 0
7	0 1 1 1	0 1 1 0 1 0 0	15	1 1 1 1	1 1 1 1 1 1 1

ASCII-Code

DIN 66003: 74-06

Zeile \ Spalte	00	hex	dez	binär	oktal	01	hex	dez	binär	oktal
00	NUL	0	0	P000 0000	000	DLE	10	16	P001 0000	020
01	SOH	01	1	P000 0001	001	DC_1	11	17	P001 0001	021
02	STX	02	2	P000 0010	002	DC_2	12	18	P001 0010	022
03	ETX	03	3	P000 0011	003	DC_3	13	19	P001 0011	023
04	EOT	04	4	P000 0100	004	DC_4	14	20	P001 0100	024
05	ENQ	05	5	P000 0101	005	NAK	15	21	P001 0101	025
06	ACK	06	6	P000 0110	006	SYN	16	22	P001 0110	026
07	BEL	07	7	P000 0111	007	ETB	17	23	P001 0111	027
08	BS	08	8	P000 1000	010	CAN	18	24	P001 1000	030
09	HT	09	9	P000 1001	011	EM	19	25	P001 1001	031
10	LF	0A	10	P000 1010	012	SUB	1A	26	P001 1010	032
11	VT	0B	11	P000 1011	013	ESC	1B	27	P001 1011	033
12	FF	0C	12	P000 1100	014	FS	1C	28	P001 1100	034
13	CR	0D	13	P000 1101	015	GS	1D	29	P001 1101	035
14	SO	0E	14	P000 1110	016	RS	1E	30	P001 1110	036
15	SI	0F	15	P000 1111	017	US	1F	31	P001 1111	037

Zeile \ Spalte	02	hex	dez	binär	oktal	03	hex	dez	binär	oktal
00	SP	20	32	P010 0000	040	0	30	48	P011 0000	060
01	!	21	33	P010 0001	41	1	31	49	P011 0001	061
02	“	22	34	P010 0010	042	2	32	50	P011 0010	062
03	#	23	35	P010 0011	043	3	33	51	P011 0011	063
04	$	24	36	P010 0100	044	4	34	52	P011 0100	064
05	%	25	37	P010 0101	045	5	35	53	P011 0101	065
06	&	26	38	P010 0110	046	6	36	54	P011 0110	106
07	>	27	39	P010 0111	047	7	37	55	P011 0111	067
08	(	28	40	P010 1000	050	8	38	56	P011 1000	070
09	)	29	41	P010 1001	051	9	39	57	P011 1001	071
10	*	2A	42	P010 1010	052	:	3A	58	P011 1010	072
11	+	2B	43	P010 1011	053	;	3B	59	P011 1011	073
12	,	2C	44	P010 1100	054	<	3C	60	P011 1100	074
13	–	2D	45	P010 1101	055	=	3D	61	P011 1101	075
14	.	2E	46	P010 1110	056	>	3E	62	P011 1110	076
15	/	2F	47	P010 1111	057	?	3F	63	P011 1111	077

Zeile \ Spalte	04	hex	dez	binär	oktal	05	hex	dez	binär	oktal
00	@	40	64	P100 0000	100	P	50	80	P101 0000	120
01	A	41	65	P100 0001	109	Q	51	81	P101 0001	120
02	B	42	66	P100 0010	102	R	52	82	P101 0010	122
03	C	43	67	P100 0011	103	S	53	83	P101 0011	123
04	D	44	68	P100 0100	104	T	54	84	P101 0100	124
05	E	45	69	P100 0101	105	U	55	85	P101 0101	125
06	F	46	70	P100 0110	106	V	56	86	P101 0110	126
07	G	47	71	P100 0111	107	W	57	87	P101 0111	127
08	H	48	72	P100 1000	110	X	58	88	P101 1000	130
09	I	49	73	P100 1001	111	Y	59	89	P101 1001	131
10	J	4A	74	P100 1010	112	Z	5A	90	P101 1010	132
11	K	4B	75	P100 1011	113	[	5B	91	P101 1011	133
12	L	4C	76	P100 1100	114	\	5C	92	P101 1100	134
13	M	4D	77	P100 1101	115	]	5D	93	P101 1101	135
14	N	4E	78	P100 1110	116	^	5E	94	P101 1110	136
15	O	4F	79	P100 1111	117	_	5F	95	P101 1111	137

Zeile \ Spalte	06	hex	dez	binär	oktal	07	hex	dez	binär	oktal
00	`	60	96	P110 0000	140	p	70	112	P111 0000	160
01	a	61	97	P110 0001	141	q	71	113	P111 0001	161
02	b	62	98	P110 0010	142	r	72	114	P111 0010	162
03	c	63	99	P110 0011	143	s	73	115	P111 0011	163
04	d	64	100	P110 0100	144	t	74	116	P111 0100	164
05	e	65	101	P110 0101	145	u	75	117	P111 0101	165
06	f	66	102	P110 0110	146	v	76	118	P111 0110	166
07	g	67	103	P110 0111	147	w	77	119	P111 0111	167
08	h	68	104	P110 1000	150	x	78	120	P111 1000	170
09	i	69	105	P110 1001	151	y	79	121	P111 1001	171
10	j	6A	106	P110 1010	152	z	7A	122	P111 1010	172
11	k	6B	107	P110 1011	153	{	7B	123	P111 1011	173
12	l	6C	108	P110 1100	154	¦	7C	124	P111 1100	174
13	m	6D	109	P110 1101	155	}	7D	125	P111 1101	175
14	n	6E	110	P110 1110	156	~	7E	126	P111 1110	176
15	o	6F	111	P110 1111	157	DEL	7F	127	P111 1111	177

Erklärung

ASCII-Zeichen	DLE	10	Wert hexadezimal
		16	Wert dezimal
Wert binär	P001 0000	020	Wert oktal

LSB (Least Significant Bit: niederwertiges Bit)
MSB (Most Significant Bit: höchstwertiges Bit)

P: Paritätsbit (P = 0 oder P = 1 muss vereinbart sein; s. DIN 66 022).

Befehl	Art des Befehls	Bedeutung englisch	Bedeutung deutsch
NUL	–	NULL	Null, Nichts
SOH	TC	START OF HEADING	Kopfzeilenbeginn
STX	TC	START OF TEXT	Textanfangzeichen
ETX	TC	END OF TEXT	Textendezeichen
EOT	TC	END OF TRANSMISSION	Ende der Übertragung
ENQ	TC	ENQUIRY	Aufforderung zur Datenübertragung
ACK	TC	ACKNOWLEDGE	Positive Rückmeldung
BEL	–	BELL	Klingelzeichen
BS	FE	BACKSPACE	Rückwärtsschritt
HT	FE	HORIZONTAL TABULATION	Horizontal-Tabulator
LF	FE	LINE FEED	Zeilenvorschub
VT	FE	VERTICAL TABULATION	Vertikal-Tabulator
FF	FE	FORM FEED	Formularvorschub
CR	FE	CARRIAGE RETURN	Wagenrücklauf
SO	–	SHIFT OUT	Dauerumschaltungs-zeichen
SI	–	SHIFT IN	Rückschaltungszeichen
DLE	TC	DATALINE ESCAPE	Datenübertragungs-Umschaltung
DC 1…4	DC	DEVICE CONTROL 1…4	Gerätesteuerzeichen 1…4
NAK	TC	NEGATIVE ACKNOWLEDGE	Negative Rückmeldung
SYN	TC	SYNCHRONOUS IDLE	Synchronisierung
ETB	TC	END OF TRANSMISSION BLOCK	Ende des Übertragungsblocks
CAN	–	CANCEL	Ungültig
EM	–	END OF MEDIUM	Ende der Aufzeichnung
SUB	–	SUBSTITUTE	Substitution
ESC	–	ESCAPE	Umschaltung
FS	IS	FILE SEPARATOR	Hauptgruppen-Trenn-zeichen
GS	IS	GROUP SEPARATOR	Gruppentrennzeichen
RS	IS	RECORD SEPARATOR	Untergruppen-Trenn-zeichen
US	IS	UNIT SEPARATOR	Teilgruppen-Trenn-zeichen
SP	–	SPACE	Leerzeichen
DEL	–	DELETE	Löschen

Technische Informatik

Strichcode – *Bar code*

DIN EN 797

- Strichcodes (Barcodes) werden verwendet zu maschinenlesbaren Codierungen.
- Codiert werden damit überwiegend Massengüter (z. B. Bücher, Lebensmittel).
- Sie dienen zur automatischen Erkennung von Waren im Fertigungsdurchlauf, bei der Lagerung und beim Versand.
- Barcodes gibt es in verschiedenen Ausführungen.

Aufbau des Strichcodes

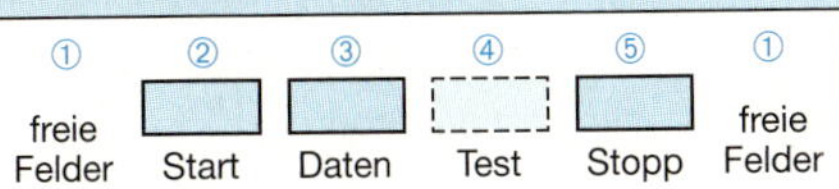

① Freie Felder sind weiß und dienen als Ankündigung für den Strichcodeleser.
② Startzeichen ist spezielles Muster aus Balken und Zwischenräumen.
③ Strichcodierte Daten.
④ Testfeld dient zur Sicherung der eingelesenen Daten.
⑤ Stoppfeld ist als spezielles Muster mit Balken und Zwischenräumen; zeigt Ende eines Symbols an.

Codierarten

Codebezeichnung	Codierbare Daten alpha-num.	Codierbare Daten num.	Codierart
Codobar Code 11 Code 3/9 Codefamilie 2/5	 x 	x x x	Modulbreite; 0 ≙ schmales Element 1 t≙ breites Element: Element kann Balken o. Zwischenraum sein.
Code 128 Code 93 EAN 8,13 UPC A, B, C, D, E	x x 	 x x	NRZ (No Return on Zero) 0 ≙ reflektierende 1 ≙ nicht reflektierende Oberfläche

Codefamilie 2/5

Verwendet zur Zeichencodierung fünf binäre Elemente, von denen zwei Elemente immer als 1 dargestellt werden.

Industrieller 2/5-Code

- Enthält alle Informationen in den Balkenbreiten; Zwischenräume zwischen den Balken dienen zur Trennung.
- Hiermit können Folgen von Dezimalziffern codiert werden.

Zeichencodierung

Zeichen		0	1	2	3	4	5	6	7	8	9	Start	Stopp
LSB	1	0	1	0	1	0	1	0	0	1	0	–	1
	2	0	0	1	1	0	0	1	0	0	1	–	0
	4	1	0	0	0	1	1	1	0	0	0	1	1
MSB	7	1	0	0	0	0	0	0	1	1	1	1	–
Parity	P	0	1	1	0	1	0	0	1	0	0	0	–

Interleaved 2/5 Code

- Ist ein überlappend aufgebauter Code.
- Zwei Zeichen werden in einem Symbol codiert.
- Erstes Zeichen wird mit Balken, zweites Zeichen
- in den Zwischenräumen der Balken dargestellt.

Zeichencodierung

Zeichen		0	1	2	3	4	5	6	7	8	9	Start	Stopp
LSB	1	0	1	0	1	0	1	0	0	1	0	0	–
	2	0	0	1	1	0	0	1	0	0	1	0	–
	4	1	0	0	0	1	1	1	0	0	0	0	1
MSB	7	1	0	0	0	0	0	0	1	1	1	0	0
Parity	P	0	1	1	0	1	0	0	1	0	0	–	0

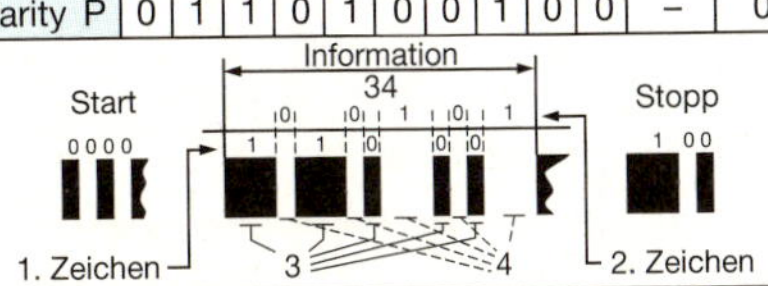

EAN-/UPC-Code

- **EAN-European Article Numbering**: Europäische Artikel-Bezeichnung.
- **UPC-Universal Product Code**: Universeller Produkt-Code.
- UPC ist Untermenge des EAN-Codes.
- Strichcodesymbol besteht aus vier (EAN 8), fünf (UPC-A) oder sechs (EAN 13) Zeichen, linkem und rechtem Randzeichen und Mittenzeichen.
- Datenzeichen sind in sieben gleiche Teile geteilt.
- Balken sind dunkel (≙ 1), Zwischenräume hell (≙ 0).
- Jedes Datenzeichen enthält zwei Balken und zwei Zwischenräume.
- Balken und Zwischenräume sind ein, zwei, drei oder vier Teilungen breit.

Zeichencodierung

Zeichen	0		1		2		3		4		5		6		7		8		9	
	0	1	0	1	0	1	0	1	0	1	0	1	0	1	0	1	0	1	0	1
	0	1	0	1	0	1	1	0	1	0	1	0	1	0	1	0	1	0	0	1
	0	1	1	0	1	0	1	0	0	1	1	0	0	1	1	0	1	0	0	1
	1	0	1	0	0	1	1	0	0	1	0	1	1	0	1	0	0	1	1	0
	1	0	0	1	0	1	1	0	0	1	0	1	1	0	0	1	1	0	0	1
	0	1	0	1	1	0	0	1	1	0	0	1	1	0	1	0	1	0	1	0
	1	0	1	0	1	0	1	0	1	0	1	0	1	0	1	0	1	0	1	0

linksbündig — rechtsbündig

EAN 8-Symbol

Klarschriftzeile für optische Lesung (zusätzlich)

① linkes Randzeichen	(codiert als 101)
② zwei Kennzeichen	(codiert nach linksbündig)
③ zwei Datenzeichen	(codiert nach linksbündig)
④ Mittenzeichen	(codiert als 01010)
⑤ drei Datenzeichen	(codiert nach rechtsbündig)
⑥ Testzeichen	(codiert nach rechtsbündig)
⑦ rechtes Randzeichen	(codiert als 101)

Technische Informatik

Mikroprozessor – *Micro processor*

Mikroprozessor (Intel P4) mit:
- 36 Adressbit (2^{36} Byte Speicher-Adressraum),
- 64 Bit Datenbusbreite mit vierfacher Übertragung pro Haupttakt, ergibt Übertragungsgeschwindigkeit von 3,2 GByte/s bei 100 MHz Takt,
- 20stufige Pipeline ergibt hohe Verarbeitungsgeschwindigkeit,
- parallele Verarbeitung von Befehlen durch Umsetzung in µops,
- Befehlserweiterung durch SSE2 (Streaming Single Instruction Multiple Data – erweiterter 3D und Multimedia-Befehlssatz).

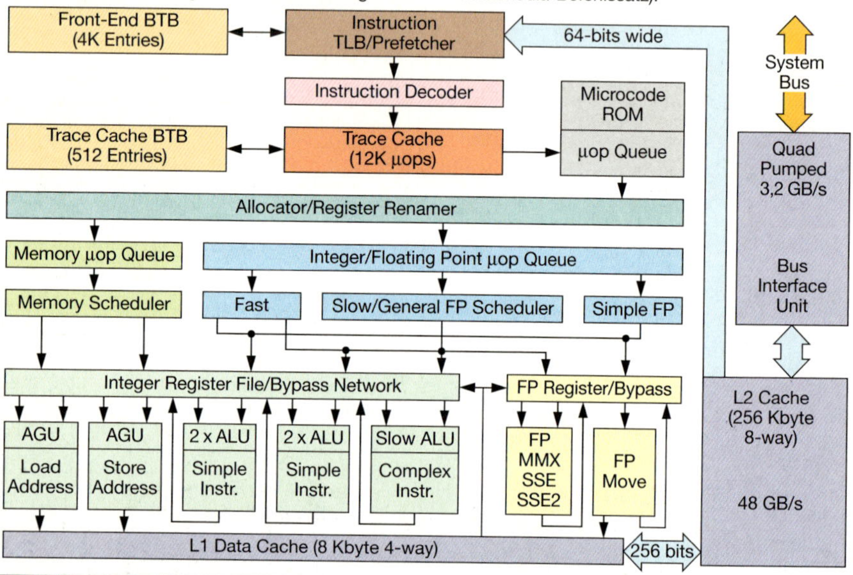

Pipeline (Struktur und Funktionen)

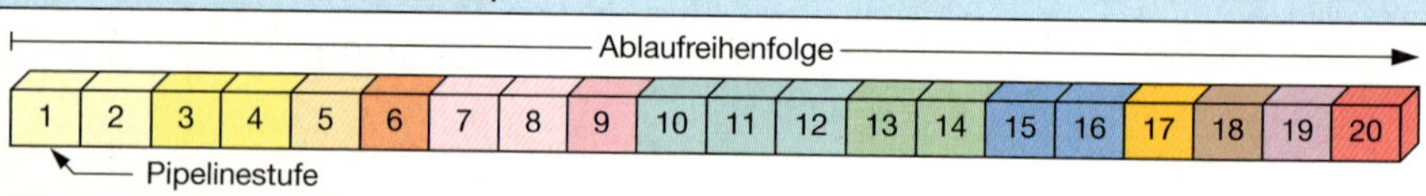

Stufe	Funktion
1, 2	**Trace Cache Next Instruction Pointer**: Der Branch Target Buffer zeigt auf den nächsten zu verarbeitenden Befehl.
3, 4	**Trace Cache Fetch**: Lesen bereits dekodierter µops aus dem Trace Cache.
5	**Drive**: Laden von µops aus dem Trace Cache in den Allocator.
6	**Allocate**: Reservieren aller notwendigen Ressourcen zur Ausführung der µops.
7, 8	**Rename**: Umbenennen der logischen Register in physikalische Registerplätze.
9	**Queue**: Zwischenspeichern der µops.
10, 11, 12	**Scheduler**: Sortieren der Befehle, überwachen von Abhängigkeiten und weiterleiten an Execution Units.
13, 14	**Dispatch**: Weiterleiten der µops in die Execution Units.
15, 16	**Register File**: Lesen der Register Files (Bereitstellen aller notwendigen Operanden).
17	**Execute**: Berechnen der µops in den Execution Units.
18	**Flags**: Setzen von Flags für Befehlssprünge.
19	**Branch Check**: Durchführen Branch Check (Sprungrichtung mit Vorhersage vergleichen).
20	**Drive**: Ergebnisse des Branch Checks in Branch Target Buffer schreiben.

µops: (micro operations) x86-Befehle zerlegt in Befehle fester Länge (RISC-ähnlich)
Queue: Warteschlange
Branch: Verzweigung **Trace**: verfolgen
Cache: schneller Zwischenspeicher

Reduced Instruction Set Computer (RISC)

- Mikroprozessoren mit reduziertem Befehlssatz und vereinfachter interner Hardwareorganisation.
- Ausgelegt auf hohe Verarbeitungsleistung.
- Verfügen über einheitliches Befehlsformat.
- Alle Befehle sind gleich lang.
- Operationscode liegt immer an der gleichen Stelle.
- Wenige Adressierungsarten.
- Optimiert auf Lade- und Speicheroperationen.
- Arbeitet mit Befehls-Pipeline (Warteschlange).
- Großer physikalischer Adressraum (z. B. 4 GB bei MIPS R3000).
- Beinhalten keinen Mikrosequenzer.
- Befehle werden direkt decodiert.
- Verfügen intern über eine Vielzahl von Registern zur schnellen Zwischenspeicherung von Daten.
- Interne Struktur als **Harvard-Architektur** aufgebaut.
- Offene Systeme sind z. B. **MIPS** (**M**icroprocessor without **I**nterlocked **P**ipe **S**tages: Mikroprozessor ohne verriegelte Warteschlange) und **SPARC** (**S**calable **P**rocessor **Ar**chite**c**ture: Skalierbare Prozessorarchitektur).
- Eingesetzte Compiler arbeiten laufzeitoptimiert.
- Anwendungen u. a. in Workstation (Hochleistungsrechner), Servern oder Maschinensteuerungen (Roboter) als Embedded Controller (eingebettete Controller).

Blockschaltbild (MIPS R3000)

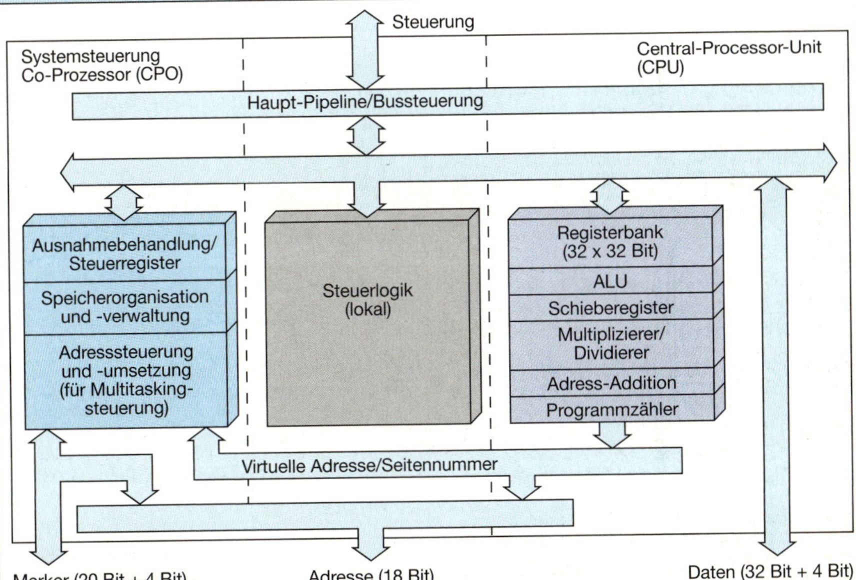

Befehls-Pipeline

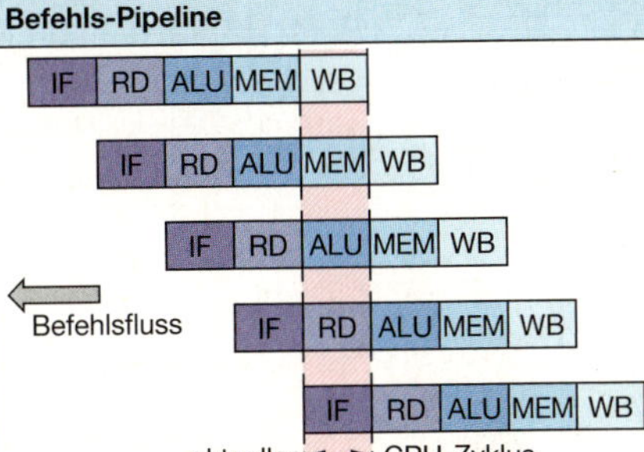

- Pipeline (Warteschlange) ermöglicht die parallele Ausführung mehrerer Maschinenbefehle und erhöht damit die Verarbeitungsgeschwindigkeit (Durchsatz).

IF	**I**nstruction **F**etch: Befehlsabruf; Übersetzen der virtuellen Adresse in physikalische Adresse für Speicherzugriff auf Instruction-Cache.
RD	**R**egister **D**ecode; Lesen und Decodieren der Instruktionen, Operanden aus CPU-Registern lesen.
ALU	**ALU**-Operation: ALU-Operation: Angeforderter ALU-Operation wird durchgeführt.
MEM	**Mem**ory-Access: Speicherzugriff; Zugriff auf den Hauptspeicher oder Daten-Cache.
WB	**W**rite-**B**ack: Zurückschreiben; Ergebnis in CPU-Register schreiben.

Digitale Signalprozessoren (DSP) – *Digital signalprocessors*

Merkmale

- Digitale Signalprozessoren werden zur digitalen Bearbeitung von analogen Signalen mit numerischen Methoden verwendet.
- Filtern unerwünschte Signalkomponenten aus einem Signalgemisch.
- Erzeugen gewünschte Wellenformen.
- Verändern Amplitudeneigenschaften.
- Ermitteln best. Inhalte aus einem Signalgemisch.
- Arbeiten in Echtzeit.
- Verarbeiten die einzelnen Befehle des Befehlssatzes in einem Taktzyklus.
- Führen vollständige Multiplikation und Akkumulation in einem Taktzyklus durch.
- Sind intern in der Harvard-Architektur aufgebaut (getrennte Programm- und Datenspeicher)

Anwendung

- Digitale Filtertechnik (Ersatz von analogen Filtern).
- Spracherkennung, Sprachsynthese.
- Bildübertragung, Bilddatenkompression.
- Robotersteuerung, Motorsteuerung.
- Digitale Vermittlungsanlagen.
- Freisprechtelefone, Funktelefon.
- Mustererkennung, Radartechnik.
- Spektralanalyse, Ultraschall-Geräte.

Anwendungsprinzip

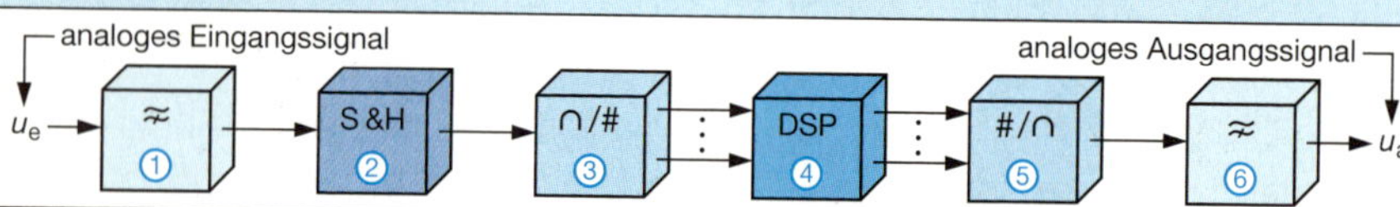

Tiefpassfilter ①

Begrenzt das Eingangssignal in seiner Bandbreite (filtert nicht gewünschte Signalanteile aus).

Sample & Hold-Schaltung ②

Tastet das Eingangssignal mit mindestens der doppelten Signalfrequenz ab (Nyquist Theorem) und stellt Amplitudenwert zur Digitalisierung bereit.

Analog- /Digital-Umsetzer ③

Setzt das analoge Signal in digitales Signal um.

Digitaler Signalprozessor ④

Verändert das digitale Eingangssignal entsprechend der Berechnungsformeln u. den gespeicherten Daten.

Digital- /Analog-Umsetzer ⑤

Setzt die digitalen Ausgangssignale des DSP in analoge Werte um.

Ausgangsfilter ⑥

Filtert die bei der A/D-Umsetzung entstehenden hochfrequenten Signalanteile aus (Signalglättung).

Digitaler Signalprozessor (ADSP 2105)

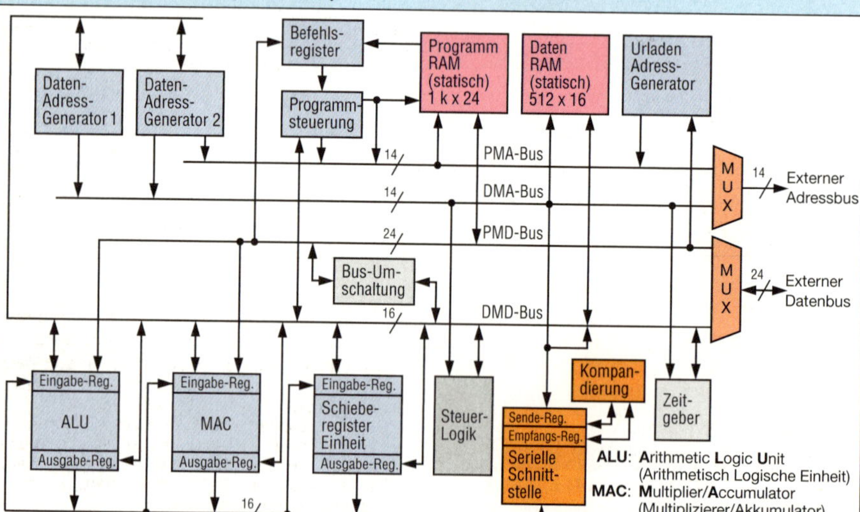

R-Bus: **R**esult-Bus (Ergebnisbus)
PMA-Bus: **P**rogram **M**emory **A**ddress-Bus (Programmspeicher Adressbus)
DMA-Bus: **D**ata **M**emory **A**ddress-Bus (Datenspeicher Adressbus)

ALU: **A**rithmetic **L**ogic **U**nit (Arithmetisch Logische Einheit)
MAC: **M**ultiplier/**A**ccumulator (Multiplizierer/Akkumulator)
PMD-Bus: **P**rogramm **M**emory **D**ata Bus (Programmspeicher Datenbus)
DMD-Bus: **D**ata **M**emory **D**ata Bus (Datenspeicher Datenbus)

Peripheral Component Interface (PCI)

Architektur

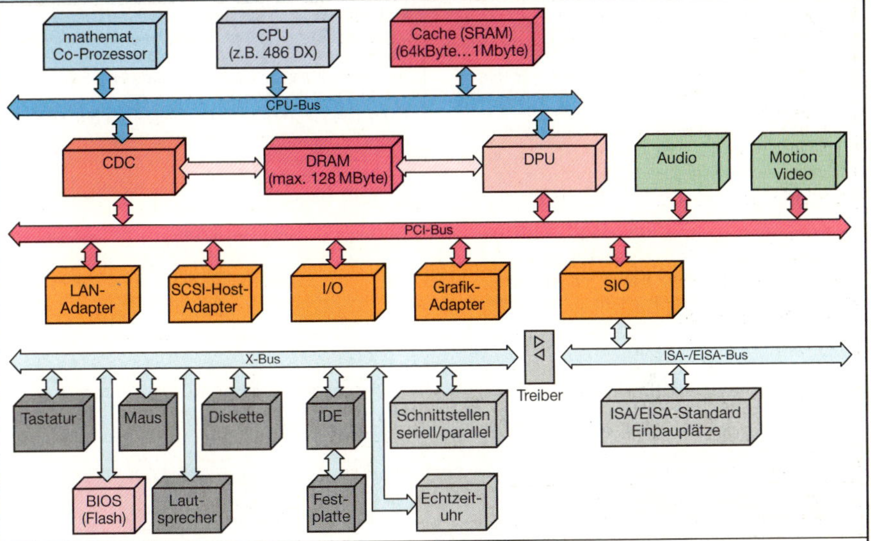

Cache	Statischer RAM für Zwischenspeicherung.
CDC	**C**ache **D**RAM **C**ontroller: Adressschnittstelle für DRAM und PCI-Bus.
DRAM	**D**ynamic **R**andom **A**ccess **M**emory: Arbeitsspeicher, dynamisch.
DPU	**D**ata **P**ath **U**nit: Datenschnittstelle für DRAM und PCI-Bus.
LAN	**L**ocal **A**rea **N**etwork: Netzwerkkarte.
X-Bus	Teil vom Systembus des PC/XT/AT für I/O-Ports auf der Grundplatine (z. B. für Interruptcontroller).
SCSI	**S**mall **C**omputer **S**ystem **I**nterface: Parallele Schnittstelle für Anschluss peripherer Geräte.
SIO	**S**ystem **I/O**: Schnittstellenbaustein für ISA-/EISA-Busanschluss.
I/O	**I**nput/**O**utput: Ein-/Ausgabe-Schnittstelle.
IDE	**I**ntegrated **D**evice **E**lectronic: Schnittstelle für intelligente Festplatten.
ISA	**I**ndustrial **S**tandard **A**rchitecture: Standard-Bussystem.
EISA	**E**xtended **ISA**: 32-Bit-Erweiterung für ISA.

Version

Bezeichnung	PCI 2.0	PCI 2.1	PCI 2.2	PCI 2.3	PCI-X-1.0	PCI-X-2.0
Busbreite max. (Bit)	32	64	64	64	64	64
Taktrate max. (MHz)	33	66	66	66	133	4 x 133
Bandbreite max. (GByte/s)	0,12	0,5	0,5	0,5	0,99	3,97
Slots pro Bridge	4	2	2	2	1	1
Betriebsspannung (Volt)	5	5/3,3	5/3,3	3,3	3,3	3,3/1,5

- Bus-Spezifikation ist unabhängig vom Prozessortyp.
- Entkoppelt Prozessor-Bussystem und Standardbussystem (z. B. ISA-/EISA-Bus).
- PCI arbeitet auf Basis von **Initiator** und **Target**.
- Initiator startet einen Buszugriff über die Steuerleitungen, generiert Zieladresse und legt Länge und Beginn des Bustransfers fest.
- Target (Empfänger) meldet mit Rückmeldesignal die Lesebereitschaft. Kann keine Datentransfers selbst initialisieren.
- PCI-X-1.0 unterstützt auch 66 MHz und 100 MHz.
- PCI-X-1.0/2.0 mit 64-Bit Busbreite sind voll hard- und softwarekompatibel zum PCI 2.3.
- PCI-X-1.0/2.0 verwendet zusätzliche Register und Funktionen zur Verbesserung der Datenflusskontrolle (z. B. **Split-Transactions**: erlauben dem Sender parallel weitere Datenübertragungen zu anderen Geräten).
- **PCI-Express** (Einsatz ab 2004) basiert auf serieller Punkt-zu-Punkt-Verbindung mit differenziell betriebenen Leitungspaaren (Lane).

Small Computer System Interface (SCSI)

- SCSI ist ein geräteunabhängiger **paralleler Peripheriebus** (8 Bit oder 16 Bit breit).
- Dient zum Anschluss verschiedenartiger Peripheriegeräte (Festplatten, Scanner, Drucker) an Rechnersysteme (PC, Server).
- Bis zu 16 externe Geräte (SCSI-Devices) sind an ein Bussystem anschließbar.
- Geräte können **Initiatoren** und/oder **Targets** sein.
- Initiator veranlasst die Aktionen.
- Target führt die Aktionen aus.
- Anschluss an Rechner erfolgt über **Host-Adapter** (z.B. PC-Einsteckkarte).
- Adresseinstellung der Teilnehmer erfolgt mit Schaltern, Brücken oder softwaremäßig.
- Jede Adresse darf nur einmal vorkommen.
- **Höchste Priorität** (1) hat in allen Versionen die Ident-Adressse (ID) 7 (in der Regel der Host).

SCSI-2

- SCSI-2 ist ein abgeschlossener Standard.
- Verwendet **asynchrone Kommandoübertragung** mit **synchroner Datenübertragung** (20 Mbyte/s).
- Übertragungsleitungen sind **single ended** (eine Ader pro Signal) oder **differential** (differenzial; bezeichnet als **HVD**: **H**igh **V**oltage **D**ifferential; entspricht dem RS 485 Standard).
- Leitungsabschluss kann **aktiv** oder **passiv** erforderlich sein.
- Steckverbinder sind intern 50-polig (low density) und extern ähnlich Centronics-Stecker oder 50-poliger (high density) Steckverbinder.

SCSI-3

- SCSI-3 ist eine Sammlung von einzelnen Spezifikationen für d. unterschiedlichen **physikalischen Medien**, die dazugehörenden **Basisprotokolle**, dem **Primary Command Set Layer** (**SPC**) und dem **Specific Protocol Layer**.
- Der Specific Protocol Layer enthält z.B. Kommandos für die Steuerung von
  - Festplatten (SBC),
  - Bandlaufwerken (SSC),
  - RAID Arrays (SCC),
  - Multimedia (MCC),
  - Gehäuseinrichtungen (SES).
- Das **SCSI Parallel Interface** (**SPI**) definiert die elektrischen Signale und Verbindungen des Parallelbusses.
- Als Steckverbinder dient ein 68-poliger high density connector (P-Connector) mit einem 68-adrigen Kabel (Wide Bus: Breiter Bus).
- Die elektrischen Spezifikationen beziehen sich auf C-MOS Technik mit einer Terminierung auf 0,2 Volt, anstatt auf 0,5 Volt.
- Übertragungsraten bis 20 Mbyte/s (Wide Fast SCSI) sind möglich.
- Fast 20 SCSI (auch als Ultra SCSI bezeichnet) ermöglicht eine Übertragungsrate von 40 Mbyte/s.
- Ab **Ultra2 SCSI** wird eine elektrische Schnittstelle, die als **LVD SCSI** (**L**ow **V**oltage **D**ifferential: niedrige differenzielle Spannung) bezeichnet wird, verwendet.
- **Ultra3 SCSI** stellt eine eigene Spezifikation ohne Berücksichtigung der früheren Dokumente dar.

SCSI Einteilungen

Bezeichnung	Busgeschwindigkeit in MByte/s	Busbreite in bit	Max. Buslänge in m (a)			Anzahl der Teilnehmer
			single ended	LVD	HVD	
SCSI-1	5	8	6	(b)	25	8
Fast SCSI	10	8	3	(b)	25	8
Fast Wide SCSI	20	16	3	(b)	25	16
Ultra SCSI	20	8	1,5	(b)	25	8
Ultra SCSI	20	8	3	–	–	4
Wide Ultra SCSI	40	16	–	(b)	25	16
Wide Ultra SCSI	40	16	1,5	–	–	8
Wide Ultra SCSI	40	16	3	–	–	4
Ultra2 SCSI	40	8	(d)	12	25	8
Wide Ultra2 SCSI	80	16	(d)	12	25	16
Ultra3 SCSI (e)	160	16	(d)	12	(c)	16

(a) Länge kann erweitert werden bei Punkt-zu-Punkt-Verbindungen. (b) Nur wenn alle Teilnehmer am Bus LVD-fähig sind, können 12 m Buslänge erreicht werden. (c) HVD nicht für SCSI Version höher Ultra2. (d) Single-ended nicht für Versionen höher Ultra. (e) Versionen höher Ultra2 verwenden nur noch Breiten Bus.

Konfiguration

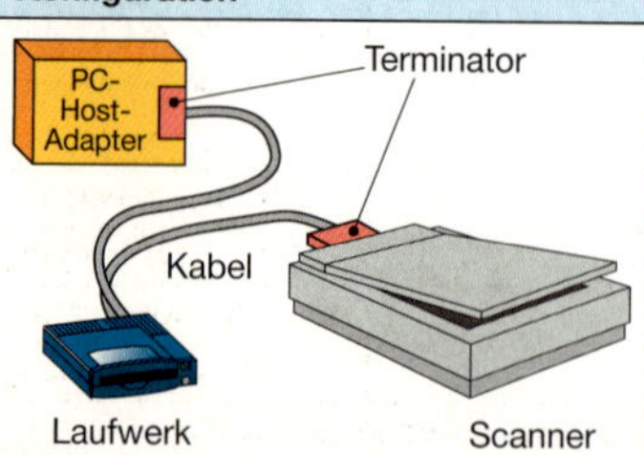

Adressierung

Priorität	ID-Adresse
1	7
2	6
3	5
4	4
5	3
6	2
7	1
8	0

Steckverbinder

SCSI-1 | SCSI-2 | SCSI-3

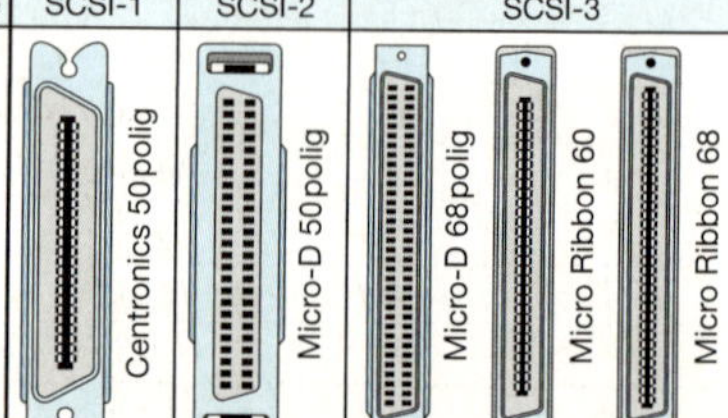

Serial ATA

- Serielle Hochgeschwindigkeitsverbindung zur Anschaltung von Festplatten.
- Dient als Ersatz für Parallel ATA und ist voll softwarekompatibel dazu.
- Festplatten werden als **Punkt-zu-Punkt**-Verbindung an den Host-Controller angeschlossen.
- Datenübertragung erfolgt über **zwei Aderpaare**, wobei ein Aderpaar die Nutzdaten und das zweite Aderpaar die Steuerdaten beinhaltet.
- Die **Datenraten** betragen 150 Mbyte/s bei SATA (Generation 1) und 300 Mbyte/s (Generation 2).
- Kabellänge ist spezifiziert auf < 1 m.
- 8 Bit Daten werden auf 10 Bit codiert.
- Taktinformationen sind im Datenstrom enthalten.
- Synchronisation zwischen Host und Device erfolgt durch kontinuierliche Übertragung einer 1010101... Zeichenfolge, wenn keine Nutzdaten übertragen werden.
- Signalpegel sind als LVDS-Pegel (Low-Voltage-Differential-Signalling) ausgelegt.
- Fehlerkorrektur erfolgt mit 32-bit CRC.

Kommunikationsschichten

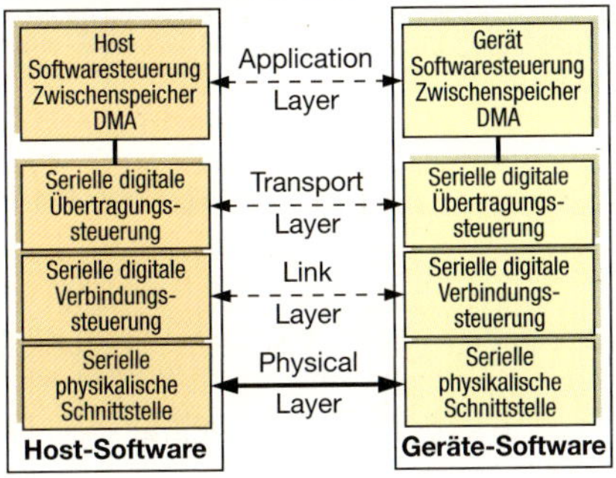

Steckverbinder

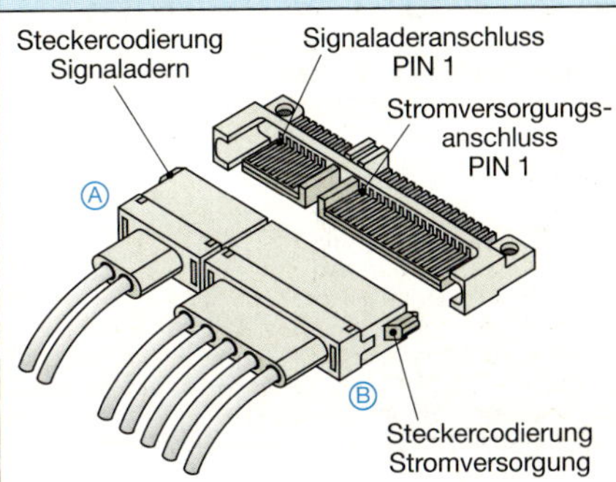

Anschlussbelegung Datenverbindung (A)

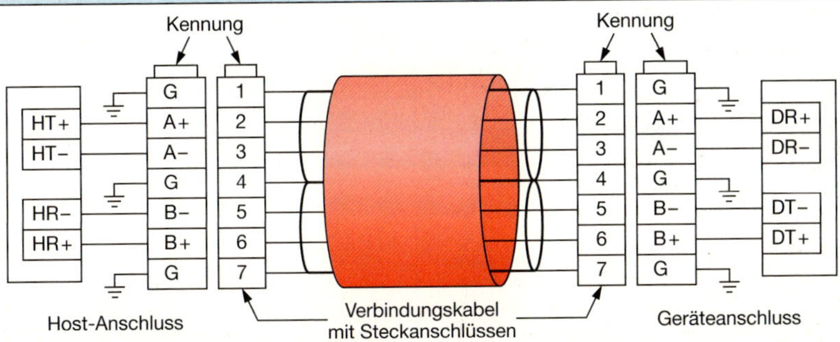

A+, A−: Signaladerpaar A B+, B−: Signaladerpaar B	HT: Host Transmit HR: Host Receive	DR: Deveice Receive DT: Deveice Transmit	G: Ground

Anschlussbelegung Stromversorgung (B)

Anschluss-PIN	Signal-bezeichnung	Funktion	Anschluss-PIN	Signal-bezeichnung	Funktion
P1	V_{33}	3,3 V Stromversorgung	P9	V_5	5 V Stromversorgung
P2	V_{33}	3,3 V Stromversorgung	P10	GND	Masseanschluss
P3	V_{33}	3,3 V Stromversorgung	P11	GND/Reserv.	Masseanschluss[1]
P4	GND	Masseanschluss	P12	GND	Masseanschluss
P5	GND	Masseanschluss	P13	V_{12}	12 V Stromversorgung
P6	GND	Masseanschluss	P14	V_{12}	12 V Stromversorgung
P7	V_5	5 V Stromversorgung	P15	V_{12}	12 V Stromversorgung
P8	V_5	5 V Stromversorgung	[1] Masseanschluss bei Kabelverbindung		

Halbleiterspeicher – *Semiconductor memory*

Einteilung nach Speicherverfahren

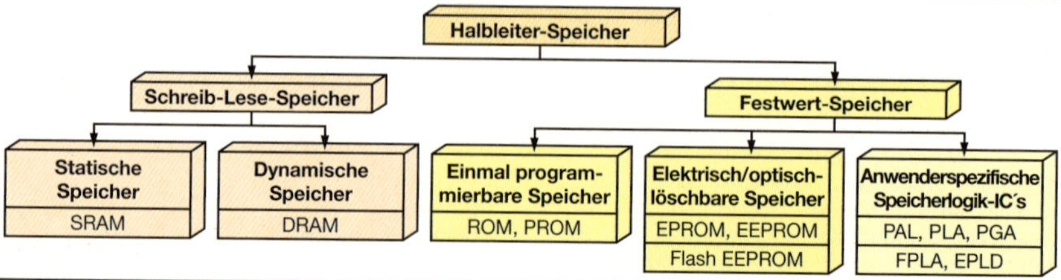

SRAM (**S**tatic **R**andom **A**ccess **M**emory)

- Speicherprinzip: Flipflop mit Transistoren als statische Speicherzelle.
- Wahlfreier Zugriff auf Inhalte der Speicherzellen.
- Speicherzellen in Matrixform auf dem Halbleiterchip organisiert.
- Adressierung der Zellen über Zeilen- und Spaltendecoder durch extern angelegte Binärsignale (Adresse).
- Dateneingänge und -ausgänge sind entweder getrennt oder auf dem Chip zusammengefaßt.
- Datenwortbreite: 4 Bit, 8 Bit oder 16 Bit.
- Speicherinhalte sind nach Spannungsabschaltung verloren.

Speicherzelle in MOS-Technik

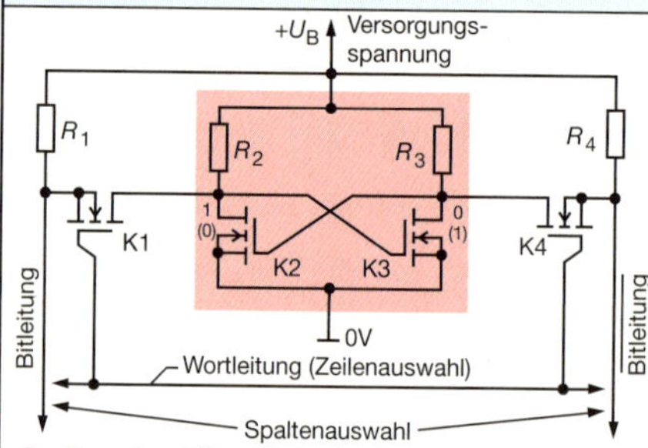

R_1, R_4: pull up Widerstände; R_2, R_3: Lastwiderstände

gespeicherte Information	Transistor		Spaltenauswahl	
	K2	K3	Bitleitung	$\overline{\text{Bitleitung}}$
1	gesperrt	leitend	1	0
0	leitend	gesperrt	0	1

Einheitenbezeichnungen

1 k = 1 · 2^{10} = 1 024 (sprich ka, nicht Kilo)
1 M = 1 · 2^{20} = 1 048 576 (sprich Mega)
1 G = 1 · 2^{30} = 1 073 741 824 (sprich Giga)

1 kbyte = 1 024 · 8 bit; 1 Mbyte = 1 048 576 · 8 bit;
1 kbit = 1 024 · 1 bit; 1 Mbit = 1 048 576 · 1 bit

DRAM

- Das **DRAM** (**D**ynamic **RAM**)
  - ist der einfachste und preiswerteste Speichertyp,
  - speichert die Information pro Bit in Form einer Ladungsmenge in einem Kondensator,
  - muss zyklisch aufgefrischt werden, da der Kondensator seine Ladung verliert,
  - wird bei jedem Lesezyklus automatisch aufgefrischt.

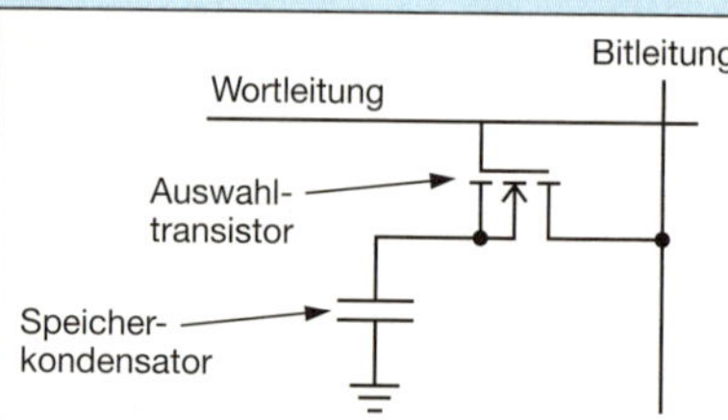

Begriffe

- **RAS** Precharge Dealy/Time (**R**ow **A**ddress **S**trobe: Zeilenadress-Übernahme) ist die Zeit, in der die Zeilenadresse angelegt sein muss, bevor der Wert als gültig angenommen wird.
- RAS- to **CAS**-Delay (Row Address Strobe to **C**olumn **A**ddress **S**trobe: Zeilenadress-Übernahme) ist die Zeit in der CAS nach RAS angelegt sein muss, um gültig zu sein.
- CAS **L**atency (C**L**: Spaltenadress-Übernahme Verzögerungszeit) gibt an, bis wann die ausgewählten Daten zum Auslesen bereit stehen.
- **Beispiel:** PC 133-233: 2 Takte CL, 3 Takte RAS Precharge und 3 Takte RAS- to CAS-Delay.
- **Cache**-Speicher
  - ist ein spezieller **Pufferspeicher** (SRAM),
  - ist zwischen Arbeitsspeicher und dem Prozessor angeordnet,
  - dient zur Zwischenspeicherung von Befehls-Datenblöcken aus dem Arbeitsspeicher,
  - realisiert eine Geschwindigkeitserhöhung des Prozessors beim Speicherzugriff.
- **First-Level Cache** ist direkt auf dem Silizium des Prozessorkerns eingebaut.
- **Second-Level-Cache** liegt außerhalb des Prozessorkerns und hat, je nach Leistung des Prozessors, unterschiedliche Größen.

Festwert-Speicher – *Read only memory*

EEPROM

- **E**lectrically **E**rasable **P**rogrammable **R**ead **O**nly **M**emory: elektrisch lösch- und programmierbare Nur-Lese-Speicher.
- Aufbau ähnlich der EPROM-Speicherzelle.
- Dünnere Oxydschicht zwischen schwebendem Gate und Auswahlgate.
- Elektronen können durch äußere elektrische Spannung in beide Richtungen verschoben werden.
- Nachteile: geringe Anzahl von Schreibvorgängen ($\leq 10^3 \dots 10^4$); lange Schreib- und Löschzeiten für die Datenbytes.
- Speicherinhalte bleiben nach Spannungsabschaltung erhalten.

NV-RAM

- **N**on **V**olatile **R**andom **A**ccess **M**emory: RAM mit unverlierbaren Daten.
- Bestehen aus SRAM-Zellen und angekoppelten EEPROM-Zellen.
- Solange Betriebsspannung vorhanden, wird RAM-Bereich aktiv.
- Bei Spannungsausfall werden Daten des RAM-Bereichs in EEPROM-Bereich automatisch übertragen.
- Nach Spannungsrückkehr werden Daten zurückgeschrieben.

Flash EEPROM

- Blitz EEPROM
- Speicherzellen sind ähnlich aufgebaut wie bei EEPROM.
- Oxydschichtdicke für schwebendes Gate ca. 120 nm.
- Ladungsträger zwischen schwebendem Gate und Substrat durch elektrische Spannung in beiden Richtungen verschiebbar.
- Löschen des Speicherinhaltes nur gesamt durch Löschimpuls möglich.
- Betriebsarten für die Bausteine werden über Kommandoregister gesteuert.
- Speicherinhalte bleiben nach Spannungsabschaltung erhalten.

ROM/PROM

- **R**ead **O**nly **M**emory: Nur-Lese-Speicher.
- **P**rogrammable **R**ead **O**nly **M**emory: programmierbarer Nur-Lese-Speicher.
- Informationen sind remanent gespeichert.
- **ROM**: Programmierung erfolgt beim Halbleiterhersteller durch Einbringen von leitenden Verbindungen zwischen Zeile und Spalte in der Speichermatrix.
- Anwendung von ROMs nur bei großen Stückzahlen günstig.
- **PROM**: Programmierung erfolgt beim Anwender durch Aufschmelzen der programmierbaren Verbindung zwischen Zeile und Spalte in der Speichermatrix.

ASIC (Anwendungsspezifische IC) – *Application specific integrated circuit*

Kundenspezifisch

- ICs werden speziell für einen Kunden von einem Halbleiterhersteller angefertigt.
- Grundlage sind Logikpläne, die die Schaltfunktionen beschreiben.
- Funktionen werden als Transistorschaltungen auf Halbleiterkristall realisiert.

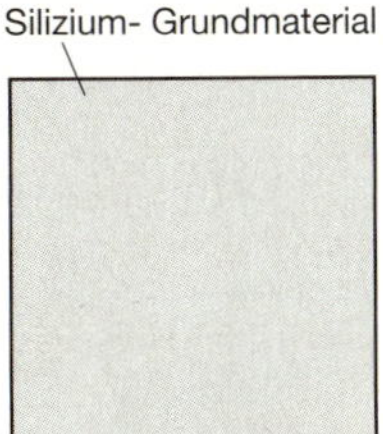

Standardzellen

- Schaltfunktionen werden nicht auf Transistorebene entworfen.
- Halbleiterhersteller bieten Bausteinbibliotheken zur Umsetzung der Logikfunktionen.
- Bibliotheken enthalten z. B. Gatter, Schieberegister und Zähler als Makrozellen.

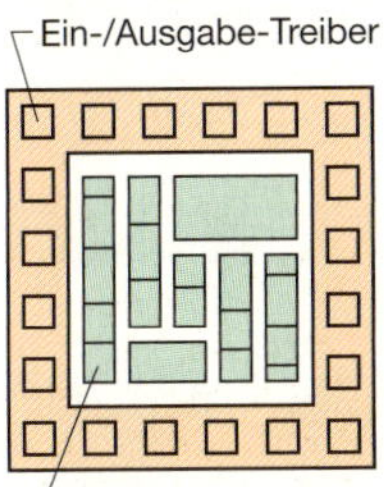

Gate Array

- Gatter-Felder sind vorgefertigte Schaltungen (Gatter).
- Kundenspezifische Schaltungen werden durch Aufbringen von Metallisierungsverbindungen realisiert.
- Neben Digitalschaltungen sind auch Analog-Arrays realisierbar.

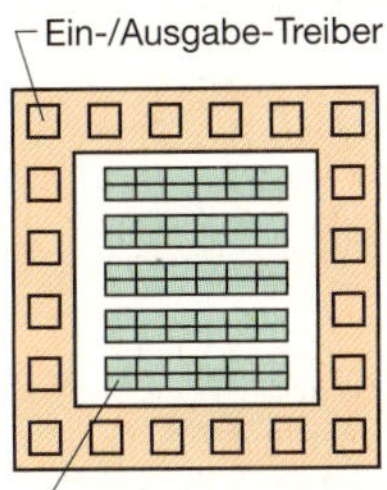

PLD

- **P**rogrammable **L**ogic **D**evice: programmierbare Logikeinheiten.
- **PLA**: **P**rogrammable **L**ogic **A**rray.
- **PAL**: **P**rogrammable **A**rray **L**ogic.
- **FPLA**: **F**ield **P**rogrammable **L**ogic **A**rray.
- **EPLD**: **E**rasable **Pro**grammable **L**ogic **D**evice.

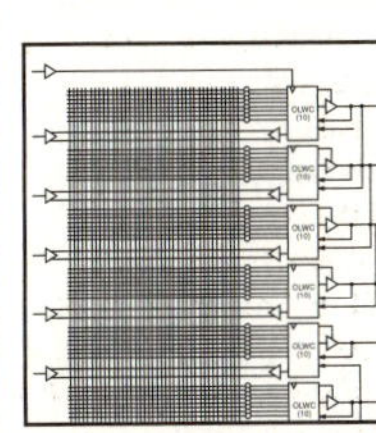

Speicher-Systeme – *Storage systems*

- Storage-Systems sind Speicher-Einrichtungen, die als Massenspeicher große Datenmengen zuverlässig und mit hohen Geschwindigkeiten speichern.
- Grundsätzlich werden Storage-Systeme nach Art der technischen Realisierung unterschieden in
  - **DAS** (**D**irect **A**ttached **S**torage: direkt zugeordneter Speicher),
  - **NAS** (**N**etwork **A**ttached **S**torage: Netzwerk zugeordnete Speicher),
  - **SAN** (**S**torage **A**ttached **N**etwork: zugeordnetes Speicher-Netzwerk).
- Kombinationen aus NAS und SAN nutzen die Vorteile beider Systeme und bauen auf IP-Kommunikation auf wie z. B. Internet **SCSI** (**iSCSI**) oder **I**nternet **F**ibre **C**hannel **P**rotocol (**iFCP**).

DAS

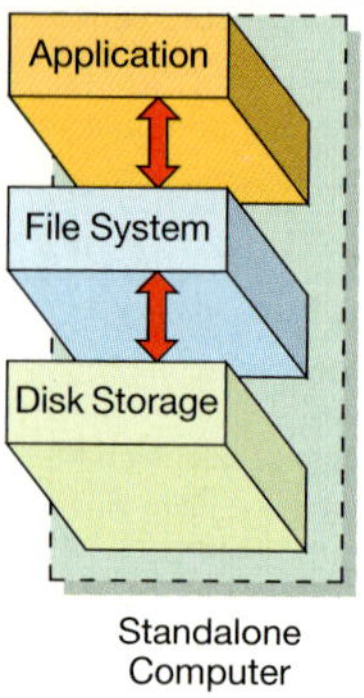

- Ist die herkömmliche Art die Speichereinrichtungen direkt mit den Applikationsservern zu verbinden.
- Ist geeignet für blockweise Datenspeicherung.
- Nachteilig sind die hohen Kosten und die geringe Zuverlässigkeit.

NAS

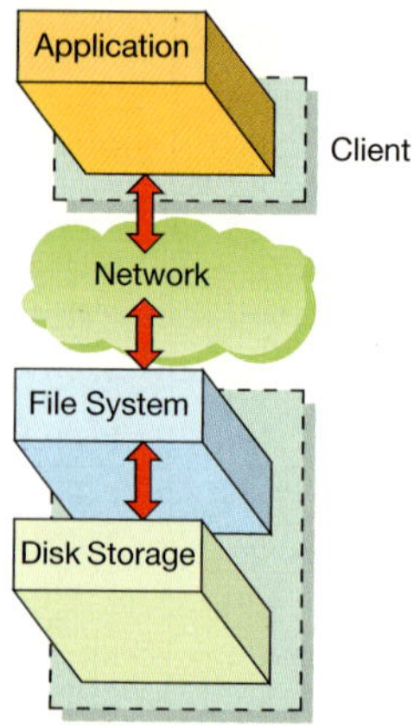

- Direkter Anschluss der Speicher an das lokale Datennetzwerk.
- Arbeitet wie ein Server in einer Client-Server-Architektur.
- Der Datenzugriff erfolgt mittels Internet-Protokoll.
- Gut geeignet für File-Sharing-Betrieb.

SAN

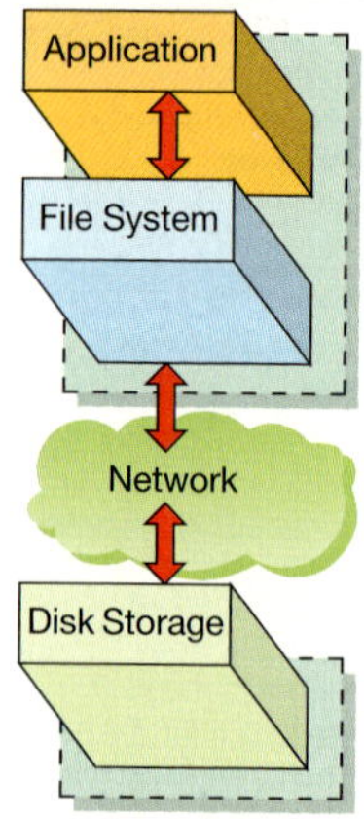

- Bindet die Speicher hinter den Servern über ein separates Hochgeschwindigkeits-Netz ein.
- Basiert in der Regel auf Fibre-Channel-Technik.
- Bietet Vorteile bei blockweisem Zugriff auf große Datenvolumina.

SAN mit Fibre Channel

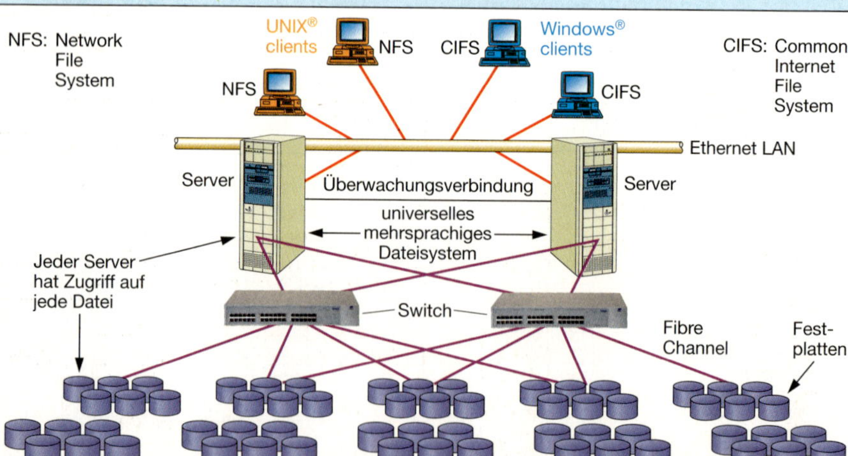

Serielle Schnittstelle (V.24, RS-232) – *Serial interface*

Gegenüberstellung

	Stift Nr.	Kurzzeichen CCITT[1] V.24	EIA[2] RS-232	DIN 66 020	Bedeutung, Beschreibung	Signal-Richtung DEE → DÜE	DÜE → DEE
Erde	1	101	AA	E1	Schutzerde, Protective Ground (PG)	x	x
	7	102	BB	E2	Signal-, Betriebserde, Signal Ground (SG)	x	x
Daten	2	103	BA	D1	Sendedaten, Transmitted Data (TD)	x	
	3	104	BB	D2	Empfangsdaten, Received Data (RD)		x
Steuer- u. Meldesignale	4	105	CA	S2	Sendeteil einschalten, Request to Send (RTS)	x	
	5	106	CB	M2	Sendebereitschaft, Clear to Send (CTS)		x
	6	107	CC	M1	Betriebsbereitschaft, Data Set Ready (DSR)		x
	20	108.2	CD	S1.2	Endgerät betriebsbereit, Data Terminal Ready (DTR)	x	
	22	125	CE	M3	Ankommender Ruf, Ring Indicator (RI)		x
	8	109	CF	M5	Empfangssignalpegel, Data Channel Received Line Signal Detector (DCD)		x
	21	110	CG	M6	Empfangsgüte, Signal Quality Detector (SQ)	x	
	23	111	CH	S4	Hohe Übertragungsgeschwindigkeit (Wahl von DEE), Data Signal Rate Selector (DTE)	x	
	23	112	CI	M4	Hohe Übertragungsgeschwindigkeit (Wahl von DÜE), (DCE)		x
	11	126	CK	S5	Hohe Sendefrequenz ein, Select Transmit Frequency	x	
Takte	24	113	DA	T1	Sendeschrittakt zur DÜE, Transmitter Signal Element Timing (DTE)	x	
	15	114	DB	T2	Sendeschrittakte von DÜE, Transmitter Signal Element Timing (DCE)		x
	17	115	DD	T4	Empfangsschrittakt von DÜE, Receiver Signal Element Timing (DCE)		x
Zusatzkanal	14	118	SBA	HD1	Sendedaten Rückkanal, Secondary Transmitted Data	x	
	16	119	SBB	HD2	Empfangsdaten Rückkanal, Secondary Received Data		x
	19	120	SCA	HS2	Rückkanal Sendeteil einschalten, Secondary Request to Send	x	
	13	121	SCB	HM2	Rückkanal Sendebereitschaft, Secondary Clear to Send		x
	12	122	SCF	HM5	Rückkanal Empfangssignalpegel, Secondary Carrier Detector		x
9, 10, 11, 18, 25					Testspannung, Prüfgeräte, nicht belegt, Reserved for Data Set Testing, unassigned		

DEE: Datenendeinrichtung (z. B. Rechner), DÜE: Datenübertragungseinrichtung (z. B. Modem)

[1] CCITT (ITU): Comité Consultatif International Télégrafique et Téléfonique (Internationales Standardisierungsgremium im Fernmeldebereich)

[2] EIA: Electronics Industry Association, Normungsverband der Elektroindustrie USA

Steckerleiste, Buchsenleiste

Mindestumfang

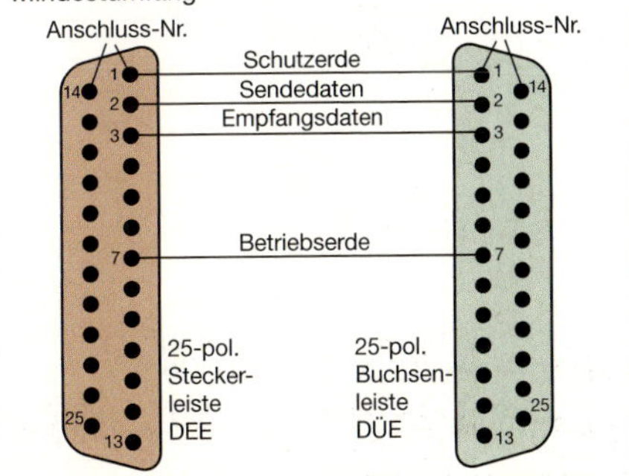

Signalpegel

Signalname	Pegel	Betriebszustand
Datenleitung	−3 V … −15 V +3 V … +15 V	EIN (1) AUS (0)
Steuer- bzw. Meldeleitung	−3 V … −15 V +3 V … +15 V	AUS EIN

Asynchroner Zeichenrahmen (Beispiel „Q")

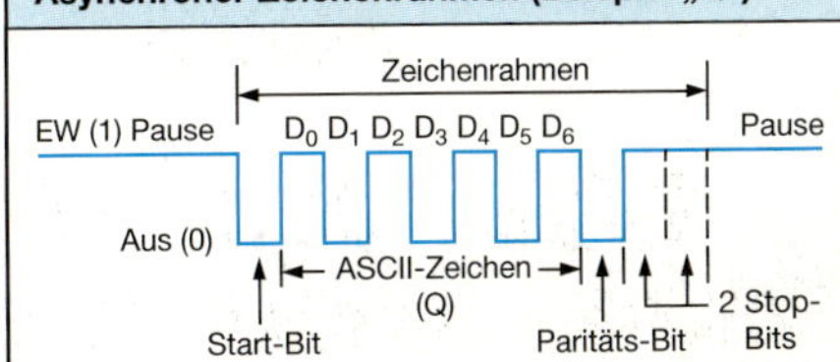

Schnittstellen-Belegung – *Interface pin-outs*

Serielle Schnittstelle (RS 232)

Steckverbinder 25-polig

PC-Anschluss (DTE)

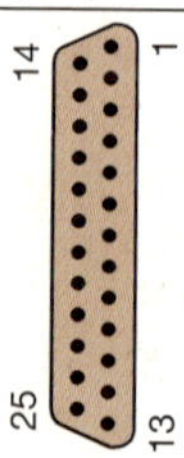

Stift	Signal	Stift	Signal
1	PG	13	SCTS
2	TxD	14	STxD
3	RxD	15	TxC
4	RTS	16	SRxD
5	CTS	17	RxC
6	DSR	18	NC
7	SG	19	SRTS
8	DCD	20	DTR
9	Test	21	SQ
10	Test	22	RI
11	NC	23	CH/CI
12	SCD	24	XTC
		25	NC

Endgerät (DCE)

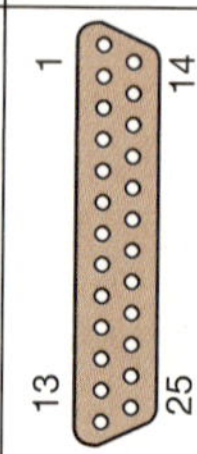

Steckverbinder 9-polig

PC-Anschluss (DTE)

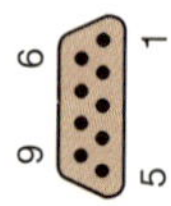

Stift	Signal
1	DCD
2	RxD
3	TxD
4	DTR
5	GND
6	DSR
7	RTS
8	CTS
9	Test

Endgerät (DCE)

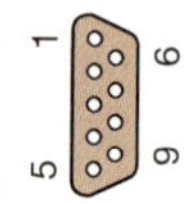

Drei-Draht-Kopplung DTE-DTE

DTE

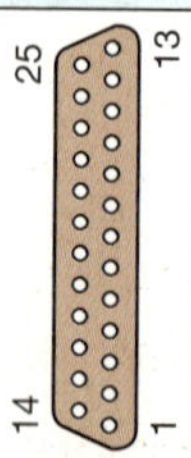

Anschlussbelegung

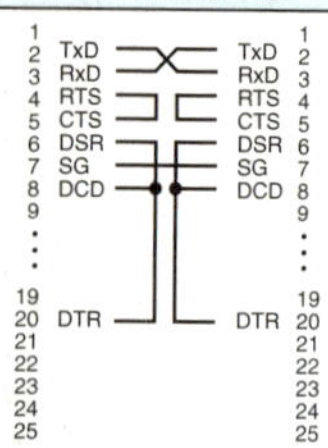

DTE

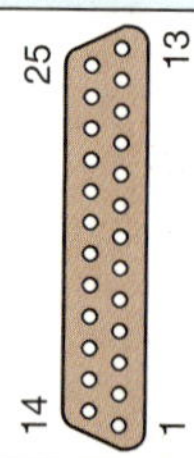

Vollständige Kopplung DTE-DCE

DTE

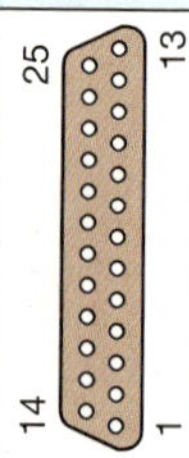

Anschlussbelegung

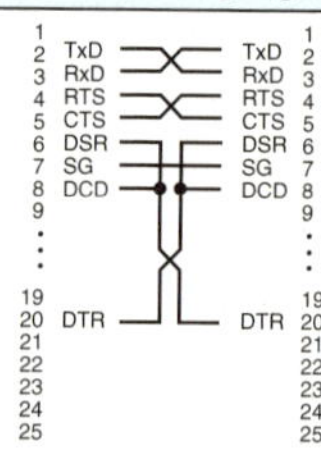

DCE

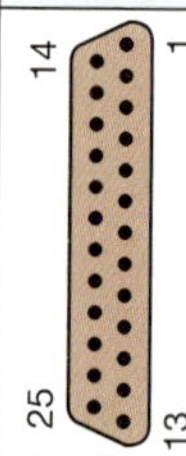

Parallele Schnittstelle

PC-Anschluss

25-polige Buchsenleiste

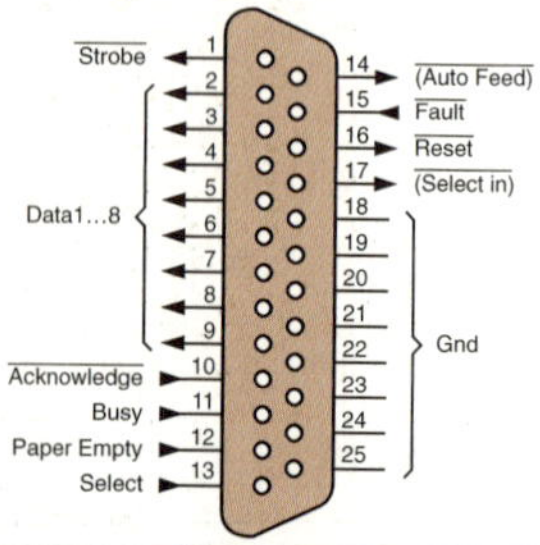

Drucker-Anschluss (IBM)

25-polige Buchsenleiste

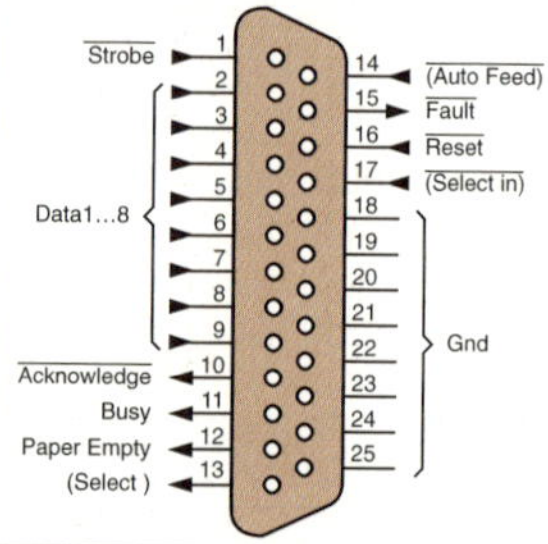

Drucker-Anschluss (Centronics)

36-polige Buchsenleiste

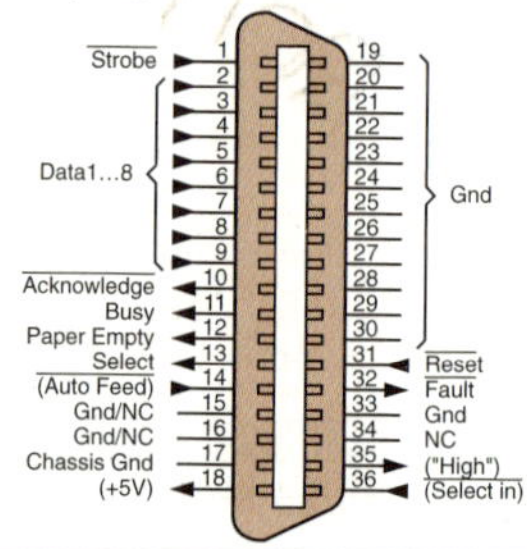

Signal	Bedeutung, Funktion
Strobe	Datenübergabe; Daten müssen bei 0-Signal gültig sein
Data 1…8	Datensignale 1…8;
Acknowledge	Quittungssignal; Drucker empfangsbereit bei 0-Signal
Busy	Wartesignal: Drucker nicht empfangsbereit bei 1-Signal
Paper Empty	Meldung vom Drucker: Papier zu Ende
Select	Drucker ist online

Signal	Bedeutung, Funktion
(Auto feed)	automatischer Zeilenvorschub nach Zeilenende: Ein/Aus
Fault	Fehlermeldung
Reset	Drucker rücksetzen, initialisieren
Gnd	Ground: 0 V
NC	Not connected: nicht angeschlossen
(High)	+5 V, vom Drucker geliefert
(Select in)	Drucker auswählen

Signale in Klammern werden nicht von allen Druckern ausgewertet. Pfeile geben die Signalrichtung an.

Technische Informatik

PC-Board-Connector

Baugruppen-Steckplätze auf Hauptplatine

ISA

- ISA: **I**ndustrial **S**tandard **A**rchitecture (Industrie-Standard-Belegung)

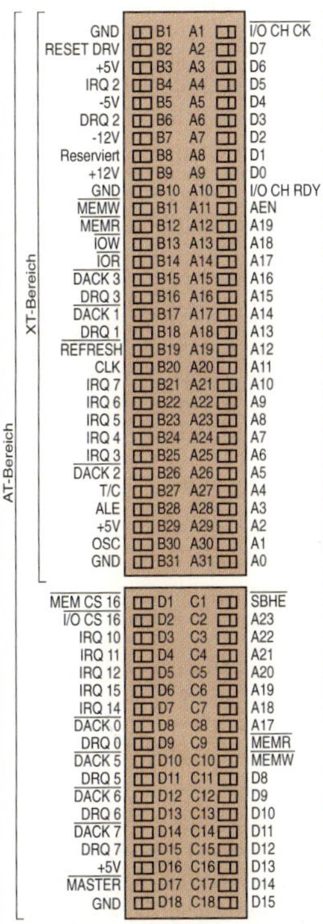

EISA

- EISA: **E**nhanced **I**ndustrial **S**tandard **A**rchitecture (Erweiterte-Industrie-Standard-Belegung)

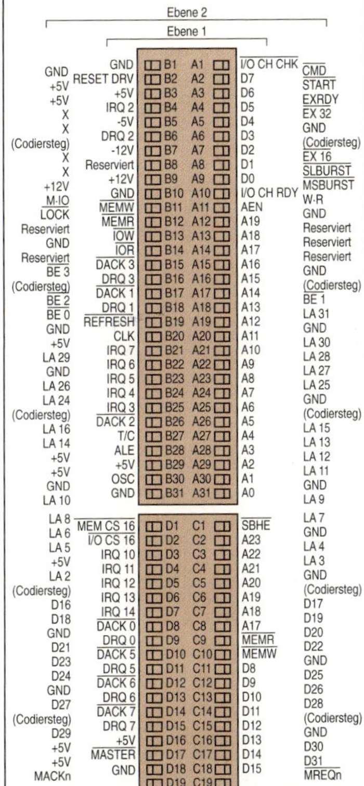

PCI

- PCI: **P**eripheral **C**omponent **I**nterface

(dargestellt: 32 bit-breiter Bus)

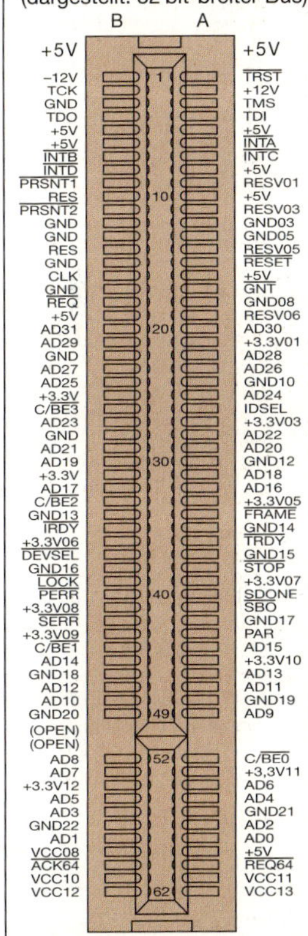

Signalbedeutung (ISA)

A0…A19	Adressbus
D0…D17	Datenbus
I/0 CH CK	Channel Check
I/0 CH RDY	Channel Ready
AEN	Address Enable
IRQ2…IRQ7	Interrupt Request
DRQ	DMA Request
DACK	DMA Acknowledge
MEMW	Memory Write
MEMR	Memory Read
I/OW	I/O Write
I/OR	I/O Read
ALE	Address Latch Enable
T/C	Terminal Counter
Reset DRV	Reset Driver

Für AT-Ausbau sind Anschlüsse D1…D18 und C1…C18 mit zusätzlichen Signalen erweitert.

Signalbedeutung (EISA)

- Steckverbinder ist in zwei Ebenen aufgeteilt. Ebene 1: Baugruppen nach ISA-Standard. Ebene 2: Baugruppen nach EISA-Standard.
- Codierstege verhindern falsches Einstecken.

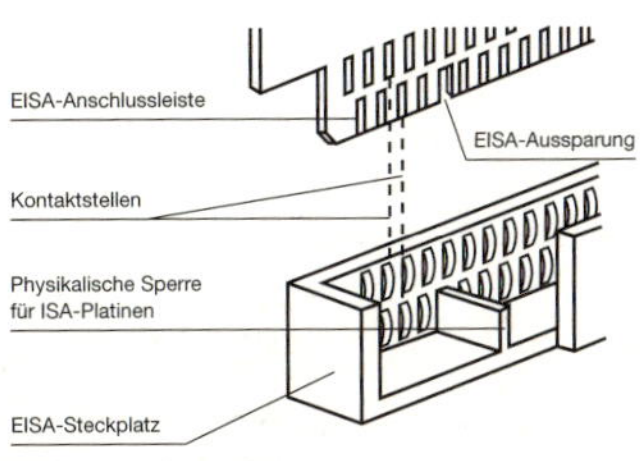

Signalbedeutung (PCI)

AD0 …AD31	Adress- u. Datenbus (gemultiplext)
C/BE0 …C/BE3	Bus-Command- und Byte-Enable-Signale
DEVSEL	Device Select
FRAME	Adressierungsphase bzw. Datenphase
GNT	Grant PCI use
IDSEL	Initialization-Device-Select
INTA, INTB	Interrupt A, Interrupt B,
INTC, INTD	Interrupt C, Interrupt D
IRDY	Initiator-Ready
PRSNT1, PRSNT2	Present-Information
REQ64	Request 64Bit-Transfer
RST	Restart
SB0	Snoop-Backoff

Elektrische Eigenschaften der Schnittstellenleitungen

Electrical features of interface cables

Doppelstrom, symmetrisch, Punkt- zu Punkt-Verbindung RS 422B

Eigenschaften

- Doppelstrom-Schnittstelle
- Punkt- zu Punkt-Verbindung
- Datenübertragungsrate bis 10 Mbit/s
- Jede Schnittstellenleitung besteht aus Sender, Empfänger, zwei Stromleitern und ggf. einem Abschlusswiderstand.
- Norm ist kompatibel zu TIA/EIA RS 422 B.
- Norm entspricht der ITU-Empfehlung V.11 bzw. X.27.
- Geeignet für größere Entfernung zwischen den Einrichtungen DÜE und DEE.
- Geringere Störanfälligkeit durch symmetrische Übertragung.
- Nicht geeignet für Mehrpunktverbindungen.

Aufbau

Datenendeinrichtung — Datenübertragungseinrichtung

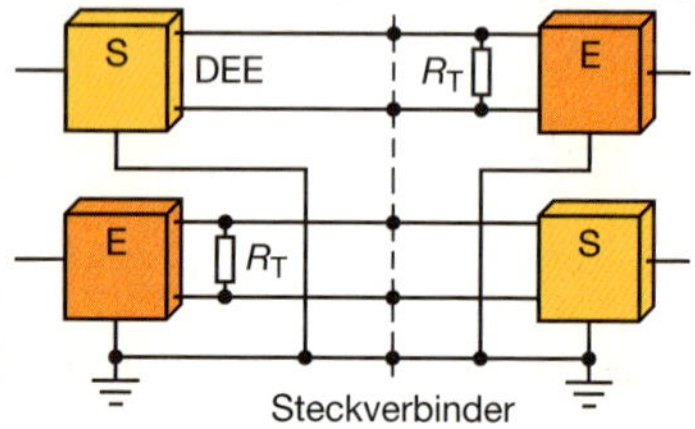

S: Sender, E: Empfänger, R_T: Abschlusswiderstand

Doppelstrom, unsymmetrisch, Punkt- zu Punkt-Verbindung RS 432A

Eigenschaften

- Legt die elektrischen Eigenschaften von erdunsymmetrischen Doppel-Strom-Schnittstellenleitungen fest.
- Punkt- zu Punkt-Verbindung
- Übertragungsgeschwindigkeit bis 100 kbit/s
- Sender arbeitet unsymmetrisch.
- Empfänger kann symmetrisch oder unsymmetrisch betrieben werden.
- Entspricht der ITU-Empfehlung V.10 bzw. X.26 u.
- Norm ist kompatibel zum EIA-Standard RS 423 A.
- Schnittstellen nach dieser Norm können mit symmetrischen Schnittstellenleitungen nach DIN 66259 Teil 3 in einem Schnittstellenkabel betrieben werden.
- Schnittstellen nach DIN 66259 Teil 3 können mit dieser Schnittstelle gekoppelt werden, wenn Ausführung 1 der Schnittstellenausführung gewählt wird.

Aufbau

Datenendeinrichtung — Datenübertragungseinrichtung

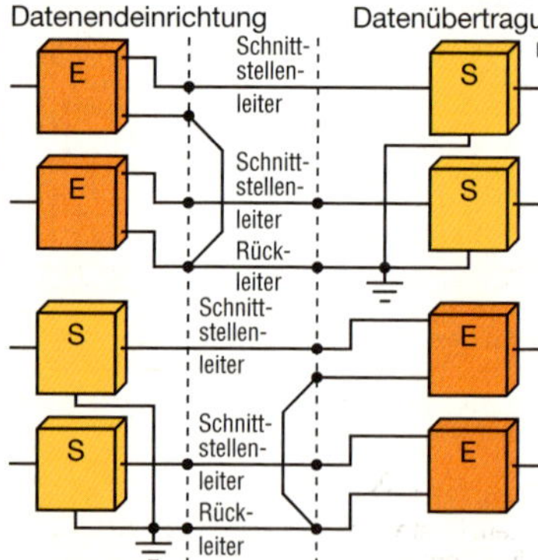

Jeder Rückleiter hat eigenen Stift im Steckverbinder.
S: Sender, E: Empfänger

RS 485

Doppelstrom, symmetrisch, für Mehrpunktverbindungen

- Legt die elektrischen Eigenschaften von erdsymmetrischen Doppelstrom-Schnittstellen fest.
- Mehrpunktverbindungen
- Übertragungsgeschwindigkeit bis 1 Mbit/s
- Verbindung der Teilnehmer über paarig verseilte Leitungen mit max. 500 m Länge.
- Die DIN entspricht bis auf Datenrate und Kabellänge der EIA RS 485.
- Norm enthält keine Festlegungen über
  - Anzahl der Daten- und Steuerleitungen,
  - Bauart und Stiftbelegung des Steckers für das Stichleitungskabel,
  - zeitlichen Zusammenhang zwischen den Signalen der Schnittstellenleitungen,
  - Übertragungsart (Protokoll).

Mehrpunktverbindung 2-Draht

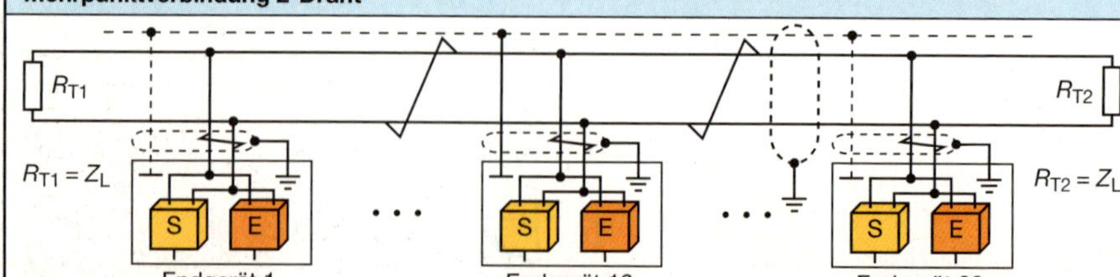

S: Sender, E: Empfänger, R_{T1}, R_{T2}: Abschlusswiderstand ⊥: Betriebserde ⏚: Schutzerde

Profibus

DIN EN 50170: 97-07

- **Serielles Bussystem** zur Kopplung digitaler Feldautomatisierungseinheiten, wie z. B. speicherprogrammierbare Steuerungen, Stellgeräte, Messumformer.
- **Busstruktur**: Linie mit Stichleitungen und Abzweigen o. Ring.
- **Übertragungsmedium**: Zweidraht-Leitung, verdrillt und geschirmt und Lichtwellenleiter.
- **Übertragungslänge** pro Linie: ≤ 1,2 km (bei Cu-Leitungen).
- **Anzahl** der Teilnehmer pro Linie: 32.
- **Übertragungsgeschwindigkeit**: 9,6 kbit/s bis 12 Mbit/s.
- **Übertragungsverfahren**: halbduplex, asynchron.
- **Adressumfang**: 0…127; 127 ist Adresse für Broadcast und Multicast.
- **Stationstypen**: aktive Teilnehmer (mit Zugriffssteuerung); passive Teilnehmer (ohne Zugriffssteuerung); max. 32 aktive Teilnehmer, optional bis 127 bei nicht zeitkritischen Anwendungen.
- **Buszugriff**: hybrid, dezentral, zentral; Token-Passing zwischen aktiven Teilnehmern; Master-Slave zwischen aktiven und passiven Teilnehmern.
- **Nachrichtenlänge**: 1, 3 bis 255 Byte pro Telegramm; davon 0 bis 246 Byte Netto-Daten; Telegramme mit Hamming-Distanz HD = 4.
- Einsatz von **Repeatern** ergibt größere Übertragungslängen.

Zugriffsverfahren hybrid

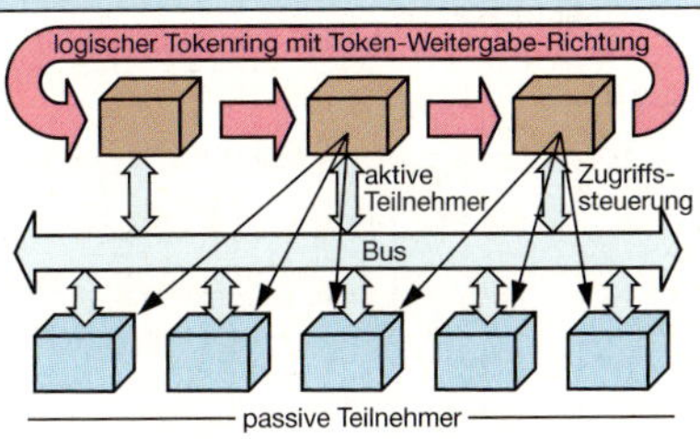

Zugriffsverfahren Master/Slave

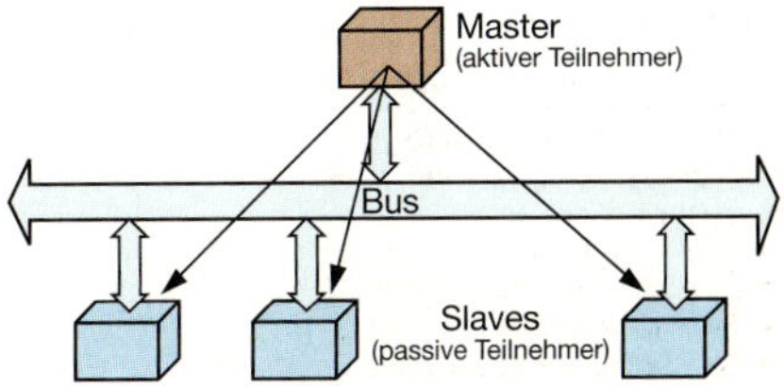

I²C-Bus

- **I²C**: **I**nter-**IC**-Bus; serielles Bussystem zur Kopplung von ICs über kurze Entfernungen (innerhalb von Geräten, z. B. Telefon, Kopierer).
- Datenrate: max. 100 kbit/s.
- Bussystem besteht aus Datenleitung **SDA** (**S**erial **D**ata **L**ine: serielle Datenleitung) und **SCL** (**S**erial **C**lock **L**ine: Serielle Taktleitung).
- Takt- und Datenleitungen werden über Pull-up-Widerstände an positive Versorgungsspannung geschaltet.
- Signal-Pegel sind abhängig von Versorgungsspannung der eingesetzten Treiber.
- Alle Busteilnehmer sind als **wired and** (verdrahtetes UND) an das Bussystem angeschaltet (0-Signal ist beherrschend).
- Teilnehmer am Bus werden nach Funktion bezeichnet.
- **Transmitter**: sendet Daten auf den Bus.
- **Receiver**: empfängt Daten vom Bus.
- **Master**: initiiert Übertragung, sendet Taktimpulse und schließt Übertragung ab.
- **Slave**: Teilnehmer, wird vom Master adressiert.
- **Multimaster**: mehr als ein Master im System, von denen jeder die Kontrolle übernehmen kann.
- Versorgungsspannung für NMOS: +5 V ±10 % 0-Signal ≙ max. 1,5 V; 1-Signal ≙ min. 3,0 V.
- Versorgungsspannung für C-MOS (variable U_B) 0-Signal ≙ max. $0{,}3 \cdot U_B$; 1-Signal ≙ min. $0{,}7 \cdot U_B$.
- Ausgangsspannung für beide Technologien: max. 0,4 V bei 3 mA Sink-Strom.
- Kabelkapazität: max. 400 pF (einschließlich der Teilnehmeranschlüsse)

Aufbau

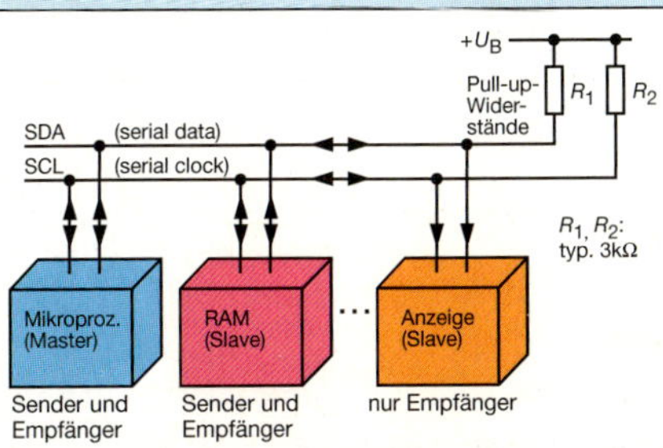

Innenschaltung der Schnittstelle

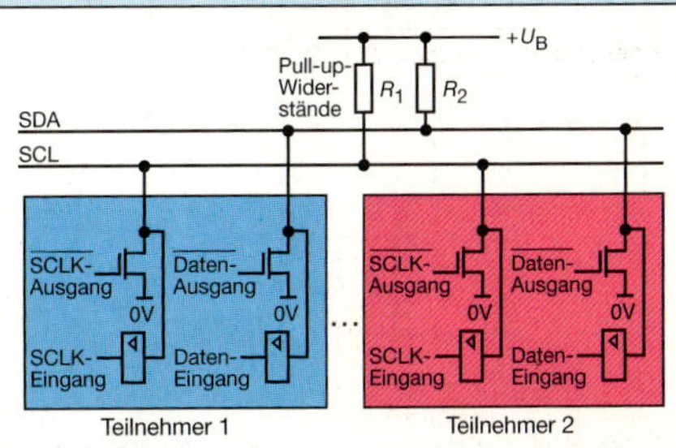

IEC-BUS-Schnittstelle – *IEC-bus interface*

Struktur (z. B. Messdatenerfassung)

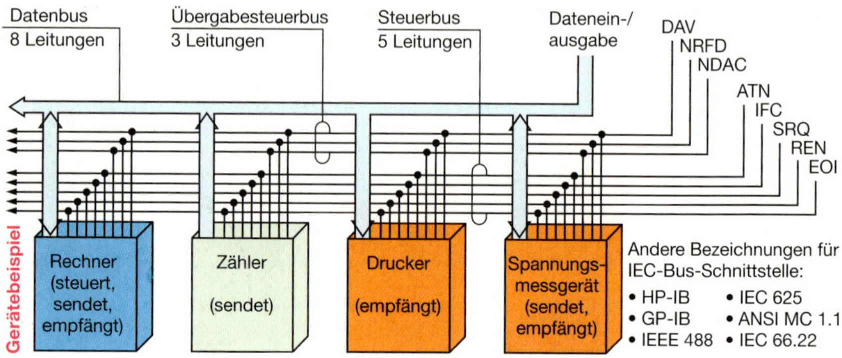

Andere Bezeichnungen für IEC-Bus-Schnittstelle:

- HP-IB
- GP-IB
- IEEE 488
- IEC 625
- ANSI MC 1.1
- IEC 66.22

Steckverbindung

IEEE 488

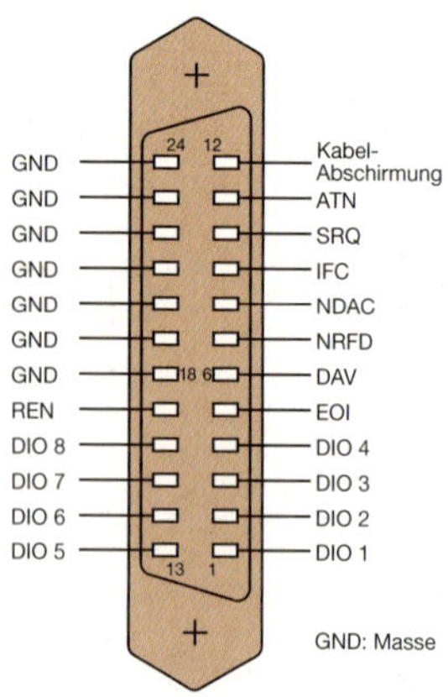

IEC 625

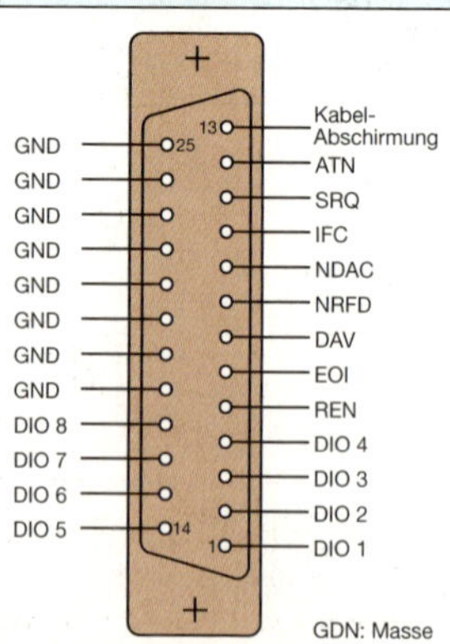

Kontaktbelegung

IEEE 488	IEC 625	Signal	Bedeutung
1 2 3 4	1 2 3 4	DIO 1 DIO 2 DIO 3 DIO 4	Datenleitung, Transfer von Befehlen oder Daten, ATN = 1 (Befehle), ATN = 0 (Daten)
17	5	REN	Fernsteuerbetrieb (alle Geräte)
5	6	EOI	Ende, Identifikation
6	7	DAV	Daten auf Datenleitung sind gültig
7	8	NRFD	Gerät nicht empfangs-bereit (Meldung)
8	9	NDAC	Daten nicht übernommen (Gerätemeldung)
9	10	IFC	Einstellung des Grund-zustandes der Geräte
10	11	SRQ	Bedienungsanforderung, ein Gerät
11	12	ATN	Anzeige, ob Befehle (ATN = 1) oder Daten (ATN = 0) übertragen werden
12	13	SHIELD	Kabel-Abschirmung
13 14 15 16	14 15 16 17	DIO 5 DIO 6 DIO 7 DIO 8	Datenleitungen, Transfer von Befehlen oder Daten ATN = 1 (Befehle) ATN = 0 (Daten)
24 – 18 19 20 24 22 23 21	18 19 20 21 22 23 24 25 –		Masse, GND Masse, EOI Masse, DAV Masse, NRFD Masse, NDAC Masse, GND Masse, SRQ Masse, ATN Masse, IFC

USB

- **USB**: **U**niversal **S**erial **B**us (Universeller serieller Bus).
- Bussystem zur vereinfachten Anschaltung von Peripherie (z. B. Tastatur, Monitor, Drucker, Modem, Telefon) an den PC.
- **Versionen 1.1 und 2.0** verwenden gleiche Schnittstellen und können gemischt betrieben werden, da vorwärts-/rückwärtskompatibel.
- System ist als **Sterntopologie** ausgelegt.
- Das System kann bis zu 127 Geräte verwalten.
- Peripherie wird über **Hub** (Verteiler) angeschlossen.
- Bietet '**Hot Plugging**' Funktion, d. h. Geräte können während des Betriebes hinzugefügt bzw. entfernt werden.
- System wird verwaltet und gesteuert vom **USB-Host**-Controller im PC.
- Jede Verbindung, z. B. Host-Hub oder Hub-Hub, stellt eine Punkt- zu Punkt-Verbindung dar.
- **Datenraten** bei USB V 1.1: 1,5 Mbit/s (low speed) und 12 Mbit/s (full speed), bei USB V 2.0: zusätzlich 480 Mbit/s (high speed).
- **Kabeltypen**:
  - Shielded twisted pair (STP) für 12 Mbit/s bei max. 5 m Kabellänge.
  - Unshielded twisted pair (UTP) für 1,5 Mbit/s bei max. 3 m Kabellänge.
- Leitung enthält vier Adern, zwei Adern für Spannungsversorgung und zwei Adern für Signalübertragung (Differenzsignale).
- **Leitungscode** ist NRZI (Non Return to Zero Inverted).
- Unterstützt **isochrone** und **asynchrone** Daten-Übertragung.
- Fehlererkennung durch CRC-Verfahren.

Topologie

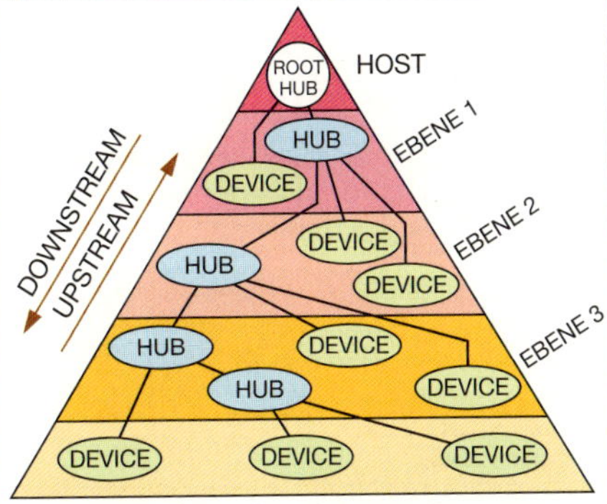

DEVICE: Gerät HUB: Verteiler

Kommunikationsmodell

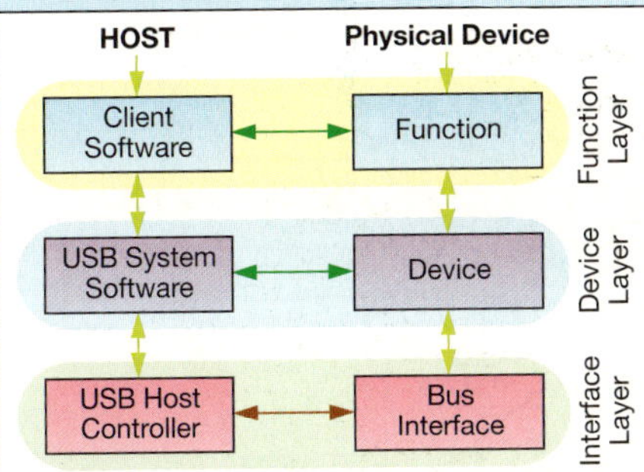

Kommunikationsfluss:

logisch physikalisch logisch

Anwendungsbeispiel

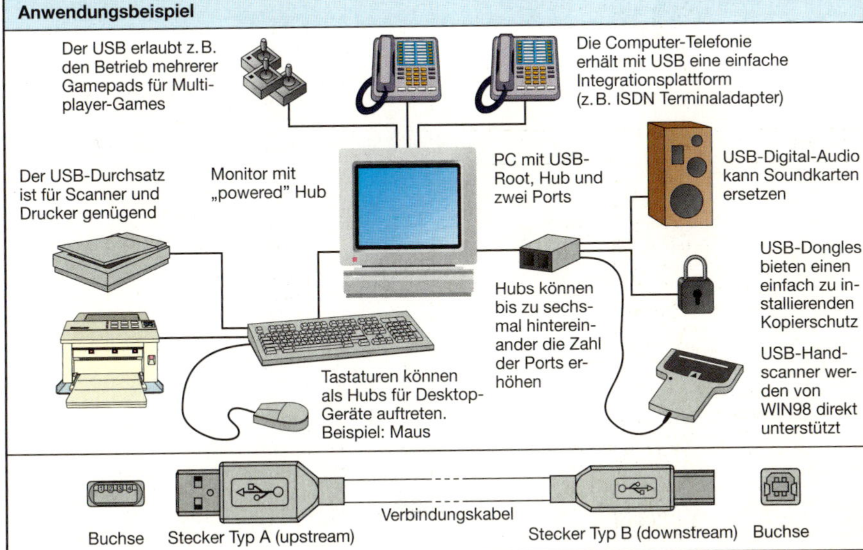

Technische Informatik

IRDA

- **IRDA** - **I**nfrared **D**ata **A**ssociation: Vereinigung für infrarot Daten (Übertragung).
- Standard für serielle Datenübertragung mittels infraroter Lichtwellen über die Luft.
- Übertragungsraten sind 2,4 kbit/s bis 115,2 kbit/s und 576 kbit/s bis 4,0 Mbit/s.
- Übertragungsstrecke beträgt standardmäßig 1 m; größere Entfernungen sind möglich (abhängig von eingesetzten optischen Sendern und Empfängern).
- Übertragung ist halbduplex; Punkt- zu Punkt-Verbindung.
- Standard enthält Richtlinien für Link Access (IrLAP) (Verbindungszugriff), Link Management (IrLMP) (Verbindungssteuerung) und Physical Transfer.
- Anwendung im Bereich kabelloser Datenübertragung zwischen PC's, Notebook's, PDA's, Kameras, Drucker, Modem, Fax, Telefon, Pager; im medizinischen und industriellen Bereich.

Protokollarchitektur

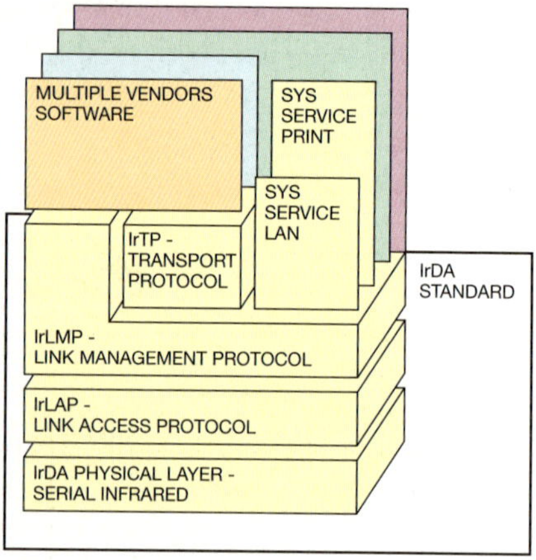

Schnittstelle

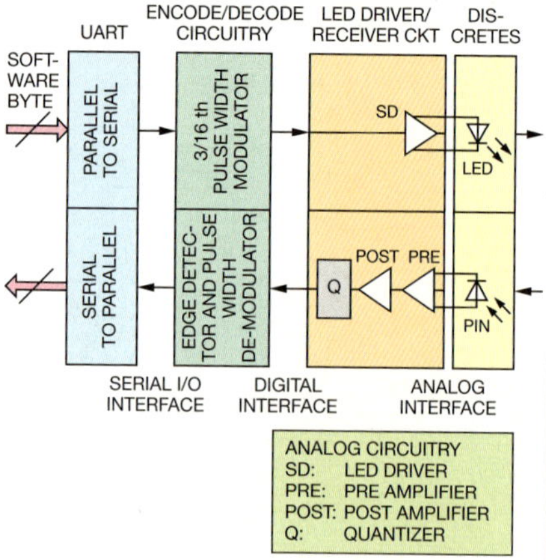

Optischer Transceiver

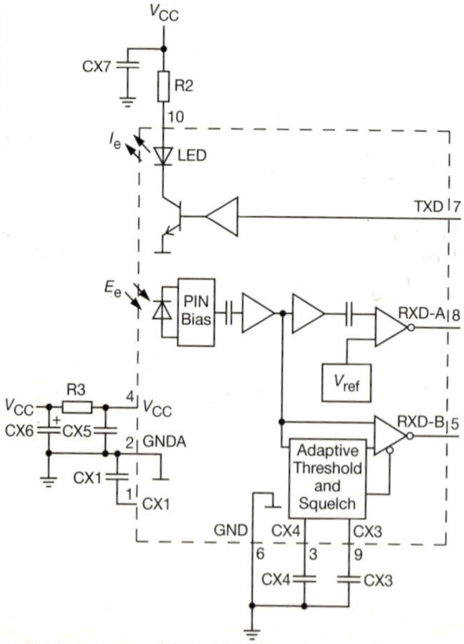

Codier-Prinzip

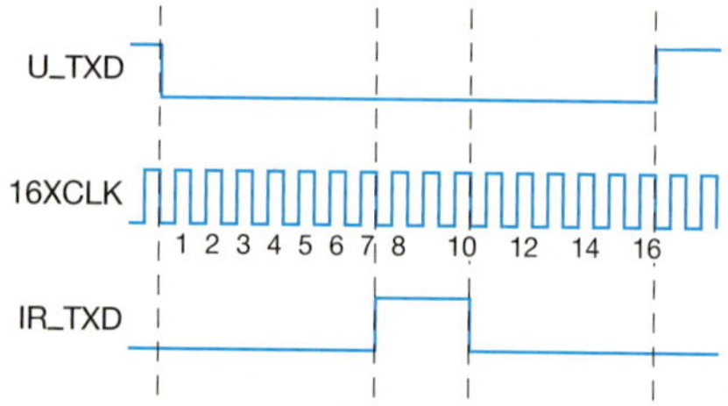

IrDA-SiR Encoding Scheme – Detailed Timing Diagram

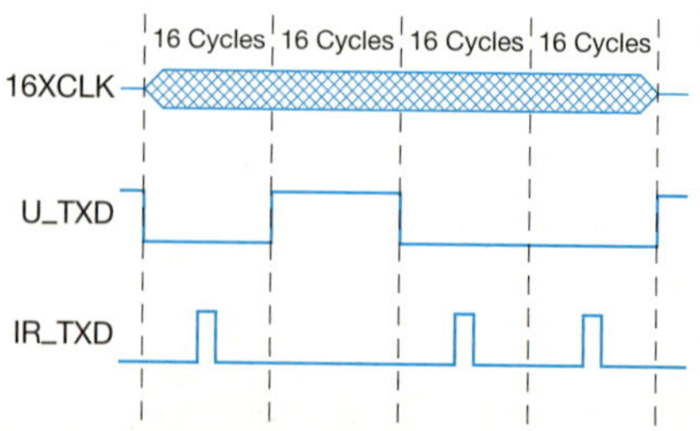

Encoding Scheme - Macro View

IEEE 1394

- **IEEE Standard** zur Kopplung von digitaler Consumer Elektronik.
- Verwendete Produktnamen sind: Fire Wire, i.link oder Lynx.
- Serielles Bussystem mit Übertragungsraten von 100 Mbit/s, 200 Mbit/s, 400 Mbit/s u. 1,6 Gbit/s.
- Topologie entspricht einer Punkt- zu Punkt-Verbindung (Verbindungsstrecken sind in Reihe geschaltet).
- Teilnehmer können direkt Daten untereinander austauschen (Peer to Peer).
- Anschlussknoten pro System: max. 63.
- Übertragungsmedien bei:
  - 1394 u. 1394b: Kupferkabel (4,5 m/400 Mbit/s)
  - 1394b: UTP (Cat5) (100 m/100 Mbit/s)
  - 1394b: LWL Multicode (100 m/1,6 Gbit/s)
  - 1394b: LWL Plastik (50 m/400 Mbit/s)
- Signale werden durch alle angeschlossenen Geräte geschleift und regeneriert (auch bei ausgeschalteten Geräten).
- Unterstützt automatische Busrekonfigurierung bei Hinzufügen oder Entfernen von Teilnehmern.
- Datenübertragung erfolgt im **asynchronen** oder **isochronen Modus**.
- Bei asynchroner Übertragung hat Zuverlässigkeit der Übertragung Vorrang vor Schnelligkeit.
- Bei isochroner Übertragung ist Zeitverhalten der Übertragung garantiert (Echtzeit); Verlustfreiheit ist nicht garantiert.
- Datenübertragung erfolgt zyklisch im 125 µs Raster mit fairer Buszuteilung für die Teilnehmer.
- Anwendung: Kopplung von Digitalkameras, digitale Recorder DVD, digitale Satellitensysteme, digitales Fernsehen, LAN, Festplatten untereinander oder mit PC.

Topologie

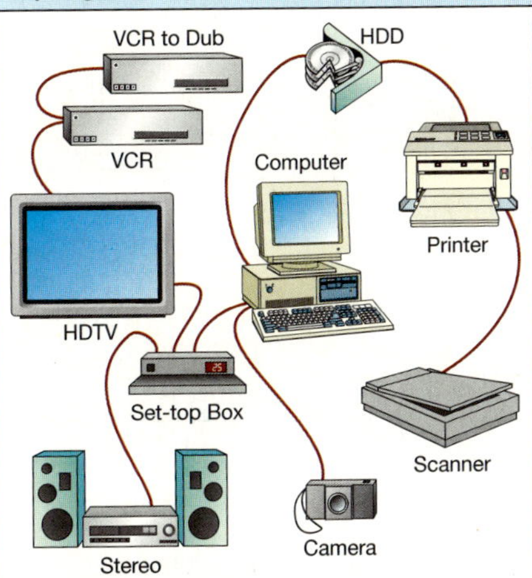

Schnittstelle

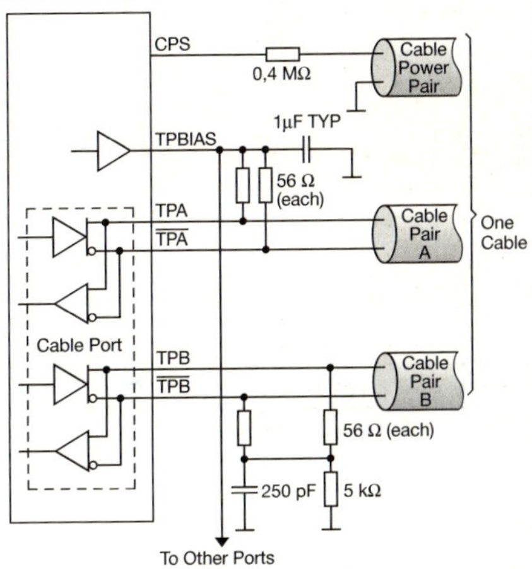

Kommunikationsstruktur

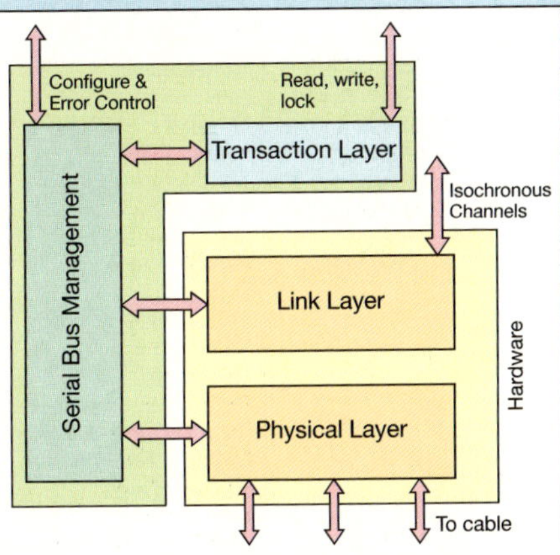

Buszyklus

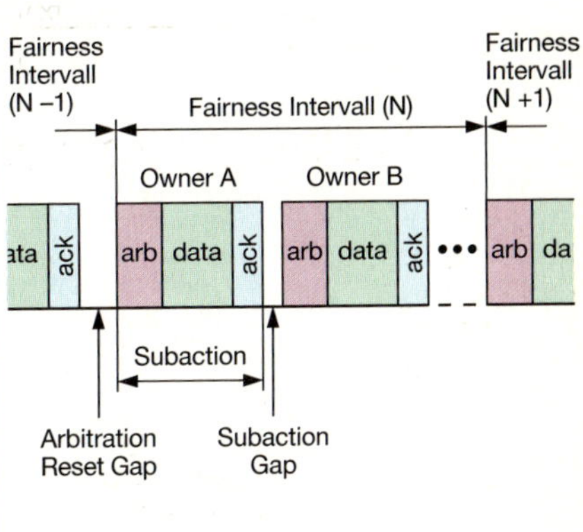

Technische Informatik

IEEE 1284

- Standard für **bidirektionale parallele Schnittstelle** am PC.
- Unterstützt **fünf Kommunikationsmodelle**.
- **Compatibility Mode** (Kompatibler Betrieb). Entspricht der Ansteuerung wie Centronics-Schnittstelle; auch als **Fast Centronics** bezeichnet, wenn die Datenflusssteuerung durch FIFO's, die in den I/O-Controllern eingebaut sind, durchgeführt wird.
  Übertragungsrate bis zu 500 kByte/s.
- **Nibble Mode** (Halbbyte Betrieb).
  Übertragung von 8 Datenbit erfolgt in zwei Zyklen zu jeweils 4 Bit.
  Übertragungsrate bis zu 50 kByte/s.
- **Byte Mode** (Byte Betrieb).
  Übertragung von 8 Datenbit in einem Zyklus.
  Übertragungsrate ähnlich Compatibility-Mode.
- **EPP Mode** (**E**nhanced **P**arallel **P**ort).
  Verbesserter paralleler Port. Verwendet vier Methoden zur Datenübertragung: Data-Write, Data-Read, Address-Write, Address-Read.
  Übertragungsrate bis 2 Mbyte/s.
- **ECP Mode** (**E**xtended **C**apability **P**arallel Mode).
  Port mit erweiterten Fähigkeiten. Protokoll verwendet Daten- und Befehlszyklen. Befehlszyklen werden unterteilt in **Run Lenght Count** (Lauflängen Zähler) und **Channel Address** (Kanal Adresse).
  RLC erlaubt Datenkompression (max. 64 : 1).
  CA erlaubt unabhängige und gleichzeitige Bedienung verschiedener Funktionen in einem Gerät (z.B. Fax, Modem, Drucker).
- Steckverbinder sind
  - Type A: 25-poliger Sub-D-Stecker,
  - Type B: 36-poliger Centronics Verbinder,
  - Type C: 36-poliger miniaturisierter Verbinder.

Schnittstellendefinitionen

PIN (DB25)	In/Out	SPP-Signal	Nibble Mode	Byte Mode	EPP Mode	ECP Mode
1	Out	Strobe	Strobe	HostClk	Write	HostClk
14	Out	AutoFeed	HostBusy	HostBusy	DataStb	HostAck
17	Out	SelectIn	1284Active	1284Active	AddrStb	1284Active
16	Out	Init	Init	Init	Reset	ReverseRequest
10	In	Ack	PtrClk	PtrClk	Intr	PeriphClk
11	In	Busy	PtrBusy	PtrBusy	Wait	PeriphAck
12	In	PE	AckDataReq	AckDataReq	UserDefined	AckReverse
13	In	Select	Xflag	Xflag	UserDefined	Xflag
15	In	Error	DataAvail	DataAvail	UserDefined	PeriphRequest
2-9		Data(8:1)	NotUsed	Data(8:1)	AD(8:1)	Data(8:1)

Signaldefinitionen

SPP Mode

Ack: Bestätigung für Datenempfang
Busy: Drucker ist beschäftigt
PE: Papierende im Drucker
SELECT: Drucker ist online
Error: Fehlermeldung
Strobe: Daten sind gültig
AutoFeed: Automatisches Einfügen eines Linefeed nach Carrige Return
Selectin: Aktiviert d. Drucker
Init: Setzt den Drucker zurück

Nibble Mode

PtrClk: Handshakesignal zur Datenübernahme
PtrBusy: Datenbit 3 bzw. 7
AckdataReq.: Datenbit 2 bzw. 6
Xflag: Datenbit 1 bzw. 5
DataAvail: Datenbit 0 bzw. 4
HostBusy: Zeigt Empfangsbereitschaft an
1284Active: Übergang zum 1284 Mode

Byte Mode

PtrClk: Daten sind gültig
PtrBusy: Peripherie ist beschäftigt
Xflag: Erweiterungs-Flag
DataAvail: Daten stehen zum Einlesen bereit
HostClk: Empfangsbestätigung der Daten
HostBusy: Drucker ist zum Empfang bereit
1284Active: Übergang zum 1284 Mode

EPP Mode

Intr.: Datum wurde empfangen
Wait: Low-Pegel erlaubt, High-Pegel verzögert Operation
Write: Schreibvorgang
DATAStb.: Datenoperation
AddrStb.: Adressoperation
UserDef: Frei verwendbar

ECP Mode

PeriphClk: Handshake in Empfangsrichtung
PeriphAck: Handshake in Senderichtung; Unterscheidet Daten und Kommandos
AckReverse: Acknowledge für Reverse Request
Xflag: Erweiterungs Flag
PeriphReq: Daten stehen zum Einlesen bereit
HostClk: Handshake in Senderichtung
HostAck: Handsh. in Empfangsrichtung; unterscheidet Daten u. Kommandos
ReverseReq: Schaltet Datenpins in Empfangsrichtung

Bluetooth

- Drahtlose Kommunikationsverbindung für Kurzstrecken auf Funkbasis.
- Arbeitet im Bereich von 2,402 GHz bis 2,480 GHz (2,4 GHz ISM-Band).
- Frequenzband ist unterteilt in 79 Kanäle mit je 1 MHz Abstand.
- Übertragung erfolgt durch **Spreizspektrumübertragung** mittels **Frequenzsprungverfahren**. (**FHSS**: **F**requency **H**opping **S**pread **S**pectrum)
- Insgesamt werden 79 HOPS (Sprünge) mit einer maximalen Hopping-Frequenz von 1600 Hz realisiert.
- Kommunikation zwischen Master und Slave erfolgt im **T**ime **D**evision **D**uplex (**TDD**).
- Sendeleistung max. 10 mW (0 dBm); in Sonderfällen auch 100 mW.
- Reichweite 10 cm bis 10 m (100 m).
- Pro **Pico**-Netz werden 8 Geräte (Teilnehmer) unterstützt.
- Pro System sind maximal 10 Pico-Netze möglich (**Scatter**-Netz).
- Datenübertragungsraten:
  - Punkt zu Punkt (**SCO**: **S**ynchronous **C**onnection **O**riented)
  - Punkt zu Multipunkt (**ACL**: **A**synchronous **C**onnection**less**)
- SCO dient der synchronen Sprachübertragung mit symmetrischen Datenraten (64 kbit/s).
- Sprachcodierung erfolgt mittels **C**ontinous **V**ariable **S**lope **D**elta Verfahren (**CVSD**); erzeugt bei Bitfehlern lediglich höheres Rauschen.
- ACL-Übertragung ist asynchron und verbindungsunabhängig (paketvermittelt).
- Datenpakete können dabei auch 3 oder 5 Zeitschlitze beanspruchen (ohne Frequenzwechsel).
- Symmetrie der Datenraten wird vom Master festgelegt:
  - asymmetrisch: max. 721 kbit/s vorwärts und 57,6 kbit/s rückwärts
  - symmetrisch: 432,6 kbit/s in beiden Richtungen
- Maximal 7 Datenkanäle und 3 Sprachkanäle pro Pico-Netz.
- Schutz gegen Übertragungsstörungen durch **FEC**-Codierung (**F**oreward **E**rror **C**orrection: Vorwärts-Fehlerkorrektur) und **ARQ** (**A**utomatic **R**etransmission **Q**uery: Wiederholungsanforderung).
- Header jedes Paketes grundsätzlich mit FEC geschützt.
- Datenschutz für die Übertragung auf physikalischer Schicht durch **Authentifizierung** und **Verschlüsselung**.
- Verschlüsselung erfolgt mit **Stream-Cipher**-Verfahren über Schlüssellängen von 40 Bit oder 60 Bit.
- Anwendungsbereiche sind z. B.:
  - Drahtlose Kurzstreckenverbindungen zwischen Rechnern und/oder Druckern, Scannern, Handy, leitungsgebundenem LAN.
  - Automatisches Synchronisieren von Daten zwischen Teilnehmern in den Funknetzen.

Netzstruktur

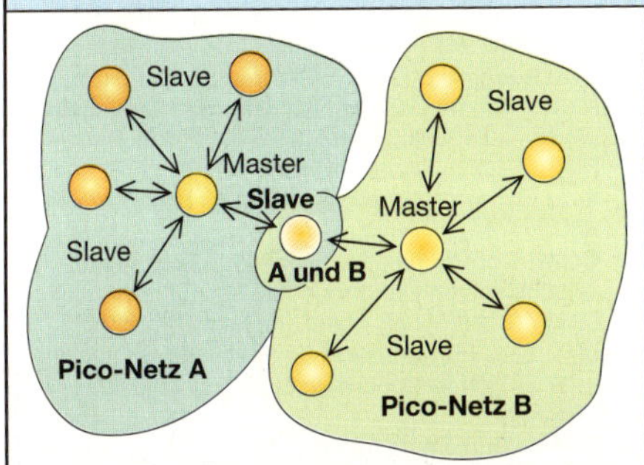

Time Division Duplex

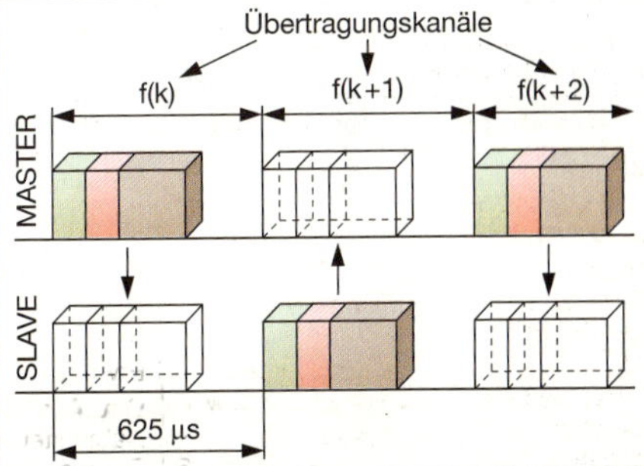

Rahmenformat

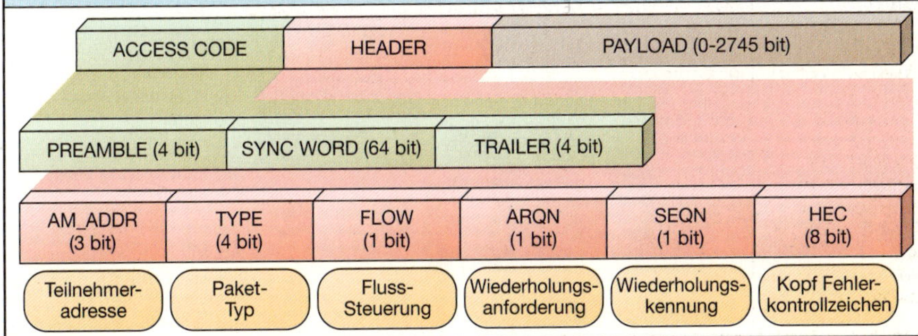

Technische Informatik

PC-Komponenten und Anschlüsse – *PC-components and interfaces*

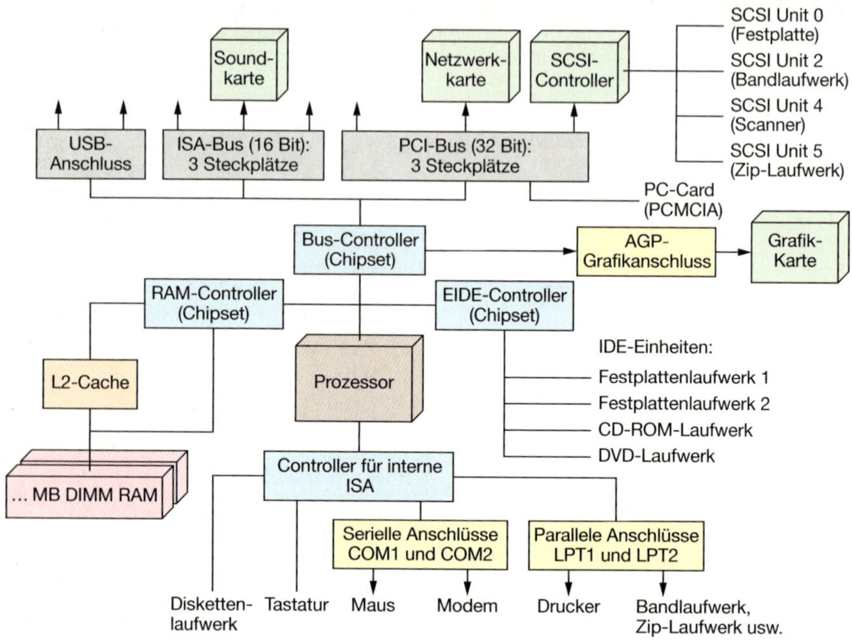

- **USB**: **U**niversal **S**erial **B**us; serieller Bus-Anschluss zum vereinfachten Anschalten von Peripheriegeräten (Geräte während des Betriebs einsteckbar), bis zu 127 Geräte.
- **ISA**: **I**ndustrial **S**tandard **A**rchitecture; für die interne Erweiterung durch Steckkarten.
- **PCI**: **P**eripherial **C**omponent **I**nterface; für die interne Erweiterung durch Steckkarten.
- **SCSI**: **S**mall **C**omputer **S**ystem **I**nterface; paralleler Bus-Anschluss (8 Bit bzw. 16 Bit) zum Anschalten von Peripheriegeräten, Busabschluss (Terminierung) erforderlich, bis zu 16 Geräte.
- **AGP**: **A**ccelerated **G**raphic **P**ort; Hochgeschwindigkeitsverbindung zwischen Grafikkarte und Prozessor unter Umgehung des PCI-Busses.
- **L2-Cache**: Second-Level-Cache; Speicher zwischen Prozessor und Arbeitsspeicher.
- **Controller**: Aufseher, Leiter; elektronische Schaltung zwischen Prozessor und Peripherie (Soft- u. Hardware) zur Anpassung.
- **IDE**: **I**ntegrated **D**evice **E**lectronics; Schnittstelle für Geräte mit integriertem Controller (z. B. Festplatte, CD-ROM), 40polig, 16 Bit Datenbusbreite.
- **EIDE**, **E-DIE**: **E**nhanced **IDE**-Schnittstelle; erweiterte IDE-Schnittstelle (schnellerer Datentransfer als bei IDE), 40polig.
- **COM**: **Com**munication; serielle Schnittstelle zum Anschluss von Peripheriegeräten mit geringem Datentransfer (z. B. Maus, Tastatur, Modem).
- **LPT**: **L**ine **P**rin**t**er; parallele Schnittstelle zum Anschluss von Peripheriegeräten (z. B. Scanner, Drucker).
- **DIMM**: **D**ual **I**nline **M**emory **M**odule; Speichermodule mit zwei Anschlussreihen (Arbeitsspeicher).

Buchsen

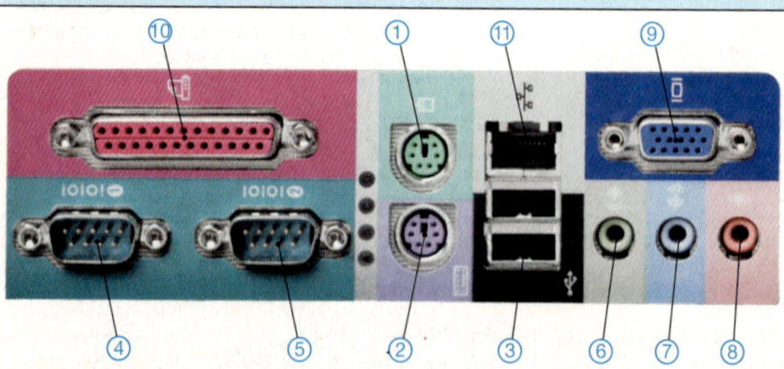

① Maus
② Tastatur
③ USB-Anschlüsse
④ COM 1
⑤ COM 2
⑥ Lautsprecher Ausgang
⑦ Audio Eingang
⑧ Mikrofon Eingang
⑨ Monitor-Port
⑩ LPT (Parallele Schnittstelle für den Drucker)
⑪ Netzwerk-Anschluss

Technische Informatik

PC-Hauptplatine – *PC-main board*

Slot 1 (beispielhafter Aufbau)	**Sockel 7** (beispielhafter Aufbau)

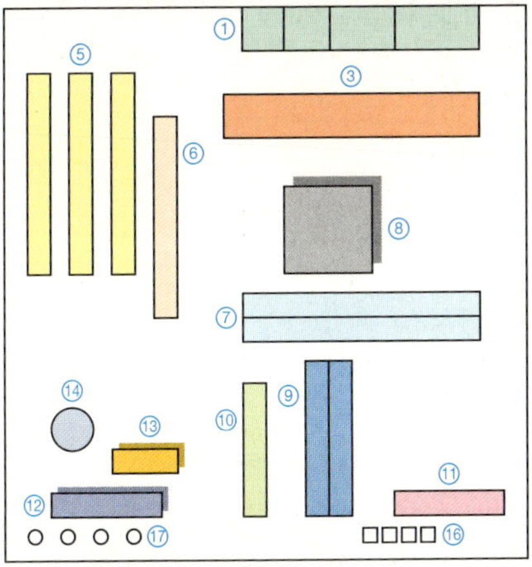

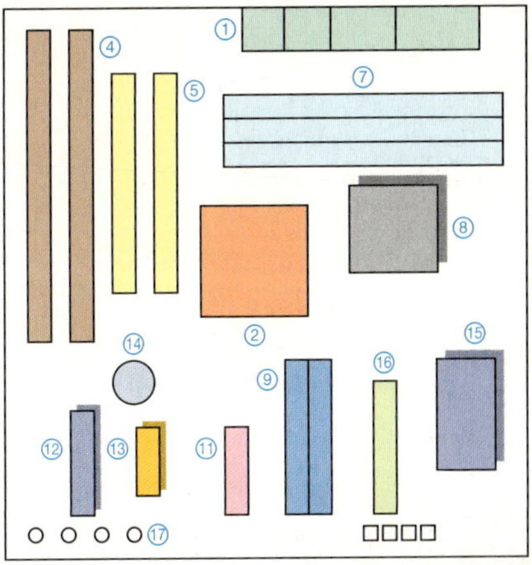

Komponenten und Elemente

- **Abmessungen der Platine (Formfaktoren)**
  - **AT** (**A**dvanced **T**echnology): 30,48 x 35,05 cm.
  - **BAT** (**B**aby-**AT**): 21,77 x 15,24 cm.
  - **ATX** (**AT** E**x**tended): 12 Zoll x 9,6 Zoll; 30,5 cm x 24,4 cm, gute Erweiterbarkeit, kurze Leitungswege, Kühlung der Platine durch Netzteil-Lüfter für Sockel- und Slot-CPU, mit Buchsen für den I/O-Bereich.
  - **Mini-ATX**: 11,2 Zoll (28,4 cm) x 8,2 Zoll (20,8 cm).
  - **LPX** (**L**ow **P**rofile E**x**tended) und **NLX**: Abwandlung von ATX für besonders flache Gehäuse. Die Slots befinden sich nicht auf der Hauptplatine, sondern auf einer im Winkel von 90° angebrachten Riser-Card.
- **Ein-/Ausgabeschnittstellen** ①
  Serielle Schnittstellen (COM1 u. 2), PS/2 (Maus- u. Tastaturanschluss), USB, Parallelschnittstelle (LPT).
- **Prozessorsteckplatz (Sockel bzw. Slot)**
  - **Sockel 7** (Intel Pentium ②, AMD und IBM/Cyris Prozessoren, 320 Pins).
  - **Slot 1 und 2** (Schlitz)
    Steckplatz wie für Erweiterungskarte für Pentium II, III und Celeron ③, Leiterplatte mit Prozessor und Modul für L2-Cache.
- **Slots für Erweiterungskarten**
  - **ISA** ④, 16 Bit, 5 Mbit/s, große Abmessungen, Bedeutung geht zurück.
  - **PCI** ⑤, 32/64 Bit, 132/264 Mbit/s, kleinere Abmessungen als ISA-Steckplatz.
- **AGP** (**A**ccelerated **G**raphics **P**ort ⑥)
  Steckplatz für Grafikkarte, entlastet CPU, 532 Mbit/s.
- **Steckplätze (Speicherbänke) für Speichermodule**
  - 72-polige PS/2-SIMMS
  - 168-polige SDRAMs ⑦

  Taktfrequenzen: 66 MHz, 100 MHz, 133 MHz, 400 MHz (Pentium 4) für den Front-Side-Bus (FSB).

- **Chipsatz** ⑧
  Verwaltet u. steuert die Zusammenarbeit zwischen dem Prozessor und den einzelnen Komponenten (z. B. Cache, Arbeitsspeicher, Erweiterungskarten). Bezeichnungen auch: North- und Southbridge.
- **EIDE-Schnittstellen** ⑨
  Zwei Steckplätze, EIDE 1 und 2, insgesamt sind vier Laufwerke anschließbar (z. B. zwei CD-ROM, zwei Festplatten, Master-Slave-Prinzip).
- **Schnittstelle für Diskettenlaufwerk** ⑩
  (Floppy Disc)
- **Spannungsversorgung** ⑪
  12 V und 5 V aus Netzteil (z. B. 200 bis 300 W)
- **BIOS-ROM** (**B**asic **I**nput **O**utput **S**ystem) ⑫
  Festwertspeicher z. B. als EEPROM, Vermittler zwischen Betriebssystem und Hardware, Update mit Flash-Diskette möglich.
- **CMOS-Speicher**
  Speicher für aktuelle BIOS-Einstellungen (oft gemeinsam mit Echtzeituhr ⑬).
- **BIOS-Batterie** ⑭
  CMOS-Batterie, Spannungsversorgung für den CMOS-Speicher und die Echtzeituhr, Energieversorgung wenn PC abgeschaltet ist.
- **Cache** ⑮
  Externer Speicher (Second-Level-Cache, L2), Zwischenspeicher, z. B. 256 kB bzw. 512 kB.
- **Konfigurations-Jumper oder DIP-Schalter** ⑯
  Steckbrücken oder Schalter zur Anpassung (z. B. Betriebsspannung, Taktrate), es gibt auch Jumperless-Boards, die ohne Jumper bzw. Schalter auskommen (Werte werden automatisch erkannt).
- **Steckanschlüsse** ⑰
  Z. B. für Lautsprecher, LEDs, Reset-Taste.

PC-Netzteil – *PC-power supply unit*

Angaben

- Leistung *P* in Watt (W).
- Eingangsgrößen:
  - Wechselspannungsbereich *U* in Volt (V),
  - Frequenz *f* der Wechselspannung in Hertz (Hz),
  - Sicherung in Ampere (A).
- Ausgangsgrößen:
  - Spannungen *U* in Volt (V),
  - Maximale Stromstärke *I* in Ampere (A),
  - Polarität (+ oder –) der Spannungsanschlüsse gegenüber einem gemeinsamen Bezugspunkt (Masse).

Prinzip und Beispiel (P8 und P9)

Wandlung von Wechsel- in Gleichspannung.

Wechselspannung AC

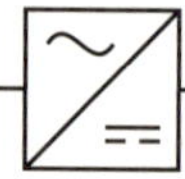

Gleichspannung DC

Eingang AC	Ausgang DC
P = 200 W	+ 5 V; 20 A
U = 115/230 V	+ 12 V; 8 A
f = 50/60 Hz	– 5 V; 0,5 A
Sicherung: 6/3,5 A	– 12 V; 0,5 A

PC-Netzteil

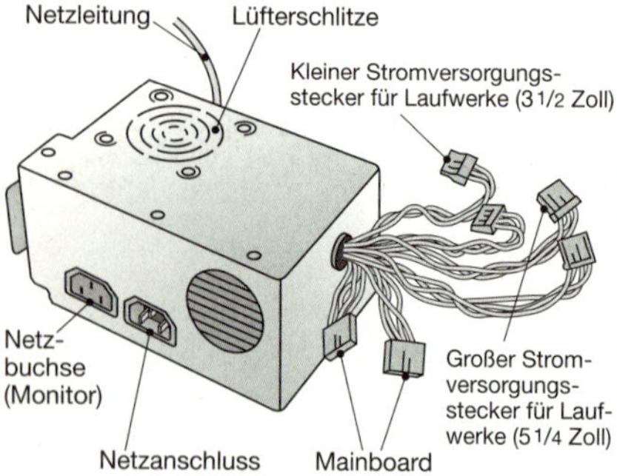

Achtung – Gefahr!

- Die 230 V Netzspannung ist lebensgefährlich!
- Vor dem Aufschrauben des Gerätes unbedingt Netzstecker aus der Steckdose ziehen!
- Am Netzschalter des Gerätes kann die Netzspannung liegen.
- An den Anschlüssen des Netzschalters ist mitunter nicht erkennbar, zwischen welchen Kontakten beim Betätigen des Schalters Verbindungen hergestellt werden.
- Mitunter befindet sich am Gerät eine vom Netzschalter geschaltete Netzbuchse, über die ein anderes Gerät angeschlossen werden kann. Vorsicht: Netzspannung 230 V!

Mainboard P8 und P9

Pin	Farbe	Funktion
1	Orange	Power Good 1)
2	Rot	+ 5 V DC
3	Gelb	+ 12 V DC
4	Blau	– 12 V DC
5	Schwarz	Masse
6	Schwarz	Masse
7	Schwarz	Masse
8	Schwarz	Masse
9	Weiß	– 5 V DC
10	Rot	+ 5 V DC
11	Rot	+ 5 V DC
12	Rot	+ 5 V DC

Stecker-Anschluss

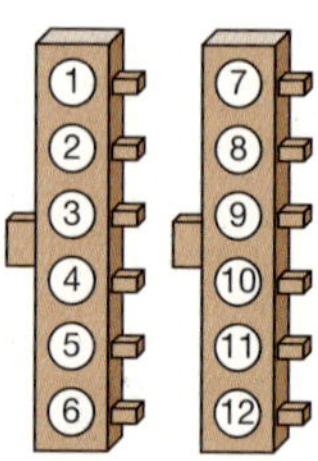

5 1/4 Zoll

Pin	Farbe	Funktion
1	Gelb	+ 12 V DC
2	Schwarz	Masse
3	Schwarz	Masse
4	Rot	+ 5 V DC

3 1/2 Zoll

Pin	Farbe	Funktion
1	Gelb	+ 12 V DC
2	Schwarz	Masse
3	Schwarz	Masse
4	Rot	+ 5 V DC

PC-Netzteil (ATX)

Pin	Farbe	Funktion
1	Orange	3,3 V
2	Orange	3,3 V
3	Schwarz	Masse
4	Rot	+ 5 V
5	Schwarz	Masse
6	Rot	+ 5 V
7	Schwarz	Masse
8	Grau	Power Good 1)
9	Violett	Standby 5 V
10	Gelb	+ 12 V
11	Orange	3,3 V
12	Blau	– 12 V
13	Schwarz	Masse
14	Grün	Soft-Off 2)
15	Schwarz	Masse
16	Schwarz	Masse
17	Schwarz	Masse
18	Weiß	– 5 V
19	Rot	+ 5 V
20	Rot	+ 5 V

Stecker-Anschluss

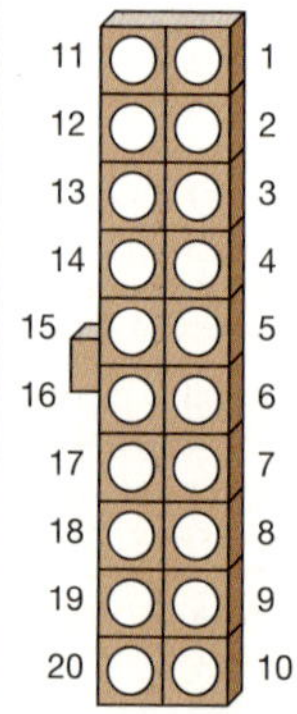

1) Überwachungssignal, ob die Spannungen im vorgeschriebenen Toleranzbereich liegen.

2) Signal zum An- und Abschalten des Netzteils, das ATX-Netzteil ist deshalb nicht völlig abgeschaltet.

Speicher und Speichermodule – *Memory and memory modules*

Speicherbausteine

- **RAM**: **R**andom **A**ccess **M**emory
  Speicher mit wahlfreiem Zugriff, kann beliebig gelesen und beschrieben werden.
- **DRAM**: **D**ynamic RAM
  Speicherinhalt muss nach kurzer Zeit wieder aufgefrischt werden (Refresh).
- **EDO-RAM**: **E**xtended **D**ata **O**utput RAM (erweiterte Datenausgabe).
  Kein Refresh erforderlich, Daten werden zwischengespeichert, bevor die CPU die Daten abruft.
  Vorteil: Prozessor kann die nächste Speicherzelle bereits adressieren (Geschwindigkeitsvorteil beim Lesen). 66 MHz Taktfrequenz.
- **SDRAM**: **S**ynchronous DRAM
  Der Speicher verfügt über einen Taktgeber, der mit dem Systemtakt synchronisiert ist (Taktfrequenzen: 66, 100, 133 MHz). Dadurch entstehen geringe Zugriffszeiten, Betriebsspannung 2,5 V.
- **RDRAM**: **R**ambus DRAM
  Speicher der Fa. Rambus mit hoher Datenrate, 10mal schneller als bei SDRAM. Daten werden auf der ansteigenden und abfallenden Flanke gelesen (doppete Datenrate). Taktfrequenz bis 400 MHz, Betriebsspannung 2,5 V.
- **DDR-SDRAM**: **D**ouble **D**ate **R**ate SDRAM
  Daten werden auf der ansteigenden und abfallenden Flanke gelesen (doppelte Datenrate), Taktfrequenz 266 MHz, Betriebsspannung 3,3 V.

Kennzeichnungen

- Speicherkapazität (z. B. 64, 128, 256, 512 MB)
- Taktfrequenz (z. B. 100, 133, 400 MHz)
- Maximale Datentransferrate (z. B. 1,6 GB/s)

Module mit SDRAMs
Beispiele:
- PC 100 (= 100 MHz Taktfrequenz),
- PC 133 (= 133 MHz Taktfrequenz)

Module mit DDR-SDRAMs
Beispiele:
- PC 1600 (= 1600 MB/s max. Datentransferrate),
- PC 2100, PC 2700, PC 3200 oder höher

Berechnung des Zahlenwertes für 2100:
133 MHz Takt x 2 Flanken x 8 Byte = 2128

Module mit RDRAMs
Beispiele:
- PC 800 (2 x 400 MHz, 800 MB/s Datentransferrate),
- PC 1066 (2 x 533 MHz, 1066 MB/s Datentransferrate)

Module mit Speicherbausteinen

PS/2-SIMM

SIMM	DIMM	RIMM
EDO-RAM DRAM	SDRAM DDR-SDRAM	RDRAM

DIMM

DIMM: **D**ual **I**n-line **M**emory **M**odul
64 Bit breiter Datenbus

- **DIMM** mit **SDRAM** (PC 100, PC 133)
  - 168 Kontakte auf beiden Seiten der Platine,
  - zwei Kerben

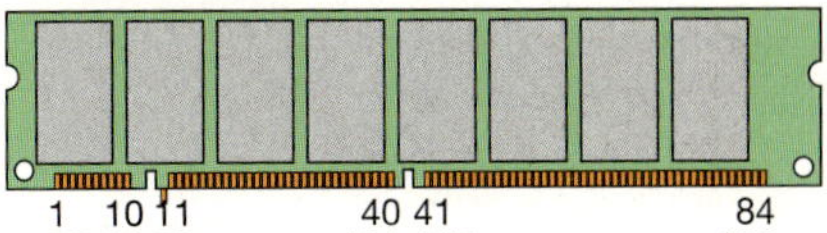

1 10 11 40 41 84
85 94 95 124 125 168

- **DIMM** mit **DDR-SDRAM** (PC 1600, PC 2100, …)
  - 184 Kontakte auf beiden Seiten der Platine, eine Kerbe
  - 2,5 V bis 2,7 V

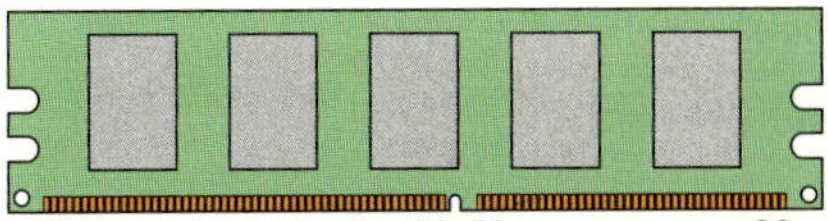

1 52 53 92
93 144 145 184

- **SO-DIMM**: **S**mall **O**utline DIMM
  - Kleine kompakte Module für Notebooks
  - 72 Kontakte, Datenbreite 32 Bit
  - 144 Kontakte, Datenbreite 64 Bit

RIMM

RIMM: **R**ambus **I**n-line **M**emory **M**odul
- Busbreite 16 Bit, hohe Taktfrequenz, bis 800 MHz
- 184 Kontakte auf beiden Seiten der Platine
- 2,5 V

- **RIMM** mit **RDRAM** (PC 800, PC 1066)

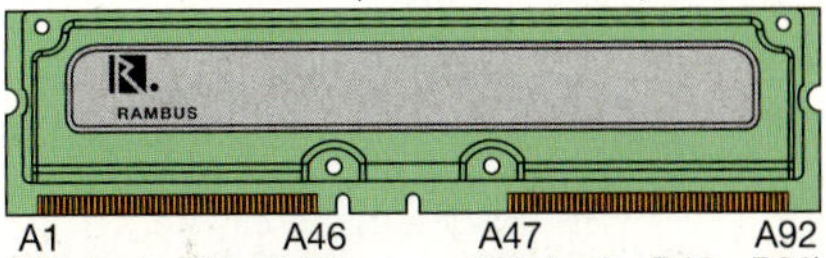

A1 A46 A47 A92
(Rückseite B1…B46) (Rückseite B47…B92)

- **SO-RIMM**: **S**mall **O**utline RIMM
  - Kleine kompakte Module für Notebooks
  - 160 Kontakte

SIMM

SIMM: **S**ingle **I**n-line **M**emory **M**odul
- 30 Kontakte, 8 Datenbits, in der Regel auf zwei Speicherbänken aufgeteilt (einreihig)
- 72 Kontakte, 32 Bit Datenbreite
- Seitliche Einbuchtung
- Bestückung mit EDO-RAM bzw. DRAM

PS/2-SIMM

PS/2SIMM: **P**ersonal **S**ystem/**2** SIMM
(IBM-Bezeichnung, PC-Nachfolger)
- Kerbe in der Mitte (einreihig)
- 72 Kontakte, 32 Bit Datenbreite

Festplatten – *Hard discs*

Aufbau

- Die Scheiben einer Festplatte sind über eine Zentralverankerung miteinander verbunden.
- Oberhalb und unterhalb jeder Scheibe befindet sich mindestens ein Arm mit einem Schreib- und Lesekopf.
- Der Arm kann an jeder beliebigen Stelle der Platte positioniert werden.

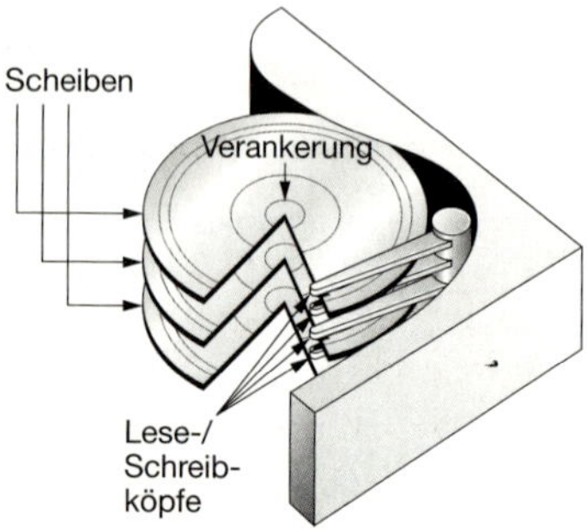

Physikalische Formatierung

Diese **Datenträgerorganisation** wird vom Hersteller durchgeführt.

Grundbausteine: Spuren, Sektoren und Zylinder.

- **Spuren**: Konzentrische Kreispfade auf jeder Scheibenseite; jede Spur erhält eine Nummer; die Spur 0 liegt am äußeren Rand.
- **Zylinder**: Der Spurensatz, der auf allen Seiten der Platten im gleichen Abstand von der Mitte angelegt wird, sind die Zylinder. Hardware und Software arbeiten häufig mit diesen Zylindern.
- **Sektoren**: Die Ausschnitte der Spuren werden als Sektoren bezeichnet. In ihnen kann eine bestimmte Datenmenge gespeichert werden.

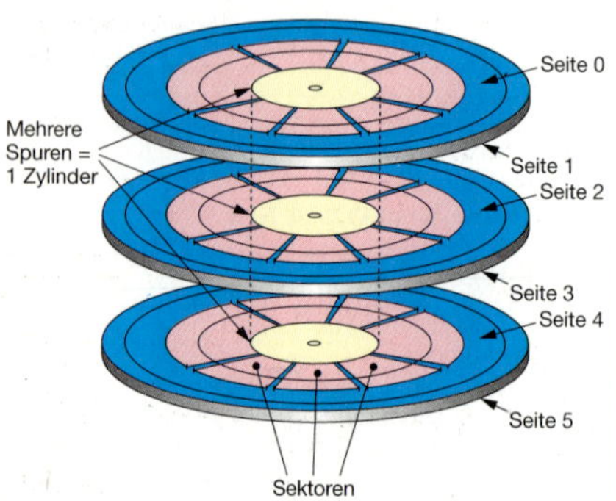

Internet-Adressen

http://...

Fuijitsu www.fuijitsu.com **HP** www.hp.com/ storage/com	**IBM** www.storage. ibm.com **NEC** www.nec.com	**Quantum** www.quantum. com **Western Digital** www.wdc.com

Partitionen

Eine Festplatte kann in einzelne in sich zusammenhängende Bereiche (Partitionen) aufgeteilt werden. Sie wirken wie separate Laufwerke und werden deshalb durch fortlaufende eigene Buchstaben gekennzeichnet.

Vorteile:

- Organisation der Dateien,
- schnellerer Datenzugriff,
- Datensicherung durch Verlagerung,
- effizientere Nutzung der Festplattenkapazität.

Primärpartitionen

Gespeichert sind:

- Betriebssystem,
- Anwendungsprogramme, Dateien usw.

Der PC wird von einer Primärpartition (C) aus gebootet.

Auf der Festplatte können mehrere Primärpartitionen für verschiedene Betriebssysteme eingerichtet sein. Es kann allerdings nur eine aktiv sein.

Erweiterte Partitionen

Es handelt sich dabei um weitere physikalische Unterteilungen der Festplatte, für die eine logische Formatierung (logische Laufwerke) vorgenommen wird.

Logische Formatierung

Einrichtung eines Dateisystems für Partitionen.

Aufgaben eines Dateisystems:

- Verwaltung der belegten und freien Speicher.
- Verwaltung der Verzeichnisse und Dateinamen.
- Festhalten, wo die unterschiedlichen Teile einer Datei auf der Festplatte gespeichert sind.

Dateisysteme:

- **FAT 16** (**F**ile **A**llocation **T**able: Dateizuordnungstabelle für DOS, Windows, NT, OS/2, Linux).
- **FAT 32** (für Win 95 ab OSR2, Win 98, Linux).
- **NTFS** (**N**ew **T**echnology **F**ile **S**ystem für NT, Win XP).
- **HPFS** (**H**igh **P**erformance **F**ile **S**ystem für OS/2).

Beispiel:

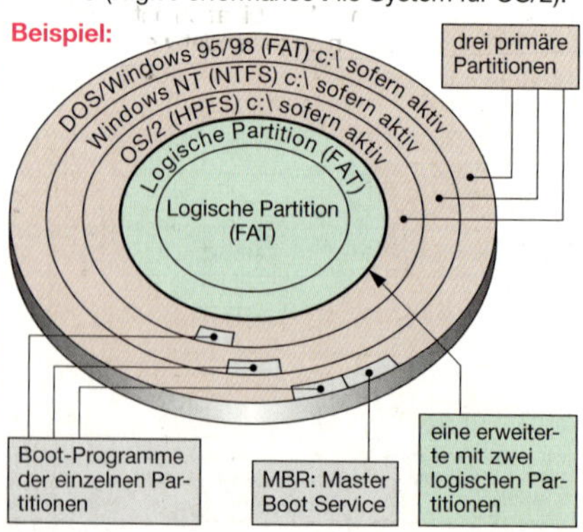

RAID

- **RAID** (**R**edundant **A**rray of **I**ndependent **D**isks): Redundante Anordnung von unabhängigen Festplatten (virtueller Massenspeicher).
- **Fehlertolerante** (fault tolerant) und **redundante** Speicherung von Daten in Serversystemen.
- Erhöht die Systemleistung.
- Raid-Controller erzeugt und speichert 'on-line' **Redundanzdaten** zu den Anwenderdaten.
- Anwenderdaten stehen auch nach Ausfall einzelner Festplatten unbeschädigt zur Verfügung.
- Prinzip beruht auf **Datenverteilung in Blöcken** über mehrere Festplatten (striping) und Paritätserzeugung und Paritätsprüfung.
- **Raid-Level** definieren verschiedene Implementierungen (Raid 0 bis Raid 5).
- Realisierung in der Regel mit Hardwarekomponenten (Disk-Array-Controllern).
- Softwarelösungen erzeugen Redundanzen per Programm (geringer Systemdurchsatz).
- Verbindungen zum Rechner erfolgt mit getrennten oder gemeinsamen Festplattencontrollern (z. B. SCSI-Controller).
- **Levelbezeichnung** sagt nichts über Qualität der Datensicherheit bzw. Leistungsfähigkeit des Systems.
- Firmenspezifische Erweiterungen sind am Markt vorhanden.

RAID-Level 0

- Daten werden in Blöcke aufgeteilt und auf die vorhandenen Festplatten verteilt.
- Keine Paritätserzeugung.
- Bei Ausfall einer Festplatte müssen die Daten von einem backup-Medium zurückgelesen werden.
- Anwendung bei hohen Geschwindigkeitsanforderungen.
- Bietet geringsten Schutz gegen Ausfall.

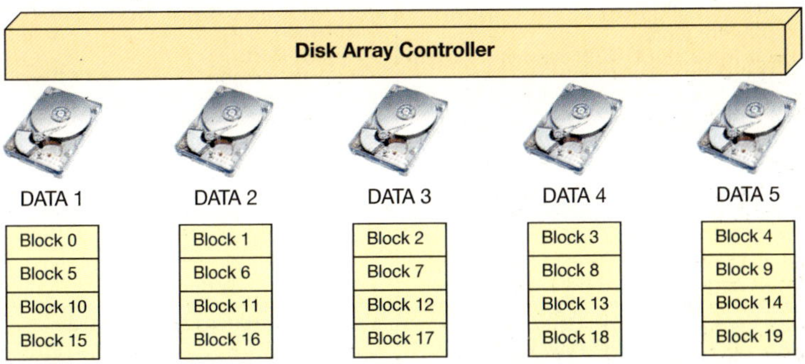

RAID-Level 1

- Jeder primären Festplatte ist eine **Spiegelplatte** (Mirror) zugeordnet.
- Inhalte der primären Festplatte und der Spiegelplatte sind identisch.
- Der Spiegelvorgang ist unsichtbar für den Anwender.
- Raid-Level 1 kann in Kombination mit Level 0 auf mehrere Festplatten angewendet werden.

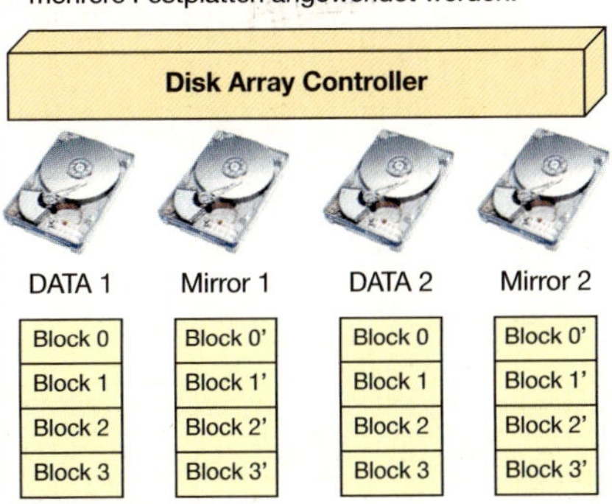

RAID-Level 5

- Verwendet **Datenblöcke** und **Paritätsbildung**.
- Anwenderdaten und Paritätsdaten sind auf allen Festplatten gleich verteilt.
- Unabhängige und/oder parallele Schreib-/Leseoperationen werden unterstützt.
- Bietet ausreichend Geschwindigkeit und ausreichenden Datenschutz.

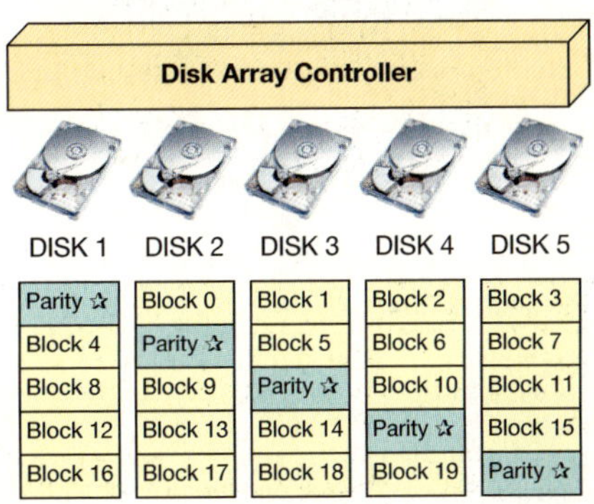

Magnetische Datenspeicher – *Magnetic data storage*

3,5 Zoll-Diskettenlaufwerk

- Magnetische Abtastung (zweiseitig)
- Aufteilung in Sektoren (9 – 36) und Spuren (80)
- Spurbreite: 0,33 mm (360 kB) und 0,115 mm (1,44 MB)
- Drehzahl: 300 · 1/min
- Datentransferrate: 500 kB/s (HD), 250 kB (DD)

Spuren und Sektoren

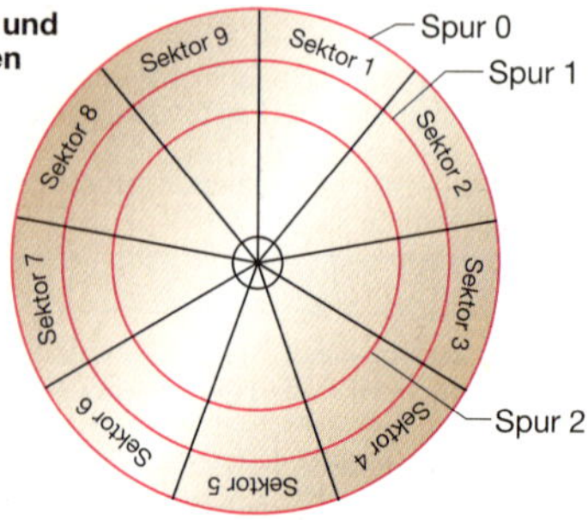

Spannungsversorgung:
+ 5 V (1, Rot); Masse; GND (2, 3, Schwarz);
+ 12 V (Gelb)

Datentransfer:
Controlleranschluss auf der Hauptplatine (33 polig)

Diskettentypen

Typ	Sektoren	Horizont. Dichte	Kapazität
DS/DD	9	135 TPI	720 kB
DS/HD	18	135 TPI	1,44 MB
DS/HD	36	96 TPI	2,88 MB

TPI: **T**racks **P**er **I**nch (Spuren pro Zoll)
DS: **D**ouble **S**ided
DD: **D**ouble **D**ensity
HD: **H**igh **D**ensity

LS-120

- Kompatibel zur 3,5-Zoll-Diskette.
- Kapazität: 120 MB (wesentlich mehr Spuren als die 3,5-Zoll-Diskette).
- Magnetische Abtastung:
  Lese-/Schreibkopf mit zwei Spalten:
  Breit für 3,5-Zoll-Disketten,
  Schmal für LS-120-Disketten.
- Laser (720 nm):
  Abtastung eines vorgeätzten Musters zur präzisen Positionierung des Kopfes auf der Datenspur (**L**aser **S**ervo = **LS**).
- Datentransfer: EIDE-Schnittstelle, Parallelport.

Systemvergleich 3,5 Zoll-Diskette LS-120

Daten	1,44 MB Disk.	120-LS
Spuren pro Seite	80	1736
Sektoren pro Spur	18	51 – 93
kB/Spur (512 B/Sektor)	9,2 kB	26 – 47 kB
Spurdichte	135 TPI	2490 TPI
Drehzahl in 1/min	300	720
Datentransferrate	63 kB/s	250–300 kB/s
Zugriffszeit	300 – 500 ms	70 ms

Zip-Laufwerk

Speicherprinzip:
- Magnetische Aufzeichnung
- Kapazität der Diskette: 100 MB bzw. 250 MB
- Drehzahl: 2945 · 1/min
  Die magnetisierbare Scheibe liegt zwischen zwei planparallelen Platten und wird bei Rotation durch den entstehenden Luftstrom angezogen (mechanische Stabilisierung durch „Versteifung" der Scheibe).
- Die federnd gelagerten Schreib- und Leseköpfe beeinflussen über einen 1,2 mm breiten Spalt die magnetische Ausrichtung auf der Scheibe.
- Zugriffszeit: 29 ms
- Die exakte Spurführung für die Köpfe wird über aufgezeichnete Servoinformationen vorgenommen.

Achtung:
Starke Magnetfelder (Lautsprecher, …) können die Servoinformationen löschen. Die Diskette kann dann nicht mehr verwendet werden.

Anschlüsse:
- **Parallel-Port**:
  Einfügen zwischen Drucker und PC an der parallelen Schnittstelle.
- **USB-Anschluss**:
  Während des Betriebs anschließbar.
- **ATAPI-Schnittstelle**:
  Anschluss an den IDE-Controller der Hauptplatine. Datentransferrate: max. 1,3 MB/s.
- **SCSI-Schnittstelle**:
  Je nach SCSI-Schnittstelle wird eine Datentransferrate von > 1 MB/s erreicht.

Magnetooptisches Laufwerk (MO)

Aufzeichnungsprinzip (magnetisch):
- Anwendung des Kerr-Effektes.
  Ferromagnetisches Material wird durch Laser erwärmt (200 °C).
- Ausrichtung der Molekularmagnete entsprechend der Daten.
- Bei Abkühlung bleibt die Ausrichtung erhalten.
- Schreiben relativ langsam und berührungslos.

Leseprinzip (optisch):
Die Polarisierungsebene des reflektierten Laserlichtes hängt von der Ausrichtung der Elementarmagnete ab.

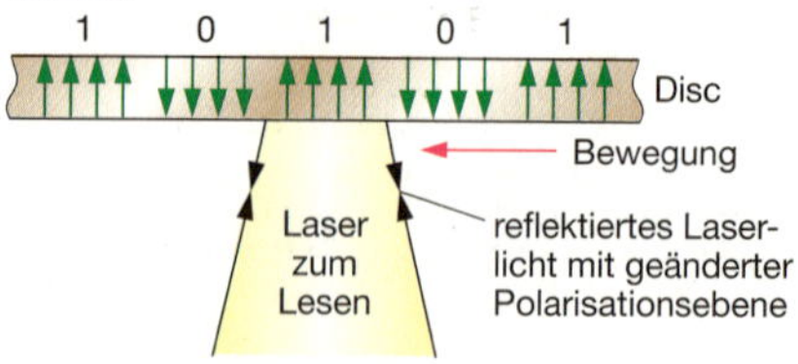

Kennwerte:
- Drehzahl: 3600 – 4300 · 1/s
- Kapazität: 3,5 Zoll: 125/230/540/640 MB
  5,25 Zoll: 650 MB; 1/1,3/5,2 GB
- Datentransferrate (bis ca.)
  Lesen: 4 MB/s; Schreiben: 1,3 MB/s
- Zugriffszeit: 20 – 30 ms

Bandlaufwerke – *Tape drives*

Lineare Aufzeichnung

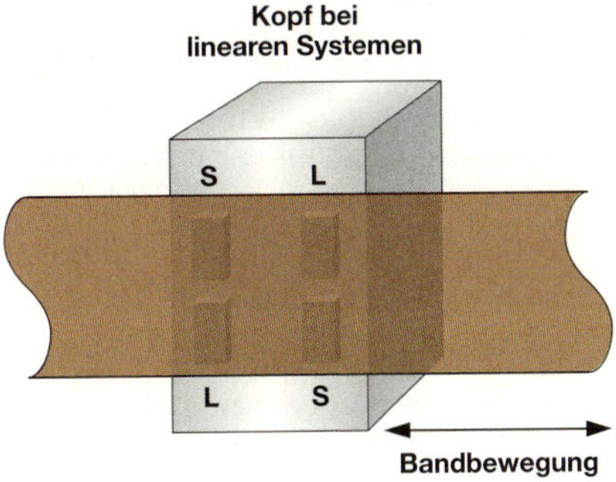

L: Löschkopf **S: Schreibkopf**

Das Magnetband (mit Eisenoxid) wird in Vorwärts- und Rückwärtsrichtung beschrieben.
Die Daten werden auf Spuren abgelegt (z. B. 208 bei DLT, hohe Kapazität).

Die aufgezeichneten Daten werden gelesen und mit den zwischengespeicherten Daten verglichen. Neben den eigentlichen Daten werden auch Daten- und Servicespuren (z. B. für die Kopfnachführung) auf dem Band gespeichert.

- Bandbreite: 6 mm (QIC).
- Kapazitätsbeispiele: DLT 4000 20 GB; DLT 7000 35 GB.
- Vorteil: Hohe Geschwindigkeit (z. B. DLT 7000 4 m/s, vier Spuren werden gleichzeitig gelesen).
- Geringere Zugbelastung und dünneres Bandmaterial als bei DAT.

Schrägspuraufzeichnung (Helical Scan)

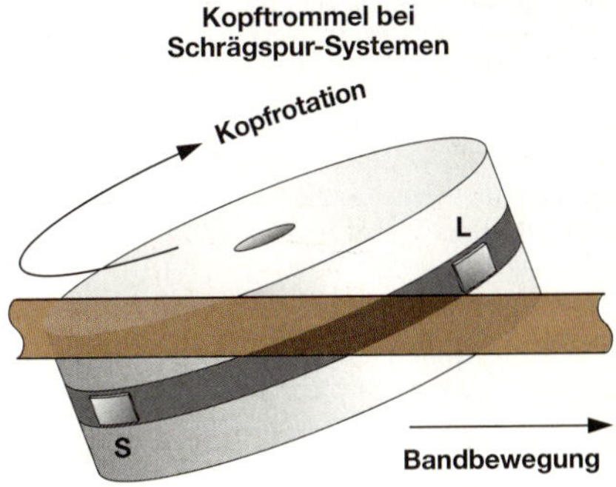

L: Löschkopf **S: Schreibkopf**

Das Magnetband (mit Eisenoxid) bewegt sich langsam an den Schreib- und Leseköpfen der schräg angebrachten Kopftrommel vorbei.

Die aufgezeichneten Daten werden nach dem Schreiben gelesen und mit den zwischengespeicherten Daten verglichen. Bei Fehlern werden sie beim nächsten Durchgang noch einmal geschrieben. Durch die diagonale Spur wird erreicht, dass die Spur etwa achtmal so lang ist wie die Breite des Bandes.

- Bandbreite: 4 mm, 8 mm, 19 mm.
- Kapazitätsbeispiele: DAT DDS-3 8 GB, AIT 25 GB.
- Vorteil: Dicht aneinander liegende Spuren und somit hohe Kapazität.
- Nachteile: Aufwendige Mechanik, da das Band straff gespannt sein muss.
- Suchvorgänge sind langsam, Abhilfe durch Partitionierung des Bandes.

QIC

QIC: **Q**uarter **I**nch **C**artridge
1/4 Zoll = 0,635 cm Bandbreite

Es gibt verschiedene Aufzeichnungsformate: QIC-40, QIC-80, QIC-113, QIC-117, QIC-3010, QIC-3080 bis QIC-5010
Anschluss an Floppy-Controller, IDE-Controller, Parallel-Port, SCSI-Schnittstelle (je nach Ausführung).

Kapazitäten: 40 MB bis 16 GB

Travan

Mini Cartridges, längere Bänder als bei QIC
TR-1 bis TR-5: 400 MB bis 10 GB.
Anschluss an Floppy-Controller, IDE-Controller, Parallel-Port, SCSI-Schnittstelle (je nach Ausführung).

DLT

DLT: **D**igital **L**inear **T**ape

Eine einzige Wickelspule, die zweite befindet sich im Laufwerk (aufwendige Motorsteuerung); Hohe Kapazität (40 – 80 GB); Bandbreite 13 mm.

DAT

DAT: **D**igital **A**udio **T**ape (Digitales Tonband)
DDS: **D**igital **D**ata **S**torage
Anschluss an SCSI-Schnittstelle
Kleine Kassetten: 73 x 54 x 10,5 mm

Standard	Bandlänge	Kapazität unkomprimiert/komprimiert
DDS-1 (DDS1)	90 m	2/4 GB
DDS-2 (DDS2)	120 m	4/8 GB
DDS-3 (DDS3)	125 m	12/24 GB
DDS-4 (DDS4)	150 m	20/40 GB
DDS-5 (DDS5)	170 m	36/72 GB

Super DLT (SDLT)

- Laufwerke sind abwärts lesekompatibel mit DLT tape IV-Medien, die mit DLT 8000-, 7000- oder 4000-Laufwerken beschrieben wurden.
- Kapazität 110 GB unkomprimiert (11 MB/s) und 220 GB komprimiert (22 MB/s)
- Aufzeichnungsart: 448 Spuren, linear
- Aufzeichnungsdichte: 133.000 Bit/Inch
- Durchschnittliche Dateizugriffszeit: 70 s
- Spurdichte: 896 Spuren/Inch

CD-ROM-Laufwerke – *CD-ROM drives*

Leseverfahren

Konstante Übertragungsrate
CLV: **C**onstant **L**inear **V**elocity

Die Daten auf der CD sind in einer Spirale mit gleich bleibender Dichte angeordnet. Der Laser tastet zu jedem Zeitpunkt gleiche Strecken ab. Die Rotationsgeschwindigkeit muss demzufolge angepasst werden (Anwendung auch bei der Audio-CD).

Single-Speed:

Innenbereich ca. 500 1/min
Außenbereich ca. 200 1/min

Konstante Umdrehungsgeschwindigkeit
CAV: **C**onstant **A**ngular **V**elocity

Die Übertragungsrate ist nicht konstant. Sie hängt vom Ort des Lasers auf der Scheibe ab (Anwendung auch bei Festplatten).

Partial CAV

Kombination aus CLV und CAV (Bezeichnungsbeispiel: 12-20x).

Übertragungsrate

Single-Speed:

Jeder Sektor enthält 2 kB Daten, Anzahl 75/s ⇒ Übertragungsrate 150 kB/s;
Zugriffszeit 600 ms

Die Übertragungsrate wird zur Kennzeichnung von Laufwerken benutzt (**x-Faktor**, **Klasse**).

4x bedeutet: 4 mal so große Übertragungsrate wie ein Single-Speed-Laufwerk, 4x150 kB/s = 600 kB/s.

Bezeichnungen und Daten

Klasse	Bezeichnung	Übertragungsrate in kB/s	Zugriffszeit in ms
1x	Single-Speed	150	600
2x	Double-Speed	300	300
3x	Triple-Speed	450	200
4x	Quad-Speed	600	150
6x	Six-Speed	900	150
8x	Eight-Speed	1200	100
10x	Ten-Speed	1500	100
12x	Twelve-Speed[1]	1800	70 – 90
16x	[1]	1900	70 – 90
24x	[1]	2000 – 3000	60 – 85
32x	[1]	2500 – 3600	50 – 85
⋮	⋮	⋮	⋮
	[1](CLV/CAV)		

Anschlussvarianten interner Laufwerke

SCSI
IDE
Herstellerspezifisch

ATAPI (**AT A**ttachment **P**acket **I**nterface, keine hardwaretechnische Änderung gegenüber dem IDE-Anschluss, sondern lediglich eine softwaretechnische Änderung).

Anschlüsse (Rückseite)

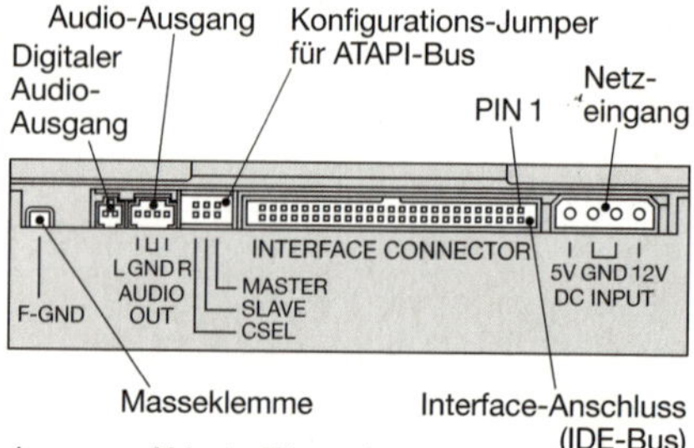

Jumper auf Master/Slave einstellen

Mögliche IDE-Konfigurationen

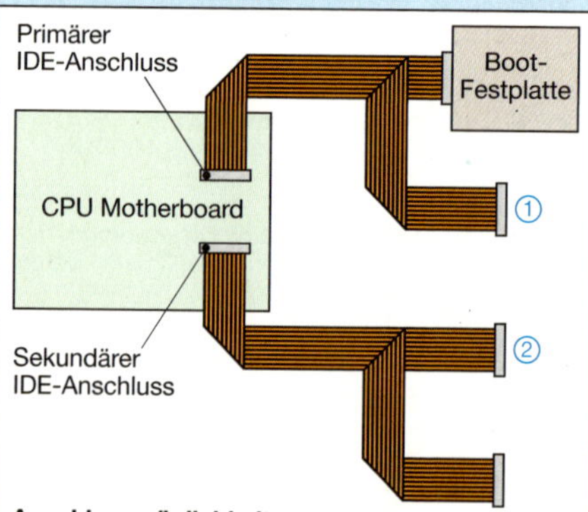

Anschlussmöglichkeiten:

Wenn kein anderes Laufwerk angeschlossen ist: CD-ROM-Laufwerk

- mit primärem IDE-Anschluss verbinden ① und Jumper auf „SLAVE" oder
- mit sekundärem IDE-Anschluss verbinden ② und Jumper auf „MASTER".

CDs-Brennen

- **CD-R**: Eingeprägte Spur mit Zeitinformationen, die den Strahl des Schreiblasers führt.
- In der organischen Farbschicht wird durch den Laser (ca. 40 mW) die Struktur verändert (kristallin und amorph). Dadurch werden Pits und Lands eingeprägt.
- CD-R sind wärmeempfindlicher als gepresste CDs.
- Zum exakten Brennen ist ein kontinuierlicher Datenfluss erforderlich. Deshalb sollten im Hintergrund laufende Programme beendet werden.
- Zum Brennen von CDs wird eine spezielle Software benötigt.
  Beispiele: EasyCDCreator von Roxio, Nero Burning ROM von Ahead Software, WinOnCD von Roxio.
- **CD-RW**: Vor dem Neuschreiben muss die gesamte Schicht zunächst in einen einheitlichen Zustand gebracht werden (Löschvorgang).

CD-Aufzeichnung

Datenstruktur einer CD

Beispiel: Multisession einer Mixed-Mode CD.

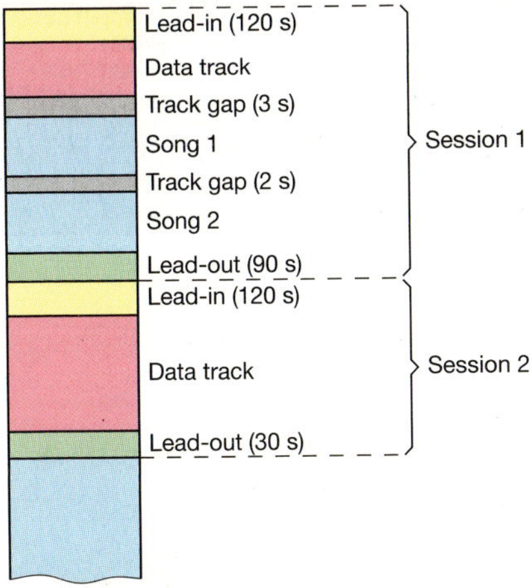

Tracks

Ein Track ist ein physikalischer Abschnitt auf der CD, in dem bestimmte Daten gespeichert sind (geschlossene Datenspur). Sie sind erforderlich, um verschiedene Datentypen voneinander zu trennen.

Beispiele:

- Audio-CD: Jedes Stück befindet sich in einem separaten Track.
- CD-ROM: Alle Daten befinden sich in einem Track.
- Mixed-Mode-CD: Track für Computer-Daten gefolgt vom Track für Musik-Daten usw.

Sessions

Eine Session ist wie ein Track ein physikalischer Abschnitt auf der CD, allerdings sind in ihr in der Regel mehrere Tracks enthalten.

Der Anfang (Vorspann) wird durch ein Lead-In gekennzeichnet. Das Ende durch ein Lead-Out. Beide werden erst beim Schließen der Sesssion geschrieben. Auf einer CD können mehrere Sessions geschrieben werden (**Multisessions**).

Lead-In für jede Session: 120s

Lücke zwischen zwei Tracks: 2 s bei gleichem Modus, sonst 3 s

Lead-Out der ersten Session: 90 s, danach 30s

Eine CD, die in einer Session geschrieben werden, werden als **Singlesession**-CD bezeichnet.

CD-Kapazitäten

Durchmesser	120 mm	120 mm	120 mm	80 mm	80 mm
Audio	80 min	74 min	63 min	21 min	18 min
Daten	700 MB	650 MB	550 MB	180 MB	160 MB

Dateisysteme

Ein Dateisystem ist ein logisches Format, nach dem die Daten auf der CD angeordnet sind.

ISO 9660

Ältester Standard, CDs mit diesem Dateisystem sind prinzipiell auf allen Computerplattformen lesbar (MAC, DOS, Windows, UNIX, ...). Folgende Einschränkungen gelten (Level 1):

- Dateinamen dürfen aus 8+3 Zeichen (keine langen Dateinamen) bestehen.
- Zulässige Zeichen sind: A bis Z, Ziffern 0 bis 9 und der Unterstrich (_).
- Die Verzeichnistiefe (Unterverzeichnisse, Pfade) besteht aus maximal 8 Ebenen.

Level 2: Dateinamen bis zu 32 Zeichen.

Level 3: Sämtliche Beschränkungen aufgehoben.

Joliet

Erweiterung von ISO 9660 durch Microsoft.

- Dateinamen mit 64 Zeichen sind erlaubt.
- Unicode-Zeichensatz kann verwendet werden.

Aus Kompatibilitätsgründen enthält das Joliet-Dateisystem zusätzlich den ISO 9660 Standard.

UDF (Universal Disk Format)

Mit UDF werden immer sehr kleine Datenpakete geschrieben. Leerlaufende Pufferspeicher (**Buffer Underrun**) kommen deshalb nicht vor. Der Brennvorgang wird mit der Cache-Größe des Brenners abgestimmt. Sehr große Dateien und lange Dateinamen werden verarbeitet. Anwendung auch für DVD und CD-RW.

Schreibmethoden

Track-at-Once

Bei diesem Verfahren werden alle Tracks einzeln geschrieben. Der Schreibvorgang wird nach jedem Track unterbrochen. Er kann sofort oder später wieder fortgesetzt werden. Zwischen den Tracks sind also einleitende und abschließende Blöcke (ohne Daten) vorhanden (Run-in, Run-out). Bei „Live-CDs" sind diese Pausen mitunter unerwünscht.

Disc-at-Once

Bei diesem Verfahren werden alle Tracks, einschließlich der Zwischenräume, ohne Unterbrechung geschrieben (wichtig bei Audio-CDs). Die Disc wird automatisch finalisiert, so dass keine weiteren Tracks hinzugefügt werden können.

On-the-Fly

Die Daten werden hierbei direkt von der Quelle auf eine CD-R übertragen, ohne dass sie vorher zwischen gespeichert werden. Es wird kein Image angelegt. Dieses ist nur dann sinnvoll, wenn gewährleistet ist, dass der Schreibspeicher ständig gefüllt ist und somit die Gefahr eines Buffer Underruns nicht besteht.

Soundkarten – *Sound cards*

Grundsätzliche Funktion

1. Ein- und Ausgabe von akustischen Signalen

- Umformung (Sampling) der analogen Signale (Sprache, Musik oder Geräuschen aus verschiedenen Quellen) in digitale Signale (Analog-Digital-Umsetzer).
- Verarbeitung der Signale (Software): Verändern, Teile löschen, kopieren, Klangdateien zusammenfügen/hinzufügen, mischen, speichern usw.
- Umformung der digitalen Signale in analoge Signale (Digital-Analog-Umsetzer) und Wiedergabe.

2. Erzeugung von akustischen Signalen

- Elektronische Musik erzeugen mit Hilfe interner Tongeneratoren (FM-Synthesizer).
  Alternative: Wavetable-Soundkarten, bei denen die Originalklänge der Instrumente gespeichert sind.

Vereinfachter Aufbau

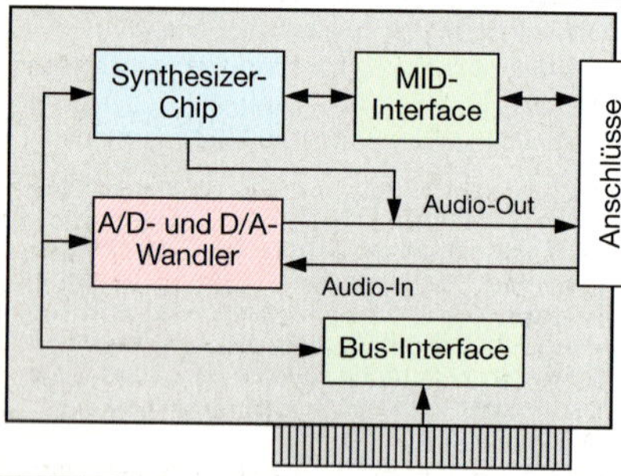

Gruppen von Soundkarten

Je nach Ausstattung kann man unterscheiden: Soundkarten für

- Systemklänge,
- CD-Qualität und Spiele,
- Professionelle MIDI-Anwendungen und
- 3D-Sound.

Anschlüsse

Mindestens extern:

- Line-out-Buchse für aktiven Lautsprecher (Lautsprecher mit Verstärker),
- Line-in-Buchse für externe Geräte, z. B. Stereoanlage,
- Verstärkerausgang für passive Boxen und
- Mikrofon-Buchse für selbstgesprochene Texte.

Intern:

- Audio-Anschluss für das CD-ROM-Laufwerk.

Qualität bei Aufzeichnungen und Wiedergabe

Sie ist abhängig von:

Auflösung beim Digitalisieren (üblich 16 Bit, professionell 24 Bit),

Abtastrate, Sampling-Rate (üblich 44,1 kHz).

Gameport/MIDI-Schnittstelle

Gameport (Joystick): Anschluss von Spielekonsolen.

MIDI: **M**usical **I**nstrument **D**ata **I**nterface; Schnittstelle, über die elektronische Musikinstrumente angeschlossen werden können. Mit dem PC können die Klangdaten koordiniert werden.

Pinbelegung Gameport, MIDI

Pin	Funktion	Pin	Funktion
1	+ 5 V DC	9	+ 5 V DC
2	Joystick 1, erster Button	10	Joystick 2, erster Button
3	Joystick 1, X-Position	11	Joystick 2, X-Position
4	Masse	12	Masse (MIDI-Out)
5	Masse	13	Joystick 2, X-Position
6	Joystick 1, Y-Position	14	Joystick 2, zweiter Button
7	Joystick 1, zweiter Button	15	+ 5 V DC (MIDI-In)
8	+ 5 V DC		

15-polige Sub-D-Buchse

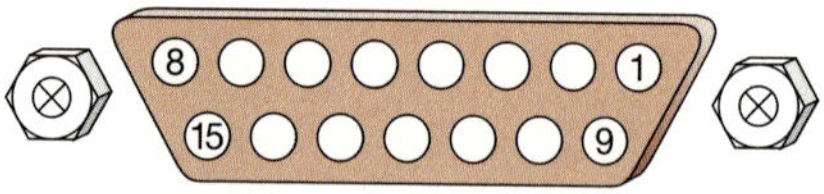

Anschlussbeispiel

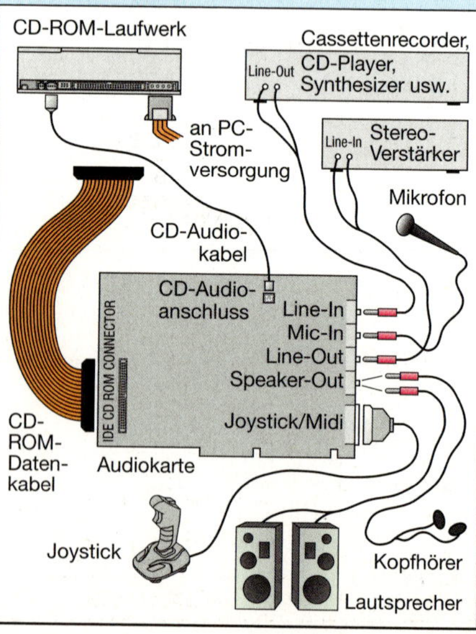

Grafikkarten – *Graphic boards*

Arbeitsweise

1. Die CPU legt das Bild im Video-RAM (**VRAM**: **V**ideo-**RAM**) ab (schnellere Zugriffszeiten als bei normalen RAMs).
2. Ein Grafik-Chip (Video-Chipsatz) überprüft die Daten und erzeugt ein digitales Bildsignal.
3. Digital-Analog-Umsetzer (**RAMDAC**: **RAM-D**igital-**A**nalog-**C**onverter) wandelt die digitalen Signale in analoge Signale um.

VGA

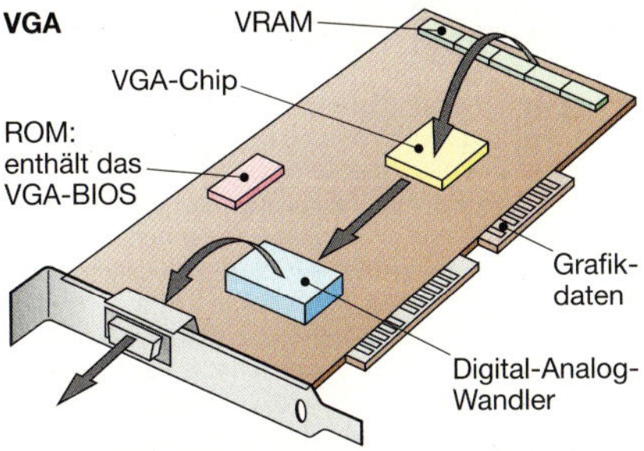

Video-Standards

VGA: **V**ideo **G**raphic **A**rray
- Farben: Maximal 16 Farben.
- Auflösung: Maximal 25 Zeilen x 80 Zeichen, 640 x 480 Pixel.

SVGA	800 x 600
XGA	1024 x 768
SXGA	1280 x 1024
UXGA	1600 x 1200
HDTV	1920 x 1080
HDTV plus	1920 x 1200
QXGA	2048 x 1536

Pinbelegung VGA 9polig (VGA-DSUB)

Pin	Funktion	Pin	Funktion
1	Masse	8	Hor. Synchron.
2	2. Rot	9	Vert. Synchron.
3	Rot		
4	Grün		
5	Blau		
6	2. Grün		
7	2. Blau		

Buchse

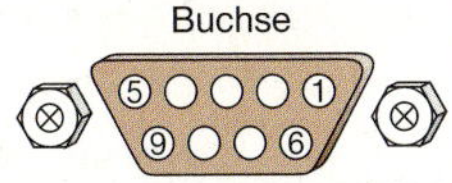

Pinbelegung VGA 15polig

Pin	Funktion	Pin	Funktion
1	Rot	12	Monitor ID 1 [1]
2	Grün	13	Hor. Synchron.
3	Blau	14	Vert. Synchron.
4	Monitor ID 2 [1]	15	nicht belegt
5	Digit. Masse		
6	Rot-Masse		
7	Grün-Masse		
8	Blau-Masse		
9	nicht belegt		
10	Synchr.-Masse		
11	Monitor ID 0 [1]		

Buchse

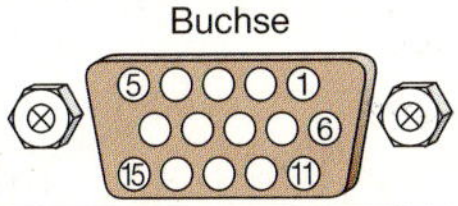

[1] Identifikations-Bit

DVI (Digital Visual Interface)

Schnittstelle zur Übertragung der digitalen Daten der Grafikkarte z. B. an ein TFT-Display.

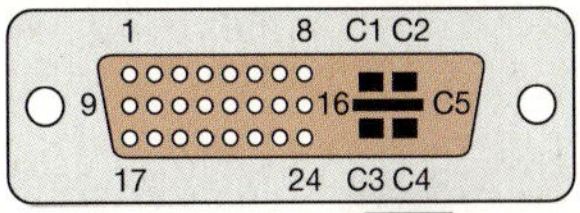

1 … 24: Digitale Signale
C1 … C4: Analoge Signale
C5: Masse

- **DVI-I** (DVI-Integrated):
  Digitale und analoge Übertragung (s. Abbildung)
- **DVI-D**:
  Rein digitale Übertragung (nur Pin 1 bis 24, ohne C1 bis C5)
- **DVI-A**:
  Rein analoge Übertragung (C1 bis C5)

AGP

- **AGP** (**A**ccelerated **G**raphics **P**ort: Beschleunigte Grafik-Schnittstelle)
  - Sie ist ein zusätzlicher Steckverbinder auf dem Motherboard,
  - steigert die Grafikfähigkeiten des PC´s (z. B. im 3D Bereich),
  - realisiert eine Punkt-zu-Punkt-Verbindung zwischen der Grafikkarte und dem Hauptspeicher, wobei die Grafikkarte direkt über eine 32-Bit breite Verbindung (Daten- und Adressmultiplex) auf den Hauptspeicher zugreift,
  - verwendet **sideband addressing** (Seitenbandadressierung) über acht zusätzliche Adressbit und **pipelining** (Fliessbandverarbeitung) zur Durchsatzerhöhung.
- Teile des Hauptspeichers werden mittels **GART** (**G**raphics **A**ddress **R**emapping **T**able: Grafikadress-Auslagerungstabelle) als Bestandteil des Grafikkartenspeichers verwendet.
- **AGP1x**: Transferrate 266 MByte/s (4 Byte pro Taktzyklus)
- **AGP2x**: Transferrate 533 MByte/s (8 Byte pro Taktzyklus)
- **AGP4x**: Transferrate 1066 MByte/s (16 Byte pro Taktzyklus)
- **AGP8x**: Transferrate 2133 MByte/s (32 Byte pro Taktzyklus)
- AGP Pro basiert auf AGP 2.0 mit größerem Steckverbinder, der zusätzliche Stromversorgungsanschlüsse beinhaltet.
- AGP Pro oder AGP 2.0 Steckverbinder arbeiten mit AGP 1.0 und AGP 2.0 Karten. (AGP 1.0 ist nicht aufwärtskompatibel)

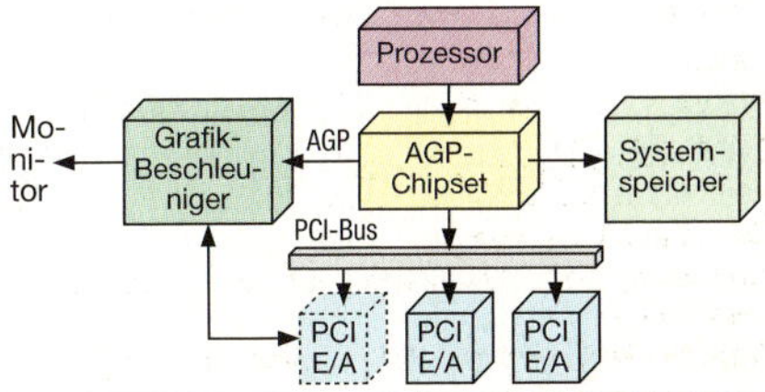

Technische Informatik

Netzwerkkarten – *Network interface cards*

- Netzwerkkarten (**NIC**: **N**etwork **I**nterface **C**ards) dienen zum Anschluss von Endgeräten (PC, Server, Laptop) an Kommunikationsnetze, wie z. B.:
  - Ethernet LAN,
  - FDDI,
  - Toking Ring,
  - ATM.
- Netzwerkkarten sind als Desktop- und Mobil-Adapter (Laptop) verfügbar.
- Sie beinhalten die Schnittstellen (elektrisch, mechanisch) zum Bus im Endgerät (z. B. PCI), zum Netzwerk und eine integrierte Controller-Logik.
- **Netzanschlüsse** werden realisiert über Koaxialkabel (BNC-Steckverbinder), Twisted Pair-Kabel (RJ 45 Stecker) oder Lichtwellenleiter.
- **Einfache Netzwerkkarten** realisieren eine physikalische Anpassung des Endgeräte-Busses an das Netzwerk.
- **Erweiterte Netzwerkkarten** sind mit eigenen Prozessoren ausgerüstet, die eine eigene Protokollverarbeitung durchführen und damit die Host-CPU entlasten.
- **Ethernet**-Netzwerkkarten sind verfügbar
  - für **Übertragungsraten** von 10 Mbit/s, 100 Mbit/s und 1 000 Mbit/s;
  - unterstützen die **Betriebsarten** Halb- und Vollduplex (gleichzeitiges Senden und Empfangen von Daten auf Vollduplex-Kabel, d. h. zwei Aderpaare);
  - ermöglichen **Paralleltasking** (kontinuierliches Senden bzw. Empfangen von Daten zur CPU);
  - realisieren durch **Auto Negotation** eine automatische Einstellung der Übertragungsgeschwindigkeit (10 Mbit/s oder 100 Mbit/s);
  - bieten **Ausfallschutz** durch Einsatz von zwei Adaptern im Endgerät mit automatischer Umschaltung zwischen den Adaptern im Störungsfall (z. B. Leitungsunterbrechung).
- Zur **Kopplung von Servern** werden bei Ethernet **Gigabit**-Adapter (1000 Base X) verwendet.
- Die Verbindung erfolgt mit Lichtwellenleitern (Multimodefaser, 50 µm oder 62,5 µm).
- Die Bandbreite kann dabei durch **Load Balancing** (Lastverteilung) über mehrere Verbindungen optimiert werden.

Netzwerkadapter - Architektur

Passiver Adapter (einfache Netzwerkkarte)

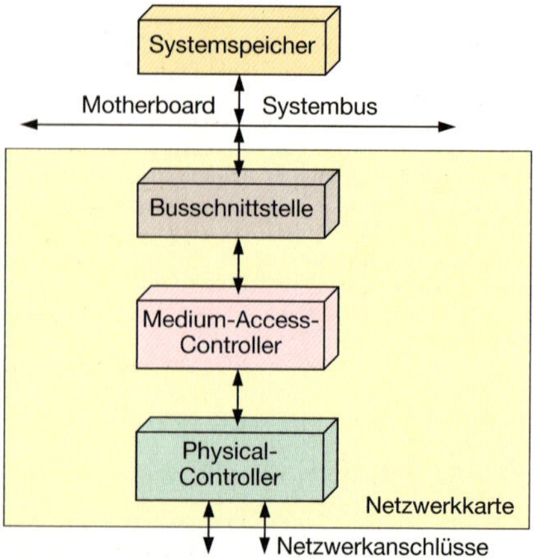

Aktiver Adapter (erweiterte Netzwerkkarte)

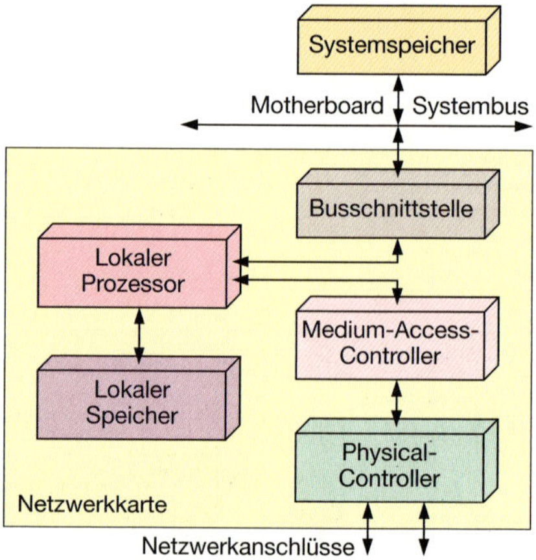

Ethernet-Anschlüsse

Bezeichnung	Anschlusstechnik
10 Base 2	50 Ω Koaxialkab. (dünn)
10 Base 5	50 Ω Koaxialkab. (dick)
10 Base FB	LWL (fibre baseband)
10 Base FL	LWL (FOIRL; 2 km)
10 Base FP	LWL (fibre-passive)
10 Base T	Twisted Pair (2 Paare)
10 Broad 36	50 Ω Koaxialkab. (dick)
100 Base FX	Multim. LWL (2 Fasern)
100 Base T	Twisted Pair (2 Paare)
100 Base T4	Twisted Pair (4 Paare)
100 Base TX	Twisted Pair (2 Paare)
100 VG-AnyL.	Twisted Pair (4 Paare)

Anschlüsse

BNC-Stecker

RJ 45 Stecker

Laptop-Netzwerkkarte

Technische Informatik

PC-Netze – *PC-networks*

Bus

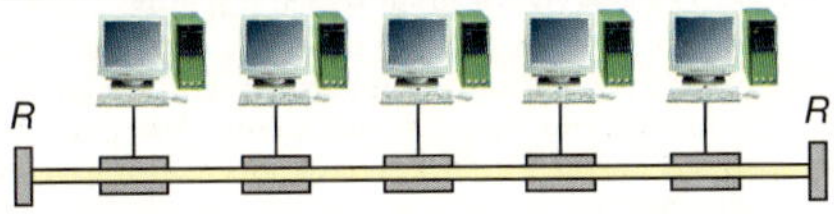

Busleitung muss durch einen Widerstand abgeschlossen sein, damit es zu keiner Signalreflexion kommt.

Vorteile:	Nachteile:
– Geringer Leitungsaufwand, – einfache Netzstruktur, – leicht erweiterbar.	– Leitungsunterbrechung führt zum Ausfall von einer bzw. mehreren Stationen. – Fehler sind schwer zu lokalisieren.

Ring

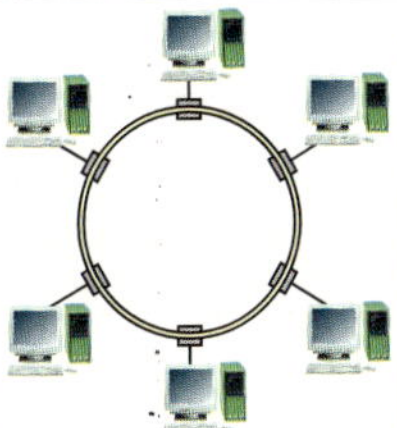

PCs wirken wie Repeater (Verstärker), indem sie die Signale verstärkt weiterleiten.

Vorteile:

- Gleicher Zugriff für alle PCs,
- gleichmäßiger Datentransfer trotz hoher Teilnehmerzahl.

Nachteile:

- Unterbrechung des Netzes bei Erweiterung,
- bei Ausfall eines PCs ist das Netzwerk beeinträchtigt,
- Probleme sind schwer lokalisierbar.

Stern

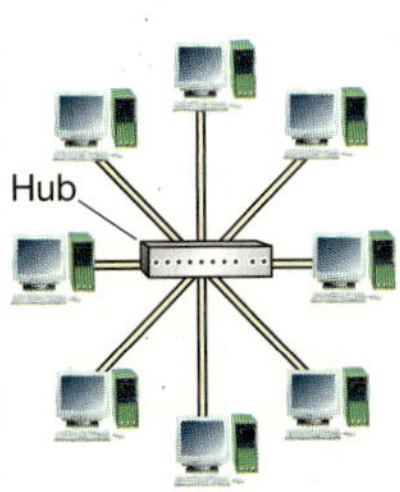

Vorteile:

- Leicht erweiterbar,
- zentralisierte Überwachung und Verwaltung durch Hub,
- der Ausfall eines PCs führt zu keiner Beeinträchtigung des Netzes.

Nachteile:

- Größerer Leitungsaufwand,
- das gesamte Netz fällt aus, wenn der Hub ausfällt.

Netzwerkkarten

NIC: **N**etwork **I**nterface **C**ard
Sie sind das Bindeglied zwischen dem Netzwerk und dem PC.
Datenraten: 10 Mbit/s; 100 Mbit/s; 1000 Mbit/s

Dialog beim Senden und Empfangen:
- Größe der gesendeten Datenpakete,
- Umfang der gesendeten Daten, bevor Bestätigung erfolgt,
- Zeitlicher Abstand zwischen den Datenblöcken,
- Wartezeit, bevor die Bestätigung gesendet wird,
- Menge der Daten, die eine Netzwerkkarte aufnehmen kann, bevor Überlauf eintritt,
- Geschwindigkeit der Datenübertragung.

Leitungen

Thinnet (biegsames Koaxialkabel, 50 Ω)	
RG-58/U	Innenleiter massiv aus Cu
RG-58 A/U	Litzenförmiger Innenleiter aus Cu

Twisted-Pair-Kabel

Verdrillte Kupferleiter
UTP: **U**nshielded **T**wisted **P**air Cable (ungeschirmt)

Kategorie	
1	Telefonleitung, nur für Sprache
2	4 verdrillte Adern, 4 Mbit/s
3	4 verdrillte Adern, 9 Wdg./m, 10 Mbit/s
4	Datenübertragung bis 16 Mbit/s
5	Datenübertragung bis 100 Mbit/s

STP: **S**hielded **T**wisted **P**air Cable (geschirmt)

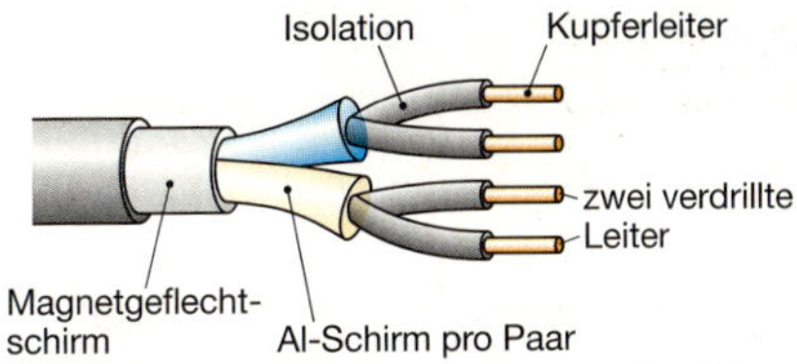

Netzwerk-Adressierung

- Jeder PC bzw. jedes Gerät in einem Netz muss eindeutig durch eine Adresse gekennzeichnet sein (**IP-Adresse**).
  IP: **I**nternet-**P**rotokoll
- IP-Adressen bestehen aus 4 Byte = 32 Bit (2^{32} = 4.294.967.296 mögliche Adressen).
- Die Bytes werden in Dezimalzahlen umgewandelt und durch Punkte voneinander getrennt.

Beispiel:
1. Byte: 00001101 = 13_D
2. Byte: 00101010 = 42_D
3. Byte: 01011000 = 88_D
4. Byte: 11111111 = 256_D
   Dezimalschreibweise: 13.42.88.256

- IP-Adressen setzen sich zusammen aus
  - Netzwerk-Adresse, vorderer Teil (links) und
  - Host-Adresse (z. B. PC), hinterer Teil (rechts).

IP-Klassen

- Grundsätzlich werden 5 Klassen (A bis D) unterschieden, in der Praxis werden 3 (A, B, C) genutzt.
- Mit der Netzwerkadresse wird das gesamte Netz bzw. ein Teilnetz (Subnet) angesprochen.

Klasse	Bereich	Netzadressen	Hostadressen im Netz
A	1 – 126	126	16.387.064
B	128 – 191	16.384	64.534
C	192 – 223	2.097.152	254

Personal Computer Memory Card International Association (PCMCIA)

- Herstellervereinigung für scheckkartengroße PC-Erweiterungskarten.
- Aktuelle Bezeichnung: PC-Card.
- Verfügbar z. B. als Speicher-, E/A-, ISDN-, MODEM- oder Festplattenkarte.
- Karten mit Versionsstand größer 2.x sind identisch mit dem **JEIDA**-Standard (**J**apanese **E**lectronic **I**ndustry **D**evelopment **A**ssociation).
- Version mit 32 Bit verwendet gleichen Stecker (68 Pin) u. wird als Cardbus-Interface bezeichnet.

Abmessungen

Version	Typ	Länge in mm	Breite in mm	Höhe in mm Anschluss	Höhe in mm Körper
1	–	85,6	54,0	3,3	3,3
2	I	85,6	54,0	3,3	3,3
2	II	85,6	54,0	3,3	5,0
2	III	85,6	54,0	3,3	10,5

Anschlüsse

Ansicht auf Steckverbinder der Karte

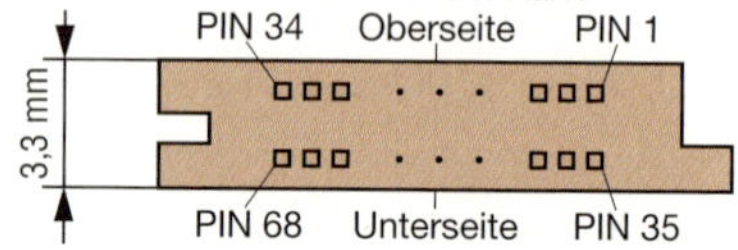

Anschlussbelegungen bei E/A-Karten (16-Bit)

Pin-Nr.	Signal-Bezeichnung	Abkürzung	Richtung[1)]	Pin-Nr.	Signal-Bezeichnung	Abkürzung	Richtung[1)]
1	Masse	GND		35	Masse	GND	A
2	Datenbit 3	D3	E/A	36	Karte gefunden 1	$\overline{\text{CD 1}}$	A (L)
3	Datenbit 4	D4	E/A	37	Datenbit 11	D 11	E/A
4	Datenbit 5	D5	E/A	38	Datenbit 12	D 12	E/A
5	Datenbit 6	D6	E/A	39	Datenbit 13	D 13	E/A
6	Datenbit 7	D7	E/A	40	Datenbit 14	D 14	E/A
7	Karte aktiviert 1	$\overline{\text{CE 1}}$	E (L)	41	Datenbit 15	D 15	E/A
8	Adressbit 10	A 10	E	42	Karte aktiv. 2	$\overline{\text{CE 2}}$	E (L)
9	Ausg. aktiviert	$\overline{\text{OE}}$	E (L)	43	Auffrischen	RFSH	E
10	Adressbit 11	A 11	E	44	Reserviert	RFU	E
11	Adressbit 9	A 9	E	45	Reserviert	RFU	E
12	Adressbit 8	A 8	E	46	Adressbit 17	A 17	E
13	Adressbit 13	A 13	E	47	Adressbit 18	A 18	E
14	Adressbit 14	A 14	E	48	Adressbit 19	A 19	E
15	Schreibfreigabe	$\overline{\text{WE/PGM}}$	E (L)	49	Adressbit 20	A 20	E
16	Bereit/Belegt	RDY/BUSY	A (L/H)	50	Adressbit 21	A 21	E
17	Versorg. Spann.	V_{CC}		51	Versorg. Spann.	V_{CC}	
18	Progr. Spann. 1	V_{pp}		52	Progr. Spann. 2	V_{PP}	
19	Adressbit 16	A 16	E	53	Adressbit 22	A 22	E
20	Adressbit 15	A 15	E	54	Adressbit 23	A 23	E
21	Adressbit 12	A 12	E	55	Adressbit 24	A 24	E
22	Adressbit 7	A 7	E	56	Adressbit 25	A 25	E
23	Adressbit 6	A 6	E	57	Reserviert	RFU	
24	Adressbit 5	A 5	E	58	Kartenrücksetzung	RESET	E (H)
25	Adressbit 4	A 4	E	59	Buszyklus verläng.	$\overline{\text{WAIT}}$	A (L)
26	Adressbit 3	A 3	E	60	Reserviert	RFU	
27	Adressbit 2	A 2	E	61	Attr. o. E/A-Zugriff	$\overline{\text{REG}}$	E (L)
28	Adressbit 1	A 1	E	62	Batt. Spann. gef. 2	BVD 2	A
29	Adressbit 0	A 0	E	63	Batt. Spann. gef. 1	BVD 1	A
30	Datenbit 0	D 0	E/A	64	Datenbit 8	D 8	E/A
31	Datenbit 1	D 1	E/A	65	Datenbit 9	D 9	E/A
32	Datenbit 2	D 2	E/A	66	Datenbit 10	D 10	E/A
33	Schreibschutz	WP	A (H)	67	Karte gefunden 2	$\overline{\text{CD 2}}$	A (L)
34	Masse	GND		68	Masse	GND	

Anschlussbelegungen für Speicherkarten (Abweichungen gegenüber E/A-Karten, 16-Bit)

Pin-Nr.	Signal-bezeichnung	Abkürzung	Richtung[1)]	Pin-Nr.	Signal-bezeichnung	Abkürzung	Richtung[1)]
16	Unterbr. Anford.	$\overline{\text{IREQ}}$	A (L)	60	Eingabebestätig.	$\overline{\text{INPACK}}$	A (L)
33	16 Bit E/A	$\overline{\text{IOIS16}}$	A (L)	62	Lautsprecher	$\overline{\text{SPKR}}$	A (L)
44	E/A-Lesen	$\overline{\text{IORD}}$	E (L)	63	Statuswechsel	$\overline{\text{STSCHG}}$	A (L)
45	E/A-Schreiben	$\overline{\text{IOWR}}$	E (L)				

[1)]Richtung: E: Eingang, A: Ausgang aus Sicht der Karte. (L) bzw. (H) gibt aktiven Pegel an.

Technische Informatik

Magnet-/ Chip-Karten – *Magnetic-/ chip-cards*

Kartengrößen

Kartenformate

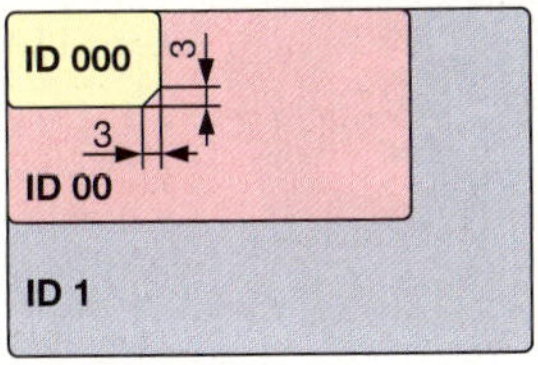

Kartenmaße

Kartenformat	Breite in mm	Höhe in mm	Dicke [1] in mm
ID 000	25	15	0,76
ID 00	66	33	0,76
ID 1	85,6	53,98	0,76
ID 2	105	74	0,76
ID 3	125	88	0,76

[1] Für Karten ohne Prägung und ohne magnetische Aufzeichnung dürfen andere Dickenwerte festgelegt werden.

Hochgeprägte Karten

Die geprägten Schriftzeichen sind für die Datenübertragung (durch Druckvorrichtung oder visuelles/maschinelles Lesen) bestimmt.

Identifikationsnummernzeile

Zeile für Schriftzeichen nach ISO 7811-1 mit maximal 19 Schriftzeichen-Positionen mit einer Nominaldichte von 7 Schriftzeichen je 25,4 mm. Die Zahl der benutzten geprägten Schriftzeichenpositionen hängt von den Erfordernissen der Anwender ab.

Namen- und Adressfeld

Vier Zeilen mit je 27 Schriftzeichen nach ISO 7811-1 mit einer Nominaldichte von 10 Schriftzeichen je 25,4 mm.

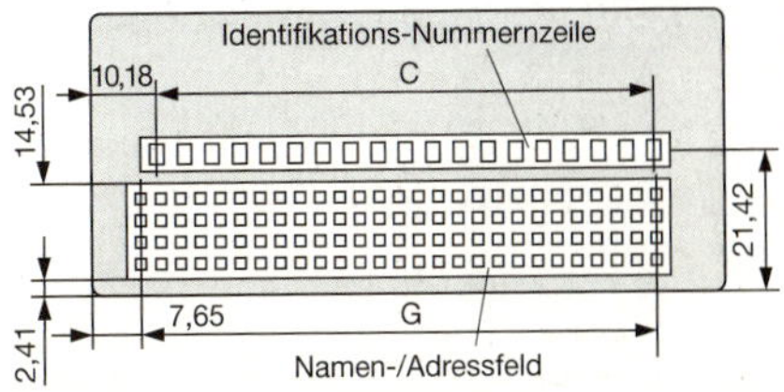

Größte kumulierte Grenzabweichung zwischen den Mittellinien des ersten und des letzten Schriftzeichens jeder Zeile +0,08 mm (Grenzabweichung von C und G).

Magnetstreifenkarten

Lage des Magnetstreifens

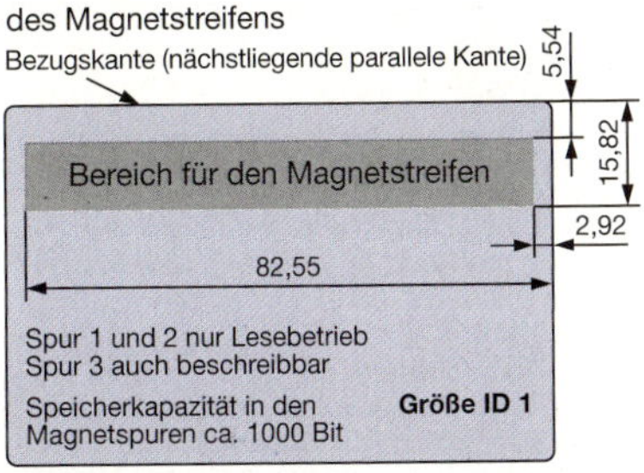

Lage der Spuren 1, 2 und 3

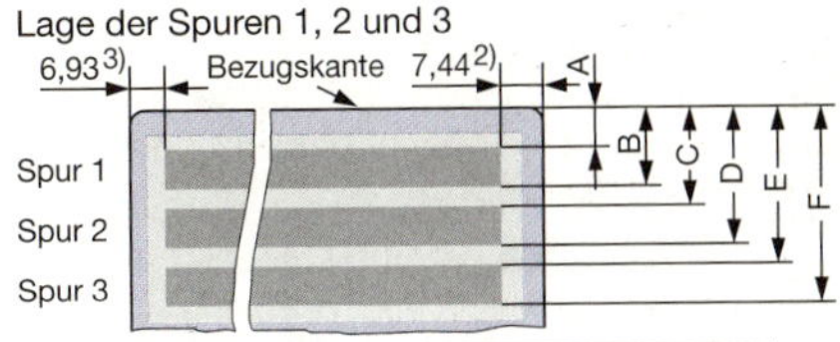

Maß	maximal	minimal
A	5,66	
B	8,97	8,46
C	8,97	8,46

Maß	maximal	minimal
D	12,27 [1]	11,76
E	12,52	12,01
F	15,82	15,32

[1] nur gültig, wenn Spur 3 vorhanden [2] 1. Bit [3] letztes Bit

Chipkarten

- **Speicherchipkarten**
  Ohne Sicherheitslogik, z. B. Krankenversicherungskarte (meist EEPROM).
- **Intelligente Speicherchipkarte**
  mit festverdrahteter Sicherheitslogik, z. B. Telefonkarte.
- **Prozessorchipkarte**
  Intelligente Chipkarte (smartcard) mit Mikroprozessor, RAM, ROM, EEPROM und seriellem Ein- und Ausgabeport.

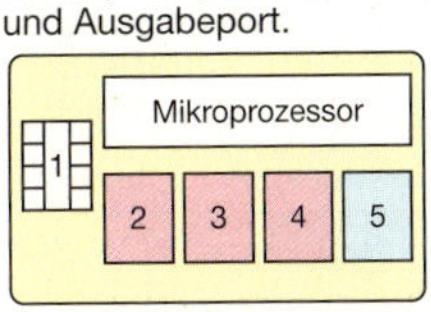

Prozessorchipkarte
1 Kontaktfelder des Chip
2 RAM
3 ROM
4 EEPROM
5 Serielle Ein-/Ausgabe-Schnittstelle

- **Cryptokarte mit mathematischem Coprozessor**

Kontakbehaftete Karte

Kontaktbelegung	Kontakt	Signalname	Funktion
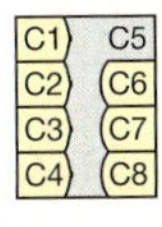	C1	V_{CC}	Versorgungsspannung
	C2	RST	Reseteingang
	C3	CLK	Takteingang
	C4	RFU	Reserviert
	C5	GND	Masse
	C6	V_{PP}	Programmierspannung
	C7	I/O	Ein-/Ausgang, seriell
	C8	RFU	Reserviert

Kontaktlose Karte

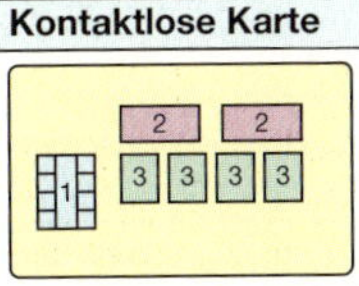

Energieübertragung meist induktiv, Datenübertragung induktiv oder kapazitiv
1 Kontaktfelder des Chip
2 Koppelspulen in der Chipkarte
3 Kapazitive Koppelflächen in der Chipkarte

Technische Informatik

Mobile Speicher – *Mobile memory*

CompactFlash (Compact Flash, CF-Karte)

- 3,3 V und 5 V

- CFI: 42,8x36,4x3,3 mm
- 2,4 MB/s
- CFII: 42,8x36,4x5 mm
- 2,6 bis 4,2 MB/s
- 4, …, 1 GB, …
- Flash-Speicherung
- 50 Kontakte
- Controller integriert

SD Memory Card (Secure Digital Memory Card)

- 32x24x2,1 mm
- 2 MB/s
- ab 512 MB 20 MB/s
- 8, …, 1 GB, …
- 9 Kontakte
- Controller integriert

Smart Media Card

- 3,3 V und 5 V

- 45x37x0,76 mm
- 0,8 MB/s
- 2, …, 128 MB, …
- Flash-Speicherung
- 22 Kontakte
- Controller nicht integriert

iDPhoto (ID-Photo)

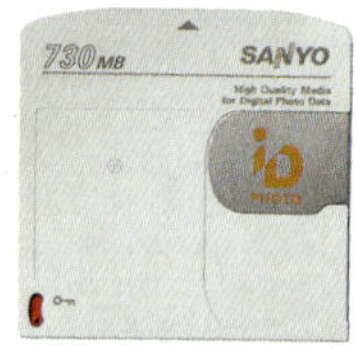

- 59x56x4,8 mm
- Scheibendurchmesser 50 mm
- bis 2 MB/s
- 730 MB
- magnetooptische Speicherung (MO-Diskette)

Memory Stick

- 50x21,45x2,8 mm
- 2,5 MB/s
- 4, …, 512 MB, …
- Flash-Speicherung
- 10 Kontakte
- Controller integriert

DataPlay (Dataplay Disc)

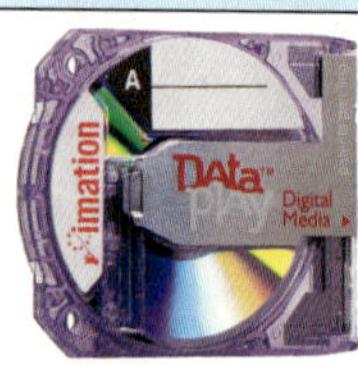

- 39,5x33,5x3 mm
- 1 MB/s
- 250 MB, 500 MB
- Optische Speicherung

Multimedia Card (MMC)

- 24x32x1,4 mm
- 2,5 MB/s
- 2, …, 128 MB, …
- 7 Kontakte
- Flash-Speicherung
- Controller integriert

Microdrive

- 42,8x36,4x5 mm
- 340, 512, 1024 MB
- max. 4,2 MB/s
- magnetische Speicherung, Miniaturfestplatte
- 3600 Umdrehungen pro min

xD-Picture Card

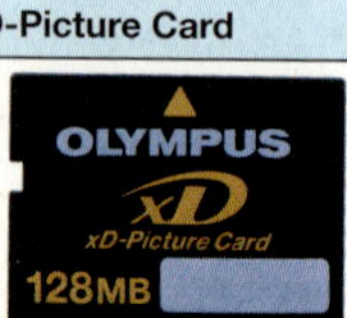

- 20x25x1,1 mm
- 16, … 128, … MB
- hohe Datenübertragungsgeschwindigkeit
- Flash-Speicherung

Flash-Speicherung

- Die Bytes können einzeln adressiert und gelesen werden.
- Das Schreiben und Löschen kann nur blockweise erfolgen.
- Ein Überschreiben der Daten ist nicht möglich. Bei jeder Änderung muss der Block komplett gelöscht werden. Zugriffszeit ca. 100 ns.
- Lebendauer ca. 100.000 Schreib- und Löschzyklen.
- Hohe Widerstandsfähigkeit, geringer Energieverbrauch.

Die Speicherung erfolgt über das Floating-Gate ① des Flash-FETs. Es isoliert das Gate von der Source-Drain-Strecke. Wenn das Floating Gate geladen ist, ist der Stromfluss zwischen Drain und Source abgeschnürt (0-Zustand). Beim Programmieren springen Elektronen vom Gate über (Blitz = Flash), es fließt Strom (1-Zustand).

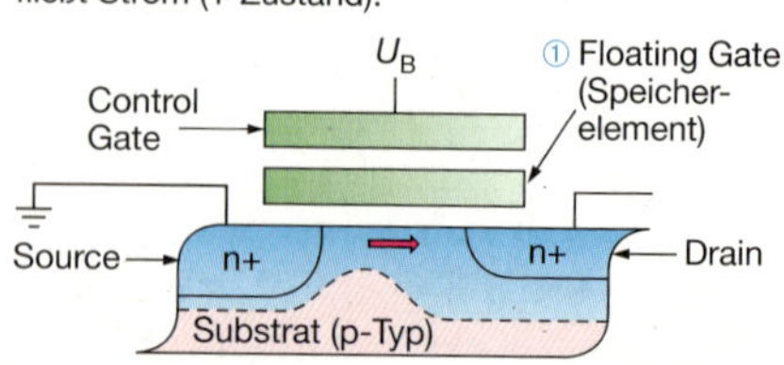

Dateneingabe/-ausgabegeräte – *Data input/-output devices*

Übersicht

Eingabegeräte

PC-Rückseite

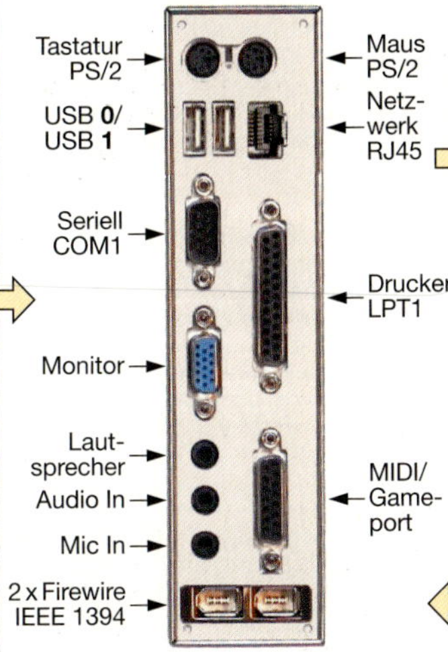

Ausgabegeräte

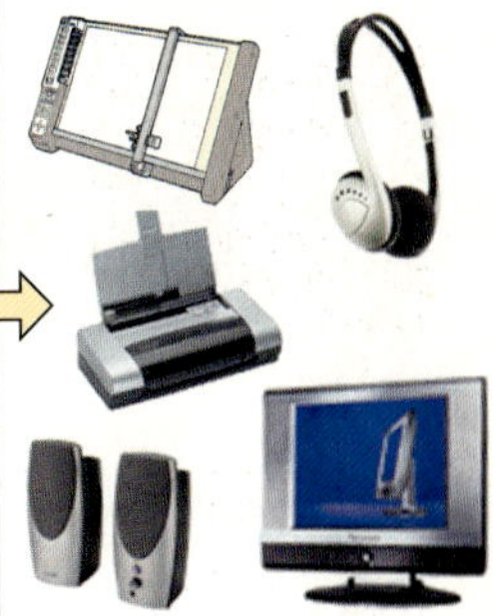

Ein-/Ausgabegeräte

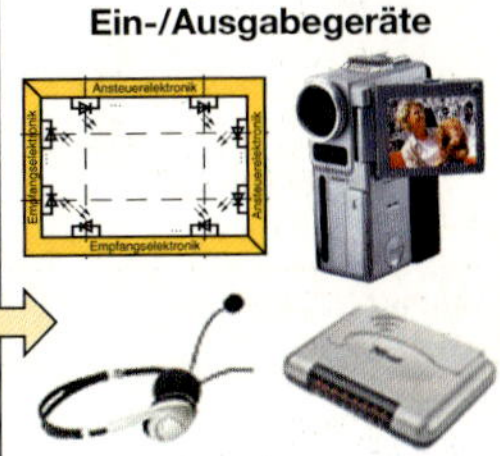

Gerät	Aufbau, Funktion	Eigenschaften
Mechanische Maus 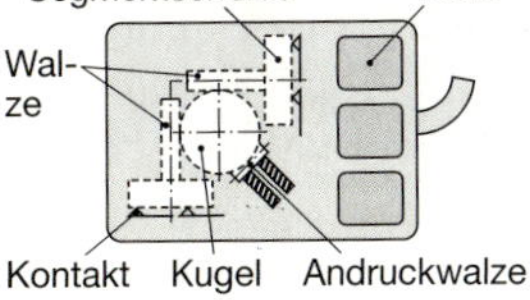 	• Die Bewegung der **mechanischen Maus** auf einer Unterlage wird über eine Kugel auf Walzen übertragen, die mit Segmentscheiben verbunden sind. Deren optische Abtastung wird in elektrische Impulse umgesetzt. • Die **Wheelmaus** besitzt ein Tastenrad zum Scrollen des Bildes.	• Schnelle Steuerung des Cursors auf dem Bildschirm • Umsetzung der Mausbewegung in Cursorbewegung kann über Softwareeinstellung variiert werden. • Mit bis zu fünf Tasten lassen sich Cursor und Bildlauf beeinflussen.
Optische Maus ② **Trackball** ① 	• Die **optische Maus** erzeugt mittels Lichtsender und -empfänger Bilder von der Oberfläche, auf der sie bewegt wird und wertet die Bilder der Reihe nach aus, um Geschwindigkeit und Richtung zu bestimmen. • Über Leitungen oder Funk werden die Werte an den Computer übertragen.	• Keine mechanisch bewegten Teile, wenig anfällig gegen Störungen • Funkmaus (Sendeteil und Empfängerteil) bietet mehr Bewegungsfreiheit, Entfernung bis zu ca. 2 m. • Beim Trackball ruht der Körper, der Cursor wird mit einer Kugel bewegt.
Tastatur 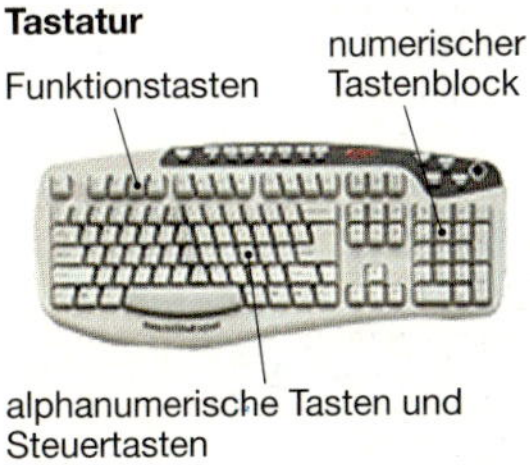 	• **Alphanumerisches Tastenfeld** ähnlich der Schreibmaschinentastatur • **Funktionstasten** können mit Kurzbefehlen belegt werden. • **Numerische Tastaturen** zur Eingabe von Zahlenkolonnen • **Tastenprinzipien**: Kontakte, Folie, Membran, Leitgummi, Piezoeffekt	• Eingabe von alphanumerischen Kommandos oder Texten • Tastenabfrage durch internen Tastaturprozessor über Matrixsteuerung • Ermittelte Tastencodes werden über Kabel oder Funk zum PC übertragen.

Dateneingabe/-ausgabegeräte – *Data input/-output devices*

<table>
<tr><th>Gerät</th><th>Aufbau, Funktion</th><th>Eigenschaften</th></tr>
<tr><td>

Digitalisiertablett

</td><td>

- Engmaschiges **Gitternetz** mit Leiterbahnabständen von 0,025 mm
- Damit ist eine Auflösung von 40 Linien/mm möglich.
- Abtastung der Koordinaten erfolgt induktiv über Koppelstift oder über Fadenkreuzlupe.

</td><td>

- Umsetzen von Weg- oder Positionsinformationen in digitale Daten

Betriebsarten

- **Punkt**: Übergabe eines einzelnen Koordinatenpunktes
- **Strom**: Fortlaufende Übertragung der Koordinaten, solange Taste am Abtaster eingeschaltet ist.

</td></tr>
<tr><td>

Plotter

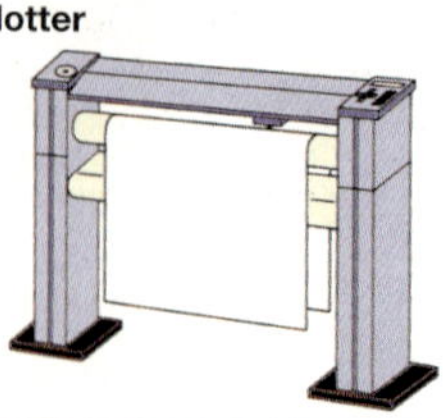

</td><td>

- **Flachbettplotter**: Papier wird auf Schreibunterlage elektrostatisch fixiert. **Zeichenstifte** bewegen sich in X- und Y-Richtung.
- **Trommel- oder Walzenplotter**: Papier wird über Zeichentrommel in X-Richtung transportiert. Stifte bewegen sich in Y-Richtung.

</td><td>

- X-Y-Schreiber zur Ausgabe von Vektorgrafiken (auch Zeichen und Symbole)
- Flachbett- und Trommelplotter geeignet bis Papierformat A0
- Stifte in verschiedenen Farben und Strichstärken
- Automatisches Zentrieren des Papiers, eigene Programmiersprache zur Ansteuerung

</td></tr>
<tr><td>

Nadeldrucker

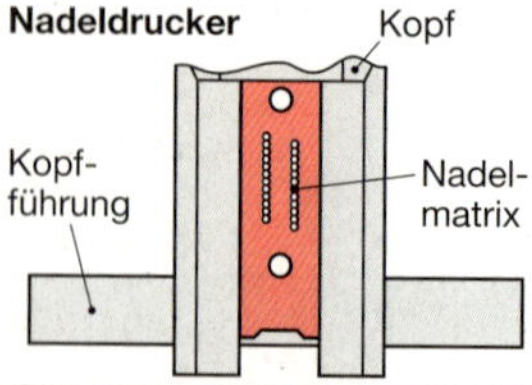

</td><td>

- Druckkopf besteht aus elektromagnetisch bewegten Nadeln.
- Je Kopf 9, 18 oder 24 Nadeln
- Nadelstärke 0,2 … 0,3 mm
- Bezeichnung auch als **SIDM**-Drucker (**S**eriell **I**mpact **D**ot **M**atrix: Seriell anschlagender Matrix-Drucker)

</td><td>

- Zeichen werden aus einzelnen Punkten zusammengesetzt.
- Matrixanordnungen: 9x9, 9x18, 12x24, 24x36 Zeichenpunkte
- **Druckqualitäten**: **Draft** (Entwurf), **NLQ** (**N**ear **L**etter **Q**uality: Annähernd Briefqualität), **LQ** (**L**etter **Q**uality: Briefqualität)

</td></tr>
<tr><td>

Thermotransferdrucker

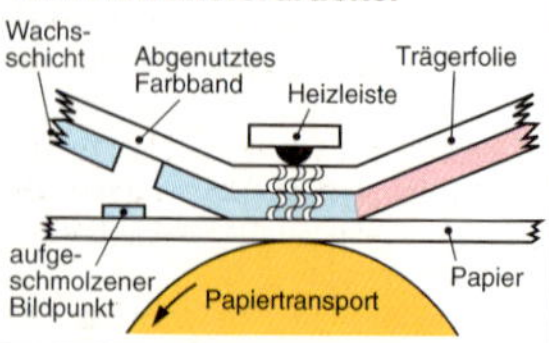

</td><td>

- **Farbdrucker** mit vierfarbigem Farbband auf Wachsbasis
- Jede Farbe entspricht im Format der zu druckenden Seitengröße.
- Heizleiste dient zum Abschmelzen der jeweiligen Punkte.
- Anzahl der Elemente in der Heizleiste bestimmt die Auflösung.

</td><td>

- Auf dem **vierfarbigen Farbband** sind die Farben hintereinander angeordnet.
- Die Elemente der Heizleiste werden entsprechend der Zeileninformation aufgeheizt und schmelzen die Wachsschicht ab.
- Der Vorgang wird für jede Farbe nacheinander wiederholt.

</td></tr>
<tr><td>

Touchscreen

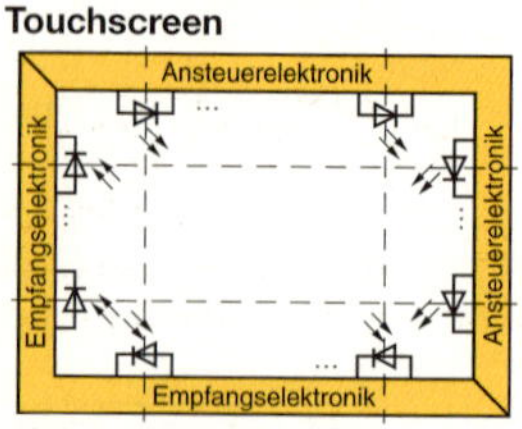

</td><td>

- Ein-/Ausgabegeräte mit vorgebauter berührungssensibler Oberfläche
- Einfache Versionen besitzen Leuchtdioden und gegenüberliegende Empfänger.
- Über das Matrixfeld werden durch Berührung mit Fingern oder Stiften die zugeordneten Funktionen aktiviert.

</td><td>

- Aktivieren von Programmfunktionen, die als Menüpunkte den Matrixfeldern zugeordnet sind.
- Steuerung und Abfrage der LED-Sender bzw. Empfänger muss vom jeweiligen Anwenderprogramm übernommen werden.

</td></tr>
<tr><td>

Camcorder

</td><td>

- Vom **analogen Camcorder** gesendete Bild- und Tonsignale werden im PC mittels Codec (Codierer/Decodierer) digitalisiert und komprimiert, dann auf Festplatte gespeichert.
- Bei Wiedergabe vom PC erfolgt die Umwandlung im Codec in analoge Signale.
- Beim **digitalen Camcorder** entfällt jeweils die Umcodierung.

</td><td>

- **Analoge** Aufzeichnung: Wiedergabe vom Camcorder und Komprimierung verursachen Bildqualitätsverluste.
- Codec-Karte mit S-VHS- oder Composite-Anschlüssen im PC erforderlich
- Mit **digitalem** Camcorder treten Verluste nur durch Komprimierung auf. Die Verbindung über IEEE 1394 (Firewire) ist üblich.

</td></tr>
</table>

Drucker – *Printer*

Tintenstrahldrucker

Thermo-Verfahren

- Druckdüsen mit Heizelementen,
- Temperatur ca. 300 °C,
- Dampfblase entsteht,
- Tinte wird herausgespritzt (ca. 80 ms),
- Geschwindigkeit ca. 15 m/s,
- Schussfrequenz bis 18 kHz

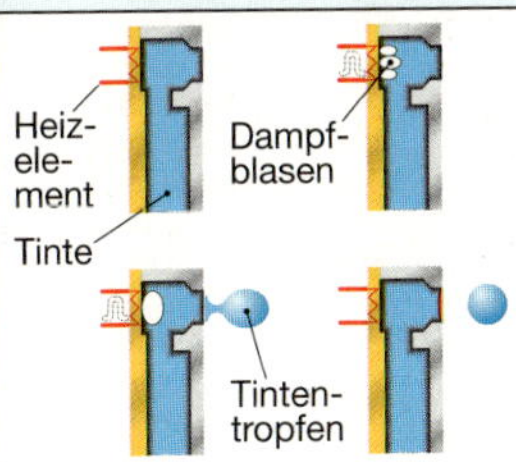

Druckdüsen in Kartusche integriert.

Piezoelektrisches Verfahren

- Druckdüse mit Piezo-Element,
- elektr. Spannung verformt das Element,
- zunächst Sog, dann Druck,
- Tinte wird herausgedrückt,
- Tropfengröße kann durch Spannung gesteuert werden

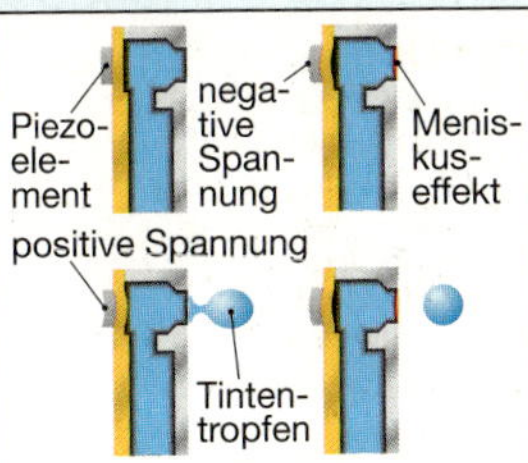

Druckdüsen befinden sich nicht in der Kartusche, sondern im Gerät.

Druckvorgang

- Druckkopf bewegt sich zeilenweise über das Papier ①.
- Das Papier wird schrittweise in Längsrichtung durch den Drucker gezogen ②.
- Alle Druckfarben werden gleichzeitig auf das Papier gesprüht ③.

Druckauflösung (Auflösung):
Angabe in Druckpunkte pro Zoll (**dpi**: **D**ots **p**er **I**nch)
1 Zoll (Inch) = 2,54 cm

Mehrere Druckpunkte bilden einen Rasterpunkt.
Beispiel: Grüner Rasterpunkt besteht aus mehreren dicht nebeneinander oder übereinander gedruckten gelb- und cyanfarbigen Druckpunkten.

Beeinflussung der Druckqualität

- Erweiterung der vier Farben (CYMK) um weitere Farben (z. B. Cyan und Magenta) zur besseren Darstellung von Hauttönen.
- Für hochwertige Drucke sollte beschichtetes Papier verwendet werden, damit die Farbtropfen nicht zu tief eindringen.
- Das tiefe Eindringen der Tinte in das Papier kann durch vorheriges Aufbringen einer farblosen Flüssigkeit verringert werden.
- Größere farbige Flächen werden mit wenigen, aber größeren Tropfen schneller bedruckt.
- Tinte wird in mehreren Durchgängen aufgetragen. Ein Verlaufen der Tinte wird verringert.
- Pigmentierte Tinte verringert das zu tiefe Eindringen in das Papier.
- Für helle Farben (Farben mit geringer Sättigung) entstehen zwischen den Farbpunkten große störende weiße Flächen. Kleinere Druckpunkte verringern diese Störungen.
- Um das Verlaufen der Tinte aufgrund der Faserstruktur des Papiers zu verringern, wird schnelltrochnende Tinte eingesetzt.

Neben diesen Hardwarelösungen werden von Herstellern verschiedene Softwarelösungen zur Steuerung der Druckpunkte eingesetzt.

Farblaserdrucker

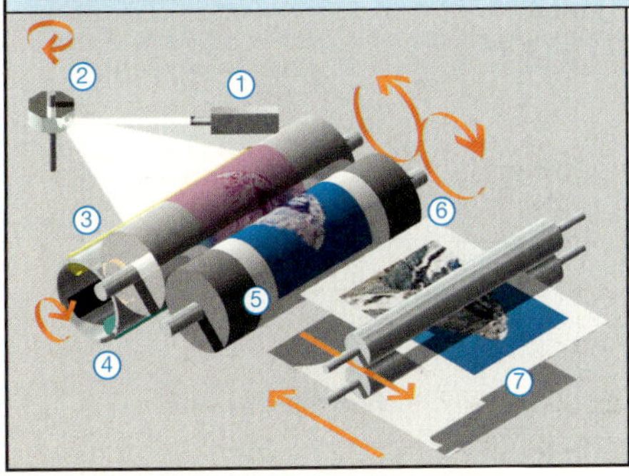

- Unbedrucktes Papier wird schrittweise zugeführt.
- Licht aus dem Laser ① gelangt über einen rotierenden Spiegel ② auf die lichtempfindliche Trommel ③.
- Die Trommel ist elektrostatisch aufgeladen.
- Sie dreht sich an der Tonerkartusche ④ vorbei. Der Toner gelangt durch elektrostatische Anziehungskräfte auf das Papier ⑤.
- Die Papiertrommel ⑥ läuft an der Belichtungstrommel vorbei.
- Für den Vierfarbendruck sind vier Durchläufe erforderlich.
- Am Ende wird das fertig bedruckte Papier ausgegeben ⑦.

Scanner – *Scanner*

Handscanner	Einzugscanner	Flachbettscanner	Trommelscanner	Dia- und Negativscanner
• Vorlage wird manuell abgefahren. • Es entstehen Scanstreifen von einigen cm Breite. • Problem: Passgenaues Zusammenfügen der Streifen (Software).	• Die Vorlage wird an den fest platzierten Sensoren entlang bewegt. • Problem: Vorlagen dürfen eine bestimmte Dicke nicht überschreiten.	• Die Sensoren werden an der Vorlage entlang geführt. • Die Qualität des Scanners hängt von der Auflösung und der genauen Führung der Sensoren ab.	• Die Vorlage wird innerhalb einer rotierenden Trommel von einer Lichtquelle abgetastet. • Problem: Vorlagen dürfen eine bestimmte Dicke nicht überschreiten.	• Die durchscheinende Vorlage wird vom Licht abgetastet, das dann auf die Sensoren fällt. • Aufgrund der kleinen Vorlage ist eine hohe Auflösung erforderlich.

Arbeitsweise des Flachbettscanners

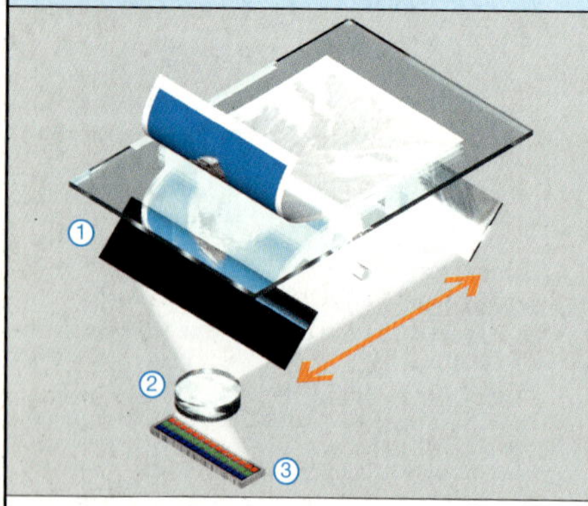

- Licht wird von der Aufsichtsvorlage reflektiert.
- Dieses gelangt dann über Spiegel ① und Linsen ② auf die lichtempfindlichen und zeilenmäßig angeordneten Sensoren ③ (CCD-Zellen, **CCD**: **C**harge **C**oupled **D**evices).
- Vor den Sensoren befinden sich Farbfilter für rotes, grünes und blaues Licht.
- Helligkeitsinformationen werden in den Sensoren in unterschiedlich große elektrische Ladungen umgewandelt, als Spannungen verstärkt und mit Hilfe von Analog-Digital-Umsetzern in einen Datenstrom umgeformt.

Arbeitsweise des Trommelscanners

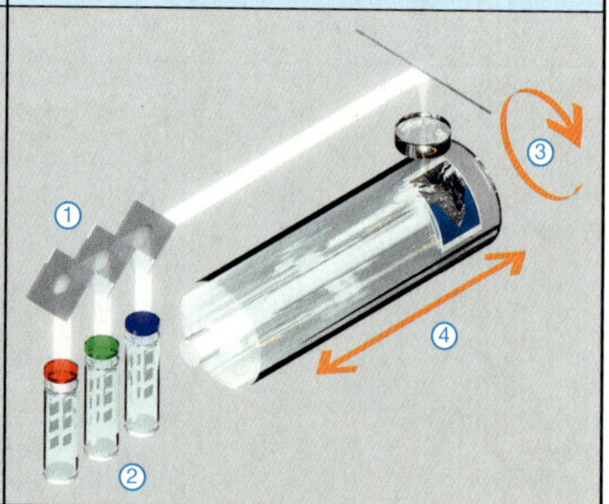

- Das von der Vorlage reflektierte oder durchgelassene Licht (je nach Vorlage) gelangt über Spiegel ① an die Photomultiplier ② (Sekundärelektronenvervielfacher).
- Durch Rot-, Grün- und Blaufilter erhält man die Farbinformationen der einzelnen Pixel.
- Die Trommel ③ rotiert, so dass die Vorlage zeilenweise abgetastet wird.
- Zusätzlich erfolgt nach jeder Zeile eine Bewegung der Trommel in Längsrichtung ④.
- Die Auflösung hängt von der Anzahl der Schritte bei der Trommelbewegung ab.

Auflösung

Optische Auflösung
Sie hängt von der Anzahl der CCD-Elemente ab.
Einheit: Pixel pro Zoll: **ppi** (**p**ixel **p**er **i**nch)
Punkte pro Zoll: **dpi** (**d**ots **p**er **i**nch)
Beispiel: 600 ppi
⇒ auf einer Länge von 1 Zoll (2,54 cm) werden 600 Pixel erfasst.

Interpolierte Auflösung
Pixel werden durch Software berechnet. Ihre Zahl ist größer als die optische Auflösung und kann zu fehlerhaften Ergebnissen führen.

Beispiel:

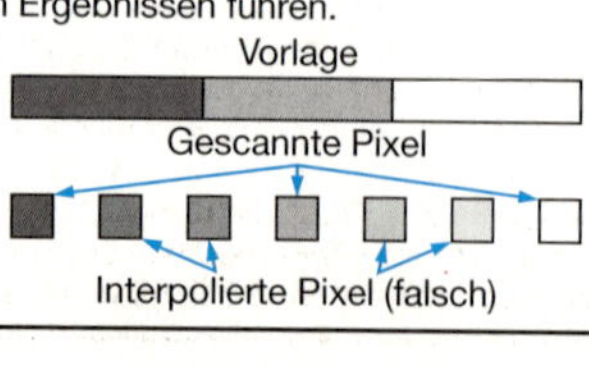

Schnittstelle

Je nach PC- und Scannerausführung: Parallele Schnittstelle, USB- oder SCSI-Schnittstelle.

Zwischen dem Scanner als Hardware und den Anwendungsprogrammen ist oft ein **TWAIN**-Treiber in Form einer Software-Schnittstelle erforderlich.

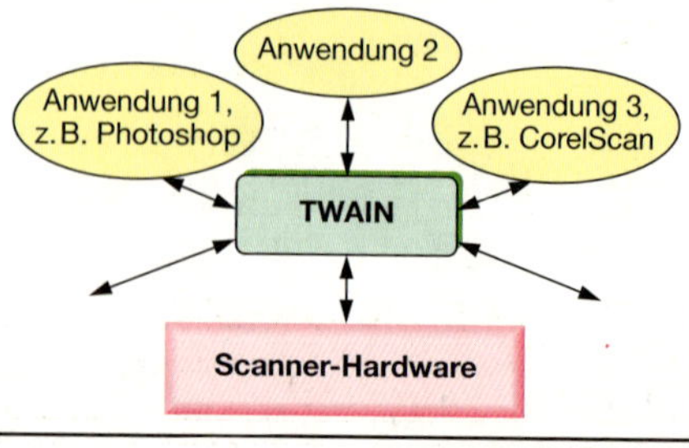

Fernkopierer – *Fax machine*

Gruppen

- **Gruppe 1 und 2**
  Heute keine Bedeutung mehr, technisch veraltet.
- **Gruppe 3**
  Standardfaxgerät, die Vorlage wird als Schwarz-Weiß-Bild in Form digitaler Daten über das analoge TK-Netz übertragen.
  Anschlusssteckdose: TAE mit N-Codierung
- **Gruppe 4**
  Digitales Faxgerät, die Vorlage wird als Graustufenbild in Form digitaler Daten über das ISDN-Netz übertragen.
  Anschlussdose: IAE oder UAE

Senden

- Text bzw. Bild wird zeilenweise abgetastet ① (Scanvorgang) und in einzelne schwarze bzw. weiße Pixel zerlegt.
- Auflösungsbeispiel:
  Horizontal:
  8 Pixel/mm (200 dpi)
  Vertikal:
  Normalauflösung 3,85 Zeilen/mm (100 dpi),
  Feinauflösung 7,7 Zeilen/mm (200 dpi)
  Superfeinauflösung 15,4 Zeilen/mm
  dpi: **d**ots **p**er **i**nch (Bildpunkte pro Zoll)
- Zeichenfolge wird codiert.
- Modulation ③ in Tonfrequenzsignale innerhalb der analogen Bandbreite von 3,1 kHz.
  Modem: **Mo**dulator + **Dem**odulator

Empfangen

- Tonfrequente Signale werden im Modem demoduliert ③.
- Digitale Signale werden decodiert.
- Der Drucker ② gibt den Text bzw. das Bild in Form von schwarzen und weißen Pixeln wieder.

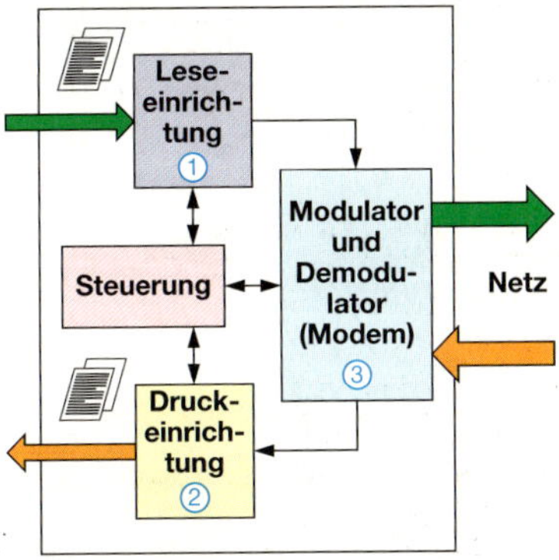

Kennung des Fernkopierers (im Ausdruck):

Beispiel: + 49 4141 935762

1. Pluszeichen (+)
2. Landeskennzahl
3. Vorwahlnummer ohne Null
4. Rufnummer

Weitere zusätzliche Angaben z. B. über den Anschlussinhaber können angefügt werden.

Kommunikationsvorgang beim Fernkopieren

1. Verbindungsaufbau
- Sendegerät meldet sich mit 2,1 kHz Rufsignal
- Empfangsgerät meldet sich mit 1,1 kHz Signal

⇩

2. Informationsaustausch
- Telefaxnummer des Absenders
- Rufnummer des Empfängeranschlusses
- Übertragungsparameter: Übertragungsgeschwindigkeit (z. B. Einigung auf 9600 bit/s), Codierung usw.
- Herstellerspezifische Funktionen

⇩

3. Kontrolle und Übertragung
- Verbindungskontrolle, Synchronisation
- Fehlerbehandlung
- Datenübertragung

⇩

4. Seitenende bzw. Fortsetzung der Übertragung
- Übertragung beendet – Bestätigung, bzw. Seite folgt noch (Mehrseitensignal)
- Ende der Übertragung

⇩

5. Ende der Verbindung
- Absender sendet Meldung zur Trennung
- Empfänger schließt sich an

Übertragungsstandards

ITU/TS	Modulation	Bitrate
V.27ter [1]	**PSK** Phasenumtastung	4 Phasenänderungen: 2400 bit/s 8 Phasenänderungen: 4800 bit/s
V.29	**QAM** Quadratur-Amplitudenmodulation	2 Amplitudenstufen: 7200 bit/s 4 Amplitudenstufen: 9600 bit/s

[1] ter bedeutet 3. Version dieser Empfehlung (ter: französisch „die Dritte")

Datenkompression

- **Modified Huffman Codierung (MHC)**
  Codiert wird nicht jedes einzelne Pixel sondern in jeder Zeile (eindimensionales Verfahren) wie viele weiße und schwarze Pixel an welcher Stelle vorkommen (Lauflängen-Codierung).
- **Modified Read Code (MRC)**
  Für eine begrenzte Zahl von Zeilen werden nur die Änderungen codiert, die sich aus der vorangegangenen Zeile ergeben (zweidimensionales Verfahren).
- **Modified Modified Read (MMR)**
  Ab der zweiten Zeile werden nur die Unterschiede zur vorangegangenen Zeile übertragen.

Bildschirmarbeitsplätze – *VDU based work places*

Maße für Bildschirmarbeitsplatz

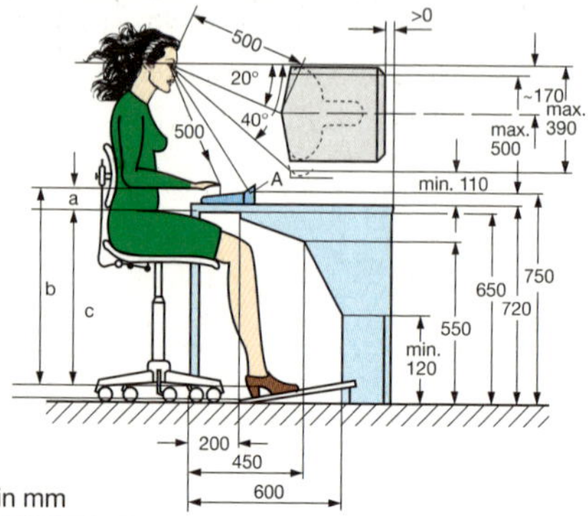

Maße in mm

Die Maße *a* (Abstand Ellenbogen über Oberschenkelseite), *b* (Ellenbogen über Fußsohle) und *c* (Oberschenkeloberseite über Fußsohle) werden aus den Benutzergruppen Frauen und Männer ermittelt.

Rahmenmaße	Frauen		Männer
	groß	klein	
a	140	37	142
b	714	541	756
c	608	470	639

Verstellbereich des Stuhles: 420 mm … 540 mm
Körpermaße des Menschen DIN 33 402

Sehraum

horizontal

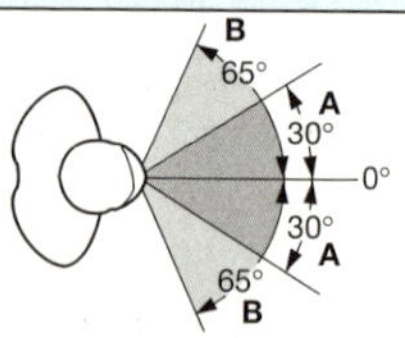

vertikal, sitzend

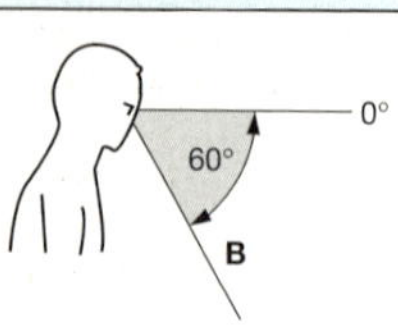

vertikal, stehend

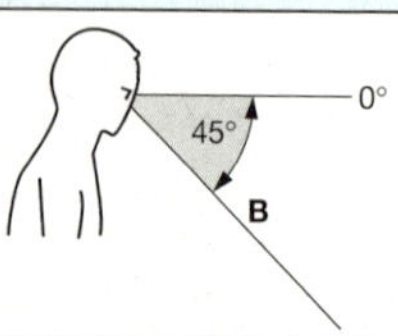

Sehraum ist der Bereich, in dem Objekte durch Augen- u. Kopfbewegungen wahrgenommen werden.

Vorgaben für den Sehraum:

- Objekte, die häufig oder lange beobachtet werden, sind im bevorzugten Sehraum anzuordnen.
- Seltene oder kurzfristige Betrachtungen dürfen über die Grenzen des Sehraums hinaus erfolgen.
- Überschreitungen in der Seite sind weniger belastend als in der Höhe.

A: bevorzugter } Sehraum
B: zulässiger }

Greifraum

horizontal in Ellenbogenhöhe

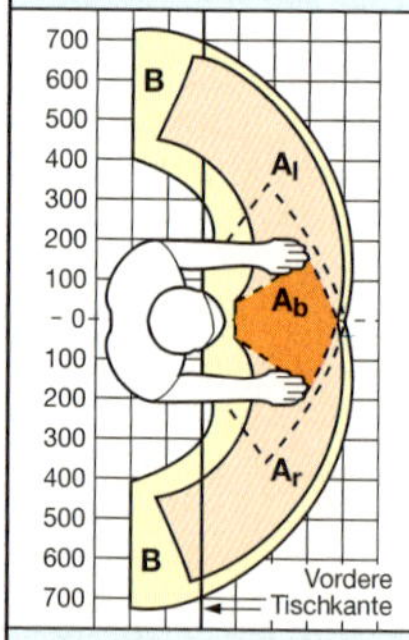

vertikal

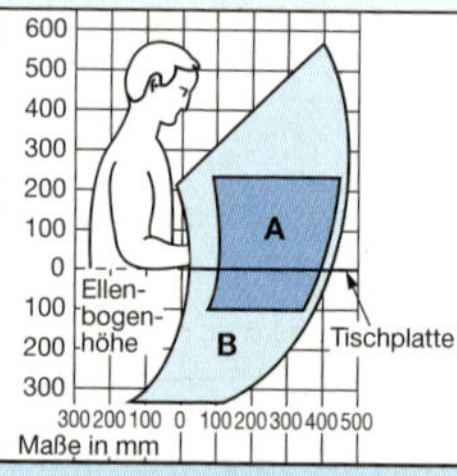

Die Abmessungen für den Greifraum werden bestimmt aus den Maßen für die „Reichweite nach vorn" und die „Schulterbreite" (DIN 33 402).

A: Greifraum bevorzugt
A_b: beidhändig
A_l: linke Hand
A_r: rechte Hand

B: Greifraum zulässig

Anforderungen an Zeichen auf Sichtgeräten

Schrifthöhe bei einem Sehwinkel > 18 Minuten

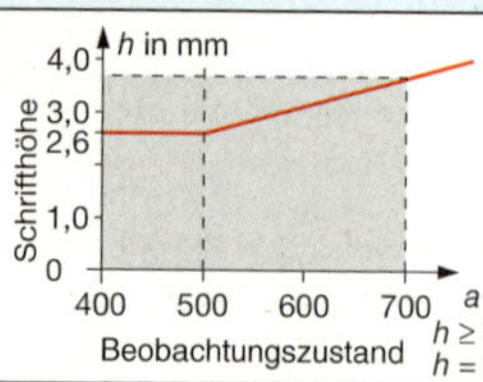

$h \geq 2{,}6$ mm bei a bis 500 mm
$h = a/190$ mm bei $a \geq 500$ mm

Bezeichnung	Wert
Zeichenbreite (Großbuchst.)	mind. 50 % der Schrifthöhe (empfohlen 70 %); Ausn.: Buchstabe I
Strichstärke	10 % … 20 % der Zeichenhöhe
Zeichenabstand	mind. 15 % der Schrifthöhe
Zeilenabstand	mind. 15 % der Schrifthöhe
Rasterung	mind. 5 x 7 Punkte
Zeichenfarbe	weiß, gelb, orange, grün

Sehwinkel ist der Winkel, unter dem ein Gegenstand den Augen erscheint.
Beispiel: Höhe des Gegenstandes $h = 1$ cm, Betrachtungsabstand 1 m ergibt Sehwinkel von 34 Minuten.

Sicherheitsregeln für Büro- und Bildschirmarbeitsplätze

Safety rules for office working places and workstations

Verordnung über Sicherheit und Gesundheitsschutz bei der Arbeit an Bildschirmgeräten

Bildschirmarbeitsplatz:

Der Gesetzgeber lässt eine genaue Definition offen. Ein Bildschirmarbeitsplatz liegt dann vor, wenn ein wesentlicher Teil der normalen Arbeitszeit am Bildschirm erfolgt.

Praxis: 5 bis 25 % der regulären Arbeitszeit.

Bildschirmarbeitsverordnung (BildscharbV):

Definition zur Gültigkeit	§ 1 Anwendungsbereich § 2 Begriffsbestimmungen
Pflicht zur Gefährdungsanalyse	§ 3 Beurteilung der Arbeitsbedingungen
Gestaltungsregeln und Fristen	§ 4 Anforderungen an die Gestaltung und Gestaltungsvorschriften
Anforderungen an Arbeitsabläufe	§ 5 Täglicher Arbeitsablauf
Anforderung an die Versorgung	§ 6 Untersuchung des Sehvermögens
Strafen bei Nichtanbieten der Vorsorgeuntersuchung	§ 7 Ordnungswidrigkeiten für Arbeitgeber

Sicherheitsregeln

Wer erlässt die Regeln?

Sicherheitsregeln für Büro- und Bildschirmarbeitsplätze werden von den Trägern der gesetzlichen Unfallversicherung erlassen.

- Verwaltungs-Berufsgenossenschaft (**VBG**)
- Bundesverband der Unfallversicherungsträger der öffentlichen Hand e. V. für den öffentlichen Dienst (**BAGUV**)

Was wird geregelt?

- Gestaltung der Arbeitsmittel, z. B. Bildschirm
- Anordnung der Arbeitsmittel
- Gestaltung der Arbeitsplatzausstattung (Tische, Stühle usw.)
- Flächenbedarf
- Beleuchtung
- Klima

- **Sicherheitsregeln für Büro-Arbeitsplätze:**
  VBG ZH 1/535 und GUV 17.7
- **Sicherheitsregeln für Bildschirm-Arbeitsplätze im Bürobereich:**
  VBG ZH 1/618 und GUV 17.8
- **Arbeitsstätten-Richtlinien (ASR)**
  zur Arbeitsstättenverordnung (ArbStättV)
- **Unfalverhütungsvorschriften (UVV)**

Anforderungen an Bildschirmarbeitsplätze (Anhang der Bildschirmarbeitsverordnung)

Bildschirmgeräte und Tastatur

1. Die Zeichen müssen scharf, deutlich und ausreichend groß dargestellt werden.
2. Das Bild muss stabil, flimmerfrei und ohne Verzerrungen sein.
3. Helligkeit und Kontrast müssen leicht der Umgebung angepasst werden können.
4. Der Bildschirm muss frei von störenden Reflexionen und Blendungen sein.
5. Das Bildschirmgerät muss frei drehbar und neigbar sein.
6. Die Tastatur muss vom Bildschirmgerät getrennt neigbar sein.
7. Die Tastatur muss variabel angeordnet werden können. Ein Auflegen der Hände muss möglich sein.
8. Die Tastatur muss eine reflexionsarme Oberfläche besitzen.
9. Form und Anschlag der Tasten müssen eine ergonomische Bedienung der Tastatur ermöglichen.

Sonstige Arbeitsmittel

10. Der Arbeitstisch muss eine ausreichend große und reflexionsfreie Oberfläche besitzen. Es muss ein ausreichender Raum für eine ergonomisch günstige Arbeitshaltung vorhanden sein.
11. Der Arbeitsstuhl muss ergonomisch gestaltet und standsicher sein.
12. Der Vorlagenhalter muss stabil und verstellbar angeordnet werden können.
13. Eine Fußstütze muss auf Wunsch zur Verfügung gestellt werden.

Arbeitsumgebung

14. Für wechselnde Arbeitshaltungen und Bewegungen muss ausreichender Raum vorhanden sein.
15. Die Beleuchtung muss der Sehaufgabe und an das Sehvermögen angepasst werden können.
16. Blendungen und Reflexionen müssen durch Lichtschutzvorrichtungen verhindert werden.
17. Lärm durch Arbeitsmittel ist zu vermeiden.
18. Die Arbeitsmittel dürfen nicht zu einer erhöhten Wärmebelastung führen.
19. Die Strahlung muss so niedrig gehalten werden, dass sie für die Sicherheit und Gesundheit der Benutzer unerheblich ist.

Zusammenwirken Mensch – Arbeitsmittel

20. Grundsätze der Ergonomie sind bei der Informationsverarbeitung anzuwenden.
21. Die vorhandene Software muss benutzerfreundlich sein.

Server

- **Server** (Diener) sind leistungsfähige Rechner.
- Sie stellen in einem verteilten Rechnersystem **zentrale Dienste** für mehrere Nutzer (Clients) zur Verfügung.
- Die Verbindung zwischen Server und Clients erfolgt über ein LAN oder Telekommunikationsnetz.
- **File-Server** verwaltet zentral Daten und Dateien.
- **Anwendungs-, Software- oder Applicationserver** stellt im Netz oder den Anwendern zentral Programme zur Verfügung.
- **Printserver** verwaltet zentral die Druckaufträge im Netz und verteilt diese an die angeschlossenen Drucker.
- **CD-ROM-Server** ist mit CD-Laufwerken ausgestattet, auf die vom Netz aus zugegriffen werden kann.
- **e-mail-Server** dient für alle Netzwerkteilnehmer als Mailbox. Verwaltet die ein- und ausgehenden e-mails. Bildet häufig auch das Gateway zu mail-Systemen (z.B. Internet).

- **Vorteile** der Client-Server-Architektur sind:
  - Optimale Ressourcennutzung,
  - Zentrale Datensicherung möglich,
  - Zentrale Verwaltung der aktuellen Softwareversionen,
  - Zentrale Administration des Netzes,
  - Zentrale Benutzerverwaltung der Teilnehmer.

- Server müssen sein
  - **zuverlässig** (reliable), z.B. durch redundante Stromversorgungen, redundante Festplatten (RAID), Fehleroffenbarungssysteme zum frühzeitigen Erkennen von Fehlern im System,
  - **hochverfügbar** (available), z.B. automatische Umschaltung auf redundante Systeme (Festplatten) ohne Betriebsunterbrechung,
  - **skalierbar** (scalable), z.B. nachträglicher Festplatten- oder Prozessor-Einbau.

Server-Architektur

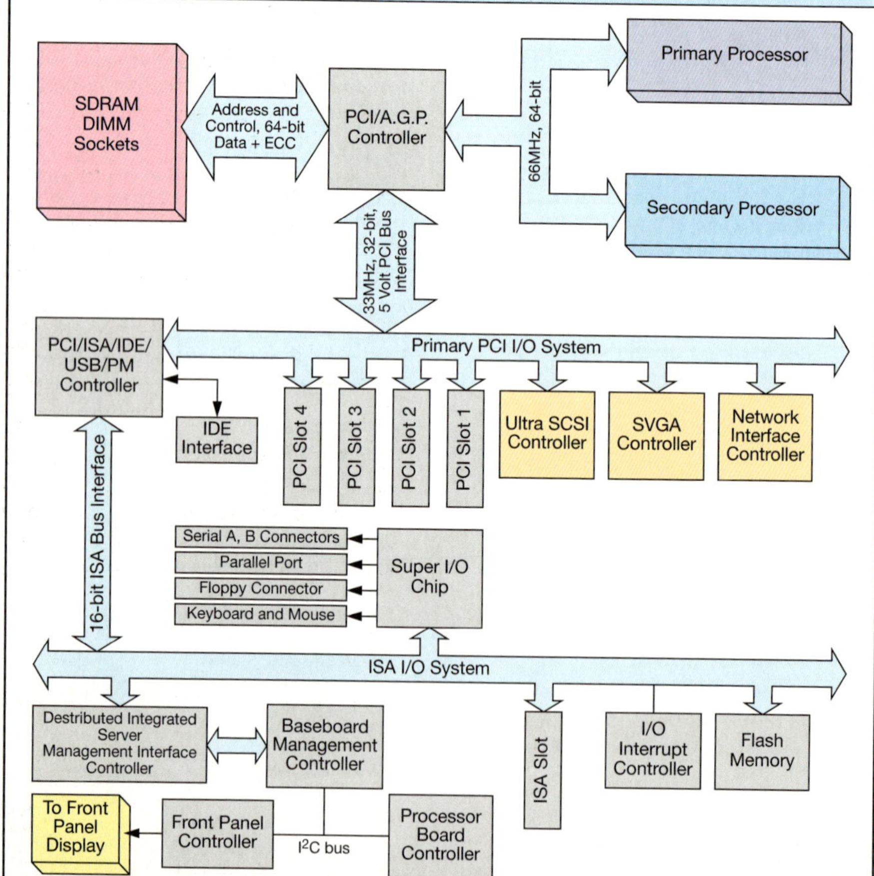

9 Software

Betriebssysteme – *Operating systems*

- Betriebssysteme
  - sind Programme, die systemnah (hardwarenah) geschrieben sind.
  - ermöglichen eine für den Anwender komfortable Benutzung des Rechnersystems.
  - realisieren die **anwendungsunabhängigen** Funktionen des Rechners.
  - werden eingeteilt nach ihren Ausführungsformen in z. B. Echtzeit- oder Multi-User-Betriebssysteme.

Betriebssystem-Arten

Klassifizierung

- **Betriebsart** des Rechnersystems
  - Batch-Betrieb
  - Dialog-Betrieb
  - Netzwerk-Betrieb
  - Echtzeit-Betrieb
- Anzahl der gleichzeitig laufenden **Programme**
  - Einzelprogramm (**single tasking**)
  - Mehrprogramm (**multi tasking**)
- Anzahl der gleichzeitig arbeitenden **Benutzer**
  - Einzelbenutzer (**single user**)
  - Mehrbenutzer (**multi user**)
- Anzahl der gleichzeitig verwaltenden **Prozessoren**
  - Ein-Prozessor-Betrieb (**single processing**)
  - Mehr-Prozessor-Betrieb (**multi processing**)

Architektur

Anwendungen/Bibliotheken
Application Programming Interface (API)
Systemschnittstelle
Prozess-/Resourcenmanagement
Dateisystem/Treiber
Hardware Abstraction Layer (HAL)
Rechnerhardware

Anwendungen: Programme wie z. B. Word, Excel.

Bibliotheken: fertige Programmteile, die in die Anwendungen eingebunden werden.

API: einheitliche Softwareschnittstelle (z. B. Win 32 API) über die Anwendungen freigegebene Betriebssystemfunktionen (z. B. Datei öffnen) ansprechen.

Systemschnittstelle: kapselt den Betriebssystemkern von der Programmierschnittstelle.

Management: realisiert den Ablauf der Systemprozesse (z. B. Zuteilung von CPU-Zeit).

Treiber: Software für die Standard-Hardware (Tastatur, LPT, COM)

HAL: realisiert die Verknüpfung mit einer speziellen Hardwareplattform (z. B. Intel x86).

Echtzeit-Betriebssysteme

- Echtzeitbetrieb eines Rechnersystems ist definiert als die Eigenschaft, dass Verarbeitungsergebnisse innerhalb einer vorgegebenen Zeitspanne verfügbar sind.
- Beispiele für Echtzeitsysteme sind: VxWorks, PSOS, VRTX
- Werden unterschieden in
  - **harte** Echtzeit-Betriebssysteme und
  - **weiche** Echtzeit-Betriebssysteme.
- Weiche Echtzeit-Betriebssysteme
  - besitzen eine dehnbare Zeitgrenze,
  - führen zu keinem schwer wiegenden Systemausfall bei Überschreiten der Deadline.
- Harte Echtzeitsysteme
  - müssen 100 % deterministisch (vorhersagbar) arbeiten,
  - dürfen die Deadline nicht überschreiten,
  - verursachen schwerwiegende Systemausfälle bei Nichteinhaltung der Zeitvorgaben,
  - können nach dem Bearbeiten eines bestimmten Ereignisses auch das Laden eines neuen Rechenprozesses beinhalten.
- Anwendung finden harte Echtzeitsysteme z. B. in Airbags oder Motorsteuerungen.

Harte Echtzeit

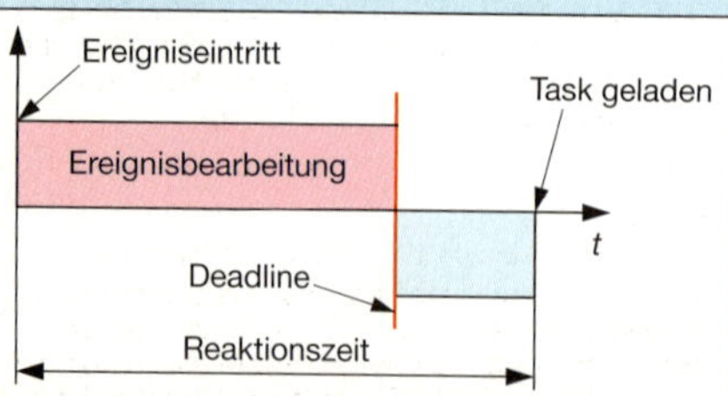

Weiche Echtzeit

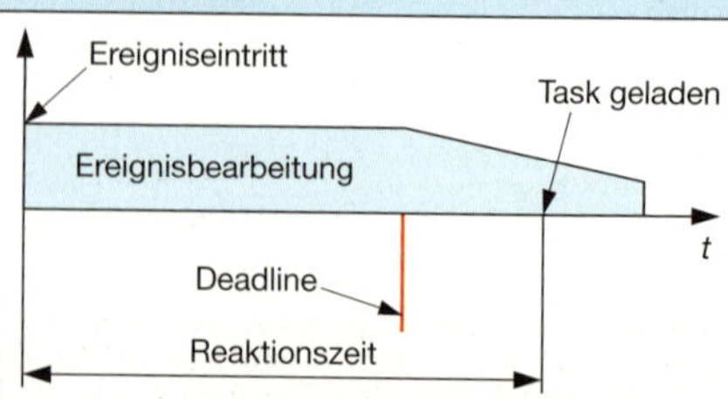

Betriebssysteme – *Operating systems*

Aufgaben

Grundsätzlich:
Verwaltung der technischen Komponenten eines Computers sowie Steuerung und Überwachung des Einsatzes der Software (Programme).

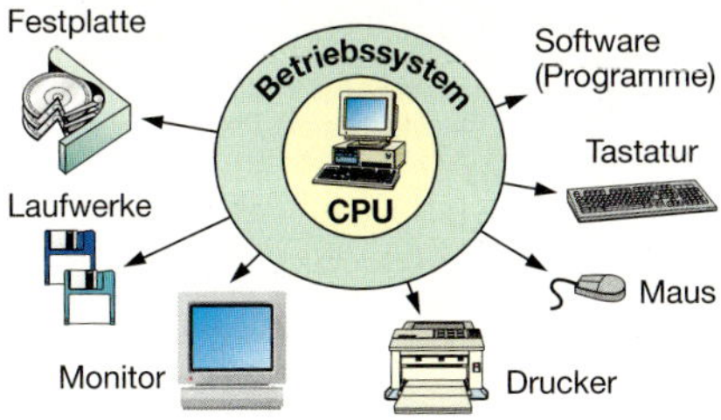

Wichtige Einzelaufgaben:
- Starten und Beenden des Computers.
- Organisation und Verwalten der Arbeitsspeicher.
- Verwalten der Dateien in den Katalogen.
- Steuern der Hardwarekomponenten (Soundkarte, Drucker, usw.).
- Organisierung und Verwaltung der mobilen Speicher (z. B. Festplatten, CD-ROM).
- Laden und Kontrollieren der Anwenderprogramme (z. B. Weitergabe von Benutzereingaben, Verwalten von Benutzerrechten).
- Verwaltung und Bedienung mehrerer Nutzer (z. B. Zugriffsrechte, Nutzungsprofil).
- Bereitstellen von Dienstprogrammen (z. B. Datensicherung, Datenfernübertragung).

Unterscheidungen

Singleuser:
Einzelplatzsystem, ein Anwender.
Multiuser:
Mehrplatzsystem, mehrere Anwender.
Singletask:
Nur eine Anwendung möglich.
Multitask:
Verschiedene Anwendungen zeitlich parallel möglich.

Startvorgang (BOOT-Vorgang)

Einschalten
⇩
Selbsttest
⇩
Kern des Betriebssystems laden
⇩
Konfigurationsdatei ausführen
⇩
Benutzeroberfläche aktivieren
⇩
Programme laden
⇩
Bereit für Eingaben

BIOS

BIOS: **B**asic **I**nput **O**utput **S**ystem
(Basis-Eingangs-Ausgangs-System)

Das BIOS ist ein grundlegendes Systemprogramm im PC, das nach dem Einschalten zur Verfügung steht. Es ist im Festwertspeicher (ROM) vom Hersteller abgelegt und ist dem Betriebssystem vorgelagert.

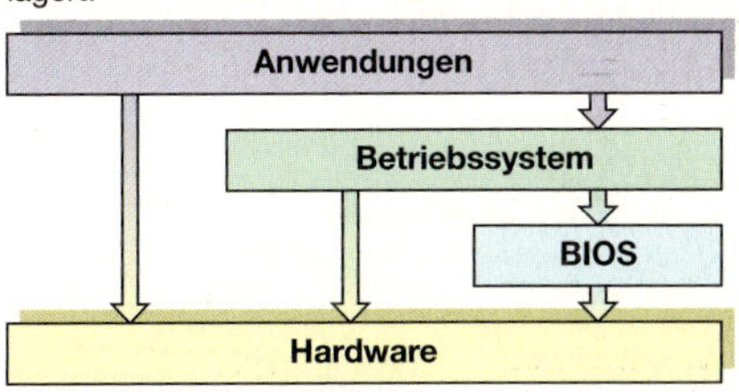

POST: **P**ower **O**n **S**elf **T**est
Beim Booten führt das BIOS einen Selbsttest durch. Es sucht ein Betriebssystem und ruft dieses auf. Grundlegende Treiber (Laufwerk, Grafikkarte und Schnittstellen).

Beispiele für Betriebssysteme

Windows

- **Windows 3.11; 95; 98, Me**
  Grafische Benutzeroberfläche mit Multitaskingeigenschaften, basierend auf MS-DOS.
- **Windows NT, Windows 2000**
  Grafische Benutzeroberfläche mit 32-Bit-Multitaskingeigenschaften, symmetrisches Multiprozessing, Multithreading (parallele Verarbeitung einzelner Teile) mit Netzwerk- und Sicherheitsfunktionen.
- **Windows XP** (**Exp**erience)
  Zusammenführung von Windows Me mit Windows 2000.
- **Windows CE** (**C**ompact **E**dition)
  Betriebssystem zur Anpassung von Windows für Handheld PCs. Vereinfachte Anwenderprogramme (z. B. Pocket Outlook, Pocket Word).
- **DOS** (**D**isc **O**perating **S**ystem)
  Datenträgerorientiertes Betriebssystem, ursprünglich für IBM-kompatible PCs entwickelt, MS-DOS als Grundlage für Windows-Betriebssysteme.

UNIX

- **Uni**ple**x**ed Information and Computing System
- Multitask- und Multiuser-Betriebssystem, das aus drei verschiedenen „Programmschichten" aufgebaut ist und netzwerkfähig ist.
  1. Hardwareschicht (Kernel)
  2. Dateisystem
  3. Benutzeroberfläche (Shell)
- Einsetzbar für alle Rechnerklassen. Verschiedenen Programmen wird (nacheinander) in etwa die gleiche Rechenzeit eingeräumt, so dass diese quasi parallel arbeiten (Timesharing).

LINUX

- **Linu**s Torvalds UNI**X** (finnischer Entwickler)
- Frei verfügbares, sehr stabiles, kostenloses und netzwerkfähiges 32 Bit Betriebssystem auf der Basis von UNIX. Das Betriebssystem wird ständig von verschiedensten Personen weiterentwickelt.

Software

Software

- System-software (Betriebs-systeme)
- Programmier-sprachen
- Anwendungs-software (Anwendungs-programme)

Unter Software versteht man Programme (Anweisungen in Form von Daten), die den Computer zur Ausführung von Aktionen veranlassen.

Dateiformate

Die innerhalb der Anwendersoftware erstellten Dateien werden am Ende des Dateinamens durch einen Punkt und das Dateiformat gekennzeichnet:

Beispiel: **Dateiname.Dateiformat**
Brief.doc

Anwendungssoftware zur Bürokommunikation

- **Textverarbeitungsprogramme**
  z. B. Word (.doc, **Doc**ument: Dokument)
- **Kalkulationsprogramme**
  z. B. Excel (.xls, **Ex**cel **S**heet: Arbeitsblatt in Excel)
- **Datenbankprogramme**
  Erstellung relationaler Datenbanken, z. B. Access (Zugang). Dateiformate: .mdb; .adp; .ade
- **Organisationsprogramme**
  z. B. Outlook (Ausblick) besteht aus Terminplaner, Adressverwaltung, Aufgabenliste (zu erledigende Aufgaben, Termine usw.), Journal (Dokumentation von Aktivitäten und Ereignissen), E-Mail-Programm.
- **Präsentationsprogramme**
  Programm zur Erstellung von Folien- und Bildschirmpräsentationen, z. B. PowerPoint.
  .ppt für PowerPoint-Präsentationen;
  .pot für Präsentationsvorlagen;
  .pps für Pack-and-go-Präsentationen (selbstlaufend);
  .ppa für Zusatzmodule
- **Office-Programme (Office Pakete)**
  Zusammenfassung verschiedener Programme zur Bürokommunikation, z. B. Access, Excel, Outlook, Word und PowerPoint.

Desktop-Publishing-Programme

DTP: **D**esk**t**op-**P**ublishing (Publizieren vom Schreibtisch)
Software zur Herstellung von Druckvorlagen. Eingebunden sind Texte, Grafiken, Formeln und Tabellen zu einem gemeinsamen Layout, z. B. Publisher, Quark Xpress, Corel Ventura, Page-Maker.

CAD

CAD: **C**omputer-**A**ided **D**esign (Computergestütztes Zeichnen bzw. Konstruieren)
- Grafikprogramm (Vektorgrafik) für die Erstellung technischer Zeichnungen in professioneller Qualität.
- Mit Layertechnik (Schichten) können verschiedene Zeichnungsebenen unabhängig voneinander erstellt und kombiniert werden.
- Umfangreiche Programmbibliotheken (Zeichenvorlagen) erleichtern die Erstellung der Zeichnungen.
- Z.B. AutoCad

Grafiksoftware

Rastergrafiken, Pixel-Grafiken

- Bilder in Pixel-Formaten werden auch als Bitmaps bezeichnet.
- Die Speicherung erfolgt wie bei einem Mosaik. Jedes Pixel (Bildpunkt) wird mit Informationen über Lage (x-y-Achse) und Farbe gespeichert.
- Pixel-Grafiken verlieren beim Skalieren (vergrößern) stark an Qualität, da die Pixel vergrößert werden. Stufungen sind mitunter erkennbar.
- Anwendung: Wiedergabe von Fotos mit feinen Abstufungen.
- Z. B. Photoshop, Photodraw

Beispiele für Dateiformate: **.BMP** (**Bit**ma**p**); **.JPEG** (**J**oint **P**hotographic **E**xperts **G**roup); **.PDF** (**P**ortable **D**ocument **F**ormat); **.TIF** (**T**aged **I**mage **F**ormat)

Vektor-Grafiken

- Bei Vektor-Grafiken werden geometrische Formen (z. B. Kreise, Rechtecke) gespeichert. Ein Rechteck besitzt z. B. einen Ursprungspunkt und eine Ausdehnung in Form von Längen- und Breitenangaben.
- Vektorgrafiken können deshalb ohne Qualitätsverlust frei gedreht und vergrößert werden (Skalierbarkeit).
- Anwendung im Konstruktionsbereich (CAD).
- Z. B. CorelDraw, Adobe Illustrator

Beispiele für Dateiformate: **.AI** (Adobe Illustrator); **.CDR** (Corel Draw); **.EPS** (**E**ncapsulated **P**ost**s**cript)

Programmiersprachen

- **Algol** (**Alg**a**o**rithmic **L**anguage)
  Algorithmische Formelsprache zur strukturierten Programmierung.
- **Basic** (**B**eginners **A**ll Purpose **S**ymbolic **I**nstruction **C**ode)
  Leicht erlernbare problemorientierte Programmiersprache in naturwissenschaftlichen und technischen Bereichen.
- **C** (entwickelt aus Basic Combined Programming Language)
  Maschinennahe Programmierung mit kompaktem Code für strukturierte Programmierung.
- **C++**
  Objektorientierte Variante von C.
- **Cobol** (**Co**mmon **B**usiness **O**riented **L**anguage)
  Problemorientierte Programmiersprache für kaufmännische und administrative Bereiche, Programmcode ist lesbar wie englischer Text.
- **Fortran** (**For**mula **Tran**slation)
  Geeignet für die Programmierung mathematischer Formeln.
- **JAVA**
  Plattformunabhängige Programmiersprache, lässt sich mit Browsern ausführen, Anwendung im Internet.
- **Pascal** (benannt nach Blaise Pascal)
  Ursprünglich als Universalsprache gedacht, gute Strukturierung möglich, leichte Dokumentation, wenige Grundbefehle.
- **PL/1** (**P**rogramming **L**anguage No. **1**)
  Problemorientierte Programmiersprache von IBM. Anwendung auf Großrechnern, enthält Elemente von Fortran und Cobol.

Programmiersprachen – *Programming languages*

Name	Anwendung/Eigenschaften
Ada benannt nach Ada Byron	• leichtes Programmieren durch klare Ausdrücke • gute Fehlererkennung • assemblernahe Programmierung • andere Programmiersprachen lassen sich leicht einbinden • echte Realtime-Sprache
Algol **Algo**rithmic-**L**anguage DIN 66 026	• algorithmische Formelsprache • strukturiertes Programmieren möglich • Ursprache für neuere Programmiersprachen • keine Realtime-Sprache
Basic **B**eginners **A**ll Purpose **S**ymbolic **I**nstruction **C**ode DIN 66 284	• leicht erlernbar • problemorientierte Sprache • Einsatz im technisch-wissenschaftlichen Bereich • vielfältige Abwandlungen des Basic verfügbar (GW-Basic, Turbo-Basic, ...) • bedingtes Realtime-Verhalten
C entwickelt aus Basic **C**ombined Programming Language	• maschinennahe Programmierung • kompakter Code • Einsatz u. a. für Programmiersprachenentwicklung • Syntax sehr kompakt • strukturiertes Programmieren möglich • andere Programmiersprachen können eingebunden werden
C++	• objektorientierte Variante von C
Cobol **Co**mmon **B**usiness **O**riented **L**anguage	• problemorientierte Programmiersprache für kaufmännischen und administrativen Bereich • Programmcode ist lesbar wie englischer Text • entwickelt von der Mathematikerin Grace Murray Hopper • Cobol 85 ist standardisiert durch ANSI (ANSI-Cobol)
Fortran **For**mula **Tran**slation DIN 66 027	• geeignet für Programmierung mathematischer Formeln • keine leistungsfähigen Sprachelemente für Ein-/Ausgaben • Buchstaben oder Zahlenfolgen nur umständlich programmierbar • strukturiertes Programmieren kaum möglich • Realtime-Verhalten bedingt • große Programmbibliotheken
JAVA	• baut auf C++ auf • kleiner, portabler und leichter anwendbar als C++ • plattformneutral • Programme werden in Bytecodes kompiliert
Lisp **Lis**t **P**rocessing	• listenverarbeitende Sprache (Listen: Aufzählung von Zahlen oder Zeichenfolgen) • nicht prozedural (keine Aneinanderreihung von Befehlen) • Programmaufbau besteht aus Funktionen • Anwendung in der künstlichen Intelligenz
Modula Modulare Sprache	• Anwendung in der Prozesstechnik, Text-, Datei-Verarbeitung • maschinennahe Programmierung • Syntax ähnlich Pascal • Ablaufgeschwindigkeit ähnlich C-Programmen • für PC's verfügbar
Pascal benannt nach Blaise Pascal (1623-1662)	• ursprünglich als Universalsprache gedacht • gute Strukturierung möglich • leichte Dokumentation • wenige Grundbefehle • mit Turbo-Pascal annähernd Realtime-Prgrammierung
Pearl **P**rocess and **E**xperiment **A**utomation **R**ealtime **L**anguage DIN 66 253	• problemorientiert • rechnerunabhängig • Realtime Programmierung • Anwendung in Prozeßsteuerung • Syntax ähnlich wie Pascal • unterstützt echtes paralleles Multitasking auf Multiprozessor-Anlagen
PL/1 **P**rogramming **L**anguage No. **1**	• problemorientierte Programmiersprache entwickelt von IBM • Anwendung auf Großrechnern • Geeignet für technisch-wissenschaftliche und kaufmännische Anwendungen • enthält Elemente von Fortran und Cobol • weiterentwickelt zu PL/M
Prolog **Pro**gramming in **Log**ic	• nichtalgorithmisch • anstelle von Prozeduren stehen Funktionen, die „wahr" oder „falsch" sein können • Anwendung bei der objektorientierten Programmierung
Simula **Simu**lation **La**nguage	• erste objektorientierte Programmiersprache • einsetzbar für komplexe Anwendungen und zur Durchführung von Simulationen • entwickelt in Norwegen in den 60er Jahren
SMALLTALK	• objektorient. Programmiersprache • entwickelt von der Firma Rank Xerox (1970) • durch objektorient. Entwicklungsumgebung (Editor, Compiler usw.) sehr benutzerfreundlich

MS-DOS

Merkmale	Module	
• **M**icro**s**oft **D**isk **O**perating **S**ystem (MS-DOS) • Datenträgerorientiertes Betriebssystem • Ursprünglich für IBM-kompatible PCs • Dateinamen enthalten maximal acht Zeichen • Dateisuffix maximal drei Zeichen	**MSDOS.SYS**	Programm zur Datei- und Programmverwaltung
	IO.SYS	Enthält Treiber für Dateneinund Ausgabe zu Peripheriegeräten
	COMMAND.COM	Befehlsprozessor mit internen Befehlen (Nutzerschnittstelle)

Befehle (Auswahl)

cd	(**c**hange **d**irectory) Wechsel des aktuellen Verzeichnisses in ein unter- oder übergeordnetes Verzeichnis.	**md**	(**m**ake **d**irectory) Erzeugen eines neuen Unterverzeichnisses
		rd	Löschen eines Unterverzeichnisses
copy	Kopieren einzelner oder mehrerer Dateien.	**ver**	(**ver**sion) Anzeige der verwendeten Version von MS-DOS
del	(**del**ete) Löschen einzelner oder mehrerer Dateien.		
dir	(**dir**ectory) Inhaltsverzeichnis des aktuellen Verzeichnisses wird angezeigt.	**vol**	(**vol**ume) Anzeige der Datenträgerkapazität mit Anzahl belegten/freien Speicherplatzes
cls	(**cl**ear **s**creen) Löscht den Bildschirminhalt und zeigt nur noch die Eingabeaufforderung.	**date**	Datum anzeigen/ändern
		time	Uhrzeit anzeigen/ändern

Windows

- Meist genutztes Betriebssystem für PCs.
- Grafische Benutzeroberfläche (**GUI** – **g**rafical **u**ser **i**nterface) für ein Betriebssystem.
- Bis Version Win98/ME auf MS-DOS basierende Bedienoberfläche.
- Folgende Versionen sind eigenständige Betriebssyteme: WIN 2000, WIN XP.
- Mehrere Programme sind gleichzeitig ausführbar (Multi Tasking).

Entwicklung

Version	erschienen	Besonderheiten/Neueinführung
WIN 3.11	1994	Auch Windows for Workgroups (WfW), stabilere Nachfolgeversion von WIN 3.0 (1990), ermöglicht peer-to-peer-Netzwerkfunktionalität
WIN 95	1995	Erstes Windows, das 32-Bit-Hardware unterstützt. Lange Dateinamen sind möglich. Neue Benutzeroberfläche, Plug&Play-Funktion zum einfachen Wechsel von Hardwarekomponenten, für Einzelplatznutzung optimiert
WIN 98	1998	Nachfolger von WIN 95; FAT32 als Standarddateisystem, Einbindung von Internetanwendungen in Desktop und Explorer möglich
WIN NT 4.0	1997	(**n**ew **t**echnology) Benutzerverwaltung und Zugriffsrechte, für Netzwerkbetrieb optimiert (Client-Server-Konzept)
WIN 2000	2000	Weiterentwicklung von WIN NT 4.0; versucht Vorteile von WIN 98 und WIN NT 4.0 zu vereinigen
WIN ME	2000	(**M**illenium **E**dition) Weiterentwicklung von WIN 98; enthält mehr Multimediakomponenten
WIN XP Home Edition	2001	(E**xp**erience), neuer stabilerer Kernel, reduzierter Funktionsumfang für Heimanwendungen, Programm muss nach 30 Tagen durch Code aktiviert werden (Code telefonisch oder per Internet zu erfragen).
WIN XP Professional	2001	(E**xp**erience), neuer stabilerer Kernel, voller Funktionsumfang für professionelle Anwendung (Remote-Steuerung, Unterstützung mehrerer Prozessoren, verschlüsselndes Dateisystem (EFS), zentrale Verwaltung, servergespeicherte Benutzerprofile)
WIN CE	1996	Betriebssystem für PDAs (personal digital assistent), kleine Handcomputer mit Windows-Benutzeroberfläche

UNIX

Aufbau

- Aufbau des Unixsystems aus verschiedenen „Programmschichten":
  1. Schicht: hardwarenahe Schicht (sog. Kernel)
  2. Schicht: Shell
  3. Schicht: Anwenderprogramme
- Die erste Schicht wird vom Prozessortyp bestimmt. Sie umfasst etwa 10 % des gesamten Programm-Codes: Hiervon sind nur 10 % herstellervariant.

Charakteristika

- Entwickelt von AT&T (1969 von Tompson & Ritchie)
- 1973 einheitlich, neu in C erstellt (von Ritchie)
- Vielfältige Abkömmlinge existieren (z. B. Linux, HP-UX, XENIX, SCO-UNIX)
- Einsetzbar auf allen gängigen Rechnern.
- Echte Timesharing-Eigenschaften: D.h. verschiedenen Programmen wird (nacheinander) in etwa die gleiche Rechenzeit zur Verfügung gestellt, so dass die Programme quasi parallel arbeiten.

Timesharing in UNIX

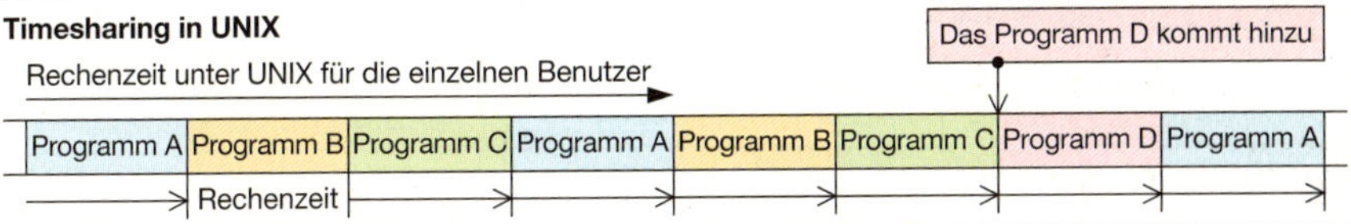

LINUX

- Linus Torvald begann 1991 in Finnland die Entwicklung eines Betriebssystems mit Unix als Vorbild (Linux).
- Quellcode ist veröffentlicht und wird von zahlreichen Programmierern weiterentwickelt (open source project).
- Herstellerunabhängiges Betriebssystem
- Auf mehreren Computersystemen lauffähig (Power Mac, PC, Sparks, …)
- Multitasking-/ Multiuserfähiges Betriebssystem
- Frei im Internet verfügbar.
- Über Distributoren zu kaufen, die eine Installationssoftware zur Verfügung stellen.

Befehle (Unix und Linux)

login	Anmeldung am System mit Angabe von Benutzername und Passwort.
logout	Abmelden des aktuellen Benutzers.
shutdown	Beenden des Betriebssystems, vor Ausschalten des Computers unbedingt notwendig.
chown	Ändern des Eigentümers einer Datei/Verzeichnis.
chmod	Ändern der Zugriffsrechte einzelner Dateien oder Verzeichnisse.
ps	(**proc**e**s**ses) zeigt alle laufenden Prozesse des angemeldeten Benutzers an.
kill	Beenden eines einzelnen Prozesses.
ls	(**l**i**s**t) zeigt den Inhalt des aktuellen Verzeichnisses an.
cd	(**c**hange **d**irectory) Wechsel des aktuellen Verzeichnisses
mkdir	(**mak**e **dir**ectory) erstellt ein neues Verzeichnis.
rmdir	(**rem**ove **dir**ectory) löscht ein Verzeichnis.
cp	(**c**o**p**y) kopieren von Dateien
mv	(**mov**e) verschiebt Dateien/Verzeichnisse oder benennt sie um.
rm	(**rem**ove) löscht Dateien

Zugriffsrechte (Unix und Linux)

- Dateien und Verzeichnisse werden Eigentümern zugeordnet.
- Mehrere Nutzer können zu Gruppen zusammengefasst werden.
- Eigentümer kann Zugriffsrechte für jede seiner Dateien und Verzeichnisse bestimmen.
- Rechte können für Eigentümer, Gruppe und Allgemeinheit unterschiedlich vergeben werden.

Struktur

Filetyp	Lesen	Schreiben	Ausführen	Lesen	Schreiben	Ausführen	Lesen	Schreiben	Ausführen
	r	w	x	r	–	x	r	–	–
	Eigentümerrechte			Gruppenrechte			Rechte sonst. Nutzer		

Filetyp: – Datei, d Verzeichnis
Rechte: r read (Lesen), w write (Schreiben), x execute (Ausführen), – keine Rechte

Beispiel

Anzeige nach Eingabe von ls

```
drwx------ 2 paul freund 1024 Dec 17 13:16 data/
-rwxr-xr-- 5 paul gast   1024 Feb 27 17:29 start
```

Der Benutzer „paul" ist Besitzer des Verzeichnisses „data" und darf dort lesen, schreiben und ausführen. Benutzer der Gruppe „freund" und andere haben in diesem Verzeichnis keine Rechte.
Die Datei „start" gehört dem Benutzer „paul". Er darf lesen, schreiben, ausführen. Die Benutzergruppe „gast" darf nur lesen und ausführen, aber nicht schreiben. Andere Nutzer dürfen nur lesen.

C

Allgemeines

- Entwicklung Anfang der 70er Jahre in den Bell Laboratories von Dennis Ritchie.
- Maschinennahe Programmierung
- Betriebssystemunabhängig
- Seit 1989 Standard durch ANSI festgelegt.

Nomenklatur

- Groß-/ Kleinschreibung wird unterschieden.
- Kommentare werden von /* *Kommentar*/ eingeschlossen.
- Befehle mit „;" abschliessen

Programmstruktur

Beispiel:

```
# include <stdio.h>      Bibliotheken einbinden
voin main(void)          Beginn des
{                        Hauptprogrammes
  int i;                 Variablendeklaration
     i = 1;              Programmcode
     print(„i =", i);
}                        Hauptprogrammende
```

Standardbibliotheken

<math.h>	Mathematische Funktionen
<ctype.h>	Charakterbildung
<signal.h>	Signalbehandlung
<stdio.h>	Ein-, Ausgabe-, Dateibehandlung
<string.h>	Zeichenfolge

Datentypen

char	ein Zeichen (z. B. ASCII-Code), meist 1 Byte
int	ganze Zahl (je nach Rechner 2 oder 4 Byte)
float	Gleitkommazahl (meist 4 Byte)
double	Gleitkommazahl (meist 8 Byte)
void	Leeres Element (z. B. bei Zeigern)

Vektoren/Felder arrays

char b [n]	Definition einer eindimensionalen Zeichenvariable b mit n Elementen
int c [n] [m]	Definition einer zweidimensionalen Integervariable c mit n x m Elementen
b [5]	Zugriff auf 5. Element des Vektors b

Schleifen

Block (*Code*)	Umklammerter Code wird zu einem Verbund. Im Verbund können lokale Variablen deklariert werden.
while (*Bed.*) Code	Solange die Bedingung *Bed.* erfüllt, wird der Programmteil wiederholt. Erst Überprüfung, dann Ausführung.
do Code while (*Bed.*)	Solange die Bedingung *Bed.* erfüllt, wird der Programmteil wiederholt. Erst Ausführung, dann Überprüfung.
break	Innerste Schleife wird sofort verlassen.

Bedingte Anweisungen, Verzweigung

if (*Bed.*) Code1 Else Code2	Wenn die Bedingung *Bed.* erfüllt, wird code1 ausgeführt, andernfalls code2. Else-Anweisung kann entfallen.
switch (*var*) {case "x": code1 case "y": code2 default code3}	Wenn Variable *var* = «x», dann wird code1 ausgeführt und anschliessend code2. Wenn var = «y», dann wird nur code2 ausgeführt. Mit „code1 break" kann ausschließlich code1 ausgeführt werden. Wenn *var* weder „x" noch „y", dann Ausführung von code3.

C++

Allgemeines

- Um objektorientiertes Programmieren erweiterte Variante von C.
- Für sehr große Softwarepakete geeignet.

Nomenklatur

- Kommentare können durch // eingeleitet werden und enden am Zeilenende.
- Deklarationen sind überall im Quellcode möglich.

Objektorientierte Erweiterungen in C++ gegenüber C

- **Klassen**: Eine Klasse ist eine vom Benutzer definierte Struktur: Gleichartige Objekte werden so beschrieben.
  - **class**: Schlüsselwort, dient zur Definition einer Klasse.
  - **private**: Alle Anweisungen hinter private können nur innerhalb der Klasse angesprochen werden.
  - **public**: Die Anweisungen können von überall angesprochen werden.
  - **protected**: Die Elementarfunktionen der Klasse und abgeleitete Klassen (⇒ Vererbung) können auf diese Abschnitte zugreifen.
  - Die Reihenfolge ist vertauschbar.
  - Mit ***struct*** kann die Vereinbarung auch bestimmt werden. (Achtung: Standardgemäß beginnt eine class mit privaten Angaben; Bei struct liegt als Voreinstellung public vor.)

- Syntax einer Klassendefinition

```
class name
  {
  private:
    // klasseninterne Komponenten
  public:
    // allgemein zugängliche Komponenten
  protected:
    // geschützte Abschnitte
  };
```

- **Vererbung**:
  - Eine neu gebildete Klasse kann Deklarationen einer bereits existierenden Klasse übernehmen.
  - Die Bezugsklasse wird **Basisklasse** genannt.
  - Die neu gebildete Klasse wird **abgeleitete Klasse** genannt.
  - Syntax: call X: public Y, public Z, …

Einheitliche Modellierungssprache – *Unified Modelling Language*

- **UML**
  - ist **keine Programmiersprache**, sondern eine abstrakte **Beschreibungssprache**,
  - dient zur **Spezifikation**, **Visualisierung** und **Dokumentation** von Softwaremodellen unter Berücksichtigung verschiedener Systemaspekte,
  - verwendet **verschiedene Diagrammtypen**, die sich gegenseitig ergänzen,
  - ist ein Werkzeug für die **Systemanalyse** und das Software-Design,
  - ist **kein** Vorgehensmodell.
- Verwendete **Diagrammtypen** sind u.a.:
  - Use-Case-Diagrams (Anwendungsfalldiagramm),
  - Class Diagramm (Klassendiagramm),
  - Collaboration Diagram (Interaktionsdiagramm),
  - Package Diagram (Paket-Diagramm),
  - State Chart Diagram (Zustandsdiagramm),
  - Activity Diagram (Aktivitätsdiagramm),
  - Employment Diagram (Einsatzdiagramm).
- Die grafische Darstellung soll
  - einfach,
  - übersichtlich,
  - verständlich

  sein.

Diagrammtypen

Use-Case-Diagramm

Beispiel: online Einkaufen

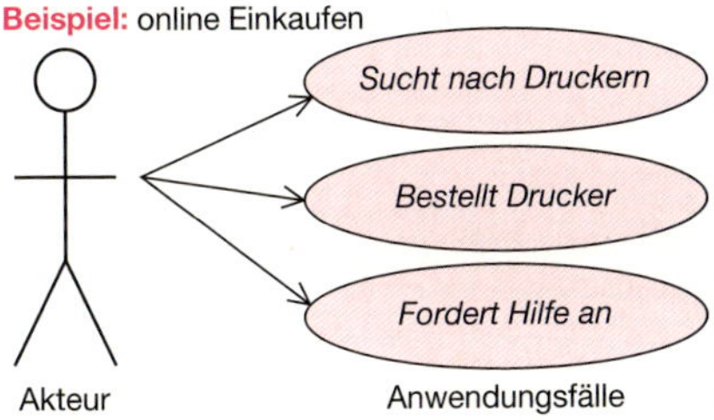

- Use-Case-Diagramme beschreiben **das äusserlich erkennbare Systemverhalten** aus Sicht des Anwenders (nicht aus der Sicht des Entwicklers).
- Sie beschreiben deshalb die entsprechende Anzahl an Anwendungsfällen, die in Verbindung mit einem **Akteur** (engl. **Actor**) stehen.
- Akteure können z.B. Personen, Organisationen, externe Systeme oder lokale Prozesse sein.

Klassendiagramm

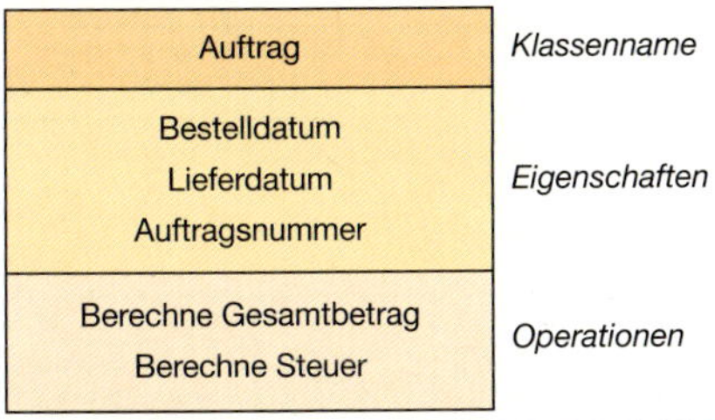

- Eine **Klasse** ist eine Menge von **Objekten**, in der die **Eigenschaften**, **Operationen** und die **Semantik** der Objekte definiert sind.
- Klassen werden durch Rechtecke dargestellt.
- Klassennamen (im Singular geschrieben), Eigenschaften und Operationen werden durch eine horizontale Linie getrennt.
- Klassen können unterteilt werden in: Meta-, Parametrisierbare-, Schnittstellen- und abstrakte Klassen.

Zustandsdiagramm

Beispiel: Weiterbildung

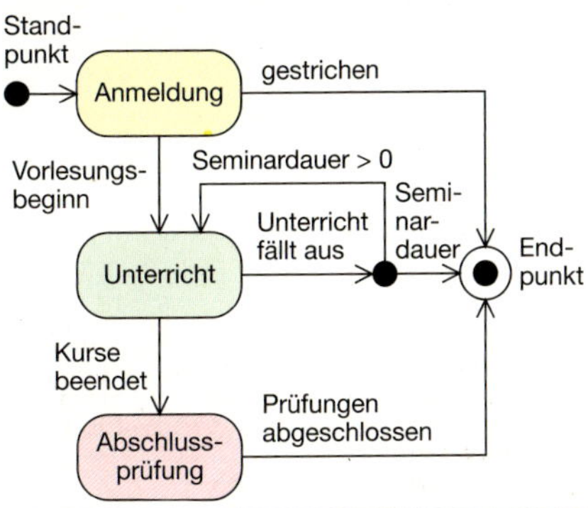

- Zustandsdiagramme visualisieren verschiedenartige **Zustände eines Objekts** und die Funktionen, die zu den Zustandsänderungen führen.
- Das Zustandsdiagramm beschreibt eine angenommene (hypotetische) Maschine.
  Diese befindet sich zu jedem Zeitpunkt in einer Menge endlicher Zustände und besteht aus
  - einem Anfangszustand,
  - einer endlichen Menge von Zuständen,
  - einer endlichen Menge von Ereignissen,
  - einer endlichen Anzahl von Transitionen (Übergang von einem Zustand in den nächsten),
  - und einem oder mehreren Endzuständen.

Datenverarbeitungssymbole – *Symbols of data processing*

Symbol	Bedeutung	Symbol	Bedeutung	Symbol	Bedeutung
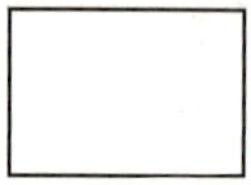	Verarbeitung, Verarbeitungseinheit		Steuerung der Verarbeitungsfolge von aussen	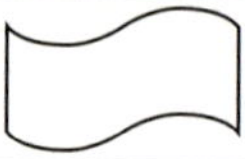	Daten auf Lochstreifen, Lochstreifeneinheit
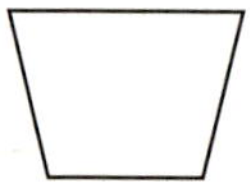	Manuelle Verarbeitung, Verarbeitungsstelle		Daten, allgemein Datenträgereinheit, allgemein	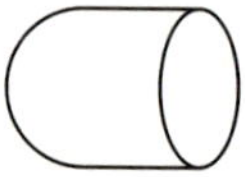	Daten auf Speicher auch mit direktem Zugriff, Datenträgereinheit
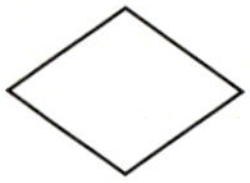	Verzweigung, Auswahleinheit	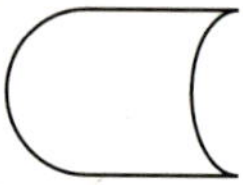	Maschinell zu verarbeitende Daten, Datenträgereinheit	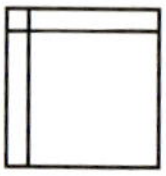	Daten im Zentralspeicher, Zentralspeicher
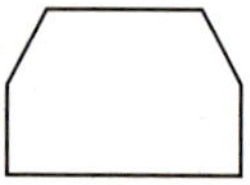	Schleifenbegrenzung Anfang	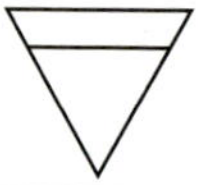	Manuell zu verarbeitende Daten, Manuelle Ablage (z. B. Archiv, Ziehkanal)	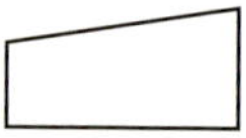	Manuelle optische oder akustische Eingabedaten, Eingabeeinheit
		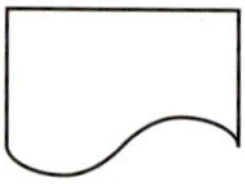	Daten auf Schriftstück (z. B. auf Belegen, Mikrofilm) Ein-/Ausgabeeinheit		Verbindung, Verarbeitungsfolge, Zugriffsmöglichkeit
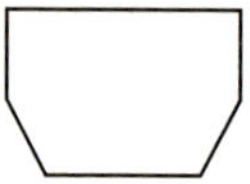	Ende		Daten auf Speicher mit nur sequentiellem Zugriff, Datenträegereinheit		Verbindung zur Datenübertragung, Datenübertragungsweg
	Synchronisierung paralleler Verarbeitungen	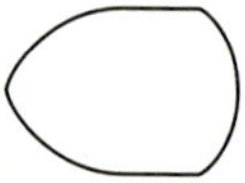	Maschinell erzeugte optische oder akustische Daten, Ausgabeeinheit		Grenzstelle (zur Umwelt), z. B. Anfang, Ende
					Verbindungsstelle
	Sprung mit/ohne Rückkehr	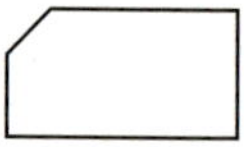	Daten auf Karte (z. B. Lochkarte, Magnetkarte), Lochkarteneinheit		Verfeinerung
					Bemerkung
	Unterbrechung einer anderen Verarbeitung	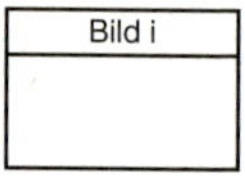	Hinweis auf ergänzende detaillierte Darstellungen	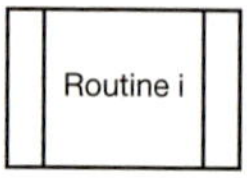	Hinweis auf weitere Dokumentationsstellen

Regeln zur Erstellung von Plänen

- Pfeile geben die Flussrichtung an.
- Zwischen Sinnbildern dürfen mehrere Verbindungen verlaufen.
- Kreuzungen von Verbindungslinien vermeiden.
- Hintereinander gezeichnete Sinnbilder gleicher Art bilden eine Einheit mehrerer gleichartiger Datenträger. ①
- Sinnbilder können miteinander verknüpft werden, z. B. zu einer Ausgabeeinheit. ②
- Innenbeschriftungen sollen weitere Abläufe erkennen lassen und eindeutig zuordnen.
- Bezeichnung erfolgt oben links des Sinnbildes.
- Durch einen Querstrich oben im Sinnbild wird auf eine detaillierte Darstellung derselben Dokumentation hingewiesen, z. B. schrittweise Verfeinerung eines Programmablaufs. ③
- Mit zusätzlichen senkrechten Linien in den Sinnbildern „Daten" und „Verarbeitung" wird auf eine Dokumentation an anderer Stelle hingewiesen.

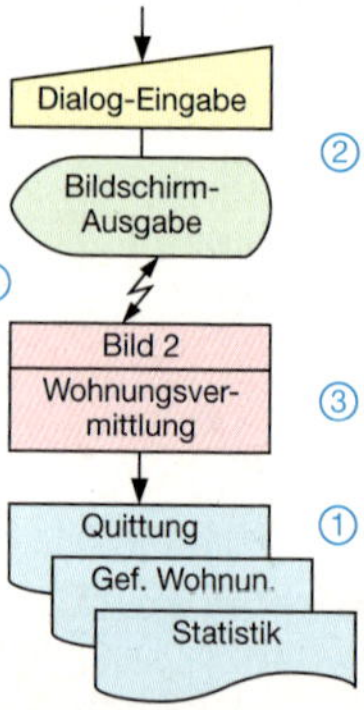

Software

Programmablaufplan, Struktogramm – *Program flowchart, structured chart*

Linke und rechte Spalte jeweils: **Programmablaufplan nach DIN 66 001** | **Nassi-Shneidermann Struktogramm DIN 66 261**

Verarbeitung (allgemein, Strukturblock, Elementarblock)

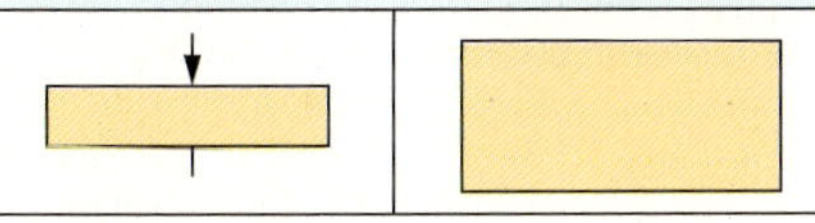

- Aufgabenkurzbeschreibungen
- Unterprogrammnamen,
- Anweisungen, Programmiersprachenbefehle

Reihenfolge (Sequenz)

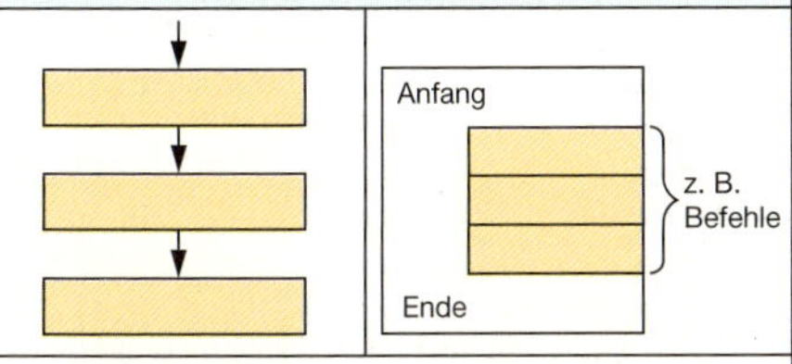

- Aneinanderreihung von mehreren Anweisungen, Befehlen
- Aufzählung mehrerer nacheinander zu bearbeitender Aufgaben

Bedingte Verzweigung

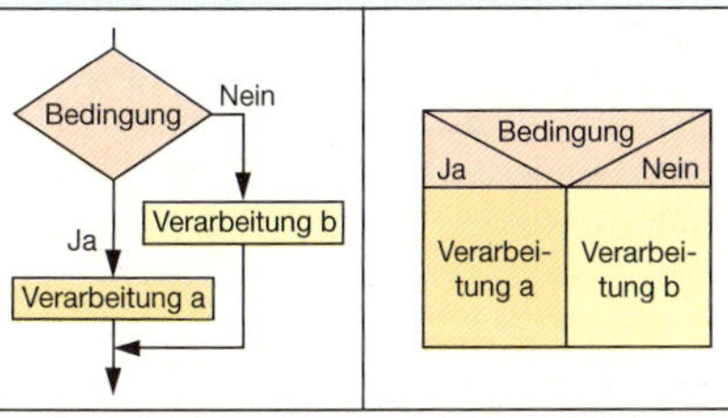

- Auswahl von einer Verarbeitung aus zwei möglichen, aufgrund einer logischen Entscheidung.
- Ist die Abfrage mit Ja beantwortet, dann Verarbeitung a, andernfalls Verarbeitung b. Diese Verzweigung wird auch als IF (wenn Bedingung erfüllt) THEN (dann Verarbeitung a) ELSE (sonst Verarbeitung b) Abfrage bezeichnet.

Fallabfrage, Fallunterscheidung

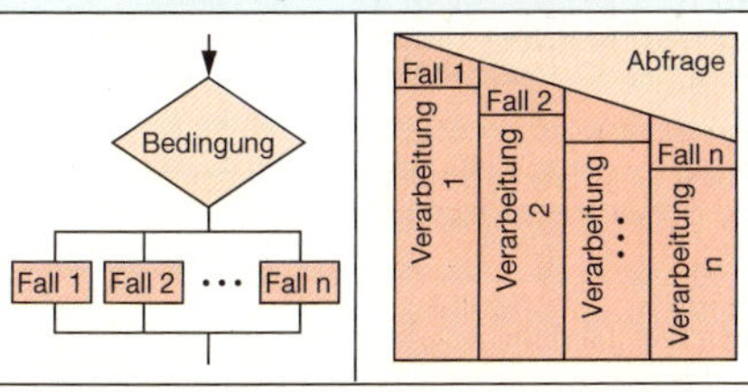

- Auswahl einer Möglichkeit aus mehreren Vorgaben (engl. Case-Block)

Wiederholung (kopfgesteuerte Schleife)

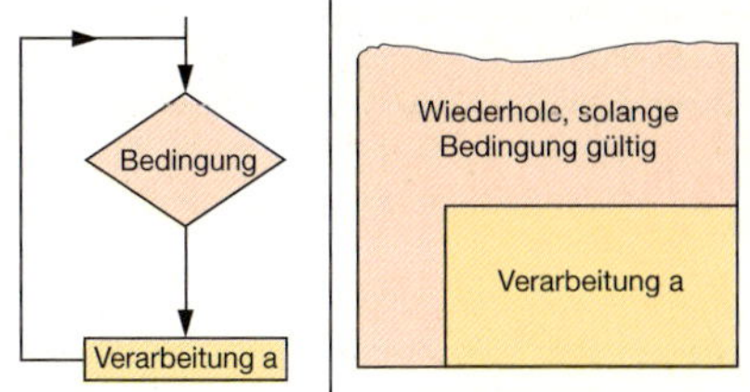

- Schleifendurchläufe
  Abfrage der Bedingung erfolgt vor der Durchführung der Verarbeitung a. Ist die Bedingung bei der ersten Abfrage schon nicht erfüllt, erfolgt keine Durchführung der Verarbeitung a (engl. WHILE-Schleife).

Wiederholung (fußgesteuerte Schleife)

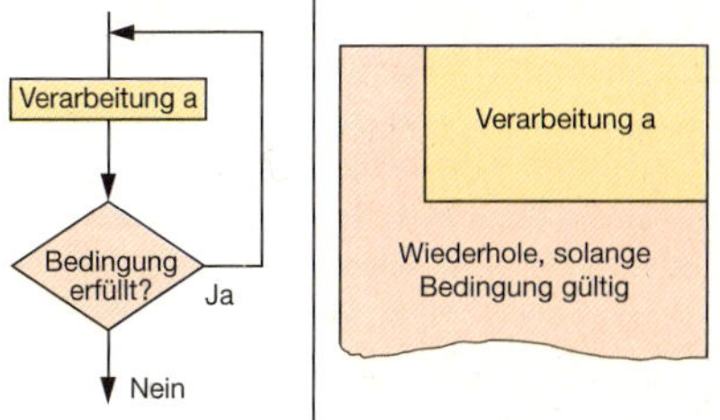

- Schleifendurchläufe
  Abfrage der Bedingung nach dem Durchlauf der Verarbeitung a (engl. REPEAT- oder UNTIL-Schleife).

Schleife mit Unterbrechung

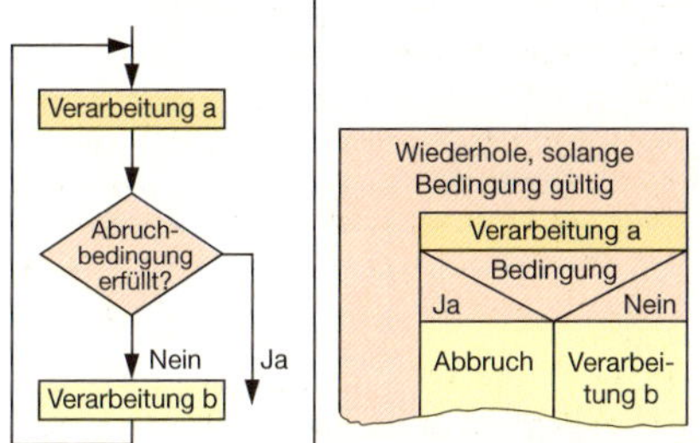

- Schleifendurchläufe
  Die Bedingung (Abbruch-Bedingung) wird während der Verarbeitung abgeprüft (engl. CYCLE-Schleife).

Phasen der Programmentwicklung – *Phases of program development*

Anfang

Aufgabenstellung definieren

Beschreiben:
- Die zu lösende Aufgabe definieren.
- Was ist zu lösen?

(kein Bezug auf einzusetzende Hardware oder Software)

Aufgabenanalyse durchführen

Klären:
- notwendige und erforderliche Systemschnittstellen,
- zu erwartende Datenmengen,
- Speichergrößen,
- zulässige Programmlaufzeiten,
- Reaktionszeiten der Programme bzw. des Systems.

Lösungskonzept erstellen

Erstellen:
- von Blockschaltbildern für das gesamte System.
- der Funktionsbeschreibung für das gesamte System.

Festlegen:
der Aufgabenteilung zwischen Hardware und Software.

Systementwurf erstellen

Detailliert beschreiben:
alle Aussagen zu den Komponenten der zu realisierenden Einrichtung (Einheiten des Systems)

Festlegen:
- Programmiersprache,
- Programme und Daten,
- Datenformate an den Schnittstellen.

Programme entwerfen

Umsetzen:
der beschriebenen Aufgaben in Programmabläufe.
Datenflusspläne:
Hilfsmittel: Nassi-Shneidermann-Struktogramme, Programmablauf- und Datenflusspläne

Codieren/Assemblieren

Umsetzen:
der Struktogramminhalte in Befehlsfolgen der eingesetzten Programmiersprache.
Hilfsmittel: Texteditor
Ergebnis: Quellprogramm in Assembler-/Hochsprache

Übersetzen:
der Quellprogramme in Objektprogramme.
Hilfsmittel: Assemblerprogramm/Compiler
Ergebnis: Objektcode, der vom Mikroprozessor ausgeführt werden kann.

Einzel-Test

Testen:
der einzelnen Programm-Module auf Funktionsfähigkeit gemäß der oben gemachten Vorgaben.

Korrigieren:
nicht lauffähiger Programm-Module unter Berücksichtigung der Aufgabenstellung und Rahmenbedingungen.

Integrations-Test

Testen:
der zusammengebundenen Module auf der Zielhardware (Rechnersystem).

Ende

Datendokumentation – *Data documentation*

Seite 1

Datendokumentation
DIN 66 232-A

Bezeichnung

Status z. B. Test, Produktion	**Gattung** z. B. Datenfeld, Datei	**Technische Bezeichnung** zur Identifikation des Datenobjektes

Gültig von … bis	**Version** Kennzeichnung für nacheinander gültige Dokumentationen	**Variante** Kennzeichnung für nebeneinander gültige Dokumentationen

Geltungsbereich
z. B. Angabe einer Organisationseinheit eines Unternehmens

Fachliche Bezeichnung
zur Identifikation des Datenobjektes

Zuständigkeit

fachlich zuständige Abteilung angeben (z. B. Rechnungsabteilung)	**organisatorisch** zuständige Abteilung angeben (z. B. Betriebsleitung)	**technisch** zuständige Abteilung angeben (z. B. Softwareentwicklung)

Standort
angeben, wo das Datenobjekt mit aktuellem Inhalt vorliegt (z. B. Zweigniederlassung des Unternehmens)

Bedeutung

Beschreibung
- Datenobjekt fachbezogen beschreiben.
- Verwendungszweck angeben.
- Abgrenzen zu anderen Datenobjekten.

Deskriptoren
Schlüssel-, Schlag- oder Stichwörter angeben, die z. B. als Suchbegriffe verwendet werden können.

Schutzwürdigkeit
Angeben des Vertraulichkeitsgrades oder der Datenschutzanforderungen.

Zugriff

Zugriffsberechtigungen: E(inbringen), L(esen), A(endern/Löschen), U(ebermitteln)

Art	Instanz
Einbringen	Angeben der Abteilung, die den Inhalt des Datenobjektes erzeugen darf.
Lesen	Angeben der Abteilung, die den Inhalt des Datenobjektes lesen darf.
Ändern/Löschen	Angeben der Abteilung, die den Inhalt des Datenobjektes ändern bzw. löschen darf.
Übermitteln	Angeben der Abteilung, die den Inhalt des Datenobjektes an Dritte übermitteln darf.

Zugriffsregelungen
Beschreiben der Maßnahmen oder Verfahren, die den Zugriff auf das Datenobjekt regeln.

Seite 1

Seite 2

Datensicherung

Archivierung
Angeben der Verfahren, Ort, Archivierungszweck, Sperrfrist, Zeiträume zwischen den Archivierungen

Wiederherstellung
Angeben des Verfahrens zur Rekonstruktion des Datenobjektes

Chiffrierung
Angeben des Verfahrens zur Verschlüsselung des Datenobjektes

Inhalt

Datentyp, der im Datenobjekt verwendet wird, z. B. Zahl, Text, Tabelle	**Maßeinheit,** die im Datenobjekt verwendet wird, z. B. kg, mm	**Wertebereich,** der im Datenobjekt verwendet wirc; Ober- u. Untergrenzen des Wertebereiches

Prüfbedingungen
z. B. Prüfzeichen, Plausibilitätsbedingungen

Verschlüsselung
Regeln für das Verschlüsseln oder Schlüsselverzeichnis

Darstellung

Aufbau (Liste der Datenobjekte)
Angeben der Datenobjekte, aus denen das beschriebene Datenobjekt besteht.

Größe (physikalische) des Datenobjektes (z. B. Anzahl der Bytes)	**Code,** der zur Darstellung der Zeichen verwendet wird, z. B. 7-Bit-Code nach DIN 66 003	**Zeichenvorrat,** der zulässig ist (z. B. mit oder ohne Umlaute).

Datenträger z. B. Magnetband, Floppy Disk	**Komprimierung** Art der Datenkomprimierung

Format
angeben, in dem das Datenobjekt auftreten kann (z. B. geblockte Sätze nach DIN 66 028)

Zuordnungen

Abhängigkeiten
Angeben der Datenobjekte, zu denen eine Abhängigkeit besteht.
Benennen der Art der Abhängigkeit.

Vorkommen Verzeichnis der Datenobjekte, in denen das hier beschriebene Datenobjekt noch vorkommt.	**Verwendung** Angeben der Abteilungen, die das Datenobjekt verwenden.

Seite 2

Programmdokumentation – *Program documentation*

PROGRAMMKENNDATEN
nach DIN 66 230

Programmname(n) Bezeichnung zur Identifizierung des Programmes	**Programmsystem** z. B. Organisationsprogramm
Variantenbezeichnung Ergänzung zum Programmnamen zur Unterscheidung gleichzeitig einsetzbarer Programme	**Versionsbezeichnung** Ergänzung zum Programmnamen zur Unterscheidung von nacheinander eingesetzten Versionen
erste Version freigegeben am Datum der ersten Freigabe	**aktuelle Version freigegeben am** Datum der Freigabe für aktuelle Version

Deskriptoren
Schlüssel-, Schlag- oder Stichwörter, die die gelöste Aufgabe beschreiben und als Suchbegriffe dienen können.

Aufgabe (Kurzbeschreibung, ggf. Beispiel, fachbezogene Ein- und Ausgabe, Methoden, Vorschriften, Besonderheiten)

- Anwendungsbezogene Beschreibung der mit dem Programm gelösten Aufgabe (ggf. mit Zeichnung).
- Verwendete Verfahren (z. B. Rechenverfahren).
- Angabe der Gesetze, Normen und Richtlinien, die Bestandteil der gestellten Aufgabe sind.
- Angabe des Anwendungsbereiches für das Programm (z. B. erforderliche Voraussetzungen).
- Literaturhinweise, die bei der fachlichen Lösung herangezogen wurden.
- Art der Fehlerbehandlung (Fehlermeldungen, Fehlerreaktionen).
- Gliederung des Programmes (z. B. Unterprogramme, Module, Segmente). Gliederung kann auch grafisch (Baumstruktur) erfolgen.
- Datenflussbeschreibung
- Programmablaufbeschreibung
- Festlegung der Eingabe- und Ausgabedaten.
- Angabe der temporären Dateien, Variablen und Konstanten.
- Anwendungsgrenzen (z. B. max. verarbeitbare Datenmenge, Laufzeiten).
- Testverfahren (Methoden und Programme) zur Überprüfung des fehlerfreien Programmlaufes.
- Bedienungsanweisungen für das Programm.
- Wiederanlaufverfahren nach Systemunterbrechung.
- Leistungsmerkmale des Programmes (z. B. Zeitbedarf für Laufzeiten, CPU-Zeiten, Ein-/Ausgabezeiten für definierte Datenmengen).

Seite 1

Gerätebedarf	Für den ordnungsgemäßen Ablauf erforderliche Geräte und Einrichtungen (z. B. Massenspeicher).				
Programmgröße	Maximaler Speicherbedarf in Byte für Befehle, Daten, Ein-/Ausgabeanweisungen, Unterprogramme und Programmbausteine.				
Programmbedarf	**Betriebssystem** Hersteller, Name, Variante und Version des verwendeten Betriebssystems.				
	Unterprogramme Hersteller, Name, Variante und Version der erforderlichen Unterprogramme.				
	Sonstige Programme Hersteller, Name, Variante und Version der übrigen Programme, die zum Ablauf des Programmes erforderlich sind.				
Programmiersprachen	**Sprache, Sprachumfang, Anzahl der Anweisungen** Verwendete Programmiersprache; Anzahl der Anweisungen (z. B. Fortran, 700 Anweisungen).				
	Übersetzer Verwendete Übersetzerprogramme (Compiler)				
Betriebsarten	**Stapelbetrieb** ☐	**Dialogbetrieb** ☐	**Realzeitbetrieb** ☐	**Sonstige Betriebsart** ☐	
Dateien	**Bezeichnung, Verwendungszweck,** der vom Programm verwendeten Dateien.	**Datenträger,** auf denen die verwendeten Daten gespeichert sind.	**Speicherbedarf,** für jede verwendete Datei angeben (z. B. n Blöcke zu m Bytes).	**Dateiorganisation** z. B. sequentiell, gestreut, mit oder ohne Schlüssel.	**Zugriffsart** z. B. physisch-sequentiell, wahlfrei.
Konventionen	Bei der Anwendung des Programmes zu berücksichtigende rechtliche, technische oder organisatorische Bedingungen (z. B. Urheberrechte, Weitergabe- oder Mitbenutzungsvereinbarungen, Datenschutzgesetz).				
Zuständigkeiten (Anschriften)	**Entwicklung** Abteilung oder Person, die für Entwicklung des Programmes zuständig ist.				
	Vertrieb Abteilung oder Person, die für den Vertrieb des Programmes zuständig ist.				
	Pflege Abteilung oder Person, die für die Pflege der Programme zuständig ist.				
	Weiterentwicklung Abteilung oder Person, die für die Weiterentwicklung des Programmes zuständig ist.				
Unterlagen	Verzeichnis der Unterlagen für das Programm (z. B. Handbuch, Programmdokumentation nach DIN 66 232).				
Installierungen	**Hersteller** des Rechners, auf dem das installierte Programm läuft.	**Anlagentyp** auf dem das installierte Programm läuft.	**Betriebssystem** unter dem das installierte Programm läuft.	**Anzahl** der vorhandenen Installierungen des Programmes.	
Preise/Kosten	**Art des Angebots (z. B. freibleibend)**				
	Kaufpreis	**Mietpreis**			
	Installierungskosten	**Wartungs- und Pflegekosten**			
	Schulungskosten				

Seite 2

Datensicherheit, Datenschutz – *Data security, data privacy*

Allgemeine Prinzipien des Datenschutzes

Vertraulichkeit
Daten nur für Befugte!

Integrität
Keine Verfälschungen!

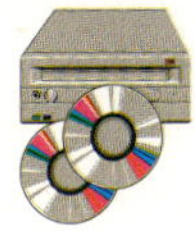

Revisionsfähigkeit
Wer hat wann welche Daten in welcher Weise verändert?

Verfügbarkeit
Zeitgerecht für eine ordnungsgemäße Verarbeitung!

Authentizität
Jederzeit ist eine Zuordnung zum Ursprung möglich!

Transparenz
Verfahrensweisen vollständig und aktuell dokumentiert (nachvollziehbar)!

Rechtsgrundlage: Bundesdatenschutzgesetz (BDSG)

Recht der Betroffenen auf…

Benachrichtigung § 33

des Betroffenen über:
Speicherung, Datenart, Zweckbestimmung der Erhebung, Verarbeitung, Nutzung. Identität der verantwortlichen Stelle.

Ausnahme:
Wenn Rechtsvorschriften bzw. Gesetze dafür bestehen.

Auskunft § 34

über
- gespeicherte Daten,
- ihre Herkunft,
- Zweck der Speicherung

Auskunft, § 35

wenn
die Daten unrichtig sind.

Löschung, § 35

wenn die
- Speicherung unzulässig ist,
- Richtigkeit von der verantwortlichen Stelle nicht bewiesen werden kann,
- Speicherung nicht mehr erforderlich ist.

Sperrung, § 35

wenn die
- Daten unrichtig sind,
- schutzwürdige Interessen beeinträchtigt würden,
- Richtigkeit von dem Betroffenen bestritten wird,
- Löschung zu aufwändig wäre.

Technisch-organisatorischer Datenschutz (Anlage zu § 9 BDSG)

Kontrollmaßnahmen	Technische Realisierung
Zutritt Unbefugten wird der Zutritt zur Datenverarbeitungsanlage verwehrt.	Gebäude- bzw. Raumsicherung, Zutrittsvermerk, Schlüsselregelung, …
Zugang Es wird verhindert, dass Unbefugte Daten nutzen.	Identifikation durch Passwort, Protokollierung der Zugänge, …
Zugriff Es wird gewährleistet, dass nur auf die der Zugriffsberechtigung unterliegenden Daten zugegriffen werden kann.	Festlegung und Prüfung der Zugriffsberechtigten, Protokollierung von Zugriffen, zeitliche Verschlüsselung, …
Weitergabe Es wird gewährleistet, dass bei der Weitergabe Daten nicht unbefugt gelesen, kopiert oder verändert werden können.	Festlegung der Transportwege, Quittierung, Verschlüsselung, …

Kontrollmaßnahmen	Technische Realisierung
Eingabe Es muss nachträglich feststellbar sein, ob und von wem Daten eingegeben, verändert oder entfernt worden sind.	Dokumentation: Bevollmächtigter, Zeit, Änderungen, …
Auftrag Es ist zu gewährleisten, dass die Daten nur entsprechend den Weisungen des Auftraggebers erfolgen.	Auftragsbeschreibung, Lasten- und Pflichtenheft, …
Verfügbarkeit Die Daten sind gegen zufällige Zerstörung oder Verlust zu schützen.	Gebäudeschutz, Diebstahlschutz, Datensicherung, …
Organisation Die zu unterschiedlichen Zwecken erhobenen Daten müssen getrennt verarbeitet werden können.	Aufgabenteilung, Funktionstrennung, Richtlinien für Verfahren und Dokumentation, …

Datensicherung – *Data backup, data protection*

Prinzip

Ordnungsgemäßer Betrieb einer Datenverarbeitung durch Sicherung der

• **Hardware** • **Software** • **Daten**	**gegen**	• **Verlust** • **Beschädigung** • **Missbrauch**

Schädigende Einflüsse

- **Wanzen**:
  Fehler in der Software (auch ohne Absicht), keine selbstständige Ausbreitung.
- **Manipulationen**:
  Absichtliche Verfälschungen in der Software.
- **Hacker**:
  Personen, die in spielerischer, amateurhafter Weise Schwachstellen aufdecken.
- **Cracker**:
  Personen, die professionell Schwachstellen aufdecken, um Schäden anzurichten.
- **Würmer**:
  Übertragen sich delbstständig von Rechner zu Rechner über Netze, z. B. als Anlage einer E-Mail.
- **Trojaner**:
  Programme (z. B. als Bildschirmschoner oder Tools) zum Einschmuggeln von getarnten Viren. Der Virus wird gesondert aktiviert.
- **Viren**:
  Eigenständiges Programmelement in einem Wirtsprogramm. Er besitzt die Fähigkeit sich selbst zu kopieren und dadurch in ein zuvor nicht infiziertes Programm einzudringen.
  - **Bootsektorviren** setzen sich im Bootbereich fest und nehmen damit einen festen Platz in der Konfiguration des Betriebssystems ein.
  - **Makroviren** sind direkt im Dokument gespeichert.
- **Backdoor**:
  „Hintertür" in einem Anwenderprogramm für eine später erfolgende Manipulation.

Sicherheitsmaßnahmen

Virenschutz durch
- Virenscanner (im Server, beim Client, im Netz)
- Laufwerke sperren
- Organisatorische Maßnahmen

Kryptographie durch
- Verschlüsselung
- Asymmetrische Verfahren (Public key: Öffentlicher Schlüssel, Private key: Privater Schlüssel)
- Signatur (Authentizität, Integrität)

Datensicherung
- Kontinuierlich (Spiegelfestplatten (RAID), Spiegelserver)
- Periodisch (Voll-/Komplettsicherung, Differenzsicherung)

Aufbau von Viren

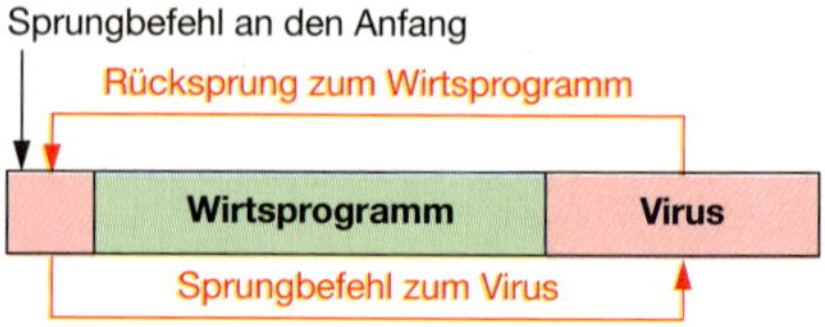

Interner Aufbau
- **Infektionsroutine**:
  Geeignetes Wirtsprogramm wird aufgespürt und infiziert.
- **Kopierroutine**:
  Code wird in Wirtsdatei übertragen.
- **Statusroutine**:
  Infizierte Wirtsdatei wird gekennzeichnet, damit der Virus die Infizierung erkennt.

Schutz vor Computerviren aus dem Internet

Einstellungen am PC

- Sicherheitsfunktionen aktivieren.
- Aktuelles Virenschutz-Programm einsetzen, das im Hintergrund läuft.
- Anzeige aller Dateitypen aktivieren.
- Makro-Virenschutz von Anwenderprogrammen aktivieren.
- Sicherheitseinstellungen am Browser auf gewünschte Stufe einstellen (z. B. Deaktivieren von aktiven Inhalten (ActiveX, Java, JavaScript) und Skript-Sprachen (z.B. Visual Basic)).

Verhalten beim Empfang von E-Mails

- Nicht sinnvolle E-Mails von unbekannten Absendern löschen (SPAM).
- Prüfen, ob der Text der Nachricht auch zum Absender passt.
- E-Mails mit gleichlautendem „Betreff" prüfen.
- Ausführbare Programme (*.COM, *.EXE), Skript-Sprachen (*.VBS, *.BAT) oder Bildschirmschonern (*.SCR) nicht durch „Doppelklick" öffnen.
- Vorsicht bei Dateien im HTML-Format.
- Datei-Anhänge nur von vertrauenswürdigen Absendern öffnen.

Verhalten beim Versenden von E-Mails

- Öfter prüfen, ob sich E-Mails im Postausgang befinden, die nicht vom Benutzer verfasst sind.
- Der Aufforderung zur Weiterleitung von Warnungen, Mails oder Anhänge an Freunde usw. nicht nachkommen.

Verhalten bei Downloads aus dem Internet

- Programme nur von vertrauenswürdigen Seiten laden.
- Angabe über die Größe der Datei mit der tatsächlichen Größe der Datei nach dem Download überprüfen.
- Vor der Installation Dateien mit aktuellem Viren-Schutzprogramm überprüfen.
- Gepackte Dateien erst entpacken und dann auf Viren überprüfen.

Kryptografie – *Cryptography*

Aufgaben

Kryptografische Verfahren dienen zur Verschlüsselung von Daten und Informationen. Sie schützen diese gegen den Verlust von
- Verfügbarkeit (Vorenthalten von Informationen oder Beeinträchtigung von Funktionen),
- Vertraulichkeit (unbefugte Kenntnisnahme),
- Echtheit (Vortäuschen einer falschen Identität),
- Unversehrtheit (Verändern der Daten durch Manipulation),
- Verbindlichkeit (Nichterfüllen einer Zusage oder Anweisung).

Anwendung

Kryptografische Verfahren sind Bestandteil der Datensicherheit im Rahmen der Informationssicherheit und werden angewendet bei z. B.
- Datenübertragung über öffentliche und private Rechnernetze.
- Speicherung von Daten (auf Festplatten).
- Sprachkommunikation (z.B. GSM-Netze).
- Schutz von Endgeräten (PC-Servern, PC's gegen unerlaubte Zugriffe).
- Multi-Media-Kommunikation.
- Chipkarten.

Verschlüsselungsverfahren

Symmetrische Verschlüsselung

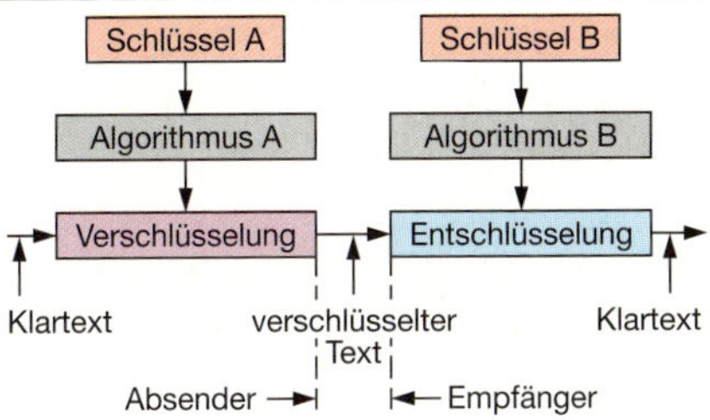

- Schlüssel sind auf beiden Seiten geheim zu halten (secret-key-Methode).
- Schlüssel A und Schlüssel B sind identisch.
- Algorithmen zum Ver-/Entschlüsseln sind identisch und umkehrbar.
- Anwendung findet der Data Encryption Standard (DES); veröffentlicht vom NBS (National Bureau of Standards, Amerika).
- Angewendet bei Banken und Versicherungen.

Unsymmetrische Verschlüsselung

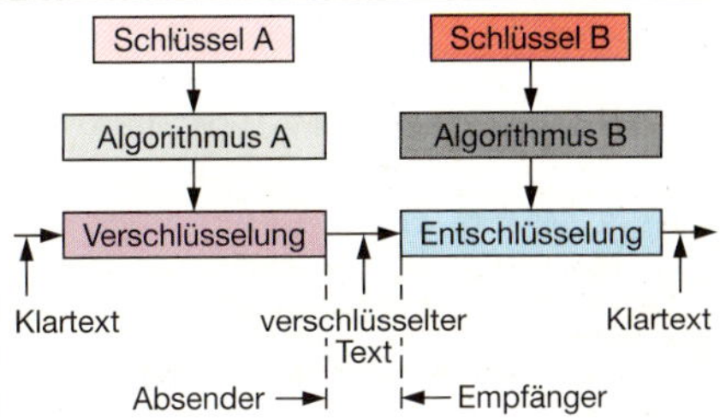

- Schlüssel A ist öffentlich.
- Schlüssel B ist geheim.
- Algorithmus A ist verschieden von Algorithmus B.
- Verfahren wird als public-key-System bezeichnet.
- Anwendung findet das RSA-Verfahren (benannt nach den Erfindern Rivest, Shamir und Adleman).

Data Encryption Standard (DES)

Funktionsprinzip

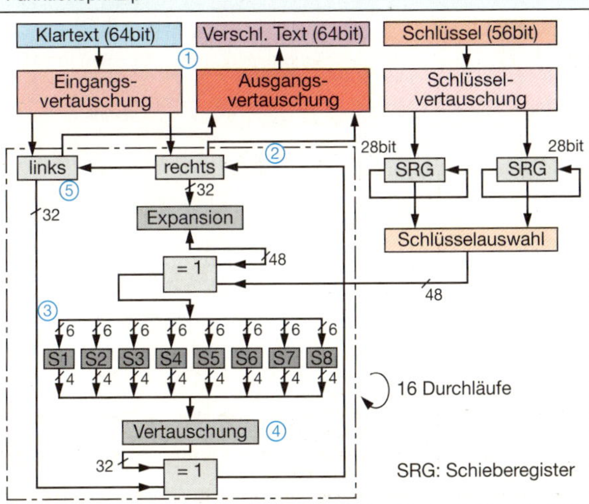

- DES verwendet 16 Durchläufe für Verschlüsselung der 64bit Klartext.
- ① Vertauschen der Ein-/Ausgangsbits an festgelegte Bitpositionen.
- ② Rechter Teilblock wird auf 48bit erweitert u. mit Teilschlüssel Exclusiv-Oder verknüpft.
- ③ Datenblock wird in acht 6bit breite Teilblöcke zerlegt und an S1 bis S8 gelegt. Die 6bit dienen als Adresse der 4bit breiten Datenblöcke in S1 bis S8.
- ④ Vertauschen des 32bit Datenblocks und Exclusiv-Oder verknüpfen mit dem linken Teil des Klartextes ergibt neuen rechten Teilblock des verschlüsselten Textes.
- ⑤ Rechter Teilblock wird zum neuen linken Teilblock.

Vorgehensmodelle in Entwicklungsprojekten

Design methods in development projects

- Vorgehensmodelle dienen
  - zur Veranschaulichung und
  - Festlegung der Arbeitsweisen in Entwicklungsprojekten.

Wasserfallmodell

- Das Wasserfallmodell
  - teilt eine Gesamtaufgabe in sequentielle Teilaktivitäten,
  - beschreibt die einzelnen Teilaktivitäten aus Sicht des logischen Ablaufs (Phasenmodell),
  - strukturiert die Aktivitäten top-down,
  - verlangt den vollständigen Abschluss einer Teilaktivität, bevor die folgende begonnen wird,
  - verlangt, dass jede Teilaktivität entsprechende Dokumente abliefert,
  - kann je nach Erfordernis beliebig detailliert werden.
- Vorteile:
  - einfache und verständliche Darstellung,
  - Zwischenergebnisse sind nach jeder Teilaufgabe verfügbar,
  - fester Ablaufvorgang vorgegeben.
- Nachteile:
  - eine Rückkopplung ist auf den Fehlerfall beschränkt,
  - überlappende Aktivitäten können nicht berücksichtigt werden,
  - große Systeme sind schwer bzw. nicht vollständig planbar,
  - berücksichtigt keine Risikofaktoren.

Beispiel: Softwareentwicklung

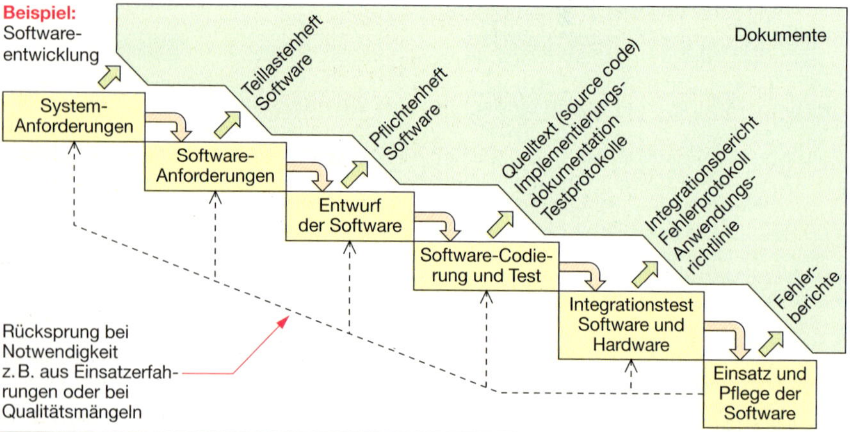

V-Modell

- Das V-Modell
  - ist eine Erweiterung des Wasserfallmodells,
  - beinhaltet die **Verifikation** (Prüfung der **Übereinstimmung** eines Softwareproduktes mit der Spezifikation) und
  - **Validation** (Prüfung auf **Eignung** eines Softwareproduktes für den geplanten Einsatzzweck),
  - bietet Vorteile bei großen Projekten,
  - wird verwendet zur standardisierten Abwicklung von Systemerstellungsprojekten.

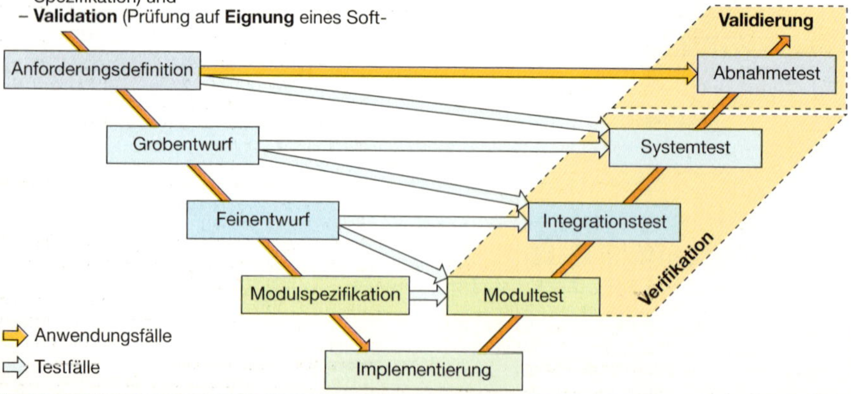

Firewall-Systeme – *Firewalls*

- Als **Firewall**-Systeme werden alle Schutzmaßnahmen bezeichnet, die einen unerlaubten Zugriff von außen auf ein **Privates Netzwerk** verhindern.
- Diese Systeme können in Form von Hardware, Software oder einer Kombination von beidem realisiert werden.
- Hauptsächlicher Anwendungsbereich liegt im Schutz von **Intranets** (firmenspezif. Netzwerke), die mit unsicheren Netzwerken (z. B. **Internet** o. **Remote**-Zugriff über ISDN Router) verbunden sind.
- Firewalls werden auch zur Strukturierung eigener Netze verwendet, um **Domänen** mit unterschiedlichem Schutzbedarf zu realisieren.
- Die grundsätzliche Schutzfunktion eines Firewalls ist das Blockieren von Kommunikationsdaten zwischen den Netzen, wenn bestimmte festgelegte Sicherheitskriterien verletzt werden.
- Firewall-Systeme sollen verhindern (**Schutzziel**):
  - Unerlaubten Zugriff auf Daten,
  - Datenverlust,
  - Einschleppen von Viren.
- Grundsätzlich werden diese Systeme nach ihrer Funktion unterschieden in:
  - **Packet filter**,
  - **Application gateway** und
  - **Proxy server**.
- Die jeweils zur Anwendung kommende Funktion ist abhängig von den angestrebten Sicherheitszielen.
- Das eingesetzte Firewall-System stellt bei der Kopplung verschiedener Netze den **Common Point of Trust** (gemeinsamer Punkt des Vertrauens) dar.

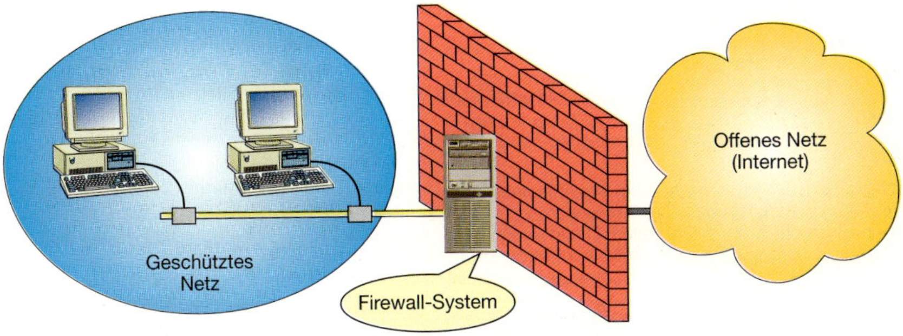

Packet filter

- **Packet filter** (Paketfilter) ist ein Softwarepaket, das in der Regel auf Routern, die zur Netzwerkkopplung eingesetzt werden, läuft.
- Analysiert und kontrolliert alle ein- und ausgehenden Datenpakete auf der
  - **Netzzugangsebene**,
  - **Netzwerkebene**,
  - **Transportebene**.
- Wertet die Inhalte der Pakete aus und überprüft die Einhaltung der festgelegten Regeln.
- Geprüft werden die
  - **Quelladressen**,
  - **Zieladressen**,
  - **Portnummern** von **TCP**- und **UDP** Paketen,
  - Richtung des Datenverkehrs.
- Die zugehörigen Regeln werden vom Systemadministrator in entsprechenden Tabellen im Router (Verbindungsrechner) abgelegt.
- Die Erstellung der Überwachungstabellen ist zeitaufwendig und fehleranfällig, insbesondere bei größeren Netzen.
- Dieses Verfahren schützt nicht gegen gezielte Datenverfälschung (z. B.: **Address Spoofing**; Adressenvortäuschung).
- Es ist das schwächste Verfahren gegen unerlaubte Netzwerkeinbrüche.

Application gateway

- **Application gateways** (Anwendungs-Verbinder) sind eigene Kommunikationrechner.
- Sie sind in der Regel mit zwei Netzwerkanschlüssen (auch zwei Adressen) ausgerüstet (**dual-homed gateway**).
- Eine Adresse gehört zum geschützten Netzwerk, die zweite Adresse ist die Ansprechadresse von außerhalb.
- Das application gateway trennt die Netze sowohl logisch als auch physikalisch.
- Da alle Kommunikationsabläufe über diesen einen Rechner laufen, bleiben die internen Netzwerkstrukturen nach außenhin verborgen.
- Jeder externe Kommunikationspartner benötigt auf dem gateway eine Zugangskennung (**Identifikation** und **Authentisierung**).
- Ist der Partner akzeptiert, arbeitet das gateway transparent für die weitere Kommunikation.
- Weitere Kontrollmechanismen sind:
  - **Passworterkennung** und -verwaltung,
  - **Nutzerprofilüberwachung**.
- Nutzerprofile sind z. B.:
  - Unterschiedliche Zugriffsrechte für verschiedene Personen oder Gruppen,
  - Zeitpunkt des Zugriffs.
- Application gateways sind wegen der Vielfalt der Dienste zwar relativ langsam, bieten aber den höchsten Zugangsschutz.
- **Proxy** (sinngemäß: Stellvertreter)-Funktionen sind zusätzliche Softwarepakete, die u. a. zur Analyse und Kontrolle der Kommandos der Anwenderprotokolle eingesetzt werden.

Internet – *Internet*

Merkmale

- Weltumspannendes Netzwerk von Computern
- Zusammenschluss voneinander unabhängiger internationaler, nationaler, regionaler und lokaler Subnetze.
- Austausch von Daten über Internetdienste (WWW, E-Mail, FTP usw.)
- Nichtkommerzielle Nutzung
- Einheitliche Netzwerktopologie (**TCP/IP**, **T**ransmission **C**ontrol **P**rotocol/**I**nternet working **P**rotocol)
- Keine zentrale Verwaltung oder Koordinierung.

Internetdienste

E-Mail (**E**lectronic **Mail**)
Elektronisches Versenden oder Empfangen von Nachrichten. Die Nachricht kann gespeichert, ausgedruckt oder sofort beantwortet werden. Alle Teilnehmer besitzen eine elektronische Postadresse mit „Nutzername @ (gesprochen „ät") Servername".
Beispiel: Schulservice@westermann.de

WWW (**W**orld-**W**ide-**W**eb)
Multimediale Benutzeroberfläche des Internets. Angebote und Informationen können geladen, gespeichert, gedruckt, angehört werden. Die Informationen können durch Text, Bilder, Symbole, Ton- und Videosequenzen übermittelt werden.

Telnet
Programm, mit dem man sich bei einem beliebigen Host (Gastgeber, Hauptcomputer) einwählen kann, um dort Programme abzuarbeiten, Datenbanken zu durchforschen usw. Der eigene PC arbeitet dann wie ein Terminal des Gastgeber-Computers.

FTP (**F**ile-**T**ransfer-**P**rotocol)
Abkürzung für ein Verfahren zum Datentransfer im Internet. Ermöglicht Datenübertragung zwischen zwei Rechnern mit Internetverbindung. Anwendung zur Veröffentlichung von Internetseiten oder Laden von Dateien öffentlicher FTP-Server (Universitäten, große Firmen, ...).

Usenet (**Use**rs **Net**work), **News**
Im Internet finden sich Gruppen (**Newsgroups**) zum Gedanken- und Meinungsaustausch zusammen. Diskussionsbeiträge und Ratschläge zu unterschiedlichsten Themen werden ausgetauscht.

In **Diskussionsforen** stellt jeder seine Nachricht für alle anderen als elektronische Post zur Verfügung („schwarzes Brett").

News-Server sind Computer, auf deren Festplatten die Nachrichten der Diskussionsforen gespeichert sind und abgerufen werden können.

Adressierung

IP-Adresse (Internet Protocol)

Jeder Rechner hat eine eindeutige numerische IP-Adresse (32 Bit). Je 8 Bit werden als Dezimalzahl dargestellt.

Beispiel: 10110011 11000001 10011010 00001011
179.193.154.11

Die IP-Adresse besteht (von links nach rechts) aus Klassen-, Netz- und Host (Teilnehmer)-Bits. Die Netzklasse bestimmt die Größe der Netznummer.

Netzklassen

Klasse	Klassenbit	Netzbits	Adressbereich
A	0	7	1-126
B	10	14	128.1 bis 191.254
C	100	21	ab 192.0.1...
D	1110	–	ab 224.0.0.0...
E	1111	–	ab 240.0.0.0...

DNS (Domain Name System)

IP-Adressen sind schwer zu merken. Bei Rechnerumzug in ein anderes Netz ändert sich die IP-Adresse. Daher schwere Erreichbarkeit.

Rechner werden mit symbolischen Adressen bezeichnet. Name-Server setzen eine symbolische Adresse in IP-Adresse um. Name-Server sind für abgegrenzte Bereiche (Domains) zuständig. Aufgliederung der Symbole erfolgt von rechts nach links.

Beispiel:

eev.e-technik.tu-darmstadt.de
① ② ③ ④

① Unterbereich (z. B. Institut EEV)
② Bereich (z. B. Fachbereich Elektrotechnik)
③ Einrichtung (z. B. TU Darmstadt)
④ Top-Level-Domain (z. B. Deutschland)

Top-Level-Domänen (tld)/Auswahl

tld	Land	tld	Land	tld	Organisation
at	Österreich	it	Italien	com	Firmen
ca	Kanada	pl	Polen	edu	Bildungseinrichtungen
ch	Schweiz	ru	Russland	gov	Regierungseinrichtungen
de	Deutschland	se	Schweden	net	Netzwerkbetreiber
dz	Algerien	tv	Tuvalu	org	sonstige Organisationen
es	Spanien	uk	Großbritannien	int	Internationale Organisationen
fr	Frankreich	us	USA	info	Informationsdienste

Hypertex Markup Language

Allgemeines

- **HTML** (**H**yper **T**ext **M**arkup **L**anguage)
- Beschreibungssprache für den Aufbau von Internetseiten (Web-pages)
- Es wird der logische Aufbau der Seite beschrieben. Das Aussehen kann je nach Größe des Programmfensters variieren.
- HTML-Dokumente haben die Dateiendung „htm" oder „html".

Editoren

- HTML-Editoren sind Programme, die das Erstellen von HTML-Dokumenten ermöglichen.
- Mit Texteditoren wird der Original-HTML-Text editiert.
- **WYSIWYG** (**w**hat **y**ou **s**ee **i**s **w**hat **y**ou **g**et)-Editoren ermöglichen die Gestaltung von Internetseiten auf einer grafischen Benutzeroberfläche. Verbreitet sind z. B. Front Page, Dreamweaver.

Begriffe

- Befehle (Tags) befinden sich zwischen spitzen Klammern und können Parameter enthalten.
  <BEFEHL Z=45>
- Einzelbefehle weisen dem Bereich zwischen dem umgebenden Text eine Eigenschaft zu, z. B. Linie.
- Paarweise Befehle weisen dem eingeschlossenen Text eine Bedeutung zu. Sie bestehen aus einem Start- und Endtag.
- Mehrere paarweise Befehle können verschachtelt werden. Es ist auf die korrekte Reihenfolge der Endtags zu achten.

Beispiel:

```
<BEFEHL 1>  Starttag
   <BEFEHL 2>      Starttag
      Text
   </BEFEHL 2>     Endtag
      Text
</BEFEHL 1> Endtag
```

Dokumentstruktur

HTML-Dokumente haben eine feste Grundstruktur.

```
<html>
 <head>
  <title>Haupt-Überschrift</title>
 </head>
 <body>
  <h1>Haupt-&Uuml;berschrift</h1>
 </body>
</html>
```

<html>	Kennzeichnet das HTML-Dokument.
<head>	Ermöglicht allgemeine Angaben zum Dokument (Titel, Autor, Stichwörter, ...).
<title>	Weist der Seite einen Titel zu.
<body>	Umschließt den Quelltext für die eigentliche Internetseite.

Befehle

Text-Formate

<b> </b>	Fettdruck
<u> </u>	Unterstreichung
<i> </i>	Kursiv
<font size = ...>	Schriftgröße

Tabelle

<table> </table>	Tabelle
<tr> </tr>	Tabellenzeile
<td> </td>	Tabellenspalte

Absatz-Formate

<p>	Beginnt neuen Ansatz mit automatischem Zeilenwechsel
 	Fester Zeilenwechsel
<hx> </hx>	Überschrift verschiedener Hierarchie mit x = 1, 2, ...
<ul> </ul>	Liste mit Aufzählungspunkten
<ol> </ol>	Nummerierte Liste
<li>	Befehl für neue Listenelemente
<hr>	Trennlinie mit Absatzwechsel

Hyperlinks

<a href="URL">*Text*</a>	Der *Text* ist ein Hyperlink auf die neue URL. URL kann absolut oder relativ sein.
<a href="mailto:*mailadresse*?*Betreff*">*Text*</a>	Der Text Hyperlink von *Text* erzeugt eine E-Mail an *mailadresse* mit dem Betreff *Betreff*.

Bilder

<img src="URL" alt="*Text*">	Grafik wird von URL geladen/dargestellt. Bis die Grafik geladen ist, wird der *Text* angezeigt.
<a href="big.jpg"><img src="small.jpg" alt="*Text*">Bild_big (45k)</a>	Zeigt das Bild "small.jpg" als Hyperlink, nach Anklicken wird das Bild "big.jpg" geladen; Anwendung z. B. für kleine Vorschaubilder (Thumbnails).

Internet Telefonie – *Voice over IP*

- **VoIP** (**V**oice **o**ver **IP**: Sprache über IP) ist die Bezeichnung für Sprachübertragung über IP-Netzwerke (Internet, Intranet, Lan); wird auch als **IP-Telefonie** bezeichnet.
- Anwendung zwischen
  - PC zu Telefon (und umgekehrt),
  - Telefon zu Telefon.
- Im Gegensatz zu ISDN wird die codierte Sprache in Daten-Paketen über das Netz übertragen.
- Wesentliche Standards:
  - ITU-T (International Telecommunication Union),
  - IETF (Internet Engineering Task Force).
- ITU-T normiert die Standards nach **H.323** (Packet Based Multimedia Communication Systems: Paket basierende Multimedia-Kommunikation).
- H.323 ist die Zusammenfassung einer Reihe von Standards und definiert die technischen Voraussetzungen für
  - die Komponenten (z. B.: Terminal),
  - Verarbeitung von Sprache, Daten und Video,
  - Verbindungsmanagement,
  - Internetworking verschiedener Netze.
- Die Architektur von H.323 beinhaltet
  - **Terminal** (z. B. IP-Telefon),
  - **Gateway** (Verbindung von paketorientiertem Netz mit leitungsvermitteltem Netz),
  - **Gatekeeper** (Terminal Registrierung, Verbindungsaufbau und -abbau, Zugriffskontrolle),
  - **M**ultipoint **C**ontrol **U**nit (**MCU**) (Aushandlung der Terminaleigenschaften und Steuerung von Multimedia-Konferenzen).
- **SIP** (**S**ession **I**nitiation **P**rotocol: Sitzungs Initiierungs Protokoll) ist von der IETF entwickeltes Signalisierungsprotokoll auf OSI Schicht 5 bis 7.
- SIP dient zum Aufbau, zur Veränderung und Abbau von Sitzungen mit ein oder mehreren Teilnehmern und kann sowohl TCP als auch UDP verwenden.
- SIP ist einfacher strukturiert und schneller als H.323.

H.323 Architektur

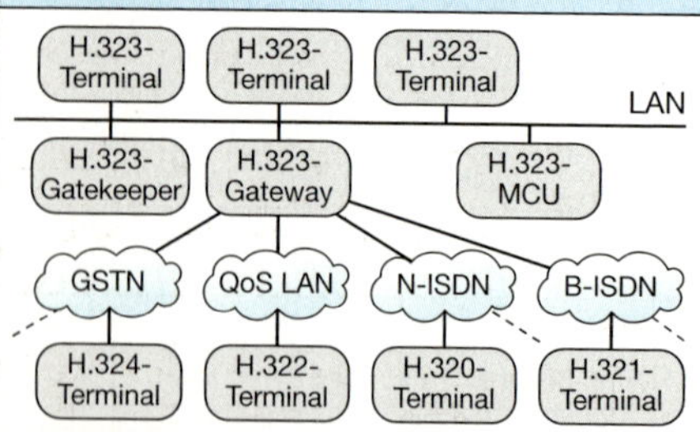

Anwendung

Beispiel: Telefon/Telefon

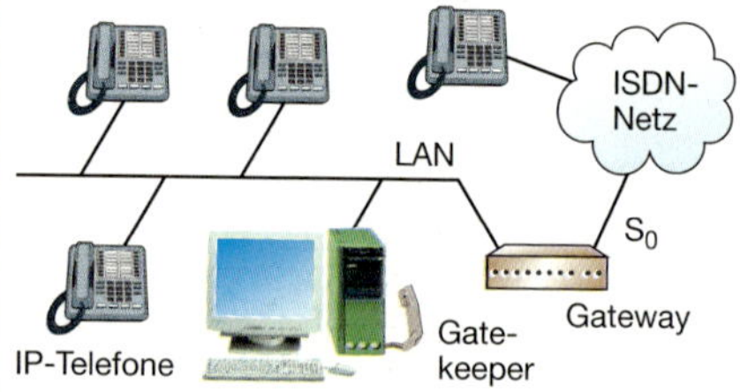

H.323 Protokoll-Übersicht

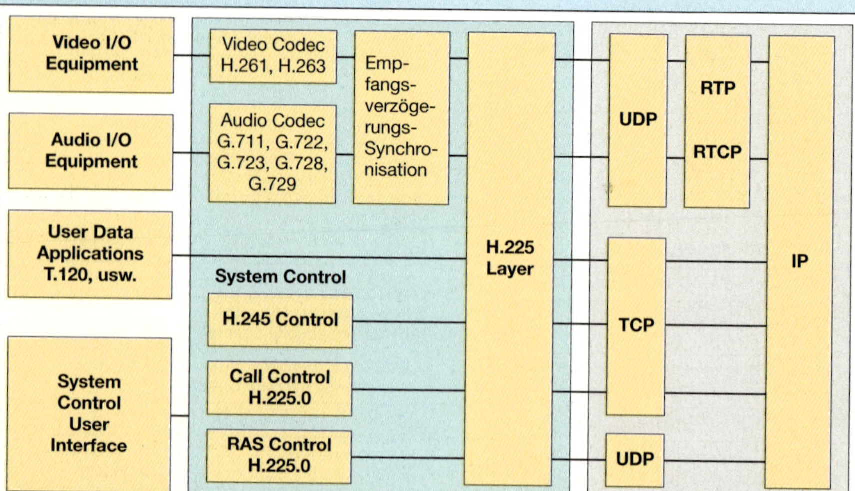

UDP: **U**ser **D**atagram **P**rotocol	**RTCP**: **R**eal **T**ime **C**ontrol **P**rotocol	**IP**: **I**nternet **P**rotocol
RTP: **R**eal **T**ime **P**rotocol	**TCP**: **T**ransport **C**ontrol **P**rotocol	**RAS**: **R**emote **A**ccess **S**ervice

Softwarequalität – *Software quality*

- In technischen und kommerziellen Softwaresystemen spielt die Qualität der Software eine entscheidende Rolle für den Erfolg von Produkten oder Unternehmen.
- Qualität ist definiert als:
  Die Beschaffenheit einer Einheit bezüglich ihrer Eignung, festgelegte und abgeleitete Erfordernisse zu erfüllen.
- Die Qualität einer Software wird durch eine Reihe von **Eigenschaften** bestimmt.
- Hersteller und Benutzer haben unterschiedliche Anforderungen an die Software.
- Einzelne Eigenschaften können in negativer Wechselwirkung zu anderen stehen.
- Die zu erreichende Qualität in einer Software ist in einer **Qualitätszielbestimmung** festzulegen.

Qualitätseigenschaften

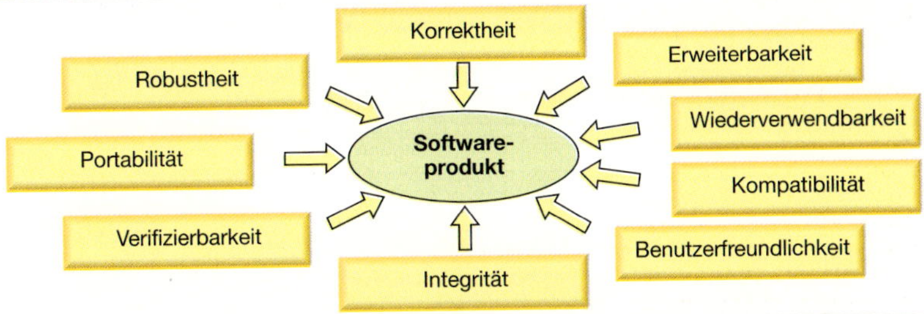

Korrektheit	**Erweiterbarkeit**
Übereinstimmung von Realisierung und Anforderung (Exakte Erfüllung der Anforderungen).	Einfachheit der Anpassungsfähigkeit von Software an Spezifikationsänderungen.
Robustheit	**Wiederverwendbarkeit**
Verhalten gegen aussergewöhnliche Bedingungen wie z. B. gegenüber Fehlprogrammierung, Fehlbedienung, Fehlerbehandlung.	Eigenschaft der Software ganz oder teilweise für neue Anwendungen wieder verwendbar zu sein.
Portabilität	**Kompatibilität**
Einsetzbarkeit erstellter Software auf anderen Zielsystemen (andere Hard- und Software).	Einfachheit, mit der Software mit anderer Software verbunden werden kann.
Verifizierbarkeit	**Benutzerfreundlichkeit**
Aufwand, mit dem Abnahmeprozeduren während der Validations- und Betriebsphase durchgeführt werden können.	Einfachheit, mit der die Benutzung von Softwaresystemen (z. B. Bedienung, Art der Dateneingabe, Auswerten von Ergebnissen, Wiederaufsetzen nach Benutzerfehlern) erlernt werden kann.
Integrität	
Schutz der verschiedenen Komponenten gegen unberechtigten Zugriff und Veränderung.	

Software-Messung

- Software-Messung wird verwendet, um definierte **Eigenschaften** von Programmen zu **quantifizieren**.
- Software-Maße (**Metriken**) werden u. a. angewendet in den Bereichen
  - Qualitätskontrolle,
  - Komplexitätskontrolle,
  - Aufwands-, Kosten- und Zeitabschätzung,
  - Definition/Kontrolle der Einhaltung von Standards,
  - Vergleich und Beurteilung von Produkten,
  - Kontrolle des Software-Entwicklungsprozesses.
- Die **Darstellung** von Messwerten erfolgt in der Regel in grafischer Form, z. B. in Linien-, Balken- oder Flächendiagrammen. Eine übersichtliche Darstellung der Werte unterschiedlicher Maße bietet das **KIVIAT**-Diagramm.
- **Maßtypen** werden u. a. unterschieden in
  - **Produktmaße** (Eigenschaften des Programms),
  - **Prozessmaße** (Eigenschaften des Entwicklungsprozesses),
  - **Projektmaße** (Projektsteuerung).

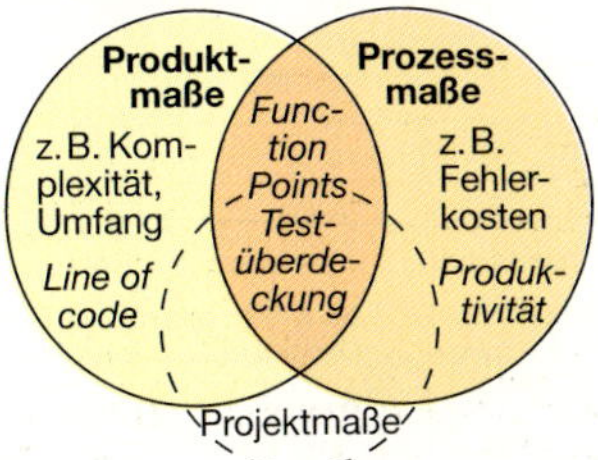

Software

Programmtest – *Program test*

- Der Programmtest hat die Aufgabe, Fehlerwirkungen in der Software gezielt und systematisch aufzudecken.
- Er dient zum Nachweis der Korrektheit eines Programmes im Sinne der **Validation** und **Verifikation**.
- Die Validation ist eine Prüfung auf Übereinstimmung von spezifischer Anforderung und implementierter Funktionalität.
- Die Verifikation ist ein formaler Beweis der Korrektheit eines Programmes mit mathematischen Hilfsmitteln.
- Die Basis für Programmtests sind alle Dokumente, aus denen Anforderungen ersichtlich werden, die an das Testobjekt gestellt werden. Hierzu gehören auch die Dokumente, die zur Erstellung der Testfälle verwendet wurden.
- Ein **Testfall** beinhaltet folgende Vorgaben:
  - Notwendige Vorbedingungen für die Ausführung des Testfalls,
  - die Menge der Eingabewerte und die Menge der erwarteten Sollwerte,
  - die Prüfanweisung, wie Eingaben an das Testobjekt übergeben und Sollwerte abzulesen sind,
  - die erwarteten Nachbedingungen.
- Das **Testkonzept** beschreibt
  - den Umfang,
  - die Vorgehensweise,
  - die erforderlichen Ressourcen und
  - die Zeitplanung

  der vorgesehenen Tests (z. B. Inhalt nach IEEE 829).
- Programmtests werden mit verschiedenen Methoden (Verfahren) durchgeführt.

Testverfahren

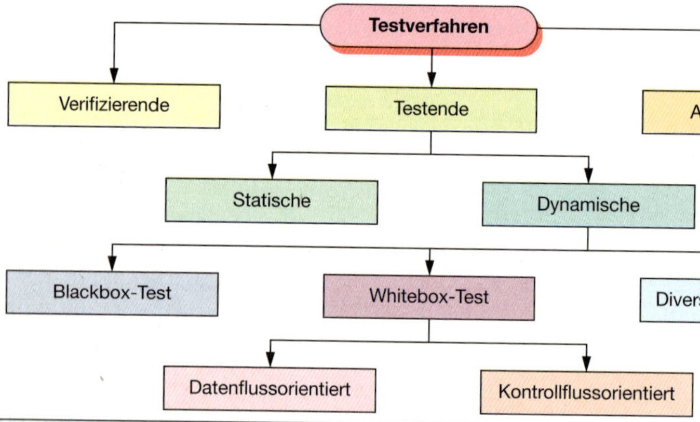

Verifizierende

- Stellen die Korrektheit des Programms sicher.
- Werden unterschieden nach der eigentlichen Verifikation (s. o.) und der symbolischen Ausführung (Quellprogramm wird mit symbolischen Eingabewerten durch einen Interpreter getestet).

Analysierende

- Dienen zur Vermessung bzw. Darstellung von Systemkomponenten (z. B. Bindungsart).
- Verwenden **Metriken** zur Darstellung der Eigenschaften, wie z. B.
  - der strukturellen Komplexität,
  - der Programmlänge,
  - Anzahl der Kommentare.

Statische

- Programmkomponenten werden anhand des Quellcodes getestet (Analyse auf Papier).
- Verwendet Methoden wie **Inspection**, **Review** und **Walkthrough** (Präsentation des Dokuments vor einer Gutachtergruppe).

Testende

- Sollen Fehler im Programm aufdecken.
- Werden unterschieden nach dynamsichen und statischen Testverfahren.

Dynamische

- Übersetzte, ausführbare Programme werden mit konkreten Eingabewerten versehen und in einer realitätsnahen Umgebung getestet.

Blackbox-Test

- Wird auch als funktionaler Test bezeichnet.
- Testfälle werden aus der Spezifikation der Komponente abgeleitet (z. B. Test spezieller Werte).

Whitebox-Test

- Leitet die Testfälle aus dem Kontroll- oder Datenfluss ab. Verwendet z. B. **Anweisungs**-, **Zweig**- und **Datenkontextüberdeckung**.

Diversifizierender Test

- Vergleicht Ergebnisse verschiedener Programmversionen (z. B. **Mutationstest**, **Back-to-Back-Test**).

Netzprotokolle – *Network protocols*

- Definieren die Regeln, wie in Paket vermittelnden Netzen (z. B. Internet) der Austausch von Daten zwischen den angeschlossenen Teilnehmern abläuft.
- Die Regeln beinhalten dabei Vorgaben für
  - den Inhalt der Daten,
  - das Format der Daten,
  - die Zeitsteuerung,
  - die Reihenfolge (Sequenzierung) der Übertragung,
  - die Fehlerkontrolle.
- Die Unterscheidung von Protokollen erfolgt durch die Eigenschaften
  - verbindungsorientiert,
  - transportorientiert,
  - vermittlungsfähig (routebar),
  - nicht vermittlungsfähig.
- In öffentlichen Netzen werden u. a. eingesetzt
  - X.25-Protokoll (transportorientiert),
  - Internet-Protokolle, die auch abgekürzt als TCP/IP-Protokolle bezeichnet werden.

X.25

- Die X.25 Empfehlung beinhaltet die Festlegung der Schnittstelle zwischen Datenendeinrichtung (DEE) und Datenübertragungseinrichtung (DÜE).
- Definiert den synchronen Betrieb einer paketfähigen Datenendeinrichtung an einem öffentlichen Datennetz.
- Orientiert sich an den unteren drei Schichten des OSI-Referenzmodells.
- Pakete werden stoßweise über eine einheitliche Route (virtuelle Verbindung) im Netz übertragen.
- Diese können permanent (Permanent Virtual Circuit) oder schaltbar (Switched Virtual Circuit) sein.
- Transportreihenfolge der Pakete muss eingehalten werden.
- Datagramm-Transport wird nicht unterstützt.

Schichtenaufbau

OSI-Referenzmodell

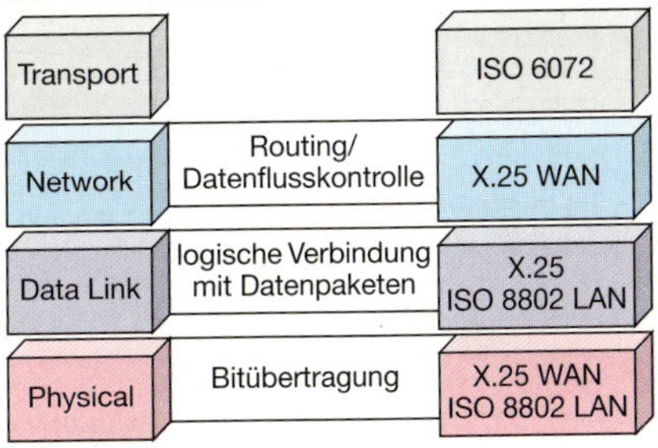

Rahmenaufbau

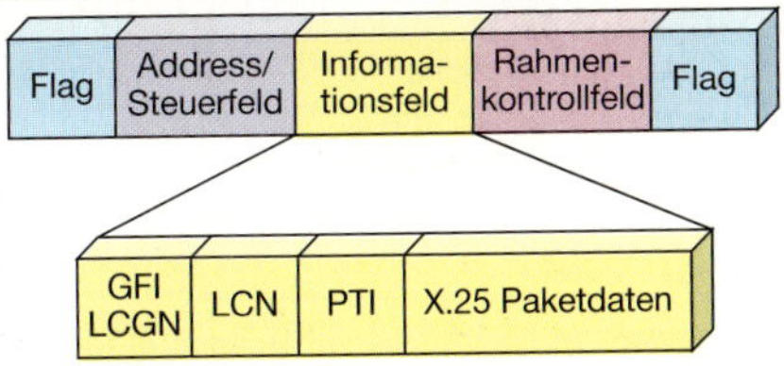

GFI: **G**eneral **F**ormat **I**dentifier
LCGN: **L**ogical **C**hannel and **G**roup **N**umber
LCN: **L**ogical **C**hannel **N**umber
PTI: **P**acket **T**ype **I**dentifier

Internet-Protokolle

Einteilung

- Internet-Protokolle
  - bieten die Möglichkeit eine Vielzahl unterschiedlicher physikalischer Netze miteinander zu verbinden,
  - sind veröffentlicht in **RFC's** (**R**equest **F**or **C**omments: Anfragen für Kommentare) und stehen damit jedermann zur Verfügung,
  - wurden entwickelt bevor das OSI-Modell veröffentlicht wurde.
- Sind gegliedert in
  - Netzwerk Zugangs-Protokolle,
  - Netzwerk-Protokolle,
  - Transport-Protokolle,
  - Applikationsprotokolle.
- Werden häufig abgekürzt als TCP/IP-Protokolle bezeichnet, obwohl diese lediglich einen Teil der vorhandenen Protokolle darstellen.
- Sind in der Regel heute Bestandteil aller angebotenen Betriebssysteme.

Schichtenaufbau

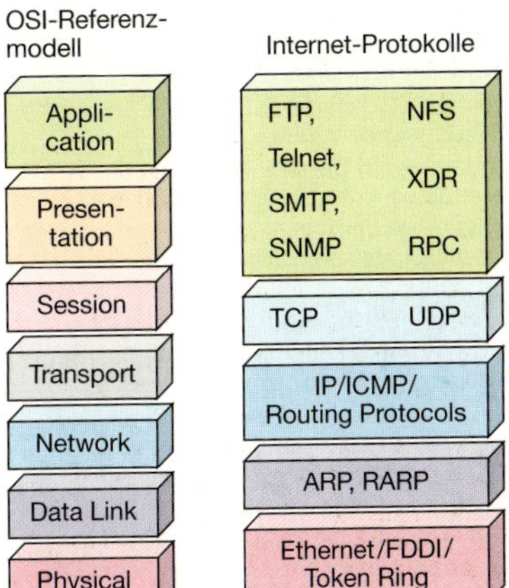

TCP/IP-Protokolle – *TCP/IP protocols*

IP-Protokoll

- Das **I**nternet-**P**rotokoll
  - realisiert die Aufgaben der Netzwerkschicht,
  - überträgt die Datenblöcke (Datagramme) zwischen den Kommunikationspartnern als **verbindungslose** Datenübertragung,
  - adressiert die Netzwerkknoten,
  - fragmentiert große Datenpakete,
  - stellt die Übermittlung von Datenpaketen zwischen getrennten Netzwerken sicher.
- Veröffentlicht als MIL-STD 1777 und RFC 791.

Protokollaufbau

Oktett-Nr.

1	2	3	4
V[1)] | IHL[2)]	TOS[3)]	Total Length[4)]	
Identification[5)]		F[6)] | Fragment Offset[7)]	
TTL[8)]	Protocol[9)]	IP Header Checksum[10)]	
IP Source Address[11)]			
IP Destination Address[12)]			
Options[13)]			Padding[14)]
Daten			
⋮			
Daten			

1) Version des verwendeten IP-Headers (4 Bit).

2) Internet Header Length (Kopflänge, 4 Bit) legt die gesamte Länge des IP-Headers fest (in 32-Bit-Einheiten).

3) Type of Service (8 Bit) definiert die Dienste eines IP-Datagramms.

4) Gesamtlänge des Datagramms (16 Bit) einschliesslich IP-Header und Datenteil (in Anzahl der Oktette).

5) Zuordnung von Fragmenten zu einem Datagramm (16 Bit).

6) Kontroll-Flags (3 Bit) für „Nicht fragmentieren" und „Mehr Fragmente".

7) Lage der Fragmentdaten (13 Bit) relativ zum Anfang des Datenblocks.

8) Time to Live (16 Bit) definiert die verbleibende Lebensdauer eines Datagramms im Netz.

9) Definiert, welches Protokoll der höheren Schichten als Nächstes dem Datenteil vorangestellt ist (16 Bit).

10) Prüfsumme (16 Bit) nur für den IP-Header.

11) Internet-Adresse (Hex-Wert, 32 Bit) des Netzknoten, der das Datagramm erzeugt hat.

12) Internet-Adresse (Hex-Wert, 32 Bit) des Netzknoten, für den das Datagramm bestimmt ist.

13) Definieren Dienste (Länge variabel), das IP den speziellen Anforderungen höherer Protokolle anpasst.

14) Füllinformationen (Länge variabel), damit IP-Header immer mit 32-Bit-Format endet.

TCP-Protokoll

- Das **T**ransmission **C**ontrol **P**rotocol
  - ist nach OSI auf der vierten Ebene angordnet,
  - leistet **verbindungsorientierte**, zuverlässige und reihenfolgegetreue Datenübertragung,
  - ist dem IP-Protokoll überlagert,
  - zerlegt die zu übermittelnden Daten in entsprechende Datenpakete, die nummeriert als IP-Pakete im Netz transportiert werden.
- Veröffentlicht als MIL-1778 bzw. RFC 793.

Protokollaufbau

Oktett-Nr.

1	2	3	4
Source Port[1)]		Destination Port[2)]	
Sequence Number[3)]			
Acknowledgement Number[4)]			
Data Offset[5)] | Reserved[6)]	[7)] 1 | 2 | 3 | 4 | 5 | 6	Window[8)]	
Checksum[9)]		Urgent Pointer[10)]	
Options[11)]			Padding[12)]
Daten			
⋮			
Daten			

1) Sendeadresse (16 Bit) des Dienstes oder Prozesses des Absenders (z. B. FTP, Telnet, SMTP).

2) Dienst oder Prozess (16 Bit) im Empfangsrechner.

3) Dient zur Flusskontrolle (32 Bit) auf Basis der fortlaufenden Nummerierung der Daten-Bytes, wobei jedem übertragenem Byte vom Sender eine Sequenznummer zugeordnet wird.

4) Dient zur Flusskontrolle (32 Bit); Empfänger bestätigt dem Absender die empfangenen Daten und zeigt gleichzeitig die nächste erwartete Sequenznummer an.

5) Anzahl (4 Bit) der 32-Bit-Worte im TCP-Header.

6) Für zukünftige Anwendungen (6 Bit); derzeit immer auf Null gesetzt.

7) Steuerzeichen (6 Bit) für Aufbau, Aufrechterhaltung und Beendigung von Verbindungen (7.1 URG: Urgent Pointer; 7.2 ACK: Acknowledgement; 7.3 PSH: Push; 7.4 RST: Reset; 7.5 SYN: Synchronisation; 7.6 FIN Final).

8) Kennzeichen (16 Bit) für verfügbare Puffergröße im Empfangsknoten und verhindert damit ein Überlaufen des Empfänger-Puffers.

9) Prüfsumme (16 Bit) aus TCP-Header und 96-Bit-Pseudo-Header.

10) Daten mit hoher Dringlichkeit (16 Bit).

11) Service-Optionen (Feldlänge variabel)

12) Füllinformationen (Feldlänge variabel), damit TCP-Header immer mit 32-Bit-Format endet.

Datenbanksysteme – *Data base systems*

- Dienen zur
  - Beschreibung,
  - Speicherung,
  - Wiedergewinnung

  von Daten, die von Anwendern oder Anwendungsprogrammen gleichzeitig genutzt werden können.
- Bestehen aus
  - **Datenbasis** (Datenbank: data base), die die abgelegten Daten beinhalten,
  - **Datenbank-Verwaltungsprogramm** (Data Base Management System: DBMS) als Schnittstelle zum Benutzer.
- DBMS
  - speichert und
  - organisiert

  die abgelegten Daten entsprechend der vorgegebenen Beschreibung.
- Datenbanksysteme
  - können große Datenmengen effizient verwalten,
  - bieten parallelen Zugriff durch parallele Benutzer auf einheitliche Datensätze,
  - verhindern Datenredundanz (mehrfaches Speichern derselben Daten),
  - realisieren Datenschutz und Datensicherheit,
  - garantieren Datenkonsistenz,
  - ermöglichen beliebige Verknüpfungen der Daten nach inhaltlichen Gesichtspunkten.
- Grundprinzip von DBS beruht auf 3-Ebenen-Architektur (ANSI SPARC-Modell) mit
  - physischer und
  - logischer

  Datenunabhängigkeit.
- **Relationale** DBMS (RDBMS)
  - stellen die Inhalte in Beziehungen und Verhältnisse zueinander dar,
  - speichern die Inhalte in Zeilen und Spalten einer Tabelle ab und
  - stellen den Zugriff über Beziehungen untereinander her.
- Structured Query Language (SQL): Standardisierte, systemunabhängige Sprache für die Erstellung, Bearbeitung und Anfrage von Datenbanken.
- Beispiele für Datenbanksystem-Anwendungen:
  - Relationale DBS (Buchhaltungs-, Buchungs-Bibliothekssysteme),
  - Objektorientierte DBS (CAD-Systeme, CASE-Tool-Daten),
  - Deduktive DBS (Expertenwissen).

3-Ebenen-Modell

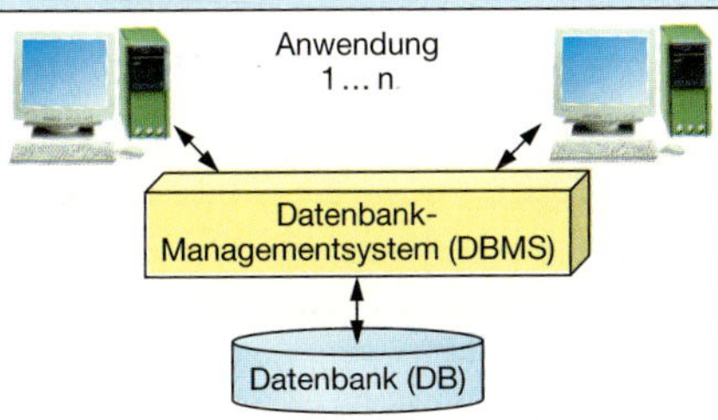

Begriffe

Data Dictionary: Enthält alle Informationen über Struktur und Aufbau einer Datenbank (Informationsquelle für DB Administrator und abrufende Clients).

Open Data Base Connectivity (ODBC): Standardisierte Softwareschnittstelle von Microsoft für Zugriff von Anwendungsprogrammen auf unterschiedliche Datenbanken.

Transaktion: Bearbeitungsvorgang innerhalb der Datenbank.

Systemarchitektur-Komponenten

Beispiel:
ANSI-SPARC[1)]

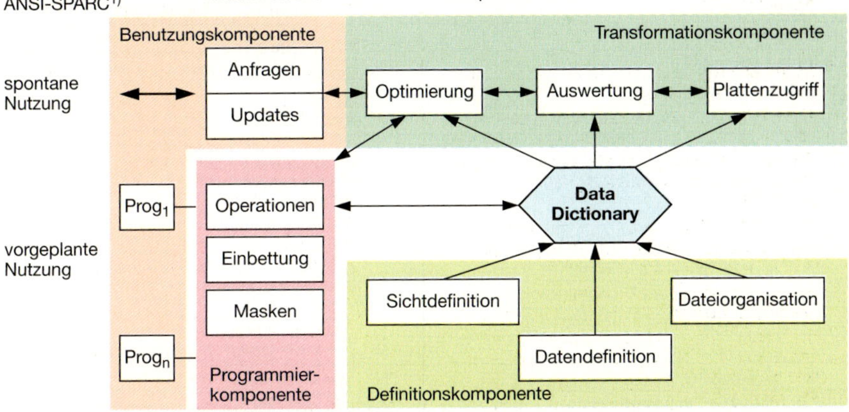

1) (American Standards Institute-Standards Planning and Requirements Engineering Committee)

Datentypen/Operatoren – *Data types/operators*

- **char** (character)
  Zeichen (Buchstabe, Ziffer, Satzzeichen) aus einem Zeichenvorrat (z. B. ASCII-Zeichensatz).
- **int** (integer)
  - **Ganze Zahl**, für Berechnungen und Zähl- oder Nummerierungszwecke,
  - können vorzeichenbehaftet oder vorzeichenlos sein,
  - auch als Integralzahl bezeichnet.
- **float**
  - **Gleitkommazahl**, durch Mantisse (Wert zwischen 0 und 1) und Exponent (Basis 10 oder 2) dargestellt,
  - auch als Gleitpunktzahl bezeichnet,
  - dient zur (genäherten) Darstellung reeller Zahlen.
- **wchar_t**
  - unterstützt die **erweiterten Zeichensätze**, die pro Zeichen mehr als ein Byte verwenden,
  - die effektive „Breite" des Datentypes ist abhängig von der jeweiligen Implementierung des Compilers.
- **array**
  - ist ein **Datenfeld** mit einer Abfolge gleicher Datentypen,
  - ermöglicht einen schnellen Datenzugriff auf beliebige Werte durch Indexierung.
- **pointer** (Zeiger)
  - dienen zur Aufnahme von Speicheradressen,
  - die Adressen dienen dazu, Positionen von Daten im Speicher festzuhalten,
  - über die Adressen kann auf die Daten zugegriffen werden.
- **strings**
  - **Zeichenketten** werden als Array von Zeichen definiert.
- **Referenz**
  - alternativer Name für ein Objekt,
  - über den alternativen Namen kann das ursprüngliche Objekt innerhalb einer Funktion oder auch über Funktionsgrenzen hinweg verändert werden.
- **Strukturen**
  - definieren einen Datenverbund aus mehreren einzelnen Elementen gleicher oder verschiedener Typen.

Basis-Typen

Typ	Wertebereich	Anzahl Byte
char	−128 bis +127	1
int	−32768 bis +32767	2
float	$3{,}4 \cdot 10^{-38}$ bis $3{,}4 \cdot 10^{+38}$	4
double (doppelt: doppelte Länge)	$1{,}7 \cdot 10^{-308}$ bis $1{,}7 \cdot 10^{+308}$	8
bool (Boolean: logischer Wert)	true (wahr) oder false (falsch)	1
wchar_t (wide character)		2

Modifizierte Typen

Typ	Wertebereich	Anzahl Byte
signed char 1)	−127 bis +127	1
signed int	−32768 bis +32767	2
signed short int	−32768 bis +32767	2
signed long int	−2147483648 bis +2147483647	4
unsigned char 2)	0 bis 255	1
unsigned int	0 bis 65535	2
unsigned long int	0 bis 4294967295	4
long double	$3{,}4 \cdot 10^{-4932}$ bis $1{,}1 \cdot 10^{+4932}$	10

1) signed: Werte mit Vorzeichen 2) unsigned: Werte ohne Vorzeichen

Operatoren

Symbol	Funktion	Symbol	Funktion
+	Addition (addition)	==	gleich mit (equal to)
–	Subtraktion (subtraction)	>=	größer als oder gleich wie (greater than or equal to)
++	erhöhe um 1 (increment of 1)		
–	erniedrige um 1 (decrement of 1)	<=	kleiner als oder gleich wie (less than or equal to)
*	Multiplikation (multiplication)		
/	Division (division)	!=	nicht gleich wie (not equal to)
%	Modulus (modulus)	!	nicht (not)
>	größer als (greater than)	&&	und (and)
<	kleiner als (less than)	II	oder (or)

Bäume – *Trees*

- **Bäume**
  - sind eine Art **dynamische Datenstruktur**,
  - werden verwendet zur hierarchischen Speicherung von Daten,
  - bestehen aus **Knoten** (nodes) und **Kanten** (edges), wobei die Knoten mittels der Kanten verbunden sind,
  - speichern die Daten in den Knoten.
- Die **dynamische Datenstruktur** ist gegeben durch die nicht von vornherein begrenzte Anzahl der zu speichernden Elemente.
- Die **Spitze** des Baumes wird gebildet durch die **Wurzel** (root), die keinen Vorgänger hat.
- Knoten können beliebig viel Nachfolger haben.
- Der Grad eines **Knotens** ist die Anzahl seiner Teilbäume.
- Der Grad eines **Baumes** ist der maximale Grad seiner Knoten.
- Ein **Blatt** ist ein Knoten mit dem Grad 0.
- Die Wurzel eines Unterbaumes eines Knotens Y nennt man ein **Kind** von Y (Y ist dann der Vater oder parent des Kindes).
- Kinder mit dem selben Vater nennt man Geschwister (sibling).
- **Binärbäume** sind Bäume mit folgenden besonderen Eigenschaften:
  - Jeder Knoten hat maximal zwei Nachfolger (linker und rechter Teilbaum),
  - alle Knoten im linken Teilbaum sind niederwertiger als der betrachtete Knoten,
  - alle Knoten im rechten Teilbaum sind höherwertiger als der betrachtete Knoten.
- **AVL-Bäume** (**A**delson-**V**elskii und **L**andies) sind Binärbäume, die sich in der Tiefe des linken Teilbaumes maximal um 1 von der Tiefe des rechten Teilbaumes unterscheiden (balanciert sind).
- Vorteilhaft ist die Abspeicherng von Bäumen
  - in Form von Zeigern,
  - beginnend mit den Knoten auf Ebene 1,
  - mit der Reihenfolge von links nach rechts.
- Vorteil von Bäumen bei der Speicherung von Daten ist der schnelle Zugriff auf die abgelegten Daten.

Allgemeiner

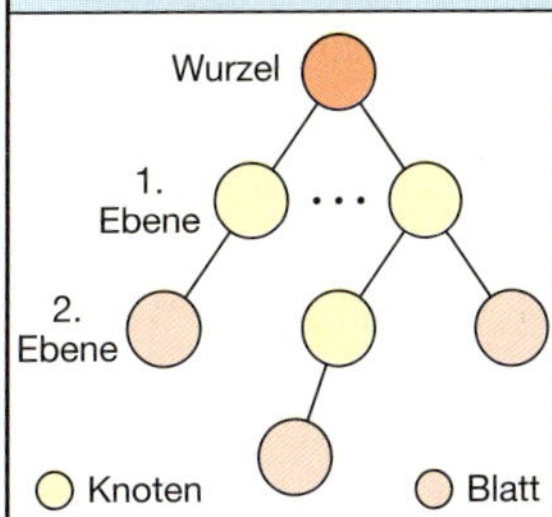

Binärer

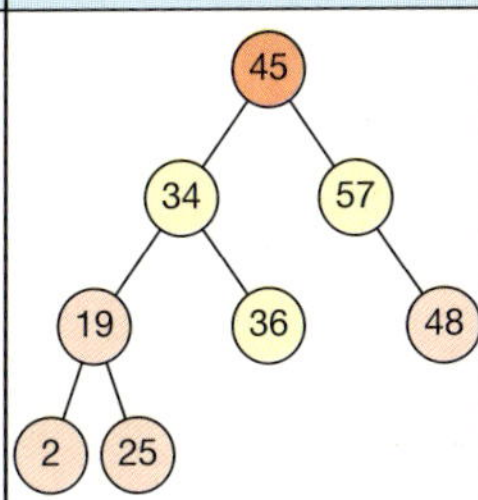

Vollständig Binärer

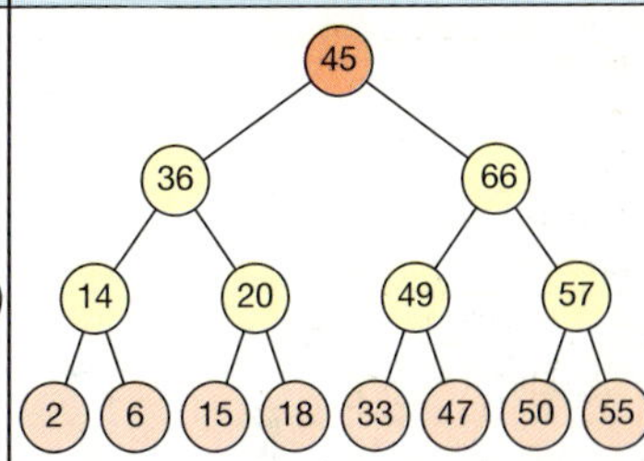

Operationen

Suchen

- Suchen eines bestimmten Elements in Binärbäumen beginnt an der Wurzel (Vergleich Schlüssel mit Wurzel).
- Bei Gleichheit ist Element gefunden.
- Wenn Suchschlüssel kleiner, dann im linken Teilbaum suchen.
- Wenn Suchschlüssel größer, dann im rechten Teilbaum suchen.
- Anwendung des Algorithmus bis gesuchtes Element gefunden (Knoten oder Blatt).
- Falls kein passendes Element gefunden, war Suche negativ.

Traversieren

- Bei Anwendung bestimmter Operationen auf alle Knoten eines Binärbaumes kann rekursiver Algorithmus für das Traversieren (Durchlaufen) mit **Inorder**, **Preorder** oder **Postorder** angewendet werden, um die einzelnen Knoten des Baumes zu besuchen.
- Inorder (symmetrische Reihenfolge)
  - zuerst linker Teilbaum,
  - dann Wurzel,
  - abschließend rechter Teilbaum;
  - Ergebnis des vollständig Binären Baumes ist: 2, 14, 6, 36, 15, 20, 18, 45, 33, 49, 47, 66, 50, 57, 55.
- Preorder (Hauptreihenfolge)
  - zuerst die Wurzel,
  - dann linker Teilbaum,
  - abschließend rechter Teilbaum;
  - Ergebnis des vollständig Binären Baumes ist: 45, 36, 14, 2, 6, 20, 15, 18, 66, 49, 33, 47, 57, 50, 55.
- Postorder (Nebenreihenfolge)
  - zuerst linker Teilbaum,
  - dann rechter Teilbaum,
  - abschließend Wurzel;
  - Ergebnis des vollständigen Binären Baumes: 2, 6, 14, 15, 18, 20, 36, 33, 47, 49, 50, 55, 57, 66, 45.

Sortieralgorithmen – *Sorting algorithms*

- Sortieralgorithmen
  - dienen zur Anordnung von Schlüsselelementen in eine bestimmte Reihenfolge,
  - werden unterschieden nach Sortierverfahren,
  - besitzen unterschiedliche Sortiergeschwindigkeiten.
- Auswahl des anzuwendenden Sortieralgorithmus erfolgt u. a. nach Kriterien wie
  - zu sortierende Arten (Integer-Zahlen),
  - Anzahl zu sortierender Datensätze,
  - Art der Sortierung (auf-/ absteigend),
  - Art der Medien, auf denen sortiert wird.

Einteilung

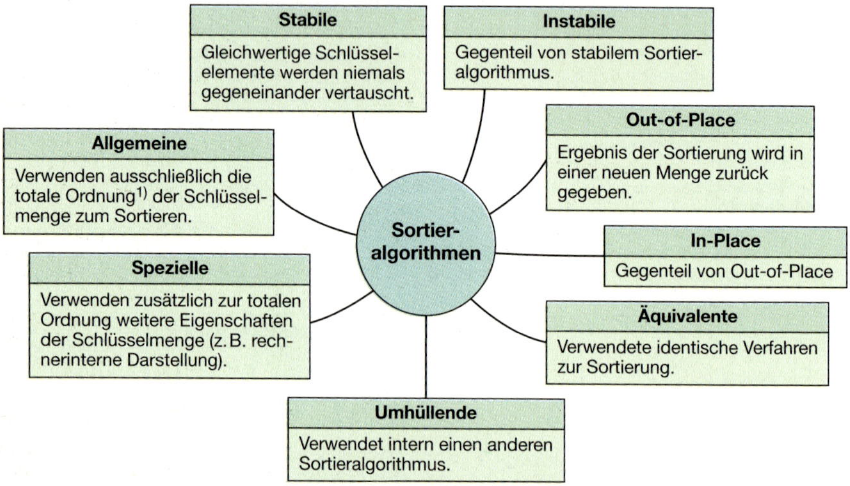

[1] Totale Ordnung: Auf jedes Paar der Schlüsselelemente einer Menge kann eine Vergleichsoperation durchgeführt werden (<=, <, =, >, >=)

Beispiele

- **Insertion Sort** (Sortieren durch Einfügen)
  - trägt die Datensätze der Reihe nach in eine bereits sortierte Folge ein,
  - die richtige Stelle zum Einfügen wird von rechts her gesucht, bereits eingetragene Elemente um eine Position nach rechts verschoben und das neue Element auf die frei gewordene Position gesetzt.
- **Bubble Sort** (Sortieren durch Austausch)
  - bearbeitet die Daten in einer doppelten Schleife,
  - innere Schleife bearbeitet den gesamten unsortierten Bereich iterativ, wobei ein Element, das größer als der Nachbar ist, mit diesem vertauscht wird.
- **Quick Sort** (Sortieren durch Zerlegen)
  - arbeitet nach dem Prinzip Divide and Conquer (Teile und Herrsche),
  - beginnt mit der Auswahl eines Elements,
  - zerteilt das Feld in zwei unterschiedliche Teilfelder, wobei alle Elemente des linken Teilfeldes kleiner oder gleich den Elementen des rechten Teilfeldes sind,
  - sortiert die einzelnen Teilfelder rekursiv.
- **Radix Sort** (Sortieren nach Basis)
  - zerlegt die Schlüssel in mehrere Teilglieder (z. B. zur Basis 2 bei ganzen Zahlen oder Basis 256 bei Zeichen),
  - sortiert diese Teilglieder mit internem stabilen Sortierverfahren (z. B. Coutingsort).

Laufzeiten

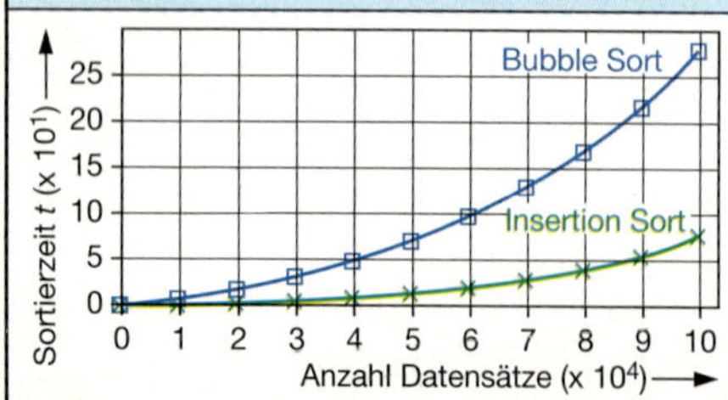

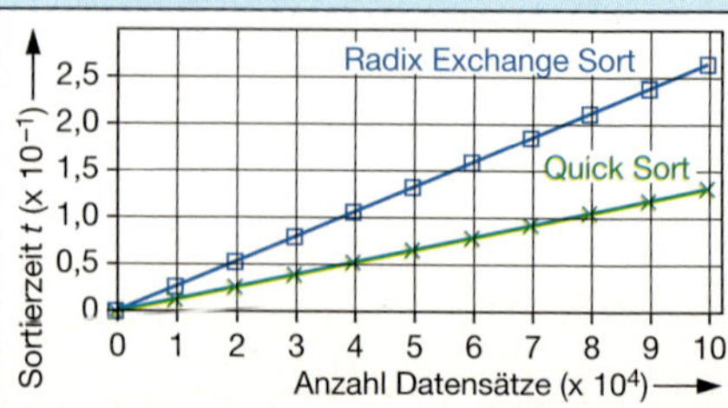

10 Messen, Steuern, Regeln

Grundbegriffe der Messtechnik – *Basic terms of measurement technique*

- **Messen**
  Experimenteller Vorgang zur Ermittlung eines speziellen Wertes einer physikalischen Größe als Vielfaches einer Einheit oder eines Bezugswertes.
- **Messgröße**
  Durch Messung erfasste physikalische Größe, z. B. Spannung.
- **Messwert**
  Speziell zu ermittelnder Wert der Messgröße in Zahlenwert und Einheit, z. B. 12 kWh.
- **Messprinzip**
  Nutzung einer charakteristischen physikalischen Erscheinung zur Messung, z. B. Drehmomentbildung beim elektrodynamischen Motorzähler zur Messung der elektrischen Arbeit.
- **Messverfahren**
  Praktische Anwendung und Auswertung eines Messprinzips.
- **Direktes Messverfahren**
  Messwertlieferung durch unmittelbaren Vergleich mit einem Bezugswert derselben Messgröße, z. B. Massenvergleich mit Gewichten.
- **Indirektes Messverfahren**
  Rückführung des gesuchten Messwertes auf andere physikalischen Größen, z. B. drehzahlproportionale Arbeit beim Motorzähler.
- **Messeinrichtung** (Messanordnung)
  Besteht aus einem oder mehreren zusammenhängenden Messgeräten mit Zusatzeinrichtungen und Zubehör.
- **Analoges Messverfahren**
  Eindeutige punktweise stetige Darstellung der Messgröße, z. B. stetig verschiebbarer Zeiger.
- **Digitales Messverfahren**
  Zahlenmäßige Darstellung der Messgröße bei gegebenem kleinsten Messschritt.
- **Zählen**
  Ermittlung der Anzahl von gleichartigen Elementen oder Ereignissen, die bei der Untersuchung eines Vorganges auftreten.
- **Prüfen**
  Feststellung, ob Prüfgegenstand eine oder mehrere vereinbarte oder vorgeschriebene Bedingungen erfüllt.

Skalensymbole – *Scale symbols*

Beispiel:

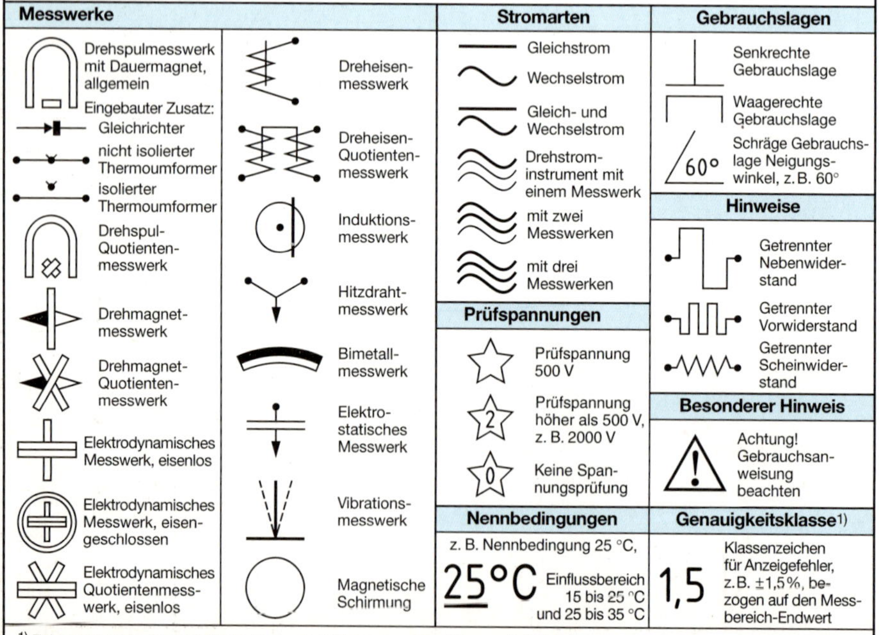

[1] Feinmessgeräte: Klassen 0,1; 0,2; ,5   Betriebsmessgeräte: Klassen 1; 1,5; 2,5

Messen elektrischer Grundgrößen – *Measurement of electrical quantities*

Gleichspannung

Messschaltung

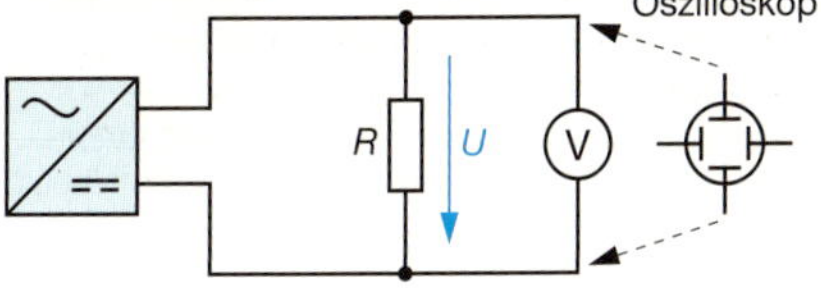

Form der Messspannung:

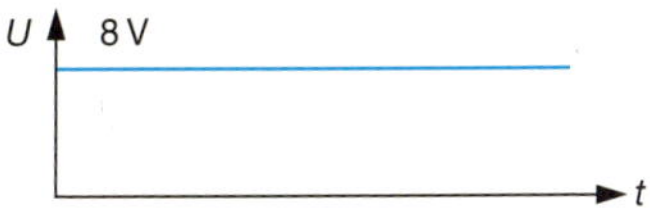

Messergebnisse

- Drehspulmessinstrument:

Gleichspannungsbereich  $U = 8\,V$

- Oszilloskop:

Stellung DC
$A_Y = 2\,V/cm$ $U = 8\,V$

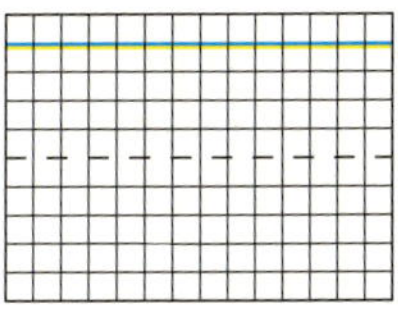

Stellung AC
$A_Y = 2\,V/cm$ $U = 0\,V$

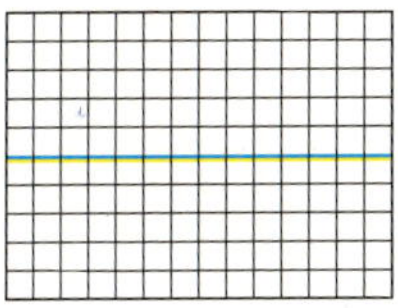

Wechselspannung

Messschaltung

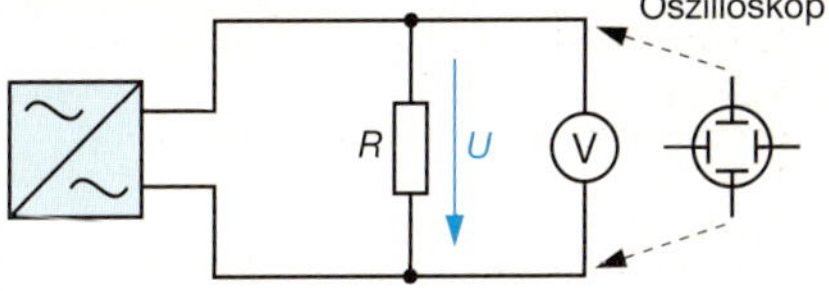

Form der Messspannung:

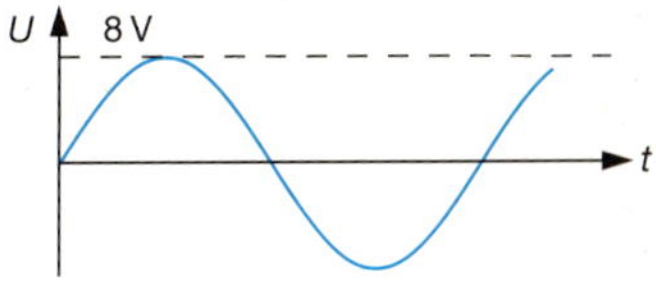

Messergebnisse

- Drehspulmessinstrument:

Gleichspannungsbereich  $U = 0\,V$

Wechselspannungsbereich  $U = 5{,}7\,V$

- Oszilloskop:

Stellung AC bzw. DC
$A_Y = 2\,V/cm$ $\hat{u} = 8\,V$

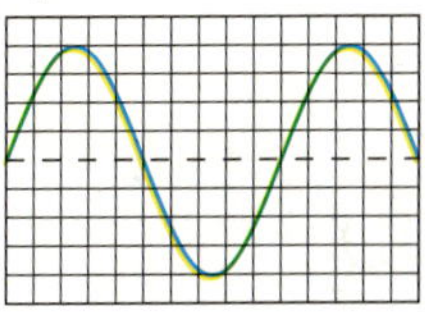

Stromstärke und Spannung

Das Stromstärkemessgerät wird in Reihe direkt in den Stromkreis geschaltet.

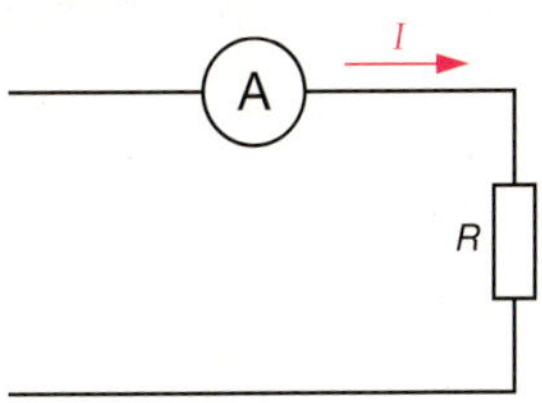

Das Spannungsmessgerät wird parallel geschaltet.

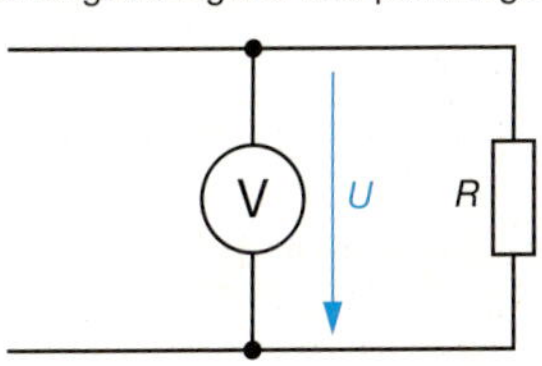

Leistung

Im Leistungsmessgerät werden Spannung und Stromstärke gleichzeitig gemessen, das Produkt gebildet und als Leistung angezeigt.
Es sind drei bzw. vier Anschlüsse vorhanden.

Beispiel: Messung einer Geräteleistung (z. B. Monitor) im Wechselstromkreis.

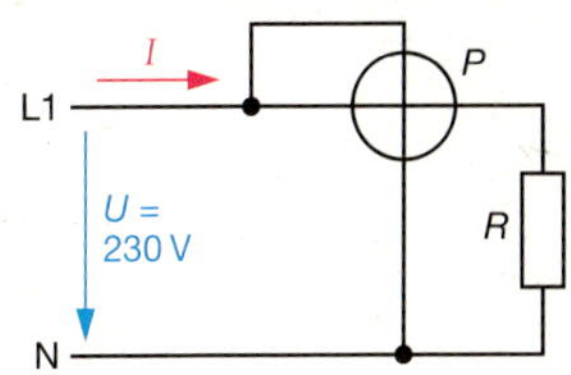

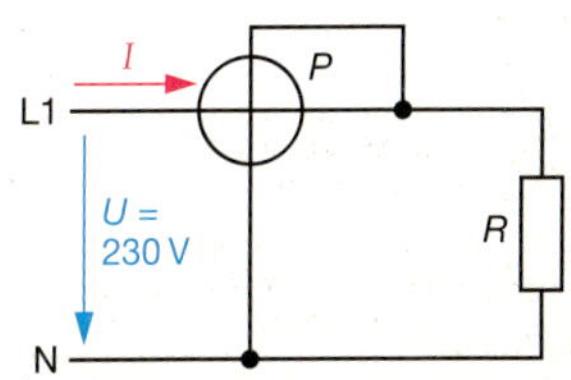

Jitter

- Digitale Übertragungssysteme (z. B. ATM, SDH) arbeiten mit hohen Bitraten, die netzweit synchronisiert werden müssen.
- Damit möglichst keine Störungen in der Datenübertragung entstehen, werden sehr hohe Anforderungen an die Takt-Synchronisation in den Systemen gestellt.
- Systemtypische Einflüsse, wie z. B.
  - Interferenzen (impulsartiges Rauschen),
  - Phasenrauschen (thermisches Rauschen),
  - Verzögerungsschwankungen,
  - Bit-Stopfen (stuffing),

  führen zur Entstehung von **Jitter** (zittern) und/oder **Wander** (wandern) beim Nutzsignal.
- Diese Erscheinungen erzeugen z. B. **Bitfehler**, **Frequenzbeeinflussung** und damit Datenverlust auf den Übertragungswegen.

Definition

- Jitter ist die Bezeichnung für die periodische oder stochastische Abweichung (**zeitliche Instabilität**) der entscheidenden Zeitpunkte eines digitalen Signals vom idealen Wert.
- Praktisch entspricht dieses dem zu frühen oder zu späten Auftreten des Taktes im Vergleich zu einem Referenztakt (Frequenzbereich der Phasenabweichung > 10 Hz).
- Wander
  - ist ein sehr langsamer Jitter,
  - nach ITU-T G.810 festgelegt auf 10 Hz Frequenzbereich in der Phasenabweichung.

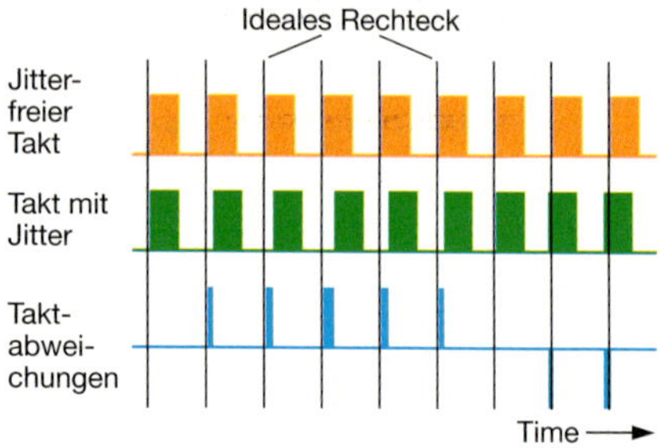

Parameter

- **U**nit **I**nterval (**UI**) (Einheits-Intervall)
  - ist das Maß für die Jitter-Amplitude,
  - 1 UI entspricht der Amplitude eines Taktintervalles,
  - ist unabhängig von der Bitrate und der Signalcodierung.
- Peak-to-peak value (**UI$_{pp}$**)
  - Spitze-Spitze-Wert ist der Abstand zwischen dem höchsten und niedrigsten Wert der Jitter-Amplitude.
- Phase hits (Phasen-Spitzen)
  - sind Jitter-Spitzen, die einen Amplitudenwert übersteigen.
- **RMS** (**R**oot-**M**ean-**S**quare)-Jitter
  - ist ein Anzeichen für die Rauschenergie des Jitter, gemessen über einen festgelegten Zeitraum.

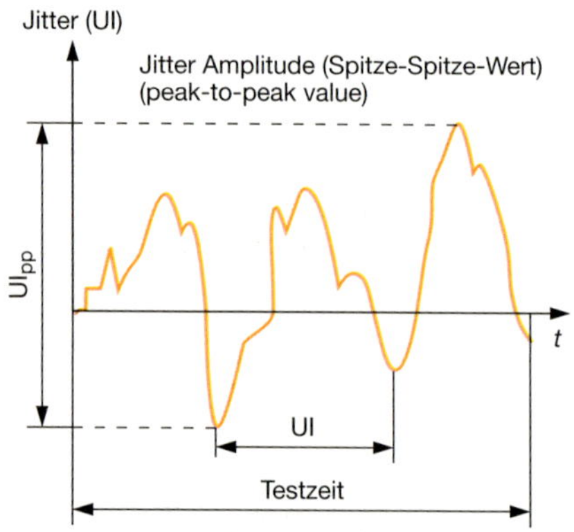

Augendiagramm

- Dient zur optischen Darstellung des Jitter auf einem Oszilloskop.
- Enthält die überlagerte Darstellung aller Bits einer seriellen Übertragungsstrecke, die über einen festgelegten Zeitraum übertragen wurden.
- Logische 1: positiv verrundetes Rechteck ①.
- Logische 0: negativ verrundetes Rechteck ②.
- Die Anzeige gibt Aufschluss über die Signalamplitude und den Jitter.
- Ein **offenes** Auge (Linien möglichst schmal) zeigt einen **geringeren** Jitter.

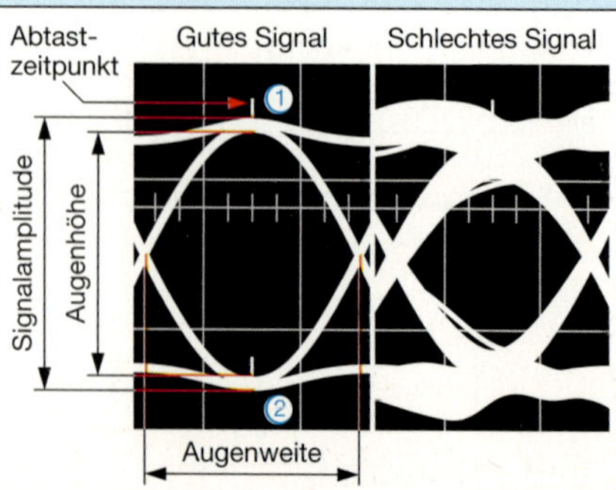

Messen, Steuern, Regeln

Digitale Messtechnik – *Digital measurement technique*

Anzeigeeinheiten, Fehlergrenzen

Zahlenmäßige Anzeige des Messwertes erfolgt bei Sieben-Segment-Anzeigen durch
- **L**ight **E**mitting **D**iode (LED)
- **L**iquid **C**ristal **D**isplay (LCD)

Beispiel:

$4\frac{1}{2}$-stellige Anzeige

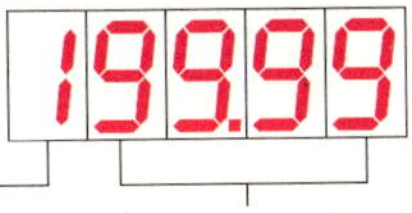

nur Ziffer 0 oder 1 möglich

Ziffern 0 bis 9 möglich

200 V-Messbereich, größtmögliche Anzeige ist 199,99 V.
Anzeigeumfang beträgt 19999 Digits.
20 000 Messschritte á 10 mV.

Keine Angabe der Genauigkeitsklasse, dafür Angabe der möglichen, prozentualen Abweichung vom Messwert sowie Abweichung der Anzeige in Digits.

Beispiel: 0,5 % + 4 Digits bei 100 V-Anzeige und $4\frac{1}{2}$ Stellen

Minimaler Wert: 100 V – 0,5 V – 4 · 10 mV = 99,46 V
Maximaler Wert: 100 V + 0,5 V + 4 · 10 mV = 100,54 V

Übliche Verfahren der digitalen Spannungsmessung (Analog-Digital-Umsetzer)

Sägezahnverfahren

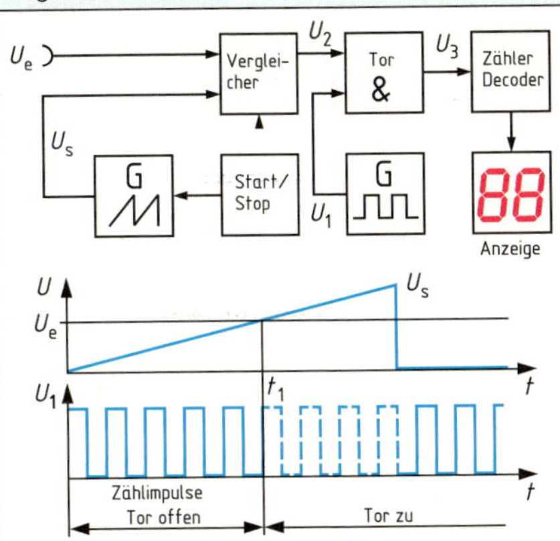

Hat die Sägezahnspannung zum Zeitpunkt t_1 die Messspannung U_e erreicht, schaltet der Vergleicher auf low um. Die der Messspannung proportionale Impulszählung endet.

Dual-Slope-Verfahren (Zwei-Rampen Verfahren)

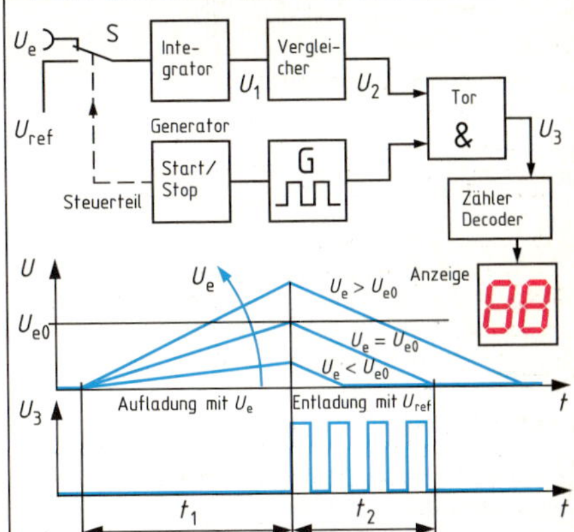

Integrator lädt sich innerhalb der konstanten Zeit t_1 auf. Schalter S schaltet auf gegenpolige Referenzspannung U_{ref} um. Während der Umladung (t_2) werden Impulse gezählt bis $U_1 = 0$. Entladezeit t_2 (Impulszahl) ist Maß für die Messspannung U_e.

Bezeichnung von Funktionstasten

Kennzeichnung	Bedeutung	Kennzeichnung	Bedeutung
HOLD	Messwert wird in Digitalanzeige gespeichert.	**dB**	Pegelmessung, dB-Werte absolut oder auf eingegebenen Wert bezogen.
EXTR	Minimal- und Maximalwert werden während der Messung gespeichert.	**TIME**	Messwertspeicherung in vorgegebenen Zeitintervallen. Neue Messwertübernahme wird akustisch gemeldet.
EXPAND, ZOOM	Lupenfunktion bei Hybridmultimetern (Analog- und Digitalanzeige, hier Dehnung des linearen Skalenbereichs)	**BEEP**	Ein- oder Ausschalter des Summers. Aktivierung wird mit ♪ angezeigt.
		AUT/ MAN	Automatische oder manuelle Bereichsumschaltung
REL	Vorgegebener Wert dient als Referenzwert, Anzeige der Abweichung.	**STO**	Speicherung mehrerer gleicher oder verschiedener Messwerte mit Einheit und Polarität
LIM	Grenzwertvorgabe, Grenzwertüberschreitungen werden optisch und akustisch gemeldet.		Durchgangsprüfung
BLANK	Displayabschaltung, z. B. von $4\frac{1}{2}$ - auf $3\frac{1}{2}$ -stellige Anzeige.	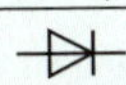	Halbleitermessung

PC-Messtechnik – *PC-measurement technique*

Vorteile der PC-Messtechnik:
- Standardisierung der Messaufgaben.
- Bildliche Darstellung der Messwerterfassungen durch Benutzeroberfläche.
- Sofortige Auswertung der Messdaten.
- Einfachere Gestaltung komplexer Messvorgänge durch softwaregesteuerte Reduktion.

PC-Messsystemarten

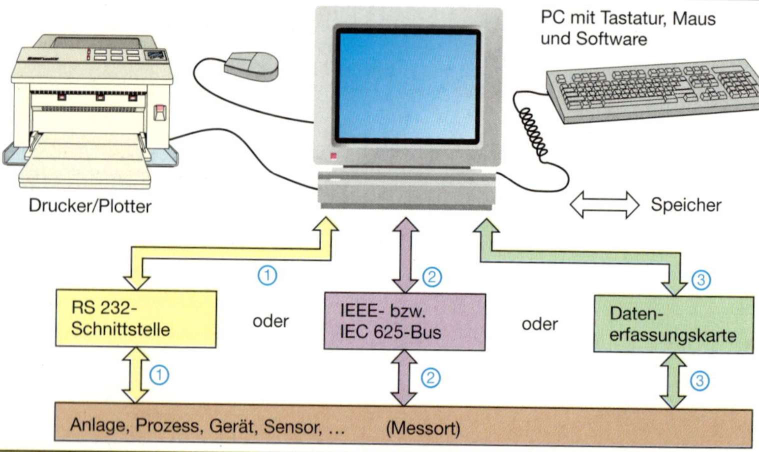

RS 232-Schnittstelle ①	IEEE- bzw. IEC 625-Bus ②	Datenerfasssungskarte ③
– Messgeräte mit RS 232-Schnittstelle wie z.B. digitale Thermometer, Schalttafelmessinstrumente oder Datenlogger werden mit R232-Schnittstelle des PC verbunden. – Messwertübertragung über größere Distanzen möglich. – Pro Messgerät eine PC-Schnittstelle erforderlich. Einsatz bei relativ einfachen Messaufgaben.	– Durch IEEE-Buskarte (im PC-Systembus einfügbar) können bis zu 14 Messgeräte angeschlossen werden, die über IEEE-Schnittstellen verfügen. – Datenbusbreite von 8 Bit erfordert komplexe Protokolle. – Kabellängen: Gesamt ≤ 20 m pro Gerät ≤ 2 m – Transferraten ≤ 1 MByte/s	– Einbau einer Datenerfassungskarte im PC (z.B. EISA-Systembus) ergibt vollständiges Messwerterfassungssystem. – Hohe Datenübertragungsraten durch direkte Verbindung des Messortes mit dem PC-Systembus. – Zusätzliche Treibersoftware zur Steuerung des Messwerterfassungssystems erforderlich.

Auswahl von PC-Multifunktions-Datenerfassungskarten

Kriterien		Typische Werte
PC-Schnittstelle	PCI-Steckplatz, PCMCIA (Notebook), USB	
Ein-/Ausgänge	• Anzahl • digital (Strom-/Spannungsbelastbarkeit) • analog (Auflösung, Abtastrate, Bandbreite) • analoge/digitale Filter • Messbereich • Genauigkeit	2 ... 16 6 A bei 120 V AC/28 V DC 4 Bit ... 16 Bit/1 MHz ... 5 GHz; 1,2 GHz Antialiasing +/– 5 V ... +/– 10 V 1 ... 5 LSB (Lowest Significant Bit)
Triggerung durch	• Messeingänge • Triggereingang • Software	
Zusatzfunktionen	• Zähler • Zeitfunktionen • logische Verknüpfungen	
Software	• Hardwareanforderung • Betriebssystem • Softwareschnittstellen	

Logikanalysator – *Logic analyzer*

- Logikanalysatoren zeichnen eine Vielzahl digitaler Signale parallel auf.
- Dient zur Analyse von Betriebsabläufen in digitalen Schaltungen (Mikrocomputern).
- Besteht aus aktiven Tastköpfen, Triggereinstellung, Aufzeichnungsspeicher, Referenzspeicher und Anzeigeeinrichtung.
- Signale an den Tastköpfen werden zeitlich nacheinander in den Aufzeichnungsspeicher geschrieben.
- **Synchrone Taktung**: Taktsignal wird der zu prüfenden Schaltung entnommen, z.B. Signal ALE (Address Latch Enable) beim Mikrocomputer.
- Dient zum Überprüfen des ordnungsgemäßen Programmablaufes im Mikrocomputer.
- **Asynchrone Taktung**: Taktsignal wird vom Logikanalysator zur Verfügung gestellt.
- Taktsignal muss höher sein als höchste vorkommende Signalfrequenz.
- Dient zum Überprüfen des zeitlichen Signalverlaufs und der Zeitdifferenzen zwischen einzelnen Signalen (Hardware-Analyse).
- Triggereinrichtung erlaubt Auswahl bestimmter Ereignisse, ob deren Erscheinen aufgezeichnet werden soll oder durch bestimmte weitere Triggerbedingungen aktiviert werden sollen.
- Signalaufzeichnung erfolgt im Transitional-Verfahren (Signale nur im Speicher abgelegt, wenn Änderung des Eingangssignales vorliegt).
- Referenzspeicher wird zur Vergleichsmessung verwendet.
- Darstellung der Signale als Timing-, Hexadezimal-, Oktal- oder Binär-Diagramm.
  Über entsprechende Ergänzungen können Signale in disassemblierter Form dargestellt werden.

Blockschaltbild

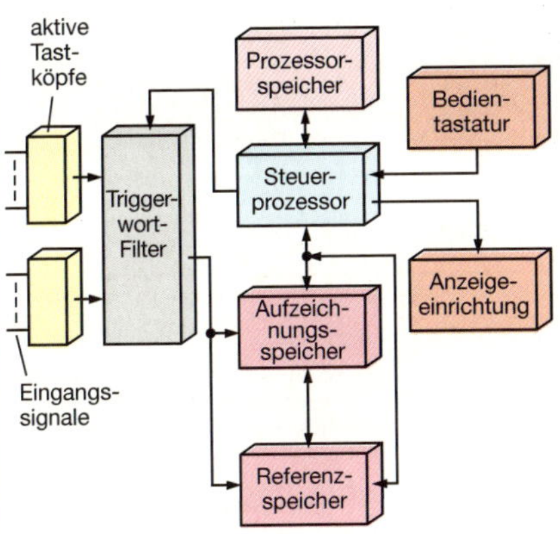

Dargestellt sind die Datenflüsse.

Signalabtastung

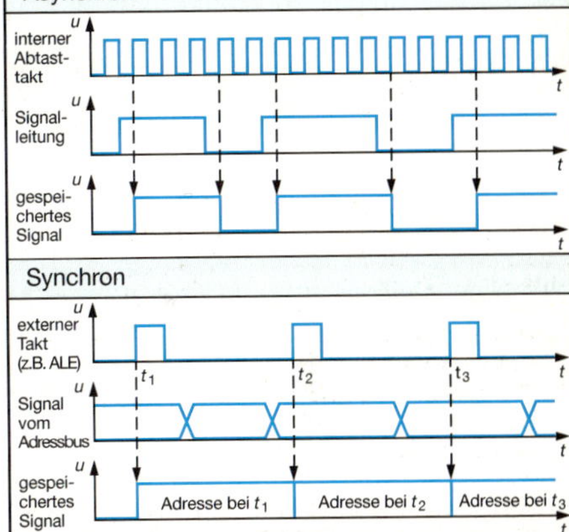

Signalgenerator – *Signal generator*

Digital

- Werden verwendet zur Simulation von digitalen Schaltungen oder zum Erzeugen von digitalen Signalfolgen.
- Datenfolge ist programmierbar über Eingabetastatur oder serielle Schnittstelle mittels Steuerkommandos.
- Datenausgabe wird von Ablaufsteuerung überwacht.
- Möglich sind Einzelimpulse (Pulsbreite einstellbar), Impulsfolgen mit einmaliger oder wiederholter Ausgabe (seriell oder parallel).
- Speichertiefe für Ausgangsdaten bis 16 384 Bit.

Analog

- Werden zur Erzeugung von komplexen Testsignalen für Kommunikationseinrichtungen verwendet.
- Modulationsarten:
  - Amplituden-, Frequenz-, Winkel- u. Pulsmodulation.
  - I/Q-Modulation mit Quadratmodulator (In-Phase und Quadratur-Phase).
  - Breitband-Amplitudenmodulation (BB-AM).
  - GMSK (Gaussian Minimum Shift Keying) erzeugt aus seriellem Datenstrom gefilterte Analogsignale zur Ansteuerung des I/Q-Modulators.
  - Breitband-Frequenzmodulation (BB-FM).

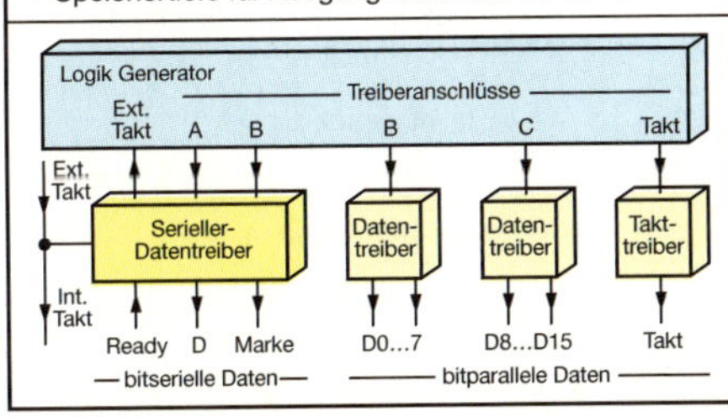

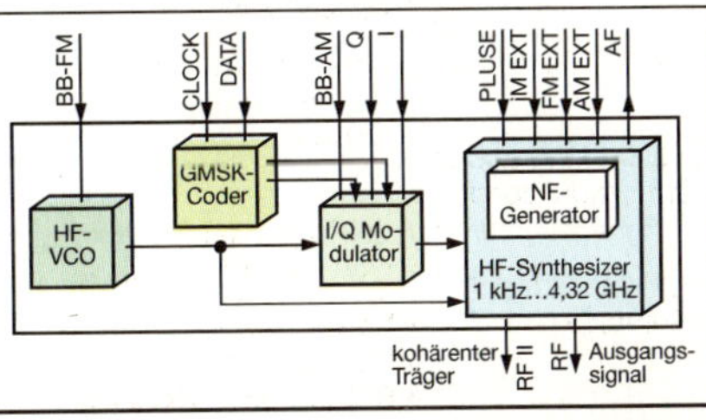

Messen, Steuern, Regeln

Elektronenstrahl-Oszilloskop – *Cathode-ray oscilloscope*

Prinzip des Zweikanal-Oszilloskops

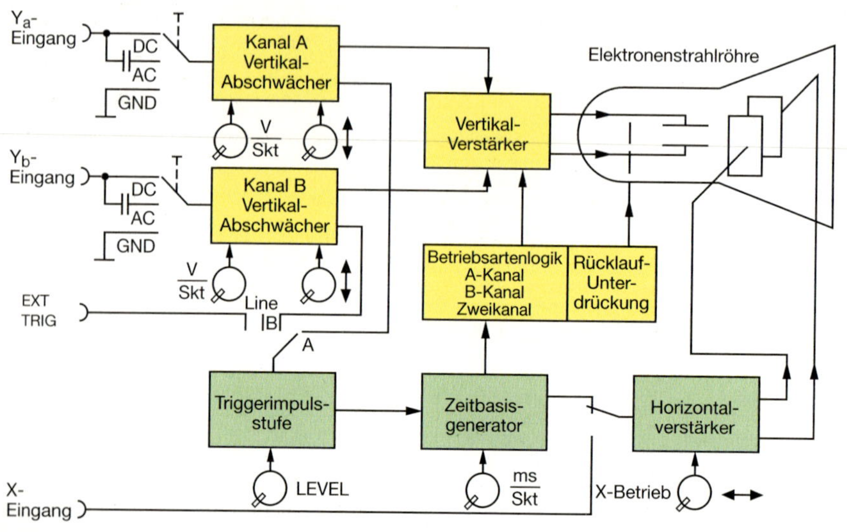

Beschriftung der Bedienungselemente

Beschriftung	Bedeutung
POWER	Netzschalter, Ein-Aus Rasterbeleuchtung
INTENS HELLIGK	Helligkeitssteuerung des Oszillogrammes
FOCUS	Schärfeeinstellung des Oszillogrammes
INPUT A (B)	Eingangsbuchse für Kanal A (Kanal B), oft Kanal 1 und 2
AC-DC-GND	Eingang: über Kondensator – direkt – auf Masse – geschaltet
CHOP –	Strahlumschaltung mit Festfrequenz von einem Vertikalkanal zum anderen
– ALT	Strahlumschaltung am Ende des Zeitablenkzyklus von einem Vertikalkanal zum anderen
INVERT CH.B	Messsignal auf Kanal B wird invertiert
ADD	Addition der Signale von Kanal A und B
POSITION ↕	Vertikale Bildverschiebung
↔	Horizontale Bildverschiebung

Beschriftung	Bedeutung
X-MAGN	Dehnung der Zeitablenkung
Triggerung: A; B EXT TRIG Line	Zeitablenkung wird getriggert durch – Signal von Kanal A (B) – externes Signal – Signal von der Netzspannung
LEVEL NIVEAU	Einstellung des Triggersignalpegels
AUTO	Endstellung der LEVEL-Einstellung. Automatische Triggerung der Zeitablenkung beim Spitzenpegel. Ohne Triggersignal ist die Zeitablenkung frei laufend.
+ / –	Triggerung auf positiver bzw. negativer Flanke des Triggersignals
TIME/DIV ZEIT/Skt	Zeitmaßstab in µs/DIV oder ms/SKT oder ms/cm
VOLTS/DIV V/SkT; V/cm	Vertikalabschwächer für Kanal A und B in mV/DIV oder mV/Skt oder V/cm
CAL	Eichpunkt für Maßstabsfaktoren bei Rechtsanschlag

Technische Daten	Beispiel	Zubehör
Eingangsempfindlichkeit	$1\,\frac{mV}{cm} \ldots 20\,\frac{V}{cm}$	Tastteiler z. B. 1 : 1; 10 : 1; 100 : 1
Eingangsimpedanz	1 MΩ ‖ 25 pF	
Vertikalbandbreite	0 Hz … 300 MHz	Demodulatortaster z. B. 0 Hz … 15 kHz
Eingangskopplung	DC – AC – GD	Vierkanal-Umschalter
Anstiegszeit	< 7 ns	Lichtschutztubus mit Kamera

Messen mit dem Elektronenstrahl-Oszilloskop

Measuring with the cathode-ray oszilloscope

Spannungs- und Strommessung mit dem Zweikanaloszilloskop

Messaufgabe: Es soll der Strom i und die Spannung u_{L1} gemessen werden. Es steht hierfür ein Zweikanaloszilloskop zur Verfügung.

Messaufbau:

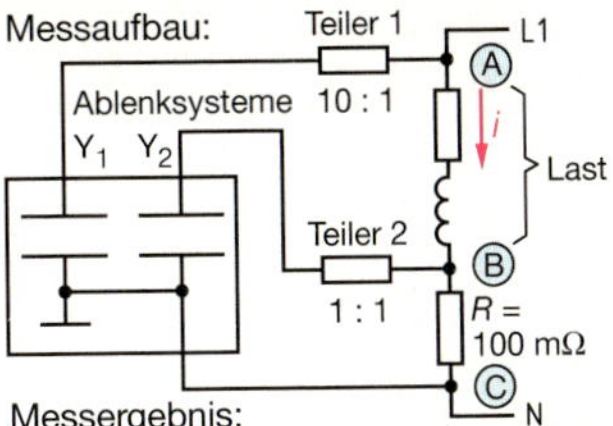

Messergebnis:

$k_X = 2\,\frac{\text{ms}}{\text{SkT}}$; $k_{Y1} = 10\,\frac{\text{V}}{\text{SkT}}$; $k_{Y2} = 0{,}2\,\frac{\text{V}}{\text{SkT}}$ [1]

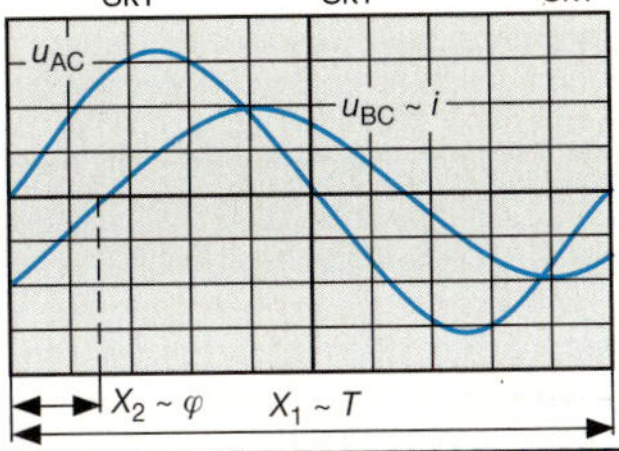

- Beide Y-Ablenksysteme haben eine gemeinsame Masse. Daher müssen beide Messleitungen einen gemeinsamen Bezugspunkt haben.
- Da Gehäuse und Schirm geerdet sind, muss dieser Bezugspunkt am N-Leiter liegen Ⓒ (Ausnahme: Verwendung eines Trenntrafos für das Oszilloskop).
- Strommessung erfolgt über einen Messwiderstand (Shunt).
- $u_{AC} \gg u_{BC} \rightarrow u_{AB} = u_{AC}$ (praxisgerechte Näherung)
- Messung von u_{AB} auch als Differenzmessung möglich:
  - Für beide Kanäle gleichen Vertikal-Maßstab einstellen,
  - Invertierung eines Y-Signals einstellen,
  - Addition beider Signale einstellen.

Auswertung:

$$T = X_1 \cdot k_X = 10\ \text{Skt} \cdot 2\,\frac{\text{ms}}{\text{Skt}} = 20\ \text{ms} \qquad f = \frac{1}{T} = \frac{1}{20\ \text{ms}} = 50\ \text{Hz}$$

$$\hat{u}_{AC} = Y_1 \cdot k_{Y1} \cdot k_{T1} = 3{,}1\ \text{Skt} \cdot 10\,\frac{\text{V}}{\text{Skt}} \cdot \frac{10}{1} = 310\ \text{V}$$

$$\hat{u}_{BC} = Y_1 \cdot k_{Y2} \cdot k_{T2} = 2\ \text{Skt} \cdot 0{,}2\,\frac{\text{V}}{\text{Skt}} \cdot \frac{1}{1} = 400\ \text{V}$$

$$I = \frac{\hat{u}_{BC}}{R_{Mess}} = \frac{400\ \text{mV}}{100\ \text{m}\Omega} = 4\ \text{A}$$

$$\varphi = X_2 \cdot k_X \cdot \frac{360°}{20\ \text{ms}} = 1{,}5\ \text{Skt} \cdot 2\,\frac{\text{ms}}{\text{Skt}} \cdot \frac{360°}{20\ \text{ms}} = 54°$$

Kennliniendarstellung einer Diode

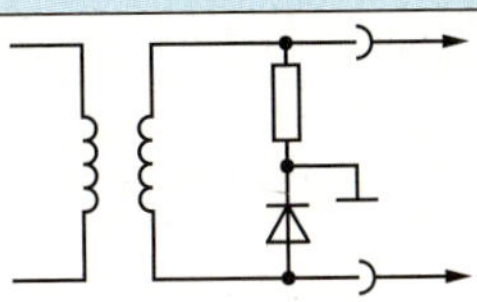

Beispiel:

Diodenkennlinie

$k_x = 0{,}5\,\frac{\text{V}}{\text{SkT}}$; $k_y \triangleq 5\,\frac{\text{mA}}{\text{SkT}}$ [1]

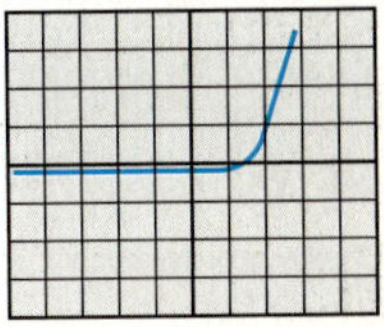

[1] k_X Ablenkfaktor in X-Richtung; k_{Y1}/k_{Y2} Ablenkfaktor in Y-Richtung für Kanal 1/2

Messbrücken – *Measuring bridges*

Schaltungsprinzip	Eigenschaften	Anwendungen
Wheatstone-Messbrücke 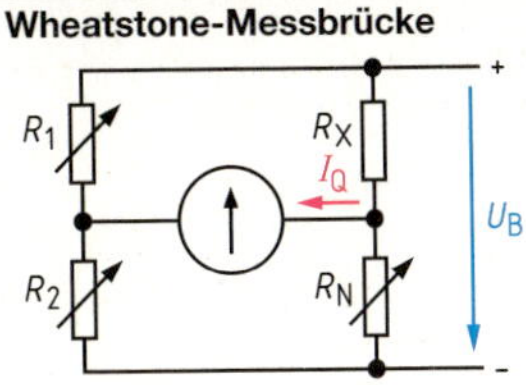	• Messbedingung $I_Q = 0$ A (abgeglichene Brücke): $R_X = R_N \cdot \frac{R_1}{R_2}$ • Messgenauigkeit hängt u. a. von Galvanometerempfindlichkeit und Genauigkeit der Vergleichswiderstände ab	• Durch Übergangs- und Leitungswiderstände Einsatz zur Widerstandsmessung für R_X = 1 Ω … 1 MΩ bis Messgenauigkeiten von 0,02 % • Ausschlagmessbrücken ($I_q \neq 0$ A) für Gleich- oder Wechselstrom zur Messung anderer physikalischer Größen
Wien-Messbrücke 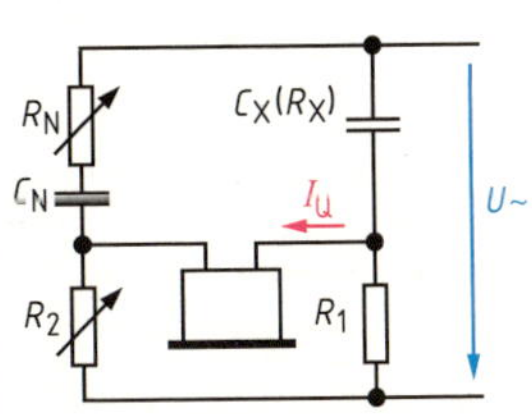	• Messbedingung $I_Q = 0$ A (Tonlosigkeit): $\tan\varphi_X = \tan\varphi_N$ $C_X = C_N \cdot \frac{R_1}{R_2}$ $\tan\delta_X = \omega \cdot C_N \cdot R_N$ $R_X = R_N \cdot \frac{R_2}{R_1}$ • Brückenabgleich durch R_N, der auch parallel zu C_N geschaltet werden kann.	• Kapazitätsmessungen für C_X = 1 nF … 100 µF bei NF und bei MF $C_X \geqq 100$ pF mit Fehlergrenzen bis 0,1 % • Verlustfaktor (tan δ)-Messungen bis 1 % Messgenauigkeit • Wien-Maxwell-Messbrücke zur Messung größerer Kapazitäten bei kleiner Spannung

Messen an Verstärkern, Empfängern – *Measuring on amplifiers, receivers*

Messprinzip	Messvorgang, Messergebnis

Eingangs- und Ausgangsimpedanz

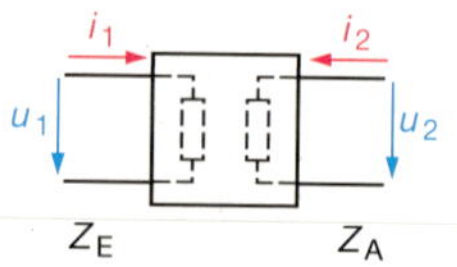

Z_E: Eingangsimpedanz

Z_A: Ausgangsimpedanz

$Z_E = \frac{u_1}{i_1}$ $\qquad Z_A = \frac{u_2}{i_2}$

Breitband-Spannungsmessung

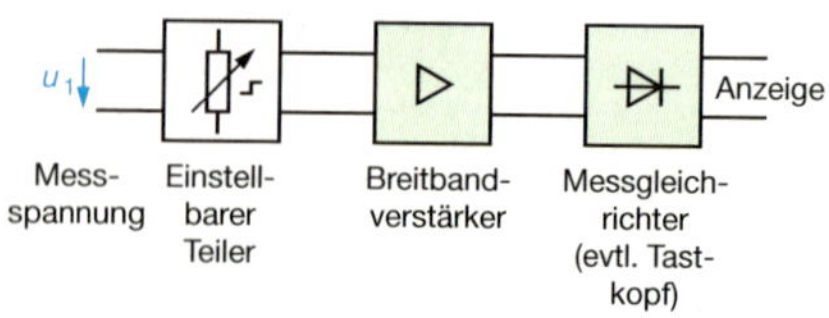

- Breitbandverstärker mit f_{gu} und f_{go} (Grenzfrequenzen z. B. für NF oder HF).
- Messungen im Millivoltbereich möglich.
- Messgleichrichter ist in der Regel in einem Tastkopf untergebracht.
- Bei Spannungsmessungen in koaxialen Leitungssystemen: Durchgangsmesskopf mit Messgleichrichter.

Selektive Spannungsmessung

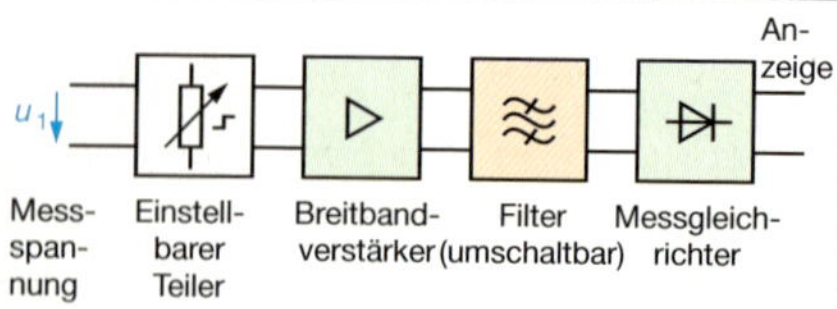

- Bandbreite wird durch entsprechende Filter gewählt.
- Wählbare Bandbreiten gelten stets symmetrisch zur eingestellten Frequenz am Messeingang.
- Messungen im Millivoltbereich möglich.
- Theoretisch beliebige Bandbreiten (hängt vom gewählten Aufwand ab).

Frequenz-Analysator

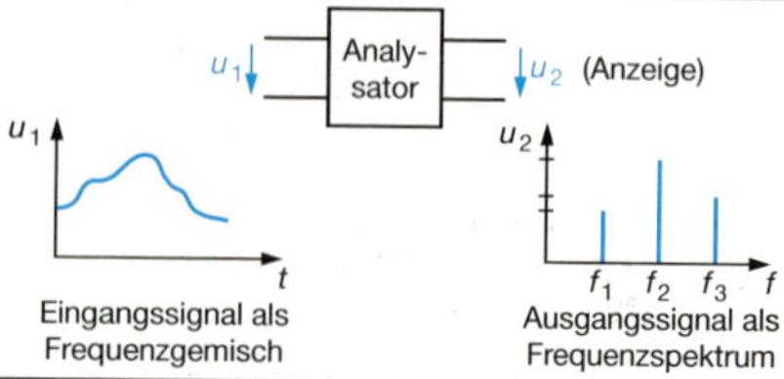

- Oszilloskop mit Y-Ablenkung, anstelle der X-Ablenkung eine Darstellung der Frequenzabhängigkeit in Form eines Spektrums.
- Messsignal wird frequenzmäßig abgetastet, Spektralanteile werden gespeichert und auf dem Bildschirm dargestellt (Y-*f*-Betrieb).
- Einsatz von elektronisch umschaltbaren Filtern (im NF-Bereich z. B. $B = 10$ Hz).

Klirrfaktor, Klirrdämpfungsmaß (distortion factor)

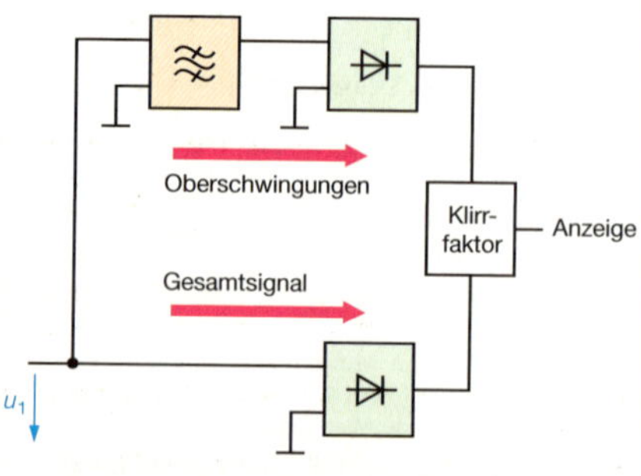

u_1: Eingangssignal, enthält Grundschwingung mit n-Oberschwingungen

- Gesamtsignal wird zwei Schaltungswegen zugeführt.
- Überschwingungsanteil wird gefiltert.
- Signale werden gleichgerichtet (Effektivwert).
- Verhältnisbildung aus Oberschwingungen und Gesamtsignal (Division).
- Anzeige kann direkt in Prozent erfolgen.

Klirrfaktor (Spannungen)

$$k = \sqrt{\frac{U_2^2 + U_3^2 + \ldots + U_n^2}{U_1^2 + U_2^2 + U_3^2 + \ldots + U_n^2}}$$

Teilklirrfaktor

$$k_m = \frac{U_m}{\sqrt{U_1^2 + U_2^2 + U_3^2 + \ldots + U_n^2}}$$

Klirrdämpfungsmaß

$$a_k = 20 \cdot \lg \frac{1}{k}\ \text{dB}$$

Teilklirrdämpfungsmaß

$$a_{km} = 20 \cdot \lg \frac{1}{k_m}\ \text{dB}$$

Messen an Verstärkern, Empfängern – *Measuring on amplifiers, receivers*

Messprinzip	Messvorgang, Messergebnis

Differenztonfaktor (intermodulation distortion)

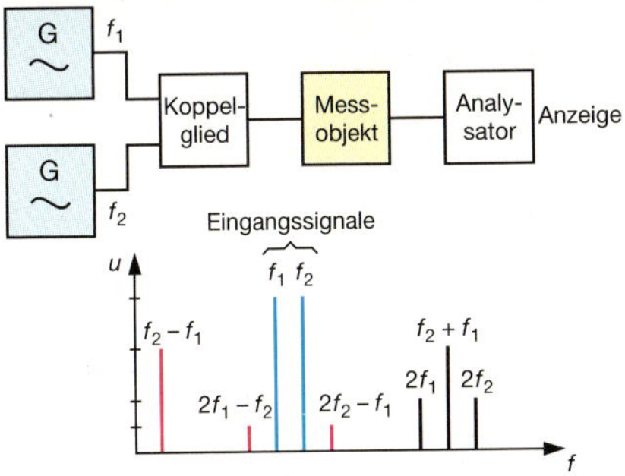

- Anwendung bei schmalbandigen Messobjekten, bei denen die Überschwingungen häufig nicht mehr in den Arbeitsbereich fallen.
- Eingangssignale: Gleichgroße Signale mit benachbarten Frequenzen (f_1, f_2).
- Lage der Frequenzen frei wählbar, hängt jedoch vom Arbeitsbereich des Messobjektes ab.
- Hauptarbeitsgebiet: NF-Bereich.

Differenztonfaktor 2. Ordnung

$$d_2 = \frac{U_{(f_2 - f_1)}}{\sqrt{2} \cdot U_{ges}}$$

U: Effektivwerte der Spannungen

Differenztonfaktor 3. Ordnung

$$d_3 = \frac{U_{(2f_1 - f_2)} + U_{(2f_2 - f_1)}}{\sqrt{2} \cdot U_{ges}}$$

Signal-Rausch-Abstand (SNR, S/N, Rauschabstand) (signal-to-noise-ratio)

Nutzsignalmessung (U_S)

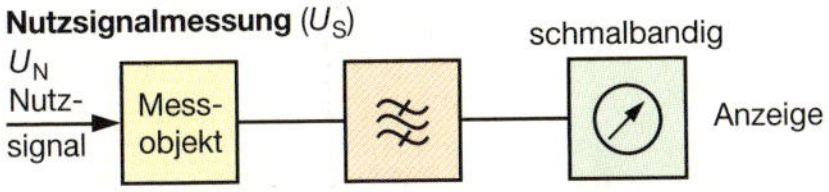

Rauschsignalmessung (U_N)

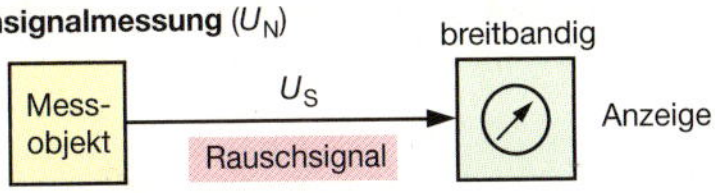

- Verhältnis von Nutzsignal (N) zu Störsignal (S) in dB.
- SNR ist als Leistungsverhältnis definiert, bei Spannungsmessungen quadratische Abhängigkeit beachten.
- SNR wird auch als Pegeldifferenz angegeben.

$$\text{SNR} = 20 \cdot \lg \frac{U_S + U_N}{U_N}\ \text{dB}$$

U_N: Rauschspannung
U_S: Spannungs des Nutzsignals

Fremdspannungsabstand, Geräuschspannungsabstand

Fremdspannungsabstand
(unweighted signal-to-noise ratio)

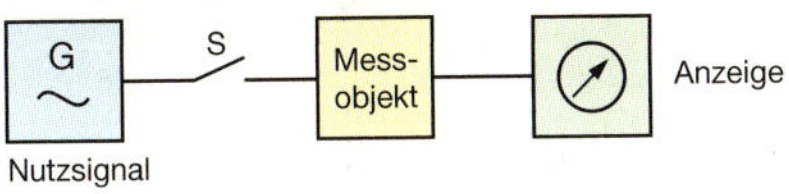

Schalter offen: Störsignal wird gemessen
Schalter geschlossen: Nutz- und Störsignal werden gemessen

Geräuschspannungsabstand
(weighted signal-to-noise ratio)

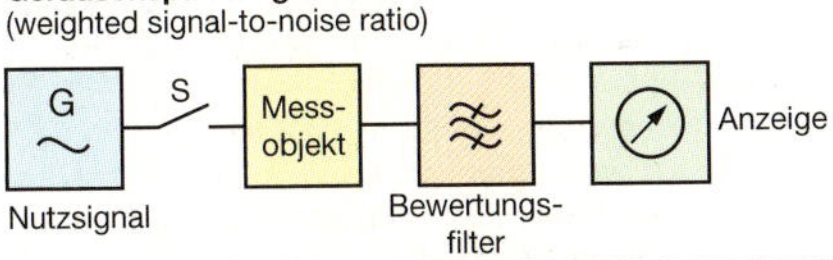

- Fremdspannung: Sammelbegriff für alle störenden Signale.
- Angabe als Pegeldifferenz der beteiligten Signale in dB.
  - L_F: Fremdspannungsabstand (Pegel)
  - L_{NS}: Pegel aus Nutzsignal + Störsignal
  - L_S: Pegel des Störsignals
  - $L_F = L_{NS} - L_S$
- Messung wie beim Fremdspannungsabstand, zusätzlich mit Bewertungsfilter (Anpassung an das nichtlineare Hörverhalten des Menschen).
  - L_G: Geräuschspannungsabstand (Pegel)
  - L_{NSb}: Pegel aus Nutzsignal + Störsignal (bewertet)
  - L_{Sb}: Pegel des Störsignals (bewertet)
  - $L_G = L_{NSb} - L_{Sb}$

Intermodulationsabstand (intermodulation ratio)

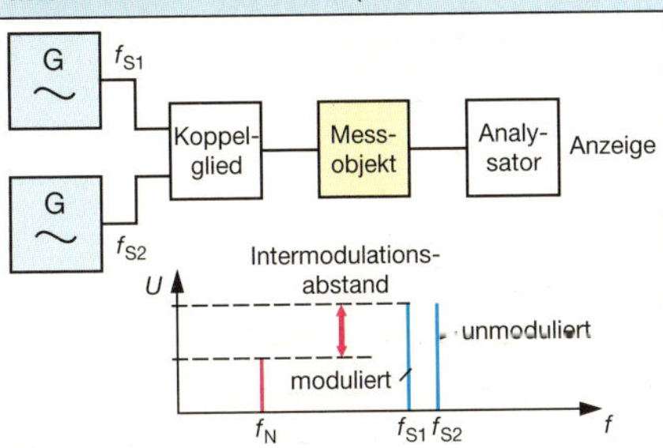

- Störsignale entstehen durch unerwünschte Modulationseffekte.
- Intermodulation liegt vor, wenn zwei Störsignale (f_{S1}, f_{S2}) durch Mischung ein nicht vorhandenes Nutzsignal (f_N) vortäuschen.
- Intermodulationsabstand: Abstand zwischen dem Stör- und dem Nutzsignal in dB.
- Messung: Gleichgroße Signale f_{S1} und f_{S2} als vorgetäuschte Störsignale.
- Intermodulation 2. Ordn.: $f_N = |f_{S1} \pm f_{S2}|$
- Intermodulation 3. Ordn.: $f_N = |f_{S1} \pm 2f_{S2}|$ oder $f_N = |2f_{S1} \pm f_{S2}|$

Messen, Steuern, Regeln

Elektrische Messung nichtelektrischer Größen

Electrical measurement of non electrical quantities

Messverfahren	Eigenschaften	Anwendungen
Temperatur-Messung mit Thermoelement 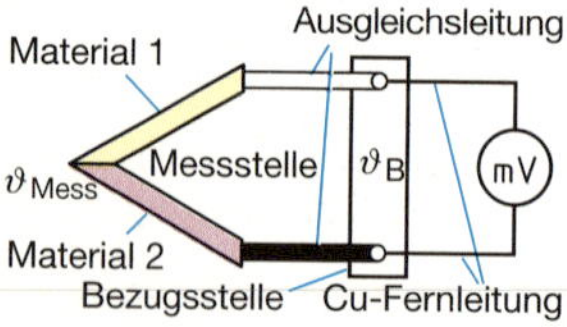 	• Temperaturdifferenz zwischen Mess- und Bezugsstelle erzeugt proportionale Spannung • Ausgleichsleitungen sind aus gleichem Material wie Thermopaar • Bei schwankender Bezugstemperatur ϑ_B Kompensation erforderlich	• Bei kleinen, punktförmigen Messstellen • Großer Messbereich $\vartheta_{Mess} = -200\,°C \ldots +1600\,°C$ • Gebräuchl. Thermopaare mit ϑ_{Mess}: Cu-Konst.: −200 °C … +600 °C Fe-Konst.: −200 °C … +900 °C NiCr-Ni: 0 °C … +1200 °C PtRh-Pt: 0 °C … +1600 °C
Temperatur-Messung mit temperaturabhängigem Widerstand 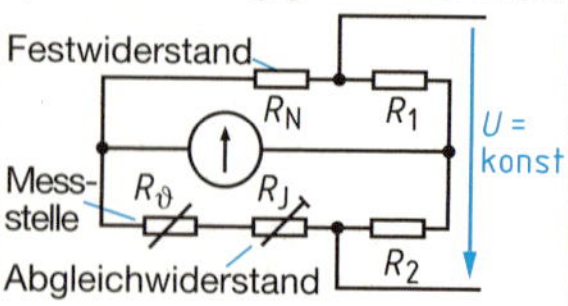 	• Messwiderstand R_ϑ Bestandteil der Brückenschaltung • Messinstrument liegt in Brückendiagonale • Messbereichsanfang (Ausschlag Null) bei Brückenabgleich • Temperaturänderung verursacht proportionalen Brückenstrom	• Fernmessungen ohne zusätzliche Verstärker • Metallische Temperatur-Fühler: a) Platin (Korrosionsfest, hohe Schmelztemperatur) b) Nickel (hoher Temperatur-Koeffizient, Messtemperatur bis +150 °C)
Kraft-Messung mit Dehnungsmessstreifen (DMS) 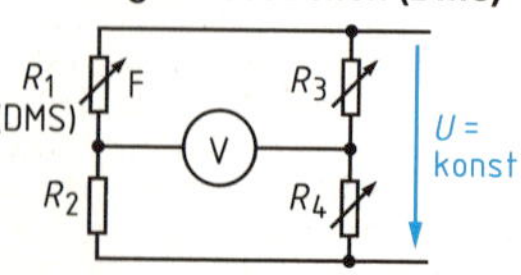 	• Abgleich der Brücke durch R_3 und R_4 im unbelasteten Zustand • Bei Belastung ist Widerstandsänderung proportional Längen- bzw. Kraftänderung • DMS oft aus mäanderförmigem Konstantandraht in Kunststofffolie	• Versorgung mit Gleich- oder Wechselspannung • Messung von Zug-, Druck-, Biegungs- und Torsionskräften • Indirekte Füllstandsmessung durch Kraftmessdosen mit DMS • Druckmessung durch Membranverschiebung
Drehzahl-Messung mit induktivem Geber 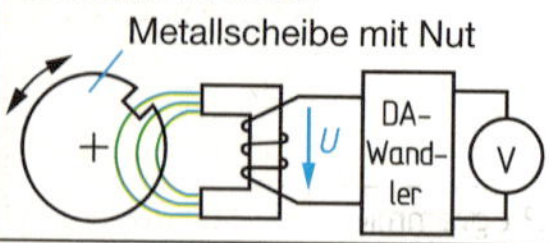 	• Änderungen des magn. Leitwertes erzeugen im Tastkopf Spannungsimpulse • Digital-Analog-Wandler setzen Impulse pro Zeiteinheit in drehzahlproportionale Spannung um	• Berührungsloses Messen an beliebigen Stellen möglich • Drehzahlmessungen ohne Belastungen durch Tachogenerator • Drehzahlmessbereich von kleinen bis zu sehr hohen Drehzahlen
Weg-Messung mit induktivem Geber 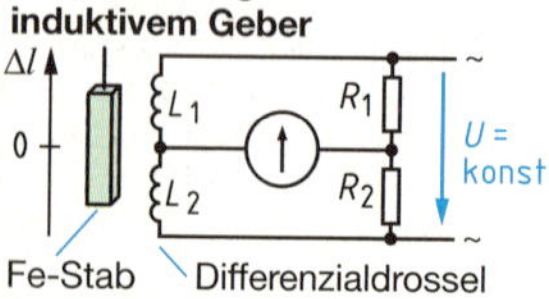 	• Brückenabgleich in Mittelstellung des Fe-Stabes ($L_1 = L_2$) • Wegänderung Δl erzeugt proportionale Brückenspannung durch Induktivitätsänderung ($L_1 \neq L_2$) • Weitere Messverfahren mit Differenzialtransformator	• Wegmessung durch Verlagerung des Fe-Stabes, z. B. bei Flüssigkeiten durch Schwimmer • Druckmessung durch Rohrfedermesswerke
pH-Wert-Messung 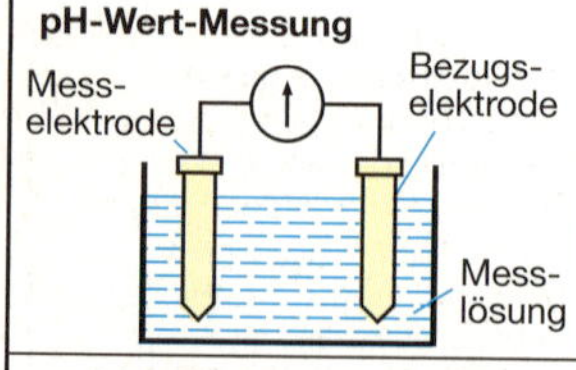 	• pH-Wert ist Maß für Stärke einer Säure oder Base • Potenzial der Bezugselektrode ist pH-Wert-unabhängig • Potenzial der Messelektrode ist pH-Wert-abhängig • Zellenspannung ist Maß für pH-Wert der Messlösung	• Überwachung der Neutralität von Lösungen • Säure- und Basenmessungen • übliche pH-Wert-Geber: Antimonmesselektrode mit Silberchlorid-Bezugselektrode Glasmesselektrode mit Silberchlorid-Bezugselektrode
Lichtstärke-Messung mit Fotoelement 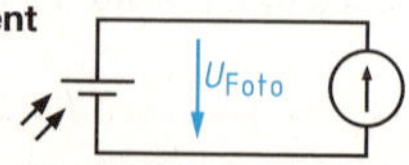 	• Bei Belichtung entsteht proportionale Fotospannung U_{Foto}	• Beleuchtungsmesser (Luxmeter) • Belichtungsmesser • Reflexionsmesser • Trübungsmesser

Sensoren – *Sensors*

Sensorart	Eigenschaften	Anwendungen
Drucksensor 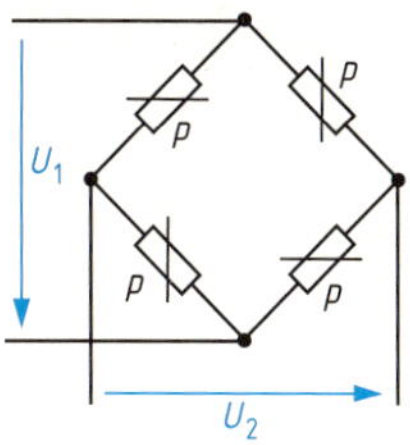	• Druckabhängige Widerstände werden durch piezoresistive Bahnen gebildet. • Brückenschaltung bewirkt Reduzierung von Störgrößen • Nutzsignal bei U_1 = 5 V und Maximaldruck (z. B. 100 kPa) U_2 = 70 mV. • Bei hohen Temperaturschwankungen Kompensation erforderlich.	• Medizinische Technik • Elektronische Personenwaagen • Verpackungs- und Getränkeabfüllmaschinen • Klär-, Kühl- und Klimatechnik • Niederdruckbereich 2…10 kPa • Mitteldruckbereich 25…1000 kPa • Hochdruckbereich 6…40 MPa
Magnetfeldsensor[1)] 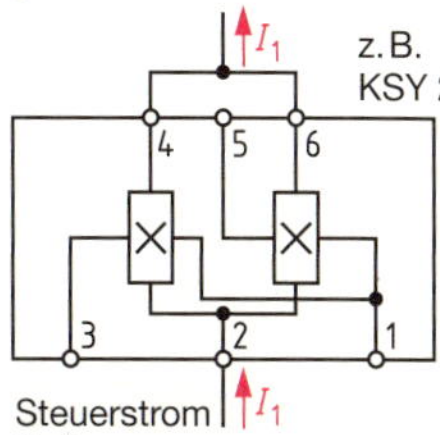z. B. KSY 20 I_1 Steuerstrom U_{35} Hallspannung	• Antiparallelschaltung zweier Hallgeneratoren bewirkt differenzierende Wirkung und besonders deutliche Registrierung von örtlichen Magnetfeldänderungen. • Bei Verbindung mit einem Permanentmagneten ändert sich die Hallspannung bei Annäherung eines weichmagnetischen Körpers.	• Positionsmessungen bei Werkzeugmaschinen. • Drehzahlmessungen in der Antriebstechnik. • Messung von Tangentialfeldern bei zerstörungsfreier Werkstoffprüfung. • Abtastung magnetisierter Folien in Sortieranlagen.
Wegsensor (magnetisch) 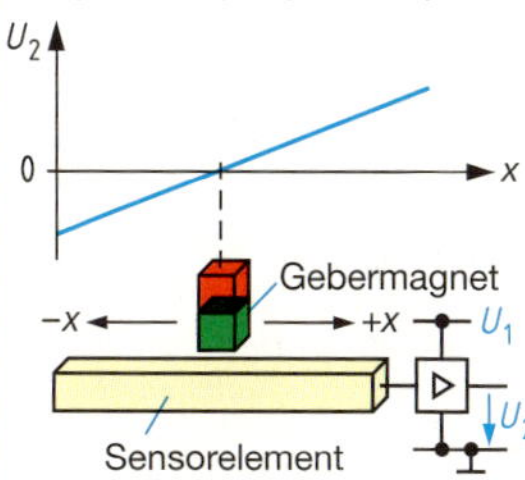	• Zur Wegmessung wird die Verstimmung eines magnetischen Kreises genutzt. • Diese ergibt sich aus der relativen Position des Gebermagneten zur Sensorspule. • Elektronische Signalaufbereitung liefert lineare Umsetzung des Weges in Spannung.	• Ausgangssignal U_2 ist nur von der Höhe, nicht aber von der Änderungsgeschwindigkeit des Magnetfeldes abhängig. • Messung der Nadelstellung im Diesel-Einspritzventil. • Erschütterungsunempfindlicher Einsatz bei Fahrzeugen, Handhabungsautomaten und Werkzeugmaschinen.
Näherungsschalter (induktiv) z. B. TCA 305 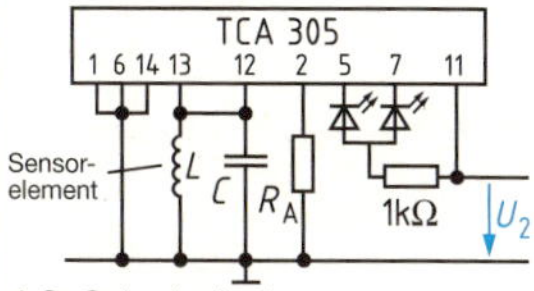LC-Schwingkreis, R_A Abstandswiderstand	• Schaltfunktion wird ausgelöst durch Schwingkreisverstimmung bei Annäherung eines ferromagnetischen Metallteiles an die Oszillatorspule. • Schwankung des Schaltabstandes von ±10 % im Temperaturbereich von −25 °C bis +70 °C zulässig (nach CENELEC).	• Programmierbare Steuerungen • Handhabungsautomaten (Roboter) • Steuerung von Förderanlagen und Aufzugseinrichtungen • U_2 = 12 V schaltet angeschlossenen Schaltverstärker
Pyroelektrischer Sensor 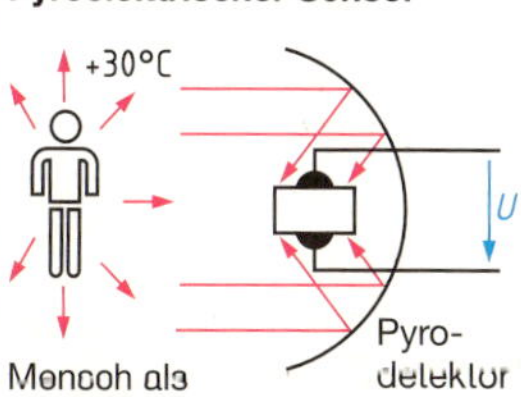Mensch als IR-Strahler	• Pyroelektrische Kunststofffolie verändert bei Bestrahlung durch Infrarotstrahlen elektrisches Dipolmoment der Moleküle. • Dadurch ändert sich die Oberflächenladung und damit die Spannung an den Folienelektroden. • Spannungsänderung wird als Schaltsignal weiterverarbeitet.	• Automatisches Einschalten von Licht in Treppenhäusern, Gängen und Kellern • Schalten von Händetrocknern und sanitären Spülungen • Öffnen von Türen • Objektsicherung • Fertigungsüberwachung von z. B. warmen Spritzteilen

1) Magnetfeldabhängige Bauelemente

Messen, Steuern, Regeln

Sensoren – *Sensors*

<table>
<tr><th>Sensorart</th><th>Eigenschaften</th><th>Anwendungen</th></tr>
<tr><td>Temperatursensor
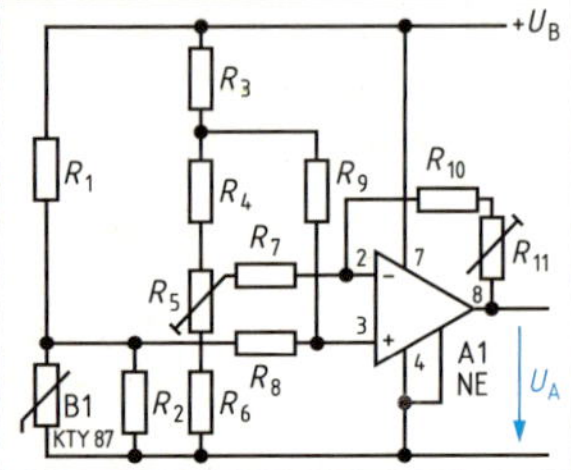
</td>
<td>

- Silizium-Temperatursensor, z.B. KTY 87, liefert im Temperaturbereich von 20 °C bis 100 °C Messwerte mit max. Fehler von ±0,8 °C.
- Nach Offset-Abgleich der OP-Schaltung kann beliebiges Sensorexemplar eingesetzt werden.
- Preiswerte Alternative zu üblichen Pt 100-Temperaturfühlern.

</td>
<td>

- Thermometer
- Heizkostenerfassungssysteme
- Genaue Thermostate in Kühlanlagen und Warmwasserversorgungsanlagen.
- Eiswarner im Automobilbereich.
- Auswerteschaltung verstärkt Signalspannung, dadurch Anpassung an A/D-Wandlereingänge eines Mikrocontollers.

</td></tr>
<tr><td>Stromsensor
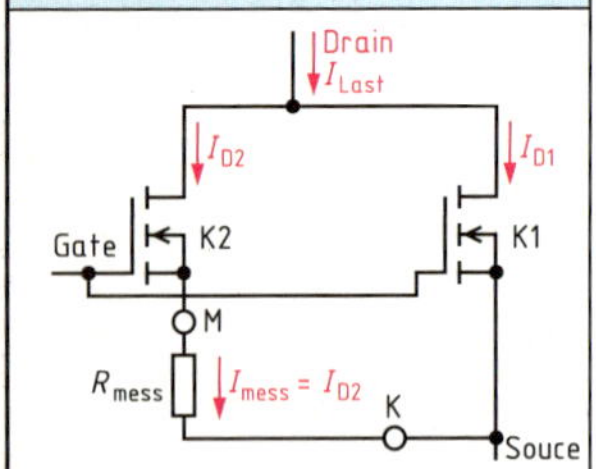
</td>
<td>

- Aufbau des Stromsensors wie ein Power-MOS-FET.
- Separat metallisierte Zellen bilden Parallelschaltung von niederohmigen Power-MOS-FET (K1) mit hochohmigen Mess-MOS-FET (K2).
- Offene Verbindung M und K ist mit externem Messwiderstand R_{mess} geschlossen.

</td>
<td>

- Stromistwerterfassung sehr präzise möglich, da genaue Stromteilung $\frac{I_{D1}}{I_{mess}}$ gegeben. Preiswerte und verlustarme Messung großer Lastströme.
- Kurzschlussschutz von elektronischen Geräten.
- Blockierschutz von Gleichstrommotoren.

</td></tr>
<tr><td>Wegsensor (Ultraschall)
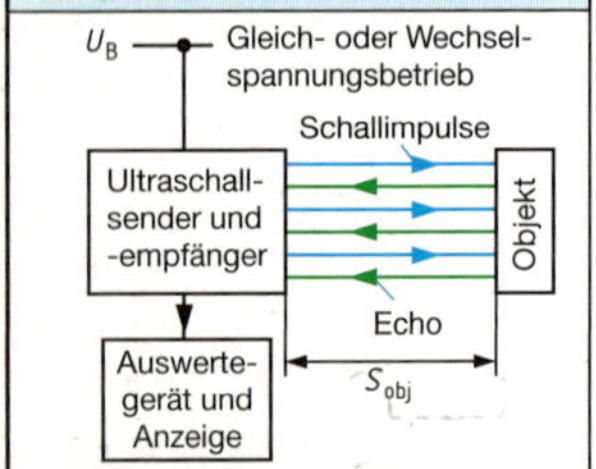
</td>
<td>

- Piezokeramischer Ultraschallsensor sendet Ultraschallimpulse in gebündelter Form.
- Bei schallreflektierenden Objekten wird in der Sendepause das Echo empfangen.
- Aus der Schallaufzeit T_L wird die Objektentfernung S_{Obj} ermittelt.

$S_{Obj} = \frac{1}{2} \cdot C_S \cdot T_L$

C_S: Schallgeschwindigkeit

</td>
<td>

- Näherungsschalter für Objektabstände von S_{Obj} = 6 cm bis 6 m.
- Füllstandsüberwachungen.
- Kollisionsschutz bei Kränen, Beladerampen und Schienenfahrzeugen.
- Sortieren von Behältern und Teilen unterschiedlicher Höhen.
- Erfassen von Stapelhöhen (Papier, Holz, Stein) an Beladeeinrichtungen.

</td></tr>
<tr><td>Füllstandssensor (kapazitiv)
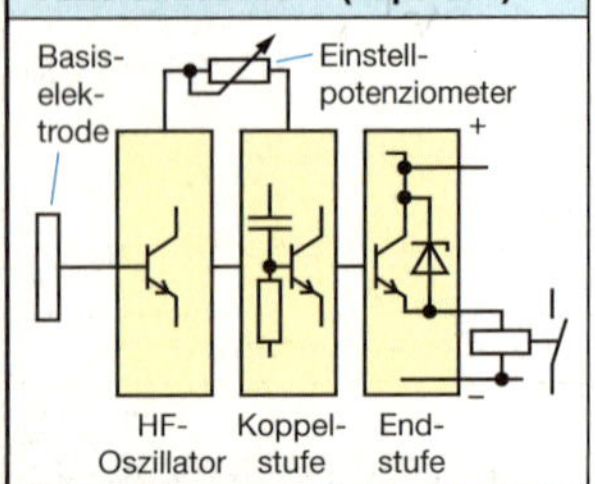
</td>
<td>

- Rauschfeld der Basiselektrode wird durch Nichtleiter, leitfähiges und geerdetes leitfähiges Material beeinflusst.
- Tritt ein Medium in das Rauschfeld, arbeitet der HF-Oszillator mit seiner Grundschwingung.
- Gegengekoppeltes Rückführungssignal gibt über Einstellpotenziometer die Ansprechempfindlichkeit vor.

</td>
<td>

- Abfrage von Füllständen in Silos und Behältern, auch in staubexplosionsgefährdeten Bereichen.
- Zählaufgaben, Vollständigkeitskontrolle in Verpackungsmaschinen.
- Überwachung auf Bandriss bei Textil- oder Papiermaschinen.

</td></tr>
<tr><td>Optische Sensoren
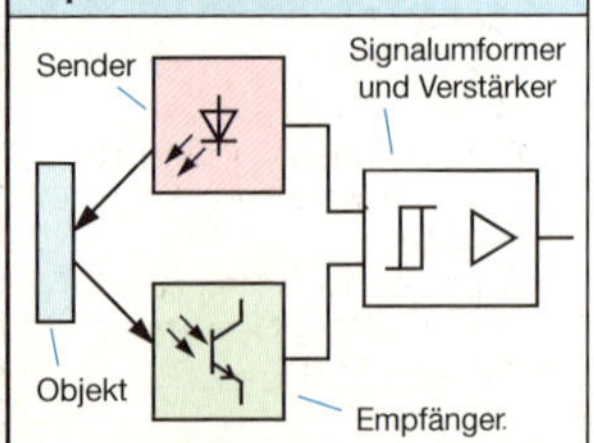
</td>
<td>

- Reflexions-Lichttaster reagieren auf Helligkeitsänderungen im definierten Tastbereich.
- Helligkeitsänderungen im Empfänger werden durch Lichtreflexion am Objekt im Tastbereich bewirkt.
- Schaltausgang in Öffner- oder Schließerfunktion hell- oder dunkelschaltend.

</td>
<td>

- Lichtschranken und -taster, z.B. in der Fördertechnik.
- Erfassung von Kleinteilen mit optischem Taster über Lichtleiter.
- Datenlichtschranken zur drahtlosen Datenübertragung.
- Schaltimpulsverlängerung für SPS-Verarbeitung möglich. Reichweite 0…500 mm.

</td></tr>
</table>

Digitale Sensorsysteme – *Digital sensor systems*

Aufbau eines digitalen Sensorsystems (dreistufiger AD-Umsetzer)

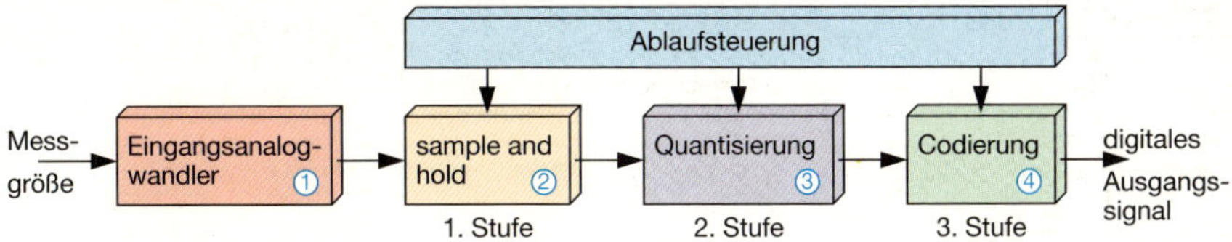

① Umsetzung der nichtelektrischen Messgröße in analoges elektrisches Signal.

② Abtastung des Messwertes in der Zeit t_{ab}, Messwerterhaltung für die Zeit t_{hold}.

③ Messbereichsunterteilung in endliche Zahl von Teilbereichen. Davon abhängig sind Auflösung und Messfehler.

④ Teilbereichsumwandlung in bestimmten Code sowie Anzeige bzw. Weiterleitung.

Digitalisierung durch Fühler mit frequenzanalogem Ausgang

- Digitale Sensorsysteme wandeln analoge Messgröße in digitales, zählbares Signal um. Lediglich die Frequenz ist als analoge Größe direkt zählbar.
- **O**ber**f**lächen**w**ellen-**S**ensoren (OFWS) setzen Veränderungen in den Oberflächenwellen eines Festkörpers in Frequenzänderung eines Oszillators um.
- OFW-Sensoren dienen u. a. der berührungslosen Identifizierung von Fahrzeugen, Behältern, Werkstücken und Halbzeugen.

Aufbau eines Oberflächenwellen-Sensors

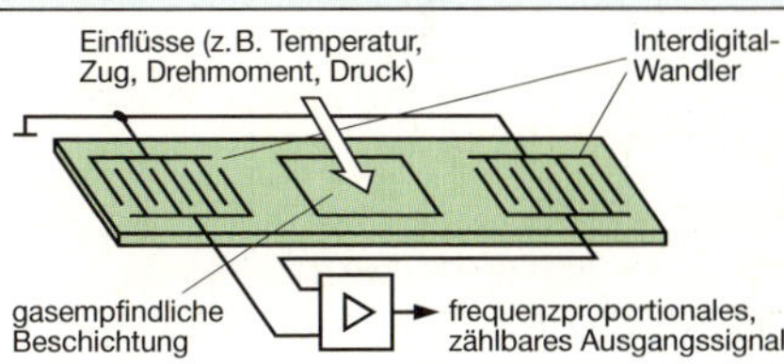

Digitale Winkelsensoren (Encoder)

Beispiel: Inkrementaler Winkelsensor

- Codescheibe mit regelmäßig angeordneten Hell-Dunkel-Feldern wird optoelektronisch abgetastet.
- Gezählte Impulse werden gleichzeitig in entsprechenden Winkel umgerechnet.
- Doppeltes, um 90° versetztes Impulsschema, dient zur Drehrichtungserkennung.

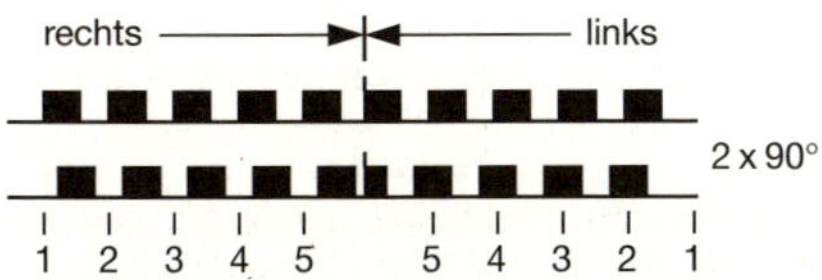

Multisensorsysteme

Beispiel: Ultraschall-Durchflussmessrohr

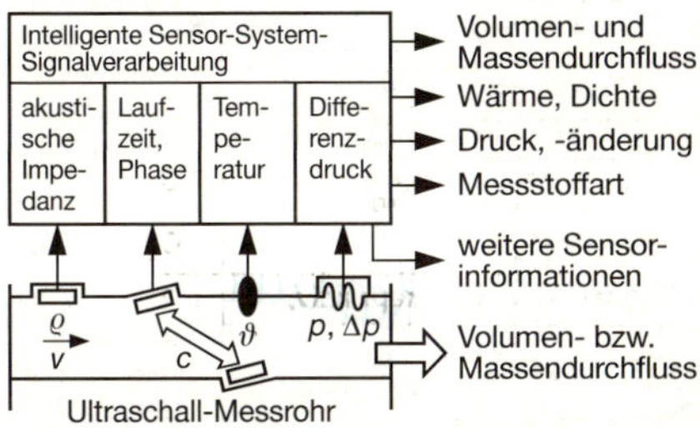

- Signalverarbeitungssystem, z. B. "Fuzzy", Sensor-Fusion usw.

Sensorsignalübertragung

Konventionell

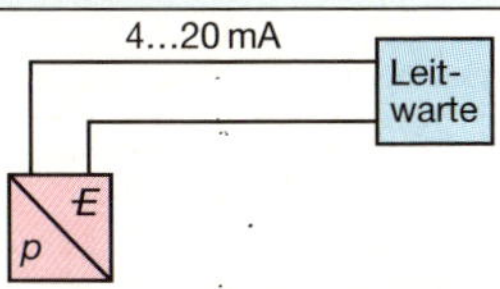

- Digitales Sensorsignal wird in analoges 4…20 mA-Signal umgewandelt und zur Leitwarte übertragen.

Intelligent

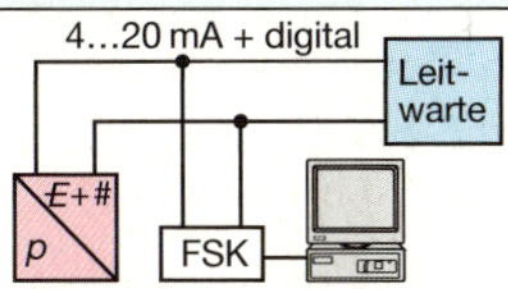

- Analogem 4…20 mA-Signal wird frequenzmoduliertes Signal überlagert (FSK = **F**requency **S**hift **K**eying).
- Speicherung von Werten und Ereignissen zur Prozessoptimierung möglich.

Feldbus (s. Profibus)

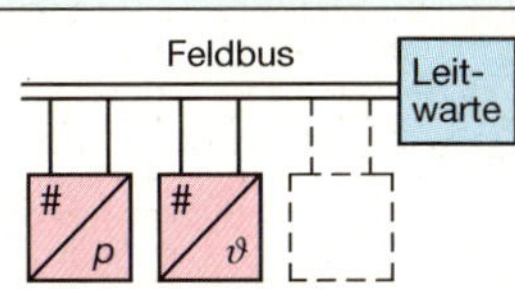

- Digitale Kommunikation zwischen Sensoren und Aktoren möglich.
- Eigensichere Speisung und Datenübertragung von Leitwarte ins Feld.

Steuerungs- und Regelungstechnik – *Control engineering*

DIN 19221: 93-05
DIN 19226-4: 94-02

Kennzeichen des Steuerns
- Eingangsgrößen beeinflussen Ausgangsgrößen.
- Dies geschieht nach den Gesetzmäßigkeiten, die das System besitzt.
- **Offener** Wirkungsweg (Steuerkette)

Kennzeichen des Regelns
- Fortlaufende Erfassung der zu regelnden Größe
- Vergleichen mit der Führungsgröße
- Angleichen an die Führungsgröße
- **Geschlossener** Wirkungsablauf (Regelkreis)

Elemente und Größen in der Steuerkette

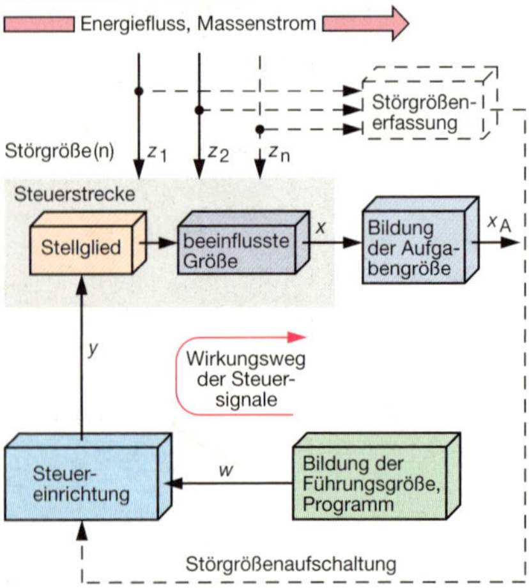

Elemente und Größen im Regelkreis

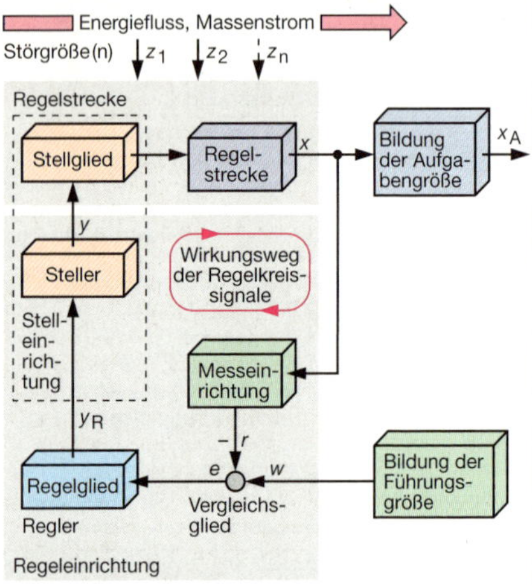

Drehzahlsteuerung

Beispiel:

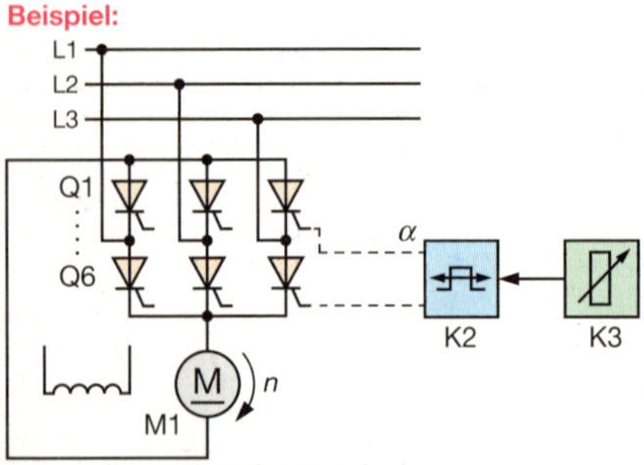

Drehzahlregelung

Beispiel:

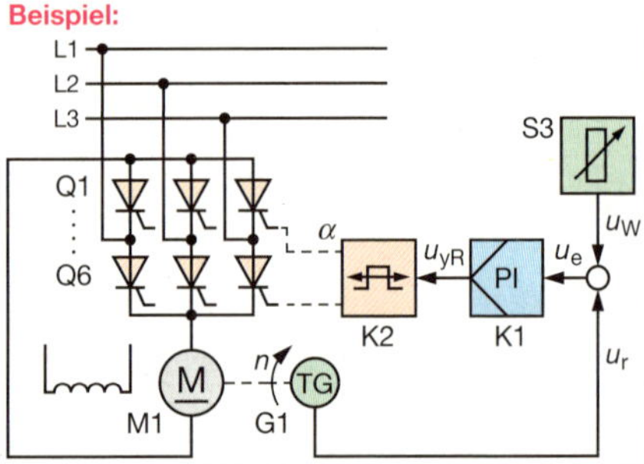

Elemente im Steuer-/Regelungssystem

Bezeichnung	Erklärung	Beispiel
Regelstrecke, Steuerstrecke	Teil des Systems oder des Wirkungsplans, der aufgabengemäß beeinflusst werden soll.	Q1 … Q6, M1
Regler	Aus Vergleichsglied und Regelglied bestehende Funktionseinheit.	K1, K2
Steller	Funktionseinheit, in der aus der Reglerausgangsgröße die zur Aussteuerung des Stellgliedes erforderliche Stellgröße gebildet wird.	Q1 … Q6
Stellglied	Funktionseinheit am Eingang der Strecke, die in den Massenstrom oder Energiefluss eingreift und zur Strecke gehört.	K2
Regeleinrichtung, Steuereinrichtung	Teil des Wirkungsweges, der die aufgabengemäße Beeinflussung der Strecke über das Stellglied bewirkt.	Vergleichsglied, K1, K2, Q1…Q6
Störgrößen-aufschaltung	Störgröße wird direkt gemessen und der Steuer- oder Regeleinrichtung als zusätzliche Eingangsgröße zugeführt.	

Steuerungs- und Regelungstechnik – *Control engineering*

DIN 19221: 93-05
DIN 19226-4: 94-02

Größen

Formelzeichen	Größe	Erklärung
x	**Regelgröße**	Größe der Regelstrecke, die zum Regeln erfasst und der Messeinrichtung zugeführt wird.
x_A	**Aufgabengröße**	Von der Steuerung oder Regelung zu beeinflussende Größe, die mit der Regelgröße verknüpft sein muss, aber nicht unbedingt zum Regelkreis gehört.
y	**Stellgröße**	Ausgangsgröße der Steuer- oder Regeleinrichtung, zugleich Eingangsgröße der Strecke. Sie überträgt die steuernde Wirkung der Einrichtung auf die Strecke.
z	**Störgröße**	Von außen wirkende Größe, die die beabsichtigte Beeinflussung in der Steuerung oder Regelung beeinträchtigt.
w	**Führungsgröße**	Von der Steuerung oder Regelung nicht beeinflusste Größe, der die Steuerung oder Regelung folgen soll. Sie wird dem Regelkreis von außen zugeführt.
r	**Rückführgröße**	Aus der Messung der Regelgröße hervorgegangene und zum Vergleichsglied zurückgeführte Größe.

Formelzeichen	Größe	Erklärung
e	**Regeldifferenz**	Differenz zwischen der Führungsgröße w und der Rückführgröße r. $e = w - r$.
W_h	**Führungsbereich**	Bereich, in dem die Führungsgröße einer Regelung oder Steuerung liegen kann.
X_h	**Regelbereich**	Einstellbarer Bereich, in dem die Regelgröße unter Berücksichtigung vereinbarter Werte der Störgrößen liegen kann, ohne dass die vereinbarte größte Sollwertabweichung überschritten wird.
X_{Ah}	**Aufgabenbereich**	Bereich, in dem die Aufgabengröße bei voller Funktionsfähigkeit der Steuerung oder Regelung liegen kann.
Y_h	**Stellbereich**	Bereich, in dem die Stellgröße einstellbar ist.
Z_h	**Störbereich**	Bereich, in dem die Störgröße liegen darf, ohne dass die vereinbarte größte Sollwertabweichung der Steuerung oder Regelung überschritten wird.

Steuerungsarten – *Control methods*

DIN 19226-5: 94-02

Unterscheidung	Erklärung
Signalverarbeitung	
synchrone Steuerung	Signalverarbeitung erfolgt synchron zu einem Taktsignal.
asynchrone Steuerung	Signalverarbeitung erfolgt ohne Taktsignal. Signaländerungen werden nur durch Änderungen der Eingangssignale ausgelöst.
Verknüpfungssteuerung	Steuerung, die den Zuständen der Eingangssignale durch Boolsche Verknüpfungen definierte Zustände der Ausgangssignale zuordnet.
Steuerungsablauf	
Ablaufsteuerung	Steuerung mit zwangsläufig schrittweisem Ablauf. Der Übergang von einem Schritt auf den oder die programmgemäß folgenden ist abhängig von Übergangsbedingungen.
zeitgeführte Ablaufsteuerung	Ablaufsteuerung, deren Übergangsbedingungen nur von der Zeit abhängig sind.
prozessabhängige Ablaufsteuerung	Steuerung, deren Übergangsbedingungen vorwiegend von Signalen der gesteuerten Anlage (Prozess) abhängig sind.
Programmverwirklichung	
verbindungsprogrammierte Steuerung	Steuerung, deren Programm durch die Art der Funktionseinheiten und durch deren Verbindungen vorgegeben ist.

Unterscheidung	Erklärung
speicherprogrammierbare Steuerung	Steuerung, deren Programm in einem Programmspeicher gespeichert ist.
freiprogrammierbare Steuerung	Speicherprogrammierbare Steuerung, mit Schreib-Lese-Speicher als Programmspeicher, dessen Inhalt ohne mechanischen Eingriff in die Steuereinrichtung veränderbar ist.
austauschprogrammierbare Steuerung	Speicherprogrammierbare Steuerung, mit Nur-Lese-Speicher als Programmspeicher, dessen Inhalt nach erfolgter Programmierung nur durch mechanischen Eingriff in die Steuereinrichtung veränderbar ist.
Hierarchische Zuordnung	
Einzelsteuerung	Funktionseinheit zum Steuern eines einzelnen Stellgliedes.
Gruppensteuerung	Funktionseinheit zum Steuern eines zusammenhängenden Teilprozesses, die den dazugehörenden Einzelsteuerungen übergeordnet ist.
Prozesssteuerung	Den Gruppensteuerungen übergeordnete Funktionseinheit zum Steuern des gesamten Prozesses.
Prozesssteuerungsebene	Sie fasst alle Teile der Steuereinrichtung zusammen, die auf die Gruppensteuerungsebene einwirken.

Zeitverhalten von Regelgrößen – *Time behaviour of control quantities*

Zeitverhalten von Führungsgrößen — DIN 19225: 81-12

Bezeichnung	Erklärung	Beispiel
Folgeregelung	Regelgröße folgt der von außen vorgegebenen, zeitlich veränderlichen Führungsgröße.	Witterungsgeführte Heizungsregelung
Zeitplanregelung	Führungsgröße wird nach einem Zeitplan vorgegeben.	Heizungsregelung mit tage- oder wochenweiser Programmierung
Festwertregelung	Führungsgröße ist auf einen festen Wert eingestellt, bzw. innerhalb des Führungsbereiches einstellbar.	Drehzahlregelung, Spannungsstabilisierung

Zeitverhalten von Regelkreisgliedern — DIN 19226-2: 94-02

Um optimales Zusammenwirken von Regelstrecke und Regeleinrichtung zu erreichen, ist die Kenntnis des zeitlichen Verhaltens der einzelnen Glieder notwendig.

Zur Untersuchung wird vorzugsweise die Regelstrecke mit verschiedenartigen Änderungen der Eingangsgröße beaufschlagt und die Ausgangsgröße im zeitlichen Verlauf beobachtet.

Verfahren	Erklärung	Zeitlicher Verlauf
Sprungantwort	Zeitlicher Verlauf der Ausgangsgröße nach einer sprungartigen Änderung der Eingangsgröße.	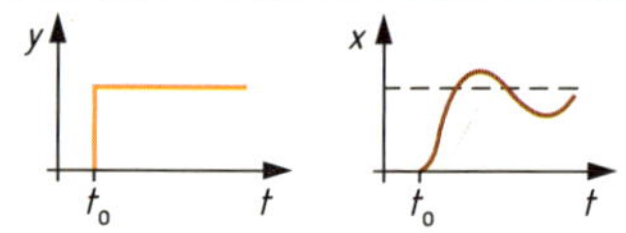
Impulsantwort	Zeitlicher Verlauf der Ausgangsgröße bei einem Nadelimpuls der Eingangsgröße.	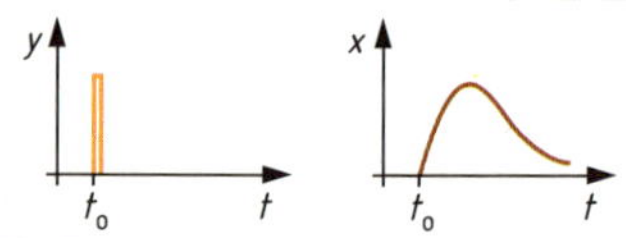
Anstiegsantwort	Zeitlicher Verlauf der Ausgangsgröße bei einer Anstiegsfunktion mit definierter Änderungsgeschwindigkeit als Eingangsgröße.	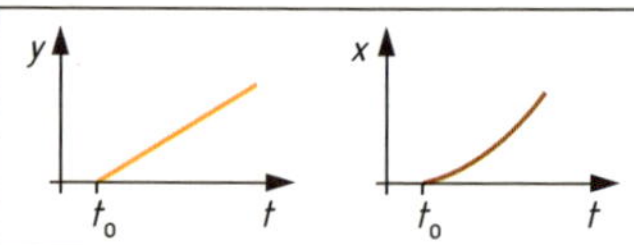
Sinusantwort	Zeitlicher Verlauf der Ausgangsgröße bei sinusförmigem Verlauf und Durchfahren der Frequenzen $\omega = 0$ bis $\omega = \infty$, ($\omega = 2\,\pi f$, Kreisfrequenz) der Eingangsgröße. Der Frequenzgang ($\lvert G(\omega)\rvert = \lvert x/y \rvert$) und der Phasengang (Phasenwinkelverlauf $\varphi = f(\omega)$) werden im Nyquist- oder Bode-Diagramm zur Beurteilung der Stabilität des Regelkreises dargestellt. Eckkreisfrequenz: $\frac{\omega}{\omega_1} = 1$	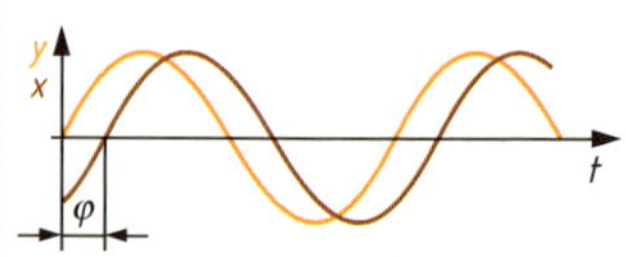

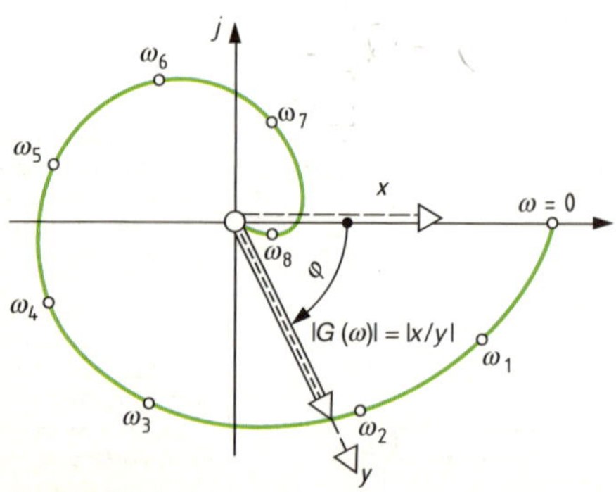

Nyquist-Diagramm

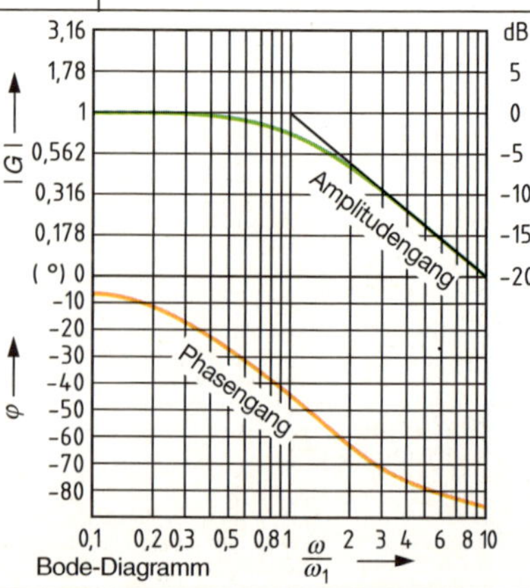

Bode-Diagramm

Zeitverhalten von Regelstrecken

Time behaviour of controlled systems

DIN 19226-2: 94-02

Sprungantwort-Verfahren

Dem Sprungantwort-Verfahren kommt in der Praxis die größte Bedeutung zu, da sich die Übergangsfunktion meist mit geringem Aufwand experimentell ermitteln lässt.

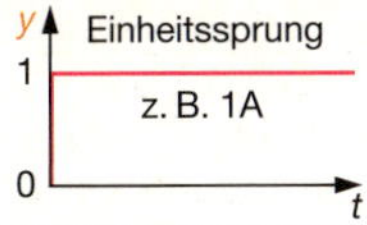

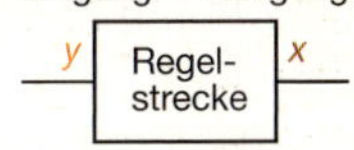

	Bezeichnung, Kenngrößen	Sprungantwort	Beispiel	Übergangsverhalten
P-Strecken (Strecken mit Ausgleich)	**P_0-Strecke** Proportional-Beiwert $K_{PS} = x/y$	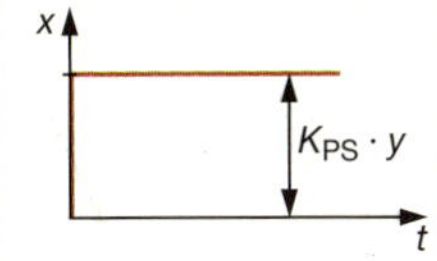	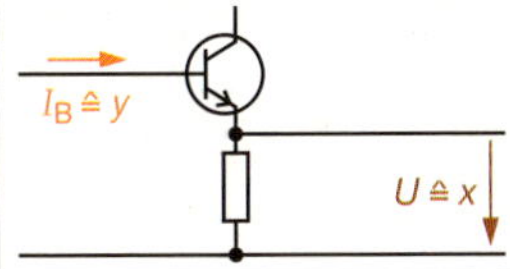	x folgt proportional unverzögert der Eingangsgröße y.
	PT_1-Strecke Proportional-Beiwert $K_{PS} = x_\infty/y$ Zeitkonstante T_S	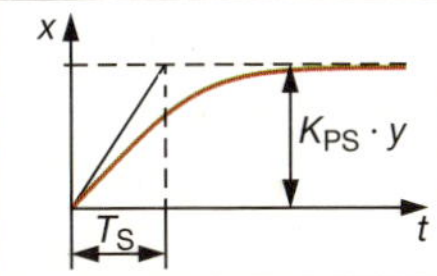	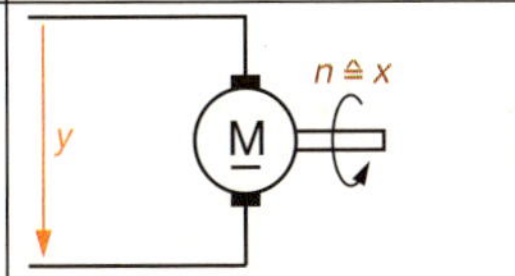	x folgt proportional, nach einer e-Funktion verzögert, der Eingangsgröße y.
	PT_2-Strecke Proportional-Beiwert $K_{PS} = x_\infty/y$ Verzugszeit T_u Ausgleichszeit T_g	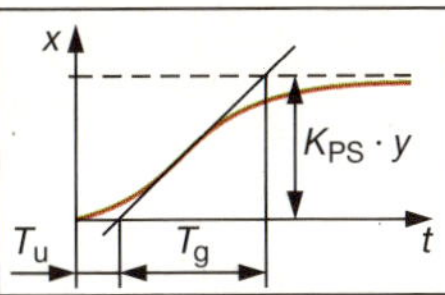	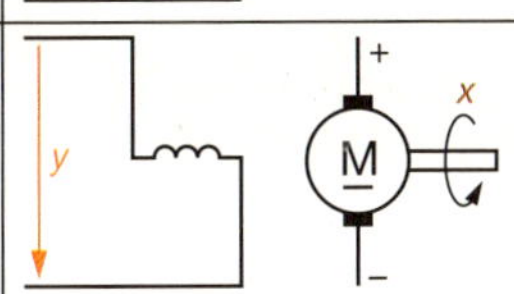	x folgt proportional, mit zwei Zeitkonstanten verzögert der Eingangsgröße y.
	PT_t-Strecke Proportional-Beiwert $K_{PS} = x/y$ Totzeit T_t	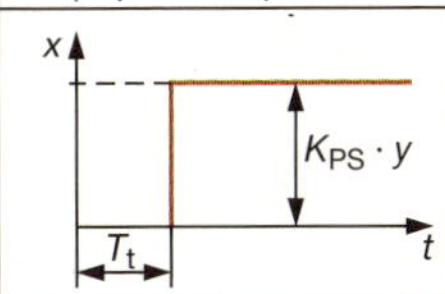	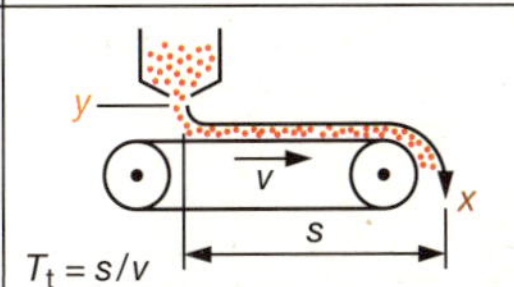	x folgt proportional, um die Zeit T_t verzögert, der Eingangsgröße y.
	PT_t-T_1-Strecke Proportional-Beiwert $K_{PS} = x_\infty/y$ Totzeit T_t Zeitkonstante T_S	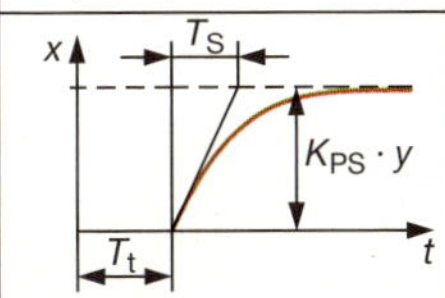	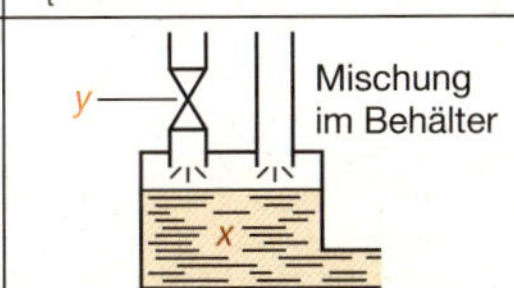	x folgt proportional, mit einer e-Funktion und einer Totzeit verzögert, der Eingangsgröße y.
I-Strecken (Strecken ohne Ausgleich)	**I_0-Strecke** Integrierzeit T_{IS} Integrierbeiwert $K_{IS} = v_x \cdot \frac{1}{y}$ $v_x = \frac{\Delta x}{\Delta t}$	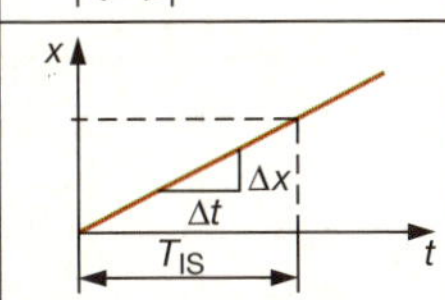	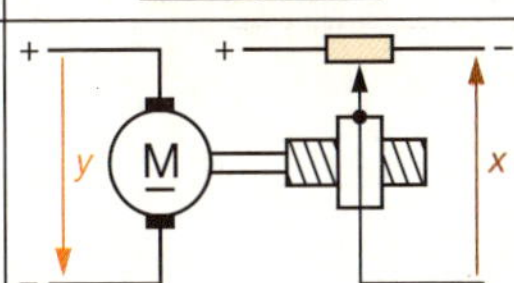	x ist das Zeitintegral der Eingangsgröße y.
	IT_1-Strecke Integrierzeit T_{IS} Verzögerungszeitkonstante T_S	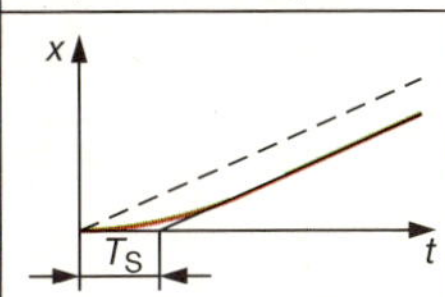	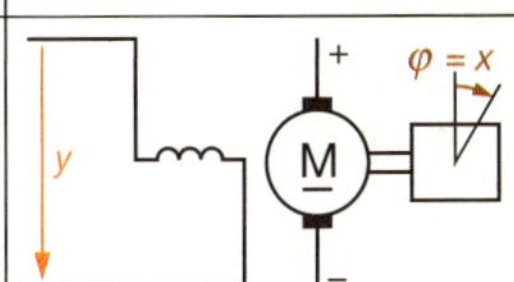	x ist das Zeitintegral, verzögert mit einer Zeitkonstanten, der Eingangsgröße y.
	IT_t-Strecke Integrierzeit T_{IS} Totzeit T_t	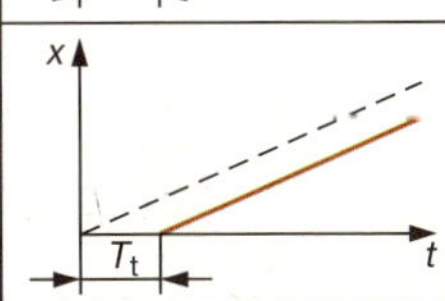	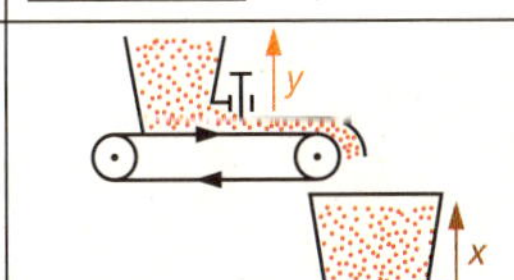	x ist das Zeitintegral, verzögert mit der Totzeit T_t, der Eingangsgröße y.

Regeleinrichtungen – *Control assemblies*

Stetige Regler

- Zeitverhalten von Reglern kann mit verschiedenen Eingangssignalen ermittelt werden.
- Je nach Reglertyp ist seine Funktion am einfachsten als Sprung- bzw. Anstiegsantwort zu erkennen.

P-Regler

Sprungantwort

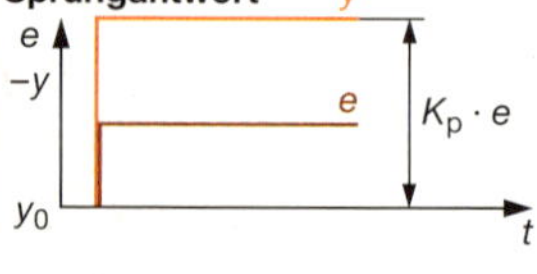

Regeldifferenz bewirkt eine proportionale Stellgröße.
K_P: Proportionalbeiwert

D-Regler

Anstiegsantwort

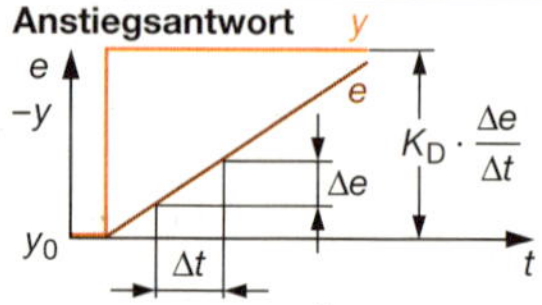

Stellgröße wird durch Änderungsgeschwindigkeit der Regeldifferenz bestimmt.

I-Regler

Sprungantwort

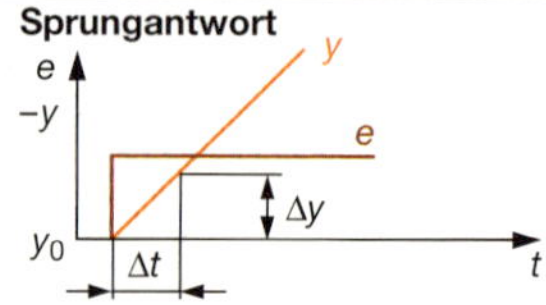

Die Regeldifferenz bestimmt die Änderungsgeschwindigkeit der Stellgröße.

PD-Regler

Anstiegsantwort

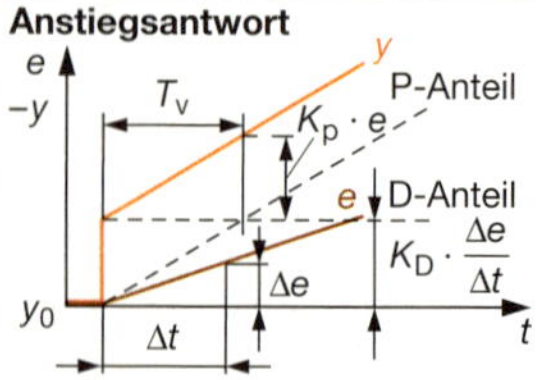

kombiniertes Verhalten von P- und D-Regler

PI-Regler

Sprungantwort

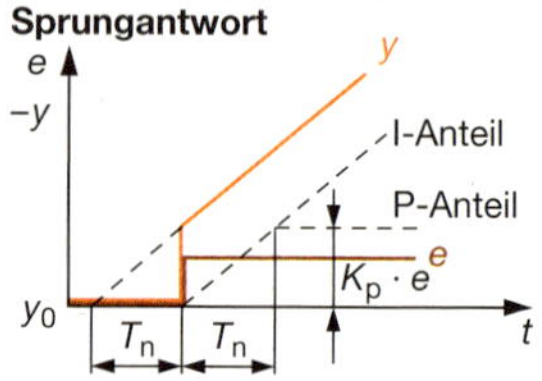

kombiniertes Verhalten von P- und I-Regler

PID-Regler

Sprungantwort

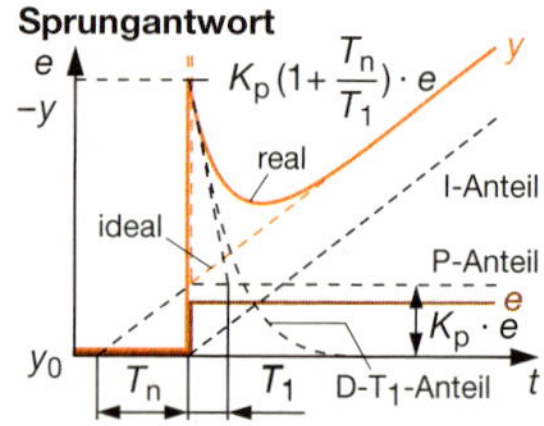

kombiniertes Verhalten von P-, I- und D-Regler

Unstetige Regler

Zweipunkt-Regler

- Stellgröße kann nur zwei Zustände annehmen (EIN und AUS).
- Sie sind nur geeignet, wenn die Regelstrecke zeitlich verzögert reagiert.

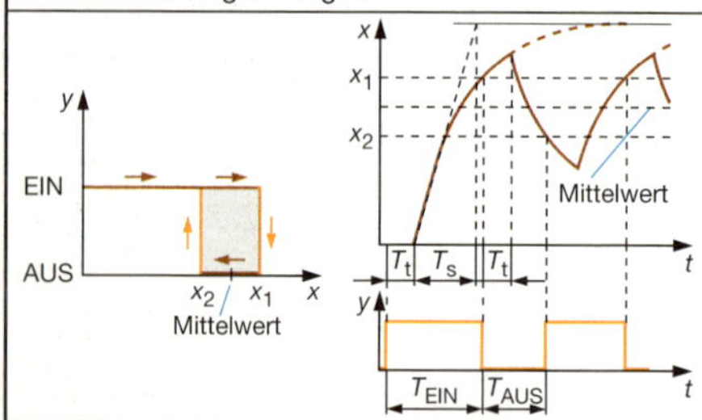

Dreipunkt-Regler

- Sie verfügen über drei Schaltzustände (Zustand I, AUS, Zustand II).
- Sie sind nur geeignet, wenn die Regelstrecke zeitlich verzögert reagiert.

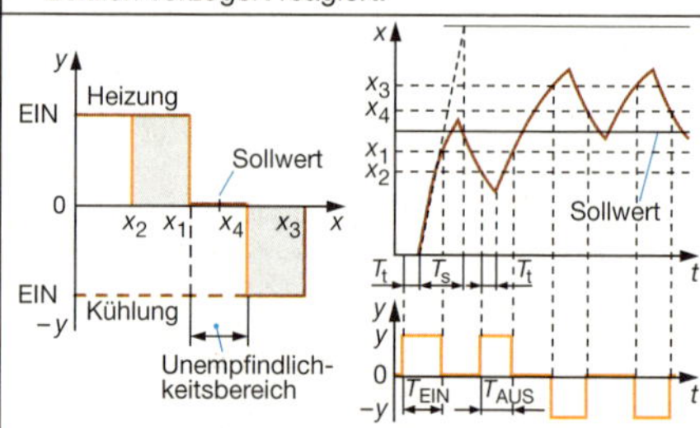

Reglerauswahl – *Selection of closed loop controller*

Strecke		Regler P	I	PI	PD	PID	2-Punkt-Regler
P-Strecken	P_0	ungeeignet	geeignet	besonders geeignet	ungeeignet	ungeeignet	ungeeignet
	PT_1	geeignet	geeignet	geeignet	ungeeignet	ungeeignet	geeignet
	PT_2	ungeeignet	ungeeignet	geeignet	ungeeignet	besonders geeignet	geeignet
	PT_T	ungeeignet	geeignet	besonders geeignet	ungeeignet	ungeeignet	ungeeignet
	PT_tT_1, $\tau \gg T_t$	geeignet	ungeeignet	besonders geeignet	geeignet	geeignet	geeignet
	PT_tT_1, $\tau > T_t$	ungeeignet	ungeeignet	geeignet	ungeeignet	geeignet	ungeeignet
I-Strecken	I_0	geeignet	ungeeignet	geeignet	ungeeignet	ungeeignet	geeignet
	IT_1	ungeeignet	ungeeignet	geeignet	geeignet	besonders geeignet	geeignet
	IT_t	ungeeignet	ungeeignet	ungeeignet	geeignet	geeignet	ungeeignet

■ besonders geeignet ■ geeignet ■ ungeeignet

Digitale Regelung – *Digital closed loop control*

DIN 19225: 81-12 DIN 19226-1-5: 94-02
DIN EN 19226-6: 93-07

Signalformen

wertkontinuierlich-zeitkontinuierlich

stetiges Signal

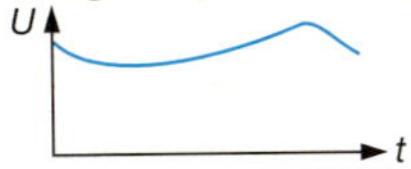

frequenzmod. Signal

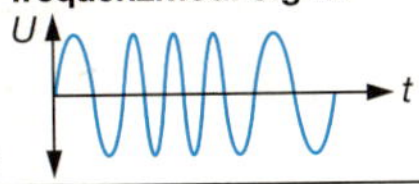

wertkontinuierlich-zeitdiskret

Pulssignal

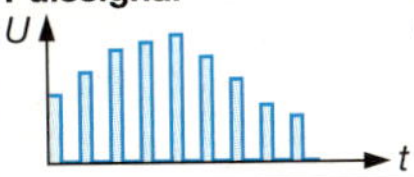

Stufensignal

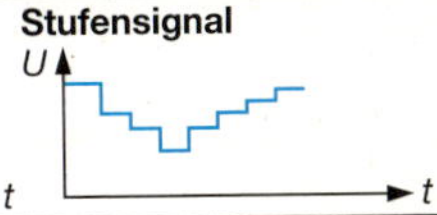

wertdiskret-zeitkontinuierlich

Zweipunkt-Signal

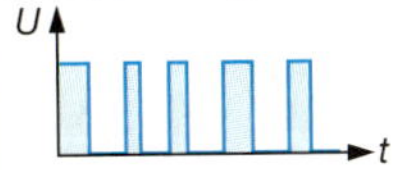

serielles, binäres Signal

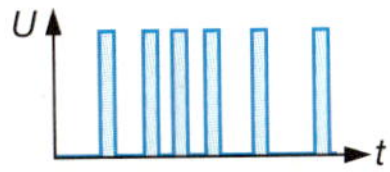

paralleles, binäres Signal

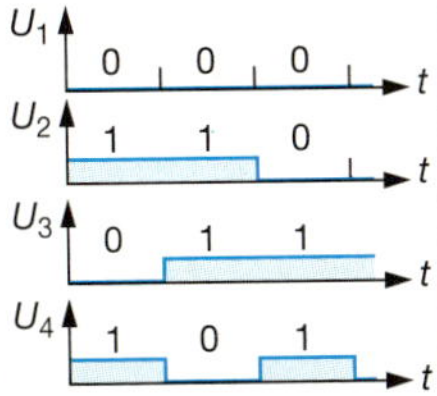

wertdiskret-zeitdiskret

serielles, binäres Signal

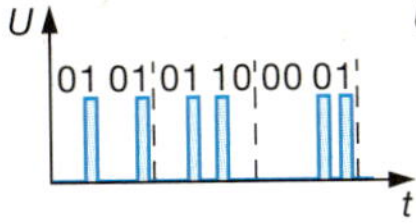

Deltamodulation in festen Zeitschritten

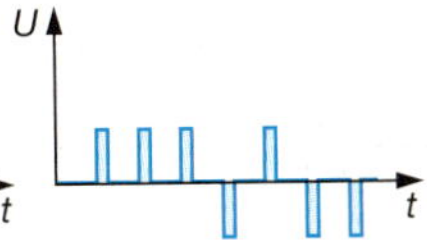

Arbeitsprinzip

Regelkreis mit Digitalregler

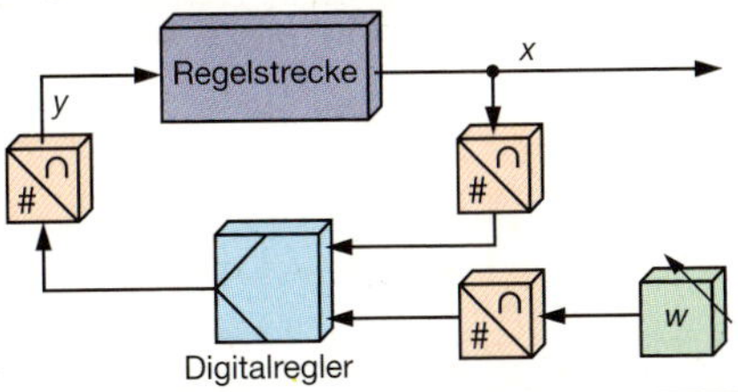

- Führungsgröße *w* und Regelgröße *x* in Form digital codierter Zahlenwerte erforderlich.
- Eventuell müssen diese Größen mittels Analog-/Digitalumsetzern erzeugt werden.
- Berechnung der Stellgröße benötigt eine endliche Zeit.
- Istwert wird in zeitlichen Abständen gemessen und gespeichert.
- Bei der Rechnerregelung sind der Regelalgorithmus und die Regelparameter in Form eines Programms im Speicher abgelegt.
- Errechnete Stellgröße *y* wird bis zum nächsten Schritt gespeichert u. ggf. digital/analog umgesetzt.

Begriffe

Begriff	Erklärung
Abtastregelung, zyklisch (polling)	Messstelle wird in festen Zeitabständen T_A abgefragt.
Abtastregelung, azyklisch (interrupt)	Messstelle wird nur bei Bedarf abgefragt (Programmunterbrechung).
Adaptive Regelung	Regeleinrichtung passt sich veränderlichen Betriebsbedingungen (auch Struktur- und Parameteränderungen in der Regelstrecke) selbsttätig an.
Algorithmus	Vollständig festgelegte endliche Folge von Vorschriften, nach denen aus zulässigen Eingangsgrößen eines Systems gewünschte Ausgangsgrößen erzeugt werden.
Parameter-identifizierung	Ermittlung von Systemparametern aus der Messung zeitveränderlicher Größen des Systems.

Prozesssignale

Spannungssignal

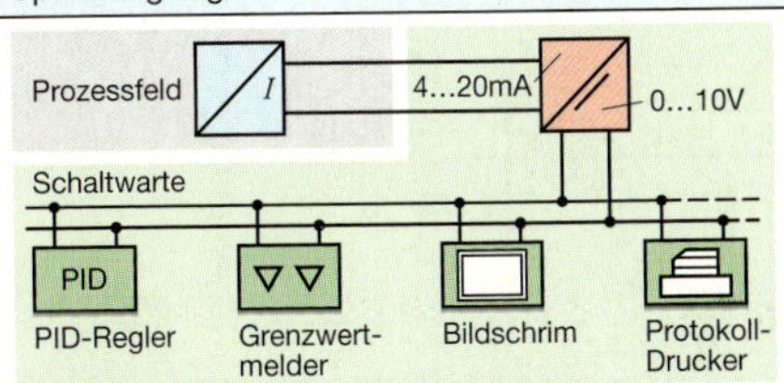

Spannungsbereich: 0 ... 10V, 1 ... 10V
Belastbarkeit: 1,5kΩ ... 2kΩ; ≙ 50 Module je 100kΩ

Konstantstromsignal

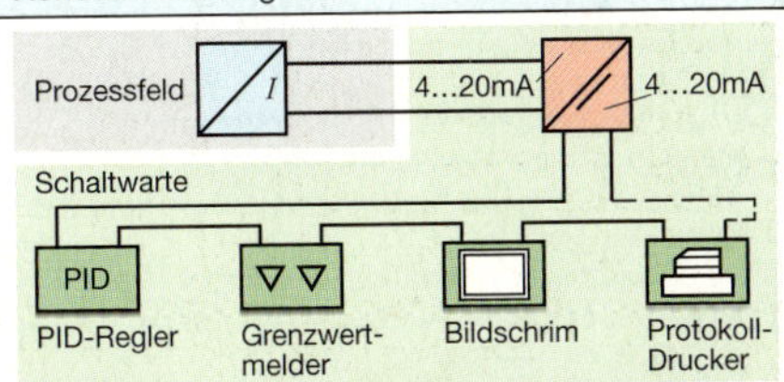

Strombereich: 4...20mA (0mA ≙ Leitungsbruch)
Senderlastwiderstand: < 750Ω ≙ 15 Module je 50Ω

Digitale Regelung – *Digital closed loop control*

DIN 19225: 81-12 DIN 19226-1-5: 94-02 DIN EN 19226-6: 93-07

Strukur digitaler Regeleinrichtungen mit Mikrocomputer

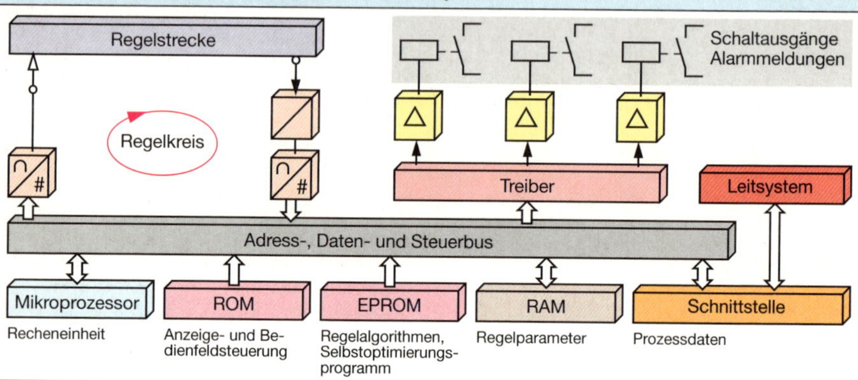

Betriebsarten digitaler Regeleinrichtungen

DDC-Betrieb (**D**irekt **D**igital **C**ontrol)
Der Digitalregler befindet sich im Standby-Betrieb, das übergeordnete System regelt. Die Regelung kann der Digitalregler stoßfrei übernehmen, wenn ständig die Stellgröße nachgeführt ① und die Regeldifferenz beseitigt werden ② (x-tracking).

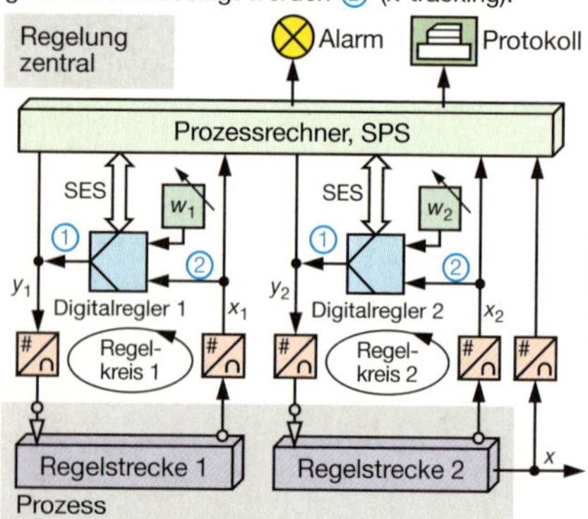

SES: **Se**rielle **S**chnittstelle

SPC-Betrieb (**S**et **P**oint **C**ontrol)
Die Führung des Sollwertes erfolgt vom übergeordneten System über die serielle Schnittstelle. Regler kann bei Rechnerausfall den letzten Sollwert oder parametrierten Sicherheitssollwert übernehmen.

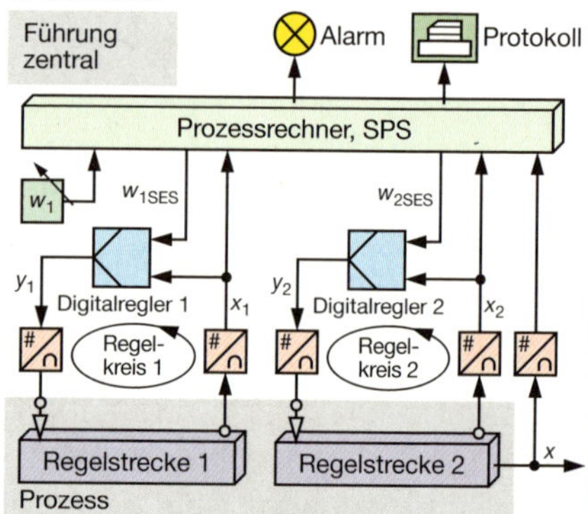

Selbstoptimierung (Adaption)

Erklärung

Verfahren zur selbsttätigen Anpassung der Reglerparameter an die Regelstrecke.
Die Anpassung kann einmalig erfolgen (bei invariablen Regelstrecken) oder ständig mit voll-adaptiven Reglern an Regelstrecken mit veränderlichen Streckenparametern. Mögliche Verfahren:

- Nach Ziegler/Nichols werden K_{PRkrit} und T_{krit} gemessen, die Reglerparameter errechnet und der Regler eingestellt.
- Im Sprungantwortverfahren werden die Regelstreckenparameter aufgenommen, für die der Regler optimal angepasst wird.
- Optimierung mit Parameterschätzung und mathematischen Modellen (Prozessrechner).

Regelkreis mit adaptivem Regler

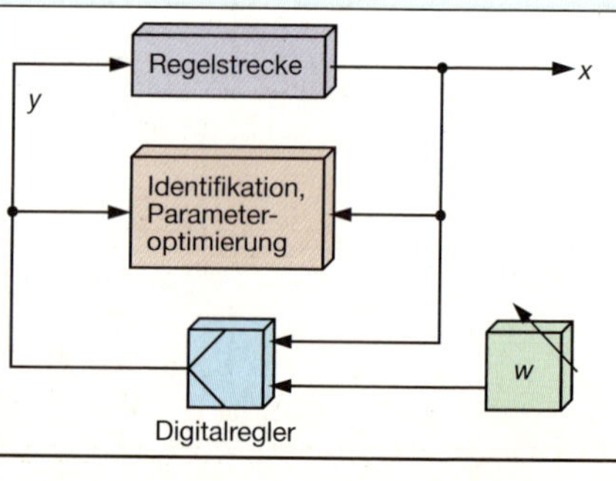

Leittechnik, Prozessleittechnik

Instrumentation and control, process control engineering

Begriffe

Prozess

Gesamtheit von aufeinander einwirkenden Vorgängen in einem System, durch die Materie, Energie oder auch Informationen umgeformt, transportiert oder auch gespeichert werden.

Beispiele:
- Erzeugung elektrischer Energie im Kraftwerk
- Verteilung von Energie
- Verarbeitung von Daten in einer Rechenanlage
- Fertigung in einem Betrieb

Leiteinrichtung

Alle für die Aufgaben des Leitens verwendeten Geräte und Programme.

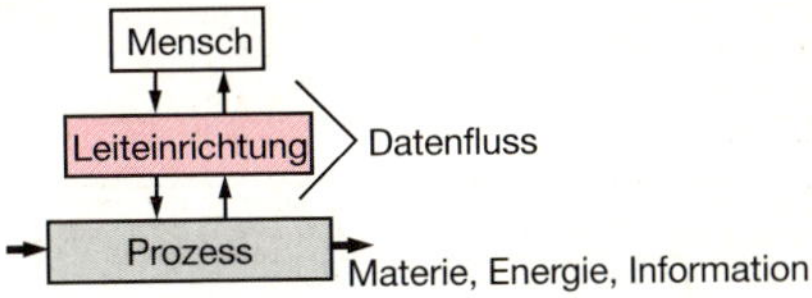

Leittechnik

Gezieltes Einwirken auf den Ablauf eines Prozesses.

Leiten

Gesamtheit aller Maßnahmen, die einen im Sinne festgelegter Ziele erwünschten Ablauf eines Prozesses bewirken. Die Maßnahmen werden vorwiegend unter Mitwirkung des Menschen aufgrund der aus dem Prozess erhaltenen Daten mit Hilfe einer Leiteinrichtung getroffen.

Aufgaben des Leitens

Priorität:
1. Schützen
2. Eingreifen
3. Steuern
4. Regeln
5. Optimieren

Weitere Aufgaben:
Messen, Zählen, Überwachen, Auswerten, Anzeigen, Melden, Aufzeichnen, Protokollieren, Stellen, Daten erfassen, Daten eingeben, Daten verarbeiten, Daten übertragen, Daten ausgeben.

Beispiel für die Struktur eines Prozessleitsystems

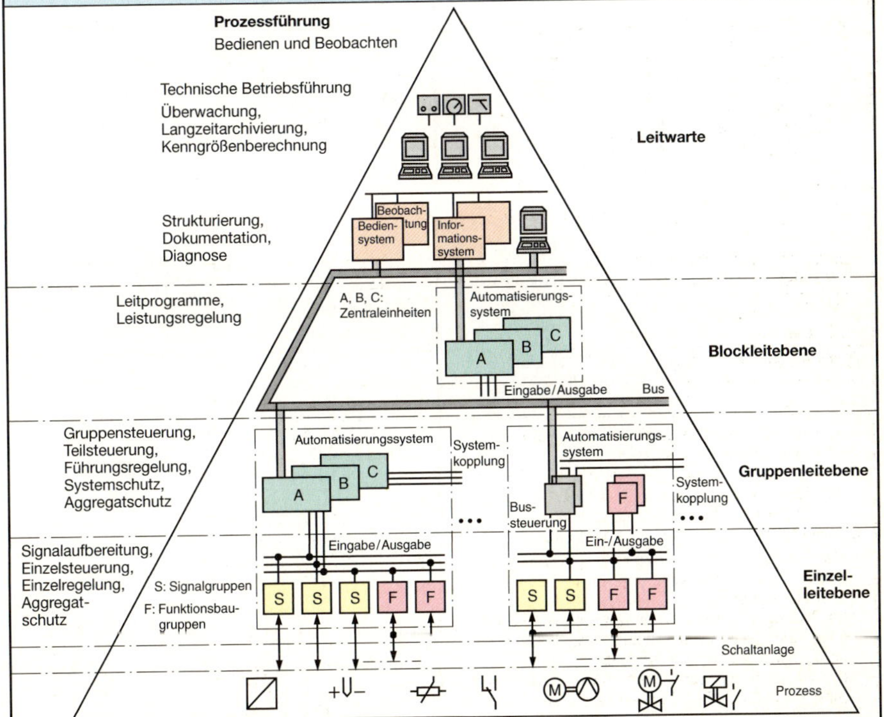

Speicherprogrammierbare Steuerungen (SPS)

Programmable logic controller (PLC)

DIN EN 61131-3: 94-08

Funktionsprinzip

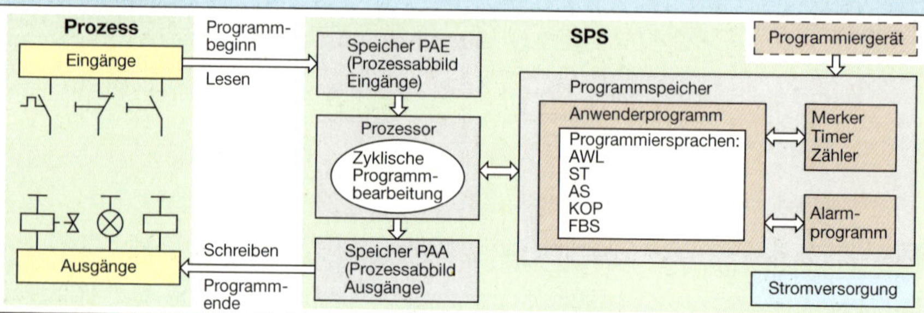

Programmiersprachen für SPS

Bezeichnung, deutsch	Abk.	Bezeichnung, englisch	Abk.	Eigenschaften
Textuelle Sprachen				
An**w**eisungs**l**iste	**AWL**	**I**nstruction **L**ist	**IL**	Geringer genormter Operationsumfang (ca. 20 Operat.)
Strukturierter **T**ext	**ST**	**S**tructured **T**ext	**ST**	Hochsprache, geeignet für komplexe Rechenaufgaben
Ablauf**s**prache textuelle Variante	**AS**	**S**equential **F**unction **C**hart	**SFC**	Für Programmierung von Ablaufketten gut geeignet (kaum gebräuchlich)
Grafische Sprachen				
Kontakt**p**lan	**KOP**	**L**adder **D**iagram	**LD**	Dem herkömmlichen Stromlaufplan sehr ähnlich, im Wesentlichen auf boolesche Elemente beschränkt
Funktions**b**au-stein**s**prache	**FBS**	**F**unction **B**lock **D**iagram	**FBD**	Wegen Analogie zu herkömmlichen Funktionsplänen sehr anschaulich
Ablauf**s**prache, grafische Variante	**AS**	**S**equential **F**unction **C**hart	**SFC**	Für Programmierung von Ablaufketten gut geeignet

Operatoren für Sprachen AWL und ST

AWL	Mod.[1]	ST	Bedeutung
LD	N		Setzt aktuelles Ergebnis dem Operanden gleich.
ST	N		Speichert aktuelles Ergebnis auf die Operanden-Adresse.
S			Setzt booleschen Operator auf 1.
R			Setzt booleschen Operator auf 0.
AND, &	N, (	AND, &	Boolesches UND
OR	N, (	OR	Boolesches ODER
XOR	N, (	XOR	Boolesch. EXKLUSIV-ODER
ADD	(	+	Addition
SUB	(	–	Subtraktion
MUL	(	*	Multiplikation
DIV	(	/	Division
GT	(	>	Vergleich: >
GE	(	> =	Vergleich: > =
EQ	(	=	Gleichheit
NE	(	< >	Ungleichheit
LE	(	< =	Vergleich: < =
LT	(	<	Vergleich: <
JMP	C, N		Sprung zur Marke
CAL	C, N		Aufruf Funktionsbaustein
RET	C, N		Rücksprung von Funktion oder Funktionsbaustein

[1] Modifizierer (für AWL)

Modifizierer für AWL

Modifizier.	Bedeutung
N	Boolesche Negation des Operanden
C	Ausführung der Anweisung nur bei boolescher "1" des Ergebnisses (oder "0", falls Operator mit "N" verknüpft)
(	Rückstellung der Auswertung des Operators bis Operator ")" erscheint
)	Bearbeitung der zurückgestellten Operation

Eingangsoperatoren von Standard-FB für AWL

FB-Typ	Operator	FB-Typ	Operator
SR	S1,R	CTU	CU,R,PV
RS	S,R1	CTD	CD,LD,PV
R_TRIG	CLK	CTUD	CU,CD,R,LD,PV
F_TRIG	CLK	TP	IN,PT
		TON,TOF	IN,PT

Anweisungen für Sprache ST

Anweisungstyp	Bedeutung
: =	Zuweisung
RETURN	Rücksprung
IF, CASE	Auswahlanweisungen
FOR	Zählschleife
WHILE	Abweisende Schleife
REPEAT	Nicht abweis. Schleife
EXIT	Schleifenabbruch
Bausteinname (Parameter)	Bausteinaufruf

Speicherprogrammierbare Steuerungen (SPS)

Programmable logic controllers (PLC)

DIN EN 61131-3: 94-08

Elemente grafischer Sprachen

Boolesche Funktionen

Darstellung	Bedeutung	Darstellung	Bedeutung ****:*	Symbol
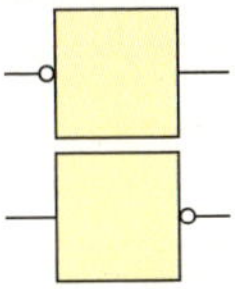	Negierter Eingang negierter Ausgang	ANY_BIT — [***] — ANY_BIT • • ANY_BIT — ANY_BIT: Bool, Byte, Word…	AND OR XOR NOT	& >=1

Arithmetische Standardfunktionen

Darstellung	***:	Symbol	***:	Symbol
ANY_NUM — [***] — ANY_NUM • • ANY_NUM — ANY_NUM: Int, Real…	ADD MUL SUB DIV	+ * - /	MOD EXPT MOVE	 ** :=

(Bedeutung: columns ***: / Symbol)

Bitschiebe-Funktionen

Darstellung	Bedeutung
— IN [***] Q — — N	***: SHR: rechts schieben SHL: links schieben

Standard-Funktionsbausteine

Bezeichnung	Funktionsbaustein	Bezeichnung	Funktionsbaustein
Speicher, vorrangig Setzen	SR: BOOL — S1, BOOL — R; Q1 — BOOL	Zeitgeber, Ausschaltverzögerung	TOF: BOOL — IN, TIME — PT; Q — BOOL, ET — TIME
Speicher, vorrangig Rücksetzen	RS: BOOL — S, BOOL — R1; Q1 — BOOL	Flankenerkennung, steigende Flanke	R_TRIG: BOOL — CLK; Q — BOOL
Semaphore, „Test u. Setzen", nicht unterbrechbar	SEMA: BOOL — CLAIM, BOOL — RELEASE; BUSY — BOOL	Flankenerkennung, fallende Flanke	F_TRIG: BOOL — CLK; Q — BOOL
Zeitgeber, Puls	TP: BOOL — IN, TIME — PT; Q — BOOL, ET — TIME	Aufwärtszähler	CTU: BOOL —>CU, BOOL — R, INT — PV; Q — BOOL, CV — INT
Zeitgeber, Einschaltverzögerung	TON: BOOL — IN, TIME — PT; Q — BOOL, ET — TIME	Abwärtszähler	CTD: BOOL —>CD, BOOL — LD, INT — PV; Q — BOOL, CV — INT

Elemente für Sprache KOP (Kontaktplan)

Darstellung	Bedeutung	
Statische Kontakte		
--||--	Schließer	
--|/|--	Öffner	
Verknüpfungen	**Bedeutung**	**Zum Vergl. in FBS**
--||---||--	UND	[&]
--+-||-+-- +-||-+	ODER	[>=1]
Kontakte zur Erkennung von Übergängen		
--|P|--	Kontakt zur Erkennung von positivem Übergang	
--|N|--	Kontakt zur Erkennung von negativem Übergang	

Darstellung	Bedeutung
Spulen	
--( )--	Spule
--(/)--	Negative Spule
--(S)--	SETZE-Spule
--(R)--	RÜCKSETZE-Spule
--(M)--	Gepufferte (Speicher)-Spule
--(SM)--	SETZE-gepufferte (Speicher)-Spule
--(RM)--	RÜCKSETZE-gepufferte (Speicher)-Spule
--(P)--	Spule zur Erkennung von positivem Übergang
--(N)--	Spule zur Erkennung von negativem Übergang

Aktuator-Sensor-Interface (ASI) – *Actuator-sensor-interface*

System

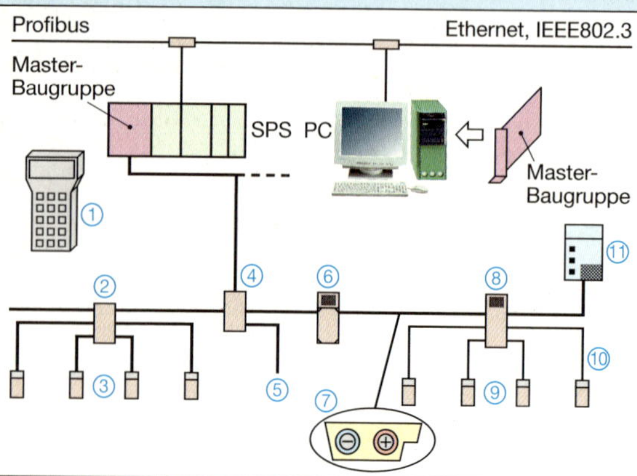

① Adressprogrammier- und Diagnosegerät
② Passives ASI-Modul (ohne Slave-ASCIC)
③ Binäre Sensoren/Aktuatoren (mit Slave-ASCIC)
④ Aktives oder passives ASI-Modul
⑤ Abzweigung der ASI-Profilleitung
⑥ Aktuator/Sensor mit Direktanschluss und Slave-ASIC
⑦ ASI-Profilleitung
⑧ Aktives ASI-Modul (mit Slave-ASIC)
⑨ Aktuator/Sensor (ohne Slave-ASIC)
⑩ Herkömmliche Leitung
⑪ ASI-Netzteil (versorgt Slaves)

Komponenten

Aktives ASI-Modul

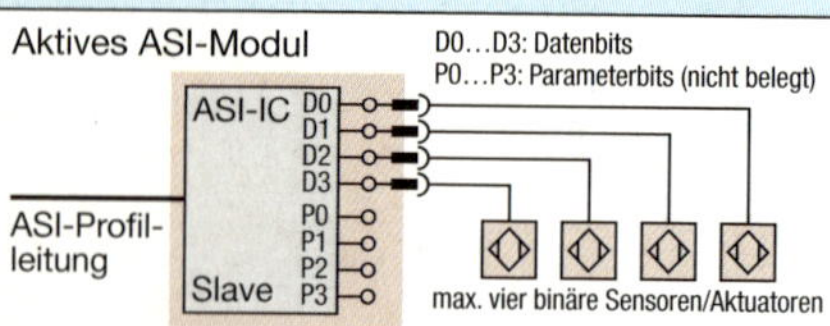

Passives ASI-Modul

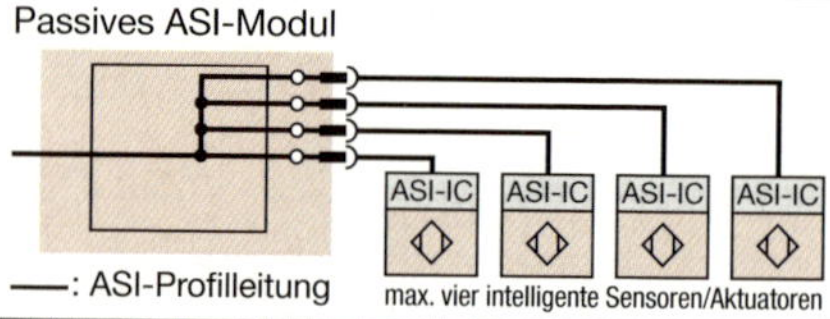

Eigenschaften

- ASI ermöglicht mit seinen Komponenten den Aufbau der untersten Ebene (Prozessebene) der Kommunikationspyramide.
- Grundlage des Systems ist ein Master/Slaveprinzip.
- Das ASI-Bussystem verbindet herkömmliche binäre Aktuatoren bzw. Sensoren u. solche mit ASI-Modul mit der Steuerungsebene SPS oder PC.
- Durch die Busstruktur entfällt die aufwendige Parallelverdrahtung.
- Keine Softwareerstellung für den Anwender
- Übertragung von Zusatzinformationen ohne Zusatzaufwand möglich, z. B. Diagnosedaten aus Selbsttest, Verschmutzungsanzeige von Lichtschranken, Parametriersignale für Schaltabstände
- Versorgung der Komponenten über zweiadrige, geometrisch codierte Profilleitung, zugleich Datenleitung
- Elektrische Kontaktierung mit Durchdringungselementen (Schneidklemmen), kein Abschneiden und Abisolieren der Profilleitung

Kenndaten

Begriff	Erklärung	Begriff	Erklärung
Netzstruktur Übertragungsmedium Leitungslänge	Linien- und Baumstruktur, ungeschirmte geometrisch codierte Zweidrahtleitung für Daten und Energie (DC 24 V) 100 m max., darüber m. Repeater	Geräteschnittstelle	Vier konfigurierbare Ein-/Ausgänge für Daten sowie vier Parameterausgänge und zwei Steuerausgänge (Strobe)
Zahl der Slaves Zahl anschließbarer Sensoren/Aktoren	max. 31 je Segment Bis zu vier je Slave (max. 124 Binärelemente je Segment)	Dienste des Masters	Zyklische Abfrage aller Teilnehmer (Polling), zyklische Datenweitergabe an bzw. Übernahme von SPS und PC.
Adressierung Nachrichten Nettodatenrate Zykluszeit	Feste Adresse je Teilnehmer, Einstellung über Adressiergerät Nachricht vom Master mit direkter Antwort des Slave 4 Bit pro Aufruf eines Slave, < 5 ms bei 31 Slaves	Managementfunktionen des Masters	Initialisierung des Netzes, Identifikation der Teilnehmer, azyklische Vergabe von Parameterwerten an die Teilnehmer, Diagnose der Datenübertragung und der ASI-Slaves, Fehlermeldung an die Steuerung, Adressierung neuer oder ausgewechselter Slaves
Fehlersicherung	Identifikation und Wiederholung gestörter Telegramme		

Feldbussysteme – *Field-bus systems* VDI/VDE 3687: 99-11

Merkmale von Feldbussystemen

- Feldbussysteme haben die Automatisierung technischer Prozesse erheblich ausgeweitet und ansteigen lassen.
- Gebiet der industriellen Kommunikation ist durch hierarchische Struktur mit drei Anforderungsebenen gekennzeichnet.
- Serielle Bussysteme verbinden Feldgeräte (z. B. Sensoren, Aktoren, Stromrichter, SPS-Steuerungen) untereinander und mit übergeordneten Systemen.
- Informationsaustausch geschieht mittels Telegrammen (Datenpakete). Festlegung des Telegrammaufbaues durch herstellerunabhängige Systemprotokolle.
- Ein System enthält mindestens eine Master- und eine Slaveeinheit. Bei mehreren Mastereinheiten erhält nur eine die höchste Priorität.
- Typische Systeme des Feldbusbereiches: Steuerungen, Bedien- und Anzeigegeräte, Antriebssysteme, Mess- und Überwachungsgeräte.

Anforderungsebenen der industriellen Kommunikation

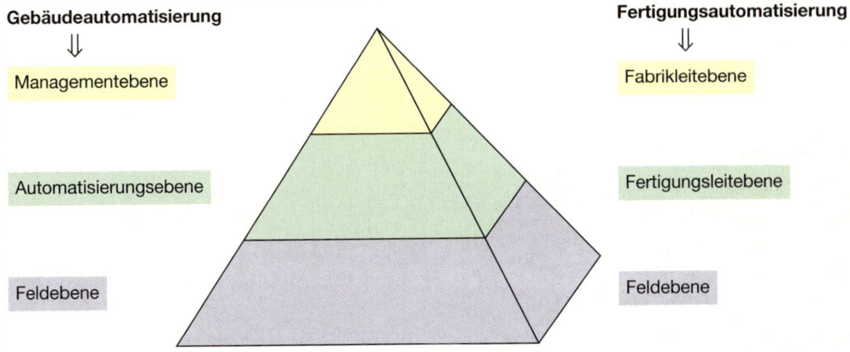

Feldbussysteme

System	Eigenschaften	Anwendungen
Profi-Bus	Variante Profi-Bus • **FMS** (**F**ield **M**essage **S**pecification) als Systembus/Zellbus mit Linien-Netzwerkform	• Prozesstechnik, Fertigung, Gebäudeautomatisierung
Process **Fi**eld **Bus**	• **DP** (**D**ezentrale **P**eripherie) als objektnaher Systembus oder Sensor-Aktor-Bus mit Linien-Netzwerkform	• Prozesstechnik, Fertigung, Gebäudeautomation
	• **PA** (**P**rozess **A**utomation) u. a. als eigensicherer Sensor-Aktor-Bus	• Prozesstechnik in explosionsgefährdeten Bereichen
Inter-Bus	• Aktive Ringnetzwerkform • Maximale Leitungslänge: 10 m als Lokalbus 13 km als Fernbus mit Repeater • Busmedium: 5adrige Leitung Lichtwellenleiter, Infrarot • RS 485-Schnittstelle bei Fernbus	• Als Systembus, Zellbus, Sensor-Aktorbus im Maschinen- und Anlagenbau, Prozesstechnik, Gebäudeautomation, Fertigungstechnik • Maximale Teilnehmeranzahl: 1 Master und 512 Slaves
CAN **C**ontroller **A**rea **N**etwork	• Liniennetzwerkform • Maximale Leitungslänge: 40 m bei 1 Mbit/s 1 km bei 50 kbit/s • Busmedium: Twisted Pair, Lichtwellenleiter, Powerline • ISO 11898, ISO 11519-2 ISO DIS 11992	• Objektnaher Systembus für Fahrzeugbau, Industrie- und Gebäudeautomation, Medizintechnik • Maximale Teilnehmerzahl ist treiberabhängig • Variante CANopen für öffentlichen Nahverkehr, Offroad, Industrie und Medizin

Schrittmotor – *Step motor*

Begriffe, Formelzeichen, Kennlinien

n:	Drehzahl, Umdrehungsfrequenz
z:	Schrittzahl, Schritte je Umdrehung
α:	Schrittwinkel, Winkel je Steuerimpuls
p:	Polpaarzahl
m:	Phasenzahl
f_z:	Schrittfrequenz, Schritte je Sekunde (f_s = konst.)
f_s:	Steuerfrequenz entspricht f_z, wenn kein Schrittfehler
f_{AOm}:	Max. Steuerfrequenz, höchste Steuerfrequenz, bei welcher der unbelastete Motor ohne Schrittfehler starten und stoppen kann.
M_L:	Lastdrehmoment
J_{Lm}:	Grenz-Lastträgheitsmoment im Startbereich

$$n = 60\frac{f_z}{z} \qquad \alpha = \frac{360°}{z} = \frac{360°}{2 \cdot m \cdot p}$$

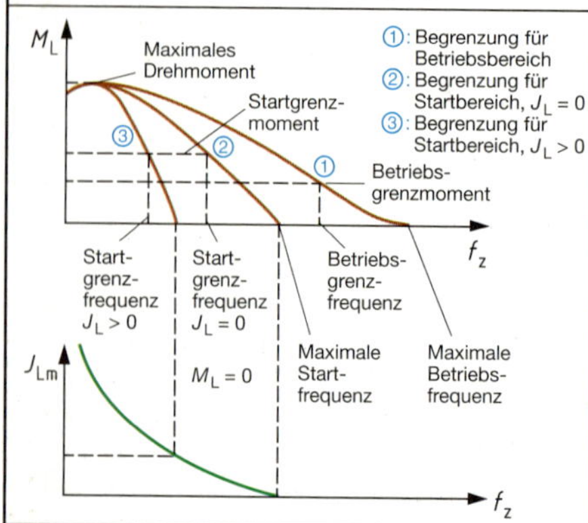

Ansteuerungsarten

unipolar
mit R_s: L/R-Steuerung

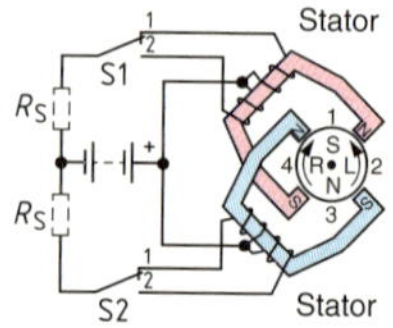

bipolar
mit R_s: L/R-Steuerung

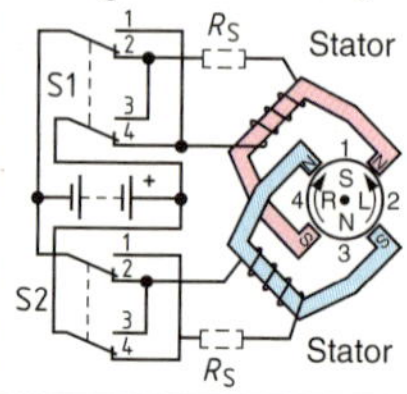

Schritt-Nr. bei Drehrichtung		Halbschrittbetrieb							
		unipolar				bipolar			
		S1	S1	S2	S2	S1	S1	S2	S2
R	L	1	2	1	2	1,3	2,4	1,3	2,4
1	1	x	–	x	–	–	x	–	x
1 1/2	1/2	x	–	–	–	–	x	–	–
2	4	x	–	–	x	–	x	x	–
2 1/2	3 1/2	–	–	–	x	–	–	x	–
3	3	–	x	–	x	x	–	x	–
3 1/2	2 1/2	–	x	–	–	x	–	–	–
4	2	–	x	x	–	x	–	–	x
1/2	1 1/2	–	–	x	–	–	–	–	x
1	1	x	–	x	–	–	x	–	x

Vollschrittbetrieb ergibt sich, wenn die roten Zahlen entfallen.

Konstantstrom-(Chopper-)Steuerung

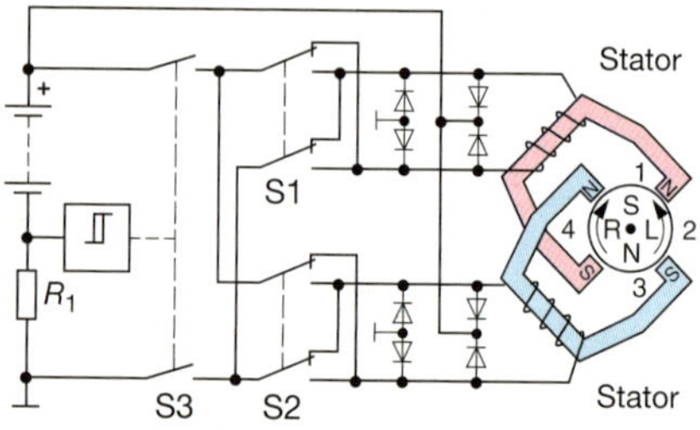

Schalter S3 wird nach Erreichen des zulässigen Steuerstromes geöffnet. Die Freilaufdioden führen den abklingenden Strom, bis S3 nach Erreichen der unteren Schaltschwelle schließt usw.

Schrittmotorsteuerung, bipolar

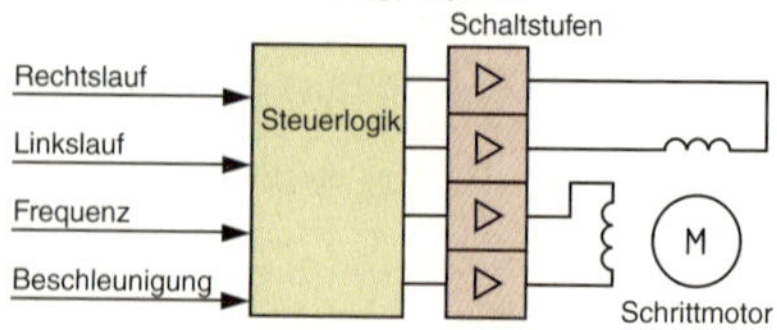

Fahrprofil

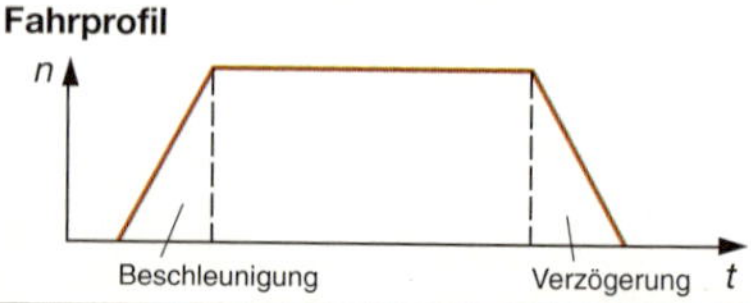

Eigenschaften der Ansteuerungsarten

Ansteuerungsart	Vorteile
unipolar	Einfache Leistungsschaltstufen (einfacher Umschalter)
bipolar	Cu-Volumen gut genutzt. Höheres Drehmoment, höhere Schrittfrequenz
Konstant-**spannungs**-(L/R-)Steuerung	Höhere Schrittfrequenz durch kleinere Zeitkonstante L/R, Preiswerte Strombegrenzung durch Widerstand
Konstant-**strom**-(Chopper-)Steuerung	Optimale Motorleistung, hohe Schrittfrequenz, hohes Drehmoment, hoher Wirkungsgrad
Vollschritt-betrieb-	Höheres Drehmoment
Halbschritt-betrieb	Doppelte Schrittzahl gegenüber Vollschrittbetrieb, geringeres Überschwingen

11 Elektrische Energieversorgung

Prüfzeichen an elektrischen Betriebsmitteln und Geräten

Test marks at electrical equipment and devices

Nationale Prüfzeichen an elektrischen Betriebsmitteln und Geräten

Zeichen	Erklärung	Zeichen	Erklärung	Zeichen	Erklärung
VDE	Verband der Elektrotechnik Elektronik und Informationstechnik e.V.	GS geprüfte Sicherheit	Sicherheitszeichen Prüfzeichen Geprüfte Sicherheit		Prüfzeichen für Bauelemente der Elektronik
◁VDE▷ ◁HAR▷	VDE-Harmonisierungszeichen für Kabel u. Leitungen	DIN AGI	Qualitätszeichen für geräuscharme Ausführung elektr. Geräte		Prüfzeichen Sicherheitsprüfung z.B. bei elektrischen Geräten
N	Funkschutzzeichen Im freien Ausschnitt Funkstörgrad: G, N, K oder O	BZT A999 999N	Bundesamt für Zulassungen in der Telekommunikation		Recyclingzeichen Wiederaufbereitung nach Verwendung

Internationale Prüfzeichen an elektrischen Betriebsmitteln und Geräten

Zeichen	Zeichen	Zeichen	Zeichen	Erklärung
Schweden	USA (Einzelgeräte)	Kanada	E 1	ECE: Kommission der UN für Europa mit Kennzahl des Landes, das Genehmigung erteilt hat, z.B. 1 für Deutschland
Schweiz	USA (Geräte in Anlagen)	KEMA EUR Niederlande		CCE: Internationale Kommission für Regeln zur Begutachtung elektrotechnischer Erzeugnisse
Frankreich	ÖVE Österreich	Japan	CE	Gütesiegel z.B. auch für EMV auf allen elektrischen und elektronischen Geräten, verbindlich für die Staaten der EU
				IEC (CEI): International Electrotechnical Commission Internationale Elektrotechnische Kommission

Bildzeichen der Elektrotechnik – *Symbols in electrical engineering*

Bildzeichen	Benennung	Bildzeichen	Benennung	Bildzeichen	Benennung
	Oszilloskop		Gefährliche elektrische Spannung		Ein On
	Bandgerät		Mikrophon		Aus Off
	Fernsehen		Lautsprecher		Vorbereiten Bereitschaftsstellung
	Helligkeit		Ohrhörer, Hörkapsel		Ein/Aus stellend
	Kontrast		Kopfhörer		Fernbedienung
	Farbsättigung		Telefon, Telefon-Adapter		Verändern einer Größe
	Farbton		Uhr, Zeitgeber, Zeitschalter		Regeln

Regeln für das Arbeiten an elektrischen Anlagen

Rules for working on electrical installations DIN VDE 0105-100: 97-10

Freigabe der Anlage zur Arbeit
durch die verantwortliche Aufsichtsperson
- nach Aufstellen des Sicherheitsschildes und
- Befolgen der Sicherheitsregeln.

5 Sicherheitsregeln

1. **Freischalten**
   Das Anlagenteil muss allpolig und allseitig abgeschaltet werden.
2. **Gegen Wiedereinschalten sichern**
   Nur die an der Anlage tätigen Personen dürfen das betreffende Anlagenteil wieder in Betrieb nehmen.
3. **Spannungsfreiheit feststellen**
   Durch Messung mit Messgerät oder zweipoligem Spannungsprüfer vergewissern, dass keine Spannung gegen Erde am betreffenden Anlagenteil vorhanden ist.
4. **Erden und Kurzschließen**[1)]
   Von der Erdungsklemme ausgehend alle Leiter untereinander verbinden.
5. **Benachbarte, unter Spannung stehende Teile abdecken und abschranken**
   Durch Abdecken, Abschranken oder Isolieren von spannungsführenden Anlagenteilen soll verhindert werden, dass diese Teile berührt werden können.

[1)] In Anlagen mit Bemessungsspannungen bis 1 kV darf unter bestimmten Umständen hiervon abgewichen werden (vgl. DIN VDE 0105-100, Punkt 6.2.4.2)

Verhalten bei Unfällen durch Strom
- Schnelle Hilfe für den Verunglückten, da lebensbedrohende Folgen bei längerer Stromeinwirkung auf den Körper.

Erste Hilfe je nach Notfallsituation

Spannung abschalten.
↓
Verunglückten aus dem Gefahrenbereich bringen.
↓
Verletzung feststellen.
↓
Arzt oder Rettungsdienst rufen.
↓
Verunglückten in stabile Seitenlage bringen.
↓
Bei Atem- oder Kreislaufstillstand Atemspende oder Herzmassage veranlassen.
↓
Bei Schock Verunglückten in Schocklage bringen.
↓
Transport ins Krankenhaus veranlassen.

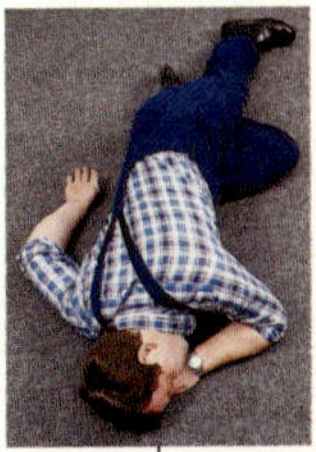

Maßnahmen vor dem Wiedereinschalten nach beendeter Arbeit

1. Werkzeug und Hilfsmittel entfernen.
2. Gefahrenbereich verlassen.
3. Kurzschließung und Erdung zuerst an der Arbeitsstelle, dann an den übrigen Stellen aufheben ①.
4. Anlagenteile und Leitungen ohne Erdungsseil dürfen nicht berührt werden.
5. Entfernte Schutzverkleidungen und Sicherheitsschilder wieder anbringen ②.
6. Schutzmaßnahmen an den Schaltstellen erst nach Freimeldung von den Arbeitsstellen aufheben.

①

②

Elektrische Energieversorgung

Leitungen und Kabel – *Insulated wires and cables*

DIN VDE 0281-1: 03-09
DIN VDE 0293: 90-01

Kennfarben isolierter und blanker Leiter

Leiterbezeichnung		Zeichen	Farbe
Wechselstrom	Außenleiter	L1; L2; L3	1)
	Neutralleiter	N	bl
Gleichstrom	positiv	L+	1)
	negativ	L−	1)
	Mittelleiter	M	bl

Leiterbezeichnung	Zeichen	Bildzeichen	Farbe
Schutzleiter	PE	⏚	gnge
PEN-Leiter (Neutrall. mit Schutzfunktion)	PEN	⏚	gnge
Erde	E	⏚	1)

1) Farbe nicht festgelegt

Kennfarben von Adern bei isolierten Leitungen und Kabeln[2]

für feste Verlegung

Aderzahl	Leitungen mit Schutzleiter	Leitungen ohne Schutzleiter
2	– –	bl br
3	gnge bl br	– br sw gr
4	gnge – br sw gr	bl br sw gr
5	gnge bl br sw gr	bl br sw gr sw
6 und mehr	gnge/sw mit Zahlenaufdruck	sw mit Zahlenaufdruck

für ortsveränderliche Verbraucher (flexible Ltg.)

Aderzahl	Leitungen mit Schutzleiter	Leitungen ohne Schutzleiter
2	– –	bl br
3	gnge bl br	– br sw gr
4	gnge – br sw gr	bl br sw gr
5	gnge bl br sw gr	bl br sw gr sw
6 und mehr	gnge/sw mit Zahlenaufdruck	sw mit Zahlenaufdruck

2) Farbangaben laut DIN VDE 0293-308, Angaben laut DIN VDE 0293 gelten noch bis 01. 04. 2006.

Isolierte, flexible Leitungen

Bezeichnung	Abbildung	Kurzzeichen	Aderzahl	Verwendung
PVC-Schlauchleitung		H03VV-F	2…7	Anschlussleitung bei geringer mechanischer Beanspruchung für Tisch- und Stehleuchten u.a.
Gummi-Schlauchleitung (leichte Ausführung)		H05RR-F H05RN-F	2…5	Anschlussleitung bei geringer mechanischer Beanspruchung für Elektrogeräte in Büros; feste Verlegung in Möbeln, Stellwänden u.a.

Leitungen und Kabel für Klingel-, Signal- und Fernmeldeanlagen

Bezeichnung	Abbildung	Kurzzeichen	Verwendung
Schaltdraht	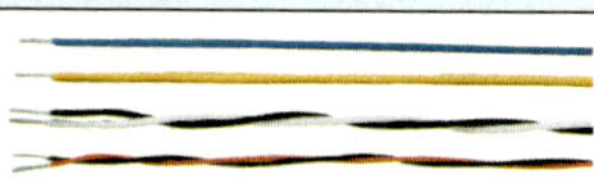	YV	Anlagen für Signalübertragung und in Kommunikationsanlagen; Informationsverarbeitungsgeräte
PVC-Schaltlitze (verzinnt)	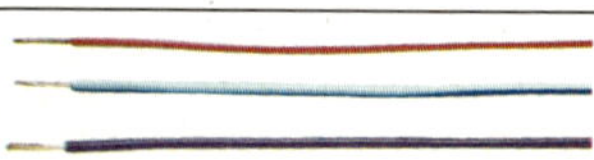	LiY	Verdrahtung von Kleinspannungsanlagen, Fernmeldegeräten, elektronischen Baugruppen in Geräten
PVC-Datenleitung		LiY-CY	Steuer- u. Signalleitung für Rechneranlagen, Steuer- u. Regelgeräte bei erhöhter elektrischer Beeinflussung
Computerkabel		J-2Y(ST)Y	Anschluss- und Verbindungsleitung zur Datenübertragung für Peripheriegeräte, Bildschirme, Drucker u.a.
Fernmelde-Innenkabel		J-YY	Installationskabel als Kommunikationsleitung im Sprechstellen- und Nebenstellenbau

Kennzeichnung von Betriebsmittelanschlüssen und Leitern

Designation of electrical equipment terminals and conductors DIN EN 60 445: 91-09

Betriebsmittel oder Leiterenden müssen nach Norm (DIN IEC 30) angeordnet werden.

Farbkennzeichnung darf erfolgen.

Kennzeichnung kann auch durch Bildzeichen (DIN IEC 417 und 617) oder große lateinische Buchstaben und arabische Zahlen erfolgen.

Bei Gleichstrom Buchstaben der ersten Hälfte und bei Wechselstrom der zweiten Hälfte des Alphabets wählen. (I und O nicht verwenden)

"+" und "–" dürfen benutzt werden.

Teile der Kennzeichnung weglassen, wenn keine Verwechselungsgefahr besteht.

Bei Anschlüssen:

- Enden eines Elementes mit 1 und 2 bezeichnen ①.
- Anzapfungen durch aufsteigende Zahlen kennzeichnen ②.
- Mehrere Elemente einer Gruppe durch vorangestellte Buchstaben ③, Zahlen ④ oder verschiedene Zahlen ⑤ unterscheiden.
- Mehrere Gruppen mit gleichen Buchstaben erhalten vorangestellte Zahlen ⑥⑦.

①
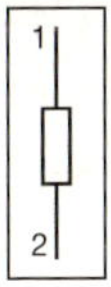

②
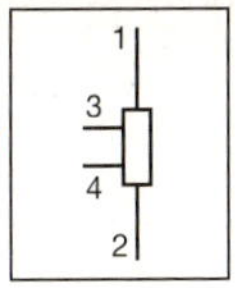

③
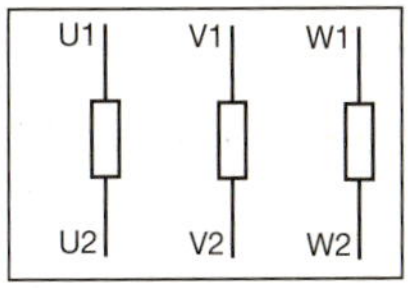

④
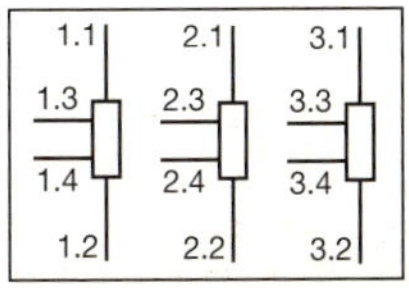

⑤
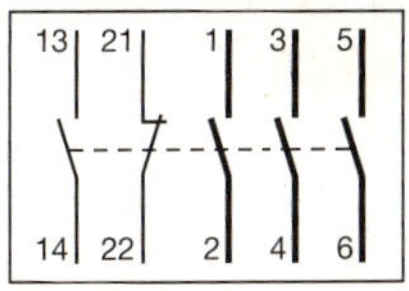

⑥
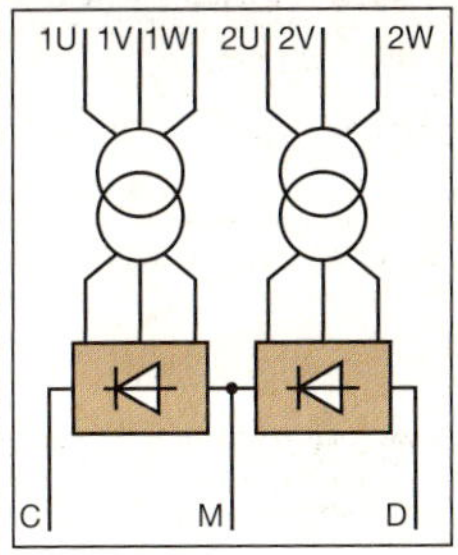

⑦
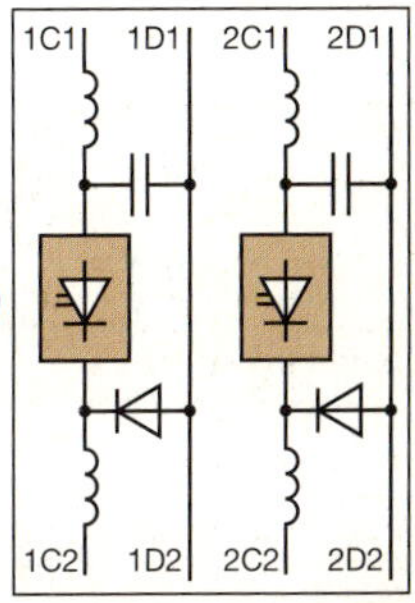

Farben für Drucktaster, Anzeigen und Leuchtdrucktaster

Colours for push-buttons, displays and illuminated push-buttons DIN EN 60 204-1: 98-11

Farbe	Drucktaster/Leuchtdrucktaster		Anzeige (Leuchten)	
	Bedeutung	Anwendung	Bedeutung	Anwendung
ROT	Notfall	**NOT-AUS**	Notfall	Gefahrbringender Zustand, sofort Ausschalten.
GELB	Anormal	Beseitigung anormaler Bedingungen oder unerwünschter Änderungen	Anormal	Kontrolle, ob die physikalische Größe den normalen Bereich überschreitet.
GRÜN	Normal	Vorbereiten, Bestätigen, Start/Ein erlaubt, Stopp/Aus verboten	Normal	Physikalische Größe liegt im normalen Bereich.
BLAU	Zwingend	Rückstellfunktion	Zwingend	Handlung erforderlich, z.B. vorgegebene Werte eingeben.
WEISS	Keine spezielle Bedeutung	START/EIN (bevorzugt) STOPP/AUS	Neutral	Kontrollieren, ob Umschaltung notwendig.
GRAU		START/EIN STOPP/AUS		
SCHWARZ		START/EIN STOPP/AUS (bevorzugt)		

Verteilungssysteme – Netzformen

Distribution systems – system configurations

DIN VDE 0100-300: 96-01
DIN VDE 0100-400: 97-01

Kennzeichen von Verteilungssystemen:

- Art und Anzahl aktiver Leiter eines Systems
- Art der Verbindungen mit Erde im System

Bedeutung der Kurzzeichen für übliche Drehstromnetze

Beispiel: T N – C – S – System

Erdungen im Verteilungssystem

T: Direkte Erdung eines Punktes.

I: Trennung aller aktiven Teile von Erde oder Verbindung eines Punktes über eine Impedanz mit Erde.

Erdungen der Körper der elektrischen Anlage

T: Direkte Erdung der Körper, unabhängig von vorhandener Erdung eines Punktes im Versorgungssystem.

N: Direkte Verbindung eines Körpers mit geerdetem Punkt des Versorgungssystems (bei Wechselstromnetzen der Sternpunkt oder bei fehlendem Sternpunkt ein Außenleiter).

Anordnung von Neutralleiter und Schutzleiter (TN-System)

S: Leiter (PE) mit Schutzfunktion, der vom Neutralleiter oder geerdetem Außenleiter getrennt ist.

C: Kombinierte Neutralleiter- und Schutzleiterfunktion in einem Leiter (PEN).

Schutzmaßnahmen im Drehstromnetz

TN-S-System mit Überstrom-Schutzeinrichtung und getrennten Neutral- und Schutzleiter im gesamten System

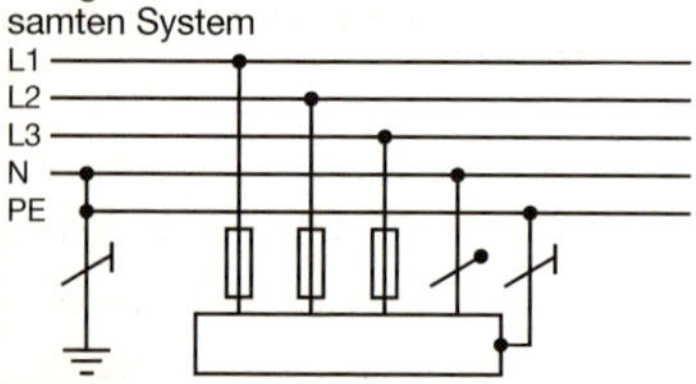

TT-System mit Überstrom-Schutzeinrichtung, direkte Erdung eines Punktes und der einzelnen Körper

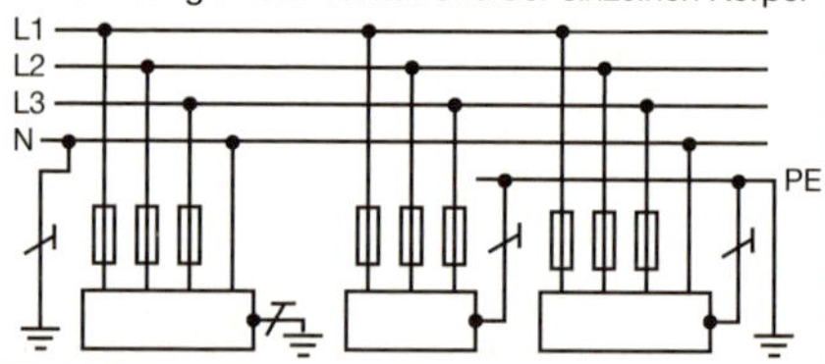

TN-C-System mit Überstrom-Schutzeinrichtung, Funktionen des Neutral- und Schutzleiters sind im gesamten System in einem Leiter kombiniert (PEN)

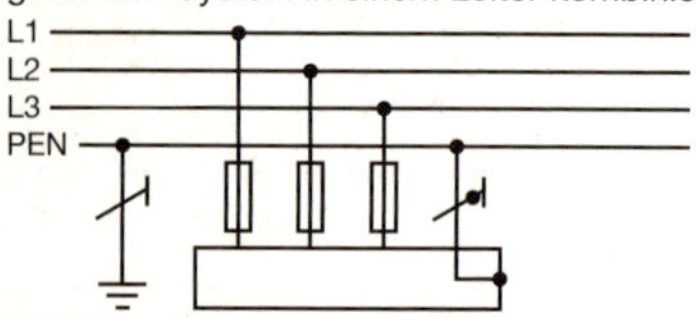

TT-System mit RCD

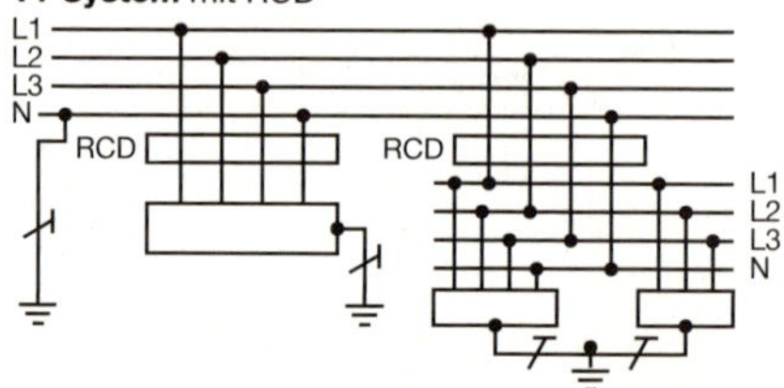

TN-C-S-System mit Überstrom-Schutzeinrichtung, Funktionen des Neutral- und Schutzleiters sind in einem Teil des Systems kombiniert

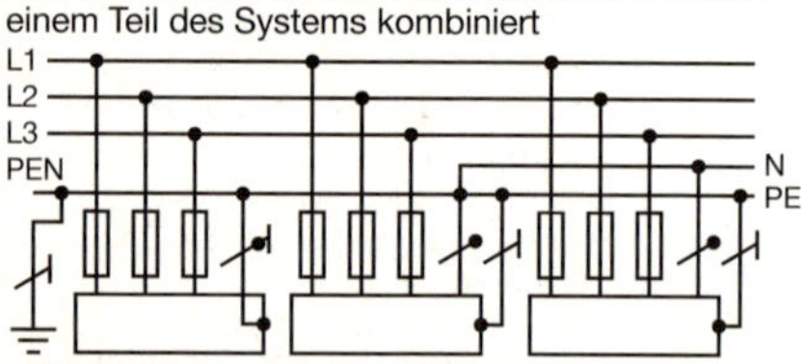

IT-System mit Überstrom-Schutzeinrichtung, Trennung aller aktiven Teile von Erde oder Verbindung eines Punktes mit Erde über Impedanz

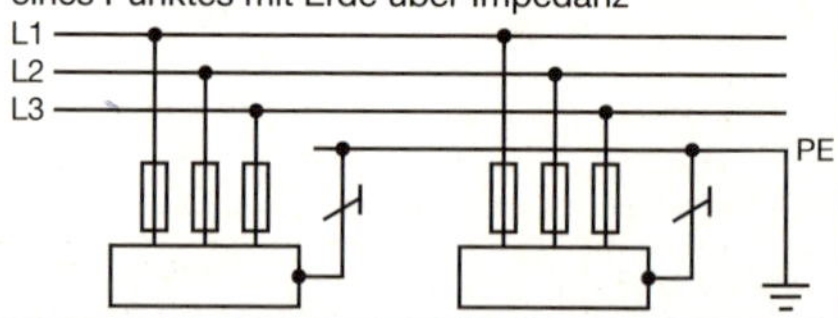

TN-System mit RCD

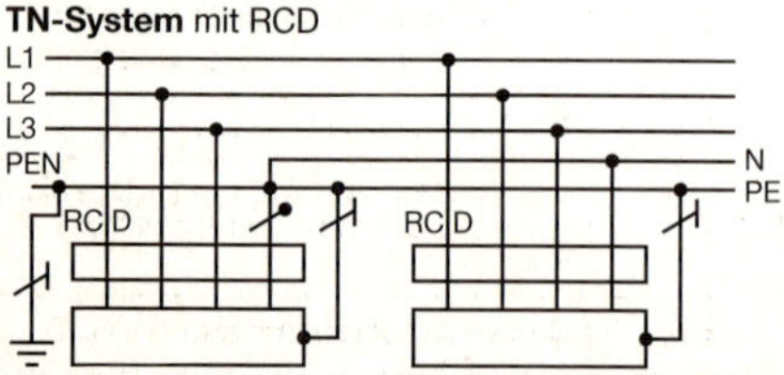

IT-System mit Isolations-Überwachungseinrichtung

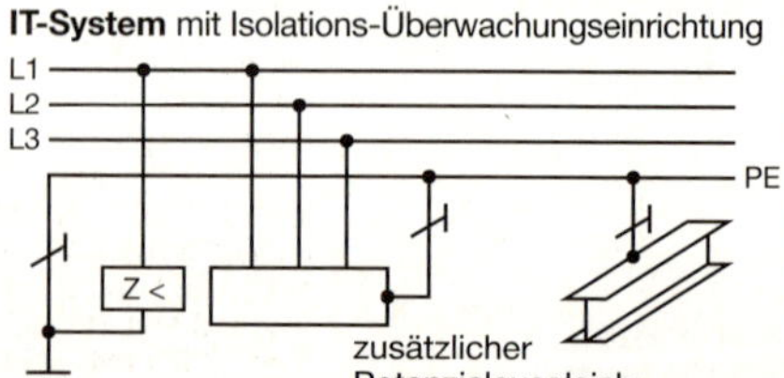

Schutzmaßnahmen – *Protective measures*

DIN VDE 0100-200: 98-06
DIN VDE 0100-410: 97-01

Wirkung des elektrischen Stromes auf den menschlichen Körper (Stromstärkebereich nach IEC 479)

Wechselstrom (50/60 Hz)

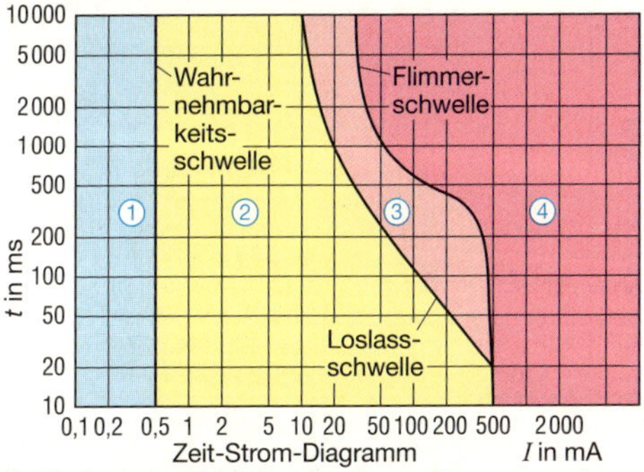

Gefährdungsbereiche für erwachsene Personen und Stromweg »linke Hand zu beiden Füßen«

① keine Wahrnehmung
② keine physiologisch gefährliche Wirkung
③ bei $t > 10$ s oberhalb der Loslassschwelle Muskelverkrampfungen
④ Herzkammerflimmern, Herzstillstand

Gleichstrom

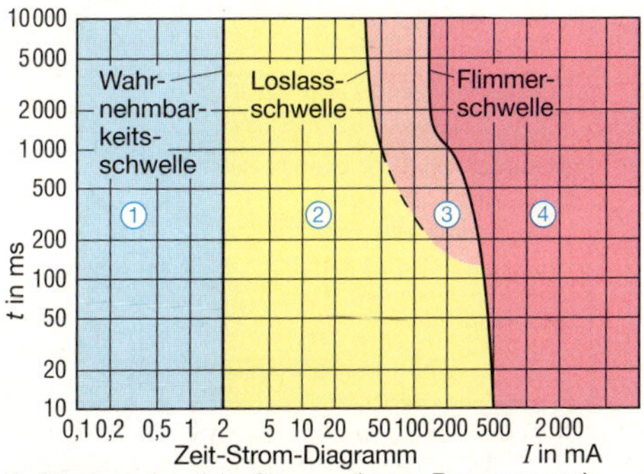

Gefährdungsbereiche für erwachsene Personen und Stromweg »linke Hand zu beiden Füßen«

① keine Wahrnehmung
② keine physiologisch gefährliche Wirkung
③ mögliche Störungen durch Impulse im Herzen
④ Herzkammerflimmern, Verbrennungen

Elektrischer Widerstand des menschlichen Körpers

Ersatzschaltbild	Erklärung
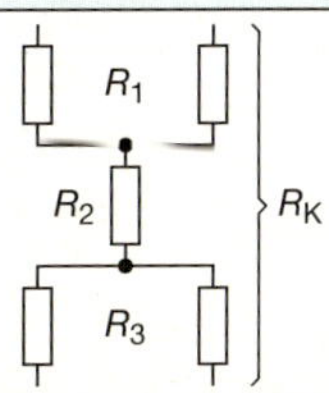	Teilwiderstände R_1: Hände und Arme R_2: Körperrumpf R_3: Beine und Füße R_K: innerer Körperwiderstand mit Durchschnittswerten • bei 25 V mit 3250 Ω • bei 50 V mit 2625 Ω • bei 230 V mit 1350 Ω

Allgemeingültige Begriffe (Auswahl)

Bezeichnung	Erklärung
L1 L2 L3	**Außenleiter**: Leiter, die Stromquellen mit Verbrauchern verbinden.
N	**Neutralleiter**: Leiter, der mit dem Mittel- oder Sternpunkt verbunden ist.
PE	**Schutzleiter**: Leiter, der Körper von Betriebsmitteln, leitfähige Teile, Haupterdungsklemme und Erde verbindet.
PEN	**PEN-Leiter**: Leiter, der die Funktionen von Neutral- und Schutzleiter vereinigt.
U_o	**Wechselspannung** (Effektivwert) z.B. zwischen Außenleiter und N-Leiter bzw. Erde
U_B	**Berührungsspannung**
U_L	**höchstzulässige Berührungsspannung** Menschen: 50 V~, 120 V⎓ Nutztiere: 25 V~, 60 V⎓
U_F	**Fehlerspannung**: Spannung, die im Fehlerfall zwischen Körpern oder zwischen diesen und der Bezugserde auftritt.
I_F	**Fehlerstrom**: Strom, der aufgrund eines Isolationsfehlers fließt.
I_K	**Kurzschlussstrom**: Strom, der bei direkter Verbindung von zwei Außenleitern oder zwischen Außenleiter und Neutralleiter fließt. **Erdschluss**: Leitende Verbindung eines Außenleiters mit der Erde, Fehler wird auch als einpoliger Kurzschluss bezeichnet.
I_a	**Abschaltstrom** der Überstrom-Schutzorgane mit Abschaltzeiten für **TN-Systeme**: • $t \leq 0{,}4$ s bei $U_o = 230$ V, • $t \leq 0{,}2$ s bei $U_o = 400$ V, • $t \leq 0{,}1$ s bei $U_o > 400$ V. **TT-Systeme**: • $t \leq 5$ s in allen Stromkreisen, • $t \leq 1$ s bei Einsatz von RCDs. **IT-Systeme**: mit /ohne N-Leiter • $t \leq 0{,}8$ s / $t \leq 0{,}4$ s bei $U = 400$ V, • $t \leq 0{,}4$ s / $t \leq 0{,}2$ s bei $U = 690$ V, • $t \leq 0{,}2$ s / $t \leq 0{,}1$ s bei $U = 1000$ V.
I_b	**Betriebsstrom** eines Stromkreises
I_n	**Bemessungsstrom** (Nennstrom) eines Verbrauchsmittels oder Überstrom-Schutzorgans
$I_{\Delta n}$	**Bemessungsfehlerstrom** der RCD

Schutz gegen elektrischen Schlag

Protection against electric shock

DIN VDE 0100-410: 97-01
DIN VDE 0100-739: 89-06

Schutz sowohl gegen direktes als auch bei indirektem Berühren

Schutzkleinspannung (SELV[1])

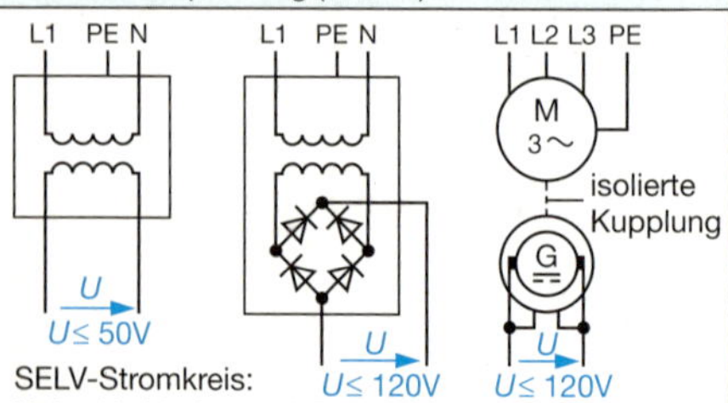

SELV-Stromkreis:
Keine Verbindung mit Erde, Schutzleiter oder aktiven Teilen anderer Stromkreise, sichere Trennung

[1] **S**afety **e**xtra-**l**ow **v**oltage

Funktionskleinspannung (PELV[2])

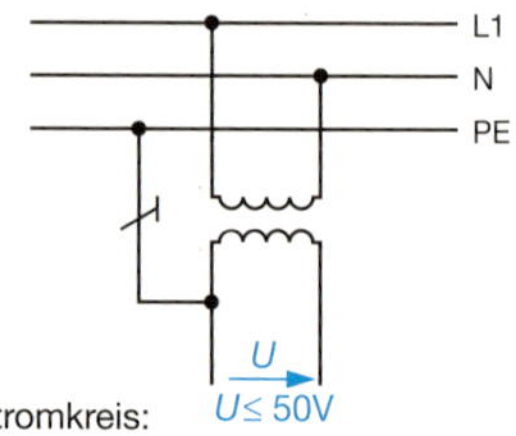

PELV-Stromkreis:
Erdung und Verbindung mit Schutzleiter anderer Stromkreise zulässig, sichere Trennung

[2] **P**rotective **e**xtra-**l**ow **v**oltage

Schutz gegen direktes Berühren

Schutz durch Isolierung aktiver Teile

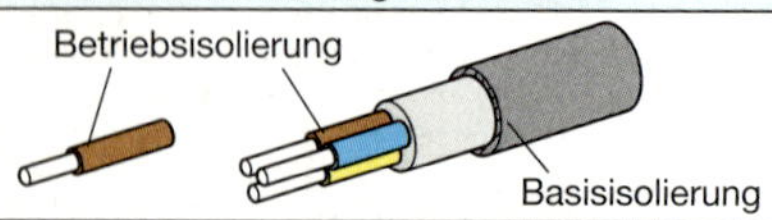

Schutz durch Abdeckungen und Umhüllungen

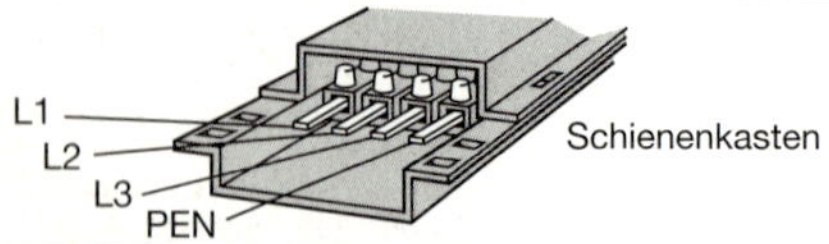

Schutz durch Hindernisse

z. B. Barrieren, Schranken

Schutz durch Abstand

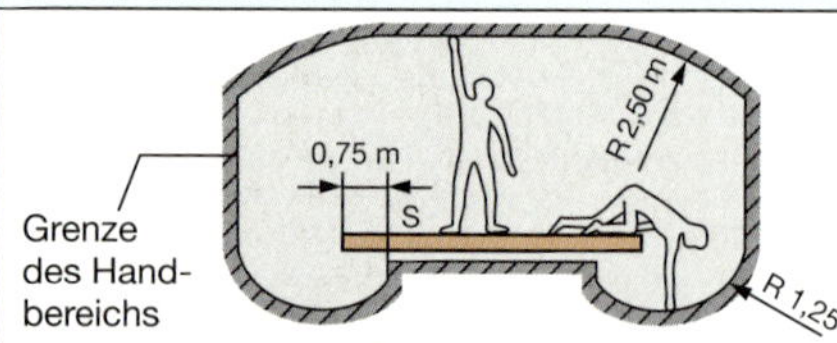

Zusätzlicher Schutz durch RCD ($I_{\Delta n} \leq 30$ mA)

Schutz bei indirektem Berühren

Schutz durch Hauptpotenzialausgleich

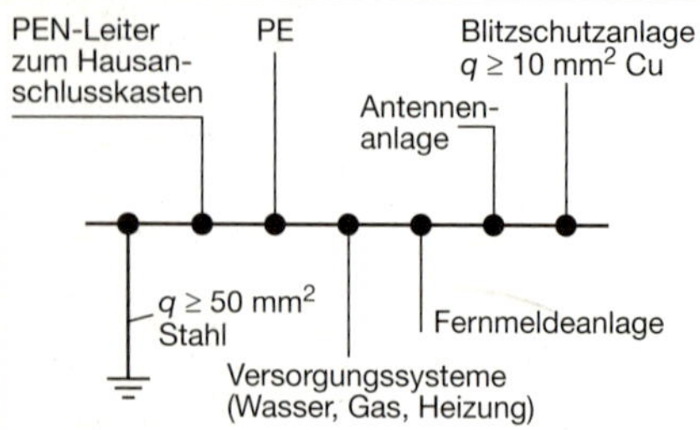

Schutz durch nicht leitende Räume

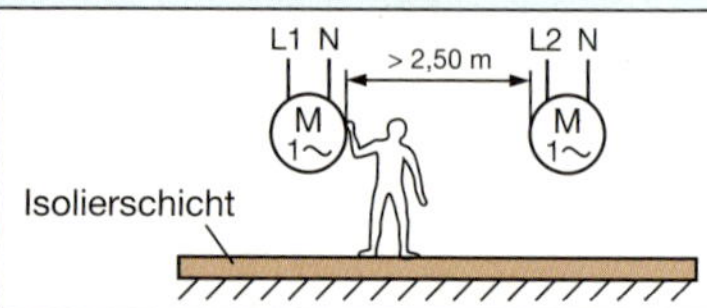

Schutzisolierung

- Vollisolierung
- Isolierungsumkleidung
- Isolierauskleidung
- Zwischenisolierung

Schutztrennung

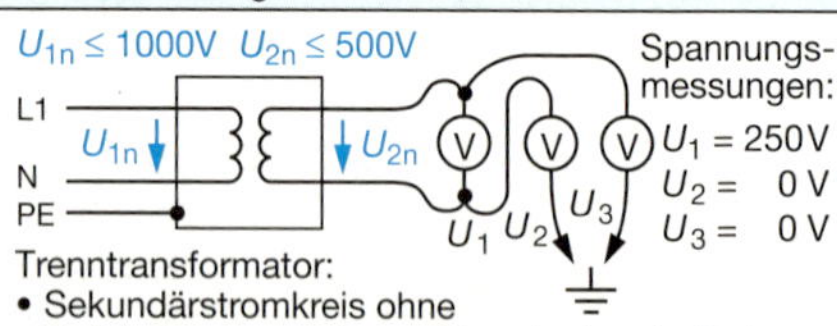

Trenntransformator:
- Sekundärstromkreis ohne Verbindung zu anderem Stromkreis oder Erde
- $l_{2\,max} \leq 500$ m; $U_{2n} \cdot l_2 \leq 100\,000$ Vm.

Schutzklassen elektrischer Betriebsmittel

Schutzklasse I	Schutzklasse II	Schutzklasse III
Schutzmaßnahme mit Schutzleiter 	Schutzisolierung 	Schutzkleinspannung 
Betriebsmittel mit Metallgehäuse	Betriebsmittel mit Kunststoffgehäuse	Betriebsmittel mit Bemessungsspg. bis 25 V ~ bzw. 50 V ~ und bis 60 V = bzw. 120 V =
z. B. Elektromotor	z. B. Handbohrmaschinen	z. B. Elektrische Handleuchten

Elektrische Energieversorgung

Schutzarten – *Degrees of protection*

DIN VDE 0470-1: 00-09

Kennzeichnung

IP 2 3 C H

- Kennbuchstaben (**I**nternational **P**rotection) → IP
- 1. Kennziffer (Schutz geg. Eindringen von Fremdkörpern u. Staub) → 2
- 2. Kennziffer (Schutz gegen Eindringen von Wasser) → 3
- Ergänzender Buchstabe → C
- Zusätzlicher Buchstabe (Schutz gegen Zugang zu gefährlichen Teilen) → H

Wird eine Kennziffer nicht angegeben, so ist sie durch ein X zu ersetzen.

Ergänzender/zusätzlicher Buchstabe kann entfallen. Mehrere Buchstaben sind in alphabetischer Reihenfolge zu nennen.

1. Kennziffer	Bildzeichen[1)]	Beschreibung	2. Kennziffer	Bildzeichen[1)]	Beschreibung
0		Kein Schutz	0		Kein Schutz
1		Schutz gegen Eindringen großer Fremdkörper (*d* > 50 mm)	1		Schutz gegen senkrecht fallendes Wasser (Tropfwasser)
2		Schutz gegen Eindringen mittelgroßer Fremdkörper (*d* > 12 mm)	2		Schutz gegen schräg fallendes Wasser (Tropfwasser) bis zu 15° Neigung
3		Schutz gegen Eindringen kleiner Fremdkörper (*d* > 2,5 mm)	3		Schutz gegen Sprühwasser mit max. 60° zur Senkrechten
4		Schutz gegen Eindringen kornförmiger Fremdkörper (*d* > 1 mm)	4		Schutz gegen Spritzwasser aus allen Richtungen
5		Schutz gegen Staubablagerungen (staubgeschützt) und vollständiger Berührungsschutz	5		Schutz gegen Wasserstrahl aus allen Richtungen
6	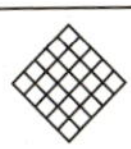	Schutz gegen Eindringen von Staub (staubdicht), vollständiger Berührungsschutz	6		Schutz gegen starken Wasserstrahl aus allen Richtungen
			7		Schutz bei zeitweiligem Untertauchen
			8		Schutz bei dauerndem Untertauchen
			–	 …atü	Schutz gegen Eindringen von Wasser unter Druck (druckwasserdicht)

ergänzender Buchstabe	Beschreibung	zusätzlicher Buchstabe	Beschreibung
A	Schutz gegen Zugang mit Handrücken	**H**	Hochspannungs-Betriebsmittel
B	Schutz gegen Zugang mit Finger	**M**	Schutz gegen Wasser geprüft bei bewegten Teilen
C	Schutz gegen Zugang mit Werkzeug	**S**	Schutz gegen Wasser geprüft bei stillstehenden, beweglichen Teilen
D	Schutz gegen Zugang mit Draht	**W**	Schutz vor festgelegten Wetterbedingungen, mit zusätzlichen Schutzmaßnahmen

1) Übliche Kennzeichnung bei Leuchten

Leitungsschutz-Schalter – *Circuit breaker*

DIN VDE 0641-11: 92-08

Auslösecharakteristiken, Anwendungen

B und **C** Verwendung u. a. in Hausinstallationen

- direkte Zuordnung der LS-Schalter nach I_z der Leitungen möglich;
- 2. Bedingung $I_2 = 1{,}45 \cdot I_z$ ist erfüllt.

K Verwendung für

- Stromkreise mit hohen Stromspitzen durch Motoren, Transformatoren, Kondensatoren.
- Vorteil: Elektromagnetischer Auslöser hält hohe Einschaltstromspitzen aus.

Z Verwendung für

- Überstromschutz von Leitungen
- Steuerstromkreise ohne Stromspitzen
- Messstromkreise mit Wandlern
- Halbleiterschutz

Auslöseverhalten

Typ	Überstrom-schutz – thermisch –	Aus-löse-zeit	Kurzschluss-schutz – el.mag. –	Aus-löse-zeit
Z[1]	$1{,}05 I_n$ - $1{,}2 I_n$	< 2 h	$2 I_n$ - $3 I_n$	< 0,2 s
B[2]	$1{,}13 I_n$ - $1{,}45 I_n$	< 1 h	$3 I_n$ - $5 I_n$	< 0,1 s
C[2]	$1{,}13 I_n$ - $1{,}45 I_n$	< 1 h	$5 I_n$ - $10 I_n$	< 0,1 s
K[3]	$1{,}05 I_n$ - $1{,}2 I_n$	< 2 h	$8 I_n$ - $12 I_n$	< 0,2 s
K[4]	$1{,}05 I_n$ - $1{,}5 I_n$	< 2 min	$10 I_n$ - $14 I_n$	< 0,2 s

Gültig für Baureihen: [1] 0,5 – 63 A; [2] 6 – 40 A; [3] 0,2 – 8 A; [4] 10 – 63 A;

Auslösebedingungen

Bei LS-Schaltern laut DIN VDE 0100-430:
Bedingungen:

1. $I_b \leq I_n \leq I_z$
2. $I_2 \leq 1{,}45 \cdot I_n$

Nach der 2. Bedingung ist I_2 der Strom, bei dem spätestens nach einer Stunde der LS-Schalter abschalten muss. Er darf maximal das 1,45-fache der maximalen Strombelastbarkeit der Leitung bzw. des Kabels betragen.

Auslösekennlinien

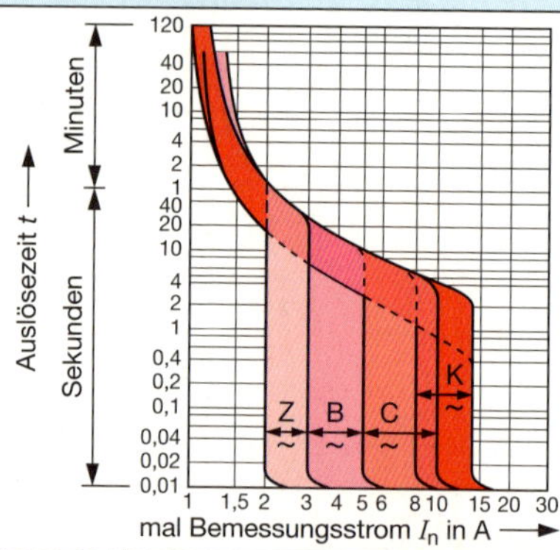

RCD – *Residual-current protective device*

DIN VDE 0664-3: 88-10

Funktion der RCD

- Abschaltung bei gefährlichen Berührungsspannungen durch Isolationsfehler innerhalb von 0,2 s.

Wirksamkeit des Schutzes

Schutz in Drehstromnetzen:

- Abschaltung je nach $I_{\Delta n}$

Schutz in Drehstromnetzen mit auftretenden Gleichstromkomponenten:

- Bei Anwendung von
  - Einpuls-Mittelpunktschaltung,
  - Zweipuls-Mittelpunktschaltung mit Glättung,
  - Phasenanschnittsteuerung symmetrisch,
  - Schwingungspaketsteuerung.
- Auslösung durch RCD bei pulsierenden Gleichfehlerströmen, die innerhalb einer Periode der Netzfrequenz Null oder nahezu Null werden.
- Kennzeichnung der RCD:

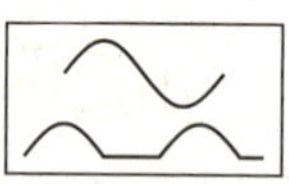

Baugrößen und maximaler Erdungswiderstand

$I_{\Delta n}$	R_A in Ω bei max. Berührungsspannung 50 V	25 V
10 mA	5000	2500
30 mA	1666	833
100 mA	500	250
300 mA	166	83
500 mA	100	50

Prüfung der Fehlerstrom-Schutzeinrichtung

Messverfahren:

1. Funktionsprüfung der RCD:
   - Mit Prüftaste am Gerät wird künstlich ein Fehlerstrom erzeugt, die RCD muss sofort abschalten.
2. Prüfung der FI-Schutzeinrichtung:
   - Messen der Berührungsspannung $U_{L\Delta n}$ ① bezogen auf $I_{\Delta n}$ ohne Auslösen der RCD,
   - Auslöseprüfung mit Messung der Auslösezeit ②,
   - Prüfen von RCD, z. B. $I_{\Delta n} \leq 300$ mA bei $5 \cdot I_{\Delta n}$

Beispiel: Universal-Prüfgerät mit Display-Anzeigen bei Messung an RCD

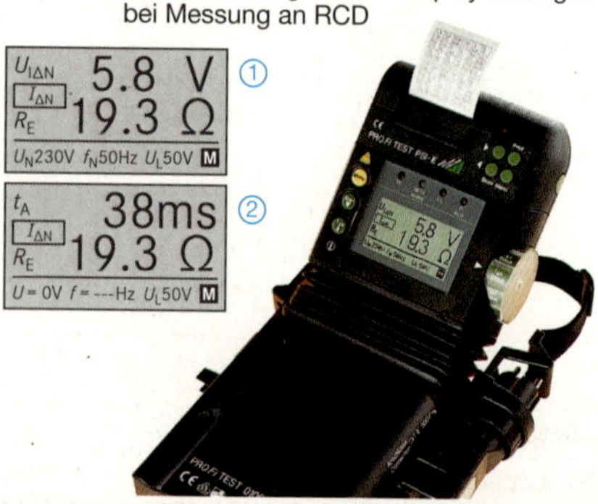

Elektrische Energieversorgung

Schmelzsicherungen – *Fuses*

DIN VDE 0636-201: 03-02

Schmelz-Sicherungssysteme

Diazed (D-System)

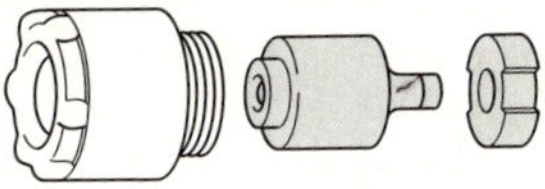

Bereiche bis 100 A, 500 V ~ und 63 A, 660 V ≅

Neozed (DO-System)

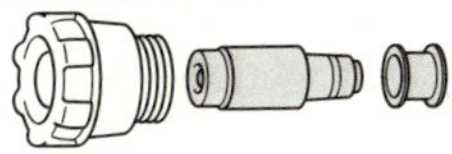

Bereiche bis 100 A, 380 V ~ und 250 V =

Kennzeichnung

Sicherung und Passeinsatz		Sockel	Gewindegröße der Schraubkappe	
Bemessungsstrom in A	Kennfarbe	Sockel Bemessungsstrom in A	Diazed	Neozed
2 4 6 10 16 20 25	rosa braun grün rot grau blau gelb	25	D II (E 27)	DO 1 (E 14)
32/35 50 63	schwarz weiß kupfer	63	D III (E 33)	DO 2 (E 18)
80 100	silber rot	100	D IV (R 1/4")	DO 3 (M 30 x 2)

Geräteschutzsicherungen (Bauformen)

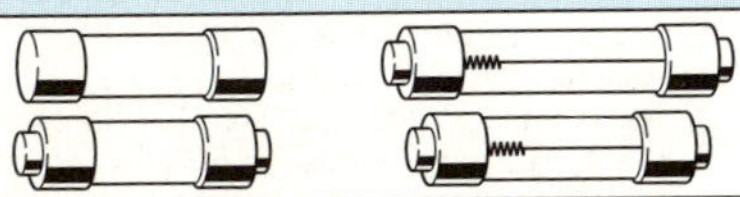

Kleinstsicherungseinsätze
Ausschaltvermögen klein (flink)

Größe bis 10 mm x 10 mm

Bemessungsstrom: 2 mA bis 5 A
Bemessungsspannung: 125 V
Schmelzdauer bei:

I_n	1 x	2 x	2,75 x	4 x	10 x
t	4 h min.	5 s max.	300 ms max.	30 ms max.	4 ms max.

Bemessungsstrom: 50 mA bis 5 A
Bemessungsspannung: 250 V
Schmelzdauer bei:

I_n	2,1 x	2,75 x	4 x	10 x
t	max. 0,5 h	min. 10 ms max. 3 s	min. 3 ms max. 300 ms	max. 20 ms

Kennbuchstaben/Auslöseverhalten

FF: superflink	F: flink	M: mittelträge	T: träge	TT: superträge

Rückstellende Sicherungen

Eigenschaften:
- Überstrom-Schutzorgan (Ploymer-PTC/Kaltleiter), das nach dem Ansprechen nicht ausgetauscht werden muss.
- Schnelles Ansteigen des Eigenwiderstandes bei Überstrom oder Kurzschluss durch Eigenerwärmung, dadurch sicherer Schutz vor Zerstörung oder Brand.
- Möglicher Stromfluss wird auf so genannten „Leakage Current" begrenzt.

Vorteile:
- Geringe Abmessungen und kleines Bauvolumen
- Anwendungen im Kleinspannungsbereich bis 60 V
- Direkt auf Leiterplatten einzulöten
- Niedrigerer Innenwiderstand und kleinere Verlustleistung als Keramik PTC
- Kein Lichtbogen im Fehlerfall und dadurch keine Kontaktverschweißungen
- Selbstrückstellend, keine Trennung von Schaltkreisen

Anwendungen:
- Unterhaltungselektronik, z. B. CD-Spieler
- ISDN-Line-Cards, Überwachungssysteme
- Datentechnik, z. B. Keyboards, Modems
- Laufwerkschutz
- Mess-/Steuerungs- und Regelungstechnik
- Automobilelektronik
- Stromversorgungstechnik, z. B. Batterie-Ladegeräte

Bauformen

Streifen-Typ als PTC

Spannung	Bemessungsstrom	Eigenschaften
15/24 V	1,2 bis 4,2 A	niedriger Widerstand
15/24 V	0,7 bis 3,4 A	schnelle Ansprechzeit
15/20 V	1,9 bis 7,3 A	großer Strombereich
15 V	1,7 bis 2,4 A	geringe Abmessungen

Radiale Drähte als PTC

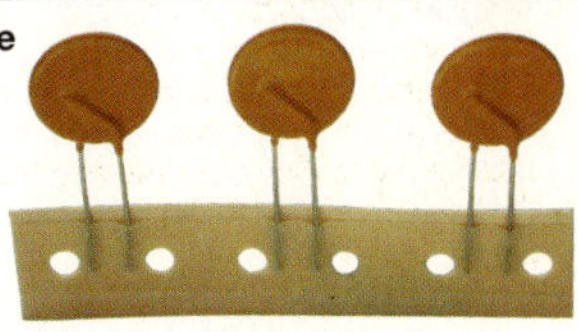

Spannung	Bemessungsstrom	Eigenschaften
30 V	0,9 bis 9,0 A	niedriger Widerstand
60 V	0,1 bis 3,75 A	hohe Spannung
6 bis 16 V	0,75 bis 2,5 A	niedriger Widerstand, schnelle Ansprechzeit

Potenzialausgleich – *Equipotential bonding*

DIN 18012: 00-11
DIN VDE 0100-410: 97-01; -540: 91-11

Hausanschlussraum mit Potenzialausgleich

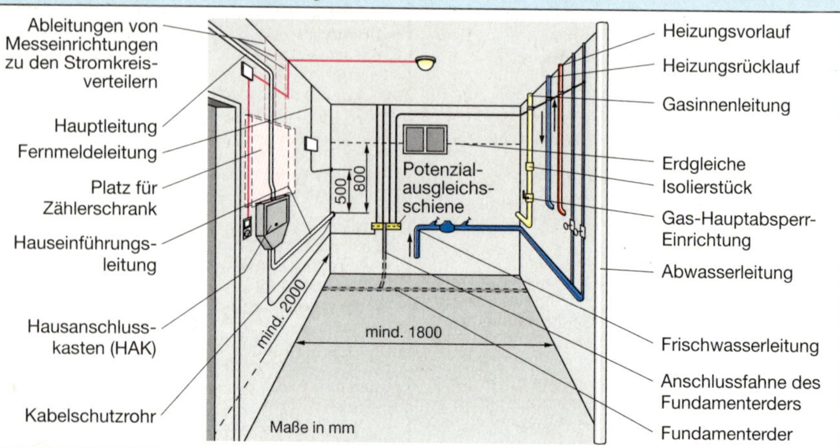

Potenzialausgleichsschiene

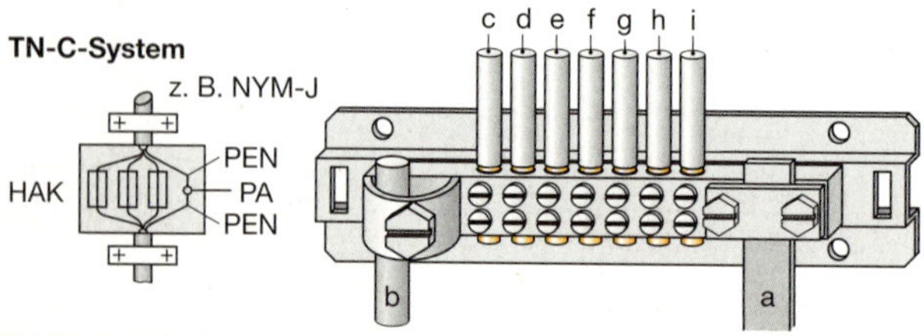

a	Fundamenterder
b	Blitzschutzanlage
c	Heizungsanlage
d	PE-Leiter zum HAK
e	PE-Leiter zur PE-Schiene
f	Fernmeldeanlage
g	Antennenanlage
h	Gasversorgungsanlage
i	Wasserversorgungsanlage

Erder – *Earth electrode*

DIN 18 014: 94-02 VDEW-Richtlinie
DIN VDE 0100-410: 97-01; -540: 91-11

Ausführung des Fundamenterders

in unbewehrtem Fundament

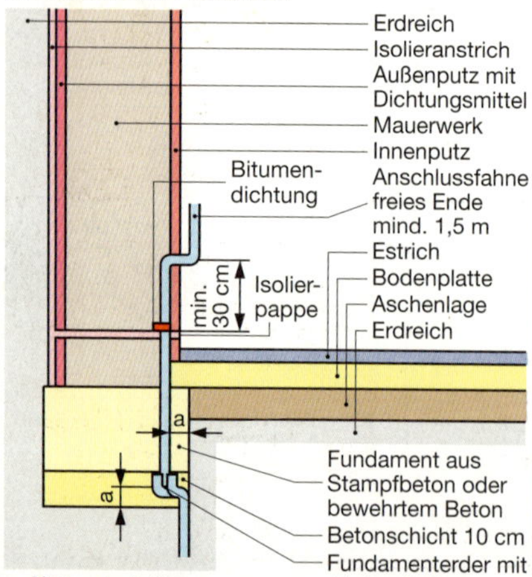

Abstand $a \geq 5$ cm

Arten von Erdern

- Staberder
- Plattenerder
- Banderder mit den Ausführungen:

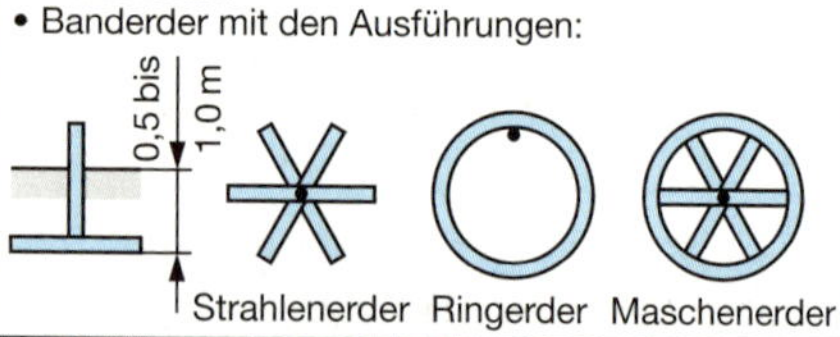

Durchschnittswerte von Erdern

Art des Bodens	spezifischer Erdwiderstand in Ω · m	Ausbreitungswiderstand R_A in Ω beim Banderder (Länge: 20 m)
Lehm-, Ton-, Ackerboden	100	10
Sand (feucht)	200	20
Kies (feucht)	500	50
Beton (Zement/Kies: 1/5)	400	40

Überspannungsschutz – *Over-voltage protection*

DIN VDE 0185-1,-2: 82-11

Störursachen

- Ferne Blitzeinschläge in Freileitungen mit Stoßspannungen > 10 kV, so dass die Spannungsfestigkeit von Geräten überschritten wird.
- Elektromagnetische Störfelder durch atmosphärische Spannungsentladungen, die Übertragungsfehler in elektronischen Systemen verursachen.
- Schalthandlungen in elektrischen Versorgungsnetzen und bei induktiven Verbrauchern, z. B. Motoren, Aufzügen.
- Nahe Blitzeinschläge bis 1000 m, wobei starke Änderungen der magnetischen Feldstärke in Leiterschleifen, z. B. L1-N des Netzes zwischen Geräten und Gebäuden, hohe Induktionsspannungen hervorrufen.
- Blitzeinschlag in Versorgungs- oder Datenkabel, wobei ein Teil des Blitzstromes kapazitiv oder galvanisch in die elektronische Anlage gekoppelt wird.
- Höchste Gefährdung bei direktem Blitzeinschlag ins Gebäude oder im Nahbereich (< 1 km), Potenzialanhebung metallischer Gebäudeteile und Geräte gegen Erde: Durchschläge in geerdeten elektrischen Betriebsmitteln, Daten- und Informationssystemen.

Maßnahmen gegen Überspannungen

Äußerer Blitzschutz:
- Blitzableiter
- Erdungsanlage

Innerer Blitzschutz:
- Potenzialausgleich
- Überspannungsschutzgeräte

Überspannungsableiter

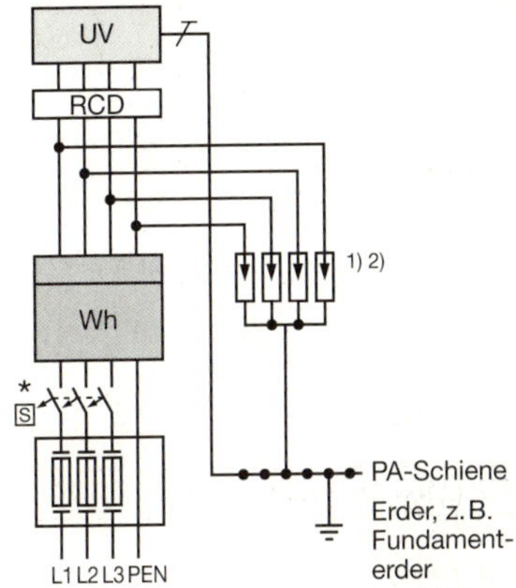

1) mit Genehmigung des VNB auch vor dem Zähler
2) Vorsicherungen erforderlich, wenn Hausanschlusssicherungen > 125 A

Blitzschutzanlagen – *Lightning protection system*

DIN VDE 0185-1: 82-11 ABB3)

Blitzschutzanlage

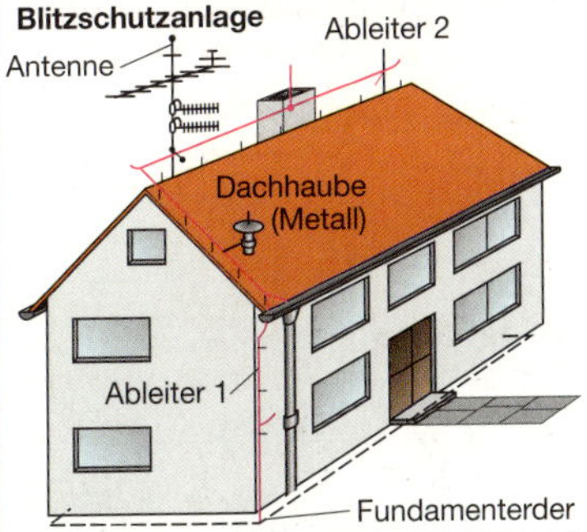

Schutzbereich einer Fangstange

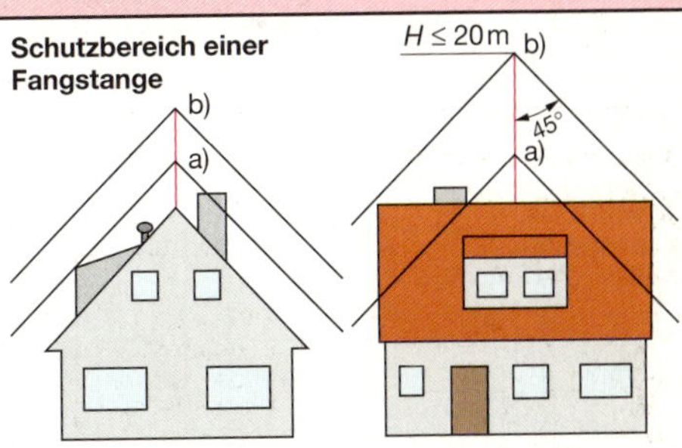

Höhe der Fangstange a) nicht ausreichend
b) ausreichend

Werkstoffe und Abmessungen

Hauptableitungen		Erder	
Werkstoff	Abmessung	Werkstoff	Abmessung
Rundstahl, stark verzinkt, Bandstahl, stark verzinkt, Rost- und säurebeständige Stähle	Ø 8 mm Ø 10 mm 20 mm · 2,5 mm Ø 12 mm 30 mm · 3,5 mm	Rundstahl, Bandstahl, Profilstahl, stark verzinkt für Staberder Rost- und säurebeständige Stähle	Ø 10 mm 30 mm · 3,5 mm Rohrerder Ø 1 mm Kreuzprofilerder 50 mm · 3 mm Rundstahl Ø 20 mm Ø 12 mm 30 mm · 3,5 mm

3) Allgemeine Blitzschutz-Bedingungen

Installationsschaltungen – *Circuits for installations*

Ausschaltung

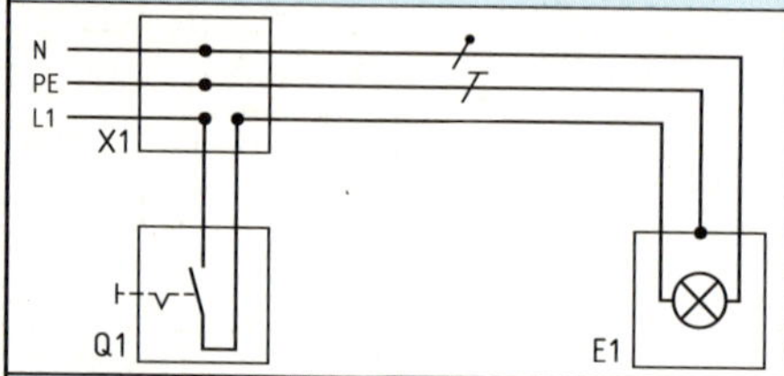

Serienschaltung

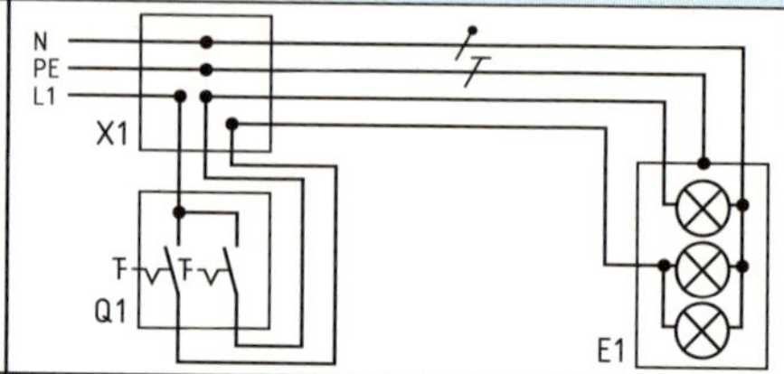

Wechselschaltung mit Schaltern

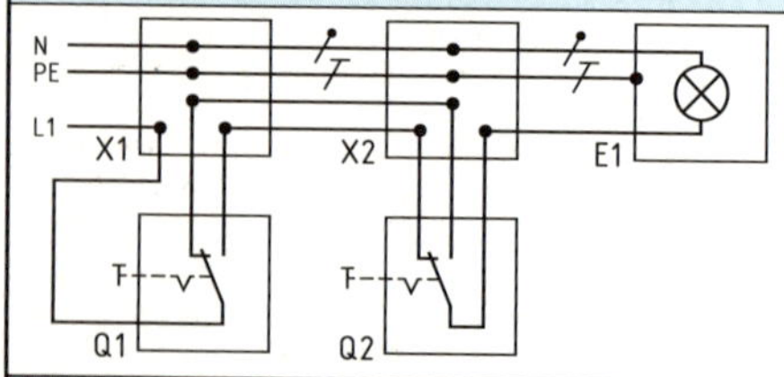

Stromstoßschaltung mit Sensortastern

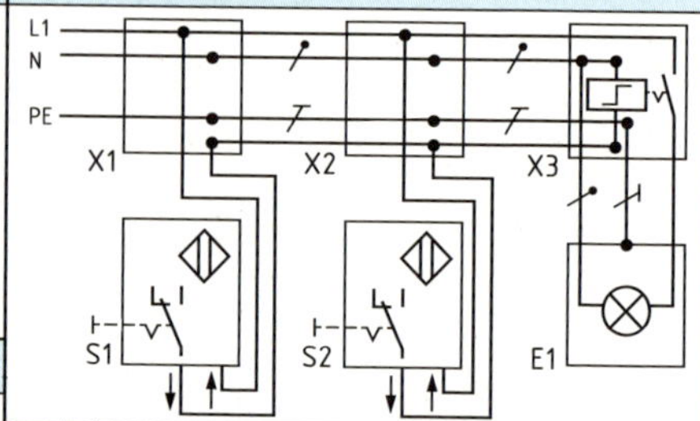

Wechselschaltung mit Dimmer

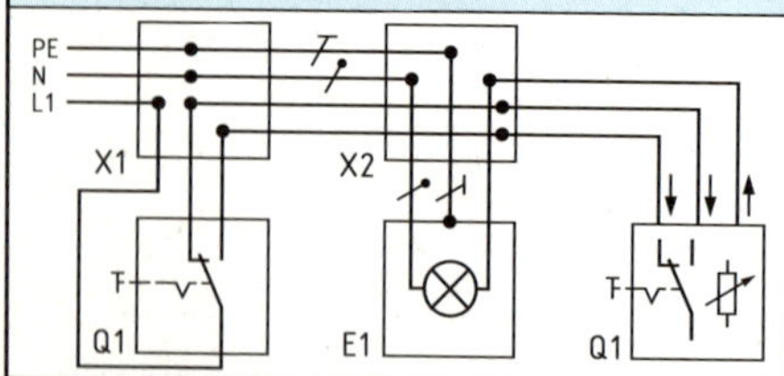

Stromstoßschaltung mit beleuchteten Tastern

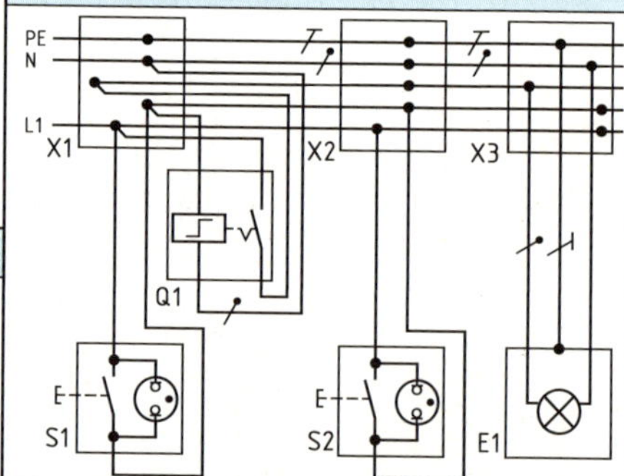

Wechselschaltung mit Tastdimmer

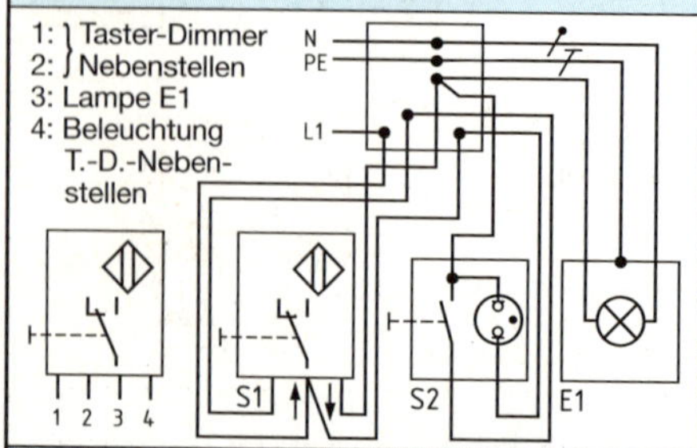

Wechselschaltung mit Vorschaltgerät

Dimmer für Leuchtstofflampen

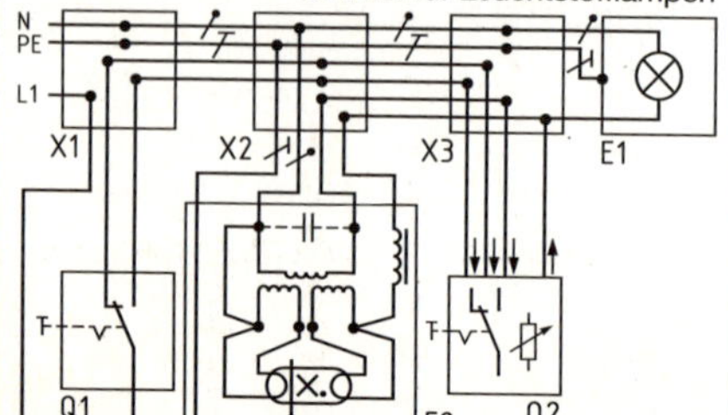

Treppenhausschaltung mit Treppenlicht-Zeitschalter in L-gesteuertem Vierleiteranschluss
(vor Abschaltung nachschaltbar)

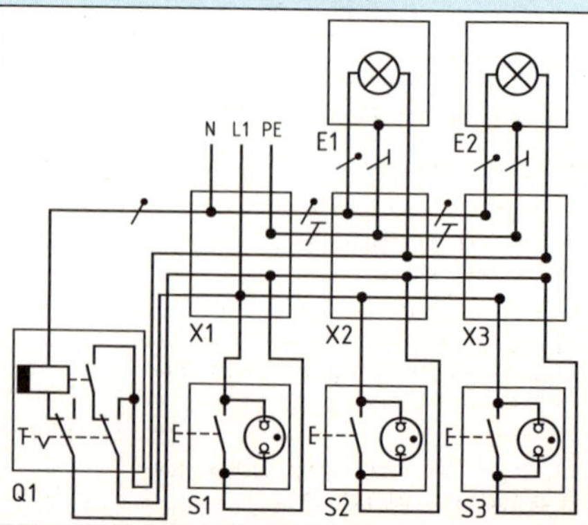

Gebäudesystemtechnik (EIB) – *Building system engineering*

DIN VDE 0829-220
DIN EN 50090

Systemarten

- **E**uropäischer **I**nstallations**b**us (EIB)
- Powernet EIB
  Powerline EIB
- Funk-EIB

Vorteile des EIB

- Vereinfachte Planung u. geringere Montagezeiten
- Reduzierung des Verdrahtungsaufwandes
- Einfaches Nachrüsten und Erweitern des Systems
- Flexible Funktionserweiterung
- Senkung des Energiebedarfs durch Energiemanagement
- Hoher Bedienkomfort

EIB

- Getrennte Leitungsnetze (Energienetz und Busnetz)
- Getrennte Übertragung von **Energie** und **Information**
- Alle Busteilnehmer sind über die Busleitung parallel miteinander verbunden.
- Die Aktoren sind über das Energienetz (AC 230/400 V) miteinander verbunden.
- Keine fest verdrahteten Zuordnungen zwischen den Sensoren und Aktoren.
- Die Zuordnung der Schaltfunktion zwischen den Busteilnehmern wird über ein Programm gesteuert.

Netzstruktur

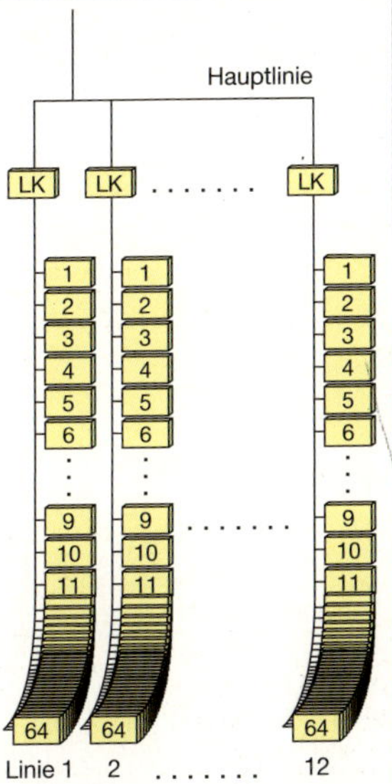

Geräteanzahl

- In jeder **Linie** können 64 Busteilnehmer angeschlossen werden.
- Jeweils 12 Linien werden zu einem **Bereich** zusammengefasst.
- Die einzelnen Linien in einem Bereich werden über Linienkoppler (LK) zu einer **Hauptlinie** verbunden.
- Mit Hilfe von Bereichskopplern (BK) können maximal 15 Bereiche miteinander verbunden werden.
- Die Linie oberhalb der Bereichskoppler wird als Bereichslinie (Backbone) bezeichnet.
- Die Bereichslinie kann wiederum 64 Busteilnehmer aufnehmen.

Maximale Anzahl n der Busteilnehmer:

$n = (((64 \cdot 12) + 64) \cdot 15) + 64$

$n = 12544$

Busleitungen und -klemmen

Leitungsart
YCYM 2x2x0,8
J-Y(St)Y 2x2x0,8 (EIB-Ausführung)

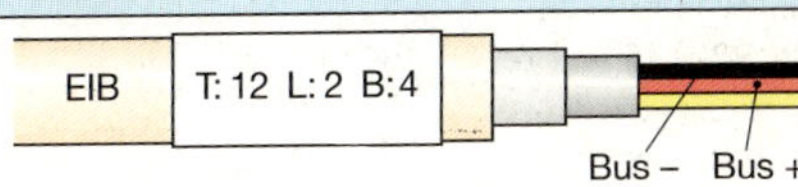

Notwendige Kennzeichnung:
- Bereich (B : 4)
- Linie (L : 2)
- Teilnehmer (T : 12)

Busanschlussklemme:
Bus + auf „Rot"
Bus – auf „Schwarz"

Leitungslängen

Gesamte Leitungslänge aller Teilabschnitte ① + ② + ③ + ④ + ... + ⑭	≤ 1000 m
Maximale Leitungslänge zwischen zwei Busteilnehmern	≤ 700 m
Maximale Leitungslänge zwischen der Spannungsversorgung und jedem Busteilnehmer	≤ 350 m
Maximale Leitungslänge zwischen zwei Spannungsversorgungen	≤ 200 m

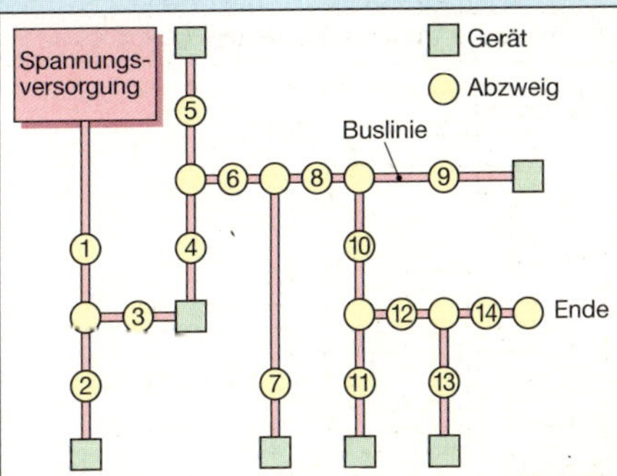

Elektrische Energieversorgung

Powernet EIB

Aufbau

- Keine getrennte Busleitung zur Übertragung der Informationen.
- Die Übertragung der Daten erfolgt über das Energienetz.
- Die Netzstruktur ist mit EIB vergleichbar (Aufteilung in Linien und Bereiche).
- In einer Linie sind maximal 256 Busteilnehmer enthalten.
- 16 Linien bilden einen Powernet-Bereich.
- Die Daten werden in Telegrammform der Netzspannung von 230 V überlagert.
- Die Telegramme werden mit 1200 bit/s übertragen.
- Übertragungsstörungen werden korrigiert.

Einschränkungen

- Der Betrieb von Powernet EIB über eine Trafostation hinaus ist nicht möglich.
- Alle Geräte müssen vorschriftsmäßig entstört sein.
- Maximal 4096 EIB-Betriebsmittel pro Bereich.
- Die Leitungslänge zwischen zwei Busteilnehmern darf nicht größer als 500 m sein.
- Zur Datenübertragung ist erforderlich, dass Neutral- und Außenleiter in jeder Abzweigdose vorhanden sind.
- Um Störungen zu vermeiden, müssen die Netzschwankungen innerhalb eines Toleranzbereiches bleiben:

  Netzspannung: $U = 230\ \text{V} \pm 10\ \%$

  Netzfrequenz: $f = 50\ \text{Hz} \pm 0{,}5\ \%$

Systemübersicht

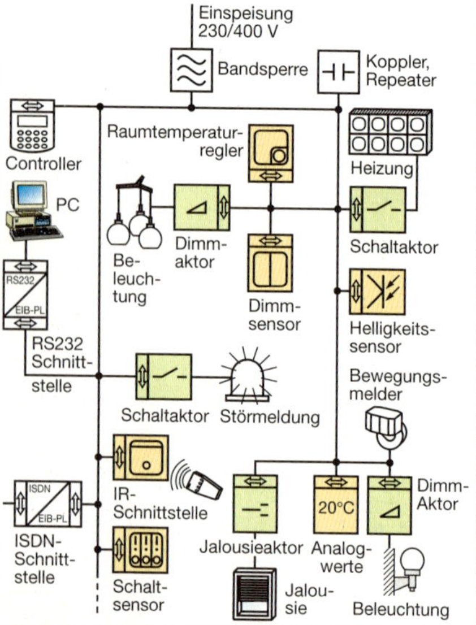

Übertragungsverfahren

- Datenübertragung: SFSK-Verfahren (**S**pread **F**requency **S**hift **K**eying)
- Übertragung in zwei getrennten Frequenzen 105,6 kHz und 115,2 kHz

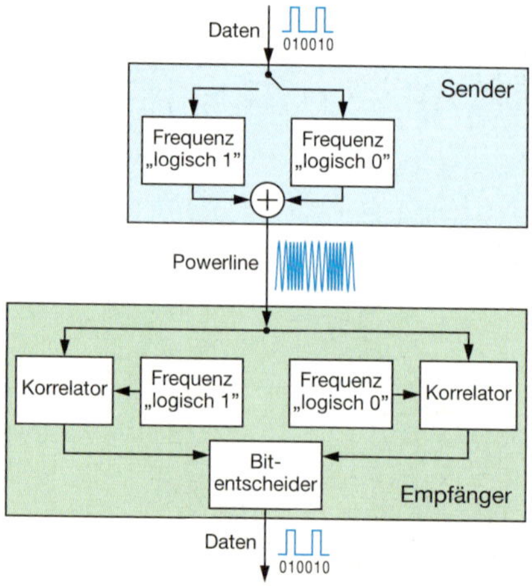

Funk EIB – *Radio EIB*

- Datenübertragung per Funksignal (868 … 870 MHz)
- Flexibler Einsatz auch bei schwierigen Installationssituationen.
- Kompatibel zu den bestehenden EIB-Systemen.
- Die Komponenten werden über das 230 V-Netz oder Batterie versorgt.
- 15 Bereiche mit jeweils 6 Linien und maximal 64 Teilnehmern in jeder Linie möglich.
- Die Reichweite beträgt bis zu 300 m (im Freiraum).
- Jeder Teilnehmer empfängt das Funksignal und sendet es wieder aus. Durch diese Retransmitter-Technik erhöht sich die Reichweite innerhab eines Gebäudes.
- Adressierung der Geräte über die physikalische Adresse bzw. Gruppenadresse.

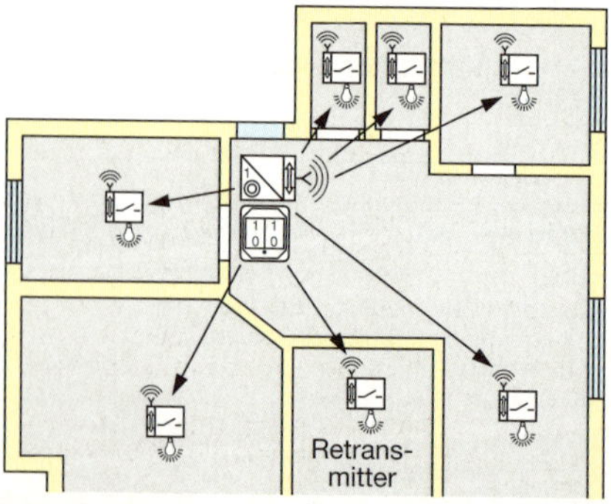

Elektrische Energieversorgung

Unterbrechungsfreie Stromversorgung (USV)

Uninterruptable power supply (UPS) DIN VDE 0558-530: 02-02

Anwendungen:

- Verbesserung der Spannungsqualität für ausgewählte Verbraucher (z. B. Computer, sicherheitsrelevante Anlagen)
- Versorgung der Verbraucher auch bei Spannungsausfall

Beispiel: VFI SS 111
Stufe: 1 2 3

Stufe	Bedeutung
1	Abhängigkeit der Ausgangsspannung von der Eingangsspannung
2	Kurvenform der Ausgangsspannung
3	Ausgangsverhalten bei Lastsprüngen

Stufe 1

Bezeichnung	Eigenschaften	Beispiel	Beherrschbare Störungen
VFD (**v**oltage and **f**requency **d**ependent)	Alle Eingangsgrößen sind gleich den Ausgangsgrößen	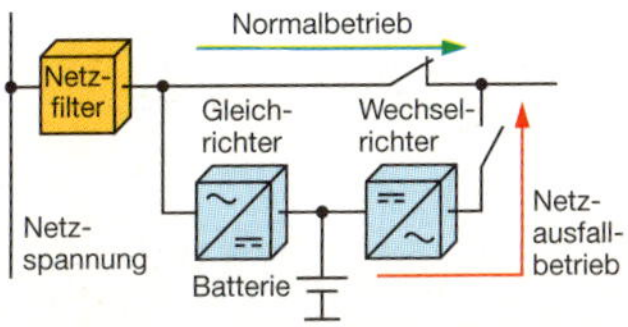	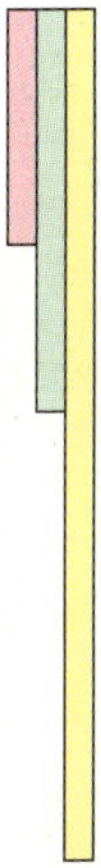 1. Netzausfall 2. Spannungsschwankung 3. Spannungsspitzen 4. Unterspannungen 5. Überspannungen* 6. Blitzeinwirkungen* Spannungsgröße 7. Frequenzschwankungen 8. Spannungsverzerrung (Burst) 9. Spannungsoberschwingung *zusätzlicher Überspannungsschutz erforderlich
VI (**v**oltage **i**ndependent)	Ausgangsspannung synchron zur Eingangsspannung (Kurvenform und Frequenz)	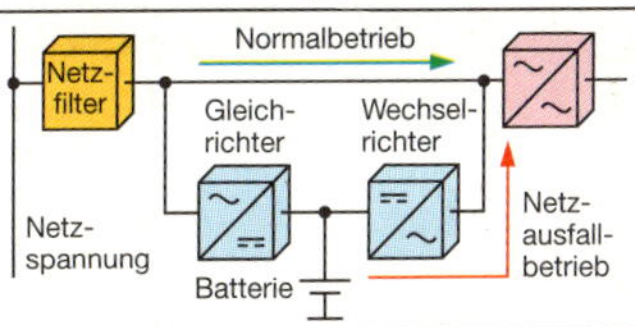	
VFI (**v**oltage and **f**requency **i**ndependent)	Ausgangsspannung/-frequenz sind unabhängig von Schwankungen der Spannung/Frequenz am Eingang	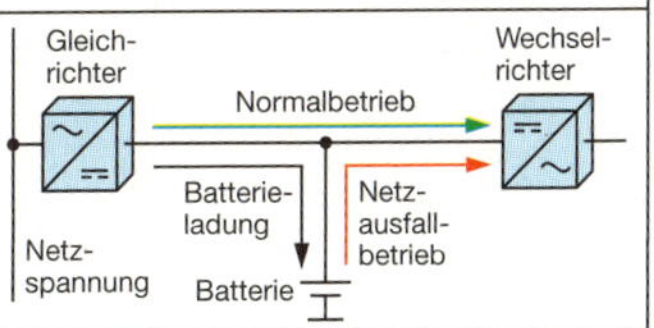	

Stufe 2

1. Kennbuchstabe: Netzbetrieb
2. Kennbuchstabe: Batteriebetrieb

S	Sinusform mit Verzerrung $D < 8$ % bei Referenzlast
X	bei linearer Last Güte nach Form „S", sonst $D > 8$ % zulässig
Y	Form der Ausgangsspannung weicht von Vorgaben ab.
D:	Verzerrung als Maß für Abweichung von der Sinusform.

Stufe 3

1. Ziffer: Netz-/Batterie-/Bypassbetrieb
2. Ziffer: Lastsprung (lineare Last)
3. Ziffer: Lastsprung (nichtlineare Last)

1	sehr gute Eigenschaften, Ausgangsspannungsabweichung max. +/– 30 %; nach 0,1 s max. +/– 10 %
2	nach 1 ms max. +100 %; nach 10 ms max. +20 %/–100 %; nach 0,1 s max. +/–10 %
3	nach 1 ms max. +100 %; nach 10 ms max. +20 %/–100 %; nach 0,1 s max. +/–10 %/– 20 %
4	Genaue Eigenschaften sind beim Hersteller zu erfragen.

Auswahlkriterien für USV-Anlagen

- Maximal benötigte Leistung (mögliche zukünftige Lasterhöhung berücksichtigen)
- Überlastfähigkeit/-dauer (Motoranläufe, Auslöseenergie für Sicherungen/Sicherungsautomaten, ...)
- Klassifizierung
- Netzwerkanbindung für automatischen Shutdown angeschlossener Computer bei Ende der Autonomiezeit
- Rückwirkungen auf das speisende Netz (Stromoberschwingungen)
- Redundanz mehrerer Systeme
- Autonomiezeit (Batteriekapazität)
- Ein-/Ausgangsspannung (1- oder 3-phasig)
- 19"-Einbauvariante/Standgerät
- Umgebungstemperatur (Lebensdauer der Batterien)

Elektrische Energieversorgung

Batterieanlagen – *Battery installations*

- Stationäre Batterien und Batterieanlagen dienen zur **Energiespeicherung** u. werden eingesetzt in
  - Telekommunikationsanlagen,
  - Kraftwerksanlagen,
  - Sicherheitsbeleuchtungen und Alarmsystemen,
  - unterbrechungsfreien Stromversorgungen,
  - ortsfesten Dieselstartanlagen,
  - photovoltaischen Anlagen.
- Die verwendeten Batterien können wieder aufgeladen werden und werden deshalb als Batterien mit **Sekundären Zellen** bezeichnet.
- Die Zellen werden nach Bauart unterschieden in
  - **Geschlossene Zelle** (mit Gehäusedeckel und Öffnung im Deckel zur Gasentweichung),
  - **Verschlossene Zelle** (vollständig verschlossen, mit Überdruckventil zur Gasentweichung bei zu hohem Innendruck; Elektrolyt kann nicht nachgefüllt werden),
  - **Gasdichte Zelle** (verschlossene Zelle, die im Betrieb weder Gas noch Elektrolyt freisetzt; Sicherheitsvorrichtung ermöglicht im Gefahrenfall Druckausgleich; kein Nachfüllen des Elektrolyten möglich; Zelle wird während der gesamten Lebensdauer im verschlossenen Zustand betrieben).
- Bei Batterien oder Batterieanlagen entstehen **Gefahren** durch
  - elektrischen Strom,
  - austretende Gase und Elektrolytenflüssigkeiten.
- Zur **Vermeidung dieser Gefahren** sind Batterieanlagen mit entsprechenden Schutzmaßnahmen auszurüsten.

Schutzmaßnahmen

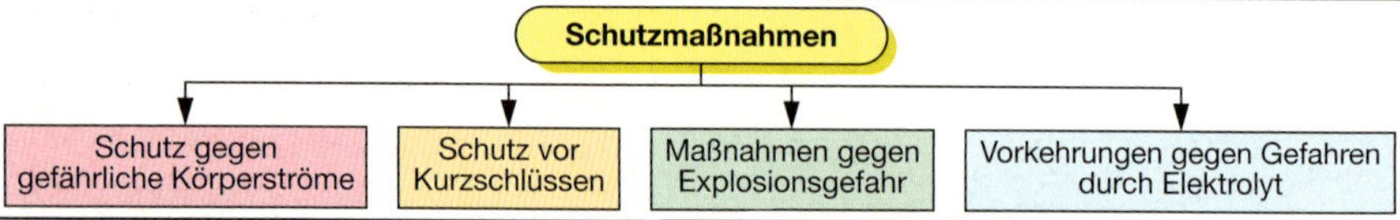

Direktes Berühren

- Schutz gegen **direktes Berühren aktiver Teile** ist durch folgende **Schutzmaßnahmen** realisierbar:
  - Isolierung aktiver Teile,
  - Abdecken oder Umhüllen aktiver Teile,
  - Einbau von Hindernissen,
  - Einhalten von Schutzabstand.
- Schutz durch Abdeckung oder Umhüllung muss nach Schutzart IEC 60529 iP2X ausgeführt sein.
- Schutz durch **Hindernisse** oder durch **Abstand** ist z.B. bei Batterien mit DC 60V bis 120V zwischen den Polen bzw. gegen Erde die Unterbringung in **elektrischen Betriebsstätten**, bei höheren Spannungen die Unterbringung in **abgeschlossenen, elektrischen Betriebsstätten**.
- Batterien mit **Nennspannungen bis zu DC 60V** erfordern keinen Schutz gegen direktes Berühren, sofern die gesamte Anlage den Bedingungen für **SELV** (**S**afety **E**xtra **L**ow **V**oltage) und **PELV** (**Pro**tective **E**xtra **L**ow **V**oltage) entspricht.

Indirektes Berühren

- **Schutz bei indirektem Berühren** (IEC 60364-4-41) kann wie folgt realisiert werden:
  - Automatische Abschaltung,
  - Verwenden von Geräten der Schutzklasse II oder gleichwertiger Isolierung,
  - Nichtleitende Räume (in besonderen Anwendungsgebieten),
  - Örtlicher, erdfreier Potenzialausgleich,
  - Schutztrennung.
- **Dauernd zulässige Berührungsspannung** ist festgelegt auf DC 120V (Grenzwert, IEC 60449).
- **Batteriegestelle oder -schränke** aus Metall müssen an den Schutzleiter angeschlossen oder gegen die Batterie und den Aufstellungsort isoliert sein.
- **Kriechstrecken** und **Sicherheitsabstände** sind nach IEC 60664, **Hochspannungsprüfung** mit AC 4000V, 50HZ, 1 Minute auszuführen.

Explosionsgefahr

- Während der Ladung, Erhaltungsladung und bei Überladung treten Gase aus allen Zellen aus.
- **Explosionsfähige Atmosphäre** entsteht, wenn die Wasserstoffkonzentration mehr als 4 % Wasserstoff in der Luft übersteigt.
- **Batterieräume** und **Schränke** sind durch natürliche oder technische **Lüftung** unter dem oben genannten Grenzwert zu halten.

Elektrolyt

- **Bleibatterien**: Wässrige Lösung aus **Schwefelsäure**.
- **NiCd-Batterien**: Wässrige Lösung aus **Kaliumhydroxid**.
- Gefahr: **Starke Verätzungen** auf der Haut und in den Augen.
- Schutz: Schutzbrille (Schutzschild), Schutzhandschuhe, Schürze zum Schutz der Haut.
- **Ausgetretener Elektrolyt** ist umgehend m. saugfähigen Materialien (neutralisierend) aufzunehmen.

Kurzschluss

- **Kurzschluss**: Gespeicherte Energie wird freigesetzt und kann zum Schmelzen von Metallen, zu Funkenbildung, zu Explosionen oder zum Verdampfen des Elektrolyten führen.
- Der **Isolationswiderstand** zwischen dem Batteriekreis und anderen leitfähigen örtlichen Teilen muss größer als 100 Ohm/V (der Batteriespannung) sein (Leckstrom < 10mA).

Wartungsarbeiten

- Bei **Arbeiten in der Anlage** darf nur isoliertes Werkzeug verwendet werden.
- Für **ungefährliche Wartungsarbeiten** sind Batterieanlagen wie folgt auszurüsten:
  - **Abdeckungen** für die Batteriepole.
  - **Mindestabstand** von 1,5m zwischen berührbaren, aktiven Leitern der Batterien, die ein Potenzial von mehr als DC 1500V führen.
  - **Trennvorrichtung** für die Zellengruppen.

Instandhaltung – *Maintenance*

DIN 31 051: 03-06

Instandhaltungselemente

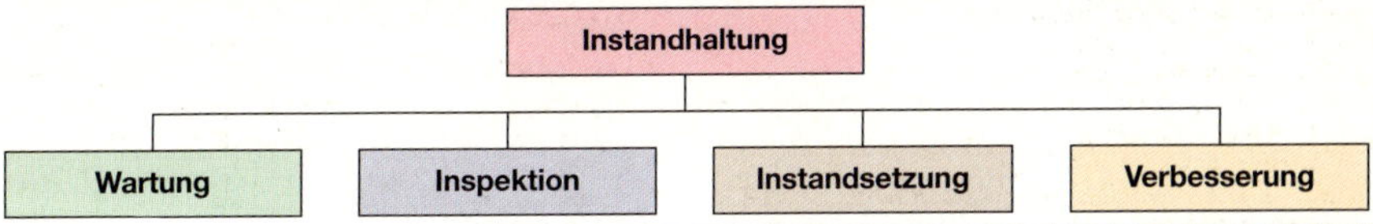

Begriffe

Instandhaltung	Kombination aller Maßnahmen (technisch, administrativ, Management) zur Erhaltung oder Wiederherstellung des funktionsfähigen Zustandes
Wartung	Maßnahmen zur Verzögerung des Abbaus von vorhandenem Abnutzungsvorrat
Inspektion	Feststellung und Beurteilung des Istzustandes einschließlich Ursachenbestimmung der Abnutzung und Ableitung notwendiger Konsequenzen
Instandsetzung	Wiederherstellung des funktionsfähigen Zustandes (außer Verbesserungen)
Verbesserung	Kombination aller Maßnahmen zur Steigerung der Funktionsfähigkeit, ohne die geforderte Funktion zu ändern

Abnutzung	Abbau des Abnutzungsvorrates durch physikalische/chemische Einwirkungen (z.B. Verschleiß, Alterung, Rost, …)
Abnutzungsvorrat	Vorrat möglicher Abnutzung bei gleichzeitiger Funktionserfüllung
Funktion	Durch den Verwendungszweck bedingte Aufgabe (z.B. Pumpen von mind. 50 l/min)
Fehler	Zustand in dem das System unfähig ist, die geforderte Funktion zu erfüllen
Fehleranalyse	Nach Fehlerdiagnose (Erkennung, Ortung, Ursachenermittlung) erfolgt eine Prüfung, ob eine Verbesserung machbar und wirtschaftlich ist
Schwachstelle	System bei dem ein Ausfall häufiger auftritt, als dies nach der geforderten Verfügbarkeit zu erwarten ist

Einfluss der Instandhaltung

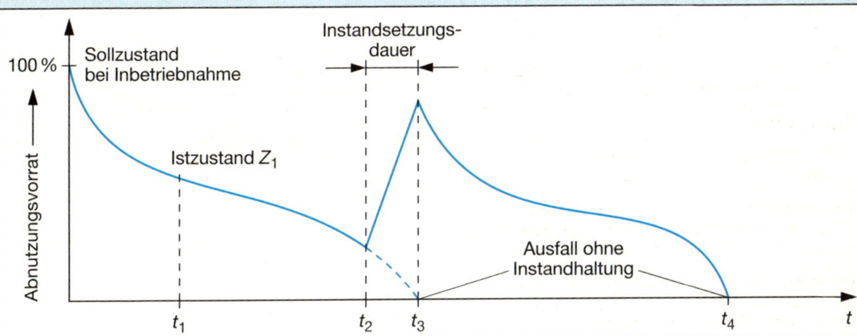

Instandhaltungsstrategien

vorbeugend		störungsbedingt
zeitorientiert Instandhaltungsmaßnahmen in festen Zeitabständen (z.B. durch Hersteller vorgegeben).	**zustandsorientiert** Instandhaltungsmaßnahmen abhängig vom technischen Zustand des Systems; erfordert Überwachung, Inspektionen oder Abnutzungsmodelle.	**ereignisorientiert** Instandhaltungsmaßnahmen bei Störungen des Systems.

RCM (**R**eliability **C**entered **M**aintenance) zuverlässigkeitsorientierte oder auch vorausschauende Instandhaltung kombiniert die o.g. Strategien zu einem wirtschaftlichen Optimum.

Reparatur elektrischer Geräte – *Repair of electrical devices* DIN VDE 0701-1: 00-09

- Reparaturen nur von Elektrofachkraft oder unter dessen Verantwortung durchführen lassen.
- Zur Sicherheit beitragende Teile müssen geeignet und unbeschädigt sein.
- Prüfungen in der genormten Reihenfolge durchführen mit Messgeräten nach DIN VDE 0404.
- Eingebaute Einzelteile, Bauelemente, Baugruppen und Software müssen für die Anforderungen geeignet sein.
- Bestandene Prüfung dokumentieren (Prüfprotokoll)
- Nicht sichere Geräte kennzeichnen

Prüfungen

1. Besichtigung

Kontrollieren, ob Geräteteile, die zur Sicherheit beitragen, ungeeignet oder beschädigt sind.
Untersucht werden müssen:

- Gehäuse, Schutzabdeckungen,
- Anschluss- und andere äußere Leitungen,
- Zustand der Isolierungen,
- Zugentlastung, Knickschutz u. ä.,
- Gerätesicherungshalter und Gerätesicherungen,
- Kühlöffnungen, Luftfilter, Überdruckventile,
- Befestigungen der Leiter und anderer Teile,
- Kennzeichnungen, die der Sicherheit dienen.

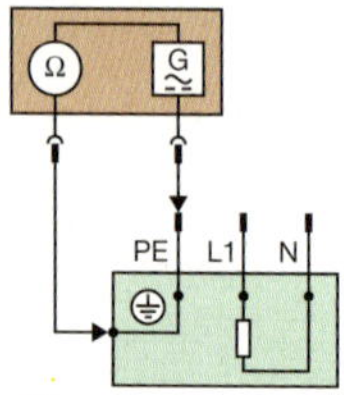

Abb. 1: Messung des Schutzleiterwiderstandes

2. Schutzleiterprüfung (Abb. 1)

- Kontrolle des Schutzleiters auf mechanische Schäden durch Sicht- und Handprobe,
- Messung des Schutzleiterwiderstandes.
  $R \leq 0{,}3\ \Omega$, für $l \leq 5$ m
  $+ 0{,}1\ \Omega$ je weitere 7,5 m
  $R_{max} \leq 3\ \Omega$, $l \leq 5$ m
  DC 4 V $< U <$ 24 V, $I > 0{,}2$ A

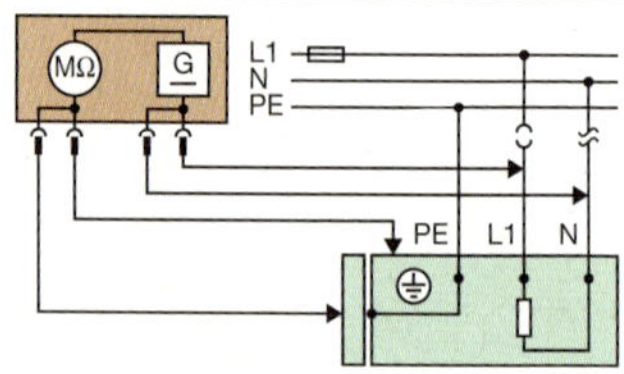

Abb. 2: Messung des Isolationswiderstandes

3. Isolationswiderstandsmessung (Abb. 2)

- Messung des Widerstandes zwischen aktiven und berührbaren leitfähigen Teilen.
- Schutzklasse I $P \leq 3{,}5$ kW $R_{iso} < 1$ MΩ
  $P \geq 3{,}5$ kW $R_{iso} < 0{,}3$ MΩ
  sonst Schutzleiterstrommessung
  Schutzklasse II $R_{iso} < 2$ MΩ
  Schutzklasse III $R_{iso} < 0{,}25$ MΩ
  $U > 500$ V, $R_{Last} = 0{,}5$ MΩ
- Gerät vom Netz trennen. Sonst Messung des Schutzleiter- bzw. Berührungsstromes.

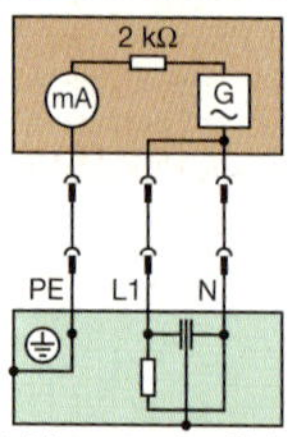

Abb. 3: Messen des Schutzleiterstromes

4.a Messung des Schutzleiterstromes (Abb. 3)

- Gerät an Netzspannung legen.
- Messung nach dem direkten oder Differenzstromverfahren. $I_{Schutzleiter} \leq 25$ mA

4.b Messung des Berührungsstromes (Abb. 4)

- Messung bei Geräten der Schutzklasse I nach Anlegen der Netzspannung an allen leitfähigen Teilen mit direkten oder indirekten Verfahren.
- Bei Netzspannung $I_b \leq 0{,}5$ mA

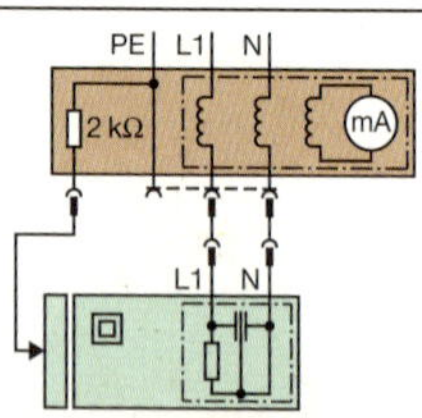

Abb. 4: Messen des Berührungsstromes

4.c Messung des Ersatzableiterstromes (Abb. 5)

- Alternatives Messverfahren zur Schutzleiterstrom- bzw. Berührungsstrommessung.
- Gerät vom Netz trennen.
  Schutzklasse I $P \leq 3{,}5$ kW $I \leq 3{,}5$ mA
  $P > 3{,}5$ kW $I = 1$ mA/kW
  Schutzklasse II $I \leq 0{,}5$ mA

5. Funktionsprüfung

Zum Schluss die Funktion des Gerätes prüfen.

6. Prüfen der Aufschriften

Vorhandensein der Aufschriften kontrollieren und gegebenenfalls ersetzen.

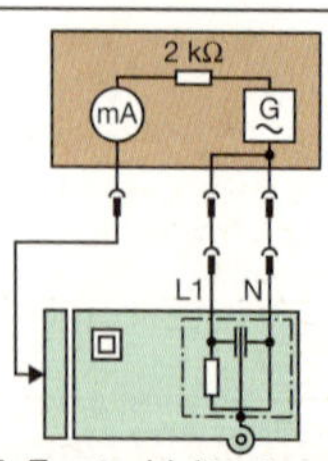

Abb. 5: Ersatzableiterstrommessung

Wirkungen elektrischer und magnetischer Felder

Effects of electric and magnetic fields DIN VDE 0848

Gesundheitliche Risiken nach **ICNIRP**: (**I**nternational **C**ommission on **N**on-**I**onizing **R**adiation)

- Gewebeerwärmung durch HF-Absorbtion.
- Wirkung induzierter Ströme ($f < 500$ kHz) auf Nerven- und Muskelzellen.
- Verbrennungen und Elektroschocks durch Berühren von leitenden Gegenständen.
- Höreffekte
- Krebsentstehung und -förderung.
- Wirkungen bei Modulation von HF-Strahlung mit ELF-Frequenzen.

Gefahren für Personen bestehen

- **unmittelbar** durch direkte Einwirkung,
- **mittelbar** durch Berühren von elektrisch-leitfähigen Gegenständen.

Schutzmaßnahmen:

- Bereiche, in denen die Grenzwerte überschritten werden, absperren und auf die Gefahr hinweisen.
- Von unterwiesenen Personen zugängliche Bereiche durch Kennzeichnung abgrenzen.
- Leistungsreduzierung, Abschirmung u.ä.
- Wirksamkeit überprüfen.

Spezifische Absorbtionsrate SAR

$$SAR = \frac{\text{absorbierte HF-Leistung}}{\text{Körpermasse}} \quad \text{in} \quad \frac{W}{kg}$$

SAR-Grenzwerte (Absorbierte HF-Energie während 6 min) in W/kg

Gesamter Körper		Körperteile je 10 g Masse
Allgemein	Arbeitsbereich	
0,08	0,4	2

Warnung vor elektromagnetischem Feld

Beispiele

Quelle	*f* in MHz	*s*	*E*, *H* oder *S*	Grenzwerte
UKW-Sender	88...108	50 m 300 m	450 V/m 90 V/m	73,5 V/m wird für $S > 350$ m eingehalten
VHF UHF	174-216 470-890	1,5 km	< 0,02 V/m < 0,005 V/m	2 W/m² 2-4 W/m²
Mobilfunk	890-960	50 cm 3 cm	0,001 W/m² < 2 W/m²	4 W/m² 2 W/kg
Mikrowellengerät	2450	5 cm 30 cm	0,62 W/m² 0,06 W/m²	< 50 W/m²

Strahlenschutz – *Radiation protection*

Strahlenschutzverordnung (Strl.SchV)/86-12

Aktivität *A*

$$\text{Aktivität} = \frac{\text{Anzahl der Kernumwandlungen}}{\text{Zeit}}$$

$A = \frac{\Delta N}{\Delta t}$ $[A] = 1\ Bq = 1\ s^{-1}$ $1\ Ci = 3{,}7 \cdot 10^{10}\ s^{-1} = 3{,}7 \cdot 10^{10}\ Bq$

Bq: Bequerel Ci: Curie

Warnung vor gefährlicher Strahlung

Energiedosis *D*

$$\text{Energiedosis} = \frac{\text{absorbierte Energie}}{\text{Masse}}$$

$D = \frac{\Delta W}{\Delta m}$ $[D] = 1\ Gy = 1\ J/kg$ Gy: Gray

Äquivalentdosis *H*; Qualitätsfaktor $\overline{Q}$

Äquivalentdosis = Energiedosis · Qualitätsfaktor

$H = D \cdot \overline{Q}$ $[H] = 1\ Sv = 1\ J/kg$ $1\ rem = 10^{-2}\ Sv$

Sv: Sievert

Strahlenart	$\overline{Q}$
Röntgenstrahlen, Gammastrahlen	1
Beta- und Elektronenstrahlen	1
Thermische (langsame) Neutronen	2,3
Schnelle Neutronen, Protonen	10

Grenzwerte der Körperdosis

Körperteile	Maximalwerte in mSv		Körperteile	Maximalwerte in mSv	
	Mit strahlendem Material arbeitende Personen[1]	Bevölkerung		Mit strahlendem Material arbeitende Personen	Bevölkerung
Rotes Knochenmark	50	0,3	Alle Organe und Gewebe	150	0,9
Extremitäten	500	–	Schilddrüsen	300	1,8

[1] Die Summe aller effektiven Dosen darf 400 mSv nicht überschreiten.

Brandschutz – *Fire prevention*

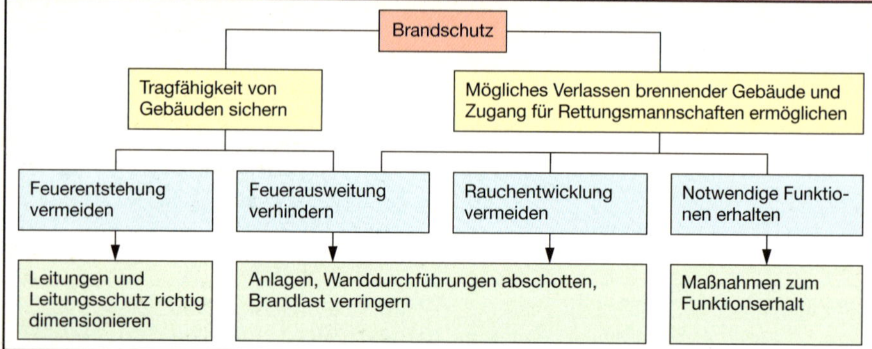

Begriffe

Brandabschnitt	Abschnitt eines Gebäudekomplexes, der durch Brandwände abgegrenzt ist.	Feuerwiderstandsklasse	Mindestdauer, die ein Bauteil genormter Anforderungen bei definiertem Brandversuch widersteht.
Brandwand	Wand zwischen Brandabschnitten mit dem Ziel, die Ausbreitung von Feuer und Rauch zu verhindern.	Kurzzeichen: F T S E I	**Beispiel:** F 90 – Dauer in Min. Brandwände Türen, Tore, Klappen Kabelabschottungen Funktionserhalt elektr. Leitungen Installationsschächte/ -kanäle
Brandlast	Energiemenge von Baustoffen, die bei Verbrennung freigesetzt wird.		

Brandlast verringern	Leitungsführung durch Brandwände
• Kabel mit geringer Brandlast verwenden • Leitungen mit schwer entflammbaren Materialien anschotten	• Brandschutzrahmen • Weichschott (Brandschutzmörtel) • Brandschutzkissen

Funktionserhalt

- Forderung für Gebäude mit erhöhtem Sicherheitsrisiko (Versammlungsstätten, Krankenhäuser, Hotels, Industrieanlagen, Rechenzentren)
- Aufrechterhaltung der Stromversorgung im Brandfall
- Funktion muss bei Brand definierte Zeit erhalten bleiben.
- **MLAR** (**M**uster **L**eitungs **A**nlagen **R**ichtlinie) durch deutsches Institut für Baurecht veröffentlicht.
- MLAR ist Basis für Umsetzung in bundeslandspezifisches Baurecht.

Dauer des Funktionserhalts

E30 (30 min. für Evakuierung)	E90 (90 min. für Brandbekämpfung)
• Sicherheitsbeleuchtungsanlagen • Brandmeldeanlagen • Alarmierungs-/Lautsprecheranlagen (ELA) • Lüftungs-, Rauchabzugsanlagen	• Feuerwehraufzüge • Bettenaufzüge in Krankenhäusern • maschinelle Rauchabzugsanlagen • Wasserdruckerhöhungsanlagen • Sprinkleranlagen

Installationsanforderungen

- Leitungsanlagen inkl. Verteiler, zentraler Notlicht-/ELA-Anlagen in Funktionserhalt installieren.
- Sicherheitsbeleuchtungsanlagen, die ausschließlich zur Versorgung des betroffenen Brandabschnittes dienen, sind von den Anforderungen ausgenommen.
- Bei Leitungsdimensionierung ist für die längste Brandabschnittsdurchquerung eine erhöhte Leitertemperatur/ -widerstand zu berücksichtigen (im Beispiel Leitung durch Brandabschnitt 2).

Integrierter Funktionserhalt

- Leitungsanlage kann Brand ausgesetzt sein.
- Verwendung feuerbeständiger und geprüfter Leitungen/Befestigungen

Abschottung

- Leitungsanlage wird durch feuerwiderstandsfähige Materialien umbaut.
- Verwendung von Standardleitungen möglich.

12 Technische Dokumentation und Formeln

Formeln

Technische Zeichnungen – *Technical drawings*

Linienart	Vollinie		Strichlinie		Strichpunktlinie		Freihandlinie	Zickzacklinie	Strich-Zweipunktlinie
	breit	schmal	breit	schmal	breit	schmal	schmal	schmal	schmal
Anwendungsbeispiele	sichtbare Körperkanten, Gewindebegrenzung	Maßlinie, Maßhilfslinie, Schraffur, Bezugslinie, Gewindelinie	Kennzeichnung von Oberflächenbehandlung	verdeckte Körperkanten	Schnittverlauf	Mittellinie	Bruchlinie	Bruchlinie	angrenzende Teile, Grenzstellung beweglicher Teile

Normschrift

- Schriftform A: Linienbreite $\frac{1}{14}h$
- Schriftform B: Linienbreite $\frac{1}{10}h$
- kursiv: unter 75°
- vertikal: unter 90°

ABCDEFGHIJKLMNOPQRSTUVW

XYZÄÖÜ 1234567890 IVX

aabcdefghijklmnopqrstuvwxyz

äaöüß±□ [(!?:;"-=+×·:√%&)]Ø

Blattformate

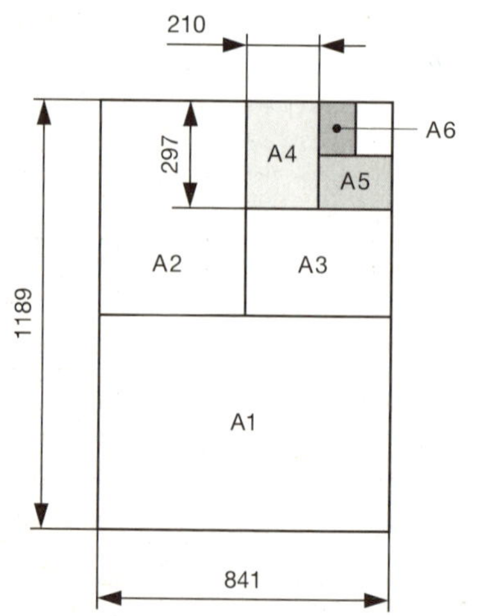

A0 = 841 mm x 1189 mm = 1 m^2

A4 = 210 mm x 297 mm = 0,0624 $m^2 \approx \frac{1}{16}$ m^2

Blattgrößen

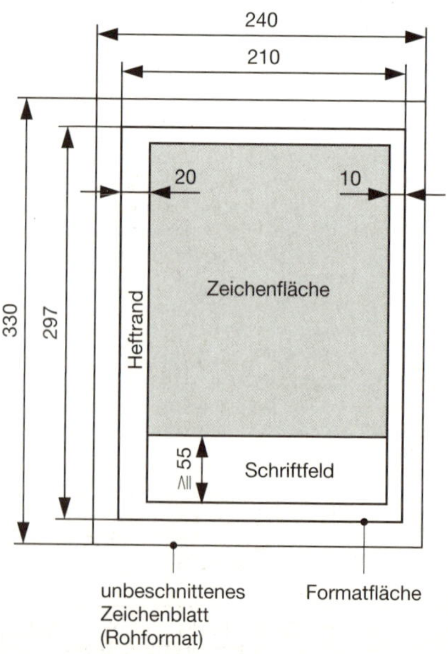

Kennzeichnung von elektrischen Betriebsmitteln

Designation of electrical equipment

DIN EN 61346-2: 00-12

Kennzeichnungsstruktur

Struktur	Beschreibung	Beispiel
Funktionsbezogene Struktur	Beschreibt den Zweck oder die Aufgabe von Objekten (Trennzeichen: =).	=NE2=QA1: Leistungsschütz, AC 400/230 V Verteilung
Produktionsbezogene Struktur	Dient zur Identifizierung von Objekten (Trennzeichen: –).	–NE2–P1: Zählerschrank, AC 400/230 V Verteilung
Ortsbezogene Struktur	Beschreibt die örtliche Lage von Objekten (Trennzeichen: +).	+J1+N1: Batterieraum, 20 kV Gebäude

Bei der nachfolgend beschriebenen **funktionsbezogenen Klassifizierung** wird jedes Objekt als Teil eines Prozesses mit einem Ein- bzw. Ausgang betrachtet.

Beispiel:
Elektroheizung

elektrische Energie

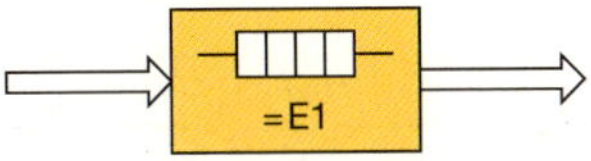

Wärmeenergie

Bei der Kennzeichnung eines Objektes sind folgende Punkte zu beachten:

- Das Betriebsmittel wird nach seiner **Aufgabe** und nicht nach seiner Wirkungsweise gekennzeichnet.

Beispiel:
Ein Tauchsieder wird mit E (Erzeugen von Wärme) bezeichnet, nicht mit R (Begrenzen elektrischer Energie).

- Das Betriebsmittel wird nach seinem **Hauptzweck** und nicht nach Teilaufgaben gekennzeichnet.

Beispiel:
Ein Prüfgerät für Schutzmaßnahmen mit Speicherfunktion wird mit P (Darstellen von Information) bezeichnet, nicht mit C (Speichern).

Klassen für infrastrukturelle Objekte

Objekte	Kennbuchstabe	Beschreibung	Beispiele
... für gemeinsame Aufgaben	A	Objekte, die mehreren Infrastrukturklassen zugeordnet werden.	Fernwirkanlage, zentrale Leittechnikanlage
... für Hauptprozesseinrichtungen	B ... U	Die Buchstaben B bis U sind in der nebenstehenden Tabelle ausgeführt.	400/230 V Energieverteilung
... die nicht dem Hauptprozess zuzuordnen sind.	V	Objekte für die Lagerung von Materialien.	Fertigwarenlager, Mülllager, Rohmateriallager
	W	Objekte mit administrativen oder sozialen Aufgaben.	Büro, Garage, Kantine
	X	Objekte mit Hilfsaufgaben neben dem Hauptprozess.	Alarmanlage, Brandschutzanlage, Beleuchtungseinrichtung, Elektroenergieverteilung, Gasversorgung, Klimaanlage, Wasserversorgung
	Y	Objekte mit Informations- oder Kommunikationsaufgaben.	Antennenanlage, Computernetzwerk, Lautsprecheranlage, Telefonanlage
	Z	Objekte zur Unterbringung technischer Anlagen.	Fabrikgelände, Gebäude, Straße, Wand

Energieverteilstation	
Buchstabe	**Spannungswerte**
B	> 420 kV
C	380 ... ≤ 420 kV
D	220 ... < 380 kV
E	110 ... < 220 kV
F	60 ... < 110 kV
G	45 ... < 60 kV
H	30 ... < 45 kV
J	20 ... < 30 kV
K	10 ... < 20 kV
L	6 ... < 10 kV
M	1 ... < 6 kV
N	< 1 kV
P	Potenzialausgleich
T	Anlagen zum Umspannen

Kennzeichnung von elektrischen Betriebsmitteln

Designation of electrical equipment

DIN EN 61346-2: 00-12

Kennbuchstaben zur Objektklassifizierung

Kennbuchstabe	Hauptaufgabe/-zweck	Beispiele
A	Hauptaufgabe lässt sich nicht eindeutig bestimmen.	Schaltschrank, Sensorbildschirm
B	Umwandeln einer physikalischen Größe in Signal zur Weiterverarbeitung	Bewegungsmelder, Fotozelle, Fühler, Messrelais, Messwiderstand, Rauchmelder
C	Speichern von Energie bzw. Information	Festplatte, Kondensator, Pufferbatterie, RAM, Speicher
E	Kühlen, Heizen, Beleuchten, Strahlen	Boiler, Heizung, Lampe, Laser, Leuchte, Mikrowellengerät
F	Direktes Schützen von Personen oder Einrichtungen	Leitungsschutz-Schalter, Überspannungsableiter, RCD, Sicherung, SH-Schalter
G	Erzeugen von Energie, Materialfluss oder Signalen	Batterie, Brennstoffzelle, Dynamo, Generator, Lüfter, Solarzelle, Ventil
K	Verarbeiten von Signalen oder Informationen	Binärbaustein, Frequenzfilter, Hilfsschütz, Regler, Schaltrelais, Transistor, Zeitrelais
M	Bereitstellen von mechanischer Energie zu Antriebszwecken	Elektromotor, Stellantrieb
P	Darstellen von Information	Ampere- bzw. Voltmeter, Drucker, Klingel, Lautsprecher, LED, Uhr, Zähler
Q	Schalten und Variieren von Energie, Signal- und Materialfluss	Leistungsschalter, Motoranlasser, Leistungstransistor, Schütz, Stromstoßschalter, Thyristor, Trennschalter
R	Begrenzen oder Stabilisieren von Energie-, Informations- oder Materialfluss	Begrenzer, Diode, Drosselspule, Widerstand
S	Umwandeln manueller Betätigung in Signale	Steuerschalter, Tastschalter, Tastatur, Wahlschalter
T	Umwandeln von Energie bzw. Signalen unter Beibehaltung von Energieart bzw. Informationsgehalt	Antenne, Gleichrichter, Ladegerät, Modulator, Netzgerät, Transformator, Verstärker, Wandler, Wechselrichter
U	Halten von Objekten in einer definierten Lage	Isolator, Kabelpritsche, Mast, Montageschiene
V	Verarbeiten oder Behandeln von Material oder Produkten	Abscheider, Filter
W	Leiten oder Führen von Energie oder Signalen	Bussystem, Kabel, Leiter, Lichtwellenleiter, Sammelschiene
X	Verbinden	Klemme, Klemmleiste, Steckdose, Stecker, Verbinder

Unterklassen

Zur eindeutigen Beschreibung können weiterhin **Unterklassen** gebildet werden, die ebenfalls durch Kennbuchstaben gekennzeichnet werden.

Die Unterklassen müssen von Anwendern festgelegt und dokumentiert werden, wobei die Buchstaben I und O wegen der Verwechslungsgefahr mit den Ziffern 1 und 0 nicht benutzt werden sollen.

Beispiel:
Ist für einen Leistungstransformator die Klassenbezeichnung T nicht ausreichend, kann zusätzlich die Unterklasse A (Leistung transformieren) eingeführt werden.

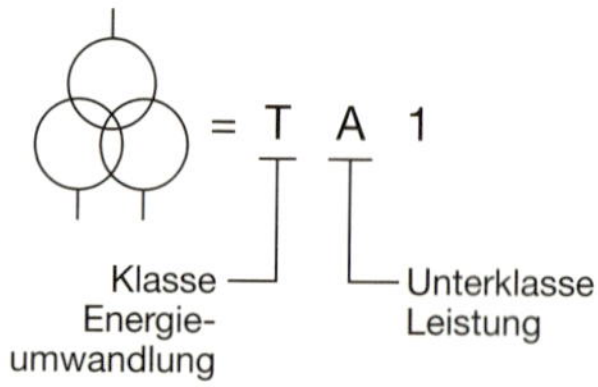

Die nachfolgende Tabelle zeigt beispielhaft die Unterklassen für die Klasse T (Umwandeln):

Buchstaben	Aufgabe
TA	Leistung transformieren
TB	Leistung umformen (AC/DC)
TC … TG	Frei
TH	Signale umformen
TJ	Signale verstärken
TK	Signale modulieren
TL	Frei
TM	Kombinierte Aufgabe (TG … TL)
TN … TT	Für Objekte, die mechanischer bzw. thermischer Energie zugeordnet werden.
TU … TY	Für Objekte, die einem Materialfluss zugeordnet werden.
TZ	Kombinierte Aufgabe (TA … TY)

Schaltungsunterlagen – *Circuit documentation*

DIN 40719-06: 92-08
DIN EN 61082-01…-03: 95-05

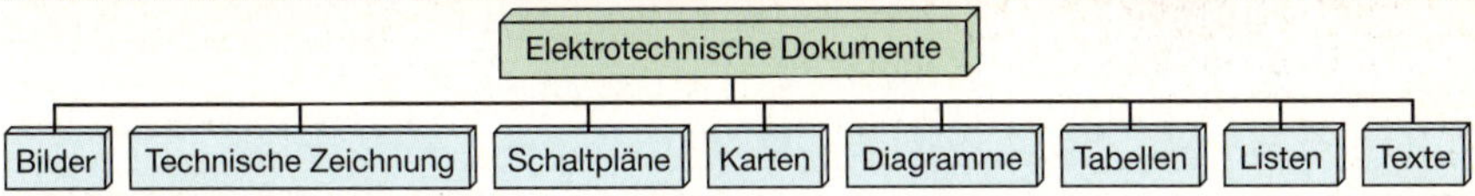

Funktionsbezogene Dokumente

Übersichtsschaltplan:
Vereinfachte Darstellung einer Schaltung, die die Arbeitsweise und die Gliederung einer elektrischen Einheit zeigt.

Blockschaltplan: ④
Übersichtsschaltplan mit Blocksymbolen.

Netzwerkkarte:
In Landkarte eingezeichneter Übersichtsschaltplan.

Funktionsschaltplan:
Prozeßorientierte Darstellung z. B. einer Steueraufgabe.

Logik-Funktionsschaltplan:
Funktionsschaltplan mit binären Schaltzeichen.

Ersatzschaltplan:
Funktionsschaltplan als äquivalente Schaltung.

Funktionsplan: ③
Steuerungs- oder Regelungssystem durch ein Diagramm beschrieben.

Stromlaufplan: ①
Ausführliche Darstellung einer Schaltung, aus der ihre Funktion zu erkennen ist.

Ortsbezogene Dokumente

- Lageplan
- Installationsplan ②
- Installationsschaltplan
- Gruppenzeichnung
- Anordnungsplan

Verbindungsbezogene Dokumente

- Verdrahtungsplan, -tabelle
- Geräteverdrahtungsplan, -tabelle
- Verbindungsplan, -tabelle
- Anschlussplan, -tabelle, Klemmenplan
- Kabelplan, -tabelle, -liste

Außerdem verwendet man
- Ablaufdiagramme, Zeitablaufdiagramme
- Anschlussfunktionspläne
- Programmpläne, -tabellen, -listen

Stromlaufplan eines UKW-Tuners (Ausschnitt) ①

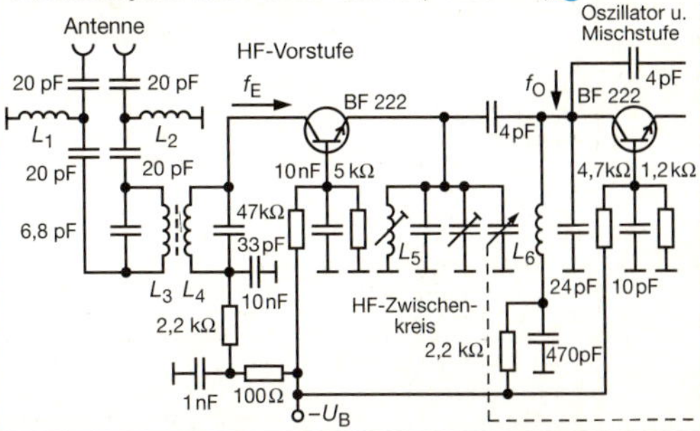

Installationsplan (Ausschnitt) ②

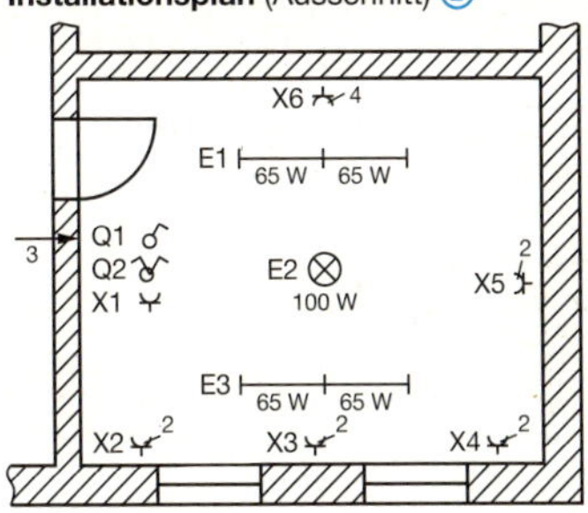

Verlegeart:
NYM auf Abstandsschellen mit Abzweigdosen

Montagehöhe über OKFB
Steckdosen 1,05 m

Schutz bei ind. Berühren:
Abschaltung durch LS-Schalter

Zusätzlicher Schutz im Bad:
FI-Schutzeinrichtung
$I_{\Delta n}$ = 30 mA

Leistung:
Steckdosen 4 kW

M 1:100

Funktionsplan (Ausschnitt) ③

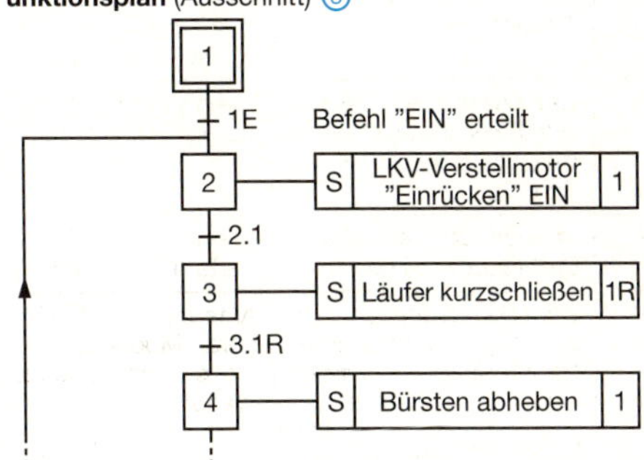

Blockschaltplan eines Überlagerungsempfängers ④

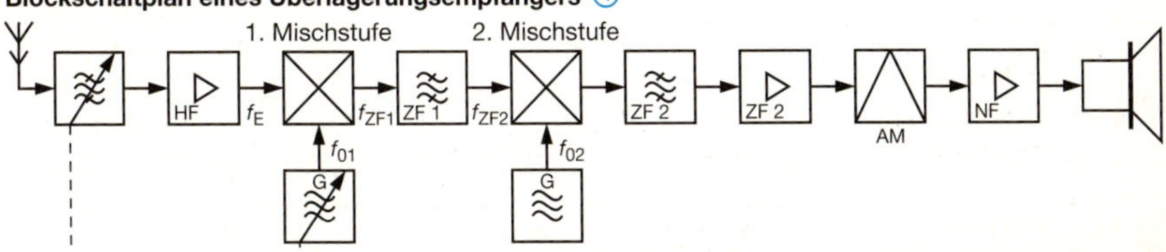

Symbolelemente und Kennzeichen – *Symbol elements and marks*

DIN EN 60617-03: 97-08

Symbolelemente

Schaltzeichen	Benennung
Form 1 Form 2 Form 3	Betriebsmittel, Komponente, Funktionseinheit, Funktion
Form 1 Form 2	Hülle, Gehäuse, Kolben, Kessel
	Begrenzungslinie einer Gruppe zusammengehöriger Objekte
	Schirm, Abschirmung

Arten von Strömen und Spannungen

Schaltzeichen	Benennung
	Gleichstrom
50 Hz	Wechselstrom, 50 Hz
	Wechselstrom
	Niedrige Frequenzen
	Mittlere Frequenzen
	Hohe Frequenzen

Impulsformen

Schaltzeichen	Benennung
	Positiver Impuls
	Wechselstrom-Impuls
	Positive Schrittfunktion

Erde, Masse, Äquipotenzial

Schaltzeichen	Benennung
	Erde
	Fremdspannungsarme Erde
	Schutzerde
	Masse Gehäuse

Kennzeichen

Leiter

Schaltzeichen	Benennung
	Leiter, Gruppe von Leitern, Leitung, Kabel, Stromweg, Übertragungsweg (z.B. für Mikrowellen)
Form 1 Form 2 (3)	Einpolige Darstellung, drei Leiter, Anzahl der Leiter durch kleine Striche oder durch einen Strich mit einer Zahl angezeigt
	Leiter, bewegbar
	Leiter, geschirmt
	Leiter, koaxial

Verbinder

Schaltzeichen	Benennung
	Buchse Pol einer Steckdose
	Steckverbindung, zwei Buchsen durch einen Stecker verbunden.
	Steckverbindung mit Adapter
	Buchse und Stecker, Steckverbindung

Anschlüsse und Leiterverbindungen

Schaltzeichen	Benennung
	Verbindung von Leitern
	Anschluss (z. B. Klemme)
Form 1 Form 2	Abzweig von Leitern
Form 1 Form 2	Doppelabzweig von Leitern

Veränderbarkeit

Schaltzeichen	Benennung
	nicht inhärent, nicht linear
	trimmbar

Wirkungsrichtung

Schaltzeichen	Benennung
	Senden
	Empfangen

Wirkungen von Abhängigkeiten

Schaltzeichen	Benennung
	Thermische Wirkung
	Verzögerung

Mechanische Stellteile

Schaltzeichen	Benennung
Form 1 Form 2	Wirkverbindung, allgemein. Mechanische, pneumatische und hydraulische Wirkverbindung
	Verzögerte Wirkung

Antriebsarten

Schaltzeichen	Benennung
	Betätigung durch elektromagnetischen Antrieb
	Notschalter
	Handantrieb, allgemein

Verschiedenes

Schaltzeichen	Benennung
	Bewegbarer Kontakt (z. B. Schleifkontakt)
	Umsetzer, Umformer, Umrichter
	Ideale Stromquelle
	Ideale Spannungsquelle

Halbleiterbauelemente – *Semiconductors*

DIN EN 60617-05: 97-08

Halbleiterdioden

Schaltzeichen	Benennung
	Halbleiterdiode, allgemein
	Leuchtdiode, allgemein
	Kapazitätsdiode, Varactor
	Durchbruch-Diode, Z-Diode
	Breakdown-Diode Gegeneinander geschaltete Z-Dioden
	Tunneldiode, Esaki-Diode
	Rückwärts-Diode Unitunneldiode
	Bidirektionale Diode

Thyristoren

Schaltzeichen	Benennung
	Thyristordiode rückwärts sperrend
	Thyristordiode, rückwärts leitend
	Thyristordiode, bidirektional, Diac
	Thyristortriode, Thyristor allgemein
	Thyristortriode, rückwärts sperrend, Anode gesteuert (N-Gate)
	Thyristortriode, rückwärts sperrend, Kathode gesteuert (P-Gate)
	Abschalt-Thyristortriode
	Abschalt-Thyristortriode, Anode gesteuert (N-Gate)
	Thyristortetrode, rückwärts sperrend
	Thyristortriode, bidirektional, Triac
	Thyristortriode, rückwärts leitend
	Thyristortriode, rückwärts leitend, Anode gesteuert (N-Gate)

Transistoren

Schaltzeichen	Benennung
	PNP-Transistor
	NPN-Transistor
	Unijunction-Transistor mit Basis vom P-Typ
	NPN-Transistor mit zwei Basisanschlüssen
	Sperrschicht-Feldeffekt-Transistor (JFET) mit N-Kanal
	Sperrschicht-Feldeffekt-Transistor (JFET) mit P-Kanal
	Isolierschicht-Feldeffekt-Transistor (IGFET), Anreicherungstyp
	Insulated Gate Bipolar Transistor (IGBT)
	Isolierschicht-Feldeffekt-Transistor (IGFET), Anreicherungstyp, Substratanschluss
	Isolierschicht-Feldeffekt-Transistor (IGFET), Substrat intern mit Source verbunden
	Isolierschicht-Feldeffekt-Transistor (IGFET), Verarmungstyp

Sensoren

Schaltzeichen	Benennung
	Diode, lichtempfindlich, Photodiode
	Widerstand, lichtempfindlich Photowiderstand
	Photoelement, Photozelle
	Optokoppler, Leuchtdiode und Phototransistor
	Hall-Generator
	Widerstand, magnetfeldempfindlich
	Magnetischer Koppler
	Ionisationskammer
	Halbleiterdetektor
	Zählrohr

Passive Bauelemente – *Passive components*

DIN EN 60617-04: 97-08

Widerstände

Schaltzeichen	Benennung
	Widerstand, allgemein
	Widerstand, veränderbar, allgemein
U	Widerstand, spannungsabhängig, Varistor

Kondensatoren

Schaltzeichen	Benennung
	Kondensator, allgemein
	Kondensator, gepolt, Elektrolyt-Kondensator
	Kondensator, veränderbar

Induktivitäten

Schaltzeichen	Benennung
	Induktivität, Spule, Wicklung, Drossel
	bevorzugte Form
	frühere Form
	Induktivität mit Magnetkern

Erzeugung und Umwandlung elektrischer Energie

Generation and conversion of electrical energy

DIN EN 60617-06: 97-08

Schaltzeichen	Benennung	Schaltzeichen	Benennung	Schaltzeichen	Benennung
Leistungsumrichter, Primärzellen und Akkumulatoren				**Transformatoren**	
	Gleichstrom-Umrichter		Wechselrichter		Transformator mit zwei Wicklungen, Spannungswandler
	Gleichrichter		Wechselstromumrichter		Transformator mit drei Wicklungen
			Primärzelle, Primärelement, Akkumulator		Spartransformator

Schaltgeräte und Schutzeinrichtungen

Switching devices and protection equipment

DIN EN 60617-07: 97-08

Schaltzeichen	Benennung	Schaltzeichen	Benennung	Schaltzeichen	Benennung
Schalter und Schaltgeräte		**Elektromagnetische Antriebe**		D II / 10 A	Schraubsicherung, dargestellt 10 A, Typ D II, dreipolig
	Schließer, Schaltfunktion, allgemein Schalter		Elektromechanischer Antrieb, Relaisspule		Fehlerstrom-Schutzschalter, vierpolig
	Öffner		Antrieb eines elektronischen Relais		Leitungsschutzschalter
	Wechsler mit Unterbrechung	**Schutzeinrichtungen**			Funkenstrecke
	Schließer mit selbsttätigem Rückgang		Sicherung, allgemein		Überspannungsableiter
			Sicherungsschalter		

Mess-, Melde- und Signaleinrichtungen

Measuring-, alarm- and signalling devices

DIN EN 60617-06: 97-08
DIN EN 60617-08: 97-08

Schaltzeichen	Benennung	Schaltzeichen	Benennung	Schaltzeichen	Benennung
Anzeigende Messgeräte				**Steller- und Regelgeräte**	
*	Messgerät, anzeigend, allgemein		Oszilloskop	*	Regler Asteriskus muss durch Buchstaben bzw. Grafik ersetzt werden
V	Spannungsmessgerät	λ	Wellenlängemessgerät	P	P-Regler
A	Amperemeter, Strommessgerät	V U_d	Differential-spannungs-, Gleichspannungsmessgerät	U	Spannungssteller
W	Wattmeter, Leistungsmessgerät	A $I\sin\varphi$	Blindstrommessgerät	**Signalumformer**	
Hz	Frequenzmessgerät		Winkelstellungsanzeiger Druckanzeiger (Induktionstyp)		Signalumformer, allgemein
	Galvanometer	Ω	Widerstandsmessgerät		Gleichspannung-Pulsspannung-Umformer
					Analog/Digital-Umsetzer

Nachrichtentechnik – *Communication engineering*

DIN EN 60617-09, -10: 97-08

Fernsprecher

Schaltzeichen	Benennung
	Fernsprecher, allgemein
	Fernsprecher für Zentralbatterie-Betrieb
	Fernsprecher mit Tastwahlblock
	Münzfernsprecher
	Fernsprecher ohne Speisung, Fernsprecher, batterielos
	Fernsprecher für zwei oder mehr Amtsleitungen oder Nebenstellenleitungen
	Fernsprecher mit Lautsprecher

Aufzeichnungs- u. Wiedergabegeräte

Schaltzeichen	Benennung
	Aufzeichnungs-/Wiedergabegerät, allgemein
	Aufzeichnungs-/Wiedergabegerät mit Magnettrommelspeicher
	Opto-elektronisches Aufzeichnungsgerät
	Wiedergabegerät mit Lichtabtastung Compact-Disk-Gerät

Aufzeichnungs- u. Wiedergabegeräte

Schaltzeichen	Benennung
	Hörer, allgemein
	Lautsprecher, allgemein
	Mikrophon, allgemein
	Tonabnehmer, stereophon
	Wiedergabekopf, lichtempfindlich, monophon
	Löschkopf
	Aufnahmekopf (Schreibkopf), magnetisch, monophon
	vereinfachte Form

Übertragungseinrichtungen

Schaltzeichen	Benennung
	Antenne, allgemein
	Antenne, Polarisation zirkular
	Antenne, Azimut variabel
H	Richtantenne, Azimut fest. Polarisation vertikal, horizontales Strahlungsdiagramm
	Ferritantenne
	Dipolantenne
	Faltdipolantenne Schleifendipolantenne
	Parabolantenne, dargestellt mit Rechteck-Hohlleiterzuleitung

Schaltzeichen	Benennung
	Funkstelle, allgemein
	Rund-Hohlleiter
	Koaxial-Hohlleiter
G 500 Hz	Sinusgenerator, 500 Hz
G 500 Hz	Sägezahngenerator, 500 Hz
f_1 f_2	Frequenzumsetzer, Umsetzung von f_1 nach f_2
	Verstärker, allgemein Form 1
	Form 2

Schaltzeichen	Benennung
A	Dämpfungsglied, veränderbar
	Filter, allgemein
	Tiefpass
	Hochpass
	Bandpass
	Bandsperre
	Begrenzer
	Modulator, allgemein Demodululator, allgemein Diskriminator, allgemein
	Lichtwellenleiter (LWL), allgemein Lichtwellenleiterkabel, allgemein

Binäre Elemente – *Binary-logic elements*

DIN EN 60617-12: 99-04
DIN EN 60617-12-Bbl. 1: 98-09

Schaltzeichen	Benennung
Konturen	
	Element-Kontur als Quadrat dargestellt
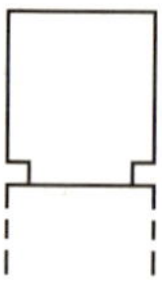	Steuerblock-Kontur
	Ausgangsblock-Kontur
Kennzeichen an Eingängen, Ausgängen und anderen Verbindungen	
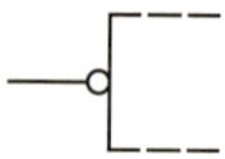	Negation Eingang
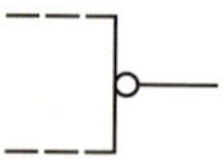	Ausgang
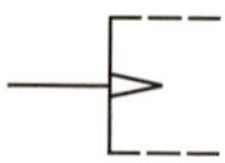	Dynamischer Eingang
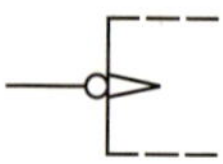	Dynamischer Eingang mit Negation
Kombinatorische Elemente	
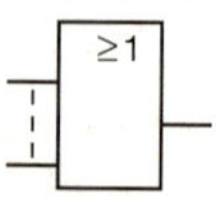	ODER-Element, allgemein
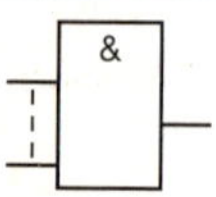	UND-Element, allgemein
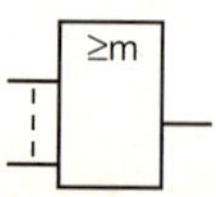	Schwellwert-Element, allgemein

Schaltzeichen	Benennung
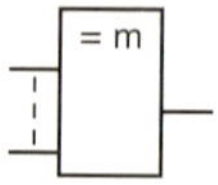	(m aus n)-Element, allgemein
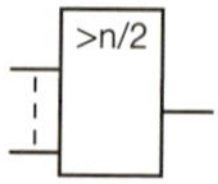	Majoritäts-Element, allgemein
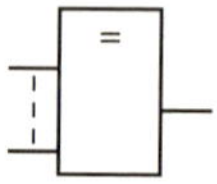	Äquivalenz-Element, allgemein
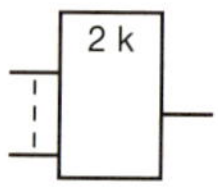	GERADE-Element, PARITÄTS-Element, allgemein
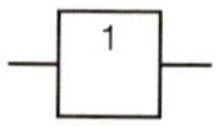	Buffer ohne besondere Verstärkung am Ausgang, allgemein
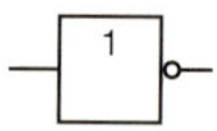	NICHT-Element, Inverter (in einem Schaltplan mit einheitlicher Logik-Vereinbarung)
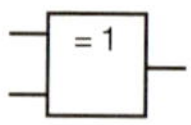	Exklusiv-ODER-Element, Antivalenz-Element, allgemein
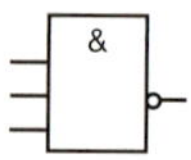	UND mit negiertem Ausgang, NAND
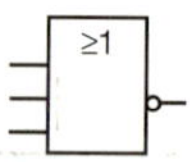	ODER mit negiertem Ausgang, NOR
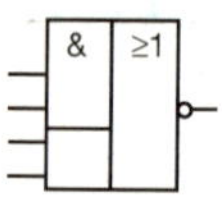	UND-ODER-Inverter
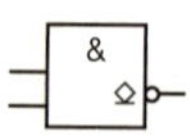	NAND mit offenem Kollektor-Ausgang vom L-Typ
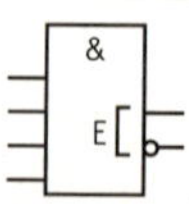	Erweiterungselement

Schaltzeichen	Benennung
Bistabile Elemente	
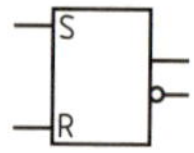	RS-Flipflop
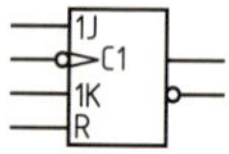	JK-Flipflop, einflankengesteuert
Monostabile Elemente	
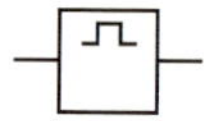	Monostabiles Element, nachtriggerbar
Astabile Elemente	
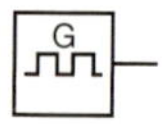	Astabiles Element, z. B. Taktgenerator
Speicher	
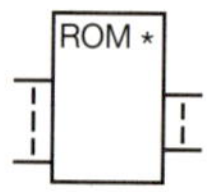	Nur-Lese-Speicher, allgemein
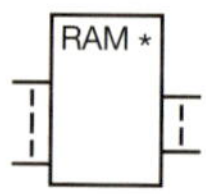	Schreib-Lese-Speicher, allgemein
Codierer, Code-Umsetzer	
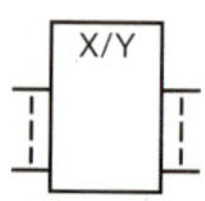	Codierer, Code-Umsetzer, allgemein
Elemente mit Hysterese	
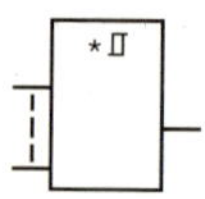	Element mit Hysterese, allgemein
Verstärker	
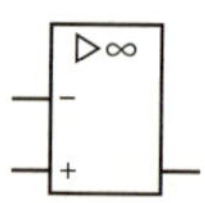	Operationsverstärker

Mathematik – *Mathematics*

Operation	Regeln und Gesetze
Addieren $a + b = c$ **Subtrahieren** $a - b = c$	**Kommutativgesetz:** $a + b = b + a$ **Assoziativgesetz:** $(a + b) + c = a + (b + c)$ **Vorzeichenregeln:** $a + (-b) = a - b$; $a - (-b) = a + b$; $a - (b + c) = a - b - c$; $a - (b - c) = a - b + c$
Multiplizieren $a \cdot b = c$ **Dividieren** $a : b = c$	**Kommutativgesetz:** $a \cdot b = b \cdot a$ **Assoziativgesetz:** $a \cdot (b \cdot c) = (a \cdot b) \cdot c$ **Distributivgesetz:** $a \cdot (b + c) = ab + ac$; $(a + b) \cdot (c + d) = ac + ad + bc + bd$; ← Ausklammern; Ausmultiplizieren → **Vorzeichenregeln:** $(+a) \cdot (+b) = ab$; $(-a) \cdot (+b) = -ab$; $(+a) \cdot (-b) = -ab$; $(-a) \cdot (-b) = ab$ **Klammerregeln:** $-(a + b - c) = -a - b + c$; $+(a + b - c) = a + b - c$ **Dividieren:** $\frac{a}{b} : \frac{c}{d} = \frac{a \cdot d}{b \cdot c}$ **Multiplizieren:** $\frac{a}{b} \cdot \frac{c}{d} = \frac{ac}{bd}$

Potenzieren $a^n = c$	$a^n \cdot a^m = a^{n+m}$	$a^n \cdot b^n = (a \cdot b)^n$	$\frac{a^n}{b^n} = \left(\frac{a}{b}\right)^n$	$\frac{a^n}{a^m} = a^{n-m}$	$(a^n)^m = a^{n \cdot m}$
Radizieren $\sqrt{a} = c$	$\sqrt[n]{ab} = \sqrt[n]{a} \cdot \sqrt[n]{b}$	$\sqrt[n]{\frac{a}{b}} = \frac{\sqrt[n]{a}}{\sqrt[n]{b}}$	$\sqrt[n]{b^m} = b^{\frac{m}{n}}$	$\sqrt[m]{\sqrt[n]{b}} = \sqrt[m \cdot n]{b}$	$\sqrt[n]{a^m} = a^{\frac{m}{n}}$

Potenzen

Zehner	Binäre	Hexadezimale
$10^0 = 1$	$2^0 = 1$	$16^0 = 1$
$10^1 = 10$	$2^1 = 2$	$16^1 = 16$
$10^2 = 100$	$2^2 = 4$	$16^2 = 256$
$10^3 = 1000$	$2^3 = 8$	$16^3 = 4096$
$10^{-1} = 1/10$	$2^{-1} = 1/2$	$16^{-1} = 1/16$
$10^{-2} = 1/100$	$2^{-2} = 1/4$	$16^{-2} = 1/256$
$10^{-3} = 1/1000$	$2^{-3} = 1/8$	$16^{-3} = 1/4096$

Logarithmieren

Multiplizieren	Potenzieren
$\log (c \cdot d) = \log c + \log d$	$\log c^n = n \cdot \log c$
Dividieren	**Radizieren**
$\log \frac{c}{d} = \log c - \log d$	$\log \sqrt[m]{c} = \frac{1}{m} \log c$

Dreieck

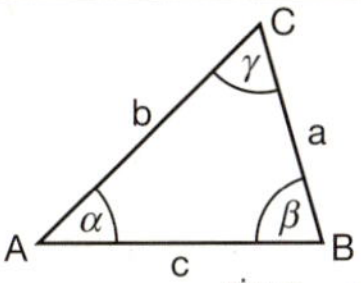

$\alpha + \beta + \gamma = 180°$

$A = \frac{g \cdot h}{2}$

Umfang:
$U = a + b + c$

Sinussatz: $\frac{\sin \alpha}{a} = \frac{\sin \beta}{b} = \frac{\sin \gamma}{c}$

Kosinussatz: $a^2 = b^2 + c^2 - 2\,bc \cdot \cos \alpha$

$b^2 = a^2 + c^2 - 2\,ac \cdot \cos \beta$

$c^2 = a^2 + b^2 - 2\,ab \cdot \cos \gamma$

Komplexe Zahlen

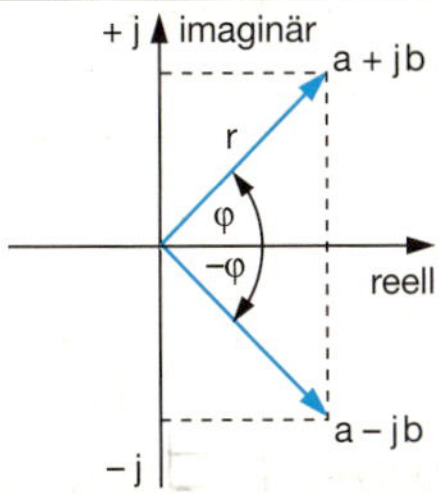

$z = a + jb$

$b = r \cdot \sin \varphi$

$z = r (\cos \varphi + j \cdot \sin \varphi)$

$z = r \cdot e^{j\varphi}$

$r = \sqrt{a^2 + b^2}$

$a = r \cdot \cos \varphi$

$j = \sqrt{-1}$

Trigonometrie

Einheitskreis

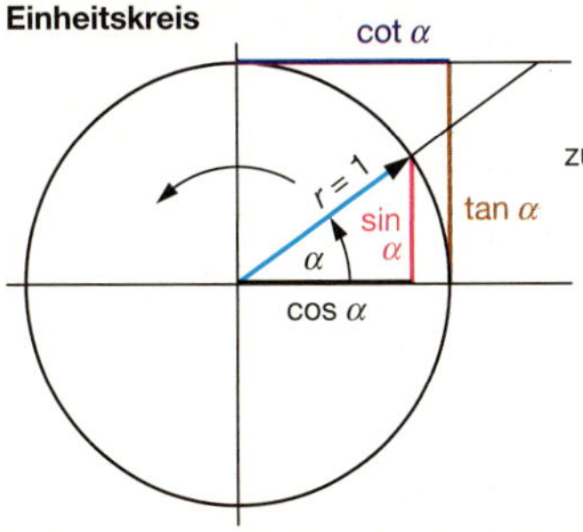

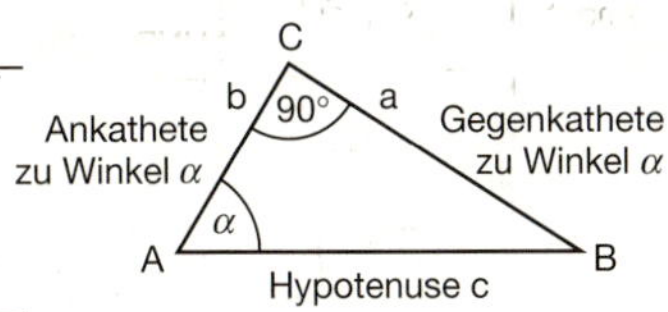

Grad- und Bogenmaß

$\frac{\alpha_G}{\alpha_B} = \frac{360°}{2 \cdot \pi} = \frac{57{,}3°}{1\ \text{rad}}$

Satz des Pythagoras

$c^2 = a^2 + b^2$

Winkelfunktionen:

$\sin \alpha = \frac{a}{c}$ $\quad \tan \alpha = \frac{a}{b}$ $\quad \sin(-\alpha) = -\sin \alpha$

$\cos(-\alpha) = \cos \alpha$

$\cos \alpha = \frac{b}{c}$ $\quad \cot \alpha = \frac{b}{a}$ $\quad \tan(-\alpha) = -\tan \alpha$

$\cot(-\alpha) = -\cot \alpha$

Mechanik – *Mechanics*

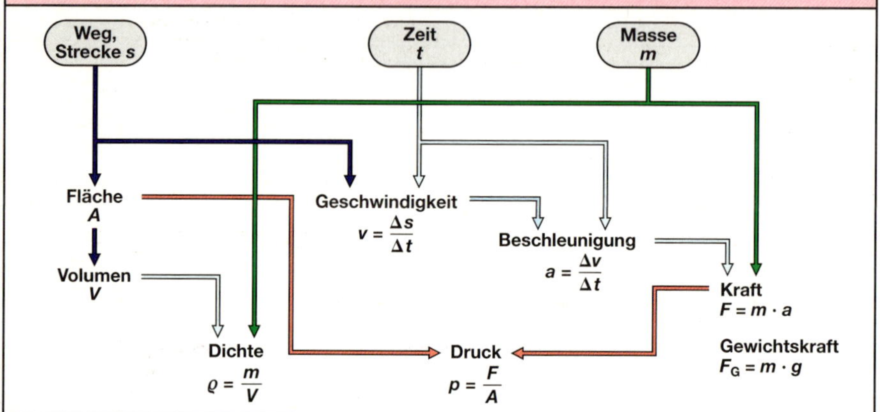

Geradlinig gleichmäßige Beschleunigung	
Kraft	$F = m \cdot a$
Geschwindigkeit	$v = a \cdot t$ $\quad v = \sqrt{2 \cdot s \cdot a}$
Beschleunigung	$a = \frac{v}{t}$ $\quad a = \frac{2 \cdot s}{t^2}$
Wegstrecke	$s = \frac{a \cdot t^2}{2}$

Arbeit und Kraft	
Allgemein	$W = F \cdot s$
Hubarbeit	$W = F_G \cdot s$ $\quad W = m \cdot g \cdot s$
Federspannarbeit	$W = \frac{F_F \cdot s}{2}$
Beschleunigungsarbeit	$W = \frac{m \cdot v^2}{2}$
Reibungsarbeit	$W = F_R \cdot s$
Reibung	$F_R = \mu \cdot F_N$
Schiefe Ebene	$F_H = \frac{F_G \cdot h}{l}$

Leistung und Wirkungsgrad	
Leistung	$P = \frac{W}{t}$ $\quad P = F \cdot v$
Wirkungsgrad	$\eta = \frac{W_{ab}}{W_{zu}}$ $\quad \eta = \frac{P_{ab}}{P_{zu}}$ $W_V = W_{zu} - W_{ab}$ $P_V = P_{zu} - P_{ab}$
Gesamtwirkungsgrad	$\eta_{ges} = \eta_1 \cdot \eta_2 \cdot \ldots \cdot \eta_n$

Antriebe	
Riemenantrieb	$d_1 \cdot n_1 = d_2 \cdot n_2$
Zahnradantrieb	$z_1 \cdot n_1 = z_2 \cdot n_2$
Schneckenantrieb	$z_1 \cdot n_1 = z_2 \cdot n_2$

Gleichförmige Kreisbewegung	
Kraft	$F = m \cdot \omega^2 \cdot r$ $\quad F = m \cdot \frac{v^2}{r}$
Geschwindigkeit	$v = d \cdot \pi \cdot n$ $\quad v = \frac{2\pi \cdot r}{T}$
Beschleunigung	$a_r = \frac{v^2}{r}$
Winkelgeschwindigkeit	$\omega = 2\pi \cdot f$ $\quad f = \frac{1}{T}$ $\quad n = \frac{1}{T}$

Energie	
Energieerhaltung	$E = W$
Potenzielle Energie	$E_P = m \cdot g \cdot s$
Spannenergie	$E_S = \frac{F_F \cdot s}{2}$
Kinetische Energie	$E_K = \frac{m \cdot v^2}{2}$

Drehmoment	
Drehmoment	$M = F \cdot r$
Hebel	$F_1 \cdot s_1 = F_2 \cdot s_2$
Feste Rolle	$F_1 = F_2$
Lose Rolle	$F_1 = \frac{F_2}{2}$
Flaschenzug	$F_1 = \frac{F_2}{n}$
Leistung und Drehmoment	$P = 2\pi \cdot n \cdot M$

Hydraulik	
Hydrostatischer Druck	$p = \varrho \cdot g \cdot h$
Hydraulische Anlagen	$\frac{F_1}{A_1} = \frac{F_2}{A_2}$

Wärme – *Heat*

Längenausdehnung	$l_\vartheta = l_0 + \Delta l$ $\Delta l = l_0 \cdot \alpha \cdot \Delta\vartheta$	**Wärmemenge**	$Q = m \cdot c \cdot \Delta\vartheta$
Volumenausdehnung	$V_\vartheta = V_0 + \Delta V$ $\Delta V = V_0 \cdot \gamma \cdot \Delta\vartheta \quad \gamma \approx 3\alpha$	**Mischung**	$Q_{ab} = Q_{auf}$ $\vartheta_m = \frac{m_1 \cdot c_1 \cdot \vartheta_1 + m_2 \cdot c_2 \cdot \vartheta_2}{m_1 \cdot c_1 + m_2 \cdot c_2}$
Wärmewirkungsgrad	$\eta_{th} = \frac{W_{ab}}{W_{zu}} \quad P = \frac{\Delta\vartheta \cdot c \cdot m}{\eta_{th} \cdot t}$	**Wärmeleitfähigkeit**	$\lambda = \frac{Q \cdot s}{\Delta\vartheta \cdot A \cdot t}$

Größen der Elektrotechnik – *Quantities in electrical engineering*

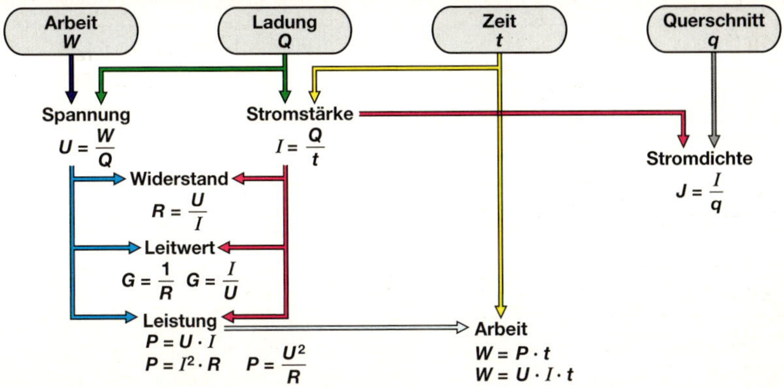

Elektrischer Stromkreis – *Electrical circuit*

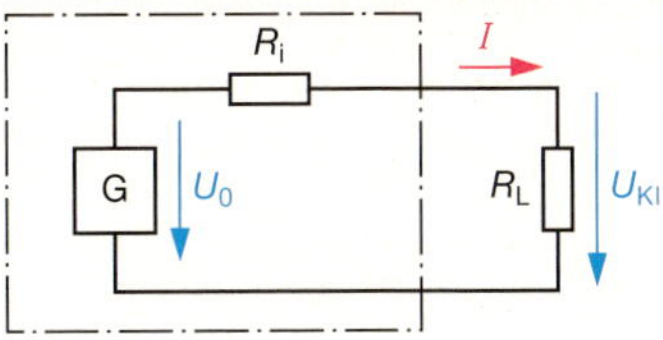

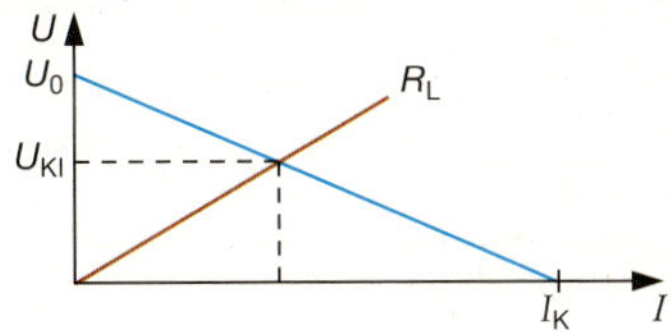

Wirkungsgrad

$$\eta = \frac{1}{1 + \frac{R_i}{R_L}}$$

Fälle	**Belastungswiderstand R_L**	**Stromstärke I**	**Klemmenspannung U_{Kl}**	**abgegebene Leistung P_L**	**Wirkungsgrad η**
Leerlauf	$R_L = \infty$	$I = 0$	$U_{Kl} = U_0$	$P_L = 0$	$\eta = 0$
Belastung	$0 < R_L < \infty$	$I = \frac{U_0}{R_i + R_L}$	$U_{Kl} = U_0 - I \cdot R_i$	$P_L = \frac{U_0^2 \cdot R_L}{(R_i + R_L)^2}$	$\eta = \frac{R_L}{R_i + R_L}$
Anpassung	$R_L = R_i$	$I = \frac{I_K}{2}$	$U_{Kl} = \frac{U_0}{2}$	$P_L = \frac{U_0^2}{4 \cdot R_i}$	$\eta = \frac{1}{2}$
Kurzschluss	$R_L = 0$	$I = I_K = \frac{U_0}{R_i}$	$U_{Kl} = 0$	$P_L = 0$	$\eta = 0$

Elektrischer Widerstand – *Electrical resistance*

Ohmsches Gesetz	**Differentieller Widerstand**	**Leiterwiderstand**	**Widerstand und Temperatur**
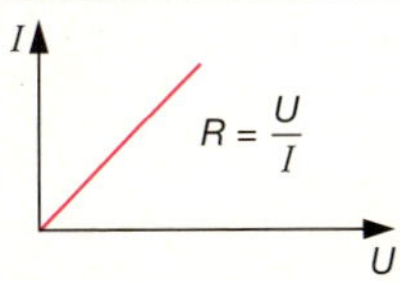 $R = \frac{U}{I}$	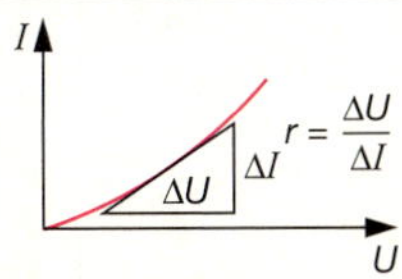 $r = \frac{\Delta U}{\Delta I}$	$R = \frac{\varrho \cdot l}{q}$ $\varkappa = \frac{1}{\varrho}$ $R = \frac{l}{\varkappa \cdot q}$ Kreisfläche: $q = \frac{d^2 \cdot \pi}{4}$	$R_\vartheta = R_{20} + \Delta R$ $\Delta R = R_{20} \cdot \alpha \cdot \Delta\vartheta$ $R_\vartheta = R_{20}(1 + \alpha \cdot \Delta\vartheta + \beta \cdot \Delta\vartheta^2)$

Schaltungen mit Widerständen – *Circuits with resistors*

Stromverzweigung (Erstes Kirchhoffsches Gesetz)

$\sum I = 0$

Parallelschaltung

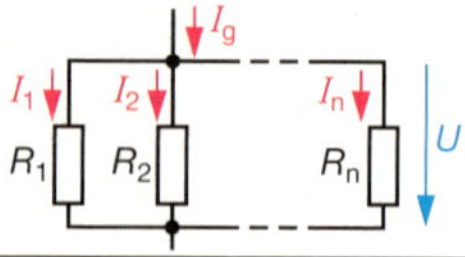

$U = U_1 = U_2 = \ldots = U_n$

$I_g = I_1 + I_2 + \ldots + I_n$

$\frac{1}{R_g} = \frac{1}{R_1} + \frac{1}{R_2} + \ldots + \frac{1}{R_n}$

$G_g = G_1 + G_2 + \ldots + G_n$

$\frac{I_1}{I_2} = \frac{R_2}{R_1}$; $\frac{I_1}{I_n} = \frac{R_n}{R_1}$; $\frac{I_1}{I_g} = \frac{R_g}{R_1}$; …

$P_g = P_1 + P_2 + \ldots + P_n$

$P_1 = U \cdot I_1$; $P_2 = U \cdot I_2$; $P_g = U \cdot I_g$; …

Maschenregel (Zweites Kirchhoffsches Gesetz)

$\sum U = 0$

Reihenschaltung

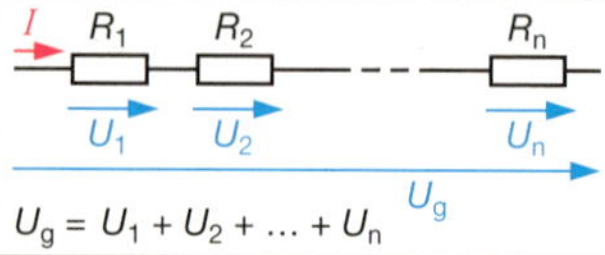

$U_g = U_1 + U_2 + \ldots + U_n$

$I = I_1 = I_2 = \ldots = I_n$

$R_g = R_1 + R_2 + \ldots + R_n$

$\frac{U_1}{U_2} = \frac{R_1}{R_2}$; $\frac{U_1}{U_n} = \frac{R_1}{R_n}$; $\frac{U_1}{U_g} = \frac{R_1}{R_g}$; …

$P_g = P_1 + P_2 + \ldots + P_n$

$P_1 = U_1 \cdot I$; $P_2 = U_2 \cdot I$; $P_g = U_g \cdot I$; …

Messbereichserweiterung

Strommessung

$n = \frac{I}{I_M}$ $\quad R_p = \frac{R_i}{(n-1)}$

Spannungsmessung

$n = \frac{U}{U_M}$ $\quad R_v = (n-1) \cdot R_i$

Gruppenschaltung (Beispiel)

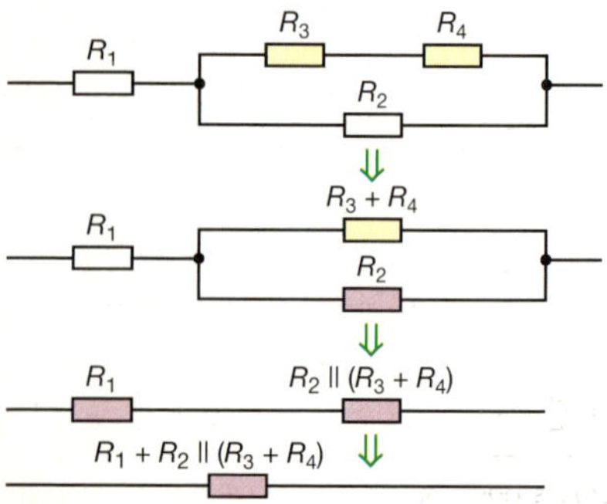

Stern-Dreieck-Umwandlung

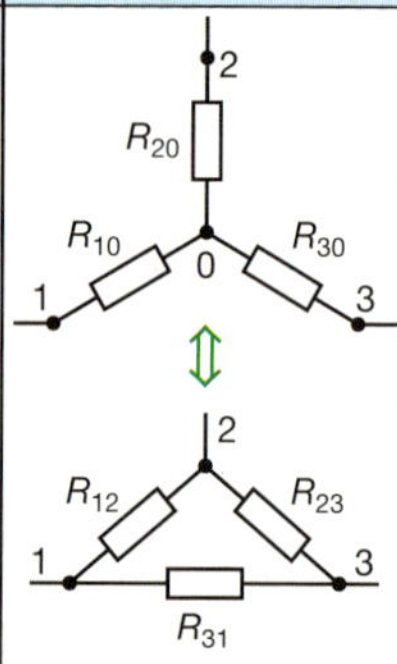

$R_{10} = \frac{R_{12} \cdot R_{31}}{R_{12} + R_{23} + R_{31}}$

$R_{20} = \frac{R_{12} \cdot R_{23}}{R_{12} + R_{23} + R_{31}}$

$R_{30} = \frac{R_{23} \cdot R_{31}}{R_{12} + R_{23} + R_{31}}$

$R_{12} = \frac{R_{10} \cdot R_{20}}{R_{30}} + R_{10} + R_{20}$

$R_{23} = \frac{R_{20} \cdot R_{30}}{R_{10}} + R_{20} + R_{30}$

$R_{31} = \frac{R_{10} \cdot R_{30}}{R_{20}} + R_{10} + R_{30}$

Spannungsteiler

unbelastet

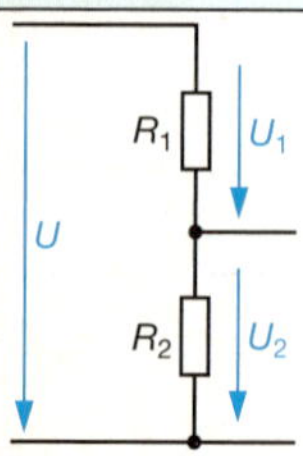

$\frac{U_2}{U} = \frac{R_2}{R_1 + R_2}$

belastet

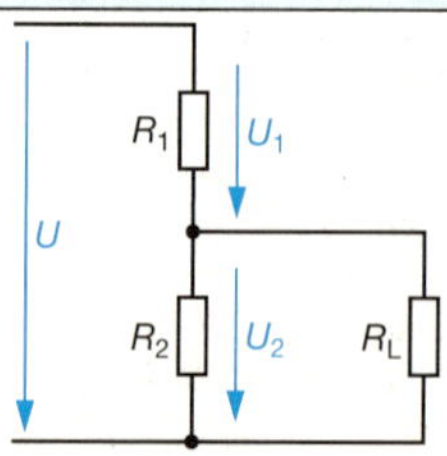

$\frac{U_2}{U} = \frac{R_2 \cdot R_L}{R_1\,(R_2 + R_L) + R_2 \cdot R_L}$

Brückenschaltung

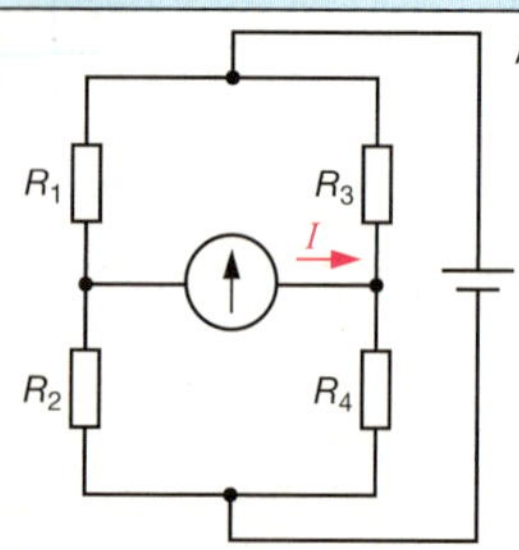

Abgleichbedingung:

$\frac{R_1}{R_2} = \frac{R_3}{R_4}$

$\Downarrow$

$I = 0$

Elektrisches Feld – *Electric field*	
Elektrische Feldstärke	$E = \frac{F}{Q}$ $\quad E = \frac{U}{d}$
Elektrische Flussdichte	$D = \frac{Q}{A}$
Verknüpfung	$D = \varepsilon \cdot E$ $\quad \varepsilon = \varepsilon_0 \cdot \varepsilon_r$
Kraft zwischen Ladungen	$F = \frac{Q_1 \cdot Q_2}{4\pi \cdot \varepsilon \cdot l^2}$
Kondensator, Kapazität	
Kapazität	$C = \frac{Q}{U}$ $\quad C = \frac{\varepsilon \cdot A}{d}$ $\varepsilon = \varepsilon_0 \cdot \varepsilon_r$
Elektrische Feldkonstante	$\varepsilon_0 = 8{,}86 \cdot 10^{-12} \frac{As}{Vm}$
Stromstärke	$I_C = C \cdot \frac{\Delta U}{\Delta t}$
Elektrische Energie	$W_{el} = \frac{1}{2} \cdot C \cdot U^2$

Magnetisches Feld – *Magnetic field*	
Magnetische Feldstärke	$H = \frac{\Theta}{l}$ $\quad \Theta = I \cdot N$ Durchflutung
Magnetische Flussdichte	$B = \frac{\Phi}{A}$
Verknüpfung	$B = \mu \cdot H$ $\quad \mu = \mu_0 \cdot \mu_r$
Kraft zwischen stromdurchflossenen Leitern	$F = \frac{\mu_0 \cdot I_1 \cdot I_2 \cdot l}{2\pi \cdot a}$
Tragkraft von Magneten	$F = \frac{B^2 \cdot A}{2\mu_0}$
Spule, Induktivität	
Induktivität	$L = \frac{\mu \cdot N^2 \cdot A}{l}$ $\quad L = A_L \cdot N^2$ $\mu = \mu_0 \cdot \mu_r$
Magnetische Feldkonstante	$\mu_0 = 1{,}257 \cdot 10^{-6} \frac{Vs}{Am}$
Spannung	$U_L = L \cdot \frac{\Delta I}{\Delta t}$
Magnetische Energie	$W_{mag} = \frac{1}{2} \cdot L \cdot I^2$

Schaltungen mit Kondensatoren

Parallelschaltung	Reihenschaltung
$Q_g = Q_1 + Q_2 + \ldots + Q_n$	$Q_g = Q_1 = Q_2 = \ldots = Q_n$
$U = U_1 = U_2 = \ldots = U_n$	$U_g = U_1 + U_2 + \ldots + U_n$
$C_g = C_1 + C_2 + \ldots + C_n$	$\frac{1}{C_g} = \frac{1}{C_1} + \frac{1}{C_2} + \ldots + \frac{1}{C_n}$

Schaltungen mit Spulen

Parallelschaltung	Reihenschaltung
$I_g = I_1 + I_2 + \ldots + I_n$	$I = I_1 = I_2 = \ldots = I_n$
$U_g = U_1 = U_2 = \ldots = U_n$	$U_g = U_1 + U_2 + \ldots + U_n$
$\frac{1}{L_g} = \frac{1}{L_1} + \frac{1}{L_2} + \ldots + \frac{1}{L_n}$	$L_g = L_1 + L_2 + \ldots + L_n$

RC-Schaltung

Zeitkonstante	$\tau = R \cdot C$
Einschaltvorgang (Aufladung)	Ausschaltvorgang (Entladung)
$u_C = U \cdot (1 - e^{-\frac{t}{\tau}})$ $i_C = \frac{U}{R} \cdot e^{-\frac{t}{\tau}}$	$u_C = U \cdot e^{-\frac{t}{\tau}}$ $i_C = -\frac{U}{R} \cdot e^{-\frac{t}{\tau}}$
Tiefpass/Hochpass	$f_g = \frac{1}{2\pi \cdot R \cdot C}$

RL-Schaltung

Zeitkonstante	$\tau = \frac{L}{R}$
Einschaltvorgang	Ausschaltvorgang
$u_L = U \cdot e^{-\frac{t}{\tau}}$ $i_L = \frac{U}{R} \cdot (1 - e^{-\frac{t}{\tau}})$	$u_L = -U \cdot e^{-\frac{t}{\tau}}$ $i_L = \frac{U}{R} \cdot e^{-\frac{t}{\tau}}$
Tiefpass/Hochpass	$f_g = \frac{R}{2\pi \cdot L}$

Strom und Magnetfeld

Leiter im Magnetfeld	
Kraftwirkung	$F = B \cdot I \cdot l \cdot z$
Induktionsspannung	$U = B \cdot l \cdot v \cdot z$
Spule im Magnetfeld	
Drehmoment	$M = \frac{F \cdot a \cdot \sin\alpha}{2}$
Kraftwirkung	$F = 2 \cdot N \cdot B \cdot l \cdot I$
Induktionsspannung	$U = N \cdot \frac{\Delta\Phi}{\Delta t}$

Magnetischer Kreis mit Luftspalt

Magnetischer Widerstand	$R_m = \frac{\Theta}{\Phi}$
Magnetischer Leitwert	$\Lambda = \frac{1}{R_m}$
Magnetischer Gesamtwiderstand	$R_m = R_{m1} + R_{m2} + \ldots + R_{mn}$
Gesamtdurchflutung	$\Theta_g = \Theta_1 + \Theta_2 + \ldots + \Theta_n$

Wechselspannung und Wechselstrom – *Alternating voltage and alternating current*

Sinusform

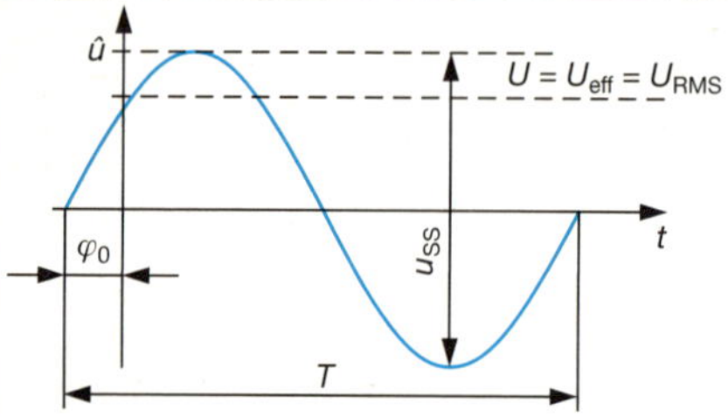

$u = \hat{u} \cdot \sin(\omega \cdot t + \varphi_0)$

$\omega = 2\pi \cdot f$ $\quad f = \frac{1}{T}$ $\quad \frac{\alpha_B}{\alpha_G} = \frac{2\pi}{360°}$

$U = \frac{\hat{u}}{\sqrt{2}}$ $\quad I = \frac{\hat{\imath}}{\sqrt{2}}$ $\quad u_{SS} = 2 \cdot \hat{u}$, $\; i_{SS} = 2 \cdot \hat{\imath}$

$U = \frac{u_{SS}}{2\sqrt{2}}$ $\quad I = \frac{i_{SS}}{2\sqrt{2}}$

Rechteckform

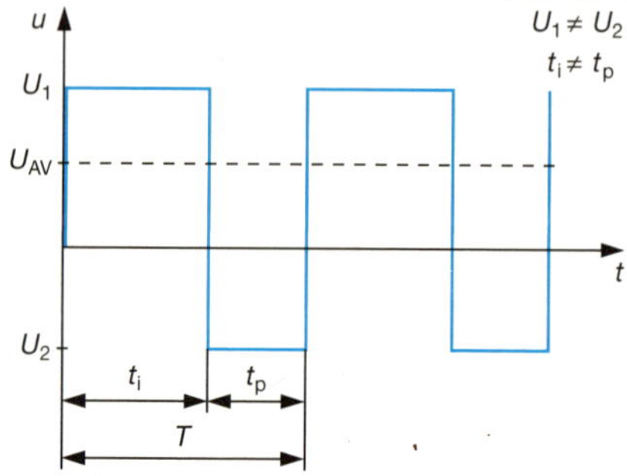

$g = \frac{t_i}{T}$ $\qquad T = t_i + t_p$

$U_{AV} = \frac{U_1 \cdot t_i + U_2 \cdot t_p}{T}$ $\qquad f = \frac{1}{T}$

Addition phasenverschobener Spannungen und Ströme

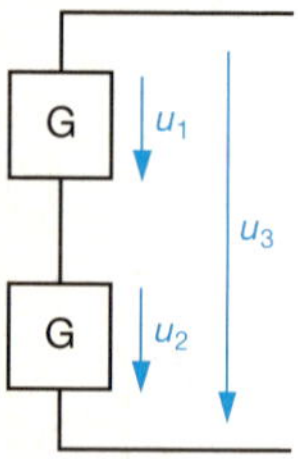

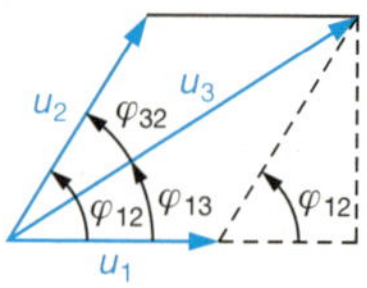

$u_3^2 = u_1^2 + u_2^2 - 2 \cdot u_1 \cdot u_2 \cdot \cos(180° - \varphi_{12})$

$\tan \varphi_{13} = \frac{u_1 \cdot \tan \varphi_{12}}{u_2 + u_1 \cdot \cos \varphi_{12}}$

Impulsform

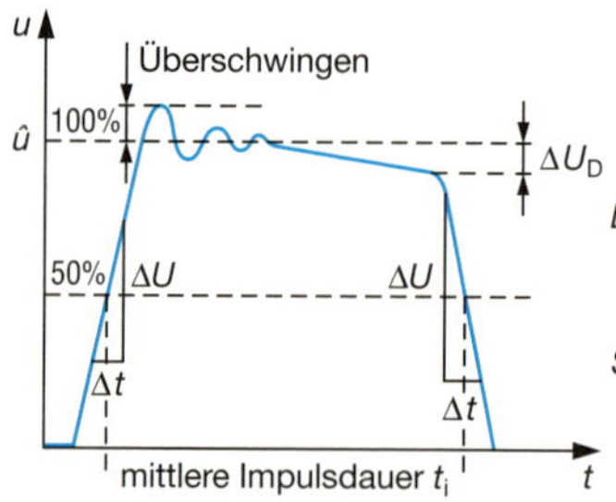

$D = \frac{\Delta U_D}{\hat{u}}$

$S = \frac{\Delta U}{\Delta t}$

Gleichgerichtete sinusförmige Spannung

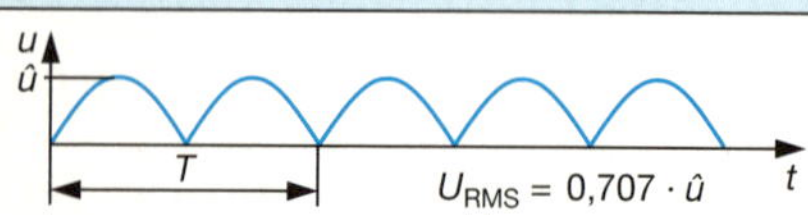

$U_{RMS} = 0{,}707 \cdot \hat{u}$

$U_{AV} = 0{,}637 \cdot \hat{u}$

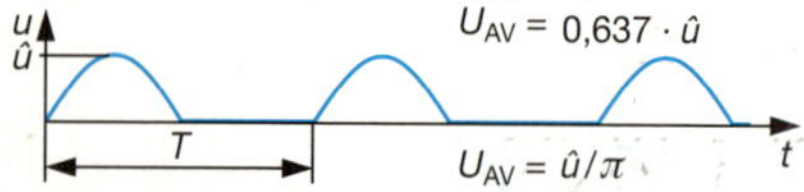

$U_{AV} = \hat{u}/\pi$

$U_{RMS} = 0{,}353 \cdot \hat{u}$ $\qquad U_{AV} = 0{,}318 \cdot \hat{u}$

Impulsverformung

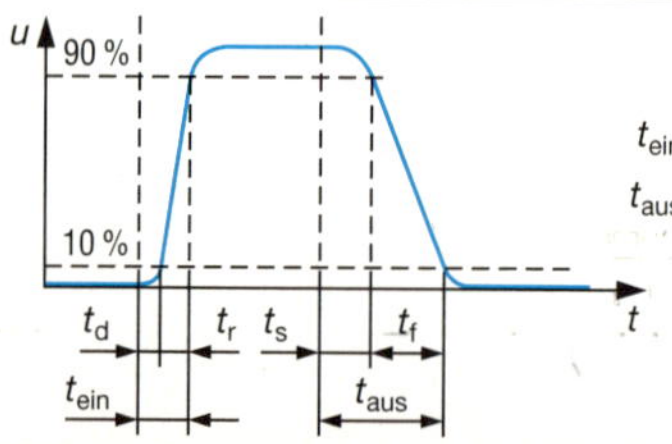

$t_{ein} = t_d + t_r$

$t_{aus} = t_s + t_f$

Stern und Dreieckschaltung im Drehstromnetz, symmetrische Belastung – *Star-delta circuit, symmetrical load*

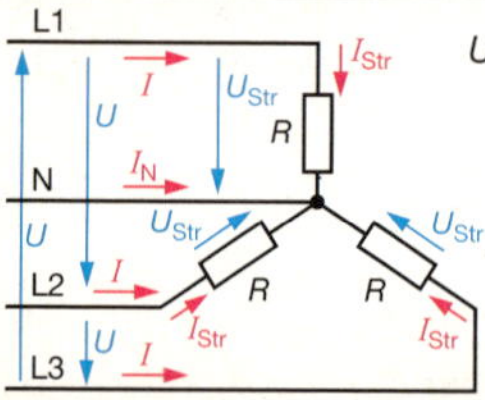

$U_{Str} = \frac{U}{\sqrt{3}}$

$I = I_{Str}$

$S = \sqrt{3} \cdot U \cdot I$

$S = \sqrt{P^2 + Q^2}$

$P = \sqrt{3} \cdot U \cdot I \cdot \cos\varphi$

$Q = \sqrt{3} \cdot U \cdot I \cdot \sin\varphi$

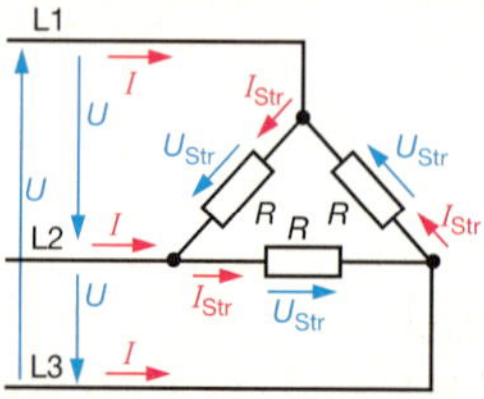

$U = U_{Str}$

$I = \sqrt{3} \cdot I_{Str}$

$S = \sqrt{3} \cdot U \cdot I$

$S = \sqrt{P^2 + Q^2}$

$P = \sqrt{3} \cdot U \cdot I \cdot \cos\varphi$

$Q = \sqrt{3} \cdot U \cdot I \cdot \sin\varphi$

Umwandlung von Schaltungen – *Transformation of circuits*

Ausgangsschaltung

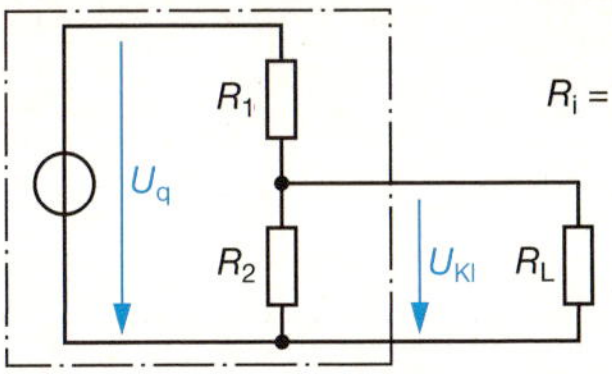

$$R_i = \frac{R_1 \cdot R_2}{R_1 + R_2}$$

Ersatzspannungsquelle

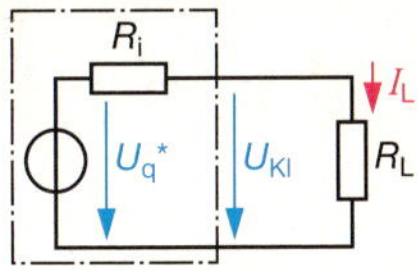

$$U_q^* = \frac{U_q \cdot R_2}{R_1 + R_2}$$

Ersatzstromquelle

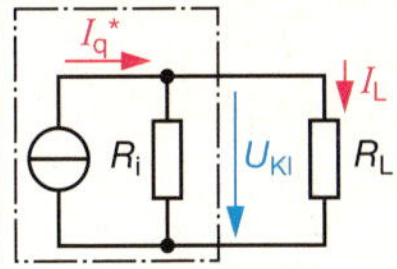

$$I_q^* = \frac{U_q}{R_1}$$

Reihenschaltung von Spannungsquellen

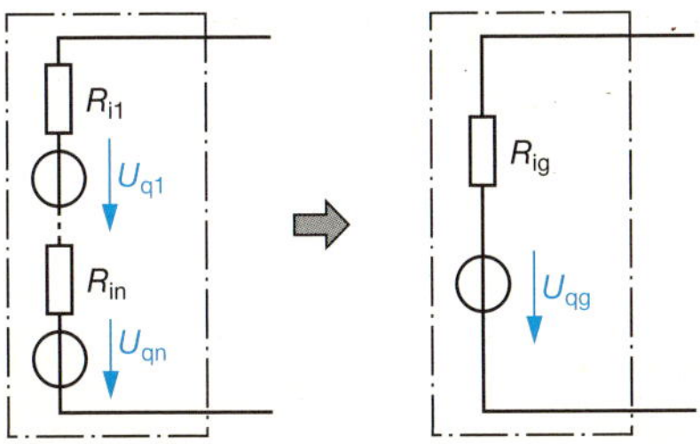

$$U_{qg} = U_{q1} + U_{q2} + \ldots + U_{qn}$$

$$R_{ig} = R_{i1} + R_{i2} + \ldots + R_{in}$$

Parallelschaltung von Spannungsquellen

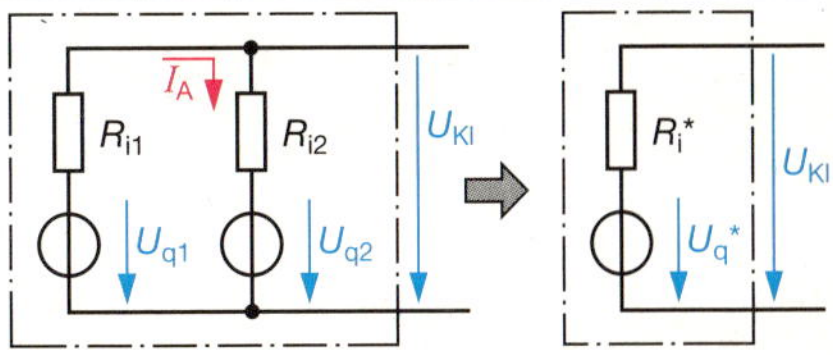

$$\frac{1}{R_i^*} = \frac{1}{R_{i1}} + \frac{1}{R_{i2}}$$

bei $U_{q1} > U_{q2}$ gilt: $U_q^* = U_{q2} + I_A \cdot R_{i2}$

$$I_A = \frac{\Delta U}{R_{i1} + R_{i2}} \qquad \Delta U = U_{q1} - U_{q2}$$

Verlustbehafteter Kondensator

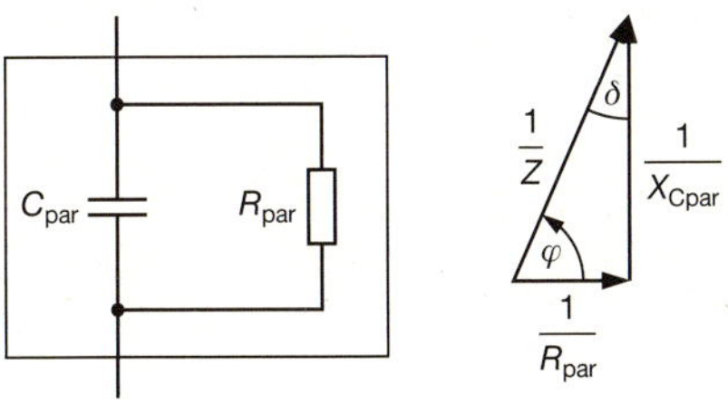

$$d = \tan \delta \qquad Q = \frac{R_{par}}{X_{Cpar}}$$

$$\tan \delta = \frac{X_{Cpar}}{R_{par}} \qquad Q = \frac{1}{d}$$

Verlustbehaftete Spule

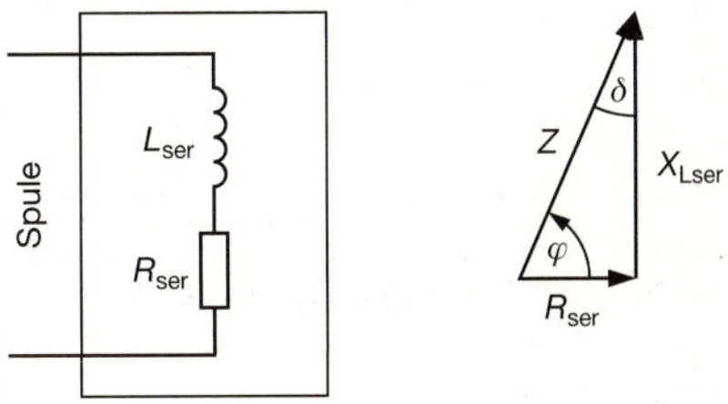

$$d = \tan \delta \qquad Q = \frac{X_{Lser}}{R_{ser}}$$

$$\tan \delta = \frac{R_{ser}}{X_L} \qquad Q = \frac{1}{d}$$

RC-Schaltungen

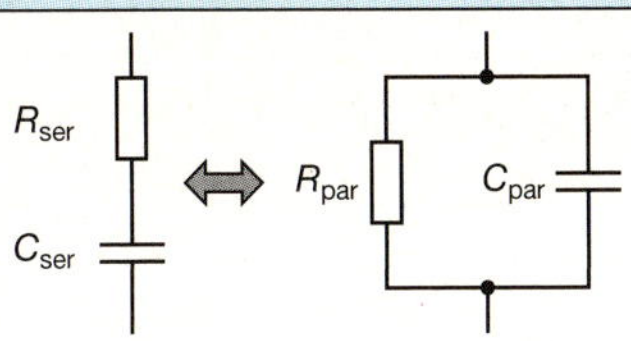

$$Q = \frac{X_{Cser}}{R_{ser}} \qquad Q = \frac{R_{par}}{X_{Cpar}}$$

$$R_{par} = R_{ser}\left(1 + \left(\frac{X_{Cser}}{R_{ser}}\right)^2\right)$$

$$X_{Cpar} = X_{Cser}\left(1 + \left(\frac{R_{ser}}{X_{Cser}}\right)^2\right)$$

RL-Schaltungen

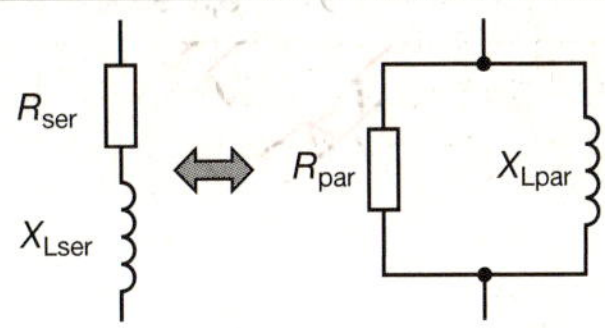

$$Q = \frac{X_{Lser}}{R_{ser}} \qquad Q = \frac{R_{par}}{X_{Lpar}}$$

$$R_{par} = R_{ser}\left(1 + \left(\frac{X_{Lser}}{R_{ser}}\right)^2\right)$$

$$X_{Lpar} = X_{Lser}\left(1 + \left(\frac{R_{ser}}{X_{Lser}}\right)^2\right)$$

RC- und RL-Schaltungen – *RC- and RL-circuits*

Kapazitiver Blindwiderstand	$X_C = \frac{1}{2\pi \cdot f \cdot C}$ $\quad \omega = 2\pi \cdot f$	**Induktiver Blindwiderstand**	$X_L = 2\pi \cdot f \cdot L$ $\quad \omega = 2\pi \cdot f$

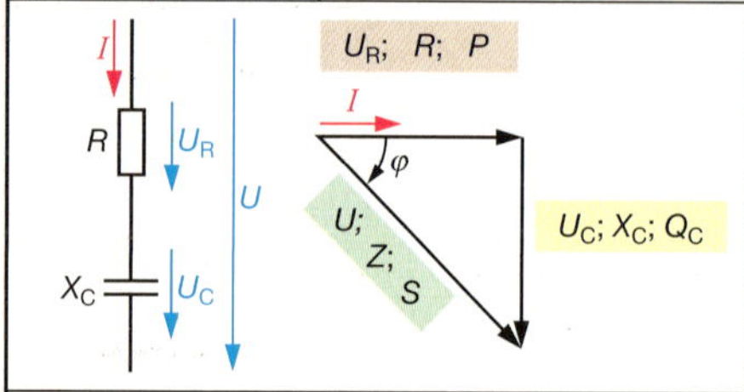

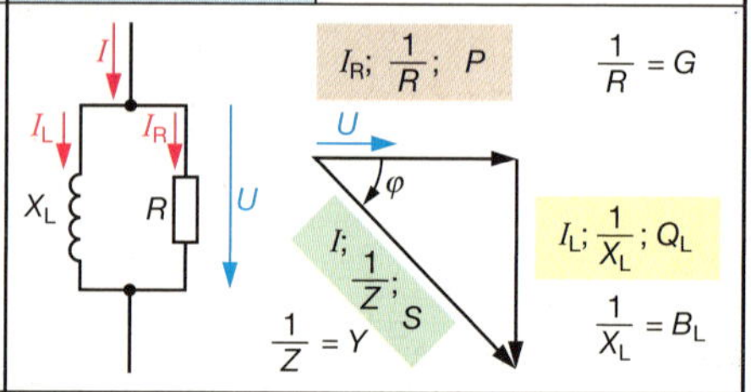

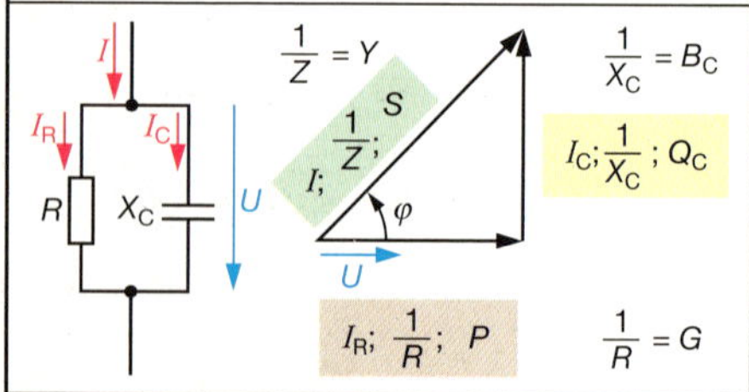

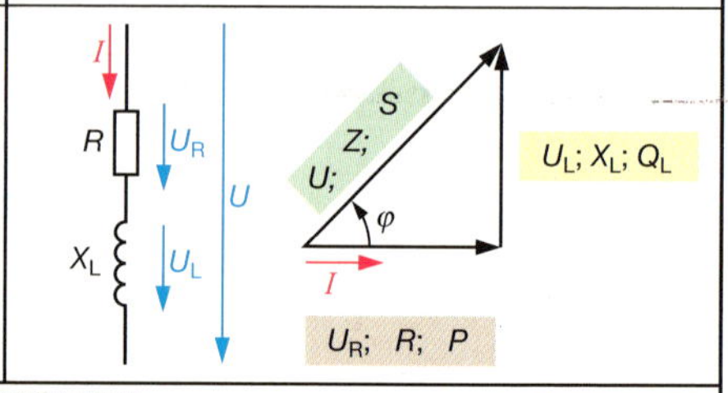

$\tan\varphi = \frac{\text{Gegenkathete}}{\text{Ankathete}}$ $\qquad \cot\varphi = \frac{\text{Ankathete}}{\text{Gegenkathete}}$ $\qquad \sin\varphi = \frac{\text{Gegenkathete}}{\text{Hypotenuse}}$

$\cos\varphi = \frac{\text{Ankathete}}{\text{Hypotenuse}}$ $\qquad (\text{Hypotenuse})^2 = (\text{Ankathete})^2 + (\text{Gegenkathete})^2$

Spannungen		**Stromstärken**		**Leistungen**	
Kapazitive Blindspannung	$U_C = I_C \cdot X_C$	Kapazitiver Blindstrom	$I_C = \frac{U_C}{X_C}$	Kapazitive Blindleistung	$Q_C = U_C \cdot I_C$
Induktive Blindspannung	$U_L = I_L \cdot X_L$	Induktiver Blindstrom	$I_L = \frac{U_L}{X_L}$	Induktive Blindleistung	$Q_L = U_L \cdot I_L$
Wirkspannung	$U_R = I_R \cdot R$	Wirkstrom	$I_R = \frac{U_R}{R}$	Wirkleistung	$P = U_R \cdot I_R$
Gesamtspannung	$U = I \cdot Z$	Gesamtstrom	$I = \frac{U}{Z}$	Scheinleistung	$S = U \cdot I$

RCL-Schaltungen – *RCL-circuits*

Reihenschaltung			**Parallelschaltung**		
$U_L > U_C$	$X_L > X_C$	$Q_L > Q_C$	$I_C > I_L$	$X_C < X_L$	$Q_C > Q_L$

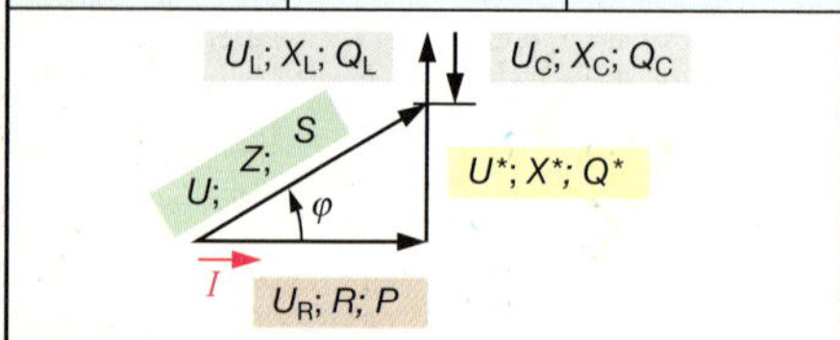

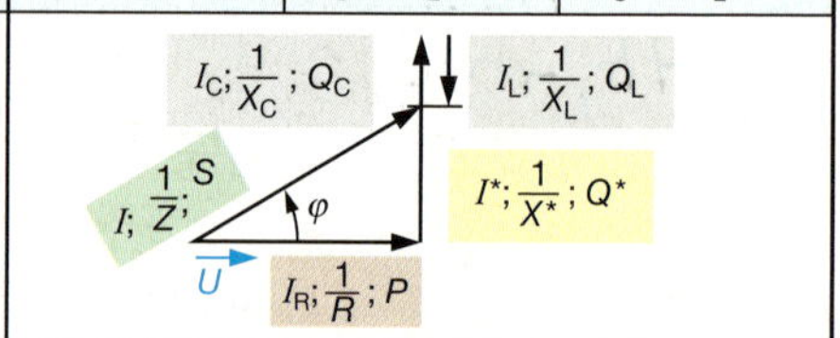

$U_L < U_C$	$X_L < X_C$	$Q_L < Q_C$	$I_C < I_L$	$X_C > X_L$	$Q_C < Q_L$

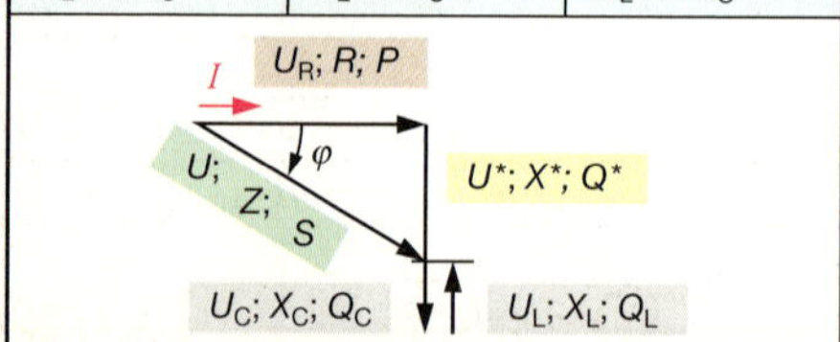

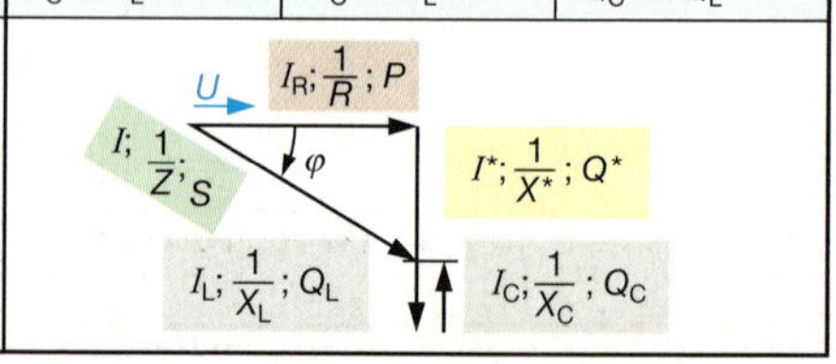

Schaltungen mit Operationsverstärkern – *Circuits with operational amplifiers*

Nichtinvertierer

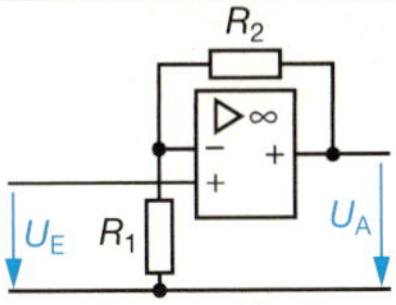

$$U_A = U_E \left(1 + \frac{R_2}{R_1}\right)$$

Invertierer

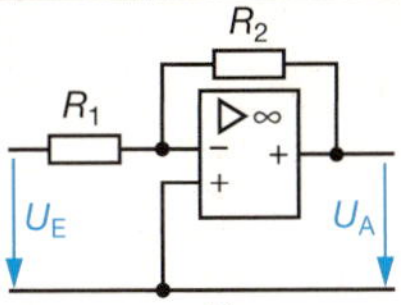

$$U_A = -U_E \frac{R_2}{R_1}$$

Addierer (Summierer)

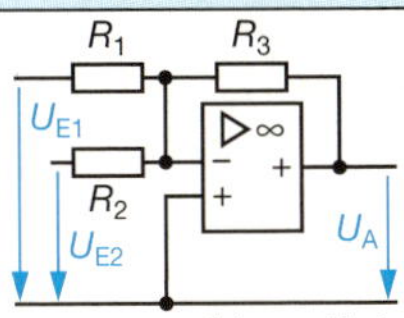

$$U_A = -R_3 \left(\frac{U_{E1}}{R_1} + \frac{U_{E2}}{R_2}\right)$$

Subtrahierer (Diff.Verst.)

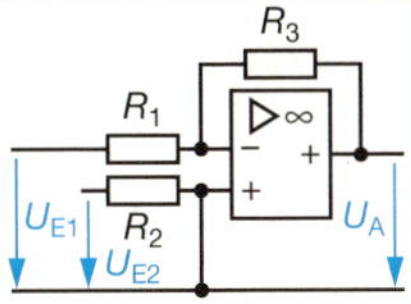

$$U_A = \frac{U_{E2} \cdot R_4 (R_1 + R_3)}{R_1 (R_2 + R_4)} - \frac{U_{E1} \cdot R_3}{R_1}$$

Integrierer (Tiefpass)

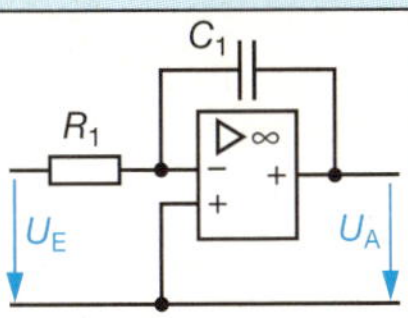

$$\Delta U_A = -\frac{U_E \cdot \Delta t}{R_1 \cdot C_1}$$

$$U_A = -U_E \frac{1}{R_1 \cdot \omega \cdot C_1}$$

Differenzierer (Hochpass)

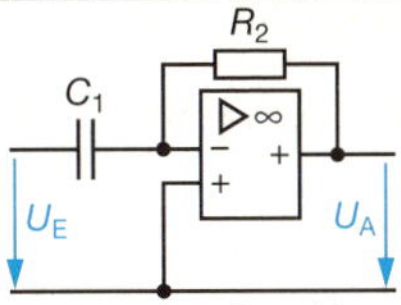

$$\Delta U_A = -\frac{R_2 \cdot C_1 \cdot \Delta U_E}{\Delta t}$$

$$U_A = -U_E \cdot R_2 \cdot \omega \cdot C_1$$

Schaltalgebra

Boolean logic

Kommutativgesetz (Vertauschungsregel)

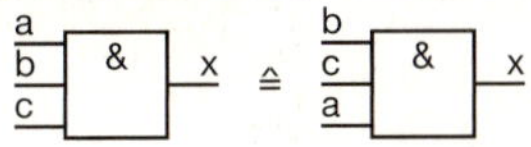

$$a \wedge b \wedge c = b \wedge c \wedge a$$

(gilt auch für ODER-Verknüpfungen)

Assoziativgesetz (Verbindungsregel)

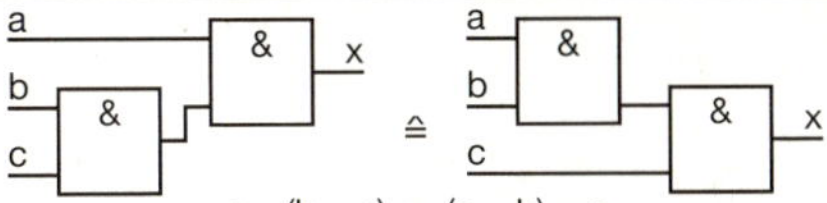

$$a \wedge (b \wedge c) = (a \wedge b) \wedge c$$

(gilt auch für ODER-Verknüpfungen)

Distributivgesetz (Verteilungsregel)

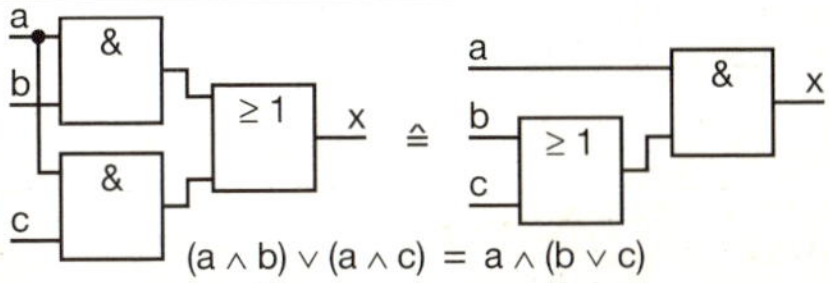

$$(a \wedge b) \vee (a \wedge c) = a \wedge (b \vee c)$$

$$(a \vee b) \wedge (a \vee c) = a \vee (b \wedge c)$$

De Morgansche Gesetze

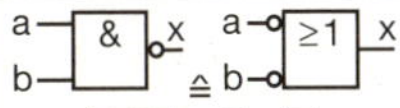

$$\overline{a \wedge b} = \overline{a} \vee \overline{b}$$

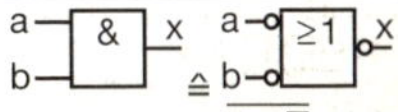

$$a \wedge b = \overline{\overline{a} \vee \overline{b}}$$

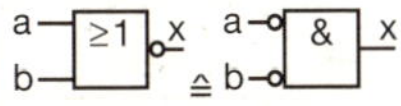

$$\overline{a \vee b} = \overline{a} \wedge \overline{b}$$

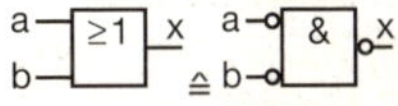

$$a \vee b = \overline{\overline{a} \wedge \overline{b}}$$

Dämpfungs- u. Übertragungsmaße

Attenuation- and propagation constants

Dämpfungsmaß a

Leistungsdämpfungsmaß

$$a_p = 10 \cdot \lg \frac{P_1}{P_2}\ \text{dB}$$

Spannungsdämpfungsmaß

$$a_u = 20 \cdot \lg \frac{U_1}{U_2}\ \text{dB} \qquad R_1 = R_2$$

Stromdämpfungsmaß

$$a_I = 20 \cdot \lg \frac{I_1}{I_2}\ \text{dB} \qquad R_1 = R_2$$

Übertragungsmaß, Verstärkungsmaß $-a$

Leistungsübertragungsmaß

$$-a_p = 10 \cdot \lg \frac{P_2}{P_1}\ \text{dB}$$

Spannungsübertragungsmaß

$$-a_u = 20 \cdot \lg \frac{U_2}{U_1}\ \text{dB} \qquad R_1 = R_2$$

Stromübertragungsmaß

$$-a_I = 20 \cdot \lg \frac{I_2}{I_1}\ \text{dB} \qquad R_1 = R_2$$

Gesamtdämpfungsmaß (Übertragungskette)

$a_{ges} = a_1 + a_2 + \ldots + a_n$ (Vorzeichen beachten)

Schwingkreise

Resonating circuits

Reihenschwingkreis

Bandsperre

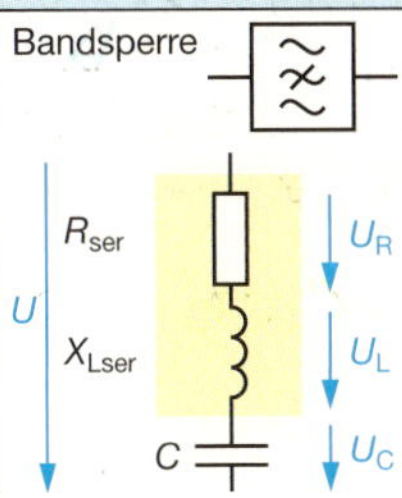

Parallelschwingkreis

Bandpass

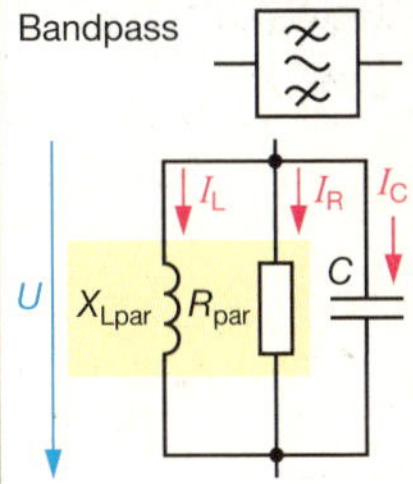

Güte

$$Q = \frac{X_{Lser}}{R_{ser}} \qquad Q = \frac{R_{par}}{X_{Lpar}}$$

Resonanzbedingung

$$X_L = X_C \qquad f_0 = \frac{1}{2\pi \sqrt{L \cdot C}}$$

Transistoren – *Transistors*

Bipolare Transistoren

NPN

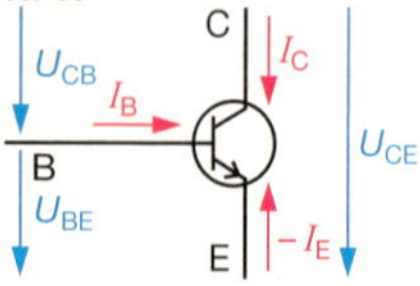

$\Sigma I = 0 \qquad I_E = I_C + I_B$

$B = \dfrac{I_C}{I_B}$

$P_{tot} = U_{CE} \cdot I_C + U_{BE} \cdot I_B$

$\Sigma U = 0$

$U_{CE} = U_{BE} + U_{CB}$

Bei PNP: Umkehrung der Vorzeichen I und U

Wechselstromkenngrößen:

$r_{BE} = \dfrac{\Delta U_{BE}}{\Delta I_B} \qquad r_{CE} = \dfrac{\Delta U_{CE}}{\Delta I_C} \qquad \beta = \dfrac{\Delta I_C}{\Delta I_B}$

Unipolare Transistoren (FET)

Sperrschicht FET, N-Kanal

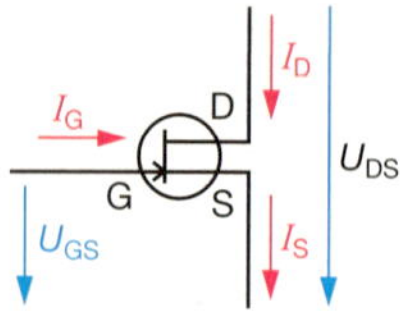

Isolierschicht FET, N-Kanal-MOS-FET

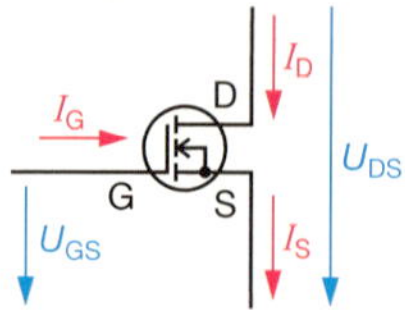

$I_G = 0; \; I_D = I_S \qquad S = \dfrac{\Delta I_D}{\Delta U_{GS}} \qquad r_{DS} = \dfrac{\Delta U_{DS}}{\Delta I_D}$

Emitterschaltung mit Vorwiderstand

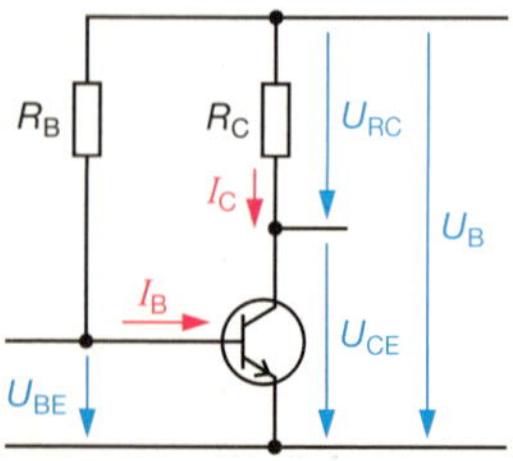

$U_B = U_{RC} + U_{CE}$

$R_B = \dfrac{U_B - U_{BE}}{I_B}$

$R_C = \dfrac{U_B - U_{CE}}{I_C}$

$r_e = R_B \parallel r_{BE}$

$r_a = R_C \parallel r_{CE}$

Sourceschaltung mit Sourcewiderstand

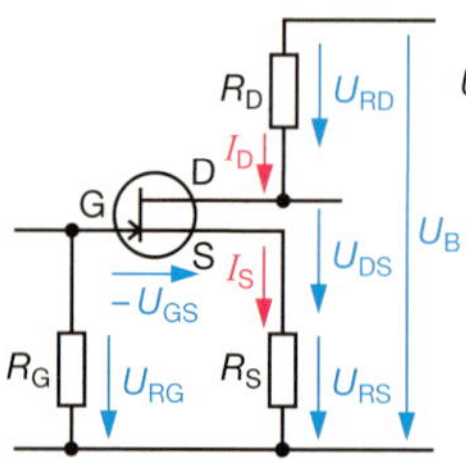

$U_B = U_{RD} + U_{DS} + U_{RS}$

$U_{RS} = -U_{GS}$

$R_D = \dfrac{U_B - U_{DS} - U_{RS}}{I_D}$

$R_S = \dfrac{U_{RS}}{I_S}$

$r_e = R_G \parallel r_{GS}$

$r_a = R_D \parallel r_{DS}$

Emitterschaltung mit Basisspannungsteiler

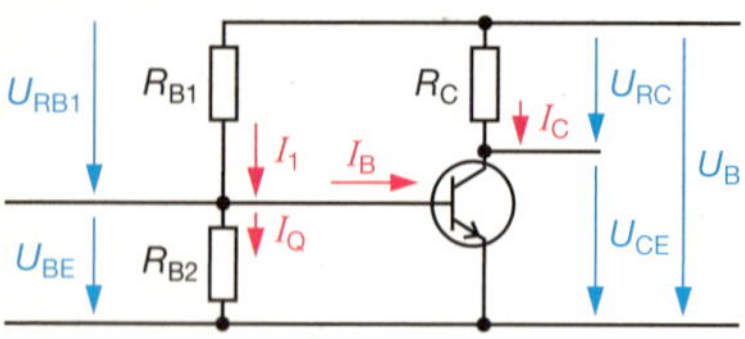

$I_1 = I_B + I_Q \qquad I_C = B \cdot I_B \qquad m = \dfrac{I_Q}{I_B}$

$U_{RB1} = I_1 \cdot R_{B1} \qquad R_{B1} = \dfrac{U_B - U_{BE}}{I_1}$

$U_{CE} = U_B - I_C \cdot R_C$

$U_{RC} = I_C \cdot R_C \qquad R_{B2} = \dfrac{U_B - U_{RB1}}{I_Q}$

$r_e = r_{BE} \parallel R_{B1} \parallel R_{B2} \qquad r_a = R_C \parallel r_{CE}$

Sourceschaltung mit Basisspannungsteiler

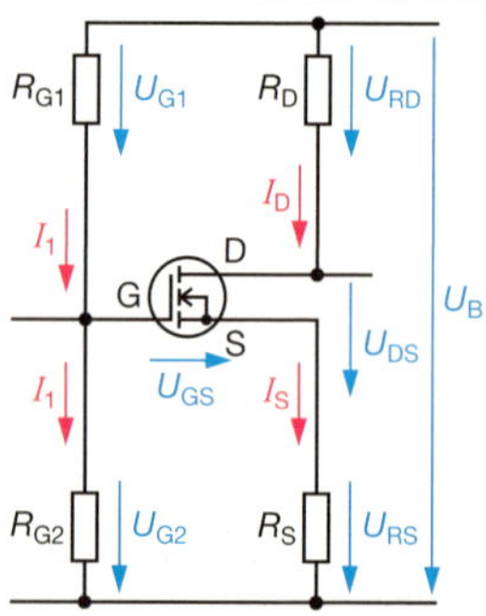

$U_{G2} = U_{GS} + U_{RS}$

$R_S = \dfrac{U_{RS}}{I_S}$

$R_{G1} = \dfrac{U_B - U_{G2}}{I_1}$

$R_{G2} = \dfrac{U_{RS} + U_{GS}}{I_1}$

$U_{G2} = U_{GS} + U_{RS}$

$r_e = R_{G1} \parallel R_{G2}$

$r_a = R_D$

Emitterschaltung mit Stromgegenkopplung

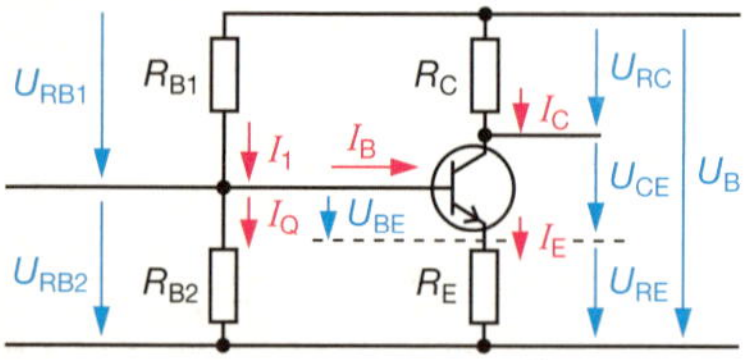

$U_{RB1} = U_B - U_{RB2} \qquad R_{B1} = \dfrac{U_{RB1}}{I_1} \qquad R_E = \dfrac{U_{RE}}{I_E}$

$U_{RB2} = U_{BE} + U_{RE} \qquad R_{B2} = \dfrac{U_{RB2}}{I_Q} \qquad R_C = \dfrac{U_{RC}}{I_C}$

$U_{RE} = U_B - U_{RC} - U_{CE} \qquad U_{RC} = U_B - U_{CE} - U_{RE}$

$r_e = (r_{BE} + \beta \cdot R_E) \parallel R_{B1} \parallel R_{B2} \qquad r_a = R_C \parallel r_{CE}$

Dual-Gate-MOS-FET mit Spannungsteiler

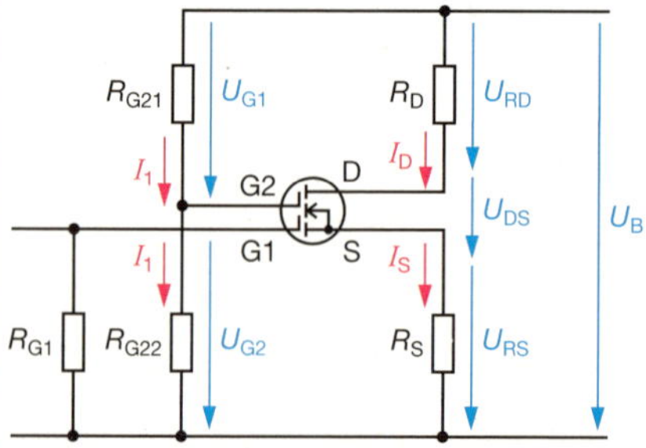

$U_{G1} = -U_{RS} \qquad U_{GS2} = U_{G2} - U_{RS}$

$U_{G2} = I_1 \cdot R_{G22} \qquad U_{G2} = U_B - I_1 \cdot R_{G21}$

Transistoren – *Transistors*

Bipolarer Transistor als Schalter

Belastung gegen U_B

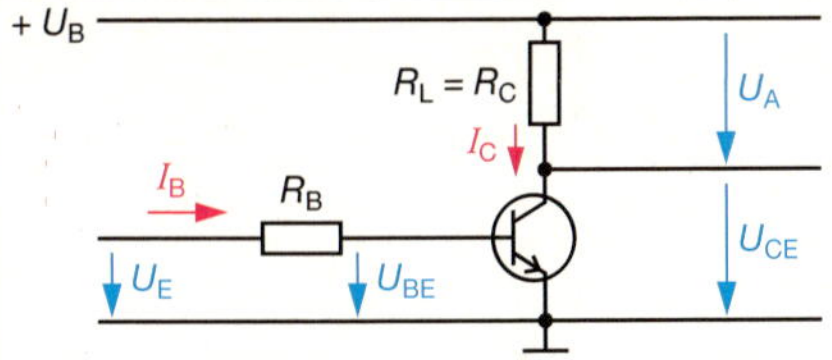

Eingang 1, Ausgang 1

$U_{BE} \approx 0{,}7\,V \qquad U_A \approx U_B \qquad U_{CE} = U_{CEsat} \approx 0\,V$

$I_{Bü} = m \cdot I_B \qquad I_L = I_C \approx \dfrac{U_B}{R_C}$

$R_B = \dfrac{U_E - U_{BE}}{I_{Bü}} \qquad R_C = \dfrac{U_B - U_{CEsat}}{I_C}$

$P_V = U_{CEsat} \cdot I_C + U_{BE} \cdot I_{Bü}$

Differenzverstärker

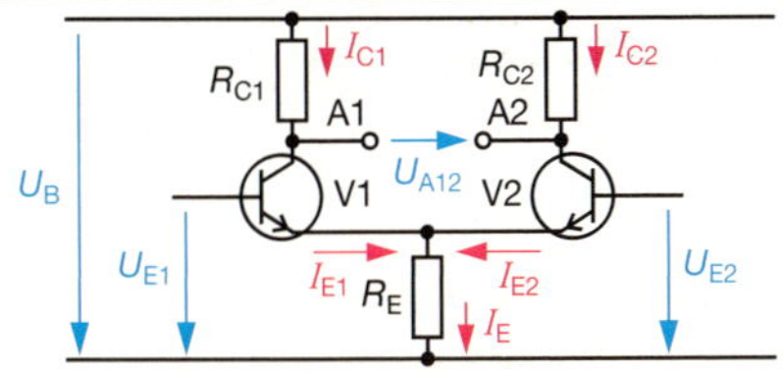

Spannungsverstärkung $v_U = -\dfrac{U_{A1} - U_{A2}}{U_{E1} - U_{E2}} = \dfrac{U_{A12}}{U_D}$

$-U_{A1} = v_U \cdot U_{E1}; \quad -U_{A2} = v_U \cdot U_{E2} \qquad I_E = I_{E1} + I_{E2}$

Darlington-Schaltung

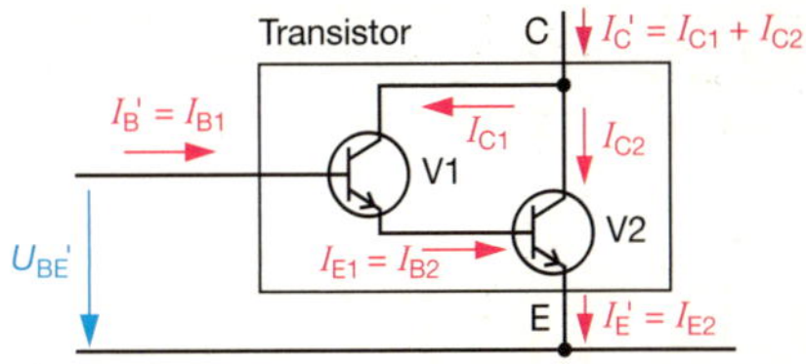

$U_{BE}' = U_{BE1} + U_{BE2} \qquad r_{BE}' = 2 \cdot r_{BE1}$

$B' = B_1 \cdot B_2; \quad \beta' = \beta_1 \cdot \beta_2; \quad r_{CE}' = r_{CE2} \parallel \dfrac{2\,r_{CE1}}{\beta_2}$

Wechselstrommäßige Betrachtung von Transistoren

Bipolare Transistoren

Emitterschaltung

$R_B = \dfrac{R_{B1} \cdot R_{B2}}{R_{B1} + R_{B2}}$

$r_e = \dfrac{r_{BE} \cdot R_B}{r_{BE} + R_B} \qquad r_a = \dfrac{r_{CE} \cdot R_C}{r_{CE} + R_C}$

$v_u = -\beta \dfrac{R_c}{r_{BE}} \qquad v_i = \beta \qquad v_p = v_u \cdot v_i$

$f_{gu} = \dfrac{1}{2\pi C_{K,e} \cdot r_e} \qquad f_{go} = \dfrac{1}{2\pi C_{BE} \cdot r_{BB}}$

Kollektorschaltung

$R_B = \dfrac{R_{B1} \cdot R_{B2}}{R_{B1} + R_{B2}} \qquad r_a = \dfrac{\dfrac{r_{BE}}{\beta} \cdot R_E}{\dfrac{r_{BE}}{\beta} + R_E}$

$r_e = \dfrac{(r_{BE} + \beta \cdot R_E) \cdot R_B}{r_{BE} + \beta \cdot R_{BE} + R_B}$

$v_u = \dfrac{\beta \cdot R_E}{\beta \cdot R_E + r_{BE}} \qquad v_i \approx \beta \qquad f_{go} < f_\beta$

Basisschaltung

$r_e = \dfrac{\dfrac{r_{BE}}{\beta} \cdot R_E}{\dfrac{r_{BE}}{\beta} + R_E} \qquad r_a = \dfrac{r_{CE} \cdot R_C}{r_{CE} + R_C}$

$v_i \approx \dfrac{\beta}{\beta + 1} = \alpha$

$v_u = \beta \cdot \dfrac{R_C}{r_{BE}} \qquad f_{go} \approx \beta \cdot f_\beta$

Unipolare Transistoren

Sourceschaltung mit Sperrschicht-FET

$r_e = \dfrac{r_{GS} \cdot R_G}{r_{GS} + R_G}$

$r_a = \dfrac{r_{DS} \cdot R_D}{r_{DS} \cdot R_D} \qquad v_i \to \infty$

$v_u = \dfrac{\Delta U_{DS}}{\Delta U_{GS}}$

$S = \dfrac{\Delta I_D}{\Delta U_{GS}}$

$v_u = -S \cdot r_a \qquad \varphi = 180°$

Drainschaltung mit Sperrschicht-FET

$r_e \approx R_G$

$r_a \approx \dfrac{1}{S}$

$v_u = \dfrac{S \cdot R_S}{1 + S \cdot R_S} \leq 1$

$\varphi = 0°$

Sourceschaltung mit Isolierschicht-FET

$r_e = \dfrac{R_{G1} \cdot R_{G2}}{R_{G1} + R_{G2}} \qquad v_u = -S \cdot r_a$, mit $r_a \approx R_D$

$v_u \approx -S \cdot R_D$

$r_a = \dfrac{r_{DS} \cdot R_D}{r_{DS} + R_D} \qquad \varphi = 180°$

Nachrichtentechnik – *Communication engineering*

Rauschen

Rauschleistung, Rauschspannung

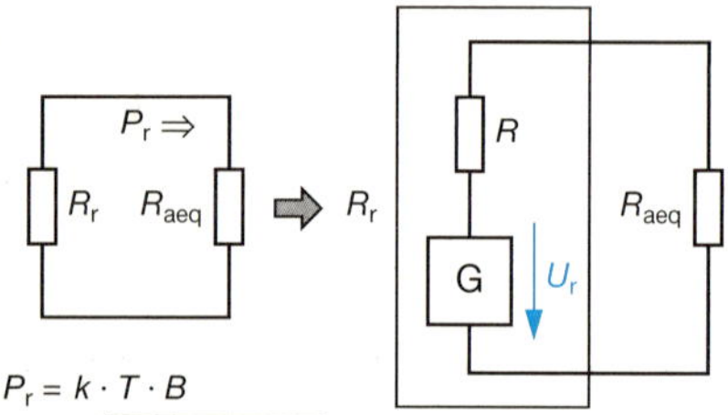

$P_r = k \cdot T \cdot B$

$U_r = \sqrt{4 \cdot k \cdot T \cdot B \cdot R}$

$k = 1{,}38 \cdot 10^{-23}$

Rauschabstandsmaß

$a_r = 10 \cdot \lg \dfrac{P_s}{P_r}$ dB $\qquad a_r = 20 \cdot \lg \dfrac{U_s}{U_r}$ dB

Rauschzahl F

$F = \dfrac{P_{se}}{P_{re}} : \dfrac{P_{sa}}{P_{ra}} \qquad F = \dfrac{P_{se}}{P_{re}} \cdot \dfrac{P_{ra}}{P_{sa}}$

Eingangsgrößen: P_{se}; P_{re}
Ausgangsgrößen: P_{sa}; P_{ra}

Rauschzahl a_F

$a_F = 10 \cdot \lg F$ dB

Oszillatoren

Meißner-Oszillator

$f_0 = \dfrac{1}{2\pi \cdot \sqrt{L_1 \cdot C_1}}$

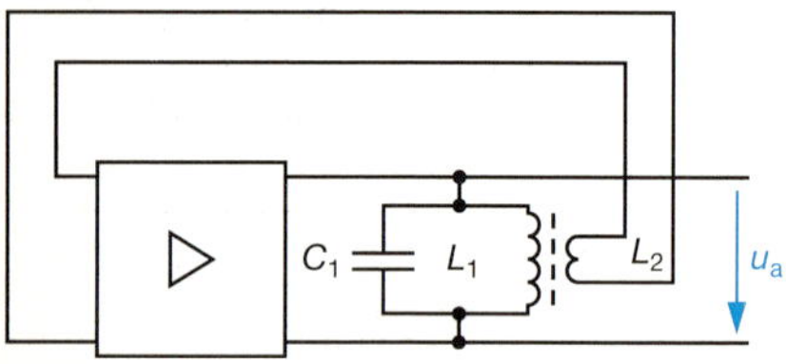

Colpitts-Oszillator

$f_0 = \dfrac{1}{2\pi \cdot \sqrt{L \cdot C}} \qquad C = \dfrac{C_1 \cdot C_2}{C_1 + C_2}$

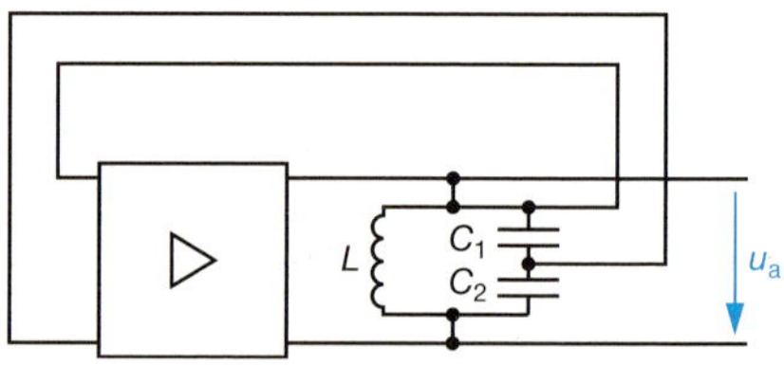

Hartley-Oszillator

$f_0 = \dfrac{1}{2\pi \cdot \sqrt{L \cdot C_1}} \qquad L = L_1 + L_2$

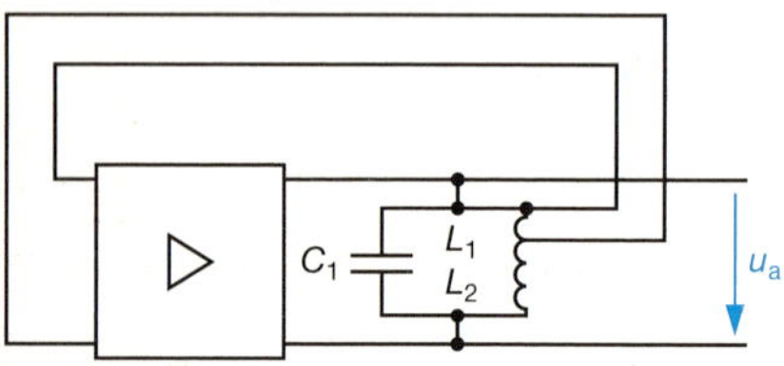

RC-Phasenschieberoszillatoren

mit Hochpässen

$f_0 = \dfrac{1}{2\pi \cdot \sqrt{6}\, R \cdot C}$

mit Tiefpässen

$f_0 = \dfrac{\sqrt{6}}{2\pi \cdot R \cdot C}$

Wien-Robinson-Oszillator

$f_0 = \dfrac{1}{2\pi \cdot \sqrt{R_1 \cdot R_2 \cdot C_1 \cdot C_2}}$

Schwingquarz

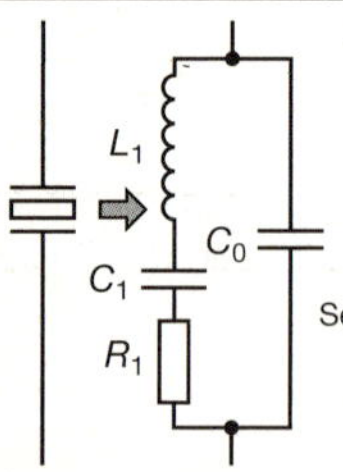

Quarz Ersatzschaltung

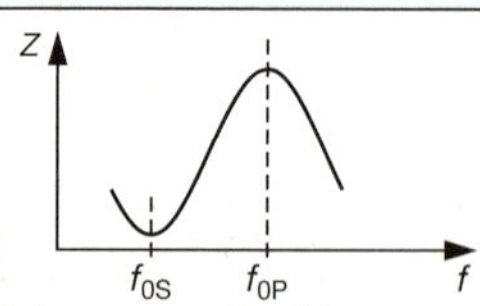

Serienresonanz Parallelresonanz

$f_{0S} = \dfrac{1}{2\pi \cdot \sqrt{L_1 \cdot C_1}}$

$f_{0P} = \dfrac{1}{2\pi} \sqrt{\dfrac{C_1 + C_0}{L_1 \cdot C_1 \cdot C_0}}$

Spiegelfrequenz (Beispiel)

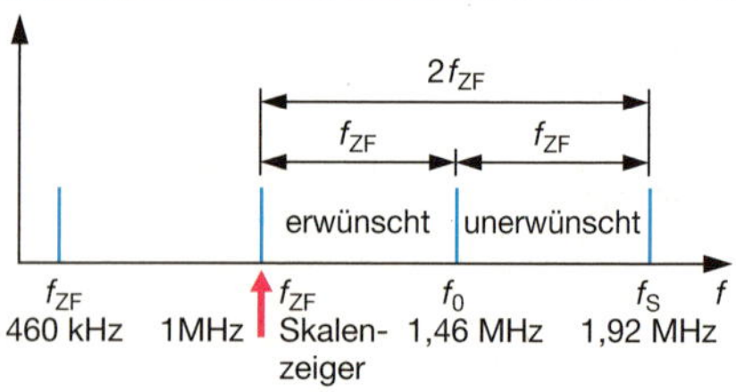

$f_{ZF} = f_0 - f_E$

$f_{ZF} = f_S - f_0 \qquad f_S = f_E + 2 \cdot f_{ZF}$

Nachrichtentechnik – *Communication engineering*

Elektromagnetische Wellen

Schwingung	Wellen

Schwingung

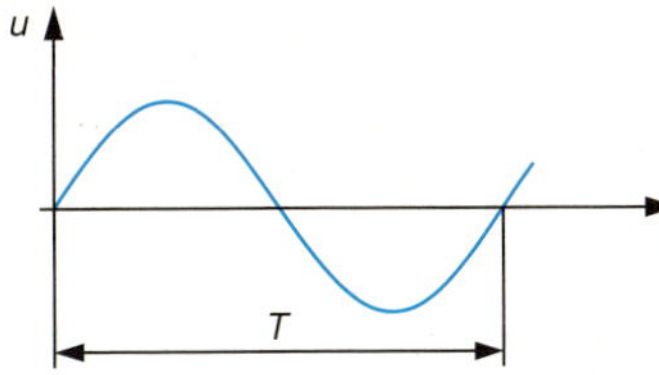

$$f = \frac{1}{T}$$

Wellen

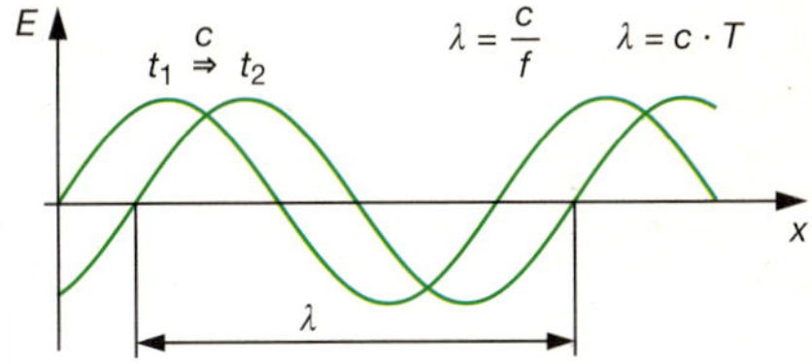

$$\lambda = \frac{c}{f} \qquad \lambda = c \cdot T$$

HF-Leitung

Ersatzschaltbild

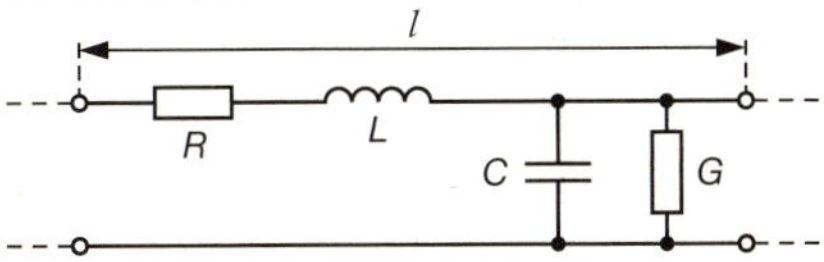

$$R' = \frac{R}{l} \qquad G' = \frac{G}{l}$$

$$L' = \frac{L}{l} \qquad C' = \frac{C}{l}$$

Wellenwiderstand

tiefe Frequenzen

$(R > \omega \cdot L)$

$$Z = \sqrt{\frac{R}{\omega \cdot C}}$$

hohe Frequenzen

$(R < \omega \cdot L)$

$$Z = \sqrt{\frac{L}{C}}$$

Paralleldrahtleitung

$$Z = \frac{\ln \frac{2a}{d}}{\sqrt{\varepsilon_r}} \cdot 120\ \Omega$$

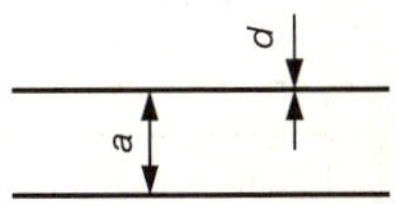

Leitung als Übertragungsstrecke

Ausbreitungsgeschwindigkeit

$$v = \frac{c}{\sqrt{\varepsilon_r}}$$

c: Lichtgeschwindigkeit, $c = 3 \cdot 10^8$ m/s

ε_r: Permittivitätszahl

Verkürzungsfaktor

$$K = \frac{1}{\sqrt{\varepsilon_r}}$$

(bei Koaxialkabel: 0,65 … 0,82)

Einengung des Frequenzbereichs

Grundschaltung

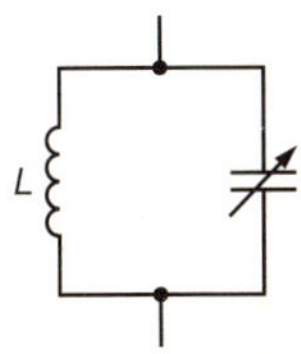

C_{min} ..... C_{max}

f_{0max} .... f_{0min}

$$V_f = \frac{f_{0max}}{f_{0min}} \qquad V_C = \frac{C_{max}}{C_{min}} \qquad \frac{f_{0max}^2}{f_{0min}^2} = \frac{C_{max}}{C_{min}}$$

Parallelschaltung

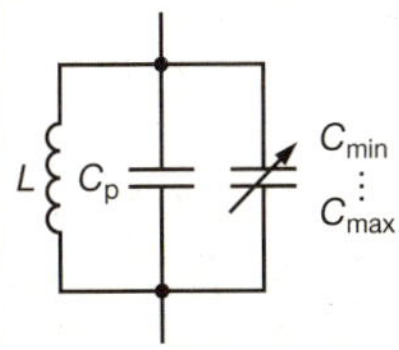

$$\frac{f_{0max}^2}{f_{0min}^2} = \frac{C_{max} + C_p}{C_{min} + C_p}$$

$$C_p = \frac{C_{max} - V_f^2 \cdot C_{min}}{V_f^2 - 1}$$

Serienschaltung

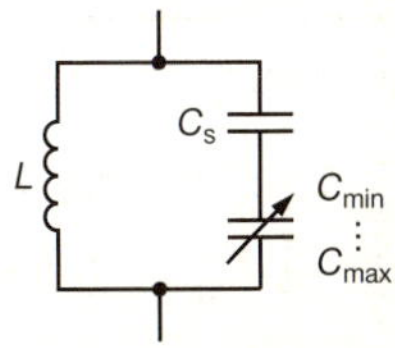

$$\frac{f_{0max}^2}{f_{0min}^2} = \frac{C_{max}\,(C_{min} + C_s)}{C_{min}\,(C_{max} + C_s)}$$

$$C_s = C_{max} \frac{V_f^2 - 1}{\frac{C_{max}}{C_{min}} - V_f^2}$$

Klirrfaktor k

$$k = \sqrt{\frac{U_2^2 + U_3^2 + \ldots + U_n^2}{U_1^2 + U_2^2 + U_3^2 + \ \ldots + U_n^2}}$$

$$k_m = \frac{U_m}{\sqrt{U_1^2 + U_2^2 + U_3^2 + \ \ldots + U_n^2}}$$

Klirrdämpfungsmaß a_k

$$a_k = 20 \cdot \lg \frac{1}{k}\ \text{dB}$$

$$a_{km} = 20 \cdot \lg \frac{1}{k_m}\ \text{dB}$$

Sachwortverzeichnis

deutsch

B

E

F

G

H

J

K

L

M

N

O

P

Q

R

S

T

U

V

W

Index

english

B

D

E

F

G

H

I

J

K

L

M

N

O

Q

R

S

T

Bildquellenverzeichnis

Verlag und Autoren möchten hiermit den nachstehend aufgeführten Firmen, Verbänden, Institutionen, Zeitschriften- und Buchredaktionen sowie Einzelpersonen für ihre tatkräftige und großzügige Hilfe bei der Bereitstellung von Bild- und Informationsmaterial und für ihre Beratung danken.

F = Foto(s); Z = Zeichnung(en)

audio Network distribution GmbH & Co. KG (Belden Wire & Cable B. V., Venlo): F: 145

Berufsgenossenschaft der Feinmechanik und Elektronik (BGFE), Köln: F: 403

Fotostudio Druwe & Polastri, Cremlingen/ Weddel: F: 82, 330

Helukabel GmbH, Hemmingen/ Stuttgart: F: 140, 404

IBM Deutschland GmbH: F: 334

Imation Deutschland GmbH, Neuss: F: 334

Infineon Technologies AG: F: 334

Kabelwerk AG Eupen, Belgien: F: 149

Kathrein-Werke KG, Rosenheim: F+Z: 139

Helmut Kraus Exclam, Düsseldorf: F: 337

Olympus Optical GmbH, Hamburg: F: 334

Panasonic Deutschland GmbH, Hamburg: F: 334

Sanyo Fisher Vertriebs GmbH, München: F: 334

SFC Smart Fuel Cell AG, Brunnthal-Nord: F: 121

Sony Deutschland GmbH, Köln: F: 334

VARTA Gerätebatterie GmbH, Ellwangen: F: 122

VC Videocomponents GmbH, Neumünster: F: 152

Wickmann-Werke GmbH, Witten: F: 411